2025 NEW 개정판

한 권으로 합격하는

동물보건사

2024년 제3회 동물보건사 기출 복원

동물보건사 김지현 편저, 수의사 송민혁 감수

북스케치
합격을 스케치하다

저희 북스케치는 오류 없는 책을 만들기 위해 노력하고 있으나, 미처 발견하지 못한 잘못된 내용이 있을 수 있습니다. 학습하시다 문의 사항이 생기실 경우, 북스케치 이메일(booksk@booksk.co.kr)로 교재 이름, 페이지, 문의 내용 등을 보내주시면 확인 후 성실히 답변 드리도록 하겠습니다.
또한, 출간 후 발견되는 정오 사항은 **북스케치 홈페이지(www.booksk.co.kr)의 도서정오표 게시판**에 신속히 게재하도록 하겠습니다.
좋은 콘텐츠와 유용한 정보를 전하는 '간직하고 싶은 수험서'를 만들기 위해 늘 노력하겠습니다.

한 권으로 합격하는

동물보건사

초판발행	2022년 01월 25일
개정판발행	2023년 01월 10일
개정2판발행	2024년 01월 15일
개정3판발행	2025년 02월 20일
편저자	김지현
감수자	송민혁
펴낸곳	**북스케치**
출판등록	제2022 - 000047호
주소	경기도 파주시 광인사길 193, 2층
전화	070 - 4821 - 5513
팩스	0303 - 0955 - 3012
학습문의	booksk@booksk.co.kr
홈페이지	www.booksk.co.kr
ISBN	979 - 11 - 94041 - 22 - 1

동물보건사 개요

동물보건사 정의

동물병원 내에서 수의사의 지도 아래 동물의 간호 또는 진료 보조 업무에 종사하는 사람으로서 농림축산식품부장관의 자격인정을 받은 사람(수의사법 제2조 제3의2)

동물보건사 업무

- 동물의 간호 업무 : 동물에 대한 관찰, 체온 · 심박수 등 기초 검진 자료의 수집, 간호 판단 및 요양을 위한 간호 업무
- 동물의 진료 보조 업무 : 약물 도포, 경구 투여, 마취 · 수술의 보조 등 수의사의 지도 아래 수행하는 진료의 보조 업무

자격 특징

동물보건사 자격시험은 동물간호 인력 수요 증가에 따라,

- 동물진료 전문 인력 육성을 위한 자격입니다.
- 수준 높은 진료서비스를 제공 하기 위한 자격입니다.

응시 자격

「수의사법」 제16조의2 또는 법률 제16546호 수의사법 일부개정법률 부칙 제2조 각 호의 어느 하나에 해당하는 자로서 같은 법 제16조의6에서 준용하는 제5조의 규정에 해당하지 아니하는 자

(1) 기본대상자

동물보건사 자격시험에 응시할 수 있는 대상자는 다음 각 호의 어느 하나에 해당하는 사람(수의사법 제16조의2)

① 평가인증 받은 전문대학 이상 학교의 동물간호 관련 학과 졸업자
② 평가인증 받은 평생교육기관에서 동물간호 관련 교육과정 이수 후 동물간호 업무에 1년 이상 종사한 사람
③ 외국의 동물 간호 관련 면허나 자격을 가진 사람

(2) 특례대상자

수의사법 개정 규정 시행 당시(2021. 8. 28.) 다음 각 호의 어느 하나에 해당하는 사람이 평가인증을 받은 양성기관에서 실습교육을 이수하는 경우(법률 제16546호 수의사법 부칙 제2조)

① 전문대학 이상의 학교에서 동물간호 교육 이수 · 졸업자
② 전문대학 이상의 학교 졸업 후 동물병원에서 1년 이상 종사자
③ 고등학교 졸업학력 인정자 중 동물병원에서 3년 이상 종사자
* 동물병원 종사 이력은 「근로기준법」에 따른 근로계약 등 업무 종사 사실을 증명해야 함

동물보건사 자격시험 정보

시험 일정

(1) 2025년도 제4회 응시원서 접수

- **접수기간** : 2025년 1월 13일~17일
- **접수방법** : 동물보건사 자격시험 관리시스템(www.vt-exam.or.kr)
  * 방문 또는 우편 접수는 이용할 수 없습니다.
- **응시수수료** : 2만 원
- **작성서류** : 응시원서(첨부 서식 참조), 개인정보 수집 및 활용 동의서

(2) 시험 시행 일시 : 2025년 2월 23일

(3) 시험 시행 장소 : 킨텍스(KINTEX) 제2전시장

(4) 합격자 발표 예정일 : 2025년 3월 4일

* 정확한 시험 공고 및 일정은 관련 홈페이지를 참고해 주세요.

- 동물보건사 자격시험 관리시스템 www.vt-exam.or.kr
- 농림축산식품부 www.mafra.go.kr 〉 알림소식 〉 공지공고

시험 시간

교시	시험시간	시험과목(문제수)
1	10:00~12:00(120분)	기초 동물보건학(60개), 예방 동물보건학(60개)
2	12:30~13:50(80분)	임상 동물보건학(60개), 동물 보건 · 윤리 및 복지 관련 법규(20개)

시험 과목

시험과목	시험 교과목	문제 수
기초 동물보건학	동물해부생리학, 동물질병학, 동물공중보건학, 반려동물학, 동물보건영양학, 동물보건행동학	60
예방 동물보건학	동물보건응급간호학, 동물병원실무, 의약품관리학, 동물보건영상학	60
임상 동물보건학	동물보건내과학, 동물보건외과학, 동물보건임상병리학	60
동물 보건 · 윤리 및 복지 관련 법규	수의사법, 동물보호법	20

- **시험 유형** : 필기시험(객관식 5지 선다형)
- **배점** : 문제당 1점

합격자 결정

- **결정 방법** : 각 과목당 시험점수가 100점을 만점으로 하여 40점 이상이고, 전 과목의 평균 점수가 60점 이상인 사람을 합격자로 한다.
- **결격사유 확인** : 합격자는 「수의사법 시행규칙」 제14조의2에 따라 동물보건사 자격인정에 필요한 서류를 제출해야 하며, 확인 결과 결격사유가 있거나, 「수의사법」 제16조의2 등의 규정에 따른 자격조건에 부합되지 않는 경우에는 합격을 무효로 한다.

이 책의 차례

APPENDIX 동물보건사 기출문제

2024년 제3회 기출문제 (2024.02.25. 시행)
2023년 제2회 기출문제 (2023.02.26. 시행)
2022년 제1회 기출문제 (2022.02.27. 시행)

PART 1 기초 동물보건학

Chapter 01 반려동물 총론 ····· 002
Chapter 02 반려동물의 영양 ····· 041
Chapter 03 반려동물의 질병 ····· 062
Chapter 04 공중보건학 ····· 081
Chapter 05 해부생리학 ····· 116
▶ 기초 동물보건학 출제예상문제 ····· 180

PART 2 예방 동물보건학

Chapter 01 동물병원 실무 ····· 194
Chapter 02 예방접종 ····· 221
Chapter 03 동물보건 응급간호 ····· 246
Chapter 04 동물병원 의약품 ····· 257
Chapter 05 동물보건 영상학 ····· 273
▶ 예방 동물보건학 출제예상문제 ····· 295

PART 3 임상 동물보건학

Chapter 01 동물보건 내과학 ····· 312
Chapter 02 동물보건 외과학 ····· 338
Chapter 03 동물보건 임상병리학 ····· 364
▶ 임상 동물보건학 출제예상문제 ····· 408

PART 4 동물 보건 · 윤리 및 복지 관련 법규

Chapter 01 동물 보건복지 ····· 426
Chapter 02 동물 관련 법규 - 수의사법 ····· 434
Chapter 03 동물 관련 법규 - 동물보호법 ····· 455
▶ 동물 보건 · 윤리 및 복지 관련 법규 출제예상문제 ····· 512

PART 5 동물보건사 실전모의고사

▶ 실전모의고사 문제 ····· 534
▶ 실전모의고사 정답과 해설 ····· 586

생각을 스케치하다

세상을 스케치하다

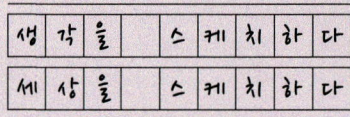

북스케치

특별부록

2024 제3회 동물보건사 기출문제

1교시 기초 동물보건학
예방 동물보건학

2교시 임상 동물보건학
동물 보건 · 윤리 및 복지 관련 법규

2024. 02. 25.
제3회 동물보건사 자격시험 기출문제

※ 본 기출문제는 실제 시험 응시자로부터 수집한 후기를 바탕으로 복원되었습니다.

1교시 기초 동물보건학, 예방동물보건학

01 개의 문제성 행동의 대한 분류가 다른 것을 고르시오.

① 주변의 물건이나 사람에게 공격적인 행동과 함께 흥분한 모습
② 보호자가 보이지 않을 때 불안해하는 모습과 함께 하울링하며 짖는 모습
③ 같은 행동을 반복하는 모습으로 꼬리 쫓기, 과도한 핥기 등의 모습
④ 침대 및 옷 등 화장실이 아닌 곳에 배설을 하는 모습
⑤ 소변이 한 방울씩 떨어지며 약간의 붉은 색을 띄는 소변을 자주 보는 모습

해설

⑤는 개의 문제성 행동으로 분류되지 않고 방광이나 요도의 감염 또는 결석 등의 질병으로 인한 증상으로 보일 수 있다. 이런 증상이 보이면 문제행동 상담이 아닌 동물병원에 내원하여 소변검사를 진행하는 것이 옳다.

정답 ⑤

02 다음이 설명하는 내용의 동물을 고르시오.

- 설취목의 쥐과이며 수명은 2~3년이다.
- 일출과 일몰 시기가 주로 활동하는 시간대이며 야행성이다.
- 영역동물이며 시각보다는 후각이 발달했다.
- 암수 구별법은 수컷이 항문과 생식기 사이가 긴 편이며 취선이 존재한다.
- 암컷은 항문과 생식기 거리가 짧다.

① 햄스터 ② 기니피그 ③ 앵무새
④ 토끼 ⑤ 패럿

정답 ①

03 토끼에 대한 설명으로 옳지 않은 것을 모두 고르시오.

① 초식동물이며 후각과 청각이 뛰어나다.
② 위의 구조적 특수성 때문에 구토를 자주해 주의해야 한다.
③ 땀선이 발달하지 않았으며 귀로 체온을 조절한다.
④ 점프를 할 경우 뒷발로 균형을 잡는다.
⑤ 야채류는 과하게 섭취할 경우 소화기 증상이 발생할 수 있다.

해설

② 토끼는 위의 분문(들문)과 유문(날문)이 가까워 구조적인 특성상 구토하지 못한다.
④ 토끼의 긴 뒷다리는 앞발보다 약 3배 정도가 길어 점프력을 높여주고 신체의 중심을 잡아주는 발은 앞발이다.

정답 ②, ④

04 다음 중 필수 아미노산이 아닌 것을 고르시오.

① 히스티딘 ② 라이신 ③ 글로불린
④ 아르기닌 ⑤ 발린

해설

단백질은 아미노산으로 분해되어 체내에 흡수되며 아미노산은 대부분 동물 체내에서 합성이 가능해 따로 섭취하지 않아도 되지만, 필수 아미노산은 체내에서 거의 합성되지 않기 때문에 사료를 통하여 공급해야 한다. ③은 알부민과 함께 단순 단백질로 분류되며 물에 녹지 않는 특징을 가진 단백질이다.

필수 아미노산
- **고양이(11종)** : 페닐알라닌, 발린, 트립토판, 트레오닌, 아이소루이신, 메티오닌, 히스타딘, 아르기닌, 루신, 라이신, 타우린
- **개(10종)** : 페닐알라닌, 발린, 트립토판, 트레오닌, 아이소루이신, 메티오닌, 히스타딘, 아르기닌, 루신, 라이신

정답 ③

05 무기질(미네랄) 중 다량 무기질에 포함되지 않는 것을 고르시오.

① 칼슘 (Ca) ② 인 (P) ③ 마그네슘 (Mg)
④ 철 (Fe) ⑤ 나트륨 (Na)

해설

무기질은 신체대사를 위해 섭취해야 하는 필수 영양소로, 뼈와 연조직을 구성하며 혈액의 염기 평형을 조절해 항상성을 유지시키는 역할을 하며 섭취량에 따라 다량 무기질과 미량 무기질로 분류된다.
철은 미량 무기질로 분류되며 나머지 보기는 모두 다량 무기질이다.

다량 무기질	칼슘(Ca), 인(P), 마그네슘(Mg), 나트륨(Na), 칼륨(K), 염소(Cl), 황(S)
미량 무기질	철(Fe), 구리(Cu), 아연(Zn), 불소(F), 코발트(Co), 요오드(I), 셀레늄(Se)

정답 ④

06 다음중 지용성 비타민이 아닌 것을 고르시오.

① 비타민A ② 비타민D ③ 비타민E
④ 비타민K ⑤ 비타민C

해설

비타민은 신체 에너지 대사에 중요한 역할을 하며, 면역력을 증진시키고 골격 형성, 시력, 신경계 또는 순환기계의 기능을 유지시킨다. 비타민 결핍 시 질병을 유발하기도 한다.
비타민은 대부분 체내 합성이 되지 않아 음식물 섭취가 필요하기 때문에 반려동물의 사료에 필수적으로 함유되어 있다.

지용성 비타민	비타민A, 비타민D, 비타민E, 비타민K
수용성 비타민	비타민C, 비타민B_1(티아민), 비타민B_2(리보플라빈), 비타민B_5(판토텐산), 비타민B_6(피리독신)

정답 ⑤

07 진돗개인 흰둥이가 중성화 수술 후 몸무게가 늘어 사료 급여량을 계산해 급여하려고 한다. 다음 중 알맞은 사료 급여량을 고르시오. (단, 흰둥이의 체중은 15kg)

- 휴지기에너지요구량 (RER) = RER 30 × 체중(kg) + 70
- 일일에너지요구량 (DER) = 2 × RER
- 사료 g당 칼로리 = 4kcal

① 180g ② 220g ③ 250g
④ 260g ⑤ 280g

해설

- 휴지기에너지요구량 (RER) = RER 30 × 체중(kg) + 70
- 일일에너지요구량 (DER) = 2 × RER
  ① 휴지기에너지요구량 (RER) = 30 × 15 + 70 = 520
  ② 일일에너지요구량 (DER) = 2 × 520 = 1,040
  ③ 1,040 ÷ 4 = 260g

정답 ④

08 반려동물이 섭취할 경우 독성물질로 작용하는 음식 중 올바르게 연결된 것을 고르시오.

① 양파 – 메틸잔틴(methylxanthine)
② 카카오 – 유기황 화합물
③ 아보카도 – 퍼신(Persin)
④ 밀가루 반죽 – 락토스
⑤ 치즈 – 살모넬라균

해설

아보카도의 잎, 씨, 과육은 퍼신(Persin)이란 독소를 함유하고 있으며 복통 및 호흡곤란을 유발시켜 사람은 먹어도 괜찮지만 반려동물에게는 금기 식품으로 분류된다.
양파(파)와 마늘은 유기황 화합물이 중독 증상을 유발하고, 밀가루 반죽은 반죽 내 효소 성분이 알코올을 생성하여 중독을 유발하며, 우유 및 치즈 등의 유제품은 락토스(유당) 및 지방을 분해할 수 있는 능력이 떨어져 소화기 증상을 유발할 수 있다. 날계란과 날고기 등은 살모넬라균과 대장균에 노출되기 쉬워 구토 및 설사 등을 유발할 수 있다.

정답 ③

09 반려동물의 안구질환에 대한 설명으로 옳지 않은 것을 고르시오.

① 각막궤양은 찰과상, 바이러스 등으로 발생하며 눈의 통증이나 출혈 등이 나타난다.
② 녹내장의 대표적인 원인은 당뇨병으로 수정체가 혼탁해지거나 통증 및 출혈도 나타난다.
③ 제3안검 돌출증은 체리아이라고도 불리며 특정 품종의 유전적 요인이나 안구 돌출로 나타난다.
④ 결막염은 안구 결막에 염증이 생긴 것으로 간지러움, 눈곱, 충혈 등의 증상이 나타난다.
⑤ 유루증은 털의 자극이나 안검 형태 이상으로 눈물 배출이 원활하지 않아 생기는 질환이다.

해설

②에서 설명하는 질병은 녹내장이 아니라 백내장에 대한 설명이다. 녹내장은 안방수의 순환장애 또는 배출저하로 인한 각막 혼탁 및 안압이 증가하는 안구 질환이다.

정답 ②

10 내분비기관질환에 대한 설명으로 옳지 않은 것을 고르시오.

① 갑상선기능 저하증은 갑상선호르몬(TSH)의 분비 저하, 갑상선의 염증으로 인해 발생되며 신체 기초대사량이 떨어져 추위의 저항성이 낮아지고 빈혈이 발생한다.

② 당뇨병은 인슐린 부족이나 저항이 발생하는 것을 의미하는데 세포 내에 들어가지 못하고 혈중에 고농도로 머물다 소변으로 다량 배설된다.

③ 인슐린은 췌장의 베타세포에서 분비되며 간 내에 글리코겐으로 저장하거나 체세포 포도당 흡수를 통해 혈중 포도당의 농도가 감소한다.

④ 부신피질기능항진증은 에디슨병이라고도 불리며 부신 내의 피질에서 호르몬이 과하게 분비되어 식욕 증가, 복부 팽만, 면역력 저하 등이 나타난다.

⑤ 부신피질저하증은 부신피질호르몬이 결핍되어 발생하며 저혈압, 신부전 등으로 발전할 가능성이 많다.

해설

④ 부신피질기능항진증은 쿠싱이라고도 불리며 부신 내의 피질에서 호르몬이 과하게 분비되어 식욕증가, 복부팽만, 면역력 저하 등의 다양한 증상이 나타난다.

정답 ④

11 HACCP이란 소비자에게 안전하고 깨끗한 식품을 공급하기 위한 위생관리체계로 7원칙 12절차에 의한 체계적인 접근방식을 적용하고 있다. 12절차는 준비단계 5절차와 7원칙으로 분류되는데 보기 중 준비단계에 포함되지 않는 것을 고르시오.

① 제품설명서 작성　② 문서화 및 기록유지　③ 사용용도 확인
④ 공정흐름도 작성　⑤ 공정흐름도 현장확인

해설

문서화 및 기록유지는 7원칙 중 가장 마지막으로 진행되는 절차로 HACCP 관리계획 및 기준을 문서화하고 관리사항을 기록 및 유지하는 단계이다. 기록 시점 및 주기, 기록의 보관기간 및 장소 등을 고려하여 가장 이해하기 쉽도록 작성해야 한다.

정답 ②

12 고양이 할퀶병에 대한 설명으로 옳지 않은 것을 고르시오.

① 고양이에게 할퀴거나 물렸을 때 전염되는 질병으로 묘소병, 묘조병 등으로 불린다.

② 대표적인 원인 세균으로는 바르토넬라 헨셀라균(Bartonella Henselae)이며, 잠복기는 5~50일까지 다양하다.

③ 증상으로는 미열, 피로감, 부어오름, 결막염, 림프절염, 발진 등이 있다.
④ 심할 경우에는 복통, 폐렴 증상까지 나타나는 경우도 존재한다.
⑤ 부어오름이 오래 지속되거나 고름이 생길 경우에는 적출치료로 제거해야 한다.

해설

부어오름이 오래 지속되거나 고름이 생길 경우에도 자연적으로 나아지는 경우가 대부분이며 적출치료나 고름을 빼내는 치료는 진행하지 않는다.

정답 ⑤

13 폐순환의 순서가 올바른 보기를 고르시오.

① 우심실 – 폐동맥 – 폐포모세혈관 – 폐정맥 – 좌심방
② 좌심방 – 폐동맥 – 폐포모세혈관 – 폐정맥 – 우심실
③ 좌심방 – 폐정맥 – 폐포모세혈관 – 폐동맥 – 우심실
④ 좌심실 – 대동맥 – 조직모세혈관 – 대정맥 – 우심방
⑤ 우심방 – 대정맥 – 조직모세혈관 – 대동맥 – 좌심실

해설

폐순환은 소순환이라고도 불리며 폐와 심장 사이의 혈액 순환을 의미한다.
폐순환은 우심실 → 폐동맥 → 폐포모세혈관 → 폐정맥 → 좌심방으로 순환한다.

정답 ①

14 동물병원에서 바이러스 사멸을 위해 차아염소산나트륨을 희석시켜 사용하려고 한다. 올바른 사용 농도를 고르시오.

① 0.05%
② 0.1%
③ 3%
④ 10%
⑤ 25%

해설

차아염소산나트륨은 일상생활에서 사용하는 락스를 의미한다. 락스는 투명 또는 옅은 녹황색을 띠며 시중에 판매되는 락스는 4% 이상의 농도여서 물에 희석해서 사용한다. 파보 바이러스 소독 시에도 사용 가능하며 부식성이 강해 금속용기에 접촉하지 않도록 주의해야 한다. 적정 사용 농도는 2~3%이다.

정답 ③

15 다음 중 세균성 식중독을 일으키는 균이 아닌 것을 고르시오.

① 바르토넬라헨셀라 ② 살모넬라 ③ 장염비브리오
④ 포도상구균 ⑤ 보툴리누스

해설

바르토넬라헨셀라균은 묘소병의 원인이 되는 균이다.

정답 ①

16 다음 중 후천면역에서 인공 능동면역에 포함되는 백신의 종류가 아닌 것을 고르시오.

① BCG ② 광견병 ③ 일본뇌염
④ 파상풍 ⑤ 항독소 주사

해설

항독소 주사는 인공 수동면역에 포함되며 인공적으로 항체를 동물과 사람에게 얻어서 주사하는 것으로 치료 목적의 면역효과를 볼 수 있지만 일시적인 것이 단점이다.

정답 ⑤

17 추간판 탈출증에 대한 설명으로 올바르지 않은 것을 고르시오.

① 비정상적인 추간판이 탈출하거나 수핵이 부풀어올라 신경 손상을 일으키는 질병으로 IVDD나 spinal injury가 있는 환자의 증상에 따라 단계가 나누어진다.
② 통증(deep pain) 소실 이후, 감각 이상, 통증, 보행, 마비 등에 따라 경추 디스크 환자는 5단계, 흉요추 환자는 4단계(grade)로 분류된다.
③ grade는 통증만 존재 / 보행실조 및 불완전마비 / 천부 통각 동반 완전마비 / 심부 통각동반 완전마비 / 심부 통증 없음 5개로 나뉘며 단계가 높아짐에 따라 예후가 좋다.
④ 신경계 검사와 수술적 치료가 진행될 경우 x-ray, CT, MRI 등의 영상 검사가 함께 진행된다.
⑤ 디스크의 영향을 받는 이형성 종에는 닥스훈트, 래브라도 레트리버, 도베르만, 시츄 등이 있다.

해설

grade는 통증만 존재 / 보행실조 및 불완전마비 / 천부 통각 동반 완전마비 / 심부 통각동반 완전마비 / 심부통증 없음 5개로 나뉘며 단계가 높아짐에 따라 예후가 좋지 않다.

정답 ③

18 다음 중 미니어처 품종이 아닌 견종을 고르시오.

① 불 테리어 ② 닥스훈트 ③ 슈나우저
④ 치와와 ⑤ 푸들

해설

미니어처는 일반 품종과는 다른 소형 품종으로 분류되며 치와와는 미니어처 품종이 아니라 일반 품종이다.

정답 ④

19 뒷다리를 형성하는 뼈가 아닌 것을 고르시오.

① 장골 ② 대퇴골 ③ 경골
④ 상완골 ⑤ 치골

해설

관골은 골반뼈로 장골, 좌골, 치골을 함께 관골이라고 부르며 관골절구를 형성한다.
대퇴골은 넙다리뼈라고 부르며 골반뼈의 관절절구이다.
경골은 뒷발목뼈를 형성하며 상완골은 앞다리뼈를 형성하는 뼈이다.

정답 ④

20 개의 감각기관으로 올바르게 짝지어지지 않은 것을 고르시오.

① 시각 – 수정체
② 신경전달물질 – 노르에피네프린, 세로토닌
③ 미각 – 코르티기관
④ 청각 – 이소골
⑤ 뇌와 척수 – 중추신경계 (CNS)

해설

코르티기관은 귀의 구조에서 볼 수 있으며 섬모상피세포인 청세포와 지지세포가 존재한다. 소리가 이개를 통해 수집되면 고막이 떨리면서 음파가 증폭되고 음파가 이소골을 진동시켜 달팽이관의 외림프액을 이동시킨다. 이때 코르티기관 아래쪽인 기저막이 움직이고 청세포의 감각털이 덮개막에 닿아 청세포와 연결된 와우신경으로 전달되어 대뇌피질로 이동한 소리를 듣게 된다.

정답 ③

21 다음 해부학적 단면을 나타내는 용어로 올바른 것을 고르시오.

긴 축에 대하여 직각으로 머리, 몸통, 사지를 가로지르는 단면

① 정중단면(Median plane)
② 시상단면(Sagittal plane)
③ 등단면(Dorsal plane)
④ 가로단면(Transverse plane)
⑤ 축(Axis)

해설

정중단면(Median plane)	머리, 몸통, 사지를 좌우 똑같이 세로로 나눈 단면
시상단면(Sagittal plane)	정중단면과 평행하도록 머리, 몸통, 사지를 통과하는 단면
등단면(Dorsal plane)	정중단면과 가로 단면에 직각으로 지나는 단면
가로단면(Transverse plane)	긴 축에 대해 직각으로 머리, 몸통, 사지를 가로지르는 단면
축(Axis)	몸통의 중심선

단면이란 해부학적으로 사용되는 동물의 신체 절단면을 의미한다.

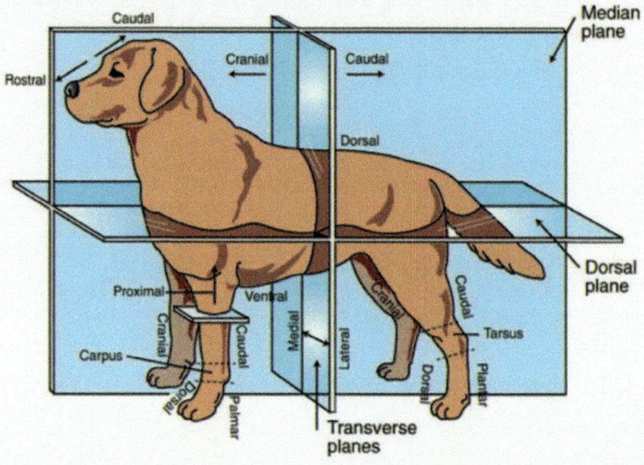

정답 ④

22 심인성 쇼크에 대한 설명으로 옳은 것을 고르시오.

① 심장의 흐름이 막혀 심장에 유입되는 혈액량의 감소 및 폐쇄되는 상태
② 심장질병 또는 기능이상으로 신체에 필요한 혈액이 충분히 방출될 수 없는 상태
③ 혈액 및 체액의 부족으로 심장이 신체에 혈액을 공급할 수 없는 상태
④ 비정상적인 혈류로 인해 신체 내 혈액이 제대로 공급되지 않은 상태
⑤ 혈관이 손상되어 장기간 다량의 혈액이 체내 또는 체외로 배출되는 상태

해설

① 폐쇄성 쇼크, ③ 저혈량 쇼크, ④ 분포형 쇼크, ⑤ 출혈에 대한 설명이다.

정답 ②

23 출입국 절차 및 관리에 관한 설명으로 옳지 않은 것을 고르시오.

① 광견병예방접종 증명서 및 건강증명서는 동물병원에서 발급받을 수 있다.
② 검역증명서는 해당 공항 검역관이 서류검사와 임상검사를 거쳐 발급한다.
③ 광견병 항체검사가 필요하지 않은 나라도 존재하며 괌, 독일, 스웨덴, 일본 등이 있다.
④ 미국으로 출국할 경우 5~8kg 이하일 경우 기내 운송이 가능하다.
⑤ 중국으로 출국할 경우 광견병 항체검사 결과, 백신의 품명 등을 필수로 기재해야 하며 광견병 접종일은 필수 기재사항이 아니다.

해설

중국 출국 시 필수 기재사항	출생일자, 연령, 마이크로칩 번호, 이식일과 이식 부위, 광견병 백신 접종일과 유효기간, 백신의 종류 백신의 품명, 제조회사명, 광견병항체검사 채혈일, 섬사기관명, 항체역가 결과, 동물위생임상검사 결과와 일자

정답 ⑤

24 의료폐기물의 보관 방법 중 옳지 않은 것을 고르시오.

① 격리의료폐기물과 조직물류 폐기물은 붉은색의 도형색상을 사용한다.
② 의료폐기물의 전용 용기는 합성수지류 상자용기, 봉투용기 또는 골판지류 상자용기가 있다.
③ 손상성 의료폐기물은 배출자 보관기간이 30일이며 합성수지류 상자용기에 폐기해야 한다.
④ 조직물류, 병리계, 손상성, 생물 및 화학, 혈액오염 폐기물은 모두 위해의료 폐기물에 포함된다.
⑤ 의료폐기물은 전용 용기로 배출, 밀폐상태로 보관 후 전용 소각시설 또는 멸균 시설에서 처분된다.

해설

붉은색의 도형색상은 격리 의료폐기물만 사용하는 색상으로 위해의료 폐기물에 속하는 조직물류 폐기물은 노란색 도형 색상을 사용해야 한다.

정답 ①

25 동물등록제에 대한 설명 중 옳지 않은 것을 고르시오.

① 등록대상동물을 잃어버렸을 경우 잃어버린 날로부터 14일 이내에 신고해야 한다.
② 동물등록은 보호자 본인이 신청해야 하지만 보호자가 동의하에 따라 동물등록 대행자가 신청할 수 있다.
③ 인식표에는 소유자의 성명, 전화번호, 동물등록번호, 동물의 이름을 기입해야 한다.
④ 동물등록 신청서를 작성한 뒤 내장형, 외장형 마이크로칩을 사용해야 동물등록번호가 생성된다.
⑤ 동물을 유기했을 경우 동물보호 관리시스템을 통해 소유자를 찾을 수 있다.

해설

등록대상 동물을 잃어버렸을 경우 잃어버린 날로부터 10일 이내에 신고해야 한다.

정답 ①

26 심정지로 인한 심폐소생술 실시 중에 사용하는 약물이 아닌 것을 고르시오.

① epinephrine ② lidocaine ③ atropine
④ naloxone ⑤ ornipural

해설

ornipural(오니퓨랄)은 근육, 피하 또는 정맥주사로 사용되며 소화 장애나 간부전 또는 간장기능 향상 목적으로 사용된다. 간수치가 높아졌거나 간부전으로 입원했을 경우에 수액 안에 투여해 사용하는 경우가 있다.

정답 ⑤

27 다음이 설명하고 있는 의약품의 올바른 보관법의 약 형태를 고르시오.

- ptp(알루미늄 포장)으로 되어있는 약은 흡습성으로 약품이 변질될 수 있으니 복용 직전에 개봉하며, 용기에 넣어 건조하고 서늘한 곳에 보관한다.
- 햇빛을 받으면 곰팡이가 생길 수 있으므로 직사광선을 피해 방습제를 넣어 보관한다.

① 가루약 ② 알약 ③ 안약
④ 주사제 ⑤ 시럽약

해설

가루약	알약에서 조제된 약으로 알약보다 유효기간이 짧고 습기에 약해 건조한 곳에 보관하며 색이 변했거나 굳었으면 폐기한다.
안약	보통 실온 보관하며 본래 용기에 보관한다. 입구 부분은 사용 부위에 닿아 오염과 이차감염을 주의해야 한다.
주사제	주사제는 약품별로 보관 방법이 다르다.
시럽약	보통 실온 보관하며 약품에 따라 냉장보관이 필요할 수 있다. 반드시 사용기간 내에 사용하며 색이나 냄새가 변했을 경우 폐기한다.

정답 ②

28 동물병원에서 사용하는 영상기기에 대한 설명 중 옳지 않은 것을 고르시오.

① X-ray 촬영기기의 장비는 X-ray tube, controller, Detector, Generator로 구성된다.
② MRI 촬영 또는 X-ray 촬영 시에는 X-ray Apron을 착용해야 한다.
③ 초음파 검사는 Probe가 음파를 발산해 그 음파의 에코를 받아들이는 역할을 하며 형태에 따라 linear, convex, sector로 분류된다.
④ 초음파 검사 시에 TGC는 검사장기의 깊이에 따라 투과도를 보정하기 위해 설정한다.
⑤ MRI의 기기는 Gantry, Operating, computer로 구성된다.

해설

X-ray Apron는 방사선 보호 장구인 방사선 앞치마를 의미한다. 방사선 촬영 시에 사용하기 때문에 MRI 촬영 시에는 사용하지 않는다.

정답 ②

29 조영제에 대한 설명 중 옳지 않은 것을 고르시오.

① 양성조영제는 X선의 비투과로 인해 방사선 영상에 흰색으로 나타난다.
② 음성조영제는 X선의 투과성으로 인해 방사선 영상에 검정색으로 나타난다.
③ 요오드계 조영제와 비요오드 조영제는 음성조영제에 포함된다.
④ 요오드계 조영제는 신장, 척수조영 등에 사용되며 대표적으로 Omnipaque이 사용된다.
⑤ 비요오드계 조영제는 체내에 흡수되지 않고 배출되며 식도 및 위장 조영에 사용된다.

해설

조영제는 크게 양성조영제와 음성조영제로 분류되며 요오드와 비요오드성 조영제 모두 X선의 비투과로 인해 방사선에 흰색으로 나타나는 양성조영제에 포함된다.

정답 ③

30 응급약물 관리 지침에 대한 설명으로 옳지 않은 것을 모두 고르시오.

① 응급 시 필요한 약품을 미리 구비해 신속하게 사용할 수 있도록 관리한다.
② 응급 시에 바로 사용할 수 있도록 야간진료실, 수술실 의료시설 공간에 비치한다.
③ 응급 차트에는 봉인스티커를 붙이면 여부를 알지 못하니 사용하지 않는다.
④ 약물 목록은 월간, 매일 관리하고 유효기간 체크를 반드시 해야 한다.
⑤ 응급약물의 추가 및 삭제는 동물보건사가 부족할 시 추가로 주문해 보관한다.

해설

응급 차트는 개봉 여부를 알 수 있도록 봉인스티커를 부착해야 하며 응급약물의 추가, 삭제 등의 변경이 필요한 경우에는 동물보건사가 아닌 병원장 또는 수의사가 결정해야 한다.

정답 ③, ⑤

31 다음에서 설명하고 있는 진단방법의 질환명을 고르시오.

앞쪽 미끄러짐 검사, 정강뼈 압박검사

① 십자인대단열　② 관절염　③ IVDD
④ 슬개골탈구　⑤ 부신피질기능항진증

해설

십자인대란 대퇴골(허벅지뼈)와 경골(종아리뼈)를 이어주는 인대로 무릎의 정상적인 회전을 돕고 비정상적인 움직임을 제한해 다리에 무리가 가지 않게 하는 역할을 한다.
정상일 경우 경골이 앞쪽으로 빠지지 않으며 십자인대단열일 경우 종아리가 앞쪽으로 밀리는 현상이 나타난다. 과체중, 무리한 운동, 슬개골탈구 등 다양한 원인이 존재한다.

정답 ①

32 다음 중 선천적 심장질환인 것을 고르시오.

① 패혈증　② 동맥관 개존증　③ 폐수종
④ 심장판막증　⑤ 심부전

해설

동맥관 개존증은 출생 전에는 반드시 열려 있어야 하고 출생 직후에는 닫혀야 하는 대동맥과 폐동맥 사이의 관이 출생 후에도 닫히지 않고 열려 있는 질환을 의미한다.

정답 ②

33 산욕열에서 저하되는 영양소는 무엇인지 고르시오.

① 단백질 ② 칼륨 ③ 칼슘
④ 지방 ⑤ 마그네슘

해설

산욕열은 임신기간 중 태아의 골격 발달 및 산후 및 수유기간에 의한 칼슘 소모에 의해 체내 혈중 칼슘 농도가 급격하게 저하되는 질환이다. 저칼슘혈증의 증상으로는 근육축소, 경련, 마비, 기력저하 등이 나타난다. 대체로 나이가 적은 개체나 소형견에게 많이 나타나며 출산 전후로 영양이 부족한 경우에 발생한다.

정답 ③

34 다음이 설명하는 질병의 이름을 고르시오.

> 뇌 속의 정상부위(뇌실)와 또는 뇌를 덮는 조직의 내층과 중간층 사이에 체액이 추가로 축척되어 배출이 되지 않아 뇌척수액이 뇌 안에 비정상적으로 축적되는 질병을 말한다.
> 두개골 안의 두 개내압을 증가시키고 나이가 어릴 경우 머리가 점진적으로 커질 수 있으며 경련, 정신적 장애 등의 증상이 나타난다.

① 뇌졸중 ② 뇌혈관협착 ③ 뇌종양
④ 수두증 ⑤ 뇌경색

해설

① 뇌졸중 : 뇌의 일부분에 혈액을 공급하는 혈관이 막히거나(뇌경색) 터짐(뇌출혈)으로써 그 부분의 뇌가 손상되어 나타나는 신경학적 증상이다.
② 뇌혈관협착 : 뇌 속의 작은 혈관이 좁아지는 질환이다.
③ 뇌종양 : 뇌에 발생하는 종양으로 발작, 빙빙 돌기, 운동실조, 머리 기울임 등의 증상을 보인다.
⑤ 뇌경색 : 뇌혈관이 막혀 혈액, 산소, 영양 공급 등의 장애로 뇌 조직이 손상되는 질환이다.

정답 ④

35 수의간호 기록 작성을 의미하는 SOAP의 세부적 내용을 보고 알맞은 단어를 고르시오.

> 체온, 호흡수, 체중, CRT, 배변횟수, 소변횟수 및 양, 임상병리검사 결과 기록

① SOAP = Subjective ② SOAP = Overtness ③ SOAP = Objective
④ SOAP = Assessment ⑤ SOAP = Plan

해설

Overtness = 명백한
Subjective = 주관적 자료 (보호자의 주관적인 의견 및 관찰, 기립, 자세, 사료 섭취량 등)
Assessment = 평가 (주관적, 객관적 자료를 바탕으로 전체적인 평가 실시하고 현재의 상태를 기록함)
Plan = 계획 (환자의 회복을 위한 물리치료, 투약, 간호중재 계획 및 실시 등)

정답 ③

36 개의 점막의 색에 따른 원인으로 올바르게 연결된 것을 고르시오.

① 푸른색 - 치은염
② 분홍색- 빈혈
③ 갈색(초콜릿색) - 중독
④ 노란색 - 정상
⑤ 검정색 - 황달

해설

붉은 잇몸 – 치은염, 구내염, 열사병
흰색, 창백한 잇몸 – 빈혈, 출혈 등
푸른색 – 청색증, 산소부족, 폐렴, 심부전 등
노란색 – 황달, 췌장염, 간염 등
갈색 – 중독 등

정답 ③

37 동물보건사 업무에 대한 설명으로 옳지 않은 것을 고르시오.

① 입원한 환자에 대한 간호 및 물리치료
② 내원한 환자에 대한 임상병리 및 진료 보조
③ 수술 보조 및 내원환자 처치
④ 원무관리 및 의료소모품과 기기관리
⑤ 직원 교육 및 고객상담

해설

동물보건사는 수의사의 진료 및 수술, 처치에 관한 모든 사항의 보조 업무에 대한 의무가 존재한다.

정답 ③

38 다음이 설명하고 있는 고양이에 대한 품종을 고르시오.

- 기원 및 나라 : 멕시코의 아즈텍 제국 시절 원종으로부터 기원한 것으로 추정되며 아즈텍 고양이들의 미국을 지나 캐나다에서 유전 돌연변이 결과로 생겨나 오늘날까지 혈통을 보존하고 있음
- 몸무게 : 3.5~ 7kg
- 특징 : 사회성이 좋으며 활동적이어서 다른 고양이들과 함께 잘 지내며 곤충이나 벌레를 쫓아다니는 모습을 자주 볼 수 있으며 극단모의 피모를 가지고 있다.

① 샴 ② 아비시니안 ③ 페르시안
④ 뱅골 ⑤ 스핑크스

정답 ⑤

39 개의 사회화 시기에 나타나는 행동과 특징에 관한 설명으로 옳은 것을 고르시오.

① 아직 치아가 없고 눈, 귀가 닫혀 있는 상태이며, 체온 유지가 어렵고 동배와 어미와 함께 생활해야 하는 시기
② 젖니가 나오기 시작하며 배변유도를 위해 모견이 자견의 배나 항문을 자극시키는 모습을 볼 수 있는 시기
③ 혼자 배변을 보기 시작하고 호기심으로 집 밖으로 걸어 다니는 모습을 보이며, 모유 외 성견 사료를 섭취할 수 있는 시기
④ 다른 견종과 사람들, 다양한 환경에 노출되어 사회성을 배워야 하는 시기이며 배변 훈련이나 간단한 훈련이 가능한 시기
⑤ 근육의 양이나 운동성이 줄어들며 자신이 편안해 하는 공간에서 많이 자는 모습을 보이며 치아가 약해져 딱딱한 음식을 주의해야 하는 시기

해설

①, ②는 신생자견(출생직후) 시기, ③은 과도기, ⑤는 노년기에 대한 설명이다.

정답 ④

40 응급환자로 분류되지 않는 환자의 모습을 고르시오.

① 소변을 보거나 보행할 때 비명을 지르고 움직이지 못하며 떠는 모습
② 점막이 흰색이며 헥헥거리는 팬팅(panting) 현상이 지속되는 모습
③ 교통사고로 출혈이 지속되며 뼈가 골절된 모습
④ 안구압박을 지속해도 경련 및 발작을 멈추지 못하는 모습
⑤ 진통이 지속되고 태아가 모습을 보이지만 출산하지 못하는 난산의 모습

해설

①의 증상은 슬개골 탈구나 다리 쪽의 파행의 모습을 보여 병원에서 진단 후 진통제 처방 또는 일상생활에서 보호자의 관리 하에 높은 곳에서 뛰는 행동이나 무리한 운동을 자제해야 한다.

정답 ①

41 다음 중 심폐소생술 절차를 올바르게 나열한 것을 고르시오.

㉠ 기도유지 및 호흡 여부 확인
㉡ 환자를 바르게 눕히고 흉부 압박지점 확인
㉢ 인공호흡 2~3회 실시
㉣ 흉부 압박을 약 20~30회 실시
㉤ 호흡상태를 주의 깊게 관찰

① ㉠ → ㉢ → ㉣ → ㉡ → ㉤
② ㉡ → ㉤ → ㉠ → ㉤ → ㉢
③ ㉡ → ㉣ → ㉠ → ㉢ → ㉤
④ ㉣ → ㉡ → ㉠ → ㉢ → ㉤
⑤ ㉣ → ㉢ → ㉠ → ㉡ → ㉤

해설

먼저 환자의 의식 여부를 확인한 후
㉡ 환자를 바르게 눕히고 흉부 압박지점을 확인(품종과 체형 등을 확인 후 정확한 부분을 압박해야 함)
㉣ 흉부 압박을 약 20~30회 실시(약 분당 100~120회 이상의 속도로 진행)
㉠ 기도유지 및 호흡 여부를 확인(코와 입속의 이물질이 있으면 제거하고 머리와 몸을 일직선으로 위치시킴)
㉢ 인공호흡 2~3회 실시(코 부분으로 인공호흡을 실시하고 가슴이 올라오는지 확인함)
㉤ 호흡 상태를 주의 깊게 관찰

정답 ③

42 개와 고양이의 신체충실지수를 BCS라고 한다. 비만의 경우 포함되는 BCS를 고르시오.

① BCS 2 ② BCS 4 ③ BCS 5
④ BCS 8 ⑤ BCS 6

해설

야윔	저체중	적정체중	과체중	비만
BCS 1-2	BCS 3	BCS 4-5	BCS 6	BCS 7-9

정답 ④

43 동물 행동이론의 강화 종류 중 사회적 강화에 포함되는 것을 모두 고르시오.

㉠ 음식 ㉡ 놀이 ㉢ 웃음 ㉣ 함께 시간 보내기 ㉤ 쓰다듬기 ㉥ 장난감

① ㉠, ㉣ ② ㉢, ㉤ ③ ㉡, ㉢
④ ㉢, ㉥ ⑤ ㉣, ㉥

해설

물질적 강화	음식, 장난감
활동적 강화	산책, 놀이
사회적 강화	웃음, 쓰다듬기
간접적 강화	함께 시간 보내기

정답 ②

44 다음 중 일반폐기물이 아닌 것을 고르시오.

① 수액세트, 붕대
② 일회용주사기, 생리대
③ 혈액이 묻은 탈지면, 체액이 함유된 거즈
④ 폐혈액백, 슬라이드
⑤ 일회용 기저귀, 분비물이 묻은 패드

해설

폐기물관리법 시행령[별표2] <개정2019.10.29.>
의료폐기물의 종류 1. 격리의료폐기물 : 「감염병의 예방 및 관리에 관한 법률」 제2조 제1호의 감염병으로부터 타인을 보호하기 위하여 격리된 사람에 대한 의료행위에서 발생한 일체의 폐기물 2. 위해의료폐기물 가. 조직물류폐기물 : 인체 또는 동물의 조직 · 장기 · 기관 · 신체의 일부, 동물의 사체, 혈액 · 고름 및 혈액생성물(혈청, 혈장, 혈액제제) 나. 병리계폐기물 : 시험 · 검사 등에 사용된 배양액, 배양용기, 보관균주, 폐시험관, 슬라이드, 커버글라스, 폐배지, 폐장갑 다. 손상성폐기물 : 주사바늘, 봉합바늘, 수술용 칼날, 한방침, 치과용침, 파손된 유리재질의 시험기구 라. 생물 · 화학폐기물 : 폐백신, 폐항암제, 폐화학치료제 마. 혈액오염폐기물 : 폐혈액백, 혈액투석 시 사용된 폐기물, 그 밖에 혈액이 유출될 정도로 포함되어 있어 특별한 관리가 필요한 폐기물 3. 일반의료폐기물 : 혈액 · 체액 · 분비물 · 배설물이 함유되어 있는 탈지면, 붕대, 거즈, 일회용 기저귀, 생리대, 일회용 주사기, 수액세트

정답 ④

45 다음이 설명하는 사료의 특징을 보고 올바른 사료의 이름을 고르시오.

장점 : 기호성이 좋고 비교적 소화가 잘 된다. 불에 의한 조리 과정을 거쳐 세균이나 기생충에 감염될 가능성이 낮다.

단점: 간편성이 비교적 떨어지며 소화가 빨라 허기를 잘 느낄 가능성이 있다.

① 건식사료 ② 습식사료 ③ 반습식사료
④ 생식사료 ⑤ 화식사료

해설

화식사료는 생식사료에 불을 사용해 조리 과정을 거쳐 익힌 사료이다.

정답 ⑤

46 치주염(Periodontitis)의 염증이 발생하는 부위를 고르시오.

① 치석과 치아 사이 ② 상아질 ③ 치주인대
④ 법랑질 ⑤ 치수

해설

치주염은 잇몸과 잇몸뼈 주변의 치주인대까지 염증이 진행된 상태를 의미하며 잇몸의 염증이 진행될 경우 조직 손상과 치아의 흔들림 및 출혈의 증상이 나타난다.

정답 ③

47 동물보건사가 동물병원에서 손님을 대하면서 나타날 수 있는 방법이 아닌 것을 고르시오.

① 라포(Rapport) 형성　② 메라비언의 법칙　③ Primacy effect
④ small talk　⑤ Emotinal Reasoning

해설

Emotinal Reasoning 은 감정적 생각이라는 뜻으로 막연히 느끼는 감정에 근거해 결론을 내리는 잘못된 대화기법이다. 동물보건사는 보호자와의 상담 시 있는 그대로를 기입해야 하며 저장하고 담당 수의사에게 전달해야하는 의무가 존재한다.

정답 ⑤

48 다음 기니피그에 대한 설명으로 옳지 않은 것을 고르시오.

① 성체 기니피는 총 20개의 치아를 가지고 있다.
② 앞발의 발가락은 3개이며 뒷발의 발가락은 4개이다.
③ 암 수 모두 한 쌍의 유선을 가지고 있다.
④ 후각소통, 소리를 통한 소통도 가능하다.
⑤ 4개월 이후의 성성숙 이후에는 음경뼈가 생성된다.

해설

앞발의 발가락은 4개이며 뒷발의 발가락은 3개이다.

정답 ②

49 응급환자 분류 방법 중 START(Simple Triage and Rapid Treatment) 중상의 상태, 간단한 치료나 처치를 받으면 생존할 수 있는 그룹으로 분류되는 색상을 고르시오.

① Red　② Yellow　③ Green
④ Brown　⑤ Black

해설

Red	위험 – 생존을 위해 치료나 처치가 즉시 필요함
Yellow	중상 – 간단한 치료나 처치를 받으면 생존할 수 있음
Green	경상 – 치료 및 처치가 없어도 생존이 가능함
Black	사망 or 가망 없음 – 어떤 치료나 처치를 받아도 생존 불가능함

정답 ②

50 다음 중 산소 처치가 필요한 경우를 고르시오.

① Dyspnea ② Haemorrhage ③ Burns
④ Wound ⑤ Hypothermia

해설

Dyspnea (호흡 곤란)	호흡기계 질병 및 손상으로 응급상황으로 이어질 가능성이 매우 높은 상태로 적절한 산소 공급과 흥분하지 않도록 릴렉스한 상태를 유지해야 함
Haemorrhage (출혈)	신체의 혈관이 손상되어 출혈이 발생하고 쇼크로 이어질 가능성이 매우 높아 빠른 지혈과 적절한 조치를 취해야 함
Burns (화상)	조직이 파괴되어 피부와 피모에 손상이 나타나며 정도에 따라 통증과 쇼크 및 탈수가 일어날 수 있음
Wound (상처)	신체의 내외부에서 조직이 파괴된 상태이며 상처가 깊을 경우 Haemorrhage(출혈)로 이어질 가능성이 매우 높으며 빠르게 지혈을 해주어야 함
Hypothermia (저체온증)	정상체온보다 체온이 낮아지며 신체가 체온조절이 되지 않는 상태를 의미하며 운동성이 낮아지며 의식상실 및 심장마비로 이어질 가능성이 높은 상태

정답 ①

51 다음 중 X-ray tube에 대한 설명으로 옳지 않은 것을 고르시오.

① X-ray tube에서 X선이 발생하며 전자에서 발생된 에너지의 99%는 열로 전환되고 1%만 X선으로 변환된다.
② 음극에서 생성된 전자가 양극으로 이동해 양전하의 타깃에 충돌해 X선이 발생한다.
③ 타깃에 충돌될 때 약 2,500도 이상의 높은 열이 발생한다.
④ X-ray tube의 내부는 절연유인 기름이 채워져 있으며 외부는 금속 덮개로 이루어져 있다.
⑤ 양극의 타깃은 고열에 강한 텅스텐(Tungstan) 등의 재질이 사용되며 양극의 각도는 음극과 수평으로 이루어져 있다.

해설

양극의 타깃은 고열에 강한 텅스텐(Tungstan) 등의 재질이 사용되며 양극의 각도는 X선을 X선관 밖으로 배출시켜야 하기 때문에 약간 기울어진 각도로 이루어져 있다. 양극의 각도는 7~20도 기울어져 있다.

정답 ⑤

52 **피폭선량을 측정하는 방사선 선량계는 티엘배지와 필름배지가 있는데 주기마다 1회 이상 피폭선량을 측정해야 한다. 다음 중 알맞은 주기를 고르시오.**

① 티엘배지 : 3개월 / 필름배지 : 6개월
② 티엘배지 : 1개월 / 필름배지 : 3개월
③ 티엘배지 : 3개월 / 필름배지 : 1개월
④ 티엘배지 : 6개월 / 필름배지 : 12개월
⑤ 티엘배지 : 12개월 / 필름배지 : 6개월

해설

방사선 종사자는 방사선 선량계를 사용해 개인별로 피폭선량을 측정해야 하며 방사선 앞치마 착용 시 앞치마 안쪽에 장착한다. 측정한 결과는 검사센터로 정기적으로 체크해야 한다.
다만 주당 최대 동작부하의 총량이 8mA/분 이상(1회 촬영이 5mA/s일 경우 100회 이상) 동물병원에만 적용되는 의무사항이다.

정답 ③

53 **방사선 촬영 중 옳지 않은 것을 고르시오.**

① 납장갑을 착용할 경우 시준기를 크게 확대해 사용하며 촬영 시 장갑부분이 노출되어도 관계없다.
② 방사선앞치마는 주로 0.5mmPb의 납당량이 함유된 것으로 사용되며 차폐율이 98.5%이다.
③ 방사선 종사자의 X선 노출은 주로 1차 X선과 산란선에 의해 일어난다.
④ 방사선 노출을 최소화하기위해 재촬영 횟수를 목적에 맞게 촬영도 최소화하는 것이 좋다.
⑤ 촬영 시 보조 인원은 최소화하며 방사선구역에 어린아이나 임산부는 출입을 금한다.

해설

시준기는 촬영범위를 조절하는 장치로 방사선 촬영 시 목적에 맞게 크기를 조절해야 하고 장갑을 끼더라도 1차 X선은 100% 차폐되지 않는다는 것을 주의해야 하며 촬영부위를 제외한 부위는 최대한 촬영되지 않도록 조절해서 촬영한다.

정답 ①

54 방사선 촬영 시 공기, 금속, 뼈, 지방, 금속 중 밀도가 낮아 투과성이 높은 순서대로 나열한 것을 고르시오.

① 금속 < 뼈 < 지방 < 물 < 공기
② 금속 < 지방 < 뼈 < 공기 < 물
③ 공기 < 물 < 지방 < 뼈 < 금속
④ 공기 < 지방 < 물 < 뼈 < 금속
⑤ 공기 < 지방 < 뼈 < 물 < 금속

해설

밀도가 낮으면 투과성이 높아 방사선 촬영 시 검정색으로 보인다. 촬영 시 가장 밀도가 낮은 공기는 검정색부터 가장 밀도가 높아 흰색으로 보이는 올바른 순서는 공기 < 지방 < 물 < 뼈 < 금속이다.

정답 ④

55 다음 중 자세를 표기하는 용어가 올바른 것을 모두 고르시오.

㉠ Dorsal(배쪽)	㉡ Rostral(주둥이쪽)	㉢ Cranial(앞쪽)
㉣ Medial(바깥쪽)	㉤ Proximal(먼쪽)	㉥ Oblique(사선)

① ㉠, ㉡, ㉤
② ㉠, ㉢, ㉣
③ ㉡, ㉢, ㉥
④ ㉡, ㉣, ㉥
⑤ ㉢, ㉤, ㉣

해설

㉠ Dorsal(등쪽) – Ventral(배쪽)
㉣ Medial(안쪽) – Lateral(바깥쪽)
㉤ Proximal(몸쪽) – Distal(먼쪽)

정답 ③

56 다음이 설명하는 초음파 기기의 탐촉자의 종류를 고르시오.

- 막대 모양으로 길쭉한 형태
- 다중 크리스탈이 일렬로 배열되어 있음
- 해상도가 좋지만 투과력이 비교적 약함

① convex
② linear
③ sector
④ probe
⑤ TGC

해설

Probe는 초음파 기기의 탐촉자를 의미하며 탐촉자의 형태는 linear, convex, sector의 형태가 있다. TGC(time-gain compensation)는 검자 장기의 깊이에 따른 투과도를 보정하기 위한 설정장치이다.

- linear : 막대모양의 형태로 다중 크리스털이 일렬로 배열되어 있으며 투과력이 약함
- convex : 영상이 부채꼴 모양으로 나타남
- sector : 주로 심장초음파 검사 시 사용

정답 ②

57 다음이 설명하고 있는 응급의약품을 고르시오.

- 해독 목적으로 사용되는 응급의약품
- 특정 약물이나 독소를 흡착해 전신흡수를 방지 및 저하목적으로 사용됨
- 검정색의 무색, 무취의 분말형태
- 구토 및 설사가 발생할 수 있으며 대변의 색이 검게 변할 수 있음
- 약물을 투약 후 3시간 이내에는 다른 경구 치료지를 투여하면 안 됨

① Activated Charcoal　② Epinephrine　③ Dopamine
④ Dobutamin　⑤ Norepinephrine

해설

Epinephrine, Dopamine, Dobutamin, Norepinephrine은 아드레날린성(교감신경) 작용제로 심정지가 나타날 때 심장박동을 자극하기 위해 사용되며, 울혈성 심부전시 심장을 강화시키고 저혈압을 교정시키는 역할을 해주는 자율신경계 작용제이다.

정답 ①

58 수직 감염의 예를 올바르게 설명한 것을 고르시오.

① 보호소에서 어린 개체가 면역력이 낮아 바이러스에 감염되는 상태
② 임신한 개체가 감염되어 출생 이후에 태어난 개체에도 바이러스가 감염되는 상태
③ 바이러스의 감염된 개체가 다른 개체를 물어서 바이러스를 감염된 상태
④ 물이나 물품 등 환경을 통해 간접적으로 감염되는 상태
⑤ 완쾌된 줄 알았지만 보균 바이러스가 시간이 흐른 뒤 다시 주변 개체를 감염시키는 상태

해설

수직 감염은 여러 원인으로 인해 산모에게서 아기로 병원체가 직접 감염되는 감염 양상이며 같은 세대의 개체에서 일어나는 수평 감염과 대조되어 사용된다.

정답 ②

59 대기오염의 물질 중 1차 오염물질을 고르시오.

① 오존, 이산화질소, 황산
② 황산, 이산화황, 이산화질소
③ 일산화질소, 일산화탄소, 먼지
④ 질산, 오존, 황산
⑤ 먼지, 질산, 이산화황

해설

1차 오염물질	정의	배출원에서 대기 중으로 직접 배출된 대기오염물질
	종류	이산화황, 일산화탄소, 이산화탄소, 탄화수소, 일산화질소, 먼지 등
2차 오염물질	정의	오염물질이 대기 중 물질과 물리화학적 반응을 일으켜 생성된 오염물질
	종류	질산, 황산, 오존 등

정답 ③

60 다음 중 세균성 식중독균의 원인균을 고르시오.

① 테트로도톡신
② 보툴리누스, 웰치균
③ 간디스토마
④ 회충
⑤ 갈고리촌충

해설

테트로도톡신(tetrodotoxin)은 복어독으로 동물성 식중독균으로 분류되고, 간디스토마, 회충은 연충성 기생충증으로 분류되며, 갈고리촌충은 유구조충으로 돼지고기를 섭취해 전염되는 기생충이다.

정답 ②

2교시 임상 동물보건학, 동물 보건·윤리 및 복지 관련 법규

01 다음 중 혈압계의 특징과 이름이 올바르게 연결된 것을 고르시오.

① 도플러 혈압계 : 환자가 움직임이 심할 때 측정이 어려워 마취상태 또는 중증 말기 환자에게 주로 사용됨
② 도플러 혈압계 : 혈류의 진동 변화를 이용해 측정함
③ 오실로메트릭 혈압계 : 수축기, 이완기, 평균 혈압 모두 측정이 가능함
④ 오실로메트릭 혈압계 : 동맥혈관에서 측정하며 혈류의 소리를 증폭시켜 측정함
⑤ 오실로메트릭 혈압계 : 수축기 혈압은 측정이 가능하지만 이완기 혈압의 측정이 어려움

해설

도플러 혈압계	– 동맥혈관에서 측정하며 혈류의 소리를 증폭시켜 측정함 – 수축기 혈압은 측정이 가능하지만 이완기 혈압의 측정이 어려움
오실로메트릭 혈압계	– 환자가 움직임이 심할 때 측정이 어려워 마취상태 또는 중증 말기 환자에게 주로 사용됨 – 혈류의 진동 변화를 이용해 측정함 – 수축기, 이완기, 평균 혈압 모두 측정이 가능함

정답 ③

02 다음이 설명하는 환자의 수액교정량을 구하시오.

6kg인 강아지가 구토와 설사증상으로 내원했으며 5%의 탈수상태인 경우 6시간 동안의 수액교정량을 구하시오.
단,
탈수량 = 몸무게×1000×탈수%
유지량 = 몸무게×2,5ml(60ml/kg/24h) × 시간
수액교정량 = (탈수량+유지량) / 수액투여시간

① 60ml/h ② 65ml/h ③ 68ml/h
④ 70ml/h ⑤ 75ml/h

해설

탈수량 = 6kg ×1000× 0.05 = 300ml
유지량 = 6kg ×2.5ml(60ml/kg/24h) × 6h = 90ml
수액교정량 = (탈수량+유지량) / 6h = (300+90)/6 = 65ml/h

정답 ②

03 다음 탈수정도의 ㉠~㉤에 들어가야 하는 숫자가 옳지 않은 것을 고르시오.

탈수정도	외견의 증상	피부탄력의 회복 시간	모세혈관 재충만 시간
㉠	증상 없음	1초 전후	1초 전후
㉡	구강점막의 건조, 경미한 안구 함몰, 피부 탄력 감소	2~3초	2~3초
㉢	안검결막 건조	6~10초	2~3초
㉣	안구의 심한 함몰, 심한 침울 및 컨디션 저하, 심한 피부 탄력 저하	20~45초 (피부는 되돌아오지 않음)	3초 이상
㉤	심각한 쇼크	–	–
	급사	–	–

① ㉠ 5% 이하　② ㉡ 5~8%　③ ㉢ 8~10%
④ ㉣ 10~12%　⑤ ㉤ 15% 이상

해설

㉤ 12~15%가 심각한 쇼크 상태이며, 15% 이상은 급사 상태로 분류된다.

정답 ⑤

04 다음 중 수술팩 안에 들어가지 않는 것을 모두 고르시오.

㉠ 수술용 칼날	㉡ 메스	㉢ 메이요 가위
㉣ 후두경	㉤ 거즈	㉥ 기관 내 튜브

① ㉠, ㉡　② ㉠, ㉢　③ ㉢, ㉣
④ ㉣, ㉥　⑤ ㉤, ㉥

해설

마취 준비를 할 때 필요한 삽관세트의 기관 내 튜브와 후두경은 수술팩 안에 들어가지 않는다. 이를 제외한 수술 부위에 직접 닿는 메스, 가위, 거즈, 장갑 등은 수술팩 안에 포함해 소독을 해야 한다.

정답 ④

05 다음이 설명하고 있는 수술용 기기의 이름을 고르시오.

고주파 전류를 이용해 조직을 절개하고 혈관을 지혈하는 목적으로 사용되며 본체, 접지판, 핸드피스로 이루어져 있다. 전류에 따라 단극성과 양극성으로 분류되어 사용된다.

단극성은 접지판을 환자의 몸에 접촉해 전류를 흐르게 해 전류가 환자의 몸을 통과해 핸드피스로 도달하는 방식이며, 양극성은 기구 내에서만 흐르는 방식으로 접지판은 사용되지 않는다.

① 동물보온장치 ② 전기수술기 ③ 호흡마취기
④ 도플러측정기 ⑤ MRI

해설

전기를 이용해 술부를 절개 및 지혈하는 기기로 수술방에서 널리 사용하는 기기이다.

정답 ②

06 다음 수술 도구의 이름을 고르시오.

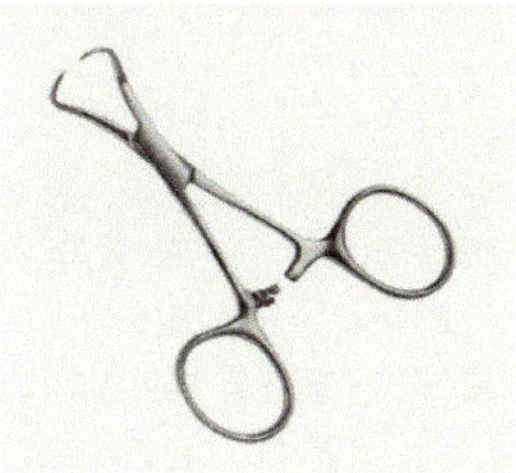

① 메이요 가위 ② 앨리스 겸자 ③ 밥콕 겸자
④ 타월 겸자 ⑤ 스펜서 가위

해설

타월 겸자는 수술 시 사용하는 의료용 겸자로 수술포를 수술부위에 고정시키는 역할을 하며 타월 클램프(towel clamps, 방포겸자)라고 부른다.

정답 ④

07 다음 중 비흡수성 봉합사가 아닌 것을 고르시오.

① silk ② cotton ③ linen
④ nylon ⑤ collagen

해설

흡수성 봉합사	화학변화에 따라 실을 제거하지 않아도 체내에서 녹아 흡수된다. 실이 녹기 때문에 장기간 봉합상태를 유지해야 하는 경우에는 사용하지 않는다. – surgical gut(catcut) – collagen, polydioxanone(PDS suture) – polyglactin 910(vicryl) – polyglycolic acid(dexon)
비흡수성 봉합사	흡수성 봉합사와는 달리 체내에 흡수되지 않고 유지되기 때문에 제거가 필요한 봉합사이다. 장기간 봉합상태를 유지해야 하는 경우에 사용된다. – silk – cotton – linen – stainless steel – nylon (dafilon, ethilon)

정답 ⑤

08 봉합사만 멸균봉지에 들어있으며 겸자로 뽑아 한 가닥씩 뽑아 사용하는 봉합사는 무엇인지 고르시오.

① 단사 ② 꼰실 ③ 절사
④ 카세트식 봉합사 ⑤ 바늘봉합사

해설

- **단사** : 한 가닥으로 이루어져 두꺼운 섬유로 구성되어있다. 수술 부위의 봉합 부분이 쉽게 풀리기 때문에 주의해야 하며 세균증식이 일어나기 어려운 장점이 있다.
- **다사(꼰실)** : 여러 개의 섬유로 되어있는 형태로 부드럽고 매듭 부위가 단사에 비해 잘 풀리지 않지만 세균증식이 일어나기 쉽다.
- **바늘봉합사** : 바늘이 달려있는 구조이며 멸균봉지에 들어있으며 바늘은 일회용으로 재사용하지 않는다.
- **절사** : 봉합사만 멸균봉지에 들어있으며 겸자로 뽑아 사용하며 한 가닥씩 바늘에 뽑아 사용한다.
- **카세트식 봉합사** : 필요한 길이만큼 잘라서 사용할 수 있다.

정답 ③

09 다음에서 설명하고 있는 지혈기구는 무엇인지 고르시오.

> 밀랍과 연화제의 혼합물로 일반적으로 일회용 제품을 많이 사용하며 뼈의 내강을 압박해 출혈을 억제한다.

① 전기지혈법 ② 써지셀 ③ 본왁스
④ 젤폼 ⑤ 거즈

해설

본왁스는 밀랍과 연화제의 혼합물로 뼈의 내강을 압박해 출혈을 억제한다. 하지만 흡수가 잘 되지 않거나 치유가 더딜 경우 감염의 위험이 있어 소량 사용한다. 일반적으로 일회용 제품을 많이 사용한다.

정답 ③

10 상처의 유형과 원인이 올바르지 않은 것을 고르시오.

① 열상 – 날카로운 물체로 인한 상처
② 욕창 – 피부 압박으로 인한 혈액순환 장애로 피부기능이 저하된 상처
③ 찰과상 – 뾰족한 물체로 인해 피부가 뚫린 상처
④ 타박상 – 외부 충격으로 인한 조직 내 출혈이 일어난 상처
⑤ 화상 – 난로, 뜨거운 액체 등으로 인한 상처

해설

유형	원인
열상	날카로운 물체로 인한 상처
화상	난로, 뜨거운 물, 드라이기, 전기 장판 등으로 인한 상처
욕창	피부 압박으로 혈액순환 장애로 인한 피부기능 저하
찰과상	미용 시의 피부상처
타박상	외부 충격으로 인한 조직 내 출혈 발생
관통상	뾰족한 물체로 인한 피부가 뚫린 상처
교상	동물끼리의 상처

정답 ③

11 다음에서 설명하고 있는 붕대법의 이름은 무엇인지 고르시오.

부목을 이용한 반원통형 깁스형태를 의미한다. 플라스틱 막대, 알루미늄 등을 사용하며 상처부위 확인 시 풀고 다시 새 붕대로 교체할 수 있으며 솜붕대와 거즈붕대를 이용해 상처부위를 감싼 후 스프린트를 대고 탄력붕대로 감아준 다음 코반으로 고정한다.

① 스프린트　② 캐스트　③ 칼슘 알지네이트
④ 하이드로콜로이드　⑤ 폼 드레싱

해설

붕대법	• 캐스트 – 석고붕대, 깁스붕대라고도 불리며 외부 보호를 위해 원통형으로 둘러싸고 단단하게 굳히는 것을 의미한다. 최근에는 유리섬유를 사용하기도 하며, 늘어나도 원래 형태로 돌아가는 탄력성이 있다.
드레싱	• 칼슘 알지네이트 – 해초에서 추출한 드레싱, 비접착식 드레싱으로 드레싱을 고정할 2차 드레싱이 필요함, 상처 부위를 수분감 있게 보호함, 분비물 및 삼출물이 많을 경우에 적절함. 흡수력이 뛰어남, 건조한 상처에는 부적절함 • 하이드로콜로이드 – 얇고 납작한 불투명 형태, 물이 통과되지 않으며 방수기능이 있음. 삼출물이 약간 존재할 경우 사용이 가능하지만 삼출물이 많을 경우에는 부적절하고 부종을 감소시킴, 부착 후 약 7일 정도 유지 가능함 • 폼 드레싱 – 바깥쪽은 반투과성 필름이며 안쪽은 폴리우레탄 폼의 형태, 비접착성 드레싱 드레싱을 고정할 2차 드레싱이 필요함, 공기는 통과함 물은 통과하지 못함, 삼출물을 흡수하며 삼출물이 있는 상처에 적용하기 적절함

정답 ①

12 다음 용품이 사용되는 경우를 고르시오.

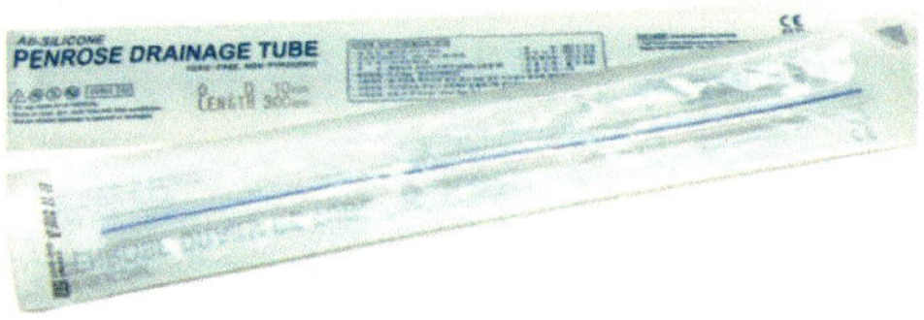

① 마취기의 기화기에 연결하여 사용 농도를 설정해 휘발성 흡입마취제를 기화시킨다.
② 석션기를 사용하지 않고 중력 및 압력의 차이를 이용해 체강 안의 액체를 배출시킨다.
③ 환자의 해당부위에 직접 주사하거나 국소마취제를 도포해 주로 간단한 처치에 사용한다.
④ 밀랍과 연화제의 혼합물로 일회용 제품을 많이 사용하며 뼈의 내강을 압박해 출혈을 억제한다.

⑤ 산화된 재생성 셀룰로오스 성분으로 지혈보조제이며 일반적으로 출혈 부위가 큰 부위보다는 국소적으로 사용한다.

해설

제시된 사진은 '펜로즈 드레인'으로 수동배액에서 가장 많이 사용하는 용품이며, 펜로즈 드레인에 튜브를 연결해 액체를 제거한다.
① 마취기, ③ 국소마취, ④ 본왁스, ⑤ 써지셀에 대한 설명이다.

정답 ②

[13~14] 다음 그림을 보고 물음에 답하시오.

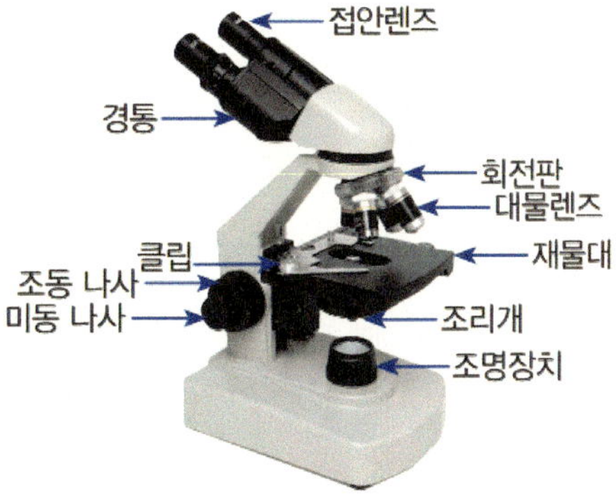

13 다음이 설명하는 구조의 명칭을 고르시오.

> 회전판을 돌려가면서 원하는 배율로 관찰한다. 대물렌즈의 길이가 각각 다른 것은 배율의 차이이며 고배율일수록 렌즈의 길이가 길다.

① 회전판 ② 접안렌즈 ③ 조리개
④ 대물렌즈 ⑤ 조동나사

정답 ④

14 **다음이 설명하는 구조의 명칭을 고르시오.**

> 관찰할 슬라이드글라스를 올려놓는 곳으로, 중앙 부위에는 빛이 통과할 수 있도록 구멍이 뚫려 있다.

① 재물대 ② 조동나사 ③ 미동나사
④ 조리개 ⑤ 대물렌즈

정답 ①

15 **다음이 설명하는 소변검체 채취법을 고르시오.**

장점	초음파를 사용하기 때문에 슬러지와 결석 등이 있는지 함께 확인이 가능하다.
단점	반려동물이 스트레스를 받을 수 있으며 진행 도중 가만히 있지 않을 경우에는 채취가 어려울 수 있다.

① 자연배뇨 ② 방광압박 ③ 방광천자
④ 요도카테터 ⑤ 침전법

해설

방광천자는 초음파와 주사기를 이용해 방광 내에 직접 삽입해 소변을 채취하는 방법이다. 방광에 소변이 어느 정도 차 있어야 채취가 가능하며 자연배뇨와 압박배뇨와는 달리 무균으로 채취가 가능하기 때문에 세균 배양 검사가 가능하다.

정답 ③

16 **다음 호기말이산화탄소분압(capnograph)의 정상파형에서 이산화탄소 배출이 종료되어 호기말이산화탄소분압의 파형이 떨어지는 형태의 구간을 고르시오.**

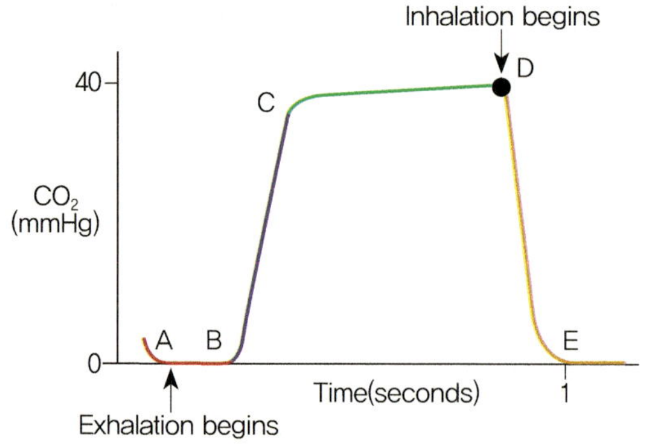

① A – B ② B – C ③ C – D
④ D – E ⑤ B – D

해설

A ~ B	아래에서 위로 올라가는 시작 부분으로 날숨 시작과 함께 이산화탄소 농도가 상승하기 시작하며 B 부분에서는 폐 안의 이산화탄소를 내보내기 시작한다.
B ~ C	이산화탄소 배출이 계속되어 일직선으로 유지되는 부분으로 약간씩 상승하는 형태이다.
C ~ D	이산화탄소 배출이 종료되어 호기말이산화탄소분압의 파형이 떨어지는 형태이다.
D ~ E	들숨 단계에 해당된다.

정답 ③

17 다음이 설명하는 피부 검사의 명칭을 고르시오.

> 투명한 테이프를 이용해 환자의 병변에 직접 붙였다가 떼어내어 검사하는 방법이다. 테이프의 접착력이 부족할 경우와 검사 부위가 오염되었을 경우 정확한 검사가 어려워 주의해야 한다.

① Skin scraping ② TST ③ DTM
④ Wood lamp ⑤ Ligasure

해설

테이프압인검사(TST/tape strip test)는 투명테이프, 슬라이드를 이용한 피부검사 방법이며 세균, 진균, 귀진드기 등을 관찰할 수 있다.

테이프압인검사(TST/tape strip test) 진행 순서

투명한 테이프를 적당한 크기로 준비한다.
▼
환자의 병변에 테이프를 붙였다 떼어낸다.
▼
테이프를 슬라이드글라스에 부착한다.
▼
현미경을 이용해 저배율에서 고배율로 관찰한다.

정답 ②

18 다음이 설명하는 혈액검체 용기에에서 빈칸에 들어갈 알맞은 말을 고르시오.

> 용기 뚜껑의 색은 보라색이며, 일반혈액검사와 혈액도말검사에 사용되고 전혈구 계산(CBC)검사에 적합하다. 채혈한 혈액은 충분히 흔들어서 섞어 용량에 맞게 넣는 것이 좋으며, 항응고제인 EDTA가 포함되어 있어 ( )과 결합해 응고를 억제하는 작용을 한다.

① 트롬빈　② 칼륨　③ 칼슘
④ 단백질　⑤ 지방

해설

제시된 내용은 EDTA 용기에 대한 설명이며, 항응고제인 EDTA가 포함되어 있어 칼슘과 결합해 응고를 억제하는 작용을 한다.

• 항응고제

항응고제는 채혈된 용액이 응고되지 못하도록 하는 물질을 의미한다.
- EDTA : 일반 혈액검사에서 가장 많이 사용되는 항응고제이며, 칼슘이온을 제거해 응고작용을 한다.
- 헤파린 : 혈액화학검사에 이용되며, 효소의 작용을 방해해 응고작용을 한다.
- 구연산나트륨(sodium citrate) : 혈액 응고계 검사에 사용되며, 칼슘이온을 제거해 혈액을 응고시키는 작용을 한다.

정답 ③

19 혈액검사 중 다음이 설명하는 것을 고르시오.

> 미세소체막 결합 당단백질로 담관계와 관련이 있고 담즙 정체에 반응해 증가한다. 일반적으로 ALP와 평행하게 증가하지만 간 괴사에는 비교적 영향을 덜 받는다.
>
> 초유와 모유에 함유되어 있기 때문에 수유 중인 강아지는 약 10일경까지 이 농도가 높다. ALP와 함께 측정하는 것이 진단적 가치가 높으며 ALP와 비교했을 때 개는 특이도가 높고 민감도가 낮으며, 고양이는 특이도가 낮고 민감도가 높다.

① ALT　② AST　③ Ammonia
④ GGT　⑤ Creatinine

해설

① ALT : 간세포질 내 효소로 혈청보다 약 10,000배 높은 농도로 존재한다. 개와 고양이에게 민감도가 높으며 주로 간세포의 손상여부를 알아보기 위해 측정하는 효소의 종류이다.
② AST : 간세포 손상에 의해 방출되지만 심근, 골격근에도 존재한다. 간 질병인 경우 AST는 ALT와 함께 평행하게 증가한다.

③ Ammonia : 간과 근육에서 단백질, 아미노산이 분해될 때 생성되며 쓸개관염, 간질병일 경우 암모니아 수치가 상승하며 암모니아는 체내 독성물질로 작용해 암모니아 수치가 높을 경우 발작 및 경련을 발생할 수 있는 가능성이 있다.
⑤ Creatinine(크레아틴) : 골격근에서 크레아틴이 분해할 경우 생성되며 대표적으로 신부전이 발생했을 때 상승하지만 초기에는 발견이 어려우며 말기 즉 신장의 약 75%이상 손상이 되었을 때 수치가 상승한다.

정답 ④

20 다음이 설명하는 혈액의 종류를 고르시오.

저혈량성 쇼크, 급성 다량 실혈, 실혈을 동반한 응고병, 파종성혈관 내 응고 등에 사용하며 채혈 후 8시간 이내 사용한다.

① 보존전혈(SWB)　② 농축전혈(PRCs)　③ 동결혈장(FP)
④ 신선동결혈장(FFP)　⑤ 신선전혈(FWB)

해설

혈액성분	적응유형	유통기한
신선전혈(FWB)	– 급성 다량 실혈 – 저혈량성 쇼크 – 실혈을 동반한 응고병 – 실혈을 동반한 혈소판감소증 – 파종성혈관 내 응고	– 채혈 후 8시간 이내
보존전혈(SWB)	– 빈혈 – 저혈량성 쇼크	ACD 또는 CPD의 경우 – 35일 이내 사용가능 – 1~6℃의 냉장보관
농축전혈(PRCs)	– 정상혈향성 빈혈	– 35일 이내 사용가능 – 1~6℃의 냉장보관
신선동결혈장(FFP)	– 응고장애 – 항응고 살서제 중독 – 저알부민혈증	– 12개월 이내 사용가능 – –18℃ 이하 냉동보관
동결혈장(FP)	– 응고장애 – 저알부민혈증	– 5년 이내 사용가능 – –20℃ 이하 냉동보관
농축혈소판	– 혈소판병 – 혈소판감소증	– 5일 이내 사용가능 – 22℃에 보관
동결침전물(Cryo)	– 혈우병 – 저피브리노겐혈증 – 폰빌레브란트 병	– 12개월 이내 사용가능 – –18℃ 이하 냉동보관

정답 ⑤

21 소변의 색상과 원인 및 질병이 올바르게 연결되지 않은 것을 고르시오.

① 붉은색 – 방광염, 출혈성 질병
② 오렌지색 – 황달 및 탈수
③ 흑갈색 – 췌장염
④ 혼탁 – 세균감염, 이물질
⑤ 초록색 – 황달, 세균감염

해설

소변의 색	원인 및 질병
붉은색, 적갈색	혈뇨, 혈색소뇨 – 방광염, 요로감염, 요로결석, 출혈성 질병
흑갈색	메트헤모글로빈 – 혈액세포 손상, 양파 중독 증상
오렌지색	고농축의 소변, 빌리루빈뇨 – 황달 및 탈수
초록색	세균감염 – 황달

소변이 혼탁한 경우	– 세균에 의한 감염 – 혈뇨일 경우 – 이물질이 포함되었을 경우 – 오랜 시간의 방치로 인해 침전되었을 경우

정답 ③

22 단단한 조직을 봉합하는 봉합침은 무엇인지 고르시오.

① 환침
② 역각침
③ 각침
④ 주사침
⑤ 한방침

해설

환침	바늘끝이 동그란 형태의 바늘 – 대체로 부드러운 조직을 봉합하는 데 사용됨 (혈관, 피하지방 등)
각침	바늘끝이 뾰족하게 삼각형 모양으로 각진 형태의 바늘 – 피부, 안조직을 봉합하는 데 사용됨
역각침	바늘끝이 역삼각형 모양의 각진 형태의 바늘 – 단단한 조직을 봉합하는 데 사용됨

정답 ②

23 다음이 설명하는 결석의 종류를 고르시오.

- 소변 ph : 중성뇨~알칼리뇨
- 외형 : 3~8면의 무색 프리즘 형태
- 방사선상 윤곽 : 부드럽고 둥글거나 평면 / 요관, 방광, 요도 등 위치에 따라 다름
- 성별 : 암컷(80%)
- 호발 연령 : 2~9세

① struvite ② cystine ③ Calcium oxalate
④ silica ⑤ Urate

해설

제시된 내용은 스트루바이트(struvite)에 대한 설명이다.

cystine(시스틴)	• 소변 ph : 산성뇨~중성뇨 • 외형 : 얇고 무색의 육각면 • 방사선상 윤곽 : 부드럽고 드물게 불규칙적 계란 모양 • 성별 : 수컷(98%) • 호발 연령 : 1~7세
Calcium oxalate (칼슘 옥살레이트)	• 소변 ph : 산성뇨~중성뇨 • 외형 : 무색의 외곽 또는 8면체 (방추형, 아령 모양) • 방사선상 윤곽 : 거칠고 뾰족함, 작고 부드러운 둥근 모양 • 성별 : 수컷(70%) • 호발 연령 : 5~12세
silica(실리카)	• 소변 ph : 산성뇨~중성뇨 • 외형 : 관찰되지 않음 • 방사선상 윤곽 : 원형 중심에 방사선 모양 • 성별 : 수컷 (95%) • 호발 연령 : 3~10세
Urate(유레이트)	• 소변 ph : 산성뇨~중성뇨 • 외형 : 노란색~갈색 무정형 • 방사선상 윤곽 : 부드럽고 드물게 불규칙적 계란 모양, 둥근 모양 • 성별 : 수컷 (90%) • 호발 연령 : 1~5세

정답 ①

24 고양이 FLUTD에 대한 설명으로 옳지 않은 것을 고르시오.

① 부적절한 장소에 배뇨하며 통증, 혈뇨, 배뇨곤란 등의 증상을 보인다.
② 중성화한 고양이는 발병률이 확연히 낮아진다.
③ 진단방법은 방사선검사, 초음파, 요검사, 혈액 검사 등이 있다.
④ 비폐색일 경우 대부분 10일 이내에 자연회복이 가능하지만 반복적으로 재발할 수 있다.
⑤ 슬러지로 인한 폐색일 경우 카테터에 30~50CC 주사기를 연결하고 강하게 Flushing하여 슬러지가 바깥으로 배출되도록 한다.

해설

요도 카테터 장착할 경우 슬러지로 인한 폐색일 경우 카테터에 30~50CC 주사기를 연결하고 강하게 Flushing 하여 슬러지가 바깥으로 배출되도록 한다.
음경 끝의 좁은 부위까지 개통될 경우 방광 내부로 Flushing해 요도가 개통되었을 때 요도 카테터를 통과시켜 포피에 고정봉 합하고 카테터를 통해 배뇨할 수 있도록 처치한다.
발병률은 중성화 여부와 관계가 없다.

정답 ②

25 Diff-quik 염색법의 과정 중 옳지 않은 것을 모두 고르시오.

㉠ 1번 염색약(메탄올)으로 염색이 가능하도록 고정하는 역할을 한다.
㉡ 2번 염색약(blue)으로 염색을 진행한다.
㉢ 3번 염색약(red)으로 염색을 진행한다.
㉣ 1초씩 5회 정도 세척하며 염색약이 슬라이드에 관찰될 때까지 진행한다.
㉤ 드라이기를 이용해 충분히 건조시킨다.

① ㉠, ㉡　② ㉡, ㉢　③ ㉢, ㉣
④ ㉣, ㉤　⑤ ㉠, ㉤

해설

㉡ 2번 염색약(red)으로 염색을 진행한다.
㉢ 3번 염색약(blue)으로 염색을 진행한다.

정답 ②

26 식도 이물에 대한 설명으로 옳지 않은 것을 고르시오.

① 이물이 작을 경우는 협착부위 앞쪽에 걸리며 이물이 클 경우 흉곽입구, 식도 원위부에 걸리게 된다.
② 심할 경우 식도 폐색, 협착과 저산소증, 폐렴 등의 가능성이 있다.
③ 증상으로는 구역질, 구토, 기력저하, 기침, 침 흘림 등이 있다.
④ 증상 중 유연은 고양이보다 강아지에게 자주 나타난다.
⑤ 식도 이물이 제거 불가능하거나 식도 천공이 생기는 경우 가슴창냄술을 통한 수술로 처치한다.

해설

가슴창냄술(thoracotomy)은 가슴 벽을 절개해 배액, 배출을 목적으로 가슴 안으로 구멍을 내는 처치이다.

정답 ⑤

27 사용한 주사기(주사침)와 약물 등의 폐기 방법으로 옳지 않은 것을 고르시오.

① 주사기 : 일반 골판지류 의료폐기물
② 주사바늘 : 상자형 합성수지류의 손상성 폐기물
③ 앰플 : 상자형 합성수지류의 손상성 폐기물
④ 바이알 : 일반폐기물
⑤ 혈액이 묻은 거즈 및 붕대 : 상자형 합성수지류의 손상성 폐기물

해설

혈액이 묻은 거즈 및 붕대는 수액세트, 주사기와 함께 일반 골판지류 의료폐기물로 분류해 폐기한다.

정답 ⑤

28 카테터 크기별 바늘구멍의 색깔이 올바르게 연결되지 않은 것을 고르시오.

① 18G : 초록색　② 14G : 주황색　③ 16G : 회색
④ 20G : 분홍색　⑤ 24G : 파란색

해설

크기	14G	16G	18G	20G	22G	24G
바늘구멍 색	주황색	회색	초록색	분홍색	파란색	노란색

정답 ⑤

29 5kg의 개의 기관 내 튜브의 올바른 내경을 고르시오.

① 5~6 ② 8~9 ③ 9~10
④ 11~12 ⑤ 3

해설

구분	체중(kg)	기관내튜브 내경(ID)
개(DOG)	2	3~4
	5	5~6
	10~12	7~8
	14~16	8~9
	18~20	9~10
	27	11~12
고양이(CAT)	1	3
	2	3~3.5
	4~5	3.5~4
	5	4~4.5

정답 ①

30 다음을 보고 평균혈압을 계산하시오.

- 평균혈압 계산방법: 이완기 혈압 + $\frac{\text{수축기 혈압} - \text{이완기 혈압}}{3}$
- 수축기 혈압 : 146
- 이완기 혈압 : 80

① 90 ② 95 ③ 102
④ 110 ⑤ 115

해설

구분	수축기 혈압	이완기 혈압	평균혈압
개	100~160	60~110	90~120
고양이	120~170	70~120	90~130

정답 ③

31 동물보호센터의 역할과 목적이 올바르지 않은 것을 고르시오.

① 구조 동물을 보호하며 생존율을 높이기 위함
② 보호 동물의 건강상태 및 행동학적 상태를 관리함
③ 동물에 대한 정책과 동물보건 정책에 대한 자료를 제공하며 관리함
④ 동물학대를 방지하기 위함
⑤ 유기동물의 수를 감소하기 위해 노력함

해설

동물보호 센터는 규정에 따르면 10일간 공고 기간을 내서 주인을 찾고, 주인이 나타나지 않을 경우 다시 10일간 분양 기간을 가지며 총 20일이 지나 분양이 안 될 경우에는 안락사를 시켜 동물보호센터의 한계가 나타난다.

정답 ⑤

32 고양이 NTR에 대한 설명으로 옳지 않은 것을 고르시오.

① 소음이나 주변 환경의 청결도를 개선하고 시민들의 불만 및 갈등을 완화함
② 시민의 민원과 불만 및 갈등을 완화시키고 길고양이의 복지를 높임
③ 길고양이를 포획해 중성화한 후 기존 포획 공간이 아닌 안전한 환경에 방사함
④ 중성화 수술로 발정기의 울음소리와 영역표시를 없애는 효과가 있으며 다양한 질병을 예방할 수 있음
⑤ 중성화 수술을 진행한 개체의 경우 귀 끝을 절개해 TNR을 진행 표식을 하여 같은 개체를 포획하지 않도록 함

해설

장점	① 길고양이 개체 수 조절 ② 주민들의 민원 감소 ③ 길고양이의 질병 예방
단점	① 수술의 위험성 존재 ② 비용이 발생함 ③ 민간의 협조가 필요해 시간이 소요됨

정답 ③

33 다음을 읽고 빈칸에 들어갈 알맞은 말을 고르시오.

동물보호법 목적(제1조)

이 법은 동물의 (㉠), 안전 보장 및 복지 증진을 꾀하고 건전하고 책임 있는 사육문화를 조성함으로써, 생명 존중의 국민 정서를 기르고 사람과 동물의 조화로운 공존에 이바지함을 목적으로 한다.

수의사법 목적(제1조)

이 법은 수의사의 기능과 수의 업무에 관하여 필요한 사항을 규정함으로써 동물의 건강 및 복지 증진, 축산업의 발전과 (㉡)의 향상에 기여함을 목적으로 한다.

	㉠	㉡
①	유기 방지	축산업의 발전
②	생명 보호	공중위생
③	유기방지	공중위생
④	생명 보호	환경위생
⑤	질병 예방	비용절감

해설

㉠ 생명 보호, ㉡ 공중위생

정답 ②

34 수의사의 결격사유가 아닌 것을 고르시오.

① 동물의 진료를 요구받았을 때 정당한 사유 없이 거부하는 사람
② 「정신건강증진 및 정신질환자 복지 서비스 지원에 관한 법률」에 따른 정신질환자. 다만 정신건강의학과전문의가 수의사로서 직무를 수행할 수 있다고 인정하는 사람
③ 피성년후견인 또는 피한정후견인
④ 마약, 대마, 그밖의 향정신성의약품 중독자
⑤ 「의료법」, 「약사법」, 「식품위생법」을 위반하여 금고 이상의 실형을 선고받고 그 집행이 끝나지 않은 사람

해설

수의사 결격사유(수의사법 제5조)
다음 어느 하나에 해당하는 사람은 수의사가 될 수 없다.
① 「정신건강증진 및 정신질환자 복지 서비스 지원에 관한 법률」에 따른 정신질환자. 다만 정신건강의학과 전문의가 수의사로서 직무를 수행 할 수 있다고 인정하는 사람은 그러하지 아니하다.
② 피성년후견인 또는 피한정후견인
③ 마약, 대마, 그밖의 향정신성의약품 중독자. 다만, 정신건강의학과전문의가 수의사로서 직무를 수행할 수 있다고 인정하는 사람은 그러하지 아니하다.

④ 「수의사법」, 「가축전염병예방법」, 「축산물위생관리법」, 「동물보호법」, 「의료법」, 「약사법」, 「식품위생법」, 「마약류관리에 관한 법률」을 위반하여 금고 이상의 실형을 선고받고 그 집항이 끝나지 아니하거나 면제되지 아니한 사람

정답 ①

35 **동물보호법 용어의 정의(법 제2조) 중 동물에 포함되지 않는 것을 고르시오.**

① 포유류 ② 갑각류 ③ 조류
④ 파충류 ⑤ 어류

해설

동물보호법 제2조(정의)

1. "동물"이란 고통을 느낄 수 있는 신경체계가 발달한 척추동물로서 다음 각 목의 어느 하나에 해당하는 동물을 말한다.
 가. 포유류
 나. 조류
 다. 파충류 · 양서류 · 어류 중 농림축산식품부장관이 관계 중앙행정기관의 장과의 협의를 거쳐 대통령령으로 정하는 동물

동물보호법 시행령 제2조(동물의 범위)

「동물보호법」 제2조 제1호 다목에서 "대통령령으로 정하는 동물"이란 파충류, 양서류 및 어류를 말한다. 다만, 식용(食用)을 목적으로 하는 것은 제외한다.

정답 ②

36 **「수의사법 시행규칙」 동물보건사의 업무 범위와 한계 규정에서 동물의 간호 업무에 포함되지 않는 것을 모두 고르시오.**

㉠ 동물에 대한 관찰	㉡ 간호판단	㉢ 체온 및 심박수 체크
㉣ 약물도포	㉤ 요양을 위한 간호	㉥ 마취보조

① ㉠, ㉡ ② ㉠, ㉢ ③ ㉡, ㉣
④ ㉢, ㉤ ⑤ ㉣, ㉥

해설

「수의사법 시행규칙」 제14조의7(동물보건사의 업무 범위와 한계)

법 제16조의5 제1항에 따른 동물보건사의 동물의 간호 또는 진료 보조 업무의 구체적인 범위와 한계는 다음 각 호와 같다.

1. 동물의 간호 업무 : 동물에 대한 관찰, 체온 · 심박수 등 기초 검진 자료의 수집, 간호판단 및 요양을 위한 간호
2. 동물의 진료 보조 업무 : 약물 도포, 경구 투여, 마취 · 수술의 보조 등 수의사의 지도 아래 수행하는 진료의 보조

plus 해설

동물보건사는 「수의사법」 제10조(무면허 진료행위의 금지)에도 불구하고 동물병원 내에서 수의사의 지도 아래 동물의 간호 또는 진료 보조 업무를 수행할 수 있다.

정답 ⑤

37 맹견에 대한 설명으로 옳지 않은 것을 고르시오.

① 중고등학교에는 출입하지 아니하도록 하여야 한다.
② 맹견의 소유자는 보험에 가입해야 하는 의무가 있다.
③ 만약 맹견으로 인해 다른 사람의 동물이 상해를 입거나 죽은 경우 사고 1건당 200만 원의 금액을 보상해야 한다.
④ 3개월 이상의 맹견과 함께 외출할 경우 목줄 및 입마개를 하여야 한다.
⑤ 이동장치에서 탈출할 수 없도록 잠금장치를 갖출 경우 목줄 및 입마개를 하지 않을 수 있다.

해설

「동물보호법」 제22조 (맹견의 출입금지 등)
맹견의 소유자 등은 다음의 어느 하나에 해당하는 장소에 맹견이 출입하지 아니하도록 하여야 한다.
① 「영유아보육법」 제2조 제3호에 따른 어린이집
② 「유아교육법」 제2조 제2호에 따른 유치원
③ 「초 · 중등교육법」 초등학교 및 특수학교
④ 「노인복지법」 제 31조에 따른 노인복지시설
⑤ 「장애인복지법」 제 58조에 따른 장애인복지시설
⑥ 「도시공원 및 녹지 등에 관한 법률」 제 15조 제1항 제2호 나목에 따른 어린이공원
⑦ 「어린이놀이시설 안전관리법」 제 2조제 2항에 따른 어린이 놀이시설
⑧ 그 밖에 불특정 다수인이 이용하는 장소로서 시 · 도의 조례로 정하는 장소

정답 ①

38 수의사법상 과태료의 금액이 다른 것을 고르시오.

① 수의사 처방관리시스템을 통하지 아니하고 처방전을 발급한 자
② 동물병원의 휴업 및 폐업의 신고를 하지 아니한 자
③ 정당한 사유 없이 동물의 진료 요구를 거부한 사람
④ 수술 등 중대진료에 대한 예상 진료비용 등을 고지하지 아니한 자
⑤ 동물병원 개설자 자신이 그 동물병원의 관리자를 지정하지 아니한 자

해설

③을 제외한 나머지는 모두 100만 원 이하의 과태료 부과 대상에 해당한다.
다음의 어느 하나에 해당하는 자에게는 500만 원 이하의 과태료를 부과한다.

위반조항	해당 내용
제11조	정당한 사유 없이 동물의 진료 요구를 거부한 사람
제17조 제1항	동물병원을 개설하지 아니하고 동물진료업을 한 자
제17조의4 제4항	부적합 판정을 받은 동물 진단용 특수의료장비를 사용한 자

정답 ③

39 다음 중 반려동물과 관련된 영업이 아닌 것을 고르시오.

① 동물장묘업 ② 동물수입업 ③ 동물의료업
④ 동물위탁관리업 ⑤ 동물운송업

해설

영업	내용
동물장묘업	다음 중 어느하나 이상의 시설을 설치 · 운영하는 영업 – 동물 전용의 장례식장 – 동물의 사체 또는 유골을 불에 태우는 방법으로 처리하는 시설, 건조 및 멸균분쇄의 방법으로 처리하는 시설 또는 화학용액을 사용해 동물의 사체를 녹이고 유골만 수습하는 방법으로 처리하는 시설 – 동물 전용의 봉안시설
동물판매업	반려동물을 구입하여 판매, 알선 또는 중개하는 영업
동물수입업	반려동물을 수입하여 판매하는 영업
동물생산업	반려동물을 번식시켜 판매하는 영업
동물전시업	반려동물을 보여주거나 접촉하게 할 목적으로 영업자 소유의 동물을 5마리 이상전시하는 영업 (다만 동물원은 제외)
동물위탁관리업	반려동물 소유자의 위탁을 받아 반려동물을 영업장 내에서 일시적으로 사육, 훈련 또는 보호하는 영업
동물미용업	반려동물의 털, 피부 또는 발톱 등을 손질하거나 위생적으로 관리하는 영업
동물운송업	반려동물을 자동차를 이용하여 운송하는 영업

정답 ③

40 반려동물의 영업 중 허가를 받아야 하는 업종이 아닌 것을 고르시오.

① 동물생산업 ② 동물수입업 ③ 동물장묘업
④ 동물미용업 ⑤ 동물판매업

해설

제69조(영업의 허가)
반려동물과 관련된 다음 각 호의 영업을 하려는 자는 농림축산식품부령으로 정하는 바에 따라 특별자치시장 · 특별자치도지사 · 시장 · 군수 · 구청장의 허가를 받아야 한다.
동물생산업
동물수입업
동물판매업
동물장묘업

정답 ④

41 **아래와 같은 위반사항에 공통으로 해당하는 벌금의 금액을 고르시오.**

- 동물을 죽음에 이르게 하는 학대행위를 한 자
- 사람을 사망에 이르게 한 자

① 5년 이하의 징역 또는 5천만 원 이하의 벌금
② 3년 이하의 징역 또는 3천만 원 이하의 벌금
③ 2년 이하의 징역 또는 2천만 원 이하의 벌금
④ 500만 원 이하의 벌금
⑤ 300만 원 이하의 벌금

해설

다음의 어느 하나에 해당하는 자는 3년 이하의 징역 또는 3천만 원 이하의 벌금에 처한다.

위반조항	해당 내용
제10조 제1항	동물을 죽음에 이르게 하는 학대행위를 한 자
제10조 제3항 제2호 또는 같은 조 제4항 제3호	– 소유자 등이 없이 배회하거나 내버려진 동물 또는 피학대동물 중 소유자 등을 알 수 없는 동물을 포획하여 죽음에 이르게 한 자 – 반려동물에게 최소한의 사육공간 및 먹이 제공 등 보호의무를 위반하여 상해나 질병을 유발한 행위로 인하여 죽음에 이르게 한 자
제16조 제1항 또는 같은 조 제2항 제1호	사람을 사망에 이르게 한 자
제21조 제1항	사람을 사망에 이르게 한 자

정답 ②

42 **동물보호센터의 장 및 운영자는 보호 중인 동물을 인도적인 방법으로 처리하여야 한다. 다음 중 인도적인 처리의 각 사유가 적절하지 않은 것을 고르시오.**

① 동물이 질병 또는 상해로부터 회복될 가능성이 낮아 보일 경우
② 지속적으로 고통을 받으며 살아가야 할 것을 수의사가 진단한 경우
③ 동물이 사람에게 질병을 옮길 가능성이 높다고 수의사가 진단한 경우
④ 동물이 다른 동물에게 위해를 끼칠 우려가 매우 높을 것으로 수의사가 진단할 경우
⑤ 동물이 다른 동물에게 질병을 옮길 가능성이 높다고 수의사가 진단한 경우

해설

동물보호법 시행규칙 제28조(동물의 인도적인 처리 등)
① 법 제46조 제1항에서 "질병 등 농림축산식품부령으로 정하는 사유가 있는 경우"란 다음 각 호의 어느 하나에 해당하는 경우를 말한다.
1. 동물이 질병 또는 상해로부터 회복될 수 없거나 지속적으로 고통을 받으며 살아야 할 것으로 수의사가 진단한 경우
2. 동물이 사람이나 보호조치 중인 다른 동물에게 질병을 옮기거나 위해를 끼칠 우려가 매우 높은 것으로 수의사가 진단한 경우
3. 법 제45조에 따른 기증 또는 분양이 곤란한 경우 등 시 · 도지사 또는 시장 · 군수 · 구청장이 부득이한 사정이 있다고 인정하는 경우

정답 ①

43 **동물보호법 시행규칙 제10조 중 농림축산 식품부령으로 정하는 자에게 등록업무의 대행이 가능하다. 대행업무를 수행할 수 없는 것을 고르시오.**

① 동물병원 개설자
② 비영리민간단체 중 동물보호를 목적으로 하는 단체
③ 동물판매업자
④ 동물미용업자
⑤ 동물보호센터로 지정받은 자

해설

동물보호법 시행령 제12조(등록업무의 대행)
① 법 제15조 제4항에서 "대통령령으로 정하는 자"란 다음 각 호의 어느 하나에 해당하는 자 중에서 특별자치시장 · 특별자치도지사 · 시장 · 군수 · 구청장이 지정하여 고시하는 자(동물등록대행자)
1. 「수의사법」에 따라 동물병원을 개설한 자
2. 「비영리민간단체 지원법」에 따라 등록된 비영리민간단체 중 동물보호를 목적으로 하는 단체
3. 「민법」에 따라 설립된 법인 중 동물보호를 목적으로 하는 법인
4. 「동물보호법」에 따라 동물보호센터로 지정받은 자
5. 「동물보호법」에 따라 신고한 민간동물보호시설을 운영하는 자
6. 「동물보호법」에 따라 허가를 받은 동물판매업자

정답 ④

44 다음 중 합법적인 동물의 도살방법이 아닌 것을 고르시오.

① 약물 투여 방법 ② 목을 메는 방법 ③ 전살법
④ 총격법 ⑤ 타격법

해설

「동물보호법」 제13조(동물의 도살방법)

① 누구든지 혐오감을 주거나 잔인한 방법으로 동물을 도살하여서는 아니 되며, 도살과정에서 불필요한 고통이나 공포, 스트레스를 주어서는 아니 된다.
② 「축산물 위생관리법」 또는 「가축전염병 예방법」에 따라 동물을 죽이는 경우에는 가스법 · 전살법(電殺法) 등 농림축산식품부령으로 정하는 방법을 이용하여 고통을 최소화하여야 하며, 반드시 의식이 없는 상태에서 다음 도살 단계로 넘어가야 한다. 매몰을 하는 경우에도 또한 같다.

「동물보호법 시행규칙」 제8조(동물의 도살방법)

① 법 제13조 제2항에서 "가스법 · 전살법(電殺法) 등 농림축산식품부령으로 정하는 방법"이란 다음 각 호의 어느 하나의 방법을 말한다.
1. 가스법, 약물 투여법
2. 전살법(電殺法), 타격법(打擊法), 총격법(銃擊法), 자격법(刺擊法)

정답 ②

45 동물보호법 시행규칙 중 학대행위가 아닌 항목을 고르시오.

① 최소한의 사육공간 제공 및 관리 의무를 위반해 질병을 유발시킬 경우
② 화학적으로 신체를 상해 입히는 행위
③ 살아있는 상태에서 체액을 채취하는 행위
④ 광고에서 경품으로 동물을 제공하는 행위
⑤ 소싸움대회

해설

동물보호법 제10조(동물학대 등의 금지)

② 누구든지 동물에 대하여 다음 각 호의 행위를 하여서는 아니 된다.
1. 도구 · 약물 등 물리적 · 화학적 방법을 사용하여 상해를 입히는 행위. 다만, 해당 동물의 질병 예방이나 치료 등 농림축산식품부령으로 정하는 경우는 제외한다.
2. 살아있는 상태에서 동물의 몸을 손상하거나 체액을 채취하거나 체액을 채취하기 위한 장치를 설치하는 행위. 다만, 해당 동물의 질병 예방 및 동물실험 등 농림축산식품부령으로 정하는 경우는 제외한다.
3. 도박 · 광고 · 오락 · 유흥 등의 목적으로 동물에게 상해를 입히는 행위. 다만, 민속경기 등 농림축산식품부령으로 정하는 경우는 제외한다.

동물보호법 시행규칙 제6조(동물학대 등의 금지)

④ 법 10조 제 2항 제 3호의 단서에서 "민속경기 등 농림축산식품부령으로 정하는 경우"란 「전통 소싸움 경기」에 관한법률에 따른 소싸움으로서 농림축산식품부장관이 정하여 고시하는 것을 말한다.

정답 ⑤

특별부록

2023 제2회 동물보건사 기출문제

1교시 기초 동물보건학
예방 동물보건학

2교시 임상 동물보건학
동물 보건 · 윤리 및 복지 관련 법규

2023. 02. 26.
제2회 동물보건사 자격시험 기출문제

※ 본 기출문제는 실제 시험 응시자로부터 수집한 후기를 바탕으로 복원되었습니다.

1교시 기초 동물보건학, 예방동물보건학

1과목 기초 동물보건학

01 갑상샘에서 분비되며 혈액 속의 칼슘이온의 농도가 정상치보다 높아질 때 분비되어 농도를 낮추는 역할을 하는 호르몬은 무엇인가?

① 인슐린　　② 칼시토닌　　③ 글루카곤
④ 에스트로겐　　⑤ 도파민

해설

① 인슐린 : 이자의 랑게르한스섬 베타세포에서 분비되며 혈당이 높아질 경우 인슐린이 분비되어 혈액 내의 포도당을 세포 내로 유입해 글리코겐의 형태로 저장을 촉진함
③ 글루카곤 : 이자의 알파세포에서 분비되며 혈당이 낮아질 경우 글루카곤이 분비되어 글리코겐을 포도당으로 분해해 혈당을 증가시킴
④ 에스트로겐 : 여성호르몬으로 여성의 난소에서 분비되며 여성의 2차성징 발현, 월경주기, 난포 성숙 및배란을 촉진하는 역할을 함
⑤ 도파민 : 중추신경계에 존재하는 신경 전달 물질로 아드레날린의 전구체로 흥분, 행복 등의 신호를 전달하는 역할을 함

plus 해설

* **칼시토닌의 역할**
  - 혈중 칼슘 항상성 유지
  - 뼈에 칼슘이온 저장과 방출을 억제함
  - 칼슘이온의 소장흡수 억제
  - 신장에서의 칼슘이온 재흡수 억제

정답 ②

02 부갑상샘 호르몬의 기능으로 옳지 않은 것은 무엇인가?

① 부갑상샘에서 분비되는 호르몬은 PTH(파라토르몬)이다.
② 뼈에 저장된 칼슘의 분비를 유도한다.
③ 신장 내의 칼슘 재흡수를 증가시킨다.
④ 혈중 인의 농도를 조절한다.
⑤ 소장의 칼슘 흡수를 억제한다.

해설

PTH(파라토르몬)은 부갑상선의 주세포에서 분비되는 호르몬으로, 아미노산 단일 사슬로 이루어진 폴리펩티드성 칼슘조절 호르몬을 의미한다.

plus 해설

＊ 갑상샘 호르몬과 반대되는 기능을 한다.

갑상샘 호르몬	뼈에 칼슘이온 저장과 방출 억제 소장에서 칼슘이온 흡수 억제 신장에서 칼슘이온 재흡수 억제
부갑상샘 호르몬	골흡수를 통해 뼈에 저장된 칼슘의 분비 유도 신장 내 원위세뇨관에서의 칼슘 재흡수 증가시킴 소장의 칼슘흡수를 촉진

정답⑤

03 다음 중 외호흡과 내호흡의 설명으로 옳지 않은 것은?

① 호흡이란 산소와 이산화탄소의 가스교환작용을 의미한다.
② 호흡은 외호흡과 내호흡으로 구분된다.
③ 외호흡이란 폐포와 폐포 모세혈관 사이 가스교환을 의미한다.
④ 내호흡이란 조직과 조직 모세혈관 사이 가스교환을 의미한다.
⑤ 내호흡과 관련된 기관의 집합을 호흡기계라고 하며 코, 인두, 후두, 기관, 기관지가 포함된다.

해설

외호흡과 관련된 기관의 집합을 호흡기계라고 하며 코, 인두, 후두. 기관, 기관지, 폐가 포함된다.

정답 ⑤

04 다음 해부학적 용어 중 틀린 것을 모두 고르면?

㉠ Dorsal(등쪽) ㉡ Ventral(배쪽) ㉢ Caudal(앞쪽) ㉣ Rostal(꼬리쪽) ㉤ Palmar(앞발바닥쪽)

① ㉠, ㉡ ② ㉠, ㉢ ③ ㉢, ㉣ ④ ㉢, ㉤ ⑤ ㉣, ㉤

해설

㉢ Caudal(뒤쪽) ↔ Cranial(앞쪽)
㉣ Rosral(주둥이쪽)

plus 해설

약어	용어	x선 방향
L	Left(왼쪽)	
R	Right(오른쪽)	
D	Dorsal(등쪽)	동물의 등이나 척추를 향하는 방향
V	Ventral(배쪽)	동물의 배나 바닥을 향하는 방향
Cr	Cranial(앞쪽)	동물의 머리쪽 방향
Cd	Caudal(뒤쪽)	동물의 꼬리쪽 방향
R	Rostral(주둥이쪽)	코방향
M	Medial(안쪽)	정중선에서 가까운쪽(다리의 중심에서 정중면 방향)
L	Leteral(바깥쪽)	정중선에서 먼 쪽(몸통 또는 다리의 바깥쪽)
Pr	Proximal(몸쪽, 근위)	사지의 경우 몸통쪽에서 가까운 쪽
Di	Distal(먼쪽, 원위)	몸통에 붙은 부위에서 멀어지는 쪽
Pa	Palmar(앞발바닥쪽)	
Pl	Plantal(뒷발바닥쪽)	
O	Oblique(사선)	수평과 수직방향 사이의 비스듬한 쪽

정답 ③

05 다음 중 개의 척주식 표기가 올바른 것은?

① $C_7 T_{13} L_7 S_3 Cd_{10}$ ② $C_7 T_{17} L_7 S_3 Cd_{20}$ ③ $C_7 T_{13} L_7 S_2 Cd_{20}$
④ $C_7 T_{13} L_7 S_3 Cd_{20}$ ⑤ $C_7 T_{13} L_7 S_2 Cd_{20}$

해설

C_7 T_{13} L_7 S_3 Cd_{20}으로 표기한다.

척주(Vertebral column) 구성 뼈

1. 목뼈(경추, Cervical Vertebra) : 7개
2. 등뼈(흉추, Thoracic Vertebra) : 13개
3. 허리뼈(요추, Lumbar Vertebra) : 7개
4. 엉치뼈(천추, Sacral Vertebra Sacrum) : 3개
5. 꼬리뼈(미추, Caudal Vertebra Coccygeal Vertebra) : 20~23개

정답 ④

06 다음 중 개와 고양이의 치아에 관한 설명으로 옳지 않은 것은?

① 개와 고양이는 유치가 빠지면 영구치가 자라난다.
② 유치는 간니, 영구치는 젖니라고 한다.
③ 개의 유치는 28개, 영구치는 42개이다.
④ 고양이의 유치는 26개 영구치는 30개이다.
⑤ 치아는 앞니, 송곳니, 작은어금니, 어금니, 절단치아로 분류된다.

해설

유치는 젖니, 영구치는 간니라고 한다.

plus 해설

구분		I(앞니)	C(송곳니)	PM(작은어금니)	M(어금니)	합계
개	간니(영구치)	3/3	1/1	4/4	2/3	42개
	젖니(유치)	3/3	1/1	3/3		28개
고양이	간니(영구치)	3/3	1/1	3/2	1/1	30개
	젖니(유치)	3/3	1/1	3/2		26개

정답 ②

07 신경계통에 관한 설명으로 옳지 않은 것은?

① 중추신경계는 뇌와 척수를 포함한다.
② 말초신경계는 뇌신경과 척수신경으로 구분되며 체성신경계와 자율신경계로 구분된다.
③ 체성신경계는 교감신경과 부교감신경으로 구분된다.
④ 뇌는 전뇌, 중뇌, 후뇌로 구분하며 전뇌는 대뇌, 시상, 시상하부가 포함되어 있다.
⑤ 시상하부는 대뇌에 위치하며 체온조절, 항상성 유지와 관련된 역할을 한다.

해설

신경계통은 구조적으로 뇌와 척수인 '중추신경계(CNS)'와 뇌신경과 척수신경인 '말초신경계(PNS)'로 구분되며 기능적으로 서로 연결되어 상호작용한다.

plus 해설

* 말초신경계(Peripheral Nervous System)
  - 운동신경(원심성신경) : 체성운동신경, 자율운동신경
  - 감각신경(구심성신경) : 체성감각, 내장감각, 특수감각
  - 체성신경계
  - 자율신경계 : 교감신경, 부교감신경

정답 ③

08 다음 중 적혈구에 관한 설명으로 옳은 것은?

① 성숙적혈구 이전에는 세포 속에 핵이 존재하지만 성숙적혈구는 핵이 존재하지 않는다.
② 적혈구는 붉은색의 가운데가 불룩한 원형 모양을 하고 있다.
③ 적혈구는 심장에서 만들어진다.
④ 적혈구도 수명이 존재하는데 체내 안에서 순환되며 약 200일 정도 후에 파괴된다.
⑤ 적혈구의 성분은 체외로 배출되지 않는다.

해설

② 적혈구는 헤모글로빈으로 인해 붉은 색을 띄며 중심이 오목한 원형(원반) 모양이다.
③ 적혈구는 골수에서 만들어져 혈액 내에서 순환된다.
④ 적혈구는 체내 안에서 순환되며 약 120일 정도 후에 파괴된다.
⑤ 적혈구는 철, 단백질 등의 성분을 가지고 있으며 재사용이 가능하고 색소 성분인 경우 소변 및 대변으로 배출된다.

정답 ①

09 백혈구의 2~4%를 차지하고 붉은색 산성과립을 띠며 기생충 면역과 알러지 반응에 관여하는 과립구는?

① 호중구 ② 호산구 ③ 호염구
④ 단핵구 ⑤ 림프구

해설

호중구	– 백혈구의 50~70% – 크고 구형의 세포 – 포식작용(탐식작용) – 조직이 손상될 경우 가장 빨리 작용함
호산구	– 백혈구의 2~4% – 2개의 엽으로 분엽된 핵으로 구형의 세포 – 붉은색 산성 과립 – 기생충 면역과 알러지 반응에 작용
호염구 (호염기구)	– 백혈구의 1% – 푸른색의 과립형태 – 급성알러지 반응에 작용
단핵구	– 백혈구의 2~8% – 포식작용(탐식작용) – 대식세포라고도 부름 – 조직 손상될 경우 1~2일 후 조직으로 이동해 작용함
림프구	– 백혈구의 20% – 핵이 가장 큼 – 세포성 면역과 체액성 면역 담당

정답 ②

10 췌장에서 분비되는 호르몬에 관한 설명으로 옳지 않은 것은?

① 인슐린은 이자의 랑게르한스섬 베타세포에서 분비된다.
② 글루카곤은 이자의 알파세포에서 분비된다.
③ 인슐린은 혈액 내의 포도당을 세포 내로 유입해 글리코겐의 형태로 저장을 촉진한다.
④ 글루카곤은 혈당이 높아질 경우 간에서 글리코젠을 포도당으로 분해해 혈당량을 증가시킨다.
⑤ 소마토스타틴은 인슐린과 글루카곤의 분비를 미량 억제해 혈당의 기복을 조절한다.

해설

글루카곤은 혈당이 저하될 경우 이자에서 글루카곤을 분비해 간에서 글리코젠을 포도당으로 분해하여 혈당량을 증가시킨다.

정답 ④

11 다음 중 ㉠, ㉡, ㉢ 안에 들어갈 알맞은 숫자를 모두 더한 값은 얼마인가?

RER = 휴지기에너지 요구량(Restingl energy requirement)
1. 개의 RER = ㉠ ×체중(kg) + ㉡ 2. 고양이 RER = ㉢ ×체중(kg)

① 100 ② 110 ③ 120 ④ 130 ⑤ 140

해설

- 개의 RER = 30×체중(kg) + 70
- 고양이의 RER = 40 ×체중(kg)

따라서 30 + 70 + 40 = 140

plus 해설

개	**개의 휴지기에너지요구량(RER) 계산 공식** : RER = 30 ×체중 + 70(단, 체중 2~48kg) **개의 일일 에너지 요구량(DER) 계산 공식** : DER = 2 ×RER
고양이	**고양이의 휴지기에너지요구량(RER) 계산 공식** : RER = 40 ×체중(kg) **고양이의 일일에너지요구량 계산 공식(DER)** : DER = 1.6 ×RER, DER = 60 ×체중(kg)

정답 ⑤

12 다음에서 설명하고 있는 피부질환을 일으킬 수 있는 원인은?

- 식물성 곰팡이
- 습기 및 환기 불량으로 증식될 수 있음
- 귓병, 발바닥 및 겨드랑이 부위에서 주로 나타남
- 냄새가 남
- 치료로 곰팡이 배양검사, 알레르기 검사를 진행할 수 있음

① 모낭충 ② 아토피 ③ 벼룩 ④ 말라세치아 ⑤ 옴

해설

모낭충과 옴은 기생충이 원인이며, 아토피는 유전적인 요인이 대부분을 차지한다. 식물성 곰팡이인 말라세치아는 고양이보다는 개에게 흔하게 발병하는 곰팡이성 질환이다.

plus 해설

모낭충	원인 : 유전적, 호르몬 문제 감염 : 부분감염부터 전신감염까지 가능 증상 : 염증, 탈모, 통증 등
아토피	원인 : 유전적, 벼룩 등 증상 : 가려움증, 세균감염 등
벼룩	감염 : 풀, 야외생활 등 증상 : 가려움증, 빈혈 등
옴(개선충)	감염 : 빠른 시간 안에 전신 감염가능 증상 : 심한 가려움증, 탈모, 식욕부진 등

정답 ④

13 다음 중 쿠싱증후군과 동일한 질병은?

① 당뇨병 ② 부신피질기능항진증 ③ 부신피질기능저하증
④ 췌장염 ⑤ 갑상선기능저하증

해설

양쪽 신장 앞에 위치한 부신의 피질(바깥층)과 수질(안쪽) 중에서 피질에서 호르몬이 과도하게 분비되는 질환이 부신피질기능항진증이며 다른 말로 쿠싱병이라고 부른다.
증상으로는 다음/다뇨, 복부팽만, 면역력 저하 등이 있다.

plus 해설

당뇨병	– 원인 : 비만, 췌장염으로 인한 인슐린 분비저하, 스테로이드로 인한 인슐린 작용 방해 등 – 증상 : 다음/다뇨, 다식, 체중감소, 구토
에디슨병	– 원인 : 부신적출로 인한 부신피질호르몬 감소, 부신종양, 스테로이드 복용 중단 등 – 증상 : 식욕 부진, 체중감소, 저혈당 등
췌장염	– 원인 : 고지방식, 비만, 내분비질환(당뇨, 부신피질기능항진증) 등 – 증상 : 식욕 저하, 구토, 설사 등
갑상선 기능저하증	– 원인 : 갑상선 염증, 갑상선호르몬(TSH) 분비 저하 – 증상 : 체중 증가, 운동성 감소, 무기력 등

정답 ②

14 다음 중 자궁축농증에 대한 설명으로 옳지 않은 것은?

① 자궁 내에 농이 쌓이게 되어 발생하는 질환이다.
② 발정기가 끝나는 발정휴지기에 대부분 발생한다.
③ 식욕부진, 복부팽만, 점액성 분비물 배출 등의 증상이 나타난다.
④ 초음파 검사보다는 X-ray 검사를 통해 확인이 가능하다.
⑤ 중성화 수술을 통해 치료가 진행된다.

해설

자궁축농증이랑 자궁 내에 농이 쌓이게 되어 발생하는 질환으로, 약물을 통해 프로게스테론을 억제, 세균증식 억제 및 제거를 위해 중성화 수술을 하는 것이 일반적이다. 초음파 검사를 통해 확인할 수 있고, 혈액검사로 염증상태와 신체상태를 확인가능하며 비교적 예후가 좋은 질환이다.

정답 ④

15 다음이 설명하고 있는 질병의 이름을 고르면?

> 임신 중 자궁경관이나 질에 있던 세균이 출산 후 번식하는 경우 제왕절개, 회음 봉합부위의 상처가 세균에 감염되어 발병한다. 증상으로는 회음부 통증, 잔뇨, 분비물, 고열 등이 있다.

① 잠복고환 ② 유선염 ③ 산욕열
④ 위임신 ⑤ 유루증

plus 해설

잠복고환	– 원인 : 성장과정 중 복강 내에서 음낭 안으로 하강해서 자리잡는 것이 일반적이지만 유전적인 원인으로 한쪽 또는 양쪽 모두 하강하지 않는 질환
유선염	– 원인 : 발정 후기에서 임신기간 동안 발달하는데 세균감염, 상처, 유전의 요인이 있음 – 증상 : 유즙분비, 통증, 단단해짐
위임신	상상임신. – 증상 : 임신과 동일한 증상
유루증	– 원인 : 눈에서 코로 통하는 배출 길인 '눈물길'이 좁아지거나 막혀서 눈물배출이 원활하지 못해 밖으로 흘러넘치는 질환으로 털의 자극이나 안검의 형태 이상이 원인 – 증상 : 악취, 눈물자국, 피부염 등

정답 ③

16 **우리나라의 토종견 중 천연기념물로 지정된 견종이며, 머리 부분의 털이 사자같이 길고 곱슬거리는 털을 가지고 있으며 보통 흰색, 황색, 흑색 등의 중대형견인 품종의 이름은 무엇인가?**

① 진돗개 ② 제주개 ③ 풍산개
④ 삽살개 ⑤ 동경이

해설

1992년 천연기념물 제368호로 공인되었다. 삽살이라고도 불리며, 잡귀를 쫓는 퇴마견으로도 알려져 있으며 삽살개의 이름을 풀어 쓰면 액운을 쫓는 개가 된다. 진돗개보다는 약간 작고 무게가 17~21kg 정도 되는 중대형견이다.

plus 해설

* **동경이**

천연기념물 540호로 지정되어 있는 대한민국의 4번째 토종견이다. 경상북도 경주 지역의 견종으로 현지 방언으로는 댕댕이 혹은 댕견이라고 불린다. 외형은 진돗개와 매우 비슷하며 꼬리가 퇴화되어 뭉툭하거나 없는 것처럼 보이는 것이 특징이며 황색, 흰색, 흑구, 호구 등의 4가지 색상이 존재한다.

정답 ④

17 다음중 지용성 비타민이 아닌 것은?

① 비타민A ② 비타민D ③ 비타민E
④ 비타민C ⑤ 비타민K

해설

비타민C는 수용성 비타민이며 물에 쉽게 녹고 열과 알칼리 조건에 쉽게 파괴되는 것이 특징이며, 체내 저장분이 매우 적고 배설이 이루어져 섭취량이 적으면 결핍증이 나타날 수 있다.
개와 고양이의 경우 포도당으로부터 합성 가능해 매일 섭취할 필요는 없지만 어류 및 기니피그는 비타민C 합성이 어려워 섭취하지 않으면 결핍증이 나타날 수 있다.

plus 해설

지용성 비타민	비타민A	– 시각기능과 성장인지에 중요 역할 – 결핍 시 발육부진, 면역력저하, 안구건조증, 야맹증 등 유발함
	비타민D	– 골격형성, 세포기능 유지, 부갑상선호르몬과 칼슘의 항상성 유지 기능 – 결핍 시 구루병(어린개체), 골연화증(노견) – 과잉 시 고칼슘혈증 유발
	비타민E	항산화 기능, 노화방지, 빈혈 방지 등 결핍 시 적혈구 세포막 산화로 파괴되어 용혈성 빈혈 가능성
	비타민K	간에서 혈액응고인자의 합성에 중요한 역할

정답 ④

18 다음 중 동물병원 내의 오염발생구역 중 특별구역을 고르면?

① 처치대 ② 일반입원장 ③ 격리입원장
④ 상담실 ⑤ 수술실

해설

수술실은 높은 수준의 청결을 유지해야 하는 특별구역 공간으로 바닥과 공기 중, 수술대 위 등 전체적인 공간 모두 환자에게 나쁜 영향을 끼칠 수 있고 치명적인 요인이 될 수 있기 때문에 청결에 더욱 신경 쓰며 멸균에 가깝도록 노력해야 한다.

정답 ⑤

19 다음 중 수의의무 기록 사항이 아닌 것을 모두 고르면?

㉠ 보호자 성명	㉡ 환자의 체중	㉢ 담당 수의사 학력
㉣ 과거 수술 이력	㉤ 보호자 주민등록번호	㉥ 치료계획

① ㉠, ㉡ ② ㉡, ㉢ ③ ㉢, ㉣ ④ ㉢, ㉤ ⑤ ㉤, ㉥

plus 해설

종류	합계
보호자 정보	보호자 성명, 주소, 연락처 등
환자의 정보	환자 이름, 품종, 성별, 나이, 체중, 특징, 중성화 여부, 동물등록 여부
진료내역 및 병력	최근 복용한 약, 과거 병력, 수술이력, 치료병력 등
신체검사	촉진, 청진 등을 통한 내용
처방진단내용	검사를 통한 최종 진단내용
검사내역	검사 소견서, 검사 진행사항 등
치료계획	처방전, 앞으로의 치료방향
보호자와의 상담	보호자의 관찰내용 상담한 내용 등

정답 ④

20 다음 중 의료폐기물 보관기간에 대한 설명으로 옳지 않은 것은?

① 위해의료폐기물(조직물류) : 15일
② 위해의료폐기물(손상성) : 30일
③ 격리의료폐기물 : 15일
④ 위해의료폐기물(혈액오염) : 15일
⑤ 일반의료폐기물 : 15일

해설

격리의료폐기물의 보관기간은 7일이다.

plus 해설

격리의료폐기물	위해의료폐기물						일반의료 폐기물
	조직물류	조직물류 (재활용 하는 태반)	병리계	손상성	생물,화학	혈액오염	
7일	15일	15일	15일	30일	15일	15일	15일

정답 ③

21 다음이 설명하는 행동이론을 고르면?

> 원하는 행동을 했을 때, 좋아하는 강화물을 주어 행동의 비율을 높이는 행동이론
> 예 손님이 왔을 경우, 조용히 대기하고 있을 경우 간식을 준다. 정해진 장소에 배변을 봤을 경우 간식을 준다.

① 플러스 강화　② 마이너스 강화　③ 플러스 처벌
④ 마이너스 처벌　⑤ 보상

해설

긍정 강화 = 플러스 강화
positive는 '긍정적'뿐 아니라 행동학에서는 '플러스'의 의미를 지닌다.

plus 해설

마이너스 강화 (부정 강화)	원하는 행동을 했을 때, 혐오자극(싫어하는 것)을 빼 행동의 비율을 높이는 것 – 산책할 때 개가 뛰거나 예측하지 못한 행동을 하면 목줄을 잡아당긴다. – 불러서 올 때까지 소리를 지른다.
플러스 처벌 (긍정 처벌)	원하지 않는 행동을 했을 때, 싫어하는 혐오자극을 주어 그 행동의 비율을 줄이는 것 – 정해진 장소에 배변을 보지 않으면, 혼을 낸다. – 손님이 왔을 때 짖는 경우, 목줄을 잡아당기며 혼을 낸다.
마이너스 처벌 (부정 처벌)	원하지 않는 행동을 했을 때, 좋아하는 것을 빼 행동의 비율을 줄이는 것 – 음식을 보면 달려드는 개에게 눈길을 주지 않는다. – 점프하며 달려드는 개에게 관심을 주지 않고 몸을 돌린다.

정답 ①

21 다음 중 건강한 5kg 성묘 고양이의 일일 에너지 요구량으로 올바른 것은?

> RER = 40 ×체중(KG), DER = 60 ×체중(KG)

① 200　② 250　③ 300　④ 350　⑤ 400

해설

- 휴지기에너지 요구량 = RER
- 일일에너지 요구량 = DER

따라서 DER = 60 ×5(KG) = 300Kcal

정답 ③

23 강아지 성장에 영향을 미치는 요인이 아닌 것은?

① 어미의 젖 ② 칼슘 ③ 인
④ 탄수화물 ⑤ 타우린

해설

타우린은 고양이가 섭취해야 하는 필수 아미노산으로 체내에서 합성되지 않기 때문에 사료로 섭취해야 하며 고양이 사료에는 필수적으로 들어가는 영양소이다. 타우린 결핍이 생길 경우 심장질환, 면역력 저하, 시력 저하 등의 질환이 생길 가능성이 매우 크다.

plus 해설

① 어미의 젖은 일반 우유보다 훨씬 많은 단백질의 양이 들어 있으며 소화가 잘 되고 칼로리가 높아 성장기 때 섭취하는 것을 권장한다.
②, ③ 칼슘과 인은 성장기에 필수로 섭취해야 하는 무기질이며 골격과 뼈를 형성하는 데 매우 중요하다.

정답 ⑤

24 다음 중 칼로리가 제일 높은 영양소는?

① 지방 ② 탄수화물 ③ 비타민
④ 단백질 ⑤ 식이섬유

해설

지방은 1g당 9kcal로 영양소 중 가장 높은 칼로리를 가지고 있다.

plus 해설

탄수화물은 크게 식이섬유, 당류, 전분으로 분류된다. 식이섬유는 혈당조절, 변비해소 등의 장점을 가지고 있는 탄수화물인데, 물에 녹는 펙틴과 같은 수용성 식이섬유와 물에 흡수해 팽창하는 셀룰로오스 같은 불용성 식이섬유로 나뉜다.
그 중 장내 박테리아에 의해 발효되어 분해되는 수용성 식이섬유는 1g당 2kcal의 열량을 가지고 있어 에너지를 제공한다.

정답 ①

24 햄스터의 특징으로 옳지 않은 것은?

① 영역동물이기 때문에 자신의 영역에 침범받을 경우 스트레스를 받는다.
② 시각보다는 후각이 발달했다.
③ 유치가 빠지고 영구치가 자라는 치아를 가졌다.
④ 음식물을 저장할 수 있는 주머니가 존재한다.
⑤ 일출과 일몰 시기가 활동하는 주 시간대이며, 야행성을 띠는 개체도 존재한다.

해설

햄스터는 개와 고양이처럼 유치가 빠지고 영구치가 자라는 치아의 특성을 가지지 않고 치아가 자라면 평생 자라나는 특성을 가지고 있다.

정답 ③

26 다음이 설명하는 토끼 품종은?

- 2.5kg 이하의 소형 토끼
- 영국에서 애완용으로 개량된 품종
- 대체로 온순하며 귀가 아래로 늘어져 있는 것이 특징
- 어린 개체는 동일한 쫑긋한 귀지만 3개월 이후 귀가 아래로 내려감

① 드워프(Dwarf) ② 롭이어(Lop Ear) ③ 라이언헤드(Lion head)
④ 더치(Dutch) ⑤ 코카투(Cockatoo)

해설

드워프(Dwarf)	- 1.8kg 이하의 소형토끼 - 동그란 몸과 짧은 귀, 앞발이 특징으로 가장 대중적인 품종 - 다양한 몸의 색상을 가지고 있음
라이언헤드(Lion head)	- 1.8kg 이하의 소형 토끼로 드워프로부터 개량된 품종 - 털이 풍성하며 특히 얼굴 주변의 털이 수컷 사자의 갈기처럼 자라는 것이 특징
더치(Dutch)	- 2kg 이하의 단모종 품종 - 판다 무늬를 가진 것이 특징

정답 ②

27 다음 중 일반폐기물이 아닌 것을 모두 고르면?

㉠ 일회용 주사기 ㉡ 배설물이 묻은 기저귀 ㉢ 혈액 투석 시 사용된 폐기물
㉣ 수액세트 ㉤ 커버글라스 ㉥ 혈액이 묻은 거즈

① ㉠, ㉡ ② ㉡, ㉢ ③ ㉢, ㉣ ④ ㉢, ㉤ ⑤ ㉤, ㉥

해설

배설물, 체액, 혈액이 약간 묻어 있는 폐기물은 일반폐기물이지만, 혈액 투석 시 또는 혈액이 유출될 정도의 폐기물은 위해의료폐기물로 분류된다.

plus 해설

폐기물관리법 시행령[별표2] 〈개정2019.10.29.〉
의료폐기물의 종류
1. 격리의료폐기물 : 「감염병의 예방 및 관리에 관한 법률」 제2조 제1호의 감염병으로부터 타인을 보호하기 위하여 격리된 사람에 대한 의료행위에서 발생한 일체의 폐기물 2. 위해의료폐기물 가. 조직물류폐기물 : 인체 또는 동물의 조직 · 장기 · 기관 · 신체의 일부, 동물의 사체, 혈액 · 고름 및 혈액생성물(혈청, 혈장, 혈액제제) 나. 병리계폐기물 : 시험 · 검사 등에 사용된 배양액, 배양용기, 보관균주, 폐시험관, 슬라이드, 커버글라스, 폐배지, 폐장갑 다. 손상성폐기물 : 주사바늘, 봉합바늘, 수술용 칼날, 한방침, 치과용침, 파손된 유리재질의 시험기구 라. 생물 · 화학폐기물 : 폐백신, 폐항암제, 폐화학치료제 마. 혈액오염폐기물 : 폐혈액백, 혈액투석 시 사용된 폐기물, 그 밖에 혈액이 유출될 정도로 포함되어 있어 특별한 관리가 필요한 폐기물 3. 일반의료폐기물 : 혈액 · 체액 · 분비물 · 배설물이 함유되어 있는 탈지면, 붕대, 거즈, 일회용 기저귀, 생리대, 일회용 주사기, 수액세트

정답 ④

28 다음 중 고양이의 행동으로 옳지 않은 것은?

① 고양이의 스크래치(scrach) 행동의 원인은 발톱을 정리하거나 스트레칭, 또는 스트레스의 이유가 있다.

② 고양이의 경우 영역표시로 마킹(marking)을 하며 대체로 심리적으로 불안하거나 스트레스를 받았을 때 나타난다.

③ 고양이의 퍼링(puring)은 일반적으로 기분이 좋은 상태에 내는 소리지만 최근 큰 상처가 났거나 고통스러운 경우에도 소리를 낸다는 연구 결과가 존재한다.

④ 고양이의 히싱(hissing)은 상대방을 위협할 때 내는 소리이다.

⑤ 고양이의 꾹꾹이와 몸을 비비는 행동은 자신의 페로몬을 묻히는 영역표시로 기분이 좋을 때 하는 행동이다.

해설

개의 경우 영역표시로 마킹(marking)을 하고, 고양이의 경우 스프레이(spray) 행동을 한다. 스프레이의 행동 원인은 정서적 불안, 다른 고양이에 대한 자극 및 불안 등의 이유이며 대체로 심리적으로 불안하거나 스트레스를 받을 때 보인다.

정답 ②

29 다음 중 반려동물의 유래에 대한 설명으로 옳지 않은 것은?

① 과거 동물은 계급사회가 형성된 이후 가축으로서 재산을 의미하였다.
② 반려동물은 포유류, 조류, 어류, 파충류 등 폭이 더욱 넓어지고 있다.
③ 동물의 의식은 반려의 의미를 가진 반려동물에서 정서적으로 교류 하는 애완동물로 변화되었다.
④ 개와 늑대의 DNA를 비교해온 결과 개와 늑대는 DNA, 신체 및 음성 언어 등 유사성을 띤다.
⑤ 고양이의 경우 고대 이집트에서는 고양이를 숭배의 대상으로 삼는 경우도 존재했다.

해설

반려동물의 의식은 정서적 교류를 하는 애완동물의 의미에서 반려의 의미로 확대되는 반려동물로 변화되었다.

plus 해설

* **반려동물의 의식 변화**
  짐승(사냥, 수렵활동) → 가축(재산, 노동력) → 애완동물(정서적 교류) → 반려동물(반려의 의미 확대)

정답 ③

30 다음 중 동물병원 4P 마케팅 전략에 포함되지 않는 것은?

㉠ product(제품) ㉡ price(가격) ㉢ promotion(유인)
㉣ place(유통) ㉤ speed(속도)

① ㉠ ② ㉡ ③ ㉢ ④ ㉣ ⑤ ㉤

해설

speed는 4P 마케팅이 아니라 4S 마케팅에 포함된다.

Product(제품)	제품의 품질, 선호도, 본질적 가치, 부가적 가치, 브랜드(포장 등), 소비자의 니즈
Price(가격)	가성비/프리미엄, 비교 우위, 박리다매
Promotion(유인)	광고(SNS, 콘텐츠, 뉴스 등), 방문판매
Place(유통)	온라인/오프라인

plus 해설

Speed(속도)	시장 전입 속도
Spread(확산)	사업의 확장
Strength(강점)	강점의 강화
Satisfaction(만족)	고객의 만족도, 고객의 불만사항 해소

정답 ⑤

2과목 예방 동물보건학

01 다음 중 X선의 특징으로 올바르지 않은 것은?

① 에너지의 일종으로 입자 또는 파동의 형태이다.
② 고체 및 물체를 통과한다.
③ 곡선으로 주행한다.
④ 세포의 DNA를 손상시켜 암, 기형 등을 유발한다.
⑤ 무색 무취이다.

해설

X선은 눈에 보이지 않는 무색무취이며 빛과 동일하게 직선으로 주행하지만 빛은 고체를 통과하지 않고 굴절하는 데 반해 X선은 고체 및 물체를 통과하는 특징이 있다.

정답 ③

02 다음 중 초음파에 대한 설명으로 옳지 않은 것은?

① 초음파 검사는 높은 주파수의 음파를 신체 내부로 보내 반사되는 음파를 영상화한 것을 의미한다.
② 초음파의 prove는 신체의 장기의 깊이 및 위치 등에 따라 선택해야 한다.
③ prove는 형태에 따라 linear, convex, sector으로 분류된다.
④ linear는 일반적으로 심장초음파 검사에 사용된다.
⑤ 심장초음파 검사의 TGC는 '⊃' 곡선 모양이다.

해설

심장초음파 검사에 사용되는 prove는 sector이다.

plus 해설

linear	– 기다란 막대 모양의 prove – 투과력이 약함
convex	– 스크린이 부채꼴 모양으로 보임 – 좁은 부위의 검사 시에 사용됨
sector	– 심장 초음파 검사 시에 사용됨

정답 ④

03 다음 중 X선을 사용하는 촬영방법을 모두 고르면?

㉠ 초음파 검사	㉡ 방사선 검사	㉢ MR	㉣ CT	㉤ 혈액 검사

① ㉠, ㉡　② ㉡, ㉣　③ ㉢, ㉣　④ ㉢, ㉤　⑤ ㉤, ㉥

해설

- 방사선검사 : X-ray tube에서 발생되는 X선이 검출기(detector)를 통해 투시되어 촬영되며 모니터를 통해 확인이 가능하다.
- CT : 여러 각도의 촬영이 가능하며 X선이 신체를 통과하면서 컴퓨터로 분석해 내부의 모습을 재구성해 영상으로 나타난다.

plus 해설

- MRI : 자기공명영상 또는 핵자기공명이라고도 하며 촬영 시 인체의 물 분자를 구성하는 수소분자는 특정 주파수로 운동을 하게 되는데, 여기에 같은 주파수의 전자기파를 가하게 되면 수소분자가 공명하면서 에너지를 흡수하며 흡수된 에너지가 방출되는 신호로 주파수 등을 측정해 컴퓨터를 통해 재구성해 영상화한다.
- 혈액검사 : 혈액을 구성하는 혈구세포와 혈청 내 효소 등을 검사함으로써 동물의 질병을 진단하고 신체의 건강상태를 파악할 수 있는 검사를 의미한다.

정답 ②

04 다음이 설명하고 있는 질병을 고르면?

- 제2급 인수공통감염병
- 예방을 위해 BCG 접종을 해야 함
- 세균에 의해 감염됨
- 호흡기 증상이 대표적

① 심장사상충　② 결핵　③ 일본뇌염
④ 브루셀라증　⑤ 장티푸스

해설

결핵은 결핵균(Mycobacterium Tuberculosis)에 의해 전염되는 인수공통감염병이다. 활동성 결핵환자가 기침을 하면 침이나 비말핵을 통해 공기 중으로 배출된 결핵균이 호흡을 통해 감염된다. 결핵이 발병하는 부위는 폐, 림프절, 뇌, 신장 등 다양하며 대표적인 증상은 호흡기 증상으로 기침, 호흡곤란, 무기력, 체중감소, 두통, 구토 등이 있다.

plus 해설

심장사상충	모기를 매개로 전염되는 기생충이며 고유숙주는 개이지만 사람에게 전염될 가능성도 존재한다. 성충이 된 이후 심장에 기생하며 심할 경우 죽음에 이르게 만드는 질환이다.
일본뇌염	제3급 인수공통감염병으로 모기(작은 빨간집모기)에게 물려 바이러스가 혈액 내로 전파됨으로써 급성 신경증상이 나타나는 전염병으로 사망률, 후유증 모두 높다.
브루셀라증	제3급 인수공통감염병으로 브루셀라균에 의해 감염된 동물로부터 사람이 감염된다. 국내의 경우 대부분 소에 의해 감염되며 상처 난 피부, 흡인, 실험실 등을 통해 감염된다.
장티푸스	살모넬라 타이피균에 의해 발생하며 대부분의 증상이 발열과 복통이다. 균을 가진 환자나 보균자의 대소변에 오염된 음식이나 물을 섭취해 감염이 이루어지며 오염된 물에서 자란 갑각류 및 어패류, 배설물이 묻은 과일 등을 통해서도 감염된다.

정답 ②

05 다음 중 바이러스로 전파되는 질병을 고르면?

① 묘소병 ② 클라미디아 ③ 광견병
④ 개 회충증 ⑤ 톡소플라즈마증

해설

광견병은 광견병바이러스(Rabies Virus)에 의해 발생하는 중추신경계 감염을 말한다. 점막, 공기, 물렸을 경우 전염되고 신경을 타고 뇌에 작용해 흥분하고 광폭한 모습을 보이며 신경증상이 나타난다. 감염될 경우 약 일주일 안으로 폐사된다.

plus 해설

묘소병	바르토넬라 헨셀라균에 의해 고양이가 할퀴거나 물 때 발생하며 상처가 곪고 물집이 생기며 약간의 소양감, 심할 경우 림프절이 부을 수 있다. 대부분 증상이 5개월 안으로 자연 치유되기 때문에 가급적 적출치료는 하지 않는다.
클라미디아	리케치아성 인수공통감염병으로 콧물, 분변 등에 접촉해 전파되며 어미 고양이가 전염될 경우 뱃속의 새끼 고양이에게도 전염되어 심할 경우에는 사망할 가능성이 높다.
개 회충증	소화기계 기생충으로 가장 흔한 회충의 종류로 반려동물 중 개에게 매우 흔하며 사람에게도 전염 가능한 인수공통 감염병이다.
톡소플라즈마증	톡소포자충이라는 원충에 의한 전염병이며 사람은 중간 숙주이고 고양이가 종숙주인 인수공통감염병이다.

정답 ③

06 다음 기구들이 설명하고 있는 것은 무엇인가?

- **세계동물보건기구(OIE)** : 인간의 건강과 동물의 건강은 생태계의 건강에 기반하여 상호 연관되어 있다.
- **세계보건기구(WHO)** : 공중보건의 향상을 위해 서로 소통 및 협력하는 프로그램, 법률, 정책, 연구 등을 설계하고 구현하는 접근법으로 인수공통감염병, 항생제 내성관리, 식품안전 등과 관련되어 있다.
- **미국질병관리본부(CDC)** : 인간의 건강은 인간에 관한 것만이 아니다. 동물의 건강과 우리 모두가 공유하는 환경의 건강과 밀접하게 관련되어 있다.

① One welfare ② One health ③ Two health
④ Public health ⑤ Healthy life

해설

원헬스(One health)는 인간의 건강, 동물의 건강, 환경의 건강 사이의 상호 의존성에 바탕을 둔 개념이다. 이는 감염병으로 인해 생기는 문제들을 해결하려면 의학, 수의학, 환경과학을 포함하는 다양한 학문 분야의 전문가들이 협동해야 하며 신종 감염병의 위협에 어떻게 대응해야 하는지에 대한 패러다임이 변화했다는 것을 보여준다.

plus 해설

동물과 사람의 건강을 하나로 보는 것이 원헬스(One health)라면 원웰페어(One welfare)는 동물과 인간의 복지를 하나로 연결된 것으로 간주하는 것을 의미한다. 원웰페어는 원헬스 관점에서 출발한 것으로, 2016년 세계동물보건기구 국제동물복지 컨퍼런스에서 언급되면서 주목받게 되었다.

정답 ②

07 공기는 지구를 둘러싼 기체를 의미하며, 생명체의 호흡에 필수적인 물질이다. 공기를 이루는 기체의 함유량이 높은 순서대로 나열한 것은?

① 질소 > 산소> 아르곤 > 이산화탄소 ② 질소 > 아르곤 > 산소 > 이산화탄소
③ 아르곤 > 산소 > 질소 > 이산화탄소 ④ 이산화탄소 > 산소 > 아르곤 > 질소
⑤ 이산화탄소 > 아르곤 > 산소 > 질소

해설

- **질소(78.1%)** > **산소(20.93%)** > **아르곤(0.93%)** > **이산화탄소(0.03%)**
  - 질소 : 공기 중 가장 많은 부분을 차지하는 기체
  - 산소 : 인체는 약 21%의 산소를 함유하는 공기(대기)에서 가장 원활히 작용하며, 산소 농도가 15% 이하일 경우 저산소증, 고농도시에는 산소중독증이 올 수 있음
  - 이산화탄소 : 실내 공기 오염 정도의 지표로 무색무취의 비독성 가스

정답 ①

08 현재 대한민국에서의 코로나19는 어떤 단계인가?

① 팬데믹(Pandemic) ② 에피데믹(Epidemic) ③ 엔데믹(Endemic)
④ 맨데믹(Mendemic) ⑤ 언데믹(Undemic)

해설

코로나19는 2019년 말 중국 우한을 중심으로 특정 지역에서만 유행하는 에피데믹으로 평가되었지만, 전세계적으로 번지며 위중증 환자가 많아져 세계보건기구(WHO)에서는 2020년 1월 팬데믹을 선포하였다. 그 후 점차 위기를 극복하며 완화되자 2023년 5월 5일 세계보건기구에서 비상상황 해제와 엔데믹을 선언하였고, 우리나라도 곧이어 엔데믹을 선언하였다.
(시험 당시 기준으로는 '팬데믹'이나, 현재 기준인 '엔데믹'으로 정답을 수정함)

팬데믹Pandemic)	감염병 단계중 최상위 단계인 6단계로 감염병의 세계적 유행 단계
에피데믹(epidemic)	팬데믹의 전단계로 감염병 유행단계
엔데믹(endemic)	어떤 감염병이 특정한 지역에서 주기적으로 발생하는 현상 또는 병

정답 ③

09 환자의 방사선 촬영의 경우 흉부와 복부 촬영 시 필요한 자세(부위)를 모두 고르면?

㉠ 주둥이 뒤쪽상(RD) ㉡ 오른쪽 외측상(RL) ㉢ 복배상(VD)
㉣ 앞다리 앞뒤상(CC) ㉤ 배복상(DV)

① ㉠, ㉡ ② ㉡, ㉢ ③ ㉢, ㉣ ④ ㉢, ㉤ ⑤ ㉤, ㉥

해설

오른쪽 외측상(RL)	**흉부** – 흉부전체(흉곽입구부터 갈비뼈까지) 촬영 – 흉부 부위가 잘 나오도록 앞다리와 뒷다리를 각각 양쪽 방향으로 가볍게 당겨 보정해야 함 – 최대한 흡기 시에 촬영함 **복부** – 횡격막 앞부분에서 고관절이 나오도록 촬영 – 복부를 포함해 척추가 너무 휘지 않도록 최대한 수평이 되도록 자세를 잡고 촬영 – 최대한 호기 시에 촬영
복배상(VD)	**앙와위 자세** – 앞다리와 뒷다리를 각각 보정하며 앞다리는 귀 부위에 밀착하고 뒷다리는 뒤쪽으로 가볍게 당겨서 보정 – 다리가 안 좋을 경우 허벅다리쪽을 잡아 보정함

정답 ②

10 개와 고양이의 예방접종 주기에 관한 설명으로 옳은 것을 모두 고르면?

> ㉠ 개의 1차 예방접종은 보통 생후 6~8주 사이에 시작한다.
> ㉡ 개의 입양 및 분양은 보통 생후 2주 후부터 가능하다.
> ㉢ 개의 초기 접종은 2~3주 간격으로 실시한다.
> ㉣ 고양이의 1차 예방접종은 보통 생후 6~8주 사이에 시작한다.
> ㉤ 고양이의 초기 접종은 2주 간격으로 실시한다.

① ㉠, ㉡, ㉢ ② ㉠, ㉡, ㉣ ③ ㉠, ㉢, ㉣ ④ ㉡, ㉢, ㉤ ⑤ ㉢, ㉣, ㉤

해설

㉡ 개의 입양 및 분양은 보통 생후 2달 후 1차 또는 2차 접종이 진행된 후 가능하다.
㉤ 고양이의 초기 접종 주기는 보통 3주 간격으로 실시한다.

정답 ③

11 개의 종합예방백신(DHPPL)에 포함되어 있지 않은 질병은?

① Canine distemper
② Infectious canine hepatitis
③ Canine parvovirus
④ Canine influenza virus
⑤ Canine leptospirosis

해설

Canine influenza virus(개 인플루엔자 백신)은 비필수 접종이며, 종합예방백신에 포함되어 있는 질병은 Canine parainfluenza virus(개 파라인플루엔자)이다.

정답 ④

12 다음이 설명하고 있는 질병을 고르면?

> – 종합예방접종 안에 포함되어 있는 질병이다.
> – 약 7일 이하의 잠복기를 거치며 면역력이 약한 어린 개체들에게 감염률이 높고 폐사율이 높다.
> – 호흡기 증상, 소화기 증상, 신경 증상 등이 나타난다.
> – 일반적으로 홍역이라고 불린다.

① Canine distemper
② Canine parvovirus
③ Infectious canine hepatitis
④ Canine leptospirosis
⑤ Canine parainfluenza virus

해설

- 개 디스템퍼(Canine distemper, 홍역)
  - 개의 종합예방백신 안에 포함되어 있으며 어린 개체(생후 3~6개월)가 감염될 경우 치사율(약 80%)이 높아 치명적인 질병이다.
  - 개의 대소변으로 감염되며, 감염 60~90일 이후까지 바이러스가 배출된다.
  - 호흡기 증상(기침 및 재채기, 고열, 콧물, 폐렴)
  - 소화기 증상(구토, 설사, 혈변)
  - 신경 증상(발작 및 경련)

정답 ①

13 개의 필수 4종 백신이 아닌 것은?

① DHPPL ② Kennel cough ③ Canine coronavirus
④ Rabies ⑤ Canine influenza

해설

Canine influenza(개 인플루엔자 백신)은 권장 기초접종에는 포함되지만 1년에 1회씩 접종해야 하는 필수 접종은 아니다.

plus 해설

필수접종	– DHPPL(종합예방백신) – Kennel cough(전염성 기관지염 백신) – Canine coronavirus(코로나 장염 백신) – Rabies(개 광견병 백신) 필수 접종은 항체가 검사를 완료한 뒤 1년에 한 번씩 접종을 해야 함
선택접종	– Canine influenza(인플루엔자 백신) 선택 접종은 항체가 검사를 완료한 뒤 수의사와 상담 후 반려동물의 상태에 맞게 선택할 수 있는 접종

정답 ⑤

14 예방접종이 포함되는 면역의 종류를 고르면?

① 선천면역 ② 자연능동면역 ③ 인공능동면역
④ 자동수동면역 ⑤ 인공수동면역

해설

인공능동면역은 인공적으로 항원을 투여해 항체를 얻는 방법을 의미한다. (예 항원주사)
– 자연능동면역 : 감염병에 전염되어 생기는 면역으로 질병을 앓고 난 후 생기는 면역 (예 홍역)
– 자동수동면역 : 모체의 태반을 통해 얻는 면역 (예 모유수유)
– 인공수동면역 : 인공적으로 항체를 투여하는 것 (예 면역혈청, 항독소 주사)

정답 ③

15 심장사상충에 대한 설명으로 옳지 않은 것은?

① 모기가 심장사상충에 감염된 동물을 물게 되면 마이크로 필라리아가 모기 안으로 들어가 성장하고 다른 동물을 물어 전파된다.
② 심장사상충의 자충은 모기 안에서 자라게 되는데 성장률은 온도에 영향을 받는다.
③ 심장사상충의 전염은 겨울 시기에 멈추며 전염률 또한 멈춘다.
④ 심장사상충 예방은 생후 8~10주에 시작되며 생활환경에 따라 예방범위를 확인해 진행한다.
⑤ 심장사상충 감염증상은 크게 4단계로 분류되며 초기단계에는 증상이 나타나지 않는 경우가 많다.

해설

심장사상충의 전염은 겨울 시기에 멈춘다. 하지만 도시 지역의 빌딩 내부 또는 주차장과 같은 국지 환경에 따라 전염률이 0이 되지는 않는다. 모기의 종류 중 성체로 겨울을 보내는 경우도 존재한다. 모기 체내에 있는 유충은 낮은 온도에서 성숙이 멈추지만, 바로 따뜻해지는 경우에는 성숙이 더 빨리 진행된다.

plus 해설

＊ 개의 심장사상충 감염과정
① 모기의 몸 안에서 기생(자충)
② 모기에 물려 다른 개에게 감염(L1~L3 감염자충)
③ 피하조직과 근육으로 이동(L3~L4 감염자충)
④ 혈중으로 투입(L5 미성숙성충)
⑤ 우심실, 폐동맥으로 투입(성충)
⑥ 말초혈관으로 이동(자충생산–마이크로필라리아)

정답 ③

16 고양이 범백혈구 감소증(feline panleukopenia)에 대한 설명으로 옳지 않은 것은?

① 일반적으로 범백, 고양이 홍역, 또는 고양이 파보 바이러스성 장염이라고도 불린다.
② 전염성이 매우 강하고 주로 체액과 대소변, 물품을 통한 간접 접촉을 통해서도 감염될 가능성이 있다.
③ 전염될 경우 2주 내에 임상증상이 나타나며 소화기 증상뿐 아니라 쇼크증상, 2차 감염으로 다른 질병과의 합병증 가능성이 있다.
④ 전염성이 매우 강하며 사람도 감염될 수 있는 인수공통 감염병이다.
⑤ 회복을 한 이후에도 체액과 대소변으로 바이러스가 배출되어 주의가 필요하다.

해설

동물 간의 전염성이 강해 다른 개체와 격리가 필요하며 치사율이 높지만 사람은 전염되지 않는 질병이다.

plus 해설

고양이 범백혈구 감소증	
감염 경로	– 고양이 파보바이러스(FPV)에 의해 발병되는 바이러스성 장염 – 전염성이 매우 강하고 주로 체액과 대소변을 통해 전염 – 직접 접촉뿐만 아니라 벼룩이나 물품을 통해 전염될 가능성이 있음
증상	– 2주 내에 임상 증상이 나타나며 심할 경우 소화기 증상, 패혈성 쇼크 등의 증상이 나타남 – 어린 개체는 사망률이 약 90% – 2차 감염으로 인한 면역체계 악화로 다른 질병의 위험에 노출이 쉬움
예방	– 백신접종 – 임신한 고양이는 소뇌형성 부전이라는 부작용이 있어 예방접종을 하지 않음
치료	– 패혈증 방지를 위한 수액처치와 백혈구 수 증가를 위해 수혈 처치 – 다른 개체와 격리 입원
특징	– 동물 간의 전염성은 강하지만 사람은 전염되지 않음 – 회복한 이후에도 체액과 대소변으로 바이러스가 배출됨

정답 ④

17 반려견의 사회화 시기에 대한 설명으로 옳은 것을 고르면?

① 신생자견일 때를 의미하고 움직임을 제대로 가누지 못하는 시기이며 소화기관이 완벽하게 발달하지 못한 상태이며 모견의 초유를 통해 항체를 얻는다.

② 생후 2~3주 때를 의미하고 눈과 귓구멍이 열리고 걷기 시작하는 시기이다.

③ 생후 6~14주 때를 의미하며 외부 자극에 반응하며 호기심을 많이 보이며 청각이 발달해 소리에도 반응하는 모습을 보인다.

④ 생후 8주 후는 분양, 입양이 가능한 시기이며 간단한 훈육과 훈련이 필요하다.

⑤ 사람, 동물, 물건 등 다양한 자극을 노출하게 해 유대관계 및 자아를 형성하고 환경에 적응할 수 있도록 할 수 있는 시기이다.

해설

사회화 시기는 생후 3~14주(또는 4~12주)를 의미하며 사회화 시기 때 다양한 경험을 접하지 못하고 어미와 일찍 떨어진 개체들은 다른 자극들에 예민하며 사회성이 떨어지는 모습을 많이 보이며 심할 경우 공격성을 보이는 경우도 존재한다.
이 시기에는 다양한 장난감, 다양한 사람들, 다른 동물들과 접촉하게 해줌으로 경계성을 완화시켜주고 일상생활에 적응을 잘 할 수 있도록 도와줄 수 있다.
사회화 시기 때 모든 것이 완전해지는 것은 아니니 꾸준한 관찰이 필요하다.
①은 신생아기, ②는 과도기에 해당하는 설명이다.

정답 ⑤

18 다음 중 파보바이러스를 제거할 수 있는 소독제는?

① 과산화수소 ② 70% 알코올 ③ 차아염소산나트륨
④ 계면활성제 ⑤ 포비돈요오드

해설

차아염소산나트륨은 무색 혹은 녹황색의 염소냄새가 나는 락스 성분으로, 시중에 판매되는 락스는 4% 이상의 농도이며 일반적으로 사용할 경우 희석해서 사용한다. 바이러스까지 사멸시킬 수 있으며 파보바이러스 소독 시 사용된다. 다만, 사용 시 알레르기, 피부 및 안구 자극에 주의해야 하며 다량 사용 시 발암물질이 발생되는 점을 주의해야 한다.

plus 해설

과산화수소	– 산소와 수소의 화합물로 옅은 푸른색, 희석하면 무색 – 상처 부위보다는 상처 주변을 소독하는 용도 – 상처 부위에 뿌리면 흰 거품이 올라오는 것은 산소의 기체 – 농도 진할 경우 독성 및 자극 주의 – 부식가능성 때문에 스테인리스, 유리 등에 보관
70% 알코올	– 무색투명한 액체 – 휘발성이 강해 마개를 덮어 보관해야 함 – 기구소독에 효과적
계면활성제	– 세정제로 물에 녹기 쉬운 친수성과 기름에 녹기 쉬운 소수성 성분의 화합물 – 비누, 세제
포비돈요오드	– 세정제, 소독제, 구강스프레이 등 광범위하게 사용 – 화상, 염증 부위, 찢긴 상처 등 살균 소독 – 장기간 사용 시 효과 저하될 수 있음

정답 ③

19 방사선 촬영 시 주의해야 할 사항으로 옳지 않은 것은?

① 방사선 촬영을 할 경우에는 방사선 보호 장비를 반드시 사용해야 한다.
② 동물의 움직임으로 사진이 흐릿하게 나올 경우 최대한 사진의 질을 높이기 위해 다양한 자세로 촬영해야 한다.
③ 방사선 촬영 시 1차 X선에 노출되기 쉬우므로 손 부위가 노출되는 것을 최대한 줄이기 위해 납장갑을 착용한다.
④ 방사선 촬영 시 공기는 검은색, 뼈는 흰색으로 나타나며 밀도가 높을수록 흰색으로 보인다.
⑤ 사진 흑화도는 방사선 필름의 전체적인 어둠의 정도를 말한다.

해설

방사선 촬영을 할 경우 동물의 움직임으로 사진이 흐릿하게 나오는 경우가 있다.
수의사와 동물보건사는 촬영 전 동물의 움직임을 최소한으로 하도록 보정을 해 사진의 질을 높여야 하며 촬영 횟수를 최소화해 동물의 방사선 노출과 스트레스도를 최소화해야 한다.

정답 ②

20 방광초음파 검사에 대한 설명 중 옳지 않은 것은?

① 방광은 소변의 유무에 따라 검사가 진행되지 못할 가능성이 있다.
② 방관 초음파 검사를 위해 내원한 경우 소변을 보지 않도록 고 대기하도록 안내한다.
③ 방광 초음파는 방광 내 슬러지, 결석, 종양 등을 확인할 수 있다.
④ 방광 초음파 검사가 끝난 후 환자가 소변을 보면 샘플 채취를 진행한다.
⑤ 소변 채취방법은 요도카테터, 방광천자, 방광압박, 자연 배뇨 등 다양하다.

해설

방광천자는 주사기를 방광 내에 직접 삽입해 소변을 채취하는 방법이다. 방광에 소변이 어느 정도 차 있어야 채취가 가능하며 무균으로 채취가 가능한 장점이 있다.

정답 ④

21 복부초음파 검사에 대한 설명 중 다음 문장이 들어가야 하는 위치를 고르면?

피부 표면에 알코올 스프레이 또는 젤을 바른다.

①
복부초음파 검사 전 금식이 필요한 경우 8시간 금식한다.
②
검사할 부위의 털을 깎는다.
③
환자의 복부 검사를 위해 앙와위 자세로 보정한다.
④
초음파 Probe를 복부 부위에 밀착하며 검사를 진행한다.
⑤

해설

검사 부위 피부의 공기입자가 재개할 수 있고 초음파가 잘 전달할 수 있도록 알코올 스프레이와 젤을 바른 후 검사를 진행하는 것이 일반적이다.

정답 ④

22 코호트 연구에 대한 설명으로 옳지 않은 것은?

① 어떤 공통된 특성, 속성 또는 경험을 가진 집단을 일컫는 말로, 일정기간 동안 추적 관찰하는 대상이 된 특정 집단을 의미한다.

② 노출요인을 먼저 측정한 후 추적관찰을 통해 질병발생 여부를 관찰하며 노출과 질병발생 간에는 명확한 시간적 선후관계가 존재한다.

③ 과거 특정시점에서 질병이 발생되지 않은 대상자들을 노출여부에 따라 나누고 노출군과 비노출군에서의 질병 발생률을 비교한다.

④ 질병간의 연관성을 확인할 수 있으며 다양한 요인에 대한 정보 수집이 가능한 장점이 있다.

⑤ 추적 관찰이 용이해 시간, 노력, 비용이 비교적 적게 사용된다.

해설

코호트 연구는 과거 특정 시점에서 질병이 발생되지 않은 대상자들을 노출여부에 따라 나누고 노출군과 비노출군에서의 질병 발생률을 비교하는 연구이다. 연구 중간 추적 관찰을 놓칠 가능성이 있고 질병 발생률이 낮거나 희귀 질병인 경우 추적 시간이 더욱 길어질 가능성이 크다. 그러므로 시간, 노력, 비용이 많이 소요되는 단점이 있다.

plus 해설

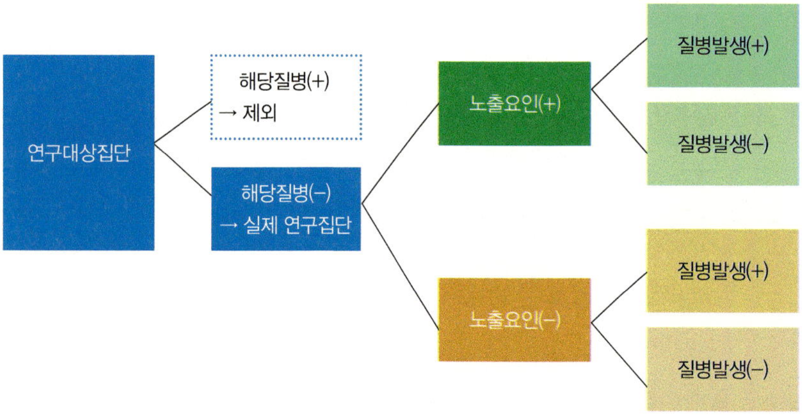

정답 ⑤

23 다음 중 대기오염의 1차 오염물질이 아닌 것을 모두 고르면?

㉠ 질산	㉡ 오존	㉢ 일산화질소
㉣ 먼지	㉤ 이산화황	㉥ 일산화탄소

① ㉠, ㉡　　② ㉡, ㉢　　③ ㉢, ㉣
④ ㉢, ㉤　　⑤ ㉤, ㉥

해설

• **대기오염 물질의 발생 단계**

1차 오염물질	– 배출원에서 대기 중으로 직접 배출된 대기 오염물질 – 일산화탄소, 일산화질소, 이산화황, 먼지 등
2차 오염물질	– 오염물질이 대기 중의 물질과 물리적 · 화학적 반응을 일으켜 생성되는 오염물질 – 오존, 질산, 황산 등

정답 ①

24 다음이 설명하고 있는 식품첨가물의 이름은?

– 미생물의 증식에 의한 부패 및 변질을 방지해 저장 기간을 늘려주는 역할
– 소르빈산(고기 및 치즈), 안식향산(탄산음료)

① 유화제　　② 방부제　　③ 감미료
④ 산화방지제　　⑤ 표백제

해설

① 유화제 : 식품에 두 개 또는 그 이상의 상(Phase)을 일정한 에멀전(유탁액) 형태로 변형시킴
③ 감미료 : 식품에 단맛을 부여함(예 사카린, 아스파탐)
④ 산화방지제 : 산화로 인한 식품품질 저하를 방지하여 식품의 저장 기간을 연장
⑤ 표백제 : 식품의 색을 제거하기 위해 사용되는 식품첨가물(예 과산화수소)

정답 ②

25 질병 전파에 대한 설명 중 옳지 않은 것을 고르면?

① 질병전파의 역학적 3요인은 병인, 숙주, 환경이다.
② 병인요인에는 연령, 성별, 인종, 직업 등이 포함된다.
③ 거미줄 모형은 질병이 직·간접적인 요인이 복잡하게 얽혀 발생한다는 개념이다.
④ 수레바퀴 모형은 거미줄 모형과는 달리 숙주와 환경요인을 구분한다.
⑤ 거미줄 모형과 수레바퀴 모형의 공통점은 질병에 다양한 요인이 관여한다는 점이다.

해설

병인요인	– 생물학적 요인 : 박테리아, 바이러스, 진균 – 화학적 요인 : 독성물질, 알코올, 중금속, 매연 – 물리적 요인 : 충격, 방사능, 열, 자외선
숙주요인	– 연령, 성별, 인종, 직업
환경요인	– 생물학적 환경 : 감염균의 매개체, 병원체 서식지 – 물리화학적 환경 : 기후, 고도, 소음, 환경오염 – 사회경제적 환경 : 주택, 이웃

plus 해설

[수레바퀴 모형의 예]

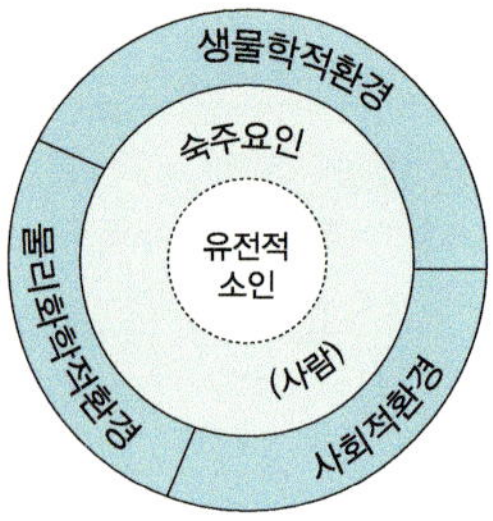

정답 ②

26 병원체에 의한 인수공통전염병 중 분류가 다른 하나는?

① 살모넬라
② 렙토스피라증
③ 브루셀라증
④ 묘소증
⑤ 광견병

해설

광견병	원인 : 광견병 바이러스 전파 : 점막, 물린 상처 등 증상 : 흥분, 마비, 경련, 공수병 등

plus 해설

살모넬라	원인 : 살모넬라균(Salmonella) 전파 : 경구 증상 : 구토, 설사, 식욕부진 등
렙토스피라증	원인 : 렙토스피라균(Leptospira) 전파 : 피부, 점막균, 물 증상 : 구토, 설사, 황달, 혈뇨, 폐렴 등
브루셀라증	원인 : 브루셀라균(Brucella) 전파 : 상처, 점막, 호흡기 증상 : 불임, 유산, 관절염, 보행장애 등
묘소병	원인 : 바르토넬라헨셀라균(Bartonella Henselae) 전파 : 피부, 대변 증상 : 미열, 결막염, 림프절염, 발진 등

정답 ⑤

27 다음이 설명하고 있는 기생충은?

- 이 기생충은 피부 접촉에 의해 전파되며 전염성이 매우 강해 직접 접촉뿐 아니라 간접 접촉에서도 감염이 발생함
- 소양감이 매우 심하며 피부상처, 색소침착, 탈모 등의 증상을 보임
- 사람도 전염됨
- 가려운 곳을 긁게 되면 다른 신체 부위로 빠르게 이동함

① 진드기 ② 벼룩 ③ 옴 ④ 이(suking lice) ⑤ 편충

해설

옴의 특징은 다음과 같다.

발생	– 피부 접촉에 의해 발생 – 피부에 달라붙어 매일 알을 낳음 – 알이 성충이 되기까지 약 10일 소요
감염	– 암컷 성충이 미감염 인체에 감염 시 약 1개월 후 감염 – 강한 피부 가려움 증상 – 가려운 곳을 긁으면 다른 신체부위로 이동해 빠르게 번질 수 있음 – 전염성 매우 강함, 간접 접촉에도 감염 발생 가능성 존재
진단	– 소양감 – 감염된 개체에서 옴의 충체를 검출하는 것이 쉽지 않음 – 찰과도말검사진행
증상	– 강한 소양감, 상처, 발진, 탈모, 색소침착, 자해로 인한 궤양 – 사람의 피부에서 6일까지 생존 가능 – 감염된 개체를 치료할 경우 자연스럽게 사람의 피부염도 치료됨

정답 ③

28 처방전에 자주 사용되는 약어에 대한 것으로 옳지 않은 것은?

㉠ po(by mouth)	㉡ tid(twice daily)	㉢ qd(every day)
㉣ AD(right ear)	㉤ sid(three times daily)	㉥ IM(intramuscular)

① ㉠,㉡ ② ㉡,㉢ ③ ㉡,㉤ ④ ㉣,㉤ ⑤ ㉤,㉥

해설

㉡ tid(three times daily)
㉤ sid(once daily) bid(twice daily)

정답 ③

29 반려동물의 문제 행동으로 분류되지 않는 것은?

① 마운팅 ② 분리 불안 ③ 상동 장애
④ 인지 장애 ⑤ 짖음 문제

해설

인지 장애는 일반적으로 치매로 알려져 있으며 노화나 질병으로 인해 나타날 수 있는 장애성 행동이지만 문제행동으로 분류되지는 않는다. 문제행동으로 분류되는 것은 다음과 같다.
마운팅, 섭식장애, 상동행동, 분리불안, 짖음, 파괴행동, 배설 문제

정답 ④

30 다음 중 HACCP의 7원칙 12절차 중 7원칙에 해당하지 않는 단계는?

① 위해요소 분석 ② 중요관리점(CCP) 결정 ③ 모니터링체계 확립
④ 문서화 및 기록유지 ⑤ 공정흐름도 작성

해설

HACCP이란 소비자에게 안전하고 깨끗한 식품을 공급하기 위한 위생관리체계로 '해썹' 또는 '식품안전관리 인증기준'이라고 한다.

준비단계	① HACCP팀 구성 ② 제품설명서 작성 ③ 용도 확인 ④ 공정흐름도 작성 ⑤ 공정흐름도 현장검증
7원칙	① 위해요소 분석 ② 중요관리점(CCP) 결정 ③ 한계기준 설정 ④ 모니터링체계 확립 ⑤ 개선조치 설정 ⑥ 검증방법 설정 ⑦ 문서화 및 기록유지

정답 ⑤

2교시 임상 동물보건학, 동물 보건·윤리 및 복지 관련 법규

3과목 임상 동물보건학

01 다음 중 개의 생식기관에 대한 설명 중 옳지 않은 것은?

① 개의 생식샘은 수컷은 고환, 암컷은 난소이며 정자와 난자를 생산하고 테스토스테론, 에스트로겐 등의 호르몬을 분비한다.
② 개의 암컷의 자궁은 3개의 층으로 되어 있으며 분만을 할 경우 근육이 수축해 태아를 밖으로 밀어내는 역할을 하는 층은 자궁내막이다.
③ 정자는 고환의 정세관에서 형성되며 부고환에서 성숙변화가 일어난다.
④ 수컷의 고환은 약 생후 12주 이후 하강하는데 복강 내에 위치할 경우 하강하지 않을 가능성이 존재한다.
⑤ 개의 자궁형은 쌍각자궁이다.

해설

개의 자궁은 태아가 어미의 배 안에서 성장할 수 있도록 보호재 주는 역할을 하며 태반을 통해 영양분을 공급해준다.
자궁은 3개의 층으로 나뉘며 태아를 밀어내는 역할을 하는 것은 자궁의 근육 즉, 자궁 근육층의 역할이다.

plus 해설

자궁의 층 분류	자궁내막 : 태반을 지지하고 영양분을 제공하는 역할
	자궁근육층 : 분만 시 수축해 태아를 밀어내는 역할
	자궁간막 : 자궁 인대의 일부분

정답 ②

02 다음 중 압박배뇨에 대한 설명을 모두 고르면?

㉠ 바닥의 이물이나 오염의 가능성이 높다.
㉡ 질병이나 특수한 이유 때문에 자연배뇨를 못할 경우에 실시한다.
㉢ 주사기를 방광에 직접 삽입해 소변을 채취하는 방법이다.
㉣ 무균적으로 채취할 수 있다.
㉤ 카테터를 요도로 직접 삽입한다.
㉥ 방광 파열이나 장기 손상을 주의해야 한다.

① ㉠, ㉡　② ㉡, ㉣　③ ㉡, ㉥　④ ㉣, ㉤　⑤ ㉣, ㉥

해설

㉠ 자연배뇨, ㉡ 압박배뇨, ㉢ 방광천자, ㉣ 방광천자, 요도카테터, ㉤ 요도카테터, ㉥ 압박배뇨

plus 해설

압박배뇨	장점 : 요도가 비교적 짧은 암컷이 채취가 더 쉬움
	단점 : 스트레스를 받고 장기 및 방광의 손상이나 파열 가능성이 존재함

정답 ③

03 다음이 설명하고 있는 결석의 종류는?

- 소변의 pH는 산성~중성이다.
- 결석이 가장 흔하게 발견되는 곳은 방광이며 신장, 요관, 요로 등에 함께 결석이 있는 경우도 존재한다.
- 식이 변화로 녹여낼 수 없다.
- 소변으로 배출 또는 수술이 필요한 경우가 많은 비율을 차지한다.

① 스트루바이트 ② 칼슘옥살레이트 ③ 시스틴
④ 칼슘인산염 ⑤ 실리카

해설

스트루바이트	- 대부분 둥근 모양의 형태이며 요도에 흔하게 발생하는 결석 - 주로 방광염 또는 요도감염의 세균감염에 의해 발생 - 소변의 pH가 알칼리성을 띰
칼슘옥살레이트	- 끝이 날카로운 모양의 형태로 체내 칼슘과 인의 불균형으로 발생하는 결석 - 비타민 C, D의 과다복용 또는 쿠싱증후군 등이 원인일 가능성 - 소변의 pH가 산성에서 중성을 띰
시스틴	- 대부분 여러 개의 둥근 모양의 결석 - 비교적 발생이 드문 종류의 결석임 - 유전적요인 또는 시스틴, 아미노산의 과잉이 원인일 가능성 - 소변의 pH가 산성을 띰
칼슘인산염	- 여러 개의 별사탕 모양의 결석 - 소변의 pH가 산성을 띰
실리카	- 공깃돌 모양의 결석 - 소변의 pH와는 무관함

정답 ②

04 다음이 설명하고 있는 용품에 대한 내용이 바르지 않은 것은?

① Drape pack – 수술에 필요한 수술포이며 수술 시 사용하는 메스, 가위, 겸자 등을 포장한다.
② Suture materials – 개복 수술 이후 봉합 시에 사용하는 봉합사를 뜻하며 흡수성봉합사과 비흡수성 봉합사로 분류된다.
③ Metzenbaum Scissors – 큰 조직을 절개하거나 봉합사를 커팅할 때 사용되는 수술용 가위이다.
④ Tissue Clamp – 조직을 잡아 고정할 때 사용하며 종류로는 엘리스 겸자, 메이요 겸자, 밥콕 겸자 등이 있다.
⑤ Hemostat Forceps – 혈관을 잡아 고정할 때 사용하며 종류로는 켈리 겸자, 모스키토 겸자 등이 있다.

해설

메첸바움 가위라고 불리는 Metzenbaum Scissors은 작은 조직을 절개하는 등 섬세한 작업에 사용되며 봉합사를 커팅할 때는 가위 날이 손상될 수 있어 사용하지 않는다.

정답 ③

05 다음 중 2살 비숑 여아 중성화 수술 팩에 들어가지 않는 수술기구는?

① Surgical Blade ② Blade Holder ③ Towel Clamps
④ Hemostat Forceps ⑤ Bone Forceps

해설

Bone Forceps은 정형외과 기구로서 골절 수술 등 뼈를 고정할 때 사용하는 수술기구이다.

Surgical Blade	수술용 메스 / No. 10, 15번을 주로 사용함
Blade Holder	메스대(블레이드 홀더) / 3번, 4번
Towel Clamps	수술포 고정, 수술부위 피부 고정 역할
Hemostat Forceps	혈관을 잡아 출혈을 막아주는 역할

정답 ⑤

06 다음 약제 중 알약의 종류가 아닌 것을 모두 고르면?

㉠ 나정 ㉡ 츄어블 ㉢ 과립제 ㉣ 서방정 ㉤ 경피흡수제 ㉥ 당의정

① ㉠, ㉡ ② ㉡, ㉢ ③ ㉢, ㉣ ④ ㉢, ㉤ ⑤ ㉤, ㉥

해설

알약	– 나정 : 약제를 단단하게 압축시켜 놓은 상태 – 당의정 : 당을 이용해 약제를 코팅해 놓은 상태 – 츄어블정 : 처방되는 약제로는 없으나 심장사상충 복용 시 사용되는 제제이며 씹어 삼킬 수 있는 제제 – 서방정 : 작용시간이 길지만 가격이 비싼 단점이 있는 제제
캡슐	의약품을 액상, 분말, 과립 등의 형태로 캡슐에 충전한 상태(경질 캡슐제, 연질 캡슐제)
가루약	– 과립제 : 의약품 그대로 또는 의약품에 부형제 또는 첨가제를 넣어 입상을 고르게 만든 제제 – 세립제 : 매우 작고 고르게 만든 형태의 제제
물약	수용성 유효성분 및 계면활성제 등의 보조제를 이용해 물을 용해시킨 제제
경피흡수제	피부를 통해 제제의 성분이 전신순환혈류에 송달되도록 만들어진 제제

정답 ④

07 다음 중 약물 투여 경로에 대한 설명으로 옳지 않은 것은?

① 정맥 내 약물 투여는 카테터를 장착한 후 주입하는 형태이며 효과가 즉시 나타나며 응급상황 등 긴급한 상황에 효과적이다.

② 근육 내 투여는 엉덩이 부분에 주사하며 통증은 거의 없는 편이다.

③ 피하 약물 투여는 약물이 자극적일 경우 통증이나 괴사가 일어날 수 있는 단점이 있다.

④ 경구 투여는 가장 안전하며 경제적인 장점이 있지만 약물이 전신 흡수되기 전에 대사될 가능성이 있다.

⑤ 경피 투여는 지용성 약물이 이상적이지만 알레르기 발생 가능성이 존재한다.

해설

투여경로	흡수형태	장점	단점
근육 내	– 약물희석제에 좌우됨 – 수용액 : 신속함 – 저장제제 : 느리고 지속적	– 유상부형제 및 특정 자극성 약물에 적절 – 환자가 정맥 내 투여보다 선호하는 편	– 통증 유발 – 근육 내 출혈을 초래 (항혈액응고제 요법 중에 미리 제거하지 않을 경우)

정답 ②

08 개의 체중이 28kg이고 약물 A는 20mg/kg의 용량으로 제공되며, 약물 라벨의 농도는 50mg/tablet으로 표기되어 있다. 투여할 약물의 복용량은 얼마인가?

① 10tablet　② 11tablet　③ 12tablet
④ 13tablet　⑤ 14tablet

해설

$$30kg \times \frac{20mg}{KG} = 600mg$$

$$600mg \times \frac{tablet}{50mg} = 12tablet$$

정답 ③

09 다음이 설명하는 멸균법을 고르면?

- 가장 사용하기 쉬우며 동물병원에서 가장 흔하게 볼 수 있는 멸균법이다.
- 일반적으로 수술실에 위치하며 수술기구, 수술포, 수술가운 등을 멸균한다.
- 약 120℃에서 10~15분 이상 실시한다.
- 플라스틱 및 고무는 성질이 변형될 가능성이 있어 사용하지 않는다.

① 오토클레이브 멸균　② 플라즈마 멸균　③ EO가스 멸균
④ 방사선 멸균　⑤ 여과 멸균

해설

오토클레이브 멸균(Autoclave method, 고압증기 멸균법)에 대한 설명이다.

정답 ①

10 다음 중 생명이 위급한 응급진료가 아닌 것은?

① 심부전 호흡곤란　② 기도 이물　③ 저혈량 쇼크
④ 혈변　⑤ 골절 출혈

해설

응급진료 증상 : 호흡곤란, 심장마비, 창백한 점막, 보행불능, 복부팽만, 독극물 섭취, 허탈, 출혈 및 광범위한 상처, 발작 및 경련, 혈액성 구토, 난산, 의식소실 등

정답 ④

11 다음 중 지혈법에 대한 설명으로 옳지 않은 것은?

① 전기 지혈법은 전기로 혈관을 지혈하는 방법으로 멸균 거즈나 다른 지혈법보다 빠른 지혈로 술부 시야 확보에 용이하다.

② 지혈파우더는 파우더 형태의 지혈제로 발톱의 혈관에서 출혈이 발생했을 때 주로 사용하는 지혈제이다.

③ 하이드로콜로이드 드레싱은 가장 많이 사용하는 드레싱의 종류로 상처의 자극이 적고 식염수 사용이 가능하다.

④ 폼 드레싱은 비 접착성 드레싱으로 2차 드레싱으로 고정해야 하며 공기는 통과하지만 물은 통과하지 못한다.

⑤ 붕대 처치의 경우 총 3개의 층으로 보호하며 1번층은 피부와 접촉해 상처부위를 지혈한다.

해설

가장 많이 사용하는 드레싱의 종류로 상처의 자극이 적고 식염수 사용이 가능한 것은 거즈(gauze) 드레싱이다. 하이드로콜로이드 드레싱은 얇고 납작한 불투명한 형태의 드레싱으로 방수기능이 있으며 부종을 감소시키는 효과가 있다. 부착 후 약 7일 정도 유지 가능하다.

정답 ③

12 다음 중 수혈 시 교차 검사에 대한 설명으로 옳지 않은 것은?

① 첫 수혈의 경우 혈액형 검사를 하지 않아도 항체가 없어 부작용이 일어나지 않는다.

② 두 번째 수혈의 경우까지 부작용이 일어나지 않아 세 번째 수혈부터 교차 검사가 진행된다.

③ 공혈동물의 혈액과 수혈동물의 혈장 또는 공혈동물의 혈장과 수혈동물의 혈액을 교차 반응해 응집을 확인한다.

④ 고양이의 경우 모든 혈액형 판정이 가능하다.

⑤ 수혈의 부작용은 구토, 호흡곤란, 쇼크, 고열 등의 증상이 존재한다.

해설

두 번째 수혈부터는 자연 생성 항체가 존재해 다른 혈액형에 대한 부작용이 발생해 필수로 진행해야 한다.

정답 ②

13 공혈견의 대한 설명으로 옳지 않은 것을 고르면?

① 백신 접종을 규칙적으로 완료된 상태여야 한다.
② 적혈구 용적이 40% 이상이어야 한다.
③ 체중은 25kg 이상이며 1~8살 사이가 적절하다.
④ 혈액 화학적으로 이상이 없어야 한다.
⑤ 심장사상충 감염은 관련이 없다.

해설

심장사상충, 진드기 매개질병, 혈액 및 바이러스 관련 질병 이력이 없어야 공혈 동물로서의 조건이 충족된다.

정답 ⑤

14 다음 중 혈액검체용기 색이 알맞게 연결되지 않은 것은?

① Sodium Citrate tube : 하늘색
② heparin tube : 초록색
③ EDTA tube : 파란색
④ Plain tube : 빨간색
⑤ SST tube : 노란색

해설

EDTA 용기 뚜껑의 색은 보라색이며 일반 혈액검사, 혈액도말검사, 혈구검사(CBC) 검사 등에 적합하다.

정답 ③

15 BCS 신체충실지수 5단계 중 다음이 설명하고 있는 단계는?

> – 과체중인 반려동물인 상태
> – 갈비뼈가 보이기 어렵고 촉진 시 지방이 많이 만져진다.

① BCS 1단계 ② BCS 2단계 ③ BCS 3단계
④ BCS 4단계 ⑤ BCS 5단계

해설

BCS 1단계	매우 야윈 상태. 피하지방이 거의 없으며 갈비뼈가 드러나 있다.
BCS 2단계	저체중 상태. 골격이 보이며 피부와 뼈 사이 약간의 조직만 있다.
BCS 3단계	적정체중 상태. 반려동물에게 가장 적당한 체중과 체형이다. 약간의 지방이 갈비뼈를 덮고 있다.
BCS 4단계	과체중 상태. 갈비뼈가 보이기 어렵고 촉진 시 지방이 많이 만져진다.
BCS 5단계	비만인 상태. 갈비뼈가 보이지 않고 지방이 두꺼우며 살이 처져 있으며 둘레가 두꺼운 상태이다.

정답 ④

16 비만인 상태의 개에게 발생할 수 있는 질병이 아닌 것은?

① 고관절이형성증 ② 기관허탈 ③ 당뇨병
④ 췌장염 ⑤ 거대식도증

해설

거대식도증은 선천적인 원인, 후천적인 원인이 존재한다. 후천적 원인은 근육 및 신경의 이상 또는 식도 폐쇄이며 대부분 침을 많이 흘리며 기침을 하거나 구토하는 모습을 보인다. ①~④는 모두 비만인 개에게 발생할 수 있는 질병이다.

정답 ⑤

17 다음이 설명하고 있는 상황에서 나타날 수 있는 증상이 아닌 것은?

> 오늘 포메라리안 현미는 동물병원에서 전송된 접종 예정일 안내 문자가 와서 동물병원에 내원하여 접종하였다. 그런데 접종 후 산책을 하고 집에 도착했더니 현미가 이상반응을 보였다.

① 눈 주변이 부어오름 ② 구토 ③ 쇼크
④ 호흡곤란 ⑤ 털 빠짐

해설

털 빠짐의 증상은 접종 후 이상반응이라기보다는 외부기생충 약을 도포했을 때 일시적으로 나타날 수 있는 증상이다.

plus 해설

* **예방접종 시 나타날 수 있는 부작용**
  1. **부작용 증상**
     - 알레르기 증상 : 눈 주변 부어오름, 가려움증, 발적
     - 컨디션 저하 증상 : 식욕저하, 기력감퇴, 구토 및 설사
     - 신경증상 : 호흡곤란 및 쇼크, 사망
  2. **부작용 발생 시 처방** : 접종 후 부작용 증상이 나타날 경우 최대한 빨리 동물병원에 내원해 수의사에게 증상을 보여줘 수액처치나, 소염제 등을 처방받아야 하며 대부분 1시간 이내 정상으로 돌아온다.
  3. **접종 후 보호자가 해야 하는 것** : 상태체크, 무리한 운동(산책) 최소화

정답 ⑤

18 일반적인 개의 혈액검사 중 신장수치(BUN)의 정상 범위인 것은?

① 20　② 40　③ 60　④ 80　⑤ 100

해설

혈액화학검사 BUN(mg/dl)의 개의 정상범위는 9.2~29.2이며, 고양이의 정상범위는 17.6~32.8 이다.

정답 ①

19 혈액화학검사 중 간의 상태를 확인하기 위해 체크하는 항목이 아닌 것은?

① ALT　② AST　③ ALB
④ AMYLASE　⑤ GGT

해설

AMYLASE는 주로 췌장에서 생성되며 간과 소장에서도 소량 생산된다. 주로 췌장염이 발생했을 경우 아밀라아제 수치가 상승하는 모습을 보인다.

plus 해설

① ALT : 주로 간세포의 손상여부를 알아보기 위해 측정하는 효소
② AST : 간세포 손상에 의해 방출되지만 심근, 골격근에도 존재하며, 간질병인 경우 AST와 ALT와 평행하게 증가함
③ ALB : 간세포에서 생성되며 알부민의 농도는 간기능의 표지가 됨

정답 ④

20 다음 중 위장관 및 항구토제에 사용하는 약물이 아닌 것은?

① Sucralfate ② dexamethasone ③ senna
④ haloperido ⑤ mannitol

해설

mannitol은 심혈관계에 작용하는 약물로 이뇨제중 삼투성 이뇨제로 분류된다. 뇌내압 증가, 쇼크, 외상으로 인한 급성신부전 환자에게 주로 사용하며, 경구 투여 시 흡수되지 않기 때문에 정맥에 투여하는 사용약물이다.

plus 해설

① Sucralfate : 점액 분해를 막을 수 있는 장벽을 만들어 십이지궤양을 치료할 때 사용
② dexamethasone : 구토를 유발하는 화학요법에 효과적인 약물
③ senna : 장운동 촉진제로 분류됨. 흥분성 완화제로 변비 치료에 유용함
④ haloperido : 항구토제의 종류로 내시경 또는 수술시 진정 목적으로 사용됨

정답 ⑤

21 다음 중 마약류를 분류한 내용으로 옳지 않은 것은?

① 마약류 : 양귀비, 헤로인, 펜타닐
② 향정신성 의약품 : 케타민, 암페타민, 코카인
③ 향정신성 의약품 : 졸피뎀, 프로포폴
④ 대마 : 대마초, 칸나비놀
⑤ 대마 : 테트라히드로칸나비놀, 칸나비디올

해설

마약류는 마약, 향정신성의약품, 대마로 크게 3가지로 분류된다.

마약	양귀비, 코카인, 아편, 모르핀, 헤로인, 펜타닐 등
향정신성 의약품	암페타민, 졸피뎀, 프로포폴, 케타민, 벤조디아제핀계
대마	대마초, 칸나비놀, 테트라히드로칸나비놀, 칸나비디올

정답 ②

22 다음 중 동물병원에서의 마약류 동물용의약품의 관리에 대한 내용으로 옳지 않은 것은?

① 마약류 물품이 입고되었을 경우 일반동물용 의약품보다 먼저 입고작업을 해야 한다.
② 마약류는 이중으로 잠금장치가 된 이동이 불가능한 철제금고에 보관해야 한다.
③ 마약류 통합관리 시스템에 품명, 수량, 제조번호, 유효기간 등의 정보를 입력해야 한다.
④ 마약류 취급의료업자(수의사)는 처방전에 의해 동물에게만 투약해야 한다.
⑤ 농가를 직접 방문하여 진료하는 경우에는 처방전에 따라 투약할 최대한의 마약류를 소지 또는 운반해야 한다.

해설

일부 동물의 특성상 농가 등을 직접 방문하여 진료하는 경우에는 마약류 취급의료업자가 발행한 처방전에 따라 투약할 최소한의 마약류를 소지 또는 운반해야 한다.

정답 ⑤

23 다음이 설명하고 있는 질병의 이름은?

> 상처부위에서 증식한 세균이 번식과 함께 생성해내는 신경 독소가 신경 세포에 작용하여 근육의 경련성 마비와 동통을 동반한 근육 수축을 일으키는 질환이다.

① 파상풍　② 홍역　③ 일본뇌염
④ 장티푸스　⑤ 콜레라

해설

파상풍에 대한 설명으로 피부나 점막의 상처를 통해 균이 침입하며, 신생아의 경우 출생 시 소독하지 않은 기구로 탯줄을 절단하거나 배꼽의 처치를 비위생적으로 한 경우에 발병할 수 있다. 예방접종의 예방 방법으로는 피부나 점막에 상처부위를 소독 또는 괴사조직을 제거하거나, 소독 시 소독된 기구를 사용해야 한다.

정답 ①

24 다음 중 Coupage 처치에 대한 설명으로 옳지 않은 것은?

① Coupage 처치는 폐렴 등 호흡기 질환을 가진 환자에게 Nebulizer 처치와 함께 진행한다.
② Coupage 처치는 Nebulizer 처치 후에 진행한다.
③ Nebulizer는 액체 타입의 약물을 증기로 변환시키는 기계이다.
④ Coupage 처치는 호흡기 안에 남아있는 약물을 배출하기 위한 처치이다.
⑤ Coupage 처치는 손바닥 모양을 오목하게 만들어 양측 늑골 부위를 가볍게 15~30초 간격으로 2~3회 두드려 준다.

해설

Coupage 처치는 Nebulizer 이후 호흡기 안에 남아있는 약물을 배출하기 위한 처치이다. Coupage 처치 없이 Nebulizer만 지속하면 기관지 안에 약물이 침윤되어 염증을 유발할 수 있다. Nebulizer 처치 시에 또는 이후에 기침을 했다면 Coupage 처치를 진행하지 않아도 된다.

정답 ②

25 **마취 후 모니터링(Monitoring)에 대한 설명으로 옳지 않은 것을 고르면?**

① 마취된 이후에는 호흡을 호흡수, 또는 호기말 이산화탄소 분압 등의 평가로 호흡을 파악한다.
② 평균 혈압이 60mmHg 이하로 떨어지면 관류에 문제가 발생할 수 있으므로 수술 중 또는 보조 수의사에게 바로 보고해야 한다.
③ ECG는 심장의 전기적 활동을 평가한 그래프이며 일반적인 심박 수는 개의 경우 70~120/분 고양이의 경우 120~170/분이다.
④ 마취가 진행되면 정상 체온에서 대부분 체온이 올라가며 수시로 체온을 재며 상태를 체크해야 한다.
⑤ 동물보건사는 마취의 시작부터 끝까지 환자의 기본정보, 사용약물, 모니터링 수치 등 모든 것을 기록해야 한다.

해설

마취의 가장 흔한 부작용으로 나타나는 증상이 저체온증이다. 수술 중에는 저체온증 쇼크가 오지 않도록 체온을 잘 체크해야 하며, 수술이 끝난 후부터는 데운 수액팩, 담요, 입원장 보일러 등으로 환자의 체온 유지를 해주어야 한다.

정답 ④

26 **다음 상황에서 동물보건사가 해야 하는 환자 평가와 간호중재에 대한 내용으로 옳지 않은 것은?**

> 초진 진료를 보는 약 생후 3개월된 유기견이 처음 내원했다. 기운이 없어 보여 움직임이 많지 않았고, 식욕 확인을 위해 습식 캔을 섭취하도록 했는데 섭취 이후 설사 양상을 보였다.

① 전염병이 의심될 경우 다른 동물과 접촉이 되지 않도록 격리 해야하며 수의사와 동물보건사 또한 최소한의 인원으로 진료를 진행한다.
② 혈액검사 또는 환자의 상태에 따른 검사 진행 후 탈수양상을 보일 경우 수액처치를 진행한다.
③ 설사 양상을 보이는 경우 항문 주위 털을 닦고 털을 깨끗이 밀어 위생관리를 해준다.
④ 변의 상태 또는 식욕, 컨디션 등 환자의 상태를 수시로 체크하고 담당 수의사에게 내용을 전달한다.
⑤ 청색증, 점막의 상태를 확인하며 산소공급을 해주며 호흡수를 체크한다.

해설

청색증, 점막의 상태를 확인하며 산소공급을 해주며 호흡수를 체크하는 것은 저산소증(Hypoxia)의 경우 해야 하는 사항이다. 동물보건사는 환자의 상태에 따라 산소 공급량을 조절하며 호흡수가 증가 하거나 불안정할 경우 수의사에게 지체 없이 보고해야 한다.

정답 ⑤

27 다음 중 수술 시 사용하는 호흡마취기(Anesthesia machine)에 대한 설명으로 옳지 않은 것은?

① 호흡 회로의 손상이 있을 경우 마취가스가 샐 수 있기 때문에 마취 전 수시로 체크한다.
② 캐니스터(canister) 안에 들어있는 소다라임은 이산화탄소를 흡수해 공기를 정화시키며 자주색으로 색이 변하면 교체해야 한다.
③ 기화기는 마취제를 기체마취제로 만들어주며 환자의 상태를 보며 마취제의 농도를 조절해야 한다.
④ 기화기 내의 아이소플루란(Isoflurane) 마취약의 용량을 확인해야 하며 색은 노란색이다.
⑤ 세보플루란(Sevoflurane) 마취약은 빠른 마취 유도와 회복이 특징이다.

해설

기화기 내의 마취제는 보라색인 아이소플루란(Isoflurane) 노란색인 세보플루란(Sevoflurane)이 있으며 색깔로 구별한다.

정답 ④

28 다음 중 창상(Wound)의 유형이 바르게 연결되지 않은 것은?

① 화상 – 난로, 뜨거운 물, 드라이기, 전기장판 등으로 인한 상처
② 열상 – 날카로운 물체로 인해 찢어진 상처
③ 찰과상 – 미용시의 피부 상처나 문질러져 일어난 상처
④ 교상 – 동물끼리의 상처
⑤ 욕창 – 외부 충격으로 인한 조직내 출혈이 발생한 상태

해설

외부 충격으로 인한 조직 내 출혈이 발생한 상태는 타박상이며, 욕창은 피부 압박으로 인한 혈액순환 상태로 피부의 기능이 저하된 상태이다.

정답 ⑤

29 동물병원에서 사용하는 임상병리 장비에 대한 설명으로 옳지 않은 것은?

① 광학현미경 : 눈으로 확인할 수 없는 검체 성분을 확대해 관찰하는 기기이다.
② 혈액화학 검사기 : 혈장 또는 혈청 내에 존재하는 성분을 검사하며 신체 내의 장기 기능을 평가하기 위해 사용한다.
③ 원심분리기 : EDTA를 처리한 혈구 세포들의 크기, 개수 비율 등을 확인하기 위해 사용한다.
④ 혈액가스 분석기 : 혈액 내 전해질, 이산화탄소, ph, 산소 분압 등을 분석하기 위해 사용한다.
⑤ 혈당 측정기 : 혈액 내 당 함량을 측정하는 장비이며, 작은 채혈량에도 빠르고 정확한 혈당측정이 가능하다.

해설

EDTA를 처리한 혈구 세포들의 크기, 개수 비율 등을 확인하는 기구는 '자동혈구 분석기'이다.
'원심분리기'는 원심력을 이용해 검체를 원심분리하는 기기로 혈청 분리, 요침사 검사, 분변침전 검사 등에 사용된다.

정답 ③

30 다음 중 Skin Scraping 검사에 대한 설명으로 옳지 않은 것은?

① 일반적으로 피부 소파검사 또는 피부찰과 검사라고 부른다.
② Skin Scraping 검사를 할 경우 슬라이드, 현미경, 투명한 테이프를 준비한다.
③ 표피층과 진피층의 외부기생충을 알 수 있으며 표피는 진드기, 진피층은 개선충 등의 여부를 알 수 있다.
④ Skin Scraping 검사 시 검사를 진행해도 되는 상태인지 환자의 피부상태를 확인해야 한다.
⑤ Skin Scraping 검사는 피부를 찰과하기 때문에 혈흔이 묻어나와 지혈에 주의해야 한다.

해설

투명한 테이프를 준비해야 하는 것은 TST strip test이다.

Skin Scraping test	10호 블레이드, 스칼펠핸들, 칼날, 슬라이드, 미네랄오일, 현미경
TST(tape strip test)	투명한 테이프, 슬라이드, 현미경

정답 ②

4과목 동물 보건 윤리 및 복지 관련 법규

(법규 문제는 2023년 개정된 개정법령을 토대로 복원하였습니다.)

01 다음 중 동물복지(Animal Welfare)의 5가지 원칙과 거리가 먼 것은?

① 굶주림, 영양으로부터 자유로울 것
② 다양한 경험을 통해 사회화를 키울 것
③ 신체적인 고통과 질환으로부터의 자유로울 것
④ 불안과 공포 등 정신적인 고통으로부터 자유로울 것
⑤ 주변 환경이 깨끗하게 유지될 것

해설

동물복지의 5가지 원칙
1. 굶주림, 영양으로부터 자유로울 것
2. 오염된 환경, 장소로부터 자유로울 것
3. 신체적 고통으로부터 자유로울 것
4. 정신적 고통으로부터 자유로울 것
5. 동물 본능의 행동양식에 대한 발현이 자유로울 것

정답 ②

02 다음 중 맹견에 포함되지 않는 품종은?

① 로트와일러 ② 스태퍼드셔 불테리어 ③ 도사견
④ 아메리칸 핏불테리어 ⑤ 진돗개

해설

「동물보호법 시행규칙」 제2조(맹견의 범위)
동물보호법에 따른 '농림축산식품부령으로 정하는 개'란 다음 각 호를 말한다.
1. 도사견과 그 잡종의 개
2. 아메리칸 핏불테리어와 그 잡종의 개
3. 아메리칸 스태퍼드셔 테리어와 그 잡종의 개
4. 스태퍼드셔 불테리어와 그 잡종의 개
5. 로트와일러와 그 잡종의 개

정답 ⑤

03 「동물보호법」에 따른 반려동물 관련 영업이 아닌 것은?

① 동물장묘업 ② 동물생산업 ③ 동물진료업
④ 동물판매업 ⑤ 동물수입업

해설

「동물보호법」 제69조(영업의 허가)
① 반려동물과 관련된 다음 각 호의 영업을 하려는 자는 농림축산식품부령으로 정하는 바에 따라 특별자치시장 · 특별자치도지사 · 시장 · 군수 · 구청장의 허가를 받아야 한다.
1. 동물생산업 2. 동물수입업 3. 동물판매업 4. 동물장묘업

정답 ③

04 다음 중 맹견에 관한 벌칙으로 금액이 다른 하나는?

① 맹견수입신고를 하지 아니한 자
② 맹견의 안전한 사육 및 관리에 관한 교육을 받지 아니한 자
③ 맹견의 출입금지 규정을 위반하여 맹견을 출입하게 한 소유자
④ 맹견취급영업의 특례 규정을 위반하여 맹견 취급의 사실을 신고하지 않은 영업자
⑤ 맹견취급허가 또는 변경허가를 받지 아니하고 맹견을 취급하는 영업을 한 자

해설

맹견취급허가 또는 변경허가를 받지 아니하고 맹견을 취급하는 영업을 한 자는 2년 이하의 징역 또는 2천만 원 이하의 벌금에 처한다.(동물보호법 제97조 제2항 제11호)
①~④는 모두 300만 원 이하의 과태료를 부과하는 사항이다.(동물보호법 제101조 제2항)

정답 ⑤

05 수의사법의 벌칙에 관한 내용 중 과태료가 아닌 벌금을 부과하는 것은?

① 수의사 면허증 또는 동물보건사 자격증을 다른 사람에게 빌려주거나 빌린 사람 또는 이를 알선한 사람
② 부득이한 사유가 종료된 후 3일 이내에 처방전을 수의사처방관리시스템에 등록하지 아니한 자
③ 진료부 또는 검안부를 갖추어 두지 아니하거나 진료 또는 검안한 사항을 기록하지 아니하거나 거짓으로 기록한 사람
④ 정기적으로 검사와 측정을 받지 아니하거나 방사선 관계 종사자에 대한 피복관리를 하지 아니한 자
⑤ 동물병원의 휴업 또는 폐업의 신고를 하지 아니한 자

해설

①은 2년 이하의 징역 또는 2천만원 이하의 벌금에 처하거나 이를 병과할 수 있으며, ②~⑤는 100만 원 이하의 과태료를 부과에 해당하는 사항이다.

정답 ①

06 동물의 사체처리와 관련된 법률은 무엇인가?

① 수의사법 ② 유실물법 ③ 폐기물관리법
④ 축산물 위생관리법 ⑤ 수의사에 관한 법률

해설

동물보호센터의 장은 동물의 사체가 발생한 경우 「폐기물관리법」에 따라 처리하거나 동물장묘업의 허가를 받은 자가 설치·운영하는 동물장묘시설 및 공설동물장묘시설에서 처리하여야 한다.

정답 ③

07 다음 중 동물실험윤리위원회에 대한 설명으로 옳지 않은 것은?

① 동물실험시행기관의 장은 실험동물의 보호와 윤리적인 취급을 위하여 제53조에 따라 동물실험윤리위원회를 설치·운영하여야 한다.
② 동물실험윤리위원회는 5명 이상의 위원으로 구성하며 임기는 3년으로 한다.
③ 농림축산식품부장관은 윤리위원회의 운영에 관한 표준지침을 위원회(IACUC)표준운영가이드라인으로 고시하여야 한다.
④ 동물실험시행기관의 장은 동물실험을 하려면 윤리위원회의 심의를 거쳐야 한다.
⑤ 윤리위원회를 구성하는 위원의 3분의 1 이상은 해당 동물실험시행기관과 이해관계가 없는 사람이어야 한다.

해설

동물실험윤리위원회는 위원장 1명을 포함하여 3명 이상의 위원으로 구성하며 임기는 2년으로 한다.(동물보호법 제53조)①~④는 동물보호법 제51조 동물실험윤리위원회의 설치 조문에 규정되어 있다.

정답 ②

08 다음 중 동물보호법상 동물실험에 관한 내용으로 옳지 않은 것은?

① 실험동물의 고통이 수반되는 실험을 하려는 경우에는 감각능력이 낮은 동물을 사용해야 한다.
② 실험동물의 고통이 수반되는 경우에는 진통제, 마취제, 진정제 등의 적절한 조치를 해야 한다.
③ 동물실험을 한 자는 그 실험이 끝난 후 지체 없이 해당 동물을 검사하고 회복한 동물은 기증해야 한다.
④ 누구든지 유실 및 유기동물이나 봉사동물을 대상으로 하는 동물실험을 해서는 안 된다.
⑤ 동물 실험이 끝난 후 검사 결과 해당 동물이 회복할 수 없다고 인정되는 경우에는 신속하게 고통을 주지 않는 방법으로 처리해야 한다.

해설

동물실험을 한 자는 그 실험이 끝난 후 지체 없이 해당 동물을 검사하여야 하며, 검사 결과 정상적으로 회복한 동물은 기증하거나 분양할 수 있다.(동물보호법 제47조 제5항)
①·② 동물보호법 제47조 제4항
④ 동물보호법 제49조
⑤ 동물보호법 제47조 제6항

정답 ③

09 다음 중 동물의 인도적인 처리에 해당하는 경우가 아닌 것은?

① 동물이 질병으로부터 회복될 수 없다고 수의사가 진단한 경우
② 동물이 상해로부터 지속적인 고통을 받으며 살 것으로 수의사가 진단한 경우
③ 동물이 사람에게 질병을 옮길 우려가 매우 높은 것으로 수의사가 진단한 경우
④ 동물이 보호조치 중인 다른 동물에게 질병을 옮길 우려가 매우 높은 것으로 수의사가 진단한 경우
⑤ 동물의 기증 또는 분양이 곤란한 경우 등 수의사가 부득이한 사정이 있다고 인정한 경우

해설

동물의 기증 또는 분양이 곤란한 경우 등 시·도지사 또는 시장·군수·구청장이 부득이한 사정이 있다고 인정하는 경우이다.

동물보호법 시행규칙 제28조(동물의 인도적인 처리 등)

① 법 제46조 제1항에서 "질병 등 농림축산식품부령으로 정하는 사유가 있는 경우"란 다음 각 호의 어느 하나에 해당하는 경우를 말한다.
   1. 동물이 질병 또는 상해로부터 회복될 수 없거나 지속적으로 고통을 받으며 살아야 할 것으로 수의사가 진단한 경우
   2. 동물이 사람이나 보호조치 중인 다른 동물에게 질병을 옮기거나 위해를 끼칠 우려가 매우 높은 것으로 수의사가 진단한 경우
   3. 법 제45조에 따른 기증 또는 분양이 곤란한 경우 등 시·도지사 또는 시장·군수·구청장이 부득이한 사정이 있다고 인정하는 경우

정답 ⑤

10 접종이 모두 완료된 6개월 비숑은 하네스와 리드줄을 하고 보호자와 산책을 나왔다. 이때 동물보호법의 안전조치 규정상 리드줄의 최대 길이는 얼마인가?

① 1미터　② 2미터　③ 3미터
④ 4미터　⑤ 5미터

해설

길이가 2미터 이하인 목줄 또는 가슴줄을 하거나 이동장치(등록대상동물이 탈출할 수 없도록 잠금장치를 갖춘 것을 말한다)를 사용해야 한다. 다만, 소유자 등이 월령 3개월 미만인 등록대상동물을 직접 안아서 외출하는 경우에는 목줄, 가슴줄 또는 이동장치를 하지 않을 수 있다.(동물보호법 시행규칙 제11조 안전조치)

정답 ②

권두부록

2022 제1회 동물보건사 기출문제

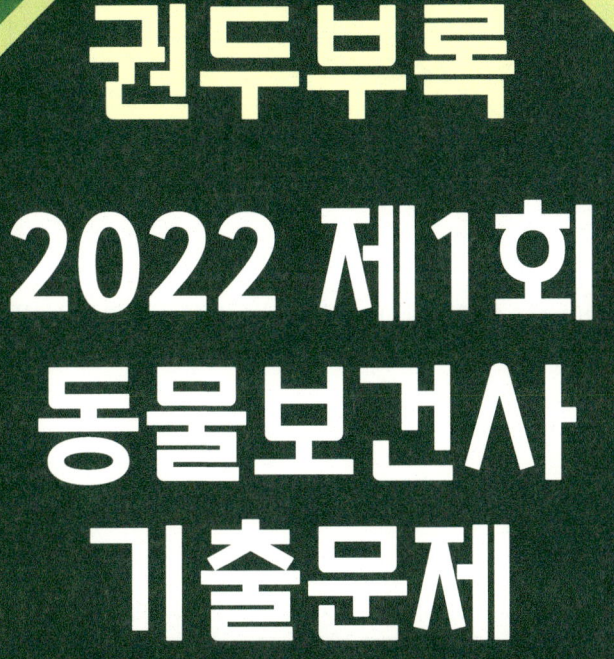

1교시 기초 동물보건학
예방 동물보건학

2교시 임상 동물보건학
동물 보건 · 윤리 및 복지 관련 법규

2022. 02. 27.
제1회 동물보건사 자격시험 기출문제

※ 본 기출문제는 실제 시험 응시자로부터 수집한 후기를 바탕으로 복원되었습니다.

1교시 기초 동물보건학, 예방 동물보건학

1과목 기초 동물보건학

01 세포 내에서 세포 호흡에 관여하며 산소를 이용해 에너지(ATP)를 생산하는 역할을 하는 기관은 무엇인가?

① 핵 ② 미토콘드리아 ③ 소포체
④ 리소좀 ⑤ 핵소체

해설

'미토콘드리아'는 산소호흡과정이 진행되는 세포질에 있는 중요한 세포소기관으로, 이중막 구조로 되어 있으며, '사립체' 또는 '활력체'라고도 불린다. 유기물질을 세포가 사용하는 에너지 형태인 ATP로 전환하며, 자체적인 DNA와 RNA를 가지고 있어 세포질 유전에 관여한다.

① 핵 : 세포의 핵 안에는 염색체, 핵인, 핵막 및 핵공이 존재한다.
③ 소포체 : 세포질 내에 있는 기관으로 편평한 주머니 형태이다. 조면소포체와 활면소포체로 분류되며 조면소포체는 과립성으로 단백질 합성을 하고, 활면소포체는 탄수화물 합성 및 독성물질을 분해하는 역할을 한다.
④ 리소좀 : 세포 내 다양한 이물질을 분해하며 소화작용을 한다.
⑤ 핵소체 : 핵 내에 포함되어 있으며 '핵인'이라고도 불린다. 단백질 합성을 조절하는 기능을 가지고 있다.

정답 ②

02 개의 몸통을 구성하는 뼈 중 척추식 표기로 옳은 것은?

① C7T13L7S3Cd20　② C7T3L7S3Cd20　③ C7T10L7S3Cd20
④ C7T13L7S3Cd10　⑤ C6T13L7S3Cd20

해설

목뼈(경추, Calvical Vertebra) = 7개
등뼈(흉추, Thoracic Vertebra) = 13개
허리뼈(요추, Lumbar vertebra) = 7개
엉치뼈(천추, Sacral vertebra, Sacrum) = 3개
꼬리뼈(미추, Caudal vertebra) = 20~23개

정답 ①

03 안구 주위에 위치한 근육 중 안구 아래쪽에 위치한 근육은?

① 등쪽곧은근　② 안구당김근　③ 가쪽곧은근
④ 배쪽곧은근　⑤ 안쪽곧은근

해설

5가지 모두 안구 주변 근육이다. 이 중 안구 아래쪽에 위치한 근육은 '배쪽곧은근'이다.
'등쪽곧은근'은 안구의 윗부분, '안구당김근'은 안구의 뒷부분, '가쪽곧은근'은 외측, '안쪽곧은근'은 내측 부분에 위치해 있다.

정답 ④

04 신경계통에 대한 설명으로 옳지 않은 것은?

① 중추신경계는 뇌와 척수로 이루어져 있다.
② 말초신경계는 뇌신경 12쌍과 척수신경 31쌍으로 이루어져 있다.
③ 대뇌는 주로 기억, 운동, 추리 등과 관련된 일을 한다.
④ 시상하부는 호르몬 분비 및 호르몬 생성에 관여하며 항상성 유지와 관련된 일을 담당한다.
⑤ 시상하부는 호흡과 혈압 조정중추가 존재하며 호흡조절에 관련된 일을 한다.

해설

'시상하부'는 대뇌에 존재하며 호르몬 분비 및 호르몬 생성에 관여하는 역할을 한다.
호흡과 혈압중추가 존재하며 호흡조절에 관련된 일을 하는 것은 후뇌에 존재하는 '교뇌'와 '연수'이다.

정답 ⑤

05 청각전달경로 중 고막에 붙어 음파를 진동시키는 부분은?

① 이개 ② 이도 ③ 이소골 ④ 기저막 ⑤ 코르티기관

해설

청각전달경로는 '이개 – 이도 – 고막 – 이소골 – 달팽이관 – 기저막 – 대뇌피질'이다.
'이소골'은 고막에 붙어있는 부분으로, 이소골이 진동되어 소리가 달팽이관으로 이동한다.

정답 ③

06 백혈구 중 무과립구성이며 체액성 면역과 세포성 면역을 담당하는 곳은?

① 호중구 ② 호산구 ③ 호염구 ④ 단핵구 ⑤ 림프구

해설

'림프구'는 백혈구의 약 20%를 차지하고 체액성 면역과 세포성 면역을 담당하며 항체를 형성하는 역할을 한다.

① 백혈구의 가장 많은 부분을 차지하며, 포식작용을 한다.
② 핵이 2개로 분엽되어 있으며, 기생충면역과 알러지에 반응한다.
③ '호염기구'라고도 불리며 급성 알러지에 관여한다.
④ 감염 시 '호중구' 다음으로 조직으로 이동하며 '대식세포'라고도 불린다.

정답 ⑤

07 간문맥순환에 대한 설명으로 옳지 않은 것은?

① 일반적인 혈액순환은 심장–동맥–모세혈관–정맥–심장 순서로 순환한다.
② 혈액을 소화기로부터 간으로 직접적으로 나르는 예외적인 순환이다.
③ 폐순환은 우심실–폐동맥–폐포모세혈관–폐정맥–좌심방으로 순환된다.
④ 간문맥순환은 좌심실–대동맥–모세혈관–간문맥–대정맥–우심방으로 순환된다.
⑤ 간문맥순환은 우심실–대정맥–모세혈관–간문맥–대동맥–좌심방으로 순환된다.

해설

'간문맥순환'은 일반적인 혈액순환과는 다르게 혈액을 직접 간으로 전달시킨다.
'좌심실 – 대동맥 – 장간맥동맥 – 모세혈관 – 장간맥정맥 – 간문맥 – 동양모세혈관 – 간정맥 – 대정맥 – 우심방'으로 순환된다.

정답 ⑤

08 호흡에 대한 설명으로 옳지 않은 것은?

① 호흡은 가스교환작용이며 혈액 내 산소와 이산화탄소의 분압을 유지하는 과정이다.
② 폐포와 폐포모세혈관 사이 가스교환이 이루어지는 외호흡과 조직과 조직모세혈관 사이 가스교환이 이루어지는 내호흡으로 구분된다.
③ 들숨의 흐름은 코–인두–후두–기관–기관지–폐포 순서이다.
④ 구강 내 음식물이 연하되어 식도로 이동할 때 후두덮개가 열린다.
⑤ 비강을 통해 공기가 유입될 때 후두덮개가 열려 이물질이 기도로 들어가는 것을 막아준다.

해설

구강 내 음식물이 식도를 통해 이동할 때 후두덮개가 닫혀 음식물이 들어가는 것을 방지한다.

정답 ④

09 개와 고양이의 치아에 대한 설명으로 옳지 않은 것은?

① 개와 고양이는 젖니(유치)가 빠지고 간니(영구치)가 자라는 형태를 보인다.
② 개의 경우 간니는 I 3/3, C 1/1, PM 4/4, M 2/3 형태를 보인다.
③ 개의 경우 간니는 28개, 젖니는 총 42개 이다.
④ 고양이의 경우 젖니는 26개이다.
⑤ 고양이의 경우 간니는 총 30개이다.

해설

젖니는 유치 28개, 간니는 영구치이며 총 42개이다.

② 앞니(I 3/3), 송곳니(C 1/1), 작은어금니(PM 4/4), 어금니(M 2/3)의 간니 형태를 보이며 총 42개이다.
④ 고양이의 젖니는 앞니(I 3/3), 송곳니(C 1/1), 작은어금니(PM 3/2)로 총 26개이다.
⑤ 고양이의 간니는 앞니(I 3/3), 송곳니(C 1/1), 작은어금니(PM 3/2), 어금니(M 1/1)로 총 30개이다.

정답 ③

10 간의 기능에 대한 설명으로 옳지 않은 것은?

① 리파아제 활성화
② 글리코겐 저장
③ 알부민, 피브리노겐, 글로불린 등 혈장단백 생성
④ 체온조절
⑤ 독성물질의 해독작용

해설

지방분해 효소인 리파아제를 활성화시키는 것은 '쓸개'의 기능이다.
'간'은 글리코겐 저장, 혈장단백(알부민, 피브리노겐, 글로불린) 생성, 체온조절 및 해독작용을 한다.

정답 ①

11 이 소화기관의 염증은 구토 및 설사 등 소화기 증상을 임상증상으로 하며, 복부의 강한 통증을 유발한다. 원인에는 고연령이나 비만, 지방 함유량이 높은 식단 등이 있다. 이 소화기관의 명칭은 무엇인가?

① 위 ② 간 ③ 췌장
④ 소장 ⑤ 쓸개

해설

'췌장'은 '이자'라고도 불린다. 지방 함유량이 높은 음식을 주로 섭취하면 식욕부진, 기력저하, 구토, 설사 등 다양한 소화기 증상과 함께 복부의 통증 또한 나타날 수 있다. 어린개체보다 나이가 많은 개체에게 비교적 많이 발생한다.

정답 ③

12 탄저에 대한 설명으로 옳지 않은 것은?

① 제2종 가축전염병으로 분류된다.
② 탄저균의 포자에 의해 발생하는 감염병의 하나이다.
③ 소, 양 등의 반추동물에게서 발생하는 것이 일반적이며, 사람에게는 감염이 이루어지지 않는다.
④ 감염의 대부분은 피부의 상처를 통해 감염이 이루어지며 염증 및 부종의 증상이 나타난다.
⑤ 가벼운 호흡기 증상으로 감기와 비슷하지만 심할 경우 호흡곤란 및 쇼크로 이어져 사망할 가능성이 있으며 소화기 증상으로 복통 및 혈변 등이 나타난다.

해설

'탄저'는 제2종 가축전염병으로 분류되고 탄저균포자에 의해 발생하며 사람에게도 감염되는 인수공통감염병이다. 증상은 호흡기 증상, 소화기 증상 등 다양하고 증상의 정도도 다양하며 심할 경우 사망할 가능성이 있다.

정답 ③

13 신체 내에서 혈당조절역할을 하는 기관은?

① 위　② 췌장　③ 십이지장
④ 쓸개　⑤ 대장

해설

'췌장(이자)'에서 나오는 대표적인 호르몬은 인슐린과 글루카곤이다. 이자에서 인슐린이 분비되면 간에서 포도당을 글리코겐으로 전환해 저장 및 흡수해 혈당을 낮추며, 이자에서 글루카곤이 분비되면 간에서 글리코겐을 포도당으로 전환해 혈액으로 내보내 혈당이 높아진다.

정답 ②

14 신장 내의 토리 부분에서 가장 많이 이루어지는 과정은?

① 여과　② 재흡수　③ 분비
④ 배설　⑤ 배뇨

해설

대동맥과 콩팥동맥으로 혈액이 들어오며, 토리 내에서는 여과과정이 주 기능이다.
혈액 내 단백질과 적혈구 등 분자가 큰 물질은 통과하지 못하며, 99%의 수분으로 형성되어 있고 오줌 형성과정의 시작이다.

정답 ①

15 머리가 짧고 코가 납작하며 대표적으로 잉글리쉬 불독, 퍼그 등 주둥이가 짧은 개체들에게 많이 나타난다. 호흡통로가 작고 납작하며 연구개가 길어 공기가 폐로 들어가는 것을 방해하고, 비공협착으로 숨을 쉬기 어렵게 만드는 증후군은 무엇인가?

① 단두종 증후군 ② 로스 증후군 ③ 대사 증후군
④ 리들 증후군 ⑤ 과호흡 증후군

해설

'단두종 증후군'은 불독, 페키니즈 등 단두종에게 흔히 나타나는 질환이며, 비공, 후두 협착 등 복합적인 증상 또한 함께 나타난다. 호흡통로가 작고 납작해 공기가 폐로 들어가는 것을 방해하기 때문에 다른 품종보다 숨이 더 쉽게 차며 코를 많이 고는 특징을 가지고 있다.

② 로스 증후군 : '펫로스 증후군'이라고 불리며 반려동물이 사망하고 그로 인한 상실감으로 일어나는 각종 질환이나 심신 증세를 뜻한다.
③ 대사 증후군 : 동맥경화, 비만, 당뇨, 고지혈증 등 성인병이 한 번에 동시다발적으로 나타나는 증세를 말한다.
④ 리들 증후군 : 유전질환으로 신장의 집합관이 칼륨을 배설하지만 나트륨과 수분을 지나치게 보유해 고혈압으로 이어지는 질환을 말한다.
⑤ 과호흡 증후군 : 과도한 호흡으로 이산화탄소가 과도하게 배출되어 동맥혈의 이산화탄소가 정상범위 아래로 떨어져 호흡곤란, 어지럼증, 실신 등의 증상이 나타나는 증세를 말한다.

정답 ①

16 소형개의 정상 심박수는?

① 60~100 ② 100~140 ③ 140~220 ④ 200~240 ⑤ 220~300

해설

① 대형견 심박수
③ 고양이 심박수

정답 ②

17 안압이 높아지고 통증이 발생하며, 망막의 시신경이 손상되어 시야 결손이 나타나는 안구 질환은 무엇인가?

① 백내장 ② 녹내장 ③ 결막염 ④ 제3안검돌출 ⑤ 유루증

해설

섬모체돌기에서 생성되는 안방수는 동공으로 흘러나오며 영양 및 안압유지에 중요한 역할을 한다. 안방수가 배출되지 못하면 안구 내에 안방수가 축적되어 안압이 상승하고 망막의 시신경이 손상되어 '녹내장'을 유발한다. 통증, 충혈 등의 증상이 나타나며 심할 경우 실명될 가능성이 있다.

① 백내장 : 당뇨, 노화, 외상 등의 이유로 주로 나타나며, 수정체가 하얗게 보이는 질병이다.
③ 결막염 : 눈 질환 중에 가장 흔하게 나타나는 질환으로 결막에 염증이 발생한 질병이다.
④ 제3안검돌출 : '체리아이'라고도 불리며 눈꺼풀 가장자리 부분이 말려들어가는 질환이다. 불독, 샤페이 등의 품종에게 많이 발생한다.
⑤ 유루증 : '눈물흘림증'이라고도 불리며 눈에서 코로 통하는 '눈물길'이 좁아지고 막혀서 눈물 배출 기능이 저하되고 눈 밖으로 흘러넘치는 질환이다.

정답 ②

18 다음 중 개에게 독성물질로 작용하지 않는 음식을 고르면?

① 계란　② 초콜릿　③ 양파　④ 아보카도　⑤ 포도

해설

② 테오브로민, 카페인이 중독을 유발하며 소화기 증상 및 흥분, 신경증상이 나타난다.
③ 다이프로필 설파이드 성분이 용혈성 빈혈을 유발하며 빈혈, 구토, 설사 및 적갈색 소변 등의 증상이 나타난다.
④ 퍼신 성분이 소화기 증상을 유발하며, 아보카도의 씨는 질식의 위험 또한 존재한다.
⑤ 어떤 성분이 독성물질로 작용하는지 밝혀진 점은 없지만, 포도를 섭취하게 되면 신부전을 유발하며 구토, 설사 및 신경계 증상이 나타난다.

정답 ①

19 다음 중 단당류가 아닌 것은?

① 글루코사민　② 갈락토사민　③ 포도당　④ 과당　⑤ 젖당

해설

'젖당'은 이당류이며 '유당'이라고 불린다. '포도당 + 갈락토오스'의 형태이다.

plus 해설

* **단당류의 종류**
  포도당, 과당, 갈릭토오스, 만노오스, 리보오스 등

정답 ⑤

20 지용성 비타민이 아닌 것은?

① 비타민A ② 비타민D ③ 비타민C ④ 비타민E ⑤ 비타민K

해설

- 지용성 비타민 : 비타민A, 비타민D, 비타민E, 비타민K
- 수용성 비타민 : 비타민B 복합체, 비타민C

정답 ③

21 탄수화물의 대사조절 호르몬으로 췌장의 알파세포에서 분비되며 포도당의 양을 높이는 호르몬은 무엇인가?

① 글루카곤 ② 인슐린 ③ 포도당
④ 아미노산 ⑤ 리파아제

해설

췌장에서 분비되는 호르몬은 '글루카곤'과 '인슐린'이다. 알파세포에서는 글루카곤이 분비되며 포도당의 양을 높이는 역할을 한다. 췌장 델타세포에서는 인슐린이 분비되며 혈당을 저하시키고 포도당의 농도를 유지하는 역할을 한다.

정답 ①

22 고양이만 가지고 있는 필수 아미노산은 무엇인가?

① 트립토판 ② 메티오닌 ③ 아르기닌
④ 라이신 ⑤ 타우린

해설

개의 필수 아미노산은 총 10개인 반면 고양이는 총 11개로, 고양이만 가지고 있는 필수 아미노산은 '타우린'이다. 타우린 결핍 시 심근염, 면역력 저하 등의 증상이 나타난다.

plus 해설

* 필수 아미노산 10종
페닐알라닌, 발린, 트립토판, 트레오닌, 아이소루이신, 메티오닌, 히스타딘, 아르기닌, 루신, 라이신

정답 ⑤

23 비타민 종류 중 하나로 햇빛을 충분히 받지 못하고 결핍되면 구루병, 골연화 및 경직증세가 나타나는 것은?

① 비타민D ② 비타민K ③ 비타민C ④ 비타민E ⑤ 비타민B

해설

'비타민D'는 뼈의 대사에 중요한 역할을 하며, 혈액응고작용 및 혈액 내의 항상성을 유지하는 역할을 한다. 햇빛으로 합성이 이루어지며 결핍될 경우 사료로 섭취해야 한다. 어린 동물이 결핍될 경우 구루병, 골연화증 및 경직증세가 나타날 수 있으며 과잉 시 고칼슘혈증을 유발한다.

정답 ①

24 체중이 5kg인 개의 경우, 사료의 칼로리가 2kcal/g이라면 휴지기에너지 필요량은 얼마인가?

① 220 ② 240 ③ 250 ④ 260 ⑤ 280

해설

개의 휴지기에너지 필요량(RER) = 30 × 체중 + 70
30 × 5 + 70 = 220
RER = 220kcal

정답 ①

25 체중이 5kg인 비만 고양이의 경우 일일에너지(DER)를 구하면? (단, RER×1이다.)

① 180 ② 200 ③ 210 ④ 220 ⑤ 230

해설

일일에너지 요구량(DER)은 활동성, 질병, 비만도에 따라서 달라진다.
비만인 경우이므로, 고양이의 RER = 체중 × 40 = 5 × 40 = 200
RER × 1이므로, 200 × 1 = 200
DER = 200

정답 ②

26 **비만도를 평가할 때 신체충실지수에 대한 설명으로 옳지 않은 것을 고르면?**

① 신체충실지수는 총 BCS 9단계로 분류된다.
② 매우 야윈 상태는 갈비뼈에 지방이 없어 모든 뼈가 드러나고 근육 손실을 보인다.
③ 체중 미달 상태인 경우 갈비뼈의 지방이 적고 늑골을 쉽게 촉진할 수 있다.
④ 정상적인 신체 상태일 경우 지방에 덮여 있어 갈비뼈를 만지기 힘들다.
⑤ 비만 상태일 경우 두터운 지방으로 덮여 있으며 복부가 확장되어 허리를 보기 힘들다.

해설

정상적인 신체 상태일 경우 적당한 지방으로 덮여 있어 갈비뼈의 구분과 촉진이 쉬우며, 배가 들어가 허리와 구분이 되는 상태를 의미한다.

정답 ④

27 **다음 중 뼈와 골격을 형성하고 발육을 위해서 필수적이며 결핍 시 발육부진의 원인이 되는 무기질을 고르면?**

㉠ 비타민D	㉡ 인	㉢ 칼슘	㉣ 나트륨	㉤ 염소

① ㉠, ㉡　　② ㉡, ㉢　　③ ㉠, ㉢　　④ ㉢, ㉣　　⑤ ㉣, ㉤

해설

'인'과 '칼슘'은 함께 골격, 치아를 구성하며 성장기 때 필수적으로 섭취해야 하는 무기질이다. 결핍 시에는 발육부진의 원인이 되며 구루병, 골다공증 등 심하면 폐사가 될 가능성이 존재한다.

㉠ 비타민D : 뼈의 대사에 중요한 부분을 차지하며 결핍 시에 구루병의 원인이 될 수 있지만 뼈와 골격을 형성하지는 않는다.
㉣ 나트륨 : 삼투압과 산도를 조절하는 기능을 하며 결핍 시에는 성장정체의 가능성이 있다.
㉤ 염소 : 세포 내외에 많이 존재하며 결핍 시에는 성장정체의 가능성이 있다.

정답 ②

28 **알도스테론의 분비와 코티솔의 생산이 결핍되어 발생하며, 증상으로 구토, 체중감소, 식욕 결핍 및 쇼크 증상이 나타나는 질병은 무엇인가?**

① 부신피질기능항진증
② 부신피질기능저하증
③ 갑상선기능항진증
④ 갑상선기능저하증
⑤ 당뇨병

해설

'부신피질기능저하증'은 '에디슨병'이라고 불리며, 알도스테론의 분비와 코티솔의 생산 결핍에 의해 발생한다.

① 부신피질기능항진증 : '쿠싱증후군'이라고 불리며, 알도스테론의 분비와 코티솔의 생산이 과다하게 일어나 발생한다.
③ 갑상선기능항진증 : 주로 고양이에게 발생하는 내분비질환이며, 체중감소, 다음, 다뇨, 설사 등의 증상이 나타난다.
④ 갑상선기능저하증 : 주로 개에게 발생하는 내분비질환이며, 체중증가, 피부면역력 저하 등의 증상이 나타난다.

정답 ②

29 **위를 구성하는 세포는 무엇인가?**

① 단층원주상피
② 단층편평상피
③ 중층편평상피
④ 단층입방상피
⑤ 중층입방상피

해설

'단층원주상피'는 원주모양 세포의 단층상피를 말하며 세포의 단면은 다각형이다. 주로 소화액의 분비기능인 장의 상피에서 관찰되며, 위에 존재하는 세포이다.

② 단층편평상피 : 편평한 상피세포로 한 층으로 이루어져 있고 혈관, 림프관, 복막 등에 존재하는 세포이다.
③ 중층편평상피 : 편평한 형태로 되어 있는 상피세포를 말하며 구강, 식도, 항문, 질 등의 점막에 존재한다.
④ 단층입방상피 : 주사위와 같은 모양의 단층상피를 말하며, 신장 집합관, 침샘, 갑상샘 등의 점막에 존재한다.
⑤ 중층입방상피 : 가장 꼭대기 쪽에 위치한 중층상피를 말하며 땀샘의 분비관에 존재한다.

정답 ①

30 **반려동물에 대한 설명으로 옳지 않은 것은?**

① 과거에는 개들이 사냥을 함께 하고 인간과의 시간이 늘어나 자연스럽게 유대감이 증가하였다.
② 가축은 농경생활에 접어들면서 인간에게 도움을 주는 존재로 함께 했다.
③ 현재도 과거와 동일하게 가축과 함께 오로지 생산적인 것에 초점이 맞추어져 있다.
④ 동물은 인간과 감정을 교류하는 존재라는 의미로 애완동물이란 단어가 사용되었다.
⑤ 사람과 동물의 관계가 가족과 같은 개념으로 자리잡아 가고 있으며 애완동물보다 반려동물이라는 인식이 확대되고 있다.

해설

과거에는 동물이 가축의 개념으로 생산적인 것에 초점이 맞추어져 있었지만, 현재의 반려동물은 감정을 공유하는 가족의 개념으로 확대되었다.

정답 ③

31 **청각, 후각이 예민하고 동작이 민첩한 반면 20kg 이상의 큰 몸을 가지고 있어 군용견 및 경비견과 호위견 등 인간을 호위하거나 장소를 지키는 역할을 한다. 털은 짧고, 빛깔은 갈색이나 흑색 등을 띤다. 과거 독일 전역에서 인기가 높았던 품종은 무엇인가?**

① 저먼 셰퍼드 ② 로트와일러 ③ 레브라도 리트리버
④ 세인트버나드 ⑤ 진돗개

해설

'저먼 셰퍼드(German Shepherd)'는 독일의 견종으로 근육질의 몸에 튼튼하며, 꼬리는 길게 늘어져 있다. 입은 뾰족하고, 귀는 짧고 서있으며, 털은 대체적으로 짧고 갈색, 황갈색, 흑회색 등이 있다. 행동이 민첩하고 예민해 군용견, 호위견으로 인기가 높다.

정답 ①

32 **중앙 유럽의 포메라니아 지역에서 유래된 스피츠 종류의 반려견이며 독일 스피츠에서 유래되어 크기가 작고 털이 복슬복슬한 특징을 가지고 있다. 17세기 이후 많은 왕실 일족들에게 인기를 얻어 영국의 빅토리아 여왕이 소유했었던 품종의 이름은 무엇인가?**

① 말티즈 ② 포메라니안 ③ 킹찰스 스패니엘
④ 라사압소 ⑤ 퍼그

해설

‘포메라니안(Pomeranian)’은 중앙유럽에 있는 포메라니아 지역에서 유래된 스피츠 종류의 반려견으로 대형품종인 스피츠에서 유래되어 나온 소형품종이다. 작고 귀여운 생김새 때문에 17세기 이후 왕실 일족들에게 인기가 있었으며 영국의 빅토리아 여왕도 소유했다. 털의 색은 흰색, 갈색, 크림색 등 다양하며 이중모가 특징이다.

정답 ②

33 개의 사회화 시기라고 불리며 호기심이 왕성하고 경험이 매우 중요한 시기를 고르면?

① 출생 직후 ② 2~3주령 ③ 3~14주령 ④ 6개월 ⑤ 1년

해설

‘사회화 시기’는 출생 후 3~14주를 의미한다. 출생 후 3주부터는 외부로부터의 자극에 반응하며, 사회화 시기에는 호기심이 왕성해지고 다른 개체 또는 사람과 유대관계를 형성할 수 있다. 이 시기를 놓칠 경우에는 사회성이 떨어질 수 있기 때문에 다양한 개체 또는 사람과 많은 경험을 할 수 있는 환경을 만들어 주어야 한다.

정답 ③

34 신생자견이 어미 배 속에서 분만 이후 초유를 통해 이행항체를 습득하여 초기 질병을 이겨내는 면역은 무엇인가?

① 자연수동면역 ② 자연능동면역 ③ 인공능동면역
④ 인공수동면역 ⑤ 선천면역

해설

‘자연수동면역’은 모체의 초유를 통해 이행항체를 받아 태아가 면역을 습득하는 것을 의미한다.

② 자연능동면역 : 질병을 통해 체내 항체를 습득하는 면역을 의미한다.
③ 인공능동면역 : 예방접종을 통해 체내 항체를 습득하는 면역을 의미한다.
④ 인공수동면역 : 다른 사람이나 동물에 의해 이미 만들어진 항체를 주입하는 것을 의미한다.
예 광견병, 파상풍 등
⑤ 선천면역 : 태어날 때부터 선천적으로 가지고 있는 면역을 의미한다.

정답 ①

35 햄스터에 대한 설명으로 옳지 않은 것은?

① 설취목 쥐과에 속하며 겁이 많고 경계심이 심한 편이다.
② 자신이 안전하다고 느끼는 공간에서 쉬는 것을 좋아하며 영역을 침범당하면 스트레스를 받는다.
③ 후각보다는 시각이 발달해 주인을 인식할 때 시각을 사용한다.
④ 이빨이 평생 자라나기 때문에 치아 관리가 필요하다.
⑤ 번식 속도가 빠르며 다른 개체에게 공격성을 띨 수 있어 분리해서 키우는 것이 좋다.

해설

햄스터는 시각보다는 후각이 발달해 주인이나 다른 개체를 인식할 때 후각을 사용한다.

정답 ③

36 고슴도치에 대한 설명으로 옳지 않은 것은?

① 야행성이고 독립적인 성격을 띠고 있다.
② 시력은 좋지 않고 청각과 후각이 발달되어 있다.
③ 정상체온은 35~37도이다.
④ 사육장 안에는 숨을 공간을 만들고 바닥에 베딩을 깔아주는 환경이 적절하다.
⑤ 고양이용 사료를 급여해도 괜찮다.

해설

고슴도치는 본래 곤충을 먹는 식충동물로 고단백질, 저지방의 식단이 필요하다. 고양이 사료를 장기간 복용하게 되면 방광결석 등이 발생할 수 있다.

정답 ⑤

37 기니피그에 대한 설명으로 옳지 않은 것은?

① 초식동물이며 수명은 약 3~7년이다.
② 다른 개체와는 후각과 소리를 통해 소통한다.
③ 케이지 바닥은 구멍이 있는 형태를 사용한다.
④ 사육 적정 온도는 18~25도이며 습도는 30~60%를 유지하는 것이 좋다.
⑤ 생후 3~4개월이 지나면 성 성숙이 일어나며 음경뼈가 존재한다.

해설

케이지 바닥에 구멍이 있는 경우에는 골절 및 족저근막염의 가능성이 있기 때문에 구멍이 없고 편평한 환경을 조성해야 한다.

정답 ③

38 가장 널리 퍼진 애완 토끼 종으로 소형종이며 귀가 짧고 민첩한 특징을 가지고 있는 품종은 무엇인가?

① 라이언 헤드 ② 드워프 ③ 롭이어 ④ 더치 ⑤ 코카투

해설

'드워프(Dwarf)'는 가장 널리 퍼진 토끼종으로 체중 약 2kg의 소형종이다. 얼굴이 몰려있고 민첩성이 특징이다.

① 라이언 헤드 : '드워프'에서 개량된 종으로 털이 사자와 비슷한 형태가 특징이다.
③ 롭이어 : 귀가 서있다가 성장하며 점차 귀가 아래로 내려가는 특징을 가지고 있으며 대체로 온순하고 행동이 느린 편이다.
④ 더치 : 흰색과 검정색(회색)의 색이 혼합되어 있는 것이 특징이다.
⑤ 코카투 : 대형 앵무새의 종류로 흰색의 깃털을 지니고 있으며 활동성이 매우 높고 목소리가 큰 특징을 가지고 있다.

정답 ②

39 앵무새에 대한 설명으로 틀린 것은?

① 코뉴어 앵무는 색깔마다 이름이 다양하며 수명은 약 20년 정도이다.
② 앵무새는 대체로 물을 좋아하며 스스로 목욕한다.
③ 앵무새에게 많이 발생하는 질병은 알막힘, 골절 등이 있다.
④ 조류는 횡격막을 가지고 있다.
⑤ 예민하고 겁이 많아 부딪혀서 발생하는 골절상을 입을 수 있다.

해설

본래 횡격막의 주된 역할은 이완과 수축을 통해 흉강의 크기를 조절하여 내부 압력을 변화시켜 호흡을 가능하게 하는 것이다. 하지만 앵무새는 횡격막이 골격근 형태가 아니라 장막의 형태로 존재하며 호흡에 필요하지 않다.

정답 ④

40 **반려동물에 대한 설명으로 옳지 않은 것은?**

① 개는 정체시력보다 동체시력이 더 발달되어 있다.
② 개의 후각은 사람보다 약 10만 배 뛰어나다.
③ 고양이는 앞발에 발가락이 5개, 뒷발에는 4개가 있다.
④ 개와 고양이 모두 땀샘이 발바닥으로 한정적이다.
⑤ 고양이는 개보다 미각과 후각이 뛰어나다.

해설

개는 고양이보다 미각과 후각이 뛰어나다.

구분	개	고양이
미각	미뢰수가 약 1,700개로 단맛 · 신맛 · 짠맛 · 쓴맛을 느끼지만 사람보다는 맛을 다양하게 느끼지는 못하며, 미각보다 후각을 통해서 음식을 파악한다.	미뢰수가 약 500개로 단맛은 느끼지 못하며, 쓴맛을 잘 느낀다.
후각	후각 수용체는 약 2억 개로 사람보다 표면적 10배 이상, 크기 4배 이상이며, 사람보다 최대 10만 배 뛰어나다.	후각 수용체는 약 6,500만 개로 개와 비교 시 코가 낮고 비강이 좁아 후각기능이 떨어진다.

정답 ⑤

41 **다이빙을 할 때 심해에서 수면으로 빨리 올라올 시 갑작스러운 압력 변화로 혈관 내에 기체 방울을 형성해 혈관을 막는 질병은 무엇인가?**

① 감압병 ② 조현병 ③ 파브리병 ④ 뇌졸중 ⑤ 고혈압

해설

'감압병'은 '잠수병' 또는 '케이슨병'이라고도 불리며, 주로 다이버들에게 발생한다. 다이빙을 하고난 뒤 심해에서 수면으로 올라올 때 압력이 급격하게 감소하여, 고압이 공기방울을 형성해 혈액 및 조직의 질소가 용해되어 혈관을 막아, 피로감과 근육 및 관절의 통증 등의 증상을 유발하는 질병이다.

정답 ①

42 고래, 바다표범 등 바다 포유류 위에서 기생하며, 기생하고 있는 개체가 사망하면 내장에서 나와 살 속으로 파고든다. 이 생선을 회로 먹게 되는 경우 사람의 몸속으로 들어와 배의 통증과 구역질, 구토 등의 증상을 유발하는 기생충은?

① 아니사키스　② 폐흡충　③ 간흡충
④ 조충　⑤ 심장사상충

해설

'아니사키스'는 '고래회충'이라고도 불리며 고래 등 바다 포유류 및 물고기에 기생하는 선충류에 해당하는 기생충으로 자연산 어류에서 흔하게 발생한다. 사람이 섭취하게 되면 윗배의 통증, 구토 증상이 나타나며 약으로 치료할 수 없어 위내시경을 통해 기생충을 제거해야 한다.

정답 ①

43 다음 중 고양이 구내염의 원인이 되는 질병이 아닌 것은?

① 칼리시바이러스　② 허피스바이러스　③ 면역부전바이러스
④ 당뇨병　⑤ 복막염바이러스

해설

'고양이 구내염'은 칼리시바이러스, 허피스바이러스, 백혈병바이러스, 당뇨병 등이 원인이 되지만 정확한 원인은 아직 밝혀지지 않았다.

plus 해설

* **복막염 바이러스**
사육장 및 보호센터에서 주로 발생하며 대부분 호흡기, 대소변, 물품을 통해서 전파가 이루어진다. 임상증상은 크게 유출형(복수, 흉수)과 비유출형(신경증상)으로 나뉘며 소화기 증상(식욕저하, 설사) 등이 나타난다. 고양이 전염성 복막염 백신을 통해서 생후 약 16주의 고양이에게 2~3주 간격으로 2회 접종 후 매년 추가 접종해 예방한다.

정답 ⑤

44 너구리가 1차 병원소가 되는 인수공통전염병은 무엇인가?

① 광견병　② 코로나 장염　③ 인플루엔자
④ 범백혈구 감소증　⑤ 클라미디아

해설

'광견병'은 광견병에 걸린 야생동물에게 물리거나 상처를 통해 전염이 이루어지며 이 바이러스가 신경을 따라 뇌와 척수에 침투해 발병하게 된다. 사람도 전염 가능한 인수공통전염병이며, 1차 병원소는 야생동물로 대표적으로 너구리, 여우, 박쥐, 스컹크 등이 있다.

정답 ①

2과목 예방 동물보건학

01 동물보건사에 대한 설명으로 옳지 않은 것은?

① 수의사를 보조하며 동물간호 업무를 수행하는 역할을 한다.
② 환자에 대한 자료를 분석하고 계획을 수립, 정보를 수집하는 역할을 한다.
③ 동물을 사랑하고 이해할 수 있는 교감 능력을 가지고 있어야 한다.
④ 수의사와 환자, 보호자 간의 의사소통을 원활히 할 수 있도록 한다.
⑤ 환자를 치료하며 처방을 내리는 역할을 한다.

해설

환자를 치료하고 처방하는 것은 수의사의 업무 범위에 해당된다. 동물보건사는 수의사의 진료 보조 및 동물 간호 등의 업무를 수행한다.

정답 ⑤

02 동물보건사의 업무로 올바른 것을 모두 고르면?

㉠ 환자 수술	㉡ 환자 모니터링	㉢ 진료 보조
㉣ 기기 및 위생 관리	㉤ 입원 동물 간호	

① ㉠, ㉡ ② ㉠, ㉢, ㉣ ③ ㉡, ㉣, ㉤ ④ ㉡, ㉢, ㉣, ㉤ ⑤ ㉢, ㉣, ㉤

해설

- 동물보건사의 업무 : 진료 보조, 수술 보조, 환자 모니터링, 기기 및 위생 관리, 입원 동물 간호
- 수의사의 업무 : 환자 수술, 진료, 처방, 투약

정답 ④

03 동물보건사에 대한 설명으로 옳지 않은 것은?

① 올바른 인사로 초기 보호자와 신뢰관계를 형성해야 한다.
② 비언어적 접근으로 눈 맞춤, 미소 등과 함께 고객을 맞이한다.
③ 라포형성을 통해 신뢰도를 높이고 안정감을 주어야 한다.
④ 고객에게 관심을 보이고 공감하는 마음을 가지며 대화한다.
⑤ 메라비언의 법칙은 동물보건사와 관계성이 떨어진다.

해설

'메라비언의 법칙(The Law of Mehrabian)'은 커뮤니케이션에서 말하는 사람이 듣는 사람에게 미치는 영향에 대해서 언어(말의 의미), 청각(말하는 방식, 목소리 톤, 크기, 억양 등), 시각(표정, 시선, 태도, 몸짓 등) 정보의 요소를 수치화한 것을 의미한다.

정답 ⑤

04 동물보건사의 용모와 복장에 대한 설명으로 옳지 않은 것은?

① 머리가 긴 경우 묶어 단정하게 유지하며 원활한 업무를 위해 청결을 유지한다.
② 진료가 끝난 후에는 옷에 묻은 먼지와 털을 제거해 깨끗한 복장을 유지한다.
③ 위험한 장신구를 피하고 손과 손톱을 깔끔하게 다듬는다.
④ 신체 움직임이 많은 업무를 수행하므로 앞이 뚫린 신발을 신어서 사고를 예방한다.
⑤ 화려한 귀걸이나 반지, 팔찌는 진료 시 사고가 발생할 수 있으므로 주의한다.

해설

동물보건사는 신체 움직임이 많은 업무를 수행하기 때문에 편안한 신발을 착용하고 앞이 막힌 신발을 신어서 사고를 예방해야 한다.

정답 ④

05 동물병원의 마케팅 전략에 포함되지 않는 항목을 고르면?

① 제품 ② 재고 ③ 가격 ④ 광고 ⑤ 유통

해설

- **마케팅 전략 4P**
  1. Product(제품) : 제품의 선호도, 품질, 포장 및 브랜드
  2. Price(가격) : 박리다매, 타 제품과 비교도, 가성비
  3. Promotion(유인) : 광고, 홍보
  4. Place(유통) : 온라인 및 오프라인

정답 ②

06 다음 상황에 따라 동물병원에 지불해야 할 진료비의 명칭은?

(가) 지난주 피부진료를 받은 이후 증상이 재발해 다시 진료를 온 경우
(나) 다른 병원에서 소화기증상으로 진료를 받은 뒤, 본 병원에 같은 증상으로 진료를 온 경우

① (가) 초진진료비, (나) 초진진료비
② (가) 초진진료비, (나) 재진진료비
③ (가) 재진진료비, (나) 초진진료비
④ (가) 재진진료비, (나) 재진진료비
⑤ (가) 진료비용을 받지 않음, (나) 재진진료비

해설

(가) 지난번 피부진료 후 같은 증상으로 내원해 재진료를 받은 것이므로 '재진진료비'가 청구된다.
(나) 같은 증상이지만 다른 병원에서 진료를 받고 처음 내원한 것이므로 '초진진료비'가 청구된다.

정답 ③

07 고객의 불만 해결에 대한 내용으로 옳지 않은 것은?

① 고객이 말하는 사항을 잘 듣고 경청하는 자세를 가진다.
② 고객이 가지고 있는 불만사항의 원인을 파악한다.
③ 원장에게 말하지 않고 해결한다.
④ 동물병원의 방침에 따라 결정하도록 하며, 신속하게 해결책을 찾는다.
⑤ 고객에게 이유를 설명하고 동일한 컴플레인이 발생하지 않도록 주의한다.

해설

고객의 불만으로 컴플레인이 있을 경우 어떤 원인 때문에 발생했는지 원장과 직원들 모두에게 내용을 전달하고 해결해야 하며, 동일한 컴플레인이 발생하지 않도록 직원들과 원인을 파악하고 숙지해야 한다.

정답 ③

08 보호자의 환자등록기록에서 알 수 있는 내용이 아닌 것은?

① 보호자의 연락처
② 환자 이름
③ 품종
④ 과거 병력
⑤ 수의사의 학력

해설

환자등록기록에서는 환자의 정보(이름, 나이, 과거 병력, 처방 내역, 접종 내역, 품종 등)와 보호자의 정보(이름, 전화번호, 주소 등)를 알 수 있으며, 환자를 진료한 수의사의 이름과 처방, 상담 내역을 알 수 있다. 수의사의 학력은 알 수 없다.

정답 ⑤

09 보기의 수의간호기록 중 객관적 자료를 모두 고르면?

㉠ 사료 섭취	㉡ 체온	㉢ CRT	㉣ 임상병리검사결과	㉤ 고통 호소

① ㉠, ㉡, ㉢　　② ㉠, ㉡, ㉣　　③ ㉡, ㉢, ㉣

④ ㉢, ㉣, ㉤　　⑤ ㉠, ㉡, ㉢, ㉣, ㉤

해설

- 객관적 자료 : 체온, CRT, 임상병리검사결과
- 주관적 자료 : 사료 섭취, 고통(불편감 호소)

정답 ③

10 동물병원 차트에 사용되는 약어로 올바른 것을 모두 고르면?

㉠ BID : 하루 두 번	㉡ TID : 하루 세 번	㉢ CPR : 심폐소생술
㉣ HBC : 헤모글로빈	㉤ OHE : 적혈구 용적	

① ㉠, ㉡, ㉢　　② ㉡, ㉢, ㉣　　③ ㉢, ㉣, ㉤

④ ㉠, ㉡, ㉢, ㉣　　⑤ ㉠, ㉡, ㉢, ㉣, ㉤

해설

- BID(twice daily) : 하루 2번
- TID(three times a day) : 하루 3번
- QID(four times a day) : 하루 4번
- CPR(cardiopulmonary resuscitation) : 심폐소생술
- CRT(capillary refill time) : 모세혈관 재충만시간
- HBC(hit by car) : 교통사고
- HCT(hematocrit) : 적혈구 용적
- OHE(ovariohysterectomy, 난소자궁절제술) : 여아중성화수술

정답 ①

11 동물병원 진료에 사용되는 약어로 올바른 것을 모두 고르면?

㉠ PO : 경구투여	㉡ IV : 정맥 내 투여	㉢ q.h. : 매일
㉣ s.c. : 피내투여	㉤ Dx : 진단	

① ㉠, ㉡, ㉢　② ㉠, ㉡, ㉤　③ ㉡, ㉢, ㉣
④ ㉡, ㉢, ㉣, ㉤　⑤ ㉠, ㉡, ㉢, ㉣, ㉤

해설

㉢ q.h.(Every Hours) : 매시간　㉣ s.c.(Subcutaneous) : 피하
㉠ PO(Per Oral) : 경구투여　㉡ IV(Intra Venous) : 정맥 내 투여　㉤ Dx(Diagnosis) : 진단

plus 해설

*** 주사약물 투여경로(Injection)**

1. ID(Intradermal, 피내) : 표피 아래 진피 속에 투여
2. SC(Subcutaneous, 피하) : 피부의 진피 아래 피하조직에 투여
3. IM(Intramuscular, 근육) : 근육조직 내 투여
4. IV(Intravenous, 정맥) : 정맥혈관 내 투여

정답 ②

12 동물등록 신청서에 작성해야 할 내용이 아닌 것은?

① 신청인 이름　② 동물 이름　③ 동물등록번호
④ 중성화 여부　⑤ 동물병원 이름

해설

• **동물등록 신청서 작성내역**
신청인(이름, 주소, 전화번호, 주민등록번호), 등록동물(이름, 나이, 중성화 여부, 특징, 털의 색깔)

정답 ⑤

13 동물병원 의료장비 중 자력에 의해 발생하는 자기장을 이용해 생체의 단층상을 얻을 수 있는 장비는 무엇인가?

① CT(Computed Tomography)
② X-RAY
③ MRI(Maganetic Resonance Imagining)
④ 초음파기기
⑤ 자동혈구분석기

해설

'MRI'는 '자기공명영상' 또는 '핵자기공명'으로, 자기공명신호로 물체의 주파수와 위상을 측정하고 컴퓨터를 통해 재구성하여 영상화시키는 기기이다.

① CT : 회전하는 X선관을 이용해 피사체 내부를 단면으로 잘라내어 영상화하는 기기이다.
② X-RAY : '일반영상검사'라고도 불리며 빠른 속도의 전자 운동에너지가 전자기파의 형태로 변환되어 물체를 투과하여 물체 내부를 확인할 수 있도록 하는 기기이다.
④ 초음파기기 : 탐촉자를 이용해 초음파를 발생시켜 반사된 초음파를 수신해 영상을 구성하는 기기이다.
⑤ 자동혈구분석기 : 혈구검사를 진행하는 혈액검사 기기이며 빈혈, 혈액 응고, 염증 등을 진단하는 기기이다.

정답 ③

14 동물의 행동이론에 따른 강화의 종류 중 함께 있어 주는 강화는 무엇인가?

① 간접적 강화
② 물질적 강화
③ 활동적 강화
④ 사회적 강화
⑤ 플러스 강화

해설

'간접적 강화'는 보호자와 반려동물이 함께 있는 시간이 유대감 형성에 좋은 영향을 준다는 행동이론이다.

② 물질적 강화 : 음식, 장난감 등을 이용한 강화
③ 활동적 강화 : 산책, 놀이를 이용한 강화
④ 사회적 강화 : 스킨십을 이용한 강화
⑤ 플러스 강화 : 어떤 것을 더해 행동을 유발하는 강화

정답 ①

15 반려동물의 학습, 발달 경험의 긍정적 강화원리에 대한 설명 중 옳은 것은?

① 행동 후 즉시 좋은 일이 발생하면 그 행동을 증가
② 행동 후 즉시 좋은 일이 발생하면 그 행동을 감소
③ 행동 후 즉시 안 좋은 일이 발생하면 그 행동을 증가
④ 행동 후 즉시 안 좋은 일이 발생하면 그 행동을 감소
⑤ 행동 후 즉시 안 좋은 일이 발생하면 그 행동을 멈춤

해설

학습과 발달 과정에서 긍정적인 강화에 대한 설명이기 때문에 긍정적인 일이 발생하면 어떤 행동이 증가됨을 의미한다.

정답 ①

16 광견병에 대한 설명으로 옳지 않은 것은?

① 광견병은 사람과 동물을 숙주로 하는 인수공통전염병이며 법정 제2종 가축전염병이다.
② 중추신경계 감염병으로 감염 시 물을 무서워하는 공수병 증상이 나타날 수 있다.
③ 개만 감염이 이루어지며 고양이는 감염되지 않는다.
④ 신경증상이 나타나며 증상은 광폭형과 마비형으로 분류된다.
⑤ 치사율은 100%이며 예방접종을 통해 예방이 가능하다.

해설

광견병은 개뿐만 아니라 야생동물(너구리, 여우, 박쥐, 스컹크, 고양이 등)과 사람 또한 감염될 수 있다. 광견병에 걸린 동물에게 직접 물리거나 상처를 통해서 바이러스가 신경을 타고 중추신경까지 도달해 발병한다. 증상은 크게 광폭형과 마비형으로 나뉘며 전염되면 치사율은 100%이다.

정답 ③

17 다음 중 동물병원 내 의약품 관리에 대한 설명으로 옳지 않은 것은?

① 마약류 의약품은 이중으로 잠금장치가 된 이동이 불가능한 철제 금고에 보관한다.
② 마약류 물품이 입고되면 다른 의약품보다 먼저 입고작업을 한다.
③ 자주 쓰는 의약품을 잘 보이는 곳에 보관한다.
④ 의료의약품의 유효기간이 며칠 지난 것은 사용해도 관계없다.
⑤ 응급의약품은 재고가 떨어지지 않도록 여유 있게 주문한다.

해설

의료의약품은 유효기간이 지났을 경우 폐기하는 것이 올바른 처리방법이며, 보관 시 유효기간을 파악해 보관하는 것이 바람직하다.

정답 ④

18 X선의 특징으로 옳지 않은 것은?

① 빛의 속도로 이동한다.
② 생체조직 내에 생물학적 변화를 일으킨다.
③ 무색무취이다.
④ 곡선으로 주행한다.
⑤ 질량이 없다.

해설

X선은 곡선이 아니라 직선으로 주행한다.

정답 ④

19 X선이 발생하는 장소는 어디인가?

① X-ray tube
② 제어기
③ 제너레이터
④ 갠트리
⑤ 디텍터

해설

'X-ray tube'에서는 X선이 발생되며, 외부로 방사선이 유출되는 것을 막기 위해 금속덮개로 싸여 있고 열을 식히는 전열유(기름)가 들어있다. 음극(Cathode)에서 양극(Anode)으로 이동하여 금속판으로 출동해 운동에너지가 빛에너지로 변환된다.

② 제어기 : X선의 발생을 조절하는 역할을 한다.
③ 제너레이터 : 고전압발생기로 X선 발생에 필요한 고전압을 공급하는 역할을 한다.
④ 갠트리 : 자기장을 형성하고 데이터를 획득하는 역할을 한다.
⑤ 디텍터(검출기) : X선 영상을 디지털 영상정보로 바꿔주는 역할을 한다.

정답 ①

20 동물진단용 방사선 안전관리에 대한 설명으로 옳지 않은 것은?

① 방사선은 신체를 통과하면서 세포에 영향을 미쳐 세포 손상 및 장애를 유발한다.
② 동물진단용 방사선을 사용하는 곳에서는 방사선 보호장구를 착용해야 한다.
③ 방사선 촬영 시 질 좋은 영상을 얻기 위해 되도록 많은 촬영을 요한다.
④ 방사선 종사자는 정기적으로 검사를 통해서 피폭관리를 해야 한다.
⑤ 농림축산식품부령에 따라 안전관리 책임자를 선임해야 한다.

해설

방사선 촬영 시 최소 2장씩 촬영하지만 재촬영이 진행될수록 방사선 피폭 가능성이 높아지기 때문에 방사선 보호장구를 착용하고 재촬영 횟수를 최소화해야 한다.

정답 ③

21 방사선 보호장구에 대한 설명으로 옳지 않은 것은?

① 납당량은 주로 0.5mmPb 이상이 함유되어 있어야 한다.
② 납당량이 높을수록 무겁다.
③ 방사선 앞치마는 균열이 발생할 수 있으므로 옷걸이에 펼쳐서 보관한다.
④ 진료로 너무 바쁠 때에는 보호장구를 착용하지 않아도 된다.
⑤ 촬영하는 동안 촬영장소에 불필요한 인원이 없도록 한다.

해설

진료로 바쁠 때에도 방사선 촬영 시 보호장구 착용은 필수이다.

정답 ④

22 방사선 촬영기법에 관전류(mA)에 대한 설명으로 옳지 않은 것은?

① 방사선 대비도에 가장 많은 영향을 미친다.
② mA 증가 시 X선의 양이 증가한다.
③ 밀도에 영향을 준다.
④ 음극의 필라멘트를 가열시키는 전류를 뜻한다.
⑤ mA가 높을수록 이미지가 전체적으로 검게 나온다.

해설

대조도에 영향을 미치는 것은 '관전압(kVp)'이며, '관전류(mA)'는 이미지의 밀도에 영향을 준다.
'관전류(mA)'는 음극의 필라멘트를 가열시키는 전류를 의미하며 관전류가 증가하면 X선의 양이 늘어난다.
mA가 높을수록 영상은 검은색, mA가 낮을수록 영상은 흰색을 띤다.

plus 해설

* 전압(kVp)
관전압이 증가하면 X선의 강도와 투과력이 증가하며, 영상의 대조도에 영향을 준다.

정답 ①

23 방사선 촬영 시 앙와위 자세를 취하고 뒷다리를 좌우 평행하게 뒤로 당겨서 촬영하는 기법의 이름은?

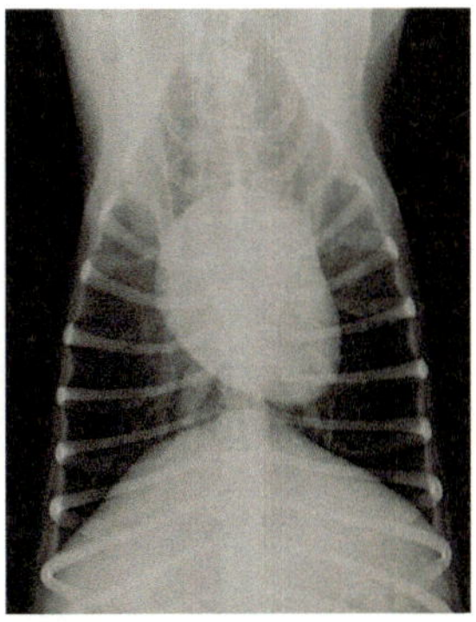

① 배복상(DV) ② 복배상(VD) ③ 외측상
④ 앞다리 앞뒤상 ⑤ 뒷다리 오른쪽 외측상

해설

앙와위 자세는 등이 바닥, 배가 위를 보이게 누워있는 자세이다. 배쪽(Ventral) → 등쪽 (Dorsal)을 의미하기 때문에 '복배상(VD)'을 말한다.

정답 ②

24 초음파 검사 및 기기에 대한 설명으로 옳지 않은 것은?

① 초음파는 높은 주파수의 음파를 신체 내부로 보낸 후 내부에서 반사된 음파를 영상화시킨 것이다.
② 탐촉자를 검사하고자 하는 장기 위치에 밀착해 영상을 얻는 방법이다.
③ 검사 부위에 따라 금식이 필요할 수도 있다.
④ 초음파 검사를 위해서는 전신마취가 필수적이다.
⑤ 심장의 혈류, 크기, 해부학적 구조와 기능을 평가할 수 있다.

해설

CT와 MRI 촬영 시 움직임이 있으면 정확한 촬영이 불가능하기 때문에 마취를 하고 검사가 이루어지지만, 초음파 검사는 일반적으로 전신마취를 하고 진행하지 않는다.

정답 ④

25 반려동물의 목을 잡고 보정자의 가슴 쪽에 밀착시키며, 다른 손으로 반려동물의 앞다리를 잡아 수의사 쪽으로 향하도록 보정하는 자세의 목적으로 가장 옳은 것은?

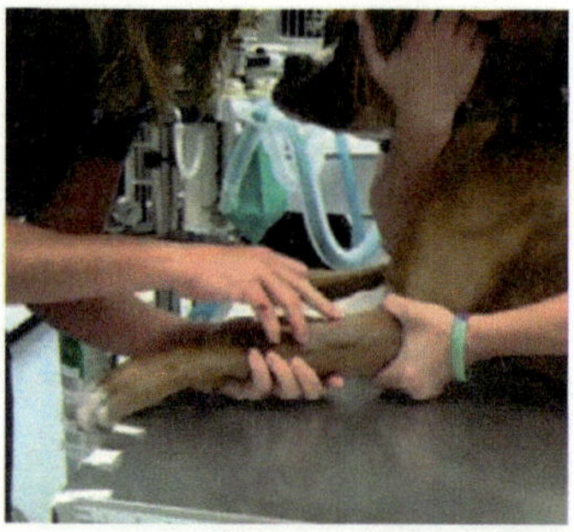

① 정맥주사 ② 약물도포 ③ 피하주사
④ 근육주사 ⑤ 약물투약

해설

배를 바닥에 대고 엎드린 자세(복와위)로 움직임을 최소화하기 위해서 한쪽 손으로 목 부분을 고정하되 호흡에 문제가 없도록 보정하며, 다른 쪽 손은 한쪽 다리를 고정하는 자세는 주로 정맥주사 및 채혈을 위해 보정하는 자세이다.

정답 ①

26 심장사상충의 원인으로 모기를 통해서 전파되며 개의 우심실과 폐동맥에 기생하는 것은?

① 마이크로필라리아 ② 진드기 ③ 바이러스
④ 옴 ⑤ 벼룩

해설

• **심장사상충의 감염과정**
1. 모기가 심장사상충에 감염된 동물을 물면 마이크로필라리아가 모기 안으로 들어간다.
2. 마이크로필라리아가 모기 내부에서 감염유충으로 성장한다.
3. 마이크로필라리아에 감염된 모기가 다른 동물을 문다.
4. 유충은 새로 감염된 동물 내부에서 성인 심장사상충으로 성장한다.
5. 성인 유충은 약 6개월 후부터 어린 유충들을 번식시켜 혈류로 방출한다.
6. 다 자란 심장사상충은 감염된 동물의 심장과 폐혈관에서 살아간다.

정답 ①

27 사료에 대한 설명 중 옳지 않은 것은?

① 처방식 사료는 장시간 급여하면 영양불균형이 올 수 있어 수의사의 처방하에 급여한다.
② 신장질환 동물인 경우 과한 단백질 섭취를 제한한다.
③ 신장질환 동물인 경우 인의 섭취를 증가시킨다.
④ 노령인 동물의 경우 소화가 잘되며 섬유소가 풍부한 사료가 좋다.
⑤ 건사료보다 습식사료가 일반적으로 기호성이 좋다.

해설

신장질환이 있는 경우 인을 과잉 섭취하게 되면 신장질환을 더욱 가속화시킬 수 있기 때문에 수의사의 처방하에 인의 섭취를 제한한다.

정답 ③

28 다음 중 동물보건사의 업무에 해당하지 않는 것은?

① 약물분포 ② 입원환자 간호 ③ 진료보조
④ 주사투여 ⑤ 환자응대

해설

- 수의사의 업무 : 환자 진료, 수술, 주사투여, 내복약 처방 등
- 동물보건사의 업무 : 약물분포, 입원환자 간호, 진료보조, 환자응대, 용품판매 등

정답 ④

29 개의 체중은 10kg이고 약물은 20mg/kg의 용량으로 제공되며 약물의 농도는 50mg/tablet으로 표기되어 있다. 2일간 투여할 경우 총 tablet의 개수는?

① 4개 ② 6개 ③ 8개
④ 10개 ⑤ 12개

해설

10kg × 20mg/kg = 200mg
200mg × tablet/50mg = 4tablet
2일간 투여할 경우 4tablet × 2 = 8개

정답 ③

30 광견병 바이러스의 모양은?

① 탄환모양 ② 다각형 ③ 정이십면체
④ 나선형 ⑤ 복합형

해설

광견병 바이러스의 병원체는 '광견병 바이러스(RNA 바이러스)'로, 그 생김새가 탄환(총알)모양을 하고 있는 것이 특징이다.

정답 ①

31 다음 중 순환호흡기계 약물로서 강심제로 혈압을 상승시킬 목적으로 사용하는 약물의 이름은?

① Dopamine ② Gabapentine ③ Propofol
④ Isoflurane ⑤ Lidocaine

해설

'Dopamine(도파민)'은 교감신경(아드레날린) 작용제로 심정지 시 심장박동, 혈압수축을 통한 저혈압 교정 등의 치료를 위해서 사용된다.

② Gabapentine(가바펜틴) : 신경이완진통제
③ Propofol(프로포폴) : 흡입마취제
④ Isoflurane(이소플루란) : 흡입마취제
⑤ Lidocaine(리도카인) : 국소마취제

정답 ①

32 동물병원에서 자주 사용되는 응급의약품으로서 아나필락시스 쇼크 증상이나 급성 염증을 치료하기 위해 사용되며 히스타민의 효과를 차단하는 약물은 무엇인가?

① Antihistamines ② Gabapentine ③ Primidone
④ Zonisamide ⑤ Pentobarbital

해설

'Antihistamines(항히스타민제)'는 히스타민의 작용을 억제하는 의약품으로 단백질에 대한 알레르기 반응을 완화하고, 급성염증이나 호흡기 질환의 치료에 많이 사용된다.

plus 해설

* **신경이완진통제(Neuroleptanalgesics)**
Gabapentine(가바펜틴), Primidone(프리미돈), Zonisamide(조니사미드), Pentobarbital(펜토바르비탈)

정답 ①

33 동물병원에서 사용하는 대표적인 국소마취제 중 하나로 마취부 주위를 수축시키며 소량으로도 지속적인 효과를 얻는 약물은 무엇인가?

① Isoflurane ② Lidocanine ③ Meloxicam
④ Maropitant ⑤ Lasix

해설

'Lidocanine(리도카인)'은 신체 일부분만 기능을 상실하게 하는 약물인 국소마취제이다.

① Isoflurane(이소플루란) : 흡입마취제
③ Meloxicam(멜록시캄) : 비마약성 진통제
④ Maropitant(마로피턴트) : 항구토제
⑤ Lasix(라식스) : 이뇨제

정답 ②

34 비정상적인 행동 중 하나로 극심한 스트레스로 인해 한 가지 행동을 지속적으로 반복하는 행동은 무엇인가?

① 그루밍 ② 상동장애 ③ 인지장애
④ PTSD ⑤ 마킹

해설

'상동장애'는 꼬리쫓기, 꼬리물기, 과도한 핥기 등 어떤 행동을 지속적으로 반복하는 것으로 주로 스트레스가 극심하고 보호자와의 교류가 적어 한 곳에 방치된 개체에게 많이 발생되는 행동이다.

① 그루밍(Grooming) : 고양잇과 동물 등이 혀를 이용해 털과 몸을 정돈하는 것을 의미한다. 하지만 그루밍도 피부질환, 불안감, 우울증 등으로 인해 과도하게 행동할 수 있어 주의해야 한다.
③ 인지장애 : 기억력, 시력, 판단력 등이 저하된 상태를 의미하며 고령화 개체에게 발생하고 치매의 증상을 보인다.
④ PTSD(Post Traumatic Stress Disorder) : '외상 후 스트레스 장애'라고 하며 어떤 사건 후에 정상생활을 불가능하게 만들며 불안증세가 나타나는 것을 의미한다.
⑤ 마킹(Marking) : 개의 시각적 표현 중 하나로 자신의 행동반경을 알리는 영역표시의 하나이다.

정답 ②

2교시 임상 동물보건학, 동물 보건·윤리 및 복지 관련 법규

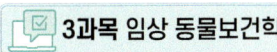

3과목 임상 동물보건학

01 개의 종합예방접종(DHPPL)에 포함되지 않는 것은?

① 홍역 ② 파라인플루엔자 ③ 렙토스피라
④ 파보바이러스 ⑤ 인플루엔자

해설

개의 종합예방접종 'DHPPL'은 'Distemper', 'Hepatitis', 'Parvovirus', 'Parainfluenza', 'Leptospirosis' 총 5가지를 의미한다. 인플루엔자 접종은 단독백신으로 필수접종 항목은 아니다.

정답 ⑤

02 고양이 백혈병에 대한 설명으로 옳지 않은 것은?

① 고양이 백혈병은 신체분비물 및 혈액뿐 아니라, 그루밍으로 인한 타액으로도 전염이 가능하다.
② 백신예방이 가능하며 고양이 백혈병 백신은 필수백신 중 하나이다.
③ 백혈병 감염 시 초기 발견이 쉬운 편이다.
④ 새끼 고양이는 어미 고양이의 젖을 통해서도 전염이 이루어진다.
⑤ 다묘 가정일 경우 전염가능성이 더 크다.

해설

'고양이 백혈병 바이러스(FeLV)'는 사람에게는 옮지 않고, 현재는 과거와 달리 자주 발견되는 질병은 아니다. 고양이 백혈병은 면역체계를 억제해 서서히 진행하기 때문에 초반에 질병 발견이 어려우며, 잠복기가 있어 증상이 한참 후에 나타날 수도 있다. 다른 반려묘의 그루밍, 분비물, 혈액으로도 전염이 이루어진다.

정답 ③

03 피부소독제 종류 중 자극이 강하며 금속을 부식시키는 성질이 있고, 정상세포가 함께 파괴되므로 상처부위보다는 피부, 수술복에 묻은 혈액 등을 제거하기 위해 사용하는 것은?

① 70% 알코올
② 포비돈요오드
③ 과산화수소
④ 클로르헥시딘
⑤ 글루타알데하이드

해설

'과산화수소'는 산소와 수소의 화합물로 푸른색을 띠며 강한 산화력으로 상처부위를 직접적으로 소독하면 정상세포가 파괴되어 주의가 필요하다. 상처에 뿌릴 경우 산소의 기체로 인해 흰 거품이 올라오는 특징이 있다. 독성이 있고 자극성이 강하며 부식이 일어날 수 있어 스테인리스, 유리 등에 보관하는 것이 좋다. 혈액 제거용으로 수술복 및 진료용품, 진료 시 털, 피부에 사용된다.

정답 ③

04 의료용 폐기물 관리 기관에 대해서 옳지 않은 것은?

① 격리의료폐기물 : 보관기관 7일
② 위해의료폐기물(조직물류) : 보관기관 7일
③ 위해의료폐기물(손상성) : 보관기관 30일
④ 위해의료폐기물(혈액오염) : 보관기관 15일
⑤ 일반의료폐기물 : 보관기관 15일

해설

- **위해의료폐기물(조직물류)**
  전용냉장시설(4℃ 이하)에 보관하며 상자형(합성수지 – 노란색)에 보관한다. 배출자 보관기간은 15일(치아는 60일)이다.

정답 ②

05 반려동물에게 황달, 담즙정체 질병이 있을 경우 나타나는 점막의 색깔은?

① 분홍색
② 흰색
③ 청색
④ 노란색
⑤ 갈색

해설

'황달'은 황색인 담즙(쓸개즙)의 빌리루빈 색소가 체내에 과다하게 쌓여 흰자위, 피부, 점막 등이 노랗게 착색되어 보이는 질환을 말한다.

① 정상 : 분홍색
② 빈혈, 쇼크 : 흰색
③ 산소부족, 호흡곤란 : 푸른색
⑤ 양파중독 : 갈색

정답 ④

06 다음 중 응급상황 증상으로 분류되지 않는 것은?

① 호흡 곤란
② 쇼크 및 발작
③ 다량의 출혈
④ 슬개골 탈구
⑤ 중독

해설

'슬개골 탈구'는 근골격계 질병이며 진행성 질환으로 다리를 절거나 통증이 있지만 생명에 지장을 주지는 않기 때문에 응급상황으로 분류되지 않는다.

정답 ④

07 반려동물의 심폐소생술 응급처치에 대한 설명으로 옳지 않은 것은?

① 심폐소생술은 심정지로 심장과 폐의 활동이 멈췄을 경우 수행하는 응급처치이다.
② 코나 입안에 이물질이 있는지 확인하고 기도와 머리를 일직선으로 위치시킨다.
③ 빠르게 흉부를 30번 압박하고 분당 100~120회 속도로 실시한다.
④ 호흡을 하지 않을 경우 입을 덮고 코로 숨을 최대한 많이 불어 넣는다.
⑤ 품종이나 체형별로 흉부 압박 지점을 확인한다.

해설

소형견의 경우 인공호흡을 너무 강하게 할 경우 폐포가 터질 가능성이 있으며, 마사지를 강하게 하는 경우 폐나 늑골이 손상될 가능성이 있어 주의해야 한다.

정답 ④

08 수액에 대한 설명으로 옳지 않은 것은?

① 수액요법은 탈수나 전해질불균형 등의 수치를 정상적으로 보정하는 기능을 한다.
② 마취 중 최소 투여량은 소동물 10~20ml/kg, 대동물 6~10ml/kg으로 한다.
③ 고장성 생리식염수는 혈관 내로 수분을 흡수해 혈류량을 증가시키며 대표적으로 3%, 5% 식염수가 사용된다.
④ 수액은 경구투여와 정맥주사, 피하주사 및 복강 등 다양한 투여 방법이 있다.
⑤ 5% 포도당액은 피하로 주사하면 탈수증상이 완화된다.

해설

5% 포도당액은 피하로 주사하면 탈수증상을 악화시키기 때문에 경구투여 처방이 일반적이다.

정답 ⑤

09 다음 중 복부통증이 나타나지 않는 질환은?

① 췌장염 ② 치근단농양 ③ 복막염 ④ 위장 내 이물 ⑤ 복부팽만

해설

'치근단농양(Dental Abscess)'은 충치에서 더 심해져 치아 뿌리와 주변까지 염증세포가 진행된 상태이며 통증이 심해 음식을 잘 씹지 못할 정도로 고통이 있는 치과 질환이다.
따라서 입안 통증이 있지만 복부 통증과는 관련이 없는 질환이다.

정답 ②

10 심전도 검사에 대한 설명으로 옳지 않은 것은?

① 심전도 검사는 전극을 부착해 심장박동 및 수축 등 심장의 활성화를 검사하는 방법이다.
② 심전도의 전극은 각 다리 총 네 군데에 장착한다.
③ 보정 시에 전극과 손가락이 닿지 않도록 주의한다.
④ 일반적인 심전도는 PQRS형을 보인다.
⑤ 전극 장착은 오른쪽 앞다리가 검은색 왼쪽 앞다리가 녹색이다.

해설

심전도 검사 장비마다 상이할 수 있으나, 전극은 보통 '빨간색-노란색-녹색-검은색'순으로 부착하며, 부위는 다음과 같다.

오른쪽		왼쪽	
① 앞다리(R)	빨간색(Red)	② 앞다리(L)	노란색(Yellow)
④ 뒷다리(N)	검은색(Black)	③ 뒷다리(F)	녹색(Green)

plus 해설

* 심전도(ECG, Electrocardiogram)

수술, 마취, 응급상황 등 환자 상태의 모니터링을 지원하며 심방의 근육이 수축해 P wave, 방실결절을 통해 심실이 수축해 QRS wave, 심장근육이 이완되는(재분극) 과정 T wave로 나타난다.

정답 ⑤

11 내부기생충의 종류 중 하나로 분변을 통해 전파되며 항문을 가려워하고 엉덩이를 땅에 끄는 증상을 보이는 기생충은 무엇인가?

① 회충 ② 편충 ③ 조충 ④ 선충 ⑤ 구충

해설

'조충(촌충)'은 약 15~70cm의 회충보다 큰 대형 기생충으로 한 개의 머리에 여러 개의 편절로 이루어져 있다. 감염된 개체의 항문으로 나와 항문주위나 분변에서 확인이 가능하며 항문을 가려워하고 엉덩이를 바닥에 끄는 증상이 나타난다.

① 회충 : 개에게 가장 많이 발생하는 내부기생충의 종류로 약 4~15cm의 크기이다. 회충은 소장에서 부화해 성충까지 성장하며 대부분 분변을 통해 감염이 이루어진다. 식욕부진, 구토, 설사 등의 증세를 보인다.
② 편충 : 몸 앞부분이 채찍모양인 3~5cm의 내부기생충으로 대부분 경구 섭취로 인해 감염이 이루어진다. 소장에서 부화해 대장으로 이동해 흡혈하며 기생해 출혈로 인한 혈변 및 빈혈의 증세를 보인다.
④ 선충 : 옴은 동물뿐만 아니라 사람에게도 전염되며 매우 심한 소양감이 특징이다.
⑤ 구충 : 개 회충과 같은 선충류이며 형태가 비슷하지만 크기는 1~2cm로 훨씬 작다. 피부소양감 및 빈혈의 증세를 보인다.

정답 ③

12 다음 그림에 대한 설명으로 옳은 것은?

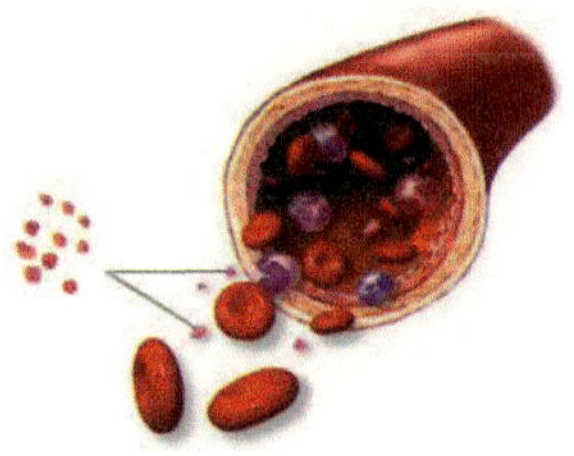

① 혈액 및 산소를 운반하는 역할을 한다.
② 상처발생 시 혈액응고에 관여한다.
③ 기생충 및 알레르기 감염에 관여한다.
④ 백혈병질환 시 증가한다.
⑤ 신장질환 시 수치가 증가한다.

해설

'혈소판'은 손상된 부위의 혈관을 수축시키며 혈액 응고계를 촉진시켜 혈액 소실을 막아주는 역할을 한다.

① 적혈구
③ 백혈구(호산구)

정답 ②

13 수술 시 사용하며 니들을 고정할 때 사용하는 수술기구는?

① 니들홀더　② 메이요가위　③ 브라운포셉
④ 앨리스겸자　⑤ 타월겸자

해설

② 메이요가위 : 비교적 날이 두껍고 날 끝이 약간 둥근 형태로 두꺼운 근육, 연골 등을 분리하거나 절단할 때 사용한다.
④ 앨리스겸자 : 무거운 조직을 잡고 고정할 때 사용된다.
⑤ 타월겸자 : 수술 시 사용하는 의료용 겸자로 수술포를 수술부위에 고정시키는 역할을 하며 '타월클램프', '방포겸자'라고도 한다.

정답 ①

14 동물병원 소독에 대한 설명으로 옳지 않은 것은?

① 초진환자인 경우 구토, 설사 증상이 있는 경우는 전염병 환자로 분류해 주의한다.
② 수술실은 가장 높은 단계의 무균적 환경을 유지한다.
③ 처치실 소독 시 격리입원장을 먼저 소독하고 일반입원장을 나중에 소독한다.
④ 수술 시 수술자와 멸균보조자는 멸균하지 않은 물품을 만지지 않도록 주의한다.
⑤ 동물보건사는 수술실의 용품 및 소독법을 숙지한다.

해설

격리입원장은 다른 환자에게 전염이 될 수 있는 전염병 환자가 입원하는 공간이다. 전염의 가능성을 최소화하기 위해 일반입원장을 먼저 소독하고 가장 나중에 격리입원장을 소독하는 것이 옳다.

정답 ③

15 상처 치료 시 사용하는 방법에 대해 옳지 않은 것은?

① 드레싱은 상처를 보호하고 삼출액을 흡수하는 역할을 한다.
② 하이드로겔 드레싱은 반투명한 필름접착제를 사용하는 방법으로 삼출물이 있으면 부적합한 방법이다.
③ 거즈 드레싱은 가장 흔한 드레싱의 종류로 상처 자극이 적고 식염수에 적셔서 사용 가능하다.
④ 붕대처치는 상처를 보호하고 고정하는 역할을 하며 3층으로 구성된다.
⑤ 붕대 1차층은 상처와 맞닿은 부분으로 상처의 삼출물을 흡수한다.

해설

'하이드로겔 드레싱'은 화상 및 상처를 촉촉하게 유지하는 데 유용한 합성 드레싱의 종류로서 상처 손상도가 낮고 드레싱 교체 시에 통증이 낮은 편이다. 하지만 흡수성이 낮아 삼출물이 많은 중증도의 상처에는 적합하지 않다.

정답 ②

16 보기 중 동물병원에서 사용되는 임상병리 소모품을 모두 고른 것은?

㉠ 혈액화학검사기	㉡ 슬라이드글라스	㉢ 면봉
㉣ 메이요가위	㉤ 현미경	

① ㉠, ㉡　② ㉡, ㉢　③ ㉠, ㉡, ㉢
④ ㉡, ㉢, ㉣　⑤ ㉢, ㉣, ㉤

해설

임상병리 검사는 혈액, 소변, 체액, 조직 등에서 유래하는 검체를 검사 및 분석해 환자 진료에 도움을 주는 검사로, 임상병리 소모품이란 병원 내 검사에서 쓰는 대로 닳거나 줄어들어 없어지거나 못 쓰게 되는 물품을 의미한다.

정답 ②

17 항응고제 중 하나로 일반혈액검사에 사용되며 혈액을 용기에 담고 잘 섞이도록 조심히 희석하고 혈액 중 칼슘이온과 결합하는 응고제의 종류는 무엇인가?

① EDTA　② 헤파린　③ SST
④ Plain　⑤ sodium

해설

'EDTA(Ethylenediaminetetraacetic Acid)'는 칼슘이온과 결합해 항응고 역할을 하는 물질로 혈구수 측정, 혈구형태 검사 등에 이용되는 항응고제이다.

② 헤파린 : 용혈을 방지하는 가장 좋은 항응고제로 혈장 내 트롬빈을 억제시키며, 다른 응고인자의 활성화를 억제시켜 항응고제 작용을 한다.

정답 ①

18 **얇은 바늘을 이용해 병변의 세포를 뽑아 검사하며 피하의 종괴나 결절 내의 세포를 채취해 검사하는 방법은?**

① 스킨스크래핑검사 ② FNA 세침검사 ③ 테잎압인검사
④ 요비중검사 ⑤ 곰팡이배양검사

해설

'세침흡인검사(FNA)'는 얇은 바늘을 이용해 너무 깊지 않은 피하의 종괴 혹은 결절 내의 세포를 채취해 검사하는 방법이다.

① 스킨스크래핑(Skin Scraping) : 블레이드 날을 이용해 출혈이 발생할 정도로 피부를 긁어 모낭충의 성충, 유충 등을 현미경을 통해 검사하는 방법이다.
③ 테잎압인검사 : 투명한 테이프의 접착력을 이용해 털이나 피부에 붙였다 떼어내 피부 표면의 진드기나 곰팡이를 검사하는 방법이다.
④ 요비중검사 : 소변의 농도를 측정하는 것이며 요비중계를 이용해 검사한다.
⑤ 곰팡이배양검사 : 겸자를 사용해 피부병이 있는 부위의 털을 모근까지 뽑아서 채취하는 방법으로 진드기 및 곰팡이성 피부염 의심 시 진행되는 방법이다.

정답 ②

19 **소변채취 방법 중 주사바늘을 이용해 방광 내에서 직접 채취하며 세균검사를 진행할 수 있는 채취방법은?**

① 자연배뇨 ② 방광압박 ③ 요도카테터
④ 방광천자 ⑤ 요침사

해설

'방광천자'는 초음파를 이용해 주사기를 방광 내에 직접 삽입해 소변을 채취하는 방법이다. 초음파를 이용하기 때문에 방광 내에 슬러지나 결석 등을 확인할 수 있다. 방광에 소변이 어느 정도 차 있어야 채취가 가능하며 자연배뇨, 압박배뇨와는 달리 무균으로 채취가 가능해 세균배양검사가 가능하다.

① 자연배뇨 : 반려동물의 스트레스 없이 소변을 채취할 수 있지만 오염 가능성이 매우 높다.
② 방광압박 : 방광에 소변이 차 있을 경우 인위적으로 반려동물을 눕히고 방광을 압박해 배뇨를 하는 방법이다. 너무 세게 압박하게 되면 방광 파열 및 장기 손상을 줄 수 있어 주의가 필요하다.
③ 요도카테터 : 카테터를 요도에 삽입해 소변을 채취하는 방법이다. 카테터의 크기와 요도 크기가 맞아야 가능하며 마취가 필요할 가능성이 있다.
⑤ 요침사검사 : 원심분리기를 이용해 소변을 원심분리해 침전된 세포, 적혈구 및 백혈구 성분 등을 파악해 신장 및 비뇨기계의 이상을 진단하기 위한 검사이다.

정답 ④

20 부신피질의 호르몬이 불균형하거나 기능의 문제가 발생할 경우 필요한 검사는?

① 호르몬검사 ② 대변검사 ③ 현미경검사
④ 피부소파검사 ⑤ 귀도말검사

해설

'부신'은 신장 앞에 위치하고 있는 피질과 수질로 구성되어 있다. 부신의 피질에서 코티솔, 알도스테론 등의 호르몬이 과도 또는 결핍되면 질환이 나타나며, 질환에는 부신피질기능항진증(쿠싱병)과 부신피질기능저하증(에디슨병)이 있다. 치료 시 혈액검사(호르몬검사)를 통해 혈중 호르몬농도를 측정하기 위해 주기적인 검사가 필요하다.

plus 해설

* 코르티솔 : 운동, 통증이나 스트레스에 반응해 분비되는 스테로이드호르몬
* 알도스테론 : 나트륨, 칼륨 등 전해질의 균형을 조절하는 스테로이드호르몬

정답 ①

21 발정시기 중 세포도말 현미경 검사를 했더니 핵이 없고 세포가 흐리게 나타났다. 이 시기로 올바른 것은?

① 발정전기 ② 발정기 ③ 발정휴지기
④ 발정후기 ⑤ 모든 발정시기

해설

• **발정주기 4단계**
1. 발정전기 : 유핵상피세포 – 상피세포는 동물의 몸 표면이나 내장기관의 내부 표면을 덮고 있는 세포를 의미한다.
2. 발정기 : 각질화세포 – 상피세포가 각질화되어 핵과 세포소기관을 상실해 사멸한 상태를 의미한다.
3. 발정후기 : 각질화세포+백혈구 – 발정기 때의 각질화세포가 줄어들며 백혈구 수가 증가한 상태를 의미한다.
4. 발정휴지기 : 유핵상피세포+백혈구 – 핵을 보유하고 있는 상피세포를 보이지만 수가 매우 적은 상태이다.

plus 해설

* **질도말검사(Vaginal Smear Test)**
암컷의 교배적기를 위한 검사로 질 상피에서 탈락세포 및 분비물을 검사해 발정상태를 확인하는 방법이다.

정답 ②

22 반려동물의 수술 중 혈압의 숫자가 몇 이하가 될 경우 수의사에게 즉시 보고해야 하는가?

① 80 이하　② 70 이하　③ 60 이하
④ 50 이하　⑤ 90 이하

해설

마취 시 일반적인 평균혈압은 80~120mmHg를 유지해야 하며 60mmHg 이하로 혈압이 떨어질 경우 관류에 문제가 발생할 수 있어 수의사에게 즉시 보고해야 한다.

정답 ③

23 동물병원에서 가장 많이 사용하는 멸균법으로 121도에 15분 이상 고온 고압을 실시하며 열에 약한 고무, 플라스틱을 제외한 수술기구, 수술포 등의 멸균 시 사용하는 방법은 무엇인가?

① 고압증기 멸균법　② EO가스 멸균법　③ 플라즈마 멸균법
④ 자외선 살균법　⑤ 차아염소산나트륨

해설

'고압증기 멸균법'은 동물병원에서 가장 많이 사용되는 멸균법이다. 주로 수술기구, 수술가운 등의 멸균에 이용되나 고무, 플라스틱류는 열에 약해 사용이 불가능하다.

② EO가스 멸균법 : 에틸렌옥사이드(EO)가스를 사용하는 멸균법으로 고무, 플라스틱류의 멸균에 이용되며 멸균 내용물에 부식을 주지 않는 특징이 있다.
③ 플라즈마 멸균법 : 과산화수소가스를 사용해 멸균하는 방법으로 50도 이하에서 1시간 이하의 시간이 걸린다.
④ 자외선 살균법 : 전자기파를 이용해 물체표면 등을 소독하는 방식으로 약품을 사용하지 않아 간편하지만 빛이 닿지 않는 곳은 살균이 제대로 작용하지 않는 단점이 있다.
⑤ 차아염소산나트륨 : 동물병원 내에 주로 환경소독 시에 사용되며 바이러스사멸 효과가 있어 파보바이러스 소독 시에도 사용된다. 부식성이 강해 금속용기와는 접촉하지 않도록 하는 것이 안전하다.

정답 ①

24 동물병원에서 가장 많이 사용하는 수술용 메스로 조직 절개 시에 사용하는 메스의 종류는 무엇인가?

① NO.10 ② NO.11 ③ NO.12 ④ NO.13 ⑤ NO.14

해설

동물병원 수술 시 일반적으로 가장 많이 사용하는 수술용 메스는 'No.10'이다.

정답 ①

25 전기메스기기에 대한 설명 중 장점이 아닌 것은?

① 수술시간 단축 ② 출혈 억제 ③ 화상가능성 최소
④ 시야 확보 ⑤ 결찰지혈 최소화

해설

'전기수술기'는 전기를 발생시켜 빠른 조직절개 및 출혈을 최소화시킬 수 있는 기기이며 발전기, 전류판, 절개 및 지혈 핸드피스로 구성된다. 단점으로는 열상(화상), 전기쇼크 및 조직 손상가능성에 대해 주의해야 한다.

정답 ③

26 심부전증의 임상증상에 대한 것으로 옳지 않은 것은?

① 운동불내성 ② 기침 ③ 호흡곤란
④ 심잡음 ⑤ 혈뇨

해설

'심부전'은 심장의 구조적 기능 이상으로 심장이 혈액을 받아들이는 기능 및 수축기능이 감소해 신체에 혈액을 원활하게 공급하지 못해 발생하는 질환을 의미한다.
근육에 영양분 및 산소가 충분히 공급되지 않아 만성피로 및 운동성 저하를 보이며 복수, 부종의 증상이 생긴다. 또한 쉽게 숨이 차고 기침을 한다. 신장은 누워있을 때 활동하기 때문에 밤에 소변을 더 많이 보지만, 혈뇨 증상을 보이지는 않는다.

정답 ⑤

4과목 동물 보건 · 윤리 및 복지 관련 법규

01 농림축산식품부령으로 정하는 동물 중 반려동물에 포함되지 않는 동물은?

① 개 ② 토끼 ③ 햄스터 ④ 도마뱀 ⑤ 기니피그

해설

「동물보호법 시행규칙」 제1조의2(반려동물의 범위)
「동물보호법」 제2조 제1호의3에서 "개, 고양이 등 농림축산식품부령으로 정하는 동물"이란 개, 고양이, 토끼, 페럿, 기니피그 및 햄스터를 말한다.

정답 ④

02 동물보건사의 자격에 대해 옳지 않은 것은?

① 농림축산식품부 장관의 평가인증을 받은 고등교육법에 따른 전문대학 또는 이와 같은 수준 이상의 학교의 동물 간호 관련 학과를 졸업한 사람
② 고등학교 졸업자 또는 초 · 중등교육법령에 따라 같은 수준의 학력이 있다고 인정되는 사람으로 동물 간호 관련 업무에 1년 이상 종사한 사람
③ 농림축산식품부 장관이 인정하는 외국의 동물 간호 관련 면허나 자격을 가진 사람
④ 농림축산식품부장관의 평가인증을 받은 전문대학을 동물보건사 자격시험 응시일부터 6개월 이내에 졸업이 예정된 사람
⑤ 고등학교 졸업자가 농림축산식품부장관의 평가인증을 받은 평생교육기관의 고등학교 교과 과정에 상응하는 동물 간호에 관한 교육과정을 이수한 사람

해설

「수의사법」 제16조의2(동물보건사의 자격)
동물보건사가 되려는 사람은 다음 각 호의 어느 하나에 해당하는 사람으로서 동물보건사 자격시험에 합격한 후 농림축산식품부령으로 정하는 바에 따라 농림축산식품부장관의 자격인정을 받아야 한다.

1. 농림축산식품부장관의 평가인증(제16조의4 제1항에 따른 평가인증을 말한다. 이하 이 조에서 같다)을 받은 「고등교육법」 제2조 제4호에 따른 전문대학 또는 이와 같은 수준 이상의 학교의 동물 간호 관련 학과를 졸업한 사람(동물보건사 자격시험 응시일부터 6개월 이내에 졸업이 예정된 사람을 포함한다)
2. 「초 · 중등교육법」 제2조에 따른 고등학교 졸업자 또는 초 · 중등교육법령에 따라 같은 수준의 학력이 있다고 인정되는 사람(이하 "고등학교 졸업학력 인정자"라 한다)으로서 농림축산식품부장관의 평가인증을 받은 「평생교육법」 제2조 제2호에 따른 평생교육기관의 고등학교 교과 과정에 상응하는 동물 간호에 관한 교육과정을 이수한 후 농림축산식품부령으로 정하는 동물 간호 관련 업무에 1년 이상 종사한 사람
3. 농림축산식품부장관이 인정하는 외국의 동물 간호 관련 면허나 자격을 가진 사람

정답 ⑤

03 우리나라 법령의 일반적인 성격에 대한 설명으로 옳지 않은 것은?

① 일반법이 특별법보다 우선적으로 적용된다.
② 법령이란 법률, 대통령령, 총리령 및 부령을 말한다.
③ 법률의 제・개정의 입법제안은 정부 입법 또는 국회의원 입법 모두 가능하다.
④ 국회에서 제・개정한 법률은 원칙적으로 대통령이 공포한다.
⑤ 법률은 국회에 제・개정의 권한이 있다.

해설

'특별법 우선의 원칙'이란 동일한 관계에 적용되는 법으로서 일반법과 특별법이 경합하는 경우에는 일반법은 특별법에 보충적으로 적용될 뿐이며, 특별법이 우선 적용된다는 원칙을 말한다.

정답 ①

04 「수의사법」에 규정되어 있는 용어의 정의에 관한 설명으로 옳지 않은 것은?

① 수의사란 수의 업무를 담당하는 사람으로서 농림축산식품부장관의 면허를 받은 사람을 말한다.
② 동물이란 소, 말, 양, 개 등 그 밖에 농림축산식품부령으로 정하는 동물을 말한다.
③ 동물진료업이란 동물 진료를 포함한 동물의 질병을 예방하는 업을 말한다.
④ 동물보건사란 동물병원 내에서 수의사 지도 아래 동물의 간호 또는 진료 보조업무에 종사하는 사람으로서 농림축산식품부장관의 자격인정을 받은 사람을 말한다.
⑤ 동물병원이란 동물진료업을 하는 장소로서 제17조에 따른 신고를 한 진료기관을 말한다.

해설

「수의사법」 제2조(정의)
2. "동물"이란 소, 말, 돼지, 양, 개, 토끼, 고양이, 조류(鳥類), 꿀벌, 수생동물(水生動物), 그 밖에 대통령령으로 정하는 동물을 말한다.

정답 ②

05 동물보건사 자격의 등록, 자격증 및 자격대장 등록에 관한 설명으로 옳지 않은 것은?

① 자격증은 다른 사람에게 빌려주거나 빌려서는 아니 되며, 이를 알선하면 아니 된다.
② 자격증을 다른 사람에게 대여한 사람은 2년 이하의 징역 또는 2천만 원 이하의 벌금에 처하거나 이를 병과할 수 있다.
③ 농림축산식품부장관은 자격증을 다른 사람에게 대여했을 때 그 자격을 취소할 수 있다.
④ 동물보건사 자격대장에 등록해야 할 사항은 자격번호, 성명, 성별 및 주민등록번호, 출신학교의 졸업 날짜이다.
⑤ 동물보건사 자격증을 잃어버린 경우, 헐어 못 쓰게 된 경우, 자격증의 기재사항이 변경된 경우에 해당하는 사유로 자격증을 재발급받으려는 때에는 해당 서류를 첨부하여 농림축산식품부장관에게 제출해야 한다.

해설

「수의사법 시행규칙」 제14조의8(자격증 및 자격대장 등록사항)
② 동물보건사 자격대장에 등록해야 할 사항은 다음 각 호와 같다.
1. 자격번호 및 자격 연월일
2. 성명 및 주민등록번호(외국인은 성명 · 국적 · 생년월일 · 여권번호 및 성별)
3. 출신학교 및 졸업 연월일
4. 자격취소 등 행정처분에 관한 사항
5. 제14조의9에 따라 자격증을 재발급하거나 재부여했을 때에는 그 사유

정답 ④

06 동물보건사의 업무 중 간호업무에 해당하는 항목은?

㉠ 약물 도포	㉡ 간호판단	㉢ 진료 보조
㉣ 경구 투여	㉤ 체온, 심박수 체크	

① ㉡, ㉤ ② ㉠, ㉡ ③ ㉡, ㉢ ④ ㉢, ㉣ ⑤ ㉣, ㉤

해설

「수의사법 시행규칙」 제14조의7(동물보건사의 업무 범위와 한계)
법 제16조의5 제1항에 따른 동물보건사의 동물의 간호 또는 진료 보조 업무의 구체적인 범위와 한계는 다음 각 호와 같다.
1. 동물의 간호 업무 : 동물에 대한 관찰, 체온 · 심박수 등 기초 검진 자료의 수집, 간호판단 및 요양을 위한 간호
2. 동물의 진료 보조 업무 : 약물 도포, 경구 투여, 마취 · 수술의 보조 등 수의사의 지도 아래 수행하는 진료의 보조

정답 ①

07 동물보건사 자격시험 실시 등에 관한 설명으로 옳지 않은 것은?

① 동물보건사 자격시험은 매년 농림축산식품부장관이 시행한다.
② 농림축산식품부장관은 동물보건사 자격시험을 실시하려는 경우에는 시험일 90일 전까지 시험일시, 시험장소, 응시원서 제출기관 및 그 밖에 필요한 사항을 농림축산식품부의 인터넷 홈페이지에 공고해야 한다.
③ 동물보건사의 자격시험의 시험과목은 기초 동물보건학, 예방 동물보건학, 임상 동물보건학, 동물 보건·윤리 및 복지 관련 법규이다.
④ 동물보건사 자격시험은 필기시험의 방법으로 실시한다.
⑤ 동물보건사 자격시험의 합격자는 전 과목의 평균점수가 100점을 만점으로 하여 40점 이상이고, 각 과목당 시험점수가 60점 이상인 사람으로 한다.

해설

「수의사법 시행규칙」 제14조의4(동물보건사 자격시험의 실시 등)
① 농림축산식품부장관은 동물보건사 자격시험을 실시하려는 경우에는 시험일 90일 전까지 시험일시, 시험장소, 응시원서 제출기간 및 그 밖에 시험에 필요한 사항을 농림축산식품부의 인터넷 홈페이지 등에 공고해야 한다.
② 동물보건사 자격시험의 시험과목은 다음 각 호와 같다.
1. 기초 동물보건학
2. 예방 동물보건학
3. 임상 동물보건학
4. 동물 보건·윤리 및 복지 관련 법규
③ 동물보건사 자격시험은 필기시험의 방법으로 실시한다.
④ 동물보건사 자격시험에 응시하려는 사람은 제1항에 따른 응시원서 제출기간에 별지 제11호의2 서식의 동물보건사 자격시험 응시원서(전자문서로 된 응시원서를 포함한다)를 농림축산식품부장관에게 제출해야 한다.
⑤ 동물보건사 자격시험의 합격자는 제2항에 따른 시험과목에서 각 과목당 시험점수가 100점을 만점으로 하여 40점 이상이고, 전 과목의 평균점수가 60점 이상인 사람으로 한다.

정답 ⑤

08 「동물보호법」 제32조(영업의 종류 및 시설기준 등)에 따른 반려동물 관련 영업이 아닌 것은?

① 동물장묘업 ② 동물진료업 ③ 동물전시업
④ 동물운송업 ⑤ 동물미용업

해설

「동물보호법」 제32조(영업의 종류 및 시설기준 등)

① 반려동물과 관련된 다음 각 호의 영업을 하려는 자는 농림축산식품부령으로 정하는 기준에 맞는 시설과 인력을 갖추어야 한다.

1. 동물장묘업(動物葬墓業)
2. 동물판매업
3. 동물수입업
4. 동물생산업
5. 동물전시업
6. 동물위탁관리업
7. 동물미용업
8. 동물운송업

정답 ②

09 「동물보호법」 제12조(등록대상동물의 등록 등)에 따른 등록대상동물에 대한 설명으로 옳지 않은 것은?

① 월령 2개월 미만의 반려목적으로 기르는 개는 등록이 불가하다.

② 등록대상동물을 잃어버린 경우 잃어버린 날로부터 10일 이내에 신고하여야 한다.

③ 등록대상동물을 분실 신고한 후, 그 동물을 다시 찾은 경우 변경신고 대상이다.

④ 등록대상동물이 사망했을 경우 변경신고 대상이다.

⑤ 전입신고를 한 경우 변경신고가 있는 것으로 본다.

해설

「동물보호법 시행령」 제3조(등록대상동물의 범위)

법 제2조 제2호에서 "대통령령으로 정하는 동물"이란 다음 각 호의 어느 하나에 해당하는 월령(月齡) 2개월 이상인 개를 말한다.

1. 「주택법」 제2조 제1호 및 제4호에 따른 주택 · 준주택에서 기르는 개
2. 제1호에 따른 주택 · 준주택 외의 장소에서 반려(伴侶) 목적으로 기르는 개

「동물보호법 시행규칙」 제8조(등록대상동물의 등록사항 및 방법 등)

④ 등록대상동물의 소유자는 등록하려는 동물이 영 제3조 각 호 외의 부분에 따른 등록대상 월령(月齡) 이하인 경우에도 등록할 수 있다.

정답 ①

10 동물진단용 방사선발생장치에 관한 설명 중 옳지 않은 것은?

① 동물을 진단하기 위하여 방사선발생장치를 설치 · 운영하려는 동물병원 개설자는 농림축산식품부령으로 정하는 바에 따라 시장 · 군수에게 신고하여야 한다.

② 농림축산식품부령으로 정하는 바에 따라 안전관리 책임자를 선임해야 한다.

③ 안전관리 책임자가 안전관리 업무를 성실히 수행하지 아니하면 지체 없이 그 직으로부터 해임하고 다른 직원을 안전관리 책임자로 선임해야 한다.

④ 검사 · 측정기관의 장은 측정업무를 휴업하거나 폐업하려는 경우 시장 · 군수에게 신고해야 한다.

⑤ 동물병원 개설자는 동물 진단용 특수의료장비를 설치한 후에는 농림축산식품부령으로 정하는 바에 따라 실시하는 정기적인 품질관리검사를 받아야 한다.

해설

「수의사법」 제17조의5(검사 · 측정기관의 지정 등)
④ 검사 · 측정기관의 장은 검사 · 측정업무를 휴업하거나 폐업하려는 경우에는 농림축산식품부령으로 정하는 바에 따라 농림축산식품부장관에게 신고하여야 한다.

정답 ④

11 동물의 운송 및 반려동물 전달방법에 대한 설명 중 옳지 않은 것은?

① 운송 중인 동물에게 적합한 사료와 물을 공급하고, 급격한 출발 등으로 충격과 상해를 입지 아니하도록 해야 한다.
② 병든 동물 및 임신 중이거나 젖먹이가 딸린 동물을 운송할 때에는 함께 운송 중인 다른 동물에 의하여 상해를 입지 아니하도록 칸막이의 설치 등 필요한 조치를 해야 한다.
③ 동물을 운송할 경우 전기 몰이기구를 사용한다.
④ 동물을 판매하려는 자는 해당 동물을 구매자에게 직접 전달하거나 동물 운송업자를 통하여 배송해야 한다.
⑤ 동물을 싣고 내리는 과정에서 동물이 들어있는 운송용 우리를 던지거나 떨어뜨려서 동물을 다치게 하는 행위를 하지 아니해야 한다.

해설

「동물보호법」 제9조(동물의 운송)
① 동물을 운송하는 자 중 농림축산식품부령으로 정하는 자는 다음 각 호의 사항을 준수하여야 한다.
1. 운송 중인 동물에게 적합한 사료와 물을 공급하고, 급격한 출발 · 제동 등으로 충격과 상해를 입지 아니하도록 할 것
2. 동물을 운송하는 차량은 동물이 운송 중에 상해를 입지 아니하고, 급격한 체온 변화, 호흡곤란 등으로 인한 고통을 최소화할 수 있는 구조로 되어 있을 것
3. 병든 동물, 어린 동물 또는 임신 중이거나 젖먹이가 딸린 동물을 운송할 때에는 함께 운송 중인 다른 동물에 의하여 상해를 입지 아니하도록 칸막이의 설치 등 필요한 조치를 할 것
4. 동물을 싣고 내리는 과정에서 동물이 들어있는 운송용 우리를 던지거나 떨어뜨려서 동물을 다치게 하는 행위를 하지 아니할 것
5. 운송을 위하여 전기(電氣) 몰이도구를 사용하지 아니할 것

정답 ③

12 다음 중 맹견에 포함되지 않는 품종은?

① 로트와일러 ② 진돗개 ③ 도사견
④ 아메리칸 핏불테리어 ⑤ 스태퍼드셔 불테리어

해설

「동물보호법 시행규칙」 제1조의3(맹견의 범위)
법 제2조 제3호의2에 따른 맹견(猛犬)은 다음 각 호와 같다.
1. 도사견과 그 잡종의 개
2. 아메리칸 핏불테리어와 그 잡종의 개
3. 아메리칸 스태퍼드셔 테리어와 그 잡종의 개
4. 스태퍼드셔 불테리어와 그 잡종의 개
5. 로트와일러와 그 잡종의 개

정답 ②

13 다음은 「동물보호법」 제17조(공고)에 관한 내용이다. 괄호 안에 들어갈 말로 알맞은 것은?

> 제14조에 따른 동물을 보호하고 있는 경우에는 소유자 등이 보호조치 사실을 알 수 있도록 대통령령으로 정하는 바에 따라 지체 없이 (　) 이상 그 사실을 공고해야 한다.

① 3일　② 7일　③ 10일　④ 15일　⑤ 30일

해설

「동물보호법」 제17조(공고)
시 · 도지사와 시장 · 군수 · 구청장은 제14조 제1항 제1호 및 제2호에 따른 동물을 보호하고 있는 경우에는 소유자 등이 보호조치 사실을 알 수 있도록 대통령령으로 정하는 바에 따라 지체 없이 7일 이상 그 사실을 공고하여야 한다.

정답 ②

14 수의사가 근무지 변경신고를 하는 경우 신고해야 하는 곳은?

① 수의사회　② 시 · 도지사　③ 농림축산식품부
④ 시장 · 군수 · 구청장　⑤ 광역시장

해설

「수의사법」 제14조(신고)
수의사는 농림축산식품부령으로 정하는 바에 따라 그 실태와 취업상황(근무지가 변경된 경우를 포함한다) 등을 제23조에 따라 설립된 대한수의사회에 신고하여야 한다.

정답 ①

15 동물의 사체처리와 관련된 법률은 무엇인가?

① 수의사법 ② 폐기물관리법 ③ 유실물법
④ 축산물 위생관리법 ⑤ 수의사에 관한 법률

해설

「동물보호법」 제22조(동물의 인도적인 처리 등)

① 제15조 제1항 및 제4항에 따른 동물보호센터의 장 및 운영자는 제14조 제1항에 따라 보호조치 중인 동물에게 질병 등 농림축산식품부령으로 정하는 사유가 있는 경우에는 농림축산식품부장관이 정하는 바에 따라 인도적인 방법으로 처리하여야 한다.
② 제1항에 따른 인도적인 방법에 따른 처리는 수의사에 의하여 시행되어야 한다.
③ 동물보호센터의 장은 제1항에 따라 동물의 사체가 발생한 경우 「폐기물관리법」에 따라 처리하거나 제33조에 따라 동물장묘업의 등록을 한 자가 설치 · 운영하는 동물장묘시설에서 처리하여야 한다.

정답 ②

16 동물복지(Animal Welfare)의 5가지 원칙에 대해 옳지 않은 것은?

① 굶주림, 영양으로부터 자유로울 것
② 주변 환경이 깨끗하게 유지될 것
③ 신체적인 고통과 질환으로부터의 자유로울 것
④ 불안과 공포 등 정신적인 고통으로부터 자유로울 것
⑤ 다양한 경험을 통해 사회화를 키울 것

해설

- **동물복지의 5가지 원칙**
  1. 굶주림, 영양으로부터 자유로울 것
  2. 오염된 환경, 장소로부터 자유로울 것
  3. 신체적 고통으로부터 자유로울 것
  4. 정신적 고통으로부터 자유로울 것
  5. 동물 본능의 행동양식에 대한 발현이 자유로울 것

정답 ⑤

Part 1
기초 동물보건학

Chapter 01 반려동물 총론
Chapter 02 반려동물의 영양
Chapter 03 반려동물의 질병
Chapter 04 공중보건학
Chapter 05 해부생리학
▶ 기초 동물보건학 출제예상문제

Chapter 01

반려동물 총론

01 반려동물

(1) 반려동물의 정의

애완동물 또는 반려동물은 사람이 가족처럼 사육하는 동물을 말한다. 오늘날에는 동물을 인간의 즐거움을 위한 소유물이 아니라, 반려자(친구)로서 대우하자는 의미에서 반려동물이라는 표현이 점점 대중화되고 있다.

(2) 반려동물의 추세

과거 수렵활동으로 인하여 동물은 사냥의 대상으로 인식되었지만, 인간이 정착생활을 시작한 후 농경사회가 시작되며 계급사회가 형성되었고 가축으로서 재산을 의미하게 되었다. 생산력의 가치가 있는 존재로 영역이 확대되었으며 생산적인 목적으로 이용되었다.

동물이 사람과 함께 많은 시간을 보내면서 정서적 교류를 나누게 되고 관계를 형성하며 애완동물로 인식되었고, 현재는 가족이자 반려자인 반려동물로서 인간과 함께 생활하고 감정을 교류하는 존재가 되었다.

(3) 반려동물의 다양성

반려동물의 폭도 더욱 넓어지고 다양해지고 있다. 포유류(개, 고양이, 햄스터, 기니피그 등), 조류(앵무새, 문조 등), 어류(금붕어, 열대어 등)뿐만 아니라 파충류, 양서류 및 곤충들도 새로운 반려동물로 널리 길러지는 추세이다.

체크 포인트

- **반려동물의 의식 변화**
  짐승(사냥, 수렵활동) – 가축(재산, 노동력) – 애완동물(정서적 교류) – 반려동물(반려의 의미 확대)

02 개의 기원과 현재

(1) 개의 기원

인간의 오랜 친구인 개의 기원에 대해서는 다양한 설이 분분하다.

동물학적으로 개과 동물이라고 분류하였을 때의 개의 기원에 대해 설명하려면 개과 동물의 조상이 처음 지구상에 존재하였던 약 1천만 년 전으로 거슬러 올라가야 한다는 일부 학자의 의견도 있지만 우리에게는 너무나 먼 과거일 뿐이다.

일반적으로 개과 동물의 조상으로부터 지금의 개의 형태로 진화한 것은 약 1만 2천~1만 4천 년 전으로 추정되고 있다.

(2) 개의 화석

현재 인간과 함께하고 있는 개의 원형과 일치하는 개의 화석은 아메리카에서는 기원전 1만 1천 년경, 유럽에서는 기원전 1만 년경에 발견되었고, 이후 거의 모든 대륙에서 개의 존재가 확인되었다. 그 뒤 개는 유라시아 대륙은 물론 알래스카의 눈 덮인 불모지, 동아시아 티베트와 멀리 오세아니아 대륙, 아프리카의 대초원과 아마존 밀림지대에 이르기까지 지구상의 거의 모든 곳에 뿌리를 내리며 정착하였다.

Plus note

- **고고학상 가장 오래된 개의 기록**
  페르시아 베르트 동굴의 것으로 BC 9500년경으로 추산되고 있다. 고대인의 무덤 안 인간의 유골 옆에 개의 유골이 함께 발견되면서, 개가 식용이 아닌 인류의 동반자 역할을 담당했음을 실증해 주었다. 오래된 옛날, 신석기 시대부터 인간이 개를 식용으로 이용했음은 지중해 연안 유럽에서 패총(조개를 먹고 남은 조개껍데기 화석)과 함께 발견된 개의 유골을 통해 입증된 사실이었으나, 진정한 인류의 동반자로서 개의 역사는 인간의 무덤 속 유골과 함께 발견된 개의 유골을 통해서 그 설득력을 얻게 되었다.

(3) 개와 늑대의 연관성

1) 개와 늑대의 연구

개의 기원이 늑대라는 주장은 고대 그리스 때부터 늘 있어 왔으나, 실질적인 연구는 1940년대에 들어서야 본격적으로 이루어졌다. 학자들은 개의 조상에 대해 자칼, 코요테, 오스트레일리아의 딩고나 늑대를 놓고 서로 상반된 의견을 제시하였으나, 거듭된 DNA유전자 분석을 통해서 개와 늑대가 같은 종임을 사실상 확인하였다.

따라서 개와 늑대는 같은 종에 속하며, 개의 직접적 조상이 늑대인 것이 오늘날 학계의 정설로 받아들여지고 있다.

2) 인류와 늑대의 접촉

인류와 늑대의 접촉은 원시시대부터 이루어졌다.

당시 인류는 협동적인 사냥기술을 이미 보유하고 있었고, 늑대 또한 무리를 지어 사냥을 하면서 별개의 집단으로 존재하였다. 이와 같은 과정에서 인류와 늑대는 접촉하게 되었고, 인류가 늑대의 새끼를 포획하여 기르면서 사냥에 대한 본능을 유지한 늑대에게 자신을 우두머리로 각인시킨 후 점차 길들여 나갔으며, 이러한 과정이 수천 년을 거쳐 오면서 오늘날의 개로 분화하였다는 것이다.

(4) 동반자로서의 개

개는 사람으로부터 안정적인 주거지와 양식을 제공받음에 따라, 더이상 자신을 지키기 위해 힘든 사냥을 하거나 서식지를 찾아 헤맬 필요가 없게 되었다. 사람은 개의 예민한 후각과 경계 능력을 통해 소중한 자산과 가축들을 지킬 수 있었고, 먹이를 사냥하는 데 도움을 받았다.

현대 사회에 이르러 개는 전통적 가치인 사냥, 목양, 반려견의 역할뿐 아니라 군용견, 경찰견, 마약탐지견, 맹인 안내견 등 그 활용의 범위가 갈수록 넓어지고 있으며, 실로 다양한 분야에서 인류의 복리에 기여하고 있다.

03 개의 생리와 특성

(1) 개와 사람의 생리

1) 개와 사람의 생리 비교

[개의 생리표]

수명	체온	맥박	호흡수	혈압
약 15세	37.5~39.5℃	70~120회/분	20~25회/분	70~120mmHg

[사람의 생리표]

수명	체온	맥박	호흡수	혈압
약 72.6세	37℃	60~100회/분	12~20회/분	80~120mmHg

① 개와 사람의 수명 : 개의 수명은 견종에 따라 차이가 있으나 평균 15세 정도이며 사람에 환산하면 약 80세에 해당한다. 사람과 개 모두 현대 사회가 발전하고 의료기술의 수준이 높아짐에 따라 평균 수명 또한 늘어나고 있는 추세이다.

개	1개월	2개월	6개월	1년	2년	4년	6년	8년	10년	15년
사람	1세	1.5세	10세	20세	24세	38세	42세	56세	65세	80세

② 체온 : 사람과 비슷한 수치이지만 개의 체온이 약간 높은 것을 확인할 수 있다. 개는 땀샘이 발바닥 등 매우 한정적이므로 주로 호흡을 하며 체온을 유지하고 조절한다.

③ 맥박 : 맥박(脈搏, pulse)은 심장박동에 따라 일어나는 동맥의 주기적인 파동을 말한다. 사람과 비교했을 때 개의 맥박과 심장박동수가 더 높은 것을 파악할 수 있다.

④ 호흡수 : 개는 호흡으로 체온을 조절하고 유지한다. 체온이나 신체활동에 따라서 변화가 있지만 대체로 사람보다 호흡수가 더 높은 편이다. 또한 흥분하거나 긴장했을 때 '헐떡거림(Panting)'을 관찰할 수 있으며, 이때의 호흡수 측정은 정확한 건강 상태를 나타내기 어렵다.

⑤ 혈압 : 혈압(血壓)은 혈관을 따라 흐르는 혈액이 혈관의 벽에 주는 압력이다. 주요한 생명징후이기도 하다. 심장박동에 따라 혈압은 최고혈압(수축기 혈압)과 최저혈압(이완기 혈압)을 넘나들며 변한다. 하지만 병원 내원 시 대부분 긴장 · 흥분을 하기 때문에 여러 번의 혈압 측정이 필요하다. 5회 정도 혈압 측정 후 가장 높은 것 및 낮은 것을 제외한 3개의 혈압을 평균으로 측정하는 것이 보편적이다. 긴장 · 흥분이 가라앉지 않으면 다음 내원 시 재측정하는 것 역시 방법이다.

체크 포인트

- **체온** : 사람 < 개
- **맥박** : 사람 < 개
- **호흡수** : 시람 < 게

(2) 개의 후각

1) 냄새를 느끼는 방법

비강 내 '후상피'라는 점막에 냄새를 감지하는 후세포가 존재한다. 냄새를 맡아 파악된 정보는 뇌 속에 있는 후각신경구로 이동해 냄새가 인식된다.

2) 후각의 특징

① 사람보다 1만~10만 배 더 후각이 발달됨

② **후각세포수** : 2억 개 이상으로, 후각을 감지하는 역할을 함

③ **후각신경구** : 사람보다 4배 더 큼

④ **후각수용기** : 약 3억 개로, 사람의 약 50배

⑤ **후각상피 표면적** : 사람보다 10배 더 큼

(3) 개의 시각

1) 색의 구별

개가 어떤 사물을 볼 때, 빛이 망막의 세포를 자극해 뇌로 신호를 전달한다. 망막에 존재하는 세포는 대표적으로 '막대세포'와 '원추세포'가 있다.

막대세포(간상세포, 간상체)	명암, 미세한 빛 감지
원추세포(원뿔세포)	색, 밝은 빛 감지

사람은 모든 색을 볼 수 있으며 짧은 파장에서 긴 파장까지 구분이 가능하지만, 개는 짧은 파장의 푸른 계열의 색, 긴 파장의 노란 계열의 색을 볼 수 있다.

2) 시각의 특징

① **시력** : 약 0.2~0.3 (후각보다 시각의 반응이 빠름)

② **시야각** : 약 210~290° (사람의 시야각 : 180°)

③ 정체시력 < 동체시력

(4) 개의 청각

1) 귀의 형태

개는 과거부터 사냥을 하거나 자신을 보호하려는 경계심에서 매우 발달된 귀를 가지게 되었다. 개의 귀는 사람과 다르게 입구가 수평이 아니라 수직에 가깝고 다음과 같은 형태로 이어져 있다.

이개 → 외이 → 고막 → 중이 → 내이

2) 청력의 특징

개의 청각은 후각 다음으로 발달되어 있다. 65Hz~45,000Hz(45kHz)의 주파수를 들을 수 있으며, 매우 작은 소리도 감지할 수 있다.

체크 포인트

- **사람의 주파수 :** 20Hz~20kHz
- **개의 주파수 :** 65Hz~45kHz
- **고양이의 주파수 :** 60Hz~65kHz

(5) 개의 미각

개는 미각보다 후각으로 음식을 먼저 판단한다. 사람의 미뢰수는 약 9,000개인 반면, 개의 미뢰수는 약 1,750개로 사람보다 미각이 둔해 다양한 맛을 느끼지 못하고 단맛, 짠맛, 쓴맛, 신맛을 느낄 수 있다.

(6) 개의 골격과 근육

개의 골격은 두개골, 경추, 흉추, 요추, 늑골 등 여러 가지 뼈로 구성되어 있다.

다른 육식동물에게서 많이 보이는 것과 같이 빠르게 달리기 위해서 하지의 뼈가 진화된 형태이며, 쇄골은 퇴화하고 가슴부위는 근육으로 연결되어 있다.

(7) 개의 피부와 땀샘

1) 피부의 형태

대부분의 피부가 털로 덮여 있는 형태이며, 몸을 보호해주고 체온을 조절해주는 역할을 한다. 대개 봄과 가을에 털갈이를 하여 털의 양을 조절한다.

2) 땀샘

개는 대부분의 체온 조절을 호흡으로 하며, 땀샘의 부위는 발바닥 등 매우 한정적이다.

땀샘은 개가 지나간 자리에 냄새를 남겨두고, 미끄러움을 방지하는 데 유용하다.

여름에는 땅의 온도가 높아 발바닥에 화상을 입을 수 있으므로 신발을 신기거나 밤에 산책을 시키는 등 주의가 필요하다.

3) 수염

개는 수염으로 바람과 진동을 감지할 뿐만 아니라 물체의 움직임을 파악할 수 있으며, 어둠 속에서 상대방이나 물체를 파악하는 데 유용하다.

(8) 개의 치아

1) 치아의 구성

개의 치아는 42개로 구성되어 있다. 치아가 길며 끝이 예리하고 굵은 치근부가 턱뼈 속에 자리하고 있어 사냥할 때 매우 유용한 형태로, 사냥감을 물면 깊이 상처를 내고 한 번 물면 놓지 않는 강한 힘을 지니고 있다.

2) 유치

개는 생후 약 5~6주 안으로 유치가 다 나오고, 생후 약 4~5개월부터는 유치가 빠지기 시작하며 영구치가 자라난다.

유치가 빠지지 않을 경우 동물병원에서 시기와 흔들림 등을 파악해 유치를 발치하는 경우도 많다.

(9) 개의 품종별 특징

1) 사냥개

① **수렵견** : 들짐승을 쫓거나 사냥감을 회수하며 시각과 후각의 감각을 잘 활용하는 그룹으로 나뉜다.

시각수렵견	작은 귀와 긴 다리의 신체적 특징을 가지고 있으며, 뛰어난 시각을 바탕으로 긴 다리를 이용해 빠르게 움직여 사냥을 한다. 예 아프간하운드, 그레이하운드, 휘핏 등
후각수렵견	길게 늘어진 귀를 가지고 있는 경우가 많으며, 뛰어난 후각으로 사냥감을 추적한다. 예 닥스훈트, 아메리칸폭스하운드, 비글, 블러드하운드, 해리어 등

② 조렵견 : 주로 날아다니는 새를 총으로 사냥할 때 사냥꾼을 돕는 그룹으로, 역할에 따라 크게 세 가지로 나뉜다.

포인팅 도그	후각의 감각을 활용해 냄새로 사냥감을 추적하며 발견 시 사냥꾼에게 사냥감의 위치를 알리는 역할을 한다. 예 저먼 쇼트 헤어드 포인터, 아이마라너 등
플러싱 도그	사냥꾼이 가지 못하는 풀숲으로 들어가 새를 총에 맞기 좋은 위치로 날리는 역할을 한다. 예 아메리칸 워터 스패니얼, 잉글리시 코커 스패니얼, 필드 스패니얼 등
리트리버	총에 맞은 사냥감을 발견해 사냥꾼에게 가져오는 역할을 한다. 예 골든 리트리버, 래브라도 리트리버, 컬리 코티드 리트리버 등

③ 테리어견 : 주로 족제비, 쥐, 두더지 등 땅속에 사는 짐승을 사냥하는 그룹으로, 수렵견과 조렵견에 비해서 체구의 크기는 작지만 체력이 강하고 활발한 성격이 특징이다.

예 화이트테리어, 요크셔테리어, 잭러셀테리어, 폭스테리어 등

2) 사역견

애완용이 아닌 어떠한 목적을 위해 사용되는 견으로, 개의 신체적인 능력으로 사람과 함께 생활하며 도움을 주는 역할을 하는 그룹이다.

① 목양견 : 목장에서 방목하는 가축 및 사람을 지키며 유도하는 역할로, 가축이 무리에서 이탈하지 않도록 관리하며 도난이나 늑대 등의 약탈자로부터 보호하는 역할을 한다. 과거에는 꼬리가 밟힐 수 있어 대부분 꼬리를 잘랐지만 최근에는 동물학대의 문제 때문에 자르지 않는 경우가 늘고 있다.

예 콜리, 올드 잉글리시 쉽독, 셔틀랜드 쉽독, 보더콜리, 웰시코기 등

② 군견/경찰견/번견 : 군인 및 경찰과 함께 임무를 수행하거나 인간을 호위하거나 침입자로부터 특정 장소를 지키는 역할을 하는 그룹으로, 주로 대형견이며 성격이 사납고 대부분의 맹견의 종류가 속한다.

③ 썰매견 : 썰매를 끄는 견으로 시베리아 및 북아메리카에서 운송수단으로 사용되어 왔다. 대부분 대형견으로, 추운 날씨에 견딜 수 있도록 눈이 와도 피부가 젖지 않는 털을 가지고 있으며, 발은 크고 눈에 빠지지 않는 특징이 있다. 썰매는 3~8마리씩 끌게 되는데, 가장 영리하고 빠른 개를 리더로 뽑아 썰매의 가장 앞쪽에 배치한다.

예 시베리안 허스키, 알래스칸 맬러뮤트, 사모예드 등

3) 애완견

인간과 함께 살아가며, 어떤 특수한 목적을 가지고 있지 않아도 보호자와 정서적 교류를 통해 교감을 하는 견으로, 모든 종이 포함될 수 있다.

예 말티즈, 퍼그, 빠삐용, 시츄, 치와와, 포메라니안, 라사압소 등

04 고양이의 기원과 현재

(1) 고양이의 기원

고양이(학명 : Felis catus, 영어 : Cat)는 식육목 고양이과에 속하는 포유류이다.

들고양이는 10만~7만 년 전부터 존재했다.

고양이는 아주 오래전부터 반려동물로 사랑받아 왔고, 고대 이집드 벽화에도 고양이가 등장하는 그림이 있다.

(2) 고양이와 인간의 공생관계

농경의 발달로 이집트 문명이 발생했을 무렵 곡식을 저장하는 창고에 모여든 쥐를 따라온 것이 시작으로 알려져 있다. 때문에 고양이는 길들여진 동물인 가축의 특성을 전혀 지니고 있지 않으며, 가축이라기보다는 인간과 공생관계라고 보는 것이 맞다.

이후 아라비아 상인들의 실크로드를 통해 유럽과 아시아 전역으로 퍼져나갔으며, 항해를 하는 데에도 도움이 되어 인간과 함께 항해에 동행하면서 전 세계로 퍼져나갔다.

05 고양이의 생리와 특성

(1) 고양이와 사람의 생리

1) 고양이와 사람의 생리 비교

[고양이의 생리표]

수명	체온	맥박	호흡수	혈압
약 12.1세	38~39℃	140~220회/분	20~30회/분	70~150mmHg

[사람의 생리표]

수명	체온	맥박	호흡수	혈압
약 72.6세	37℃	60~100회/분	12~20회/분	80~120mmHg

① 고양이와 사람의 수명 : 표에 나와 있는 내용과는 다르게 고양이는 사고사가 많아 평균 수명이 12.1세이다. 사고사가 없을 경우 20세까지 무탈하게 살 수 있다.

고양이	1개월	2개월	6개월	1년	2년	4년	6년	8년	10년	15년
사람	1세	1.5세	10세	20세	24세	38세	40세	52세	60세	76세

② 체온 : 체온은 개와 비슷하며, 건강한 성묘일 경우 38~39℃이다. 37.5℃ 밑으로 내려가면 저체온증의 가능성이 높아진다.

저체온	갓 태어난 개체의 경우 체온조절능력이 높지 않으며, 혈관수축기능이 떨어진다. 저체온일 경우 식욕저하 증상이 나타날 수 있으므로 발견 즉시 체온을 유지할 수 있도록 해야 한다.
고체온	대부분 질병에 의해 발생하며 신체적인 움직임뿐 아니라 불안 · 흥분 등의 심리적인 부분에 의해서도 증가한다.

체크 포인트

- **체온** : 38~39℃
- **맥박** : 120~240회   * **큰 개체의 경우** : 110~180회
- **호흡** : 20~30회   * **큰 개체의 경우** : 20~25회

③ 맥박 : 정상 맥박수는 나이와 품종에 따라 달라질 수 있기 때문에 반려동물의 상태가 정상이고 아프지 않은 상태일 때 재두는 것이 좋다.

④ 호흡 : 동물병원 내원 시 고양이들은 대체로 많이 예민해지는 편이기 때문에 안정시킨 후 호흡수를 재는 것이 좋으며 긴장 · 불안 등 심리상태에 따라 달라질 수 있기 때문에 주의해야 한다.

⑤ 혈압 : 고양이 고혈압에 대한 정확한 세계 공통 기준은 없지만 현재로서는 IRIS(신장병에 관한 연구를 진행하는 국제 조직)에서 분류한 내용을 기준으로 하고 있다.

체크 포인트

- **체온** : 사람 < 고양이
- **맥박** : 사람 < 고양이
- **호흡수** : 사람 < 고양이
- **혈압** : 사람 < 고양이

(2) 고양이의 골격

1) 유연성

고양이는 사람과 비교했을 때 향상된 척추 운동성과 유연성을 지니고 있다.

쇄골이 자유롭게 움직여 좁은 공간이라도 머리만 들어가면 유연한 몸을 이용해 지나가는 것이 가능하다.

2) 균형

꼬리를 형성하고 있는 미추는 빠르게 움직일 때 몸의 균형을 잡는 데 이용된다.

꼬리를 좌우로 움직여 방향을 잡는다.

체크 포인트

- **고양이의 척추** : 개 또는 사람과 비교 시 뛰어난 유연성을 가지고 있다.
- **고양이의 꼬리** : 꼬리를 움직여 균형을 잡는 데 많이 사용된다.

(3) 고양이의 치아

고양이는 개와 다르게 고기를 찢기 좋은 특수한 이빨을 지니고 있다. 첫 번째 어금니는 양쪽에 쌍으로 이루어져 있어 고기를 효율적으로 자르는 기능을 한다.

고양잇과 동물들에게 잘 발달되어 있으며, 고양이는 음식을 씹는 것보다는 잘라서 먹는다고 할 수 있다.

(4) 고양이의 귀

1) 귀의 근육

고양이의 귀는 32개의 개별 근육으로 이루어져 귀를 별도로 움직여 소리를 듣는다. 이러한 근육 덕분에 몸과 귀를 다른 방향으로 향하게 하여 소리를 들을 수 있다.

2) 귀의 형태

대부분 고양이들은 개와는 달리 접힌 귀가 없고 위로 곧은 형태의 귀를 가지고 있다.

체크 포인트

- **고양이의 청력** : 귀의 근육을 이용해 별도로 움직여 소리를 예민하게 감지한다.

(5) 고양이의 발

개와 마찬가지로 고양이는 발가락으로 걷는 지행동물이다. 고양이는 발의 뼈가 다리의 아래 부분이 되며, 직접 발가락으로 걷는다. 고양이는 앞발의 발자국에 거의 정확하게 상응하도록 뒷발을 놓음으로써 소음과 흔적을 최소화한다. 이것은 고양이들이 거친 지역을 돌아다닐 때 뒷발에 확실한 발판을 제공하는 역할을 한다.

체크 포인트

- **고양이의 소음** : 발가락으로 걸어 소음과 흔적을 최소화시킨다.

(6) 고양이의 발톱

1) 고양잇과 동물의 발톱

고양잇과 동물들의 특성으로, 오므릴 수 있는 발톱을 가지고 있다. 보통의 긴장이 풀린 상태에서 발톱은 발바닥 근처의 피부와 털로 덮여 있어 지면과의 접촉으로 인하여 발톱이 닳는 것을 방지하고 발톱을 날카롭게 유지하며 사냥감을 조용히 따라갈 수 있게 한다.

2) 발톱의 사용

앞발의 발톱은 일반적으로 뒷발톱보다 날카롭다. 고양이는 의도적으로 한 개 이상의 발의 발톱을 꺼낼 수 있다. 온순한 고양이의 발 위아래를 조심스럽게 누름으로써 발톱을 꺼낼 수도 있다. 굽어 있는 고양이의 발톱은 카펫이나 다른 두꺼운 천 등에 걸리기도 하며, 스스로 빼낼 수 없을 경우 고양이를 다치게 할 수도 있기 때문에 발톱 정리가 필요하다.

3) 발톱의 형태

일반적으로 앞발에 다섯 개, 뒷발에 네 개나 다섯 개의 발톱을 가지고 있으나, 오랜 돌연변이의 결과 집고양이들은 다지증에 걸리기 쉬우며 여섯 개나 일곱 개의 발가락을 가지고 있을 수도 있다. 다섯 번째의 앞발톱은 다른 발톱에 인접하여 있으며, 좀 더 인접하여 여섯 번째의 발가락인 돌출부가 있다.

4) 패드

발목 안쪽에 위치한 앞발의 이러한 특수한 모양은 손목관절의 패드로 큰 고양이들이나 개들의 발에서도 발견된다. 이것은 보통 걸음걸이에는 기능하지 않지만, 도약할 때 미끄러지지 않도록 해주는 기능을 한다.

(7) 고양이의 피부

1) 피부의 형태

고양이는 다소 느슨한 피부를 가지고 있다. 이것은 고양이가 사람과 같은 포식자나 다른 고양이와 싸울 때 그들에게 잡히더라도 몸을 돌려서 마주볼 수 있도록 해준다.

2) 수의학적 장점

수의학적으로도 주사를 쉽게 놓게 하는 이점이 있다. 신부전증이 있는 고양이들의 생명은 때때로 투석치료 대신 정기적으로 다량의 약을 피부에 주사함으로써 몇 년씩 연장되기도 한다.

3) 고양이의 목뒤 피부

목뒤의 특히 느슨한 피부는 뒷덜미이며, 어미 고양이가 새끼를 운반할 때 새끼를 잡는 부위이다. 따라서 고양이들은 그 부위를 잡혔을 때 조용해지고 순종적으로 되는 경향이 있다. 이러한 행동은 다 자라서도 이어져, 수컷이 교미를 위하여 암컷에 올라탔을 때 뒷덜미를 잡아 암컷을 움직이지 못하게 하며 교미 중 암컷이 도망가지 못하도록 한다.

4) 고양이의 목뒤 피부를 이용한 진료방법

이 방법은 비협조적인 고양이를 치료하거나 옮기려고 시도할 때 유용할 수 있다. 그러나 성체는 아기 고양이보다 무거워서 절대로 뒷덜미를 사용하여 옮기면 안 되며, 엉덩이와 뒷다리 쪽 그리고 가슴과 앞발 쪽으로 무게를 지탱해야 한다.

어린 아기와 마찬가지로 고양이는 머리와 앞발을 사람의 어깨에 올리고 뒷발과 엉덩이를 사람의 팔로 떠받쳐 안는다.

(8) 고양이의 특징

1) 감각

고양이의 감각은 사냥에 맞추어져 있다. 고양이는 고도로 발달된 청각, 시각, 미각 그리고 촉각이 있어 다른 포유류들보다 극도로 예민하다.

① **시력** : 고양이의 야간 시력은 사람보다 우수하나 낮 시간의 시력은 사람보다 열악하다. 고양이의 눈에는 휘막이 있으며, 푸른 눈은 일반적으로 멜라닌 색소가 부족하여 적목현상을 보일 수 있다.

② **청력** : 고양이는 저음대에서는 사람과 비슷한 청음구간을 보이나 고음대에서는 64kHz 음을 들을 수 있다.

③ **후각** : 후각은 사람보다 약 14배 강하다.

체크 포인트

- **고양이의 시력** : 야간시력이 우수하며, 적목현상이 보임
- **고양이의 청력과 후각** : 매우 예민함

2) 수염

고양이는 얼굴 부위에 십여 개의 이동과 지각을 돕는 수염을 가지고 있다.

3) 수면 시간

고양이의 수면 시간은 다른 개체의 동물들보다 더 긴 편이다. 수면을 함으로써 에너지를 보존하며, 평균 수면 시간은 13~14시간 정도이다. 이는 고양이들의 성격에 따라 다르며 많게는 20시간을 자는 경우도 있다.

체크 포인트

- **고양이의 수면 시간** : 평균 약 14시간으로 다른 개체보다 더 길게 수면한다.

4) 야행성

품종이나 성격마다 활동성은 각각 다르지만, 고양이는 야행성으로 해가 떠있는 시간보다는 저녁에서 새벽까지의 시간대에 더 활동적이다.

모든 고양이 집사들이 겪고 있는 소위 '우다다' 행동은 주로 해가 진 야밤에 이루어진다. 이는 갑자기 집안 곳곳을 이리저리 뛰어다니는 행동을 일컫는 것으로, 야행성이라는 고양이의 특성 때문에 생기는 것이다. 이러한 행동을 완화시키기 위해 자기 전 지칠 때까지 놀아주거나 간식을 주는 것이 도움된다.

체크 포인트

- **고양이의 야행성** : 야행성의 습성을 띠고 있어 어두운 밤이나 새벽 시간 때 활동적인 모습을 보인다.

5) 털

털의 가장 큰 역할은 피부를 보호하고 체온을 유지하는 것이다. 털의 성분은 대부분 단백질로 되어 있으며, 개체마다 차이가 있기는 하지만 털갈이는 주로 봄에 한다.

하나의 모공에서 여러 개의 털이 자라는데, 많으면 5~10개까지 자랄 수 있다. 밀집도는 등보다 배 쪽에 더 빽빽하게 밀집되어 있으며, 고양이의 털은 크게 3가지로 분류된다.

① 가드헤어(Guard Hair) : 털 중에 가장 굵은 털로 '주모', '겉털', '보호털'이라고도 불린다. 모낭의 신경에 예민한 근육으로 보호털을 세울 수 있다.

② 온헤어(Awn Hair) : '까끄라기털'이라고도 불리며, '보호털'과 함께 고양이의 모색을 결정하는 털로 '보호털'보다는 가늘다.

③ 다운헤어(Down Hair) : '온헤어'와 같은 속털이며 '솜털'이라고도 불린다. 사람의 머리카락은 0.07~0.09mm이지만, '다운헤어'는 0.01~0.02mm로 매우 얇고 약한 것이 특징이다.

6) 고양이의 분류

① 품종에 따른 분류(42종)

장모종(1종)	페르시안
중모종(11종)	앙고라, 렉돌, 티파니, 킴릭, 버만, 터키시앙고라, 소말리, 메인쿤, 발리니즈, 노르위전 포리스트캣, 터키시밴
단모종(30종)	이그조틱 숏헤어, 브리티시 숏헤어, 아메리칸 숏헤어, 오리엔탈 숏헤어, 유러피언 숏헤어, 아메리칸컬, 스코티시폴드, 아메리칸 와이어헤어, 스핑크스, 샤르퇴로, 샤미즈, 스노슈, 세이셸루아, 아비시니안, 코라트, 러시안블루, 버미즈, 버밀라, 아시아스모크, 봄베이, 통키니즈, 뱅갈, 아집션마우, 오시캣, 싱가푸라, 맹크스, 코니시렉스, 재패니즈 밥테일, 셀커크렉스, 데본렉스

② 체형에 따른 분류

오리엔탈 (Oriental)	– 가장 마른체형 – 대부분 삼각형의 얼굴과 부드럽고 가는 몸체를 가짐 – 긴 다리와 꼬리가 채찍과 유사한 생김새를 가짐 예 샴, 오리엔탈 숏헤어, 오리엔탈 롱헤어, 코니쉬렉스, 발리네스 등
세미포린 (Semi Foreign)	– 오리엔탈과 포린의 중간 타입 – 약간 둥그스름한 삼각형의 머리이며, 오리엔탈보다는 묵직한 몸체를 가짐 예 아메리칸 컬, 이집션마우, 오시캣, 데본렉스, 스핑크스, 먼치킨, 하바나 등
포린 (Foreign)	– 늘씬한 체형 – 가는 체형을 가졌지만, 오리엔탈보다는 아님 예 아비시니안, 터키시앙고라, 러시안블루, 소말리, 재페니즈밥테일 등
세미코비 (Semi Cobby)	– 코비에 비해 몸체, 다리, 꼬리가 긴 편임 예 아메리칸 숏헤어, 셀커크렉스, 셀커크렉스 롱헤어, 스코티쉬폴드, 브리티쉬 숏헤어 등
코비 (Cobby)	– 둥근 머리와 짧고 단단한 체형 – 어깨와 허리가 넓은 편임 예 페르시안, 이그조틱 숏헤어, 히말리얀 등
롱 & 서브스텐셜 (Long & Substantial)	– 대형묘가 해당 예 뱅갈, 메인쿤, 렉돌, 버어만 등

06 반려동물의 행동

(1) 행동학의 이해

1) 동물행동학의 의미

동물행동학(動物行動學, ethology)은 20세기 초에 동물학의 한 연구 분야로 시작되었다. 동물행동학은 동물의 행동, 행태, 습성뿐 아니라 진화, 유전, 학습, 환경 등의 관찰을 통하여 동물행동에 대해 이해하려 하는 학문이다.

과거 동물은 가축의 개념으로 사육되어 왔지만, 최근 동물은 가축뿐만 아니라 반려동물의 의미로 우리와 함께 살아가고 있다. 또한 동물에 대한 이해를 높이고 교감하기 위해 많은 사람들의 관심이 높아지고 있다.

동물행동학 중에서도 '본능'은 가장 근본적인 관찰대상이며, 이외에도 생태학적인 관점뿐만 아니라 진화와 발달에 영향을 주는 '기능(function)'에 초점을 두는 사회행동과 생물학적 메커니즘을 다루고 비교하기도 한다.

Plus note

- **비교심리학(Comparative psychology)**
  인간과 여러 동물의 행동을 비교 · 연구하는 심리학의 한 분야이며, 교차 학문으로 동물심리학과 유사한 맥락으로 언급되고 있다.

2) 적응주의적 접근방법과 진화적 접근방법

적응주의적 접근방법 또는 진화적 접근방법은 동물의 행동을 이해하는 체계적이고 과학적인 방법이다. 주로 동물의 행동을 관찰하고 그 관찰된 행동의 적합도가 집단 내에서 상대적으로 높은 유전형질인지를 검증하는 방법이다.

① 적응주의적 접근방법 : 적응주의란 생물체의 진화에서 자연선택의 중요성을 밝히고, 진화론적 설명을 구축하며 진화론 연구의 목표를 정의하는 생물철학의 이론을 말한다. 적응주의에서 적응의 의미는 다음과 같이 두 가지로 나눌 수 있다.

ⓐ 특정 환경에서 생존하며 환경에 적응하고 환경에 맞게 발달하는 과정

ⓑ 환경에 적응하며 적응의 결과물로 얻는 속성이나 특성

우리와 함께 살아가는 반려동물도 처음에는 야생에서 살아가는 야생동물이었으므로, 그 야생성이나 본능에 대해 이해하는 것이 중요하다.

② **진화적 접근방법** : 진화적 접근방법이란 동물의 마음 과정 자체를 직접적으로 이해하고자 시도하는 것이 아니라, 동물들의 인지 과정이 진화 역사에서 어떻게 발달하였는가를 이해함으로써 동물의 인지에 대해 간접적으로 이해하고자 하는 하나의 접근방법이다.

3) 동물행동학의 대표적 학자와 연구 분야

① **동물행동학계 대표적 학자** : 20세기 일반대중과 학계 내에서 동물행동학에 대한 관심을 높이고 이해도를 높인 학자는 3명이 대표적이다. 이들은 1973년 동물행동 연구에 대한 노벨상을 받았으며 생리학과 의학상을 공동 수상하였다.

ⓐ 네덜란드 생물학자 니콜라스 틴베르헌(Nikolaas Tinbergen)

ⓑ 오스트리아 생물학자 카를 폰 프리슈(Karl von Frisch)와 콘라트 로렌츠(Konrad Lorenz)

② **동물행동학의 연구 분야** : 동물의 행동학을 연구하고 창설한 전문가들은 행동학을 연구하고 바라보는 관점에 대한 중요성을 네 가지로 말하고 있다.

동물의 행동	동물이 행동하는 것에 대한 행동 자체의 연구이다. 예 개들이 마킹을 하는 경우, 마킹의 장소, 마킹하는 자세 등을 연구하는 것
동물 행동의 인과관계	동물의 생물학적 의의를 연구하는 것이다. 예 다른 개체와는 달리 개들이 마킹을 하는 이유에 대해서 연구하는 것
동물의 발달	동물의 과거부터 현재까지 행동의 발달에 대해 연구하는 것
동물의 진화	동물의 과거부터 현재까지 어떤 진화를 거쳤는지 연구하는 것

체크 포인트

- **동물행동학**
  동물의 행동, 행태, 습성뿐 아니라 진화, 유전, 학습, 환경 등의 관찰을 통하여 동물행동에 대해 이해하려 하는 학문

- **동물행동학의 두 가지 접근**
  ① **적응주의적 접근방법** : 생물체의 진화에서 자연선택의 중요성을 밝히고, 진화론적 설명을 구축하며 진화론 연구의 목표를 정의하는 생물철학의 이론을 바탕으로 한 접근방법
  ② **진화적 접근방법** : 동물의 마음 과정 자체의 이해를 직접적으로 시도하는 것이 아니라, 동물들의 인지 과정이 진화 역사에서 어떻게 발달하였는가를 이해함으로써 동물의 인지에 대한 이해를 간접적으로 얻고자 하는 하나의 접근방법

(2) 행동발달과정

1) 개의 행동발달과정

① 신생아기 (생후 2주)	– 혼자 배설이 어려워 어미가 도와줌 – 후각 · 촉각 · 미각 · 체온감각 발달 – 시각 · 청각 미발달
② 이행기 (생후 2~3주)	– 혼자 배설가능한 시기 – 시각 · 청각 발달 – 소리 · 행동으로 의사표현
③ 사회화기 (생후 3주~6개월)	– 섭식 및 배설활동 발달 – 감각기능 및 운동기능 발달 – 사회적 행동학습 – 사람 · 동물 · 주변 환경 인식, 적응 등 형성
④ 약령기 (생후 6~12개월)	– 학습능력 발달로 이해력이 높아짐
⑤ 성숙기 (생후 12개월 이후)	– 신체적으로 완성되는 시기
⑥ 고령기 (8~10세 전후)	– 소형견과 대형견 견종에 따라 약간 시기 차이가 있음 – 신체의 노화에 따른 기능 저하(근육, 소화기계, 비뇨기계 등)와 인지 · 반응 등의 능력도 함께 저하

2) 고양이의 행동발달과정

① 신생아기 (생후 2주)	– 혼자 배설이 어려워 어미가 도와줌 – 후각 · 촉각 · 미각 · 체온감각 발달 – 시각 · 청각 미발달 – 생후 2주 이내에는 형제들과 체온유지를 위해 모여 있음 – 개와 다르게 출생 직후부터 뒤집혔을 경우 바르게 일어나는 행동을 보임(입위반사)
② 이행기 (생후 2~3주)	– 혼자 배설가능한 시기 – 시각 · 청각 발달 – 소리 · 행동으로 의사표현 – 약 3주 전후부터 발톱을 자유롭게 사용가능하며, 매달려 올라가려는 모습을 보임
③ 사회화기 (생후 3주~6개월)	– 섭식 및 배설활동 발달 – 감각기능 및 운동기능 발달 – 사회적 행동학습 – 사람 · 동물 · 주변 환경 인식, 적응 등 형성
④ 약령기 (생후 6~12개월)	– 학습능력 발달로 이해력이 높아짐 – 그루밍 행동
⑤ 성숙기 (생후 12개월 이후)	– 신체적으로 완성되는 시기
⑥ 고령기 (8~10세 전후)	– 신체의 노화에 따른 기능 저하(근육, 소화기계, 비뇨기계 등)와 인지 · 반응 등의 능력도 함께 저하

(3) 행동이론

1) 학습의 종류

① 관찰/모방 : 행동이나 모습을 흉내내는 행동 예 짖음, 마킹 등

② 반복 : 반복적인 자극으로 반응이 저하됨 예 새로운 환경, 입양 등

③ 연상 : 먼저 행동한 것을 다음 행동과 연상시켜 하나로 인식 예 기다림, 앉음, 엎드림 등

④ 실패 : 실패의 경험 예 노즈워크 등

⑤ 행동 : 창의적인 행동 예 문을 열고 닫는 행위, 불을 켜는 행위 등

2) 학습의 원리

① 행동 후에 즉시 좋은 일이 발생하면 그 행동은 증가된다.

② 행동 후에 즉시 싫은 일이 발생하면 그 행동은 증가된다.

③ 행동 후에 즉시 좋은 일이 발생하면 그 행동은 감소된다.

④ 행동 후에 즉시 싫은 일이 발생하면 그 행동은 감소된다.

3) 강화의 종류

① 물질적 강화 : 물질(물건)을 통한 강화 예 음식, 장난감 등

② 활동적 강화 : 활동(움직임)을 통한 강화 예 산책

③ 사회적 강화 : 관계를 통한 강화 예 쓰다듬기

④ 간접적 강화 : 관계를 통한 강화 예 함께 있음

4) 강화와 처벌

플러스 강화(양성강화, 긍정적강화)	무언가를 더해 어떤 행동이 유발되는 것
마이너스 강화(음성강화, 부정적강화)	무언가를 빼서 어떤 행동이 유발되는 것

↕

플러스 처벌(양성처벌, 긍정적처벌)	무언가를 더해 어떤 행동이 감소되는 것
마이너스 처벌(음성처벌, 부정적처벌)	무언가를 빼서 어떤 행동이 감소되는 것

(4) 개의 다양한 심리

1) 개의 심리

① 스킨십 : 모견과 자견 또는 개체 간 서로 핥아주며 유대감을 쌓고 관계를 형성한다. 개체뿐만 아니라 사람과 개체 간의 스킨십을 통해 애정표현을 하며 특히 발이나 혀가 닿지 않는 배 부분이나 뒤통수 부위를 만져주면 좋아한다.

② 친구 : 개는 사회성 동물로 친구를 사귀고, 자신과 함께 사는 사람들이나 가족의 일원으로 여겨 자기가 사람이라고 생각하는 개도 있다. 사람과 마찬가지로 친구를 사귀는 경우 호불호가 있다.

③ 눈물 : 사람은 감정적인 도구로써 눈물을 흘리지만 개의 경우 눈물 사용법을 모른다. 하지만 육체적인 고통을 느끼며 이로 인해 눈물을 흘리기도 한다.

④ 하품 : 모든 동물이 가지고 있는 생리작용이며 산소를 공급하기 위해 사용한다. 개의 경우 스트레스를 받으면 하품을 하기도 한다.

⑤ 스트레스 : 무리를 형성하는 개체이므로 혼자 오랫동안 방치되거나, 자신의 영역이 아닌 낯선 곳으로 이동한 경우 등에 스트레스를 받는다. 스트레스를 받아 식욕부진, 우울증, 사료거부, 설사 등 다양한 증상이 나타나기도 한다.

⑥ 성격 : 견종마다 나타나는 성격 특징도 있지만, 환경이나 생활에 따라 성격이 달라지며 각자의 개성을 가지고 자신의 의사를 표현한다.

2) 개의 행동심리

① 물기 : 사람과 다르게 손과 발을 자유롭게 사용하지 못하기 때문에 무는 것으로 다양한 표현을 한다.

ⓐ 캐치 등 놀이를 통해 스트레스를 푼다.
ⓑ 위협적인 존재를 무는 행동을 보인다.
ⓒ 어린 개체의 경우 이가 자라는 기간에 간지러움을 해소하기 위해 주변의 물체를 문다.
ⓓ 호기심을 보이는 물체를 핥고 물어 보는 행동을 보인다.

② 핥기 : 개의 애정표현 중 하나이다.

ⓐ 보호자의 입가를 핥으며 충성과 애정을 드러낸다.
ⓑ 모견이 자견의 전신을 핥아준다.
ⓒ 자견이 모견의 입 주위를 핥아 배고픔을 표현한다.
ⓓ 개체 간 서로 핥아주며 관계를 형성한다.

③ **짖기** : 짖는 행동은 자신의 의사를 표현하는 대표적인 방법이다.

ⓐ 위협적인 개체에게 경고의 의미로 짖는다.

ⓑ 하울링하며 장거리의 개체와 정보를 교환한다.

ⓒ 자신의 위치를 알리며 다른 개체와 교류한다.

ⓓ 자신의 영역의 침입을 알리기 위해 짖는다.

ⓔ 자신이 원하는 것을 위해 의사를 표현한다.

ⓕ 흥분했을 때 짖는 행동을 보인다.

④ **마킹** : 개의 시각적 표현 중 대표적인 방법이다.

ⓐ 자신의 행동반경을 알리고 영역을 알리는 방법이다.

ⓑ 수컷의 경우 자신의 우월함을 알리기 위해 더 높은 곳에 소변을 보고 냄새를 뿌린다.

ⓒ 암컷의 경우 발정기 때 자신의 페로몬을 뿌린다.

⑤ **복종** : 무리를 지으며 서열을 가리는 개의 특성이다.

ⓐ 늑대의 습성을 물려받은 행동이다.

ⓑ 복종의 표현으로 상대방 앞에서 배를 보이며 눕는다.

ⓒ 자신의 서열이 아래라는 것을 알리는 행동이다.

ⓓ 서열이 높은 개체보다 몸을 낮춘다.

ⓔ 꼬리를 내리거나 몸안으로 숨기고 행동을 조심히 한다.

⑥ **소변 및 대변** : 마킹과 같은 영역표시 말고도 다양한 의사표현으로 나타난다.

ⓐ 두려움을 느낄 때 몸을 떨다가 소변 · 대변을 보거나 '항문낭'이 분출되는 경우가 있다.

3) 개의 감정심리

호기심	– 낯선 곳이나 낯선 사람을 만날 때 냄새를 맡으며 상대방을 탐색한다. – 개는 고양이에 비해 호기심이 많고, 활동적이며 사회성이 뛰어나다.
주눅	– 보통 보호자가 반려동물을 혼내고 야단칠 때 보이는 행동이다. – 자세를 낮추거나 앉아서 다른 곳을 바라보거나 조심스러운 눈빛으로 바라본다.
심심함	– 하품을 하고 기운이 없다. – 개는 활동성이 많아 심심함을 느끼면 놀아달라는 의사표현을 많이 한다. – 심심하다는 표현을 하면 놀아주거나 산책을 자주 해주는 것이 좋다.
공포와 두려움	– 보통 낯선 곳에 가거나 낯선 물체, 낯선 사람에게 느끼는 감정이다. – 귀를 뒤로 젖히며 꼬리를 몸안으로 숨기고 몸을 낮춘다. 구석이나 가구 밑으로 숨는 경우도 있다.
관심	– 관심을 가져달라는 의사표현으로 짖거나 발을 내밀어 만져달라고 표현하는 경우도 있다.
피곤	– 턱을 길게 빼고 힘이 없으며 엎드려 있거나 웅크리는 행동을 보인다. – 산책이나 운동을 할 때 거부의 행동으로 자리에 앉는다. – 침을 많이 흘리며 혀가 밑으로 처진다.

위협	– 본능적인 행동으로 공포감을 느낄 때 위협의 행동을 보인다. – 귀를 뒤로 젖힌 채 머리를 숙이고 이빨을 드러내 으르렁거리며, 입 주변을 씰룩거리며 위협한다. – 위협의 행동을 보이다가 무는 경우가 많다.
우울	– 기력이 없고 사료를 거부하며 운동성이 많이 없어진다. 이럴 경우 산책을 시켜주는 것이 좋다.
행복	– 눈이 반짝이며 꼬리를 흔들고 좋은 감정을 몸으로 표출한다.

(5) 개의 문제행동

반려견의 문제행동은 반려견뿐 아니라 보호자의 케어 방법에서 야기되는 경우도 많다. 문제행동을 파악하고 개선해 나가는 것이 중요하다.

① 공격성행동

ⓐ 자신의 영역이 침범당했을 경우

– 어린 시절 폭력 · 학대 등의 경험으로 안 좋은 기억이 남아 있다면 자신의 영역을 침범당했을 때 더 큰 두려움을 가지며 경계하는 모습을 보인다.

– 성별에 대한 예민함을 보일 수 있다. 만약 안 좋은 기억이 있는 성별이 남자라면 시간이 지난 후에도 남자에 대한 두려움, 소심함, 무서워하는 경향을 보인다.

ⓑ 서열 정리가 안 됐을 경우

– 가정에서 생활하는 개의 경우 보호자와의 서열정리도 필요하다. 본인의 서열이 보호자보다 위라고 생각하는 경우 자신이 원하는 것을 얻기 위해서, 자신이 서열이 더 높다는 것을 알리기 위해서 공격적인 행동을 보일 수 있다.

– 여러 마리의 개들이 생활할 경우 개체들끼리 알아서 서열싸움을 하고 서열을 정한다. 그때 보호자가 개입해 서열정리를 어지럽힌다면 개체들끼리 공격성이 커질 가능성이 있다.

ⓒ 두려움과 공포를 느낄 경우 : 선천적으로 소심한 성격을 가졌을 확률이 높다. 소심한 성격을 가졌고 가정에서 생활하면서 보호자가 사회성을 키워주지 못했을 경우 외부 낯선 환경에서 적응하는 것을 어려워하며 낯선 환경에 있을 시 보호자 옆에 꼭 붙어있거나 구석에 숨는 경우가 많다. 또한 이런 불안감을 느끼는 상황에서 낯선 이가 다가오게 되면 으르렁거리거나 심할 경우 무는 등 공격적인 행동을 보일 가능성이 있다.

ⓓ 과도한 물건의 집착과 보호자에 보호본능을 느낄 경우

– 장난감이나 보호자 등 애착이 가는 물건이나 사람에게 집착하는 성향이 발생하고 그 물체에 다가가거나 물체를 뺏기게 되면 공격적인 모습을 보이는 경우가 있다.

– 산책을 하거나 외부에 나왔을 경우 보호자 곁으로 다가가면 보호자를 보호하기 위해 다른 낯선 이를 향해 짖거나 보호하는 모습을 보이는 경우가 있다.

ⓔ 예측할 수 없는 경우 : 어떤 이유 없이 갑작스럽게 공격행동을 보이는 경우도 있다. 이건 개체의 심리적인 이유나 다른 질병의 원인이 있을 수도 있어 오랜 시간 동안 관찰을 하고 진료를 받아보는 것이 좋다.

ⓕ 견종의 유전적 영향 : 개체마다 다양한 개성이 있고 성격도 다르지만 견종마다의 특성 성격이 있다. 도베르만, 셰퍼드, 스패니얼 등 대형견이나 사냥개의 견종일 경우 작은 개체를 사냥감이라고 여겨 공격할 가능성이 있다.

② 파괴행동 : 자신의 마음에 들지 않을 때 또는 심심할 때 자신의 주위에 있는 물체들(벽지, 가구, 슬리퍼 등)을 파괴하는 행동이다. 이런 경우 보호자와 같이 있는 시간보다 집에서 오랜 시간을 혼자 보내는 경우가 많다.

③ 분리불안 : 보호자와 함께 있을 때는 안정감을 느끼고 별다른 증세 없이 다른 개들과 똑같이 행동하지만, 보호자가 눈앞에서 사라졌을 때 극심한 불안증세를 느끼는 행동이다. 분리불안의 증상으로는 짖기, 하울링, 파괴적 행동, 배설, 같은 자리에서 계속 도는 행동, 가만히 있지 못하고 돌아다니는 행동 등 다양한 증상이 나타난다.

④ 짖음 : 개는 짖는 행동이 당연한 동물이다. 하지만 일생생활을 할 때 과할 정도로 이유 없이 짖거나 하울링을 할 경우 소음의 문제가 커질 수 있다.

ⓐ 환경적인 문제 : 집안 내부나 외부에서의 소음에 대한 자극 등이 문제이다. 사람보다 청각이 훨씬 예민하기 때문에 작은 소리에도 크게 반응할 수 있다.

ⓑ 부적절한 교육 : 보호자의 잘못된 교육으로 학습되었을 가능성이 있다. 어떤 행동을 했을 때 보호자가 칭찬을 하고 간식을 주었을 경우, 그 행동을 하면 칭찬을 받고 좋은 행동이라는 것으로 인식해서 행동하는 경우가 있다.

⑤ 배설 및 배뇨 : 배변패드를 사용하거나 실외배변을 하는 것이 일반적이다. 하지만 다양한 이유로 정상적인 배뇨 및 배설을 하지 못하는 경우가 있다.

ⓐ 분리불안의 증상으로 이불이나 화장실이 아닌 곳에 배설 및 배뇨하는 경우

ⓑ 마킹의 행동으로 벽이나 구석에 배뇨하는 경우

ⓒ 화장실 교육이 되지 않은 경우

ⓓ 비뇨기 질환으로 인해서 다뇨 증상이 일어나는 경우

ⓔ 스스로 컨트롤을 하지 못해서 화장실이 아닌 곳에 배설 및 배뇨를 하는 경우

⑥ 상동장애 : 같은 행동을 지속적으로 반복하는 것으로 정상적이지 않은 이상행동으로 분류된다. 꼬리 쫓기, 꼬리 물기, 과도한 핥기 등의 증상들이 있으며 이런 행동을 보이는 견들은 혼자 방치되어 있는 경우나 보호자와의 교류가 적은 경우가 많다. 매우 극심한 스트레스와 불안 증세를 보이고, 물고 핥는 행동이 심하거나 오래 지속될 경우 상처나 피부염 등 2차 감염의 가능성이 있다.

⑦ 인지장애 : 나이가 늘고 고령화에 접어들수록 많은 증상이 나타나며, 사람과 비교했을 때 치매라고 생각하면 된다.

ⓐ 다양한 증상

- 허공을 바라본다. 귀가 잘 들리지 않아 불러도 듣지 못한다.
- 계속 돌아다니는 행동을 보인다. 눈이 잘 보이지 않아 부딪히는 경우가 많다.

ⓑ 신체적 변화 : 관절염, 시각저하, 체력저하, 청력저하 등이 나타난다.

(6) 고양이의 다양한 심리

1) 고양이의 심리

① 스킨십 : 고양이는 경계심이 높지만 자신이 신뢰하는 보호자와 가족에게는 스킨십을 허락한다. 특히 얼굴이나 엉덩이 쪽을 만져주는 것을 좋아하며 발이나 배, 꼬리의 부위는 싫어하는 편이다. 강하게 안는 행위는 주의해야 하며, 그루밍이나 어떤 행동을 하고 있을 때 갑자기 다가갈 경우 경계할 수 있으니 주의해야 한다.

② 친구 : 고양이는 개와 달리 단독생활과 사냥에 특화되어서 무리생활을 하는 경우가 매우 드물다. 본래 야생고양이는 성묘가 되고 대부분 독립생활을 한다. 가정에서 생활하는 가정묘의 경우에도 개와는 비교적 독립적이고 외로움을 많이 타지 않는다.

2) 고양이의 행동심리

① 몸을 비비는 행동 : 고양이는 영역동물이기 때문에 자신의 영역이라고 생각한 사물이나 사람에게 자신의 페로몬을 묻혀서 표시한다. 고양이의 페로몬은 귀 뒤 취선에 위치해있으며 영역페로몬을 발산한다.

② '골골송'의 행동 : 고양이가 내는 특유의 소리이며 전문용어로 '퍼링(puring)'이라고 불린다. 쓰다듬어 줄 때나 자신의 기분이 좋은 상태일 때 목에서 골골거리는 소리를 낸다고 알려져 있고, 이 소리는 숨을 들이마실 때나 내쉴 때 낼 수 있다는 점에서 성대와 후두가 호흡 시 진동하는 소리인 것으로 추측하고 있다. 최근에는 큰 상처를 입거나 고통스러운 경우일 때도 이런 소리를 낸다는 연구결과가 있다.

③ '꾹꾹이'의 행동 : 꾹꾹이의 행동 또한 자신의 영역을 남기는 행동 중 하나이다. 귀와 더불어 고양이의 발에서는 땀과 함께 페로몬을 분비하기 때문에 자신의 영역 안의 물건과 사람에게 영역표시를 한다. 또한 안정감을 느끼고 기분이 좋을 때 하는 행동이다.

④ '하악질'의 행동 : 하악질은 전문용어로 '히싱(hissing)'이라고 부르며 이 행동을 통해서 분노를 표현하고 상대를 위협한다. 입을 크게 벌리고 이빨을 드러내면서 당장이라도 공격할 듯이 위협하며, 더 나아가 앞발을 이용해 공격하거나 물 수도 있으니 조심해야 한다.

3) 고양이의 감정심리

편안함, 행복함	– 고양이는 영역동물로서 자신의 영역, 즉 집의 생활반경 안 공간에 있을 때 안정감을 느낀다. – '골골송'은 편안한 감정을 느낄 때 나타나는 행동으로, 몸의 근육과 얼굴 표정 모두 편안하고 이완되어 있으며 꼬리를 살랑살랑 흔들기도 한다.
화가 난 경우	– 화가 난 경우 나타나는 행동은 대표적으로 '하악질'이다. – 동공이 커지며 더욱 동그랗게 변한다. 근육을 수축시켜 몸이 전체적으로 긴장하며 털을 바짝 세우고 등을 활같이 둥글게 휘어 몸집을 크게 만들기도 한다. 이런 행동들이 나타나면 공격할 위험이 있고 앞발로 때려 공격하거나 달려들어서 물기도 한다.
언짢음	– 화가 난 경우와는 다르게 극도의 긴장상태로 인해서 공격할 상황은 아닌, 기분이 안 좋은 감정이다. – 귀를 살짝 젖히는 행동이나 꼬리를 좌우로 빠르게 흔들면서 감정을 표현한다. 이런 행동을 할 때 장난을 치거나 기분을 더 나쁘게 만든다면 공격을 당할 수 있으니 주의해야 한다.
공포, 긴장	– 화가 난 경우와 비슷한 경우가 많다. – 동공이 크고 동그랗게 변하며 자신을 긴장하게 만든 물체 및 사람을 뚫어져라 바라보고 눈을 떼지 않는다. 몸을 아래로 낮추고 엎드리는 행동을 취하며, 경계심이 심한 고양이는 낯선 물체나 사람이 자신의 영역으로 들어올 경우 침대 밑이나 자신을 숨길 수 있는 어두운 공간으로 숨어버리는 경우가 많다.
위협	– 고양이가 위협할 때, 공격적인 태도를 취할 때 하는 대표적인 행동은 '하악질'이지만, 낯선 상대가 내 공간에 침범했을 때 으르렁거리는 소리를 내면서 경고하기도 한다. – 상대방을 뚫어져라 쳐다보며 움직임을 멈추거나 아주 천천히 움직이면서 경계하며 소리를 낸다. 상대방이 공격적인 태도를 취할 시 언제든 자신도 공격하기 위해서 준비하고 경계를 한다.
어리광	– 고양이는 외로움을 많이 타지 않는 동물이지만 아예 없는 것은 아니다. 개체들마다 성격은 모두 다르지만 보호자와의 교감을 통해서 친밀감을 더욱 높일 수 있다. – 꼬리를 꼿꼿이 세우고 사람에게 몸을 비비는 경우도 있으며, 만져달라고 보호자 앞에 누워버리는 경우도 있다. 호기심이 많고 장난기가 많은 고양이의 경우 장난감을 가지고 와서 놀아달라고 애교를 부리기도 한다.

(7) 고양이의 문제행동

① 공격성행동

ⓐ 자신의 영역이 침범당했을 경우 : 고양이는 영역동물이다. 자신의 영역을 침범당했을 때 개보다 더 큰 스트레스를 받으며 공격성을 띨 수 있다.

ⓑ 서열 : 개의 서열만큼 고양이도 서열순위가 뚜렷하다. 서열정리를 하는 동안 싸움이 많이 날 수 있다.

ⓒ 놀이 공격 : 고양이는 빠르게 움직이는 물체에 민감하게 반응하고, 민첩한 습성을 가지고 있어 놀이를 하다가 사냥의 본능이 나와 흥분해서 공격하는 경우가 있다.

② 분리불안 : 고양이도 오랜 기간 동안 혼자 방치되어 있으면 외로움을 느끼고 우울감에 빠지기도 한다. 이런 증상이 심해질 경우 보호자와 떨어지게 되면 불안한 감정을 느끼고 스트레스를 받는다. 그렇기 때문에 오랜 기간 동안 혼자두지 않는 것이 좋으며 함께하는 시간에는 충분히 놀아주는 것도 중요하다.

③ 배설 및 배뇨

ⓐ 스프레이(spray)

– 개의 경우 영역표시로 마킹(marking)을 하고, 고양이의 경우 스프레이(spray) 행동을 한다.

– 스프레이 행동의 원인에는 정서적 불안, 다른 고양이에 대한 자극 및 불안 등이 있으며 대체로 심리적으로 불안하거나 스트레스를 받을 때 나타난다.

ⓑ 화장실에 불만이 있을 경우

– 화장실 청결 상태에 대한 불만이 있을 경우

– 화장실 자체나 모래가 자신에게 맞지 않을 경우

– 모래나 톱밥이 충분하지 않을 경우

– 대소변을 치워주지 않아 지저분할 경우

– 자신의 영역에서 멀리 떨어져 위치해 있을 경우

ⓒ 영역표시 : 이사를 가는 등 갑자기 자신의 영역공간에서 새로운 공간으로 가게 되었을 때 환경이 바뀌어 자신의 영역을 찾고자 할 때 나타나는 행동이다.

ⓓ 불안한 상황일 경우 : 고양이는 대체로 예민하고 스트레스에 취약하다. 불안한 감정을 느낄 때 배설실수를 하는 경우가 있다.

ⓔ 질환이 있을 경우 : 비뇨기 질환이 있어 소변을 잘 못 보거나, 다뇨 증상이 나타나 컨트롤이 안 돼서 소변이 흐르는 현상이다.

④ 스크래치(scratch) : '발톱갈기' 행동이라고 불리며 발톱으로 가구나 커튼, 소파 등에 발톱 자국을 남기는 것이다.

ⓐ 오래되고 긴 발톱을 정리하기 위한 행동

ⓑ 스트레칭하면서 나타나는 행동

ⓒ 공간에 대한 스트레스로 나타나는 행동

⑤ 집안을 어지르는 행동 : 개의 경우 분리불안으로 인해서 벽지와 물품 등을 어지럽히는 것이다. 고양이의 경우에는 개와는 약간 다르며 단순히 호기심으로 물체를 탐색하고 놀이를 하는 것이라고 보면 된다.

⑥ 우는 행동 : 대체로 발정기 때 많이 나타나는 행동이며, 새벽까지 밤새도록 우는 행동을 보인다. 일반적인 상황보다 많이 예민한 상태를 보이며 이런 증상이 나타났을 때는 진료를 받아 보거나 수의사와 상담을 통해 중성화 수술을 진행한다.

(8) 개와 고양이의 문제행동 교정

1) 약물의 교정

약제나 호르몬제 등을 사용해서 불안한 감정을 낮춰주고 안정을 찾게 하는 방법이다. 보조제의 역할로, 완벽하게 문제행동을 교정하거나 불안한 감정을 해소시켜 주지는 않는다.

수의사와 충분한 상담을 통해 처방받고, 적절한 용량에 맞게 복용해야 한다.

2) 수의학적 교정

개와 고양이의 문제 행동을 교정하고 변화시키기 위해 이루어지는 것이다.

① **중성화 수술** : 발정 및 마킹, 공격성 저하를 위함

② **성대제거 수술** : 짖음 방지를 위함

③ **앞발톱 제거 수술** : 고양이의 '발톱갈기'를 방지하기 위함

3) 일상생활 속 보호자의 행동교정

① **분리불안** : 개와 고양이 모두 영역성 동물로 자신만의 안정적인 공간을 마련해주고, 함께 하는 시간을 많이 가지고 충분한 놀이를 해주는 게 좋다. 개의 경우 산책을 자주 하고 스트레스 완화가 될 수 있도록 노즈워크(nose work) 같은 놀이도 많은 도움이 된다.

② **배뇨 빛 배설** : 배설 및 배뇨는 원인과 이유가 다양하기 때문에 반려동물이 어떤 이유 때문에 행동을 하는지 파악하는 것이 중요하다.

③ **공격성** : 자신의 영역을 확실하게 정해주고 불안함과 공포를 느끼는 특정 소리나 물체가 있을 경우 제거해 주는 것이 좋다. 특정 사물에 집착하는 경우에는 관심을 끌기 위한 다른 놀이나 산책을 할 수 있으며 다양한 친구들을 만남으로써 사회성을 높이는 것이 좋다.

07 특수동물

(1) 햄스터

1) 특징

① 설취목 쥐과에 속한다.

② 겁이 많고 경계심이 많다.

③ 일출과 일몰 시기가 주로 활동하는 시간대이며, 야행성을 띠는 개체도 있다.

④ 자신이 안전하다고 느끼는 공간에서 쉬는 걸 좋아하며, 영역을 침범받을 경우 극도의 스트레스를 받는다.

⑤ 보호자가 길들이는 데 지속적인 노력과 시간이 필요하다.

⑥ 시각보다는 후각이 발달하였다.

⑦ 후각을 이용해 상대방을 인식하고 파악한다.

2) 사육 시 주의사항

① 적정 온도 : 18~26℃

② 적정 습도 : 30~70%

③ 케이지 – 주로 리빙박스나 전용 케이지를 사용한다.
– 생활환경 내에 쳇바퀴 및 은신처를 두고 사료통, 물통을 둔다.

④ 베딩 : 톱밥, 종이를 많이 사용하며, 충분히 깔아주되 지저분해지면 수시로 교체한다.

⑤ 먹이 : 견과류, 옥수수, 알곡 등이 섞여 있는 펠렛을 급여한다.

3) 해부학적 특징

① 수명 : 2~3년

② 치아 : 평생 자라기 때문에 꾸준한 이빨 케어가 필요하다.

③ 성 성숙 : 암컷(6~10주), 수컷(10~14주)로 빠른 편이다.

④ 발정주기 : 약 4일

⑤ 임신기간 : 약 16~22일

⑥ 암수 구분방법
- 암컷 : 항문과 생식기 거리가 짧고, 여러 개의 유두를 가지고 있다.
- 수컷 : 항문과 생식기 거리가 비교적 짧고, 복부에 방어물질인 악취를 내뿜는 취선이 존재하며, 어느 정도 성장하면 고환이 확인된다.

⑦ 입 : 입 안 좌우 양쪽에 음식물을 저장할 수 있는 주머니가 존재한다.

4) 질병

① **종양** : 햄스터의 대표적인 질병으로, 발생하는 특정 신체는 없고 전체적인 신체 부위에 발생하며 종양 발생 시 외과적 제거를 기본으로 한다.

② **생식기 질환** : 자궁, 난소 또는 고환에 혹이나 염증, 종양의 질환이 발생할 수 있다.

③ **입주머니 질환** : 염증 또는 유전적인 이유로 탈장이 나타날 수 있다.

Plus note

- **햄스터의 마취**
  호흡마취가 기본이며, 마취약을 거즈 또는 솜으로 적셔서 마취를 유도하고 최대한 짧은 수술시간을 지속한다.

(2) 고슴도치

1) 특징

① 야행성이며 땅에 굴을 파서 생활한다.

② 시력이 좋지 않으며 청각과 후각이 발달하였다.

③ 후각을 통해서 보호자나 다른 개체를 분별하는 편이다.

④ 후각이 예민해 낯선 냄새가 자신의 몸에 묻으면 침을 가시에 바르는 행위인 '안팅(Anting)'을 한다.

⑤ 가시를 세워 다른 개체를 경계하거나 자신을 보호한다.

⑥ 일부다처제(一夫多妻制)이다.

2) 사육 시 주의사항

① **적정 온도** : 24~30℃

② **적정 습도** : 40%

③ **케이지** – 울타리가 있는 철장이나 리빙박스를 주로 이용하며, 야생에서 굴을 파고 숨는 특성을 고려하여 은신처를 만들어 준다.
– 쳇바퀴나 계단, 장난감을 설치해주면 운동성을 높일 수 있다.
– 베란다나 야외보다는 실내에서 사육하는 것을 권장한다. 4계절 온도차가 심한 우리나라의 경우에는 겨울에 온열기구를 사용해 동면을 방지한다.

④ **베딩** : 화장실이 따로 없이 배설하기 때문에 베딩을 바닥에 깔아준다.

⑤ **먹이** : 고슴도치는 고단백 저지방 식단을 한다.

⑥ 일부다처제(一夫多妻制)로, 번식 후 수컷은 새끼를 돌보지 않으며 분리하는 것이 안전하다.

Plus note

- **고양이 사료를 장기 섭취할 경우**
  고양이 사료에는 고단백과 타우린이 들어 있어 고슴도치가 섭취해도 좋을 것 같지만, 고양이 사료는 육식성단백질이기 때문에 비만을 유발할 수 있다. 또한 고양이 사료에는 고슴도치에게 필요한 성분인 염분이 없으므로 장기 복용 시 탈수 증상이 나타날 수 있고 방광결석 및 신장질환의 증상 또한 발생할 가능성이 있다. 따라서 고슴도치에게는 고슴도치 전용 사료를 급여하는 것이 안전하다.

3) 해부학적 특징

① 정상 체온 : 35~37℃

② 심박수 : 180~280회

③ 호흡수 : 25~50회

④ 수명 : 4~6년

⑤ 성 성숙 : 암컷(2~6개월), 수컷(6~8개월)

⑥ 발정주기 : 약 2~5일

⑦ 임신기간 : 약 34~37일

⑧ 가시 : 출생 시 피부 밑에 존재하다가 한두 시간 후 밖으로 노출되어 가시의 형태가 나타난다. 케라틴 성분으로 출생 후 한 달 정도 후 가시갈이를 통해 영구적인 가시로 바뀐다.

출생 시 약 100개 → 성체 약 8,000개

⑨ 맹장과 음낭이 없으며, 위장관이 짧은 것이 특징이다.

4) 질병

① 비만

ⓐ 원인 : 과식, 운동 부족, 부적절한 식이, 낮은 온도, 환경 등에 의해 발생하며 살접힘을 통해서 진단한다. 비만은 간질병을 유발할 수 있기 때문에 주의가 필요하다.

ⓑ 치료 : 식단관리를 통해 칼로리 및 지방의 성분을 줄이며 운동량을 높인다.

② 종양

ⓐ 원인 : 주로 연령 증가에 따라 발생하며 식욕감소, 체중저하 등의 증상이 나타난다.

ⓑ 치료 : 제거가 가능한 초기 발견 시 외과적 수술을 통해 제거하는 것이 일반적이다.

③ WHS(Wobbly Hedgehog Syndrome)

ⓐ 원인 : 고슴도치에게 나타나는 퇴행성 신경계 질환으로, 유전적 질환이라고 추정하고 있지만 아직 정확하게 밝혀진 바가 없다. 약 10%의 모든 연령대의 고슴도치에게 발병할 수 있다. 점차적으로 근육기능을 저하시켜 비틀거림, 주저앉음 등의 증상을 보이다가 전체적인 신체가 마비된다. 증상이 발견되면 사망하는 경우가 대부분이다.

④ 폐렴

ⓐ 원인 : 환경적인 요인이나 폐렴균, 폐의 기생충에 의해서 발병하며 기침, 발열 증상이 나타난다.

⑤ 자궁축농증

ⓐ 원인 : 호르몬으로 인하여 분비물이 자궁 안쪽에 쌓이고 세균이 증식하여 농이 쌓이며 혈뇨, 식욕저하 등의 증상이 나타난다.

ⓑ 치료 : 자궁과 난소를 제거한다.

(3) 기니피그

1) 특징

① 초식동물이다.

② 일부다처제(一夫多妻制)이다.

③ 시력이 좋지 않아 후각(소변, 항문낭)과 소리를 통해서 소통한다.

2) 사육 시 주의사항

① 적정 온도 : 18~25℃

② 적정 습도 : 30~60%

③ 케이지 : 스테인리스나 플라스틱의 부식이 잘 되지 않는 재질이 좋으며, 구멍이 없고 편평한 것을 사용한다. 구멍이 있을 경우 골절, 족저염 등을 유발할 가능성이 있다.

④ 베딩 : 건초, 톱밥, 종이 등을 충분히 깔아준다.

⑤ 먹이 : 초식동물로 주로 건초를 먹으며, 전용 펠렛과 야채(로메인, 미나리, 샐러리 등)를 급여한다.

Plus note

- **급여 시 주의해야 하는 야채**
  양배추, 상추, 배추, 당근 등은 과다 급여 시 설사 및 고창증 등을 유발할 가능성이 있다.

3) 해부학적 특징

① 정상 체온 : 38~39℃

② 호흡수 : 70~150회

③ 평균 수명 : 3~7년

④ 평균 체중 : 700g~1kg

⑤ 소변의 ph : 9

⑥ 성 성숙 : 약 3개월

⑦ 발정주기 : 약 15~20일

⑧ 임신기간 : 약 60~70일

⑨ 치아 : 총 20개

⑩ 입 : 삼각형의 입과 6쌍의 긴 수염을 가지고 있다.

⑪ 젖꼭지 : 암수 모두 한쌍의 젖꼭지를 가지고 있다.

⑫ 발 : 앞발은 4개이며, 뒷발은 3개이다.

Plus note

- **암수 구별방법**
  - 수컷 : 항문과 생식기 사이가 멀고, I자 형태이다.
    압박 시 생식기가 돌출되며, 음경에는 뼈가 존재한다.
  - 암컷 : 항문과 생식기 사이가 짧고, Y자 형태이다.

4) 질병

① 고창증

ⓐ 원인 : 위장관의 염증이나 잘못된 식이급여로 인해 발생할 가능성이 높다. 주로 복부 팽만으로 인한 통증과 식욕저하가 대부분이며 심할 경우에는 사망할 가능성이 있어 주의해야 한다. 엑스레이 촬영 시 복부의 가스로 진단한다.

ⓑ 치료 : 천자술 및 튜브를 이용해 가스를 배출한다.

② 치아 질병

ⓐ 원인 : 잘못된 이갈이로 치아 방향이 정상적이지 않은 쪽으로 자라나 저작기능이 떨어지게 된다. 식욕부진, 침흘림 및 심할 경우 고창증을 유발할 가능성이 있다.

③ 종양

ⓐ 원인 : 호르몬 문제로 인하여 유선에서 악성종양이 발생하는 경우가 많은 편이다.

ⓑ 치료 : 악성이여도 초기에 발견하면 전이도가 낮으므로 검사를 통해 외과적 제거수술이 가능하다.

④ 결석

ⓐ 원인 : 유전적 요인도 존재하지만 잘못된 식이(고칼슘식이)로 인한 원인이 대부분이다. 기니피그 먹이 중 건초(알팔파)를 주 사료로 장기간 복용한 경우나 세균감염으로 인한 원인도 존재한다. 증상으로는 혈뇨, 식욕저하, 복부통증 등이 나타난다.

ⓑ 치료 : 성 성숙이 지난 후(약 6개월 후)부터는 티모시 건초로 변경해 급여하며, 결석은 초음파 및 방사선 촬영으로 확인 후 외과적으로 제거가 가능하다.

⑤ 폐렴

ⓐ 원인 : 호흡기를 통하여 보데텔라균 등에 의한 박테리아 감염이 주 원인으로 콧물, 재채기, 기력저하 등의 증상이 나타난다.

ⓑ 치료 : 네뷸라이저나 항생제 내복약 처방을 한다. 심한 경우에는 입원치료의 가능성이 있다.

⑥ 피부병

ⓐ 원인 : 진드기 감염으로 인한 피부각화증과 지저분한 생활환경으로 피부염의 발생, 상처를 통한 감염 등이 주 원인이다. 통증으로 인한 식욕저하, 스트레스, 각질, 탈모, 파행, 긁는 행동 등의 증상이 나타난다.

ⓑ 치료 : 치료 기간 중 다른 개체와 분리한다. 생활환경의 청결을 유지하며 병변 부위의 소독 및 항생제 처치가 진행된다.

(4) 토끼

1) 품종

품종	특징
드워프 (Dwarf)	– 1.8kg 이하의 소형토끼 – 귀여운 외모로 가장 대중적인 품종 – 동그란 몸과 짧은 귀, 앞발이 특징 – 생김새와 색에 따라 '드워프 오토', '네덜란드 드워프'로 나뉘며 다양한 몸 색상을 보유하고 있음
롭이어 (Lop Ear)	– 2.5kg 이하의 소형토끼 – 영국에서 애완용으로 개량된 품종 – 대체로 온순하며 귀가 아래로 늘어져 있는 것이 특징 – 어렸을 때는 다른 개체와 동일하게 쫑긋한 귀이지만, 3개월 이후 귀가 아래로 내려감 – 귀 질환 주의가 필요함
라이언헤드 (Lion Head)	– 1.8kg 이하의 소형토끼로 '드워프'로부터 개량된 품종 – 털이 풍성하며 특히 얼굴 주변의 털이 수컷 사자의 갈기처럼 자라는 것이 특징 – 털 색상이 다양함 – 헤어볼 주의
더치 (Dutch)	– 2kg 이하의 단모종 품종 – 판다 무늬를 지닌 것이 특징 – 다양한 색상을 가짐

2) 특징

① 초식동물이며 야행성이다.

② 야생토끼는 굴을 파서 생활한다.

③ 위의 분문(들문)과 유문(날문)이 가까워 구토하지 못한다.

④ 후각과 청각이 뛰어나다.

⑤ 땀선이 발달하지 않았으며 귀로 체온을 조절한다.

⑥ 높은 온도와 습도체 취약하다.

⑦ 번식률이 높다.

⑧ 뛸 경우 앞발로 균형을 잡으며, 뒷발은 앞발보다 약 3배 정도 긴 것이 특징이다.

⑨ 발바닥 패드가 발달하지 않았다.

3) 사육 시 주의사항

① 적정 온도 : 15~21℃(실내의 경우 29℃ 이하의 온도를 유지해야 함)

② 적정 습도 : 60~70%

③ 먹이 : 건초와 펠렛 사료, 신선한 야채를 급여한다.

Plus note

• **건초의 종류**

건초	특징
알팔파 (Alfalfa)	– 생후 6개월 미만의 토끼에게 급여하는 건초 – '티모시'보다 잎이 작고 연한 게 특징 – 수분 12~14%, 단백질 18~20%, 섬유소 34~37%, 칼슘 1.2~1.5%의 성분을 함유 – '티모시'보다 단백질, 칼슘의 함유량이 높음
티모시 (Timothy)	– 생후 6개월 이후의 토끼에게 급여하는 건초 – 약간 거친 질감 – 수분 12~14%, 단백질 4~6%, 섬유소 34~37%, 칼슘 0.3~0.4%의 성분을 함유
오트 (Oat)	– 보충사료 및 간식용 건초 – 대변 시 금색 변을 보는 게 특징 – 수분 15~16%, 단백질 12~13%, 섬유소 24~25%, 칼슘 0.6~0.7%의 성분을 함유

• **펠렛사료**

본래 번식용 토끼에게 급여하기 위해 만들어진 사료지만 현재 반려동물 토끼에게도 보충사료로 함께 급여하고 있다. 회사마다 영양성분은 각각 다르며 연령, 체중, 다른 급여 중인 사료와 비교해 먹여야 한다.

• **채소**

생후 3~4개월 이후부터 급여하며 조금씩 양을 늘리는 것이 좋다. 처음부터 많은 양의 채소를 급여하게 되면 소화기증상을 보일 수 있으며, 채소 중 비타민A가 함유된 채소는 소량이라도 매일 공급하는 게 좋다.

예 브로콜리, 당근잎, 치커리 등

※ 급여하지 말아야 하는 채소

과일의 씨앗, 견과류, 옥수수, 콩, 감자, 유제품, 양파와 마늘, 설탕 등은 소화기에 심각한 문제를 일으킬 수 있다.

녹색 상추와 양배추의 경우는 가스를 유발하기 때문에 주의해야 한다.

4) 해부학적 특징

① **수명** : 평균 6~8년(중성화나 환경에 따라 10년 이상으로 수명 증가)

② **평균 체중** : 집토끼의 경우1~3kg(대형품종은 10kg까지 존재)

③ **정상 체온** : 38.5~40℃

④ **심박수** : 180~250회

⑤ **호흡수** : 30~60회

⑥ **성 성숙** : 약 4~8개월

⑦ **임신기간** : 약 30일

⑧ **암수 구분방법**

- **암컷** : 고환이 없고, 항문 아래에 음문이 존재한다.
- **수컷** : 서혜부 부분에 고환이 존재하며 생후 3개월이 지나면 고환하강한다. 항문 아래에 음경 개구부가 존재한다.

5) 질병

① **바이러스성 출혈병(스너플, Snuffles)**

ⓐ **원인** : 토끼에게 발생할 수 있는 가장 널리 알려진 감염병이며 감염 시 80% 이상은 사망한다. 호흡기 질병으로 재채기, 콧물 등의 분비물, 오염된 물에 의해 전염이 이루어지고, 초기 재채기와 콧물, 눈꼽, 폐렴, 식욕저하, 자궁염 등의 증상이 나타난다.

ⓑ **치료** : 다른 개체와 격리하며 예방접종 외에 치료법은 없다. 생후 8주차에 1차, 4주 후 2차 접종을 한 뒤 1년에 1회 추가 접종한다.

② **소화기질환**

ⓐ **원인** : 깨끗하지 않은 채소 급여, 깨끗하지 않은 환경, 스트레스 등의 원인으로 기력저하, 설사 및 피모가 거칠어지는 증상이 나타난다.

ⓑ **치료** : 채소의 경우 이물질과 농약 등의 제거를 위해 깨끗하게 씻어서 급여하며 썩은 부위는 급여하지 않아야 한다. 채소보다 건초의 급여량을 늘리고 항생제 성분의 내복약을 처방받아 증상을 치료한다.

③ **치아 질병**

ⓐ **원인** : 토끼는 치아가 평생 자라나는 특징이 있다. 치아가 자라면서 틀어지거나 이빨이 적절하게 갈리지 않으면, 외상의 위험이 있으며 교합이 잘 되지 않게 된다.

ⓑ **치료** : 정기적으로 트리밍을 해주어 치아를 관리해준다.

④ 귀의 질병

ⓐ 원인 : 귀진드기(Ear-mite)로 인해 소양감을 일으키고 세균 및 곰팡이의 감염으로 인해 각질, 탈모의 증상이 나타난다.

ⓑ 치료 : 귀 안을 깨끗이 세척하고 귀약과 내복약을 처방한다.

⑤ 진균성 피부병(백선병)

ⓐ 원인 : 토끼에게 가장 흔한 피부병으로, 주로 어린개체에게 발생한다. 코, 발, 귀나 복부의 각질과 탈모 증상이 나타나며 가려움으로 피부를 긁어 상처가 발생해 2차 감염의 위험도 존재한다. 생활환경 때문에 발병하는 경우가 많기 때문에 환경을 깨끗이 유지하며 온도와 습도를 적절하게 맞추어 준다.

⑥ 궤양성 족부피부병

ⓐ 원인 : 생활하는 케이지 바닥이 편평하지 않고 철장으로 된 경우에 주로 발생한다. 토끼는 발바닥 패드가 발달하지 않기 때문에 바닥에 구멍이 난 환경은 적절하지 않다.

(5) 앵무새

1) 품종

① 소형 앵무

종류	특징
사랑앵무/잉꼬 (Budgerigar)	– 호주 서식 – 몸길이 : 15~18cm, 체중 : 30~40g, 수명 : 10~15년 – 야생앵무의 경우 수만 마리가 무리지어 다님 – 암수 구별 : 콧구멍 주위의 납막의 색으로 확인함 * 수컷 어린개체 : 분홍색, 보라색 → 성조 : 파란색 * 암컷 어린개체 : 흰색, 하늘색 → 성조 : 흰색, 갈색 – 소형 앵무이지만 가장 많은 단어(1,728개)를 외워 등록한 새로 기네스북에 기록되어 있음
모란앵무 (Loverbird)	– 아프리카 서식 – 몸길이 : 10~17cm, 체중 : 40~60g, 수명 : 6~15년 – 몸에 비해 큰 부리를 가지고 있으며, 다리 길이는 짧음 – 부리 힘이 강하고 공격적인 성향, 소음이 있음 – 크게 눈테종과 비눈테종으로 나뉨 – 암컷의 경우 발정기 때 종이, 풀잎 등을 꼬리에 꽂는 행동을 보임 – 언어능력은 다소 떨어짐

왕관앵무 (Cockatiel)	– 호주 서식 – 몸길이 : 30cm, 체중 : 70~120g, 수명 : 약 15년 – 머리 위에 우관이 있으며, 감정표현 시 사용됨 * 털갈이 이전에는 회색을 띠며, 수컷의 경우 머리가 노란색으로 변함 – 대체로 성격이 온순하며 추위에도 강한 편임 – 털, 비듬, 파우더가 있어 주의가 필요함
코뉴어앵무 (Conure)	– 아마존강, 카브리해섬 서식 – 몸길이 : 20~27cm, 체중 : 70~80g, 수명 : 약 20년 – 언어능력은 중간이며, 소음이 있음 – 애교가 많고 사람을 잘 따르며 장난기가 많음 – 겁이 많지만 사교성이 좋아 다른 품종과도 잘 어울림 예 썬코뉴어 – 몸길이: 25~30cm, 체중 : 100~125g, 소음이 심한 편 예 골든코뉴어 – 몸길이 : 35~40cm, 체중 : 약 250g, 코뉴어 중에 가장 큼

② 중대형 앵무

종류	특징
뉴기니아 (Eclectus Parrot)	– 호주, 인도네시아, 파푸아뉴기니 등에 서식 – 몸길이 : 약 35cm, 체중 : 380~550g, 수명 : 약 50년 – 소리에 민감하며 비교적 조용한 성격 – 언어능력 좋은 편이며 지능 또한 비교적 높은 편으로, 스트레스를 받을 경우 털을 뽑아 자해할 수 있음 – 암수 구별 * 수컷 : 붉은색 털, 검은색 부리 → 성조 : 노란색 * 암컷 : 초록색 털, 노란색 부리 → 성조 : 검은색
코카투/유황앵무 (Cockatoo)	– 호주, 인도네시아, 뉴질랜드 등 – 몸길이 : 35~50cm, 수명 : 50~80년 – 우관이 존재해 감정표현을 할 때 사용됨 – 사람을 잘 따르지만, 호기심이 많고 소음이 심해 '날아다니는 비글'이라는 별명이 있음 – 파우더가 심해 호흡기 질환이 있을 경우 부적합함
회색앵무 (African Grey)	– 아프리카 중부 서식 – 몸길이 : 약 33cm, 체중 : 300~500g, 수명 : 약 40년 – 뛰어난 지능으로, 4~6세 사람의 지능과 비슷하다고 추측됨 – 언어능력이 매우 좋으며, 비교적 조용한 성격 – 파우더가 있어 주의가 필요함
마카우/금강앵무 (Macaw)	– 열대 아메리카 지역 서식 – 몸길이 : 약 90cm, 날개길이 : 100~115cm, 꼬리길이 : 약 50cm, 체중 : 1~1.2kg, 수명 : 약 50년 – 얼굴에 갈기(줄무늬)가 존재함 – 부리가 비교적 크며 소음이 강하고, 호기심이 많아 대형 새장 필수
아마존 (Amazon Parrot)	– 주로 남아메리카 대륙에 서식 – 몸길이 : 30~40cm, 체중 : 약 400g, 수명 : 20~50년 – 언어 능력이 뛰어나며 노래를 잘 부르는 앵무새로 유명함 – 비교적 조용한 성격이지만, 소유욕이 강해 주인만을 잘 따름

2) 특징

① 주로 따뜻한 열대지방에 많이 서식한다.

② 일부일처제(一夫一妻婚)이다.

③ 초식 위주의 잡식성(과일, 씨앗 등)이며, 곤충이나 소형 동물을 먹는 경우도 있다.

④ IQ는 약 30정도로 추정되며, 사람에 빗대면 2~3살 아이의 지능과 유사하다.

⑤ 개체마다 다르지만 대체로 소리와 말을 잘 흉내내며, 지능이 높은 경우에는 언어의 뜻을 이해하는 경우도 있다.

⑥ 수명은 대형 앵무일수록 길며, 대형 앵무새의 수명은 평균 80살이다.

⑦ 국제적 멸종위기종일 경우 사이테스(CITES)에 의해 보호받으며, 1급~3급으로 분류된다.

3) 사육 시 주의사항

① 새장 – 새는 수직비행보다 수평비행의 비율이 높아 정사각형보단 직사각형의 모양의 새장이 좋으며, 원형새장은 심리적으로 불안정할 가능성이 높다.
– 페인트칠한 금속성질의 새장일 경우 부식이 생기는 것을 주의한다.
– 지능이 높으므로, 스트레스 해소에 도움을 주는 장난감은 주기적으로 바꿔준다.
– 앵무새의 발톱은 계속 자라는데, 횃대를 사용해 자연스럽게 갈리도록 한다.

② 먹이 – 한 가지 혼합사료만 급여 시 영양불균형 가능성이 있다.
– 채소 및 과일을 섭취하지 않을 경우 비타민, 미네랄 결핍이 일어난다.
– 신선하지 않거나 잘못된 보관으로 인한 세균 및 곰팡이 오염을 방지한다.
– 물은 최소 1일 1회 갈아준다.

③ 윙컷 – 눈을 가리고 날개를 보정해 5~8장 정도 날개깃을 커팅한다.
– 소리에 예민하며 겁이 많은 앵무새는 큰 소리가 나거나 놀랄 경우 날다가 벽이나 창문에 부딪혀 낙조하는 경우가 종종 발생한다. 실내 반려조의 경우 이런 경우를 대비해 윙컷을 실시한다.

4) 해부학적 특징

① 발달된 동공 확장 및 축소를 통해 감정을 표현한다.

② 두개골의 운동성이 강하다.

③ 머리를 180° 회전할 수 있다.

④ 횡격막이 없다.

⑤ 조류의 기관은 포유류의 기관보다 길이가 길고 직경이 넓어 죽은 공간이 많이 생긴다.

⑥ 기낭은 환기의 기능을 한다.

⑦ 기낭삽관은 이물질에 의한 호흡곤란이 발생할 경우 구명수단이 될 수 있다.

⑧ 식도는 목의 오른쪽에 위치하며 포유류보다 길고 직경이 넓다.

⑨ 모이주머니로 음식을 저장한다.

⑩ 전위는 화학적 소화의 기능을 하고, 모래주머니는 음식물 분쇄의 기능을 한다.

5) 질병

① **알막힘/알정체** : 알이 빠져나오지 못하고 정체되어 있는 증상을 의미한다. 증상이 오래 지속될 경우 난관의 파열 및 괴사, 순환장애로 인한 쇼크, 신경손상, 마비 등의 후유증이 발생할 가능성이 있다. 대형보다는 소형개체에게 주로 나타난다.

ⓐ **원인** : 운동부족, 스트레스, 영양부족, 알의 모양 이상, 난관의 감염 등

ⓑ **증상** : 기력저하, 털 부풀림, 호흡 불규칙, 부족, 창백 등

ⓒ **치료** : 신체 내에서 알이 깨질 경우 세균감염의 위험이 있으므로 주의하여 알을 제거한 뒤 칼슘보충과 안정을 취한다.

Plus note

• **앵무새 대표 감염병**

① 앵무새부리깃털질병 (PBFD, Psittacine Beak and Feather Disease)	특징	부리 및 깃털의 탈모와 면역저하를 통한 세균, 곰팡이가 2차 감염을 일으키는 바이러스 질병이다. 면역력이 약한 3살 이하의 아성조나 이유조가 감수성이 높으며 회색, 코카투 앵무가 바이러스에 약하다.
	증상	깃털탈모, 부리변형, 면역력 저하, 설사, 폐렴, 무증상 등
	치료	치료법은 없으며 발병할 경우 대부분 면역력 저하로 인해 2년 안에 낙조할 가능성이 매우 높다. 변, 파우더, 분비물을 통해 전염되므로 다른 개체와 격리해야 하며 생활환경을 깨끗이 유지해 2차 감염을 줄인다.
② 선위확장증 (PDD, Proventricular Dilatation Disease)	특징	바이러스로 인해 선위가 확장되어 소화능력이 떨어지는 질병이다.
	증상	구토, 식욕부진, 체중감소, 소화되지 않은 알곡의 배변 등
	치료	감염경로나 치료방법은 정확하게 알려진 바가 없으며, 모든 앵무새가 감수성이 있고 예후가 좋지 않다.
③ 폴리오마바이러스 감염증 (Avian Polyomavirus)	특징	성조도 감수성이 있지만, 어린개체의 경우 12~48시간 내에 사망하는 애완조에게 치명적인 질병이다.
	증상	식욕저하, 탈수, 소낭정체, 구토, 피하출혈 등
	치료	치료방법은 아직 밝혀진 바가 없다.
④ 앵무병 (Psittacosis, Chlamydia Psittaci Infection)	특징	세균감염에 의해 질병으로, 인수공통감염병이다.
	증상	세균감염으로 인한 눈주변 부종, 호흡기 증상, 간과 비장 비대 등

Chapter 02

반려동물의 영양

01 반려동물의 필수 6대 영양소

(1) 탄수화물

탄수화물은 활동에너지를 공급해주는 주요 에너지원이다. 1g당 4kcal의 에너지가 발생하며, 체내에서 최종적으로 분해되고 흡수되면 혈당(글리코겐)이 되어 혈류를 따라 전신으로 공급된다. 저장되고 남은 잉여 글리코겐은 지방으로 피하조직에 저장되기 때문에 비만의 원인이 되기도 한다.

동물은 스스로 탄수화물을 합성하지 못해 음식을 통해 섭취를 해야 하지만, 개의 경우 단백질 및 지방으로 포도당을 생성할 수 있어 탄수화물이 필수적이지는 않다.

체크 포인트

- **고양이의 탄수화물**
  육식동물인 고양이는 탄수화물을 지나치게 많이 섭취하면 당뇨병의 위험이 있으므로, 사료나 캔류를 고를 때 성분을 확인하는 것이 좋다. 탄수화물의 비율은 약 35% 이하가 적당하다.

1) 탄수화물의 대표적 기능

① 음식 섭취를 통한 신체 에너지 공급원 역할

② 혈당 조절

2) 탄수화물의 분류

① 단당류

ⓐ 오탄당

자일로스(Xylose)	– 설탕 대신 감미료로 사용됨 – 대표적으로 자일리톨 등의 껌 안에 함유되어 있음
리보오스(Ribose)	– 5개의 탄소 원자가 포함된 단당류 – DNA, RNA가 들어있으며 물에 잘 녹는 특징을 가지고 있음
아라비노오스(Arabinose)	– 무색의 고체 형태로 화학 시약으로 쓰임

ⓑ 육탄당

포도당(Glucose)	– 탄수화물 대사의 중심적 화합물 – 뇌, 신경, 폐조직 등의 필수 에너지원이며 혈중 농도에 민감
갈락토오스(Galactose)	– 포도당과 결합해 이당류인 젖당(유당, 락토스)을 생성함
과당(Fructose)	– 과일, 꿀 등에 주로 존재 – 과육 내에서 유리 형태로 존재하거나 포도당과 결합해 설탕 형태로 존재함
만노오스(Mannose)	– 야자열매 등에 존재하며, 인체 내에 포도당으로부터 생성되거나 전환이 가능함

② 소당류(이당류)

ⓐ 자당 (설탕, Sucrose) : 포도당 + 과당

식물(사탕수수)에 존재하며 정제를 통해 설탕을 만든다. 식품이나 요리 안에 첨가되는 성분으로, 결정체는 투명하고 덩어리로 존재하며, 흰색으로 보이고 무취이며 단맛이 나는 것이 특징이다.

ⓑ 엿당 (맥아당, Maltose) : 포도당 + 포도당

ⓒ 유당 (젖당, Lactose) : 포도당 + 갈락토오스

③ 다당류

ⓐ 글리코겐(Glycogen) : 포도당을 기본으로 하는 신체 내의 에너지 저장 탄수화물로, 주로 간, 골격근의 세포에서 생성된다.

ⓑ 전분(녹말, Starch) : 수많은 포도당 단위체들의 결합으로 이루어진 중합체 탄수화물이며 주로 감자, 밀, 옥수수 등에 존재한다. 동물 사료 내의 많은 부분을 차지하는 에너지원이다.

ⓒ 섬유소(식이섬유, Fiber) : 체내 소화효소로 분해되지 않아 소화가 이루어지지 않는 고분자 화합물로 물에 녹는 '가용성 섬유소'와 물에 녹지 않는 '난용성 섬유소'로 나뉜다. 주로 콩, 과일, 채소류에 존재한다.

Plus note

- **섬유소의 기능**
  위장 포만감, 배변량 증가, 변비 예방, 혈액 내 콜레스테롤 농도 저하 등

3) 탄수화물의 대사작용

음식물을 통해 소화가 이루어진 탄수화물은 포도당으로 분해되어 체내로 흡수된 뒤 혈당을 유지하며 에너지를 생성한다.

대사작용은 '해당과정(Glycosis)'과 'TCA 회로' 두 가지로 분류된다.

해당과정(Glycosis)	세포질에서 발생하며 포도당이 2분자 피루브산으로 분해되며 산소가 없는 상태(혐기적 과정)가 특징이다.
TCA 회로	미토콘드리아에서 발생되며 연료분자(탄수화물, 단백질, 지방)를 산화시키는 공통경로로, 피루브산이 TCA 회로를 통해 산화적 인산화를 통해 에너지 ATP를 생성하며, 산소 호흡을 하는 대부분의 생물들은 수행하는 과정이다.

많은 양의 포도당이 존재하는 경우에는 글리코겐으로 변환되어 간과 근육에 저장되며, 지방산으로 저장된다.

Plus note

- **포도당이 부족한 경우**
  체내 간 또는 신장에서 포도당 신합성이 일어나며 아미노산, 피루브산, 글리세롤 등이 포도당으로 생성된다.

4) 탄수화물 관련 호르몬

① 인슐린(Insulin) : 췌장의 랑게르한스섬 내 베타세포에서 합성되고 분비되는 호르몬이다. 음식물을 섭취하면 인슐린이 혈액 내의 포도당을 이용 가능하도록 에너지를 생성하여 혈당을 일정 농도로 유지시키며, 단백질과 지방합성을 촉진시키는 데 도움을 준다.

② 글루카곤(Glucagon) : 췌장의 알파세포에서 분비되는 펩타이드 호르몬이다. 체내의 혈당이 저하되면 췌장에서 글루카곤을 분비해 간에서 글리코겐을 포도당으로 분해하고 혈당을 증가시키는 작용을 하여 인슐린과 반대 작용을 하는 것이 특징이다.
포도당은 다당류인 글리코겐 형태로 간에 저장되어 있으며, 간세포는 글루카곤 수용체를 가지고 있다. 글루카곤이 수용체에 결합하게 되면 간세포는 글리코겐을 포도당 분자로 분해시켜 혈류로 내보내며, 저장된 글리코겐이 저하되면, 간과 신장을 통해 포도당을 새로 합성하게 된다.

(2) 단백질

단백질은 세포 및 조직을 구성하며 근육을 형성하는 중요한 영양소이고, 신체 내의 여러 가지 효소나 호르몬 등의 작용에 관여해 에너지 대사에 중요한 유기물이다.

단백질 부족 시 성장이 저해되며 체중 감소, 면역력 저하, 피부 및 털의 윤기 또한 감소하게 된다. 체내로 섭취된 단백질은 아미노산으로 분해되어 흡수된다. 아미노산 대부분은 동물 체내에서 합성이 가능해 따로 섭취하지 않아도 되지만, 일부 체내에서 합성하지 못하는 아미노산은 음식물을 통해 섭취해주어야 한다.

1) 단백질의 분류

① 단순단백질

알부민(Albumin)	물에 용해되며 가열하면 응고됨(단백알부민, 혈청알부민)
글로불린(Globulin)	물에 녹지 않으며 열에 의해 응고됨
글루텔린(Glutelin)	묽은 산, 알칼리에 용해됨(글루테닌, 오리제닌)
프롤라민(Prolamin)	물, 순알코올에 용해되지 않지만 70~80% 알코올에 용해됨(글리아딘, 제인)
알부미노이드(Albuminoid)	동물의 뼈 · 모발 · 피부 등의 외부 보호조직에 함유
히스톤(Histone)	염기성 단백질로 물에 용해됨
프로타민(Prota-mine)	가부분해에 의해 아르기닌을 생성하는 것이 특징

② 복합단백질

핵단백질	단백질과 핵산의 결합물로 동물의 선조직, 식물에 다량 함유
당단백질	헥소오스, 헥소사민 등 탄수화물과 결합된 단백질(뮤신, 점액 단백질)
인단백질	핵산, 레시틴 등 인산화합물과 단백질의 결합물(카세인, 비텔린)
색소단백질	다양한 색소와 결합한 단백질로 금속을 함유
리포단백질	지방과 결합한 단백질

③ **유도단백질** : 천연단백질에 화학적 작용이나 물리적 처리에 의해 분자 내에 변화를 일으키는 단백질로, 단백질 변성의 변화가 나타난다.

2) 필수 아미노산

필수 아미노산은 체내에서 거의 합성되지 않기 때문에 사료를 통해 공급해주어야 하며 개는 10종, 고양이는 11종으로 분류된다.

종류	개	고양이
페닐알라닌	○	○
발린	○	○
트레오닌	○	○
트립토판	○	○
아이소루이신	○	○
메티오닌	○	○
히스티딘	○	○
루신	○	○
아르기닌	○	○
라이신	○	○
타우린	×	○

Plus note

- **타우린**
  - 식물성 단백질에는 함유되어 있지 않고 동물성 단백질에만 함유되어 있다.
  - 고양이가 타우린을 섭취하지 않을 경우 면역력 저하, 시력 저하 및 심장질환의 가능성이 있다.

3) 단백질 대사과정

① 체내 흡수된 아미노산의 경로(아미노산풀)

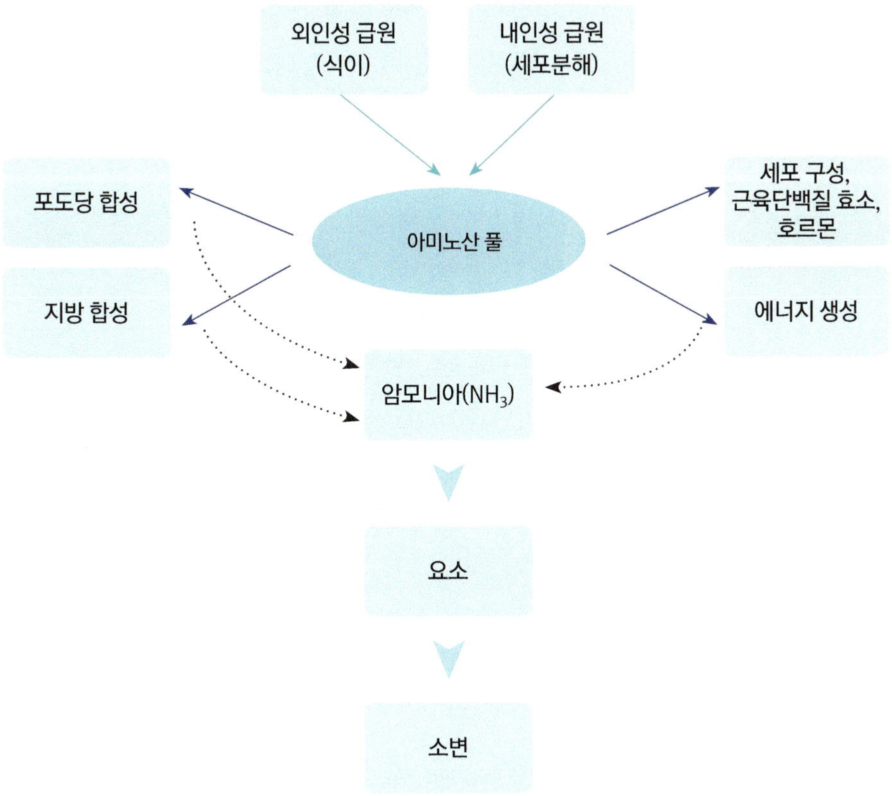

② 아미노기 전이반응

아미노기를 케톤산으로 전달해 아미노산을 생성하는 반응이다. 트랜스아미네이드 또는 아미노트랜스퍼레이스에 의해 수행되며, α-케토글루타르산은 아미노산 수용체로 작용해 새로운 아미노산인 글루탐산을 생성한다.

아미노산 + α-케토글루타르산 ⇄ α-케토산 + 글루탐산

③ 탈아미노반응

글루탐산(Glutamate)은 글루탐산 탈수소효소에 의해 α-케토글루타르산이 되는데 이 과정에서 조효소(Coenzyme)로 NAD^+ 또는 $NADP^+$가 사용되어 암모니아가 생성된다.

④ 요소회로

ⓐ 미토콘드리아의 기질

NH_3와 HCO_3^-가 결합해 카바모일 인산을 형성하며 오르니틴 이동효소로 인해 시트룰린을 형성한다.

ⓑ 세포질

시스툴린은 세포질로 이동해 아스파르트산과 더해져 아르기노 숙신산이 된다. 아르기노 숙신산 분해효소가 아르기닌과 푸마르산으로 분리시키며, 이르기닌 분해효소로 인해 아그기닌 요소와 오르니틴으로 가수분해된다. 오르니틴은 다시 미토콘드리아로 운반되어 회로를 시작하고 요소는 배출된다.

(3) 지방(지질)

1) 지방의 분류

① 단순지질

중성지질 (Neutral Lipid)	- 글리세롤 1분자와 지방산 3분자가 에스테르 결합을 통해 생성 - 글리세롤에 결합된 지방산의 수에 따라 모노글리세리드(3), 디글리세리드(2), 트리글리세리드(1)로 분류됨
왁스	- 탄소 20개 이상의 고급지방산과 고급알코올이 결합 - 동물의 피부 보호기능 역할

② 복합지질 : 단순지질에 당, 단백질 등이 결합된 형태이다.

③ 유도지질 : 단순지질과 복합지질이 가수분해된 형태이다.

예 스테롤, 지방산, 지용성비타민(A, D, E) 등

2) 지방산 분류

① **포화지방산** : 분자 내 이중결합이 이루어지지 않은 지방산이다.

[주요 포화지방산의 구조와 녹는점]

포화지방산	탄소 수	표기법	구조	녹는점(℃)
카프르산 (capric acid)	10	$C_{10:0}$		32
라우르산 (lauric acid)	12	$C_{12:0}$		43
미리스트산 (myristic acid)	14	$C_{14:0}$	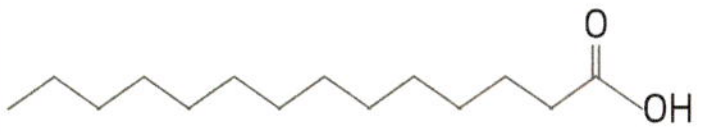	54
팔미트산 (palmitic acid)	16	$C_{16:0}$		62
스테아르산 (stearic acid)	18	$C_{18:0}$		69
아라키드산 (arachidic acid)	20	$C_{20:0}$		76

② **불포화지방산** : 분자 내 하나 이상의 이중결합이 이루어진 지방산이다.

[주요 불포화지방산의 구조와 녹는점]

불포화지방산	탄소 수	표기법	구조	녹는점(℃)
팔미톨레산 (palmitoleic acid)	16	$C_{16:1}$		0
올레산 (oleic acid)	18	$C_{18:1}$	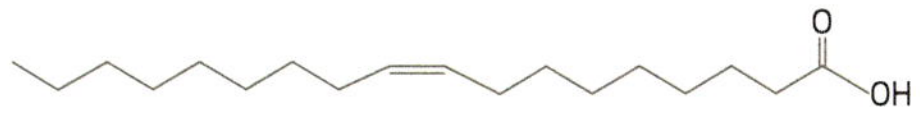	13
리놀레산 (linoleic acid)	18	$C_{18:2}$		−9
리놀렌산 (linolenic acid)	18	$C_{18:3}$	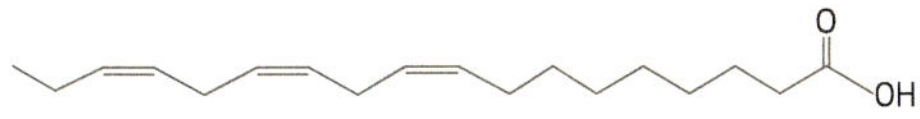	−17
아라키돈산 (arachidonic acid)	20	$C_{20:4}$		−50

※ 이중결합 수가 많을수록 지방산의 녹는점이 낮다.

③ **필수지방산** : 체내에서 거의 합성되지 않아 사료를 통해서 보충해야 하는 불포화지방산이다.

예 리놀레산, α−리놀렌산, 도코사헥사엔산

④ 오메가계열 지방산

ⓐ 오메가-3 지방산 : 리놀렌산 , DHA

ⓑ 오메가-6 지방산 : 리놀레산

(4) 무기질(미네랄)

무기질은 신체대사를 위해 섭취해야 하는 필수 영양소로, 뼈와 연조직을 구성하며 혈액의 염기 평형을 조절해 항상성을 유지시키는 역할을 한다.

무기질은 섭취량에 따라 '다량무기질'과 '미량무기질' 두 가지로 나뉜다.

1) 다량무기질

칼슘(Ca)	– 칼슘의 99%는 뼈 · 치아에 존재하며, 1%는 근육 · 혈액에 존재해 골격을 구성 – 혈액 응고작용 – 근육 수축 및 이완 – 신경신호 전달(시냅스) – 대표적인 혈중칼슘농도 조절 호르몬 : 비타민D – 결핍 시 구루병(어린개체의 비타민D, 인, 칼슘 부족 시), 골다공증, 골연증(성견의 칼슘 부족 시)
인(P)	– 80%는 칼슘과 결합해 뼈 · 치아를 구성하며, 20%는 혈액 · 체액에 존재 – 산 · 염기 평형조절 – 세포 내 핵단백질을 구성 – 에너지 발생과정에 관여 – 결핍 시 발육부진, 식욕저하, 뼈의 석회화
마그네슘(Mg)	– 60%는 뼈에 존재하며, 나머지는 체액에 존재 – 탄수화물 대사에 관여해 에너지 생성과정에 중요 역할 – 신경 및 근육의 자극전달 역할 – 근육 이완 및 신경안정 – 결핍 시 경련, 전해질 불균형
나트륨(Na)	– 혈액 · 골격 등에 존재 – 수분 및 전해질 균형 – 세포의 삼투압 유지 – 체액의 ph 조절 및 근육의 운동과 신경의 자극 전달 – 결핍 시 발육부진, 과다섭취 시 신부전 유발
칼륨(K)	– 체내 수분 및 전해질, ph 조절 – 근육의 수축과 이완에 영향 – 결핍 시 전해질 불균형
염소(Cl)	– 체액의 양 및 ph 조절 – 발육부진 및 폐사 가능성
황(S)	– 미네랄은 다른 원소와 결합하지 않지만 예외적으로 아미노산이나 비타민의 구성성분으로 존재 – 조직 · 피부 · 모발 · 손톱 등을 구성

2) 미량무기질

철(Fe)	– 체내 80%는 적혈구의 헤모글로빈과 근육 내의 미오글로빈에 존재하며, 나머지는 간 등의 기관에 존재 – 헤모글로빈의 철분은 산소를 조직의 세포로 운반하며, 세포에서 생성되는 이산화탄소를 폐로 운반해 방출 – 미오글로빈은 근육조직 내에서 산소를 일시적으로 저장했다가 골격근, 심장근 세포에 산소 공급 – 시토크롬계 효소(Cytochromes)의 구성성분으로 에너지 대사에 관여하며 신경전달물질 도파민 등의 보조인자로 작용 – 간의 독성물질 배설 대사과정에 관여 – 결핍 시 빈혈 발생, 헤모글로빈 감소
구리(Cu)	– 체내 대사과정에 관여하는 효소의 구성성분 – 철분의 흡수와 대사, 적혈구 형성에 관여 – 결합조직의 유지 및 골격 형성에 도움 – 결핍 시 적혈구 합성 저하로 빈혈 발생
아연(Zn)	– 체내 여러 효소의 구성성분 – 수컷의 정자 형성, 성숙에 중요 역할 – 성장, 면역, 상처치유 도움
불소(F)	– 주로 뼈와 치아에 존재 – 손상된 뼈를 재생시켜주는 세포의 증식을 증가시켜 골 형성을 촉진해 골다공증 예방 – 산의 저항성을 높여 충치를 발생시키는 박테리아 및 효소의 작용을 억제해 충치 예방
코발트(Co)	– 비타민B_{12}의 구성성분 – 간, 신장, 골격 조직에 존재
요오드(I)	– 갑상선호르몬을 구성하는 주성분 – 결핍 시 갑상선호르몬의 생성을 위해 요오드를 축적하기 때문에 갑상선비대증이 발생
셀레늄(Se)	– 세포질에 존재 – 비타민E와 함께 항산화 작용 – 대사과정에서 생성되는 지질과 산화물을 제거해 세포손상을 억제하여 노화 방지, 암 예방 도움 – 면역기능을 증강시켜 세균 및 박테리아를 효과적으로 퇴치해 감염 저하 및 암, 바이러스에 대항하는 세포면역기능 향상

(5) 비타민

비타민은 신체 에너지 대사에 중요한 역할을 하며, 면역력을 증진시키고 골격 형성, 시력, 신경계 또는 순환기계의 기능을 유지시킨다. 비타민 결핍 시 질병을 유발하기도 한다.

비타민은 대부분 체내 합성이 되지 않아 음식물 섭취가 필요하기 때문에 반려동물의 사료에 필수적으로 함유되어 있다.

비타민은 크게 지방에 녹는 '지용성비타민'과 물에 녹는 '수용성비타민'으로 분류된다.

1) 지용성비타민

비타민A	– 동물성 식품에 들어있는 레티놀은 황색의 지용성 물질로, 에스테르(유기화합물)로 존재하며, 음식 섭취 후 소장에서 레티놀로 변환되어 저장하고 필요한 경우 시각계에 작용하는 알데하이드인 레티날로 전환되어 사용됨 – 식물성 식품에 들어있는 카로티노이드 중 가장 활성이 높은 베타-크로틴(β-crotene)은 신체 내에서 비타민A로 전환되어 사용됨 * 육식동물은 카로티노이드를 변환하지 못해 고양이는 제외, 잡식 및 채식 동물에 한함 – 시각기능과 성장인자에 중요 역할 – 결핍 시 발육부진, 면역력 저하, 안구건조증, 야맹증 등 유발
비타민D	– 비타민D_2는 주로 식물에 포함 – 비타민D_3는 주로 동물에 포함 – 부갑상선에서 생산되는 파라토르몬(Parathormon), 칼시토닌(Calcitonin)과 함께 칼슘을 골수로 운반해 뼈의 성장에 도움을 주는 역할 – 피부에서 7-디하이드로콜레스테롤(7-Dehydrocholesterol)이 태양의 자외선을 받아 비타민D가 생성됨 – 골격 형성, 세포기능 유지, 부갑상선호르몬과 칼슘의 항상성 유지 기능 – 결핍 시 구루병(어린개체), 골연화증(노견) – 과잉 시 고칼슘혈증 유발
비타민E	– 토코페롤 계열 포함하는 합성 화합물 – 활성산소의 작용을 억제하는 황산화 작용을 하며, 피부 · 혈관 등 세포의 산화를 억제 – 사료 내에 항산화제로 첨가하며, 알파-토코페롤(α-tocopherol)의 활성이 가장 큼 – 비타민E 부족 시 적혈구 세포막이 산화로 파괴되어 용혈성 빈혈 가능성 – 항산화 기능, 노화 방지, 빈혈 방지 등
비타민K	– 간에서 혈액응고인자의 합성에 중요 역할 – 혈액응고인자들은 간에서 불활성형 단백질 형태로 합성되며, 이를 활성화하기 위해 비타민K가 필요한데, 비타민K는 효소로 작용해 혈액응고인자 전구체 단백질의 글루탐산을 감마카복실 글루탐산으로 전환시켜 혈액응고인자를 활성화함 – 비타민K는 필요량이 적고 체내 미생물(박테리아 등)에 의해 합성되어 결핍증이 거의 없음

2) 수용성비타민

수용성 비타민은 물에 쉽게 녹고 열과 알칼리 조건에 쉽게 파괴되는 것이 특징이며, 체내 저장분이 매우 적고 배설이 이루어져 섭취량이 적으면 결핍증이 나타날 수 있다.

비타민C	– 주로 과일이나 채소에 함유 – 고온, 알칼리, 금속이온 등에 의해 쉽게 파괴되며 음료 속 비타민C나 과일 단면의 경우 산소에 의해서 쉽게 파괴됨 – 개 · 고양이의 경우 포도당으로부터 합성 가능하기 때문에 매일 섭취할 필요는 없지만, 어류 및 기니피그는 비타민C 합성이 어려워 섭취하지 않으면 결핍증이 나타날 수 있음 – 콜라겐 합성, 면역력 유지, 항산화 효과 – 결핍 시 면역력 저하, 발육저하, 골격형성 저하, 괴혈병 등
비타민B_1 (티아민, Thiamine)	– 주로 곡류에 포함 – 열에 약한 특징으로 사료 제조 시 파괴될 가능성이 있어 주의해야 함 – 탄수화물 대사과정에 필요하기 때문에 섭취량이 많을수록 많은 양이 필요함 – 결핍 시 각기병, 근육량 저하, 식욕부진
비타민B_2 (리보플라빈, Riboflavin)	– 주로 계란, 잎채소를 통해 섭취 – 탄수화물 · 단백질 · 지방 대사에 관여해 섭취량 많을수록 많은 양이 필요함 – 소변으로 배설되기 때문에 과잉장애는 나타나지 않으며 소변이 노란색을 띠게 됨 – 결핍 시 설염증
비타민B_5 (판토텐산, Pantothennic Acid)	– 탄수화물 · 단백질 · 지방의 에너지 대사를 관여 – 세포벽을 구성하는 콜레스테롤 합성에 도움을 줌 – 지방분해에 도움, 콜라겐 생성 – 결핍 시 발육부진, 위장장애, 기력저하 등
비타민B_6 (피리독신, Pyridoxine)	– 탄수화물 · 단백질 · 지방 대사반응에 보조 효소작용 – 헤모글로빈 생성 촉진 – 히스타민 합성에 작용 – 신경전달 물질 합성 작용 – 결핍 시 발육부진, 면역력 저하, 빈혈 및 탈모

(6) 물

동물의 경우 체중의 50~70% 정도가 물로 이루어져 있어 사람과 같이 체내의 많은 부분을 차지하고 있다. 활동량에 따라 섭취량이 달라질 수 있지만 항상 깨끗하고 충분한 양의 물을 섭취하도록 해야 한다.

1) 물의 중요성

개는 땀샘이 매우 한정적이어서 체온 조절이 쉽지 않다. 헐떡거림(panting)을 통해 체온조절을 하게 되는데 충분한 물(수분)은 매우 중요하다.

2) 물 부족 시 생길 수 있는 질병

① 체내 수분량이 줄게 되고 체내 혈액 순환량이 줄어든다.

② 체내 관류량 부족이 지속되면 췌장과 신장에 영향을 주고 신부전과 췌장염으로 이어질 수도 있다.

3) 음수량을 늘리는 방법

① 물그릇 위치를 바꾸는 방법

② 반려동물이 자주 가는 위치에 물그릇을 여러 개 놓아두는 방법

③ 물그릇을 깨끗이 유지하고 자주 갈아주는 방법

④ 습식사료를 주는 방법

⑤ 건식 사료를 물에 불려서 주는 방법

02 반려동물의 사료

(1) 사료의 종류

1) 건식사료

일반적인 가정에서 생활하는 반려동물의 주 사료이며 수분을 약 10% 함유해 건조한 형태의 사료이다.

① 건식사료 제조과정

ⓐ 사료에 들어가는 재료를 섞고 분쇄기를 통해 분쇄하여 혼합시킨다.

ⓑ 분쇄된 재료를 전용기계에 넣어 스팀 또는 뜨거운 물을 이용해 가공 처리한다. (프리컨디셔너)

ⓒ 원하는 사료 모양과 크기로 제조한다.

ⓓ 남아있는 수분을 제거하도록 추가 스프레이(코팅, 오메가6, 오메가3) 처리한다.

ⓔ 즉시 포장한다.

② 건식사료의 장 · 단점

장점	• 반려동물에게 급여가 간편하다. • 실온 보관이 가능하며 장시간 보관할 수 있다. • 치석예방에 좋다. • 다른 사료들에 비해 가격이 합리적이다.
단점	• 수분 함량이 다른 사료에 비해 낮다. • 재료 본연의 맛을 느끼기 어렵다.

2) 습식사료

습식사료는 재료에 따라 다양한 맛이 있고, 수분은 약 70% ~ 80% 함유하고 있으며 대부분 캔 형태의 사료이다.

① 습식사료 제조과정

ⓐ 사료에 들어가는 재료를 섞어 분쇄한다.

ⓑ 재료에 점성이 생길 수 있도록 식용 젤 등을 첨가해 열처리한다.

ⓒ 사료의 포장용기(캔 또는 팩 등) 안에 넣어 밀봉하고 내부 공기를 제거한다.

ⓓ 내용물 안의 박테리아를 없애고 부패방지를 위해 가열 살균처리한다.

ⓔ 내용물의 부식 및 부패를 막기 위해 냉각처리한다.

② 습식사료의 장 · 단점

장점	• 다른 사료에 비해 수분 함유량이 높다. • 치아가 안 좋은 반려동물에게 급여하기 좋다. • 건식 사료에 비해 향과 맛이 강해서 비교적 기호성이 좋다.
단점	• 점성이 있어 치석이 생길 가능성이 높다. • 입 주변이 지저분해진다. • 개봉 후 냉장 보관해야 하며 비교적 보관기간이 짧다.

3) 반습식사료

약 25 ~ 50%의 수분이 함유되어 있고 수분이 날아가지 않도록 알루미늄 호일 파우치 안에 밀봉되어 판매된다.

장점	• 건식사료에 비해 기호성이 좋다. • 비교적 수분함유가 높아 치아가 안 좋은 반려동물에게 적합하다.
단점	• 개봉 후 보관 시 사료의 수분이 날아가 건조될 가능성이 높다. • 온도, 습도가 높은 곳에 보관 시 곰팡이가 생길 수 있다. • 냉장 보관 시 사료에 물이 생길 수 있다.

4) 생식사료

생식은 말 그대로 육류 및 채소 등 재료 그대로의 형태를 유지한 사료이다. 시중에 판매되는 사료를 구매해 급여하는 방법도 있지만 최근 생식에 대한 관심도가 높아져 보호자가 직접 만들어 급여하는 경우가 많다.

장점	• 소화가 잘 된다. • 피부 트러블 및 모질 개선에 도움을 준다. • 인공첨가제 중 알레르기가 있는 경우 효과적이다. • 생뼈를 급여하는 경우 스트레스 완화에도 도움을 준다.
단점	• 익히지 않은 음식 섭취로 인한 살모넬라균(salmonella)의 감염으로 식중독에 걸릴 위험이 있다. • 재료가 상하지 않도록 신선도 유지가 중요하다. • 생뼈를 먹이는 경우 질식, 장폐색, 이빨의 부러짐을 유발할 수 있다. • 영양 불균형 위험이 있다. • 고단백이므로 장기급여 시 췌장질환이 생길 위험이 있다.

5) 화식사료

생식사료에 불을 사용한 조리과정을 거쳐 익힌 사료이다.

장점	• 기호성이 좋고 비교적 소화가 잘 된다. • 불에 의한 조리과정을 거쳐 세균이나 기생충 감염이 생길 가능성이 낮다. • 대부분 육류와 야채가 주 성분이며 화식 자체에서의 수분섭취를 할 수 있다.
단점	• 조리를 해야 하기 때문에 생식보다는 비교적 간편성이 떨어진다. • 소화가 빠르기 때문에 허기를 잘 느낄 수 있다.

6) 처방식사료

처방식사료는 건사료의 형태와 캔 종류의 습식사료가 있다. 비만, 신장, 심장, 피부, 위장, 헤어볼 등 질병에 대한 반려동물의 상태에 대해 수의사와의 상담을 통해 처방받으며 상태를 개선시킬 목적으로 급여한다.

장점	• 반려동물이 어떤 처방식을 먹어야 하는지 파악이 가능하다. • 반려동물에게 필요한 영양분을 급여할 수 있다.
단점	• 비교적 기호성이 떨어진다. • 장기급여 시 영양 불균형이 올 수 있어 반드시 수의사와 상담 후 급여해야 한다.

체크 포인트

• 처방식사료의 종류

비만사료	오비서티(Obesty), RD
알러지사료	하이포알러지(Hypoallergy), ZD
심장질환사료	카디악(Cardiac), HD
신장질환사료	레날(Renal), KD
비뇨기질환사료	유리너리(Urinary), CD, UD
위장질환사료	다이제스티브(Digestive), ID
골관절질환사료	모빌리티(Mobility), JD
간질환사료	헤파틱(epatic), LD

(2) 사료급식 방법과 성장 시기에 따른 급여 횟수

1) 급식 방법

① 자율 급식 : 반려동물이 자유롭게 섭취할 수 있도록 사료그릇에 사료를 채워 넣는 방법이다. 식욕이 왕성한 동물에게는 비만의 위험이 있어 적절한 교육과 관리가 필요하다.

② 시간제한 급식 : 일반적인 가정에서 많이 사용되며, 지정된 시간 안에 사료를 주는 방법이다. 보통 하루에 2~3회 급여하는 것이 일반적이다.

③ 사료제한 급식 : 반려동물에게 필요한 적정량을 계산해 급여하는 방법이다. 몸무게와 체형의 변형에 따라 급여량이 변할 수 있어 약 2주마다 급여량을 계산해 먹여야 하는 번거로움이 있다.

④ 강제급여 급식 : 스스로 음식물 섭취를 못하는 경우 급여하는 방식이다. 사료를 적정 물과 함께 믹서기 등으로 부드럽게 갈아준 뒤 급여하고, 급여 시 환자에게 알맞게 양과 시간을 조절하여 급여해야 한다. 이러한 강제급여 방식은 크게 두 가지로 나뉜다.

ⓐ 동물의 입을 벌려 입천장에 조금씩 발라 급여하는 방법

ⓑ 주사기를 이용해 송곳니와 어금니 사이에 조금씩 넣어 급여하는 방법

2) 성장 시기에 따른 급여 횟수

강아지의 경우 적정 횟수와 양의 사료를 주지 않으면 저혈당 쇼크 증상 발생 위험이 있으므로, 급여 횟수와 적정량을 계산해서 주는 것이 중요하다.

강아지의 연령	급여 횟수(하루 기준)
생후 2 ~ 3개월	4번
생후 3 ~ 6개월	3번
생후 6 ~ 12개월	2 ~ 3번
생후 12개월 이상	2번

03 사료 급여량 계산

(1) 사료 급여량 계산에 필요한 물품

시중 판매 중인 사료, 전자저울, 컵 등이 필요하다. 사료의 경우 각 회사의 사료마다 칼로리와 권장량이 다르기 때문에 참고하여 계산해야 한다.

[성견의 일일권장급여량]

체중	보통 활동량		활동량 많음	
	(g)	cup	(g)	cup
2kg	42g	3/8	49g	4/8
3kg	57g	5/8	66g	5/8
4kg	71g	6/8	82g	7/8
5kg	84g	7/8	97g	1
6kg	96g	1	111g	1+1/8
7kg	108g	1+1/8	125g	1+2/8
8kg	119g	1+2/8	138g	1+3/8
9kg	130g	1+3/8	151g	1+4/8
10kg	141g	1+3/8	163g	1+5/8

* cup = 240ml(= 98g)

[성묘의 일일권장급여량]

고양이 체중	3kg	4kg	5kg	6kg
정상 체중	45g	56g	65g	74g
	26g +파우치 1개	36g +파우치 1개	46g +파우치 1개	55g +파우치 1개
과체중	36g	44g	52g	59g
	17g +파우치 1개	26g +파우치 1개	32g +파우치 1개	40g +파우치 1개

[출처 : 로얄캐닌]

(2) 사료 급여량 계산 방법 종류

① **시판 중인 사료의 권장량 계산** : 시판 중인 사료의 각 포장지마다 체중과 나이에 맞는 권장량이 표시되어있다. 권장량에 맞는 사료를 저울로 측정해 급여하는 방법이다.

② **에너지요구량의 권장량 계산** : 반려동물에게 적합한 에너지요구량을 계산해 급여하는 방법이다.

(3) 사료 급여량 계산 순서

휴지기에너지요구량(RER)을 계산한다. ➤ 일일에너지요구량(DER)을 구한다. ➤ 시판 사료의 1G당 KCAL(칼로리)를 확인한다. ➤ 사료 급여량을 계산한다.

(4) 휴지기에너지요구량(Resting Energy Requirement, RER)

1) 휴지기에너지요구량(RER)의 의미

동의어로 기초대사요구량(Basal Energy Requirement, BER)을 말할 수 있다. 동물이 에너지 소비가 없는 휴식상태에서 몸의 대사과정을 위해 필요한 최소한의 에너지(kcal)이다.

2) 개와 고양이의 휴지기요구량 공식

① 개의 휴지기에너지요구량(RER) 계산공식

① RER = 70 × 체중(kg)$^{0.75}$
② RER = 30 × 체중(kg) + 70 (단, 체중 2~48kg)

② 고양이의 휴지기에너지요구량(RER) 계산공식

RER = 40 × 체중(kg)

Plus note

개의 휴지기에너지요구량 공식
RER = 30 × 체중(kg) + 70

위의 공식을 이용하여 체중이 5kg인 성견의 휴지기에너지요구량을 계산해보면
RER = 30 × 5(kg) + 70 = 220이므로
휴지기에너지 요구량은 220kcal이다.

(5) 일일에너지요구량(Daily Energy Requirement, DER)

1) 일일에너지요구량(DER)의 의미

반려동물의 하루에 필요한 에너지(kcal)를 의미한다. 일일에너지요구량을 구하기 위해선 먼저 휴지기에너지요구량(RER)을 구해야 한다.

2) 개와 고양이의 일일에너지요구량 공식

① 개의 일일에너지요구량(DER) 계산공식(kcal/day)

DER = 2 × RER

② 고양이의 일일에너지요구량(DER) 계산공식(kcal/day)

① DER = 1.6 × RER
② DER = 60 × 체중(kg)

Plus note

개의 일일에너지요구량 공식
DER = 2 × RER

위의 공식을 이용하여 체중이 5kg인 성견의 일일에너지 요구량을 계산해보면
– RER = 30 × 5(kg) + 70 = 220kcal
– DER = 2 × 220 = 440kcal
따라서 일일에너지요구량은 440kcal이다.

(6) 사료 급여량 계산공식

사료 급여량 = 일일에너지요구량(DER) / 사료 g당 칼로리

Plus note

사료 급여량 = 일일에너지요구량(DER) / 사료 g당 칼로리

정상적으로 활동하는 체중이 5kg인 성견에게 열량(kcal/g)이 3.9kcal인 사료를 급여한다고 할 때 위의 공식을 이용하여 사료급여량을 구하면
– RER = 30 × 5(kg) + 70 = 220kcal
– DER = 2 × 220(kcal) = 440kcal
– 사료 급여량 = 440 / 3.9 = 112.82kcal
따라서 사료 급여량은 약 113g이다.

체크 포인트

- **DER(일일에너지요구량)**
  DER은 활동성, 먹이, 비만도에 따라 달라질 수 있으므로 대략적인 RER(휴지기에너지요구량, 기초대사량)의 배수로 DER이 결정된다.

상태		RER × 배수	
		개	고양이
Adult	비만	1.0	1
	비만경향	1.4	1
	중성화수술	1.6	1.2
	운동량 없음	1.8	1.4
	가벼운 운동	2.0	1.6
	적당한 운동	3.0	
	격한 운동	4.0~8.0	
성장기	성견 체중의 50% 이하	3.0	3
	성견 체중의 50~80%	2.5	2.5
	성견 체중의 80% 이상	2.0	2

04 반려동물의 금기 식품

사람에게 익숙한 음식이지만 반려동물에게는 해로운 음식이며 치명적인 질병을 유발하는 경우가 많다. 반려동물을 건강하게 키우기 위해서는 어떤 음식이 동물에게 악영향을 미치는지 파악해야 한다.

(1) 카페인(초콜릿, 커피 등)

① 초콜릿 : 초콜릿의 원료인 카카오 씨앗 내 메틸잔틴(Methylxanthine)이라는 물질이 독성 물질로 작용한다. 밀크초콜릿보다 비교적 카카오 함류량이 높은 다크초콜릿이 더 위험성이 크며, 지방함류량도 높기 때문에 설사 및 구토 증상이 나타난다.

② 커피 : 초콜릿에 함유된 카페인 성분보다 커피에 함유된 카페인 함유량이 비교적 크다. 카페인을 섭취하면 중추신경계를 자극하고 생리활동 물질작용을 방해해 중독증상 발생 위험이 있으며 흥분증상 및 구토, 발작, 심혈관 증상뿐 아니라 신경증상 또한 발생할 수 있고 심하면 죽음에 이를 수 있다.

(2) 유제품(우유, 치즈 등)

개와 고양이 모두 유제품 내의 유당(락토스) 및 지방성분을 분해할 수 있는 능력이 떨어지기 때문에 구토나 설사 등 소화기증상이 나타날 수 있다.

(3) 양파(파), 마늘

양파(파), 마늘 등의 식물 내 유기황 화합물(Organosulfur Compound)이 중독증상을 유발한다. 섭취 후 1일 이내에서 수일 후까지 다양한 증상이 나타날 수 있다. 무기력, 혈색소뇨, 황달, 식욕저하, 복통 및 설사 등을 유발할 수 있고 증상이 심할 경우 수혈이 필요할 수 있다.

(4) 포도(건포도)

현재 포도 안에 어떤 성분이 독성물질로 작용하는지 밝혀지지 않았으나, 일반적으로 체중당 약 11~57g 정도의 포도를 먹은 경우 독성물질로 작용한다고 알려져 있다.

증상 시기는 각각 다르지만 섭취했을 경우 증상이 나타나지 않았더라도 동물병원에 내원해 진료를 받는 것이 좋다. 섭취 시 구토와 설사 등 소화기질환뿐만 아니라 심하면 신부전 및 혼수상태에 이를 수 있다.

(5) 자일리톨

자일리톨은 흔히 껌 안에 들어있는 성분이다. 국내에서 판매하는 껌의 자일리톨 함량은 각각 다르지만, 보통 약 700~1,000mg의 자일리톨 함유량을 보인다.

체내에서 당과 비슷한 물질로 인식되며 인슐린 분비를 촉진시켜 저혈당을 유발하고, 간 손상을 유발할 수 있다. 무기력, 보행장애, 경련 등 증상이 다양하며 섭취 후 흡수되는 시간 때문에 30분부터 24시간 이후에도 증상이 나타날 수 있다.

(6) 아보카도

아보카도 잎, 씨, 껍질, 과육은 '펄신(Persin)'이란 독소를 함유하고 있으며, 복통 및 호흡곤란 증상을 유발한다.

아보카도의 씨는 크기가 큰 편이기 때문에 섭취 시 위장기관이 막힐 수 있어 주의가 필요하다.

(7) 알코올

개는 알코올을 분해하는 능력이 거의 없기 때문에 소량 섭취한 경우에도 급성 독성을 나타내 위험할 수 있다. 알코올은 술뿐만 아니라 화장품, 향수, 가글 등 다양한 것에 함유되어 있다. 소량으로도 알코올 중독현상이 나타날 수 있고 호흡곤란 및 심장마비로 사망할 위험이 있다.

(8) 조미된 음식 (조미료, 향신료 등)

① 소금 : 체내 소금을 체외로 배출하는 능력이 떨어져, 간에 부담을 주며 신부전을 유발한다.
② 설탕 : 비타민과 미네랄의 흡수를 저해시키며, 비만의 원인이 될 수 있고 당뇨를 유발한다.
③ 향신료 : 위에 부담을 줄 수 있어 설사를 유발한다.

(9) 날음식(날달걀, 날고기, 생뼈)

날달걀 및 날고기 등 날것 그대로의 음식은 살모넬라균, 대장균 등에 노출되기 쉽고 구토, 설사 및 기력저하를 유발할 수 있다. 또한 날달걀은 고양이의 피부를 손상시킬 수 있다.

생뼈의 경우 잘못 삼키면 질식의 위험이 있고 치아손상과 소화기관(위, 장, 기도 등)에 상처를 입히거나 위에 구멍이 뚫리는 천공 및 폐색증을 유발한다.

(10) 밀가루반죽

밀가루반죽은 반죽 안에 있는 효소 성분이 알코올을 생성해 알코올 중독을 발생시킨다. 생성된 알코올 성분은 복부로 퍼져 소화기관에 가스를 생성하고 고통을 유발시키며 장기를 파열시킬 위험이 있다.

Plus note

- **고양이가 개 사료를 장기복용할 경우**

  개와 고양이가 필요로 하는 비타민, 필수지방산 등에 따라 개체별 사료에 포함되어 있는 항목이 다르기 때문에 다른 개체의 사료를 장기복용 시 영양적으로 불균형이 올 수 있다. 따라서 고양이에게는 고양이 전용사료를 급여하는 것이 바람직하다.

  ① 비타민A 부족 : 털이 거칠어지며 근육량 저하, 시력저하가 발생한다.
  ② 타우린(Taurine) 부족 : 비대성 심근증(Hypertrophic cardiomyopathy, HCM)의 발생 위험이 있다. 개의 경우 체내에서 타우린 생성이 가능하지만, 고양이의 경우 음식으로 섭취해야 한다.
  ③ 단백질 부족 : 육식동물인 고양이에게는 단백질 함유량이 매우 중요하다. 고단백의 개 사료인 경우에도 고양이가 섭취해야 할 단백질 함유량에 비해 부족하다.
  ④ 아라키돈산 부족 : 개의 경우 체내 생성이 가능해 사료의 필수 영양 성분이 아니지만, 고양이의 경우 필수지방산인 아라키돈산 섭취량이 부족하다.

Chapter 03

반려동물의 질병

01 눈의 질환

눈은 사물을 구별하는 역할을 한다. 외부에서 들어오는 정보는 눈 속을 통과해 눈의 가장 안쪽에 있는 망막에 도달하며, 망막에서 신호로 변환된 후 뇌로 이동하여 동물이 시각을 얻고 물체를 볼 수 있게 된다. 눈의 질환은 심하면 시각장애 및 실명으로 이어질 수 있기 때문에 조기 발견해 치료를 하는 것이 중요하다.

(1) 각막궤양

'각막'은 혈관이 없는 투명한 막으로, 각막상피층 · 각막실질층 · 위쪽경계판 · 각막내피층 4개의 층으로 이루어져 있다. 각막궤양은 각막상피나 각막실질층이 장애를 받아 발생하는 질환으로, 심할 경우 시각에 영향을 미칠 수 있다.

각막궤양은 통증으로 긁는 행동을 유발하기 때문에 2차 감염을 예방하기 위해 넥카라를 착용하고, 처방받은 안약 및 안연고를 투여해야 한다.

원인	찰과상, 감염(고양이 허피스바이러스, 개 전염성 간염 등), 속눈썹의 자극, 신경계 손상(눈꺼풀의 운동성 저하로 안구노출)
증상	눈의 통증, 눈곱, 결막충혈, 궤양주변의 혼탁 발생
진단	육안검사, 형광염색검사로 각막의 손상확인, 안압검사, 눈물양 검사

(2) 녹내장

'안방수'는 각막과 수정체 사이에 흐르는 물로, 섬모체돌기에서 생성되며 눈에 영양을 공급하고 안압을 유지하는 역할을 한다. 안방수가 배출되는 것이 방해되거나 장애가 일어나면 안압이 상승해 시신경을 손상시키고 시력장애를 일으켜 녹내장을 유발한다.

원인	안방수의 순환장애, 원발성 녹내장으로 안방수 배출 저하
증상	심한 통증, 각막혼탁, 망막의 장애, 시력장애, 안압 증가
진단	육안검사, 동공 빛 반사검사, 안압검사

(3) 백내장

'수정체'는 양면이 볼록한 모양의 렌즈로 투명하고 혈관이 없다. 백내장은 수정체 내의 단백질 분해에 의해 수정체가 하얗게 혼탁해지는 질병을 일컫는다. 일반적으로 약물을 이용해 백내장 진행을 지연시키거나 수술로 제거하며, 인공 수정체를 삽입하는 경우도 있다.

원인	유전, 외상, 노화, 당뇨병 등
증상	수정체의 혼탁, 시력장애, 수정체 파괴 시 염증유발로 인한 통증 및 출혈 등
진단	안약을 이용해 수정체의 혼탁도 검사, 시력확인

(4) 결막염

'결막'은 안검결막, 안구결막, 제3안검의 내측, 외측표면으로 이루어져 있으며, 얇고 반투명하다. 결막염은 결막에 염증이 생긴 것을 의미한다. 치료 시 안약, 안연고를 사용하고 2차 감염을 막기 위해 넥카라를 착용한다.

원인	세균, 진균, 바이러스(고양이 허피스바이러스, 클라미디아 등), 기생충 감염, 면역이상, 샴푸에 의한 자극, 이물질의 원인 등
증상	간지러움 또는 통증으로 긁는 행동, 결막의 충혈, 눈곱 등

(5) 유루증

유루증은 '눈물흘림증'이라고도 불린다. 눈에서 코로 통하는 배출로인 '눈물길'이 좁아지고 막혀서 눈물 배출 기능이 저하되는 것으로, 눈물 배출이 원활하게 이루어지지 못하고 눈 밖으로 흘러넘치는 질환이다.

원인	털의 자극, 안검의 형태이상 등
증상	심한악취, 눈물자국, 피부염 등

(6) 제3안검 돌출증(체리아이)

삼안검이 돌출된 질환으로, 붉은색의 돌출물이 육안으로 확인 가능하다. 외과적 수술로 삼안검을 정상적으로 돌려놓거나 제거한다.

원인	유전적 요인(코카스파니엘, 비글, 프렌치불독), 안구 돌출 및 함몰, 종양 등

02 귀의 질환

귀는 소리를 듣는 역할을 한다. 외이도를 통해 들어온 소리가 고막을 진동시켜 고막의 진동이 증폭되고 와우관에 전달된다. 와우관 림프액의 진동이 이동하여 신경, 대뇌로 전달되어서 소리로 인식하게 된다.

가장 흔한 귀의 질환은 귀에 염증이 발생해 다량의 귀지와 염증을 동반하는 것으로, 현미경 검사를 통해 귀약 및 내복약을 처방해 치료하며 넥카라를 사용한다.

(1) 외이염

외이염은 염증성 질환으로 개에게 가장 많이 발생하는 질환이다. 재발이 쉬우며 일상생활에서 청결 및 환경을 유지하는 것이 중요하다.

원인	귀가 늘어져 있는 구조, 선천적 요인, 이도 내 종양, 이도 내 이물, 환경적 요인, 귀진드기, 각화이상, 과도한 귀청소 등
증상	피부 발적 · 탈모 등 염증성 증상 및 분비물의 증가, 악취, 긁거나 머리를 흔드는 행동 등

(2) 중이염

중이염이란 중이에 염증을 일으키는 질환으로, 세균이 원인이 되는 경우가 대부분이다. 외이염이 심해질 경우 중이염으로 이어질 수 있다.

원인	세균에 의한 감염, 외이염 등
증상	외이염과 유사한 증상(다량의 삼출물, 통증, 머리를 흔드는 행동, 긁는 행동 등)

(3) 내이염

내이염은 내이의 골미로를 중심으로 염증을 일으키는 질환이다. 외이염과 중이염이 심해지면 내이염으로 이어질 수 있다.

원인	중이염, 세균감염 등
증상	청각장애, 아픈 쪽으로 고개를 기울이는 행동, 눈 떨림, 운동실조 등

03 구강의 질환

구강은 치아, 혀, 잇몸, 침샘 등으로 구성되어 있으며, 구강을 통해 음식물을 체내로 섭취한다. 구강은 음식물을 씹고 삼키는 역할뿐 아니라 사냥감을 포획하고 서로 핥아주는 등 다양한 수단이 된다.

(1) 치주염

치주염은 치석으로 세균이 증식해 잇몸 및 치아에 염증이 생기는 것으로, 염증완화를 위해 내복약과 구강소독제를 사용하고, 스케일링과 치아적출을 통해 꾸준히 관리한다.

원인	치석 및 세균 감염, 부정교합, 치아관리 부족, 습식사료 등
증상	통증, 붓는 현상, 출혈, 화농액, 치아 흔들림, 식욕저하, 악취 등

[치주염의 진행]

치은염	치아와 잇몸 사이에 치석이 껴 약간의 염증을 일으키는 상태이다.
치주염(경도~중증도)	치근막이나 치조골이 파괴되어 치주포켓 형성이 나타난다. 잇몸은 더 붓거나 축소되는 증상을 보인다.
치주염(중증)	치주포켓 내에 심한 염증으로 출혈과 화농액을 보이며 심할 경우에는 치아가 흔들리고 탈락하는 증상을 보인다.

Plus note

- **스케일링 순서**
  ① 초음파 스케일러를 사용해 치석, 치구를 제거한다.
  ② 스케일러로 제거되지 않은 치아와 잇몸 사이의 치석과 치구를 핸드 스케일러로 제거한다.
  ③ 큐렛 기구를 이용해 치석, 치구를 제거한다.
  ④ 연마제와 폴리싱 브러시를 이용해 전체 치아 표면을 닦는다.
  ⑤ 러버컵을 이용해 연마제로 전체 치아 표면을 닦는다.

(2) 유치잔존

개와 고양이 모두 유치(젖니)가 자라나고 유치가 탈락되면 영구치(간니)가 돋아나는 치아의 형태를 가졌다. 치아는 보통 약 7개월이 지나면 유치가 탈락되고 영구치가 자라지만, 유치가 탈락되지 않고 유지되며 영구치와 함께 발견되는 경우도 있다. 이것을 '유치잔존'이라고 하며 육안으로 확인하거나 방사선 검사를 통해 확인이 가능하다.

원인	유치 탈락이 안 됨
증상	치석, 잇몸과 점막에 자극, 부정교합 등

Plus note

- **유치발치 순서**
  ① 탈구엘리베이터를 이용해 유견치를 탈구한다.
  ② 발치겸자를 이용해 발치를 진행한다.
  ③ 발치 후 출혈상태를 지켜보고 출혈이 심할 시 압박해 출혈을 낮춘다.
  ④ 발치 후 발치한 구멍이 서서히 닫히게 된다.

(3) 부정교합

부정교합은 뼈 자체가 부정교합이 이루어지는 '골격성 부정교합'과 치아로 인해 부정교합이 발생하는 '치성 부정교합'의 두 가지로 분류된다.

원인	유전의 영향 등
증상	치아나 입천장 등이 부딪히는 영향으로 통증 및 외상 발생

Plus note

- **덴탈케어 방법**
  치석과 염증 예방을 하기 위한 홈 케어 방법으로 하루에 한 번 양치질을 하는 것이 가장 이상적이다.

- **덴탈케어 순서**
  ① 입 주변을 만져 거부감을 줄이고 익숙하도록 만든다.
  양치질을 하는 경우 거부감을 줄이고 스트레스를 최대한 낮추는 것이 장기적으로 가장 중요하다. 우선 반려동물에게 안심을 주기 위해 입 주변을 만져주고 칭찬과 보상을 주며 여러 번 반복을 해 인식을 주어야 한다.
  ② 거즈로 감은 손가락을 입속에 넣어서 거부감을 줄인다.
  갑자기 도구를 사용하게 되면 거부감이 들 수 있기 때문에 보호자의 손을 이용해 입안을 살살 만져주어 입안으로 어떤 물체가 들어와도 놀라지 않도록 하는 환경을 만들어 준다.
  ③ 칫솔을 사용한다.
  거부감을 낮추었으면 동물용 칫솔이나 솔이 작고 부드러운 어린이용 칫솔을 이용해 칫솔질을 해준다. 물을 묻히거나 반려동물에 따라 기호성이 좋은 맛의 치약을 선택하는 것도 좋다. 치약을 묻힌 칫솔로 치아 표면을 살살 어루만지듯 닦는다. 타액이 분비되면서 청정효과를 기대할 수 있으며 치구를 제거할 수 있다.
  ④ 양치질 방법으로 작고 반복적인 동작으로 치아와 잇몸 사이를 앞뒤로 움직이는 배스법(Bass brushing)을 권장하며, 45도 정도 기울여서 양치질을 할 경우 세정 효과를 더욱 높일 수 있다.

04 호흡기 질환

호흡기는 생명유지를 위해 산소를 체외로부터 체내로 받아들이며, 대사에 의해 생산된 이산화탄소를 체외로 배출하는 가스교환이 이루어지는 작용을 한다.

호흡기에 질병이 발생하게 될 경우 가스교환에 장애가 생겨 호흡에 영향을 미치며, 심할 경우에는 호흡곤란이 발생하게 된다.

(1) 기관허탈

기관은 연골로 이루어져 있으며, 정상적인 기관인 경우 C자 모양을 하고 있다. 기관의 등쪽은 근육과 결합조직으로 이루어져 있다. 기관허탈은 호흡 시 기관을 정상적으로 유지할 수 없게 되어 공기의 흐름을 저해시켜서 나타나는 것으로, 기침소리가 걸걸하게 나타나는 것이 특징이다.

원인	명확한 원인은 밝혀지지 않았으나, 대체로 작은 개체에게 많이 발생하며 흥분을 하거나 고온다습한 환경일 경우 증상이 더 심해질 수 있음
증상	걸걸한 기침소리

(2) 기관지염

기관지염은 기관지에 염증이 발생한 것을 의미한다. 면역력이 약한 개체에게 감염이 쉽게 일어나며, 2차 세균감염으로 인한 합병이 이루어지면 증상이 더 심해질 가능성이 있다. 적절한 환경과 온도를 제공하고 스트레스를 낮추어 주는 것이 좋다.

원인	바이러스의 감염, 먼지, 꽃가루 등의 알레르기
증상	건성 기침의 반복, 2차 세균감염의 경우 습한 기침, 콧물, 기력저하, 호흡곤란, 청색증 등

(3) 폐수종

폐수종은 폐의 모세혈관에서 기관지에 약한 액체가 누설되어 저류된 상태를 의미한다. 폐에서 충분한 가스교환이 이루어지지 않기 때문에 저산소혈증이 발생한다.

원인	• 심원성 : 심장 관련 증상에 의해 발생하는 폐수종 • 비심원성 : 폐렴에 의해 폐모세혈관 삼투성의 상승에 관한 폐수종
증상	습성 기침, 호흡저하로 개구호흡, 호흡수 증가, 호흡곤란 및 청색증 등

(4) 폐렴

폐렴은 세균이나 바이러스 등 병원체에 의해 폐에 가스교환 부위에 염증이 발생한 것을 의미한다.

원인	외상으로 인한 가슴부위 손상, 세균감염, 면역력 저하
증상	기침, 호흡곤란, 운동불내성, 콧물, 발열, 식욕부진 및 기력저하 등

05 생식기 질환

생식기는 암컷과 수컷의 성별에 따른 기능과 구조의 차이가 있다. 수컷의 경우 고환, 음경, 전립생 등을 생식기라고 말하며, 암컷의 경우 난소, 자궁, 질 등을 생식기라고 말한다. 고환 및 난소는 각각 정자와 난자를 생성하며 성호르몬을 분비하는 역할을 한다.

(1) 잠복고환

수컷의 고환은 하복부 뒤쪽 음낭 내에 좌우 하나씩 총 두 개가 존재한다. 수컷 태아의 고환은 복강 내에 있지만, 정상적인 성장과정에서 출생 후 음낭 안으로 하강하여 자리를 잡는다. 그러나 성장이 이루어져도 양쪽의 고환 모두 하강하지 않거나 한쪽의 고환만 하강하는 경우가 존재하며, 비교적 소형견에게 발생하는 경우가 많다.

잠복고환의 경우 고환종양의 발생률이 정상적인 상태에 비해서 매우 높고, 전립선비대증이나 불임의 원인이 될 수 있기 때문에 고환적출술(중성화수술)을 하는 것이 일반적이다.

원인	유전적 원인
증상	증상은 따로 없음
진단	촉진으로 고환이 만져지지 않음, 초음파 검사

(2) 귀두포피염

수컷의 음경은 포피에 둘러싸여 있는데 정상적인 수컷에게도 점액성의 분비물이 보이기는 하지만, 염증이 발생해 점액화농성 분비물이 나오는 질환을 의미한다.

일시적으로 발생해 자연치유되는 경우도 있으나, 치료가 필요한 경우에는 귀두 및 포피 부분의 털을 깎아 청결 상태를 유지해야 하며 소독약이나 포비돈요오드, 생리식염수를 이용해 세척하고 소독한다. 세균감염 방지를 위해 항생제 처방약 또는 연고를 사용해 치료를 진행한다.

원인	세균감염, 외상, 생식기 및 포피의 종양, 요로기계 감염 등
증상	과도하게 핥는 행위, 분비물, 발적, 배뇨곤란

(3) 상상임신(위임신)

일반적으로 상상임신이라고 알려져 있으며 '위임신'이라도 한다. 위임신은 임신이 되지 않았는데도 임신과 유사한 증상이 나타나며, 호르몬분비가 일어나 발정 후 임신한 개체와 같이 유선이 발달하고 유즙이 분비되는 경우이다.

Plus note

- **개의 임신**
  자연교배나 인공수정을 통해 자궁 내에서 성장하며, 임신기간은 약 58~64일 정도이다. 교배 후 약 24일 뒤 초음파를 통해 태아의 심박동을 관찰할 수 있고, 약 42일이 지난 뒤에는 엑스레이를 통해 태아의 머리 및 골격을 확인할 수 있다.
  ※ 암컷의 발정주기(4기) : '발정전기(약 8일) – 발정기(약 10일) – 발정휴지기(약 2개월) – 무발정기' 대체로 7~8개월의 발정주기를 반복한다.

- **고양이의 임신**
  고양이의 성 성숙은 암컷의 경우 생후 약 6~10개월이며, 수컷의 경우 6~7개월이 지나면 정자를 생산할 수 있지만 교미는 생후 1년 뒤에 가능하다.
  고양이는 교미자극을 통해 배란이 이루어져 대부분 임신을 하게 되며, 일반적으로 사람의 도움 없이 독립적으로 분만을 한다.
  고양이의 생식기는 다른 포유류와 구조상의 차이는 없으며, 고양이의 생식기 질병은 중성화수술을 하지 않은 고양이와 임신 중인 고양이에게 발생한다.

(4) 유선염

개와 고양이는 4~5쌍의 유선을 가지며, 발정후기에서 임신기간 동안 발달한다. 유선은 분만 후 새끼에게 초유를 통해 성인인자와 모체이행항체를 전달하는 역할을 한다.

유선염은 유선에 염증이 발생한 질환이며 상상임신의 개체에게도 발생할 가능성이 있다.

약물치료를 통해 세균감염을 억제하기 위하여 항생제가 사용되고, 유즙분비를 억제하며 유선의 괴사 발생 시 배농 또는 수술적 절제를 통해 치료한다.

원인	세균감염, 상처, 유전
증상	유즙분비(화농성), 유방의 통증, 유방이 단단해지고 부음, 기력저하 등

(5) 자궁축농증

자궁축농증이란 자궁 내에 농이 쌓이게 되어 발생하는 질환이며, 약물을 통해 프로게스테론 억제, 세균 증식 억제와 제거를 위해 치료를 하는 경우도 있으나 난소자궁적출(중성화 수술)을 통해 난소, 자궁, 자궁목을 완전히 절제하는 것이 일반적이다.

초음파검사를 통해서 확인이 가능하며, 혈액검사를 통해 염증상태와 전체적인 신체상태를 확인하고 항생제 감수성검사를 통해 진단한다. 증상이 나타나면 보통 난소 및 자궁적출을 진행하며, 비교적 예후가 좋은 편이다.

원인	• 프로게스테론 호르몬이 나오는 시기에 발생 • 발정기가 끝나는 발정 휴지기에 대부분이 발생 • 대장균 등의 세균감염을 통해 나타나며 주로 열려있는 자궁목을 통해 세균이 감염됨 • 호르몬제 투여 후에 발생
증상	식욕부진, 다음/다뇨, 복부팽만, 구토, 분비물 배출(점액 또는 혈액성), 기력저하 등

Plus note

- **중성화 수술**

  중성화 수술은 대부분 번식을 피하기 위한 보호자의 희망이나, 생식기 관련 질환의 치료와 예방 목적으로 진행된다.

  보통 거세 수술은 고환적출 수술을 의미하며, 불임 수술은 난소적출 수술 또는 난소 및 자궁적출 수술을 의미한다. 성 성숙 전(생후 5~6개월)에 수술이 이루어지는 것이 일반적이다.

  – 수컷의 중성화

  수컷의 중성화 수술 목적은 잠복고환, 전립샘비대증 등의 질환 외 행동면에서의 치료와 예방을 위해서도 진행된다. 수컷은 성 성숙이 이루어지면 마운팅 행동이나 공격성을 나타나는데, 중성화 수술을 하면 개선될 가능성이 있다.

  – 암컷의 중성화

  암컷이 중성화 수술을 받게 되면 유선종양의 발생률을 낮출 수 있다. 발정 전에 수술할 경우 약 99%가 예방된다고 알려져 있다.

  – 중성화의 단점

  암컷과 수컷 모두 대사가 낮아져 비만의 확률이 높아지므로 적절한 운동과 식이가 필요하다. 중성화 수술이 이루어지지 않은 암컷의 경우 요실금 발생률이 높다고 알려져 있지만, 실제 발생률은 비교적 낮다.

※ 중성화 수술 시 보호자의 주의사항

중성화 수술은 암컷과 수컷 모두 절개수술을 진행하는 것이기 때문에 수술 전의 절식은 필수이다. 수술 후에는 수술 부위를 핥거나 긁는 것을 방지하고 2차 감염을 예방하기 위해서 넥카라 착용을 권하며, 동물병원에서 처방받은 내복약을 주기에 맞게 복용해야 한다. 수술 부위에 감염 및 다른 증상이 나타나면 즉시 동물병원에 연락해 내원하는 것이 바람직하다.

06 내분비기관 질환

동물의 내분비기관은 상위의 시상하부 및 뇌하수체와 하위(말초)의 갑상샘, 부갑상샘, 부신, 이자, 난소와 고환 등으로 구성된다. '내분비'는 체내 기관이 혈액을 통해 다른 기관으로 운반하는 것을 의미하며, '내분비샘'은 호르몬을 만들고 분비하는 기관을 의미한다.

대부분의 내분비샘은 뇌에서 자극호르몬을 통해 분비량이 조절되고 컨트롤이 되며, 내분비기관의 질환은 이들의 균형이 무너진 상태를 의미한다.

(1) 당뇨병

동물의 세포는 당분(글루코스)을 주 에너지로 사용하고 있으며, 인슐린은 글루코스가 세포 내로 들어갈 때 중요한 역할을 한다.

'인슐린'은 췌장(이자)에서 분비되며 세포의 세포막표면의 인슐린수용체와 결합해 세포가 글루코스를 흡수하도록 신호를 보낸다. 인슐린이 없다면 세포 내로 당분을 흡수할 수 없게 되므로 매우 중요하다.

당뇨병은 인슐린 부족이나 저항이 발생하는 것을 의미하는데, 세포 내에 들어가지 못하고 혈중에 고농도로 머물다 소변으로 대량 배설되는 것이다.

당뇨병은 '인슐린이 완전히 분비되지 않는 상태'와 '분비된 인슐린이 이용되지 못하는 상태'의 두 가지로 분류된다.

원인	비만, 췌장염으로 인한 인슐린 분비 저하, 스테로이드로 인한 인슐린 작용 방해, 내분비질환(부신피질기능항진증, 갑상선기능항진증 등)
증상	다음/다뇨, 다식, 체중 감소, 탈수, 구토
치료	인슐린 투여(저혈당증 주의 필요), 식이조절 및 체중조절, 스테로이드 약물감량

Plus note

- **고양이의 당뇨병**

  대표적인 증상으로 다음/다뇨, 다식(밥을 많이 먹는 것) 현상이 있다. 다른 동물과 구분되는 점으로는 당뇨병 증상으로 인한 비만 개체가 많다는 것이다.

  고양이의 경우 중증으로 악화되기까지 임상증상이 뚜렷하지 않아 조기 발견이 어렵다. 초기 증상으로는 기력저하, 식욕부진의 가벼운 증상부터 의식소실, 허탈, 하반신 마비, 혼수상태 등 생명에 위협적인 증상까지 나타날 수 있다.

  당뇨병의 경우 현재 예방 방법은 없으며 조기발견과 조기치료가 중요하고, 치료 시 인슐린을 이용한 주사치료가 진행된다.

[췌장(이자)의 혈당조절]

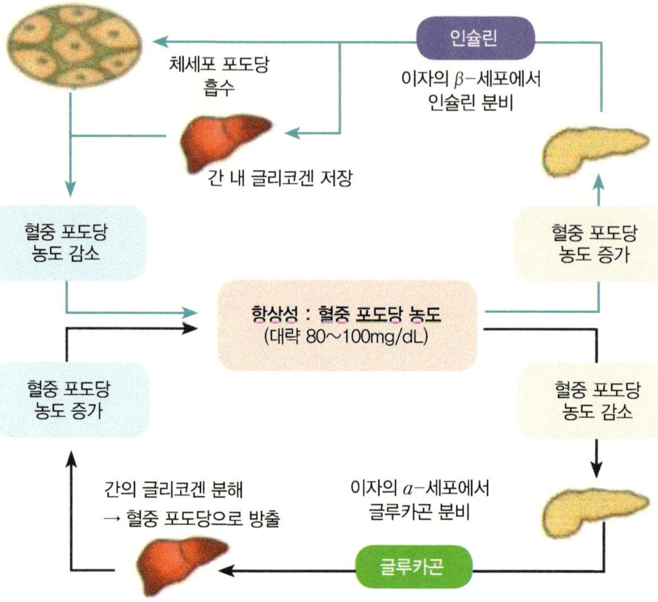

(2) 갑상선기능저하증

'갑상샘호르몬'은 몸의 대사를 촉진하기 위한 작용을 하며 갑상샘 기능이 저하되는 경우 기초대사량이 떨어지고, 기력저하, 피부 신진대사가 악화된다.

자가면역성으로 갑상샘 세포의 파괴가 진행되어 임상증상이 나타나게 되며, 보호자가 모르는 사이에 조금씩 질병이 진행되는 경우가 대부분이다. 비교적 대형견에게 나타나는 경우가 많으며, 현재 자가면역성의 갑상샘염은 예방이 불가능하고 유전가능성이 높다.

원인	갑상선 염증, 갑상선호르몬(TSH) 분비 저하
증상	체중증가, 운동성 감소, 무기력, 탈모, 빈혈과 추위의 저항성이 낮아짐

(3) 갑상선기능항진증

갑상선호르몬의 과다분비로 인한 질환이다.

원인	갑상선의 종양 및 증식
증상	식욕증가/체중감소, 다음/다뇨, 구토, 설사, 발열, 흥분감(교감신경 항진)

(4) 부신피질기능항진증(쿠싱병)

'부신'은 양쪽 신장 앞에 위치하며 신장과 관련은 없다. 피질(바깥층)과 수질(안쪽)로 구성되며, 피질에서 호르몬이 과도하게 분비되는 질환이 부신피질기능항진증(쿠싱병)이다.

임상증상과 혈액검사, 요검사, 복부초음파 등으로 진단하고 내복약 복용으로 부신피질호르몬을 조절하며 종양의 경우에는 외과적 수술로 부신을 제거한다.

원인	• 뇌의 뇌하수체에 종양이 생겨 부신피질자극호르몬이 과도하게 분비되는 경우 • 부신이 종양화되어 부신피질호르몬이 과도하게 분비되는 경우 • 부신피질호르몬의 과다투여로 인한 항진증
증상	다음/다뇨, 식욕증가, 복부팽만, 탈모 및 피부가 얇아지는 현상, 면역력 저하

(5) 부신피질기능저하증(에디슨병)

쿠싱병과는 반대로 부신조직이 파괴되어 피질에서 부신피질호르몬이 결핍되는 질환으로 순환부전, 저혈압, 신부전 등으로 발전할 가능성이 있다. 급성증상으로 '급성 부신기능부전증'이라고 불리며, 증상이 급격하게 악화되기 때문에 치료가 이루어지지 않는 경우에는 생명을 위협할 가능성이 높다.

원인	부신적출로 인한 부신피질호르몬 감소, 부신의 종양, 스테로이드 복용 중단
증상	식욕부진, 체중감소, 저혈당 등

07 소화기계 질환

소화 과정은 동물의 입을 통해 들어간 음식물이 구강에서 잘게 부서지고, 식도를 통해 위 안으로 들어가는 일련의 과정이다. '위'에서는 위액과 위의 연동운동으로 음식물을 분해하며, 약 10시간의 소화가 이루어진 후 '소장'으로 음식물이 내려가게 된다.

소장의 시작 부분은 '십이지장'이며, 십이지장 안에서 '소화액'이 분비된다. 이 소화액은 담낭에서 분비되는 담즙, 췌장에서 분비되는 췌액으로 이루어져 있다. 십이지장에서 소화가 된 후 소장에서 대부분의 영양분 흡수가 이루어진다. 흡수된 물질들은 간으로 연결되어 있는 '문맥'이라는 혈관에 모이게 된다.

소장에서 흡수되지 않은 음식물은 '대장'으로 내려가 수분 흡수가 이루어지며, 찌꺼기가 남게 되는데 이것이 분변이다. 대장은 맹장, 결장, 직장으로 구분된다. 대장에서 '직장'을 마지막으로 항문 밖으로 배출되게 된다.

(1) 거대식도증

'식도'는 두 층의 근육으로 구성되며 연동운동을 통해 음식물을 위로 이동시키는 통로 역할을 한다. 거대식도증은 식도 내 근육층이 약해져 식도가 넓어지는 것으로, 연동운동 저하로 인하여 음식물이 위로 운반되지 못하고 식도 내에 정체하게 된다.

조영제를 이용한 방사선검사를 통해 진단할 수 있다. 음식물의 역류 가능성이 있으므로 목을 높인 자세로 급여를 하며, 위로 넘어갈 때까지 자세를 유지하며 관리한다.

원인	선천적 거대식도증, 근육의 기능저하로 식도 폐쇄
증상	침 흘림, 음식물 역류, 음식물의 폐 진입(폐렴 유발)

(2) 위염

'위'는 연동운동을 하며 위액으로 음식물을 소화시킨다. 위액 안에는 펩톤이라는 단백질 분해효소가 함유되어 있다. 위액에는 염산성분이 있지만, 스스로 염산을 막고 위벽을 보호하기 위해 점액을 분비한다. 위염은 위벽에 염증이 발생한 질환을 의미한다.

① 급성위염

원인	이물섭취 등 위의 손상이나 세균독소
증상	구토 및 헛구역질 등

② 만성위염

원인	정확한 원인은 밝혀진 것이 없지만, 대부분 약물 등의 지속적인 노출로 인해 발생
증상	구토증상 지속, 식욕부진, 체중감소, 우울감, 무증상인 경우도 있음

(3) 위장관이물

장난감, 실, 뼈, 휴지 등을 섭취해 위와 장이 폐쇄되는 질환을 의미한다. 초음파검사와 조영제를 이용한 방사선검사로 확인이 가능하며, 내시경을 통해 이물을 제거하고 장기의 손상이 나타나는 경우 절제 및 봉합을 진행한다.

원인	폐쇄를 유발할 수 있는 물건 섭취
증상	구토, 식욕부진, 복부통증, 설사, 천공(복막염, 패혈증 유발)

(4) 위장관폐쇄

'위장관'은 근육으로 이루어져 있다. 위장관폐쇄는 위와 장기 부분이 부분적 또는 완전히 폐쇄되는 것을 의미한다. 복부초음파나 방사선검사를 통해 진단이 가능하며, 얇은 실과 같이 관찰하기 힘든 물건은 조영검사가 진행된다. 이물로 인한 폐쇄일 경우 내시경으로 진단하며, 폐쇄 원인을 제거하고 내복약을 통해 위를 보호하며 위장관운동 촉진제가 사용된다.

원인	위/장 내 이물, 종양, 협착 등
증상	구토, 식욕저하, 복부통증, 기력저하

(5) 췌장염

'췌장(이자)'는 위와 가까이에 위치하며 인슐린, 글루카곤 등 호르몬을 분비해 혈당을 조절하는 중요 장기이다. 췌장염은 췌장에 염증이 생긴 것을 의미한다. 염증이 심해질 경우 췌장에서 지방을 소화하는 소화효소인 리파아제(Lipase)가 생성되어 배안, 혈액으로 흘러나가 간, 담낭 등 또 다른 장기 손상으로 이어질 수 있으며, 합병증을 야기할 수 있다.

① 급성 췌장염

췌장에서 염증이 발생하고 퍼지게 되어 전신에 장애를 일으키는 질환이다.

② 만성 췌장염

급성 췌장염이 회복된 후 재발이 지속되는 증상이며, 만성화에 대한 과정은 밝혀진 것이 없다.

원인	고지방식, 비만, 내분비질환(당뇨, 부신피질기능항진증 등), 고지혈증 등
증상	식욕저하, 기력저하, 구토, 복부통증, 다양한 합병증 발생

(6) 항문낭 질환

'항문낭'은 항문괄약근에 위치한 주머니로 항문의 양쪽에 위치하며, 독특한 냄새와 갈색 액체를 생산한다. 일반적으로 배변 시 압력으로 인해 배출되지만, 항문낭이 오래 축적되거나 염증이 발생하면 항문낭 질환이 유발된다. 항문낭 질환은 고양이보다 소형견에게 주로 발생한다.

임상증상과 촉진으로 진단이 가능하며, 항문낭이 장기간 축적되면 액체가 굳고 항문낭이 터질 가능성이 있다. 재발의 경우 수술적인 제거가 가능하지만, 주기적으로 항문낭을 배출하고 세척하며 관리해야 한다.

원인	비만, 설사 등
증상	항문 주위를 핥음, 꼬리를 쫓는 행동, 통증, 스쿠팅(Scooting, 엉덩이를 바닥에 끄는 행동)

08 근골격계 질환

동물의 뼈대는 뼈와 연골, 힘줄과 인대의 결합조직 등으로 구성된다. 뼈대는 몸을 지지하고 장기를 보호하는 역할을 하며, 근육과 함께 운동을 수행하고 칼슘, 인 등의 미네랄을 저장하는 역할을 한다.

동물의 경우 네발을 사용하고 점프나 뛰는 행위를 많이 하기 때문에 파행을 일으키는 경우가 많다. 동물의 근골격계는 움직이기 위해서 기능을 하며, 움직이지 못할 경우 신체기능이 저하되고 근육이 위축되며 정신적인 스트레스를 받는다.

(1) 슬개골 탈구

'슬개골'은 무릎뼈로, 허벅지 앞쪽의 근육과 정강이뼈를 연결하는 역할을 하며, 무릎을 움직일 때 관절을 원활하게 한다. 슬개골 탈구는 뒷다리의 무릎골이 내측이나 외측으로 이동하여 파행되는 질환이다. 일반적으로 소형견에게 주로 발생한다.

원인	• 선천적 · 유전적 원인 : 탈구가 잘 발생하는 품종 • 후천적 원인 : 사고로 인한 발생
증상	• 1기 : 탈구가 발생해도 제자리로 돌아오며 통증이 거의 없다. • 2기 : 일상생활 중 탈구가 발생하며 통증은 거의 없지만 다리를 많이 사용하고 뛰는 경우 파행이 나타난다. 방치하고 지속될 경우 연골이 깎이거나 3기로 진행될 가능성이 있다. • 3기 : 탈구가 되어 있는 상태이며, 손으로 정복해도 다시 파행되고 양측성이 많다. • 4기 : 항상 탈구된 상태이며, 손으로 정복해도 들어가지 않고 뼈의 변형도 심하다. 4기의 경우 비정상적인 보행을 보이는 경우가 많고, 통증이 심하며 외과적 치료를 적용해야 한다.

(2) 십자인대 파열

십자인대 파열은 대형견에게 주로 발생한다. 비만 개체의 경우 발생위험이 높아 식이제한과 운동을 병행해야 하며, 미끄러움을 방지해 무릎의 부상위험도를 낮추기 위한 예방 및 관리를 해야 한다. 십자인대 파열로 인하여 관절염이 발생하는 경우도 있다.

원인	나이가 증가함에 따른 경골근위의 형태이상, 비만에 따른 과부화
증상	• 부분파열, 완전파열, 퇴행성관절염 등 정도에 따라 다양함 • 파행과 함께 다리에 무게를 주지 못하여 다리를 들어 올리는 모습 • 부분파행의 경우 반복적인 파행의 원인으로 작용하며 통증을 보임 • 이차적으로 관절염이 진행되면 정상적인 모습의 앉은 자세를 하기 어려워지며, 아픈 다리를 뻗는 행동을 보임

(3) 골절

골절이란 뼈가 부러지거나 뼈의 균열이 발생하는 질병으로, 골절이 발생할 경우 뼈 자체뿐만 아니라 뼈를 감싸고 있는 주변 근육과 신경, 혈관, 내장 등에도 손상을 줄 수 있다.

원인	• 외상 : 교통사고, 높은 곳에서 추락 등 • 질병 : 골다공증, 종양 등으로 인하여 뼈의 기능이 저하
증상	강한 통증, 환부의 붓기 및 압통, 파행증상, 장기손상, 골반 · 척추 · 두개골 등의 골절인 경우 마비 및 신경증상 발생

09 피부 질환

피부는 외부로부터 몸을 보호하는 역할을 한다. 피부의 가장 바깥쪽은 '표피'라고 하는데, 사람에 비해 동물의 표피는 얇기 때문에 외부로부터의 감염 및 자극에 영향을 받기 쉽다.

(1) 아토피성 피부염

아토피성 피부염은 알레르기에 의해 발생하는 피부병 중 하나이며, 피부염을 발생시키는 '알레르겐(Allergen)'이라는 물질이 원인이다. 일상생활 속 먼지 등에 존재하며 신체와 피부에 반응을 일으킨다. 이외에도 꽃가루, 곰팡이 등 다양한 원인이 있다.

원인	유전적 체질, 알레르겐, 피부의 기능저하로 인하여 외부의 자극이 체내에 삽입
증상	소양감으로 긁거나 핥는 행동, 피부 발적, 농피증, 탈모, 피부가 두꺼워지고 거무스름해지며 주름 발생, 식이알레르기 가능성

Plus note

- **식이 알레르기**

  식이 알레르기는 음식물로 인한 알레르기 반응으로 대부분 단백질이 원인이며 정상적인 개체에는 발생하지 않는다. 식이 알레르기와 아토피성 피부염 증상이 함께 나타나는 경우도 존재한다. 증상이 나타나는 경우 수의사와의 상담을 통해 가수 분해된 사료를 급여해 증상이 완화되는지 체크한다.

  – 증상 : 소양감, 피부 발적, 만성 외이염, 구토 및 설사 등 소화기 증상

(2) 피부 사상균증

진균곰팡이에 의해 발생되는 피부병이다.

증상	피부 발적, 탈모 등

(3) 지루성 피부염

피부표면에 피지가 과도하게 생성되는 피부병으로, 완치가 어렵고 꾸준한 관리가 필요하다.

증상	비듬 및 피지 과다생성, 2차적으로 말라세지아 피부염 유발

(4) 말라세지아 피부염

말라세지아라는 효모균에 의해 발생하는 피부병으로, 곰팡이 배양검사나 알레르기 검사를 통해 진단 가능하다. 아토피성 피부염 또는 지루성 피부염에 의해 2차적으로 발생할 가능성이 있다.

원인	곰팡이, 지저분한 환경, 면역력 저하
증상	피부 발적, 소양감, 피부가 두꺼워짐, 외이염 발생 가능성

(5) 화상

일상생활 속 드라이기, 전기장판 등 뜨거운 물품이나 물에 의한 화상에 주의해야 한다.

Plus note

- **약용샴푸**

  피부 상태에 적합한 샴푸를 수의사와의 상담을 통해 처방받아 사용하며 피부 보습 및 수분 유지에 도움을 주도록 관리한다.

  – 약용샴푸 사용방법

  ① 피부 상태에 적합한 약용샴푸를 약 10분간 마사지하듯 침투시킨다.
  ② 미지근한 물로 피부 전체를 꼼꼼히 닦는다.
  ③ 털을 말릴 때는 드라이기의 자극 가능성을 낮추기 위해 타월을 이용해 건조시킨다.
  ④ 보습제를 사용해 피부 보습을 유지한다.

10 비뇨기계 질환

'비뇨기계'는 신장(콩팥), 요관, 방광, 요도로 구성되며, 생성된 소변을 체외로 배출하는 역할을 한다.

(1) 신부전

'신장'은 사구체, 보우먼주머니, 세뇨관으로 이루어진 네프론이 모여 이루어져 있으며, 체내 노폐물 제거, 수분과 전해질 및 PH 조절, 적혈구 형성자극호르몬(에리트로포이에틴)을 분비해 빈혈의 MS 기능을 한다. 신부전은 신장의 기능이 저하되는 것이다.

① 급성신부전

신장의 기능이 갑자기 떨어져 노폐물 배출이 되지 않는 상태를 의미한다. 혈액검사를 통한 신장수치(BUN수치, CREA수치)와 전해질수치로 진단이 가능하며, 요검사 · 방사선검사 · 초음파검사 등과 함께 실시된다. 신장이 회복되기까지 최소 6주가 소요되며, 전해질과 탈수 교정을 위해 수액량을 조절해 수액처치를 한다. 요독증 증상을 완화하기 위해 위장관보호제와 항구토제가 처방된다.

원인	신장의 혈액량 감소(탈수, 쇼크, 심부전 등), 독성물질 섭취(포도), 비뇨기계 질환
증상	소변량 감소, 요독증

체크 포인트

- **요독증**
  소변으로 노폐물이 배출되지 못해 체내에 독성물질이 쌓여 신장기능이 저하될 뿐만 아니라 소화관의 염증 및 출혈, 구토, 빈혈 등을 유발한다.

② 만성신부전

신장기능이 서서히 저하되는 것으로, 주로 나이가 많은 개체에게 발생한다. 만성신부전은 약 70% 이상 손상되어야 증상이 나타나므로 초기 발견이 어렵다. 혈액검사와 함께 SDMA검사로 신장의 상태를 파악해 진단한다.

원인	급성신부전, 신장기능 저하, 요로기계 감염 등
증상	다음/다뇨, 체중저하, 빈혈, 털의 윤기저하, 기력저하

(2) 요로결석

'요로'는 소변이 체외로 배출되는 통로로, 요로결석은 소변의 미네랄이 뭉쳐 돌처럼 형성되는 것을 의미한다. 결석이 생기는 부위에 따라서 요관결석, 방광결석, 요도결석으로 분류된다.

방사선검사와 초음파를 통해 확인이 가능하며, 배뇨곤란이나 출혈 및 통증이 있을 경우에는 수술을 통해 결석을 제거한다.

원인	인 · 마그네슘의 다량섭취, 수분섭취 저하, 비뇨기계 감염 등
증상	빈뇨, 혈뇨, 배뇨곤란, 통증, 기력저하 등

Chapter 04

공중보건학

01 공중보건학

(1) 공중보건의 의미

공중보건(公衆保健)은 개인이 아닌 지역사회의 노력을 통해 질병을 예방하고 수명을 연장하며 신체적 · 정신적 효율을 증진시키는 기술이자 과학이다.

동물보건학은 동물과 사람 모두의 건강하고 행복한 삶을 위해 필요한 학문으로, 환경보건 · 역학 및 질병관리 · 보건관리 등 광범위한 내용을 가지고 있어 필요성이 더욱 가중되고 있다.

Plus note

- **공중보건학의 5가지 역할**
  - ① 환경위생
  - ② 전염병의 관리
  - ③ 개인위생에 관한 보건교육
  - ④ 질병의 조기발견과 예방을 위한 의료 및 간호서비스 조직화
  - ⑤ 모든 사람의 건강유지를 위해 보장받는 사회적 제도

1) 세계보건기구(World Health Organization, WHO)

세계보건기구(WHO)는 보건 · 위생 분야의 국제적인 협력을 위하여 설립한 UN 산하 전문기구로, 1946년 61개국의 세계보건기구헌장 서명 후, 1948년 26개 회원국의 비준을 거쳐 정식으로 발족하였다. 본부는 스위스 제네바(Geneva)에 있으며, 한국은 1949년 제2차 로마 총회에서, 북한은 1973년에 가입하였다.

주요사업은 본부 사무국을 중심으로 한 중앙기술사업과 각 지역 사무국을 중심으로 한 각국에 대한 기술원조로 나누어진다. 주요업무로 중앙검역소 업무와 연구자료 제공, 유행성 질병 및 전염병 대책 후원, 회원국의 공중보건 관련 행정 강화와 확장 지원 등이 있다. 세계보건기구(WHO)는 국제보건사업의 지도적 · 조정적 기구의 성격을 띤다.

① WHO의 설립 목적

WHO의 설립 목적은 전 세계 모든 사람들이 가능한 한 최상의 건강수준에 도달하도록 하는 데 있다. WHO 헌장에서 건강은 '단순히 질병이 없는 상태가 아니라 육체적, 정신적, 그리고 사회적으로 완전히 안정된 상태'로 정의하고 있다.

② WHO의 주요 기능

ⓐ 국제적인 보건사업에 대하여 지휘하고 조정한다.

ⓑ 보건서비스의 강화를 위한 각국 정부의 요청에 대하여 지원한다.

ⓒ 각국 정부의 요청 시 적절한 기술을 지원하고, 응급상황 발생 시 필요한 도움을 제공한다.

ⓓ 전염병 및 기타 다른 질병들의 예방과 관리에 대한 업무를 지원한다.

ⓔ 필요시 영양, 주택, 위생, 레크레이션, 경제 혹은 작업여건, 그리고 환경위생 등에 대하여 다른 전문기관과의 협력을 지원한다.

ⓕ 생체의학(Biomedical)과 보건서비스연구를 지원하고 조정한다.

ⓖ 보건, 의학, 그리고 관련 전문분야의 교육과 훈련의 기준을 개발하고, 개발을 지원한다.

ⓗ 생물학적, 제약학적, 그리고 유사 물질들에 대한 국제적인 표준을 세우고, 진단기법의 표준화를 추진한다.

ⓘ 정신분야의 활동을 지원한다.

2) 세계동물보건국제기구(Office International des Epizooties, OIE)

세계동물보건국제기구(OIE)는 전 세계적인 가축 위생의 향상과 동물 복지의 증진을 위해 설립된 국제기구이다. 총 28개국이 서명한 국제협정을 토대로 프랑스 파리에 설립되었으며, 1995년 동물검역에 관한 국제기준을 수립하는 국제기관으로 공인되었다.

가축전염병으로 인한 공통적이고 항구적인 위험에 대처하기 위해서는 국경을 초월한 공동의 노력이 필요하기 때문에 새로운 질병이 발생할 경우 본 기구를 통하여 각국에 통보하고 유익한 정보를 제공하며, 국내 위생상태의 개선과 가축 전염병의 근절 및 확산 방지를 위해 1924년 1월 25일 파리에서 28개국이 국제수역사무국협정에 서명함으로써 국제수역사무국(OIE)이 정식으로 발족되었다.

① OIE의 설립 목적

ⓐ 국제적으로 발생하는 가축전염병과 동물원성 감염증 현상을 위해 노력한다.

ⓑ 가축전염병에 관한 과학적인 정보를 수집, 분석, 배포한다.

ⓒ 동물병을 억제하는 부분에 있어서 전문가의 의견을 제공하고 국제적 협력을 증진시킨다.

ⓓ WTO SPS 조약의 위임 아래 동물 또는 동물 관련 제품 무역 부분에 있어 국제무역보호 차원에서의 위생 기준을 정한다.

ⓔ 법률 체지와 국가별 수의학 시설의 자료를 발전시킨다.

ⓕ 동물을 이용한 음식의 안정성을 보장하고 과학적 접근법을 통하여 동물의 복지를 증진한다.

② OIE의 주요 기능

ⓐ 각국의 동물 위생 상황에 대한 투명성을 강화한다.

ⓑ 수의과학 관련 정보를 수집, 분석 및 공유한다.

ⓒ 동물 질병 방제 분야의 국제적 협력을 증진한다.

ⓓ 동물 및 축산물의 국제 교역에 관한 규약 제정을 통한 위생 안전을 강화한다.

ⓔ 과학적 접근에 의한 동물 복지를 증진한다.

3) 농림축산식품부

농림축산식품부는 대한민국 식량의 안정적 공급과 농·축산물에 대한 소비자 안전, 농업인·축산인의 소득 및 경영안정과 복지증진, 농업·축산업의 경쟁력 향상과 관련 산업의 육성, 농촌지역 개발 및 국제 농업 통상협력 등에 관한 사항, 식품산업진흥 및 농·축산물 유통에 관한 사항 등을 목적으로 한다. 식품이지만 수산물과 수산업은 '해양수산부'에서 관할한다.

① 농림축산식품부의 역사

농림축산식품부의 MI 변천사			
농림부	농림수산식품부 Ministry for Food, Agriculture, Forestry and Fisheries	농림축산식품부	농림축산식품부

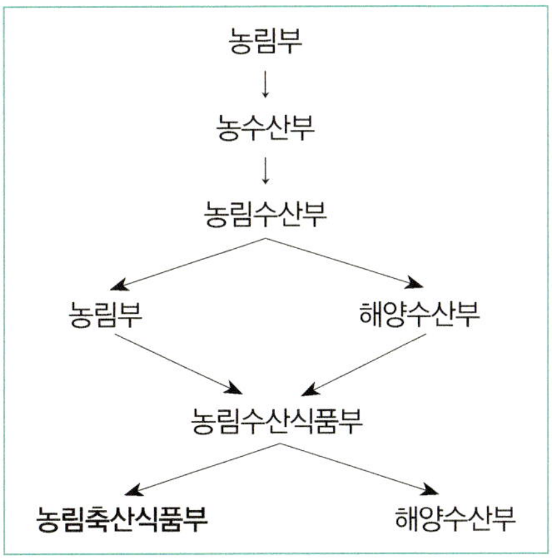

② 농림축산식품부의 방역정책과 업무

과명	업무분야
방역정책과	– 가축방역중장기계획의 수립 – 가축방역예산 총괄 –「가축전염병예방법」,「동물위생시험소법」의 운영 – 가축 매몰지의 사후관리 업무 – 방역대책 상황실 운영 총괄 – 세계동물보건기구(OIE) 관련 업무 – 축산물 위생안전관리
구제역방역과	– 구제역 방역대책 수립 및 추진 – 국내 대 · 중가축 방역대책 총괄 – 수의사 면허, 수의인력 수급에 관한 사항 – 공중방역수의사 제도의 운용 및 공중방역수의사 관리 – 구제역백신 관련 업무 –「수의사법」,「공중방역수의사에 관한 법률」의 운용 – 살처분보상금 – KAHIS 및 축산차량 관리 – 중앙점검반 운영 및 방역 교육
조류인플루엔자 방역과	– 동물약품 관리에 관한 사항 – 조류인플루엔자 방역대책 수립 및 추진 – 가축방역 사업 평가에 관한 사항 – 소가축의 전염병(인수공통전염병 포함) 방역대책 수립 및 추진 – AI 백신 관련 업무

(2) 환경위생

환경위생이란 인간(주체)의 신체발육과 건강 및 생존에 유해한 영향을 미치거나 미칠 가능성이 있는 모든 환경 요소를 관리 · 통제하는 것을 의미한다.

[환경위생을 발전시킨 인물]

Pettenkofer (1818~1901)	– 위생학자이며 화학자 – 19세기 후반 환경위생학을 근대 과학으로 발전시킨 인물 – 위생상 문제에 화학적 지식이 필요함을 인식하고 위생에 관한 실험방법을 확립 – 뮌헨대학에 최초로 위생학 강좌(1886)를 설립
Claude Bernard (1813~1878)	– 프랑스의 생리학자 – 근대 실험의학의 창시자 – 외부환경이 변화하여도 내부환경의 변화에 의해 건강을 유지해나갈 수 있는 항상성(Homeostasis)의 개념을 도입

[환경위생의 영역(환경의 종류)]

환경 구분		환경 기준
자연적 환경	물리 · 화학적	기후, 공기, 물, 토양, 광선, 소리 등
	생물학적	병원미생물, 곤충, 위생해충 등
사회적 환경	인위적	의복, 주택, 위생시설 등
	문화적	정치, 경제, 종교, 교육 등

1) 기후

기후는 어떤 장소에서 매년 반복되는 대기현상의 종합된 상태를 의미한다.

① 기후요소 : 기온, 기습, 기류, 기압, 풍향, 풍속, 강우, 강설, 복사량, 일조량 등

② 기후의 3요소 : 기온, 기습, 기류

③ 기후인자 : 위도, 해발, 지형, 고도, 수륙분포, 해류 등으로 기후요소에 영향을 미치어 기후에 변화를 일으키는 것이다.

④ 기후형과 기후대 : 상호작용으로 결정된다.

기후형	대륙성기후	일교차 큼, 여름에는 고온과 저기압이고 겨울에는 맑음
	해양성기후	기후변화 완만, 고온다우, 자외선과 오존량 많음
	삼림기후	온도차 적음, 높은 습도
	사막기후	대륙성 기후의 극단
	산악기후	풍량과 자외선, 오존량 많음
기후대	한대지방	적은 감염병 유행, 심한 연교차
	열대지방	곤충이 매개하는 감염병 다수
	여름	소화기계 감염병 유행 다수
	겨울	호흡기계 감염병 유행 다수

⑤ 기후와 건강

ⓐ 적응(Adaptation) : 환경의 변동이 미미하거나 일시적인 경우 이에 따른 체내의 변화를 보였다가 원상으로 복귀하는 항상성을 유지하는 것이다.

ⓑ 순응(Acclimatization) : 외부환경의 연화가 장시간 지속되는 상영에서 일어나는 현상으로, 환경에서 벗어나도 장시간 지속되며 새로운 환경에 적응하기 위해 자신을 변화시키는 것이다.

Plus note

- **4대 온열인자 :** 기온, 기습, 기류, 복사열
  1. 기온 : 생물이 생존하는 데 가장 중요한 기후요소이다.
     ① 기온은 100m 상승 시 -1℃ 하강한다.
     ② 실내 1.5m / 실외 1.2~1.5m 높이에서 온도를 측정한다.
     ③ 실외에서의 정확한 기온 측정을 위해 '백엽상'을 사용하여 복사열 · 직사광선 · 풍우를 피한다.
     ④ 일교차 : 하루 동안 최고기온(오후 2시)과 최저기온(일출 30분 전)의 차로, 한대지방이 가장 크며 내륙 - 해안 - 삼림지방의 순서로 작다.
     ⑤ 연교차 : 1년 동안 최고기온(8월)과 최저기온(1월)의 차로, 한대 - 온대 - 열대 순서로 작다.
     ⑥ 실내 쾌적온도 : 쾌적기온(18±2℃), 거실(18±2℃), 침실(15±2℃), 병실(21±2℃)
  2. 기습 : 일정온도에서 공기 중에 포함될 수 있는 수분량이다.
     ① 절대습도 : 현재 온도 상태에서 공기 1㎥에 함유된 수증기량 또는 수증기 장력을 뜻한다.
     ② 상대습도(비교습도) : 현재 공기 1㎥가 포화상태에서 함유할 수 있는 수증기량과 현재 공기 중에 함유되어 있는 수증기량의 비를 %로 나타낸 값이다.
     * 비교습도(%) = 절대습도/포화습도×100
     ③ 포화습도 : 일정공기가 함유할 수 있는 수증기량의 한계에 달했을 때(포화상태) 공기 중의 수증기량(g)이나 수증기 장력을 뜻한다.
     ④ 포차 : 포화습도와 절대습도의 차이다.
     ⑤ 쾌적기습 범위 : 40~70%
  3. 기류 : 바람, 공기의 흐름이라고도 하며 기압의 차와 기온의 차에 의해 형성된다.
     ① 불감기류 : 바람을 느낄 수 있는 최저한계(0.2~0.5m/sec)
     ② 실내기류 측정계 : kata한란계(온도계)
     ③ 쾌감기류 : 실내 0.2~0.3m/sec / 실외 1.0m/sec
  4. 복사열 : 복사열은 적외선에 의한 열이다. 태양에너지의 약 50%는 적외선이고 절대 0도 이상의 모든 물체의 표면에서 방출되므로, 실제 인간이 살고 있는 곳의 주위에는 언제나 복사열을 내는 발사체가 있다.
     ① 복사열 측정계 : globe온도계
     ② 쾌감온도 : 16℃

2) 공기

공기는 지구를 둘러싼 기체를 의미하며, 생명체의 호흡에 필수적인 물질이다.
정상공기의 대기 중 체적 백분율은 다음과 같다.

질소(78.1%) > 산소(20.93%) > 아르곤(0.93%) > 이산화탄소(0.03%)

① 산소(O_2)

인체는 약 21%의 산소를 함유하는 공기(대기)에서 가장 원활히 작용한다.
산소농도가 15% 이하일 경우 산소가 결핍된 상태로 '저산소증(7% 이하 시 사망)'이 올 수 있으며, 고농도 시 '산소중독증'이 올 수 있다.

② 이산화탄소(CO_2)

실내 공기 오염정도의 지표로서 무색 · 무취의 비독성 가스이다.

공기 중의 CO_2 농도	인체에 미치는 영향
3% 이상	불쾌감
6% 이상	인체 유해작용, 호흡수 증가
7% 이상	호흡곤란
10% 이상	의식상실, 사망(질식사)

③ 일산화탄소(CO)

무색 · 무취의 무자극성 기체로, 공기보다 가볍고 독성이 크며 확산과 침투력이 강한 것이 특징이다.

Hb(혈색소)와의 결합력이 공기보다 약 200~300배 강하며 물체가 불완전 연소할 때 잘 발생된다.

④ 질소(N_2)

공기의 약 78%를 차지하는 불활성 기체로, 정상기압일 경우 직접적인 피해는 없으나 고기압의 감압 시에는 영향을 준다.

Plus note

- **감압병(잠수병, Caisson Disease)**
  고압상태로부터 급속히 감압할 때 질소로 인하여 모세혈관에 혈전현상을 일으키며 전신에 통증, 신경마비, 보행곤란 등 중추신경 증상을 야기한다. 주로 물속에서 잠수를 하는 스쿠버다이버에게 많이 발생하는 질병이다.

⑤ 대기오염물질 발생단계

ⓐ 1차 오염물질 : 배출원에서 대기 중으로 직접 배출된 대기 오염물질을 뜻하며, 일산화탄소(CO), 일산화질소(NO), 이산화황(SO_2), 먼지 등이 포함된다.

ⓑ 2차 오염물질 : 오염물질이 대기 중의 물질과 물리적 · 화학적 반응을 일으켜 생성되는 오염물질을 뜻하며, 오존(O_3), 질산, 황산 등이 포함된다.

3) 수질(물)

물은 모든 생물의 생명유지를 위해 필수적인 것으로, 음식물의 소화 · 운반, 영양소의 흡수, 운동, 호흡, 순환, 노폐물의 배설, 체온조절 등의 생리적인 작용을 한다.

① 인체 수분구성

체내 60~70%가 수분으로 구성되며, 성인의 1일 물 필요량은 2~3L이다.

수분의 1~2% 손실은 심한 갈증, 10% 상실은 생리적 이상과 혼수상태, 15% 이상 손실은 생명을 위협한다.

② 물의 오염

물은 병원성미생물이나 방사선물질로 인해 오염된다. 오염된 물을 섭취하게 되면 건강상 피해를 일으킬 수 있다. 또한 오염된 물은 수인성전염병과 기생충질병의 전염원이 될 수 있으며, 중금속의 오염으로 인한 질병의 발생원이 될 수 있다.

전염원	종류
수인성질병	장티푸스, 콜레라, 전염성 설사 등
기생충질병	간디스토마, 페디스토마, 회충, 구충, 편충 등
중금속물질	카드뮴, 수은 등
수중 불소량	과량 함유 시 반상치 / 소량 함유 시 우식치(충치)

③ 상수도의 기구

수원은 수량이 풍부하고 수질이 좋아야 한다. 상수원은 가능한 한 고지대에 위치하여야 하고, 수송이 원활히 이루어져야 할 뿐만 아니라 경제적으로 수도시설을 건설하고 운영할 수 있어야 한다.

상수도 공급과정은 다음과 같다.

수원 → 도수로 → 정수장 → 송수로 → 배수지 → 배수관 → 가정

ⓐ 수원의 종류

- **천수** : 열대지방이나 섬에서 많이 사용하지만, 매연분진으로 사용도는 적다.
- **지표수** : 하천수나 호소수 등 오염되기 쉽지만 가장 많이 쓰인다.
- **지하수** : 광물질에 의해 경도가 높고 오염도는 적다.
- **복류수** : 농어촌 지역에서 많이 사용된다.
- **해수**

ⓑ 수질 기준

- 일반세균 1ml 중 100CFU/ml 이하이다.
- 대장균군은 100ml 내에서 불검출된다.
- 여시니아균은 2L 내에서 불검출된다.

ⓒ 건강상 유해영향 기준

- **암모니아성 질소** : 유기물의 오염이 이루어진 지 오래되지 않은 것으로, 0.5mg/L 이하이다.
- **질산성 질소** : 오염이 이루어진 지 오래된 것으로, 10mg/L 이하이다.
- 유기물(과망간산칼륨)의 양이 많다.

④ 물의 정수 : 침전 → 여과 → 소독

ⓐ 침전

– **보통침전** : 유속을 느리게 하거나 정지시켜 부유물을 침전시킨다.

– **약품침전** : 응집제를 주입해 불용성 응집물을 형성하게 한 후 침전시킨다.

ⓑ 여과

– **Mills–Reinke 현상** : 물을 여과공급한 후 수인성 질병이 감소된 현상이며, 물 여과 공급의 기원이다.

구분	완속여과	급속여과
침전법	보통침전법	약품침전법
청소방법	사면대치	역류세척
여과속도	3m(6~7m)/day	120m/day
1회 사용일수	1~2개월	1~2일
탁도, 색도가 높을 때	불리함	좋음
이끼류 발생이 쉬운 장소	불리함	좋음
수면 동결되기 쉬운 장소	불리함	좋음
면적	광대함	좁음
비용	많은 건설비 / 적은 경상비	적은 건설비 / 많은 경상비
세균 제거율	98~99%	95~98%

ⓒ 소독(염소소독법)

– **액체염소** : 0에서 4기압으로 액화시킨 것으로, 우리나라는 이산화염소나 표백분을 사용한다. 강한 소독력, 우수한 잔류효과, 간편함, 경제성 등의 장점이 있지만 불쾌한 냄새와 맛, 바이러스의 비효과성, 발암물질 생성, 금속부식 등의 단점이 있다.

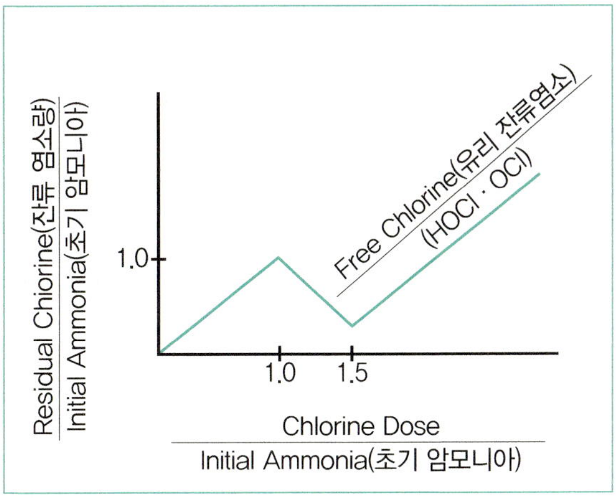

- **불연속점** : 수중 암모니아 등 오염물질이 있을 경우 주입 염소량에 따라 결합잔류 염소가 증가했다가 감소하는 농도의 최소점(Break Point)이다.
- **불연속점 염소처리** : 염소요구량(불연속점까지의 염소주입량) 주입 후 다시 유리잔류염소(차아염소산+차아염소산이온)의 농도가 증가할 때까지의 염소처리하는 것이다.
- **미생물 부활 현상** : 물의 염소 소독 시 0에 가까이 감소되지만 세균이 다시 증가하는 현상이다.

02 식품 위생

(1) 식품위생의 정의

세계보건국제기구(WHO)의 식품위생이란 식품의 생육 · 생산 · 제조에서 최종적으로 사람에게 섭취될 때까지의 모든 단계에 있어서 안정성, 완전성, 건강유익성을 확보하기 위한 방법이다. 알맞은 위생과 영양을 모두 충족하며 식품 자체뿐만 아니라 관련 기구, 용기, 첨가물, 포장 모두 함께 고려하는 것을 의미한다.

(2) 식품위생의 범위

식품위생은 식품의 생산 수확단계에서부터 제조 및 가공단계를 거쳐 유통이 이루어지고 판매되어 소비자가 식품을 섭취할 때까지를 의미한다.

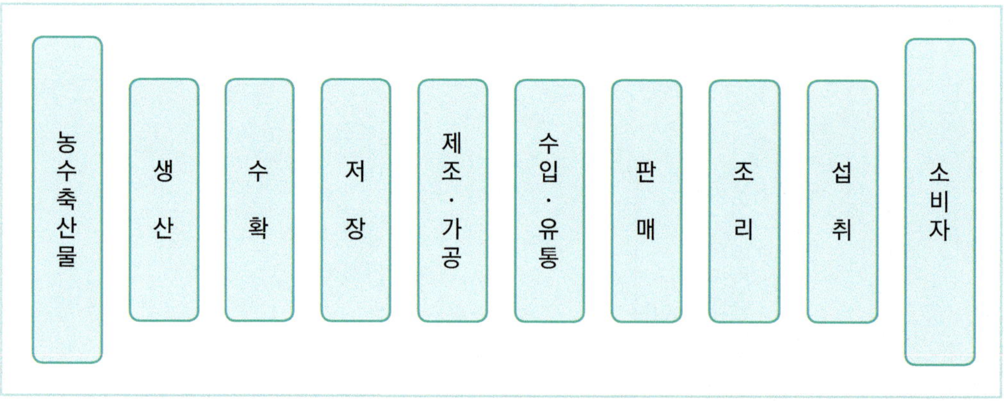

(3) 식중독

식중독이란 식품 섭취로 인하여 인체에 유해한 미생물 또는 유독물질에 의하여 발생하였거나 발생한 것으로 판단되는 감염성 질환 또는 독소형 질환(「식품위생법」 제2조 제14호)을 의미한다.

1) 식중독의 분류

대분류	중분류	소분류	인균 및 물질
미생물	세균성	독소형	황색포도상구균, 웰치균, 보툴리누스
		감염형	살모넬라, 장염비브리오균, 병원성대장균, 갬필로박터, 바실러스 세리우스
	바이러스성	공기, 접촉 등의 경로로 전염	노로바이러스, 로타바이러스, 간염A바이러스, 장관아데노바이러스 등
화학물질	자연독	동물성 자연독	복어독, 시가테라독
		식물성 자연독	감자독, 버섯독
		곰팡이	아플라톡신 등
	인공 화합물	고의 · 오용으로 첨가된 유해물질	식품첨가물
		제조 · 과정 · 저장 중 생성되는 유해물질	지질의 산화생성물 등
		조리기구, 포장에 의한 중독	납, 구리 등
		본의 아니게 혼입되는 유해물질	잔류농약, 유해성 금속화합물
		기타물질	메탄올 등

① 세균성 식중독균

구분	내용
살모넬라	– 대표적인 세균성 식중독으로, 발병률이 높으며 주로 여름~가을에 많이 발생 – 원인 식품 : 육류, 유제품, 두부 등 – 잠복기 : 2일 이내 – 특징 : 토양이나 물에서 장기간 생존 가능
장염비브리오	– 해수균에 의한 식중독으로 주로 여름철(6~9월 사이)에 많이 발생 – 원인 식품 : 여름철 어패류 및 생선회, 오염된 어패류를 취급한 칼 · 도마 등
병원성 대장균	– 출혈성 대장염형으로 분류되며 소량(10~100마리)으로도 식중독을 유발하고, 심할 경우 용혈성 요독증으로 사망 유발 – 원인 식품 : 햄, 분유, 치즈 등
포도상구균	– 황색포도상구균이 독소를 생성해 식중독을 유발하며, 급성위장염 증상 발생 – 독소가 생성되면 100℃에 가열해도 파괴되지 않으며, 건조한 상태에도 생존 가능 – 원인 식품 : 유제품 등 – 특징 : 사람 및 동물의 피부에 분포

보툴리누스	– 세균성 식중독 중 가장 치명률이 높으며 신경마비 증상이 나타남 – 토양이나 동물의 대변에 주로 서식 – 원인 식품 : 통조림 등
웰치균	– 열에 강해 100℃에 4시간가량 가열해도 파괴되지 않음 – 체내 독소를 생산하며 설사 등 소화기 증상이 나타남 – 토양, 하수, 사람의 분변에 주로 서식하며 식품에서 증식됨 – 원인 식품 : 어류, 육류 등

② 식품을 통한 기생충 감염

식품	기생충 종류
채소	회충, 편충, 구충, 십이지장충, 요충 등
육류	– 돼지고기 : 선모충, 유구조충 – 소고기 : 무구조충
민물고기	게(폐흡충), 숭어(이형흡충) 등
바다생선	아나사키스증

(4) 식품첨가물

식품첨가물은 식품의 신선도와 영양가를 유지시키며 변질 및 부패가 일어나지 않도록 하는 목적으로 사용된다. 독성이 없으며 기준허용치 이하로 사용해야 한다.

첨가물은 보통 한 가지 용도로만 특정하여 사용하기보다는 대부분 복합적인 목적으로 사용하는 것이 일반적이며, 각 국가별 식품첨가물의 일반적인 특성 범위에 따라 첨가물의 용도를 지정하는 범위에 조금씩 차이가 있다.

1) 식품첨가물의 기능

① 안전성

② 사용의 기술적 필요성 및 정당성

③ 식품의 품질 유지, 안정성 향상 또는 관능적 특성 개선

④ 식품의 영양가 유지

⑤ 특정 식사를 필요로 하는 소비자를 위한 식품에 필요한 원료 또는 성분을 공급

⑥ 식품의 제조, 가공, 저장, 처리의 보조적 역할

2) 식품첨가물의 종류

보존료(방부제)	미생물의 증식에 의한 부패 · 변질을 방지해 저장기간을 늘려줌 예 소르빈산(대표적 방부제, 고기 및 치즈), 안식향산(탄산음료)
산화방지제	산화로 인한 식품품질 저하를 방지하여 식품의 저장기간을 연장시킴
표백제	식품의 색을 제거하기 위해 사용되는 식품첨가물 예 과산화수소 등
희석제	식품첨가물 또는 영양강화제를 용해 · 희석 · 분산 또는 물리적으로 변형시킴
유화제	식품에 두 개 또는 그 이상의 상(Phase)을 일정한 에멀전(유탁액) 형태로 변형시킴
향미증진제	식품의 맛이나 향미를 증진시킴
기포제	액체 또는 고체 식품에 기포(기체성분)가 균등하게 분산시킴
겔형성제	겔 형성으로 식품에 물성을 부여
광택제	식품의 표면에 광택을 내고 보호막을 형성
습윤제	식품이 대기 환경에 의해 건조되는 것을 방지
충진제	산화나 부패로부터 식품을 보호하기 위해 식품의 제조 시 용기에 의도적으로 주입시키는 가스
팽창제	가스를 유리시켜 반죽의 부피를 증가시킴 예 탄산수소나트륨
안정제	두 개 또는 그 이상의 성분을 일정한 분산형태로 유지
감미료	식품에 단맛을 부여 예 사카린, 아스파탐
증점제	식품의 점성을 증가시킴
살균제	미생물을 단시간에 사멸시킴 예 표백분, 차아염소산나트륨
조미료	식품의 맛을 돋우거나 기호도를 높여줌 예 아미노산계, 유기산계
착향료	식품의 향을 강화하거나 변화시켜 식용을 증대시키고 이취를 감추기 위해 사용
결착제	육제품이나 수산연제품의 결착력을 증대시켜 조직감을 좋게 하고 풍미를 향상시킴
피막제	식품의 표면에 피막을 만들어 호흡 작용을 억제함으로써 수분의 손실을 제한하여 보존기간을 늘리고 광택을 부여해 외관을 좋게 함

(5) HACCP

1) HACCP의 의미

HACCP은 소비자에게 안전하고 깨끗한 식품을 공급하기 위한 위생관리체계로, HA와 CCP는 각각 위해요소분석(Hazard Analysis)과 중요관리점(Critical Control Point)의 영문 약자이며, '해썹' 또는 '식품안전관리 인증기준'이라 한다.

HA
위해요소분석
원료와 공정에서 발생 가능한 병원성 미생물 등 생물학적, 화학적, 물리적 위해요소 분석

+

CCP
중요관리점
위해요소를 예방, 제거 또는 허용 수준으로 감소시킬 수 있는 공정이나 단계를 중점 관리

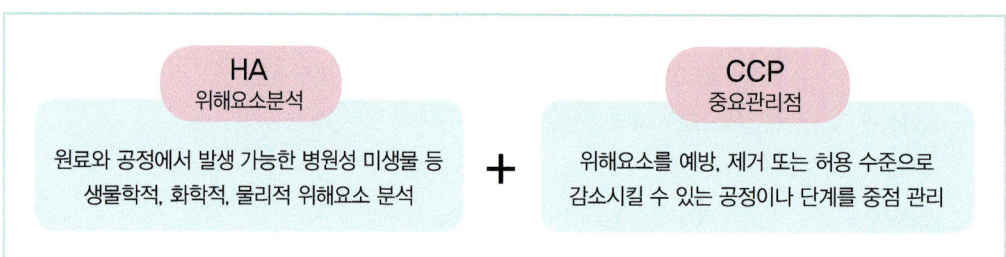

HACCP(식품안전관리 인증기준)은 1959년부터 미 NASA가 요구한 우주프로그램을 위한 우주식량 안전성을 위해서 미국 Pillsbury사, 미육군 Natick 연구소, NASA에 의해 개발되었다.

1960년대 미국 NASA(미항공우주국)의 아폴로우주선 비행사들에게 안전한 식량제공을 위해 최초로 고안되었으며, 식품의 원재료부터 소비자가 섭취하기 전까지의 각 단계에서 발생 우려가 있는 위해요소를 규명하고 중요관리점을 결정하여 자율적 · 체계적 · 효율적으로 관리하는 사전예방적 · 종합적 위생관리체계이다.

당시 널리 보급된 최종식품 검사 위주의 품질관리 제도의 문제점을 파악하고, 안전한 식품을 생산하기 위한 원재료, 제조 · 가공 · 조리, 유통 등 식품이 최종 소비자에게 이르기까지의 모든 과정에서 위해물질이 혼입되거나 오염될 위험성을 사전에 방지하기 위하여 개발된 식품안전관리 프로그램을 뜻한다.

2) HACCP의 구조

HACCP은 식품을 위생적으로 생산할 수 있는 시설, 설비 즉 GMP 여건하에서 SSOP를 준수하였을 때 효과적으로 작동한다. 왜냐하면 HACCP 시스템은 기본적인 위생관리가 효과적으로 수행된다는 전제조건하에 중점적으로 관리하여야 할 점을 파악하여 집중 관리하는 시스템이기 때문이다.

GMP(우수제조기준)과 SSOP(표준위생관리기준)가 선행되지 않고서는 HACCP 시스템이 효율적으로 가동될 수 없으므로, GMP와 SSOP를 HACCP 적용을 위한 선행요건 프로그램이라고 이해하면 된다.

선행요건프로그램(GMP, SSOP)의 조건을 충족하지 못하는 사업장의 경우 과학적 · 기술적으로 복잡한 안전성 관련 사항을 취급하는 HACCP 관리계획을 수행하기 어렵다. 즉 적절한 선행요건을 운영하지 못하게 되면 위해요소 분석에 많은 어려움이 있고, 중요관리점을 너무 많거나 적게 설정할 우려가 있다.

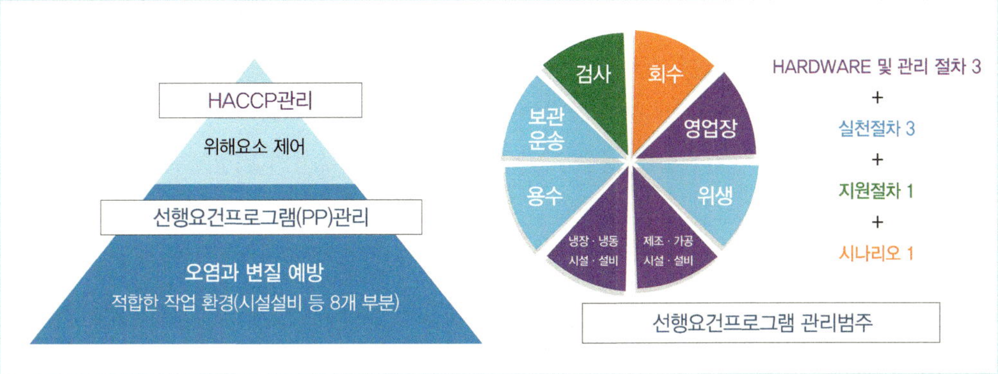

3) HACCP 12단계

전 세계 공통적으로 HACCP은 7원칙 12절차에 의한 체계적인 접근 방식을 적용하고 있다.

HACCP 7원칙이란 HACCP 관리계획을 수립하는 데 있어 단계별로 적용되는 주요 원칙을 말한다.

HACCP 12절차란 준비단계 5절차와 HACCP 7원칙를 포함한 총 12단계의 절차로 구성되며, HACCP 관리체계 구축절차를 의미한다.

① HACCP팀 구성 : 지사에 맞는 HACCP 시스템 구축을 위해 시스템 개발 및 운영을 주도적으로 담당할 팀을 구성하며 조직 및 인력현황, 팀원의 책임과 권한, 교대근무 시 팀원, 팀별 구체적인 인수인계 방법 등을 수립 및 문서화시키는 단계이다.

② 제품설명서 작성 : 원재료와 부재료의 가공 및 보관 등에서 존재가능한 위해요소를 파악할 수 있도록 제품 특성을 기술하며 제품명, 제품유형 및 성상, 품목제고 보고연월일, 작성자 및 작성연월일, 성분 및 식자재의 배합비율 및 제조 방법 등을 기재하는 단계이다.

③ 사용용도 확인 : 제품의 의도된 사용방법 및 대상 소비자를 확인하는 단계이며 섭취방법이나 위해물질 등의 민감한 대상을 파악한다. 공급되는 식품의 위험도 평가와 위해요소 한계기준 결정에 중요한 자료가 된다.

④ 공정흐름도 작성 : 원재료 및 부재료의 입고부터 완제품 출하까지의 각 제조공정 및 가공방법을 순차적으로 작성하는 단계이며 제조공정도, 작업평면도, 환기시설계통도, 용수 및 배수처리 계통도가 포함된다. 이것은 모든 공정별 위해요소의 교차오염 또는 2차오염, 증식 등의 가능성을 파악하는 데 도움을 준다.

⑤ 공장흐름도 현장확인 : 작성된 공정흐름도, 공정별 가공방법, 작업장 평면도가 현장과 일치하는지 확인하는 단계이며 변경이 필요한 경우 흐름도나 평면도를 수정하고, 최종 확인된 도면은 작성자, 검토, 승인자가 서명 및 일자를 기재하여 현장관리본으로 사용한다.

⑥ 위해요소 분석(원칙1) : 원재료와 부재료 및 제조공정 중 발생가능한 잠재적 위해요소를 도출 및 분석하는 단계이다.

체크 포인트

- **위해요소 분석절차**
  잠재적 위해요소 도출 및 원인규명 → 위해평가(심각성, 발생가능성) → 예방조치 및 관리방법 결정 → 위해요소 분석표 작성

⑦ 중요관리점(CCP) 결정(원칙2) : 확인된 위해요소를 제어할 수 있는 공정(단계)을 결정하는 단계이다.

체크 포인트

- **중요관리점 결정방법**
  '원칙 1'의 위해요소 분석과 위해평가 결과 중요한 위해로 선정된 위해요소를 대상으로 중요관리점 결정도를 이용한다.

⑧ 한계기준 설정(원칙3) : 중요관리점에서 위해요소가 제어될 수 있는 공정조건 설정단계이다. 현장에서 쉽게 확인 가능하도록 가능한 육안관찰이나 간단한 측정으로 확인할 수 있는 수치 또는 특정지표로 나타내어야 하며 설정한 한계기준에 관한 과학적 문헌 등 근거자료를 유지, 보관하여 과학적 근거를 확보해야 한다. (온도 및 시간, 제품특성, PH, 금속검출기감도 등)

⑨ 모니터링체계 확립(원칙4) : 중요관리점의 한계기준을 벗어나지 않는지 확인할 수 있는 절차 및 주기설정 단계이다. 작업과정에서 발생되는 위해요소의 추적이 용이하며, 작업공정 중 CCP에서 발생한 기준 이탈시점이 확인가능하며 문서화된 기록을 제공하여 검증 및 식품사고 발생 시 증빙자료로 활용이 가능하다.

⑩ 개선조치방법 수립(원칙5) : 모니터링 중 공정조건이 한계기준을 이탈하는 경우 개선조치방법을 수립하는 단계이다. 각 CCP에서 모니터링 결과 한계기준의 위반이 판명된 경우, 사전에 설정한 개선조치방법을 신속, 정확하게 취함으로써 위해 우려가 있는 식품이 유통단계로 들어가는 것을 방지하고 CCP 관리상태를 정상적으로 되돌릴 수 있다.

⑪ 검증절차 및 방법 수립(원칙6) : HACCP 시스템이 유효하게 운영되고 있는지 확인할 수 있는 방법 수립단계이다. HACCP 계획을 수립하여 최초로 현장에 적용할 때, 해당식품과 관련된 새로운 정보가 발생되거나 원료 · 제조 공정 등의 변동에 의해 HACCP 계획이 변경될 때 실시된다. (이외에도 전반적인 재평가를 위한 검증을 연 1회 이상 실시해야 함)

검증(Verification)	
유효성 평가 (Validation)	실행성 검증 (Implementation)
– HACCP 계획이 올바르게 수립되어 있는지 확인 – 모든 위해요소를 확인 · 분석하는지, CCP가 적절하게 설정되었는지 등을 과학적 · 기술적 자료의 수집과 평가를 통해 확인	– HACCP 계획이 설계된 대로 이행되고 있는지 확인 – 작업자가 올바른 주기로 모니터링을 수행하는지, 기준 이탈 시 개선 조치를 적절하게 하고 있는지 등을 확인

⑫ 문서화 및 기록유지(원칙7) : HACCP 관리계획 및 기준을 문서화하고 관리사항을 기록 및 유지하는 단계이다. 기록시점 및 주기, 기록의 보관기간 및 장소 등을 고려하여 가장 이해하기 쉬운 단순한 기록서식을 개발해야 한다.

03 역학

(1) 역학의 의미

역학(疫學, Epidemiology) 또는 유행병학(流行病學)은 특정 인구집단에서의 건강에 관련된 사건, 상태, 과정의 발생과 분포, 그리고 그러한 과정의 결정요인들을 다루는 학문을 의미하며 전염병을 예방하기 위한 방법을 찾으려는 의학의 한 분과이다.

- **역학의 목적** : 인구집단에서 발생하는 건강 · 질병 현상의 빈도측정, 분포측정을 통해 지역사회의 질병규모 파악, 질병의 원인이나 전파기전 및 위험요인 탐구, 질병의 자연사와 예후연구, 보건정책 수립을 위한 기초자료 제공
- **연구 방법** : 감시, 관찰, 검사, 가설 검증, 분석 연구, 실험, 예측
- **분석 대상** : 분포 조사를 위해 시간, 장소(혹은 공간), 인구(계층 혹은 조직 내 소집단, 인구, 사회 혹은 지역적 · 전지구적 규모)
- **결정 요인** : 건강에 영향을 끼치는 지리물리적, 생물학적, 행동적, 사회적, 문화적, 경제적, 정치적 요인, 건강에 관련된 사건, 상태, 과정으로는 전염병 발생, 질병, 이상증세, 사망 원인, 행동, 환경 및 사회경제적 과정, 예방 프로그램의 효과, 보건 및 사회복지 서비스의 활용 등

1) 역학의 역사

역학의 기원은 기원 2000년경 히포크라테스 등에 의해 질병 발생에서 환경적 요인의 영향이 중요하다고 생각한 데에서부터 찾을 수 있으며, 근대에 와서는 근대 역학의 아버지로 불리는 영국의 의사 존 스노(John Snow)의 19세기 중엽 콜레라 발생 요인 분석을 그 시점으로 삼는다.

2) 역학의 연구형태

과학 분과로서 역학의 우선적인 연구 대상은 집단 및 인구 단위의 건강에 관련된 사건, 상태, 과정의 원인이다.

역학적 연구의 행태는 크게 관찰적 연구와 실험적 연구 두 가지로 분류된다.

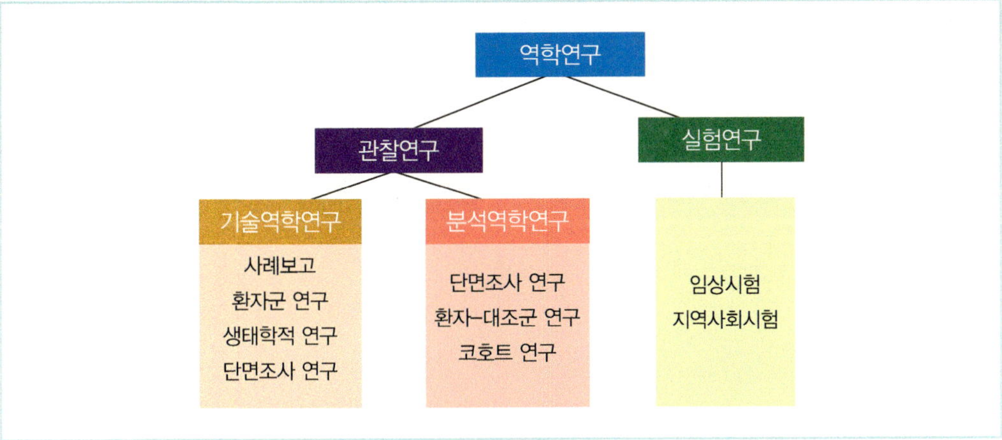

① 관찰연구 : 연구자가 연구대상의 요인노출과 질병양상을 관찰해 연관성을 확인하는 연구

ⓐ 기술역학 : 인구집단에서 생기는 질병발생의 빈도나 분포 등의 양상을 인구학적, 지역적, 시간적 특성별로 파악해 질병의 원인에 관한 가설을 설정하는 데 중점을 두는 연구

ⓑ 분석역학 : 질병의 원인에 관한 가설을 검정하기 위해 비교군을 가지고 두 군 이상의 질병 빈도 차이를 관찰하는 연구

체크 포인트

- **기술역학의 3요소 : PPT**
  ① Person(사람) – 성별, 인종, 결혼상태, 사회경제적 수준
  ② Place(장소) – 국가(표준화된 사망률, 출생률, 영아사망률 비교), 지역(도시–농촌, 시 · 도별 비교)
  ③ Time(시간) – 추세변동(연도별 암사망률 변화), 주기변동(유행성 독감, 홍역 등), 계절변동(인플루엔자 등)

② 실험연구 : 연구자가 직접 개입해 요인의 노출여부를 결정하며 결과의 계통적 오류를 가져올 수 있는 여러 조건들을 미리 통제해 요인과 결과의 연관성을 확인하는 연구

3) 역학 연구의 자료수집

① 1차 자료 : 연구자가 직접 수집

자기기입식 설문조사	직접 대상자에게 설문지를 배부하여 스스로 기입하도록 함
면접조사	훈련된 면접조사자가 직접 대상자를 만나 표준화된 설문지를 이용해 조사
전화설문	전화를 이용해 면접원이 질문하고 기록하는 방법
우편조사	설문지를 우편으로 전달해 직접 기입 후 회수하는 방법

② 2차 자료 : 기존 자료원 이용(대표성, 신뢰성, 정확성(타당성)이 확보되어야 함)

대표성	관측대상 인구집단 전체를 대표하는 것
신뢰성	신고방법, 정의 및 분류의 차이에 의해 크게 변하지 않는 자료
정확성	진단기준 혹은 진단명 등이 정확히 환자의 상태를 반영

4) 코호트 연구

어떤 공통된 특성, 속성 또는 경험을 가진 집단을 일컫는 말로, 일정기간 동안 추적 관찰하는 대상이 된 특정 집단을 의미한다.

- 노출요인을 먼저 측정한 후 추적관찰을 통해 질병발생 여부를 관찰
- 노출과 질병발생 간에는 명확한 시간적 선후관계가 존재
- 관찰연구의 전개방향이 현재에서 미래의 방향으로 나아가기 때문에 전향적 연구를 의미

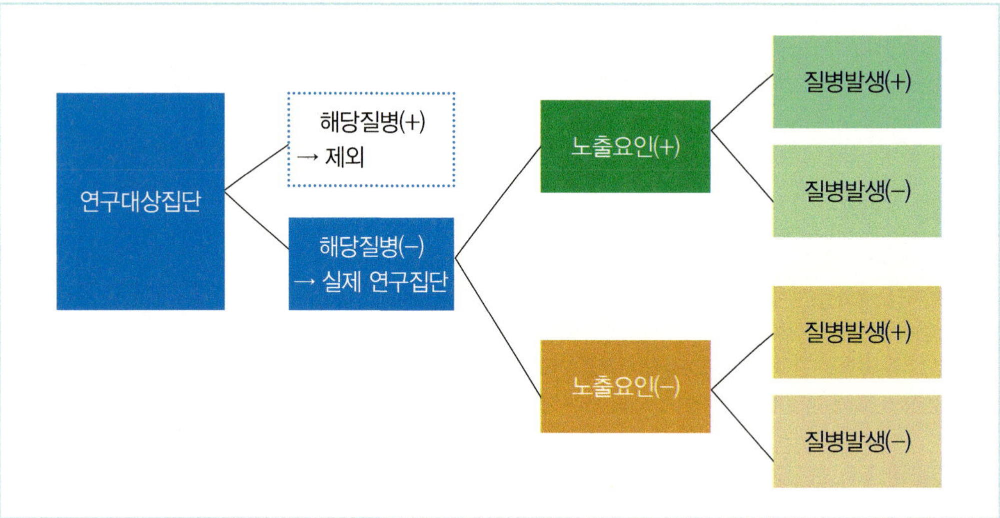

- 과거 기록에 기반해 코호트 연구에 부합되는 연구대상자와 시점을 정하고 사건이 발생하는 시점까지 추적관찰
- 과거 특정 시점에서 질병이 발생되지 않은 대상자들을 노출 여부에 따라 나누고 노출군과 비노출군에서의 질병 발생률을 비교
- 요인의 노출여부 시점부터 질병 발생 여부시점까지 동시에 데이터 확보

장점	– 위험요인과 질병 간의 시간적 선후관계가 명확함 – 질병 간의 연관성을 확인할 수 있음 – 다양한 요인에 대한 정보 수집이 가능함
단점	– 시간, 노력, 비용이 많이 소요됨 – 질병 발생률이 낮거나 희귀 질병일 경우 추적기간이 길어질 수 있음 – 추적관찰을 놓칠 수 있음

(2) 질병전파

1) 질병전파의 역학적 3요인

[역학적 삼각형]

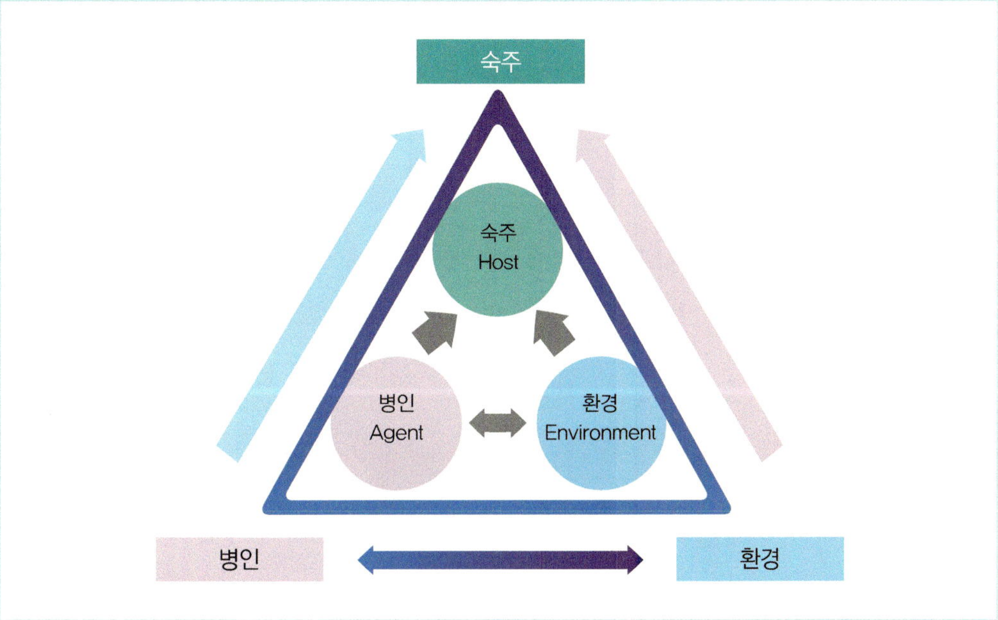

병인요인	– 생물학적 요인 : 박테리아, 바이러스, 진균 – 화학적 요인 : 독성물질, 알코올, 중금속, 매연 – 물리적 요인 : 충격, 방사능, 압력, 열, 자외선
숙주요인	– 연령 – 성별 – 인종 – 직업
환경요인	– 생물학적 환경 : 감염균의 매개체, 병원체 서식지 – 물리화학적 환경 : 기후, 고도, 소음, 환경오염 – 사회경제적 환경 : 주택, 이웃

2) 질병발생 모형

① 거미줄 모형

ⓐ 질병발생은 직접적인 요인과 간접적인 요인 등 여러 요인들이 거미줄처럼 복잡하게 얽혀 작용해 발생한다는 개념

ⓑ 복잡한 발생기전을 완전히 파악하지 못하더라도 효과적으로 예방·관리를 할 수 있음

[심근경색 거미줄 모형의 예]

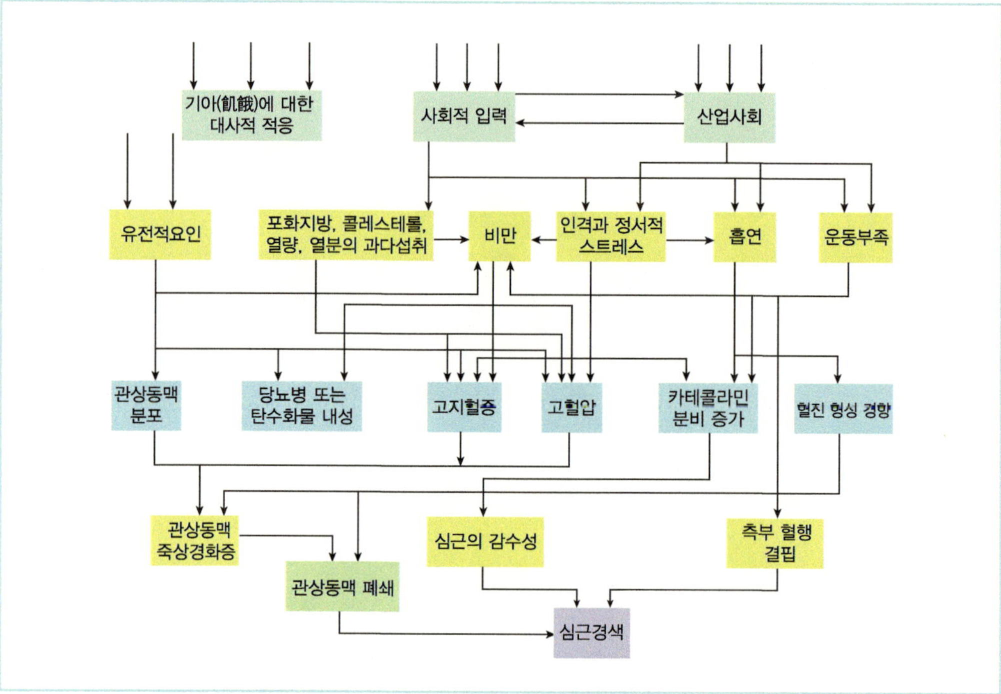

② 수레바퀴 모형

ⓐ 여러 질병 발생 요인을 찾아낼 필요가 있음

ⓑ 질병발생의 다요인설

ⓒ 거미줄모형과는 달리 숙주와 환경요인을 구분함

[수레바퀴 모형의 예]

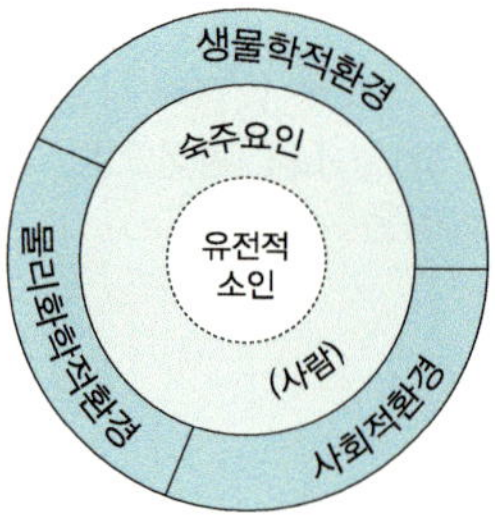

구분	거미줄 모형	수레바퀴 모형
공통점	질병에 다양한 요인이 관여함	
차이점	수많은 요인들이 서로 얽혀 복잡한 작용경로 형성	숙주요인과 환경요인 둘 사이의 상호작용만이 주로 강조

3) 질병발생 스펙트럼

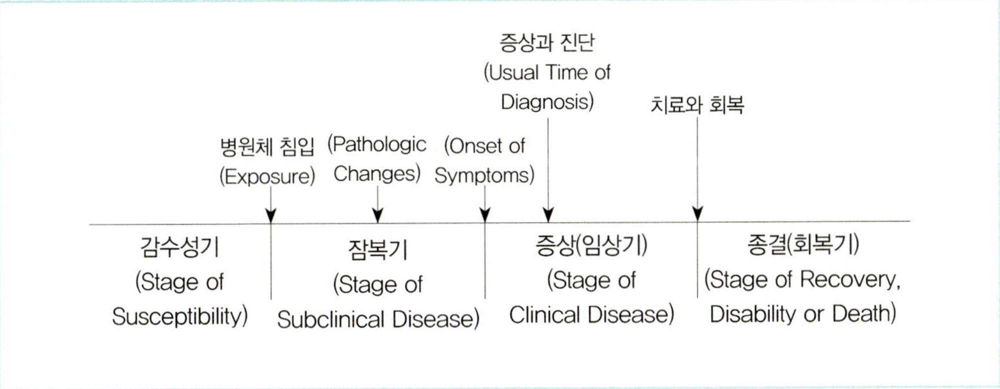

※ 잠복기 : 병원체 노출부터 증상이 나타날 때까지를 의미한다.

4) 질병전파

전파 종류	특징
직접전파	전파체의 중간역할 없이 직접 전파됨
간접전파	병원소로부터 병원체가 탈출해 어떤 전파체에 의해 전파됨 – 활성 전파체 : 살아있는 동물 – 비활성 전파체 : 물, 식품, 수술기구 등
공기전파	– 비말전파 : 재채기, 대화 시 비말핵이 감수성 보호자의 흡기에 의해 신체 내로 침입해 감염됨 – 포말전파 : 대화 도중 배출되는 포말에 의해 전파되어 감염됨

5) 질병의 역학적 측정

측정 종류	특징
빈도측정(절대위험도)	인구집단에서 질병, 불구, 사망 등의 규모를 측정하는 것으로 발생률, 유병률, 사망률 등이 포함된다.
연관성측정(상대위험도)	위험요인과 질병과의 연관성을 측정하는 것으로 누적발생률비, 발생밀도비, 오즈비 등이 포함된다.
영향력측정(기여위험도)	위험요인이 인구집단의 질병빈도에 기여하는 정도를 측정하는 것으로 누적발생률 차이, 발생밀도 차이 등이 포함된다.

① 비, 분율, 율

비(Ratio)	'A:B' 또는 'A/B'의 형태로 하나의 측정값을 다른 측정값으로 나눈 것 예 남녀의 비
분율(Proportion)	'A/(A+B)'의 형태로 전체 중의 일부가 차지하는 값 예 한국인구 중 여성인구가 차지하는 분율
율(Rate)	'A/(A+B)×시간'의 형태로, 분모에 시간의 개념이 포함된 것 예 남녀 100명을 1년간 추적관찰한 결과 발생율

② 이환율(유병률, Prevalence)

어떤 특정시간이나 기간, 시점에 전체인구 중에서 질병을 가지고 있는 분율을 의미하며 유병률 크기의 결정요인은 환자발생 수, 질병의 중증도, 진단기술의 발전 등이 있다.

$$\text{유병률(이환율)} = \frac{\text{이환된 환자의 수}}{\text{인구의 크기}}$$

③ 누적 발생률

특정기간 동안의 일정 인구집단에 새롭게 질병이 발생하는 분율(비율)을 의미하며, 고정인구를 가정하고 관찰대상자가 개인별 피관찰기간의 차이가 클 때는 의미가 제한적이다.

$$\text{누적발생률} = \frac{\text{(특정기간 내) 질병이 발생한 환자의 수}}{\text{질병이 발생할 가능성을 지닌 인구의 크기}}$$
(특정기간 시작지점)

④ 발생밀도

어떤 인구집단 내에서 질병의 발생속도(순간 발생률)를 측정한 것을 의미하며, 유동인구 등 관찰 대상자가 개인별 기간의 차이가 있을 때에도 측정이 가능하고 기간을 자유롭게 표현할 수 있다. 같은 질병이 두 번 이상 발생해도 반영이 가능하다.

$$\text{발생밀도} = \frac{\text{(특정기간 내) 질병이 발생한 환자의 수}}{\text{총 관찰기간}}$$

⑤ 발병률

질병의 원인 요인에 노출된 사람들 중 그 질병이 발생한 사람의 분율을 의미하며 전염병 및 식중독 등의 인과관계가 명확한 질병의 경우에 산출한다.

$$\text{발병률(\%)} = \frac{\text{질병이 발생한 환자의 수}}{\text{원인 요인에 노출된 인구}} \times 100$$

$$\text{이차발병률(\%)} = \frac{\text{질병이 발생한 환자의 수}}{\text{환자와 접촉한 감수성 있는 사람의 수}} \times 100$$

⑥ 치명률

특정질병의 중증도를 측정하는 지표로 특정질병에 걸린 환자 중 일정기간 동안 사망한 사람의 분율을 의미한다.

$$\text{치명률}(\%) = \frac{\text{그 기간의 동일 질병에 의한 사망자 수}}{\text{어떤 기간 동안 특정 질병이 발생한 환자 수}} \times 100$$

⑦ 비례사망률

전체 사망자 중 특정 원인에 의해 사망한 사람의 분율을 의미한다.

$$\text{비례사망률}(\%) = \frac{\text{동일 기간의 특정 질병에 의한 사망자 수}}{\text{주어진 기간의 총 사망자 수}} \times 100$$

[의학 연구방법 신뢰도를 나타내는 근거수준 피라미드]

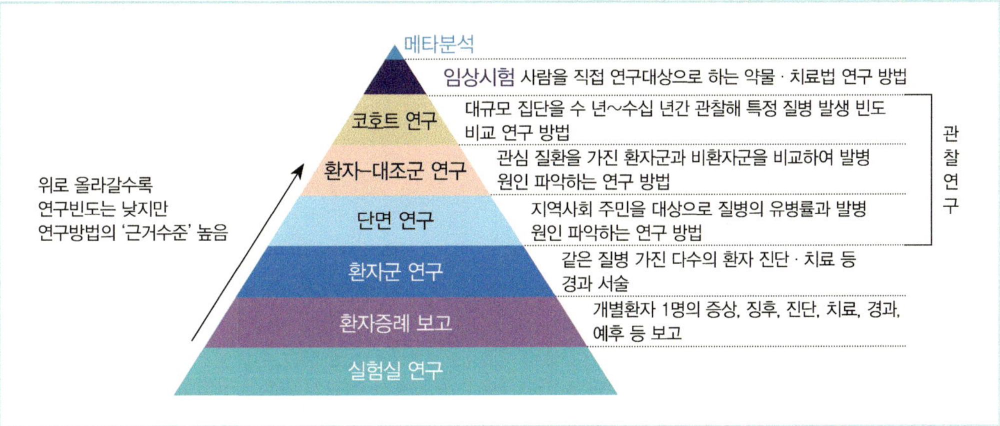

6) 질병전파경로

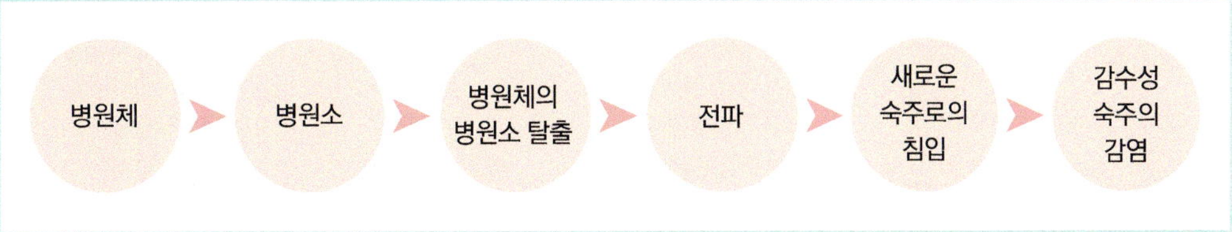

① 병인

ⓐ 병원체 : 인체에 침입하는 미생물(세균, 바이러스, 리케치아, 기생충, 진균, 사상균 등)

ⓑ 병원소 : 병원체가 생존, 증식하는 장소(인간-현성감염자/불현성감염자/보균자, 동물, 토양 등)

② 환경

ⓐ 병원소로부터 병원체 탈출 : 호흡기계통, 소화기계통, 비뇨생식기계통, 병변부위 및 주사기, 위생 해충 등에 의해 탈출

ⓑ 전파 : 직접전파(매개체 없음), 간접전파(매개체 존재)

ⓒ 새로운 숙주로의 침입

③ 숙주

ⓐ 숙주의 감수성(저항력) : 숙주에 침입한 병원체에 대항해 감염이나 발병을 막을 수 없는 상태

[법정전염병 분류]

구분	전수감시 감염병			표본감시 감염병
	제1급 감염병(17종)	제2급 감염병(20종)	제3급 감염병(26종)	제4급 감염병(22종)
병명	에볼라바이러스병, 마버그열, 라싸열, 크리미안콩고출혈열, 남아메리카출혈열, 리프트밸리열, 두창, 페스트, 탄저, 보툴리눔독소증, 야토병, 신종감염병증후군, 중증급성호흡기증후군(SARS), 중동호흡기증후군(MERS), 동물인플루엔자 인체감염증, 신종인플루엔자, 디프테리아	결핵, 수두, 홍역, 콜레라, 장티푸스, 파라티푸스, 세균성이질, 장출혈성대장균 감염증, A형 간염, 백일해, 유행성 이하선염, 풍진, 폴리오, 수막구균성 수막염, B형 헤모필루스 인플루엔자, 폐렴구균 감염증, 한센병, 성홍열, 반코마이신내성 황색포도알균(VRSA) 감염증, 카바페넴내성, 장내세균속균종(CRE) 감염증	파상풍, B형 간염, 일본뇌염, C형 간염, 말라리아, 레지오넬라증, 비브리오패혈증, 발진티푸스, 발진열, 쯔쯔가무시증, 렙토스피라증, 브루셀라증, 공수병, 신증후군출혈열, 후천성 면역결핍증(AIDS), 크로이츠펠트-야콥병(CJD) 및 변종크로이츠펠트-야콥병(vCJD), 황열, 댕기열, 큐열, 웨스트나일열, 라임병, 진드기매개뇌염, 유비저, 치쿤구니야열, 중증열성혈소판감소증후군(SFTS), 지카바이러스 감염증	인플루엔자, 매독, 회충증, 편충증, 요충증, 간흡충증, 폐흡충증, 장흡충증, 수족구병, 임질, 클라미디아 감염증, 연성하감, 성기단순포진, 첨규콘딜롬, 반코마이신내성장알균(VRE) 감염증, 메티실린내성황색포도알균(MRSA) 감염증, 다제내성 녹농균(MRPA) 감염증, 다제내성 아시네토박터 바우마니균(MRAB) 감염증, 장관감염증, 급성호흡기 감염증, 해외유입 기생충 감염증, 엔테로바이러스 감염증, 사람유두종바이러스 감염증

특성	생물테러 감염병 또는 치명률이 높거나 집단 발생의 우려가 커서 높은 수준의 격리가 필요한 감염병	전파 가능성을 고려하여 발생 또는 유행 시 격리가 필요한 감염병	그 발생을 계속 감시할 필요가 있어 발생 또는 유행 감시가 필요한 감염병	1~3급 감염병 외에 유행여부 조사가 필요한 감염병
신고	즉시 유선신고(국번 없이 1339) 후 서면신고	24시간 이내	24시간 이내	7일 이내 (표본감시기관만 해당됨)

(3) 면역

면역(免疫, Immunity)은 몸안에 들어온 병원체인 항원에 대하여 항체가 만들어져서 다음에 같은 항원이 침입하여도 다시 발병하지 않도록 저항력을 가지게 된 것, 즉 면역시스템이 전제된 생물이 감염이나 질병에 대항하여 병원균을 죽이거나 무력화하는 작용 또는 그 상태를 말한다. 유해한 미생물의 침입을 방어하는 작용을 한다.

태어날 때부터 가지고 있는 선천 면역(자연 면역 또는 자연 치유력)과 감염이나 예방 접종 등을 통해 얻는 후천 면역(획득 면역)으로 나뉜다.

[면역의 종류]

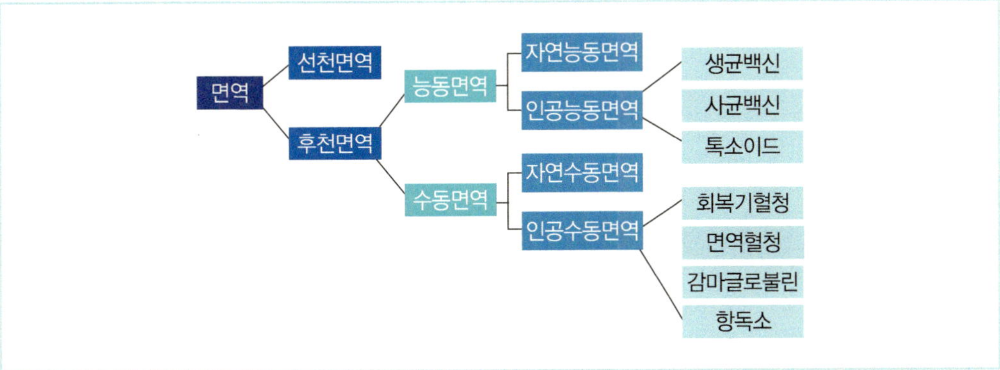

1) 선천면역

어떠한 면역에 일체 접촉이 없었음에도 불구하고 체내에 자연적으로 생성된 면역반응을 의미한다. 예 인종, 종속

2) 후천면역

① **능동면역** : 체내의 조직세포에서 항체가 만들어지는 면역으로, 자신의 몸에서 항체를 형성하는 것이다.

– **자연 능동면역** : 감염병에 전염되어 생기는 면역으로 질병을 앓고 난 후 생기는 면역 예 홍역, 수두

– **인공 능동면역** : 인공적으로 항원을 투여해서 항체를 얻는 방법 예 예방접종, 항원주사

Plus note

- **생균백신** : MMR(홍 · 볼 · 풍), BCG(결핵), 경구용 소아마비 sabin, 수두, 광견병, 일본뇌염, 인플루엔자
- **사균백신** : DPT(디 · 백 · 파), 주사용 소아마비 salk, 일본뇌염, 인플루엔자
- **톡소이드** : 세균의 체외독소를 변질시켜 약하게 만든 것 예 파상풍, 디프테리아

② **수동면역** : 이미 형성된 면역원을 주입하는 것으로, 능동면역보다 효력이 빠르지만 빨리 사라진다.

- **자연 수동면역** : 모체의 태반을 통해 면역을 얻는 것(경태반), 모유수유
- **인공 수동면역** : 인공적으로 항체를 투여하는 것

  예 회복기 혈청, 면역혈청, 감마글로불린, 항독소 주사

Plus note

- **항독소 주사**

  항체를 사람이나 동물에게 얻어서 주사하는 것으로, 예방 목적 외에 치료 목적으로 사용한다. 쉽고 빠르게 면역효과를 볼 수 있지만, 일시적 면역이다.

(4) 소독

1) 세척

세척은 물과 다양한 세정제를 사용해 오염물을 닦아내고 씻어내는 것으로 다양한 미생물과 오염물질을 제거하는 방법이며, 적절한 소독이나 멸균을 위한 필수 요건이다.

예 세정제 종류 : 비누, 세제, 크레졸 비누액 등

2) 소독

소독(消毒)은 병의 감염이나 전염을 막기 위하여 병원균을 죽이는 것을 의미하며, 저항력이 없는 박테리아 포자와 같은 모든 미생물을 죽이지는 않지만 세균을 제외한 대부분의 모든 미생물을 제거한다.

① 소독의 효과에 영향을 미치는 요소

ⓐ 기구의 세척여부

ⓑ 대상물에 존재하는 유기물의 양

ⓒ 오염된 미생물의 종류 및 숫자

ⓓ 소독제의 온도 및 노출시간

ⓔ 소독하려는 대상물의 형태

ⓕ 소독과정에서의 온도와 산도(pH)

② 소독제 종류

분류	성분명	사용농도	작용시간	특징
염기제	탄산소다	4%	10분	– 분변이 묻어도 사용 가능 – 알루미늄 사용 ×
	가성소다	2%	10분	– 분변이 묻어도 사용 가능 – 금속부식 – 눈과 피부에 자극 – 저렴한 가격
산화제	차아염소산	2~3%	30분 이내	– 유기물 제거해야 함 – 분변 사용 × – 눈과 피부에 독성
	이소시안산 나트륨	0.2~0.4%	5분	– 정제성으로 물에 희석해 사용함 – 사용 전 반드시 청소
산성제제	구연산	0.2%	30분	– 침투력이 약함
	복합염류	2%	10분	– 광범위한 사용
알데히드	포름알데히드가스		24시간 이내	– 소독 후 환기 필수(가스흡입 금지) – 공간을 밀폐시켜야 함
	글루타알데히드	2%	30분 이내	– 보호용구 착용 필수
	포르말린	8%	30분 이내	– 자극성 가스 배출

3) 멸균

미생물 특히 세균을 죽여 없앤 상태(무균상태)를 말한다. 열, 화학약품 등 다양한 방법으로 세포, 특히 미생물을 죽이는 것을 의미한다. 살균(殺菌)이 철저한 상태라고 할 수 있다.

Plus note

- **멸균법의 종류**
  ① 건열멸균 : 배양병이나 피펫 등 초자기구, 금속기구를 멸균하는 데 사용한다. 통상 160℃에서 90분 또는 180℃에서 50분가량 가열한다. 종이는 고온에서 타르를 생성하기 때문에 바람직하지 않다.
  ② 가압멸균 : 염류용액 등 열에 안정한 수용액이나 고무마개 등을 멸균하는 데 사용한다. 통상 1kg/cm^2로 가압하여 30분가량 가열(120℃)한다.
  ③ 여과멸균 : 혈청, 단백질 용액(트립신 등), $NaHCO_3$ 글루타민 등 열에 의해 변성되거나 분해되는 성분이 포함된 액체를 멸균할 때 사용한다. 니트로셀룰로오스막 필터(0.45μm 또는 0.2μm)를 가장 많이 사용한다. 그러나 0.2μm에서도 마이코플라스마의 투과를 완전히 방어할 수는 없다.
  ④ 가스멸균 : 폴리스티렌 배양접시 등 가열할 수 없는 기구를 멸균시킬 때 사용되며, 가압(1kg/cm^2가량) 에틸렌산화물가스(30%가량)를 40~50℃에서 3시간가량 처리하는 것이 보통이다. 알킬화반응이기 때문에 표면의 세포부착성이 변화하거나 변이원성이 나타나는 것이 있는 등 주의가 필요하다.
  ⑤ 방사선멸균 : 자외선, γ선 등을 사용하여 멸균하는 방법인데, 플라스틱제용기 등 가열할 수 없는 기구의 멸균에 사용하고 있다. 자외선살균등(燈)을 사용할 때는 가까운 거리에서 30분 정도로 멸균할 수 있다.

04 인수공통감염병

인수공통감염병(Zoonosis)은 동물과 사람 사이에 상호 전파되는 병원체에 의하여 발생되는 전염병을 의미한다.

[대한민국에서 관리하는 인수공통감염병]

1급	– 탄저(Anthrax) – 중증급성호흡기증후군(Severe Acute Respiratory Syndrome, SARS) – 조류인플루엔자 인체감염증(Avian Influenza Infection for Human)
2급	– 결핵(Tuberculosis) – 장출혈성대장균감염증(Enterohemorrhagic E. Colibacillosis)
3급	– 일본뇌염(Japanese Encephalosis) – 브루셀라증(Brucellosis) – 공수병(Hydrophobia) – 변종 크로이츠펠트–야코프병(Variant Creutzfeld–Jakob Disease, vCJD) – 큐열(Q–fever) – 렙토스피라증(Leptospirosis)

(1) 세균성 인수공통감염병

① 묘소병 (Cat Scratch Disease)

고양이에게 할퀴거나 물렸을 때 전염되는 세균으로 발열, 몸살 등을 앓게 되는 병이다. 고양이 할큄병, 묘소병, 묘조병 또는 묘소열이라고도 불린다.

원인	– 고양이가 할퀴거나 물었을 때 바르토넬라 헨셀라균(Bartonella Henselae) 감염으로 인해서 나타나는 감염병이다. – 고양이의 변에 있는 헨셀라균이 사람에게 접촉되어도 묘소병이 발현될 수 있으며, 비교적 아이들에게 많이 발생한다.
증상	– 잠복기는 5~50일까지 다양하다. – 전형적 증상에는 미열 · 고열, 피로감, 결막염, 림프절염, 피부 발진이 있다. – 미열은 2~3주간 지속가능성이 있으며, 근육통이 발생한다. – 고양이가 할퀸 상처가 곪거나 고름물집이 생길 수 있으며, 약간의 소양감이 발생할 수 있다. – 상처부위의 림프절이 골프공 크기로 부을 수 있고, 약간의 통증이 생긴다. – 드문 경우이지만 결막염, 복통, 폐렴 증상이 나타나는 경우도 있다.
예방 및 치료	– 림프절이 붓는 증상이 1~2개월간 지속되다가 자연적으로 낫는 경우가 많다. – 대부분 증상이 오래 지속되어도 5개월 안에 치유된다. – 고름을 빼내는 치료를 진행하기는 하나 적출치료는 가급적 하지 않는 편이다.

② 렙토스피라증

렙토스피라증은 추운 북극과 남극을 제외하고 어디서나 발생할 수 있으며, 날씨가 따뜻한 7~10월 사이에 잘 발생한다.

가축 및 야생동물, 특히 설치류의 쥐에게 전염되는 경우가 많고, 감염된 개체의 소변이나 하천 및 호수 등 물을 통해서 집단 발생할 가능성이 있다.

축산업, 어업의 야외활동을 하는 사람들에게 발생하기 쉬우며, 수의사 등 동물과 직접 접촉하는 경우도 주의해야 한다.

원인	– '렙토스피라'는 활발히 움직이는 세균으로, 환경조건이 적합하면 숙주 내부에서뿐만 아니라 외부에서도 비교적 오래 생존할 가능성이 크고 증식도 가능하다. – '렙토스피라'는 환경에 매우 예민하며 특히 온도, 산성 및 오염 등에 예민하여, 위액 및 담즙에 의해 쉽게 생명력을 잃기도 한다. – 감염 치료 후 회복 시에도 보균하고 있을 가능성이 있어 전염원이 되기도 한다. – 일반적으로 가정에서는 오염된 사료, 오염된 물, 지하수, 토양 및 흙도 주된 감염원이 될 수 있다.
증상	– 사람과 동물에게 나타나며 다양한 증상을 일으킨다. – 무기력, 식욕부진, 고열, 구토 및 설사, 출혈증상(소화기관의 출혈), 황달, 다뇨 · 혈뇨(신부전), 폐렴, 뇌수막염 등의 증상이 있다. – 심할 경우 궤양이 생성되고, 수일 내에 사망에 이를 수 있다.
예방 및 치료	– 개 종합백신(DHPPL) 안에 포함되어 있어 예방접종을 하는 것이 가장 좋은 방법이라고 할 수 있다. – 과거에는 치료가 어려웠으나 최근에는 약의 개발에 의해 치료가 용이해졌기 때문에 증상이 나타날 경우 동물병원에 내원해 치료를 받아야 한다.

Plus note

- **렙토스피라의 종류**

  1973년 국제 세균명명위원회에서는 렙토스피라를 두 가지로 분류하였다.
  – 렙토스피라 인테로간스(Leptospira Interrogans) : 병원성
  – 렙토스피라 비플렉사(Leptospira Biflexa) : 민물(담수)에 서식하는 비병원성

③ 부르셀라병

브루셀라병은 브루셀라(Brucella)균에 의한 감염이 이루어지며 소, 돼지, 개 등 거의 모든 가축과 야생동물뿐만 아니라 사람에게도 감염되는 인수공통전염병이다. 또한 법정 제2종 가축전염병으로, 감병 발생 시 신고의 의무가 있는 법정 전염병이다.

전 세계적으로 발생하며 진단과 치료가 어렵고 보균동물이 존재해서 지속적으로 균을 전파한다.

원인	– 전염 매개체로는 오염된 물, 사료 및 토양 등으로, 축산도구에의 간접접촉으로도 전염이 이루어진다. – 사람, 동물의 정액 및 우유의 분비물 또는 양수, 유산태아 같은 다량의 균을 포함하고 있는 유산 관련 물질로도 전파된다. – 주요 감염경로는 경구감염과 교미를 통한 생식기 감염, 피부 상처 등을 통한 접촉감염, 호흡기 감염 등으로 다양하다. – 감염 후 1~4주 내로 균혈증이 발생하며 최소 6~64개월 동안 간헐적으로 균혈증 상태를 유지하며 균을 배출시킨다. – 혈액을 통해 장기로 이동하며 병변을 유발시킨다.
증상	– 브루셀라병은 잠복기로 짧게는 3주~1년 이상을 가진다. – 평상시에는 임상증상이 나타나지 않아 진단 및 감염여부 파악이 매우 어렵다. – 암컷의 경우 임신 후반기경(45~60일) 사이에 유산되고, 불임, 수정률 저하 등의 증상이 나타나며, 수컷의 경우 고환염과 부고환염, 고환위축 및 관절염의 증상이 나타난다. – 기타 증상으로는 골수염, 관절염 및 뇌수막염 포도막염 등이 나타나기도 한다. – 만성 감염 시에는 척추통증, 사지마비, 보행장애 등 다양한 증상을 보인다.
예방 및 치료	– 브루셀라 원인균은 토양이나 식물에서 유래된 균으로 환경에 대한 저항성이 강한 편이기 때문에 주의해야 한다. – 일반 소독제에 쉽게 사멸되기 때문에 주변 환경과 유산 관련 물질을 철저히 소독해야 한다. – 브루셀라 의심 개체 및 동물의 접촉을 피하는 것이 좋다.

(2) 리케치아성 인수공통감염병

① 클라미디아

흔히 사람에게 알려진 클라미디아 감염증과 고양이 클라미디아 감염은 원인균이 다르기 때문에 다른 질환이라고 할 수 있다.

원인	– 감염된 고양이의 콧물, 눈곱, 분변 등에 접촉하면서 전파가 이루어진다.
증상	– 어미 고양이가 감염될 경우 배속의 새끼고양이로 전염되어 안구통증, 폐렴을 일으킬 수 있고, 태어난다고 해도 사망할 가능성이 있다. – 주요 증상에는 결막염이나 비염, 식욕저하 콧물, 재채기, 눈곱 및 눈이 붓는 증상 등이 있다. – 심할 경우 눈에 고름이나 노란 눈곱이 발생하며, 눈이 유착되는 경우도 있다.
예방 및 치료	– 체내 클라미디아를 소멸시켜야 한다. – 호흡기나 눈에 이상이 생겨 의심이 될 경우 동물병원에 내원해 반려동물의 상태에 맞게 안약, 내복약을 처방받아 꾸준히 치료해야 한다. – 식욕저하 가능성이 있기 때문에 식욕도 함께 체크해야 한다.

(3) 바이러스성 인수공통감염병

① 광견병(Rabies)

광견병은 광견병 바이러스(Rabies Virus)에 의해 발생하는 중추신경계 감염을 말한다. 사람이 광견병에 걸려 중추신경에 이상이 생길 경우 물을 무서워한다고 해서 '공수병'이라고 흔히 알려져 있다.

광견병 바이러스를 가진 야생동물(개, 너구리, 여우, 박쥐 등)에게 직접 물릴 경우 감염되게 된다.

원인	– 광견병 바이러스의 전파는 점막(눈, 입 등)의 오염, 공기를 통한 전파, 직접 광견병 바이러스에 감염된 개체에게 물리는 경우 일어난다. – 위험성은 상처여부, 상처부위 깊이에 따라 결정되며, 야생동물과 접촉하지 않는 일반 가정의 경우 광견병 바이러스를 획득해 광견병에 걸릴 확률은 비교적 낮다.
증상	– 광견병 바이러스는 혈증을 유발하고, 신경을 타고 올라가 뇌에 작용을 하여 감정변화를 유발한다. – 광견병에 감염된 개는 점차적으로 움직이는 물체 및 주변을 물어뜯고 흥분하고 광폭한 상태를 보이게 된다. 이런 증세가 계속되며 침을 흘리게 되고 마비 증상이 나타나며, 쉰 소리를 내고 먹이를 삼킬 수도 없으며, 물을 먹을 때 심한 통증 때문에 물을 무서워하는 공수병 증세가 나타나기도 한다. 또한 근육경련 및 마비 증상을 보인다. – 광견병에 감염되면 대부분 일주일 안으로 폐사하게 된다. – 일부 동물의 경우 심각한 다크서클이 발생하기도 한다. – 너구리의 경우 무증상 감염이 일어날 수도 있지만, 사람과 다른 개체의 경우 무증상 감염의 확률은 거의 없다.
예방 및 치료	– 동물의 경우 생후 3~4개월경 광견병 예방접종을 하고, 이후 1년에 한 번씩 추가 접종한다. – 사람의 경우 광견병 의심 개체에게 물렸거나 야생동물에게 물렸을 경우 즉시 세척하고 가까운 병원 및 보건소로 내원해 치료를 받아야 한다. 사람을 문 개체가 광견병 접종을 했는지 여부를 확인하는 것이 좋으며, 10일 정도 상태를 지켜보며 광견병 감염 여부를 확인해야 한다.

(4) 기생충성 인수공통감염병

① 개회충증(Toxocariasis)

과거 국내에서 인체의 소화기계 기생충으로서 가장 흔하게 검출되던 것 중의 하나인 회충(Ascaris Lumbricoides)이다. 그러나 우리나라가 선진국형으로 생활패턴이 바뀌어 재래식 화장실이 아닌 수세식을 사용하고, 거름의 형태로 밭에 뿌려지던 분뇨가 하수종말처리장에서 처리되어 강과 바다로 뿌려짐에 따라 결과적으로 인체에 감염하던 기생충의 생활환이 끊어지게 되었으며, 사람에게 토양매개성 기생충이 감염될 확률이 저하되었다.

원인	- 우리나라 반려동물에게서 주로 문제되는 인수공통기생충성 질병으로, 사육하는 개에게서 매우 흔하다. - 분변과 함께 배설된 충란은 외계에서 부화하지 않고 오염된 음식물과 함께 감염되어 체내에서 부화하기 때문에 구충과 같이 피부감염을 일으키지는 않는다. 그러나 두 회충 중 개회충은 강아지가 태어나기 전 임신한 어미의 태반을 통하여 유충이 감염되어 혈액을 따라 폐포 모세혈관에서 기다리고 있다가 태어난 직후 폐포강으로 뚫고 나와 기관과 후두, 그리고 식도를 거쳐 소장으로 내려가는 기관이행(Tracheal Migration)의 과정을 거쳐 비로소 소장에서 성충으로 발육하기 때문에 어미가 개회충에 감염되었을 경우 태아들은 태어나기 전부터 이미 감염되어 있게 된다. 일부는 어미의 유선조직으로도 이행하여 초유에 섞여서 강아지에게 감염하기도 한다.
증상	- 개회충에 감염된 사람에게서 발생할 수 있는 대표적인 증상은 유충내장이행증(Visceral Larvamigrans), 유충안구이행증(Ocular Larva Migrans), 유충대뇌이행증(Cebral Larva Migrans)이다.

② 개조충증(Flea Tapeworm Infection)

애완동물, 특히 개에서 가장 흔한 조충이자 사람에게도 감염하는 것으로 알려진 것으로 개조충(Dipylidium Caninum)이 있다. 이 조충의 성충은 길이가 15~70cm 정도까지 자랄 수 있으나 일반적으로 분변에서 관찰되는 것은 오이씨 모양의 편절이 대부분이다.

전 세계적으로 매우 흔하며 개뿐만 아니라 고양이에도 감염하고 사람, 특히 어린이가 감염될 수 있다.

원인	- 이 조충을 매개하는 중간숙주가 개에게 감염하는 벼룩의 유충이기 때문에 국내에서는 아파트에서 기르는 개보다 옥외사육견이 더 많이 감염된다. 일반적으로 아파트에서 사육하는 개보다 위생상태가 불량한 옥외사육 동물에게서 벼룩감염증이 더 많기 때문이다.
증상	- 개조충의 성충은 개나 고양이에서 병원성이 심하지 않아서 임상증세를 일으키는 경우는 거의 없다.

(5) 원충성 인수공통감염병

① 톡소플라즈마증

톡소플라즈마증은 톡소포자충(Toxoplasma Gandii)이라는 원충에 의한 전염병이며, 사람은 중간숙주이고 고양이가 종숙주인 인수공통감염병이다.

원인	– '톡소포자충'은 고양이, 개, 닭, 소, 돼지, 말 등 대부분의 온혈동물 가축을 감염시킬 수 있고, 인간은 주로 이런 가축의 생고기를 생식하여 유충을 섭취함으로서 감염된다. – 드문 경우지만 고양의 대변에 알이 섞여 나오며 고양이의 변을 섭취한 개체의 동물의 체내에 알이 부화하게 된다. 변을 섭취한 개체를 고양이가 섭취하게 되면 고양이 체내에서 '톡소포자충'이 성충으로 성장한다. – '톡소포자충'의 생활사는 감염된 고양이의 변에 섞여 나온 난모세포(Oocyte)가 중간숙주(Intermediate Host)에 감염 후 빠른 분열소체(Tachyzoite)로 된 뒤, 중추신경계나 근육세포 등에 정착한 뒤 느린분열소체(Bradyzoite)로 변하고, 이 중간숙주가 종숙주인 고양이에게 먹혀 포자생성 난모세포(Sporulated Oocysts)로 변하면서 증식하게 된다. – 중간숙주 감염 시에는 포자생성 난모세포(Sporulated Oocysts) 과정을 거치지 못해 외부로 번식을 못하기 때문에, 고양이가 없으면 번식하지 못하는 종의존적인 원충이다. – 중간숙주는 고양이뿐 아니라 쥐, 토끼, 돼지 등 다른 동물이 될 수도 있다. – 체내에서 알이 부화하면 감염병을 일으키는데 이를 숙주가 이겨내면 '톡소포자충'과 숙주의 면역 간의 싸움이 발생한다. 이 과정에서 '톡소포자충' 유충은 자가보호를 위해 주머니를 만들어 그 안에 숨는다. 이런 경우 보통 감염 증상은 없어지거나 매우 경미해진다. '톡소포자충낭'이 자리를 잡는 곳은 주로 뇌이며 이외에 눈, 근육, 간 등에도 자리를 잡는다.
증상	– 대부분의 인간은 감염되어도 감기와 비슷한 증상이 나타나고 만다. – 전 세계적으로 30~50%, 한국의 경우 항체 검사 결과 국민의 약 5%가 '톡소포자충'에 감염됐었던 것으로 추정되며, 미국의 경우 11%가 감염됐었던 것으로 추정된다. – 다만, 암환자 등 면역이 저하된 경우 감염은 치명적일 수 있다. – '톡소포자충낭'이 눈에 자리 잡아 염증이나 통증, 시력 저하나 실명을 일으키기도 한다. – 임신 전 감염된 여성은 보통 태아에게 그것을 전파시키지 않으나 '톡소포자충' 항체가 없는 여성이 임신한 상태에서 이에 감염된다면 태반을 통해 태아에게 전달되는 수직감염이 일어나 '선천성 톡소포자충증'을 발병시킬 수 있다. '톡소포자충'은 선천감염이 심각한 문제를 유발하므로, 산전(産前)진찰이 꼭 필요하다. 이 경우 실명, 뇌염, 간질, 정신지체, 발육 저하 등이 나타날 수 있다. 한국에서는 극히 드문 경우에 속한다. – '톡소포자충'으로 인해 정신질환, 특히 우울증 · 조현병이 발병할 확률이 2배 이상 높아진다. – 에이즈에 걸리거나 각종 면역 치료, 항암 치료나 스테로이드제 투여로 면역력이 약해지면 뇌염이나 폐렴 등의 심각한 감염증을 유발할 수 있다.
예방 및 치료	– '톡소포자충'은 사람이 중간숙주, 고양이가 종숙주이기 때문에 대변검사로는 진단 및 검출이 불가능하며, 혈액 항체검사로 감염 여부를 진단한다.

Chapter 05

해부생리학

01 동물의 구조

(1) 동물의 분류

1) 인간의 생물 분류

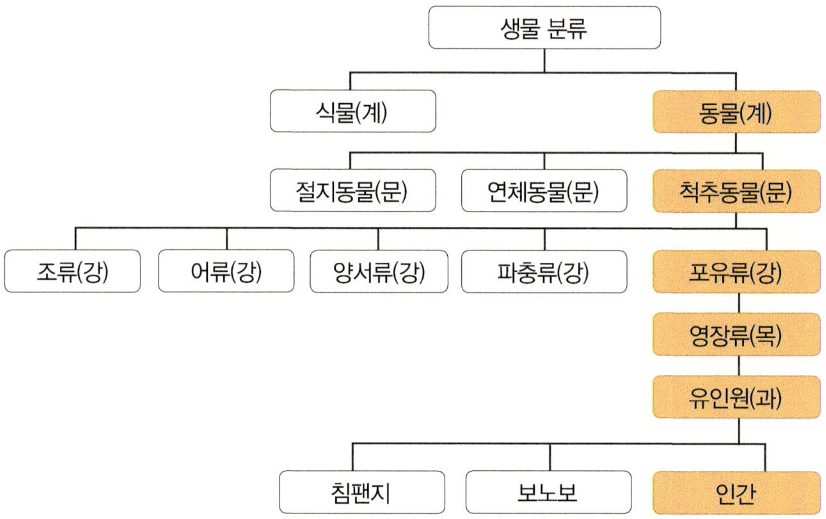

인간 ≪ 유인원(과) < 영장류(목) < 포유류(강) < 척추동물(문) < 동물(계)

생물(동물)의 기본단위는 '종'이다. '종'이란 자연 상태에서 같은 종과 교배하여 부모와 같은 생김새를 가진 새끼를 낳을 수 있는 무리를 뜻한다. 생물은 구조적, 기능적 특성을 중심으로 나눠지며 '종, 속, 과, 목, 강, 문, 계'의 7단계로 나뉜다. '종'이 가장 작은 분류이며 '계'가 가장 큰 분류이다.

2) 개와 고양이의 분류

분류	개(dog)	고양이(cat)
계(kingdom)	동물	동물
문(phylum)	척추동물	척추동물
강(class)	포유강	포유강
목(order)	식육목	식육목
과(family)	개과	고양이과
속(genus)	개속	고양이속
종(species)	개	고양이

체크 포인트

- **인간의 분류**
  사람(종) - 사람(속) - 유인원(과) - 영장류(목) - 포유류(강) - 척추동물(문) - 동물(계)

(2) 동물의 세포생물학

1) 세포생물학의 의미

세포생물학(細胞生物學)은 생물체의 기본 바탕을 이루는 세포의 구조를 연구하는 생물학의 전문 연구 분야이다. 세포의 관찰과 연구는 분자생물학적 차원에서 이루어지며, 세포학은 세포의 구조를 비롯하여 세포 상호 간에 이루어지는 여러 가지 현상을 관찰하고 분석함으로써 생물의 생성과 발전에 보다 상세한 지식을 얻어 생물학 관련 분야, 생화학, 유전학, 진화생물학 등에 유익한 자료를 제공한다.

2) 동물체의 구성단계

세포	➤	상피조직 결합조직 근육조직 신경조직	➤	기관	➤	골격계 근육계 순환계 피부계 비뇨기계 호흡계 소화계 생식계	➤	몸

① 세포(cell)

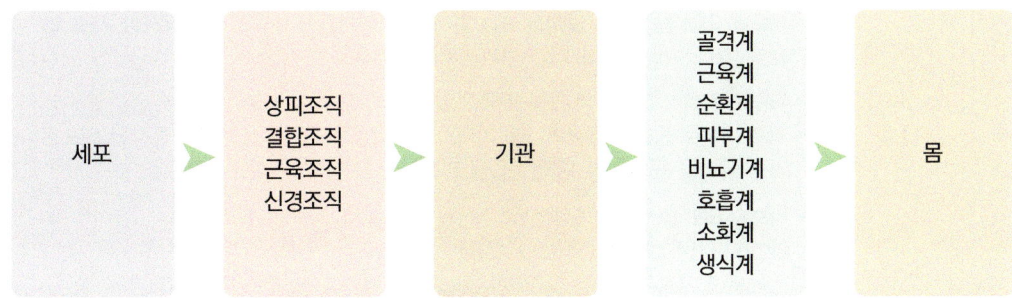

세포는 모든 생물의 구조적, 기능적 기본단위이다. 세포는 직접 영양소를 섭취하고, 노폐물 분리, 호흡, 번식 등 다양한 기능의 역할을 한다.

ⓐ 상피세포(epithelial cell) : 동물의 피부, 내장기관의 표면을 덮고 있는 세포

ⓑ 근육세포(muscle cell) : 근섬유(muscle fiber)라고도 하며, 근조직(muscular tissue)을 만드는 세포의 일종으로 모양은 길고 튜브 같은 형태로 근원세포(myoblast)에서 분화한다.

ⓒ 적혈구(red blood cell) : 산소와 결합할 수 있는 헤모글로빈이 들어있어 붉은색을 띠고, 혈관을 따라 이동하며 산소공급 역할을 한다. 핵이 없는 것이 특징이다.

Plus note

• 세포의 구조

① 핵(Nucleus)

핵인 (핵소체)	– 핵 내부의 응축구조 – 단백질과 RNA로 구성되며, 세포 1개 이상 보유 – 세포질의 단백질 합성을 조절하는 기능
핵막	– 진핵세포에서 핵을 감싸고 있는 인지질로 구성된 이중막 구조 형성
핵공	– 핵막에 존재 – 핵 내외로 물질이 이동하는 통로 역할
염색체	– 세포의 성장, 생존, 생식에 필요한 모든 정보를 담은 DNA와 단백질의 결합체

② 세포질(Cytoplasm)

세포소기관	특징
미토콘드리아	– 다양한 수 · 모양 · 크기로 생성되며, 스스로 증식할 수 있는 세포소기관 – 세포 호흡이 일어나는 장소로, 산화적 인산화에 의해 세포 에너지를 생성 – 산소를 이용하여 영양소(일반적으로 포도당과 관련된)에 저장된 에너지를 사용해 ATP 생성
소포체 (세포질그물)	– 관 또는 편평한 주머니 형태 – 리보솜의 존재에 따라 조면소포체와 활면소포체로 나뉨 – 조면소포체(과립세포질그물) : 세포 외부로 분비되는 단백질을 합성 – 활면소포체(무과립세포질그물) : 탄수화물 · 지질 합성, 독성물질 분해
골지체	– 세포에 의해 합성되는 단백질, 지질과 같은 고분자들을 변형하고 포장하여, 세포 밖으로 분비하거나 세포의 다른 부위로 이동시킴
리소좀	– 가수분해 효소를 함유해 물질 분해를 담당 – 세포 내부로 들어온 세균이나 바이러스와 같은 외부 물질, 오래되고 손상된 세포소기관, 유기물 등의 세포 내 물질들을 분해하는 등 세포 내 소화 담당
리보솜	– 리보솜 RNA(rRNA)와 단백질로 구성된 큰 복합체 – 2개의 단위체(대단위체와 소단위체)로 구성 – mRNA에 의해 전달되는 유전 정보에 따라 단백질을 합성하는 세포소기관 – 세포질에 자유롭게 떠다니거나 막에 결합되어 있는 형태

③ 세포막 외부구조

세포벽	– 환경으로부터 세포를 기계적, 화학적으로 보호하는 역할 – 세포막에 대한 추가적인 보호층 – 많은 종류의 원핵세포와 진핵세포는 세포벽을 가지고 있음
선모	– 짧고, 가늘고 머리카락과 같은 필라멘트 – 필린(항원성)이라 불리는 단백질로 구성
편모	– 세포의 이동에 관여 – 길고 두꺼운 실 모양의 부속물 – 단백질로 구성

② 조직(tissue)

같은 형태나 기능을 가진 세포들이 모여 조직을 이룬다.

ⓐ 상피조직 : 상피세포가 모여 여러 종류의 상피조직을 만든다. 몸의 피부형성, 내장기관을 덮는 역할, 침과 소화액 등 분비물을 분비한다.

ⓑ 결합조직 : 조직과 다른 조직을 결합하는 역할을 한다.

ⓒ 근육조직 : 근육세포가 모여 이루어졌으며, 수축과 이완을 통해 몸과 내장기관을 움직이는 역할을 한다.

ⓓ 혈액 : 고체(적혈구, 백혈구, 혈소판), 액체(혈장)로 이루어지며, 혈액은 액체형태의 조직으로 분류된다. 혈관을 타고 흐르며 산소, 영양분 공급과 이산화탄소 및 노폐물을 배출한다.

③ 기관(organ)

특정한 기능이 개체 내에서 특정부위로 국한되어 이루어지면서 독립성을 가지고 있는데 그 부분을 기관이라고 한다. 예 내장

④ 계

공통된 기능을 가지고 있는 기관이 모여 기관계를 형성한다.

Plus note

기관계(Organ System)

- **골격계** : 뼈, 연골(운동과 지지)
- **근육계** : 골격근(골격의 운동)
- **순환계** : 심장, 혈관, 림프관(혈액과 림프의 이동)
- **피부계** : 피부, 머리카락, 손톱(보온, 체온 조절)
- **신경계** : 뇌, 척수, 신경(많은 기관계 조절)
- **내분비계** : 뇌하수체, 갑상샘, 부신(호르몬 분비)
- **면역체계** : 골수, 림프기관(면역 반응)
- **호흡계** : 폐, 기도(기체 교환)
- **비뇨계** : 콩팥, 요관, 방광, 요도(혈액량과 구성)
- **소화계** : 입, 위, 창자, 간, 쓸개, 이자(음식물 분해 및 소화)
- **생식계** : 생식기(번식의 기능)

3) 동물체의 구조

동물체는 여러 개의 시스템으로 이루어져 있으며, 각각의 시스템은 신체의 효과적인 기능을 수행하기 위한 특정 역할이 있다.

① 구조계통(structural systems)

동물체의 기본 뼈대와 이동(수송) 체계를 제공한다.

ⓐ 뼈대계통(skeletal system) : 신체를 유지하기 위한 골격 예 **뼈, 관절**

ⓑ 근육계통(muscular system) : 뼈가 운동할 수 있도록 도와주는 장치 예 **골격근**

ⓒ 외피(integument) : 신체를 둘러싼 부분 예 **피부, 털**

ⓓ 심혈관계통(cardiovascular system) : 혈액 공급

② 제어계통(coordinating systems)

동물체의 조절 작용을 의미한다.

ⓐ 신경계통 (nervous system) : 뇌에 정보 전달

ⓑ 내분비계통(endocrine system) : 신체의 기능을 조절

③ 내장계통(visceral systems)

동물체의 일반적 임무를 담당하는 모든 기본적인 기능적 시스템 포함, 가슴 안 · 배 안 · 골반 안 3가지 중 하나에 속한다.

ⓐ 소화기계통(digestive system) : 신체가 이용할 수 있도록 섭취한 음식물을 기본 성분으로 분쇄

ⓑ 호흡기계통(respiratory system) : 산소 공급, 이산화탄소 제거

ⓒ 비뇨기계통(urinary system) : 노폐물, 독성물질 등을 신체 외부로 제거

ⓓ 생식기계통(reproductive system) : 자손을 생산

02 동물의 뼈대계통

(1) 뼈대계통의 기능

동물의 뼈대는 크게 지지, 운동, 보호, 저장, 조혈의 기능을 한다.

① 지지의 기능 : 개체의 몸체를 받쳐주는 지지대 역할을 한다.

② 운동의 기능 : 뼈대에는 근육이 감싸주고 있으며 몸체를 움직이는 역할을 한다.

③ 보호의 기능 : 동물의 체내의 두뇌, 심장 등 주요 장기나 조직을 보호한다.

④ 저장의 기능 : 칼슘 및 무기질 등을 저장한다.

⑤ 조혈의 기능 : 백혈구와 적혈구를 생성하는 기능을 한다.

(2) 뼈의 특성

① 뼈는 골조직의 기질에 칼슘염이 축적되어 형성된다. (골화)
석회화는 뼈 조직 이외의 조직에 칼슘염이 축적되는 것이다.

② 뼈는 단단하고 탄력성이 없는 것이 특성이며, 압력 및 영양 등 신체 내 환경 변화에 민감하게 반응한다.

③ 뼈를 조성하는 요인은 동물의 종류 및 나이 등에 따라 모두 다르게 나타나며, 나이가 많은 개체가 나이가 어린 개체보다 무기질의 함량이 높은 편이다.

(3) 뼈의 형성 관여 요인

① 칼슘, ② 비타민, ③ 호르몬, ④ 운동 및 움직임, ⑤ 영양, ⑥ 수면, ⑦ 햇빛

[개의 골격계]

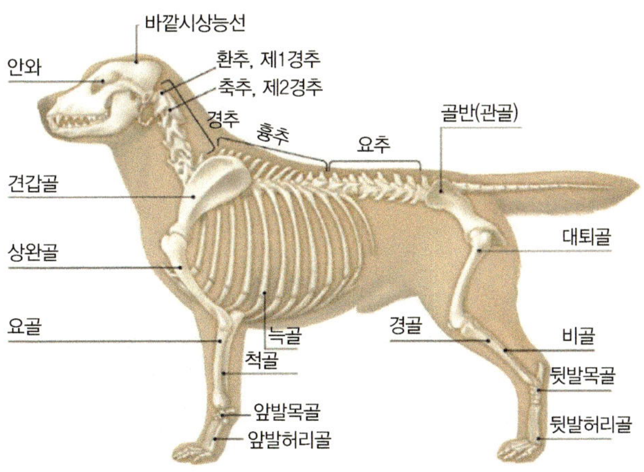

[고양이의 골격계]

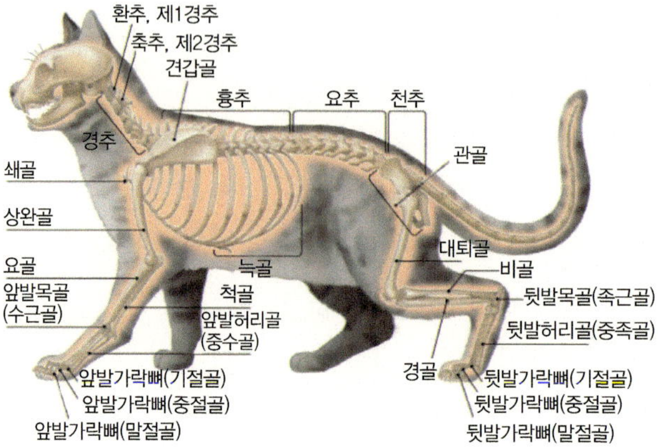

(4) 뼈의 구성

1) 머리뼈

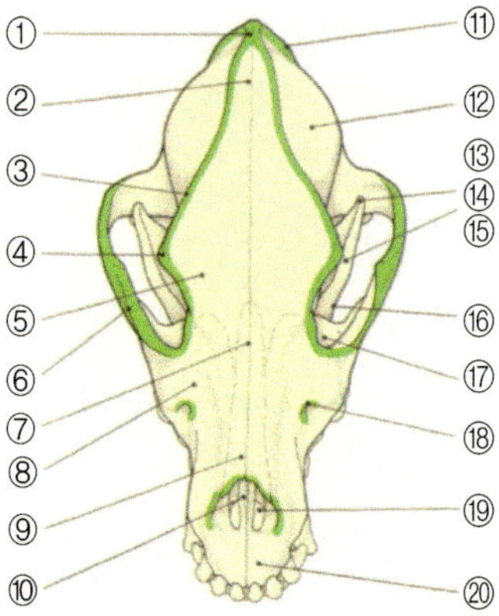

① 바깥후두융기	② 바깥시상능선	③ 측두선	④ 전두골, 권골돌기	⑤ 전두골
⑥ 권골궁	⑦ 전두우묵	⑧ 상악골	⑨ 비근골	⑩ 골성콧구멍
⑪ 목덜미선	⑫ 측두우묵	⑬ 하악골	⑭ 근육돌기	⑮ 갈고리능선
⑯ 안와	⑰ 눈물오목	⑱ 안와아랫구멍	⑲ 구개틈새	⑳ 앞니골

두개강을 감싸는 뼈	안면 구성 뼈
– 후두골(Occipital bone) – 두정골(Parietal bone) – 전두골(Frontal bone) – 측두골(Temporal bone) – 사골(Ethamoid bone) – 서골(Vomer) – 접형골(Sphenoid bone)	– 비골(Nasal bone) – 누골(Lacrimal bone) – 상악골(Maxilla) – 앞니골(Incisive bone) – 구개골(Palatine bone) – 권골(Zygomatic bone) – 하악골(Mandible)

체크 포인트

• **두개강과 두개골의 차이**

머리뼈는 머리를 이루는 뼈대이며 두개골(頭蓋骨)이라고도 한다. 얼굴을 구성하고 뇌가 들어 있는 머리뼈공간(두개강, 頭蓋腔)을 보호한다. 살점이나 근육이 모두 썩고 뼈만 드러난 두개골을 해골(骸骨)이라고 한다.

① 두개골(Skull)

구조	– 뇌를 감싸고 있으며, 여러 개의 두개골뼈가 섬유관절을 이루며 결합되어 있음
위치	– 전두골의 큰 구멍인 전두동과 코의 근처에 위치한 상악골의 부비동이 위치 – 두개골에는 귀(외이, 중이, 내이)가 위치하며, 측두골 내 내이가 위치하고 측두골 바닥에는 내이와 외이를 연결하는 중이 구조물인 고실불룩이 존재 – 두개골 바닥은 뇌신경 및 혈관들이 지나가는 작은 구멍이 존재 – 후두골은 뇌로부터 척수가 지나가는 후두구멍이 존재
형태	① 장형두개 : 스톱에서 코끝 길이가 후두골 끝 길이보다 긴 형태 ② 중형두개 : 스톱에서 코끝 길이가 후두골 끝 길이와 같은 형태 ③ 단형두개 : 스톱에서 코끝 길이가 후두골 끝 길이보다 짧은 형태

* 스톱 : 이마와 코의 중앙에 움푹 들어간 부분을 말한다.

② 상악골

상악치가 존재하며, 일반적인 개의 경우 앞니 3개, 송곳니 1개, 작은 어금니 4개, 큰 어금니 2개가 존재한다.

③ 하악골

양쪽 턱뼈는 성장이 완료되면 하나의 뼈로 이루어지며, 두개골과 관절해 움직임이 가능하다. 일반적인 개의 경우 앞니 3개, 송곳니 1개, 작은 어금니 4개, 큰 어금니 3개가 존재한다.

④ 설골장치

두개골, 후두 및 혀를 연결시켜주는 곳으로 설골(바닥설골, 갑상설골, 각설골, 위설골, 경사설골, 고실설골연골)로 구성되어 있다.

2) 몸통뼈

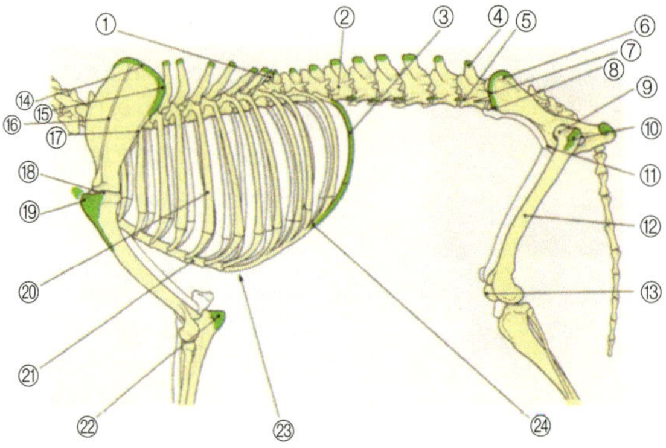

① 열째 흉추골	② 첫째 요추골	③ 열셋째 늑골	④ 여섯째 요추골 가시돌기	⑤ 가로돌기
⑥ 장골천골결절	⑦ 능선	⑧ 관골결절	⑨ 대퇴관절	⑩ 대퇴골 큰대퇴돌기
⑪ 치골 치골빗	⑫ 대퇴골 골간	⑬ 무릎골	⑭ 견갑골 등쪽모서리	⑮ 뒤쪽각
⑯ 견갑골가시	⑰ 뒤쪽모서리	⑱ 어깨관절	⑲ 상완골 큰결절	⑳ 여섯째 늑골
㉑ 흉골	㉒ 척골 꿈치머리돌기	㉓ 흉골 칼돌기	㉔ 늑골궁	

① 척주뼈(개의 척추식 : $C_7T_{13}L_7S_3Cd_{20}$)

구성	① 목뼈(경추, Cervical Vertebra) : 7개 ② 등뼈(흉추, Thoracic Vertebra) : 13개 ③ 허리뼈(요추, Lumbar Vertebra) : 7개 ④ 엉치뼈(천추, Sacral Vertebra, Sacrum) : 3개 ⑤ 꼬리뼈(미추, Cadal Vertebra, Coccygeal Vertebra) : 20~23개

② 늑골(갈비뼈) : 13쌍

구성	① 참늑골(9쌍) : 직접 관절 ② 거짓늑골(4쌍) : 관절하지 않음 ③ 뜬늑골(마지막 13번째) : 인접관절을 형성하지 않음 ④ 늑골궁(갈비활) : 융합관절된 늑골을 의미하며, 가슴과 배를 구분하는 경계가 됨
위치	– 가슴 앞쪽으로 늑골(갈비)연골관절을 형성함

③ 흉골(복장뼈) : 8개(흉골 사이 연골과 흉골분절)

구성	– 흉골자루(복장뼈자루) : 가장 앞쪽의 흉골분절 – 칼돌기(검상돌기) : 가장 마지막 분절이며 끝이 뾰족함

④ 음경골

위치	– 약 10cm의 길이로, 개의 음경몸통 안에 존재
기능	– 교미 시 음경을 단단하게 유지시키는 역할

3) 앞다리뼈

① 쇄골(Clavicle)

앞다리뼈와 척추를 연결하며, 개나 고양이 등의 사족보행 동물에게서는 쇠퇴한 종자골 형태로 존재한다.

② 앞발목뼈(Carpal bone) : 7개

앞발목은 여러 개의 뼈가 관절을 이루는 형태이며, 보행 시 앞발가락으로 땅을 지지한다.

③ 앞발허리뼈(Metacarpal bone) : 5개

④ 견갑골(어깨뼈, Scapula)

⑤ 상완뼈(Humerus)

⑥ 발가락뼈(Digital phalanges) : 첫마디뼈, 중간마디뼈, 끝마디뼈

⑦ 요골(노뼈, Radius)

⑧ 척골(자뼈, Ulna)

[앞다리굽이관절과 뒷발꿈치관절의 가쪽상]

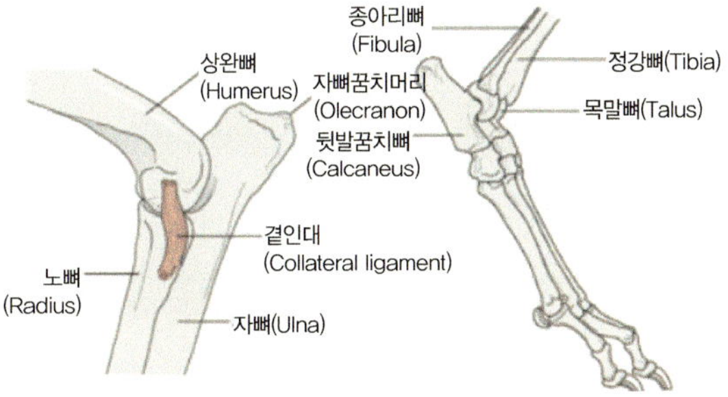

[무릎관절의 앞쪽 및 안쪽상]

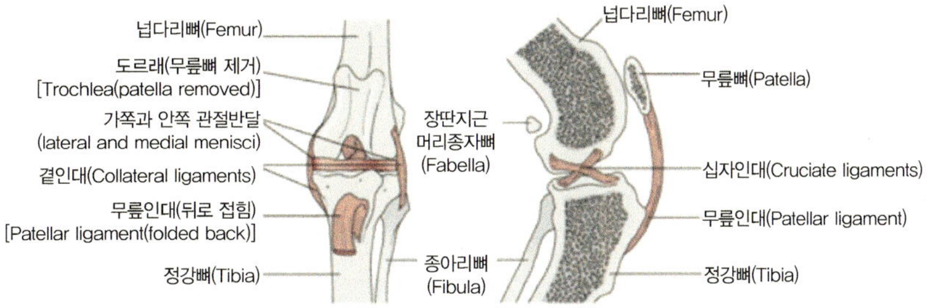

기초 동물보건학

4) 뒷다리뼈

① 관골(장골, 좌골, 치골)

골반뼈로 장골, 좌골, 치골을 관골이라고 하며, 관골절구를 형성한다. 성장기 개의 관골은 생후 12주 후면 완전히 융합된다.

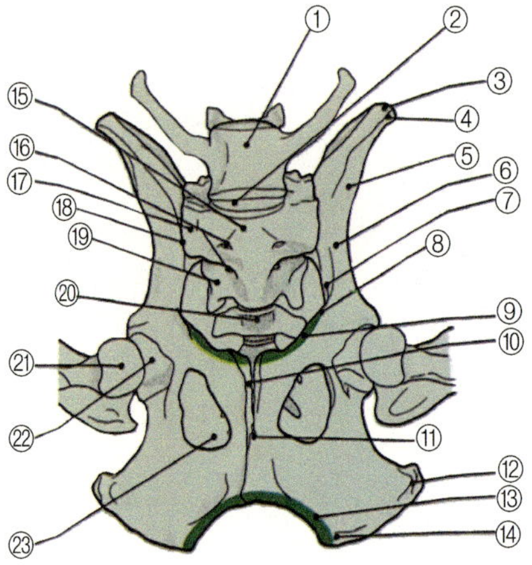

① 일곱째 요추골	② 요추천골 관절	③ 장골 장골능선 관골결절	④ 앞쪽배쪽 장골가시
⑤ 뒤쪽배쪽 장골가시	⑥ 장골몸통	⑦ 궁상선	⑧ 장골 치골융기
⑨ 치골 치골빗	⑩ 치골결합	⑪ 좌골 좌골결합	⑫ 좌골결절
⑬ 좌골궁	⑭ 좌골결절의 내측각	⑮ 천골 천골곶	⑯ 천골 골반구멍
⑰ 장골날개	⑱ 천골장골 관절	⑲ 외측능선	⑳ 첫째 미추골
㉑ 대퇴골머리	㉒ 관골절구	㉓ 폐쇄구멍	

② 다리뼈(대퇴골, 경골, 비골)

구성	– 대퇴골(넙다리뼈) : 대퇴골의 머리는 관골(골반뼈)의 관절절구와 관절 – 원위부 : 경골(정강이뼈), 비골(종아리뼈)과 관절
기능	– 무릎 형성 : 대퇴골 원위부와 경골, 비골의 근위부와 관절해 형성

③ 뒷발목뼈와 뒷발가락뼈

구성	– 경골, 비골과 관절 : 발목뼈, 발뒷꿈치뼈
기능	– 앞발과 동일하게 뒷발가락으로 땅을 지지함

④ 뒷발허리뼈

⑤ 외측 장딴지 근종자골

[발목뼈와 발가락뼈]

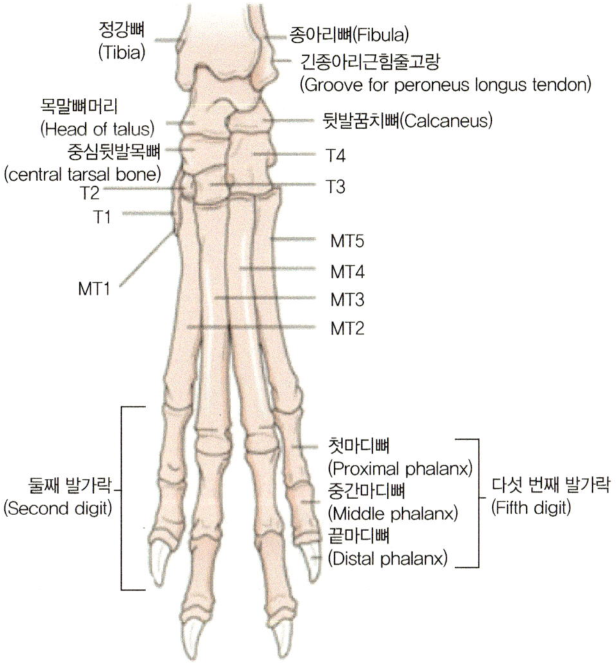

(5) 뼈의 구조

뼈의 구조는 '뼈몸통(골간)', '뼈몸통끝(골간단)', '뼈끝'으로 분류된다.

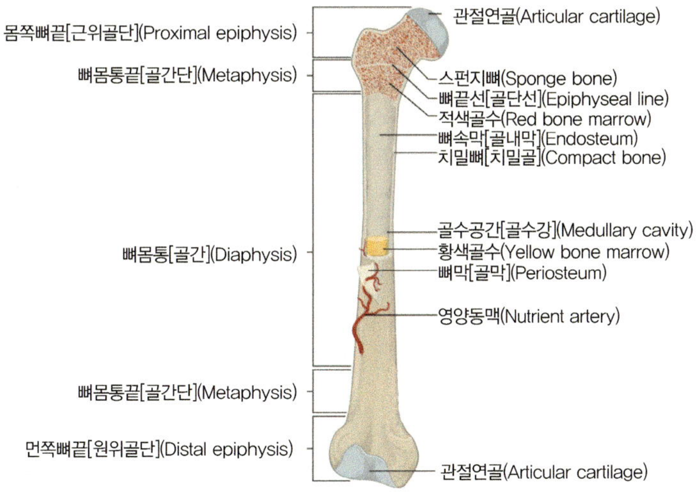

① 관절연골	– 긴뼈의 끝부분에 위치 – 뼈와 뼈의 마찰을 막아주는 역할 – 연골막에서 재생이 일어남 – 연골에 혈관과 신경이 없어 재생이 느림
② 해면뼈 (스펀지뼈)	– 뼈의 양끝에 위치 – 스펀지의 구조 – 해면뼈 내 사이공간에는 적색골수가 존재함 – 짧은뼈는 대부분 해면뼈이며 긴뼈는 뼈끝부분에만 존재 – 압력에 대한 지지력을 주는 역할
③ 골단선 (뼈끝선)	– 성장판이라고 불림 – 뼈의 발생 시 1차 골화중심과 2차 골화중심이 만나는 부위의 연골 – 성장완료 시 뼈끝선으로 남아있음
④ 적색골수	– 해면뼈 내에 존재하는 붉은색의 골수
⑤ 골내막 (뼈속막)	– 골수강(골수공간)을 둘러싸는 막으로 뼈와 혈구를 생성
⑥ 치밀뼈 (치밀골)	– 골막아래의 표층에 있는 치밀한 부분 – 뼈몸통은 두껍고 뼈끝부분은 얇은 형태 – 중심관(하버스관) 주위에 동심원으로 된 뼈층판으로 구성됨
⑦ 골수강 (골수공간)	– 지방성 황색골수가 존재하며 신체의 영양분을 저장하는 역할
⑧ 골막	– 관절면을 제외한 뼈의 바깥부분을 감싸는 섬유막의 결합조직 – 혈관과 신경이 다수 존재하며 뼈세포 생산활동으로 뼈조직의 신생과 골절치유에 도움
⑨ 영양동맥	– 뼈몸통의 중간구멍을 통해 뼈에 영양을 공급하는 역할

(6) 뼈의 성장

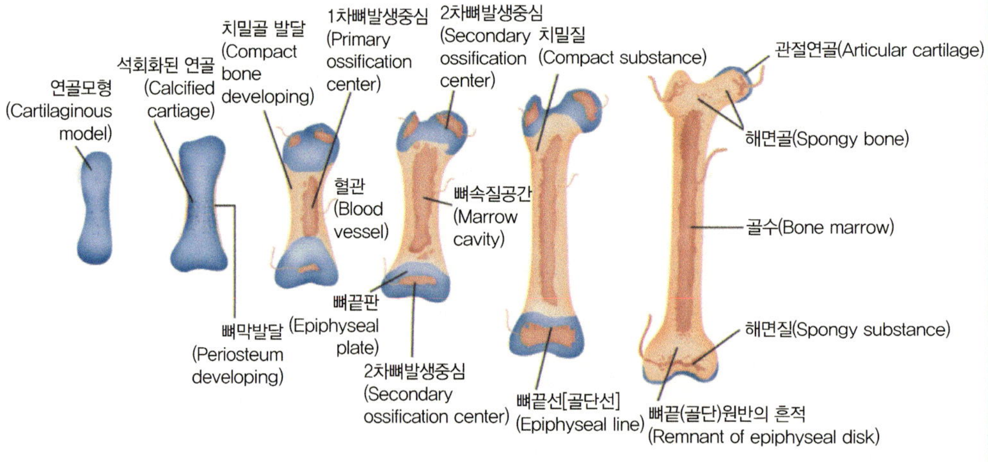

1차골화중심 유리연골형태를 둘러싸는 골륜이 형성됨 → 연골형태 안의 초자연골의 내강이 형성됨 → 골막혈관이 내강으로 들어와 해면골을 형성함 → 2차골화중심 골수강이 형성됨 → 성장이 끝나면 성장판(골단판)과 관절연골에만 유리연골이 남음

03 동물의 관절계통

(1) 관절의 분류

1) 섬유관절

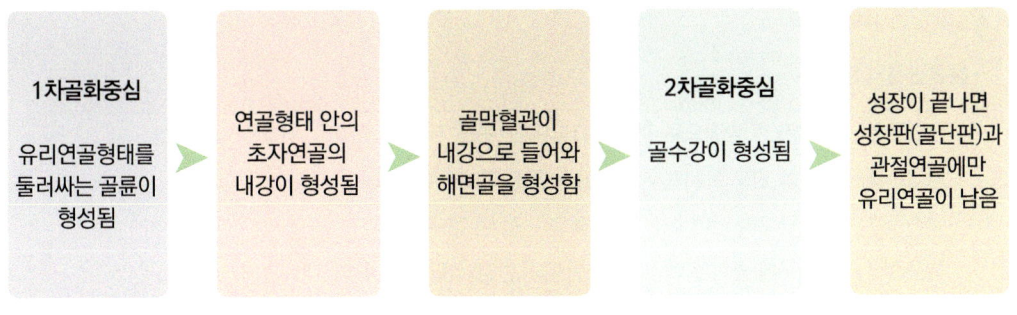

치밀섬유결합조직으로 구성된 부동관절이다.

머리뼈	여러 개의 뼈가 적은 양의 섬유조직으로 결합
요골과 척골 몸통 사이 관절	인대에 의한 결합
치아틀	한쪽 뼈가 다른 쪽에 못처럼 박혀있는 관절

2) 연골관절

완전한 부동관절은 아니지만 운동의 형태가 제한된다. 대부분 성장완료 후 소멸되거나 뼈로 대체된다. 예 골반뼈, 아래턱뼈

3) 윤활관절

윤활액으로 채워진 관절안에 의하여 분리되어 있으며, 가동관절의 형태이다. 관절면, 윤활막, 윤활액, 곁인대로 구성되어 있다. 예 무릎관절, 대퇴관절 등

Plus note

• **윤활관절의 분류**

평면관절	뼈가 한 방향으로 관절, 미끄러지는 운동 가능 예 앞발목, 뒷발목 사이관절
경첩관절	한쪽 면으로 시계추 운동가능 예 앞다리 굽이관절
회전관절	둥근고리 안에 직선 형태 뼈의 관절 예 환축추관절
절구관절	절구에 공이 들어간 형태, 운동의 반경이 넓음 예 어깨, 대퇴관절
융기관절	볼록한 융기부분이 반대쪽의 뼈와 접고펴는 운동 예 대퇴경골관절
안장관절	한 방향으로 크게 볼록한 면과 크게 오목한 두 개의 관절면이 직각으로 형성 예 원위발가락 사이관절

(2) 대퇴관절

관골의 관절절구와 대퇴골 머리가 관절을 형성한다.

(3) 앞다리관절

① 어깨관절 : 견갑골의 관절오목, 상완골 머리 부분

② 앞다리굽이관절 : 상완골 관절융기, 요골머리 오목

③ 앞발목관절 : 요골과 척골의 원위

(4) 뒷다리관절

① 대퇴관절 : 관골, 대퇴골

② 무릎관절 : 대퇴골 무릎관절, 대퇴 경골관절

③ 천장골관절 : 천골날개와 장골날개의 관절면

(5) 무릎관절

① 힘줄 : 대퇴네갈래근의 힘줄, 뒷발가락펴짐근의 힘줄, 오금근의 힘줄

② 인대 : 무릎인대, 내측곁인대, 외측곁인대, 앞쪽십자인대, 뒤쪽십자인대, 가로인대, 발달 대퇴인대

04 동물의 근육계통

(1) 근육의 구성

근육계통은 가로무늬근, 민무늬근, 심장근으로 이루어진다,
가로무늬근(횡문근)과 뼈대근육(골격근)은 뼈대에 붙어 운동이 가능하다.

체크 포인트

- **가로무늬근육**
  액틴(Actin)과 미오신(Myosin)으로 이루어진 미세섬유로 구성되어 있고, 액틴과 미오신이 교차결합해 근육의 수축이 이루어진다.

- **뼈대근육의 구조**
  근육잔섬유(Thick, Thin) → 근육원섬유(Myofibril) → 근육섬유(Muscle Fiber) → 근육다발(Fascicle) → 근육(Muscle)

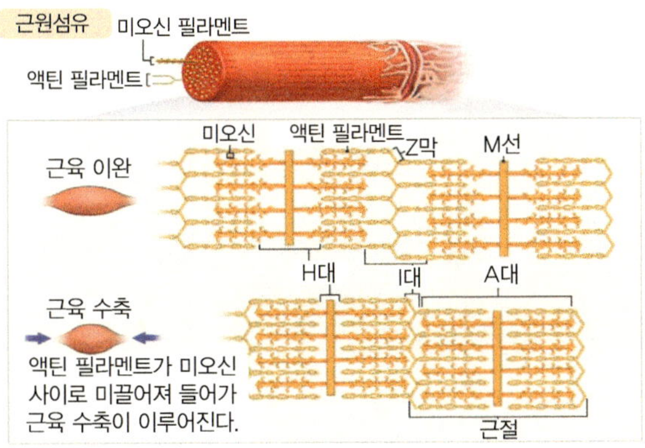

액틴(Actin)	– 근육을 구성하는 단백질성분이며 미오신과 함께 근수축을 이룸
미오신(Myosin)	– 근육수축을 일으키는 단백질로, ATP를 가수분해하여 에너지를 얻음
ATP	– 아데노신 3인산(Adenosine Triphosphate)의 약자 – 모든 생명체 내에 존재하는 유기화합물

(2) 근육의 수축(Contraction)

근육원섬유마디(근섬유분절, Sarcomere)는 근수축의 기본단위이며, CNS로부터의 신경자극에 의해 운동을 수행한다.

① 액틴 필라멘트가 미오신 필라멘트 사이로 들어가 근원섬유분절이 짧아지면서 수축이 발생한다.

② 이때 액틴 또는 미오신 자체의 길이는 변함없이 동일하며 근육섬유마디는 짧아진다.

③ 미오신의 머리가 액틴에 부착되어 근절 중앙으로 끌어당기는 역할을 한다.

④ 이때 ATP와 칼슘이온을 사용해 열이 발생한다.

⑤ 수축이 끝날 경우 교차 결합이 끊어지면서 근육섬유마디가 길어진다.

(3) 근육의 긴장도(Muscle Tone)

가로무늬근육은 언제나 약한 긴장 상태인데, 이것을 '근육의 긴장도'라고 한다. 근육의 긴장도는 근섬유들이 이완되어 있는 동안 수축되어 있는 근섬유들이 차지하는 비율을 의미한다.

등척성수축	근육의 길이가 짧아지지 않고 긴장도가 증가한다. 예 매달리기
등력성수축	근육의 길이가 짧아지는 실제 수축이다. 예 아령들기

(4) 근육의 기본구조

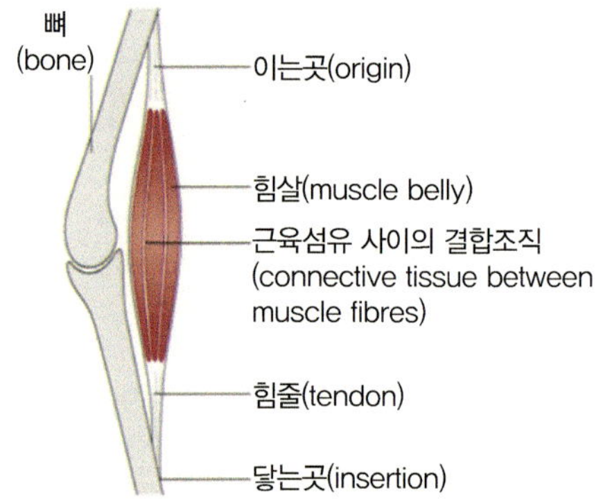

힘살(Belly)	– 두껍고 살이 많은 부분 – 중간이 가장 두껍고 양쪽으로 갈수록 얇아지는 형태
머리(Head)	– 힘살의 양끝 쪽 부분
힘줄(Tendon)	– 근육의 머리 부분에서 근육을 감싸고 있는 치밀한 섬유성 결합조직
이는곳(기시부, Origin)	– 이는곳 : 근육이 시작되는 부위로, 수축 시 거의 움직임이 없음 – 닿는곳 : 이는곳의 반대쪽 끝에서 뼈와 결합되는 부분

Plus note

두 개 이상의 힘살을 가지고 있어도, 닿는 곳이 하나일 경우 머리의 수에 따라 근육의 이름이 불린다.
예 두갈래근(Biceps Muscle) : 2개의 머리를 갖는 근육

(5) 근육의 구성

1) 머리근육(씹을 때 관여하는 근육)

① 관자근 : 외측에 위치

② 깨물근 : 외측에 위치

③ 두힘살근 : 바닥 쪽에 위치

④ 익상근 : 바닥 쪽에 위치

2) 안구근육

[오른쪽 눈 안구근육] [작용 방향]

① 안구주위근육 : 위곧은근, 가쪽곧은근, 아래곧은근, 안쪽곧은근, 위빗근, 아래빗근

② 안구 뒤쪽 : 안구를 뒤에서 잡아주는 안구당김근, 시신경이 존재한다.

③ 안구의 움직임 : 도르래신경으로 인해 가능하다.

3) 늑간근(갈비사이근육)

① 들숨 : 외늑간근(바깥갈비사이근)이 늑골을 들어 올려 흉곽을 확장시켜서 공기 유입이 가능하게 한다.

② 날숨 : 내늑간근이 늑골을 아래로 당겨 공기가 밖으로 배출될 수 있도록 해 호흡이 가능하다.

4) 횡격막(가로막근)

흉부와 복부를 나누는 경계로 척추가 있는 쪽이 등쪽, 흉골이 있는 쪽이 배쪽으로 나뉜다.

5) 앞다리근육

① **앞다리 상부근육** : 등세모근, 가시아래근, 가시위근, 상완두갈래근, 상완세갈래근, 상완근

② **앞다리 하부근육** : 노쪽 앞발목폄근, 공통 앞발가락폄근, 가쪽 발가락폄근, 가쪽 앞발목 굽힘근, 가쪽 자근

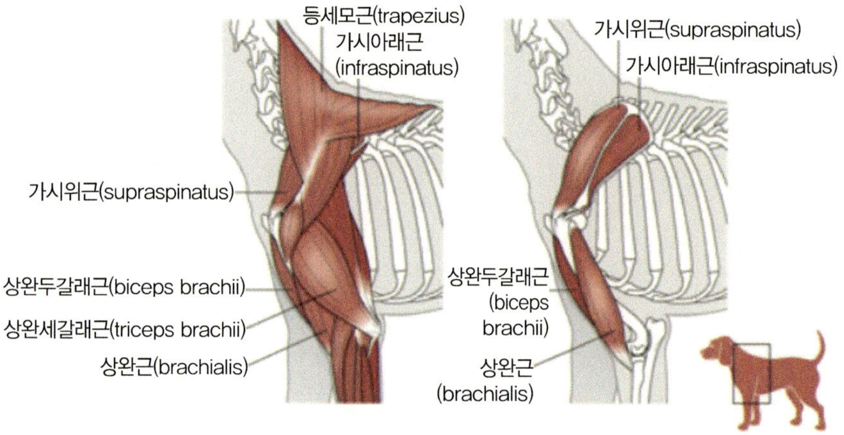

6) 뒷다리근육

① 뒷다리 상부근육

뒷다리 외측면	– 주로 대퇴관절을 펴는 기능 – 대퇴(넙다리)두갈래근, 반힘줄근, 반막근(햄스트링)

② 뒷다리 하부근육

뒷다리 외측면	– 주로 뒷발목과 뒷발가락을 굽히거나 펴는 기능 – 긴종아리근, 앞정강근, 긴뒷발가락폄근, 장딴지근, 얕은뒷발가라굽힘근, 깊은 뒷발가락굽힘근, 뒷발꿈치결절

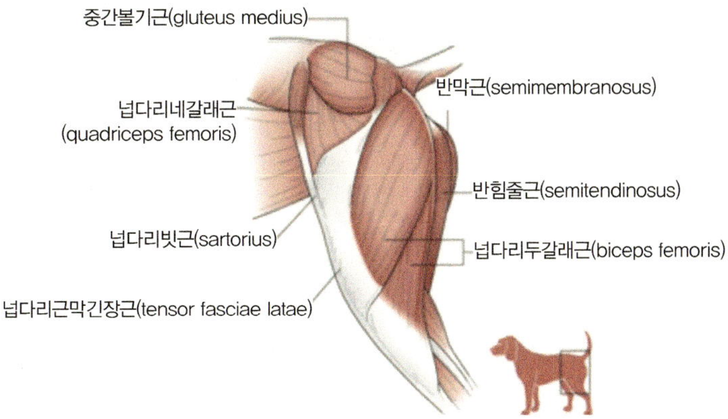

05 동물의 신경계통

(1) 신경계통의 기능

1) 감각기능

시각 · 청각 · 미각 등의 '특수감각'과 촉각 · 통각 · 온도감각 · 압력감각의 '일반감각' 등 외부환경의 현상변화를 감지한다.

체온, 혈압, 산소요구량, 탈수정도, 전해질의 균형 등 체내의 환경변화를 감지한다.

2) 운동기능

조직이나 세포가 기능을 수행하거나, 근육이 수축 및 이완할 수 있도록 조정한다.

3) 조정기능

기관이나 어느 부분의 활동을 다른 기관과 조화되도록 조절한다.

(2) 신경조직

신경조직은 중추신경계(뇌와 척수)와 말초신경계(뇌신경 12쌍, 척수신경 31쌍)로 분류되며, 정보전달 역할의 신경세포와 신경세포에 영양 공급 · 보호의 기능을 하는 신경아교세포로 구성된다.

1) 신경세포

신경세포는 자극인지, 분석, 자극생성 및 전달의 역할을 하며, 세포체와 축삭으로 구분된다.

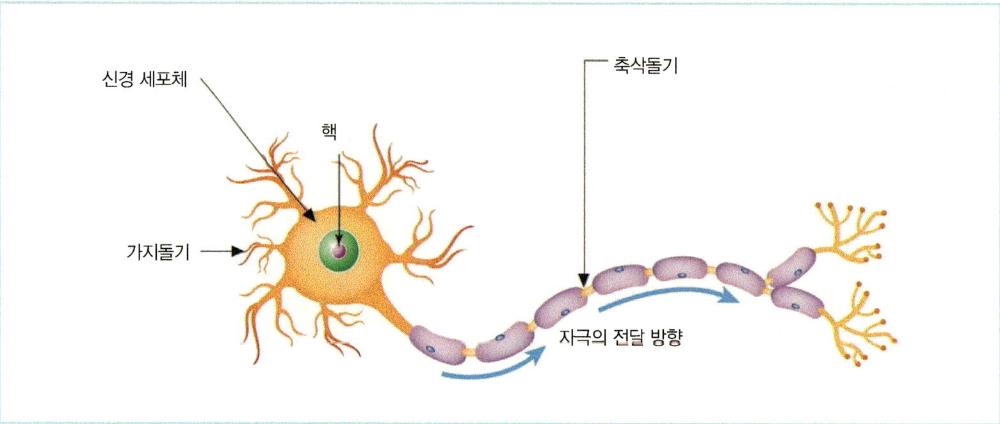

세포체	핵 · 수상돌기와 수지상돌기 다수존재, 자극정보 수집역할
축삭	세포체에서 축삭말단을 이루는 형태로 다른 세포에 정보전달역할

2) 시냅스(Synapse)

신경세포와 신경세포가 만나는 부분이다.

절전신경의 세포체에서 받은 신호가 축삭을 통해 축삭말단에 이르면 축삭말단에 있던 연접소포가 축삭말단의 세포막과 융합되면서 신경전달물질이 배출되고 절후신경의 세포체 부위에 있는 수용체에 포착되어 자극정보가 전달된다.

대표적인 신경전달물질에는 아세틸콜린, 노르에피네프린, 세로토닌, 도파민 등이 있다.

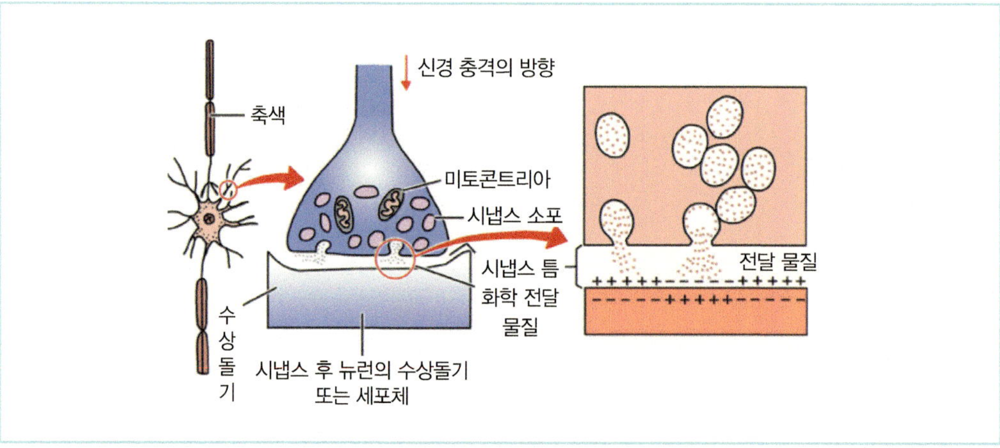

절전신경	신경연접을 이루기 전 신경
절후신경	신경연접 후 신경

3) 신경자극 생성

축삭의 축삭말단 방향으로 전달된다. 신경세포 내에서의 자극 생성은 실무율에 따르며, 역치에 이르지 못하면 신경자극을 생성하지 못한다.

신경자극 생성순서는 다음과 같다.

① 역치 이상의 자극이 올 경우 발생한다.

② −70mV의 안정막전위 상태에서 역치 이상의 자극이 주어질 경우 탈분극이 발생한다.

③ 30mV에서 활동전위가 발생해 자극이 다음 분절로 전달된다.

④ 재분극, 과분극 상태를 거쳐 안정막전위 상태로 돌아온다.

⑤ 축삭에 수초가 있는지의 여부에 따라 신경전달 속도가 달라진다.

⑥ 수초는 절연체로 작동해 전기적 신호를 전달할 수 없으며, 수초가 감겨있을 경우에 수초와 수초 사이 랑비에 결절을 통해 전기적 신호가 전달되기 때문에 신경자극은 무수신경보다 유수신경에서 빠르게 축삭말단에 전달된다.

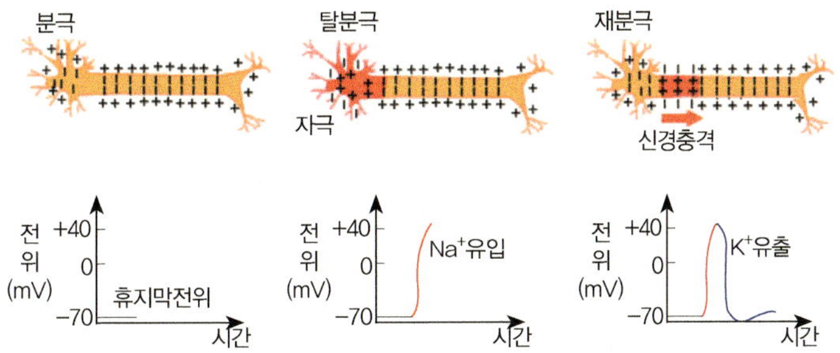

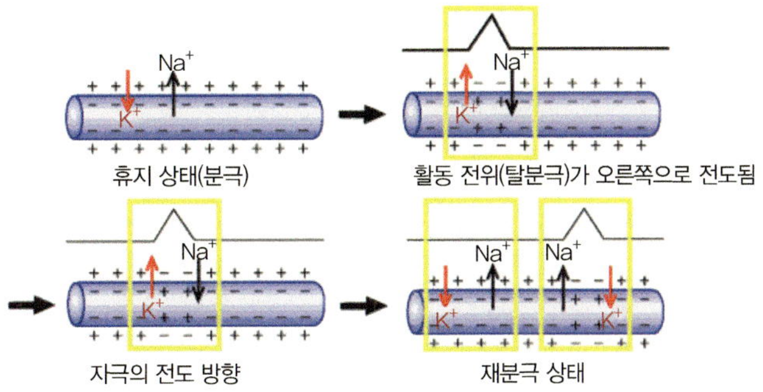

(3) 신경계통의 분류

신경계통은 구조적으로 뇌와 척수인 '중추신경계(CNS)', 뇌신경과 척수신경인 '말초신경계(PNS)'로 구분되며, 기능적으로 서로 연결되어 상호작용한다.

체크 포인트

- **말초신경계(Peripheral Nervous System)**
  - 운동신경(원심성신경) : 체성운동신경, 자율운동신경
  - 감각신경(구심성신경) : 체성감각, 내장감각, 특수감각
  - 체성신경계
  - 자율신경계 : 교감신경, 부교감신경

1) 뇌

뇌는 전뇌(대뇌, 시상, 시상하부), 중뇌, 후뇌로 구분된다.

[뇌의 구조]

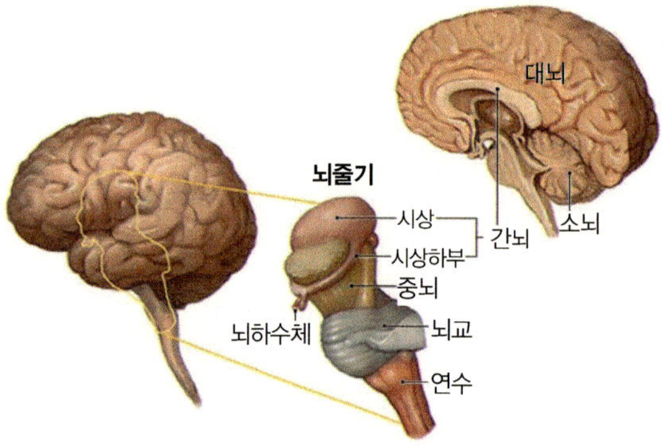

대뇌	– 전체 신경세포의 90%가 분포함 – 주로 기억, 추리, 판단, 감정조절, 운동시작과 관련됨 – 대뇌가 손상되면 증상이 다르게 나타남 – '간뇌'는 시상과 시상하부를 일컫고, 대부분이 시상 – '시상'은 후각을 제외한 감각 정보들이 대뇌피질로 전달되는 것을 중계하는 중계핵 역할 – '시상하부'는 대뇌에서 가장 작은 영역으로, 뇌하수체와 함께 호르몬 분비 · 조절 · 생성에 관여하며 체온조절, 항상성 유지 담당
중뇌	– 주요 신경이 지나는 뇌의 중간에 위치함 – 간뇌와 뇌교를 연결하며 좌우 대뇌반구 사이의 뇌줄기를 구성 – 청각과 시각의 중계핵 역할
후뇌	– 후뇌는 소뇌, 교뇌, 연수를 일컫는다. – '소뇌'는 운동이 일어날 수 있게 조절하는 역할 – '교뇌'와 '연수'에는 호흡조절 중추와 혈압조절중추가 존재하여 호흡조절, 심장박동, 소화기운동, 하품 관련 역할

2) 척수

척수는 뇌에서 나온 정보를 신체의 각 부위에 전달하는 역할을 하며, 경수 · 흉수 · 요수 · 천수 · 미수로 분류된다.

척수의 위치는 다음과 같다.

연수의 뒤쪽 → 대후두공 → 척추관

척수의 피질(백색질)	주로 축삭이 분포, 흰색을 띰
척수의 수질(회색질)	주로 핵이 분포, 회색을 띰

[척수의 구조]

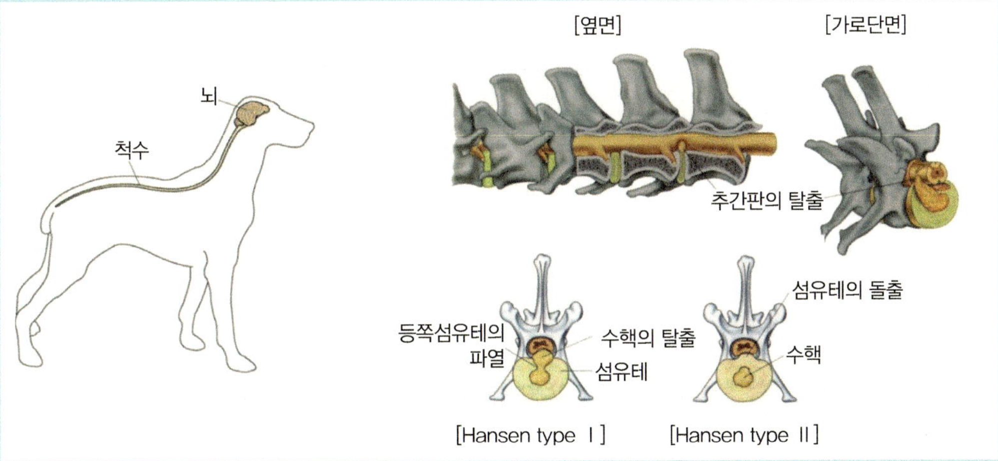

3) 중추신경계 보호

① **두개골** : 뇌를 둘러싸고, 보호하는 역할을 한다. '두개강'은 전두골, 측두골, 후두골, 두정골, 접형골로 구성되어 있다.

② **뇌실계통** : 뇌 안의 서로 연결된 빈 공간을 의미한다. 뇌실계통은 좌우 외측내실, 제3뇌실, 제4뇌실로 구성되어 있다.

뇌압유지	거미막 과립을 통한 정맥으로 흡수되어 소실됨
뇌척수액	뇌와 척수에 영양공급, 뇌의 보호 역할

[뇌실계통의 구성]

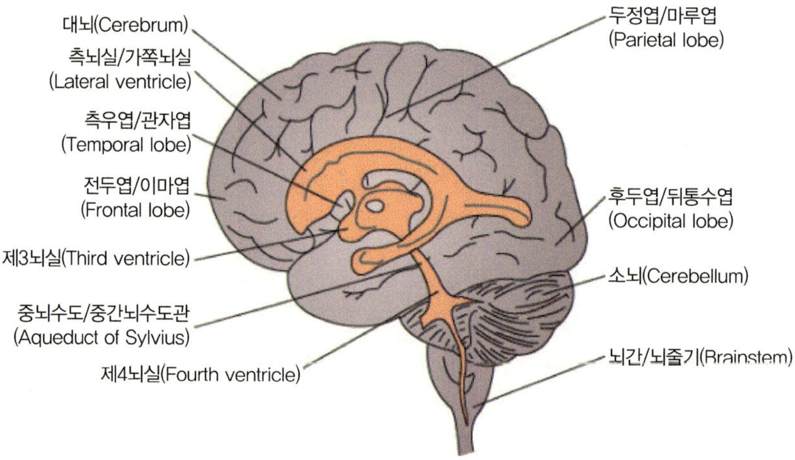

③ **뇌척수막** : 뇌와 척수를 보호하는 역할을 한다.

[뇌척수막의 구조]

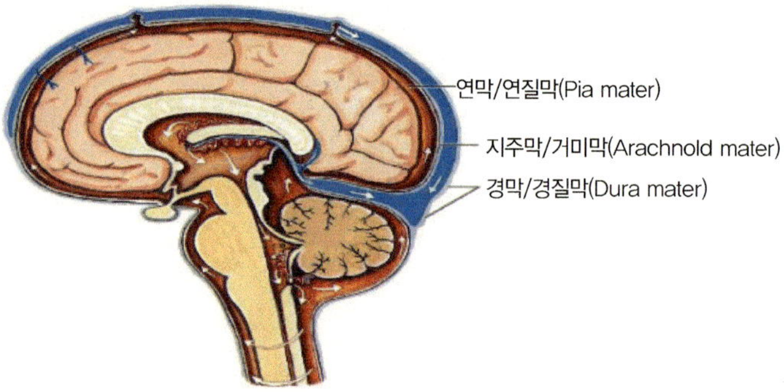

경막	– 두개골의 골내막과 연결됨 – 질긴 섬유성 결합조직 – 뇌척수막을 두개골에 매달아 두는 역할
거미막	– 중간층 위치 – 콜라겐 섬유와 혈관망으로 구성 – 연막과 거미막 사이에 거미막하 공간 형성
연막	– 뇌와 척수와 가장 인접 – 뇌 고랑과 뇌를 감싸고 있음

4) 말초신경계

① 뇌신경(12쌍)

신경섬유 유형	뇌신경	기능
감각	후각신경	– 냄새와 후각 감각전달
	시각신경	– 눈의 시각정보 전달
	속귀신경	– 반고리관의 균형감각 전달 – 달팽이관에서 청각 전달
운동	눈돌림신경	– 눈의 외재성 근육 운동
	도르래신경	
	갓돌림신경	
	얼굴신경	– 눈, 귀, 입술 주변의 피부 운동
	혀밑신경	– 혀 근육 운동신경 공급
	더부신경	– 목 · 어깨 근육 운동신경 공급
혼합	삼차신경	– 저작근 운동신경 – 눈, 얼굴 주변피부 감각신경
	혀인두신경	– 맛봉오리에서 미각 전달
	미주신경	– 후두 근육 운동신경 공급 – 인두, 후두 감각섬유 전달 – 심장 등 부교감성 내장운동신경 공급

② 척수신경(31쌍) : 척주관과 함께 위치해 있으며, 운동, 감각정보 전달 및 수집의 기능을 한다. 경수신경 8쌍, 흉수신경 13쌍, 요수신경 7쌍, 천수신경 3쌍의 총 31쌍으로 구성되어 있다.

③ 자율신경계

교감신경	– 척수신경의 가지 – 짧은 절전신경과 긴 절후신경 – 감정과 관련(흥분, 공포) – 교감신경 자극 시 동공확대, 심박수 증가, 호흡수 증가, 위장운동 저하, 방광이완 등의 반응
부교감신경	– 주로 뇌신경 가지 – 일부 척수신경 포함 – 긴 절전신경과 짧은 절후신경 – 몸의 이완과 관련 – 부교감신경 자극 시 동공수축, 심박수 감소, 호흡수 감소, 위장운동 촉진, 방광수축 등의 반응

06 동물의 감각기관

(1) 시각

1) 눈의 구조

[눈의 구조]

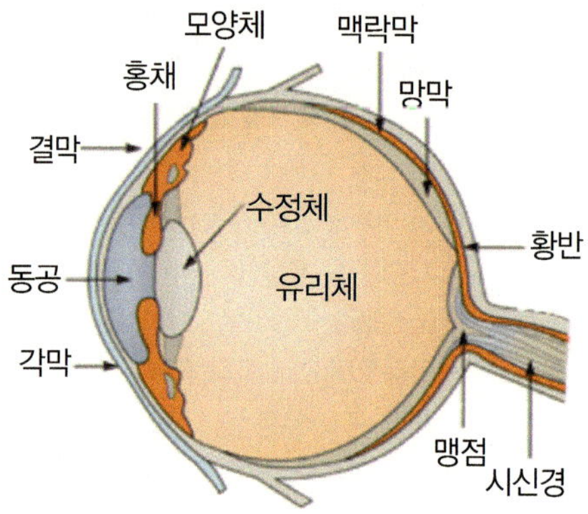

안구	막성 구조물	– 외막 : 각막, 공막 – 중막 : 포도막(홍채, 모양체, 맥락막) – 내막 : 망막
	안 구조물	수정체, 안방수, 초자체
안구 부속기(안구 보호)		상안검, 하안검, 제3안검, 결막

Plus note

- **눈의 구조 및 역할**
  - 광수용기세포 : 망막에 위치, 빛을 감지함
  - 각막 : 투명한 형태, 빛이 투과됨
  - 공막 : 불투과성 막의 형태, 안구의 형태 유지
  - 홍채 : 동공의 크기 조절
  - 모양체 : 안방수 생성, 수정체 두께 조절
  - 맥락막 : 눈에 영양분과 산소 공급
  - 안방수 : 홍채와 수정체 사이를 채우고 있는 형태
  - 수정체 : 빛의 굴절 조절
  - 초자체 : 안구 안쪽을 채우고 있는 형태

2) 시각전달경로

① 수정체에 빛이 지나가 홍채가 수축 또는 이완해 빛을 적절한 양으로 조절한다.
② 수정체의 두께가 조절되어 빛이 굴절해 망막에 도달한다.
③ 광수용기세포에 빛이 감지된다.
④ 막대세포에서 색이 구별되며 원뿔세포에서 명암이 구별된다.
⑤ 두극신경세포와 신경절세포, 2번 뇌신경인 시신경에 도달한다.
⑥ 좌우 눈에서 온 시신경이 시각교차를 이룬다.
⑦ 중뇌(간뇌)를 통해 대뇌피질을 통해 시각이 전달된다.

[시각전달경로]

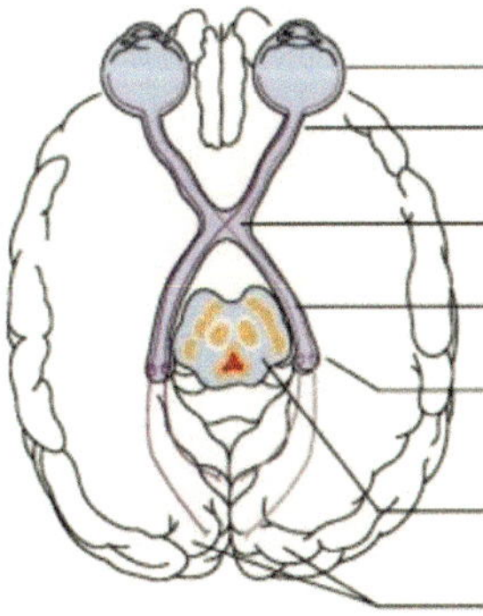

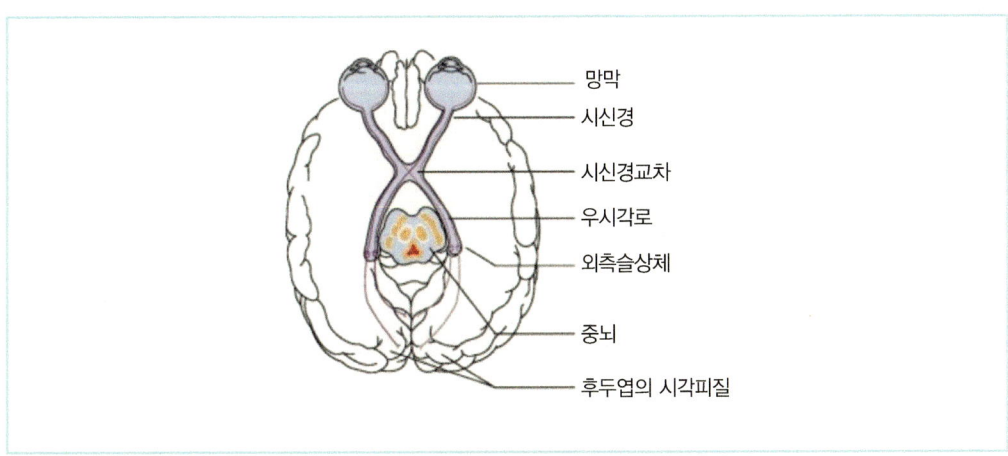

빛 → 각막 → 수정체 → 망막(막대세포, 원뿔세포)
→ 두극신경세포 → 신경절세포 → 2번 시신경 → 시각교차 → 대뇌피질(사각피질)

(2) 후각

1) 코의 구조

[코의 구조]

앞쪽		연골
뒤쪽		뼈
좌우	비강	비갑개
		사골갑개(후각상피로 덮여있음)
사골		비강과 두개강의 경계
두개강		후각망울이 위치함

2) 후각전달경로

① 공기가 비공을 통해 비강 내로 들어온다.

② 비도(비갑개 사이)를 지나 뒤콧구멍을 통해 호흡에 사용한다.

③ 사골갑개로 이동해 후각상피세포(후각수용기세포, 지지세포, 기저세포)에 도달해 냄새를 포착한다.

④ 화학물질이 비강 뒤쪽으로 이동해 후각상피의 점막에 도달한다.

⑤ 후각수용기 세포의 감각털에 포착한다.

⑥ 후각신경(1번 뇌신경)을 통해 후각망울을 지나 대뇌에 도달한다.

[후각전달경로]

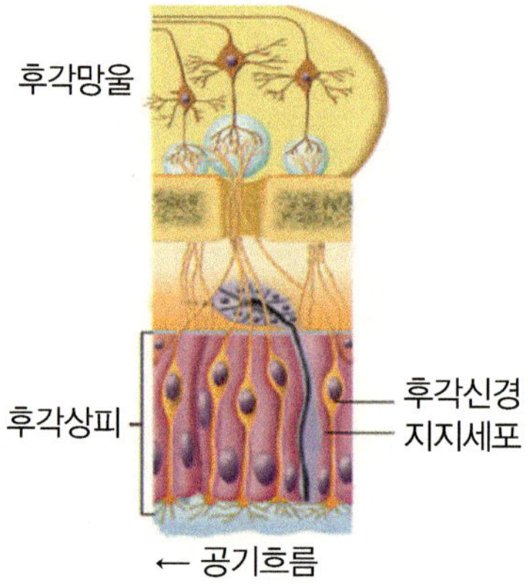

자극(화학물질) → 비강 → 사골갑개(후각상피) → 후각신경 → 대뇌피질 → 후각 수용기 세포

(3) 청각

1) 귀의 구조

[귀의 구조]

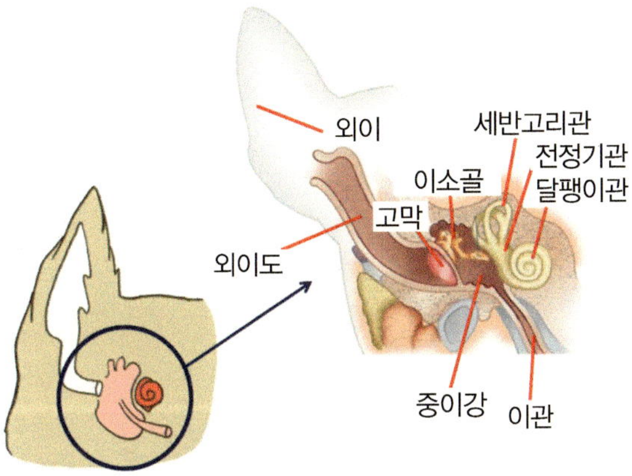

외이	이개	– 소리 수집
	이도	– 수집된 소리를 전달하는 통로 역할
내이 (림프액 존재)	고막	– 음파를 증폭시킴
	고실	– 공기로 채워진 뼈에 둘러싸인 형태
	이소골	– 고막으로 인해 진동됨
중이	달팽이관	– 청각과 관련됨
	전정	– 평형감각과 관련됨 – 내림프액, 팽대부 존재
	반고리관	

Plus note

- **귀의 구조 및 역할**
  - 코르티기관 : 섬모상피세포(청세포, 지지세포) 존재
  - 달팽이관 : 난원창과 연결되며 외림프액이 존재하는 전정계, 정원창과 연결됨
  - 반고리관 : 3개의 고리가 서로 90°각도로 배열되어 있음

2) 청각전달경로

① 음파(소리)가 이개를 통해 수집된다.

② 이도를 따라 이동해 고막이 떨리면서 음파가 증폭된다.

③ 음파가 이소골을 진동시킨다.

④ 진동으로 인해 달팽이관의 외림프액을 이동시킨다.

⑤ 코르티기관 아래쪽 기저막이 움직여 청세포의 감각털이 덮개막에 닿는다.

⑥ 청세포와 연결된 와우전정신경의 와우신경(청신경)으로 전달된다.

⑦ 대뇌피질로 이동해 소리를 듣게 된다.

[청각전달경로]

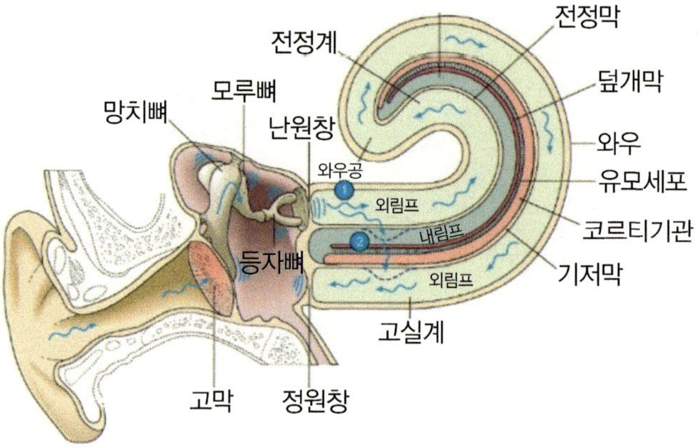

[전정기관의 구조]

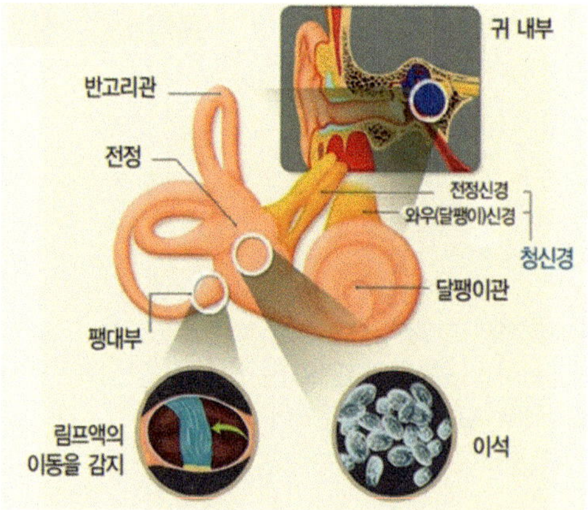

이개 → 이도 → 고막 → 이소골 → 난원창 → 림프액진동 → 기저막 → 코르티관(청세포) → 와우신경(청신경) → 대뇌피질

3) 평형감각 전달경로

① 머리의 움직임이 발생한다.
② 전정과 반고리관의 내림프액이 이동한다.
③ 팽대부의 볭대능이 꺾인다.
④ 감각세포의 감각털이 자극된다.
⑤ 와우전정신경의 전정가지로 감각정보가 전달된다.
⑥ 연수, 대뇌를 지난다.
⑦ 전달된 정보를 통해 몸의 운동이 조절된다.

머리위치 변경 → 전정, 반고리관 내림프액 이동 → 감각세포의 섬모 움직임
→ 전정신경자극 → 연수 · 대뇌 → 몸의 운동조절(머리, 눈 등)

(4) 미각

1) 혀의 구조

혀의 구조는 혀뿌리, 혀몸통, 혀끝으로 분류된다.

[혀의 구조]

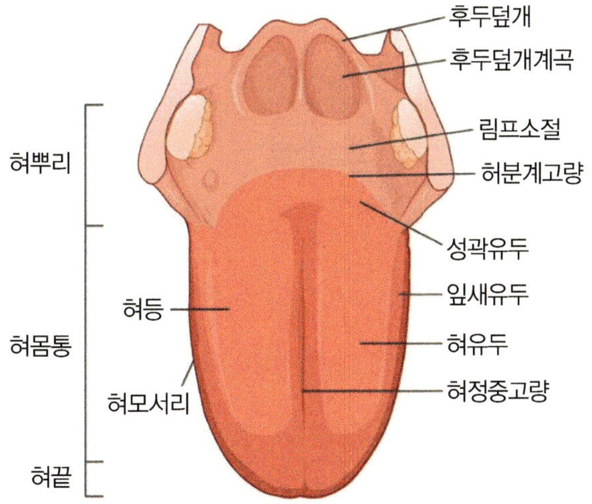

설골장치	– 혀뿌리 부분에 연결됨
미뢰 (맛봉오리)	– 미각 담당 – 혀의 등쪽과 후두덮개, 연구개 부위에 존재 – 섬모상피세포(미각세포, 지지세포)로 구성됨

2) 미각전달경로

① 입안의 화학물질을 포착한다.

② 미공을 통해 미뢰의 미각세포감각털이 포착한다.

③ 이 정보가 뇌신경의 감각신경섬유 7번, 9번, 10번으로 전달한다.

④ 뇌줄기, 시상하부를 지난다.

⑤ 대뇌피질로 이동해 맛을 느낀다.

[미각전달경로]

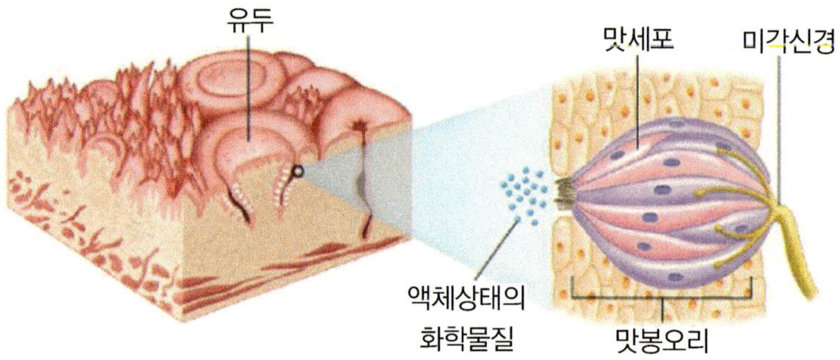

자극(액체) → 미공 → 맛봉오리(미각세포) → 감각신경섬유 7번, 9번, 10번 → 뇌줄기, 시상하부 → 대뇌

07 동물의 순환계통과 림프계통

(1) 순환계통

순환계통은 심장, 혈관, 혈액을 포함한 심혈관계이며 심장의 수축·이완으로 혈관을 통해 혈액이 체내로 이동하게 된다.

1) 혈액

혈액은 혈장 55%와 혈구 45%로 구성되어 있다.

노폐물운반, 산소운반, 이산화탄소 및 호르몬 운반, 혈액 내 ph조절, 면역작용, 혈액응고 등의 역할을 한다.

[혈액의 구성]

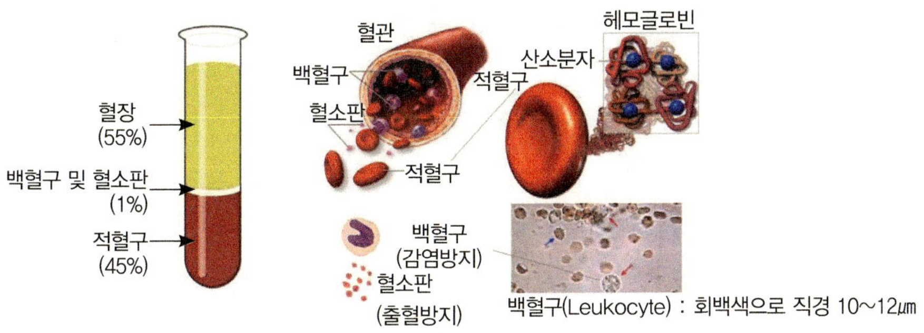

① 적혈구

형태	– 중심이 오목한 원반모양
기능	– Heme : 색소(프로토폴피린)와 철로 구성하며 산소와 철이 결합해 운반되고, 1개의 햄기에 1개의 산소분자가 결합
특징	– 성숙 적혈구는 핵이 없으며 미성숙 적혈구만 핵이 존재함

[적혈구의 Life Cycle]

적혈구 부족 → 에리스로포이에틴 방출(신장) → 골수(적혈구 생산)
→ 순환혈액(수명 120일) → 적혈구 파괴(세망내피계)
→ 글로불린은 아미노산으로 변해 재사용/Heme의 철(Fe) 사용/색소성분은 대사되어 소변 및 대변으로 배출됨

② 백혈구

기능	– 호중구와 단핵구의 식작용 – 림프구에 의한 면역기능 – 가수분해효소, 발열물질 등 물질 생산
특징	– 면역을 담당

[백혈구의 구분]

과립구	**호중구**	– 총 백혈구의 50~70% – 세포 : 구형 / 핵 : 분엽 – 과립 : 크고 창백한 중성과립 – 작용 : 포식작용(탐식작용), 조손상 · 감염 시 가장 빨리 작용함	
	호산구	– 총 백혈구의 2~4% – 세포 : 구형 / 핵 : 2개로 분엽 – 과립 : 붉은색 산성과립 – 작용 : 기생충면역, 알러지반응	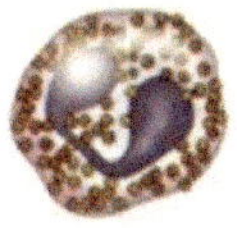
	호염구	– 총 백혈구의 1% – 세포 : 구형 – 과립 : 푸른색의 큰 염기성과립 – 작용 : 비만세포와 히스타민 방출, 급성알러지반응 관여	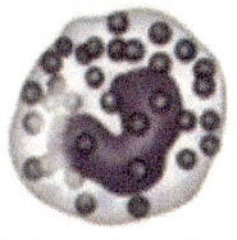

무과립구	단핵구	– 총 백혈구의 2~8% – 크기 : 적혈구의 약 3배 – 작용 : 포식작용(탐식작용) – '대식세포'라고 부르며 조직 손상 및 감염 시 1~2일 후 조직으로 이동함	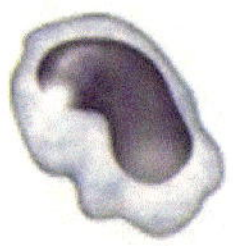
	림프구	– 총 백혈구의 20% – 세포 : 구형 – 크기 : 적혈구보다 약간큼 – 핵 : 세포질 대비 큼 – 작용 : 세포성면역(T림프구)와 체액성면역(B림프구)	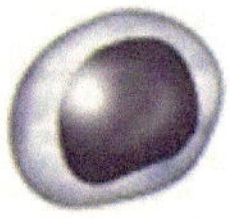

③ **혈소판** : 골수에서 거대핵세포의 세포질이 떨어져 나와 순환 혈류로 들어온 것을 의미한다.

형태	– 없음
기능	– 혈관수축 – 혈액응고계 촉진
특징	– 집합성을 가지고 있음 – 혈관벽을 따라 이동함 – 혈관의 손상된 부위에 붙어 혈관 마개 형성

[혈소판의 모습]

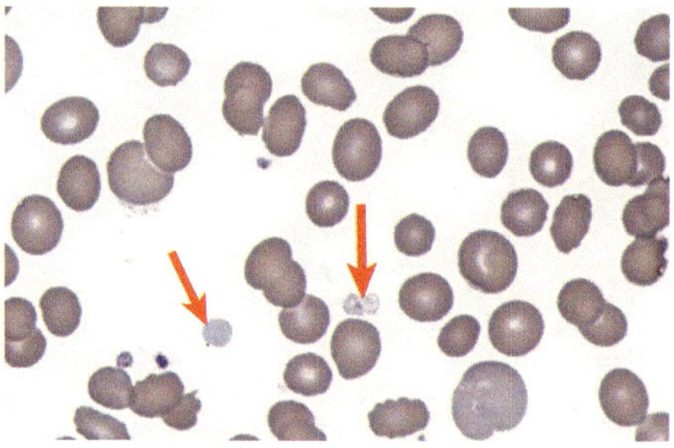

(2) 심장

심장(心臟, Heart)은 대부분의 동물 순환계 혈관을 통해 혈액을 순환시키는 근육 기관으로, 심장이 혈액을 내보내는 작용은 역학적으로 거의 펌프와 같다. 즉, 심방이 확대되어 정맥에서 혈액을 빨아들이며 심방의 수축과 심실의 확대에 의해 혈액은 심실로 빨려 들어간다. 이어서 심실이 수축하여 혈액을 동맥으로 내보내는데, 이때 심방은 확대되어 다시 정맥으로부터 혈액을 빨아들인다. 이렇게 하여 심장은 태생기에 활동을 개시하고 나서 죽을 때까지 이 운동을 계속한다.

[심장의 구조]

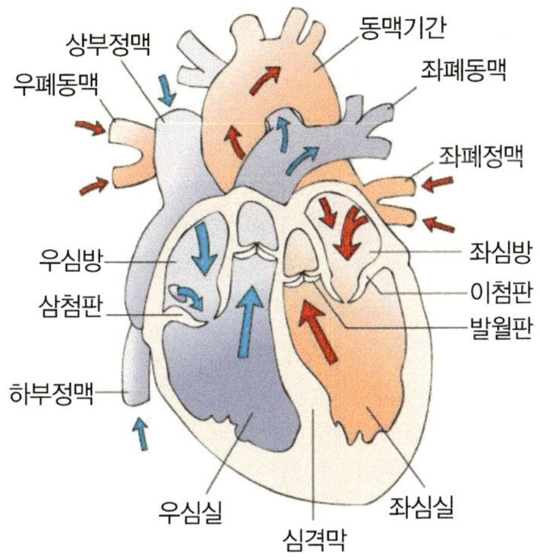

심장은 2심방 2심실의 구조로 되어 있다.

첫 번째 방은 우심방과 우심실로, 온몸에서 온 혈액은 상하 대정맥에 의해 우심방으로 돌아가며, 심실과의 경계인 방실판을 통해서 우심실로 들어간다. 여기에서 밀려나오면 폐동맥을 통해서 폐로 보내진다. 우심실과 폐동맥의 경계에는 '폐동맥판'이 있다.

두 번째 방은 좌심방과 좌심실이며, 폐에서 나온 혈액이 4개의 폐정맥에서 좌심방으로 돌아오면 심실과의 경계인 방실판(2첨판)을 통해서 좌심실로 들어가고, 여기에서 밀려나오면 대동맥으로 유출되어 온몸으로 보내진다. 좌심실과 대동맥과의 경계에는 '대동맥판'이 있다.

이 두 개의 방은 심방과 심방, 심실과 심실이 인접해 있고, 좌우를 구획하는 막을 각각 '심방중격', '심실중격'이라 한다.

체크 포인트

- **심방중격과 심실중격**
  - 심방중격 : 비교적 얇은 막으로, 태생기에 아래위에서 뻗어 나와 중앙부에 구멍이 남는데, 출생 후 1년 정도 되면 폐쇄된다.
  - 심실중격 : 근육으로 된 두꺼운 벽으로, 태생기에 심첨(心尖)에서 뻗어 나와 위쪽 근육이 없는 곳에 약간 남을 뿐이며, 좌우가 완전히 분리된다. 이 분리가 제대로 형성되지 않고 좌우 심실 사이에 연락 구멍이 남는 상태가 '심실중격 결손'이다.

심방과 심실 벽은 심장에 독특한 근육(심근)으로 되어 있다. 완성된 심장의 심방은 약 절반 정도가 원래의 심방(심근 벽을 가진 심방)이고, 나머지 부분은 원래는 정맥관이었던 것이 심방에 받아들여진 것이다. 그래서 이 부분은 벽이 얇다.

심실벽은 모두 심근으로 되어 있는데, 좌심실 벽은 우심실 벽보다 3~4배로 심장 구조 중 가장 두껍다. 우심실은 혈액이 폐에만 도달할 정도의 힘으로 밀어내면 되지만, 좌심실은 온몸에 혈액이 전달되도록 강한 힘으로 밀어내야 하기 때문이다.

Plus note

- **심장벽 혈관의 종류**
  - 대동맥(Aorta) : 심장의 좌심실에서 온몸으로 혈액을 보내는 혈관
  - 대정맥(Vena Cava) : 전신에서 모인 혈액을 심장의 우심방으로 보내주는 혈관
  - 심방(Atrium) : 심장에서 정맥과 연결되어 있는 부분
  - 심실(Ventricle) : 심장에서 동맥과 연결되어 있는 부분
  - 반월판(Semilunar valves) : 우심실과 폐동맥 및 좌심실과 대동맥 사이에 위치
  - 삼첨판(Tricuspid) : 우심방과 우심실 사이에 위치
  - 이첨판(Bicuspid) : 좌심방과 좌심실 사이에 위치
  - 심근(Myocardium) : 심장벽의 중층(심근층)을 이루고 있는 두꺼운 근육
  - 정맥(Vein) : 몸의 각 부분에서 혈액을 모아 심장으로 보내는 혈관
  - 동맥(Artery) : 심장 박동에 의해 밀려나온 혈액을 온몸으로 보내는 혈관
  - 심장막(Pericardium, 심낭) : 심장을 싸고 있는 이중의 낭상막(囊狀膜)

1) 심장순환

[심장순환 방향]

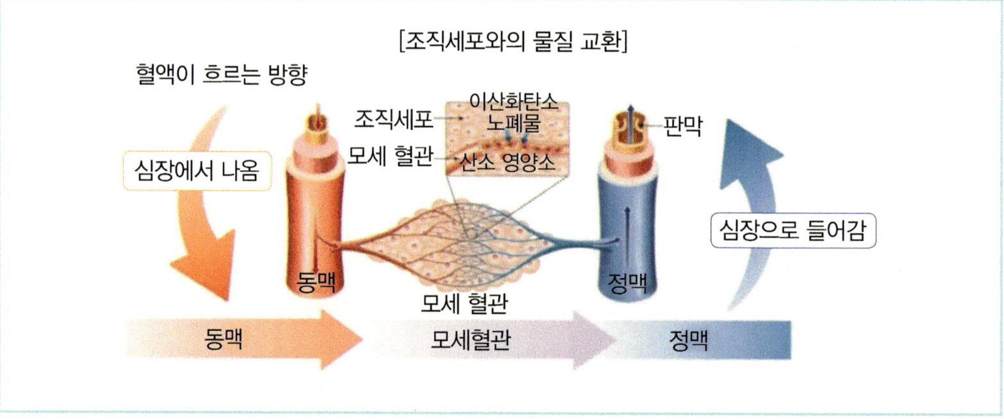

심장 → 동맥 → 모세혈관 → 정맥 → 심장

2) 체순환(대순환)

[체순환 방향]

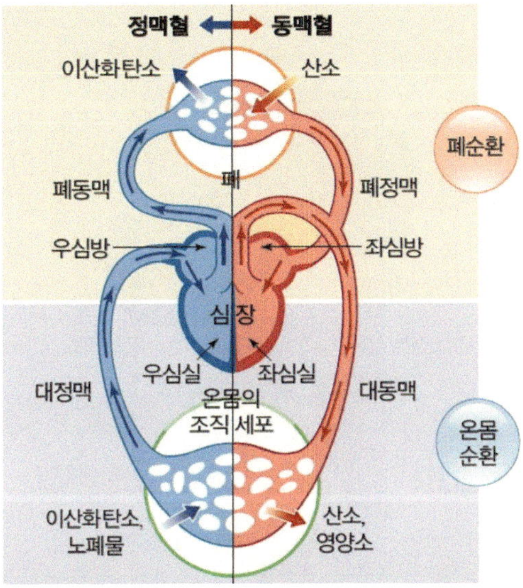

좌심실 → 대동맥 → 조직모세혈관 → 대정맥 → 우심방

① 좌심실은 우심실보다 근육이 발달되어 혈액을 내보내는 힘이 강해, 좌심실에서 나온 혈액이 대동맥으로 이동한다.

② 소동맥, 세동맥을 지난다.

③ 전신 조직에서 모세혈관을 이루며 물질교환을 한다.

④ 세정맥, 소정맥을 지난다.

⑤ 대정맥을 통해 우심방으로 이동한다.

3) 폐순환(소순환)

우심실 → 폐동맥 → 폐포모세혈관 → 폐정맥 → 좌심방

① 우심실이 수축한다.

② 혈액이 폐동맥으로 이동한다.

③ 폐의 폐포모세혈관에서 물질교환을 한다.

④ 폐정맥을 지난다.

⑤ 좌심방으로 돌아온다.

4) 간문맥순환

[간문맥순환 방향]

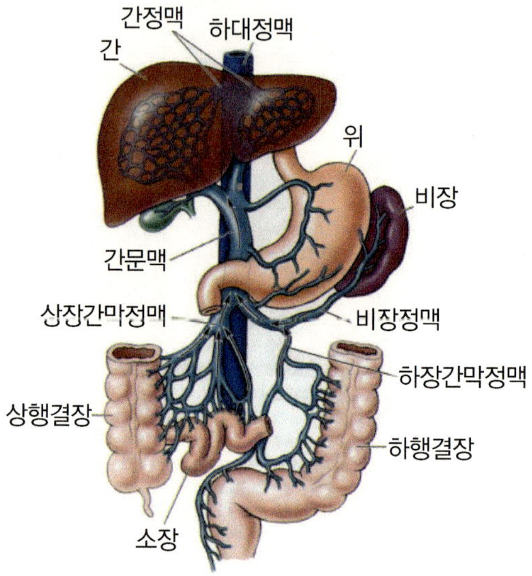

좌심실 → 대동맥 → 앞, 뒤 장간맥동맥 → 모세혈관 → 앞, 뒤 장간맥정맥 → 간문맥 → 동양모세혈관 → 간정맥 → 대정맥 → 우심방

① 좌심실의 혈액이 대동맥으로 이동한다.

② 앞뒤 장간막동맥으로 이동한다.

③ 소장과 대장에서 모세혈관을 이루어 물질교환을 한다.

④ 앞뒤 장간맥정맥으로 이동한다.

⑤ 대정맥으로 흐르지 않고 간문맥으로 이동한다.

⑥ 간의 동양모세혈관으로 이동해 대사과정을 이룬다.

⑦ 간정맥으로 이동한다.

⑧ 대정맥으로 이동해 우심방으로 들어온다.

(3) 림프계통

1) 의미

림프계통에는 림프관, 림프절, 림프조직이 존재한다. 정맥 쪽 모세혈관의 경우 교질삼투압이 조직보다 높기 때문에 조직액이 모세혈관에 흡수가 되는데, 조직액이 완전히 재흡수되지 못하고 남게 되는 경우 순환혈액으로 되돌리는 것을 의미한다.

체크 포인트

- **조직액과 림프액의 차이**
  - 조직액 : 혈액의 순환과정 중 동맥 쪽 모세혈관의 정수압이 조직보다 높아 혈장으로 누출되는 것을 의미한다.
  - 림프액 : 조직액이 림프모세관으로 유입된 체액을 의미한다.

2) 기능

① 신체의 방어체계 기능을 한다.

② 조직액을 회수한다.

③ 항체를 형성한다.

④ 체내 세균 및 이물질을 제거한다.

3) 림프순환

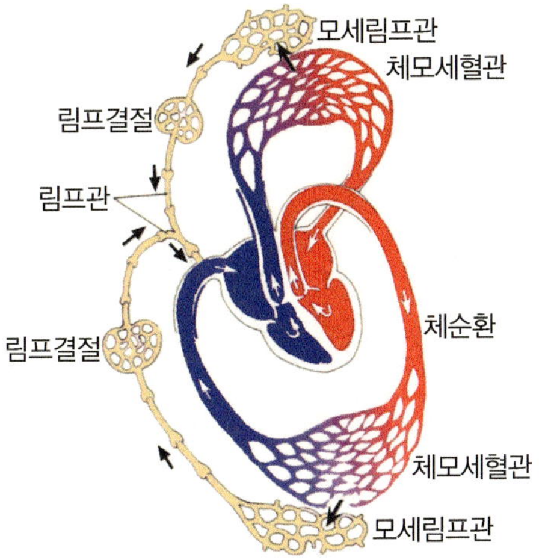

조직액 → 림프모세혈관 → 림프관 → 흉관 → 정맥

08 호흡기계통

(1) 호흡

1) 호흡의 의미

호흡은 산소를 받아들이고 이산화탄소를 체외로 배출하는 가스교환 작용을 의미한다.

호흡 기관에서 이루어지는 기체교환의 '외호흡'과 조직과 모세혈관의 기체교환이 이루어지는 '내호흡'으로 분류된다.

2) 흡기와 호기

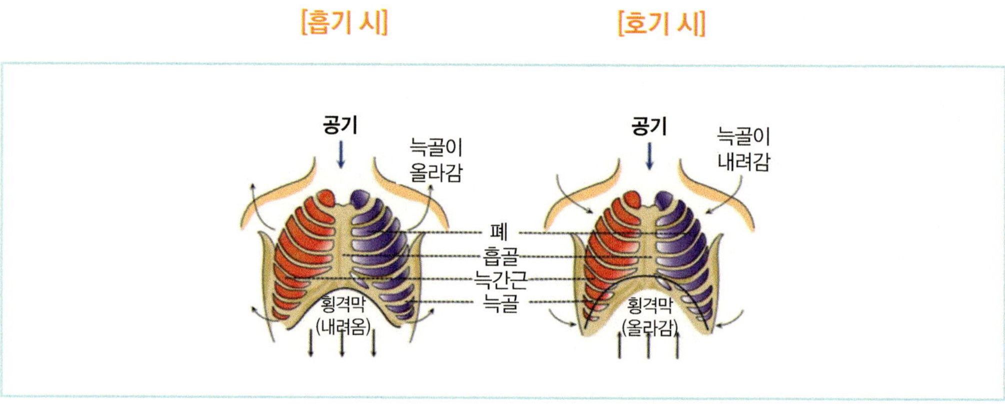

※ 호흡에 관련된 근육 : 횡격막과 늑간근

흡기	– 외늑간근과 횡격막이 수축함 – 공기가 유입되어 폐가 팽창함 – 에너지 사용
호기	– 외늑간근과 횡격막이 이완됨 – 공기가 배출되어 근육과 폐가 이완됨 – 에너지를 사용하지 않음

3) 호흡의 역학

[폐용적과 폐용량 호흡곡선]

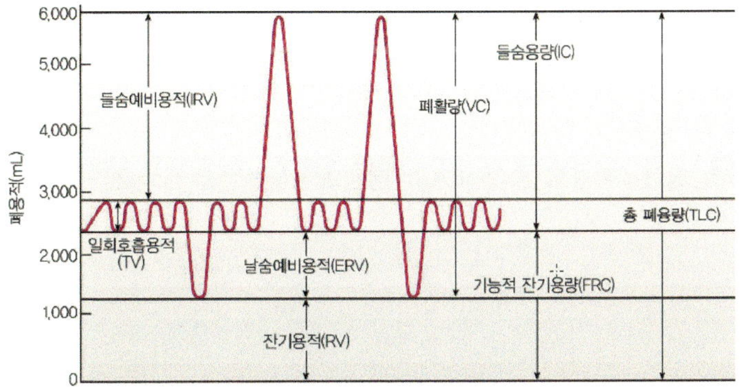

일회 호흡량(TV)	휴식 시 매 호흡당 들숨과 날숨의 양(휴식기 들숨 + 휴식기 날숨)
들숨예비량(흡기예비량, IRV)	정상 호흡 후 강제로 더 흡입할 수 있는 양
날숨예비량(호기예비량, ERV)	정상 호흡 후 강제로 더 내보낼 수 있는 양
폐활량(VC)	최대 들숨 후 날숨으로 내보낼 수 있는 공기의 총량 (일회호흡량 + 들숨예비량 + 날숨예비량)
남은 공기량(잔기량RV)	강제 호기 후 남은 양
기능적 잔류용량(기능적잔기량, FRC)	정상적인 날숨 후에 남는 공기의 양(잔기량 + 날숨예비량)
온허파용량	잔기량 + 날숨예비량 + 일회호흡량 + 들숨예비량

(2) 호흡기계 기관

호흡기계 기관은 외호흡과 관련된 기관으로, '코 · 인두 · 후두 · 기관 · 기관지 · 폐'를 의미한다.

[들숨 시 공기의 흐름]

코(비공 – 비강 – 뒤콧구멍) → 인두(코인두) → 후두 → 기관
→ 기관지(주기관지 – 엽기관지 – 구역기관지) → 세기관지 → 폐(폐포)

코	– 연골과 뼈, 코중격에 의해 좌우 비강으로 분리된 형태 – 비강 : 비골, 상악골, 앞니골, 입천장뼈 등으로 형성되며, 판상형의 뼈로 채워진 형태로, 비강 내 공기가 들어올 경우 갑개로 인하여 공기의 온도 및 습도조절과 이물질을 제거함
인두	– 코인두와 입인두로 분류 – 비강을 통해 인두로 공기가 유입되어 후두의 통로역할을 함

후두	– 후두덮개, 갑상연골, 윤상연골, 피열연골로 구성 – 공기흐름 조절 : 공기 유입 시 후두덮개가 열려 공기가 기도로 주입되며, 음식물 유입 시 후두덮개가 닫혀 음식물이 기도로 들어가는 것을 막고 음식물은 식도로 내려감
기관	– 윤상연골과 연결된 형태 – 항상 열린 상태를 유지함
기관지	– 주기관지 : 좌우 폐로 나눠지는 부분 – 엽기관지 : 엽으로 가는 가지 – 세기관지 : 엽 내 폐포가 연결되어 있는 부분
폐	– 좌우 분리된 형태 – 세기관지를 통해 공기가 유입되면 폐포모세혈관과 확산을 통해 가스교환

09 소화기계통

(1) 소화의 의미

소화는 섭취한 음식물을 분해해 영양분을 흡수하기 쉬운 형태로 변화시키는 것을 의미하며, 음식물을 씹는 작용에 따라 '기계적 소화'와 소화 효소에 의한 '화학적 소화'로 분류한다.

흡수된 물질은 체내 고유한 물질로 합성되거나, 더욱 분해를 진행시켜 에너지가 배출되도록 하는데 이 과정을 '대사(물질 교대)'라고 한다.

'소화기'는 대사에 필요한 물질을 생체 내에 받아들이는 작용을 하는 장기라고 할 수 있다.

'소화계'는 음식물을 소화시킴으로써 에너지와 영양분을 이끌어내며 쓸모없는 부분을 내보내는 역할을 한다.

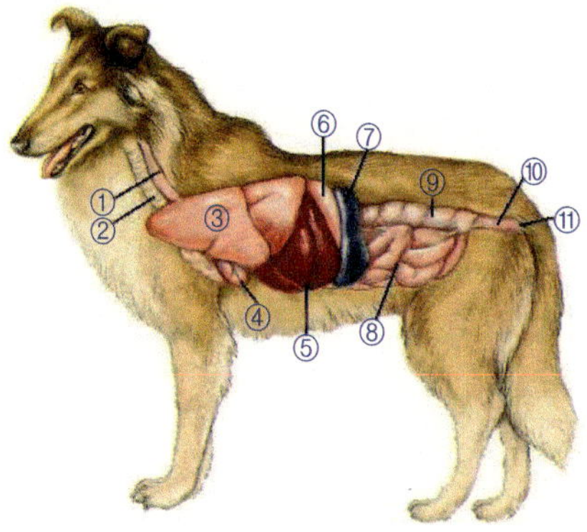

① 식도(esophagus)	② 기도(trachea)	③ 폐(lungs)	④ 심장(heart)
⑤ 간(liver)	⑥ 위(stomach)	⑦ 비장(spleen)	⑧ 소장(small intestine)
⑨ 대장(colon)	⑩ 직장(rectum)	⑪ 항문(anus)	

(2) 치아

1) 치아의 구조

[치아의 구조]

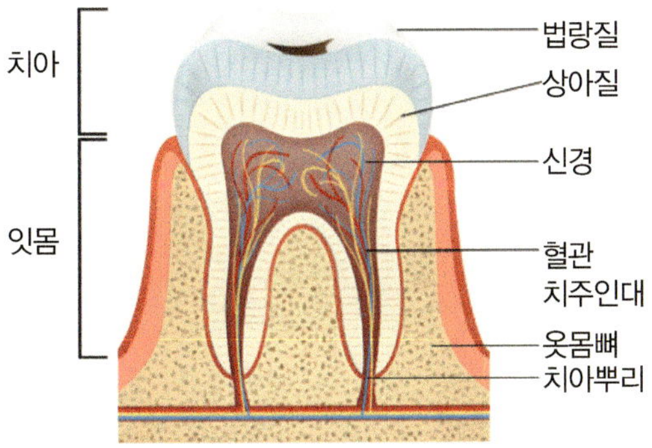

법랑질(사기질)	– 치아의 제일 바깥쪽에 위치하며, 신체에서 가장 단단한 부위임
상아질	– 치아래 부분을 구성함
치아뿌리(치수)	– 혈관과 신경이 포함되어 있으며, 치아에 영양을 공급함

2) 치아의 명칭과 특징

앞니 **(절치, Incisor)**	– 위턱과 아래턱의 앞니뼈로 뿌리가 하나이며 다른 치아보다 크기가 작음 – 음식물을 절단하는 역할
송곳니 **(견치, Canine)**	– 위턱과 아래턱 양쪽에 각각 하나씩 존재하며 뿌리가 하나이고 약간 구부러진 모양이 특징 – 물체 및 음식물을 강하게 고정하는 역할
작은어금니 **(전구치, Premolar)**	– 2~3개의 뿌리가 있으며 평평한 모양이 특징 – 음식물을 작게 분쇄하는 역할
어금니 **(구치, Molar)**	– 작은 어금니와 비슷하지만 크기가 크고 뿌리가 3개 이상임 – 음식물을 작게 분쇄하는 역할
절단(육식)치아 **(Caranassial Teeth)**	– 턱에서 가장 큰 치아 – 힘이 강한 것이 특징

3) 유치와 영구치

구분		I(앞니)	C(송곳니)	PM(작은어금니)	M(어금니)	합계
개	간니(영구치)	3/3 3~4개월	1/1 5~6개월	4/4 4~7개월	2/3 5~7개월	42개
	젖니(유치)	3/3 3~4주	1/1 5주	3/3 4~8주		28개
고양이	간니(영구치)	3/3	1/1	3/2	1/1	30개
	젖니(유치)	3/3	1/1	3/2		26개

[개의 치아 구조]

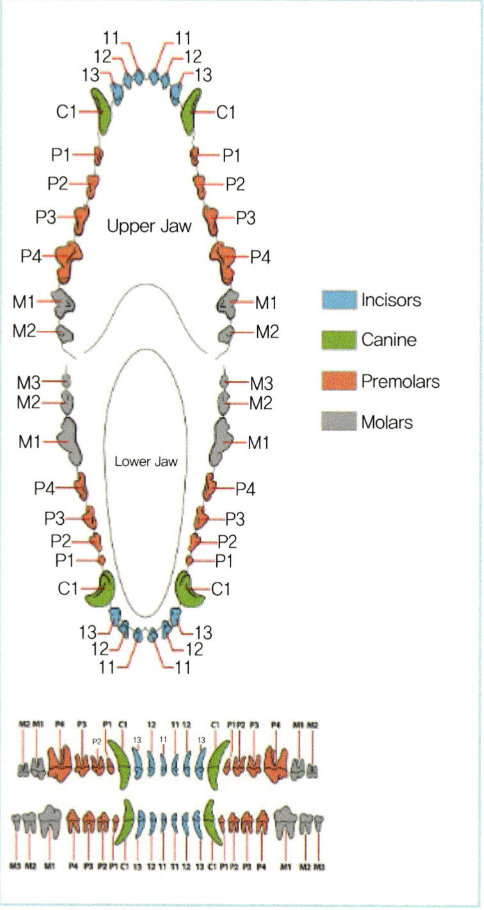

[고양이의 치아 구조]

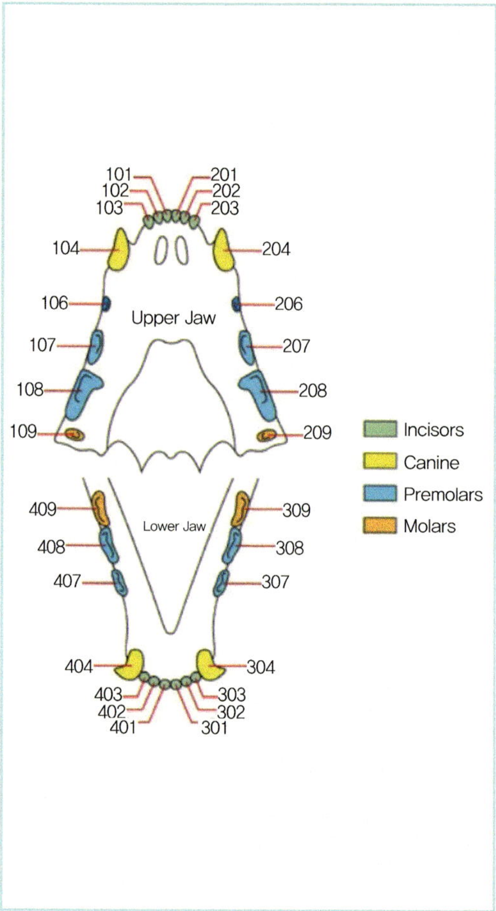

(3) 인두

1) 구성

'편도', '귀관', '유스타키오관'으로 구성되어 있다.

2) 기능

① 음식물이 들어오면 후두덮개가 닫혀 기도로 넘어가지 않도록 막아준다.

② 근육의 연동운동으로 식도로 음식물을 이동시킨다.

③ 호흡을 할 경우 후두덮개가 열린다.

(4) 식도

1) 구성

식도벽은 민무늬 근육섬유가 원형과 세로방향으로 교차배열된 상태이며, 음식물이 들어올 경우 연동운동으로 위로 이동시킨다.

2) 기능

인두부터 위까지의 중간 통로로, 음식물이 이동하는 관 역할을 한다.

(5) 위

1) 위의 소화

① 운동 : 음식물 이동의 연동운동과 음식물을 작게 분쇄하는 리듬분절운동이 존재한다.

② 소화과정 : 음식물이 유입되면 위벽이 확장되며 가스트린호르몬이 분비되고 위액이 생성되어 음식물을 소화시킨다.

2) 위액

① 으뜸세포의 분비

ⓐ 펩시노겐 : 염산에 의해 펩신으로 분해

ⓑ 단백질 : 폴리셉타이드에서 펩톤으로 가수분해

ⓒ 렌닌 : 유즙을 응고시킴

② 벽세포의 분비

ⓐ 염산분비

③ 잔세포의 분비

ⓐ 점액 : 위벽을 보호하기 위한 알칼리성의 장막층으로, 위점막을 덮음

3) 특징

① 식도와 작은 창자 사이에 위치한다.

② C자 주머니모양의 기관으로 위 몸통부분이 얇고, 들문과 날문이 일반적으로 두껍다.

(6) 작은창자

1) 구조

① 샘창자, 빈창자, 돌창자로 구분된다.

② 세로민무늬 근육, 돌림민무늬 근육, 점막근육층이 존재한다.

③ 상피층의 융모가 소화된 영양분을 흡수하며 융모 내의 모세혈관이 간문맥으로 영양분을 운반한다.

2) 특징

① 몸길이의 약 3.5배가 되며, 길고 얇은 관의 형태이다.

② 음식물의 소화와 영양분의 흡수가 주된 기능이다.

(7) 십이지장

1) 구조

위와 췌장을 연결한 U자 관 형태이다.

2) 기능

샘창자 벽에서 소화효소(장액) 분비를 한다.

[십이지장과 췌장]

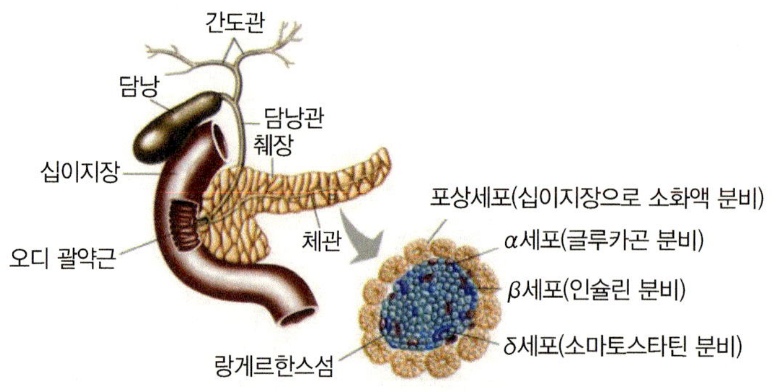

(8) 이자(췌장)

1) 구조

① 외분비샘에서 소화액을 내분비샘에서 호르몬을 분비한다.

② 불규칙한 세모의 형태이다.

2) 기능

이자액이 자율신경계의 자극에 관여하며 소화효소와 단백분해효소를 분비한다.

체크 포인트

• **단백분해효소 종류**

리파아제	담즙염에 의해 활성화되며, 지방을 소화해 지방산과 글리세롤로 분해
아밀라아제	탄수화물(전분)에 작용해 말토오즈(Maltose)로 분해
트립신	다른 전구효소를 활성화시키며, 단백질을 아미노산으로 분해(이자 내 트립신 억제인자가 자가손상을 예방함)
트립시노젠	장액의 엔테로키나제에 의해 활성화되어 트립신으로 전환

(9) 쓸개(담낭)

[쓸개의 구조]

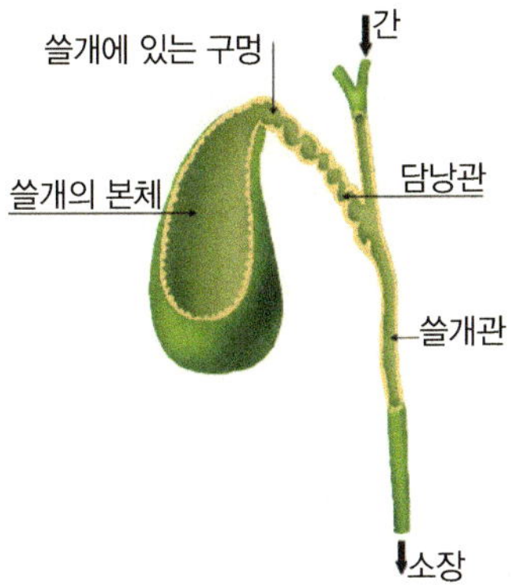

1) 구조

간 엽 사이에 위치한 녹색의 주머니 형태이다.

2) 기능

① 지방소화에 도움을 주는 빌리루빈을 포함한 쓸개즙을 저장한다.

② 지방분해효소(리파아제)를 활성화시킨다.

(10) 공장과 회장(빈창자와 돌창자)

1) 구조

공장과 회장(빈창자와 돌창자)는 구분이 어려워 '빈돌창자'로 통합해 부른다.

2) 기능

영양소를 체내 흡수하는 역할을 한다.

(11) 큰창자

1) 구조

① 맹장(막창자) : 짧고 끝부분이 막혀있는 형태이며 특별한 기능은 없다.
② 결장(잘록창자) : 수분, 비타민, 전해질을 흡수한다.
③ 직장(곧창자)
④ 항문

2) 기능

① 다른 창자에 비해 짧은 편이며 융모가 없고 소화분비샘이 없다.
② 점막층의 잔세포에서 점액을 분비해 대변활동을 원활하도록 돕는다.
③ 항문의 근육은 분변압력에 의해 자율적 운동을 하는 '속항문 조임근'과 의지대로 조절하는 '바깥항문 조임근'으로 분류된다.

(12) 간

[간의 구조]

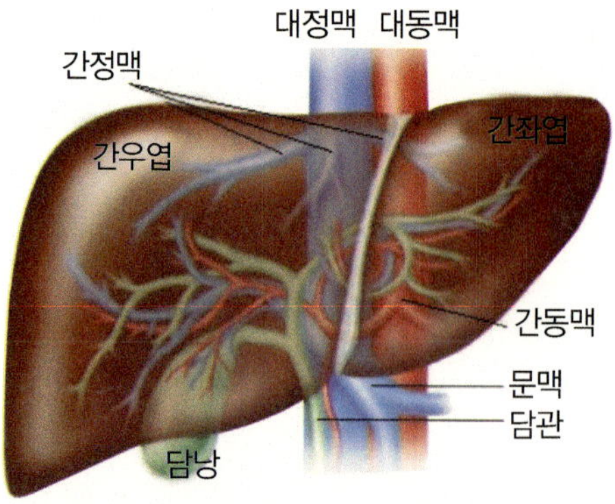

1) 구조

우엽과 좌엽으로 분류된다.

2) 기능

① 쓸개즙을 생성한다.
② 노화적혈구를 분해한다.
③ 비타민을 저장한다.
④ 철분을 저장한다.
⑤ 체온을 조절한다.
⑥ 독성물질을 해독한다.
⑦ 스테로이드 호르몬을 포합한다.
⑧ 대사작용을 한다.

탄수화물	글리코겐 저장
단백질	혈장단백 생성(알부민, 피브리노겐, 글로불린, 프로트롬빈)
지방	지방산을 인지질, 글리세롤을 콜레스테롤로 변환

⑨ 간문맥에서 아미노산과 단당류를 흡수한다.

[쓸개즙의 경로]

① 담세관 → 담소관 → 소엽사이관 → 간판 → 온쓸개관 → 샘창자
② 담세관 → 담소관 → 소엽사이관 → 간판 → 쓸개주머니관 → 쓸개주머니
③ 담세관 → 담소관 → 소엽사이관 → 간판 → 쓸개주머니관 → 온쓸개관 → 샘창자

10 비뇨기계통

비뇨기계통과 생식기계통은 해부학적으로 서로 밀접한 관련이 있어 '비뇨생식기 계통'으로 통합해서 말하기도 한다.

비뇨기계통은 한 쌍의 신장, 요관과 한 개의 방광, 요도로 구성되며 주된 기능으로는 체내 체액량의 삼투압 조절과 소변 및 노폐물 배출, 적혈구 형성이다.

수컷은 음경, 암컷은 질을 통해 외부와 연결된다.

[비뇨기계통의 구조]

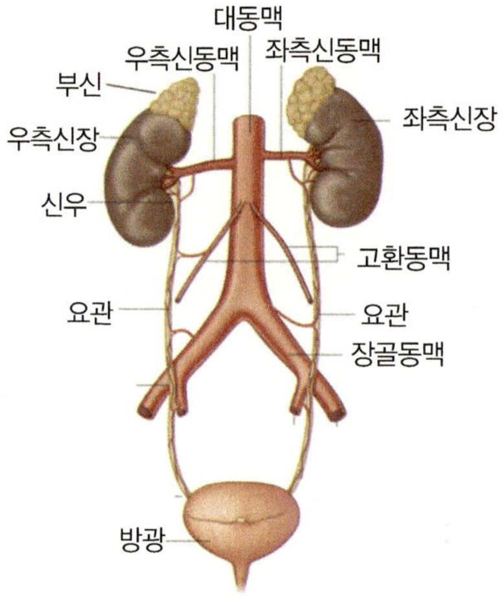

(1) 신장

[신장의 구조]

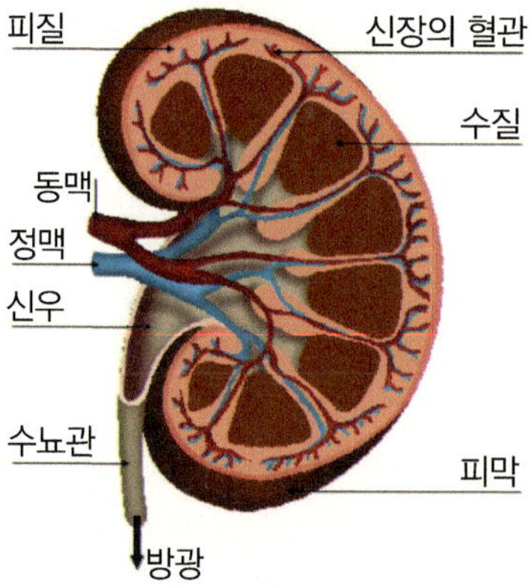

1) 구조

① 강낭콩 모양의 좌우 총 2개가 존재한다.

② 앞쪽 배안의 등쪽, 척추아래근 하부에 각각 존재한다.

③ 척추뼈의 약 2.5배 크기이며 오른쪽 신장이 왼쪽 신장에 비해 약간 더 앞쪽에 위치한다.

④ 무게 약 50~60g, 길이 5cm, 폭 2.5cm, 두께 2.5cm

2) 내부구성

콩팥문	– 혈관, 신경, 요관 등의 통로
피막	– 불규칙한 치밀섬유성의 결합조직 보호층
겉질(피질)	– 신장소체와 신장단위세관이 존재하며 암적색을 띔
속질(수질)	– 원추 형태의 신장 피라미드로 구성되며 집합관과 헨리고리가 존재함 – 겉질에 비해서 약간 창백함
콩팥깔대기	– 깔때기 모양의 주머니로 섬유성 결합조직이며 소변을 요도로 운반함

3) 기능

① 체내 노폐물을 제거한다.

② 체내 수분조절 및 ph조절의 기능을 한다.

③ 혈압조절 호르몬을 분비한다.

④ 비타민을 합성한다.

⑤ 혈구 생성 조절을 한다.

⑥ 미네랄 재흡수 및 배설 조절을 한다.

(2) 요관

1) 구조

① 이행상피 구조로 오줌 양에 따라 수축 및 이완이 자유롭다.

② 요관막에 의해 등쪽 벽쪽에 연결되어 있다.

2) 기능

① 신장에서 소변이 생성되면 방관으로 이동시키는 통로 역할을 한다.

② 연동운동 기능을 한다.

(3) 방광

1) 구조

① 이행상피와 평활근으로 구성된다.

② 좌우 각각 요관과 요도가 개구하는 부분에 방광삼각이 존재한다.

2) 기능

① 오줌을 일시적으로 저장하는 주머니이다.

② 방광 배출 시에는 속조임근(불수의근), 바깥조임근(수의근)이 활용된다.

(4) 요도

1) 구조

① **암컷** : 요도가 수컷에 비해 짧으며 바깥요도구멍이 질과 질안뜰에 연결되어 있다.

② **수컷** : 골반요도와 음경요도로 구성된다.

2) 기능

방광에 저장되어 있던 오줌을 체외로 배출시키는 관이다.

(5) 오줌형성과정

[오줌형성과정]

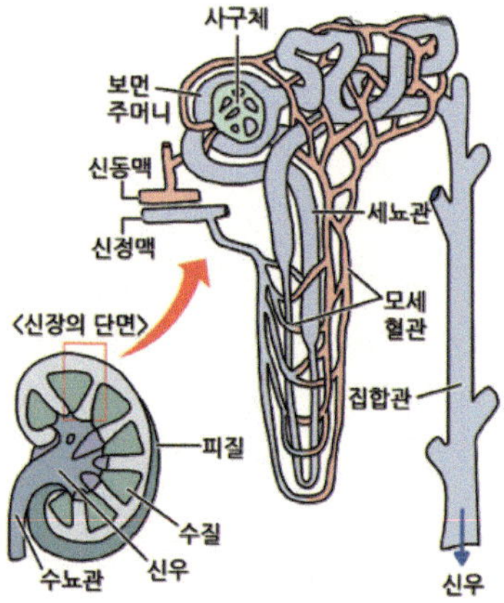

토리 → 토리쪽 곱슬세관 → 헨리고리 → 먼쪽 곱슬세관 → 집합관 → 배뇨

1) 토리

대동맥과 콩팥동맥과 연결되며 민무늬근육의 구조이며, 기능은 다음과 같다.

① 혈액유입 : 대동맥의 압력으로 토리 내로 혈액이 유입된다.

② 혈압조절 : 신장에서 분비되는 레닌에 의해 민무늬 근육을 수축시켜 조절한다.

③ 여과 : 입자가 큰 혈장단백과 적혈구 등은 통과하지 못하며 여과를 통해 원시오줌을 99% 물과 1% 화학물질로 희석한다.

2) 토리쪽 곱슬세관

토리쪽 곱슬세관의 기능은 다음과 같다.

① 재흡수 : 물, 나트륨, 포도당

② 농축 : 질소노폐물

③ 분비 : 독소

3) 헨리고리

① 내림헨리고리

ⓐ 물의 투과성 : 높음

ⓑ 질소노폐물 : 농축

② 오름헨리고리

ⓐ 물의 투과성 : 없음

ⓑ 나트륨 : 재흡수

4) 먼쪽곱슬세관

먼쪽곱슬세관의 기능은 다음과 같다.

① 나트륨 : 알데스테론에 의해 조절되며 재흡수된다.

② 칼륨 분비

③ ph 조절 : 수소이온의 배설로 인해 조절된다.

5) 집합관

세포외액 상태에 따라 수분양이 조절되는 곳이다.

6) 배설

① 수분 : 삼투압에 의해 조절되며 세포외액량에 따라 배설량이 다르다.

② 질소노폐물

③ 무기질이온 : 혈액 및 체액의 삼투압에 따라 조절된다.

④ 단백질 : 단백질 배설과정은 다음과 같다.

단백질 → 탈아미노화 → 암모니아형성(독성작용) → 간에서 요소로 전환 → 신장 → 배설

⑤ 독소(호르몬, 약물, 독소 등)

7) 배뇨 과정

신장에서 소변형성 → 방광으로 이동 → 방광확장 → 민무늬근육의 확장수용체 자극 → 신경자극 뇌로 전달 → 배뇨를 느낌 → 배뇨

11 생식기계통

(1) 동물의 생식기관분류

구분	수컷	암컷
생식샘	고환	난소
생식도관	부고환 정관 요도	난관 자궁 질 질안뜰(질전정)
부속생식샘	정낭샘 전립샘 망울요도샘	자궁샘 큰질어귀샘 작은질어귀샘
바깥생식기관	음경	질 질안뜰

(2) 수컷

음낭	형태	– 고환과 부고환을 감싸는 주머니 형태
	분류	① 음낭벽 : 탄력성 있으며 섬세한 털이 존재, 고환올림근(막) 존재 ② 근육층 : 음낭중격
고환	기능	– 정자가 생산되면 이동 및 생존을 돕는 액체를 생산함 – 테스토스테론 분비 – 온도조절 : 음낭근에 의해 조절됨 – 혈액공급 : 고환동맥 – 고환내림 : 생후 12주

부고환	기능	– 고환에서 생성된 미성숙정자를 성숙 및 일시적으로 저장함
	분류	① 부고환관 : 부고환몸통에서 꼬리까지의 관 ② 부고환꼬리 : 고환에서 가장 온도가 낮음
정관	위치	– 부고환의 연속관
	분류	① 정삭부분 : 시작부분에서 정삭관까지를 의미하며 정관, 혈관, 신경을 감싸는 결합 조직을 의미함 ② 복강부분 : 고샅구멍과 요도까지의 부위를 의미함
전립샘	위치	– 곧창자 배쪽에서 방광목 등쪽에 위치
	기능	– 정액의 약 30% 생성, 정자의 영양공급, 요로의 세균 살균작용 등
망울요도샘	위치	– 황갈색이며, 요도의 골반부분 등쪽에서 음경망울의 앞쪽에 위치
	기능	– 점액질을 분비해 산도를 중화하며 소변 및 이물질 배출
	특징	– 개에게는 없으며 고양이에게 존재함

Plus note

• **개와 고양이의 음경비교**

구분	개의 음경	고양이의 음경
요도	음경의 중앙으로 요도 해면체 안에 존재	
음경망울	요도해면체의 등쪽 팽창부분	
음경귀두	음경의 끝부분	귀두 표면이 가시모양임
음경해면체	음경보호조직 1쌍이 존재하며 발기역할	
음경뼈	긴 형태로 음경 삽입이 원활하도록 도움	요도의 배쪽에 위치함
음경꺼풀	복박 아래 위치, 음경을 보호	

(3) 암컷

난소	위치	– 좌우 한 쌍으로 신장 뒤쪽에 위치하며 난소인대에 의해 복강 등쪽에 부착됨
	기능	– 난자 생성 – 호르몬 분비(에스트로겐, 프로게스테론) – 난소주머니 : 난소 보호, 감염방지 역할
난관	형태	– 난소 아래의 얇은 관
	분류	① 난관깔때기 : 난관술이 존재 ② 난관간막 : 난관을 둘러싸는 내장복막
	기능	– 자궁뿔로 난자를 이동시킴 – 정자와 난자 생존하기 위한 환경제공 – 성숙 난포로부터 배출된 난자를 받음

자궁	분류	① 자궁내막 : 원주상피, 혈관으로 구성되며 초기 배아에게 영양분 공급과 태반을 지지함 ② 자궁간막 : 자궁 넓은 인대의 일부분을 의미
	기능	– 성장하는 태아를 보호 – 태반을 통해 태아에게 영양분을 공급하는 환경 제공 – 근육층 : 민무늬 근육층으로 분만 시 태아를 체외로 밀어냄

Plus note

• **동물에 따른 자궁비교**

분류	특징	동물
중복자궁	자궁체가 2개로 갈라짐	토끼
양분자궁	자궁체가 불완전하게 갈라짐	양, 돼지, 소
쌍각자궁	1개의 자궁체, 자궁각에 임신	개, 고양이, 말
단자궁	1개의 자궁체	영장류

(4) 정자

[정자의 구조]

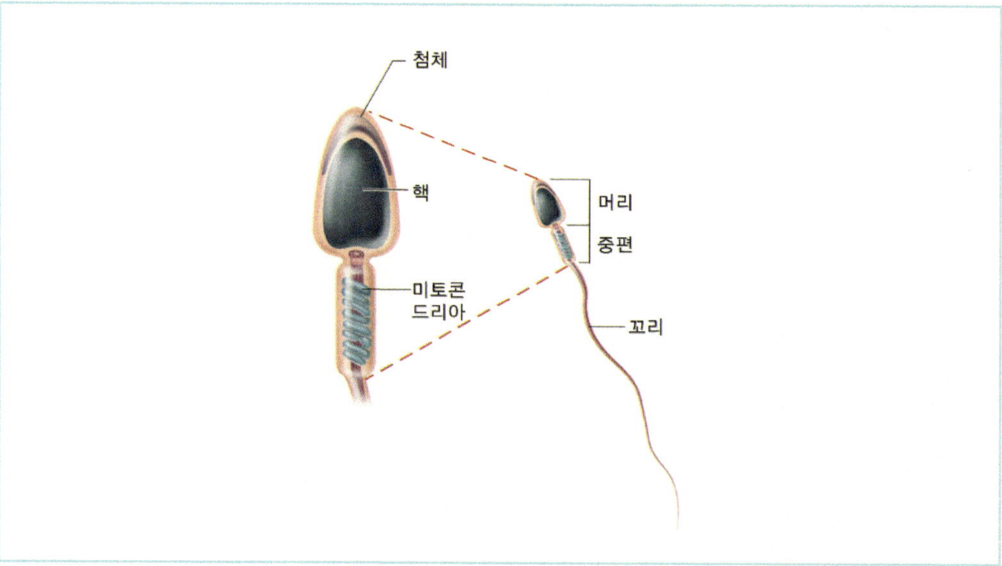

1) 구조

머리, 목, 꼬리(중편부, 으뜸부, 끝부분)로 분류된다.

2) 특징

① 고환의 정세관 내에서 형성된다.

② 부고환에서 성숙되어 방출된다.

(5) 감수분열

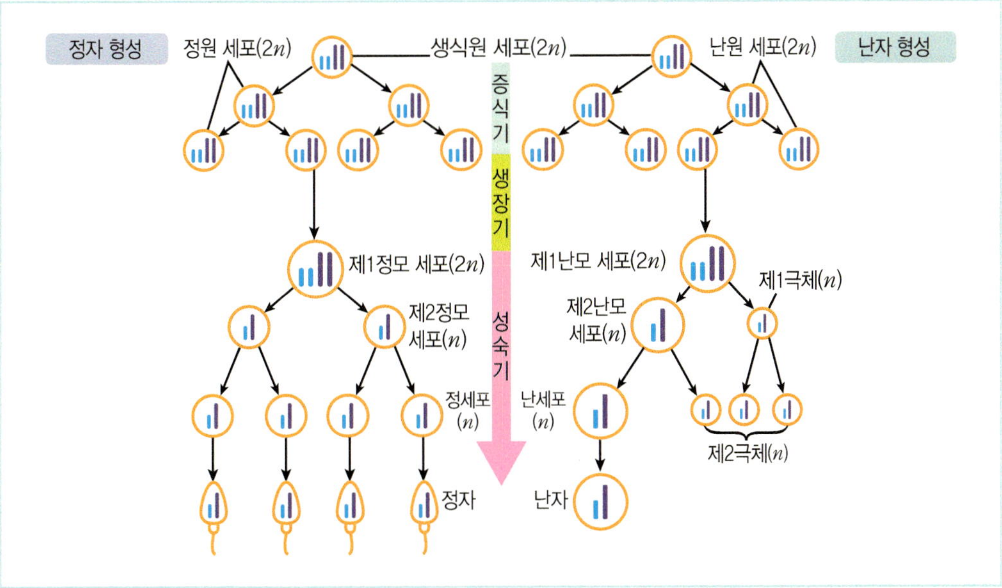

1) 수컷의 감수분열

1개의 정원세포에서 4개의 정자가 생성된다.

2) 암컷의 감수분열

1개의 난원세포에서 1개의 난자와 3개의 극체가 생성된다.

3) 특징

감수분열을 통해 난자와 정자가 생성되며, 염색체 수는 반으로 감소하고 정자와 난자의 배합체는 다시 2배수의 염색체를 가지게 된다.

(6) 발정

발정주기는 번식의 목적을 이루는 데 중요한 요소로서 성숙한 비임신 암컷동물에게 주기적으로 나타난다. 개와 고양이에서 주기와 행동학적 변화가 다르게 나타난다.

1) 개의 발정주기

개의 발정주기 단계는 다음과 같다.

발정전기	– 생식기관이 호르몬(에스트로겐)영향 아래 있는 기간
발정기	– 배란은 발정전기 시작일로부터 약 10일경이며, 교배를 위한 기간 – 난자생성, 자궁의 준비기간
발정후기	– 생식기관이 호르몬(프로게스테론)영향 아래 있는 기간
무발정기	– 난소의 활동이 거의 없는 기간

2) 호르몬의 변화

발정기간 동안 호르몬은 다음과 같이 변화한다.

외적인 자극 → 시상하부 자극 → GnRH(생식샘자극호르몬) 분비 → 뇌하수체앞엽자극 → 1차 난포자극 → FSH(난포자극호르몬) 분비 → 난포성숙 → 에스트로겐 분비 → LH(황체형성자극호르몬) 분비 촉진 → FSH(난포자극호르몬) 분비 억제 → 배란 → 황체 형성 → 프로게스테론 분비

※ 프로게스테론은 임신기간 중에도 지속적으로 분비된다.

3) 고양이의 발정주기

고양이의 발정주기 단계는 다음과 같다.

발정기	– 기간은 약 4~10일 – 평소보다 예민하며 울음소리가 커지고 지속됨
발정휴지기	– 기간은 약 14일(2주) – 새로운 난포가 끝무렵에 발육이 됨
무발정기	– 기간은 약 4개월 (11월~3월) – 발정행동이 없음 – 난소활동이 정지되며, 일조량이 늘면 다시 난포발육으로 교배기가 시작됨

① 계절성 다발정 동물로 봄부터 가을까지 2~3주마다 반복된다.

② 교미자극에 의해 배란되는 유도배란성 동물이다.

③ 일조량과 일조시간에 영향을 많이 받는다.

12 내분기계통

(1) 호르몬

1) 의미

호르몬은 일반적으로 신체의 내분비기관에서 생성되는 화학물질들을 통틀어 일컫는다. 신경전달물질과 본질적으로는 다르지 않지만, 중추신경계를 주요 이동경로로 하는 신경전달물질에 비해서 보다 광범위한 내분비기관에서 분비되어 혈액을 통해 넓은 범위에 비교적 오랜 시간 동안 작용하는 물질을 의미한다.

체크 포인트

- **내분비**
  분비세포에서 분비된 물질이 혈액을 타고 표적이 되는 기관이나 세포에 도달해 작용하는 것을 의미한다.

2) 특징

① 생체 내에서 생성되어 매우 적은 양으로 작용하여 효과를 나타낸다.

② 호르몬은 생체 내 반응에 있어서 에너지를 공급하지 않는다.

③ 호르몬은 특이성(Specificity)과 선택성(Selectivity)이 뚜렷하여 표적장기에만 선택적으로 작용한다.

④ 특정 장기나 조직에서 일어나는 반응 또는 반응속도는 조절할 수 있으나, 새로운 반응, 기능을 일어나게 할 수는 없다.

⑤ 생체 내에서 끊임없이 생성되고 배설되며 분해된다.

⑥ 호르몬의 분비율은 일정하지 않으므로 성주기, 외부의 자극, 기상변화, 사료의 종류, 밤과 낮의 길이 등에 따라서 그 분비율이 변한다.

3) 역할

① 항상성 유지

② 성장 발달

③ 혈중 수분, 전해질 및 영양소의 균형유지

④ 세포대사

⑤ 에너지 균형

⑥ 스트레스에 대항해 신체 방어

4) 생성장소

생성장소	종류
샘성호르몬	시상하부, 갑상샘, 비갑상샘, 고환, 난소, 이자, 부신
비샘성호르몬	가스트린(위벽세포), 세크레틴(작은창자의 벽), 적혈구 형성인자(신장) 융모막 생식샘자극호르몬(임신중 태아)

(2) 내분비계 호르몬의 종류

1) 시상하부

TRH (갑상선자극호르몬 방출호르몬)	– 시상하부에서 분비하는 신경호르몬 – 아미노산으로 구성되며 뇌하수체의 갑상샘 자극호르몬(TSH)을 조절하는 작용을 함
CRH (부신피질자극호르몬 방출호르몬)	– 스트레스 반응에 관여하는 펩티드 호르몬 – 코르티코트로핀 방출인자 계열에 속하는 방출호르몬으로, 시상하부 뇌하수체 부신축의 일부로 ACTH(부신피질자극호르몬)의 뇌하수체 합성을 자극함
GnRH (생식샘자극호르몬 방출호르몬)	– 시상하부내의 GnRH 뉴런에서 합성되고 방출되는 펩타이드 호르몬 – '시상하부–뇌하수체–생식선' 축의 초기단계를 구성
GHRH, GHIH (성장호르몬 방출호르몬, 억제호르몬)	– GHRH는 GH분비를 촉진, GHIH는 GH분비를 억제하며 호르몬 조절로 뇌하수체 전엽에서 혈류를 타고 전신으로 이동함 – 간에서 IGF–1의 분비를 자극함 – IGF–1 : 골격근, 피부 등 성장에 중요한 역할
PRH, PIH (젖분비자극호르몬 방출호르몬, 억제호르몬)	– PRH는 프로락틴을 촉진해 젖의 분비를 자극함 – PIH는 프로락틴의 분비를 억제해 젖의 분비를 감소시킴

2) 뇌하수체

뇌하수체 앞엽호르몬	TSH (갑상샘자극호르몬)	– 뇌하수체에서 생성되며 갑상선 호르몬의 생성과 분비를 자극함 – 혈중 갑상선 호르몬이 감소될 경우 갑상선자극호르몬이 증가해 혈중 갑상선 호르몬인 싸이록신(T4)와 삼요오드티로닌(T3)이 체내에서 농도가 안정적으로 유지되도록 조절함
	GH (성장호르몬)	– GHRH와 GHIH에 의해 성장호르몬의 분비가 조절되며 뼈의 성장, 단백질 합성 등 성장에 중요한 역할
	ACTH (부신피질자극호르몬)	– 코르티솔(Cortisol)의 생성을 자극함 ＊Cortisol : 포도당과 단백질 대사, 면역체계 반응억제, 혈압유지의 기능을 하는 스테로이드 호르몬 – ACTH와 관련된 질환 : 쿠싱병, 에디슨병
	FSH (난포자극호르몬)	– 폴리펩타이드 호르몬 – 생식세포의 성숙, 수컷의 정자형성에 관여함

	LH (황체형성호르몬)	– FSH(난포자극호르몬)과 함께 난포발육을 자극하며 에스트로겐을 분비함
	ICSH (간세포자극호르몬)	– 생식선 자극 호르몬의 하나이며 간질세포자극 호르몬이라고도 불림 – 암컷의 경우 난소 내의 성장한 여포에게 배란을 일으키며 수컷의 경우 간세포를 자극해 테스토스테론의 분비를 촉진함
	Prolactin (젖분비자극호르몬)	– LTH(황체자극호르몬)으로 부르기도 함 – 임신 중에 프로락틴의 분비량이 크게 증가해 유즙을 분비하며, 수컷의 경우 전립선 등에 작용
뇌하수체 중엽호르몬	MSH (멜라닌세포 자극호르몬)	– 멜라닌 색소를 생성하는 세포를 자극해 멜라노솜에서 멜라닌 색소를 생성함
뇌하수체 뒤엽호르몬	옥시토신	– 자궁수축호르몬이라고도 불림 – 자궁 내 근육을 수축하며, 유선의 근섬유를 수축해 젖의 분비를 촉진하는 곳에도 사용됨
	ADH (항이뇨호르몬)	– 알기닌 바소프레신이라고도 불림 – 체액의 삼투농도가 높아질 경우 인지하여 분비가 촉진됨 – 수분의 재흡수 촉진, 모세혈관을 수축해 혈압을 높이는 작용을 함

3) 갑상샘

갑상샘 호르몬은 일반적으로 '삼요오드타이로닌(T3)', '티록신(T4)'을 의미한다.

[갑상샘호르몬 T3와 T4의 전달체계도]

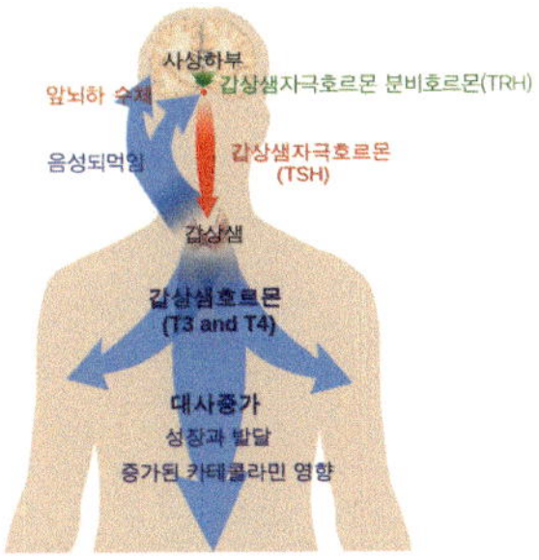

① 합성

ⓐ 간뇌의 시상하부는 갑상샘자극호르몬 방출호르몬(TRH)을 통해 뇌하수체에서 갑상샘 자극 호르몬을 방출하도록 요청

ⓑ 뇌하수체가 갑상샘자극호르몬(TSH)을 분비

ⓒ 갑상샘에서 갑상샘호르몬의 합성 및 분비가 촉진

ⓓ 섭취하여 체내에 들어온 아이오딘이 능동 운반에 의해 갑상샘 세포 안에 들어가 세로에 있는 단백질인 갑상샘 글로블린과 결합하여 갑상샘호르몬으로 합성

② T3와 T4의 의미

요오드가 3분자 결합한 것을 T3, 4분자 결합한 것을 T4라고 부르며, 분비되는 갑상샘호르몬 중 90% 이상이 T4이다. 혈중으로 분비된 갑상샘 호르몬은 혈중 단백질과 결합하는데, 대부분은 티론신결합 글로블린과 결합하며 일부는 알부민과 결합한다.

③ 기능

ⓐ 특정 부위에만 영향을 주는 대부분의 호르몬과는 달리 갑상샘호르몬은 거의 모든 몸세포에서 바탕질 대사에 관여하여 에너지 생성을 증가시키고 성장 발육을 촉진

ⓑ 체온 조절

ⓒ 인체의 모든 기관이 적절한 속도로 제 기능을 수행하도록 돕는 역할

④ 갑상샘호르몬 관련 질병

ⓐ 갑상샘기능항진증

ⓑ 갑상샘기능저하증

4) 부갑상샘

부갑상샘호르몬은 PTH(Parathyroid Hormone, 파라토르몬)이다.

PTH는 부갑상선의 주세초에서 분비되는 호르몬으로, 아미노산 단일 사슬로 이루어진 폴리펩티드성 칼슘조절 호르몬을 의미한다.

① 기능

ⓐ 골흡수를 통해 뼈에 저장된 칼슘의 분비를 유도

ⓑ 신장 내의 원위세뇨관에서의 칼슘 재흡수를 증가시킴

ⓒ 혈중 인(Phosphorus)의 농도 조절

ⓓ 창자의 칼슘 흡수를 촉진

② 부갑상샘호르몬 관련 질병

ⓐ 부갑상선기능항진증

ⓑ 부갑상선기능저하증

ⓒ 만성신부전

5) 췌장(이자)

[췌장의 내분비 기능]

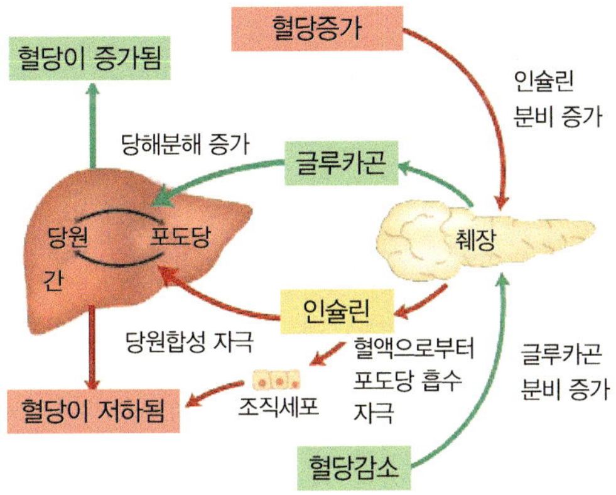

인슐린	– 이자의 랑게르한스섬 베타세포에서 분비 – 혈액 속 포도당 수치의 혈당량을 일정하게 유지시키는 역할 – 혈당이 높아질 경우 인슐린이 분비되어 혈액 내의 포도당을 세포 내로 유입해 글리코겐의 형태로 저장을 촉진함 – 인슐린 관련 질병 : 당뇨병
글루카곤	– 이자의 알파세포에서 분비 – 체내의 혈당이 저하될 경우, 이자에서 글루카곤을 분비해 간에서 글리코젠을 포도당으로 분해하여 혈당량을 증가시킴
소마토스타틴	– 인슐린과 글루카곤의 분비를 미량 억제해 혈당의 기복을 조절함

6) 부신

부신겉질	성호르몬	– 종류 : 에스트로겐, 프로게스테론, 안드로겐
	당질코르티코이드	– 스테로이드(코르티코스테로이드)의 일종으로, '코티솔'이라고도 불림 – 당질대사에 관여해 글리코젠 저장, 단백질과 지질에서 당질을 만드는 작용에 관여함 – 염증완화에 효과적이며 스트레스 시 분비됨
	알도스테론 (무기질코르티코이드)	– 스테로이드(미네랄코르티코이드)의 일종 – 수분, 미네랄, 칼슘 및 나트륨의 흡수와 농도를 조절 – 체내 이온체계의 균형유지
부신속질	카테콜아민	– 모노아민계열 호르몬의 총칭 – 종류 : 도파민, 에피네프린, 아드레날린 등 – 아미노산의 일종인 티로신(Tyrosine)으로부터 생성되며, 교감신경계에 의해 조절되고 심박수 · 호흡수와 관련이 깊음

기초 동물보건학 출제예상문제

01 다음 중 개와 사람의 생리적 특성을 비교한 내용으로 옳지 않은 것은?

① 개의 호흡수는 20~25회/분으로, 사람의 호흡수보다 높다.
② 개의 체온은 사람보다 약 1~2℃ 정도 높다.
③ 개의 맥박수는 70~120회/분으로, 사람의 맥박수보다 낮다.
④ 개의 혈압은 70~120mmHg로, 사람과 비슷한 수치이다.
⑤ 개의 수명은 평균 15세 정도이며, 이는 사람과 비교하면 약 80세에 해당한다.

해설

개의 맥박수는 70~120회/분이고, 사람의 맥박수는 60~100회/분이다. 따라서 개의 맥박수가 더 높다.

02 다음 중 고양이의 생리적 특성에 관한 내용으로 옳지 않은 것은?

① 평균수명 : 약 12.1세
② 체온 : 36~37℃
③ 맥박 : 140~220회/분
④ 호흡수 : 20~30회/분
⑤ 혈압 : 70~150mmHg

해설

고양이의 체온은 38~39℃ 정도이며, 37.5℃ 밑으로 내려가게 되면 저체온증이 올 수 있다.

03 다음 중 고양이의 신체적 특징으로 옳지 않은 것을 고르면?

① 발가락으로 걷는 지행동물이며, 평소에는 발톱을 드러내지 않으나 굽어 있다.
② 사람과 동일한 척추 운동성과 유연성을 지니고 있어 자유롭게 움직일 수 있다.
③ 꼬리를 형성하고 있는 미추는 빠르게 움직일 때 몸의 균형을 잡는 데 이용된다.
④ 쇄골이 자유롭게 움직여 좁은 공간이라도 머리만 들어가면 몸이 지나갈 수 있다.
⑤ 귀는 개별 근육으로 이루어져 몸과 귀를 다른 방향으로 해 소리를 들을 수 있다.

해설

고양이는 사람보다 향상된 척추 운동성과 유연성을 지니고 있다.

04 다음 중 개의 신체적 특징으로 옳지 않은 것을 고르면?

① 뼈 구조는 쇄골이 퇴화하고 가슴 부위는 근육으로 연결되어 있으며, 하지가 발달했다.
② 피부 대부분이 털로 덮여 있으며, 털은 몸을 보호하고 체온을 조절하는 역할을 한다.
③ 땀샘은 개가 지나간 자리에 냄새를 남겨두고, 미끄러움을 방지하는 데 유용하다.
④ 땀샘은 신체 여러 부위에 분포되어 있으며, 체온을 조절하는 데 중요한 역할을 한다.
⑤ 치아는 42개로 구성되어 있으며, 치근부가 턱뼈 속에 자리하고 있어 힘이 강하다.

해설

개의 땀샘은 발바닥 등 부위가 매우 한정적으로, 대부분의 체온 조절은 호흡으로 한다.

05 다음 중 다량무기질이 아닌 것은?

① 아연　② 칼슘　③ 나트륨
④ 염소　⑤ 마그네슘

해설

• 다량무기질 : 칼슘, 인, 마그네슘, 나트륨, 칼륨, 염소, 황
• 미량무기질 : 철, 구리, 아연 등

06 다음 중 고양이의 행동에 따른 심리로 적절하지 않은 것은?

① 몸을 비비는 행동 – 자기 영역 내 사람 · 사물에 귀 뒤 취선의 페로몬을 묻혀 표시한다.
② 퍼링(Puring), 골골송 – 기분 좋은 상태임을 나타내기 위해 골골거리는 소리를 낸다.
③ 위로 곧게 뻗은 꼬리 – 상대방을 위협하거나 공격하겠다는 의미이며 분노를 드러낸다.
④ 히싱(Hissing), 하악질 – 입을 크게 벌리고 이빨을 드러내며 위협과 분노를 표현한다.
⑤ 꾹꾹이(Cat Kneading) – 땀과 함께 페로몬을 분비하는 발을 이용해 영역을 표시한다.

해설

위로 곧게 뻗은 꼬리는 반갑다고 인사하는 친근한 애교의 표현이다.
그러나 몸의 털을 바짝 세우고 꼬리를 치켜든 채 부풀렸다면 상대에 대한 위협과 분노를 표현한다.

01 ③　02 ②　03 ②　04 ④　05 ①　06 ③

07 다음 중 동물행동학에 대한 내용으로 적절하지 않은 것은?

① 동물행동학은 동물의 행동과 습성, 유전과 환경 등을 관찰하여 동물행동에 대해 이해하려는 학문이다.
② 비교심리학은 인간과 동물의 행동을 비교 및 연구하는 심리학으로 동물심리학과 유사한 맥락을 보인다.
③ 특정 환경에서 생존하며 환경에 적응하고 환경에 맞게 발달하는 과정을 연구하는 것은 적응주의적 접근방법이다.
④ 환경에 적응하며 적응의 결과물로 얻는 속성이나 특성을 연구하는 것은 진화적 접근방법이다.
⑤ 동물행동학을 대표하는 동물학자는 니콜라스 틴베르헌, 카를 폰 프리슈, 콘라트 로렌츠 등이 있다.

해설

환경에 적응하며 적응의 결과물로 얻는 속성이나 특성을 연구하는 것은 적응주의적 접근방법이다.
진화적 접근방법은 동물들의 인지 과정이 진화 역사에서 어떻게 발달하였는가를 이해함으로써 동물의 인지에 대한 이해를 간접적으로 얻으려는 방법이다.

08 다음 중 반려동물의 음수량을 늘리는 방법으로 적절하지 않은 것은?

① 습식사료를 준다.
② 물그릇을 깨끗이 유지하고 자주 갈아준다.
③ 건식 사료를 물에 불려서 준다.
④ 항상 같은 곳에 물그릇을 둔다.
⑤ 반려동물이 자주 가는 위치에 물그릇을 여러 개 놓아둔다.

해설

반려동물의 음수량을 늘리기 위해서는 물그릇 위치를 바꾸어 주는 것이 좋다.

09 다음 중 습식사료에 관한 내용으로 적절하지 않은 것은?

① 치아가 안 좋은 반려동물에게 급여하기 좋다.
② 건식 사료에 비해 향과 맛이 강하다.
③ 개봉 후 냉장 보관해야 한다.
④ 비교적 보관기간이 길다.
⑤ 점성이 있어 치석이 생길 가능성이 높다.

해설

습식사료는 개봉 후 냉장 보관해야 하며, 비교적 보관기간이 짧다.

10 다음 중 소화가 잘 되지만, 살모넬라균의 감염으로 식중독에 걸릴 위험이 있는 사료의 종류는 무엇인가?

① 생식사료 ② 건식사료 ③ 화식사료 ④ 습식사료 ⑤ 반습식사료

해설

생식사료는 익히지 않은 음식으로, 살모넬라균(salmonella)의 감염으로 식중독에 걸릴 위험이 있다.

11 다음 중 제1급 인수공통감염병에 해당하는 것은?

① 결핵 ② 브루셀라증 ③ 일본뇌염
④ 장출혈성대장균감염증 ⑤ 중증급성호흡기증후군

해설

①·④는 제2급, ②·③은 제3급, ⑤는 제1급에 해당한다.

07 ④ 08 ④ 09 ④ 10 ① 11 ⑤

12 다음 고양이의 질병에 대한 설명 중 성격이 다른 하나는?

① 사람이 감염될 경우 감기와 비슷한 증상이 나타난다.
② 사람이 중간숙주이며 고양이가 종숙주이다.
③ 감염된 고양이의 콧물, 분변 등에 접촉하면서 전파가 이루어진다.
④ 혈액 항체검사로 감염 여부를 진단할 수 있다.
⑤ 대부분의 온혈동물 가축을 감염시킬 수 있다.

해설

'톡소플라즈마증'에 대한 설명이며 이는 톡소포자충(Toxoplasma gandii)이라는 원충에 의한 전염병이다. 감염된 고양이의 콧물, 눈곱, 분변 등에 접촉하면서 전파가 이루어지는 질병은 '클라미디아'이다.

13 다음은 무엇에 관한 설명인가?

산소와 결합할 수 있는 헤모글로빈이 들어있어 붉은색을 띠며, 혈관을 따라 이동하며 산소공급 역할을 한다. 핵이 없는 것이 특징이다.

① 근육세포 ② 상피세포 ③ 혈소판 ④ 적혈구 ⑤ 백혈구

해설

'적혈구'는 산소와 결합할 수 있는 헤모글로빈이 들어있어 붉은색을 띠며, 혈관을 따라 이동하며 산소공급 역할을 한다.

14 다음에서 설명하고 있는 구조의 기능으로 옳지 않은 것은?

동물체의 구조계통 중 하나인 '뼈대계통'은 신체를 유지하기 위한 골격으로, 뼈와 관절로 구성되어 있다.

① 지지 기능 ② 운동 기능 ③ 보호 기능 ④ 소화 기능 ⑤ 조혈 기능

해설

동물의 뼈대는 크게 지지의 기능, 운동의 기능, 보호의 기능, 저장의 기능, 조혈의 기능을 한다.
① 지지의 기능 : 개체의 몸체를 받쳐주는 지지대 역할을 한다.
② 운동의 기능 : 뼈대에는 근육이 감싸주고 있으며 몸체를 움직이는 역할을 한다.

③ 보호의 기능 : 동물의 체내의 두뇌, 심장 등 주요 장기나 조직을 보호한다.
④ 저장의 기능 : 칼슘 및 무기질 등을 저장한다.
⑤ 조혈의 기능 : 백혈구와 적혈구를 생성하는 기능을 한다.

15 다음 밑줄 친 부분에 들어갈 명칭으로 적절하지 않은 것은?

척추뼈는 머리에서 꼬리까지 연결되어 있으며 다양한 조직과 장기를 보호할 뿐만 아니라 자세를 유지할 수 있도록 돕는다. 척추뼈는 위치에 따라 ____ , ____, ____, ____, ____로 구분된다.

① 경추 ② 흉추 ③ 요추 ④ 궁둥뼈 ⑤ 미추골

해설

목뼈인 '경추', 등뼈인 '흉추', 허리뼈인 '요추', 골반에 위치한 엉치뼈인 '천추', 꼬리뼈인 '미추골'로 구분된다. 궁둥뼈는 엉덩뼈 아래 위치한 뼈 구조이다.

16 다음 중 앞다리 근육에 해당하는 것은?

① 가시위근 ② 반막근 ③ 반힘줄근 ④ 볼기근 ⑤ 넙다리근

해설

② ~ ⑤는 뒷다리 근육에 해당한다.

17 다음 중 동물체의 구성단계에 대한 설명으로 틀린 것은?

① 근섬유는 튜브같은 형태로 근원세포에서 분화한다.
② 적혈구는 핵이 없는 것이 특징이다.
③ 내분비계로 골수, 림프기관이 있다.
④ 세포는 노폐물 분리, 호흡 등 다양한 기능을 한다.
⑤ 결합조직은 다른 조직과 조직을 결합하는 역할을 한다.

12 ③ 13 ④ 14 ④ 15 ④ 16 ①

해설

공통된 기능을 가지고 있는 기관이 모여 기관계를 형성하며 내분비계는 '뇌하수체, 갑상샘, 부신'이 있다.

18 다음 중 동물체의 제어계통에 해당하는 것은 무엇인가?

① 비뇨기계통 ② 소화기계통 ③ 심혈관계통
④ 내분비계통 ⑤ 외피

해설

제어계통은 동물체의 조절 작용을 의미하며 '신경계통'과 '내분비계통'이 있다.

19 다음 중 세계동물보건국제기구의 명칭으로 올바른 것은?

① WHO ② OIE ③ OECD
④ WTO ⑤ EU

해설

① WHO : 세계보건기구(World Health Organization)
② OIE : 세계동물보건국제기구(Office International des Epizooties)
③ OECD : 경제협력개발기구(Organization for Economic Cooperation and Development)
④ WTO : 세계무역기구(World Trade Organization)
⑤ EU : 유럽연합(European Union)

20 다음 중 4대 온열인자에 포함되지 않는 것을 고르면?

① 기온 ② 기습 ③ 기류 ④ 복사열 ⑤ 일조량

해설

4대 온열인자는 '기온, 기습, 기류, 복사열'을 말하며, '일조량'은 기후요소에 포함된다.
• 기후요소 : 기온, 기습, 기류, 기압, 풍향, 풍속, 강우, 강설, 복사량, 일조량 등

21 세균성식중독균에 관한 설명으로 옳은 것은?

> – 해수균에 의한 식중독으로 주로 여름철(6~9월 사이) 발생한다.
> – 여름철 어패류 및 생선회, 오염된 어패류를 취급한 칼 또는 도마 등이 원인이다.

① 장염비브리오균　② 살모넬라　③ 병원성 대장균
④ 포도상구균　⑤ 보툴리누스

해설

② 살모넬라 : 대표적인 세균성 식중독으로 발병률이 높으며, 여름~가을에 많이 발생한다. 주로 육류, 유제품, 두부를 통해 감염되며, 토양이나 물에서 장기간 생존 가능하다.
③ 병원성 대장균 : 출혈성 대장염형으로 분류되고, 소량(10~100마리)으로도 식중독을 유발하며, 심할 경우 용혈성 요독증으로 사망을 유발할 수 있다.
④ 포도상구균 : 황색포도상구균이 독소를 생성해 식중독을 유발하고, 급성위장염 증상이 나타난다. 독소가 생성되면 100℃에 가열해도 파괴되지 않으며, 건조한 상태에도 생존 가능하다.
⑤ 보툴리누스 : 세균성 식중독 중 가장 치명률이 높으며, 신경마비 증상이 나타난다. 주로 토양이나 동물의 대변에 서식한다.

22 HACCP의 7원칙 중 원칙 1의 위해요소분석과 위해평가 결과, 중요한 위해로 선정된 위해요소를 제어할 수 있는 공정(단계)를 결정하는 단계를 고르면?

① 공정흐름도 확인　② 위해요소 분석　③ 중요관리점 결정
④ 한계기준 설정　⑤ 모니터링체계 확립

해설

HACCP의 7원칙 중 원칙 2의 '중요관리점(CCP) 결정' 단계에서는 중요한 위해로 선정된 위해요소를 대상으로 중요관리점 결정도를 이용해 확인된 위해요소를 제어할 수 있는 공정(단계)를 결정한다.

17 ③　18 ④　19 ②　20 ⑤　21 ①　22 ③

23 과거 기록에 기반해 적합한 연구대상자와 연구시점을 정하고, 과거 특정 시점에 질병이 발생하지 않은 대상자들을 노출 여부에 따라 나누어 질병 발생률을 비교하는 연구 형태로, 관찰연구의 전개방향이 현재에서 미래의 방향으로 나아가기 때문에 전향적 연구를 의미하는 연구는 무엇인가?

① 코호트 연구 ② 실험연구 ③ 조사연구 ④ 양적 연구 ⑤ 질적 연구

해설

② 실험연구 : 특정 변수를 변화 또는 조작한 결과로 생기는 효과를 검증하기 위한 연구이다.
③ 조사연구 : 사회학적, 심리학적, 교육학적 변수들의 상대적 영향력 및 관련성을 밝히는 연구이다.
④ 양적연구 : 숫자로 양화될 수 있는 자료를 사용해 이루어지는 연구이다.
⑤ 질적연구 : 통계연구나 계량화 이외의 방법으로 연구 결과를 생성하는 연구 방법이다.

24 질병발생 모형 중 수레바퀴 모형에 대한 설명으로 올바르지 않은 것은?

① 여러 가지 질병발생 요인을 찾을 수 있다.
② 숙주와 환경요인을 구분하지 않는다.
③ 생물학적 환경, 물리화학적 환경, 사회적 환경으로 분류된다.
④ 숙주요인에는 사람이 포함된다.
⑤ 숙주요인과 환경요인 사이의 상호작용이 강조된다.

해설

- 수레바퀴 모형

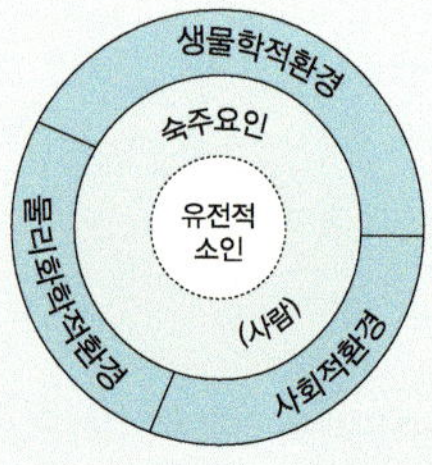

- 여러 질병 발생 요인을 찾아낼 필요가 있음
- 질병발생의 다요인설
- 거미줄모형과는 달리 숙주와 환경요인을 구분함

	거미줄 모형	수레바퀴 모형
공통점	질병에 다양한 요인이 관여함	
차이점	수많은 요인들이 서로 얽혀 복잡한 작용 경로 형성	숙주요인과 환경요인 둘 사이의 상호작용만이 주로 강조

25 **면역의 종류 중 예방접종이나 항원주사 등을 통해 인공적으로 항원을 투여해서 면역을 얻는 방법은?**

① 선천면역 ② 자연능동면역 ③ 인공능동면역
④ 자연수동면역 ⑤ 인공수동면역

해설

'능동면역'은 체내의 조직세포에서 항체가 만들어지는 면역, 즉 내 몸에서 항체가 형성되는 것으로 다음과 같이 구분된다.
– 자연능동면역 : 감염병에 전염되어 생기는 면역으로 질병을 앓고 난 후 생기는 면역 예 홍역, 수두
– 인공능동면역 : 인공적으로 항원을 투여해서 얻는 방법 예 예방접종, 항원주사

- 생균 백신 : MMR(홍 · 볼 · 풍), BCG(결핵), 경구용 소아마비 sabin, 수두, 광견병, 일본뇌염, 인플루엔자
- 사균백신 : DPT(디 · 백 · 파), 주사용 소아마비 salk, 일본뇌염, 인플루엔자
- 톡소이드 : 세균의 체외독소를 변질시켜 약하게 만든 것 예 파상풍, 디프테리아

26 **소독의 효과의 영향을 미치는 요소가 아닌 것은?**

① 기구의 세척여부 ② 오염된 미생물의 종류 ③ 소독제의 노출시간
④ 기구의 온도 ⑤ 소독과정의 온도

해설

- **소독의 효과에 영향을 미치는 요소**
  - 기구의 세척여부
  - 대상물에 존재하는 유기물의 양
  - 오염된 미생물의 종류 및 숫자
  - 소독제의 온도 및 노출시간
  - 소독하려는 대상물의 형태
  - 소독과정에서의 온도와 산도(pH)

23 ① **24** ② **25** ③ **26** ④

27 멸균법 중 자외선, γ선 등을 사용하여 멸균하는 방법으로, 주로 플라스틱제 용기 등 가열할 수 없는 기구의 멸균에 사용된다. 자외선살균등(燈)을 사용할 때는 가까운 거리에서 30분 정도로 멸균할 수 있는 멸균법의 종류는?

① 건열멸균 ② 가압멸균 ③ 여과멸균
④ 가스멸균 ⑤ 방사선멸균

해설

① 건열멸균 : 배양병이나 피펫 등 초자기구, 금속기구를 멸균하는 데 사용한다. 통상 160℃에서 90분 또는 180℃에서 50분가량 가열한다. 종이는 고온에서 타르를 생성하기 때문에 바람직하지 않다.
② 가압멸균 : 염류용액 등 열에 안정한 수용액이나 고무마개 등을 멸균하는 데 사용한다. 통상 1kg/cm로 가압하여 30분가량 가열(120℃)한다.
③ 여과멸균 : 혈청, 단백질 용액(트립신 등), NaHCO, 글루타민 등 열에 의해 변성되거나 분해되는 성분이 포함된 액체를 멸균할 때 사용한다. 니트로셀룰로오스막 필터(0.45μm 또는 0.2μm)를 가장 많이 사용한다. 그러나 0.2μm에서도 마이코플라스마의 투과를 완전히 방어할 수는 없다.
④ 가스멸균 : 폴리스티렌 배양접시 등 가열할 수 없는 기구를 멸균시킬 때 사용되며, 가압(1kg/cm가량)에 틸렌산화물가스(30%가량)를 40~50℃에서 3시간가량 처리하는 것이 보통이다. 알킬화반응이기 때문에 표면의 세포부착성이 변화하거나 변이원성이 나타나는 것이 있는 등 주의가 필요하다.

28 인수공통감염병(Zoonosis)은 동물과 사람 사이에 상호 전파되는 병원체에 의하여 발생되는 전염병을 의미한다. 대한민국에서 관리하는 인수공통감염병 중 3급이 아닌 것은?

① 일본뇌염 ② 브루셀라증 ③ 결핵
④ 공수병 ⑤ 렙토스피라증

해설

1급	– 탄저(Anthrax) – 중증급성호흡기증후군(Severe Acute Respiratory Syndrome, SARS) – 조류인플루엔자 인체감염증(Avian Influenza Infection for Human)
2급	– 결핵(Tuberculosis) – 장출혈성대장균감염증(Enterohemorrhagic E. Colibacillosis)
3급	– 일본뇌염(Japanese Encephalosis) – 브루셀라증(Brucellosis) – 공수병(Hydrophobia) – 변종 크로이츠펠트–야코프병(Variant Creutzfeld–Jakob Disease, vCJD) – 큐열(Q–fever) – 렙토스피라증(Leptospirosis)

29 고양이가 할퀴거나 물었을 때 바르토넬라 헨셀라(Bartonella Henselae)균 감염으로 인해 나타나는 감염병으로, 림프절이 붓는 증상이 1~2개월간 지속되다가 자연적으로 낫는 경우가 많다. 대부분 증상이 오래 지속되어도 5개월 안에 치유되므로 고름을 빼내는 치료를 진행하기는 하지만, 적출치료는 가급적 하지 않는 질병은?

① 렙토스피라증 ② 묘소병 ③ 광견병
④ 인플루엔자 ⑤ 탄저

해설

고양이가 할퀴거나 물었을 때 바르토넬라 헨셀라(Bartonella Henselae)균 감염으로 인해 나타나는 감염병이다. 고양이 할퀸병, 묘소병, 묘조병 또는 묘소열이라고도 불린다.
고양이의 변에 있는 헨셀라균이 사람에게 접촉되어도 묘소병이 발현될 수 있으며, 비교적 아이들에게 많이 발생한다.

30 우리나라 반려동물에게서 주로 문제되는 인수공통기생충성 질병으로, 사육하는 개에게서 매우 흔하게 발생한다. 분변과 함께 배설된 충란은 외계에서 부화하지 않고 오염된 음식물과 함께 감염되어 체내에서 부화하기 때문에 구충과 같이 피부감염을 일으키지는 않는 질병은?

① 개 회충증 ② 개 조충증 ③ 렙토스피라
④ 브루셀라 ⑤ 광견병

해설

'개회충증(Toxocariasis)'은 과거 국내에서 인체의 소화기계 기생충으로서 가장 흔하게 검출되던 것 중의 하나인 회충(Ascaris Lumbricoides)이다. 그러나 우리나라가 선진국형으로 생활패턴이 바뀌며 결과적으로 인체에 감염하던 기생충의 생활환이 끊어지게 되었으며, 사람에게 토양매개성 기생충이 감염될 확률이 저하되었다.

27 ⑤ 28 ③ 29 ② 30 ①

생	각	을		스	케	치	하	다
세	상	을		스	케	치	하	다

북스케치

Part 2
예방 동물보건학

Chapter 01 동물병원 실무
Chapter 02 예방접종
Chapter 03 동물보건 응급간호
Chapter 04 동물병원 의약품
Chapter 05 동물보건 영상학
▶ 예방 동물보건학 출제예상문제

Chapter 01

동물병원 실무

01 동물병원 실무 서론

(1) 동물보건사의 직업윤리

1) 윤리의 의미

① 윤리학

윤리학(Ethics)은 도덕의 원리 · 기원 · 발달 · 본질과 같은 인간의 올바른 행동과 선한 삶을 사회 전반에 걸쳐 근원적이고 총괄적으로 규명하는 철학의 주요 분야이다.

인간의 생활에 있어 바람직한 상태란 무엇이며, 선악의 기준은 무엇이고, 행위의 법칙은 어떻게 정립되는가와, 노력할 만한 것은 무엇이며, 생활의 의미라는 것은 무엇인가 등을 밝히는 동시에 도덕의 기원, 도덕의 법칙을 세우는 법칙과 그 역사적 성격 등을 연구하는 학문이다.

윤리학은 도덕철학(道德哲學, Moral Philosophy)이라고도 불리며, 'Ethics'는 'Ethos', 'Moral'은 'Mores'라는 그리스어와 라틴어에서 그 근원을 찾을 수 있다. 윤리(Ethics)는 우리가 말하는 품성과 연관이 있고, 도덕(Morality)은 습관이나 관습과 관련이 있다.

따라서 윤리학은 인간의 행위에 관한 여러 가지 문제와 규범을 연구하는 학문으로서, 사회에서 사람과 사람의 관계를 규정하는 규범 · 원리 · 규칙에 대한 학문이다.

Plus note

- **생명윤리학**
  유전자 재조합, 세포 융합, 인공 수정, 생물 복제 따위와 같은 생명 과학의 연구 결과가 인류에 미치는 영향을 도덕적 · 윤리적 측면에서 연구하는 학문

② 동물보건사의 윤리의식

직업윤리란 일에 대한 긍정적 가치관과 직장 내 갈등상황을 도덕적으로 해결하려는 능력 또는 가치관으로, '수의윤리학'은 동물과 관련되며 수의 관련 직종에 연계된 사람들과 관련된 학문이다.

동물보건사는 동물의 생명과 건강을 최우선적으로 생각하고 수의사의 진료를 보조한다. 또한 보호자와 환자 사이의 의사소통을 원활히 해주며, 환자의 질병을 예방하고 빠른 치료 효과가 나타날 수 있도록 하는 전문가를 의미한다.

그렇기 때문에 동물보건사는 직무에 따른 전문성을 가지고 있어야 하며 생명을 존중하는 마음가짐과 책임감을 가지고 있어야 한다.

(2) 동물보건사의 업무

「수의사법 시행규칙」에 따라서 동물보건사의 업무는 대표적으로 2가지로 분류된다.

「수의사법 시행규칙」 제14조의 7(동물보건사의 업무 범위와 한계)

법 제16조의 5 제1항에 따른 동물보건사의 동물의 간호 또는 진료 보조 업무의 구체적인 범위와 한계는 다음 각 호와 같다.

1. 동물의 간호 업무 : 동물에 대한 관찰, 체온 · 심박수 등 기초 검진 자료의 수집, 간호판단 및 요양을 위한 간호
2. 동물의 진료 보조 업무 : 약물 도포, 경구 투여, 마취 · 수술의 보조 등 수의사의 지도 아래 수행하는 진료의 보조

① 간호 업무	② 진료 보조 업무	③ 기타 업무
• 기초 문진 • 외래환자 간호 • 입원환자 간호 및 모니터링 • 임상병리 • 위생관리 • 활력징후 모니터링 • 샘플채취(대 · 소변, 혈액 등) • 재활운동	• 외래환자 진료 보조 • 진료 보정 • 수술 보조 • 의료 소모품 및 기기관리 • 수술환자 모니터링 • 응급처치 • 처방약물 투여	• 전화상담 • 보호자 상담 • 직원교육 • 접수 및 수납 • 병원 내 물품 관리 • 병원 내 물품 판매 • 업무 관련 지식

동물보건사의 업무는 환자를 직접 진료하고 약물을 처방, 수술을 진행하는 수의사의 업무와는 차이가 있다.

동물보건사는 수의사의 진료 및 수술을 보조하기 위해 질병이 발생하는 전반적인 의학적 배경을 파악해야 한다. 진료 진행 시 혈액이나 귀지 등 샘플에 대한 검사 종류 및 검사 방법을 파악하고, 진료기기의 사용 및 관리 방법을 알아야 한다. 또한 병원 내 전염병 관리를 위한 청결 관리도 함께 진행해야 한다.

동물은 말을 하지 못하기 때문에 동물의 특성이나 성격을 파악해 어떤 불편함이 있는지 이해할 수 있어야 하며, 약물에 대한 부작용을 파악할 수 있어야 한다. 또한 바이탈(활력 징후)에 대한 파악이 가능해 수술이나 진료 시 수의사에게 이러한 정보들을 전달하는 능력을 갖추어야 한다.

진료 및 치료에 관한 내용과는 별개로 동물보건사는 전체적인 병원의 흐름을 파악해 진료가 밀리지 않도록 예약시간을 조절해야 하며, 보호자와의 커뮤니케이션을 통해 환자의 정보를 파악하고, 병원 내 제품판매와 전화상담 및 응대 서비스 업무능력까지 갖추어야 한다.

Plus note

- **메라비언의 법칙**
  심리학자이자 교수인 알버트 메라비언(Albert Mehrabian)이 발표한 이론으로, 상대방에 대한 첫인상을 결정짓는 요소로 바디랭귀지 55%, 목소리 38%, 말의 내용 7%가 작용한다는 내용이다.

1) 진료 접수 및 문진

초진 시 동물병원에 처음 내원한 환자인지 여부를 확인하고, 어떤 증상으로 내원했는지 파악한 후 환자 등록 및 진료접수, 개인정보 동의서 등을 작성한다.

재진 환자일 경우 보호자나 환자의 이름을 파악해 접수를 하고, 담당 수의사에게 환자 내원에 대해 전달한다.

[초진 및 재진 시 환자 확인내용]

초진	① 보호자 및 환자 정보등록 : 초진인 경우 아무런 정보가 없기 때문에 보호자(성명, 주소, 연락처 등)와 환자(이름, 품종, 성별, 나이, 중성화 여부 등)의 정보를 작성하도록 안내한다. ② 진료접수 : 보호자와 환자의 정보를 컴퓨터 전산에 등록한다. ③ 문진 : 접수내용 안에서 필요한 정보들을 문진한다. ④ 체중측정 : 정확한 체중을 모르는 경우가 많고 질병으로 인해 몸무게가 달라졌을 가능성이 매우 크기 때문에 병원에 내원할 때마다 몸무게 변화가 있는지 체크하는 것이 좋다.
재진	① 증상 : 지난번 진료내원 때와 비교해 증상완화가 되었는지 현재의 상태는 어떤지 확인한다. ② 내복약 복용 : 처방받은 약은 주기에 맞게 잘 복용했는지 확인한다. ③ 내원 주기 : 내원 예정에 맞게 병원에 내원했는지 확인한다. ④ 환자 컨디션 확인 : 환자의 상태(컨디션, 식욕, 활동량 등)에 대해 확인한다.

[문진내용 예시]

문진내용	증상에 대한 구체적 사항
증상의 정도	증상이 평소에 비해 얼마나 심한지 확인
증상의 색	구토나 설사, 혈변 등의 경우 색이 어떤지 확인
증상의 시간	증상이 언제부터 발생했는지, 증상의 빈도 등을 확인
증상 이후 지금의 상태	증상 이후에 흥분감이나 기력이 어떤지 확인
환자의 평소 환경	병원에서 알 수 없는 환자의 평소 생활환경에 대해서 파악
환자의 평소 행동과 다른 점	증상이 나타난 이후 평소와 달라진 점 등을 파악

* 문진 : 진료에 필요한 환자에 대한 증상 및 자료를 얻기 위함이며, 수의사가 진료를 시작할 때 많은 도움이 된다.

2) 청구서 발행 및 수납

① 처방전 입력

수의사의 진료를 바탕으로 질병에 대한 증상 및 검사, 처치 및 투약에 관한 내용을 전산에 입력한다.

② 청구서 발행

처방과 청구 내역에 이상이 있는지 다시 한번 확인하고 비용확인 후 청구서를 발행한다.

③ 청구서 내역 확인 및 처방전 설명

처방내역 및 비용 설명과 금일 수의사가 처방해준 처치내용와 내복약에 관한 설명을 한다.

④ 수납

진료비 수납을 진행한다.

⑤ 예약안내

다음 진료, 치료 및 수술 등을 위해 사전에 예약을 잡아둔다.

3) 행정서류

① 증명서 발급

증명서에 대한 서류는 수의사가 작성하고 발급은 리셉션에서 동물보건사가 출력하는 것이 일반적이다.

② 동의서 작성

동의서는 서면 작성하는 경우가 대부분이며 수의사와 충분히 상담을 한 후 진행된다.

체크 포인트

• 증명서와 동의서의 종류

증명서 종류	동의서 종류
– 예방접종 증명서 – 건강 증명서 – 진료 진단서 – 처방전 증명서	– 수술 동의서 – 마취 동의서 – 입원 동의서 – 개인정보 동의서

4) 수의의무기록

수의의무기록이란 환자와 보호자의 모든 정보와 인적사항(진료내역, 처방, 입원기록, 검사, 환자의 상태 등)을 문서로 작성 및 기록하는 것이다.

[수의의무기록 종류 및 내용]

종류	내용
보호자 정보	보호자 성명 · 주소 · 연락처 등
환자의 정보	환자 이름, 품종, 성별, 나이, 체중, 특징, 중성화여부, 동물등록여부
진료내역 및 병력	최근 복용한 약, 과거병력, 수술이력, 치료병력 등
신체검사	촉진 · 청진 등을 통한 내용
처방진단내용	검사를 통한 최종 진단내용
검사내역	검사 소견서, 검사 진행사항 등
치료계획	처방전, 앞으로의 치료방향
보호자와의 상담	보호자의 관찰내용, 상담한 내용 등

(3) 동물보건사의 자세

동물보건사의 동물간호는 동물의 질병과 상처를 예방하고 치유하며 건강회복을 도와 동물이 행복한 상태로 살아갈 수 있도록 하는 것이다. 또한 동물보건사는 동물병원의 운영뿐만 아니라 환자와 수의사 그리고 보호자와의 소통을 돕는 조력자로서 더욱 전문성을 갖추어 그 효과를 극대화할 수 있도록 도와주는 역할을 해야 한다.

동물보건사가 갖추어야 할 마음가짐은 총 5가지로 분류된다.

① 천직의식과 소명의식

② 전문가의식과 봉사의식

③ 직분의식과 책임의식

④ 직업적 양심과 정직

⑤ 고객의 입장으로 의료서비스 제공 노력

동물보건사라는 직업은 생명을 다루는 일이다. 그렇기 때문에 간호와 진료, 서비스 등의 업무와 지식을 익혀 자신이 전문가라는 마음으로 최선을 다해야 하며, 환자와 보호자뿐 아니라 함께 일하는 동료에게도 기본적인 예의와 존중이 필요하다.

또한 수의사가 미처 알아 차리지 못한 부분을 캐치해서 커뮤니케이션할 수 있는 능력을 가지고 있어야 하며, 보호자와 환자에게 편안한 의료서비스를 제공할 수 있도록 노력해야 한다.

동물보건사가 보호자에게 갖추어야 할 자세는 총 7가지로 분류된다.

① 첫인상을 줄 수 있는 인사

고객이 동물병원에 처음 내원했을 때 맞이하는 사람은 보통 동물보건사이다. 첫인상은 병원의 이미지를 좌우할 수 있기 때문에 중요한 부분을 차지한다.

인사는 상대방에게 자기 자신과 병원을 소개하는 첫 번째 단계가 되며, 이것은 보호자와 동물환자와의 원만한 관계형성에 토대가 된다.

인사는 이미지 형성 및 향상에 크게 도움을 주며 상대방과의 친밀감 표현의 수단이 되므로 라포(Rapport) 형성의 필수적 요소이다.

고객 방문 시 인사 방법	– 상대방을 확인하는 즉시 눈맞춤 미소와 함께 상황에 맞는 인사말을 사용해 먼저 반갑게 인사한다. – 다른 방향일 경우 2~3미터 정도가 넘지 않는 거리에서 인사를 나누는 것이 좋다. – 단순한 인사말보다는 고객의 안부나 근황에 대해서 이야기하는 것도 좋다.
예시	– 안녕하세요? 처음 내원하시는 건가요? – 안녕하세요? 오랜만에 오셨네요. 몇 시에 예약하셨나요? – 안녕하세요? 캐리어(짐) 제가 도와드릴까요?

② 라포(Rapport) 확립 시 중요한 자기소개

자기소개는 상대방에게 신뢰감을 주고 라포를 형성할 수 있는 단계이다. 고객의 불만사항에 '동물보건사가 본인의 소개를 하지 않아서 신뢰할 수 없었다.'가 포함되어 있으니 주의해야 한다.

'라포'는 사람과 사람 사이에 발생하는 신뢰관계를 뜻하는 심리학 용어로, 마음이 통해 서로의 속마음을 말할 수 있거나 충분히 감정적 또는 이성적으로 이해하는 관계를 의미한다.

라포형성을 위한 자기소개 순서	① 보호자와 환자에게 미소를 띠고 눈을 맞추며 인사하기 ② 본인을 소개하기 ③ 병원 내에서 본인의 역할 설명하기 ④ 환자와 보호자의 이름을 알아내기 ⑤ 관심과 존중을 나타내기 ⑥ 환자와 보호자가 육체적으로 편안하도록 서비스를 제공하기
예시	– 안녕하세요. 원무팀 '김지현'입니다. 처음 내원하신 건가요? 우리 친구 이름은 어떻게 되나요? 어디가 아픈가요? 잠시만 기다려 주시면 빠르게 진료 안내해 드리겠습니다. – 안녕하세요. 동물보건사 '김지현'입니다. '메리' 보호자님이신가요? 지금 처치 중이여서 약 5분 정도 시간이 소요될 예정입니다. 조금만 기다려주세요. 감사합니다.

③ 미소와 눈맞춤

미소와 눈맞춤은 비언어적 표현이지만, 상대방에게 긍정적인 인상과 편안한 마음을 주며 환영받는 느낌을 받도록 한다.

ⓐ **미소** : 미소는 서비스에 있어 꼭 필요한 요소이며, 상대방에게 선한 이미지를 심어준다. 환하고 자연스러운 미소를 띠기 위해서는 연습이 필요하고, 경직된 근육으로 인하여 인위적인 모습이 되지 않도록 노력해야 한다.

ⓑ **눈맞춤** : 눈맞춤은 상대방의 이야기에 경청하고 있다는 느낌을 준다. 만약 눈을 맞추지 않고 이야기를 한다면 고객의 이야기를 잘 듣지 못하는 경우가 발생할 뿐만 아니라 고객은 자신이 무시를 받고 있다는 느낌을 받아 불만사항이 생기고, 병원 이미지 또한 나빠질 가능성이 있다.

④ 공감의 표정

공감은 이미지 형성에 있어 중요한 부분을 차지한다. 공감은 본인이 천성적으로 가지고 있는 부분도 존재하지만 학습을 통해 습득이 가능하다. 자신의 스타일로 상대방에게 공감할 수 있는 요소들을 파악해 진심으로 이해하고 관심을 가지고 있다는 태도를 보여야 한다.

보호자가 슬퍼하고 있는데 상황에 맞지 않게 환하게 웃는다면 신뢰도가 떨어질 수 있으므로 상대방과 상황을 잘 파악해야 한다.

사람 얼굴표정에는 속마음이 드러나기 때문에 표정으로 사람의 기분이나 생각을 짐작할 수 있다. 따라서 동물보건사는 병원 내에서 올바른 마음가짐과 직업의식을 가져야 하며, 미소와 함께 자연스러운 표정으로 상대방에게 호감을 줄 수 있는 이미지를 만드는 것이 중요하다.

체크 포인트

- **호감 가는 사람의 특징**
  ① 적극적인 표현력과 성격을 지녔다.
  ② 여유가 있다.
  ③ 밝은 마음가짐과 상대방과의 의사소통이 원활하다.
  ④ 유머러스한 대화법을 활용한다.
  ⑤ 밝은 표정을 지녔다.

⑤ 호감 가는 음성

호감 가는 음성은 밝은 목소리를 뜻한다. 이것은 보호자와의 관계뿐만 아니라 병원 내 직원들과의 관계에도 적용되는 부분이다.

물론 개인마다 가지고 있는 목소리의 톤과 억양을 바꾸기는 쉽지 않겠지만, 학습을 통해서 어둡고 가벼운 음성이나 말을 할 때의 발음, 말끝을 흐리지 않는 강단 있고 힘 있는 음성은 가능하기 때문에 습관을 형성하기 위한 노력이 필요하다.

또한 병원 내에는 동물환자들과 이용고객들이 많기 때문에 근무환경이 시끄러운 경우가 많은데 이런 상황에서 목소리를 높이고 짜증난다는 식의 음성은 피해야 한다.

⑥ 단정한 용모와 복장

ⓐ 용모의 중요성

용모는 첫인상을 좌우하므로 고객이 처음 내원했을 때 동물보건사의 용모를 통해 동물병원의 인상을 결정할 수 있다. 따라서 동물보건사는 역할에 맞는 복장을 착용하여 다른 직원들과 구분되도록 해야 한다. 역할에 맞는 복장은 전문성을 드러내고, 직업에 대한 자부심을 줄 수 있으므로 업무 능률 향상에도 관여한다.

용모는 시각적인 요소로 첫인상에 중요한 부분을 차지하기 때문에 올바른 복장 착용은 중요하다. 수의사와 동물보건사의 단정하고 올바른 복장으로 신뢰성이 높아질 수 있다.

ⓑ 동물보건사의 용모와 복장

동물보건사는 동물을 간호해야 하므로 안전과 위생 관리를 철저하게 하고, 단정한 모습을 갖출 수 있도록 해야 한다. 진료 시 눈을 가릴 수 있는 부스스하고 지저분한 머리카락은 올바른 처지를 방해할 가능성이 있어 정돈해야 하며, 과도한 염색이나 매니큐어, 지저분한 복장은 신뢰감을 떨어트릴 수 있으니 청결을 유지해야 한다.

동물 특성상 털이 많이 빠지기 때문에 진료가 끝난 경우 털과 각질 등 이물질을 제거한 뒤 다음 진료에 들어가는 것이 위생적이다. 화려한 장신구(귀걸이, 목걸이, 팔찌 등)는 사고가 발생할 수 있기 때문에 근무 시간에는 착용하지 않도록 해야 한다.

서류 기록 및 작성 업무를 제외하고, 동물보건사는 신체의 움직임이 많은 업무가 대부분이기 때문에 편안하고 앞이 막힌 신발을 신어서 안전사고를 예방해야 한다.

체크 포인트

- **올바른 용모와 복장**
  ① 단정한 헤어스타일
  ② 청결한 옷 상태
  ③ 사고 발생위험 장신구(귀걸이, 목걸이, 팔지 등) 미착용
  ④ 청결한 손과 손톱 관리
  ⑤ 편안하고 앞이 막힌 신발

⑦ 고객을 향한 태도

ⓐ 마음가짐

평소의 마음가짐은 사람을 대할 때 은연중에 나타나기 때문에 본인에 대한 자부심을 가지고 당당하게 표현하려는 마음가짐이 필요하다.

ⓑ 자세

고객을 상담하는 동안 벽에 몸을 기대거나 짝다리를 짚는 경우 신뢰성을 떨어트릴 뿐만 아니라 상대방에게 성의 없고 무례하다는 인상을 심어주게 된다.

올바른 자세는 비언어적 요소이지만 상대방과 의사소통 시 중요한 역할을 하기 때문에 평소의 습관이 나타나지 않도록 주의해야 하며, 상대방의 말에 귀 기울여 눈높이를 맞추려고 노력해야 한다.

02 동물병원 마케팅

(1) 마케팅 전략 종류

1) 4P 마케팅 전략

Product(제품)	– 제품의 품질 – 선호도 – 본질적 가치 – 부가적 가치 – 브랜드(포장 등) – 소비자의 니즈
Price(가격)	– 가성비 / 프리미엄 – 비교우위 – 박리다매
Promotion(유인)	– 광고(SNS, PPL, 콘텐츠, 뉴스 등) – 방문판매
Place(유통)	– 온라인 / 오프라인

2) 4S 마케팅 전략

Speed(속도)	– 시장 전입속도
Spread(확산)	– 사업의 확장
Strength(강점)	– 강점의 강화
Satisfaction(만족도)	– 고객의 만족도 – 고객의 불만사항 해소

(2) 마케팅 시 주의사항

1) 전략 수립 시 주의사항

① 환경 변화에 따른 트렌드 변화에 대해 점검한다.

② 지원 및 인력 등 객관적인 현재 상태에 대해 파악 및 점검한다.

③ 행사, 정책 등 중요 이벤트 수립 시 파악한다.

④ 마케팅에 대한 관리 및 확장에 대한 시장을 예측한다.

⑤ 최악의 경우를 대비하며 실현 가능성이 있는지 점검한다.

⑥ 전략을 실행하기 위해 자신감을 갖는다.

2) 전략 적용 시 주의사항

① 정부의 정책 내 인허가가 가능한지 여부를 확인한다.

② 구성원의 지지와 협력 가능성을 점검한다.

③ 향후 유망성 여부를 파악한다.

3) 경쟁력

① 시장의 경쟁력 : 주요 고객층 파악, 예상 판매숫자, 영업시간과 영업형태, 유통과정, 잠재력 등

② 물건 자체의 경쟁력 : 가격 경쟁력, 지역 내 우위확보 가능여부 파악 등

4) 제품의 원가 대비 수익성

① 유행에 대한 위험성

② 서비스 제공의 기본비용

③ 전문가 인력의 채용 가능성

5) 소비자 조사

① 소비자의 성향 조사

② 제품 상호의 기억하기 좋은 친숙성

③ 선호도 높은 캐릭터나 이슈성이 있는 분야의 적용성

6) 가격

동물병원에서 사용할 수 있는 가격 전략 종류는 다음과 같다.

고가 전략	– 프리미엄 제품의 고가정책
가격 변동 전략	– 요일, 시간, 성수기 등의 가격변동
할인 전략	– 가격을 높게 책정하고 할인폭을 높이는 전략
회원제 가격 할인전략	– 회원의 경우 할인율을 높이는 전략
가격의 끝자리 할인전략	– 100원 단위의 할인 가격 책정
미끼 상품전략	– 지정상품의 할인으로 다른 물품 판매를 유도하는 전략

7) 재고관리

① 반품가격, 기간, 양 등 거래처와의 계약 시 조건 확인

② 반품교환, 환불 관리

③ 재고의 양 관리

④ 판매량 예측 관리

⑤ 인지도 파악으로 재고의 폐기 가능성 관리

8) 보안관리

① 사고 대비 안전수칙 수립

② 화재나 상해 등의 보험 가입 검토

③ 현금 및 주요서류의 금고 관리

④ 도난, 폭행, 영업방해 행위 등에 대비하여 CCTV 설치

⑤ 캡스, 세콤 등의 보안회사 서비스 이용 여부

⑥ 고객 감시를 위한 출구 단일화

9) 블랙컨슈머 관리

① 고객관리에 대한 매뉴얼 수립

② 블랙컨슈머 리스트 작성 후 직원 간 공유하며, 가급적 원장님께 전달해 직접 대응

③ 블랙컨슈머의 조짐이 보이는 경우 파악 후 사전 대응

④ 녹취, CCTV, 문자 등의 기록

⑤ 블랙컨슈머의 허위사실 유포, 명예훼손 발생 시 신속하게 법적대응을 진행

10) 시설투자

① 서비스 및 물품의 소모품에 대한 비용도 계획 수립

② 이윤에 대한 정확한 원가 및 이윤 파악

(3) 농림축산식품부의 반려동물 관련 산업육성 사항

생산 및 판매업의 관리와 감독의 강화	– 반려동물 관련 영업제도 개선 – 경매장 관리 – 동물생산업 허가제 전환 – 이력관리체계 구축
반려동물 관련산업의 강화	– 동물병원 진료서비스 향상 – 반려동물 용품의 해외시장 지원 – 동물보험 여건 개선 – 동물 장묘제도 향상 – 동물 사료 지원체계 지원 – 동물의약품 제도 개선
성숙한 반려동물 문화	– 동물등록제 활성화 – 길고양이 대책 수립 – 동물보호자의 책임의식 향상 노력 – 유기동물 보호 수준 향상 제고
산업 육성 인프라 구축과 일자리 창출	– 추진체계의 정비 – 관련 사업의 인프라 확대 – 산업 육성 지원체계 구축 – 동물보호, 교육, 복지 홍보 확대

03 동물병원 고객관리

(1) 고객의 분류

고객은 크게 3가지 유형으로 분류된다.

동물고객	– 진료를 받는 환자 – 동물병원을 방문하는 모든 동물
외부고객	– 개인 – 동물병원의 서비스를 제공받는 사람 – 동물병원의 거래처
내부고객	– 함께 근무하는 직원

(2) 의사소통

1) 의사소통의 4단계

① 대화시작	– 상담시작 : 정돈된 분위기, 전문가다운 단정한 용모, 미소 띤 밝고 편안한 얼굴 – 대화의 분위기 : 밝고 긍정적인 분위기로 대화가 시작될 경우 고객의 마음도 긍정적으로 흐를 확률이 높음 – 고객이 동물보건사에게 바라는 것 : 전문성, 고객 존중에 대한 신뢰감
② 니즈파악	– 고객이 원하는 니즈(요구사항)를 파악해야 적합한 서비스를 제공할 수 있으므로 적절한 질문을 통해 고객의 특징과 니즈를 함께 파악해야 함 – 고객이 동물보건사에게 바라는 것 : 니즈를 파악해 해결해 주는 것, 어떤 것이 가장 좋은지 말해주는 것
③ 응대하기	– 응대 시 고객이 이해하기 쉬운 내용과 단어로 설명해야 함 – 고객의 요구를 수용하기 어려울 경우에는 정확한 사실을 설명한 후 고객을 존중하며 다른 대안을 제시해 해결해야 하며, 또 다른 대안이 있는지도 점검이 필요함
④ 마무리	– 고객의 선택에 대한 확신을 주는 단계

2) 비언어적 의사소통

신체	자세(앉기, 서기), 제스처, 신체동작, 끄덕임 등
접촉	악수, 가벼운 신체적 접촉
얼굴표정	미소, 찡그림, 눈썹
눈	눈맞춤, 주시 등
공간적 거리	상대방과의 친밀 정도
유사언어	말의 어조, 속도, 강도 등
물품	사용물품(의상, 기구 등), 유니폼 등
시간	예약시간, 진료시간 관리 등

(3) 불만고객 관리

1) 주요 불만사항

① 주차시설 및 교통 불편
② 느린 안내 및 긴 대기시간
③ 불청결한 병원 내부 상태
④ 불친절한 직원의 태도
⑤ 직원의 수다소리가 큰 경우
⑥ 비싼 검사만 권유하는 경우
⑦ 설명받지 못한 검사를 진행하는 경우
⑧ 원하는 수의사가 진료해주지 않는 경우
⑨ 병원 내 동물고객들이 관리가 안 될 경우
⑩ 시끄러운 음악 소리

2) 불만고객 해결

1단계 : 경청	고객이 불만사항을 이야기할 경우 비판적으로 의견을 대립하지 않고 긍정적으로 경청을 해야 함
2단계 : 원인분석	고객이 말하는 요점을 파악하고, 전달하는 중 착오가 없었는지 확인 후 본인이 해결 가능한 문제인지 파악해야 함
3단계 : 해결책 강구	동물병원 내의 방침에 따라 결정되며 신속하게 해결책을 마련해 고객의 불만을 해결하도록 노력해야 함
4단계 : 효과검토	해결책에 대한 부분을 안내한 후 결과를 검토해 동일한 문제가 발생하지 않도록 주의해야 함

04 동물병원 위생관리

(1) 동물병원 내의 구역에 따른 위생 및 청소

1) 진료대기실

① 전염 위험

진료 대기실은 많은 사람들과 동물들이 오가는 곳이다.

전염병이 의심되는 동물들이 있을 경우 다른 보호자나 동물들과 거리를 두고 접촉하지 못하도록 하는 것이 바람직하며, 진료가 다 끝났을 경우 락스를 이용해 보호자와 환자가 있었던 공간과 손이 닿았던 곳 모두 소독을 진행한다.

② 사고

사교성이 좋은 동물들도 많이 있지만, 보통 병원에 내원하면 예민해지고 불안해하는 동물들이 많다. 동물들 사이에 예기치 못한 싸움이 발생할 수 있기 때문에 미리 보호자에게 목줄과 캐리어 사용 안내 후 사고를 방지한다.

③ 마킹 및 대소변

영역표시를 위해 구석진 벽이나 바닥에 마킹을 하는 경우가 종종 있다.

마킹을 하는 경우 매너패드 사용을 안내하거나 대기 시 반려동물을 안고 대기하도록 권유한다. 대소변은 바로 뒤처리가 가능하도록 대기실에 휴지와 위생봉투를 배치한다.

2) 처치실

① 처치대

처치대는 진료 후 털과 잔여 이물이 많이 남을 수 있는 공간이다. 진료 및 처치가 끝날 때마다 핸드 청소기로 이물을 제거한 뒤 락스를 이용해 청소한다.

② 약 제조대

약 제조 시 가루날림이 있고, 다양한 약품들이 있는 공간이다 보니 근무 중 어지럽혀질 가능성이 크다. 약 제조가 끝난 뒤에는 약품을 제자리에 돌려놓고 제조대 위를 깨끗하게 하여 다른 약을 제조할 때 섞이는 것을 방지해야 한다.

③ 입원실

환자는 다양한 질병 때문에 입원한다. 일반적으로 일반입원장과 격리하는 집중치료실을 구분해 소독과 청소가 진행된다.

ⓐ 일반 입원장

입원 환자가 없어 비어있는 경우에는 하루에 최소 한 번씩 입원장 안과 유리 모두 락스와 알코올을 이용해서 전체적인 소독을 한다.

입원 중인 경우 잠시 산책이나 진료차 환자가 밖으로 나왔을 때를 이용해 사료나 지저분한 이물들을 제거하고 소독스프레이로 소독을 진행한다.

퇴원 시의 경우 이물이나 털을 핸드 청소기로 깨끗이 제거한 후 소독스프레이를 이용해 바닥, 벽, 천장, 유리 모두 소독을 하고 문을 열어두어 수분이 날아갈 때까지 둔다.

ⓑ 격리 입원장

전염성이 있는 환자가 입원할 경우 입원장 주변에 치료진행 시 사용할 필수 용품을 제외하고 모두 제거한다. 입원 환자가 들어오기 전 전체적인 소독을 한 번 더 진행한 뒤 환자가 입원할 수 있도록 한다.

환자 입원 중인 경우에는 다른 환자와 접촉하지 않도록 주의한다. 소모품인 경우 환자가 사용할 것을 지정하고 다른 용품과 섞이지 않도록 의료폐기물로 따로 보관 후 배출시킨다.

환자 퇴원 후에 환자의 용품은 위생봉투에 넣어 차단한 뒤 보호자에게 건네주며, 지저분한 이물질, 사료, 물 등을 깨끗하게 제거한다. 이후 입원장 안 공간에 치아염소산나트륨 소독약을 뿌리고 10~20분 정도 뒤 한 번 더 소독하며, 입원장 안 바닥, 벽, 천장, 유리 등 모든 곳을 청소하고 입원장 주변도 함께 소독한다.

Plus note

- **입원실 청소 시 주의사항**
  - 사용한 수액과 소모품은 남더라도 의료폐기물로 함께 처리한다.
  - 사용한 용품은 다른 제품과 섞이지 않도록 한다.
  - 진료 시 환자와 닿았던 공간, 몸을 모두 소독해 동물병원 내 다른 동물들에게 전염될 위험을 차단한다.
  - 격리 시설부터 청소를 하면 전염의 위험성이 있기 때문에 전염의 위험이 적은 대기실 및 상담실을 먼저 청소하고, 전염 가능성이 높은 처치실 및 집중치료실을 늦게 청소한다.

ⓒ 수술실

수술실은 특별구역으로 높은 수준의 청결이 유지되어야 하는 공간이다.

바닥과 공기 중, 수술대 위 등 전체적인 공간 모두 환자에게 나쁜 영향을 끼칠 수 있고 치명적인 요인이 될 수 있기 때문에 청결에 더욱 신경 쓰며 멸균에 가깝도록 노력해야 한다.

(2) 세척

세척(洗滌)은 물이나 세제 등의 세척액을 이용해 더러움을 없애는 행위로, 적절한 소독이나 멸균을 위한 필수 요건이며, 의료기관 및 동물병원에서는 세척에 대한 규정을 수립하고 실시해야 한다.

1) 세정제

① **계면활성제** : 계면활성제(Surfactant)는 물에 녹기 쉬운 친수성 부분과 기름에 녹기 쉬운 소수성 부분을 가지고 있는 화합물이다.

② **대표적인 세정제** : 비누, 세제 등

③ **의료 장소의 세정제** : 약용비누, 크레졸비누액, 헥사클로로핀비누(뮤즈비누), 라우릴유산나트륨(하이렌비누) 등

2) 세척 시 주의사항

세척은 수술, 진료가 끝난 뒤 혈액이나 이물, 오염물질을 제거하고 소독과 멸균의 효과를 높이기 위해 진행되므로 세척을 할 때 꼼꼼히 이물질을 제거해야 한다.

(3) 소독

소독(消毒)은 병의 감염이나 전염을 막기 위하여 병원균을 죽이는 것을 가리키며, 저항력이 없는 박테리아 포자와 같은 모든 미생물을 죽이지는 않지만 세균을 제외한 대부분의 모든 미생물을 제거한다.

소독은 액체화학제나 습식저온살균(Wet Pasteurization)에 의해 이루어지며, 소독의 효과에 영향을 미치는 요소는 다음과 같다.

① 기구의 세척여부

② 대상물에 존재하는 유기물의 양

③ 오염된 미생물의 종류 및 숫자

④ 소독제의 온도 및 노출시간

⑤ 소독하려는 대상물의 형태

⑥ 소독과정에서의 온도와 산도(pH)

1) 환경소독제의 종류

차아염소산나트륨	– 락스 성분 – 무색 혹은 엷은 녹황색의 액체로 염소냄새 – 시중에 판매되는 락스는 4% 이상의 농도이며, 40,000ppm으로 농도가 매우 높기 때문에 희석해서 사용 – 가격이 저렴하며 바이러스까지 사멸시킬 수 있어, 파보 바이러스 소독 시에도 사용 – 부식성이 강해 금속용기와 접촉하지 않도록 주의 – 사용 시 알레르기, 피부 및 안구 자극에 주의 – 다량 사용 시 THM(TriHaloMethanes)이라는 발암물질 발생
미산성 차아염소산	– 무색무취의 액체성분 – 기존 차아염소산 나트륨보다 낮은 농도로 80배 더 높은 살균효과를 나타내 최근 동물병원에서 많이 사용 – 희석비율이 낮을수록 소독 효과가 떨어짐 – 살균, 탈취력의 지속시간이 비교적 짧음
크레솔비누액	– 크레졸(Cresol)은 석탄 타르 및 나무 타르 중에서 석탄산과 함께 발생하는 물질 – 주로 화장실 소독제로 사용 – 물에 녹지 않아 비누액을 가하여 수용성으로 만든 것 – 살균력이 강하며 독성과 부식성이 비교적 약함 – 냄새가 심하며 장기간 또는 염증부위 및 피부에 닿을 경우 자극에 주의 – 시중 판매되는 것은 50%의 고농도로, 의료용 소독이나 수술부위 소독은 1~2% 농도로 희석해서 사용
알데하이드	– 아포를 포함한 세균, 진균, 바이러스 등에 높은 수준의 소독, 멸균제로 사용 – 금속을 부식시키지 않으며 고압증기 멸균을 못하는 용품(고무, 플라스틱 등)에 사용이 가능함 – 눈, 호흡기 등의 자극에 주의 – 병원 내에서 주로 내시경 소독제로 사용됨

2) 피부소독제의 종류

동물과 사람의 조직과 피부에 사용되며, 치료 목적에 따라 멸균증류수를 이용해 희석해서 사용한다.

70% 알코올	– 무색투명한 액체 – 휘발성이 강하기 때문에 보관 시 마개를 꼭 닫아 보관 – 개방성 상처부위에는 재생이 방해될 수 있음 – 기구소독에 효과적
과산화수소	– 산소와 수소의 화합물로서 옅은 푸른색을 띠고, 희석하면 무색을 띰 – 주로 상처부위보다는 상처주변을 소독 – 상처에 뿌리게 되는 경우 흰거품이 올라오는 것은 산소의 기체 – 농도가 진할 경우 독성 및 자극에 주의 – 정상인 피부세포들이 파괴될 수 있어 주의가 필요 – 부식이 일어날 수 있어 스테인리스, 유리 등에 보관 – 주로 동물의 털과 피부에 사용하며 혈액 제거를 위해 수술복과 진료용품 소독에도 사용됨

포비돈요오드	– 폴리비닐피롤리돈(포비돈, PVP)과 요오드를 합쳐서 만든 물질 – 세정제부터 소독제, 가글, 구강 스프레이까지 광범위하게 사용 – 찢긴 상처, 화상, 궤양이 있거나 피부의 염증 부위를 살균 소독 – 곰팡이, 바이러스, 원충류, 세균류 등 거의 모든 병원균을 살균 – 장기간 사용 시 상처치료 효과가 저해될 수 있어 주의 – 피부 색소침착, 변색, 가려움증 등이 나타날 수 있고 자극에 주의 – 깊은 상처나 화상, 갑상선기능이상 환자, 신생아 및 영아, 임부, 수유부는 사용금지
클로르헥시딘	– 피부자극이 비교적 적으며, 기구를 부식시키지 않음 – 세균, 진균 및 바이러스에 효과적 – 눈에 들어갈 경우 각막 손상 주의 – 환자의 상태, 목적에 따라 멸균증류수에 희석해 처방
멸균증류수	– 무색투명한 액체로 다른 약품 조제 시 희석시켜 사용 – 보관 시 40℃ 이하 서늘한 곳에서 보관 – 사용할 때마다 새것을 개봉해 사용해야 하며 재사용하지 않음 – 진료 및 수술 시 환자의 피부 및 상처를 세척하는 경우 사용 – 약품 조제나 정맥 내 투여되지 않는 혼합제의 조제 시 희석 또는 용해제 역할

(4) 멸균

미생물 특히 세균이 죽어 없는 상태(무균상태)를 말한다. 열, 화학약품 등 다양한 방법으로 세포, 특히 미생물을 죽이는 것을 의미한다. 살균(殺菌)이 철저한 상태라고 할 수 있다.

1) 멸균법의 종류

건열멸균	– 배양병이나 피펫 등 초자기구, 금속기구를 멸균하는 데에 사용 – 통상 160℃에서 90분 또는 180℃에서 50분가량 가열 – 종이는 고온에서 타르를 생성하기 때문에 바람직하지 않음
가압멸균	– 염류용액 등 열에 안정한 수용액이나 고무마개 등을 멸균하는 데 사용 – 통상 1kg/cm^{2}로 가압하여 30분가량 가열(120℃)
여과멸균	– 혈청, 단백질 용액(트립신 등), $NaHCO_3$, 글루타민 등 열에 의해 변성되거나 분해되는 성분이 포함된 액체를 멸균할 때 사용 – 니트로셀룰로오스막 필터(0.45μm 또는 0.2μm)를 가장 많이 사용 – 0.2μm에서도 마이코플라스마의 투과를 완전히 방어할 수는 없음
가스멸균	– 폴리스티렌 배양접시 등 가열할 수 없는 기구를 멸균시킬 때 사용 – 가압(1kg/cm^{2}가량) 에틸렌산화물가스(30%가량)를 40~50℃에서 3시간가량 처리하는 것이 보통 – 알킬화반응이기 때문에 표면의 세포부착성이 변화하거나 변이원성이 나타나는 것이 있는지 등 주의 요망
방사선멸균	– 자외선, γ선 등을 사용하여 멸균하는 방법 – 플라스틱제용기 등 가열할 수 없는 기구의 멸균에 사용 – 자외선살균등(燈)을 사용할 때는 가까운 거리에서 30분 정도로 멸균할 수 있음

(5) 의료폐기물

1) 의료폐기물의 정의

'의료폐기물'이란 보건, 의료기관, 동물병원, 시험 · 검사기관 등에서 배출되는 폐기물 중 인체에 감염 등 위해를 줄 우려가 있는 폐기물과 인체 조직 등 적출물, 실험동물의 사체 등 보건, 환경보호상 특별한 관리가 필요하다고 인정되는 폐기물로서 「폐기물관리법」 시행령 별표 2에서 정하는 폐기물(「폐기물관리법」 제2조 제5호)을 말한다.

2) 의료폐기물 종류(「폐기물관리법 시행령」 [별표2])

격리의료폐기물		「감염병의 예방 및 관리에 관한 법률」 제2조 제1호의 감염병으로부터 타인을 보호하기 위하여 격리된 사람에 대한 의료행위에서 발생한 일체의 폐기물
위해의료폐기물	조직물류	인체 또는 동물의 조직 · 장기 · 기관 · 신체의 일부, 동물의 사체, 혈액 · 고름 및 혈액생성물(혈청, 혈장, 혈액제제)
	병리계	시험 · 검사 등에 사용된 배양액, 배양용기, 보관균주, 폐시험관, 슬라이드, 커버글라스, 폐배지, 폐장갑
	손상성	주사바늘, 봉합바늘, 수술용 칼날, 한방침, 치과용침, 파손된 유리재질의 시험기구
	생물 · 화학	폐백신, 폐항암제, 폐화학치료제
	혈액오염	폐혈액백, 혈액투석 시 사용된 폐기물, 그 밖에 혈액이 유출될 정도로 포함되어 있어 특별한 관리가 필요한 폐기물
일반의료폐기물		혈액 · 체액 · 분비물 · 배설물이 함유되어 있는 탈지면, 붕대, 거즈, 일회용 기저귀, 생리대, 일회용 주사기, 수액세트

비고

1. 의료폐기물이 아닌 폐기물로서 의료폐기물과 혼합되거나 접촉된 폐기물은 혼합되거나 접촉된 의료폐기물과 같은 폐기물로 본다.
2. 채혈진단에 사용된 혈액이 담긴 검사튜브, 용기 등은 조직물류폐기물로 본다.
3. 일회용 기저귀는 다음 각 목의 일회용 기저귀로 한정한다.
   가. 「감염병의 예방 및 관리에 관한 법률」 제2조 제13호부터 제15호까지의 규정에 따른 감염병환자, 감염병의사환자 또는 병원체보유자(이하 "감염병환자 등"이라 한다)가 사용한 일회용 기저귀. 다만, 일회용 기저귀를 매개로 한 전염 가능성이 낮다고 판단되는 감염병으로서 환경부장관이 고시하는 감염병 관련 감염병환자 등이 사용한 일회용 기저귀는 제외한다.
   나. 혈액이 함유되어 있는 일회용 기저귀

3) 의료폐기물 관리 및 보관

의료폐기물은 종류별로 전용용기에 보관하며, 내용물이 빠져 나오지 않도록 밀폐포장한 뒤 처리한다. 의료폐기물은 종류별로 정해진 보관기간을 초과하지 않도록 하며 전용용기의 재사용을 금지한다.

[의료폐기물 전용 용기]

구분	용기 사진		해당 의료폐기물
합성수지류 상자 용기	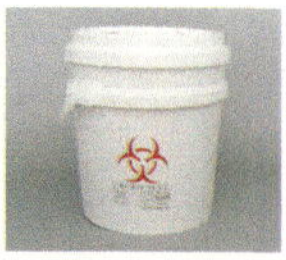		• 격리의료폐기물 • 조직물류폐기물(치아 제외) • 손상성폐기물 • 액체상태 폐기물
봉투형 용기 또는 골판지류 상자 용기	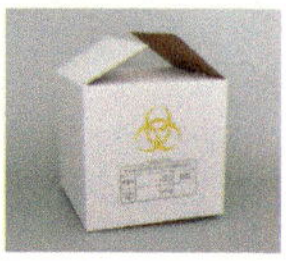	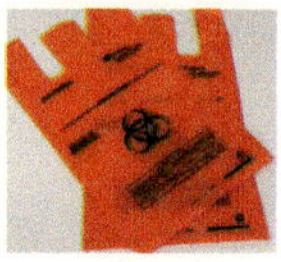	그 밖의 의료폐기물

[출처 : 한국의료폐기물전용용기협회]

[의료폐기물 보관방법]

종류		보관시설	전용용기*	도형 색상	배출자 보관기간
격리의료폐기물		• 조직물류 폐기물과 성상이 같은 폐기물 – 전용 냉장시설(4℃ 이하) • 그 밖의 폐기물 – 밀폐된 전용 보관창고	상자형(합성수지)	붉은색	7일
위해의료폐기물	조직물류	전용 냉장시설(4℃ 이하) ※ 치아 및 방부제에 담긴 폐기물은 밀폐된 전용 보관창고	상자형(합성수지) ※ 치아 제외	노란색	15일 ※ 치아 : 60일
	조직물류(재활용하는 태반)	전용 냉장시설(4℃ 이하)	상자형(합성수지)	녹색	15일
	병리계	밀폐된 전용 보관창고	봉투형	검정색	15일
			상자형(골판지)	노란색	
	손상성		상자형(합성수지)	노란색	30일
	생물 · 화학		봉투형	검정색	15일
			상자형(골판지)	노란색	
	혈액오염		봉투형	검정색	15일
			상자형(골판지)	노란색	
일반의료폐기물		밀폐된 전용 보관창고	봉투형	검정색	15일**
			상자형(골판지)	노란색	

[출처 : 환경부 「의료폐기물 분리배출 지침」, 2019]

* 액체 상태의 의료폐기물은 상자형(합성수지) 사용

** 일반의료폐기물 중 입원실이 없는 의원, 치과의원 및 한의원에서 발생되는 것으로 섭씨 4도 이하로 냉장보관하는 경우 30일까지 가능

Plus note

- **의료폐기물 보관 기준 및 방법**
  - 의료폐기물 종류별로 정해진 보관기간을 초과하여 보관할 수 없음. 다만, 천재지변, 휴업, 시설보수 및 그 밖의 부득이한 사유로서 시 · 도지사 및 지방환경관서 장의 인정을 받은 경우 예외 가능
  - 의료폐기물 종류별로 적정한 보관시설에 보관하여야 하며, 보관시설은 전용의 냉장시설, 밀폐된 전용의 보관창고로 구분
  - 보관중인 의료폐기물의 종류, 양, 보관기간 등을 기재한 표지판을 설치
  - 냉장시설은 －4℃ 이하의 설비를 갖추고, 보관 중에는 냉장설비를 항상 가동하여야 하며 정상 가동되는 온도계를 부착해야 함

4) 의료폐기물 처리과정 및 분리배출

의료폐기물은 전용용기로 배출, 밀폐상태로 보관, 전용 차량으로 수집 · 운반되어 전용 소각시설 또는 멸균 시설에서 처분된다.

배출

전용용기

▶

보관

밀폐공간

▶

수집 · 운반

전용차량

▶

처분

전용 소각시설
(또는 멸균시설)

[출처 : 환경부 「의료폐기물 분리배출 지침」, 2019]

* 의료폐기물 전용용기에 RFID(무선주파수 인식방법) 전자태그를 부착하여 의료 폐기물 발생~처리 전 과정을 실시간으로 관리

5) 의료폐기물 취급 시 주의사항

① 사용 중인 전용용기는 내부의 폐기물이 새지 않도록 관리한다.

② 봉투형 용기에는 의료폐기물을 그 용량의 75% 이상이 되도록 넣어서는 안되며, 위탁처리 시 상자형 용기에 담아 배출한다. (상자형 용기는 75% 이상 넣을 수 있다.)

③ 보관기간, 보관방법 등에 있어 엄격한 기준을 적용한다.

④ 전용용기는 환경부 장관이 지정한 검사기관이 별도의 검사기준에 따라 검사하여 합격한 제품만 사용한다. (적정하게 등록된 업체만 제조 가능하다.)

05 동물등록제

(1) 동물등록제의 개념

등록제는 동물의 보호와 유실 및 유기 방지를 위해 2014년 1월 1일부터 전국적으로 의무 시행중인 제도이다. 동물등록제에 대한 보조금을 각각의 시 · 도 · 군에서 지원하고 있으며 보호자는 가까운 시 · 군 · 구청에 동물등록을 해야 할 의무가 있다. 등록하지 않을 경우에는 과태료가 부과된다.

동물등록은 내장형과 외장형 두 가지 방식으로 가능하며, 목걸이 형태인 외장형의 경우 분실 시 다시 등록을 해야 한다. 동물을 유기했을 경우 동물보호관리시스템을 통해 소유자를 찾을 수 있다.

(2) 동물등록 법령

「동물보호법」 제12조(등록대상동물의 등록 등)

① 등록대상동물의 소유자는 동물의 보호와 유실 · 유기방지 등을 위하여 시장 · 군수 · 구청장(자치구의 구청장을 말한다. 이하 같다) · 특별자치시장(이하 "시장 · 군수 · 구청장"이라 한다)에게 등록대상동물을 등록하여야 한다. 다만, 등록대상동물이 맹견이 아닌 경우로서 농림축산식품부령으로 정하는 바에 따라 시 · 도의 조례로 정하는 지역에서는 그러하지 아니하다.

② 제1항에 따라 등록된 등록대상동물의 소유자는 다음 각 호의 어느 하나에 해당하는 경우에는 해당 각 호의 구분에 따른 기간에 시장 · 군수 · 구청장에게 신고하여야 한다.

1. 등록대상동물을 잃어버린 경우에는 등록대상동물을 잃어버린 날부터 10일 이내
2. 등록대상동물에 대하여 농림축산식품부령으로 정하는 사항이 변경된 경우에는 변경 사유 발생일부터 30일 이내

③ 제1항에 따른 등록대상동물의 소유권을 이전받은 자 중 제1항에 따른 등록을 실시하는 지역에 거주하는 자는 그 사실을 소유권을 이전받은 날부터 30일 이내에 자신의 주소지를 관할하는 시장 · 군수 · 구청장에게 신고하여야 한다.

④ 시장 · 군수 · 구청장은 농림축산식품부령으로 정하는 자(이하 이 조에서 "동물등록대행자"라 한다)로 하여금 제1항부터 제3항까지의 규정에 따른 업무를 대행하게 할 수 있다. 이 경우 그에 따른 수수료를 지급할 수 있다.

⑤ 등록대상동물의 등록 사항 및 방법 · 절차, 변경신고 절차, 동물등록대행자 준수사항 등에 관한 사항은 농림축산식품부령으로 정하며, 그 밖에 등록에 필요한 사항은 시 · 도의 조례로 정한다.

「동물보호법 시행규칙」 제7조(동물등록제 제외 지역의 기준)

법 제12조 제1항 단서에 따라 시 · 도의 조례로 동물을 등록하지 않을 수 있는 지역으로 정할 수 있는 지역의 범위는 다음 각 호와 같다.

1. 도서[도서, 제주특별자치도 본도(本島) 및 방파제 또는 교량 등으로 육지와 연결된 도서는 제외한다]
2. 제10조 제1항에 따라 동물등록 업무를 대행하게 할 수 있는 자가 없는 읍 · 면

「동물보호법 시행규칙」 제8조(등록대상동물의 등록사항 및 방법 등)

① 법 제12조 제1항 본문에 따라 등록대상동물을 등록하려는 자는 해당 동물의 소유권을 취득한 날 또는 소유한 동물이 등록대상동물이 된 날부터 30일 이내에 별지 제1호 서식의 동물등록 신청서(변경신고서)를 시장 · 군수 · 구청장(자치구의 구청장을 말한다. 이하 같다) · 특별자치시장(이하 "시장 · 군수 · 구청장"이라 한다)에게 제출하여야 한다. 이 경우 시장 · 군수 · 구청장은 「전자정부법」 제36조 제1항에 따른 행정정보의 공동이용을 통하여 주민등록표 초본, 외국인등록사실증명 또는 법인 등기사항증명서를 확인하여야 하며, 신청인이 확인에 동의하지 아니하는 경우에는 해당 서류(법인 등기사항증명서는 제외한다)를 첨부하게 하여야 한다.

② 제1항에 따라 동물등록 신청을 받은 시장 · 군수 · 구청장은 별표 2의 동물등록번호의 부여방법 등에 따라 등록대상동물에 무선전자개체식별장치(이하 "무선식별장치"라 한다)를 장착 후 별지 제2호 서식의 동물등록증(전자적 방식을 포함한다)을 발급하고, 영 제7조 제1항에 따른 동물보호관리시스템(이하 "동물보호관리시스템"이라 한다)으로 등록사항을 기록 · 유지 · 관리하여야 한다.

③ 동물등록증을 잃어버리거나 헐어 못 쓰게 되는 등의 이유로 동물등록증의 재발급을 신청하려는 자는 별지 제3호 서식의 동물등록증 재발급 신청서를 시장 · 군수 · 구청장에게 제출하여야 한다. 이 경우 시장 · 군수 · 구청장은 「전자정부법」 제36조 제1항에 따른 행정정보의 공동이용을 통하여 주민등록표 초본, 외국인등록사실증명 또는 법인 등기사항증명서를 확인하여야 하며, 신청인이 확인에 동의하지 아니하는 경우에는 해당 서류(법인 등기사항증명서는 제외한다)를 첨부하게 하여야 한다.

④ 등록대상동물의 소유자는 등록하려는 동물이 영 제3조 각 호 외의 부분에 따른 등록대상 월령(月齡) 이하인 경우에도 등록할 수 있다.

(3) 인식표

보호자는 등록대상 동물을 기르는 곳에서 벗어나게 되는 경우나 외출하는 경우에는 동물등록의 여부와는 별개로 인식표를 반드시 착용시켜야 한다. 착용하지 않을 경우 과태료가 발생한다. 인식표 착용 시 소유자의 성명, 전화번호, 동물등록번호, 동물의 이름을 기입해야 한다.

(4) 동물등록 순서

1) 신청서 작성

신청서는 보호자가 직접 작성해야 한다. 보호자의 성함, 주민등록번호, 주민등록주소와 현거주지 주소, 전화번호의 소유자 정보가 기입되어야 하며 동물의 경우 동물등록번호, 이름, 품종, 성별, 털의 색깔, 생년월일, 취득일, 중성화여부가 기입되어야 한다. 또한 행정정보 공동이용에 동의표시를 해야 한다.

2) 내장형 마이크로칩 삽입

마이크로칩을 몸안에 삽입하는 경우 우선 리더기에 인식해본 후 칩번호가 일치하는지 확인을 해야 한다. 이미 삽입된 경우에는 동물보호관리시스템에 접속해 등록되어 있는지 확인한다.

3) 전자차트 등록

동물병원에서 사용하는 전자차트에 동물의 정보를 클릭해 마이크로칩 번호를 기입해 저장한다.

4) 동물보호시스템 등록

동물보호관리시스템에 접속해 '공무원 → 대행기관 로그인'을 하고 동물등록을 진행한다.

5) 행정기관 서류접수

동물병원에서 신청서를 작성할 경우 담당하는 구 · 군 · 시청으로 팩스를 전송한다.

6) 동물등록증

동물등록증 기입표시를 하는 경우에만 동물등록증이 발급되기 때문에 반드시 안내를 해야 하며, 발급은 약 한 달 정도 소요되어 병원으로 배송된다. 동물등록증이 도착하면 보호자에게 연락해 전달해야 한다.

Plus note

- **「동물보호법 시행규칙」 별지 제1호 서식 〈개정 2022. 1. 20.〉**

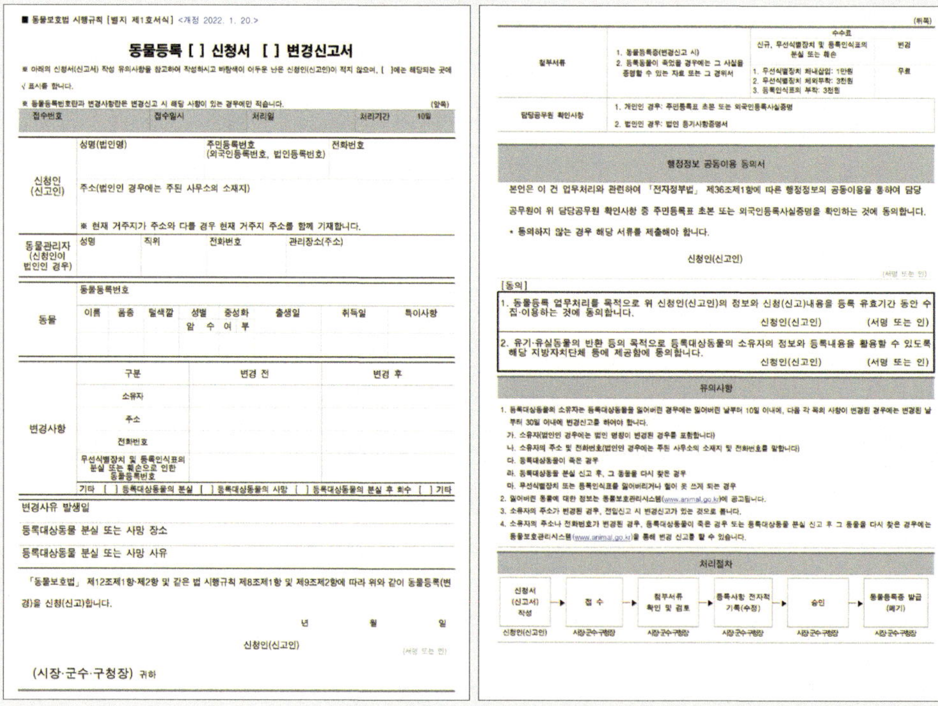

■ 동물보호법 시행규칙 [별지 제1호서식] <개정 2022. 1. 20.>

동물등록 [ ] 신청서 [ ] 변경신고서

※ 아래의 신청서(신고서) 작성 유의사항을 참고하여 작성하시고 바탕색이 어두운 난은 신청인(신고인)이 적지 않으며, [ ]에는 해당되는 곳에 √ 표시를 합니다.

※ 동물등록번호란과 변경사항란은 변경신고 시 해당 사항이 있는 경우에만 적습니다. (앞쪽)

접수번호	접수일시	처리일	처리기간 10일

신청인(신고인)	성명(법인명)	주민등록번호(외국인등록번호, 법인등록번호)	전화번호	
	주소(법인인 경우에는 주된 사무소의 소재지) ※ 현재 거주지가 주소와 다를 경우 현재 거주지 주소를 함께 기재합니다.			
동물관리자(신청인이 법인인 경우)	성명	직위	전화번호	관리장소(주소)

동물	동물등록번호							
	이름	품종	털색깔	성별(암 수)	중성화 여부	출생일	취득일	특이사항

	구분	변경 전	변경 후
변경사항	소유자		
	주소		
	전화번호		
	무선식별장치 및 등록인식표의 분실 또는 훼손으로 인한 동물등록번호		
	기타 [ ] 등록대상동물의 분실 [ ] 등록대상동물의 사망 [ ] 등록대상동물의 분실 후 회수 [ ] 기타		

변경사유 발생일

등록대상동물 분실 또는 사망 장소

등록대상동물 분실 또는 사망 사유

「동물보호법」 제12조제1항·제2항 및 같은 법 시행규칙 제8조제1항 및 제9조제2항에 따라 위와 같이 동물등록(변경)을 신청(신고)합니다.

년 월 일

신청인(신고인) (서명 또는 인)

(시장·군수·구청장) 귀하

(뒤쪽)

		수수료: 신규, 무선식별장치 및 등록인식표의 분실 또는 훼손	수수료: 변경
첨부서류	1. 동물등록증(변경신고 시) 2. 등록동물이 죽었을 경우에는 그 사실을 증명할 수 있는 자료 또는 그 경위서	1. 무선식별장치 체내삽입: 1만원 2. 무선식별장치 체외부착: 3천원 3. 등록인식표의 부착: 3천원	무료
담당공무원 확인사항	1. 개인인 경우: 주민등록표 초본 또는 외국인등록사실증명 2. 법인인 경우: 법인 등기사항증명서		

행정정보 공동이용 동의서

본인은 이 건 업무처리와 관련하여 「전자정부법」 제36조제1항에 따른 행정정보의 공동이용을 통하여 담당 공무원이 위 담당공무원 확인사항 중 주민등록표 초본 또는 외국인등록사실증명을 확인하는 것에 동의합니다.

• 동의하지 않는 경우 해당 서류를 제출해야 합니다.

신청인(신고인) (서명 또는 인)

[동의]

1. 동물등록 업무처리를 목적으로 위 신청인(신고인)의 정보와 신청(신고)내용을 등록 유효기간 동안 수집·이용하는 것에 동의합니다.
신청인(신고인) (서명 또는 인)

2. 유기·유실동물의 반환 등의 목적으로 등록대상동물의 소유자의 정보와 등록내용을 활용할 수 있도록 해당 지방자치단체 등에 제공함에 동의합니다.
신청인(신고인) (서명 또는 인)

유의사항

1. 등록대상동물의 소유자는 등록대상동물을 잃어버린 경우에는 잃어버린 날부터 10일 이내에, 다음 각 목의 사항이 변경된 경우에는 변경된 날부터 30일 이내에 변경신고를 하여야 합니다.
   가. 소유자(법인인 경우에는 법인 명칭이 변경된 경우를 포함합니다)
   나. 소유자의 주소 및 전화번호(법인인 경우에는 주된 사무소의 소재지 및 전화번호를 말합니다)
   다. 등록대상동물이 죽은 경우
   라. 등록대상동물 분실 신고 후, 그 동물을 다시 찾은 경우
   마. 무선식별장치 또는 등록인식표를 잃어버리거나 헐어 못 쓰게 되는 경우
2. 잃어버린 동물에 대한 정보는 동물보호관리시스템(www.animal.go.kr)에 공고됩니다.
3. 소유자의 주소가 변경된 경우, 전입신고 시 변경신고가 있는 것으로 봅니다.
4. 소유자의 주소나 전화번호가 변경된 경우, 등록대상동물이 죽은 경우 또는 등록대상동물 분실 신고 후 그 동물을 다시 찾은 경우에는 동물보호관리시스템(www.animal.go.kr)을 통해 변경 신고를 할 수 있습니다.

처리절차

신청서(신고서) 작성 (신청인(신고인)) → 접 수 (시장·군수·구청장) → 첨부서류 확인 및 검토 (시장·군수·구청장) → 등록사항 전자적 기록(수정) (시장·군수·구청장) → 승인 (시장·군수·구청장) → 동물등록증 발급(폐기) (시장·군수·구청장)

06 출입국관리

(1) 기본 출입국절차

일반적인 출입국절차는 다음과 같다.

출국공항 도착 → 공항검역소 방문(출국검역) → 출국
→ 입국공항 도착 → 공항검역소 방문(입국검역) → 입국

(2) 출입국 준비

국가별 검역 요구사항에 따른 준비 스케줄	– 농림축산검역본부(www.qia.go.kr) 동물축산물검역
준비사항	– 예방접종 증명서 – 건강진단서 – 광견병 접종 증명서 – 내장형 마이크로칩 – 주요 전염병 검사 결과지 – 내 · 외부 기생충 구제 증명서
준비기간	– 최소 30일~16개월 (나라별로 다름)

(3) 출국 검역절차

1) 검역 조건 확인

각 국가마다 요구하는 검역조건이 다르기 때문에 출국 이전에 대사관 또는 동물검역기관에 문의하여 검역조건을 확인해야 한다.

2) 해당서류 준비

동물병원에서 발급받을 수 있는 서류는 다음과 같다.

예 광견병 예방접종 증명서, 예방접종 증명서, 건강증명서 등

3) 검역 신청

서류를 발급해 공항 내의 검역본부 사무실에 검역 신청을 해야 한다.

4) 검역증명서 발급

공항 내 담당 검역관이 서류검사와 임상검사를 진행해 검역 증명서를 발급해주면 항공사 데스크로 이동해 안내를 받는다.

(4) 주요국가 검역조건

미국	검역준비	– 광견병 예방접종
	검역기간	– 출국일로부터 최소 30일 소요됨(국내 진행 시 유효기간 2년)
	서류	– 광견병 항체검사(괌, 하와이) – 예방접종 증명서 – 건강증명서 – 마이크로칩
	운송	– 기내(이동장 포함 5~8kg)와 화물 모두 가능 – 사전수입허가 필요한 경우(광견병 예방접종 미실시, 예방접종 후 30일 미경과, 3개월령 이전 광견병 접종)

캐나다	검역준비	– 검역증명서 – 광견병 예방접종(3개월령 이전은 미실시) – 마이크로칩(상업적일 경우만 해당)
	검역기간	– 출국일로부터 1~2개월 소요됨
	서류	– 광견병 항체검사(국내 진행 시 유효기간 2년) – 마이크로칩 – 검역증명서(입국 30일~1년 이내)
	운송	– 기내와 화물 모두 가능

중국	검역준비	– 검역증명서(필수 기재사항 기입) – 격리검역시설을 갖춘 공항으로 입국해야 함 – 출국 14일 이내 정부검역증 발급 – 광견병 항체검사 유효기간과 광견병 백신접종 유효기간 내에 도착해야 함 – 광견병, 전염병, 기생충 감염이 되지 않음을 확인
	검역기간	– 출국일로부터 약 60일
	서류	– 마이크로칩 – 광견병 예방접종 증명서 – 건강증명서
	주의사항	– 1인당 한 마리로 제한됨 – 항체검사 미확인 시 세관에서 지정된 격리 검역장 내에서 30일 격리검역이 실시됨

Chapter 02

예방접종

01 개의 예방접종

(1) 예방접종의 정의

예방접종(豫防接種, Vaccination)은 면역을 높이기 위해 사람 및 동물의 면역계를 자극하여 항원 물질 등을 주사(접종)하는 것이다. 질병 예방을 목적으로 한다.

예방접종을 위해 백신을 투여한다. 이 백신에는 약화된 혹은, 사멸상태인 항원이 포함되어 있으며, 약화된 항원으로 신체의 후천 면역 시스템을 자극하면, 몸은 항원을 이겨 낼 수 있는 항체 시스템을 구축하게 된다. 접종 후 항원이 몸안으로 침투하더라도 이겨 낼 수 있는 힘이 생기며 이러한 원리를 '항원항체 반응'이라고 한다.

즉, 접종(백신)은 감염성 질환으로부터 신체를 보호하기 위해 후천 면역 시스템을 인공적으로 만드는 방법이다.

(2) 개의 예방접종

예방접종 시작시기	– 1차 예방접종은 보통 생후 6~8주 사이에 시작 – 입양 및 분양은 보통 생후 약 2달이 지난 후 진행되므로, 일반적으로 입양처에서 1차 또는 2차 접종을 한 뒤 분양함 – 접종내역과 날짜를 확인한 뒤 주기에 맞게 동물병원에 내원해 접종해야 함
예방접종 주기	– 개의 경우 2~3주 간격을 두고 추가접종 실시 – 정해진 날짜에 추가 접종을 하는 것이 가장 효과적이지만, 만약 전염 바이러스 및 질병에 노출될 환경에 있는 경우 더 빠른 시기에 접종할 수 있음 – 접종이 모두 끝난 뒤, 1년에 한 번씩 추가 접종을 해야 접종 효과가 있기 때문에 접종수첩이나 동물병원의 안내에 따라 날짜를 확인하고 기간에 맞춰서 접종해야 함

(3) 예방접종 주기

[개의 예방접종 주기표]

<table>
<tr><th></th><th>접종시기</th><th>접종항목</th><th>추가 접종</th></tr>
<tr><td rowspan="10">권장 기초 접종</td><td>애견분양 시</td><td>면역증강제</td><td rowspan="7">DHPPL
+
코로나장염
+
인플루엔자
+
켄넬코프
+
광견병 연 1회</td></tr>
<tr><td>1차(6주)</td><td>DHPPL 1차 + 코로나장염 1차</td></tr>
<tr><td>2차(8주)</td><td>DHPPL 2차 + 코로나장염 2차</td></tr>
<tr><td>3차(10주)</td><td>DHPPL 3차 + 개 인플루엔자 1차</td></tr>
<tr><td>4차(12주)</td><td>DHPPL 4차 + 개 인플루엔자 2차</td></tr>
<tr><td>5차(14주)</td><td>DHPPL 5차 + 켄넬코프 1차</td></tr>
<tr><td>3~4개월령</td><td>광견병 + 켄넬코프 2차</td></tr>
<tr><td colspan="3">항체가검사 : 5차 접종 2주 후</td></tr>
<tr><td colspan="3">심장사상충 예방 : 월 1회, 예빙약 투어 전 심장사상충 김염 어부 김사</td></tr>
<tr><td colspan="3">외부기생충 예방 : 월 1회(연중), 옴, 진드기, 벼룩 등 외부기생충 예방 및 치료</td></tr>
</table>

(4) 개의 예방접종의 종류

예방접종은 크게 필수접종과 선택접종으로 분류된다.

필수접종	• 종합예방백신(DHPPL), 코로나 장염 백신(canine coronavirus), 전염성 기관지염 백신(canine infectious tracheobronchitis), 광견병 백신(rabies) • 필수접종은 항체가접종까지 모두 끝난 뒤, 1년에 한 번씩 접종 기간에 접종을 해야 한다.
선택접종	• 인플루엔자 백신(canine influenza) • 선택접종은 항체가접종까지 모두 끝난 뒤, 수의사와 상담 후 반려동물의 상태에 맞게 선택할 수 있는 접종이다.

1) 개 종합예방백신(DHPPL)

개의 종합예방백신은 면역력이 약한 어린 개체(강아지)들이 걸렸을 경우 치사율이 높고 치명적인 질병 중 다섯 가지(distemper, hepatitis, parvovirus, parainfluenza, leptospirosis)를 묶어 한 번에 예방하는 백신이다.

① 개 디스템퍼(홍역, canine distemper)

감염경로	개의 대소변 등을 통해 감염되며, 감염 60~90일 이후까지 바이러스가 배출된다.
증상	• 일반적으로 약 7일 이하의 잠복기를 거치며, 심할 경우 폐사한다. • 호흡기증상(기침 및 재채기, 고열, 콧물, 폐렴 등) • 소화기증상(구토, 설사 및 혈변) • 신경증상(간질 발작 및 경련 등)
예방	종합예방백신(DHPPL) 접종 및 매년마다 추가 접종을 해야 한다.
치료	바이러스 질병으로 치료법이 없다. 보통 2차 세균감염으로 인한 증상악화 억제를 위해 항생제 및 면역증을 투여하고 탈수증상을 막기 위해 수액처치가 실시된다.
특징	대체로 3~6개월의 어린 강아지에게 발병률이 높으며 치사율이 약 80%로 높은 바이러스 감염증이다.

② 개 전염성 간염(infectious canine hepatitis)

감염경로	감염동물과의 직접적 접촉과 오염된 환경(물, 음식, 기구 등)에 의해 감염되며 회복 후 약 6개월간 소변으로 바이러스가 배출되어 전염 가능성이 크다. 또한 여우, 코요테 등 개과 동물에게 잘 발생하며 전염성이 높다.
증상	• 다른 질병에 감염되면 잠복기가 더 짧게 나타나며 폐사율은 비교적 낮지만 감염 개체가 어릴수록 폐사율이 높아진다. • 호흡기증상(발열 및 콧물증상 등) • 소화기증상(식욕부진, 갈증, 구토, 설사 및 혈변, 간비대증으로 복부고통 등) • 부종 및 각막혼탁 증상이 발생하는 경우도 있다.
예방	종합예방백신(DHPPL) 접종 및 매년마다 추가 접종을 해야 한다.
치료	치료법은 없으며, 2차 감염 방지를 위한 대증치료가 실시된다. 항생제 및 수액처치, 출혈이나 빈혈이 있을 경우 수혈처치가 진행된다.
특징	아데노바이러스 감염에 의한 질병이며 사망률은 약 10%이다. 회복 후에도 소변으로 바이러스가 배출되기 때문에 추가 전염을 주의해야 한다.

③ 개 파보바이러스(canine parvovirus)

감염경로	분변을 통한 감염이 대표적이며, 전염성 또한 매우 높다. 분변, 토양, 바이러스를 옮길 수 있는 매개물에 의해서 구강을 통해 감염되는 경우도 있다.
증상	감염 후 약 2주 이내에 증상이 나타나며 증상이 심할 경우 쇼크나 폐사한다. • 소화기증상(무기력, 식욕상실, 구토 및 탈수, 발열, 설사 및 혈변 등) • 신경증상(쇼크증상 등)
예방	• 종합예방백신(DHPPL) 접종 및 매년마다 추가 접종을 해야 한다. • 침투감염(약한 항체를 뚫고 다시 감염되는 것)과 다른 개체의 전염의 예방을 위해서 차아염소산나트륨(락스)을 이용해 용품(장난감, 식기구, 침구류)및 가구(케이지, 배변판 등), 생활공간(바닥, 벽 등 생활반경 모두 포함)을 소독해야 한다.
치료	질병이 의심되면 동물병원에 내원해 최대한 빠르게 CPV 검사를 진행하는 것이 좋다. 환자의 상태에 맞게 항구토제, 수액처치 및 진통제를 투여한다. 소화가 잘되는 음식부터 소량 급여하고 2차 감염이 되지 않도록 주의해야 한다. 치사율이 높은 질병이지만 증상이 미약할 경우 2~3일 안에 회복되는 경우도 있다.
특징	생후 3개월 이하의 어린개체에게 잘 발생하는 질병이다. 치료 시기가 늦어질수록 치사율이 높아지며 분변을 통해 감염되기 때문에 다른 개체와 철저하게 격리가 필요하다.

④ 개 파라인플루엔자(canine parainfluenza virus)

감염경로	사육장 등 여러 마리가 함께 생활하는 곳에서 주로 감염되며, 원숭이, 개, 쥐, 고양이 등에도 감염된다.
증상	• 발열, 체중감소 및 호흡기 질환이 대표적이다. • 호흡기증상(발열, 콧물, 기침 및 폐렴 등)
예방	종합예방백신(DHPPL) 접종과 켄넬코프(Kennel Cough)의 원인이 되기 때문에 추가 접종이 필요하다. 호흡기로 인한 원인이 크기 때문에 다른 개체와 격리가 필요하다.
치료	5% 이하의 폐사율의 질병이지만 다른 타질병의 위험성 때문에 빠른 치료가 필요하며 항생제 및 해열제를 투여해 증상을 낮춘다.
특징	전염성이 높지만 사람에게는 전염되지 않는다.

⑤ 개 렙토스피라(canine leptospirosis)

감염경로	세균 감염으로 인한 감염이 대표적이며 설치류(쥐 등)의 배설물에 상처가 접촉하거나 야외활동 시 감염된다.
증상	• 출혈성 황달, 요독증 등 통증이 나타난다. • 소화기증상(구토, 설사 및 복부통증 등)
예방	매개체인 설치류를 조심하고 야외활동에 주의해야 한다. 양말이나 신발 및 의류를 입혀 보호하는 것이 좋다.
치료	항생제를 사용해 치료한다.
특징	사람에게 감염되는 인수공통전염병이며 사망률이 높다.

체크 포인트

종합백신 안에 포함된 질병들의 증상 및 인수공통전염여부 등을 잘 파악해야 한다.
- **개 종합예방백신(DHPPL)** : distemper, hepatitis, parvovirus, parainfluenza, leptospirosis의 약자이다.
- **인수공통전염** : 개 파라인플루엔자(canine parainfluenza virus), 개 렙토스피라(canine leptospirosis)

2) 개 전염성 기관지염 백신(canine infectious tracheobronchitis)

감염경로	주요 원인균은 보데텔라균(Bordetella bronchiseptica)이며 세균과 공기에 의한 감염되는 경우가 대표적이다. 번식장 및 보호소 같은 많은 개체들이 함께 지내는 곳에서 많이 감염된다.
증상	• 주로 어린 개체에게 심한 증상이 나타나며, 호흡기 질환으로 호흡기에 관련된 증상이 나타난다. • 기침이 심할 경우 구토증상을 보인다. • 호흡기증상(콧물, 기침 및 폐렴, 발열)
예방	개 전염성 기관지염 백신(canine infectious tracheobronchitis)을 접종해 예방한다.
치료	증상 초기인 경우 항균제 및 해열제 등을 투여해 증상을 낮춘다.
특징	전염성이 매우 강하며 켄넬코프(kennel cough)라고도 불린다.

3) 개 코로나 장염 백신(canine coronavirus)

감염경로	바이러스에 의한 소화기 전염병으로 번식장 등 많은 개체가 함께 지내는 환경에서 잘 발생하며 개 파보바이러스와 혼합 감염되는 경우 증상을 더욱 악화시킨다.
증상	• 감염 후 48시간 이내에 증상이 나타나지만 미약해 임상 증상으로 확진하기 어렵다. • 소화기증상(구토와 설사 및 혈변 및, 식욕부진 등)
예방	코로나 장염 백신(canine coronavirus)을 접종해 예방한다.
치료	치료제는 없으며, 초기에 발견해 진단하고 2차 세균감병 방지를 위해 항생제 및 대증요법으로 치료한다. 탈수 증상 시 수액처치와 항구토제 등을 투여해 치료한다.
특징	• 전염성이 높지만 단독감염 시에는 치사율이 매우 낮다. • 감염 후 회복된 개체에게 재감염이 되지 않으며, 사람에게 전염되지 않는다.

4) 개 광견병 백신(rabies)

감염경로	광견병 바이러스를 보유하고 있는 야생동물(개, 너구리, 여우, 박쥐 등)에게 직접 물리거나 물린 상처부위에서 신경을 타고 중추신경까지 도달해 발병한다.
증상	광폭형(狂暴型)과 마비형(痲痺型)으로 크게 나눌 수 있으며 두 가지 모두가 나타나기도 한다. 임상 증상은 7일 이내 지속되며 이후에는 대부분 폐사한다. • 광폭형 : 과민해지고 쉽게 흥분하며 사람이나 동물 주변의 움직이는 물체를 공격한다. • 마비형 : 귀와 꼬리가 뻣뻣해지며, 근육이 경직되며 온몸에 마비 증상을 보인다.
예방	사람과 접촉하거나 농가에서 사육 중인 개, 소 등 광견병 접종을 철저히 실시해야 하며, 수의사 등 동물과 접촉을 많이 하고 광견병 노출 우려가 있는 사람들은 예방접종을 해야 한다. 광견병에 걸린 개에게 물렸을 경우 1주일 이내에 접종해야 하며 의심이 되는 경우는 상처부위 및 접촉한 부위를 소독해야 한다.
치료	치사율은 100%로 감염된 개체들은 모두 죽거나 안락사되며 치료법은 없다.
특징	• 광견병은 「가축전염병 예방법」에 의해 반드시 접종해야 하는 필수 접종 질병이다. • 광견병 백신약은 개와 고양이에게 공통으로 사용되며, 사람에게도 감염될 수 있는 인수공통 감염병이다.

체크 포인트

• **개 광견병 백신(rabies)**

인수공통전염병으로 「가축전염병 예방법」에 의해 반드시 접종해야 하는 필수 접종 백신이다. 치사율은 100%로 치료법이 없으며 확진 시 안락사시킨다.

5) 개 인플루엔자 백신(canine influenza)

감염경로	인플루엔자는 말인플루엔자 바이러스인 H3N8 같은 influenza virus A의 변종에 의해 발생하며 개에서 질병을 유발한다는 것이 밝혀졌다.
증상	• 잠복기는 약 2~5일이며, 단독감염의 경우 치사율은 낮지만 2차 감염의 경우 치료가 진행되지 않는다면 치사율이 50%가 된다. • 호흡기증상(상부호흡기에 감염되며 기침 및 폐렴증상, 고열, 발열, 콧물 등)
예방	개 인플루엔자 백신(canine influenza) 접종을 실시하며, 2차 감염 예방을 위해 다른 개체와 격리가 필요하며 세균 방지를 위해 소독을 실시한다.
치료	치료제는 없고 대증요법, 해열제 등을 투여해 증상을 낮춘다.
특징	• 전염성이 높고 개에게는 기존에 노출된 경험이 없어 바이러스에 대한 면역이 없다. • 다른 개체와 함께 생활할 경우 전염될 가능성이 매우 크다.

02 고양이의 예방접종

(1) 고양이의 예방접종

예방접종 시작시기	– 고양이는 태어날 때 초유를 통해 어미 고양이에게 전달받는 항체로 보호받음 – 첫 접종시기는 생후 8주(약 7~9주)가 적절하며 수의사와의 상담 및 개체의 컨디션(설사, 식욕 등)을 파악해 실시해야 함 – 고양이도 개와 마찬가지로 분양을 받았을 경우 1차접종을 받았을 확률이 높기 때문에 분양처에 백신 접종내역을 확인한 뒤 일정날짜를 확인하고 실시
예방접종 주기	– 종합접종을 포함해 생후 12~16주 사이에 독감 및 범백혈구 감소증 등 추가 접종을 실시해야 함 – 추가접종은 1년에 한 번씩 정해진 날짜를 확인해 수의사와 상담 후 진행함

(2) 예방접종 주기

[고양이 예방접종 주기표]

<table>
<tr><th rowspan="2">구분</th><th rowspan="2">예방주사 종류</th><th colspan="2">기초 접종</th><th rowspan="2">추가 접종</th></tr>
<tr><th>생후 16주 미만</th><th>생후 16주 이상</th></tr>
<tr><td rowspan="2">필수 백신</td><td>고양이 종합백신</td><td>모체이행항체 수준에 따라 생후 8~12주 사이에 1차 접종 후 3주 간격으로 총 3회 접종</td><td>3~4주 간격으로 총 2회 접종</td><td>1년마다 추가 접종</td></tr>
<tr><td>광견병 백신</td><td colspan="2">생후 12주 이후 접종</td><td>1년마다 추가 접종 (관련 법에 따라 매년 접종해야 함)</td></tr>
<tr><td>비필수 백신</td><td>고양이 백혈병 백신</td><td colspan="2" rowspan="2">생후 8주에 1차 접종 후 3~4주 간격으로 총 2회 접종</td><td rowspan="2">1년 후 추가 접종 (제조사의 권고 사항을 따름)</td></tr>
<tr><td>일반적으로 권장하지 않는 백신</td><td>고양이 복막염 백신</td></tr>
</table>

(3) 고양이의 예방접종의 종류

예방접종은 크게 필수접종과 선택접종으로 분류된다.

필수접종	광견병, 범백혈구 감소증, 바이러스성 비기관지염, 칼리시바이러스, 클라미디아
선택접종	전염성 복막염바이러스, 곰팡이백신, 백혈병

1) 고양이 종합예방백신(FvRCP)

현재 국내 동물병원에는 2가지 종류의 백신이 있다.

3종 백신	바이러스성 비기관지염, 칼리시바이러스, 범백혈구 감소증
4종 백신	바이러스성 비기관지염, 칼리시바이러스, 범백혈구 감소증, 클라미디아

① 고양이 바이러스성 비기관지염(feline virus rhinotracheitis, FVR)

감염경로	FVR은 직접접촉을 통해서 감염되며, 침, 눈물, 콧물 등으로 바이러스가 퍼져나간다. 다른 개체에도 전염성이 있어 주의해야 한다.
증상	• 약 2~5일 정도 잠복기를 가지며 고양이 허피스바이러스에 의해 유발되는 상부호흡질환 혹은 폐 질환으로 호흡기 증상이 대표적이다. • 보통 7일 이내 회복하는 경우가 대부분이지만 2차 감염 시 증상이 지속될 가능성이 있다. • 결막염과 기도염이 발생하며 결막유착을 통해 시력을 잃는 경우도 있다. • 호흡기증상(기침, 재채기, 콧물 및 발열 식욕부진 등)
예방	• FHV-1에 대한 예방접종(다른 예방접종과 혼합하여 사용)은 효과가 제한적이긴 하지만, 질병의 중증도를 완화시키고, 바이러스의 증식 배출을 감소시킨다. 하지만 완전한 FVR 발병을 막을 수는 없다. • 감염된 개체의 바이러스는 보호자와 물체를 통해 감염될 위험성이 있고 공기 중으로 전염이 될 위험성이 있기 때문에 감염된 고양이가 생활하거나 머물렀던 공간은 전체적으로 소독을 통해 바이러스의 감염을 막아야 한다.
치료	FVR를 치료하는 항바이러스제는 없지만 2차 감염을 막기 위해 치료 중 항생제를 투여하고, 수액처치가 진행된다.
특징	전염성은 매우 높지만 소독제(차아염소산나트륨)로 사멸이 가능하기 때문에 소독을 더욱 신경 써야 하며 다른 개체와 격리시켜야 한다.

체크 포인트

• **고양이 바이러스성 비기관지염(feline virus rhinotracheitis, FVR)**
- 직접 접촉을 통한 전염병으로 다른 개체에게 전염됨
- 호흡기 증상(기침, 재채기, 콧물 및 발열 식욕부진 등)이 나타난다.

② 고양이 칼리시 바이러스(feline calicivirus infection, FCV)

감염경로	고양이의 직접감염 및 보호자와 물품에 의해 바이러스가 확산된다.
증상	• 식욕부진, 기도염과 구강궤양 및 비강분비물의 증상이 나타나며 감염 초기에는 호흡기 증상이 나타난다. • 호흡기증상(발열, 재채기, 콧물, 눈곱 등)
예방	고양이 종합예방백신(FvRCP)을 통한 예방이 일반적이며, 2차 감염을 막고 다른 개체의 전염을 예방해야 한다.
치료	환자의 상태를 확인하고 수의사는 호흡기증상 및 구강궤양 등을 완화시키기 위한 처방 및 치료를 진행한다.
특징	구강궤양과 코막힘 증상으로 사료를 거부하고 먹지 못하는 경우가 발생하기 때문에 또 다른 질병을 일으킬 수 있어 주의해야 한다.

③ 고양이 범백혈구 감소증(feline panleukopenia)

감염경로	고양이 파보바이러스(Feline parvovirus, FPV)에 의해 발병하는 바이러스성 장염으로 전염성이 매우 강하고 주로 체액과 대소변을 통해 전염된다. 직접 접촉뿐만 아니라 벼룩이나 물품을 통해 전염될 가능성이 있다.
증상	• 약 2주 내에 임상증상이 나타나며, 어린 고양이의 경우 사망률이 약 90%까지 도달하는 무서운 질병이며 증상이 지속되고 심할 시에는 합병증도 함께 나타난다. • 소화기증상(식욕부진, 구토 및 설사 등) • 심할 경우에는 저체온증도 보이며 패혈성쇼크(septic shock) 및 파종성혈관 내 응고(disseminated intravascular coagulation, DIC)까지 일으킬 수 있다. • 이 질병의 사망 원인은 주로 2차 감염으로 인한 면역체계 약화로 다른 질병과 위험에 더 쉽게 노출된다.
예방	고양이 범백혈구 감소증(feline panleukopenia) 백신을 통해 예방한다. 하지만 임신한 고양이에게는 소뇌형성 부전이라는 부작용을 발생시킬 위험이 있어 예방접종하지 않는다.
치료	• 감염 시 24시간 내에 폐사할 가능성이 높고 치사율이 높기 때문에 진단을 받으면 빠른 치료를 진행해야 한다. • 패혈증 방지를 위한 수액처치와 백혈구 수를 증가시키기 위해 수혈처치가 진행될 수 있다. • 동물 간 전염성이 강해 다른 개체와 격리입원은 필수이다.
특징	• 동물 간의 전염성은 강하지만 사람에게는 전염되지 않는다. • 회복을 한 이후에도 체액과 대소변으로 바이러스가 배출되어 전염시킬 위험성이 있기 때문에 주의해야 한다.

체크 포인트

- **고양이 범백혈구 감소증(feline panleukopenia)**
  - 고양이 전염성 장염이라고도 한다.
  - 동물 간의 전염성은 강하지만 사람에게는 전염되지 않는다.
  - 회복 후에도 바이러스로 인한 전염 위험성이 있다.

④ 고양이 클라미디아(feline chlamydophila)

감염경로	• 세균을 통한 감염이 발생하고 감염된 고양이의 눈곱, 콧물 및 대소변을 통해 다른 개체에게 감염된다. • 어미 고양이가 임신했을 때 감염된 경우 배 속의 고양이와 함께 감염될 가능성이 있다.
증상	• 결막염이 발생하고 노란 눈곱이 생기며 심할 경우 안구유착이 발생한다. • 호흡기증상(재채기, 콧물, 기침 및 폐렴)
예방	고양이 클라미디아(feline chlamydophila) 접종을 하며, 다른 고양이와 격리시키고 실내 사육을 한다.
치료	클라미디아에 효과적인 항생제를 처방해 투약하며 체내의 클라미디아를 소멸시키기 위해 약 3주 이상 치료해야 한다. 어린 개체의 경우 면역력이 저하되어 다른 질병이 발생할 수 있기 때문에 수의사의 처방에 맞게 치료를 해야 한다.
특징	사람에게 알려진 클라미디아와는 원인 균이 다르기 때문에 같은 질환이 아니다.

2) 고양이 바이러스성 백혈병 백신(feline leukemia virus, FeLV)

감염경로	체액, 소변 및 혈액, 태반을 통해 전파되며 싸움으로 인한 외상과 직접접촉으로 감염되는 경우가 많다. 가정묘보다 길고양이의 감염률이 더 높다.
증상	• 검사결과가 양성이여도 증상이 없는 경우도 있으며 바이러스 보균상태일 수 있다. • 증상이 없지만 면역력이 저하되기 때문에 다른 질병에 걸릴 위험이 크며 예후가 안 좋은 경우가 많다. • 호흡기증상(기침, 콧물 및 코막힘, 호흡곤란 등) • 소화기증상(식욕부진 및 체중감소, 설사 등) • 신경증상(치매, 빈혈 등)
예방	• 고양이 바이러스성 백혈병 백신(feline leukemia virus, FeLV) 접종을 하고 다른 개체의 접촉을 피하는 것이 좋다. • 무증상일 경우가 있어 6개월~1년에 한 번씩 검사를 하는 것이 좋다. • 현재 고양이를 제외한 다른 개체와 사람의 감염 여부는 정확하게 밝혀지지 않았으나 접촉을 피하는 것이 안전하다.
치료	고양이 백혈병 바이러스 감염여부는 혈액검사를 통해 알 수 있다.
특징	접종 후 육아종 및 섬유육종이 발생할 가능성이 있기 때문에 근육주사를 선호하며 피하주사 시에는 피부 이완이 잘되는 목뒤 쪽 피부에 접종하는 것이 좋다.

체크 포인트

- **고양이 바이러스성 백혈병 백신(feline leukemia virus, FeLV)**
  - 양성인 경우에도 무증상 및 바이러스 보균상태일 가능성이 있다.
  - 감염여부는 혈액검사를 통해 알 수 있다.

3) 고양이 전염성 복막염 백신(feline infectious peritonitis, FIP)

감염경로	• 장관 코로나바이러스(FeCV, feline enteric coronavirus) – 고양이 코로나바이러스(FCoV, Feline coronavirus)가 변이된 고양이 복막염 바이러스(FIPV, Feline infectious peritonitis virus)에 의해 발생한다. • 많은 개체들이 모여 있는 사육장 및 보호센터에서 잘 발생하고 호흡기, 물품, 대소변을 통해 전파된다.
증상	• 크게 유출형(습식)과 비유출형(건식)으로 나뉘며 유출형이 감염률이 높고 진행이 빠르다. – 유출형(습식) : 복수 및 흉수가 생기는 증상 – 비유출형(건식) : 안질환 및 신경증상 • 소화기증상(식욕 감소, 체중 감소 및 설사 등) • 신경증상(보행불능 및 마비)
예방	생후 약 16주의 고양이에게 2~3주 간격으로 2회 접종 후 매년 추가 접종한다.
치료	• FIP의 확진검사는 없지만 임상질병과 환자의 상태 등을 고려해서 진단한다. • FIP의 치료법 또한 없고 면역억제제 및 다른 대증치료와 증상완화를 위한 처방 및 치료가 진행된다.
특징	• 감염되면 예후가 매우 안 좋으며 폐사율이 높다. • 아직 정확하게 밝혀지지 않은 요인들이 많고 면역력이 약한 어린 개체나 나이가 많은 개체에게 급성으로 진행되며 사망하는 경우도 있다.

4) 고양이 면역결핍바이러스 백신(feline immunodeficiency, FIV)

감염경로	싸움이나 물, 중성화를 하지 않은 개체, 야외생활 및 수혈을 통해서 전파된다.
증상	• 면역력이 약해져 2차 감염의 위험성이 크며, 백혈구를 천천히 파괴한다. • 감염될 시 신경질환과 암으로 발전될 가능성이 있다. • 소화기증상(기력저하, 체중감소 및 발열, 설사 등)
예방	비필수 접종이지만 수의사와 상담 후 접종을 진행한다.
치료	혈액검사를 통해 감염여부를 확인할 수 있지만 감염 시 평생 관리해야 하며 예후가 좋지 않다.
특징	흔히 고양이 에이즈라고 불리며 사람에게는 감염되지 않는다.

Plus note

• **예방접종 시 나타날 수 있는 부작용**

1. 부작용 증상
   ① 알레르기 증상 : 눈 주변 부어오름, 가려움증, 발적
   ② 컨디션 저하 증상 : 식욕저하, 기력감퇴, 구토 및 설사
   ③ 신경증상 : 호흡곤란 및 쇼크, 사망
2. 부작용 발생 시 처방
   접종 후 부작용 증상이 나타날 경우 최대한 빨리 접종한 동물병원에 내원해서 수의사에게 증상을 보여주어야 한다. 대부분 소염제나 항히스타민을 처방받거나 수액처치가 진행되며 처치 후 1시간 이내에 정상으로 돌아오는 경우가 많다.
3. 접종 후 보호자가 해야 할 것
   부작용 증상은 접종 후 바로 나타날 수도 있지만 시간이 흐른 뒤에 증상이 나타날 수 있다. 접종 후 충분한 시간 동안 반려동물의 상태를 체크해야 하며 목욕을 삼가고 무리한 운동 및 산책을 최소화하고 안정을 취하게 하는 것이 좋다.

03 심장사상충

심장사상충은 모기를 통해 전염되는 작은 실처럼 생긴 회충으로, 개 · 고양이 · 늑대 등 동물을 숙주로 삼고 기생한다. 아주 드문 경우지만 사람도 감염될 수 있다.

심장사상충이라고 불리지만 폐혈관과 폐조직도 손상시키며, 심하게는 후대정맥에까지 존재한다. 질환을 야기하며, 죽음에 이르게 할 수 있다.

모기를 통해 전염되기 때문에 감염되기 쉬운 기생충 중 하나이며, 치명적이기 때문에 예방법과 예방주기를 숙지해야 한다.

(1) 심장사상충의 감염과정

[Heartworm Lifecycle]

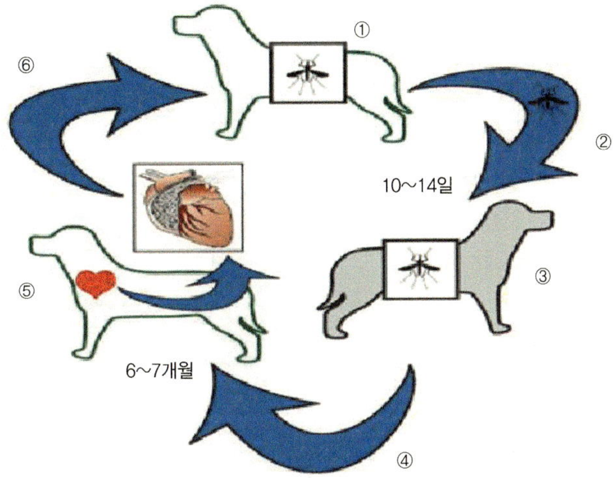

① 모기가 심장사상충에 감염된 동물을 물면 마이크로필라리아가 모기 안으로 들어간다.

② 마이크로필라리아가 모기 내부에서 감염유충으로 성장한다.

③ 마이크로필라리아에 감염된 모기가 다른 동물을 문다.

④ 유충은 새로 감염된 동물 내부에서 성인 심장사상충으로 성장한다.

⑤ 성인 유충은 약 6개월 후부터 어린 유충들을 번식시켜 혈류로 방출한다.

⑥ 다 자란 심장사상충은 감염된 동물의 심장과 폐혈관에서 살아간다.

Plus note

- **개의 심장사상충 감염과정**
  - ① 모기의 몸 안에서 기생(자충)
  - ② 모기에 물려 개에게 감염(L1~L3 감염자충)
  - ③ 피하조직과 근육으로 이동(L3~L4 감염자충)
  - ④ 혈중으로 투입(L5 미성숙성충)
  - ⑤ 우심실, 폐동맥으로 투입(성충)
  - ⑥ 말초혈관으로 이동(자충생산 – Microfilaria)

1) 심장사상충 자충의 온도영향

모기에게 물린다고 반드시 심장사상충에 감염되는 것은 아니다. 감염되기까지 여러 단계를 거치게 된다. 심장사상충의 자충은 모기 안에서 자라게 되는데 모기 안에서의 성장률은 온도에 크게 영향을 받는다.

기온이 14도 이하가 되거나 34도 이상이 되면 성장이 멈춘다고 알려져 있다. 25~31도 사이에 가장 성장률이 좋고, 다음 단계로 진행되며 약 2주가 소요된다.

2) American Heartworm Society가 발표한 자충 온도에 관한 자료

American Heartworm Society의 2014년도 자료에 따르면, 심장사상충의 전염은 겨울시기에 멈추지만, 도시지역의 국지 환경(도심의 빌딩이나 주차장 같은 국지적 열섬현상)에 따라서 전염률이 0이 되지는 않는다. 더군다나 모기의 종류 중 성체로 겨울을 보내는 경우도 있다고 발표했다. 모기 체내에 있는 유충은 낮은 온도에서 성숙이 멈추지만, 바로 따뜻해지는 경우에는 더 빨리 성숙을 재개한다고 한다.

3) 심장사상충의 성장과정

① 숙주가 모기에 물려 감염이 시작되고 심장 내 성충으로 되기까지 6~7개월이 소요되며 이것을 충체잠복기라고 한다.

② 감염 후 모기 체내에서 3기 유충(L3)은 1~2주 동안 성장하고, 숙주의 피부 안에서 4기 유충(L4)이 된다.

③ 다음 흉부와 복부의 근육 및 피하조직으로 이동하며, 감염 후 약 60일 이후에 5기 유충(L5 미성숙성충)으로 성장한다.

④ 이후 약 120일 사이에 5기 유충(L5 미성숙성충)은 혈액 및 혈중으로 진입해 심장을 통해 폐동맥에 자리 잡게 된다.

⑤ 감염 후 약 7개월이 지나면 성충은 짝짓기를 통해 암컷은 마이크로필라리아(Microfilaria)라는 유충을 낳는다.

⑥ 다음 생활사로 진행하기 위해 (모기가 숙주를 흡혈해 모기 안으로 들어가기 전까지) 약 2년간 혈액 내를 돌아다니며 잠복시기를 거친다.

⑦ 모기가 혈액을 섭취했을 때 유충은 L3 감염자충으로 진행하며, 다른 숙주를 감염시키기 위해 모기의 침샘에 기생한다.

(2) 개의 심장사상충

1) 개의 심장사상충 예방 시작 시기

보통 생후 8~10주 이내에 시작한다. 심장사상충의 예방약의 종류마다 예방 주기가 1개월에 1회, 3개월에 1회 등 각각 다르기 때문에 동물병원의 안내를 받거나 주기를 확인해 직접 예방한다. 특히 모기 활동량이 많은 4~10월에는 각별히 주의해야 한다.

2) 개의 심장사상충 증상

심장사상충은 증상에 따라 단계가 분류된다.

[개의 심장사상충 증상에 따른 분류]

1단계	무증상(증상이 거의 나타나지 않음)
2단계	기침, 운동 시 약간의 피로감, 미약한 체중감소
3단계	심한 기침, 약간의 운동 시에도 피로감, 컨디션 저조, 빈혈, 복수, 호흡곤란, 확연한 체중감소
4단계	대정맥증후군(혈뇨), 초음파검사로 후대정맥에 성충 확인, +3단계 증상

성충으로 성숙되기 전 약 6개월간의 충체잠복기 기간에는 대부분의 증상이 나타나지 않으므로 충체잠복기 상태에서는 검사를 받더라도 검출되지 않는다. 성충으로 성장하더라도 무증상인 경우 또는 대부분의 증상이 나타나지 않는 경우가 많다.

사상충검사 없이 예방약을 접종하게 되면 살아있는 심장사상충의 성충 및 유충들이 심장과 폐동맥을 막게 되고 혈액순환 장애를 일으켜 수명을 줄이며 심하면 사망에 이를 수 있다.

심장사상충의 예방을 하는 경우 감염된 모기에게 물려도 이상이 없으므로 치료보다 예방이 더 중요하다.

3) 개의 심장사상충 예방약 종류

① **알약 및 가루약** : 보통 동물약국에서 구매할 수 있는 알약 형태의 사상충 예방약이다. 콜리, 셔틀랜드 쉽독, 잉글리쉬 쉽독, 휘핏 등의 종은 유전자 변형으로 인해 고용량이 투약될 경우 신경 독성의 부작용이 있기 때문에 밀베마이신을 복용하는 경우가 있다. 몸무게에 따라 용량이 다르므로 적정 용량을 복용해야 한다.

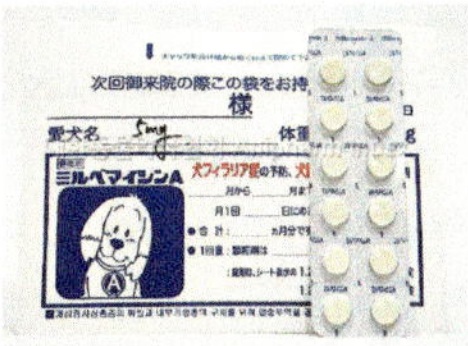

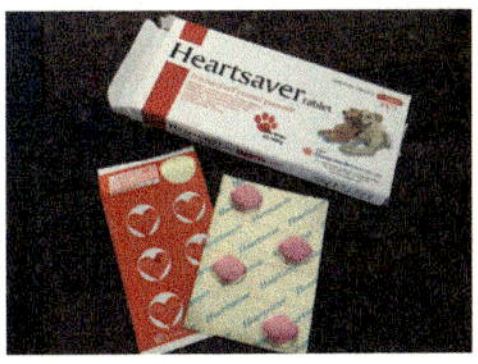

② **츄어블(chewable)** : 츄어블(chewable) 형태의 예방약은 대개 고기 맛이 나기 때문에 알약 형태보다 기호성이 좋은 편이다. 하지만 대부분의 반려동물이 먹는 것을 좋아하지 않기 때문에 억지로 먹여야 하는 경우 기도가 막히지 않도록 작게 나눠 복용하고 구토 여부를 지켜봐야 한다. 츄어블(chewable) 형태의 예방약 또한 각각 회사마다 예방하는 범위가 다르기 때문에 반려동물의 생활반경이나 상태에 맞게 수의사와 상담해 알맞은 약을 복용해야 한다.

③ 적하제(액상) : 액상 형태의 심장사상충 약은 주로 츄어블(chewable) 형태의 사상충 복용약을 거부하거나 산책을 많이 하지 않는 반려동물이 복용한다. 액상이기 때문에 구토의 위험이 없으며, 핥지 못하는 머리 바로 뒤나 목뒤 쪽에 도포하여 반려동물이 섭취하지 않도록 주의해야 한다.

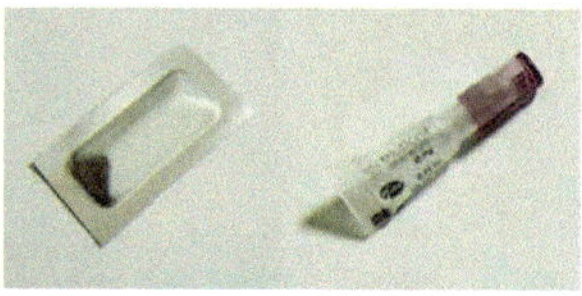

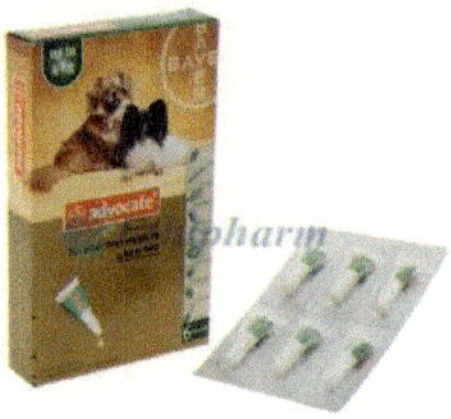

4) 개의 심장사상충 검사 종류

검사 종류	내용
유충검사	• 현미경으로 혈액 내의 유충을 확인하는 방법 • 과거에 많이 사용했던 방법이며, 직접 혈액을 도말하거나 원심분리 후 확인 등 방법은 다양하다. • 여러 번 할수록 정확도는 높아진다. 하지만 유충이 없는 감염 가능성이 약 5~70%로 다양하고 유충의 숫자가 성충의 수와 관련이 없기 때문에 병의 중증도를 나타내지는 않는다.
항원검사	• 숙주 내의 혈액을 채취해 심장사상충의 항원을 찾아내는 방법 • 유충검사와 성충항원검사법의 조합은 어떤 예방도 하지 않은 개에게 가장 유용하고 효과적인 방법이다. • 항원검사는 감염 후 약 6개월 이후부터 가능하다. 즉 항원검사를 통해 판정이 된 경우에는 감염된 개체의 몸안에 암컷 성충이 있으며 감염된 지 6개월이 지났다는 뜻이 된다. • 항원검사는 아주 적은 양의 전혈, 혈장, 혈청으로 검사가 가능하다.
방사선검사	• 감염의 심각도나 감염 후 감염개체의 예후를 판단할 때 사용하는 방법 • 폐동맥의 확장 및 폐조직의 염증이 관찰된다.

(3) 고양이의 심장사상충

1) 고양이의 심장사상충 예방 시작 시기

고양이의 경우 보통 생후 6~8주 이후부터 사상충 예방을 시작하며, 사상충 복용 및 도포를 통해서 예방한다. 강아지와 동일하게 동물병원의 수의사와 상담을 통해서 알맞은 사상충 약을 처방받아 사용하는 것이 바람직하다.

2) 고양이의 심장사상충 증상

① 심장사상충에 감염된 고양이의 약 40~70%는 무증상 경과를 보이며 이 중 약 80%는 치료 없이 스스로 심장사상충을 극복한다.

② 임상증상은 보통 미성숙감염에서 성숙감염으로 넘어가는 시점에 나타난다.

③ 고양이의 경우 보통 성숙감염에 대한 저항성을 가지고 있기 때문에 개에 비해 비교적 낮은 감염률을 보여주고 있다.

④ 증상이 나타나지 않고 스스로 회복하는 경우가 있기 때문에 감염 여부를 모르는 경우도 존재하며 감염 사례가 없는 것처럼 보이게 된다.

⑤ 고양이의 경우 비정형 숙주이기 때문에 개와 비교했을 때 증상의 차이를 보인다.

⑥ 감염이 되었어도 유충은 개와는 다르게 고양이 체내에서 살아남지 못한다. 심장사상충의 생존기간은 2~3년 정도이다.

급성감염 증상	쇼크, 구토, 설사, 급사 등
만성감염 증상	식욕감퇴, 체중저하, 컨디션 저하, 기침, 호흡곤란 등

3) 고양이의 심장사상충 예방약 종류

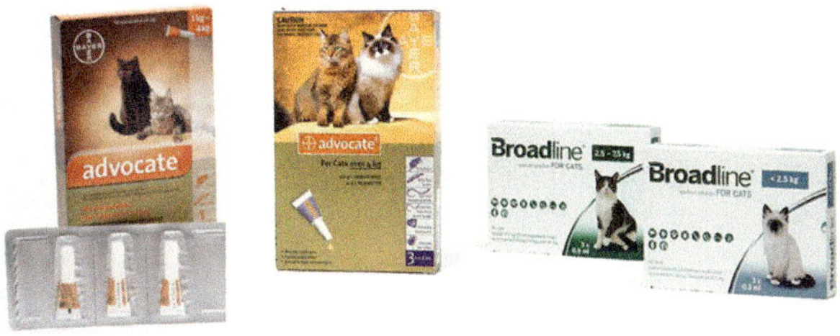

고양이의 경우 개와 같이 츄어블(chewable) 형태가 아니라 바르는 액상 형태가 대부분이다. 고양이 특성상 잘 먹지 않는다는 이유도 있다. 개와 동일하게 머리 뒤, 목 뒤에 도포하지만 개보다 고양이가 유연성이 좋기 때문에 액상을 섭취하지 않도록 주의해야 한다.

(4) 사상충 약의 부작용

알약 및 츄어블 형태	① 구토 ② 설사 ③ 식욕부진 및 컨디션 저하 ④ 비틀거림 ⑤ 타액분비항진
액상 형태	① 바른 부위의 일시적인 탈모 ② 식욕부진 ③ 설사 ④ 근육 경련

체크 포인트

- **사상충에 대한 오해와 진실**
  - **사상충 약은 독하다?**
    시판되는 예방약 용량은 귀진드기, 모낭충 치료 용량에 비해 현저하게 낮기 때문에 안전하다.
  - **콜리에서는 밀베마이신만 먹여야 한다?**
    밀베마이신도 MLs이기 때문에 정확하게 용량만 지키면 문제 없다. 시판되는 약품 용량의 10배를 투약해도 콜리에서 안전하다. 이버멕틴, 셀라멕틴, 목시덱틴 모두 안전하며, 바르는 제제를 먹이지만 않으면 된다. 항상 문제가 되는 건 다중 투여 혹은 과용량 투여이다.
  - **사상충약은 봄부터 가을까지만 먹이면 된다?**
    이 방법은 예전에 사상충 예방을 거의 안 하던 시절에 쓰던 방법이며, 미국 일부 사상충 감염도가 떨어지는 지역에서 행하는 방법이었는데 지금은 미국 심장사상충 학회에서도 연중 투약을 권유한다. 이유는 늦가을에 감염된 심장사상충 유충이 봄에 L4 혹은 미성숙 사상충 형태가 되는데, 봄부터 가을까지 투약한 후 겨울~봄의 휴지기간 약 4~5개월 동안 예방약의 효율이 상당히 떨어지기 때문이다. 사상충 약을 먹였는데도 감염되었다고 하는 경우가 대개 이런 경우이다.
  - **심장사상충 검사는 필요 없다?**
    바로 위 항목에서 기술하였듯, 휴지기간이 있다면 검사 후 투약이 맞다. 미성숙 성충이 있는 경우 사상충 약이 듣지 않는 경우가 있으며, 심장사상충 예방약은 유충만 사멸시키는 약이므로, 성충이 되는 순간 약을 계속 먹여도 무의미하다. 성충 치료가 중요해지기 때문이다.
  - **고양이는 심장사상충 예방이 필요 없다?**
    고양이 자체가 성충이 있는 경우 치료가 어렵고, 유충에 의한 문제(HARD : heartworm associated respiratory disease)가 더 빈번하기 때문에 고양이도 필요하다.
  - **고양이 심장사상충 예방약은 독하다?**
    고양이는 MDR-1 변이가 개보다 덜하며, 시판되는 약은 안전역에 비해 낮은 용량이다. 처음 입양할 때 흔히 감염되어 있는 귀진드기를 치료할 때도 쓰는 것이 심장사상충 예방약이다.

04 외부기생충

(1) 외부기생충 종류

'외부기생충(Ectoparasites)'은 진드기(Mite) 등 숙주의 표면에 붙어사는 기생충들을 일컫는다.

1) 벼룩

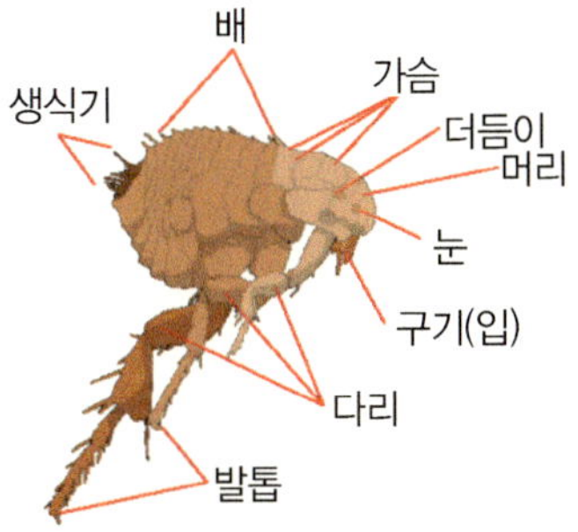

생김새	– 몸길이가 2~4mm 정도로 매우 작음 – 입은 피를 흡혈하기 적합한 튜브형 형태 – 날개가 없지만 뛰어난 점프력을 가졌으며, 뒷다리가 매우 길고 발달됨 – 벼룩은 성충 단계에서만 동물 또는 사람의 체표에 서식하는 반면, 이(lice)는 일생 동안 털이 많은 체표에서 서식함 – 암컷 벼룩이 숙주체표에 알을 낳지만 떨어져 내리는 경우가 많아, 주변 환경에서 서식하다가 '유충기–번데기–성충' 단계를 거쳐 성장한 뒤 점프해 동물의 체표에 붙어 흡입하게 됨
감염	– 생활공간 바닥에 카펫을 사용하는 북미 · 유럽 등, 출입이 자유로운 환경에서 생활하는 개 · 고양이 등의 경우 벼룩의 유충이 바닥과 틈새에 서식하게 되어 벼룩 감염이 심함 – 소독을 하더라도 반려동물의 외부출입으로 인한 감염으로 근절시키기 어려움 – 우리나라의 경우 마룻바닥 사용과 신발을 벗는 생활습관 등 이유 덕분에 벼룩의 감염이 비교적 적음
분포	– 벼룩은 3~4주에 걸쳐 유충에서 성충까지 성장하지만, 추운날씨의 환경에서는 약 6개월이 소요됨 – 전 세계적으로 분포하고 있으며, 날씨가 따뜻하고 습도가 높은 지역에 많이 분포함
증상	– 알레르기성 반응, 가려움증, 피부염, 탈모, 2차 감염 등

2) 진드기

생김새	– 몸길이는 0.5~2mm 정도 – 몸은 머리 · 가슴 · 배 하나로 이루어져 있음 – 유충기에는 다리가 세 쌍이지만, 성충이 되면 다리가 네 쌍이 됨 – 더듬이 및 날개가 없는 형태 – 알에서 부화해 성충이 되기까지 약 1개월이 소요됨
종류	– 물렁진드기(soft tick) : 주로 조류에 기생하며, 기생성이 낮고 주변 환경에 서식하다가 밤 사이에 숙주의 체표에 붙어 흡혈하는 것이 특징 – 참진드기(hard tick) : 기생성이 강하며, 암컷진드기는 한 번에 다량 흡혈해 숙주에게 떨어져 산란하는 것이 특징
진단	– 체표에 진드기가 붙어있는 것이 눈으로 식별 가능하므로 간단함
증상	– 피부 염증 및 과민반응 – 진드기에게 물리는 것 자체는 증상이 발현되지 않을 수 있지만, 진드기의 분비물에 의해서 발열 및 근육통이 있을 수 있으며, 독이 있을 경우 신체 · 근육 마비가 발생할 수 있음

3) 좀진드기류

좀진드기류들은 보통 현미경으로 확인이 가능한 아주 작은 형태이며 대부분 생활사가 숙주의 체표에서 진행된다. 가장 흔하게 관찰되는 것은 귀진드기, 옴진드기 등이며 우리나라에서 서식하는 동물에서도 흔하게 볼 수 있다.

개와 고양이에게 감염되는 모낭진드기들은 사람에게 전염되지 않으며, 인수공통성 좀진드기 감염은 흔히 동물보호소 및 사육장 등 많은 개체와 함께 생활하는 어린 개체 및 집단에게 잘 관찰된다.

좀진드기류는 전염성이 매우 강해 감염된 개체만 치료해서는 안되며, 함께 생활 · 동거하는 모든 동물들을 치료해야 한다.

진단은 현미경을 통해 가능하며, 전염은 보통 접촉(쓰다듬기, 안기, 함께 자기 등)에 의해 사람에게 전염되며 치료 도중 수의사도 감염될 가능성이 있다.

① 귀진드기

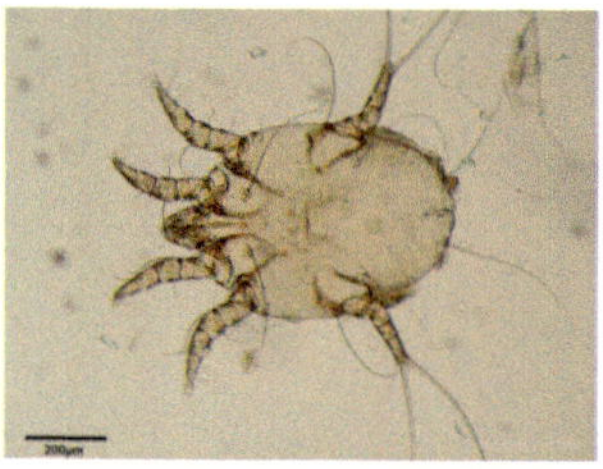

감염진단	– 검이경을 통해 귓속을 검사함 – 귀지를 이용해 슬라이드글라스 위에 10% KOH 용액(수산화 칼륨용액)을 녹이고 커버글라스를 덮어 검경함
증상	– 귀안의 자극 및 소양감, 각질과 귀지의 다량 형성 – 소양감 때문에 감염개체는 긁거나 귀를 터는 행동을 하여 상처가 생기거나 귀끝이 터질 수 있으며, 이 경우 2차 감염 위험이 있기 때문에 주의가 필요 – 개와 고양이 모두 감염되며, 귀뿐만 아니라 다른 부위로도 이동 가능
예방	일반적으로 사용하는 심장사상충 및 외부기생충 약에 귀진드기를 예방하는 약제가 많기 때문에 예방범위를 확인하여 감염 가능성을 낮춰야 함

② 옴진드기

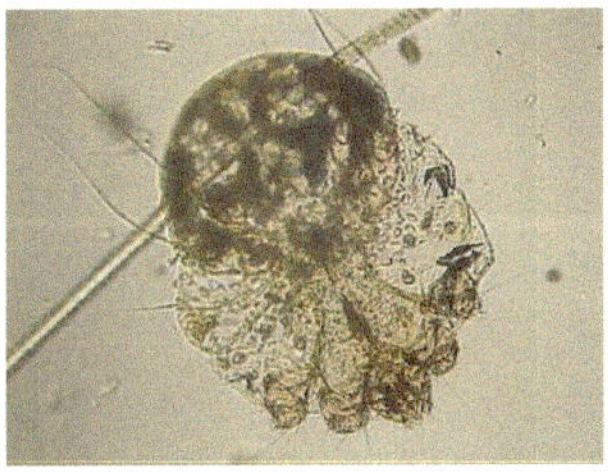

발생	– 옴은 피부 접촉에 의해 발생 – 피부에 달라붙어 매일 알을 낳음 – 알이 성충이 되기까지 10일 정도 소요되며, 수명은 1~2개월로 다소 짧음
감염	– 암컷 성충이 미감염 인체에 감염 시 약 1개월 후에 발병 – 강한 피부 가려움 증상 – 가려운 곳을 긁게 되면 다른 신체부위로 이동해 빠르게 번질 수 있음 – 전염성이 매우 강하며, 개체끼리의 직접 접촉뿐만 아니라 간접적인 접촉에서도 감염이 발생(환경이 좋으면 숙주가 없어도 약 3주 생존 가능) – 애견 호텔 및 가정방문 등 감염된 개체의 생활반경에서도 감염 가능
진단	– 감염으로 나타나는 소양감 증상은 명백히 관찰되지만, 확진은 쉽지 않음 – 이유는 감염된 개체에서 옴의 충체를 검출하는 것이 쉽지 않기 때문 – 옴의 충체는 표피 내에 들어가 있는 경우가 많아, 다소 민감한 피부의 찰과도말표본(피가 스며나올 정도)을 만들어 검사함
증상	– 강한 소양감, 상처 및 발진, 탈모, 색소침착 및 자해로 인한 궤양 – 사람의 피부에서 6일까지 생존 가능 – 감염된 개체를 치료하지 않고 방치하면 사람도 함께 발진 증세가 발생 – 감염된 반려동물을 치료할 경우 자연스럽게 사람의 피부염은 사라짐

4) 이(sucking lice)

생김새	– 몸길이는 0.5~0.6mm 정도 – 가슴과 배는 넓게 벌어진 형태 – 입은 돌출되어 있고 혈액을 흡혈하며 피부를 뚫는 데 아주 용이함 – 숙주의 몸에 기생하고 털을 움켜잡기 쉽도록 다리가 발달되었으며 다리끝에 발톱이 있음
발생	– 반려동물을 기르는 가정에서는 머릿니가 발생할 시 반려동물에게서 옮았다고 추측하는 경우가 있는데, 추측과 달리 이는 숙주 특이성이 크기 때문에 동물의 이가 사람에게 감염하지는 않음 – 이는 숙주의 털과 머리카락 등에 알을 접착시킴 – 유충은 금방 부화하며 유충과 성충은 모양이 같고 성충의 수명은 약 2개월
증상	– 소양감 증상, 옴과 비교했을 때 소양감은 훨씬 적음

(2) 개의 외부기생충 약 종류

1) 경구용 제제

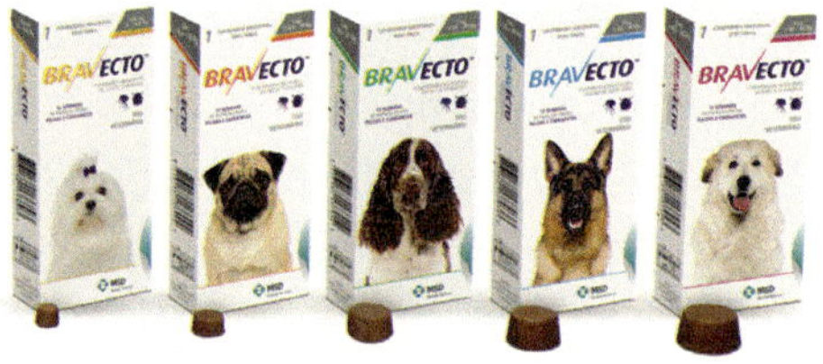

장점	• 피부가 예민한 경우 유용하다. • 복용주기가 3개월로 다른 제제보다 주기가 긴 편이다.
단점	• 2kg 미만의 반려동물은 복용하지 않는다.

2) 액상 제제

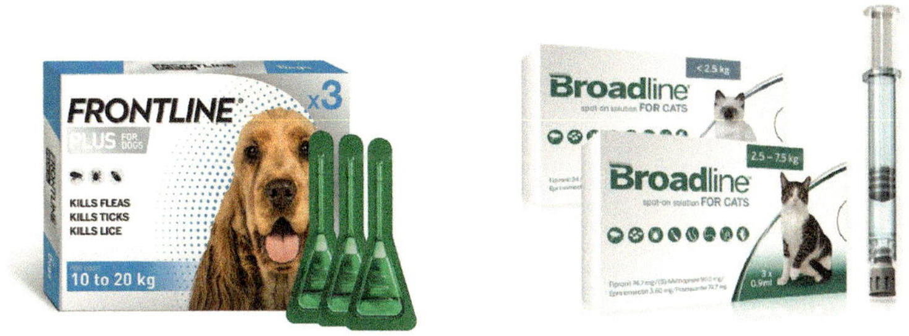

장점	• 도포만 하면 되기 때문에 경구제제를 먹지 않는 반려동물에게 편리하다. • 임신, 수유견에게도 사용 가능하다.
단점	• 도포 후 약이 몸안으로 흡수되기 위해 2~3일 동안은 목욕을 삼가는 것이 좋으며, 바로 목욕하게 되면 약효가 없어진다. • 일시적 피부 과민반응과 탈모 증상이 나타날 수 있다.

3) 목걸이 형태

장점	• 약 6~8개월 정도의 예방효과가 있어 예방지속기간이 길다. • 착용만 하고 있으면 되기 때문에 편리성이 좋다.
단점	• 임신, 수유견에게는 사용불가하다. • 면역력이 약한 어린아이가 만지는 것을 자제시켜야 한다.

05 구충제

(1) 구충의 역사

'구충제(驅蟲劑, antiparasitic, anthelmintic)'는 몸의 기생충을 제거하기 위해 먹는 약이다.

의료와 위생수준이 열악했던 50~70년대까지 대다수의 국민들은 정기적으로 대변검사를 한 뒤 그것을 토대로 배급받은 다량의 구충제를 복용하였다. 이는 기생충이 사람과 사람 간의 접촉 등으로 감염되기 쉬우므로 집단 단위로 기생충 감염 여부를 검사하고 구충제를 처방하는 것이 좋은 방법이었기 때문이다. 그 당시 회충 박멸을 위한 조치로 마을이나 동네 단위로 시행한 쥐 박멸이나 학급에서 실시하였던 대변검사가 대표적이다.

농축산업의 현대화, 특히 화학 비료의 보급으로 기생충이 많이 줄어들었다. 현대 한국인에게는 회충류의 위험은 적기 때문에 약국에서 파는 알벤다졸계 구충제를 먹을 필요는 없다. 디스토마 등에 쓰이는 프라지콴텔은 바이엘이 1970년에 개발했다. 이후 1983년 한국의 제약회사인 신풍제약이 프라지콴텔을 출시하여 고소를 당했다. 그러나 합성과정이 달라 바이엘은 패소하게 된다.

대부분의 회충의 경우 장에 존재하며, 불편함이 느껴질 때 구충제를 찾아도 괜찮다. 개 회충의 경우에도 대부분은 장에서 불편함을 일으키거나 문제없이 넘어가는 경우가 많지만 간혹 혈액을 통해 여러 장기로 이동해 손상을 줄 수 있기 때문에, 소의 생간을 먹는 경우에는 구충제를 먹어두는 것이 좋다.

(2) 구충제 복용 시기

고양이와 강아지를 포함한 모든 반려동물들은 기생충 감염의 위험이 있다. 외부에 출입을 하지 않는 반려동물, 특히 실내에서만 생활하는 고양이 같은 경우에도 기생충 감염이 될 수 있기 때문에 예방하는 것이 중요하다. 또한 동물을 숙주로 삼은 기생충이 사람에게도 옮을 수 있으니 주의해야 한다.

구충제는 보통 생후 4주 이후부터 복용하고 3개월에 한 번씩 복용한다. 임신한 고양이 같은 경우에는 임신 50일 이후에 구충제를 복용해 기생충을 예방한다.

구충제는 각각의 제품마다 예방하는 범위가 다르며 사용법도 다르기 때문에 반려동물의 생활습관과 부작용 등을 고려해서 수의사와 상담 후 알맞은 구충제를 복용하는 것이 필요하다.

심장사상충 예방약과는 약간의 간격을 두고 복용하는 것이 좋다.

(3) 구충의 종류

회충	특징	– 개에게 가장 많이 발생 – 성충은 약 4~15cm 정도의 크기
	감염	– 분변을 통해서 감염되며, 회충의 알은 소장에서 부화되어 다른 곳으로 이동하기도 하지만 대부분 소장에 정착해 성충까지 성장함 – 분변을 통해 감염되기 때문에 변을 먹는 '식분증'인 반려동물에게는 구충제 예방을 해주어야 함 – 구충제 예방도 중요하지만 변을 먹는 습관을 고쳐야 함
	증상	– 식욕부진, 구토, 설사, 위장병 등 소화기 증상
구충	특징	– 개 회충과 같은 선충류이며 형태가 비슷하지만, 크기는 약 1~2cm 로 훨씬 작은 편
	감염	– 소장에서 기생함 – 개의 입이나 피부를 뚫고 뾰족한 입을 이용해 소장벽에 붙어 기생하며 성장
	증상	– 피부 소양감, 빈혈 등
편충	특징	– 약 3~5cm 정도의 크기 – 몸 앞부분이 채찍모양의 생김새
	감염	– 경구 섭취로 인한 감염이 대부분 – 편충의 알은 소장에서 유충으로 부화하게 되고, 대장으로 이동해 대장점막에 붙어 흡혈하며 기생하여 이로 인해 출혈이 발생하기도 함
	증상	– 설사, 점액변, 출혈로 인한 혈변, 빈혈 등
조충 (촌충)	특징	– 약 15~70cm의 회충보다 큰 대형 기생충 – 한 개의 머리에 여러 개의 편절로 이루어져 있으며, 수태편절 안에는 조충의 알로 가득 차있는 형태
	감염	– 감염된 개체의 항문으로 조충이 기어나오기 때문에 항문 주위나 분변에서 조충의 편절들을 확인할 수 있음
	증상	– 항문을 가려워하고, 항문을 바닥에 비비는 행동(일명 똥꼬스키)을 보임

(4) 예방 범위

[구충제 구충 범위]

구분		종류	인터벳	메리알		바이엘			화이자
			파나쿠어	하트가드+	프론트라인	트론탈+	애드보킷	어드벤틱스	레블루션
내부기생충	후고흡충	고양이흡충	△						
	폐흡충	폐흡충	△			△			
	간흡충	간흡충				△			
	원충	분선충	△			△			
		지알디아	□			□			
	심장사상충	심장사상충		■			■		■
	구충, 십이지장충	견편충	■			■	■		
		개구충	■	■		■	■		
		브라질구충		■		▲	■		
		고양이구충					■		■
		협두구충	■	■		■	■		
		유충 및 미성숙성충					■		
	회충	고양이회충	■			▲	■		■
		개소회충	■	■		■	■		
		개회충		■		■	■		■
		유충 및 미성숙성충					■		
	조충/촌충	넓은마디촌충				▲			
		만손열두조충				▲			
		–				▲			
		개촌충(벼룩이 옮김)				■			
		Taenia spp.(촌충)	▲			■			
		다두조충				▲			
		단방조충				■			
		다방조충				▲			
외부기생충	벼룩	개 벼룩^			■		■	■	
		고양이 벼룩^			■		■	■	■
		사멸 혹은 부화 방지			■				■
		유충 사멸 작용			■		■	■	
		벼룩에 의한 알러지			■		■	■	
	이	개털이^			■		■	■	■
		개이^					■	■	■
	모낭충	모낭충^					■		
	개선충	개선충 / 옴진드기^			△		■		■
	귀진드기	귀진드기^			△		■		■

외부기생충	진드기	개참진드기^						■ •	
		Deer tick			■			■ •	
		Paralysis tick						■ •	
		뿔참진드기^			■			■ •	
		그물무늬광대참진드기^			■			■ •	■
		작은소참진드기^			▲			■ •	
		Long star tick			■			■ •	
	파리	침파리^						■ •	
	모기	숲모기						■ •	
		빨간집모기^						■ •	
	모래파리	모래파리속						▲ •	
	집먼지 진드기, 개미 , 바퀴벌레 등				▲		▲	▲	

[출처 : 서울시수의사회 도표]

■ : 구충, 예방 그리고 치료로 등록된 제품

▲ : 구충, 예방 그리고 허가외의약품으로 사용 가능한 구충범위

• : 기피기능(Repellency effect)

□ : 치료제품으로 등록된 구충범위

△ : 허가외의약품으로 사용가능한 구충범위

^ : 국내에 보고된 외부기생충

Chapter 03

동물보건 응급간호

01 응급환자 평가

(1) 동물보건사의 전화 응대

동물보건사는 전화를 받은 후 일반진료와 응급진료를 판단해야 하고 응급진료인 경우 보호자를 신속하게 응대하며 환자의 상태를 파악해야 한다. 응급의 전화인 경우 보호자가 혼란스러운 상태인 경우가 많기 때문에 침착하게 안내를 하며 보호자에게 질문한다.

응급진료 증상
호흡곤란, 심장마비, 창백한 점막, 보행불능, 복부팽만, 독극물 섭취, 허탈, 출혈 및 광범위한 상처, 발작 · 경련, 혈액성 구토, 난산, 소변을 보기 힘들어 함, 의식소실

[전화응대 시 확인목록]

호흡상태	– 호흡여부 : 환자의 배 움직임, 코 부분이나 입 부위에 손을 대 호흡을 확인 – 호흡횟수 : 호흡이 비정상적으로 느린지 빠른지 파악해 대략적인 호흡수를 파악 – 노력호흡 : 개구호흡이나 노력성호흡을 하는지 파악
의식상태	– 머리를 들려고 하는지 여부 – 몸을 일으키려고 하는지 여부 – 환자를 부르면 반응하는지 여부 – 환자의 동공을 확인해 움직이는지 여부
구토	– 구역질인지 음식물을 토해내는 역류성인지 파악 – 증상 시작 시기와 주기 – 증상으로 인해 나온 것들(식품, 피, 이물질, 뼈 등)
파행	– 어느 쪽 다리의 문제인지 확인 – 파행의 정도(통증 및 보행 가능 여부) – 낙상이나 교통사고 유무 확인 – 보행 시 증상(다리를 절거나 들고 다니는지 여부)
배변	– 배변의 상태(설사, 혈변, 점액 등) – 색깔, 냄새, 빈도, 질감 – 최근 섭취한 음식과 식단의 변화

소변	– 개와 고양이의 정상 음수량 : 25~44ml/kg/day – 다음/다뇨/무뇨/혈뇨/배뇨곤란 등의 증상 여부 – 음수량 및 배뇨량 – 불편감이나 통증의 여부 – 과거 이력여부
분비물	– 분비물의 유형(화농성, 출혈, 장액, 점액 등) – 분비물의 위치(안구, 생식기, 상처, 입안 등) – 색상 및 점도
보호자의 위치	– 위치를 파악해 병원으로 오는 길을 안내 – 차량을 타고 오는 경우 주소를 안내 – 현재 위치에서 병원으로 오는 시간을 파악 – 예정 도착시간 전까지 필요한 물품 및 기기를 준비함
품종 및 성별	– 개인지 고양이인지 종을 파악 – 특수동물일 경우 보호자의 위치에서 근접한 동물병원을 안내 – 체중과 품종 파악은 카테터 및 기관튜브의 크기를 예측 – 필요한 물품과 약품을 파악할 수 있음

(2) 평가 단계

1) 일차평가

① A CRASH PLAN 프로토콜

A	Airway, 기도	기도의 막힘 여부
C	Cardiovascular, 심혈관계	심장박동 여부
R	Respiratory, 호흡	호흡 여부
A	Abdomen, 복부	복부의 이상여부
S	Spine, 척추	형태적 이상여부
H	Head, 머리	형태의 이상 / 의식의 여부
P	Pelvis · Anus, 골반 · 항문	외상 및 손상 여부
L	Limbs, 사지	형태적 이상여부
A	Arteries · Veins, 동맥 · 정맥	탈수 및 쇼크 여부
N	Nerves, 신경	다리 및 꼬리의 움직임 여부

[탈수 정도와 모세혈관 재충만시간 분류표]

탈수 정도	외견의 증상	피부탄력 회복시간	모세혈관 재충만시간
5% 이하	증상 없음	1초 전후	1초 전후
5~8%	구강점막의 건조, 경미한 안구함몰, 피부탄력 감소	2~3초	2~3초
8~10%	안검결막 건조	6~10초	2~3초
10~12%	안구의 심한 함몰, 심한 침울 및 컨디션 저하, 심한 피부탄력 저하	20~45초 (피부는 되돌아오지 않음)	3초 이상
12~15%	심각한 쇼크	–	–
15% 이상	급사	–	–

2) 이차평가

① 청진

순환기와 심장의 상태를 확인하기 위해 진행하는 평가항목으로, 청진상의 이상여부를 확인하기 위해서 정상적인 상태와 비정상적인 상태를 파악할 수 있는 훈련이 되어 있어야 한다. 동물의 경우 일시적인 흥분과 스트레스로 잡음이 들릴 수 있으니 주의해야 한다.

ⓐ 청진의 위치

청진기를 사용해 판막위치에 해당하는 부위에 실시하며, 심장의 수축과 이완에 의해 판막이 닫히면서 심장 청진음이 청진기를 통해 들리게 된다.

우측	편측흉각에서 삼첨판막의 심음을 청진함
좌측	심첨부에서 이첨판막의 심음을 청진함
베이스	대동맥판막과 폐동맥판막의 심음을 청진함

ⓑ 청진을 통해 호흡기계에서 들을 수 있는 소리

크랙클음 (Crackle Sound)	폐부종, 폐렴 등 폐포에 체액이 축적될 경우 발생함
흉부 복부 측면	흉수에서 가장 많이 나타남, 흉부 아랫부분의 삼출액이 저류될 경우 발생함
흉부 등쪽 측면	기흉시에 가장 많이 나타남, 흉부 등쪽부분의 공기가 저류될 경우 발생함

Plus note

- **빈호흡, 호흡곤란의 원인**
  흉수, 심인성 폐부종, 천식, 횡격막 파열, 마비, 급성 빈혈, 기도폐쇄 등

② 심전도(Electrocardiogram, ECG)

심전도는 응급상황이나 마취중인 환자 심장의 전기적 정보를 모니터링할 수 있는 방법이다. 심장근육을 수축하기 위해 전기적 자극이 필요하다.

[심장의 전도 과정]

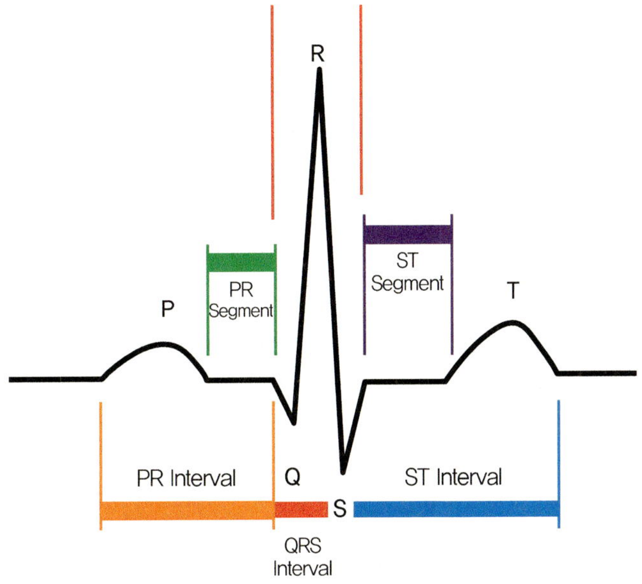

P wave	– 심장수축을 일으키는 탈분극 – 동방결절 내의 특수세포가 심방을 가로질러 퍼지는 충격을 전도해 심장의 근육을 수축(탈분극화)해서 P wave를 나타냄
QRS wave	– 심실의 수축을 일으키는 탈분극 – 전기적 충격이 방실결절을 통해 심실을 수축(탈분극화)해서 QRS wave를 나타냄 – 좌심실의 혈액이 전신으로 흐르며 우심실의 혈액은 전신순환을 하게 됨
T wave	– 심실의 이완을 일으키는 재분극 – 심장근육의 이완(재분극)의 과정으로 심전도 내의 심장과 수축의 단계가 사이클이 형성됨

(3) 환자분류방법

1) START (Simple Triage and Rapid Treatment)

호흡, 각성, 관류 상태에 대해 신속하게 평가할 수 있어 적절한 치료를 신속하게 진행하고 혼돈의 발생을 줄일 수 있다.

RED	– 위험단계 : 치료 및 처치가 즉시 필요한 단계 예 중독, 열사병, 알레르기 반응, 교통사고 및 개방성 골절, 호흡곤란, 심한 출혈, 허탈 등
YELLOW	– 중상단계 : 간단한 치료 및 처치가 필요한 단계 예 설사, 비뇨기계 질환, 난산, 비개방성 골절 등
GREEN	– 경상단계 : 치료 및 처치가 필요 없는 단계 예 피부질환, 귀 진료, 눈의 충혈, 미약한 외상 등
BLACK	– 사망 또는 가망 없는 단계 : 어떠한 처치 및 치료에도 생존이 불가능한 단계

2) SAVE(Secondary Assessment of Victim Endpoint)

START 방법보다 빠르며, 인력 부족 시 생존 가능성이 높은 환자에게 집중하기에 적절한 관리 방법이다. 치료 시 생존시킬 수 있는 동물을 집중적으로 구하기 위해 실시된다.

Group 1	치료 및 처치에도 사망하는 그룹
Group 2	치료 및 처치를 받지 않아도 되는 그룹
Group 3	즉시 치료 및 처치해야 하는 그룹

02 응급처치

응급처치는 외상이나 질병으로 생명이 위급한 상황일 경우 즉각적으로 실시하는 처치를 의미하며, 동물보건사는 응급상황을 신속하게 판단해 대처할 수 있는 능력을 갖추어야 한다.

(1) 응급처치의 목적

동물의 생명을 구하며 통증 및 고통을 감소시켜 주고, 다른 합병증과 부가적인 이차 합병증의 발생을 막도록 하는 것이다. 또한 동물이 하나의 생명으로서 삶을 영위할 수 있도록 돕는 행위이다.

(2) 응급실 대비 장비 및 물품

① 환자감시 모니터(ECG)
② 정맥카테터(클리퍼, 테이퍼, 루어록캡)
③ 주사기 및 주사바늘(사이즈별)
④ 산소공급장치(산소통)
⑤ 혈액채취 비품(주사기, 혈액튜브)
⑥ 수액세트(수액, 수액펌프)
⑦ 환자용 물품(입마개, 담요, 진료대 등)
⑧ 기관삽관튜브(사이즈별)
⑨ 후두경(사이즈별)
⑩ 멸균장갑
⑪ 심장제세동기

03 응급상황 3확보

(1) 기도확보

① 호흡여부와 기도가 막혔는지 여부를 확인한다.
② 입을 열어 기도를 확보한 뒤 혀가 안으로 말려있는지 확인하고 호흡에 방해가 된다면 입 밖으로 잡아당겨 꺼내준다.
③ 기도(목구멍)에 이물질이 있는지 확인한다.

(2) 호흡확보

① 호흡방법 : 호흡 유무를 확인하고 환자가 정상적인 호흡을 하고 있는지 흉복식 호흡을 하는지 확인한다.
② 흉복부 : 호흡 시 흉복부의 진폭을 확인해 너무 깊거나 얕게 호흡하는지 확인한다.
③ 콧구멍 : 정상적인 상태인 경우 크게 움직이지 않지만 콧구멍을 움직이는 경우는 노력성 호흡일 확률이 높다.
④ 가시점막 : 정상적인 호흡인 경우에는 가시점막의 색은 분홍색이다. 산소가 불충분할 경우 환자가 스트레스를 받지 않도록 산소를 공급한다.
ⓐ 산소방 : 집중치료실(ICU)에 산소를 주입하며 밖으로 산소가 새지 않도록 한다.
ⓑ 기관튜브 : 마취기의 기관튜브를 환자의 코앞에 대어 산소를 공급해주는 방법이다.
ⓒ 앰부(ambu) 주머니 : 수동으로 공기를 넣어 보내는 인공호흡기이다.

(3) 순환확보

① **청진** : 심박수, 리듬, 심음을 확인한다.

② **가시점막의 모세혈관재충만시간(CRT)** : 정상일 경우 3초 이내로 돌아온다.

③ **대퇴동맥 및 뒷발허리동맥** : 촉진할 수 있는 경우 수축기압을 확인하고 촉진하지 못할 경우에는 환자의 상태를 확인해 약제를 투여하거나 수혈을 실시하기도 한다.

04 심폐소생술(CPR)

동물의 호흡이 멈추고 심장이 정지되었을 때 실시하는 심폐소생술(CPR)은 인공호흡방법과 흉부압박방법이 있다.

1) 반응여부 확인

① 의식을 잃고 쓰러진 경우 몸을 바닥에 닿도록 옆으로 눕힌다.

② 입과 코 부분에 손을 이용해 호흡을 확인하고 흉복부의 진폭이 있는 확인한다.

③ 대퇴동맥을 확인해 맥박을 확인한다.

2) 기도확보

① 동물의 입을 열어 기도를 확보한다.

② 혀가 안으로 말려있어 호흡을 방해할 경우 입 밖으로 잡아 빼내준다.

③ 목구멍에 이물이 있을 경우 제거한다.

3) 인공호흡방법

① 왼쪽가슴이 위로 오도록 눕힌다.

② 몸이 일직선이 되도록 바르게 자세를 잡도록 한다.

③ 호흡여부를 확인한다.

④ 동물의 입을 막는다.

⑤ 가슴이 팽창될 때까지 코에 숨을 불어 넣는다.

⑥ 가슴이 부풀어 오르는 것을 확인한다.

⑦ 1초마다 반복해 숨을 불어 넣어준다.

4) 흉부압박방법

흉부압박은 약 10~15회 정도 인공호흡과 번갈아가며 실시한다.

① 개의 흉부압박 위치 : 심장 위치는 왼쪽가슴 아래 부분이며, 개가 앞다리를 구부릴 경우 발꿈치가 닿는 부위이다.

② 고양이의 흉부압박 위치 : 왼쪽가슴 아래 부분이며, 손바닥이 아닌 엄지와 검지를 이용해 흉부압박을 실시한다.

③ 중형견이나 대형견의 경우 : 양손을 사용해 5~10cm 깊이로 흉부압박을 해준다.

Plus note

- **소형견 CPR 주의사항**
  - 소형견의 경우에는 인공호흡이 너무 강하면 폐포가 터질 가능성이 있으니 주의해야 한다.
  - 소형견이나 작은 개체의 경우 마사지를 강하게 하면 폐나 늑골이 손상될 가능성이 있기 때문에 주의하며, 한 손을 이용해 약 3~4cm 정도 깊이로 흉부압박을 실시한다.

05 응급환자 모니터링

(1) 활력징후

혈압(Blood Pressure)	– 수축기압 : 120~130mmHg – 이완기압 : 80~90mmHg – 주로 뒷다리 부분에 혈압측정기로 측정함
맥박(Heart Rate)	– 1분을 기준으로 측정 – 정상 맥박 : 1분에 80~120회(서맥 < 60 정상 120 < 빈맥)
호흡수(Respiration)	– 1분을 기준으로 측정 – 개의 정상 호흡수 : 1분에 12~30회
체온(Body Heat)	– 정상 체온범위 : 37.5~38.5℃

(2) 심전도 검사

1) 심전도 검사의 목적

① 심장박동에 따라 발생되는 전기적 변화를 심전계의 곡선을 통해 기록해 심장의 기능을 확인한다.

② 심장의 리듬과 심장박동을 확인해 심장의 기능 이상이나 부정맥, 심장의 크기 등을 확인한다.

③ 심장병의 진행 및 치료진행을 확인한다.

2) 심전도 검사방법

검사시간은 환자마다 차이가 있지만 약 10분 내외로 진행된다.

① 환자를 반듯하게 눕혀 알코올과 젤을 피부에 바른다.

② 적절한 위치에 올바르게 전극을 붙이고 연결상태를 확인한다.

③ 전극줄을 심전도 기계와 연결한다.

④ 기계를 표준화한 후 기계를 작동시킨다.

⑤ 심전도 파형을 기록한다.

⑥ 검사가 끝나면 부착된 전극을 제거한 후 젤을 닦아낸다.

(3) 응급환자 체크항목 및 점검

구분	체크항목	빈도
순환기계	혈압, 맥박, CTR, 점막의 색	1~6시간마다
호흡기계	호흡수, 노력성 호흡, 개구호흡	1~6시간마다
비뇨기계	오줌의 양	2~4시간마다
환자체온	환자의 직장체온	2~12시간마다
환자상태	행동 및 통증, 상태 등	2~6시간마다
정맥 카테터	카테터 개통 여부	4시간마다
상처 및 드레싱	오염도, 분비물, 부종 등	4~12시간마다
혼자 움직이지 못하는 환자	자세 움직임과 욕창방지	최소 4시간마다

06 응급상황 증상과 처치

(1) 호흡곤란

원인	– 심장병, 빈혈, 호흡기계 관련 질병 등은 호흡곤란 유발 가능
처치	① 산소공급 : 호흡이 원활하지 않을 경우(개구호흡 및 노력호흡) 실시 ② 비강캐뉼러 : 산소공급 방법 중 비교적 저렴하며, 고무 튜브를 이용해 사용 ③ 심폐소생술 : 호흡이 멈춘 경우에 실시
주의사항	① 환자 상태에 따라 적정 산소량을 공급해야 함 ② 스트레스나 과한 보정으로 움직임 : 근육 및 신체에서 산소를 소모하며 신체 내 산소가 부족해질 수 있음 ③ 처치 중 호흡곤란의 증상이 심해질 경우 즉시 멈추어야 함 ④ 체온 유지 : 팬팅 등 체온상승 시 호흡수가 더 높아짐

(2) 쇼크

원인		– 산소 부족으로 심장, 뇌, 장기 등에 이차적인 영향을 미쳐 장기지속 시 사망으로 이어질 수 있음
처치		① 정맥 수액요법 : 저혈량성 쇼크, 분포성 쇼크 시 초기단계에 진행 ② 산소 공급 ③ 체온 유지 ④ 편안한 환경 유지
유형	**① 심인성쇼크**	– 심장질병 또는 심장기능 이상으로 신체에 필요한 혈액이 충분히 방출될 수 없어 생명이 위험하며 심장마비가 발생하기도 함 – 증상 : 심한 호흡곤란, 빈호흡, 빈맥 및 서맥, 의식불분명, 저혈압 등
	② 폐쇄성쇼크	– 혈액의 흐름이 막혀 심장에 유입되는 혈액량의 감소 및 혈관 폐쇄로 인해 발생 – 증상 : 호흡곤란, 빈맥, 저혈압 등
	③ 저혈량쇼크	– 혈액 및 체액의 부족으로 심장이 신체에 혈액을 공급할 수 없는 상태이며 쇼크 유형 중에 가장 흔하게 발생 – 증상 : 모세혈관 재충만시간 연장, 창백한 점막의 색, 빈맥 등
	④ 분포형쇼크	– 비정상적인 혈류로 인해 신체 내 혈액이 제대로 공급되지 않은 상태 – 특징 : 패혈증일 경우 발생되며 혈관의 수축이 이루어지지 않아 점막의 색이 붉은색을 띰

(3) 출혈

원인	– 사고, 부상, 질병 등으로 신체 내 혈관이 손상되어 출혈이 발생할 수 있으며, 장기간 다량의 출혈 시 사망의 위험이 있음
증상	– 창백함, 비정상적인 맥박, 모세혈관 재충만시간 연장, 체온 저하 등
처치	① 직접압박 : 장갑을 낀 상태로 출혈 부위를 직접적으로 압박하는 방법으로, 이물질로 오염이 되지 않도록 주의해야 함 ② 붕대처치 : 드레싱을 이용해 출혈부위를 압박붕대와 코반으로 일시적으로 압박해 순환을 수축시켜 출혈을 제한하기 위한 방법이며, 부위에 따라 호흡장애를 주의해야 함

(4) 질식

원인	① 교통사고 ② 기도폐쇄 ③ 익사 ④ 흉부 손상 및 체액축적 ⑤ 유독가스 흡입
증상	– 호흡곤란, 점막의 청색화, 빈맥, 심정지

(5) 화상

원인	– 극도의 건조열이 신체 조직을 파괴해 나타나며, 피부뿐만 아니라 피부조직까지 손상되고 심할 경우에는 지방, 근육, 뼈까지 손상받을 수 있음
증상	– 피부 부종, 발적, 발열, 감염, 피부 손상, 통증, 쇼크 등
처치	① 찬물 : 화상 이후 빠른 시간 내에 찬물로 열을 식혀주며, 통증 및 부종을 줄여줌 ② 드레싱 : 오염 방지와 화상 부위 보호를 위해 실시함 ③ 수액 : 심한 화상일 경우 쇼크의 위험이 있어 진행할 수 있음

(6) 고열 및 저체온증

1) 고열(열사병)

원인	– 과도한 체온상승으로 발생함 ① 체온보다 뜨거운 주변 온도 ② 뜨거운 환경이나 환기가 되지 않는 차량 및 공간에 갇혀 발생 ③ 주의해야 하는 신체 : 코가 짧음, 많은 털, 노령, 호흡기계 기능이상 및 질병
증상	– 팬팅, 침흘림, 구토, 흥분, 고체온 등
처치	① 체온을 낮춤(얼음팩, 선풍기, 에어컨, 차가운 물수건 등 사용) ② 수액 : 쇼크 발생 위험 시 처치됨

2) 저체온증

원인	– 정상적인 체온보다 낮아지는 상태
증상	– 무기력, 움직임이 둔해짐, 의식불분명, 심장마비
처치	① 체온을 높임(수건, 담요, 히터, 드라이기 등 사용) ② 체온 모니터링

(7) 중독

원인	– 독성 화학물질(페인트, 살충제, 쥐덫, 약물 등)으로 인하여 중독된 상태
증상	– 흥분, 운동성 저하, 구토, 설사, 경련 등
처치	① 벌레 : 벌레에 물린 경우 알레르기 반응이 나타날 수 있어 통증 및 부종을 줄이기 위해 얼음찜질을 실시함 ② 뱀 : 뱀에게 물린 경우 독성으로 인해 침 흘림, 동공 확장, 통증, 부종, 파행 등의 증상이 나타날 수 있어 얼음찜질로 혈관 수축을 통해 독의 퍼지는 현상을 늦춰야 하고, 쇼크 시에는 수액 처치가 진행될 수 있음

Chapter 04

동물병원 의약품

01 의약품

(1) 의약품의 3대 요건

유효성	– 의약품마다 다르며 설명서에 '효능효과'로 표시됨
안전성	– '사용상의 주의사항'에 표시됨 – 일반적 주의, 상호작용, 금기, 이상반응 등
안정성	– '저장방법 및 사용기간'으로 표시됨

(2) 약물동태학

'약동학'이란 생체가 약물을 다룬다고 간주하는 것으로, 투여경로를 통해 네 가지의 약동학적 성상이 약물작용의 발현속도와 약물효과의 강도, 약물작용 지속시간을 결정하며 약물에 대한 투여경로, 각 용량의 투여빈도 및 수량, 투여기간에 대한 결정을 포함한 치료요법을 설계하고 최적화할 수 있도록 해준다.

흡수(Absorption) → 분포(Distribution) → 대사(Metabolism) → 배설(Elimination)

① 흡수(Absorption) : 투여부위로부터 약물의 흡수는 치료 약물의 혈장 내 인입을 허용하는 것이다.
② 분포(Distribution) : 약물은 가역적으로 혈류를 떠나 간질 및 세포 내 액으로 분포된다.
③ 대사(Metabolism) : 약물은 간장, 신장 또는 다른 조직에 의해 대사된다.
④ 배설(Elimination) : 최종적으로 약물과 그 대사물은 신체에서 소변, 담즙, 대변으로 제거된다.

(3) 일반적인 약물 투여경로의 흡수형태와 장단점

투여경로	흡수형태	장점	단점
경구	– 다양함 – 여러 인자에 대해 영향을 받음	– 가장 안전함 – 편리하며 경제적임	– 일부 약물의 흡수가 제한됨 – 음식물이 흡수에 영향을 미칠 수 있음 – 환자의 순응이 필요함 – 약물이 전신 흡수되기 전에 대사될 수 있음
정맥 내	– 흡수가 필요하지 않음	– 효과가 즉시 나타남 – 거대용적의 약물량 투여 시 이상적인 경로 – 응급상황에 가치가 있음 – 용량적정이 가능함	– 잘 흡수되지 않는 약물에 대해 적절하지 않음 – 1회분 약물주사로 유해작용을 일으킬 수 있음 – 대부분의 약물은 서서히 주사해야 함 – 엄격한 무균관리 필수
피하	– 약물희석제에 좌우됨 – 수용액 : 신속함 – 저장제제 : 느리고 지속적	– 일부 잘 용해되지 않는 약물 투여에 이상적	– 약물이 자극적일 경우 통증이나 괴사가 일어날 수 있음 – 거대용적 약물투여에는 적절하지 않음
근육 내	– 약물희석제에 좌우됨 – 수용액 : 신속함 – 저장제제 : 느리고 지속적	– 유상부형제 및 특정 자극성 약물에 적절함 – 환자가 정맥 내 투여보다 선호하는 편임	– 통증유발 – 근육 내 출혈을 초래 (항혈액응고제 요법 중에 미리 제거하지 않은 경우)
경피	– 느리고 지속적	– 편리함 – 통증이 없음 – 지용성 약물투여에 이상적 – 생체 밖으로 신속히 배설되는 약물투여에 이상적	– 알레르기 발생 가능성 존재 – 약물이 고도의 지용성이어야 함 – 일일 소량으로 복용할 수 있는 약물에 대해서는 제한적임
직장	– 불규칙하고 다양함	– 위산에 의한 약물파괴를 피할 수 있음 – 구토를 일으키는 약물투여에 이상적 – 구토 중 또는 혼수상태의 환자에게 이상적인 방법	– 약물이 직장을 자극할 수 있음 – 잘 수용되는 경로는 아님
흡수	– 전신흡수가 일어날 수 있어 항상 바람직한 방법은 아님	– 신속한 흡수 : 효과가 바로 나타남 – 기체상태의 약물투여에 이상적 – 호흡문제가 있는 환자에게 효과적 – 용량을 적정할 수 있음 – 경구 또는 비경구 투여용량과 비교해서 낮은 용량이 사용됨	– 가장 중독성(탐닉성) 경로 – 약물이 서서히 뇌로 들어갈 수 있음 – 환자가 용량조절이 곤란함 – 일부 환자는 흡입기 사용이 곤란함

(4) 약물의 종류 및 분류

약물은 질병의 예방 및 치료를 위해 동물에게 처방되고 투여된다. 수의사는 질병으로 인해 동물병원에 내원하는 환자들을 파악하고 진단하며, 환자 상태와 몸무게에 따라 약물의 양과 종류를 처방한다.

1) 진정제

진정제는 중추신경계에 작용하는 약물이며 긴장도를 낮추고 수면을 유도한다. 대표적인 진정제로는 아세프로마진(acepromazine)이 있다.

2) 진통제

동물의 질병에 대한 통증을 완화시켜주고 제거해주는 약물이다.

① 마약성 진통제

중추신경계에 전달되는 통증을 차단하는 역할을 하며 대표적으로는 펜타닐(Fentanyl) 패치, 부프레놀핀(Buprenorphine) 패치, 부토파놀(Butophanol) CRI 등이 있다.

② 비마약성 진통제

마약성 진통제와는 달리 통증부위에 작용해 진통효과가 있으며, 대부분 해열 소염효과가 있다. 대표적으로 멜록시캄(Meloxicam), 피로콕시브(Firocoxib) 등이 있다.

3) 마취제

신체나 국소 일부분을 지각 및 상실 시켜주는 약물이다.

① 전신마취제

중추신경계에 작용해 정맥주사마취와 흡입마취방법이 있다. 정맥주사 마취제는 대표적으로 프로포폴(propofol)이 있으며 흡입마취제는 이소플루란(isoflurane)이 있다.

② 국소마취제

전신마취와는 달리 신체의 일부분만 기능을 상실시키는 약물로, 대표적으로는 리도카인(lidocaine)이 있다.

4) 구충제

구충제는 기생충 감염 예방을 목적으로 사용하며, 내부구충제와 외부구충제로 분류된다. 알약, 경피흡수제 등 제품마다 사용법은 다양하다.

5) 소염제

체내에 발생한 염증반응을 낮추고 억제시켜주는 약물이다.

① 스테로이드성제

부신피질 호르몬과 유사한 구조로 체내에 발생한 염증반응을 조절한다. 염증을 낮추는 데 뛰어난 효과를 가지고 있지만 장기간 복용할 경우 면역기능이 저하되며, 세균감염의 위험성이 높아진다. 나타날 수 있는 질병으로는 상처치유 저하, 쿠싱증후군, 당뇨병, 소화기 질병이 있다.

② 비스테로이드성제

염증 및 발열, 통증에도 효과가 있어 소염진통제나 해열제라고도 불린다. 스테로이드제제와는 달리 비교적 부작용이 적지만 장기 복용 시에는 신장기능이 저하되며 위염 및 설사 등 소화기 증상이 나타날 수 있다.

6) 이뇨제

심장병 환자에서 주로 사용되며 신장의 기능을 과활성화시켜 전해질 및 수분을 배출시키는 약물이다. 대표적으로 프로세마이드(Furosemide)와 스피로노락톤(Spironolactone)이 사용된다. 최근 톨세마이드(Torsemide)의 사용이 증가하는 추세이다.

7) 항미생물제제

미생물(세균, 진균, 바이러스 등)에 작용해 증식을 억제하거나 소멸시키는 약물이다.

① 항생제

항생제는 미생물에 의해 만들어진 물질이며 세균을 파괴하고 증식을 억제하는 역할을 한다. 항균제라고도 불리며 살균제와 정균제로 구분된다.

ⓐ 살균제 : 세균을 직접 억제해 소멸시키는 제제

ⓑ 정균제 : 세균의 성장을 억제하는 제제

② 항진균제

진균(곰팡이)의 성장을 억제시키고 소멸시키는 약물이다. 장시간 복용하게 될 경우 간수치가 올라갈 수 있어 주의해야 한다.

8) 지사제

설사 증상이 나타날 경우 증상을 완화하기 위해서 사용되는 약물이다.

흡착제 및 보호제의 경우 손상된 장의 점막을 보호 및 독소를 배출해주는 제제이며 장운동조절제는 장의 연동운동을 감소시켜 설사증상을 완화시켜주는 제제이다.

9) 항구토제

구토 증상이 나타날 경우 증상을 완화시켜주기 위해 사용되는 약물로 대표적으로는 매로피턴트(Maropitant)와 메토클로프라마이드(Metoclopramide)가 있다. 메토클로프라마이드의 경우 위장관 운동을 상승시키는 역할도 하므로 사용 시 주의가 필요하다.

10) 항암제

암세포의 증식을 억제시켜주는 약물이다. 세포독성항암제, 면역항암제, 표적항암제 등이 있다.

[약제의 형태]

알약	① 나정 : 약제를 단단하게 압축시켜놓은 상태 ② 당의정 : 당을 이용해 약제를 코팅해놓은 상태 ③ 츄어블정 : 처방되는 약제로는 없으며 심장사상충 복용 시 사용되는 제제이며 고기맛이나 다른 약제보다 기호성이 좋아 직접 씹어서 삼킬 수 있는 제제 ④ 서방정 : 작용시간이 길지만 비교적 가격이 비싼 단점이 있음
캡슐	– 의약품을 액상, 분말, 과립 등의 형태로 캡슐에 충전한 상태이다. 캡슐제는 크게 두 가지 형태로 분류되는데 경질캡슐제와 연질캡슐제로 나뉜다. ① 경질캡슐제 : 의약품 또는 의약품에 부형제나 첨가제를 고르게 섞어 입상을 만들어 정당한 제피제로 제피한 것을 캡슐에 충전해서 만든 형태 ② 연질캡슐제 : 의약품 또는 의약품에 적당한 부형제 등을 넣은 것에 글리세린 등을 넣어 소성을 높인 젤라틴 등과 같은 적당한 캡슐기제로 피포해 일정한 형상으로 만든 형태
가루약	① 과립제 : 의약품 그대로 또는 의약품에 부형제 또는 첨가제를 넣어 고르게 섞은 다음 입상을 만들고 입자를 고르게 만든 제제로, 의약품을 입상(粒狀)으로 만든 것 ② 세립제 : 세립의 의미는 매우 작은 알갱이라는 뜻으로, 가루제제를 최대한 고르고 작은 형태로 만든 것을 의미
물약	– 물약은 수용성의 유효성분 및 계면활성제 등의 보조제를 이용해 물에 용해시킨 제제이다. 동물병원에서 사용하는 대표적인 물약은 지사제 및 위장보호제 등이 있다.
경피 흡수제	– 피부를 통해 제제의 성분이 전신 순환혈류에 송달되도록 만들어진 제제이다. 천연 또는 합성 고분자 화합물이나 혼합물에 주성분을 용해해 필요에 따라 흡수촉진제, 용제 등을 넣어 만들어진 형태이다. 동물병원에서 사용되는 대표적인 경피흡수제는 외부기생충 예방약 등이 있다.

(5) 약제의 조제방법

필요용품	약수저, 유발, 유봉, 약포장지, 약봉투, 수동포장기, 정제반절기 등
약제 조제순서	처방전 내용을 확인한다. ⇓ 알약을 등분할 경우 정제 반절기를 이용해 분할선을 보며 최대한 정확히 등분한다. ⇓ 약제를 유발에 넣어 유봉을 이용해 고르게 분쇄한다. ⇓ 분쇄한 가루약을 약주걱에 일정하게 분배한다.

	⇓ 약포장지를 수동포장기를 사용해 밀봉한다. ⇓ 약봉투에 환자의 이름과 복용횟수, 전체복용날짜 및 처방날짜를 적는다. ⇓ 보호자에게 내복약 복용방법 및 횟수 등을 안내한다.
복용방법	주사기에 물을 약 1ml 정도 담는다. ⇓ 주사기의 물을 약포장지에 담고 약을 녹인다. ⇓ 녹인 약을 주사기로 빨아들인다. ⇓ 동물이 뒤로 이동하지 못하도록 벽 모퉁이에 위치시킨다. ⇓ 동물의 턱을 가볍게 고정한다. ⇓ 송곳니 뒤의 틈새에 주사기 끝부분을 넣어 조금씩 흘려 넣으며 약물이 입에서 새어나오지 않도록 한다. ⇓ 약물을 삼킨 것을 확인하고 고개를 털지 않도록 지켜본다.
주의사항	– 환자 및 보호자가 선호하는 형태의 약으로 제조한다. – 약을 제조하기 전에 보호자에게 물어 선호하는 약제제에 대해 파악한다. – 약 제조시 손을 깨끗하게 씻어 청결을 유지한다. – 다른 약 성분과 섞이지 않도록 유발과 유봉 및 약주걱의 청소 및 청결을 유지한다. – 유발, 유봉, 약주걱을 씻을 경우 물기가 남지 않도록 수분기를 없애야 한다. – 약제는 습기에 약하기 때문에 주의한다. – 병에서 꺼낸 약제는 다시 넣지 않도록 한다. – 약을 분배할때는 최대한 고르게 분배한다. – 유발에 분쇄하고 약주걱에 분배할 경우 바닥에 약제가 남지 않도록 최대한 긁어모아 분배한다. – 약제의 양이 많을 경우 소량씩 분배해 정확도를 높인다. – 보호자에게 약 복용방법을 정확하게 안내한다.

02 약물투여와 계산법

(1) 약물투여와 계산법

약물용량	환자에게 1회 투여하도록 계산된 약물의 양을 의미
약물 투여량(환산계수)	단위체중 킬로그램(kg), 파운드(lb), 밀리그램(mg)인 약물의 질량을 근거로 함
복용량 계산하기 위한 정보	동물의 체중, 약물의 용량, 약물의 농도
계산법	① $\text{개의 체중} \times \frac{\text{약물의 용량}(mg)}{KG} = mg$ ② $\text{①의 } mg \text{ 양} \times \frac{tablet}{\text{약물 라벨의 농도}(mg)} = tablet \text{ 개수}$

Plus note

- **약물투여 계산 예시**

  개의 체중은 22kg이고 약물 A는 20mg/kg의 용량으로 제공되며, 약물 라벨의 농도는 50mg/tablet으로 표기되어 있다. 투여할 약물의 복용량을 계산하시오.

  ① $22KG \times \frac{20mg}{KG} = 440mg$

  ② $440mg \times \frac{tablet}{50mg} = 8.8tablet = 9tablet$

[약제의 관리]

사용기간 확인	약제마다 사용기간 및 유통기한이 다르기 때문에 정기적으로 확인이 필요하다. 유통기한이 임박한 약제는 앞쪽으로 위치시키고 유통기한이 지난 약제는 폐기한다.
약제주문 및 수량체크	처방약이 제조될 경우 약제가 부족하게 되는 경우가 있기 때문에 주문 시 여유 있게 주문해야 하며 주문이 필요한 약제가 있을 경우 수의사에게 전달한다. 납품기간이 오래 걸릴 수 있기 때문에 주문기간을 여유롭게 잡아야 하고 목록을 적어 관리한다.
약제보관	약제가 병원에 도착하면 종류별로 분류하고 사용하는 위치에 위치시켜 정리한다. 사용량이 많은 약제는 앞쪽으로 분류하고 잘 보이는 곳에 위치시키며 냉장보관 및 서늘한 곳 등 약제의 보관방법을 숙지해 보관한다.

03 동물병원 의약품

(1) 자율신경계에 작용하는 약물

1) 콜린성작용제

아세틸콜린에 의해 활성화되는 수용체에 작용하는 약물이다.

① 직접 작용성 콜린제

ⓐ 아세틸콜린(Acetylcholine)

신경전달물질이지만 작용의 다양성과 불활성화가 신속하지 않기 때문에 치료적으로 중요성이 없는 약물이다. 정맥주사 시 일시적인 심박동수 감소를 일으키고 주사 시 간접적인 작용기전에 의해 혈압하강을 일으킨다. 위장관에서는 타액, 장운동을 촉진시키며 비뇨생식기에서 배뇨근 긴장도를 증가시켜 배뇨를 촉진시킨다.

ⓑ 베타네콜

무스카린 수용체를 흥분시켜 장운동과 긴장도를 증가시키며, 방광의 배뇨근을 자극해 배뇨압을 증가시켜 배뇨를 일으킨다. 주로 비뇨기과 진료 시, 출산 후나 비폐색성 요저류에 사용된다.

– **부작용** : 전신적 콜린성 흥분작용을 일으켜 땀분비, 타액분비, 설사 등

ⓒ 카르바콜

심혈관계와 위장관계에 강한 효과가 있다. 주로 안과진료 시 동공수축을 일으키는 축동제로서 사용되며, 안압감소 효과가 있어 녹내장에 사용된다.

ⓓ 필로카르핀

응급상황 시 녹내장 치료 등의 안압감소를 위해 사용되는 약물이며, 안방수의 배출을 증가시켜서 안압의 하강이 2~3분 내에 발생한다.

② 간접 작용성 콜린제

ⓐ 에드로포늄

단시간에 작용하는 억제제이며 작용지속시간은 10~20분 정도로 짧은 편이다. 수술 후 신경근 차단제의 효과를 역전시키기 위해 사용될 수도 있지만 다른 약물 이용으로 사용을 제한받을 수 있다.

ⓑ 피조스티그민

장과 방광의 운동을 증가시켜 장기의 무긴장증 치료제로 사용되며, 심환성 항우울제의 과량투여를 치료하는 경우 사용된다.

– **부작용** : 높은 용량 투여 시 경련, 골격근 마비

ⓒ 네오스티그민

방광 및 위장관을 자극하는 데 사용되며 기타 신경근 차단제의 해독제로 사용된다. 장관이나 방광폐쇄, 복막염일 경우 사용이 금지된다.

– **부작용** : 침분비, 혈압감소, 설사 및 기관기 경련

2) 콜린성길항제

① 아트로핀

위장관 및 방광을 이완시키는 진정제로 사용되며 살충제나 일부 버섯중독 치료에 사용된다.

– **부작용** : 용량에 따라 구강건조, 변비, 불안감, 순환계 및 호흡기의 허탈, 사망

② 스코폴아민

멀미예방에 효과적이며, 기억상실 작용이 있어 마취과정에서 중요 보조약물로 사용한다.

3) 아드레날린성 작용제

① 직접 작용성 아드레날린제

ⓐ 에피네프린

기관지 수축에 의한 호흡감소, 급성천식, 아니필락시스 쇼크 등의 응급치료 시 사용되는 일차약물이며, 피하로 주입할 경우 2~3분 내에 완화된 호흡양상을 보인다. 이외에도 심정지 시 사용되며 국소부위의 마취에도 사용된다.

– **부작용** : 혈압상승으로 대뇌출혈, 불안감 등

ⓑ 노르에피네프린

혈관의 저항을 증가시켜 혈압상승을 일으켜 쇼크치료 시 주로 사용되며 정맥 내로 주입해 1~2분 내로 빠른 작용을 위해 사용된다. 피하주사일 경우 흡수가 불량하고 경구투여 시 장내에서 파괴된다.

– **부작용** : 피부의 창백

ⓒ 이소프로테레놀

심장에 대한 강력한 자극효과로 심박동수와 수축력을 증가시켜 응급 시 심장을 자극하기 위해 사용된다.

ⓓ 도파민

심인성 및 패혈쇼크 치료 시 선택제이며 지속적으로 주입해준다. 신장에 관류를 증가시켜 사구체 여과율을 증가시키므로 소변감소증, 고혈압, 울혈성 심부전 치료 시 사용된다.

– **부작용** : 고혈압, 부정맥의 일시적 증상

ⓔ 도부타민

울혈성 심부전의 심박출량을 증가시키며 심장수술 후 수축력 보강을 위해 사용된다.

– **부작용** : 내성 발생

ⓕ 페닐에프린

혈관수축제로 혈압 증가가 발생하며 산동목적으로 안과용액을 국소적으로 사용한다.

– **부작용** : 과량사용 시 고혈압성 두통, 심장의 부정맥

② 간접 작용성 아드레날린제

ⓐ 코카인

국소마취제로 사용되며, 에피네프린과 노르에피네프린의 작용을 상승시켜 작용지속 시간이 길어진다.

4) 아드레날린성 길항제

① 알파차단제

ⓐ 페녹시벤자민

알파수용체를 차단해 혈관수축을 차단한다. 주로 종양치료 시에 사용되는 약물로 외과적 종양제거 이전에 고혈압 위기를 억제하기 위해서 처치된다.

– **부작용** : 저혈압

ⓑ 펜톨아민

국소적 피부괴사, 고혈압 치료 시 사용된다.

– **부작용** : 저혈압, 빈맥

ⓒ 프라조신

말초신경 저항을 감소시키고 동맥, 정맥, 평활근 이완으로 동맥혈압을 하강시킨다. 울혈성심부전 환자의 치료 시에 사용되며 내성이 생기지 않는 특성이 있다.

ⓓ 요힘빈

혈관수축을 완화시키는 데 사용된다. 성적흥분제로 사용되며 발기부전 치료 시 사용되는 경우도 있는데 효능은 명확히 증명된 부분은 없다.

② 베타차단제

ⓐ 프로프라노롤

정상이 아닌 고혈압 환자의 혈압을 하강시키며 편두통에 효과적이다. 또한 갑상샘기능 항진증에서 발생하는 교감신경 자극을 차단해 효과적이다.

– **부작용** : 기관지수축으로 천식환자에게 치명적, 부정맥, 성기능 손상

ⓑ 티모롤

녹내장 환자의 안방수 분비를 감소시켜 안내압을 감소시키는 효과가 있다.

ⓒ 아테노롤

고혈압 환자의 혈압을 낮추며, 특히 당뇨가 있는 고혈압 환자에게 효과적이다. 주로 수술이나 진단과정에 정맥 내로 투여한다.

(2) 중추신경계에 작용하는 약물

1) 항불안제

① 벤조디아제핀류

가장 널리 사용하는 항불안제로, 효과가 크지만 자율신경계에 영향을 주지 않고 진통작용이 없어 비교적 안전하다. 불안감 감소, 진정효과 및 근육이완제 작용을 하며 간질 및 경련질환 치료에 사용된다. 간질환 환자는 사용을 주의해야 한다.

– **부작용** : 고용량일 경우 운동실조 발생, 기억상실 및 내성 발생

② 부스피론

GAD의 장기치료에 유용하지만 항경련작용과 근육이완에 효과가 없으며 최소 진정효과만을 나타낸다.

③ 바르비츄레이트

환자를 진정시키거나 수면을 유지하는 데 사용되는 중심약물이었으나 현재 벤조디아제핀으로 대체되었다.

– **부작용** : 의존성, 금단증상 및 혼수

2) 수면제

① 졸피뎀(Zolpidem)

장기간 사용해도 내성이 거의 생기지 않으며 위장으로 신속하게 흡수된다. 약 5시간 정도의 수면효과를 나타내어 선호되는 수면제이다.

② 잘레프론(Zaleplon)

졸피뎀과 유사한 수면작용이 있으나 인지기능에 대한 잔류효과가 적다.

③ 에스조피크론(Eszopiclone)

경구진정제로서 불면증 치료 시 사용되는 유일한 약물이다.

④ 항히스타민제(Antihistamines)

진정작용이 있어 불면증에 효과가 있지만 부작용 발생위험 때문에 유용하지는 못하다.

⑤ 에탄올(Ethanol)

항불안 및 진정작용이 있지만 독작용이 더 강하다. 경구로 쉽게 흡수되며 장기 사용할 경우 위염 및 영양결핍이 발생할 수 있다.

3) 마취제

① 흡입마취제

ⓐ 할로탄(Halothane)

원조 흡입마취제로, 신속히 마취가 이루어지고 회복되어 과거에 사용하였으나 여러 유해작용으로 인하여 현재는 다른 마취제로 대체되었다.

ⓑ 이소플루란

미국에서 많이 사용되는 종류로 심장부정맥을 일으키지 않지만 자극성 냄새가 있으며 호흡반사(기침, 침 분비)를 일으켜 흡입마취 유도목적으로 사용되지 않는다.

ⓒ 데스플루란

신속성이 좋으며 휘발성이 낮아 특수 기화기로 투여하며 후두경축, 기도에 자극을 주기 때문에 흡입마취 유도에 사용되지 않으며 비교적 고가이다.

ⓓ 세보플루란

자극성이 낮아 기도 자극 없이 신속히 마취를 유도한다. 혈액에서 용해도가 낮아 신속히 회복되며, 마취회로에서 생성된 화합물의 신선한 가스가 너무 낮은 경우 신장독성이 발생할 수 있어 주의가 필요하다.

ⓔ 이산화질소

강력한 진통제이지만 약한 전신마취제이다. 수술마취에는 부적절해 다른 약물과 병행해 사용한다.

② 정맥마취제

ⓐ 프로포폴

마취유도와 유지에 널리 사용되는 IV 진정/수면제이다. 구토유발을 하지 않으며 수술 전 마취 유도에 사용된다. 호흡억제의 부작용이 있을 수 있으므로 마취 시 호흡중지 상황이 발생하면 인공적인 배깅(Bagging)이 필요할 수 있다.

ⓑ 바르비츄레이트류

강력한 마취제이지만 약한 진통제이며 정맥 내 투여 시 신속히 침투해 1분 이내에 억제작용을 나타낸다. 비교적 체내에서 장시간 남으며 마취 동안 원하지 않는 혈압변화를 피하기 위해 보조 진통제를 투여해야 한다. 쇼크환자에게 심한 저혈압을 야기하며 경련의 위험이 있다.

ⓒ 벤조디아제핀류

환자를 진정시키기 위한 목적으로 마취제와 함께 사용된다. 기억상실의 일시적 형태를 일으킬 수 있다.

ⓓ 아편류

진통작용 때문에 다른 마취제와 함께 자주 사용된다. 심장수술 시 할로겐화 마취제와 이산화질소를 병용하여 사용하는 것이 그 예이다. 주로 사용되는 아편류는 펜타닐(fentanyl), 수펜타닐(sufentanil)이다. 정맥, 뇌척수액에 투여한다. 마취 후 구토, 호흡곤란, 저혈압을 일으킬 가능성이 있다.

ⓔ 케타민

환자가 깨어있는 것 같지만 의식이 없고 통증이 없는 해리상태를 유도한다. 심장흥분과 혈압, 심장박출량을 증가시켜 천식, 심원성 쇼크환자에게 유용하지만, 수술 후 환각을 일으킬 수 있어 널리 사용되지는 않는다.

③ 국소마취제

ⓐ 리도카인

감각을 파기하고 신체 제한부위의 운동활성을 파기시킨다. 젤 형태로 배뇨곤란 시 요도에 삽입해 사용되는 경우가 있다.

(3) 심혈관계에 작용하는 약물

1) 이뇨제

① 치아짓이뇨제

모든 경구용 이뇨제는 고혈압 치료에 효과가 있지만 치아짓류가 가장 널리 사용된다. 초기에는 나트륨과 수분배설을 증가시켜 혈압을 낮추고 심박출량과 신혈규량을 감소시킨다. 장기간 치료로 혈장량은 정상치에 가까워진다. 고혈압, 심장기능상실증, 고칼슘뇨증 과 요붕증 치료 시 사용된다.

ⓐ hydrochlorothiazide

ⓑ chlorthalidone

② 루프이뇨제

신장기능이 좋지 않거나 치아짓이뇨제에 반응하지 않을 경우 신속히 작용한다. 신장혈관의 저항성을 낮추고 신혈류량을 증가시킨다. 울혈성 심부전이나 폐부종 감소 시 사용된다. 빠른 효과를 위해 정맥 내로 투여하며 고칼륨혈증 치료에 유용하다.

ⓐ furosemide

ⓑ bumetanide

ⓒ torsemide

③ 칼륨보존성 이뇨제

원위세뇨관 후반부 및 집합관에서 나트륨의 억제제 역할 뿐만 아니라 요 중의 칼륨소실을 감소시킨다.

ⓐ amiloride

ⓑ triamterene

ⓒ spironolactone

ⓓ eplerenone

④ 삼투성 이뇨제

뇌내압 증가, 쇼크, 외상으로 인한 급성신부전 환자에게 주로 사용하며, 경구투여 시 흡수되지 않아 정맥투여를 해야 한다.

ⓐ 만니톨(mannitol)

ⓑ 요소(urea)

(4) 기타 장기에 작용하는 약물

1) 호흡기계에 사용하는 약물

① 코르티코스테로이드류

흡입용 코르티코이드류는 모든 단계의 지속성 천식환자에게 일차 선택약물이며, 기관기 평활근에 직접적인 작용은 없지만 기도염증을 표적으로 해 염증단계를 감소시키고 장기간 사용 시 다양한 자극에 대한 기도평활근의 과민반응을 감소시킨다.

② 콜린길항제

항콜린성 약물은 미주신경에 의한 기관지 평활근 수축과 점액분비를 막는다. 아드레날린 작용제가 듣지 않는 환자에게 유용하다.

③ 테오필린(theophyline)

기관확장제로 만성 천식환자의 폐쇄를 경감시키고 만성질환의 증상을 감소시킨다. 과량으로 사용하면 경련이나 부정맥을 일으킬 수 있다.

④ 코데인

기침억제의 표준 치료제이며 점액분비를 감소시킨다.

2) 위장관 및 항구토제

① 점막보호제

ⓐ 수쿠랄페이트(sucralfate)

점액 분해를 막을 수 있는 장벽을 만들어 십이지궤양을 치료할 때 사용하며 다른 약물과 사용할 때 흡수를 방해할 수 있기 때문에 주의해야 한다.

② 항구토제

ⓐ 로아제팜(lorazepam)

벤조디아제핀류에 속하며 항구토 효력은 낮지만 진정, 불안 제거에 효과적이다.

ⓑ 덱사메손(dexamethasone)

구토를 유발하는 화학요법에 효과적이다.

ⓒ 할로페리돌(haloperidol)

벤조디아제핀류와 병행해 내시경 또는 수술 시 진정목적으로 사용된다.

③ 지사제

ⓐ 장운동 억제제(diphenoxylate, loperamide)

설사를 조절하는 데 널리 사용되는 약물이며 연동운동을 감소시킨다.

ⓑ 흡착제(methylcellulose)

장내 미생물을 흡착하거나 보호함으로써 작용되며 장운동 억제제보다는 효과가 적다.

④ 장운동 촉진제

ⓐ 센나(senna)

널리 사용되는 흥분성 완화제이며 경구투여 시 10시간 이내로 배변을 일으키며 변비 치료에 유용하다.

ⓑ 비사코딜(bisacodyl)

좌약으로 이용하며 강력한 점막 흥분제로 결장점막에 직접 작용한다.

(5) 응급 시 사용하는 주요약물

1) 심정지 및 부정맥

① 아데노신(Adenosine)

심실상 빈맥을 치료하는 데 사용되며 가슴통증과 호흡곤란의 부작용을 주의해야 한다.

② 아트로핀(Atropine)

부교감신경을 억제하고 순환기계의 심박수를 증가하는 효과가 있다.

③ 에피네프린(Epinephrine)

국소마취제(리도카인)와 함께 사용하며 국소마취제의 작용시간을 연장해준다. 전신마취 시에 출혈을 줄여주는 효과가 있다.

④ 탄산수소나트륨(비본, Sodium Bicarbonate)

심박수를 높여주지만 다량 사용 시 안압상승과 위장관의 운동이 저하되는 것을 주의해야 한다.

2) 심박출 및 혈압조절

① 도파민(Dopamine)

심질환용제로 심장절개수술이나 쇼크, 저혈압 및 심부전일 경우에 사용한다.

② 도부타민(Dobutamine)

화학적으로 도파민과 유사하다. 심근을 수축시켜 박출량을 증가시키고 심부전 및 심장 기능 개선과 혈관수술의 수축력 저하에도 사용된다.

③ 디곡신(Digoxin)

강심제로 울혈성 신부전이나 부정맥에 사용된다.

3) 기타 약물

① 라식스(Lasix)

이뇨제로 원위세뇨관에서 나트륨의 재흡수를 억제하고 소변량을 증가시켜 혈압을 낮춰 주는 역할을 한다.

② 디아제팜(Diazepam)

항불안제로 불안, 경련의 완화 시에 사용된다.

③ 베쿠로늄 브롬화물(Vecuronium Bromide)

근이완제로 호흡이 제대로 이루어지지 않는 환자의 기도유지를 위해 기관 내 삽관을 해 사용되며 산소이용률이 감소되었을 때 뇌압의 조절을 위해서도 사용된다.

Chapter 05

동물보건 영상학

01 방사선 검사

(1) 방사선 원리

1) X선의 발생원리

빠른 속도로 진행하는 전자가 금속원자의 영향으로 급속하게 감속되거나 정지하는 경우, 원래의 전자가 가지고 있던 운동에너지가 전자기파의 형태로 변환된다. 이 전자기파를 X선(X-ray)이라고 한다.

2) X선의 특징

① X선은 에너지의 일종으로 입자 또는 파동의 형태이다.
② 빛으로 통과할 수 없는 고체 및 물체를 통과한다.
③ 항상 직선으로 주행한다.
④ 세포의 DNA를 손상시켜 변화를 일으키며 암, 기형 등의 질병을 일으킨다.
⑤ 눈에 보이지 않으며 무색무취이다.

(2) 방사선 기기

1) X-ray tube

X선이 발생되며 외부로 방사선이 유출되는 것을 막기 위해 금속덮개로 쌓여있고, 발생하는 열을 식히는 전열유(기름)가 들어있다.

① X-ray tube 작동원리

[일반적인 X-ray Tube의 구조]

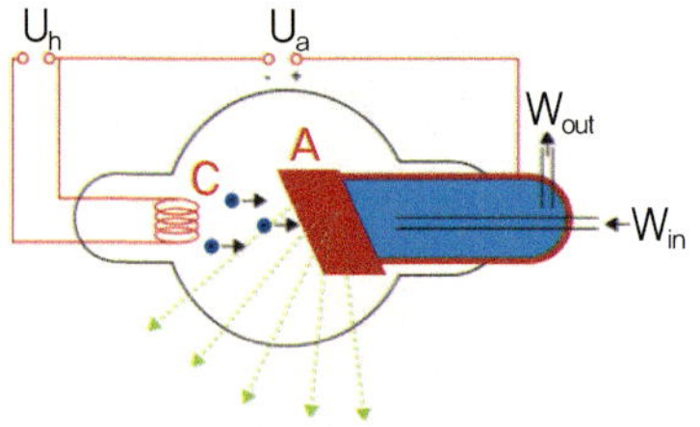

ⓐ C에 전압이 가해지면 전류가 흐르면서 가열되는데, C를 음극(cathode)전극으로 하고 금속판 A를 양극(anode)전극으로 하며 고전압을 가한다.

ⓑ 가열된 C에서 에너지를 얻은 열전자(thermal electron)가 tube로 방출되는데 방출된 전자는 고전압에 따라 가속된다.

ⓒ tube 내부는 방출된 전자가 진행될 수 있도록 진공상태를 유지한다.

ⓓ 고전압으로 가속된 전자는 양극 전극인 금속판 A에 충돌하는데 이때 전자가 가지고 있던 운동에너지가 빛에너지와 열에너지로 변환된다.

ⓔ 전자의 운동에너지가 빛에너지 X-ray로 바뀐다.

ⓕ X-ray가 조사되는 동안 발생하는 열을 외부로 방출하기 위해 냉각시스템이 필요하다.

음극(Cathode)	양극(Anode)
– 전자는 음극에서 생성됨 – 코일 : 텅스텐 재질의 필라멘트로 구성 – 예비노출단추 : 필라멘트를 가열하고, 촬영 시 노출이 필요한 만큼 전류를 올려 자동회로가 장착되며 음극의 필라멘트를 보호함	– 전자는 음극에서 양극의 방향으로 주행 – 음극에서 방출된 전자가 양극에 충돌될 때 최대 2,700℃의 열을 발생함 – 형태 : X선을 X선관 밖으로 배출하기 위해 10~20도 기울어져 있음

② **제어기** : X선의 발생을 조절하는 역할을 하며 kV표시계, ma표시계, mAs표시계, 촬영버튼으로 구성된다. 촬영버튼은 주로 발판형태로 되어 있으며 준비버튼과 촬영버튼으로 나뉘어져 있다. 준비버튼을 누르면 점등되며 촬영버튼을 누르면 X선이 발생하게 된다.

kVp(관전압)	– kilovoltage peak – 양극과 음극 사이의 전위차이로 최대한 사용가능한 에너지를 의미함 – kVp 증가 시 X선의 강도 · 투과력 증가 – 영상의 대조도에 영향
mA(관전류)	– milliamperes – 음극의 필라멘트를 가열하는 전류를 의미함 – mA 증가 시 X선의 양 증가 – mA 높을수록 검은색 영상화 / mA 낮을수록 하얀색 영상화 – 영상의 밀도에 영향
sec(노출시간)	– X선이 튜브에서 방출되는 조사시간을 의미하며 초단위로 측정됨 – sec 증가 시 X선의 발생량 증가 – 촬영 시 영상의 흔들림, 방사선 피폭량 등의 이유로 짧게 측정하는 것이 좋음 – mA와 연관이 있어 mAS(milliamperes second, X선의 총량)라는 단위로도 사용됨

③ 촬영테이블 : 동물을 올려놓고 방사선촬영이 진행되는 부분이다.

④ 검출기(detector) : 투시된 X선의 영상을 디지털 영상으로 바꿔주는 장치이며 기존 아날로그 방식과는 달리 필름 현상 없이도 영상을 모니터로 확인이 가능하다.

⑤ 시준기(collimator) : X선관 바로 아래에 위치하며 촬영하고자 하는 범위에 X선 빔의 크기를 조절하는 역할을 한다.

⑥ 그리드(grid) : 동물과 검출기 사이에 위치해 산란선을 흡수하여 대조도가 높은 X선 영상을 얻기 위한 장치이다.

02 방사선 장비와 안전관리

(1) 방사선 보호장비

납 앞치마	특징	방사선 촬영 시 반드시 착용해야 하며 방사선 기기가 있을 경우 의무적으로 사용해야 하는 장비이다. 대부분 일체형으로 구성되어 있으며 목부위를 보호하는 앞치마와 목부위를 보호하지 않는 형태의 앞치마가 있으며, 목부위를 보호하지 않는 앞치마의 경우에는 갑상샘 보호대를 착용해 갑상선을 보호해야 한다. 보통 납 앞치마는 0.5mm의 납당량이 함유되어 있으며 X선을 100% 완벽하게 차단하지 못하기 때문에 꼼꼼히 착용하여 신체를 보호해야 하며 차폐성능이 높은 것을 구매해 사용하는 것이 좋다.
	보관	앞치마가 구부러지면 균열이 발생하고 기능이 저하될 수 있기 때문에 사용하지 않을 때에는 편평한 곳에 내려놔 보관을 하거나 옷걸이 등에 걸어 균열이 발생할 가능성을 낮춰야 한다. 사용기능이 저하되는 것을 정기적으로 확인하는 것이 좋으며 손상여부를 확인하는 방법은 X선 촬영을 실시해 투과가 이루어지는지 여부를 파악해 상태를 확인한다.

납 장갑	특징	납장갑은 손과 팔부위를 보호하는 장비로서 납 앞치마와 함께 사용된다. 앞치마와 유사하게 X선을 완벽하게 차단하지 못하고 약 95% 정도밖에 차폐되지 않기 때문에 주의해야 한다.
	보관	내부에 공기가 통하도록 보정틀을 넣어 펼쳐서 보관하고, 균열이 발생하지 않도록 보관해야 한다.
방사선 보호안경	특징	X선에서 발생하는 방사선에 의한 백내장 발생을 차단하기 위해서 수정체를 보호하는 역할을 하는 장비이다. 촬영횟수가 많은 방사선종사자는 착용하는 것이 좋다.
	보관	촬영 시나 보관 시 보호안경이 떨어질 경우 균열이 발생해 방사선을 차단하는 성능이 저하될 수 있기 때문에 촬영대가 아닌 곳에서 보관 및 사용 시 주의해야 한다.

(2) 방사선 촬영 시 주의해야 할 사항

① 보호장비 착용

동물을 보정하는 경우 불편감으로 인해 착용을 하지 않는 경우가 발생할 수 있다. 가장 흔하게 발생하는 방사선 피폭의 원인이며 보호장비를 착용함으로서 신체를 안전하게 보호해야 한다.

② 1차 X선 노출

1차 X선 노출을 차단하기 위해 납장갑을 착용하는데 납장갑은 두껍고 보정 시 어려움으로 인해 착용하지 않는 경우가 있다. 촬영 시 보정을 하면서 손부위가 직접적으로 노출되기 때문에 이로 인한 노출을 줄이기 위해 장갑을 촬영해 손부분을 보호해야 한다.

③ 재촬영

방사선 촬영을 진행할 경우 동물의 움직임으로 사진이 흐릿하게 나오는 경우가 있다. 사진 찍기 전 수의사와 동물보건사는 동물의 움직임을 최소한으로 하도록 보정을 해 사진의 질을 높여야 하며 촬영 횟수를 최소화해 동물의 방사선 노출과 스트레스도를 최소화해야 한다.

④ 시준기

시준기는 동물의 목적에 맞는 촬영부위의 범위를 조절하는 역할을 하는 장치이다. 촬영부위보다 확대해 촬영하는 경우에는 X선의 노출도가 증가할 가능성이 있기 때문에 범위에 맞게 조절해서 사용하는 것이 중요하다.

Plus note

※ 농림축산식품부와 농림축산검역본부의 동물병원 방사선 관계종사자 주의사항

- **방사선 발생장치 사용 전**
  - 신고된 방사선 관계 종사자 이외에는 방사선 촬영구역 출입을 제한한다.
  - 방사선 관계 종사자는 2년마다 건강진단을 받도록 하며, 관계 종사자를 위한 주의사항을 숙지하고, 피폭 방지를 위한 주기적인 교육을 받아야 한다.
  - 동물 진단용 방사선 발생장치는 반드시 신고 후 진료에 사용한다.
  - 임산부 혹은 임신가능성이 있는 경우에는 가급적 방사선을 다루는 업무를 하지 않도록 한다.
- **방사선 발생장치 사용 중**
  - 납 치마, 납 장갑(방사선 차폐제 장갑), 고글 등 방사선 방호도구를 반드시 갖추고 방사선 발생 장치를 취급한다.
  - 촬영을 위한 동물 보정 시 납 장갑을 착용하도록 하며 손이 직접 조사야 범위(일차선속)에 노출되어서는 안 된다.
  - 방사선 노출을 최소화하기 위해 작업 시간을 가능한 한 짧게 하고, 방사선 발생장치와의 거리를 가능한 한 멀리한다.
- **방사선 발생장치 사용 후**
  - 동물 진단용 방사선 발생장치 사용기록부(동물의 촬영부위 또는 촬영명칭을 포함)를 작성하고 1년간 보존하여야 한다.
  - 방사선방호도구는 정기적으로 손상여부를 확인하여야 하며, 보관방법을 준수하여 지정된 장소에 보관하여야 한다.
  - 방사선발생장치는 3년마다 지정된 검사기관에 정기검사를 받아야 하며, 장치, 방어시설 및 관계종사자 변경 시 반드시 관할 지자체에 신고한다.

Plus note

- **방사선 구역 안전수칙 사항목록**
  - 방사선 촬영 시 필요 인원을 제외한 불필요 인원이 없어야 한다.
  - 어린이 및 청소년이나 임산부는 방사선에 노출되지 않도록 출입을 금해야 한다.
  - 보호장비를 착용해야 한다.
  - 1차 X선의 노출을 최소화해야 하며 노출 가능성이 있는 경우에는 납장갑을 반드시 착용한다.
  - 방사선 종사자는 피폭방지를 위해 정기적인 안전교육을 받아야 한다.
  - 최소 2년에 한 번씩 건강검진을 받아야 한다.
  - 촬영시간을 최소화해 방사능 노출위험도를 낮춰야 한다.
  - 방사선 장치와 거리를 두어야 한다.

(3) 방사선사진에 영향을 주는 요소

① **사진 흑화도** : 흑화도는 방사선 필름의 전체적인 어둠의 정도를 말하며 방사선 노출과 연관이 되어 있다. 필름이 밝은 경우 노출이 부족한 상태를, 어두운 경우 노출이 과도한 상태를 의미한다. 흑화도에 영향을 주는 요소는 mAs와 SID이다.

ⓐ mAs : mAs로 사진 흑화도를 조정한다. 노출이 늘어날수록 X선 발생이 증가한다.

ⓑ SID : 일반적으로 사용할 때마다 변경하지 않고 고정되어 있다.

② **사진 대조 · 대비도** : 사진의 대조와 대비를 이용해 신체 내의 구조를 구분할 수 있다. 방사선 촬영 시 공기는 검은색, 뼈는 흰색으로 나타나며, 대조와 대비를 통해 신체의 구조를 구분하고 질병을 파악한다. 복부의 경우 여러 장기와 구조로 이루어진 복잡한 형태이기 때문에 낮은 대비도의 사진이 구조를 구분하기 좋다.

③ **사진 그리드**

ⓐ 그리드는 바둑판의 눈금과 유사한 격자 형태이며 납선으로 이루어져 있다.

ⓑ 동물과 필름 사이에 위치해 산란선을 제거한다.

ⓒ 산란도가 높은 필름은 뿌옇게 보일 수 있어 대조도가 높은 사진을 얻기 위해서 사용한다.

ⓓ 그리드 비율은 납선 높이와 납선 사이의 거리에 대한 비율을 의미한다.

④ **사진 왜곡** : 실제 크기보다 사진이 너무 크거나 작게 보이는 경우이며 왜곡을 피하기 위해서는 동물의 움직임을 최소화해 올바른 자세로 보정해야 한다. 사진이 실제 크기보다 작거나 크게 보이는 것은 촬영부위와 필름이 평행하지 않아 발생하는 경우이다.

(4) 방사선 촬영 저장방법

구분	아날로그 X-ray	디지털 X-ray
원리	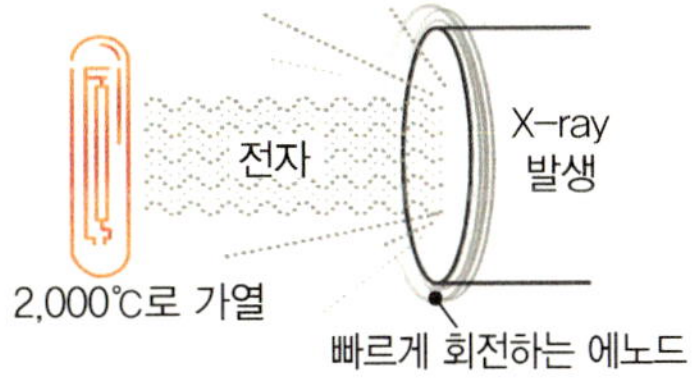	
무게	1톤 이상	200kg 내외(1/5 수준)
방사능 노출	약 15초	약 0.5초(1/30 수준)
발열	2,000℃	–
1회 촬영 비용	고가	저가(1/10 수준)
활용 분야	병원	병원, 소형의원, 앰뷸런스 등

① **아날로그 방법** : 마그네틱 필름을 이용해 음영차이를 현상하는 방법

ⓐ **카세트** : X선 필름을 넣는 기구이다. 필름과 증감기를 밀착시키며 빛이 차단되고, 견고하고 투과성이 유지되는 것이 특징이다. 카세트의 크기는 다양하며 필름에 따라 크기에 맞게 사용한다.

ⓑ **증감기** : 형광물질을 도포한 종이로 사진작용을 극대화시키는 역할을 한다. 불필요하게 손실되는 방사선에너지를 줄여주며 카세트의 양쪽 면에 부착해 사용한다.

ⓒ **X선 필름** : X선에 의한 사진촬영을 위해 만들어진 필름이다. X선 필름은 할로겐이라는 결정체가 함유되어 있는데 X선과 할로겐결정체가 만나게 되면 상호작용을 통해 사진이 형성되는 방식이다. 빛에 민감하기 때문에 암실에서 촬영해야 한다.

ⓓ **필름현상** : 디지털 방식과는 다르게 필름을 현상해야 하며 필름을 현상할 때에도 암실에서 실시한다.

② **디지털 방법** : 기계 및 센서를 이용해 디지털 사진을 만들어 전송하는 방법

간접적 방법	• 촬영부위를 통과한 방사선은 광자극성 인광물질이 도포된 영상판을 감광시켜 영상판에 방사선 에너지가 저장되며, 저장된 이미지를 리더기를 이용해 영상으로 저장하는 방법이다. • 직접방식에 비해 시간이 많이 소요되며 한 번 시도할 때 하나의 영상만 읽을 수 있어 효율이 떨어지는 단점이 있다.
직접적 방법	• 반도체 물질을 이용해 방사선을 전기신호로 변환시킨 뒤 사진신호로 바꿔서 촬영한 후에 화면을 통해 영상을 확인한다. • 시간이 단축된다는 장점이 있고 다른 방법에 비해 해상도가 좋아 환자의 증상을 진단하고 판단하기 좋다.

03 방사선 촬영방법

(1) 방사선 촬영 시 일반사항

① 촬영부위에 적합한 정해진 부위(표준자세)로 촬영한다.

② 촬영부위는 최소 2장 이상 촬영한다.

③ 촬영부위는 빔의 가운데 부위가 중심에 위치하도록 한다.

④ 촬영이 어렵거나 보정이 어려운 경우 마취 및 진정을 진행하고 촬영을 실시한다.

(2) 일반적인 방사선 촬영순서

환자가 착용한 악세서리와 옷을 제거한다.

▼

수의사와 함께 방사선실로 들어가 방사선 보호장비(납앞치마, 납장갑)를 착용한다.

▼

방사선 기기의 전원을 켠다.

▼

환자의 차트를 열어 사진부위 및 설정을 한다.

▼

촬영부위에 맞도록 기기를 설정한다.

▼

촬영부위에 맞도록 환자를 눕혀 보정한다.

▼

시준기의 불빛창을 육안으로 확인하면서 조사범위를 결정한다.

▼

불빛창의 십자가 교차점이 환자의 중심에 오도록 설정한다.

▼

1차 X선을 발생시키는 스위치를 누른다.

▼

사진촬영을 실시하며 최소 2장 이상으로 한다.

▼

촬영이 완료되었으면 환자의 진료차트로 사진을 전송한다.

(3) 부위에 따른 촬영

1) 머리(Skull)

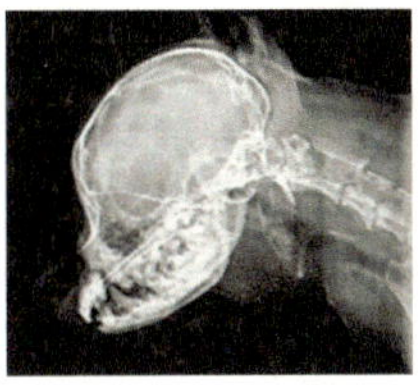

① 머리부분 촬영은 마취가 필요함

② 높은 대비로 촬영을 실시함

③ 기본 촬영은 오른쪽 외측상(RL)과 배복상(DV)

오른쪽 외측상(RL)	– 머리부분을 x선 테이블에 수평으로 위치하기 위해 방사선 투과성 스펀지를 사용해 최대한 수평을 맞추도록 함 – 입이 닫혀있는 상태보다 입을 약간 벌리고 촬영하는 경우가 상악, 하악 및 치아상태를 파악하는 데 효과적
배복상(DV)	– 대부분 머리부분은 복배상보다 배복상을 실시하는 편이며 하악골을 x선 테이블에 밀착하고 수평자세를 취하고 좌우대칭적인 자세를 취해 사진촬영해야 함
주둥이 뒤쪽상(RC)	– 끈을 이용해 주둥이 부위를 수직으로 빔쪽을 향하도록 보정함

※ 머리부위의 경우 양측 하악골이 겹쳐질 수 있기 때문에 사선(Oblique)의 View가 요구되는 경우가 많다. 따라서 좌우의 사선(Oblique)에 각도를 주어 촬영하는 것이 판독에 도움된다.

2) 흉부

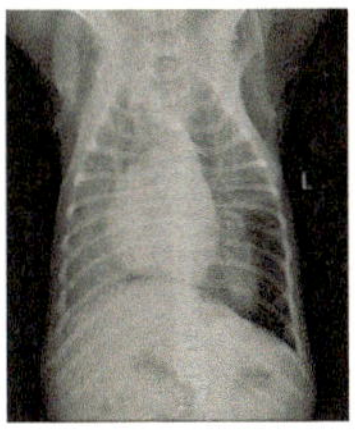

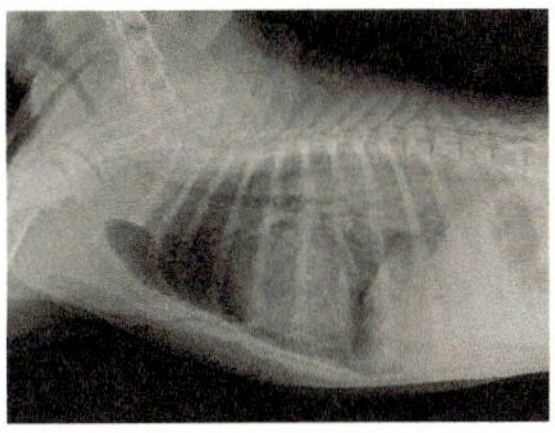

① 최대한 흡기 시에 촬영

② 일반적으로 복배상(VD)과 오른쪽 외측상(RL)을 촬영

③ 촬영 범위에는 13번 늑골과 흉강 입구가 포함되어야 함

오른쪽외측상(RL)	– 흉부 전체, 즉 흉곽입구에서 마지막 갈비뼈까지의 부위를 함께 촬영 – 흉부 부위가 잘 보이도록 하기 위해 앞다리와 뒷다리를 각각 양쪽방향으로 당기고 다리가 흉부에 겹치지 않도록 보정해야 함 – 환자를 눕혀 보정할 경우 머리를 들어올릴 수 있기 때문에 머리부분이 테이블에 부딪히지 않도록 너무 강하게 압박하지 않으며 조심히 보정함
복배상(DV)	– 환자를 앙와위 자세로 눕혀 보정 – 앞다리와 뒷다리를 각각 잡아 보정하며 앞다리는 귀부위에 밀착해 앞쪽으로 최대한 당기며 뒷다리는 뒤쪽으로 당겨서 보정 – 보정할 때 다리가 안 좋은 경우 주의하며 무리가 가지 않도록 발쪽이 아닌 허벅다리쪽을 잡고 보정하는 것이 좋다.

3) 복부

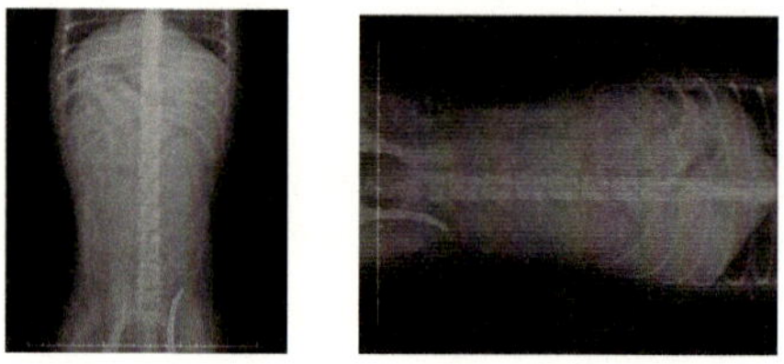

① 영상 비교를 위해 항상 같은 자세를 유지하도록 해야 함

② 일반적으로 오른쪽 외측상(RL)과 복배상(VD)로 촬영

③ 환자가 호기 때 촬영

④ 일반적인 빔의 위치는 촬영 중앙

오른쪽외측상(RL)	– 앞다리와 뒷다리를 각각 약 45도 정도 당겨줌 – 뒷다리를 너무 많이 당기게 되면 복부가 당겨지고 장기가 밀집되는 현상이 발생할 수 있기 때문에 너무 세게 당기지 않도록 주의 – 복부를 포함해 척추가 너무 휘지 않고 최대한 수평이 되도록 자세를 잡고 위치 – 복부 외측상의 경우 횡격막 앞부분에서 고관절이 나오도록 촬영
복배상(VD)	– 흉부촬영과 동일한 보정방법을 사용 – 앙와위 자세로 환자를 눕히고 앞다리를 귀쪽에 최대한 밀착시켜 당기고 뒷다리는 뒤쪽으로 당겨줌 – 촬영 범위는 외측상과 동일하며 횡격막 앞부분에서 고관절이 나오도록 사진촬영

4) 척추

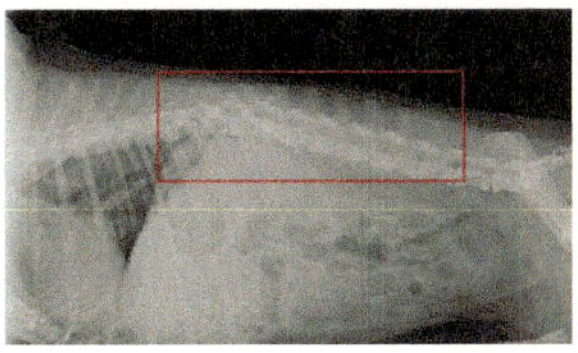

① 흉골과 척추가 같은 단면에 놓이도록 하며 좌우 대칭이 맞게 촬영

② 정확한 촬영을 위해서는 마취 및 진정을 한 뒤 촬영

③ 전체를 촬영해 판단하기는 어렵기 때문에 경추, 흉추, 흉요추, 요추 총 4부분으로 나누어 부분촬영을 실시

요추 외측상(L)	– 환자를 오른쪽으로 눕혀 보정하며 요추가시돌기가 x선 테이블과 밀착해 평행을 유지하도록 자세를 위치 – 척추의 갈비뼈가 만나는 12~13번 흉추에서 장골의 날개 부분까지 포함되도록 사진촬영

5) 사지골격

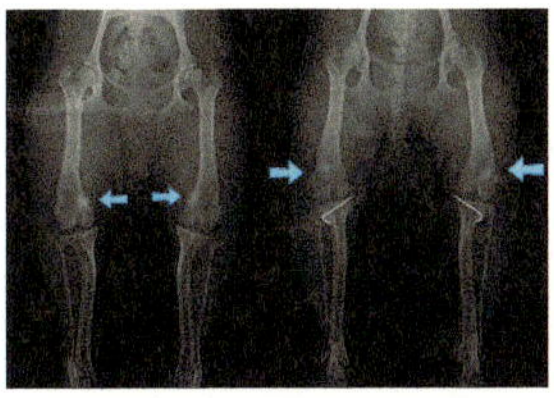

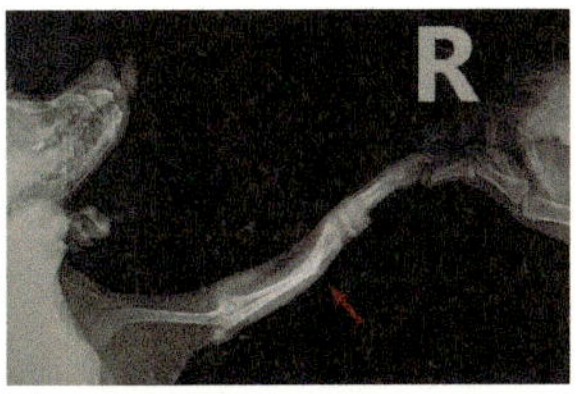

다리 뼈의 상태 즉 골절이나 슬개골탈구를 진단하고 판단하기 위해서 촬영이 이루어지며 환자의 다리상태에 따라 골반, 앞다리, 뒷다리를 각 부위별로 촬영

골반 복배상(VD)	– 앙와위 자세로 보정 – 뒷다리는 좌우대칭이 맞고 곧게 쭉 뻗은 상태여야 하며 살짝 안쪽으로 돌려 무릎관절이 일직선으로 되도록 함 – 장골과 무릎관절을 함께 포함해 촬영
뒷다리 오른쪽 외측상(RL)	– 촬영하는 다리는 x선 테이블에 수평을 이루고 붙힌 상태 – 반대쪽 다리는 촬영하는 다리와 겹쳐지지 않도록 반대방향이나 위쪽으로 올려 당겨 보정 – x선의 불빛창의 중심은 환자의 증상이 나타나는 촬영하는 다리에 맞추어 조절
앞다리 앞뒤상(CC)	– 눕히지 않고 엎드려 앉아서 촬영하며 앞다리를 x선 테이블에 붙인 후 앞쪽으로 잡아당기고 머리부분이 촬영되지 않도록 머리전체를 잡아 위쪽으로 들어올려 보정 – x선의 불빛창은 앞다리 즉 요골에 맞추어 조절함

Plus note

약어	용어	x선 방향
L	Left(왼쪽)	
R	Right(오른쪽)	
D	Dorsal(등쪽)	동물의 등이나 척추를 향하는 방향
V	Ventral(배쪽)	동물의 배나 바닥을 향하는 방향
Cr	Cranial(앞쪽)	동물의 머리쪽 방향
Cd	Caudal(뒤쪽)	동물의 꼬리쪽 방향
R	Rostral(주둥이쪽)	코 방향
M	Medial(안쪽)	정중선에서 가까운 쪽(다리의 중심에서 정중면 방향)
L	Lateral(바깥쪽)	정중선에서 먼 쪽(몸통 또는 다리의 바깥쪽)
Pr	Proximal(몸쪽, 근위)	사지의 경우 몸통쪽에서 가까운 쪽
Di	Distal(먼쪽, 원위)	몸통에 붙은 부위에서 멀어지는 쪽
Pa	Palmar(앞발바닥쪽)	
Pl	Plantal(뒷발바닥쪽)	
O	Oblique(사선)	수평과 수직 방향 사이의 비스듬한 쪽

(4) 조영 촬영

1) 조영제의 종류

양성 조영제	x선의 비투과로 방사선 영상에 흰색으로 보임 ① 요오드계 조영제 – 체내에 흡수되는 조영제(아이오헥솔, Iohexol – 예 옴니팍, Omnipaque) – 신장 조영 시에 사용됨 ② 비요오드계 조영제 – 체내에 흡수되지 않는 조영제(황산바륨, Barium sulfate) – 위장관 조영 시에 사용됨
음성 조영제	x선의 투과성으로 방사선 영상에 검정색으로 보이며, 주로 공기를 이용함

2) 부위별 조영법

① 위장관 조영

ⓐ 방법 : 위장관 내의 이물이나 기능을 평가하기 위한 조영법

ⓑ 사용 조영제 : 비요오드계 조영제(황산바륨) 사용, 소화기관의 천공 및 손상 시에는 요오드계 조영제(가스트로그라핀)를 사용하며 구강으로 투여함

ⓒ 조영제 사용 용량 : 10ml/kg

ⓓ 촬영 주기 : 15분 → 30분 → 60분 → 120분 간격으로 촬영함

ⓔ 주의사항
- 최소 12시간 금식
- 구강으로 조영제 투여 시 기도로 넘어가지 않도록 주의

② 신장 조영
ⓐ 방법 : 신장 및 요관의 형태 및 기능에 대한 평가를 위한 조영법
ⓑ 사용 조영제 : 요오드계 조영제(옵니팍)를 사용하며 정맥혈관을 통해 투여함
ⓒ 조영제 사용 용량 : 600~700mg/kg
ⓓ 촬영주기 : 조영제 투여 직후 5분 / 20분 / 40분 간격으로 수의사의 판단하에 조절
ⓔ 주의사항 : 최소 12시간 이상 금식

③ 방광 조영
ⓐ 방법 : 비뇨기계 기능 이상(배뇨곤란, 혈뇨 등)의 증상 시에 사용되는 조영법
ⓑ 사용 조영제 : 양성조영제(옵니팍), 음성조영제(공기)를 사용하며 방광을 통해 공기를 주입함
ⓒ 조영제 사용 용량 : 옵니팍 3~13ml/kg , 공기는 방광이 부풀 때까지 주입함
ⓓ 주의사항
- 최소 12시간 이상 금식
- 양성조영제와 음성조영제 모두 사용 가능

04 초음파 기기

(1) 초음파 원리

1) 초음파의 이해

① 의료 초음파는 초음파를 이용해 근육, 힘줄, 많은 내부 장기들과 이들의 크기, 구조, 병리학적 손상을 실시간 단층 영상으로 가시화하는 진단 의학촬영(medical imaging) 기술로 현대 의학에서 가장 널리 사용되는 진단 기술 중 하나이다.

② 초음파는 자기공명영상(MRI)이나 X선 전산화 단층 촬영(CT)에 비해 가격이 저렴하고 이동이 용이하다.

③ 대상물에 탐촉자를 대고 초음파를 발생시켜 반사된 초음파를 수신하여 영상을 구성한다. 초음파를 발생시키면 매우 짧은 시간 안에 음파가 매질 속을 지나가고, 음향 임피던스가 다른 두 매질 사이를 지날 때 반사파가 발생한다. 그 반사파를 측정해 반사음이 되돌아올 때까지의 시간을 통해 거리를 역산함으로써 영상을 구성한다.

④ 개발 초기 초음파 검사는 초음파를 한쪽 방향으로만 발사할 수 있었지만 그 후 개량되어 부채꼴의 음파를 이용해 대상물의 단면 이미지를 실시간으로 볼 수 있게 되었다.

2) 초음파의 원리

초음파의 원리와 성질을 이해함으로써 보다 좋은 초음파영상을 얻을 수 있고 실제 임상에서 초음파영상을 통한 정확한 진단을 내릴 수 있다.

'초음파(ultrasound)'는 인간의 귀로 들을 수 없는 높은 주파수를 갖는 음파이다. 인간이 들을 수 있는 가청음역의 주파수는 20~20,000 Hz 사이이며 그 이상을 초음파라 한다. 이렇게 주파수가 높은 초음파는 공기 중에서는 거의 전달이 되지 않고 액체나 고체 등에서는 전달이 잘 된다. 따라서 폐나 소화관 등은 초음파가 잘 전파되지 않으며 복부장기나 연부조직(soft tissue)에서는 초음파가 잘 전파된다.

3) 초음파의 성질

전파	– 물질 속을 통과하는 음파의 전파속도를 '음속'이라고 부른다. – 초음파는 음향저항 '확산, 산란' 등에 의해 경계면에서 감소되는 특징을 가지고 있다. – 주파수가 높을수록 초음파는 도달하기 힘들기 때문에 복부 초음파검사에 사용되는 주파수는 비교적 낮은 것을 이용한다.
반사와 굴절	– 초음파는 생체내부의 밀도나 장기의 경계면에서 음향저항치에 따라 강한 반사를 보인다. – 초음파 진단에 있어 결정적인 정보를 주는 것은 반사이다.
흡수 및 감쇠	– 초음파가 생체 내를 지날 때 밀도가 높은 조직에서 초음파 일부는 흡수되며 투과한 초음파의 강도는 약해져 감쇠현상을 보인다. – 감쇠현상을 줄일 수 있도록 초음파 기기를 깊이에 관계없이 똑같은 휘도로 조절한다. – 감쇠현상으로 에코가 발생하고 검은 그림자 형태가 나타나게 된다.
분해능	– 생체 내에 반사체를 식별할 수 있는 능력을 '분해능'이라고 한다.

4) 모니터 표시 모드

A mode (Amplitude, 진폭)	– 반사부위를 '탐촉자'에서의 거리(시간)로 표시하며, 반사의 강조를 파형의 높이(진폭)로 표시하는 방법 – 현재는 거의 사용하지 않는 모드
B mode (Brightness, 휘도)	– 반사파의 강조를 점의 밝기로 바꾸어 진폭에 따라 흑색에서 백색까지의 농도로 표시 – 복부 초음파검사 시 실시하는 방법
M mode (Motion, 운동)	– 휘도를 변조시킨 'B mode'로 모니터상에서 움직이고 있는 에코원까지의 거리를 시간축상의 움직임으로 표시 – 주로 심장에코에 사용하는 방법

5) 탐촉자(transducer, probe)

① 역할

일정한 간격으로 음파를 발산해 그 음파의 에코를 받아들이는 역할로, 하나의 탐촉자는 주어진 특정한 주파수를 방출한다.

② 형태

ⓐ linear : 막대모양의 형태로 다중 크리스탈이 일렬로 배열되어 있으며 투과력이 약함

ⓑ convex : 영상이 부채꼴 모양으로 나타남

ⓒ sector : 주로 심장초음파 검사 시 사용됨

③ 주파수

검사하려는 환자에 따라 장기 및 조직의 깊이가 달라 주파수의 탐촉자를 적절하게 선택해 사용해야 하며, 저주파는 3~5MHz , 고주파는 7~15MHz로 구분됨

ⓐ 소형견 또는 고양이의 복부 초음파 : 7~10MHz

ⓑ 대형견 : 3~5MHz

(2) 초음파 기기로 파악할 수 있는 증상

1) 방광의 결석 및 슬러지 유무

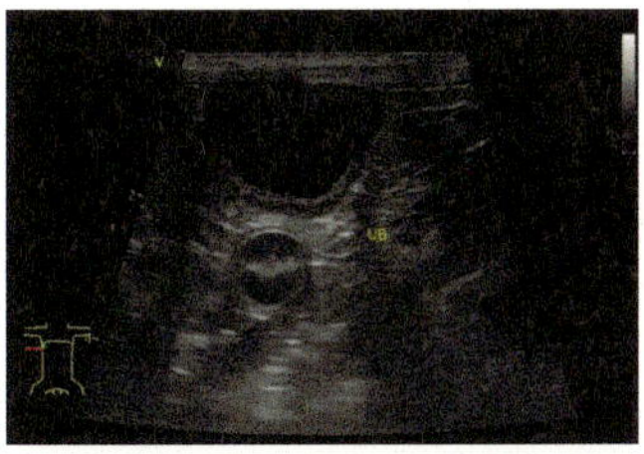

방광의 크기는 소변의 양에 따라 확장되거나 수축된다. 방광내부를 확인해 결석이나 슬러지 유무를 확인할 수 있으며, 방광벽의 비후 및 방광이나 요도의 종양 여부를 파악할 수 있다.

2) 복부 질환

① 간, 담낭 : 간의 확대 및 크기는 방사선 촬영을 통해 확인이 가능하며 간과 함께 담낭을 확인할 수 있다. 간의 종양 및 담낭의 이물질을 확인하고 담낭의 순환을 파악해 질병을 진단할 수 있다.

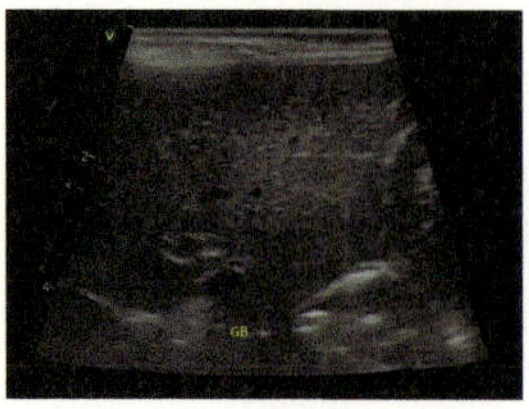

간

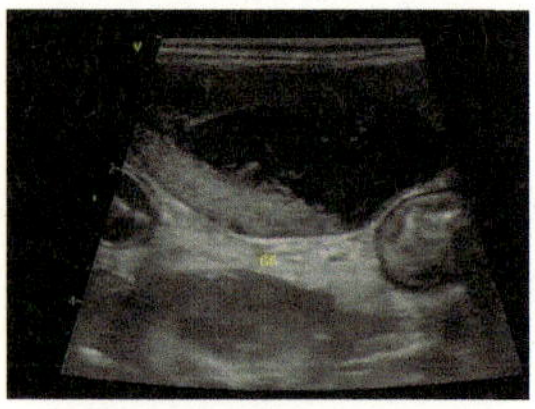

담낭

② **신장** : 신장의 전체적인 크기와 좌우 대칭 및 피질수질의 모양 등을 파악한다.

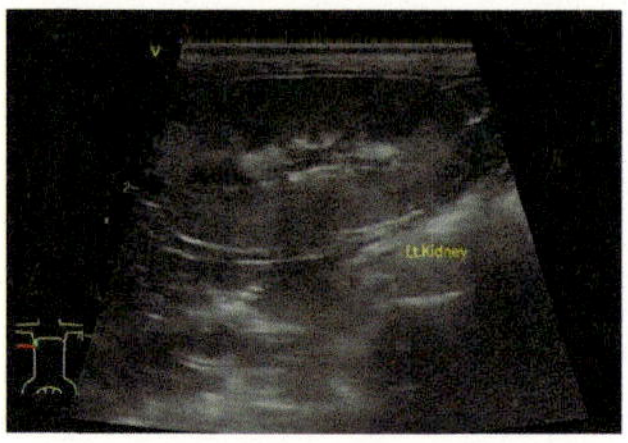

③ **부신** : 부신은 신장의 안쪽에 위치한 기관으로 각종 많은 호르몬을 분비하는 역할을 한다. 초음파로 부신의 모양과 크기를 확인하며 정확한 진단은 호르몬 검사 및 혈액검사 등이 필요하다.

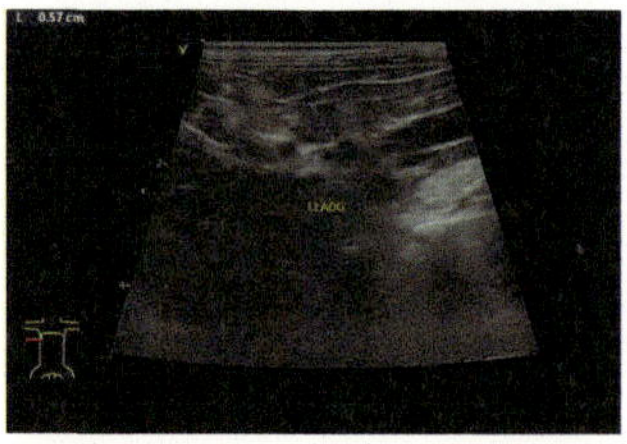

④ **비장** : 비장은 면역반응을 담당하는 기관으로 다른 부분에서 종양이 전이되는 경우가 많아 비장을 전체적으로 검사해 파악한다.

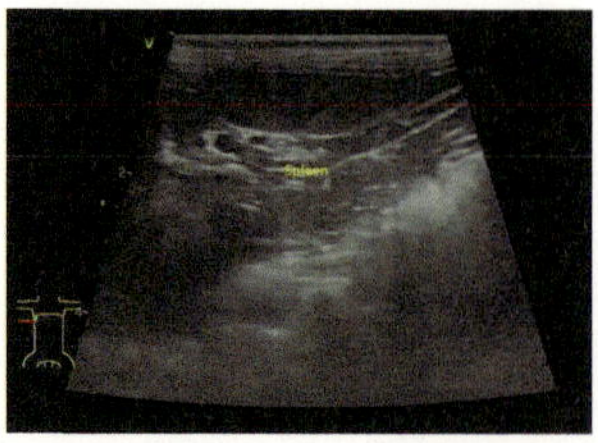

3) 심장 질환

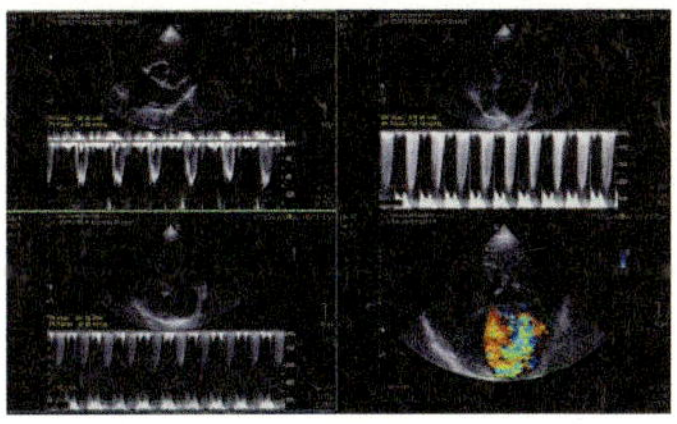

청진을 통해 심잡음을 확인하고 흉부방사선 촬영을 한 뒤 구체적인 심장상태를 확인하기 위해 심장초음파를 진행한다. 심장초음파는 다른 검사에 비해 시간이 오래 소요되며 심장에 대한 다양한 수치 및 상태를 파악할 수 있다.

① 혈액의 역류 및 흐름

② 심장의 심방 및 심실의 크기

③ 동맥의 크기

④ 혈류 속도

⑤ 심장의 구조 및 움직임

⑥ 판막의 이상유무

⑦ 심장 내 종양 및 심장질환

Plus note

- **주의사항**
  - 폐의 간섭을 피하기 위해 옆으로 누운 자세로 검사를 진행함
  - 환자가 비협조적이거나 너무 사나울 경우 마취가 필요할 수도 있음
  - 3~6번째 갈비뼈 부위의 털을 제거해야 정확한 검사가 가능함
  - 금식은 필요하지 않음

4) 임신여부

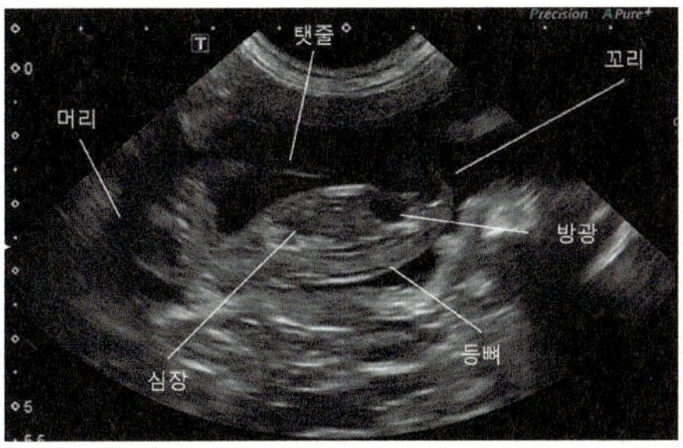

① 동물은 사람에 비해 임신 기간이 짧다. 임신 약 3주가 지나면 초음파를 통해 심장이 뛰는 모습과 몇 마리를 임신했는지 파악 가능하다. 여러 마리를 임신할 경우 서로 겹쳐 있을 가능성이 있어 오차가 발생할 수 있다.

② 임신 약 40일이 지나면 태아의 내부 장기도 확인이 가능하며 경우에 따라 태동을 하는 모습도 확인할 수 있다.

③ 임신초음파로 태아의 크기를 측정할 수 있으며 대략적인 출산예정일도 파악 가능하다.

5) 자궁 질환

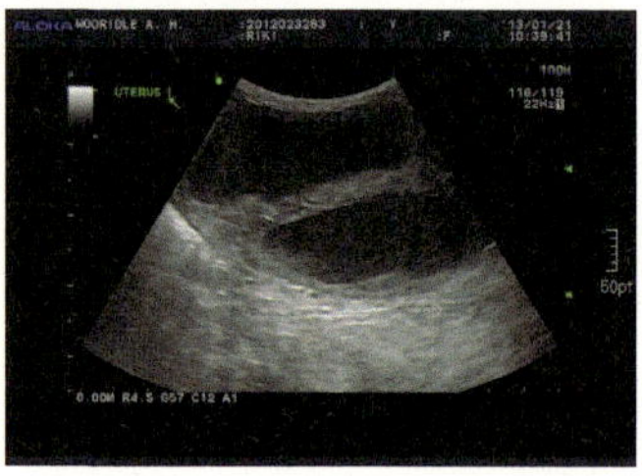

방사선 검사와 초음파 검사로 자궁을 확인할 수 있으며 난소를 관찰하고 자궁의 확대 및 자궁 내부 농의 여부를 파악해 자궁축농증 증상 및 자궁 내의 종양여부 또한 확인할 수 있다.

6) 복수

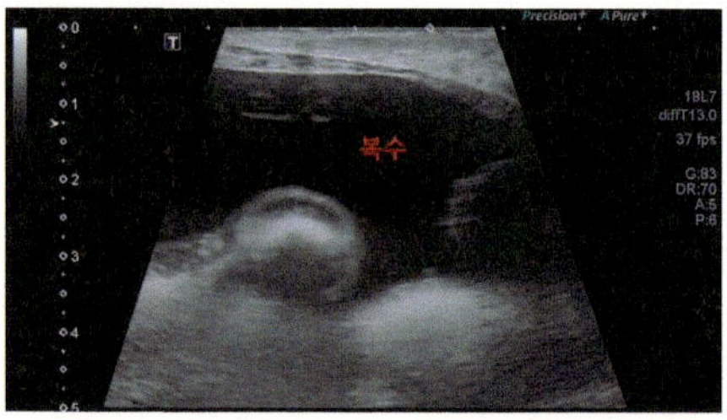

① 복수는 방사선 검사와 초음파 검사로 파악이 가능하며 복수를 일으킬 수 있는 질병은 대표적으로 심장병이 있다.

② 배에 복수가 차게 되면 복부가 팽창되며 복부통증을 느끼게 된다.

③ 복수가 차게 되면 복수 천자 등 수의사의 진단에 따라 약물을 투여하며 치료가 진행된다.

④ 복수 부분은 수분이므로 초음파 내에서 장기와 달리 검은색으로 나타나게 된다.

05 그 외 영상기기

(1) CT

1) CT의 기본원리

CT란 회전하는 X선관(X-ray tube)과 검출기(detector)를 이용해 피사체 내부를 단면으로 잘라내어 영상화하는 기기이다. 이렇게 만들어진 영상은 일반 X-선상에서 볼 수 없었던 연부조직(혈액, 뇌척수액, 회질, 백질, 종양 등)의 작은 차이도 구별할 수 있어 5mm 크기 정도의 작은 병소도 진단이 가능하며, 피사체의 어느 부위에나 검사의 적용이 가능하다. 또한 얻어진 데이터들을 재구성하여 3차원 영상을 만들어 낼 수도 있다.

CT검사의 유용성은 매우 다양하며, 외상유무에 대한 영향(장기 내 혈종, 부종 등), 병소의 구조, 모양, 전체적 크기, 종양과 다른 부위의 구조 및 상호관계, 전이 병소의 탐지, 양성 및 악성 종양의 판정, 향후 치료계획 및 예후 판정 등을 위하여 검사하게 된다.

2) CT기기의 구조

① 갠트리(gantry) : CT 시스템에서 직접 영상을 획득하는 역할을 한다.

② 디텍터 : 콜리메이터를 통하여 들어온 X-ray의 밝기를 전기적인 신호로 변환시킨다.

③ X-ray tube : X-ray 발생장치이다.

④ 콜리메이터 : 원하지 않는 방향에서 디텍터로 들어오는 X-ray를 걸러주며 슬라이스의 두께를 결정해주는 역할을 한다.

3) CT 촬영준비

환자는 최소 8시간 금식을 실시함
▼
검사 전 환자의 옷과 악세사리를 제거함
▼
CT의 전원을 켜고 warm-up을 통해 촬영이 가능한 상태가 되도록 준비함
▼
마취기 및 조영제 자동 주입기를 확인함
▼
CT의 테이블에 환자가 올바르게 자세를 잡도록 함
▼
주변 케이블을 정리함
▼
담요를 이용해 검사기간 동안 체온유지를 함
▼
촬영을 진행함

4) CT로 파악할 수 있는 질병

① **흉부 질환** : 선천적 혈관 기형, 폐질환(폐종양, 종양의 폐전이), 흉강 내 발생 종양, 횡격막 탈장, 식도 이물 등

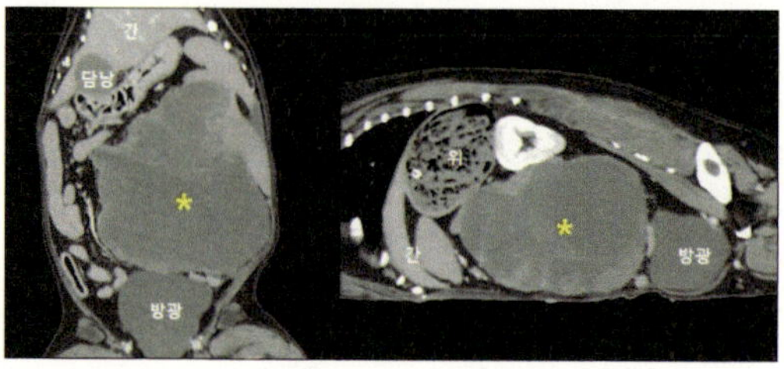

② **복부 질환** : 종양(유선 종양의 전이, 복강 장기종양), 혈관 기형(전신 문맥 단락(PSS) 등), 간 및 비장 파열, 담낭 파열, 결석, 소화계 이물 등

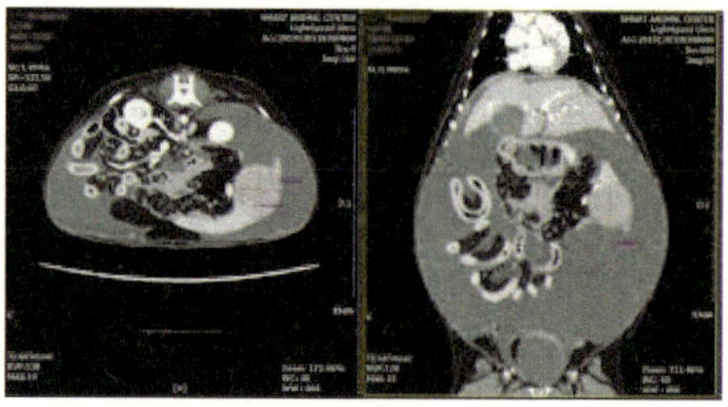

③ **근골격계 질환** : X-ray에서 발견되지 않는 골절, 뼈 질환(종양, 뼈의 기형, 뼈 연골증, 퇴행성 관절질환 등) 등

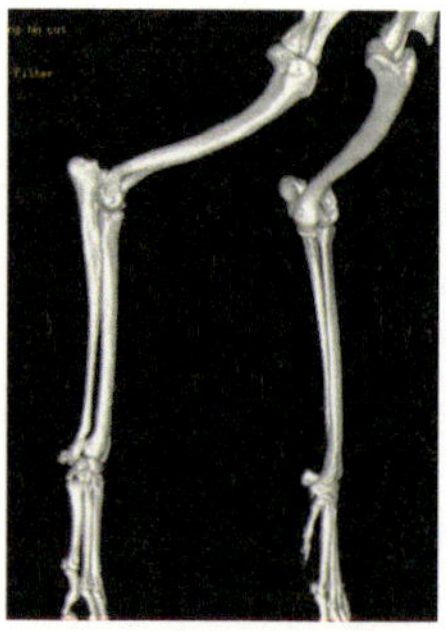

④ **두개부 질환** : 비염 및 코 종양, 귀 종양, 구강 종양, 치주 질환, 턱 관절 장애, 골절, 두개부의 선천적 기형, 뇌수두증 등

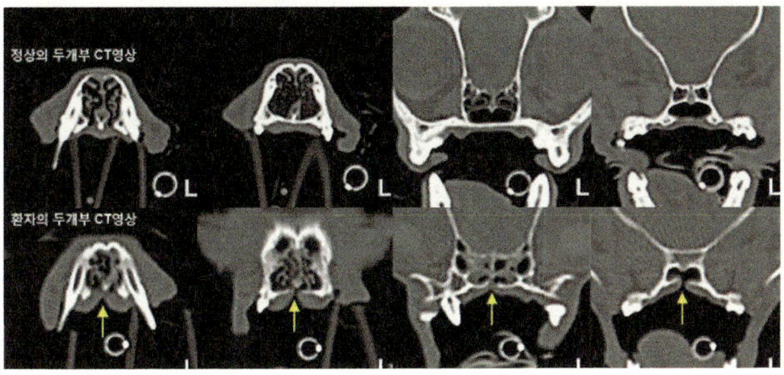

(2) MRI

1) MRI 기본원리

자기공명영상(MRI) 또는 핵자기공명(NMR)은 영상 기술 중 하나로 핵자기공명 원리를 사용한다. 자기공명영상장치에 인체가 들어가게 되면 장치의 주자장에 의해 인체의 물 분자를 구성하는 수소 분자는 특정 주파수로 세차운동을 하게 되는데, 여기에 같은 주파수의 전자기파를 가하게 되면 수소 분자는 공명을 하면서 에너지를 흡수하게 된다. 이렇게 흡수된 에너지가 방출되면서 나오는 신호는 자기공명 신호로, 이 신호를 물체 공간마다의 주파수와 위상을 측정하고 컴퓨터를 통해 재구성하여 영상화시키면 우리가 볼 수 있는 자기공명영상이 된다.

Plus note

- **CT와 MRI 비교**
  - 자기공명영상(MRI)은 X선을 사용해 인체에 유해한 X선 컴퓨터 단층 촬영(CT)과 달리 신체에 무해하다.
  - CT가 횡단면 영상이 주가 되는 반면 MRI는 방향에 자유롭다.
  - MRI는 혈액의 산소함유량을 측정할 수 있고, 이를 통해 뇌 속 혈류에 관한 정보를 얻을 수 있다.

2) MRI 기기의 구조

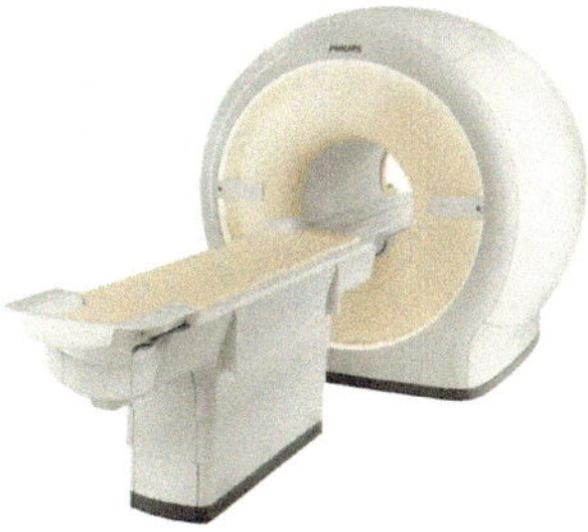

MRI기기는 크게 갠트리(gantry), 오퍼레이터, 컴퓨터 세 부분으로 나뉜다.

갠트리(gantry)	– 자기장을 형성하고 데이터를 획득하는 장치 – 주자석과 몇 개의 전자기적 장치로 구성
오퍼레이터 (operating console)	– MRI영상을 보여주는 모니터와 키보드, 스캔상황을 보여주는 모니터와 키보드로 구성됨
컴퓨터(computer)	– MRI에서 요구하는 컴퓨터는 영상화될 수 있고 얻어지는 데이터의 많은 양이 필요하기 때문에 용량이 크고 빠른 것이 특징

3) MRI 촬영 순서

검사가 시작되기 전 최소 8시간 이상 금식을 실시함
▼
환자의 목줄, 인식표 및 악세사리를 제거함(허상 발생 방지)
▼
MRI 테이블에 환자를 올바른 자세를 잡음
▼
촬영 진행

Plus note

• **촬영 시 주의사항**
– 체내 금속물질(마이크로칩)이 있으면 위험해질 수 있기 때문에 진행이 어려울 수 있음
– 검사실 내에 금속물질 및 전자기기를 휴대하지 말아야 함

4) MRI로 파악할 수 있는 질병

① **신경계 질환** : 뇌 질환(뇌종양, 뇌출혈, 뇌경색 등), 선천적 기형, 디스크 질환, 척수 종양 및 척추 질병 등

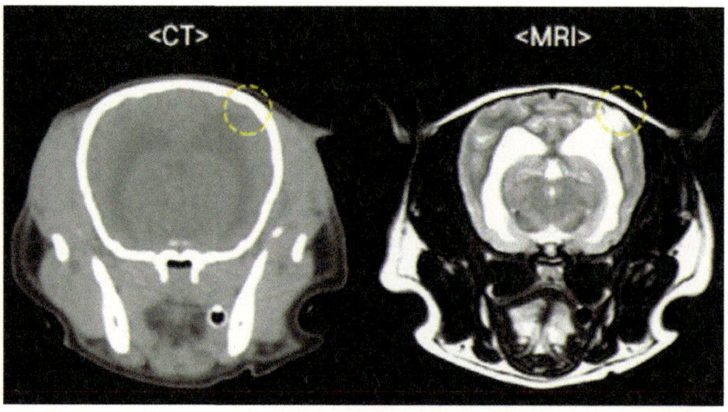

② **근골격계 질환** : 뼈의 질환(근골격계의 퇴행성 변화, 뼈 및 근육의 염증, 관절염), 전십자 인대단열, 근육 유래 종양 등

예방 동물보건학 출제예상문제

01 동물보건사의 업무 중 간호업무에 해당하지 않는 것을 고르면?

① 활력징후 모니터링 ② 외래환자 간호 ③ 환자 위생관리
④ 재활운동 ⑤ 진료 보정

해설

'진료 보정'은 진료보조업무에 해당한다.
동물보건사의 업무는 간호업무와 진료보조업무 및 기타업무로 분류되어 있으며, 구체적으로 업무를 파악하고 분류할 수 있어야 한다.

plus 해설

• 동물보건사의 업무 분류

① 간호 업무	② 진료 보조 업무	③ 기타 업무
• 기초 문진 • 외래환자 간호 • 입원환자 간호 및 모니터링 • 임상병리 • 위생관리 • 활력징후 모니터링 • 샘플채취(대 · 소변, 혈액 등) • 재활운동	• 외래환자 진료 보조 • 진료 보정 • 수술 보조 • 의료 소모품 및 기기관리 • 수술환자 모니터링 • 응급처치 • 처방약물 투여	• 전화상담 • 보호자 상담 • 직원교육 • 접수 및 수납 • 병원 내 물품 관리 • 병원 내 물품 판매 • 업무 관련 지식

02 재진환자가 진료를 위해 동물병원에 내원한 경우 동물보건사가 해야 할 업무가 아닌 것은?

① 환자 등록 ② 증상 체크 ③ 내원주기 확인
④ 환자의 컨디션 확인 ⑤ 내복약 복용 확인

해설

'환자 등록'은 재진환자가 아니라 초진환자 내원 시 업무이다.
재진환자 내원 시 보호자나 환자의 이름을 파악해 접수를 하고, 담당 수의사에게 환자 내원에 대해 전달한다.

01 ⑤

plus 해설

• **초진 및 재진 시 환자 확인내용**

초진	① 보호자 및 환자 정보등록 : 초진인 경우 아무런 정보가 없기 때문에 보호자(성명, 주소, 연락처 등)와 환자(이름, 품종, 성별, 나이, 중성화 여부 등)의 정보를 작성하도록 안내한다. ② 진료접수 : 보호자와 환자의 정보를 컴퓨터 전산에 등록한다. ③ 문진 : 접수내용 안에서 필요한 정보들을 문진한다. ④ 체중측정 : 정확한 체중을 모르는 경우가 많고 질병으로 인해 몸무게가 달라졌을 가능성이 매우 크기 때문에 병원에 내원할 때마다 몸무게 변화가 있는지 체크하는 것이 좋다.
재진	① 증상 : 지난번 진료내원 때와 비교해 증상완화가 되었는지 현재의 상태는 어떤지 확인한다. ② 내복약 복용 : 처방받은 약은 주기에 맞게 잘 복용했는지 확인한다. ③ 내원 주기 : 내원 예정에 맞게 병원에 내원했는지 확인한다. ④ 환자 컨디션 확인 : 환자의 상태(컨디션, 식욕, 활동량 등)에 대해 확인한다.

03 수의의무기록 종류에 해당하지 않는 것은?

① 보호자 정보 ② 담당 수의사 정보 ③ 검사 및 진단내용
④ 보호자와의 상담내용 ⑤ 치료계획

해설

수의의무기록 내용에는 보호자와 환자의 정보가 포함되지만, 수의사의 정보는 포함되지 않는다.

• **수의의무기록 종류 및 내용**

종류	내용
보호자 정보	보호자 성명 · 주소 · 연락처 등
환자의 정보	환자 이름, 품종, 성별, 나이, 체중, 특징, 중성화여부, 동물등록여부
진료내역 및 병력	최근 복용한 약, 과거병력, 수술이력, 치료병력 등
신체검사	촉진 · 청진 등을 통한 내용
처방진단내용	검사를 통한 최종 진단내용
검사내역	검사 소견서, 검사 진행사항 등
치료계획	처방전, 앞으로의 치료방향
보호자와의 상담	보호자의 관찰내용, 상담한 내용 등

04 4P 마케팅 중 Price(가격)에 포함되지 않는 것은?

① 가성비 ② 제품의 품질 ③ 프리미엄 ④ 비교우위 ⑤ 박리다매

해설

'제품의 품질'은 Product(제품)에 포함된다.

• 4P 마케팅 전략

Product(제품)	– 제품의 품질 – 선호도 – 본질적 가치 – 부가적 가치 – 브랜드(포장 등) – 소비자의 니즈
Price(가격)	– 가성비 / 프리미엄 – 비교우위 – 박리다매
Promotion(유인)	– 광고(SNS, PPL, 콘텐츠, 뉴스 등) – 방문판매
Place(유통)	– 온라인 / 오프라인

05 4S 마케팅 전략에 요소로 옳지 않은 것은?

① Speed(속도) ② Spread(확산) ③ Strength(강점)
④ Satisfaction(만족도) ⑤ Safe(안전)

해설

• 4S 마케팅 전략

Speed(속도)	– 시장 전입속도
Spread(확산)	– 사업의 확장
Strength(강점)	– 강점의 강화
Satisfaction(만족도)	– 고객의 만족도 – 고객의 불만사항 해소

02 ① 03 ② 04 ② 05 ⑤

06 의사소통 4단계 중 다음에서 설명하는 내용을 포함하는 단계는 무엇인가?

① 대화시작 → ② 니즈파악 → ③ 응대하기 → ④ 마무리

> 고객이 원하는 요구사항을 파악해야 적합한 서비스를 제공할 수 있으므로 적절한 질문을 통해 고객의 특징과 요구를 함께 파악한다.

① 대화시작 ② 니즈파악 ③ 응대하기
④ 마무리 ⑤ 없음

해설

• 의사소통의 4단계

① 대화시작	– 상담시작 : 정돈된 분위기, 전문가다운 단정한 용모, 미소 띤 밝고 편안한 얼굴 – 대화의 분위기 : 밝고 긍정적인 분위기로 대화가 시작될 경우 고객의 마음도 긍정적으로 흐를 확률이 높음 – 고객이 동물보건사에게 바라는 것 : 전문성, 고객 존중에 대한 신뢰감
② 니즈파악	– 고객이 원하는 니즈(요구사항)를 파악해야 적합한 서비스를 제공할 수 있으므로 적절한 질문을 통해 고객의 특징과 니즈를 함께 파악해야 함 – 고객이 동물보건사에게 바라는 것 : 니즈를 파악해 해결해 주는 것, 어떤 것이 가장 좋은지 말해주는 것
③ 응대하기	– 응대 시 고객이 이해하기 쉬운 내용과 단어로 설명해야 함 – 고객의 요구를 수용하기 어려울 경우에는 정확한 사실을 설명한 후 고객을 존중하며 다른 대안을 제시해 해결해야 하며, 또 다른 대안이 있는지도 점검이 필요함
④ 마무리	– 고객의 선택에 대한 확신을 주는 단계

07 다음에서 설명하는 환경소독제는?

> – 무색 혹은 엷은 녹황색의 액체로 염소냄새가 난다.
> – 시중에 판매되는 락스는 4% 이상의 농도이며, 40,000ppm으로 농도가 매우 높기 때문에 희석해서 사용한다.
> – 가격이 저렴하며 바이러스까지 사멸시킬 수 있어, 파보 바이러스 소독 시에도 사용된다.
> – 부식성이 강해 금속용기와 접촉하지 않도록 주의해야 한다.
> – 사용 시 알레르기, 피부 및 안구 자극에 주의해야 한다.

① 차아염소산나트륨 ② 미산성 차아염소산 ③ 알데하이드
④ 크레솔 비누액 ⑤ 포비돈 요오드

해설

'차아염소산나트륨'은 락스 성분으로, 다량 사용 시 THM(TriHaloMethanes)이라는 발암물질이 발생할 수 있으므로 주의해야 한다.

08 다음 중 「폐기물관리법」에 따른 위해의료폐기물이 아닌 것을 모두 고르면?

㉠ 조직물류 폐기물	㉡ 손상성 폐기물	㉢ 격리의료 폐기물
㉣ 병리계 폐기물	㉤ 일반의료 폐기물	㉥ 혈액오염 폐기물

① ㉠, ㉡　② ㉡, ㉢　③ ㉢, ㉣
④ ㉢, ㉤　⑤ ㉤, ㉥

해설

'격리의료 폐기물'과 '일반의료 폐기물'은 위해의료폐기물에 포함되지 않는다.

plus 해설

- 의료폐기물의 종류(「폐기물관리법 시행령」 [별표 2])

격리의료폐기물		「감염병의 예방 및 관리에 관한 법률」 제2조 제1호의 감염병으로부터 타인을 보호하기 위하여 격리된 사람에 대한 의료행위에서 발생한 일체의 폐기물
위해의료폐기물	조직물류	인체 또는 동물의 조직 · 장기 · 기관 · 신체의 일부, 동물의 사체, 혈액 · 고름 및 혈액생성물(혈청, 혈장, 혈액제제)
	병리계	시험 · 검사 등에 사용된 배양액, 배양용기, 보관균주, 폐시험관, 슬라이드, 커버글라스, 폐배지, 폐장갑
	손상성	주사바늘, 봉합바늘, 수술용 칼날, 한방침, 치과용침, 파손된 유리재질의 시험기구
	생물 · 화학	폐백신, 폐항암제, 폐화학치료제
	혈액오염	폐혈액백, 혈액투석 시 사용된 폐기물, 그 밖에 혈액이 유출될 정도로 포함되어 있어 특별한 관리가 필요한 폐기물
일반의료폐기물		혈액 · 체액 · 분비물 · 배설물이 함유되어 있는 탈지면, 붕대, 거즈, 일회용 기저귀, 생리대, 일회용 주사기, 수액세트

06 ② 07 ① 08 ④

09 다음 중 「폐기물관리법」에 따른 일반의료폐기물을 모두 고르면?

㉠ 일회용 주사기	㉡ 주사바늘	㉢ 수술용 칼날
㉣ 커버글라스	㉤ 수액세트	㉥ 폐항암제

① ㉠, ㉡　② ㉠, ㉤　③ ㉢, ㉣　④ ㉣, ㉤　⑤ ㉤, ㉥

해설

- **일반의료폐기물** : 혈액 · 체액 · 분비물 · 배설물이 함유되어 있는 탈지면, 붕대, 거즈, 일회용 기저귀, 생리대, 일회용 주사기, 수액세트

10 개의 예방접종 중 항체가검사 뒤 1년에 1번씩 접종하는 필수접종이 아닌 선택접종의 종류를 고르면?

① 종합예방백신(DHPPL)
② 코로나 장염 백신(Canine Coronavirus)
③ 인플루엔자 백신(Canine Influenza)
④ 전염성 기관지염 백신(Canine Infectious Tracheobronchitis)
⑤ 광견병 백신(Rabies)

해설

필수접종	– 항체가접종까지 모두 끝난 뒤, 1년에 한 번씩 접종 기간에 맞게 접종 예 종합예방백신(DHPPL), 코로나 장염 백신 (Canine Coronavirus), 전염성 기관지염 백신 (Canine Infectious Tracheobronchitis), 광견병 백신 (Rabies)
선택접종	– 항체가접종까지 모두 끝난 뒤, 수의사와 상담 후 반려동물의 상태에 맞게 선택하여 접종 예 인플루엔자 백신 (Canine Influenza)

11 개 종합예방백신(DHPPL)에 포함되어 있는 질병이 아닌 것은?

① Distemper ② Influenza ③ Hepatitis ④ Parvovirus ⑤ Leptospirosis

해설

개 종합예방백신(DHPPL)은 다섯 가지 질병의 영어 철자를 혼합해 만든 단어로, 각각 'Distemper', 'Hepatitis', 'Parvovirus', 'Parainfluenza', 'Leptospirosis'의 약자이다.

12 고양이 예방접종의 종류 중 FCV는 무엇인가?

① 고양이 바이러스성 비기관지염
② 고양이 칼리시 바이러스
③ 고양이 파보 바이러스
④ 고양이 전염성 복막염 백신
⑤ 고양이 면역결핍바이러스 백신

해설

- 고양이 바이러스성 비기관지염(Feline Virus Rhinotracheitis, FVR)
- 고양이 칼리시 바이러스(Feline Calicivirus Infection, FCV)
- 고양이 파보 바이러스(Feline Parvovirus, FPV)
- 고양이 전염성 복막염 백신(Feline Infectious Peritonitis, FIP)
- 고양이 면역결핍바이러스 백신(Feline Immunodeficiency, FIV)

13 심장사상충에 대한 설명 중 옳지 않은 것은?

① 모기에게 물린다고 해서 반드시 심장사상충에 감염되는 것은 아니다.
② 심장사상충의 자충은 모기 내에서 성장하므로 성장률은 온도에 크게 영향받지 않는다.
③ 숙주가 모기에 물려 감염이 시작되고 심장 내 성충으로 되기까지 소요되는 6~7개월의 과정을 충제 잠복기라고 한다.
④ 감염 후 약 7개월이 지나면 짝짓기를 통해 성충인 암컷은 마이크로필리아(Microfilaria)라는 유충을 낳는다.
⑤ 심장사상충의 증상은 무증상인 경우도 존재한다.

09 ② 10 ③ 11 ② 12 ②

해설

모기에게 물린다고 반드시 심장사상충에 감염되는 것은 아니다. 감염되기까지 여러 단계를 거치게 된다. 심장사상충의 자충은 모기 안에서 자라게 되는데 모기 안에서의 성장률은 온도에 크게 영향을 받는다.
기온이 14도 이하가 되거나 34도 이상이 되면 성장이 멈춘다고 알려져 있다. 25~31도 사이에 가장 성장률이 좋고, 다음 단계로 진행되며 약 2주가 소요된다.
American Heartworm Society의 2014년도 자료에 따르면, 심장사상충의 전염은 겨울시기에 멈추지만, 도시지역의 국지 환경(도심의 빌딩이나 주차장 같은 국지적 열섬현상)에 따라서 전염률이 0이 되지는 않는다. 더군다나 모기의 종류 중 성체로 겨울을 보내는 경우도 있다고 발표했다. 모기 체내에 있는 유충은 낮은 온도에서 성숙이 멈추지만, 바로 따뜻해지는 경우에는 더 빨리 성숙을 재개한다고 한다.

14 응급진료 대상에 포함되지 않는 증상을 고르면?

① 호흡곤란 ② 발작 및 경련 ③ 독극물 섭취
④ 혈변 ⑤ 과다 출혈

해설

응급진료 증상
호흡곤란, 심장마비, 창백한 점막, 보행불능, 복부팽만, 독극물 섭취, 허탈, 출혈 및 광범위한 상처, 발작 · 경련, 혈액성 구토, 난산, 소변을 보기 힘들어 함, 의식소실

15 환자의 일차평가 중 A CRASH PLAN 프로토콜의 각 단계에 대한 설명으로 옳지 않은 것은?

① A : Airway, 기도 – 기도의 막힘 여부
② C : Cardiovascular, 심혈관계 – 심장박동 여부
③ R : Respiratory, 호흡 – 호흡 여부
④ H : Head, 머리 – 형태의 이상이나 의식의 여부
⑤ N : Nerves, 사지 – 형태적 이상 여부

해설

A	Airway, 기도	기보의 막힘 여부
C	Cardiovascular, 심혈관계	심장박동 여부
R	Respiratory, 호흡	호흡 여부
A	Abdomen, 복부	복부의 이상여부
S	Soine, 척추	형태적 이상여부
H	Head, 머리	형태의 이상 / 의식의 여부
P	Pelvis · Anus, 골반 · 항문	외상 및 손상 여부
L	Limbs, 사지	형태적 이상여부
A	Arteries · Veins, 동맥 · 정맥	탈수 및 쇼크 여부
N	Nerves, 신경	다리 및 꼬리의 움직임 여부

16 응급실에 항상 구비해 놓아야 하는 목록이 아닌 것은?

① 환자감시 모니터(ECG)
② 산소공급장치(산소통)
③ 기관삽관튜브
④ 슬라이드글라스
⑤ 수액세트

해설

- **응급실 대비 장비 및 물품**
  - 환자감시 모니터(ECG)
  - 정맥카테터(클리퍼, 테이퍼, 루어록캡)
  - 주사기 및 주사바늘(사이즈별)
  - 산소공급장치(산소통)
  - 혈액채취 비품(주사기, 혈액튜브)
  - 수액세트(수액, 수액펌프)
  - 환자용 물품(입마개, 담요, 진료대 등)
  - 기관삽관튜브(사이즈별)
  - 후두경(사이즈별)
  - 멸균장갑
  - 심장제세동기

13 ② 14 ④ 15 ⑤ 16 ④

17 응급상황 시 3확보에 대한 설명으로 옳지 않은 것은?

① 환자의 입을 열어 기도를 확보한 뒤 혀가 안으로 말려있는지 확인하고 호흡에 방해가 된다면 입밖으로 잡아당겨 꺼내준다.
② 호흡 유무를 확인하고 환자가 정상적인 호흡을 하고 있는지 흉복식 호흡을 하는지 확인한다.
③ 산소가 불충분할 경우 환자가 스트레스를 받지 않도록 산소를 공급한다.
④ 순환확보를 위해 청진을 실시하여 심박수, 리듬, 심음을 확인한다.
⑤ 가시점막의 모세혈관재충만시간(CRT)은 정상인 경우 10초 이내로 돌아온다.

해설

가시점막의 모세혈관재충만시간(CRT)은 정상인 경우 3초 이내로 돌아온다.

18 환자의 모니터링에 대한 설명으로 옳지 않은 것은?

① 활력징후에는 혈압, 맥박, 호흡수, 체온이 포함된다.
② 맥박과 호흡수 측정은 1분을 기준으로 한다.
③ 심전도 검사는 심장의 리듬과 심장박동을 확인해 심장의 기능 이상이나 부정맥, 심장의 크기 등을 확인하는 검사이다.
④ 혼자 움직이지 못하는 환자는 욕창방지를 위해 최소 4시간마다 체크해 자세를 변경해 주어야 한다.
⑤ 심전도 검사는 검사의 정확도를 높이기 위해 일반적으로 마취 후 진행된다.

해설

심전도 검사시간은 일반적으로 10분 내외로, 마취를 할 경우 심장박동 수가 저하되며 심장의 기능을 정확하게 체크하지 못하기 때문에 마취를 하지 않고 진행하는 검사이다.

19 응급상황 증상 처치에 대한 설명으로 옳지 않은 것은?

① 심폐소생술은 호흡이 멈춘 경우에 실시한다.
② 저혈량 쇼크는 혈액의 흐름이 막혀 혈관 폐쇄로 인해 발생한다.
③ 출혈이 발생했을 경우 직접압박처치와 붕대처치 방법으로 처치한다.
④ 질식의 원인으로는 교통사고, 기도폐쇄 및 익사 등이 있다.
⑤ 고열 증상이 나타난 경우 얼음팩, 선풍기, 에어컨, 차가운 물수건 등을 이용해 체온을 낮춰 주어야 한다.

해설

- **폐쇄성쇼크**
  - 혈액의 흐름이 막혀 심장에 유입되는 혈액량의 감소 및 혈관 폐쇄로 인해 발생
  - 증상 : 호흡곤란, 빈맥, 저혈압 등
- **저혈량쇼크**
  - 혈액 및 체액의 부족으로 심장이 신체에 혈액을 공급할 수 없는 상태이며 쇼크 유형 중 가장 흔하게 발생
  - 증상 : 모세혈관 재충만시간 연장, 창백한 점막의 색, 빈맥 등

20 약물 투여경로에 대한 설명으로 옳지 않은 것은?

① 경구 투여는 안전하고 편리하지만 약물이 전신 흡수되기 전에 대사가 될 가능성이 있다.
② 정맥 내 투여는 투여 후 비교적 효과가 빠르게 나타난다.
③ 근육 내 투여는 통증을 유발할 가능성이 있다.
④ 경피 투여는 통증을 유발하며 알레르기 발생 가능성이 있다.
⑤ 흡수 투여의 경우 기체상태의 약물을 투여해 호흡문제가 있는 환자에게 효과적이다.

해설

경피 투여는 통증이 없지만, 알레르기 발생 가능성이 있다.

투여경로	흡수형태	장점	단점
경피	– 느리고 지속적	– 편리함 – 통증이 없음 – 지용성 약물투여에 이상적 – 생체 밖으로 신속히 배설되는 약물 투여에 이상적	– 알레르기 발생 가능성 존재 – 약물이 고도의 지용성이여야 함 – 일일 소량으로 복용할 수 있는 약물에 대해서는 제한적임

17 ⑤ 18 ⑤ 19 ② 20 ④

21 **다음에서 설명하고 있는 약물의 종류는 무엇인가?**

> 이 약물은 체내에 발생한 염증반응을 낮추고 억제시켜주는 약물로, 스테로이드성제와 비스테로이드성제로 분류된다.
> 스테로이드성제는 부신피질 호르몬과 유사한 구조로 체내에 발생한 염증반응을 조절한다. 염증을 낮추는 데 뛰어난 효과를 가지고 있지만 장기간 복용할 경우 면역기능이 저하되며 세균감염의 위험성이 높아진다.
> 비스테로이드성제는 염증 및 발열, 통증에도 효과가 있어 소염진통제나 해열제라고도 불린다. 스테로이드제제와는 달리 비교적 부작용이 적지만 장기 복용 시에는 신장기능이 저하되며 위염 및 설사 등 소화기 증상이 나타날 수 있다.

① 마취제 ② 시사세 ③ 소염제 ④ 이뇨제 ⑤ 구충제

해설

'소염제'는 체내에 발생한 염증반응을 낮추고 억제시켜주는 약물로, 스테로이드성제와 비스테로이드성제로 분류된다.

22 **체중 8kg인 개에게 10mg/kg의 용량으로 제공되는 약물을 투여하고자 한다. 이때 약물 라벨의 농도가 20mg/tablet으로 표기되어 있다고 할 때 투여할 약물의 복용량을 구하면?**

① 3 ② 4 ③ 5 ④ 8 ⑤ 10

해설

약물의 복용량을 계산하기 위해서는 동물의 체중, 약물의 용량, 약물의 농도에 대한 정보가 필요하며, 계산법은 다음과 같다.

① 개의 체중 $\times \dfrac{\text{약물의 용량}(mg)}{KG} = mg$

② ①의 mg 양 $\times \dfrac{tablet}{\text{약물 라벨의 농도}(mg)} = tablet$ 개수

① $8KG \times \dfrac{10mg}{KG} = 80mg$ ② $80mg \times \dfrac{tablet}{20mg} = 4tablet$

따라서 투여할 약물의 복용량은 4tablet이다.

23 동물병원에서 사용하는 약물에 대한 설명으로 옳지 않은 것은?

① 도파민은 신장에 관류를 증가시켜 사구체 여과율을 증가시키므로 소변감소증이 있는 환자나 고혈압, 울혈성 심부전 치료 시 사용된다.

② 벤조디아제핀류는 가장 널리 사용하는 항불안제로, 효과가 크지만 자율신경계에 영향을 주지 않고 진통작용이 없어 비교적 안전하다. 불안감 감소, 진정효과 및 근육이완제 작용을 하며 간질 및 경련질환 치료에 사용된다.

③ 졸피뎀은 장기간 사용해도 내성이 거의 생기지 않으며 위장으로 신속하게 흡수되고, 약 5시간 정도의 수면효과를 나타내어 선호되는 수면제이다.

④ 리도카인은 국소마취제의 종류 중 하나로 감각을 파기하고 신체 제한부위의 운동활성을 파기시킨다. 젤 형태로 배뇨곤란 시 요도에 삽입해 사용되는 경우가 있다.

⑤ 테오필린은 신장혈관의 저항성을 낮추고 신혈류량을 증가시키며, 울혈성 심부전이나 폐부종 감소 시 사용된다. 빠른 효과를 위해 정맥 내로 투여하며, 고칼륨혈증 치료에 유용하다.

해설

'테오필린(Theophyline)'은 기관확장제로 만성 천식환자의 폐쇄를 경감시키고 만성질환의 증상을 감소시킨다. 과량으로 사용하면 경련이나 부정맥을 일으킬 수 있다.
'루프이뇨제'는 신장혈관의 저항성을 낮추고 신혈류량을 증가시키며, 울혈성 심부전이나 폐부종 감소 시 사용된다. 빠른 효과를 위해 정맥 내로 투여하며, 고칼륨혈증 치료에 유용하다.

24 다음 중 이뇨제 약물이 아닌 것은?

① Chlorthalidone ② Furosemide ③ Triamterene
④ Sucralfate ⑤ Mannitol

해설

'수쿠랄페이트(Sucralfate)'는 점막보호제로 점액 분해를 막을 수 있는 장벽을 만들어 십이지궤양을 치료할 때 사용하며 다른 약물과 사용할 때 흡수를 방해할 수 있기 때문에 주의해야 한다.

21 ③ 22 ② 23 ⑤ 24 ④

25 X-ray tube에 대한 설명으로 옳지 않은 것은?

① X선이 발생되며 외부로 방사선이 유출되는 것을 막기 위해 금속덮개로 쌓여있고, 발생하는 열을 식히는 전열유(기름)이 들어있다.
② tube 내부는 방출된 전자가 진행될 수 있도록 진공상태를 유지한다.
③ 음극(Cathode)과 양극(Anode)이 존재하며, 전자는 양방향으로 주행한다.
④ 전자의 운동에너지가 빛에너지 X-ray로 바뀐다.
⑤ X-ray가 조사되는 동안 발생하는 열을 외부로 방출하기 위해 냉각시스템이 필요하다.

해설

전자는 음극에서 양극의 방향으로 주행한다.

• X-ray tube 작동원리

음극(Cathode)	양극(Anode)
– 전자는 음극에서 생성됨 – 코일 : 텅스텐 재질의 필라멘트로 구성 – 예비노출단추 : 필라멘트를 가열하고, 촬영 시 노출이 필요한 만큼 전류를 올려 자동회로가 장착되며 음극의 필라멘트를 보호함	– 전자는 음극에서 양극의 방향으로 주행 – 음극에서 방출된 전자가 양극에 충돌될 때 최대 2,700℃의 열을 발생함 – 형태 : X선을 X선관 밖으로 배출하기 위해 10~20도 기울어져 있음

26 X-ray tube 제어기에 대한 설명으로 옳지 않은 것은?

① X선의 발생을 조절하는 역할을 하며 kV표시계, ma표시계, mAs표시계, 촬영버튼으로 구성된다.
② kVp 증가 시 X선의 강도와 투과력이 증가한다.
③ mA 증가 시 X선의 양이 증가한다.
④ mA가 낮을수록 검은색, mA 높을수록 하얀색 영상화를 띤다.
⑤ sec 증가 시 X선의 발생량이 증가한다.

해설

mA(관전류)	– milliamperes – 음극의 필라멘트를 가열하는 전류를 의미함 – mA 증가 시 x선의 양 증가 – mA 높을수록 검은색 영상화 / mA 낮을수록 하얀색 영상화 – 영상의 밀도에 영향

27 방사선 촬영 부위에 대한 약어 중 옳지 않은 것은?

① D : Dorsal – 등쪽
② V : Ventral – 배쪽
③ Cr : Cranial – 앞쪽
④ Pr : Proximal – 몸쪽, 근위
⑤ Pa : Plantal – 뒷발바닥쪽

해설

약어	용어	x선 방향
L	Left(왼쪽)	
R	Right(오른쪽)	
D	Dorsal(등쪽)	동물의 등이나 척추를 향하는 방향
V	Ventral(배쪽)	동물의 배나 바닥을 향하는 방향
Cr	Cranial(앞쪽)	동물의 머리쪽 방향
Cd	Caudal(뒤쪽)	동물의 꼬리쪽 방향
R	Rostral(주둥이쪽)	코 방향
M	Medial(안쪽)	정중선에서 가까운 쪽(다리의 중심에서 정중면 방향)
L	Lateral(바깥쪽)	정중선에서 먼 쪽(몸통 또는 다리의 바깥쪽)
Pr	Proximal(몸쪽, 근위)	사지의 경우 몸통쪽에서 가까운 쪽
Di	Distal(먼쪽, 원위)	몸통에 붙은 부위에서 멀어지는 쪽
Pa	Palmar(앞발바닥쪽)	
Pl	Plantal(뒷발바닥쪽)	
O	Oblique(사선)	수평과 수직 방향 사이의 비스듬한 쪽

28 흉부 엑스레이 촬영방법으로 적절하지 않은 것은?

① 최대한 호기에 촬영한다.
② 일반적으로 복배상(VD)와 오른쪽 외측상(RL)을 촬영한다.
③ 13번 늑골과 흉강 입구가 포함되도록 촬영한다.
④ 흉부 부위가 잘 보이도록 하기 위해 앞다리와 뒷다리를 각각 양쪽방향으로 당기고 다리가 흉부에 겹치지 않도록 보정해야 한다.
⑤ 보정할 때 다리가 안 좋은 경우 주의하며 무리가 가지 않도록 발쪽이 아닌 허벅다리쪽을 잡고 보정하는 것이 좋다.

해설

흉부 엑스레이 촬영 시 최대한 흡기에 촬영한다.
복부 엑스레이 촬영 시 호기에 촬영한다.

25 ③ 26 ④ 27 ⑤ 28 ①

29 다음에서 설명하는 의료기기의 명칭은?

> 회전하는 X선관(X-ray tube)과 검출기(Detector)를 이용해 피사체 내부를 단면으로 잘라 내어 영상화하는 기기이다.
> 혈액, 뇌척수액, 회질, 백질, 종양 등과 같은 연부조직의 작은 차이도 구별할 수 있어 5mm 정도 크기의 작은 병소도 진단이 가능하며, 피사체의 어느 부위에나 검사의 적용이 가능하다. 또한 얻어진 데이터들을 재구성하여 3차원 영상을 만들어 낼 수도 있다.

① 초음파 ② X-ray ③ CT ④ MRI ⑤ 심전도검사

해설

'CT(Computed Tomography)'에 대한 설명이다.

30 MRI 촬영에 대한 설명으로 옳지 않은 것은?

① MRI 검사를 하기 위해서는 최소 8시간 이상 금식을 해야 한다.
② 검사실 내에 금속물질 및 전자기기를 휴대하지 말아야 한다.
③ 환자의 목줄, 인식표 및 악세사리는 촬영 시 영향이 가지 않는다.
④ 혈액의 산소함유량과 뇌 속 혈류에 관한 정보를 얻을 수 있다.
⑤ CT는 횡단면 영상이 주가 되는 반면, MRI는 방향에 있어 자유롭다.

해설

환자의 목줄, 인식표 및 악세사리 등은 허상 발생 방지를 위해 촬영 전 반드시 제거해야 한다.
검사실 내에 금속물질 및 전자기기를 휴대하지 않도록 주의해야 한다. 또한 체내 금속물질(마이크로칩)이 있으면 위험해질 수 있기 때문에 촬영 진행이 어려울 수 있다.

29 ③ 30 ③

Part 3
임상 동물보건학

Chapter 01 동물보건 내과학
Chapter 02 동물보건 외과학
Chapter 03 동물보건 임상병리학
▶ 임상 동물보건학 출제예상문제

Chapter 01

동물보건 내과학

01 신체검사

(1) 일반 신체검사의 의미

일반 신체검사는 반려동물의 현재 건강상태를 확인하기 위해 검사하는 것을 의미한다.

동물병원에 내원하여 접수할 때 반려동물의 상태를 확인하기 위해서 보호자와의 문진이 진행되며, 이를 바탕으로 수의사가 시진, 촉진, 타진, 청진의 방법으로 신체검사를 실시한다. 전체적인 피부상태를 포함해 머리, 몸통, 꼬리, 다리, 생식기와 항문, 근골격계 등의 검사가 진행된다.

(2) 일반 신체검사 방법

구분	검사 방법
문진	– 보호자와 질의응답을 통해 반려동물의 상태를 확인 예 생활습관, 특이사항, 이상증세 등
시진	– 전체적인 모습을 눈으로 관찰하고 눈에 보이는 상태를 확인 예 피부상태, 신체 상처 및 증세 등
촉진	– 전체적인 몸의 부분들을 각각 만져보며 상태를 확인 예 이상소견의 위치와 크기, 탈수증세 및 림프절 등
타진	– 몸의 각 부분(흉부, 복부, 관절 등)을 손과 도구를 이용해 두드려보며 상태를 확인 예 신체의 통증 등
청진	– 청진기를 사용하여 청진음으로 상태를 확인 예 심장의 심잡음 등

(3) 신체검사 내용

1) 전신 상태

동물의 신체 전체를 확인하는 것이다. 전체적인 컨디션과 체형, 탈수 여부, 림프절 종대 등을 확인하며 평상시와 다른 이상증세를 체크한다.

① 탈수 : 탈수는 정상 이하로 체내 수분량이 감소되었을 때 나타난다. 탈수가 심할 경우 쇼크 상태를 일으킬 수 있으므로 주의해야 한다.

ⓐ 탈수 확인 방법 : 피부집기(skin pinch)라고 불린다. 피부의 신축성을 이용하는 방법으로, 피부를 가볍게 들어올렸다가 피부가 원래의 위치로 돌아가는 시간을 확인하며 평가한다. 정상피부의 경우 짧은 시간 안에 되돌아가지만 탈수가 심할 경우에는 회복시간이 더디며 심한 정도에 따라 시간이 오래 걸린다.

ⓑ 탈수 정도 분류

탈수 정도	외견의 증상	피부탄력의 회복시간	모세혈관 재충만시간
5% 이하	증상 없음	1초 전후	1초 전후
5~8%	구강점막의 건조, 경미한 안구함몰, 피부탄력 감소	2~3초	2~3초
8~10%	안검결막 건조	6~10초	2~3초
10~12%	안구의 심한 함몰, 심한 침울 및 컨디션 저하, 심한 피부탄력 저하	20~45초 (피부는 되돌아오지 않음)	3초 이상
12~15%	심각한 쇼크	–	–
15% 이상	급사	–	–

② 체표 림프절 : 체표는 몸의 표면을 말하며, 체표 림프절이란 몸의 표면에서 만져지는 림프절을 의미한다. 림프절은 임파선이라고도 불리며 전신에 분포되어 있는 면역기관의 일종이다. 림프절 내부에는 림프구와 백혈구가 포함되어 있고 각각의 림프절들은 림프관에 연결되어 있다.

림프절의 역할	외부 항원에 대한 작용, 항체 형성 등 면역반응을 통해 몸을 보호하는 역할
림프절의 진단	평상시 정상인 림프절은 만져지지 않지만, 비정상인 경우 크기가 커져 부어있는 상태이거나 표면이 울퉁불퉁하며 딱딱하게 만져짐
촉진 가능한 체표림프절	하악림프절, 견갑전림프절, 겨드랑이림프절, 서혜부림프절, 오금림프절
림프절의 크기	촉진을 통해 관찰되는 림프절의 크기 및 양측인지 한쪽만 발생했는지 확인
림프절의 열감 및 통증	촉진을 통해 동물의 행동을 관찰하며 통증 유무를 확인

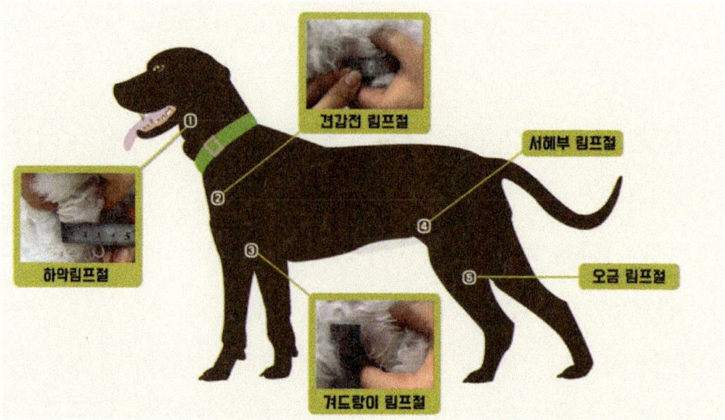

2) 머리(천문, 눈, 귀, 코, 구강)

① 천문 : 두개골은 하나의 뼈가 아닌 10개의 뼈로 이루어져 있으며, 촉진으로 두개골의 뒤쪽 부분의 뼈 봉합이 완전한지 불완전한지 확인한다. 천문은 정수리의 약간 뒤쪽에 위치해 있고, 출생 시 폐쇄된다. 천문의 크기는 각각 다르며 머리 부분을 촉진할 때 단단한 뼈가 아닌 연한 부분이 발견되면 천문이 개존되어 있을 가능성이 있다. 주로 소형 개체의 천문이 잘 닫히지 않는 경우가 많다.

② 눈

안구 및 동공	안구의 위치, 안구의 돌출 및 함몰 유무, 동공의 좌우크기 대칭 등
눈 주위	외상, 눈꺼풀 등
눈물, 눈곱	유루증, 눈물의 양 등
결막	충혈, 결막의 색, 출혈 등
각막 및 수정체	혼탁 및 백탁 여부, 외상 등

③ 귀

발적 여부	발적 및 소양감 등
귀지 발생 여부 및 성상	귀 진드기 및 귀의 상태 등
외상	귀 주변의 상처나 모양 등

④ 코

코거울의 습윤 정도	코거울의 윤기 및 촉촉함의 정도 등
코의 형태	콧구멍, 코의 생김새 등
코 주변의 외상	상처나 피부병변 등
코의 분비물	콧물의 유무, 콧물의 성상 등

⑤ 구강

치아	치아배열, 유치의 여부, 치석 등
잇몸	구강점막의 색 등
침	침 흘림 여부, 침의 악취 및 성상 등

Plus note

- **모세혈관 재충만시간**

  개의 윗입술을 들어올리고 다른 쪽 손을 이용해 가볍게 치아 위쪽의 윗잇몸을 눌러 혈류를 막는다. 하얗게 변한 잇몸의 색이 혈류가 통해 되돌아올 때까지의 시간을 의미하며, 색 변화와 되돌아오기까지의 시간을 체크한다.
  - 색 : 백색 → 핑크색
  - 시간 : 1~3초 이내

3) 몸(몸통, 피부)

생김새	좌우 대칭 등
피부	피부병 유무, 각질 및 발적 여부, 종양 등
피모	털의 윤기, 탈모 유무 등
복부	허리의 윤곽, 복부팽만 및 늘어짐, 복부둘레, 탈장 등
꼬리	꼬리의 생김새 등

[개와 고양이의 신체충실지수(BCS)]

구분	야윔	저체중	적정체중	과체중	비만
	BCS 1–2	BCS 3	BCS 4–5	BCS 6	BCS 7–8–9
개					
고양이					

신체충실지수는 '야윔 – 저체중 – 적정체중 – 과체중 – 비만', 총 5단계로 나뉜다.

– **야윔** : 피하지방이 거의 없으며 갈비뼈가 드러나 있다.

– **저체중** : 골격이 보이며 피부와 뼈 사이 약간의 조직만 있다.

– **적정체중** : 반려동물에게 적당한 체중과 체형이다.

– **과체중** : 갈비뼈가 보이기 어렵고 촉진 시 지방이 많이 만져진다.

– **비만** : 갈비뼈가 보이지 않고 지방이 두꺼우며 살이 처져있으며 둘레가 두껍다.

4) 생식기와 항문(유선, 생식기, 항문)

유선	암컷의 경우 유선의 수(개 : 10개 / 고양이 : 8개), 유선종양의 여부, 유선의 통증 등
생식기	수컷의 경우 잠복고환 유무, 분비물, 외상 등
항문	항문의 발적, 청결상태, 항문주변의 피부상태, 항문낭의 분비물 및 냄새 등

Plus note

항문낭(Anal Glands, Anal Sacs)

- 항문 좌우, 약간 밑 부분에 위치한다.
- 분비액이 쌓이는 주머니 모양의 샘이다.
- 항문낭 특유의 냄새가 강하다.
- 항문낭은 항문괄약근으로 이어져 있다.

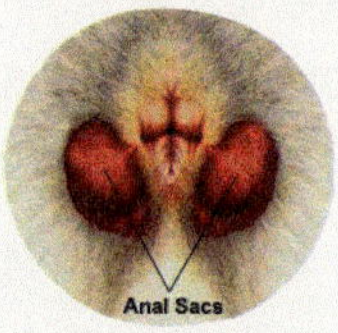

5) 근골격계(다리, 발)

① 슬개골탈구

슬개골탈구는 무릎뼈, 슬개골이 원래 있어야 할 자리에서 탈구되거나 움직여져 있는 상태를 말하며, 수의사의 촉진에 의해 탈구진행이 1~4기 중 어느 정도인지 파악 가능하다.

걷는 모습	바닥에 내려놓고 걷는 모습을 보며 뒤틀림의 여부 등
서있는 모습	척추측만과 다리의 불편 및 통증 등
발가락	발가락의 개수, 상처 여부, 변형 여부 등
발볼록살(발가락 사이)	발가락 사이의 상처 및 패드의 유무 등
발톱	발톱의 개수, 발톱의 생김새 등

02 바이탈사인(심박수 · 호흡수 · 체온, TPR)

바이탈사인은 '활력징후'라고도 불린다. 활력징후(Vital Signs, Vitals, V/S)란 체온(Temperature), 맥박수(Pulse rate), 호흡수(Respiration rate)를 말하며, 흔히 'TPR'이란 약자로 표시한다. 이를 통해 동물의 현재 신체 건강상태 변화를 발견할 수 있으며, 정상범위를 파악해 신체에 이상이 있는지 파악할 수 있다.

활력징후를 측정하고 파악 및 기록하는 것은 동물보건사의 업무에 포함되어 있으므로 종류와 측정방법을 익히는 것이 중요하다.

(1) 체온(T : Temperature)

① **체온의 의미** : 체온이란 위치와 시간에 따른 신체 내부의 온도를 말한다.

② **체온 측정 방법** : 동물의 경우 체온은 항문에서 측정 가능하며, 약한 부위이기 때문에 측정 시 움직임에 주의해야 한다.

ⓐ 체온계를 알코올 솜이나 알코올 소독약으로 소독한다.

ⓑ 동물이 움직이지 않도록 보정한다.

ⓒ 체온계를 동물의 항문에 부드럽게 삽입한다.

ⓓ 약 1분간 측정한다. (체온계가 측정 완료될 때까지)

ⓔ 측정 완료 시 부드럽게 체온계를 뺀다.

ⓕ 사용한 체온계는 반드시 소독한다.

③ **측정 시 사용도구** : 전자체온계, 수은체온계(동물병원에서는 쉽고 간편한 전자체온계를 주로 사용하는 편이다.)

④ **개와 고양이의 정상 체온 범위**

구분	정상 체온 범위	평균 체온
개	37.5 ~ 39.5 ℃	38.5 ℃
고양이	38.0 ~ 39.0 ℃	38.5 ℃

ⓐ 표와 같이 개와 고양이의 정상 체온 범위와 평균 체온은 비슷하다.

ⓑ 정상 체온에서 '1℃ 상승－미열, 2℃ 이상 상승－중열, 3℃ 이상 상승－고열'로 분류된다.

ⓒ 산책 및 운동 후에는 일시적으로 체온 상승의 가능성이 있으며, 질병으로 인한 체온 상승은 감염, 염증의 이유이다.

ⓓ 고열이 지속될 시 열사병의 위험이 있으므로 체온을 낮춰 주어야 하며, 시원한 바람을 쐬게 하거나 젖은 수건을 몸에 덮어 주거나, 얼음팩을 이용하는 등의 방법이 있다.

(2) 심박수(P : Pulse)

① **심박수의 의미** : 심박수(心搏數, heart rate) 또는 심박(心搏)은 단위시간당 심장박동의 수로 일반적으로 분당 맥의 수(beats per minute, bpm)로 표현되는 숫자이다. 심박수는 신체적인 운동이나 잠자는 것처럼, 몸이 산소를 흡수하고 이산화탄소를 배출하는 등의 생명활동에 따라 다양해질 수 있다.

② **심박수 측정 방법** : 1분당 심박수를 측정하며, 보통 '15초 심박수×4', '30초 심박수×2', '60초 심박수' 방법으로 계산한다. 청진기로 측정할 경우 좌측 늑골 4~6번 사이를 측정한다.

ⓐ 청진기를 착장한다.

ⓑ 동물이 과다하게 헐떡일 경우 손으로 입을 막는다.

ⓒ 1분당 심박수를 계산해 측정한다.

Plus note

맥박으로 측정할 경우

- 맥박은 동물의 뒷다리 넙다리 부위 안쪽에 위치하며, 넙다리 동맥(femoral artery)에서 측정한다.
- 손을 이용해 측정하며. 심박수와 동일하게 1분간 계산해 측정한다.
- 맥박이 빠른 경우를 빈맥, 맥박이 느린 경우를 서맥이라고 한다.
- 일반적으로 청진기로 심박수를 측정하게 되면 심잡음도 함께 들을 수 있어 맥박보단 심박수를 많이 사용한다.

③ **측정 시 사용도구** : 청진기, 타이머

④ **개와 고양이의 정상 맥박수**

구분	크기	정상 맥박수 범위
개	소형 ~ 중형견	80 ~ 120회/분
	대형견	60 ~ 80회/분
고양이	–	110 ~ 130회/분

(3) 호흡수(R : Respiration)

① **호흡수의 의미** : 호흡이란 산소를 들이마시고 이산화탄소를 내보내는 생명활동의 과정이며, 호흡수(Respiratory Rate, RR)는 호흡의 빈도를 의미하는 단어로, 주로 1분 동안 얼마나 호흡하였는지 그 횟수를 뜻한다. 호흡수는 대표적인 생체 징후의 일부로 여겨지며, 호흡수를 정확히 재는 것은 의료인들이 환자를 파악하는 데 도움을 준다.

② **호흡수 측정 방법**

ⓐ 흉복부의 움직임을 눈으로 확인하며 1분당 호흡수를 측정하고, 보통 '15초 호흡수×4', '30초 호흡수×2', '60초 호흡수' 방법으로 계산한다.

ⓑ 호흡은 흉부와 복부를 모두 사용하는 '흉복식' 호흡이 정상이며, 한쪽만 움직이는 흉식호흡이나 복식호흡, 그리고 개구호흡은 정상적이지 않은 호흡법이므로 모니터링이 필요하다.

ⓒ 호흡수 측정 시 주의사항 : 과한 움직임 및 운동 후, 흥분상태일 때는 정확한 호흡수 측정이 어렵기 때문에 최대한 안정이 된 상태일 때 측정해야 한다.

③ 측정 시 사용도구 : 타이머

④ 개와 고양이의 정상 호흡수

구분	정상 호흡수 범위
개	15 ~ 30회
고양이	20 ~ 40회

(4) 혈압 측정

① 혈압의 의미 : 혈압은 혈관을 따라 흐르는 혈액이 혈관의 벽에 주는 압력을 의미하며 주요한 생명 징후이기도 하다. 심장박동에 따라 혈압은 최고혈압(수축기 혈압)과 최저혈압(이완기 혈압)을 넘나들며 변한다. 동물의 혈압은 사람과 비교할 때 작고 움직임이 많기 때문에 전문적인 테크닉이 필요하며 심혈관계, 신장질병 및 마취 시 중요한 검사이다.

② 혈압측정 방법

ⓐ 혈압 측정부위(앞발목)의 털을 제거한다.

ⓑ 환자마다 맞는 커프의 사이즈를 선택한다.

ⓒ 정확한 측정을 위해 센서에 젤을 도포한다.

ⓓ 센서를 측정부위(앞발목)의 동맥혈관에 장착한다.

ⓔ 커프를 부풀려 혈압을 측정한다.

③ 혈압측정 도구 : 도플러 혈압계, 오실로메트릭 혈압계

도플러 혈압계	– 동물병원에서 일반적으로 사용되는 혈압계 – 동맥혈관에서 측정하며 혈류의 소리를 증폭시켜 측정함 – 수축기 혈압은 측정이 가능하지만 이완기 혈압의 측정이 어려움
오실로메트릭 혈압계	– 환자가 움직임이 있을 때에는 측정이 어려워 마취된 상태나 중증의 말기 환자에게 주로 측정함 – 혈류의 진동 변화를 이용해 측정함 – 수축기 혈압, 이완기 혈압, 평균 혈압 모두 측정 가능함

④ 개와 고양이의 정상 혈압

구분	수축기 혈압	이완기 혈압	평균 혈압
개	100~160	60~110	90~120
고양이	120~170	70~120	90~130

⑤ 혈압 측정 시 주의사항

ⓐ 움직임이 많거나 흥분할 경우 혈압이 높아질 수 있어 안정을 취한 뒤 측정해야 함

ⓑ 일시적으로 혈류를 차단하는 커프는 크기가 맞지 않을 경우 정확한 측정이 어려움

예 개 : 다리와 꼬리 둘레의 약 40% 폭 / 고양이 : 다리와 꼬리 둘레의 약 30% 폭

ⓒ 정확도를 위해 첫 번째 측정수치는 사용하지 않음

ⓓ 3~5회 연달아 측정해 최고와 최저의 수치를 빼고 20% 오차 범위에 포함된 수치들의 평균값으로 정함

Plus note

평균혈압 계산방법

• $이완기혈압 + \frac{수축기혈압 - 이완기혈압}{3}$

03 진료보조

(1) 보정방법

1) 처치부위에 따른 보정자세

처치부위	보정자세
귀, 눈	앉은 자세(좌위), 엎드린 자세(복와위)
치아	앉은 자세(좌위)
복부	옆누운 자세(횡와위), 기립 자세(입위)
항문	기립 자세(입위)
주사처치(피하, 근육)	기립 자세(입위), 앉은 자세(좌위)
주사처치(정맥)	앉은 자세(좌위), 엎드린 자세(복와위)

① 앉은 자세(좌위) : 한쪽 팔로 목 아래(턱 부위)를 안으면서 머리는 위쪽을 향하게 하고, 무릎을 누르며 앉힌 자세

처치 항목	귀, 눈, 치아, 주사 처치 및 채혈 등
주의점	얼굴 쪽 보정이나 주사 처치가 많아 물리지 않도록 조심해야 함

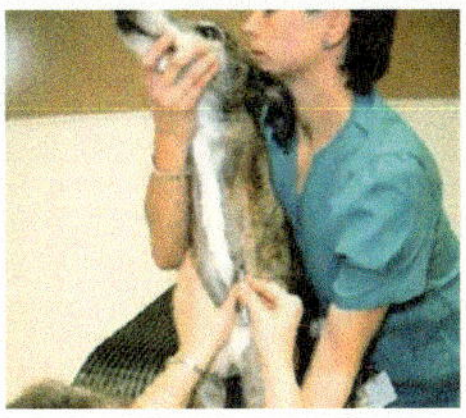

[채혈 및 경정맥 주사 보정]

- 앉은 자세나 기립 자세가 가능함
- 필요시 입마개를 사용할 수 있음
- 한 손으로 머리를 움직일 수 없도록 보정하며 몸을 신체의 가슴 부분에 밀착함

② 엎드린 자세(복와위) : 배를 바닥에 대고 엎드린 자세

처치 항목	귀, 눈, 정맥주사 및 채혈 등
주의점	머리 쪽에 강한 힘을 주지 않도록 주의하며 보정해야 함

[요측 피정맥 정맥주사 보정]

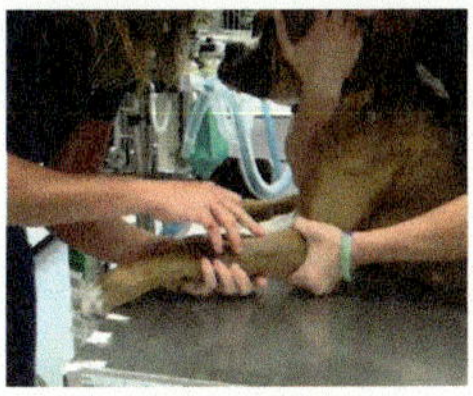

- 필요시 입마개나 넥카라를 사용할 수 있음
- 한쪽 손으로 목과 머리를 감싸 가슴 쪽에 밀착시켜 움직임을 차단함
- 채혈 부위 쪽은 앞다리굽이를 감싸 요측 피정맥이 수의사에게 잘 보일 수 있도록 약간 회전시켜 보정해야 함
- 처치가 완료될 경우 주사부위를 약 30초 동안 압박해 지혈하며 멍이 드는 것을 방지함

③ 기립 자세(입위) : 동물의 몸과 밀착하여 머리를 팔로 감싸 안으면서 앉지 못하게 고정시키는 자세

처치 항목	항문, 피하주사, 채뇨 등
주의점	머리가 강하게 압박되지 않도록 주의하며 앉지 못하도록 막으면서 보정해야 함

[근육주사 보정]

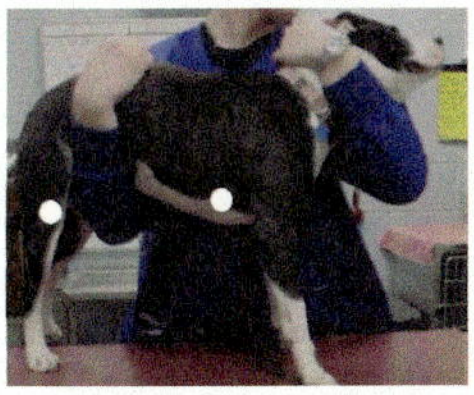

- 앉은 자세와 기립 자세 모두 가능함
- 필요시 입마개나 넥카라를 사용할 수 있음
- 한쪽 손은 머리와 목을 잡아 가슴 쪽으로 밀착시키며 보정하고 다른 쪽 손은 배쪽 부분을 감싸 움직임을 차단하도록 보정함
- 근육주사 부위 : 대퇴사두근(가장 일반적인 근육주사 부위), 요배근, 삼두근(앞다리)

[피하주사 보정]

- 앉은 자세와 기립 자세 모두 가능함
- 필요시 입마개나 넥카라를 사용할 수 있음
- 한쪽 손은 머리와 목을 잡아 가슴 쪽으로 밀착시키며 보정함
- 피하 주사 시 바늘이 사면을 통과해 반대쪽 사면으로 나오지 않도록 주의하며 피하공간에 삽입해 주사기를 당겨 음압을 확인한 후 약물을 주사해야 함

④ 옆누운 자세(횡와위) : 옆을 향하게 누운 자세로, 양쪽 앞다리와 뒷다리를 바깥쪽에서 한 손씩 잡고 눕히는 자세

처치 항목	복부, 심장초음파 등
주의점	저항이 가장 심할 수 있는 보정법이고 머리나 몸통을 비틀며 일어날 수 있어서 주의가 필요함

- 필요시 입마개나 넥카라를 사용할 수 있음
- 환자가 발버둥이 심할 경우 2명의 보정자가 앞다리와 뒷다리를 각각 보정함

2) 보정 시 사용하는 도구

① 입마개

형태	보통 천과 가죽, 플라스틱 재질
장점	사나운 개에게 사용하면 물리는 것을 방지할 수 있음
단점	사이즈가 정해져 있으며 느슨하면 앞발이나 고개를 흔들 경우 빠질 수 있으므로 주의가 필요함

② 거즈입마개

형태	30~50cm 정도의 얇고 긴 거즈붕대로 고리를 만들어서 사용하는 형태
장점	사용이 간단하고 단시간에 보정이 가능함
단점	호흡 곤란이 발생할 수 있고 주둥이가 납작한 개에게는 사용하기가 어려움

③ 타월

형태	일반적으로 사용하는 무릎 담요나 수건을 이용함
장점	개보다 유연성이 좋은 고양이에게 많이 사용되며, 머리를 제외한 전체 몸을 감싸고 검사에 필요한 부위만 노출시켜서 검사를 진행함
단점	일부 노출 부위 빼고는 다른 부위를 진찰하기 어려움

④ 보정가방

형태	보통 천으로 이루어져 있으며 등 뒤에 지퍼가 달려 있고 네 다리를 밖으로 꺼낼 수 있도록 구멍이 있는 형태
장점	타월처럼 보통 고양이들에게 많이 사용되며, 다리가 밖으로 나와 있어 채혈이나 주사 처치 시 용이함
단점	몸통 쪽을 진찰하기에는 어려움이 있음

⑤ 넥카라

형태	천과 플라스틱 재질로 되어 있음
장점	수술 이후뿐 아니라, 진료 시 사나운 동물들이 물지 못하도록 방어하기 위해 사용됨
단점	플라스틱 재질은 끝이 날카롭기 때문에 상처가 날 수 있으며, 천 재질은 힘이 없어 보정할 때 물릴 위험이 있음

⑥ 보정 가죽장갑

형태	두꺼운 가죽 형태로 이루어져 있음
장점	개, 고양이뿐 아니라 다양한 특수 동물 진료 시 발톱이나 이빨로부터 보호하기 위해서 사용됨
단점	두껍기 때문에 세심한 진료에서는 사용이 어려움

Plus note

동물에 따른 특징 및 주의사항

- 강아지
  - 처치대에서 갑자기 뛰어내릴 수 있기 때문에 주의해야 한다.
  - '으르렁'거리면서 치아를 보일 경우 물릴 수 있기 때문에 주의가 필요하다.
  - 대형견이거나 힘이 셀 경우 다른 동물보건사에게 도움을 요청해 함께 보정한다.
- 고양이
  - 유연성이 좋기 때문에 사나울 경우 보정기구를 사용해 보정하는 것이 좋다.
  - 이빨을 드러내거나 '하악'거릴 경우 공격성을 주의하고 다치지 않도록 한다.
  - 낯선 곳을 많이 경계하는 습성이 있어 안정을 취한 후 진료를 진행하는 것도 좋다.
  - 발톱이 날카로울 경우 보정 시 다칠 위험이 있어 발톱을 다듬고 진행하는 것이 좋다.
  - 구석진 곳이나 높은 곳으로 뛰어나갈 수 있기 때문에 도망 경로를 미리 차단한다.

04 외래진료 보조

(1) 핸들링

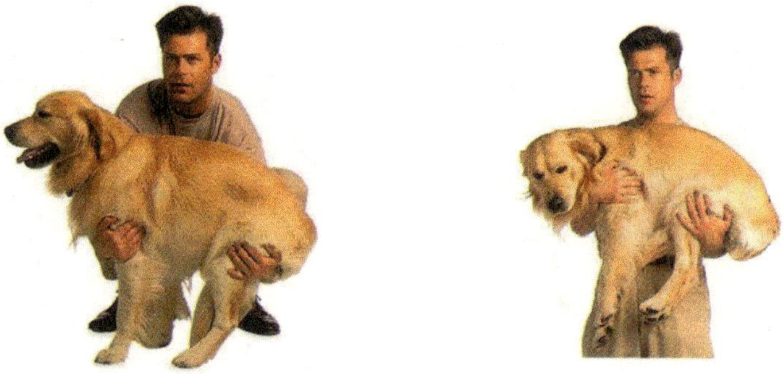

1) 중 · 소형견 환자

허리를 곧게 펴고 다리를 약간 벌려 앉는다.
▼
환자의 체중을 보정자의 척추와 골반뼈의 힘으로 들어올린다.
▼
한쪽 손은 환자의 가슴, 다른 한 손은 등과 꼬리를 감싼다.
▼
발을 곧게 펴서 환자가 땅에 닿지 않도록 주의한다.
▼
환자를 가슴에 밀착시켜 처치대 위에 안착시킨다.
▼
처지대에서 뛰어내릴 수 있으므로 최소 한 명의 보정자가 환자를 보정한다.

2) 대형견 환자

허리를 곧게 펴고 다리를 약간 벌려 앉는다.
▼
환자의 체중을 보정자의 척추와 골반뼈의 힘으로 들어올린다.
▼
한 명의 보정자는 가슴과 목을 보정한다.
▼
다른 한 명의 보정자는 뒷다리와 배를 감싸 보정한다.
▼
두 사람이 동시에 힘을 주어 처치대 위로 안착시킨다.

3) 척추손상 환자

허리를 똑바로 세우고 다리를 굽혀 앉는다.
▼
무릎을 굽혀 앉아 환자가 경계하지 않도록 조심히 다가간다.
▼
환자의 다리가 아래를 향하도록 들어올리며 척추의 압박을 최소화하고 손상 및 통증을 방지한다.
▼
조심스럽게 옆으로 처치대에 눕힌다.

(2) 약물투약

1) 알약

① 자세 : 앉은 자세 또는 엎드린 자세

② 약물투여 시 사용기구 : 필건

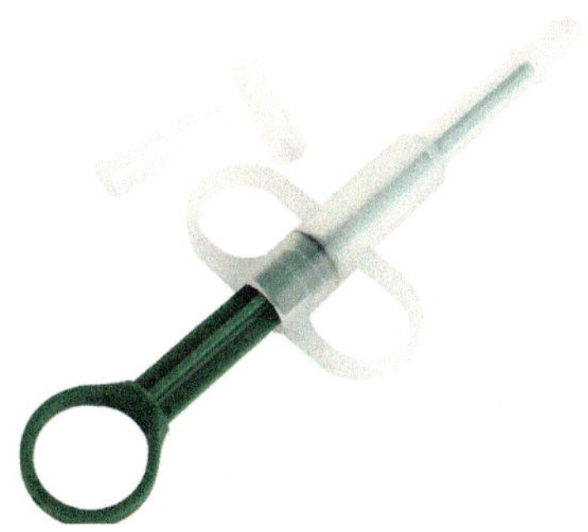

캡슐이나 알약의 투약이 어려울 때 사용하는 기구로 끝부분이 실리콘 재질로 되어 있어 투여 시 구강 및 식도의 부상을 최소화할 수 있다. 주로 고양이나 가루약을 먹지 못하는 환자에게 사용된다.

③ 알약투약 순서

중 · 소형견은 처치대에서 대형견은 바닥에서 투약한다.
▼
한 손으로 코와 입을 잡고 손가락을 이용해서 고개를 들어올리고 입을 벌린다.
▼
혀의 안쪽 뒷부분에 알약을 위치시킨다.
▼
입을 닫고 목을 자극해 알약을 삼키도록 유도한다.

2) 액상약물

① **자세** : 앉은 자세 또는 엎드린 자세

② **약물투여 시 사용기구** : 주사기(실린지)

③ **약물투약 순서**

중 · 소형견은 처치대에서 대형견은 바닥에서 투약한다.
▼
한 손으로 코와 입을 잡고 고개를 위쪽으로 들어올리고 옆으로 살짝 기울인다.
▼
액체로 차 있는 주사기(실린지)를 송곳니 뒤쪽으로 가져간다.
▼
한 번에 많은 양을 주입해 기도에 들어가는 것을 주의한다.
▼
조금씩 흘리지 않도록 반복해서 투약한다.
▼
입 주변에 묻은 이물을 닦아준다.

3) 귀약, 안약

① **약물투약 순서**

한쪽 손은 목을 잡아 보정하고, 머리를 가슴 쪽으로 가까이 밀착한다.
▼
반대쪽 손은 뒷걸음치지 못하도록 등을 보정한다.
▼
시술자는 반대편에 서서 위치한다.
▼
귀약 / 안약 / 연고를 도포한다.
▼
반대쪽 귀 또는 눈에도 동일하게 처치한다.

Plus note

약물투여 관련 동물보건사가 보호자에게 설명해야 할 내용

1. 복용시간, 복용주기, 복용법 등 약투여에 관한 내용
2. 약물에 따른 보관방법과 유의사항
3. 약물복용에 따라 나타날 수 있는 부작용 또는 주의사항
4. 모니터링이 필요할 경우 전화를 통해 상태확인 또는 재검일 확인

일반적인 약물 주의사항
① 냉장보관의 약물은 2~8℃를 항상 유지해야 함
② 저장 및 보관방법은 약물마다 사용설명서를 따르며 유통기한이 지났을 경우 폐기함
③ 유아와 어린이 및 동물이 쉽게 접근할 수 없는 곳에 보관해야 함
④ 가연성의 약물일 경우 안전한 상자 및 캐비넷에 보관함

05 입원환자 간호

(1) 입원환자 모니터링

1) 입원환자

① 고체온

증상	체온상승, 팬팅(Panting), 빈호흡, 흥분, 빈맥
간호중재	– 체온을 저하시키기 위한 처치 진행(젖은 수건, 시원한 환경 등) – 해열제 처방

② 저체온

증상	체온저하, 서맥, CTR 지연
간호중재	– 체온을 상승시키기 위한 처치 진행(담요, 가온된 수액 사용, 인큐베이터 등) – 산소공급

③ 통증

증상	불편한 자세, 촉진 시 고통호소, 빈맥, 빈호흡, 고혈압 등
간호중재	– 통증 저하를 위한 진통제 처방 – 통증 반응 모니터링 – 진통제 반응 모니터링(부작용, 설사, 구토, 호흡수 등) – 편안한 환경 제공

④ 구토

증상	구역질, 구토, 복부통증 등
간호중재	– 구토억제제 처방 – 소화가 잘되는 음식 처방 – 식욕저하, 탈수 등 모니터링 – 전염병의심 환자일 경우 격리조치 실시

⑤ 탈수

증상	건조한 점막, 피부탄력 감소, 배뇨량 저하, 요비중 증가, PCV · TP 증가
간호중재	– 수액처치 실시 – 수분섭취와 배뇨량 모니터링 – 수액 과부하 모니터링(폐수종, 부종, 심잡음, 비강분비물 등) – 전해질 불균형 모니터링

⑥ 식욕부진

증상	식욕저하(2일 이상)
간호중재	– 식욕촉진제 및 항구토제 처방 – 강제급여 실시 – 영양공급관 장착 – 맛있고 따뜻한 음식 제공

⑦ 요도폐쇄

증상	배뇨곤란, 방광의 팽창, 구토, 흥분
간호중재	– 요도카테터 장착 실시 – 소변량 모니터링

⑧ 설사

증상	설사 및 복부통증
간호중재	– 배변 상태 모니터링 – 지사제 처방 – 탈수 증상 모니터링 및 수액처치 – 전염병 의심될 경우 격리조치 실시 – 항문 부위의 청결유지

⑨ 저산소증

증상	호흡곤란, 청색증, 빈호흡, 산소포화도 감소
간호중재	– 산소처치 실시 – 호흡수 모니터링 – 맥박산소측정 실시 – 동맥혈가스분석 실시

⑩ 골절 및 척추 손상 환자

증상	통증호소, 기립불능, 호흡수 증가, 배뇨곤란
간호중재	– 편안한 환경 제공(푹신한 바닥 및 기댈 수 있는 환경) – 체온, 심박수, 호흡수 모니터링 – 소화가 잘되는 음식 제공 – 음수량 및 배뇨량 모니터링 – 요도카테터 장착 실시 – 욕창 방지를 위한 자세 변화 – 물리치료 처치

2) 격리환자

① **목표** : 전염병환자에 의해 다른 환자에게 전파되는 것을 방지

② **용품사용** : 1회용 용품(일회용 패드, 보호복, 일회용 장갑)과 격리환자 전용 용품을 따로 분리해 사용하고 사용한 용품은 의료폐기물로 처리함

③ **수의사와 동물보건사** : 담당 의료진이 처치하며 의료진으로 인한 전파를 방지하기 위해 격리실의 출입은 최소화해야 함

④ **환자 차트 기록** : 처방된 약물, 모니터링 결과, 환자의 모든 특이사항을 기록함

3) 중환자

① 주요 중환자 증상

쇼크, 마취, 중독, 의식소실, 호흡기계환자, 심혈관계환자, 중증외상환자

② 모니터링

신체검사	호흡수, 심박수, 체온, 탈수, 신경증상
임상병리검사	혈청, 혈구, 전해질, 응고계, 산염기 검사
산소포화도	– 마취, 빈혈, 호흡곤란, 저산소혈증의 환자 – 맥박산소측정기 실시
혈압	– 약물 투여 – 수액처치 실시

③ 환자 정보전달

ⓐ SBAR

상황(Situation)	환자의 증상 또는 수술진행 상황
병력(Background)	보호자의 환자 증상확인
평가(Assessment)	입원 중 처치에 대한 간호평가
추천(Recommendation)	환자 증상에 대한 처치 권유

ⓑ I-PASS(인수인계)

소개(Introduction)	환자의 정보, 입원 이유에 관한 설명
환자요약(Patient summary)	환자의 증상, 검사결과, 처치 · 현재상황 등의 설명
지시사항(Action list)	환자 모니터링, 약물 투여에 관한 설명
상황인지(Situation awareness)	환자의 특이사항 및 주의사항 등의 설명
종합(Synthesis)	밤 사이 모니터링, 약물처치, 주의사항, 환자의 퇴원날짜 인지 등

(2) 수액처치

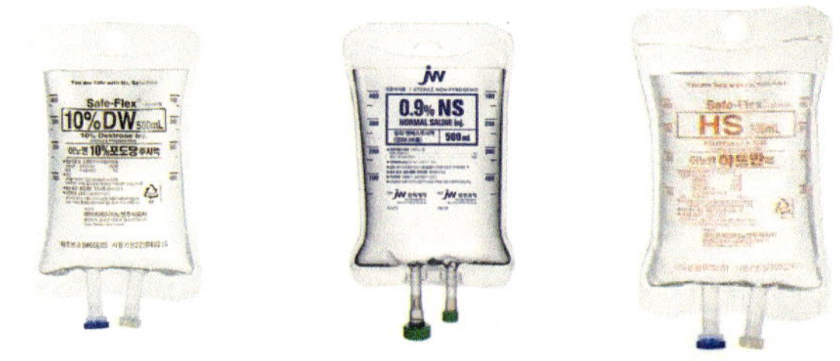

수액은 정맥혈관을 통해 수분과 전해질 및 영양분을 공급해 비정상적인 체내의 체액상태를 정상의 상태로 교정하는 방법이다.

탈수는 질병으로 인해 섭취하는 수분의 양보다 수분손실이 많아 발생하는 것으로, 탈수가 발생하면 체내의 수분과 전해질이 부족해진다. 탈수 증상으로는 피부의 건조, 털 빠짐 현상, 점막 등이 건조해지고 창백해지며 심할 경우에는 맥박수 증가, 모세혈관 재충만시간 증가 및 사망 가능성이 있다.

1) 수액의 종류

정질용액	모세혈관 막을 투과할 수 있는 작은 분자들을 포함하고 있는 수용액이다. 예 0.9% 생리식염수(0.9% NaCl), 포도당, 하트만용액
콜로이드 용액	모세혈관 막을 투과할 수 있는 분자와 투과할 수 없는 분자가 함께 포함되어 있는 수용액이다. 예 전혈, 혈장, 농축알부민 등
등장액	혈장과 같은 삼투압을 가진 용액으로 체액의 이동이 없다.
고장액	혈장보다 높은 삼투압을 가진 용액으로 세포에서 혈액으로 체액이 이동한다.
저장액	혈장보다 낮은 삼투압을 가진 용액으로 세포로 체액이 이동한다.

2) 수액 투여경로

피하투여	• 피하투여는 사람에게는 할 수 없으며 동물에게만 가능하다. • 피하투여 부위는 주로 목등쪽 피하부위에 실시하며 수액의 양은 동물의 크기 및 몸무게와 탈수 정도에 따라 달라진다. • 21G 또는 23G 나비침을 이용해 투여하며 수액은 바로 흡수되지 않고 시간이 흐름에 따라 조금씩 흡수된다.
정맥투여	• 정맥 내 카테터를 이용해 실시하며 단시간이 아닌 장기간 동안 이루어지는 투여 방법으로 입원 시 사용하는 방법이다. • 정맥투여 부위는 환자의 정맥상태에 따라 달라지며 요골쪽 피부정맥, 목정맥, 넙다리정맥에 실시된다. • 혈관에 직접 투여하기 때문에 흡수시간이 비교적 빠르고 장시간 투여할 수 있다는 장점이 있다.

3) 수액처치 시 사용되는 물품

① 수액세트

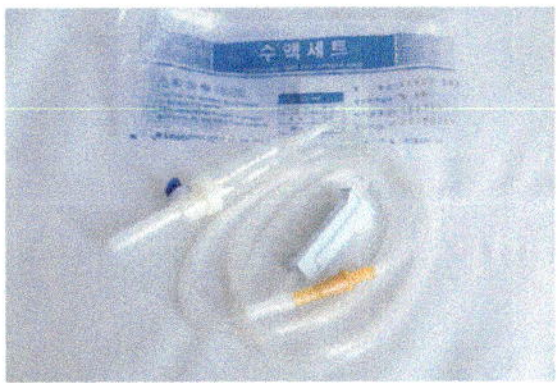

수액세트는 수액처치 시 환자의 정맥에 수액을 투여하기 위한 물품이다.

도입침	수액과 수액세트를 연결하는 통로이다. 수액이 새는 것을 막기 위해 침을 수액입구에 제대로 연결해야 한다.
점적봉	수액의 속도를 예측할 수 있다.
유량조절기	수액의 속도를 조절하는 조절기이다.
타코관	수액과 수액세트를 환자에게 장착되어 있는 나비침과 연결하는 역할을 한다.

② 수액제

수액은 소프트팩, 경화 플라스틱, 유리 용기제로 분류된다.

소프트팩	눈금간격이 일정하지 않고 통기침이 불필요하다.
경화 플라스틱	눈금간격이 일정하고 통기침이 필요하다.
유리 용기제	눈금간격이 일정하고 통기침이 필요하다.

Plus note

통기침

통기침이란 '공기침'이라고도 불리며, 내부의 압력을 일정하게 유지해주는 역할을 한다.
일반 바늘과의 차이점은 필터가 있어 용액이 새지 않는다는 것이며, 용기 안의 용량이 변함에 따라 용적이 변하지 않는 경우에 사용된다.

③ 수액펌프

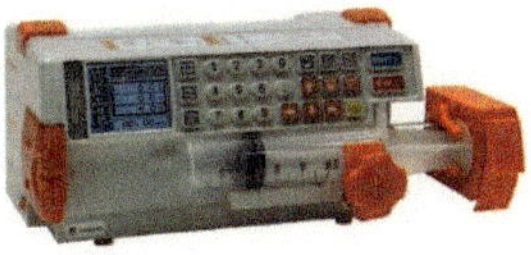

수액펌프는 수액을 투여할 때 환자에게 적절한 수액의 양을 조절하는 역할을 하는 기계이다. 경보장치가 있기 때문에 공기방울이나 주입속도의 변화 등 문제가 발생할 경우 경보음이 울린다. 펌프의 종류는 인퓨전 펌프와 실린지 펌프가 있다.

인퓨전펌프 (infusion pump)	수액팩을 이용한 수액처치 시 사용되며 일정한 속도의 압력을 이용해 혈관에 주입된다.
실린지펌프 (syringe pump)	주사기를 이용한 수액처치 시 사용되며 일정한 속도의 압력을 이용해 혈관에 주입된다.

④ 수액걸이대

수액팩을 걸어놓는 기구로 수액처치를 받는 환자보다 높은 위치에 있어야 하기 때문에 길이가 긴 형태이며 높낮이가 조절 가능하고 이동이 가능하다.

4) 수액처치 준비

수액대에 펌프를 위치시킨다.
▼
수액팩을 수액대에 매달아 위치시킨다.
▼
수액세트의 포장지를 벗겨 유량조절기를 닫는다.
▼
수액세트의 도입침을 수액팩에 흐르지 않도록 제대로 찌른다.
▼
손가락으로 점적봉을 압박해 약 1/2 정도 차도록 만든다.
▼
유량조절기를 조금씩 열어 수액제가 수액줄 속으로 흘러가도록 한다.
▼
수액줄 안의 공기를 모두 빼낸다.
▼
유량조절기를 닫는다.
▼
수액줄 끝부분과 나비침을 연결한다.
▼
유량조절기를 열어 나비침 끝까지 수액을 내보낸다.
▼
수액줄을 수액펌프와 연결한다.

Plus note

수액 준비 시 주의사항

- 수액세트의 끝부분이 오염되지 않도록 주의한다.
- 유량조절기는 열려 있는 상태이므로 수액 연결 시 수액제가 흘러나오지 않도록 주의한다.
- 수액줄에 공기층이 다 빠져나가도록 한다.
- 수액이 새것이 아닐 경우 수액제 마개를 알코올 솜으로 소독한 뒤 사용한다.
- 수액펌프에 수액줄을 연결할 경우 유량조절기를 펌프기기보다 위쪽에 위치시킨다.
- 수액처치 시 수액줄이 배설물에 오염되지 않도록 주의한다.
- 수액부분을 깨물어서 수액이 새지 않는지 주의해 관찰한다.

5) 수액펌프 세팅

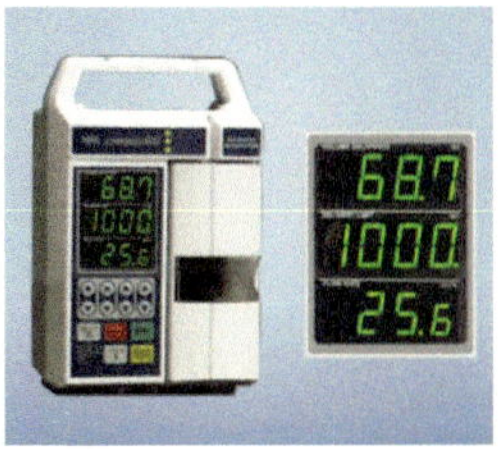

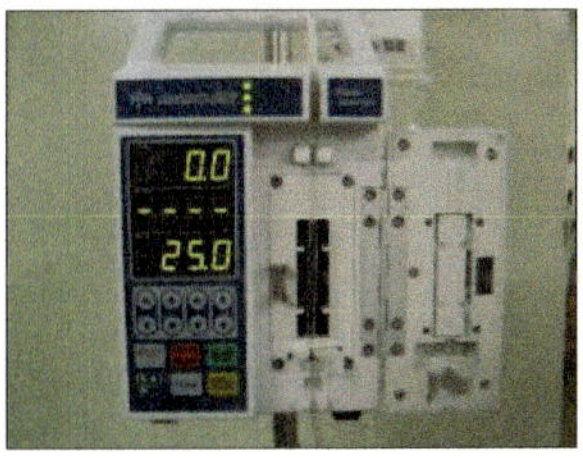

① 수액펌프 화면

ⓐ 수액세트의 종류

ⓑ 수액속도 : 환자의 상태에 따른 수액의 속도를 맞추어 설정한다.

ⓒ 예정 수액총량 : 수액처치 시 환자의 예정 수액의 양을 설정한다.

② 수액펌프 기기

수액줄 가이드	수액줄을 수액펌프에 위치시키는 부분이다. 수액줄을 수액줄 가이드에 제대로 끼우지 않을 경우 펌프가 작동하지 않을 수 있으니 주의해야 한다.
공기방울 센서	수액줄에 일정 공기방울이 생길 경우 경보음을 울려 알려주는 역할을 한다.
막힘센서	기기 오류나 환자의 정맥카테터 부분이 막히는 경우 경보음을 울려 알려주는 역할을 한다.

③ 수액량 설정

기기에 따라 다를 수 있지만 일반적으로 실시하는 순서이다.

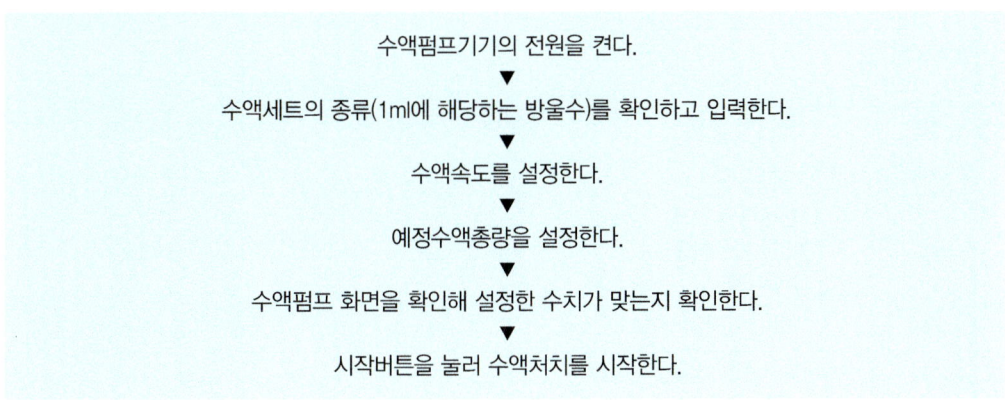

수액펌프기기의 전원을 켠다.

▼

수액세트의 종류(1ml에 해당하는 방울수)를 확인하고 입력한다.

▼

수액속도를 설정한다.

▼

예정수액총량을 설정한다.

▼

수액펌프 화면을 확인해 설정한 수치가 맞는지 확인한다.

▼

시작버튼을 눌러 수액처치를 시작한다.

임상 동물보건학

6) 수액처치 시 간호 목록

① **카테터 장착부위**

ⓐ 카테터 장착여부를 확인한다. 동물은 움직이기 때문에 카테터가 빠지는 경우가 있어 주의해 관찰한다.

ⓑ 나비침과 카테터 부위, 주변을 확인해 수액이 새는지 파악한다.

ⓒ 환자의 카테터 장착부위가 마찰로 인해 상처가 생길 수 있어 관찰해야 한다.

ⓓ 수액이 새는 경우 통증으로 인해 부위를 핥거나, 다리를 드는 행동, 깨무는 행동 등이 나타날 수 있어 확인 시 수의사에게 전달한다.

② **배뇨량** : 수액처치 시 일반상태보다 배뇨량이 많아지는 것이 정상이지만 몸 상태에 따라 배뇨가 이루어지지 않기 때문에 확인이 필요하다.

③ **청진음** : 순환이 정상적으로 이루어지지 않을 경우 수액처치가 실시되어도 배뇨되지 않고 정체된다. 이럴 경우 평소와 다른 청진음이 들리기 때문에 관찰할 필요가 있다.

7) 체내 수분량 평가

체중을 100% 기준으로 하며 체중의 60%가 수분을 의미한다.

세포내액(ICF)	세포 내에 위치하며 체액량의 약 2/3을 차지함
세포외액(ECF)	세포 외에 위치하며 체액량의 약 1/3을 차치함 예 혈장, 체강액, 간질액
전해질	– 체액 내에 존재하는 양이온과 음이온으로 구성된 수용성 입자를 의미함 – 수액처치를 위한 필수적인 요소 예 Na^+, Cl^-, K^+, $HCO3^-$

8) 탈수 평가

탈수 정도	외견의 증상	피부탄력의 회복시간	모세혈관 재충만시간
5% 이하	증상 없음	1초 전후	1초 전후
5~8%	구강점막의 건조, 경미한 안구함몰, 피부탄력 감소	2~3초	2~3초
8~10%	안검결막 건조	6~10초	2~3초
10~12%	안구의 심한 함몰, 심한 침울 및 컨디션 저하, 심한 피부탄력 저하	20~45초 (피부는 되돌아오지 않음)	3초 이상
12~15%	심각한 쇼크	–	–
15% 이상	급사	–	–

9) 수분손실량 및 수액유지량의 계산

① 유지수액량

2.5% dextrose in 0.45% saline + 20 mEq/L KCl (500ml 수액에 5ml)

[혈관수액 칼륨첨가 가이드라인]

혈장 칼슘 농도(mEq/L)	유지속도로 수액투여 시 첨가하는 염화칼륨(KCl)의 양(mEq/L)
3.7~5.0	10~20
3.0~3.7	30~40
2.5~3.0	30~40
2.0~2.5	40~60
≤ 2.0	60~70

* 칼륨은 0.5mEq/kg/hr 이상 투여는 금기시되지만 예외적으로 위중한 저칼륨혈증에서는 지속적인 심전도 모니터링을 실시하면서 투여할 수 있다. 리터당 30~40mEq 이상의 칼륨이 들어갈 때는 계속적으로 칼륨농도를 확인해야 한다.

② 시간당 수액량

체중 × 40~60ml/kg/24h

③ 계산 예시

5kg의 강아지가 구토와 설사 증상으로 내원했으며 6%의 탈수 상태인 경우 탈수량, 수액 유지량, 6시간 동안의 수액교정량을 구하시오.

- 탈수량 = 5kg × 1,000 × 0.06 = 300ml
- 유지량 = 5kg × 2.5ml (60ml/kg/24h) × 6h = 75ml
- 6시간 동안의 수액교정량 = (300ml + 75ml) / 6h = 62.5ml/h

10) 수액속도 계산방법

수액속도는 총 drop 수를 구해 분당 drop 수를 계산해야 한다.

수액세트 종류 20drops/ml, 60drops/ml 두 가지가 있을 때, 500ml 수액을 10시간 동안 투여하는 경우 수액속도를 각각 구하시오.

① 수액세트 20drops/ml
총 drop 수 : 500ml × 20drops/ml = 10,000drop
분당 drop 수 : 10,000drops / 600분(10시간 × 60분) = 17drops/분

② 수액세트 60drops/ml
총 drop 수 : 500ml × 60drops/ml = 30,000drop
분당 drop 수 : 30,000drops / 600분(10시간 × 60분) = 50drops/분

(3) 급여방법

1) 강제급여

식욕부진으로 인해 사료 섭취를 하지 않을 경우 수의사가 처방한 처방사료 및 일반사료를 이용해 급여하는 방법이다.

① 강제급여 순서

처방된 사료를 믹서기에 고농축으로 갈아 준비한다.
▼
기호성을 위해 필요시 미지근하게 데운다.
▼
환자를 편안한 자세로 보정하며 머리는 되도록 바른 자세로 위치한다.
▼
실린지를 이용해 환자에게 급여한다.
▼
목 부위를 마사지해 삼키는 것을 확인한다.
▼
정해진 용량을 모두 급여한다.
▼
세균감염 예방과 청결 유지를 위해 입 주변을 깨끗이 닦는다.
▼
급여 완료 후 기록을 한다.

2) 비식도관 급여

비식도관 장착은 강제급여를 해도 환자가 삼키지 못해 적절한 영양공급이 어려울 경우 실시하는 방법이다.

① 비식도관 급여 순서

피딩튜브를 준비한다.
▼
환자에게 진정제를 투여해 안정된 상태에서 실시한다.
▼
코부터 7~8번째 갈비뼈까지의 길이를 확인하고 체크한다.
▼
피딩튜브 끝부분에 윤활겔을 발라 부드럽게 삽입한다.
▼
코를 통해 피딩튜브를 삽입해 위에 위치시킨다.
▼
장착 후 기침을 하거나 위 내에서 소리가 나는지 확인한다.
▼
장착 후 튜브를 고정시킬 수 있도록 피부에 봉합한다.
▼
마취가 깬 후 급여한다.
▼
피딩튜브의 마개를 제거한다.
▼
5ml 정도의 물을 이용해 튜브를 세척하고 개통성 여부를 확인한다.
▼
처방받은 사료의 정확한 양을 5~10분 동안 천천히 급여한다.

Plus note

비식도관 급여 시 주의사항

1. 급여는 마취가 깬 후 의식이 있을 때 진행해야 한다.
2. 기침을 하거나 위에서 소리가 나는 경우 기관에 장착된 것으로 간주되어 다시 장착을 실시해야 한다.
3. 피딩튜브의 청결을 유지해야 한다.
4. 환자의 움직임으로 튜브가 빠질 수 있으니 넥카라를 착용해야 한다.

3) 비장관 급여

비장관 급여는 경구투여가 불가능해 적절한 영양분을 섭취하지 못하는 경우나 장기간 단백질이 부족한 경우에 실시된다. 급여 기간은 7일 이하이다.

완전비경구영양법(TPN)	– 에너지 요구량의 100% – 고삼투압 제제로 중심정맥을 이용하여 공급 필요(24시간 모니터링이 필요함) – 중심정맥을 이용해 영양공급이 이루어짐
부분비경구영양법(PPN)	– 에너지 요구량의 50% – TPN에 비해 상대적으로 삼투압이 낮아 말초정맥을 이용해 공급할 수 있음 – 말초정맥을 이용해 영양공급이 이루어짐

Chapter 02

동물보건 외과학

01 수술실

(1) 수술실 구성

준비구역	– 수술이 진행될 환자를 준비하는 공간 – 수술물품을 보관 – 수술 전 수술부위의 털을 제거하고 흡입마취가 진행되는 공간 – 오염구역으로 분류됨
스크럽구역	– 수술자와 동물보건사가 수술을 준비하는 수술실과 연결되는 공간 – 수술복 착용하는 곳 – 혼합구역으로 분류됨(오염구역+멸균구역)
수술실	– 환자의 수술이 진행되는 공간 – 멸균구역으로 분류됨

(2) 수술실 관리

처치실과 수술실은 높은 수준의 청결이 유지되어야 하는 공간이다.

바닥과 공기 중, 수술대 위 등 전체적인 공간 모두 환자에게 나쁜 영향을 끼쳐 치명적인 요인이 될 수 있기 때문에 청결에 더욱 신경쓰며 멸균에 가깝도록 노력해야 한다.

1) 수술대

수술대는 환자들의 수술이 진행되는 공간이다.

수술 전과 수술 후 모두 알코올을 이용해 전체적으로 소독을 진행하고, 수술대에는 수술용품을 제외한 용품은 올려두지 않도록 한다.

2) 수술실 바닥

수술실 바닥은 전체적으로 최소한 1일 1회 소독제(치아염소산나트륨)를 묻힌 물걸레로 청소하고, 수술이 끝난 직후에 혈흔이나 이물질을 알코올로 닦은 뒤, 한 번 더 물걸레로 소독 후 청소를 진행해야 한다.

3) 용품 체크

수술실에서 사용되는 수술복(가운, 마스크, 장갑, 모자)과 수술실에 비치된 주사기 및 약물과 용품들이 부족하지 않도록 동물보건사는 항상 체크해야 한다.

4) 수술실 기구

수술실 내의 마취기 등 주요 기기들이 정상적으로 작동하는지 체크해야 한다.

02 수술실 기구 및 용품

(1) 수술실 용품 및 관리

용품	관리 내용
수술기구	수술에 따라 달라지며, 보통 수의사가 준비함
수술복(가운), 멸균장갑	수술 인원에 맞게 준비
삽관세트	기관튜브, 후두경 수술대상의 사이즈 확인
IV카테터	수술대상의 사이즈 확인
클리퍼, 핸드청소기	수술 전 털제거용으로 사용
솜, 거즈, 붕대	수술에 필요한 소독솜, 거즈 준비
수액세트	수의사 처방에 맞는 수액을 준비
체온계 및 안연고	수술 도중 체크할 체온계와 눈의 건조함을 예방할 안연고를 준비
보온매트, 수술대깔개	사이즈에 맞게 타월 등 2~3장 준비
수술대 고정끈	수술에 따라서 다리를 고정해야 할 때 사용

1) 수술 기구

수술용 가위, 포셉, 칼, 집게 등 다양하며, 수술의 종류와 수술대상의 몸 크기에 따라 사이즈와 필요 용품이 달라진다.

2) 수술복(가운), 멸균장갑

① 수술인원에 맞는 개수와 사이즈를 선택해 준비한다.

② 수술복(가운)은 보통 멸균되어 미생물이 투과하지 못하는 재질로 이루어져 있다.

③ 편의성 때문에 보통 일회용을 사용하는 곳이 많다.

3) 삽관세트

후두경	– 기관 내 튜브 삽관 시 필요한 기기 – 손잡이와 날로 구성되어 있고, 안쪽까지 잘 보이도록 빛이 나오는 형태 – 삽관할 때 날끝으로 후두 덮개를 눌러 기관입구를 확인하는 역할을 함
기관 내 튜브	– 유연하게 휘는 플라스틱 형태 – 수술대상에 맞는 사이즈를 선택해서 준비 – 보통 삽입할 때 상처가 나지 않기 위해 끝부분에 윤활제를 사용함
끈	– 끈을 이용해 기관 내 튜브가 움직이지 않도록 위턱쪽을 묶어 고정함

4) 클리퍼와 핸드청소기

① 수술 전 수술부위를 깨끗하게 하기 위해 털을 정리한다.

② 클리퍼로 털을 정리하고 청소기로 깨끗이 청소한 후 수술 부위를 소독하고 수술을 진행한다.

5) 솜과 거즈

수술 시에는 다양한 사이즈의 거즈와 알코올 솜 등이 필요하기 때문에 수술 전 충분한 양이 있는지 항상 체크하는 것이 좋다.

6) 수액세트

수술 대상에 따라 맞는 수액의 종류와 몸무게와 나이에 따라 맞는 수액속도가 다르기 때문에 수의사의 처방을 바탕으로 세팅한다.

7) 체온계와 안연고

① 수술 중 체온을 수시로 체크하기 위해 체온계를 준비한다.

② 마취를 한 후 수술이 시작되면 수술대상의 눈이 약간 벌어질 수 있으므로 눈의 건조함을 예방하기 위해 안연고를 사용한다.

8) 보온매트와 수술대 깔개

수술 시 체온이 떨어지기 때문에 체온 유지를 위해 보온 매트를 준비하고 소독된 수술대 위에 깔개를 올려둔다.

9) 수술대 고정끈

수술 부위를 잘 보이게 하기 위해 수술대와 수술환자를 연결하고 고정시킨다.

(2) 수술도구의 종류

1) 삽관세트

기도삽관은 환자에게 마취를 하고 수술이 진행될 때 실시하며 기도삽관을 통해 기도를 확보하고 마취기에 연결해 마취가스 및 산소를 환자에게 공급하게 된다.

환자에게 혈관 카테터를 통해 마취유도제를 주입한 뒤 환자의 마취상태를 관찰하며 기도삽관과 마취기기를 연결한다.

① 기관 내 튜브

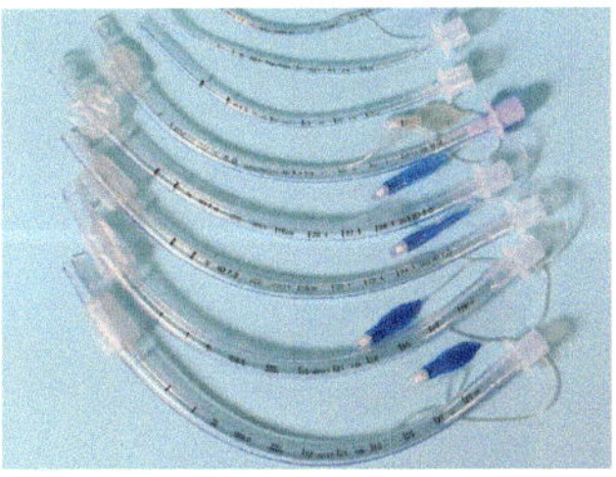

ⓐ 구조

polyvinyl chlorde(PVC)재질이며 유연한 플라스틱으로 이루어져 있다. 기관 내 튜브의 크기는 튜브의 내경(internal diameter, ID)을 의미하고 번호가 붙어있어 환자의 기관에 맞게 크기를 선택한다.

호흡도관 연결부	마취기기와 연결하는 부분이다.
몸체	호흡가스가 통하는 통로이며 유연하기 때문에 기도를 쉽게 통과한다.
커프 인디케이터	커프에 공기를 주입하는 부분이며 기관 내 삽관 후 주사기를 통해 공기를 주입하면 커프가 팽창하게 된다.
커프	공기를 주입해 기도 내에서 부풀어 고정이 되며, 튜브를 통해 주변으로 호흡가스가 새지 않도록 하며 다른 이물질, 혈액 등이 폐 내로 흡인되지 않도록 도와준다.
머피아이	구멍이 작게 뚫린 형태이며 튜브의 끝이 기관벽에 붙는 걸 막아주며 분비물로 인해 튜브의 안쪽이 막혔을 때 이 구멍을 통해 가스의 흐름이 가능하도록 한다.

ⓑ 사용

튜브의 내경이 좁을수록 가스 흐름에 대한 저항이 커지기 때문에 기도크기에 맞는 튜브 사이즈를 선택하는 것이 중요하며 커프가 과도하게 팽창되면 기도점막의 압력이 높아져 기도가 손상될 가능성이 있기 때문에 주의해야 한다.

ⓒ 기관 내 튜브 선택

구분	체중(kg)	기관 내 튜브 내경(ID)
개(dog)	2	3~4
	5	5~6
	10~12	7~8
	14~16	8~9
	18~20	9~10
	27	11~12
고양이(cat)	1	3
	2	3~3.5
	4~5	3.5~4
	5	4~4.5

ⓓ 기관 내 삽관 방법

기도삽관을 위해 거즈, 후두경, 10ml 주사기, 기관 내 튜브, 끈을 준비한다.
▼
환자에게 IV카테터를 장착한다.
▼
마취유도제를 주입한다.
▼
환자의 마취 상태를 지켜보며 마취가 되면 기도삽관을 위해 흉와위 자세로 보정한다.
▼
머리를 들어올린다.
▼
거즈와 함께 혀를 잡아 입 밖으로 당긴다.
▼
다른 손으로 위턱을 붙잡아 구강이 잘 보이도록 벌린다.
▼
후두경을 이용해 환자의 후두덮개를 아래로 누른다.
▼
기관 내 튜브를 삽관한다.
▼
끈을 이용해 위턱부분을 묶어 기관 내 튜브가 움직이지 않도록 고정한다.
▼
커프에 공기를 주입해 부풀린다.
▼
커프실린지를 커프인디케이터에 연결한다.
▼
공기를 주입해 커프를 팽창시킨다.
▼
기도 삽관이 잘 되었는지 공기가 새는지 여부를 확인한다.

② 후두경

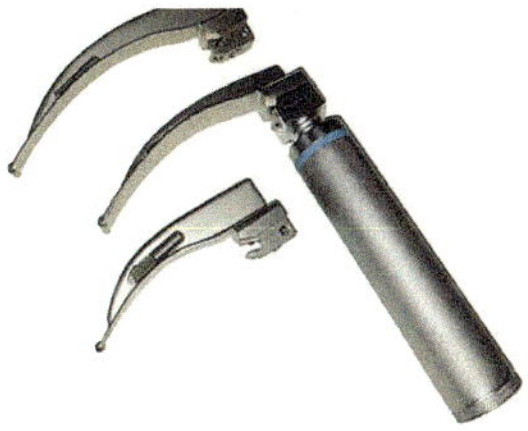

구조	후드경을 잡는 손잡이와 동물의 후두덮개를 누르는 날로 구성되어 있다. – 손잡이 : 후두경을 잡는 부분이다. – 날 : 날에는 광원이 부착되어 있어 기도확보를 하도록 입안 부분에 빛을 밝혀주는 역할을 한다.
사용	기관 내 튜브 삽관 시 필요한 기기이다.

Plus note

후두덮개

후두덮개는 동물의 목안 쪽 혀뿌리 부분에 위치하며, 음식 등을 삼킬 때 기도의 덮개 기능을 하여 이물이 기도로 흡인되는 것을 막아주는 역할을 한다.

③ 물림틀

기관튜브를 물지 못하도록 입안에 넣는 기구이다. 삽관 전에 튜브를 고정해 사용한다.

2) 수술칼

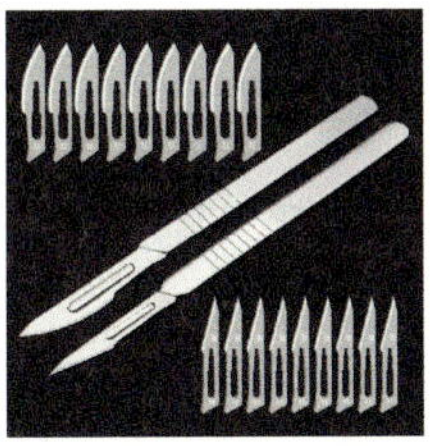

구조	수술칼은 '메스'라고 불리며 손잡이와 칼날로 구성되어 있다. – 손잡이 : 칼날을 안전하게 교체하도록 손으로 잡는 부분이다. – 칼날 : 일회용으로 각각 멸균 포장되어 있으며 칼날은 모양과 크기가 다양하고 끝이 뾰족하기 때문에 손이 다치지 않도록 주의해야 한다. 수술이 끝나고 칼날을 제거해 기구소독 시 다치지 않도록 해야 한다.
사용	수술부위를 절개하거나 구멍을 내기 위해서 사용된다. – 종류 : No.10, 11, 12, 15, 20, 21, 22 등(동물병원 내에서는 No.10와 No.15를 주로 사용)

① 칼날 사용법

칼날을 끼울 경우 칼날과 칼자루의 방향을 일치시켜야 하며 날 부분은 멸균포장에 들어 있는 채로 끼워야 한다. 칼날을 뺄 때는 칼날제거기 등 전용 기구를 사용해 뺀다.

② 수술칼 건네는 방법

수술자에게 건넬 때는 날이 아닌 손잡이 부분으로 건네주어야 한다.

3) 수술가위

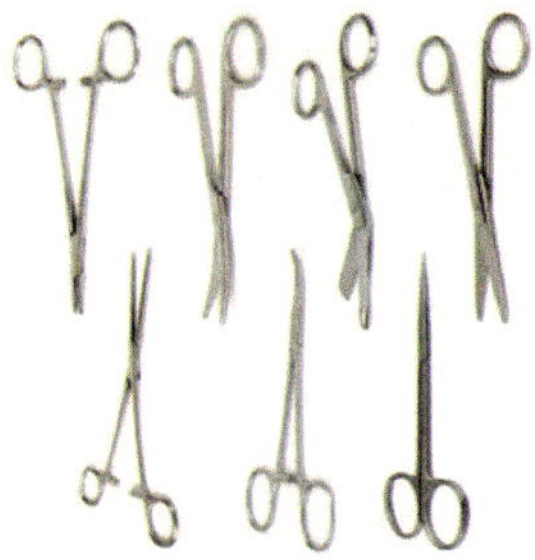

① **사용** : 피부 및 조직의 절개와 봉합사 및 드레싱 거즈 등을 절개할 때 이용하는 기구이다.

② **종류** : 수술가위 날의 모양에 따라 일직선형 가위와 곡선형 가위로 구분되며 날 끝이 둥근형, 뾰족한 형, 한쪽은 뾰족하고 다른 쪽은 둥근형으로 나뉜다.

메이요 가위	비교적 날이 두껍고 날 끝이 약간 둥근 형태로 두꺼운 근육, 연골 등을 분리하거나 절단할 때 사용된다.
메젠바움 가위	약하고 섬세한 조직을 분리하고 절단할 때 사용된다.
스펜서 가위	봉합사 가위라고 불리며 봉합사를 제거할 때 사용된다.
안과 가위	미세조직과 인대 등을 절개할 때 사용된다.
밴디지 가위	붕대를 자를 때 사용된다.

4) 겸자

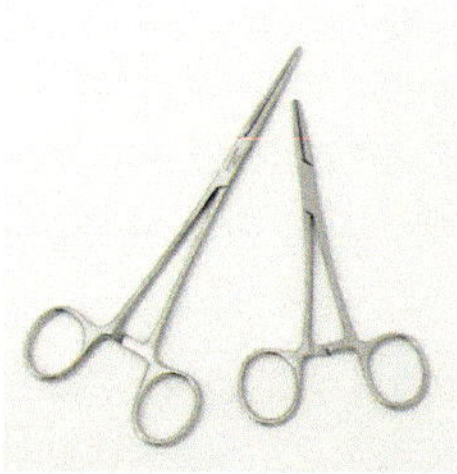

① 구조 : 손가락을 넣는 손잡이와 고정할 수 있는 잠금장치가 있으며 날의 모양에 따라 곡선과 직선 형태로 나뉜다.

② 사용 : 수술 · 외과 처치 시 널리 쓰이며 겸자 생김새에 따라 사용법이 다양하다.

③ 종류

지혈겸자	혈관의 지혈 및 조직을 잡는 역할을 하며 대표적으로 모스키토겸자, 켈리겸자, 크릴겸자가 있다. – 모스키토겸자 : 작은 혈관을 지혈할 때 사용 – 켈리겸자 : 중간 크기의 혈관 및 조직 덩어리를 고정할 때 사용 – 크릴겸자 : 큰 조직 덩어리를 고정할 때 사용
조직겸자	결합조직과 근막 등을 잡아 고정할 때 사용되며 대표적으로 앨리스겸자, 밥콕겸자, 장 겸자가 있다. – 앨리스겸자 : 일반적으로 사용되는 수술기구로 무거운 조직을 잡고 고정할 때 사용 – 밥콕겸자 : 앨리스겸자와 유사한 형태이지만 팁 부분이 둥글고 가운데 부분이 뚫린 것이 특징 – 장 겸자 : 내장장기를 잡아 고정할 때 사용
타월겸자	수술 시 사용하는 의료용 겸자로 수술포를 수술부위에 고정시키는 역할을 하며 '타월 클램프(towel clamps), 방포겸자'라고도 한다.

(3) 수술 후 수술방 및 용품정리

1) 수술도구

혈액이나 조직이 마르면 잘 떨어지지 않기 때문에 수술도구는 수술이 끝난 직후 물에 담가야 하며, 부드러운 솔로 깨끗이 씻어 말린다.

Plus note

수술도구 정리 시 주의점

칼날을 빼지 않았을 수도 있기 때문에 손이 베지 않도록 주의하고, 날카로운 가위나 겸자(forceps, 수술 또는 외과 처치에 쓰이는 용품) 등에 의해 다치지 않도록 주의한다.

2) 수술포 및 린넨류

혈액이 많이 묻어 있는 경우에는 물에 잠시 담가 두었다가 1차로 혈액을 제거하고 2차로 세탁기에 넣어 빤 뒤 말린다.

3) 수술실 정리 및 청소

① 털 : 수술 전 정리한 털이 바닥에 있을 수 있으므로 핸드청소기 등으로 치워 둔다.

② 혈액 : 처치대 및 바닥에 혈액이 떨어지는 경우가 많으므로 알코올 분무기로 청소한다.

③ 바닥 : 수술이 끝나면 처치대와 함께 바닥도 소독제로 청소한다.

④ 처치대 : 사용한 수술 용품을 다 제거하고 처치대도 알코올로 청소한다.

⑤ 용품 정리 : 사용한 용품은 제자리에 정리하고 알코올 솜 등 부족한 용품은 추가해 세팅한다.

(4) 수술방 기기

1) 무영등

사용	수술 중 수술부위에 그림자가 발생하지 않도록 빛을 이용해 밝혀주는 조명기구이다. 천장이나 벽면에 설치하고 수술부위마다 무영등의 위치를 조절해 사용한다.
구조	보통 무영등의 손잡이는 탈부착이 가능하도록 구성되어 있어 무영등 손잡이는 멸균한 뒤 수술 시작 전에 부착해서 사용하며 손잡이를 만질 경우 멸균장갑을 착용한다.

2) 동물보온장치

사용	수술 중 마취가 된 동물은 체온이 떨어지기 때문에 체온유지를 위해 사용된다. 일반적으로 환자 몸 밑 부분에 위치시키는 보온패드를 사용한다.
종류	– 물 순환 보온패드 : 따뜻한 물이 패드 내로 순환하면서 온도가 유지되는 형태이다. 미세한 관을 통해 순환되며 화상발생 위험이 낮은 편이지만 날카로운 수술기구나 주사바늘로 인해 손상될 가능성이 있다. – 전기장판 : 전기를 이용해 온도가 유지되며 장시간 사용할 경우 장판에 닿은 피부가 화상을 입을 가능성이 있다.

3) 전기수술기

사용	고주파 전류를 이용해 조직을 절개하고 혈관을 지혈하는 목적으로 사용된다.
구조	본체, 접지판, 핸드피스로 이루어져 있다. 전류에 따라 단극성과 양극성으로 사용된다. – 단극성 : 접지판을 환자의 몸에 많은 부분이 접촉하도록 위치시키고 전류를 흐르게 한 경우 전류가 환자의 몸을 통과해 핸드피스로 도달하는 방식이다. – 양극성 : 기구 내에서만 흐르는 방식이며 접지판은 사용되지 않는다.

4) 마취기

사용	환자의 수술이나 응급상황에 사용된다.
구조	마취기 본체, 생체정보 감시장치, 인공호흡기로 구성되어 있다.

03 수술보조

(1) 수술준비

1) 환자의 수술 전 진행순서

환자의 전화 또는 방문 상담 진행
▼
수술예약
▼
수술 전날 금식 및 수술예약 시간안내
(금식 : 8~12시간 / 금수 : 당일 3~4시간)
▼
보호자 내원 후 수술동의서 작성
▼
수술 전 검사진행
▼
입원 후 수액처치
▼
수술준비 및 마취진행
▼
수술진행
▼
수술 후 마취상태 및 환자 상태 모니터링
▼
입원환자 모니터링
▼
퇴원

2) 수술 전 검사 진행종류

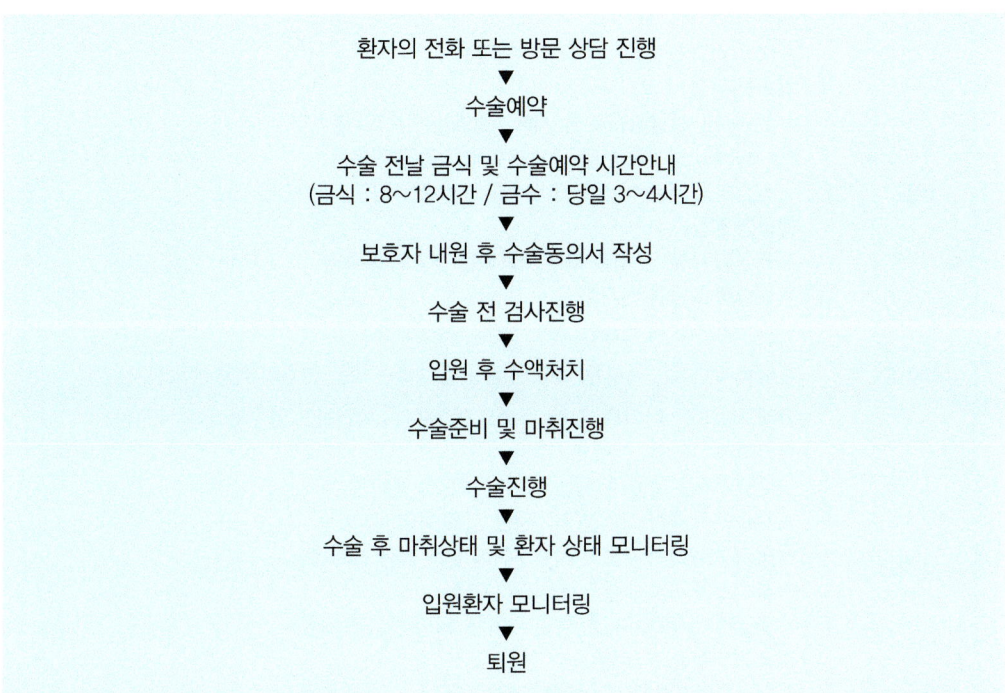

신체검사	문진, 촉진, 청진, 시진 등을 활용해 전체적인 신체상태를 체크
혈액검사	전신상태와 간과 신장, 전해질 등 마취 및 수술이 가능한지 검사가 진행됨
방사선 검사	심장 및 폐의 상태를 파악하고 마취진행에 있어 기관내관의 크기를 파악함
초음파 검사	필수적인 요소는 아니며, 필요한 경우 복부 및 방광 체크를 위해 진행됨
요검사	비뇨기계 및 내분비계의 이상 여부를 파악하기 위해 진행됨

3) 수술 전 준비사항

① 물품준비

마취 유도 약물	환자에게 사용할 마취제를 준비
마취 전 투약제	진정제, 진통제, 항생제 등 환자에게 사용할 투약제를 준비
기관튜브	기관 내 삽관을 위한 준비(환자의 사이즈에 맞는 기관튜브, 후두경, 커프용 주사기)

흡입마취기 세팅	흡입마취기 전원을 켜둠 – 산소통의 산소량 체크 – 산소공급 이상 여부 확인(산소통 밸브, 가스공급선) – 유량기 밸브 작동 확인 – 호흡백 작동 확인
수술복	– 일회용 또는 세탁을 해서 사용하는 수술복이 존재하며 동물병원마다 사용하는 것이 다름 – 안쪽 면이 수술자를 향해야 하며 한 팔씩 착용해 다른 물건이나 땅에 닿아 오염되지 않도록 주의해야 함
장갑	폐쇄형 장갑과 개방형 장갑으로 분류됨 • 폐쇄형 장갑 – 일반적인 동물병원 수술 시에 사용되는 장갑의 종류임 – 수술복의 소매에 손을 넣어 한쪽씩 장갑을 착용함 – 장갑착용 시 손이 장갑이나 수술복 밖으로 나오지 않도록 주의 • 개방형 장갑 – 간단한 수술 및 시술 시에 사용되는 장갑의 종류임 – 수술복 착용을 하지 않음 – 내피만 착용해 멸균장갑만 착용해 수술이 진행됨
스크럽	– 수술복 내에 입는 유니폼으로, 수술을 진행하는 모든 인원이 착용해야 함
수술팩, 수술포	수술에 사용되는 나이프, 겸자, 수술포 등 수량을 확인하고 멸균처리 후 세팅함 • 수술팩 – 수술기구를 넣을 수 있는 크기의 밧드를 준비함 – 수술기구 클립으로 같은 기구는 서로 묶어 세팅 – 먼저 사용하는 수술기구는 맨위에 같은 방향으로 세팅 – 부직포를 이용해 풀리지 않도록 고정 – 멸균테이프를 붙여 종류, 환자이름, 날짜 등을 표시함 • 수술포(드레이프, drape) – 아코디언 방법으로 수술포를 세팅 – 멸균테이프를 붙여 종류, 환자이름, 날짜 등을 표시함

② 환자준비

흡입마취제 투여 후 환자감시 모니터를 연결함

▼

수술부위의 털을 제거함
(수술부위보다 넓은 부위의 털을 제거하고, 털이 난 반대방향으로 최대한 짧게 제거함)

▼

1차소독 진행
(클로르핵시딘과 알코올로 번갈아가며 안에서 바깥쪽으로 최소 3번 진행함)

▼

수술부위에 맞도록 환자의 자세를 고정함

▼

2차소독 진행
(클로르핵시딘 + 알코올 또는 포비돈요오드)

(2) 수술보조

1) 수술인원 분류

수술자	수술을 진행하는 수의사
보조자	수술을 보조하는 동물보건사 또는 수의사
비수술자	– 수술에 필요한 기구 및 장비를 공급하는 자 – 동물병원 또는 진행되는 수술에 따라 존재 여부가 다름 – 수술자 또는 보조자에게 멸균된 수술기구를 건네주는 역할을 함

2) 수술보조자의 역할

① 수술자(수의사)의 수술 진행을 도와주는 역할

② 수술에 사용하는 수술기구를 정비

③ 수술에 필요한 수술기구를 건네주는 역할

④ 수술 진행 중 환자의 출혈이 발생했을 때 멸균거즈나 지혈겸자를 이용해 출혈을 억제시키며 시야확보를 해줌

⑤ 수술 시 환자의 몸 부위를 고정 및 보정을 해줌

⑥ 필요시 봉합 및 마무리 등을 이행할 수도 있음

Plus note

멸균기구 건네는 방법

수술팩의 긴 면을 가위로 똑바로 자른 뒤 잘린 부분이 물품을 꺼낼 사람에게 향하도록 한다. 팩의 양면이 입구를 시작으로 좌우로 벌어져있는 물품들은 바깥쪽으로 뒤집어 멸균물품을 노출해 꺼내기 쉽도록 건네며 다른 물품과 사람에게 닿지 않도록 하여 멸균상태를 유지하도록 한다.

(3) 수술 후 정리

1) 수술도구

혈액이나 조직이 마르면 잘 떨어지지 않기 때문에 수술도구는 수술이 끝난 직후 물에 담가야 하며, 부드러운 솔로 깨끗이 씻어 말린다.

Plus note

수술도구 정리 시 주의점
칼날을 빼지 않았을 수도 있기 때문에 손이 베지 않도록 주의하고, 날카로운 가위나 겸자(forceps, 수술 또는 외과 처치에 쓰이는 용품) 등에 의해 다치지 않도록 주의한다.

2) 수술포 및 린넨류

혈액이 많이 묻어있는 경우에는 물에 잠시 담가 두었다가 1차로 혈액을 제거하고 2차로 세탁기에 넣어 빤 뒤 말린다.

04 마취

(1) 마취종류

1) 부위에 따른 마취방법

국소마취	– 신경말단을 마취시키는 방법으로 의식이 있는 상태로 진행됨 – 해당부위에 직접 주사하거나 국소마취제를 도포함 – 전신마취와 비교 시 위험도가 높지 않음 – 간단한 처치(상처부위 등), 통증저하의 목적으로 사용됨
부분마취	– 특정부분을 마취시키는 방법으로 의식이 있는 상태 또는 전신마취와 함께 진행되기도 함 – 일반적으로 척수 등의 신경이 차단되어 마취가 이루어짐 – 척추 및 경막 외 마취 시 사용됨
전신마취	– 신체 전체를 마취시키는 방법 – 뇌를 통한 의식, 운동, 감각, 반사 등이 차단됨

2) 전신마취 시 마취방법

주사마취	– 약물을 통해 무의식 상태로 만드는 마취방법 – 대체로 수술시간이 짧은 경우에 사용됨 예 미용, 수컷중성화 – 마취의 깊이와 시간조절이 어려워 전문가적인 기술이 요구됨

	– 호흡마취와 비교 시 간편함 – 사용약물 : 케타민, 프로포폴 등
호흡마취	– 삽관튜브 또는 마스크를 이용해 휘발성 마취제를 통해 환자를 무의식 상태로 만드는 마취방법 – 대체로 수술시간이 긴 경우에 사용됨 – 주사마취와 비교 시 안전하며 마취의 깊이와 시간을 조절하는 것이 가능함 – 환자의 상태에 대한 모니터링이 가능함 – 비교적 더 많은 전문성 있는 인력이 필요함 – 비교적 비용과 노동력이 필요함

(2) 마취단계

마취 전	– 수술이 진행되기 전 환자를 진정시키기 위해 약물을 투입시키는 단계 – 마취과정을 원활하게 도와주는 단계로 적절한 약물을 사용하게 되면 마취상태일 때의 사용약물이 줄어들게 되어 회복에 유리함 – 일반적으로 근육주사를 이용해 근육을 이완시켜 주며 항생제와 같이 투여하는 경우가 많으며 환자에게 필요한 약물을 배합해 사용함
마취 도입	– 마취를 유도하는 단계로 일시적으로 환자의 의식을 잃게 하며 이후에 삽관 및 마취제와 산소가 투입됨 – 일반적으로 정맥주사를 통해 프로포폴을 이용하며, 빠른 효과가 있지만 지속시간이 짧은 단점이 있음
마취 유지	– 삽관 후 호흡마취기를 연결해 마취가스를 통해 마취를 유지하는 단계 – 기화기를 통해 가스의 양을 조절해 적절한 마취가 되도록 함 – 마취가 이루어지는 기간 동안 환자의 심박 및 호흡이 잘 이루어지는지 모니터링이 필요함
마취 회복	– 마취가 깨는 단계 – 기화기를 끄고 엎드린 자세로 변경하며 원활한 호흡을 위해 산소는 계속 유지시킴 – 혀를 낼름거리는 행동을 보일 시 삽관튜브를 제거함 – 환자의 상태에 따라 진통제가 투여될 수 있음 – 환자의 마취가 깨어 회복될 때까지 지속적인 모니터링이 필요함 – 마취 시 체온이 떨어지게 되므로 회복 시 적절한 보온이 필요함

(3) 호흡마취기

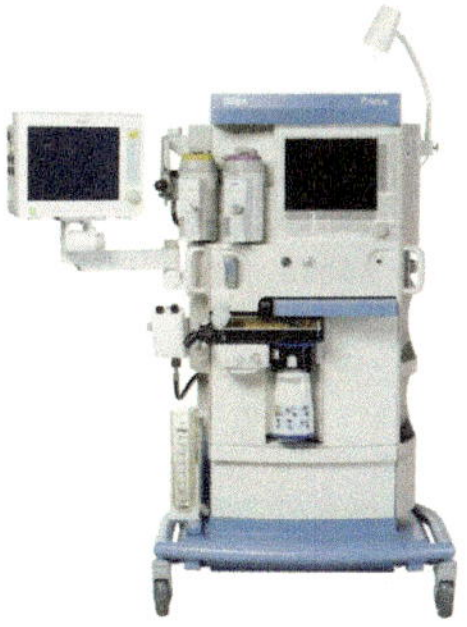

마취기는 마취기 본체, 인공호흡기, 생체정보 감시장치로 구성되어 있다.

1) 마취기 본체

기화기	사용농도를 설정해 휘발성 흡입마취제를 기화시키며 다이얼을 통해 농도를 조절할 수 있다.
회로 내 압력계	회로압취 출구에서 회로압취 입구 방향으로 경유해 얻은 호흡회로 내 압력을 표시한다.
유량계	산소 유량은 유량계의 눈금으로 읽으며 손잡이를 이용해 유량을 조절한다.
산소 플러시버튼	기화기와 유량계를 통하지 않는 바이패스회로로 공급되며 응급일 경우 호흡백에 100% 산소를 공급할 때 사용한다.
배출구	산소와 마취제가 혼합된 마취가스의 유출로이며 호흡회로의 흡기용 호스로 연결된다.
호흡백	환자의 호흡이 약할 경우 호흡백을 통해 호흡을 공급한다.
캐니스터	이산화탄소를 제거하며 내부에 소다라임이 존재한다.
팝오프 밸브	사용하고 남은 가스를 외부로 배출하며, 평소에 밸브를 열어둔 채로 보관한다.
호스	Y 또는 F 등 다양한 형태의 호스가 존재하며 호기부와 흡기부에 맞도록 연결해야 한다.

2) 인공호흡기

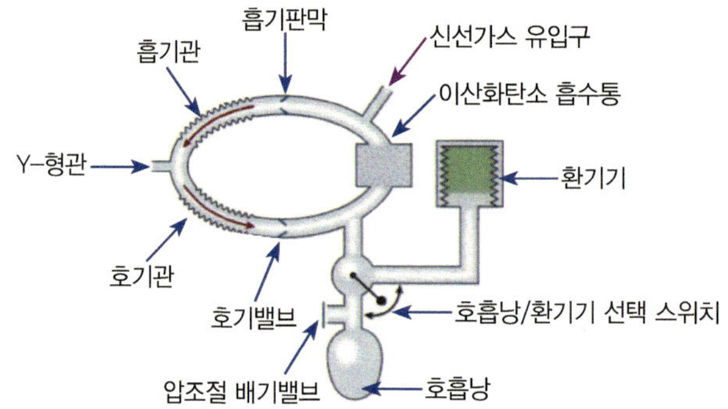

호스(흡기용)	환자의 들숨에 맞추어 마취가스가 보내지는 작용을 한다.
호스(호기용)	환자의 날숨이 돌아온다.
흡기밸브	들숨 때 열리는 한방향성 밸브로 들숨의 역류를 막는 역할을 한다.
호기밸브	날숨 때 열리는 한방향성 밸브로 날숨의 역류를 막는 역할을 한다.
캐니스터(canister)	소다라임이 충전되어 있으며 날숨 안의 이산화탄소를 제거하는 역할을 한다.
인공호흡기 전환레버	기기마다 수동과 자동으로 되어 있으며 손잡이를 이용해 레버를 돌린다.
호흡백	호스를 통해 호흡하는 것을 확인할 수 있다.
배기밸브	호흡회로를 순환하는 마취가스 일부를 잉여가스로 배출하기 위해 압력을 조절하는 역할을 한다.

3) 생체정보 감시장치

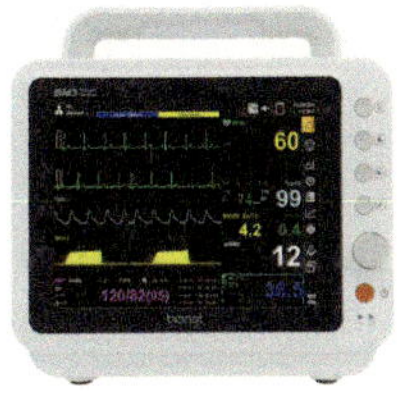

① **역할** : 수술도중 환자의 상태를 보여주는 역할을 하며 체온, 심박수, 호흡수, 혈압, 심전도, 산소포화도 등의 정보를 알 수 있다. 일반적으로 마취수술 및 외과수술의 경우 사용되며 기기마다 보여지는 항목이 달라질 수 있으며 수치가 다르게 나타날 수 있기 때문에 수술을 진행하는 수의사와 동물보건사는 수술 전 생체정보 감시장치의 특성을 파악하고, 생체정보 감시장치와 환자의 상태를 육안으로 확인하면서 수술을 진행해야 한다.

② **주요 감시항목**

ⓐ **호기말이산화탄소가스 농도**

날숨의 이산화탄소 농도를 나타내며 날숨 1회 중의 이산화탄소 농도변화가 파형(호기말이산화탄소분압, capnograph)으로 표시된다. 마취 시 35~45mmHg를 유지해야 하며 60mmHg 이상 올라가게 되면 수의사에게 전달해 즉시 조치를 취해야 하며, 동물보건사는 파형의 모양에 이상이 생기게 되면 보고해야 한다.

[호기말이산화탄소분압 (capnograph)의 정상파형]

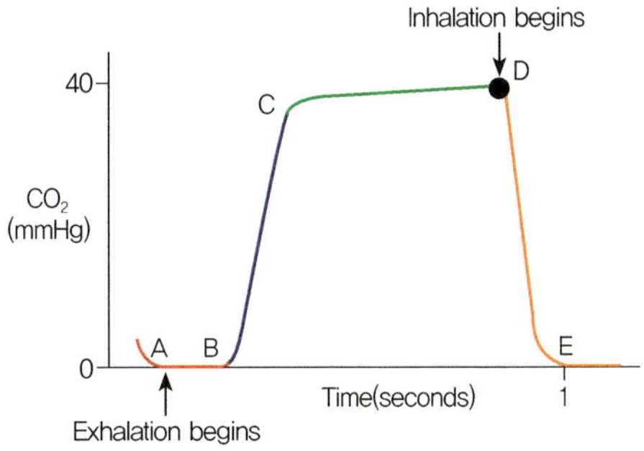

A ~ B	아래에서 위로 올라가는 시작 부분으로 날숨 시작과 함께 이산화탄소농도가 상승하기 시작하며 B 부분에서는 폐 안의 이산화탄소를 내보내기 시작한다.
B ~ C	이산화탄소 배출이 계속되어 일직선으로 유지되는 부분으로 약간씩 상승하는 형태이다.
C ~ D	이산화탄소 배출이 종료되어 호기말이산화탄소분압의 파형이 떨어지는 형태이다.
D ~ E	들숨 단계에 해당된다.

ⓑ 동맥혈중산소포화도(SpO_2)

헤모글로빈의 산소포화 비율을 나타낸다. 폐에서 적혈구로 산소가 공급되는 상태를 보여주는 역할을 한다. 95% 이하로 떨어지면 마취유지가 어려우며 98% 이상이 정상 영역이다. 맥박산소측정기(Pulse oximeter)를 혀나 귓바퀴에 끼워서 측정하며 맥박수를 측정할 수 있는 장점이 있다.

ⓒ 혈압

환자의 크기에 맞는 커프를 이용해 앞다리 또는 뒷발목 관절부위에 감아 사용한다. 진동계방식으로 동맥박동을 커프 내의 공기진동으로 감지한다.

마취 시 일반적인 평균혈압은 80~120mmHg를 유지해야 하며 60mmHg 이하로 혈압이 떨어질 경우 관류에 문제가 발생할 수 있어 모니터링에 중요한 부분을 차지한다.

ⓓ 심박수

심박수는 분당 횟수로 체크하며 일반적으로 마취 시 개의 경우 70~120회, 고양이의 경우 120~180회를 유지해야 한다. 심박수가 비정상적일 경우 동물보건사는 수의사에게 보고해 적절한 조치를 취해야 한다.

ⓔ ECG(Electrocardiogram)

심장의 전기적 활동을 평가하는 그래프를 의미하며 부정맥 및 빈맥의 여부를 평가할 수 있다.

정상 파형의 경우 P파, QRS파, T파가 형성되며 파형 간격, 속도, 모양을 파악해 정상적이지 않을 경우 수의사에게 보고해 적절한 조치를 취해야 한다.

ⓕ 체온

마취를 하는 경우 체온이 떨어지기 때문에 회복단계 시 저체온증이 오지 않도록 모니터링 해야 한다.

4) 모니터링 기록

① 동물의 상태 예 체중의 변화, CRT-호흡수, 심박수, 체온, 수술정보 등

② 수술 시 사용약물 예 약물의 이름 및 종류, 사용 용량, 투여 경로, 투여 시간 등

③ 수술시간 예 마취단계, 수술시작시간, 수술시간, 수술종료시간 등

④ 수술 시 모니터링 정보 예 체온, 혈압, 심박수, 기화기와 산소농도 등

⑤ 수액 예 수액 종류, 수액 속도 등

05 수술 환자 간호

수술 후 동물보건사의 모니터링
– 수술부위 체크 : 출혈, 염증, 붓기 등 – 바이탈 체크 : 호흡수, 심박수, 체온 등 – 환자의 상태 : 활력, 반응 등 – 식욕 : 식욕 여부, 급여사료의 종류, 사료의 양 등 – 배뇨 및 배변 : 음수량, 배뇨 및 배변의 유무, 상태 등 – 약물처치 : 입원시 사용된 약물 종류, 처치시간, 투여경로, 처치간격 등 – 수액 : 수액의 종류, 속도 등 – 구토 및 설사 : 수술 후 또는 약물 처치 후 나타나는 증상 체크 – 검사 : 입원 시 진행되는 혈액검사, 방사선 검사, 초음파 검사 등

06 봉합재료

(1) 봉합침

환침	– 바늘 끝이 동그란 형태의 바늘 – 대체로 부드러운 조직을 봉합하는 데 사용됨(혈관, 피하지방 등)
각침	– 바늘 끝이 뾰족하게 삼각형 모양으로 각진 형태의 바늘 – 피부, 안조직을 봉합하는 데 사용됨
역각침	– 바늘 끝이 역삼각형 모양의 각진 형태의 바늘 – 단단한 조직을 봉합하는 데 사용됨

(2) 봉합사

흡수성 봉합사	화학변화에 따라 실을 제거하지 않아도 체내에서 녹아 흡수된다. 실이 녹기 때문에 장기간 봉합상태를 유지해야 되는 경우에는 사용하지 않는다. – surgical gut(catcut) – collagen – polydioxanone(PDS suture) – polyglactin 910(vicryl) – polyglycolic acid(dexon)
비흡수성 봉합사	흡수성 봉합사와는 달리 체내에 흡수되지 않고 유지되기 때문에 제거가 필요한 봉합사이다. 장기간 봉합상태를 유지해야 되는 경우에 사용된다. – silk – cotton – linen – stainless steel – nylon(dafilon, ethilon)

Plus note

· **다양한 봉합사 형태**

단사	한 가닥의 두꺼운 섬유로 구성되어 있다. 수술 부위의 봉합부분이 쉽게 풀리기 때문에 주의해야 하며 세균증식이 일어나기 어렵다는 장점이 있다.
다사(꼰실)	여러 개의 섬유로 되어 있는 형태로 부드럽다. 매듭부위가 단사에 비해 잘 풀리지 않지만 세균증식이 일어나기 쉽다.
바늘 봉합사	바늘이 달려있는 구조이며 멸균봉지에 들어 있다. 바늘은 일회용이므로 재사용하지 않는다.
절사	봉합사만 멸균봉지에 들어 있다. 겸자로 뽑아 사용하며 한 가닥씩 바늘에 뽑아 사용한다.
카세트식 봉합사	필요한 길이만큼 잘라서 사용할 수 있다.

07 외과 진료법

(1) 배액법

1) 배액의 의미

체강(體腔)에 쌓인 고름 · 흉수 · 복수 · 수액 등의 액체를 배출시키는 것을 의미한다.

배액은 일반적으로 수술 후 부종이나 통증, 감염 등을 일으키는 혈액, 혈장, 조직의 조각들을 환부에서 제거하기 위한 것으로 수술 방법이나 부위에 따라 달라진다.

2) 배액법의 종류

① 수동배액

석션기를 사용하지 않고 중력 및 압력의 차이를 이용해 체강 안의 액체를 배출시키는 것을 말한다. 수동배액에서 가장 많이 사용하는 용품은 '펜로즈 드레인'이며, 펜로즈 드레인에 튜브를 연결해 액체를 제거한다.

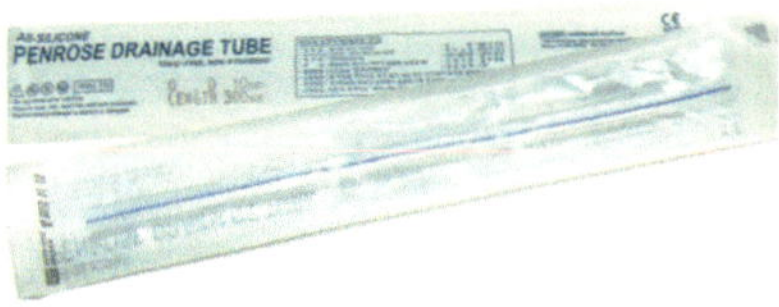

펜로즈 드레인(Penrose Drain)

② 능동배액

석션기를 이용한 배액방법으로 개방성 또는 폐쇄성 석션을 사용한다. 배액관과 연결해 음압에 의해서 통으로 액체가 배출된다.

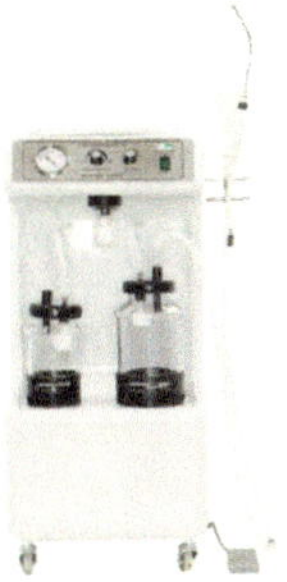

3) 배액 순서

손 소독제로 손 위생을 실시한다.
▼
일회용 장갑을 착용한다.
▼
배액을 원활히 하기 위해 배액관이 꼬이거나 접혀있지 않은지, 막힌 부분이 없는지 확인한다.
▼
배액관 삽입부위 dressing 상태(부종, 발적, 삼출물, 출혈 등)를 확인한다.
▼
배액관 위쪽을 잠근 후 흡인백을 안전하게 잡고 주의 깊게 마개를 연다.
(배액관의 위쪽을 잠가서 배액이 역류되는 것을 차단한다.)
▼
흡인백의 내용물을 눈금이 있는 측정컵에 옮겨 담는다.
▼
소독솜으로 배출구와 흡인백 마개를 닦고, 사용한 소독솜을 곡반에 버린 후
흡인백을 눌러 음압이 유지된 상태에서 배출구를 닫는다.
(입구로의 미생물 유입을 방지하고 감염원을 차단한다.)
▼
배액용 측정컵에 담긴 배액양상(배액의 양, 색깔, 투명도)을 확인한다.
▼
사용한 기기, 기구 등을 정리한다.
▼
수행 결과를 간호기록지에 기록한다.

4) 배액관 관리

① 배액관의 출구 및 입구는 감염방지를 위해 멸균적으로 관리해야 한다.

② 2차 감염을 막기 위해 환자의 배액 부위는 소독제로 소독해 관리한다.

③ 드레싱을 이용해 배액입구 및 뚜껑 등을 깨끗하게 소독해 관리한다.

④ 환자의 배액 부위는 항상 건조하게 관리하고 배액량을 체크해 기록한다.

⑤ 배약 양상(배액의 색깔, 투명도 등)을 체크한다.

(2) 지혈법

1) 지혈의 의미

지혈(止血, hemostasis)은 출혈을 멈추게 하는 과정으로, 손상된 혈관 내의 혈액을 유지시키는 것을 말한다.

2) 지혈의 종류

① 전기지혈법

전기를 이용해 혈관을 지혈하는 방법으로 수술 중 널리 사용되는 방법이다. 일반 멸균 거즈나 다른 지혈법보다 빠른 지혈로 술야 확보에 용이하다.

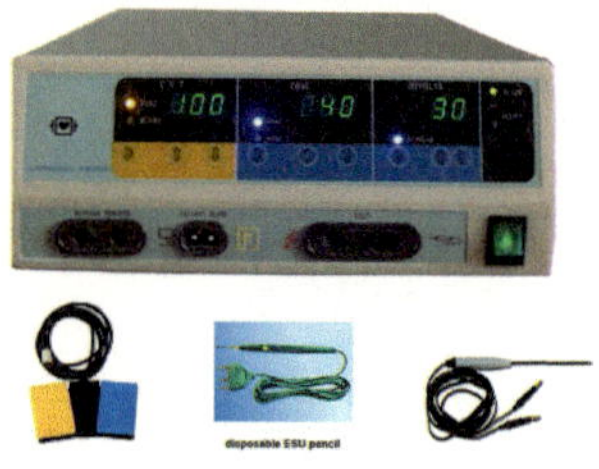

Bovie(보비) 전기지혈기기

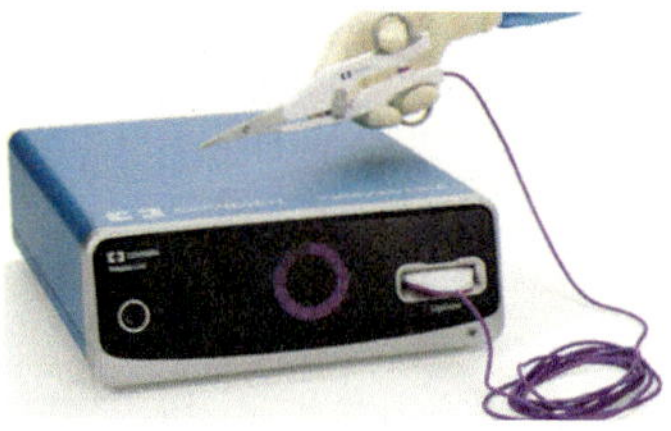

Ligasure(리가슈어) 전기지혈기기

② 본왁스

밀랍과 연화제의 혼합물로 뼈의 내강을 압박해 출열을 억제한다. 하지만 흡수가 잘 되지 않거나 치유가 더딜 경우 감염의 위험이 있어 소량 사용한다. 일반적으로 일회용 제품을 많이 사용한다.

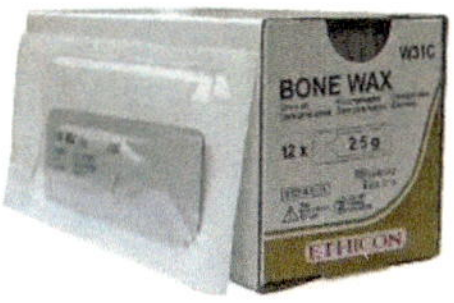

③ 써지셀

산화된 재생성 셀룰로오스 성분으로 지혈보조제로 사용되며 거즈, 솜, 부직포 등 형태가 다양하다. 일반적으로 출혈부위가 큰 부위보다는 국소적으로 사용되며, 필요한 양만큼 잘라서 붙여 사용하고 몸에 녹아 흡수된다. 외부 상처가 발생했을 경우 사용이 빠르고 간편하며 적용이 쉬운 장점이 있다.

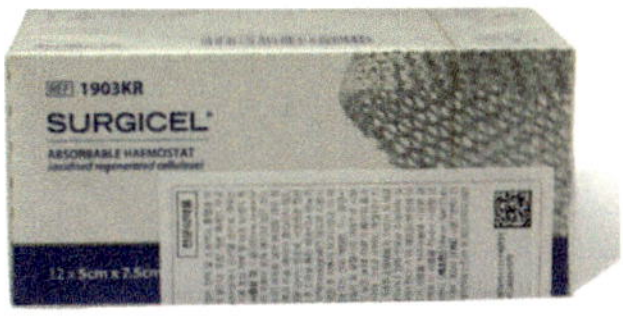

④ 젤폼

몸에 흡수하는 젤라틴 스폰지 형태의 지혈제로 '써지셀'과 사용방법이 비슷하다.
출혈부위에 부착하면 젤폼이 부푼다. 흡수는 상처 형태마다 차이가 있지만, 대체로 6주 이내이며 제거하지 않으면 육아종을 형성하기 때문에 감염부위에는 주의해야 한다.

⑤ 멸균거즈

상처부위나 출혈부위를 직접적으로 압박하는 방법으로 지혈하며, 수술 중이나 진료 중 모두 사용 가능하다.

⑥ 지혈파우더

파우더 형태의 지혈제로 동물병원 또는 가정 내에서 많이 사용하며, 미용 시나 발톱의 혈관에서 출혈이 발생했을 때 주로 사용하는 지혈제이다.

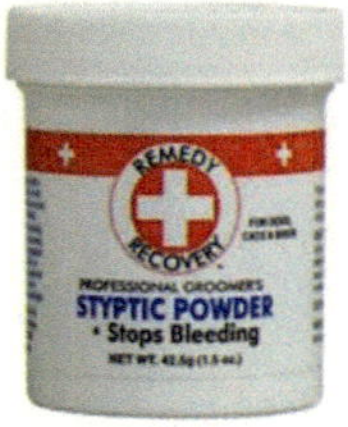

⑦ 지혈겸자

수술 중 사용하는 지혈 방법으로 술야를 확보하기 위해 혈관의 출혈을 일시적으로 막는 역할을 한다.

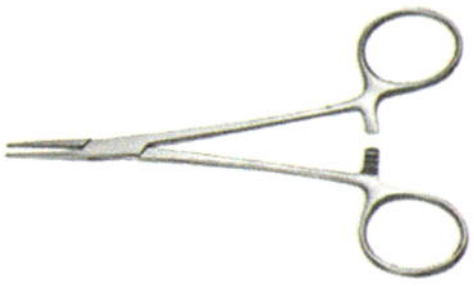

(3) 창상(외상)

1) 상처의 유형

상처는 외부의 자극으로 인해 피부 및 조직이 파괴된 상태를 의미하며, 다음의 유형들이 있다.

① **개방성 상처** : 피부나 점막의 손상

② **폐쇄성 상처** : 피부 표면은 손상되지 않았지만 조직의 출혈 및 손상

[상처의 유형 분류]

유형	원인
열상	날카로운 물체로 인한 상처
화상	난로, 뜨거운 물, 드라이기, 전기장판 등으로 인한 상처
욕창	피부압박으로 인한 혈액순환 장애로 피부 기능 저하
찰과상	미용 시의 피부 상처
타박상	외부 충격으로 인한 조직 내 출혈 발생
관통상	뾰족한 물체로 인해 피부가 뚫린 상처
교상	동물끼리의 상처

2) 상처의 과정

① 염증 단계

상처발생 직후부터 염증반응이 시작된다. 조직이 손상되어 혈관수축 및 혈소판에 의한 응고작용이 발생하며 염증세포에 의한 식균작용이 진행되는 단계이다.

② 조직형성 단계

상처 발생 2~3일 후부터 육아 조직이 형성되기 시작한다.

③ 피부형성 단계

상처 발생 약 3주 후부터 진행되며, 상처의 크기에 따라 몇 달 동안 지속되기도 한다. 피부조직에 가까워지며 흉터가 점점 희미해지는 단계이다.

3) 창상(외상)환자 처치 순서

① 약물처방(진통제, 진정제, 항생제 등)

외상을 입은 환자는 통증이 있거나 흥분한 상태가 많으므로 내원 시 출혈이 있는 경우 지혈 후 1차적으로 통증을 가라앉힐 수 있도록 진정제, 진통제를 투여하며 2차감염을 막기 위해 항생제를 처방한다.

② 창상부위 털 제거

정확한 상처 부분과 크기를 확인하기 위해 창상부위 및 주변의 털을 제거하며, 보정자 및 수의사의 부상 방지를 위해 넥카라를 착용한다.

③ 상처의 부위 및 깊이, 크기 확인

상처의 정확한 크기, 깊이, 개수를 확인하고 사진을 찍어 기록한다.

④ 상처세척

멸균 생리 식염수 또는 포비돈 요오드를 사용해 상처부위를 깨끗이 세척하며 상처 조직의 박테리아의 부하를 줄여 2차감염 및 합병증을 감소시킨다.

⑤ 괴사조직 제거

상처부위의 생존이 불가능한 조직을 평가해 제거하는 단계로 일반적으로 청흑색의 피부 또는 너무 얇은 흰색의 피부를 제거한다.

⑥ 드레싱

상처를 보호하고 재생을 위한 단계로, 외부로부터 감염을 방지하고 부종 감소 및 삼출물 흡수 등 상처부분을 지지하는 역할을 한다.

4) 드레싱 종류

거즈(gauze) 드레싱	– 가장 많이 사용하는 드레싱의 종류 – 상처의 자극이 적음 – 식염수 사용 가능함 – 건조 드레싱과 습윤 드레싱이 존재함
투명(transparent) 드레싱	– 필름 접착제 – 얇고 반투명한 형태 – 흡수력이 없어 삼출물이 존재할 경우 부적절함
폼(foam) 드레싱	– 바깥쪽은 반투과성 필름이며 안쪽은 폴리우레탄 폼의 형태 – 비접착성 드레싱 – 드레싱을 고정할 2차 드레싱이 필요함 – 공기는 통과함 – 물은 통과하지 못함 – 삼출물을 흡수하며 삼출물이 있는 상처에 적용하기 적절함
하이드로콜로이드(hydrocolloid) 드레싱	– 얇고 납작한 불투명한 형태 – 물이 통과되지 않으며 방수기능이 존재함 – 삼출물이 약간 존재할 경우 사용이 가능하지만 삼출물이 많을 경우에는 부적절함 – 부종을 감소시킴 – 부착 후 약 7일 정도 유지 가능함
하이드로젤(hydrogel) 드레싱	– 비접착식 드레싱 – 드레싱을 고정할 2차 드레싱이 필요함 – 삼출물을 흡수함 – 괴사조직을 수화시킴 – 조직이나 세포손상이 없음
칼슘 알지네이트(calcium alginate) 드레싱	– 해초에서 추출한 드레싱 – 비접착식 드레싱 – 드레싱을 고정할 2차 드레싱이 필요함 – 상처부위를 수분감 있게 보호함 – 분비물 및 삼출물이 많을 경우에 적절함 – 흡수력이 뛰어남 – 건조한 상처에는 부적절함

(4) 붕대법

1) 붕대의 역할

붕대는 상처보호 및 주변 관절과 뼈의 움직임을 고정시켜주는 역할을 한다.

① 상처 보호 : 출혈 및 부종 압박, 2차감염 방지 등

② 뼈와 관절 보호 : 움직임의 고정, 체중 지지, 연부조직 손상 방지, 부종 방지

2) 붕대의 구성

붕대처치 시 1번 층(피부접촉), 2번 층(중간층), 3번 층(외부층) 총 3개의 층으로 보호한다.

1번 층	피부와 접촉하며 상처부위 지혈, 세균감염 방지, 분비물 흡수, 상처 보호를 위한 환경을 조성하는 것이 목적이다. 사용하는 드레싱 : 멸균거즈, 메디폼, 듀오덤 등
2번 층	외부충격을 완화시켜주는 역할을 하며, 1번 층에 이어 상처에서 나오는 불순물을 흡수하고 붕대를 함으로써 1번 층의 드레싱을 지지하는 것이 목적이다. 사용하는 드레싱 : 탄력붕대(cast padding, roll cotton)
3번 층	외부로부터 상처를 보호하고 외부감염을 막는 역할을 하며 1번 층과 2번 층을 고정하는 것이 목적이다. 사용하는 드레싱 : 탄력붕대(코반), 방수반창고, 관상붕대(스타키넷)

Plus note

- **캐스트**
  석고붕대, 깁스붕대라고도 불리며 외부 보호를 위해 원통형으로 둘러싸고 단단하게 굳히는 것을 의미한다. 최근에는 유리섬유를 사용하기도 한다. 캐스트는 늘어나도 원래 형태로 돌아가는 탄력성이 특성이다.
- **스프린트**
  부목을 이용한 반원통형 깁스형태를 의미한다. 플라스틱 막대, 알루미늄 등을 사용하며 상처부위 확인 시 풀고 다시 새 붕대로 교체할 수 있다. 사용법은 솜붕대와 거즈붕대를 이용해 상처부위를 감싼 후 스프린트를 대고 탄력붕대로 감아주고 마지막으로 코반으로 고정한다.

3) 붕대처치 시 주의사항

① 세균감염 방지를 위해 처치 전에 손 소독은 필수이다.

② 흥분한 환자의 보정이 적절해야 한다.

③ 붕대의 압력이 너무 강하지 않아야 한다.

④ 환자가 붕대를 풀지 않도록 주의하며 넥카라 착용을 안내한다.

⑤ 붕대에 분비물 및 삼출물이 보일 경우 붕대를 교체해야 한다.

⑥ 붕대부분의 특정 부분만 압력이 강하지 않으며 전체적으로 적절한 압력이 필요하다.

⑦ 붕대부분은 깨끗하고 건조하게 유지해야 한다.

Chapter 03

동물보건 임상병리학

01 진료 소모품 종류

(1) 공간에 따른 용품 분류

1) 진료실 내의 의료용품

진료 용품	– 주사기, 주사침, 주사약병, 나비침, 카테터, 수액, 튜브, 토니켓, 헤파린캡, 솜, 붕대, 거즈, 테이프, 멸균장갑, 마스크, 넥카라, 클리퍼 등
임상검사 용품	– (혈액 및 소변, 분변 채취)검사용기, 커버글라스, 슬라이드 글라스, 배양배지 용기, (심장사상충, 전염병, 항체가, 췌장염 등)검사키트, 검사시약 등
의약품 및 조제도구	– 의약품 : 백신, 동물용의약품, 사상충예방제 등 – 약 조제도구 : 약포장지, 약봉투, 약주걱, 약스푼, 포장기, 유발, 유봉, 정제반절기 등

2) 수술실 내의 의료용품

수술 기구	수술칼, 수술가위, 포셉, 집게, 견인기, 수술용 바늘, 수술포 등
수술 기기	무영등, 동물보온장치, 전기수술기, 마취기 등

3) 대기실 내의 용품

① 사료 : 동물별 및 나이별에 따른 브랜드별 사료

② 간식 : 통조림, 캔, 껌 종류, 말린 육포, 쿠키 등

③ 건강보조제 : 피부 · 관절 등의 건강보조제, 신장 · 심장보조제 및 유산균 등

④ 생활용품 : 이동식 캐리어, 옷, 배변판, 식기, 하우스, 치약 및 칫솔, 목줄, 입마개 등

⑤ 장난감 : 노즈워크 장난감, 인형, 공 등

⑥ 세정용품 : 일반 샴푸 및 린스, 처방용 약용샴푸, 귀 세정제, 물티슈, 미스트 등

(2) 진료용품

1) 주사기

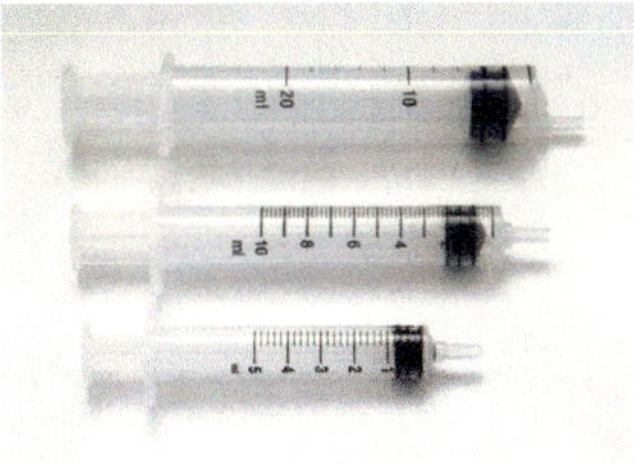

① 구조 : 주사기에는 주로 일회용 멸균 플라스틱제가 사용되며, 크게 실린더(약품을 담는 주사통)와 밀대(약물을 밀어내는 역할), 주사바늘(체내에 삽입)로 구성되어 있다.

실린더	주사바늘과 실린더를 연결하는 통 끝 부분, 주사액이 흘러나오지 않도록 막아주는 고정 캡으로 이루어져 있다. 몸통에는 투약량을 보여줄 수 있도록 용량이 쓰여져 있고 각각 사용하는 목적과 용량(1ml, 3ml, 5ml, 10ml, 30ml, 50ml 등)에 따라 크기가 분류되어 있다.
밀대(내통)	약물을 밀어 넣어주는 피스톤과, 손으로 밀대를 누를 수 있도록 하는 주입누름판으로 구성되어 있다.

② 사용 : 예방접종, 약복용, 진료처치 시

③ 주사기에 주사침 장착 · 제거 방법

주사기의 통 끝부분에 손이 닿지 않도록 주사기를 포장지에서 꺼낸다.
▼
크기에 맞는 주사침을 준비한다.
▼
주사액이 새지 않도록 주사침을 확실히 연결하며, 주사기의 눈금과 바늘 끝이 같은 방향으로 향하게 장착한다.
▼
환자에게 주사처치를 진행한다.
▼
주사바늘 제거하는 경우 통 끝 근처를 잡고 비틀어 제거하며, 바늘에 손이 찔리지 않도록 주의한다.

2) 주사침

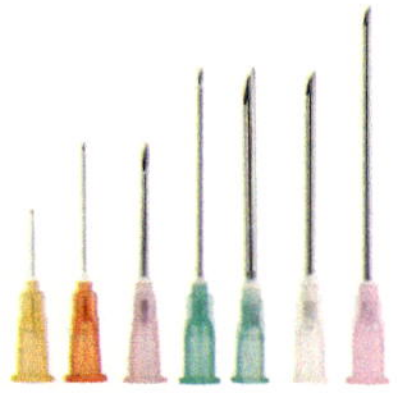

① 구조 : 주사침은 일회용 멸균제품으로, 사용한 후 재사용하지 않고 의료폐기물로 분류해 폐기한다. 구조는 바늘 끝, 침관, 보호 덮개로 구성되어 있다.

바늘 끝	체내에 삽입되는 부분으로 주사기 안에 넣은 약물을 환자에게 투여하는 역할을 한다.
침관	주사바늘 부분으로 보호 덮개와 바늘 끝을 이어준다. 침관 끝은 경사면으로 이루어져 있고 길이에 따라 피하주사용과 정맥주사용으로 나뉜다. 피하주사용은 비교적 경사면이 예각이고 긴 형태이며, 정맥주사용은 바늘 끝이 둔각이고 짧은 형태이다.
보호 덮개	주사기 또는 수액줄 등에 연결되는 부분으로 플라스틱 재질로 이루어져 있다. 주사침의 오염을 방지하고 침관을 보호하는 역할을 한다. 보호 덮개의 색상은 주사침의 크기(게이지)에 따라 다르다.

② 사용 : 약물투여처치, 소변채취 등

③ 특징 : 주사기의 크기와 사용목적에 따라 주사침을 선택해 사용한다. 직경의 단위는 '게이지(G)'이며, 숫자가 클수록 직경이 작다. 길이는 포장지에 쓰여 있으며 18G, 21G, 23G 26G 등으로 나뉜다.

3) 주사약병

① 앰플

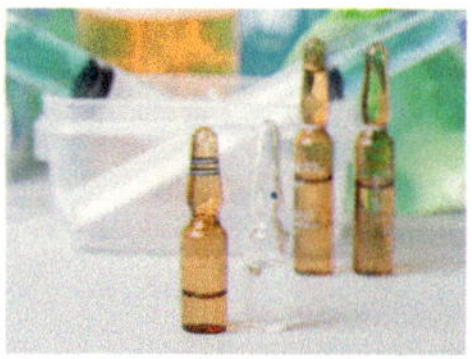

ⓐ 구조 : 앰플은 유리형태로 이루어져 있고 앰플 안에는 주사처치 시 사용할 약물이 들어 있다. 일반적으로 1회 사용 약물이 들어 있다.

ⓑ 특징 : 앰플 상부에도 약물이 들어 있어 손가락 부분으로 약물을 하부로 이동시키고 상부유리 부분을 절단해 사용한다. 절단하는 부분은 얇고, 동그란 표시가 되어 있다. 표시가 보이도록 위치시킨 후 한 손으로 앰플을 고정하고 표시 반대부분으로 힘을 주어 절단시켜 사용한다. 유리 재질로 되어 있기 때문에 손을 베지 않도록 주의해야 한다.

② 바이알

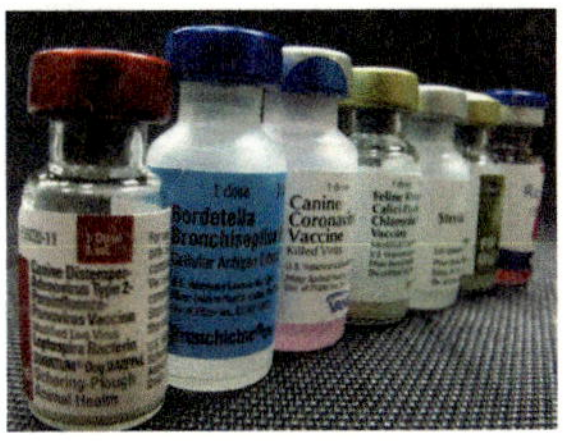

ⓐ 구조 : 유리로 된 병에 약물을 동봉해 고무마개로 밀봉되어 있으며 멸균된 상태이다. 약물은 액체 또는 분말 형태이며 분말형태의 경우 생리식염수나 주사용수에 희석해 사용한다.

ⓑ 특징 : 앰플은 1회 사용량이 들어 있지만, 바이알의 경우 여러 번 사용할 수 있는 용량이 들어있다. 필요한 만큼 주사기를 이용해 약물을 뽑아 사용할 수 있다.

Plus note

- **주사약물 준비방법**

① 주사기 포장지 끝부분을 벌려 꺼낸다.
② 주사기에 사용하는 주사침을 단단히 연결시킨다. 연결이 제대로 안될 시 약물이 새는 경우가 발생할 수 있어 주의한다.
③ 주사기 눈금과 주사침의 경사면을 같은 방향으로 위치시킨다.
④ 주사기 보호캡을 제거해 주사기에 약물을 채운다.
⑤ 주사기 내에 들어간 공기를 완전히 제거한다.
⑥ 환자에게 주사처치를 실시한다.

- **주사기 내의 공기 주의사항**

주사기 내의 공기가 체내에 주입될 경우 조직에 통증을 유발하고 염증이 생길 수 있다. 주사기 안의 공기를 빼는 경우 주사바늘을 위쪽으로 향하게 한 뒤 밀대를 밑으로 뺀 후 손가락을 이용해 주사기 몸통부분을 가볍게 톡톡 치면 공기가 빠지게 된다. 공기층이 빠지면 밀대를 다시 밀어올리고 주사처치를 실시한다.

- **사용한 주사기(주사침), 약물 폐기 방법**

주사기는 폐기물관리법에 의한 의료폐기물에 해당되며 위반할 경우에는 과태료가 발생한다. 주사기와 주사침의 경우 멸균된 일회용 용품이며 재사용을 하지 않는다.

주사기	수액세트, 혈액이 묻은 거즈 및 붕대 등과 함께 일반 골판지류 의료폐기물로 분류해 폐기
주사바늘	봉합바늘, 수술용 칼 등과 함께 손상성 폐기물로 분류하고 상자형 합성수지류로 된 손상성폐기물 전용용기에 폐기
앰플	날카로운 물품으로 앰플과 슬라이스글라스, 커버글라스 등과 함께 손상성 폐기물로 분류하고 상자형 합성수지류로 된 전용용기에 폐기
바이알	일반폐기물로 분류해 폐기

4) 나비침

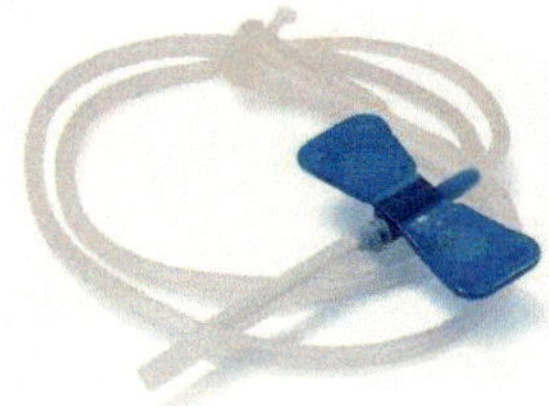

① **구조** : 나비침은 멸균상태의 일회용품으로 재사용하지 않는다. 나비침은 바늘과 나비모양의 날개부분, 튜브로 이루어져 있다. 비늘 부분은 오염되지 않도록 보호되어 있지만 튜브 부분은 노출되어 있으므로 오염되지 않도록 주의해야 한다.

주사바늘	체내에 삽입되는 부분으로 일반 주사바늘보다 비교적 짧은 편이다.
나비모양의 날개부분	피부에 고정하기 편하게 하는 역할을 하며 나비모양으로 되어 있어 나비침으로 불린다.
튜브	주사기와 연결하는 부분이다.

② **사용** : 수액처치, 복수천자 등

③ **특징** : 주사침과 동일하게 바늘의 직경이 색으로 구별된다. 동물의 경우 혈관에 직접 장착하게 되면 움직임 등으로 인해 혈관이 손상되기 쉽기 때문에 직접 혈관에 장착하지 않고 정맥 내 카테터에 장착되어 있는 헤파린캡(루어락캡)에 연결해 사용한다.

5) 카테터

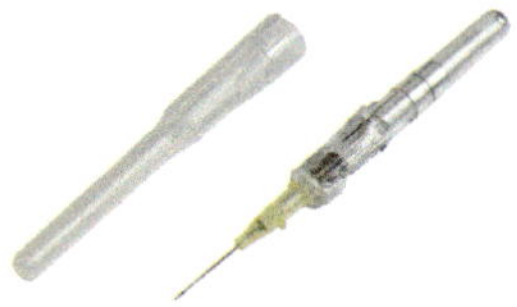

① **구조** : 카테터는 멸균상태의 일회용품이며 재사용하지 않는다. 크게 겉침과 속침으로 나뉘어져 있는 구조이다.

겉침	플라스틱의 유연한 형태이며, 혈관과 함께 움직여 혈관의 손상을 최소화하며 혈관에 테이프로 고정한다.
속침	주사바늘과 플라스틱 형태로 되어 있으며 피부와 혈관벽을 뚫어 혈관벽으로 유도된 후 제거된다.

② **사용** : 수액처치, 체강 내의 기체 및 액체 제거

③ 특징 : 카테터는 16G부터 30G까지 크기가 다양하며 숫자가 클수록 바늘 굵기는 가늘어진다. 색 구분은 주사기와 나비침과 다르기 때문에 주의해야 한다.

[카테터 크기별 바늘구멍 색 분류표]

크기	바늘구멍 색	크기	바늘구멍 색
24G	노란색	18G	초록색
22G	파란색	16G	회색
20G	분홍색	14G	주황색

④ 정맥 내 카테터 장착 시 필요용품

카테터	혈관 내에 약물 또는 수액 등을 주입하기 위해 혈관 안에 장착한다.
헤파린캡(루어락캡)	정맥의 개통, 유지를 위해 사용된다.
나비침	수액 및 용액의 연결통로로 이용된다.
토니켓(혈관압박대)	일시적으로 정맥 혈류의 흐름을 막아 혈관이 노출될 수 있도록 압박하기 위해 장착한다.
클리퍼	혈관의 확인을 위해 피부의 털을 제거하는 용도로 사용한다.
알코올 솜	환자의 카테터 장착 부위의 피부 소독을 위해 사용한다.
테이프	카테터를 피부에 고정하기 위해 사용한다. 테이프 이외에도 상황에 따라 솜붕대 또는 코반을 사용하기도 한다.
3ml 주사기	카테터 장착 후 주사기 안에 생리식염수를 넣어 혈관의 개통이 이루어졌는지 확인하기 위해 사용한다.
생리식염수	혈관의 개통확인을 위해 3ml 주사기에 넣을 용도로 사용된다.

⑤ 정맥 내 카테터 장착방법 : 개와 고양이의 경우 일반적으로 요골쪽 피부 정맥에 카테터를 장착한다.

ⓐ 환자의 카테터 장착 부위에 털이 많을 경우 클리퍼를 사용해서 털을 깨끗이 정리해 정맥 부분이 잘 보이도록 한다.

ⓑ 동물보건사는 동물을 움직일 수 없도록 보정한다.

ⓒ 토니켓을 이용해 카테터 장착 부위의 다리를 압박해 혈관의 노출이 이루어지도록 한다.

ⓓ 알코올 솜을 이용해 피부를 소독한다.

ⓔ 수의사는 정맥혈관에 카테터를 삽입한다.

ⓕ 혈관의 삽입이 잘 이루어졌는지 카테터의 속침에 혈액이 고이는 것을 확인한다.

ⓖ 카테터의 속침을 제거하고 겉침을 정맥 안으로 밀어 넣는다.

ⓗ 헤파린캡(루어락캡)을 혈액의 역류를 막기 위해 끼워 넣어 장착한다.

ⓘ 테이프를 이용해 카테터를 피부에 움직이지 않도록 고정시킨다.

ⓙ 헤파린캡과 함께 테이프로 고정시킨다.

ⓚ 3ml 주사기에 생리식염수를 넣어 주사기를 헤파린캡에 삽입한다.

ⓛ 삽입한 주사기의 생리식염수를 삽입해 개통이 잘 이루어지는지 확인한다.

⑥ **카테터 제거방법** : 카테터를 제거할 경우에 혈관에서의 출혈과 혈종을 막기 위해서 알코올 솜으로 혈관부분을 1~2분 정도 압박하며 지혈하고, 솜과 테이프를 이용해 감아 지혈한다. 지혈한 솜은 약 30분~1시간 이후에 제거한다.

6) 넥카라

① **종류** : 넥카라는 다양한 크기와 소재가 있다. 동물병원에서는 대부분 플라스틱 재질로 된 넥카라를 사용한다.

② **사용**

ⓐ 수술 후 부위를 핥아 2차감염이 나타나지 않도록 사용된다.

ⓑ 진료 시 동물이 사나울 경우 물림 방지를 위해 사용한다.

ⓒ 수액처치 시 수액줄 및 카테터 부위를 핥거나 깨무는 경우 사용한다.

③ **주의사항**

ⓐ 사용할 경우 동물의 코끝보다 넥카라가 긴 것을 선택해 사용한다. 짧을 경우 보호해야 하는 부위를 핥을 수 있기 때문에 주의해야 한다.

ⓑ 넥카라로 목을 심하게 압박하면 숨 쉬는 것 등 일상생활이 불편해지기 때문에 목 부분에 손가락이 두세 개 정도가 들어갈 여유를 두고 장착한다.

ⓒ 넥카라를 너무 느슨하게 하는 경우 동물이 머리를 터는 등 행동을 하면서 빠질 수 있기 때문에 주의해야 한다.

ⓓ 카라가 마찰되는 부분에 상처가 발생할 수 있어 주의한다.

ⓔ 채워야 하는 부분에 단추가 없을 경우 테이프로 고정한다.

ⓕ 넥카라의 크기가 애매할 경우 작은 것보다 큰 것을 사용한다.

02 임상병리 장비

(1) 혈액화학 검사기

혈장 또는 혈청 내에 존재하는 성분을 검사하는 기기로 신체 내의 장기 기능을 평가하기 위해 사용한다.

(2) 자동혈구 분석기

EDTA를 처리한 혈액을 이용해 혈구 세포들의 크기, 개수, 비율 등을 확인하기 위해서 사용하는 기기이다.

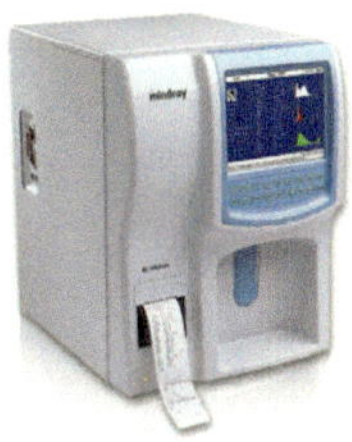

(3) 혈액가스 분석기

혈액 내에 포함되어 있는 전해질과 이산화탄소, PH, 산소 분압 등을 분석하기 위해 사용하는 기기이다.

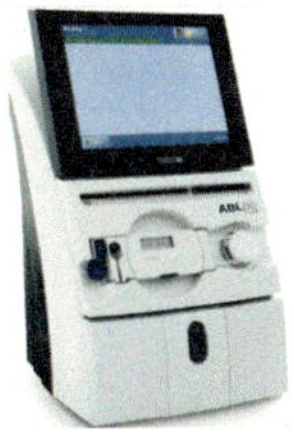

(4) 광학현미경

눈으로 관찰했을 때 확인할 수 없는 검체 성분을 확대해 관찰할 수 있도록 도와주는 기기이다.

(5) 원심분리기

원심력을 이용해 검체를 원심분리하는 기기이며 주로 혈청분리, 요침사검사, 분변침전검사에 사용된다. 소형 원심분리기의 경우에는 주로 혈액화학검사기에 사용하기 위해 채혈한 혈액을 원심분리하기 위해서 사용한다.

(6) 혈당측정기

혈액 내 당의 함량을 측정하는 장비이며, 작은 채혈량에도 빠르고 정확한 혈당측정이 가능하다.

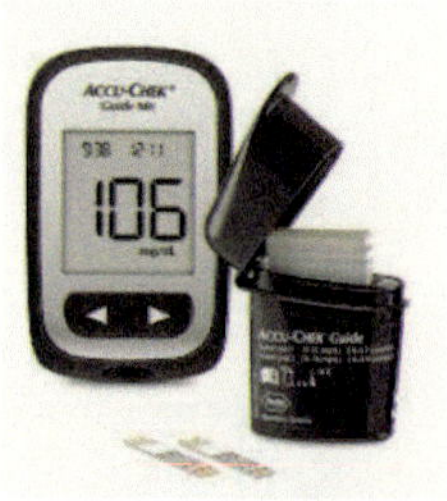

(7) 안압계

눈의 압력 정도를 측정할 수 있도록 도와주는 장비이다.

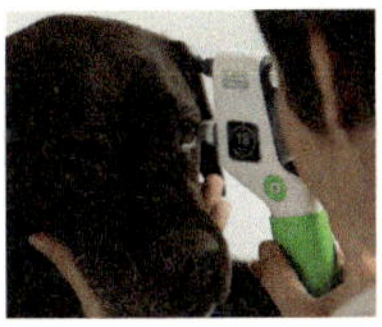

(8) 굴절계

액체가 빛에 의해서 굴절되는 것을 측정하는 장비로 주로 요비중검사 또는 혈액 단백질 농도를 확인하는 데 사용되는 장비이다.

(9) 검이경

눈으로 관찰했을 때 볼 수 없는 귀의 내부를 확인할 수 있도록 도와주는 기기이며, 주로 귀지의 성상, 발적, 귀 진드기 여부, 귀 내 이물질 또는 귀의 형태를 확인할 수 있다.

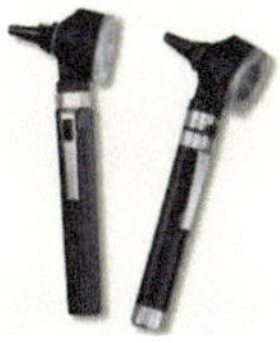

(10) 피펫

적은 양의 액상 검체를 채취할 수 있도록 도와주는 장비이다.

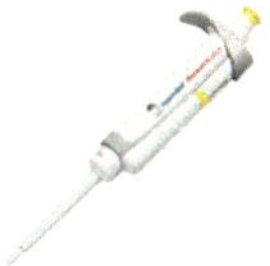

03 현미경

현미경이란 특정 물체를 확대해서 볼 수 있는 기계로서 육안으로 확인하고 판별할 수 없을 정도로 작고 미세한 근육조직이나 세포를 보는 데 쓰는 도구이다. 보통 동물병원에서는 가장 기본적인 현미경으로 광학 현미경을 많이 사용한다.

(1) 현미경 구조 및 명칭

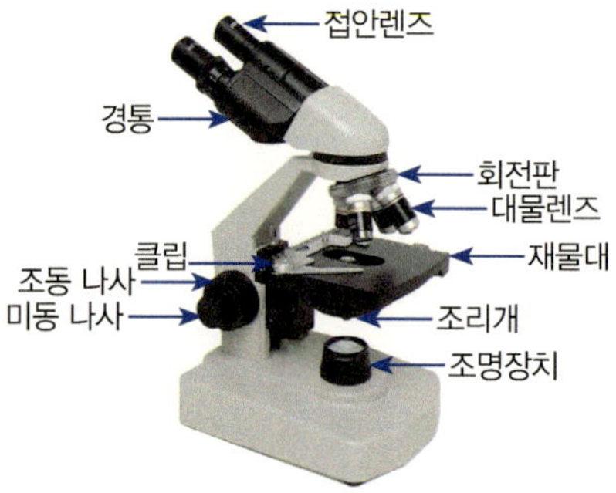

① **접안렌즈** : 현미경을 볼 때 눈이 닿는 부분이 접안렌즈이다. 대물렌즈의 상을 확대하여 더욱 크고 선명하게 볼 수 있도록 하는 역할을 한다.

② **대물렌즈** : 회전판을 돌려가면서 원하는 배율로 관찰한다. 대물렌즈의 길이가 각각 다른 것은 배율의 차이이며 고배율일수록 렌즈의 길이가 길다. 일반적으로 '4×', '10×', '40×', '100×' 배율의 4개 구성이다.

③ **재물대** : 관찰할 슬라이드글라스를 올려놓는 곳으로, 중앙부위에 구멍이 뚫려있는 것은 빛이 통과할 수 있도록 되어 있는 것이다.

④ **조동나사와 미동나사** : 조동나사와 미동나사는 대물렌즈와 슬라이드글라스 사이의 거리를 조절하는 나사이다.

조동나사	관찰할 대상에 처음으로 초점을 맞출 때 사용
미동나사	조동나사에서 맞춰진 초점을 더욱 정확한 초점으로 맞출 때 사용

⑤ **광원조절기** : 재물대 밑 부분에 위치하며 광원으로부터 나온 빛을 모으고 광도를 조절하는 역할을 한다.

⑥ **조리개** : 렌즈로 들어오는 빛의 밝기를 조절하는 역할을 하며 빛의 상태에 따라서 조리개의 구멍의 크기를 조절한다.

(2) 현미경 관찰순서

재물대를 가장 밑으로 내린 후 '4×'의 대물렌즈를 재물대 중앙부분에 위치시킨다.
▼
관찰할 슬라이드글라스를 시료가 위쪽을 향하게 하여 재물대 위에 올린다.
▼
슬라이드글라스를 슬라이드 장착 홈에 맞춘다.
▼
전원을 켜고 빛 조절 다이얼을 이용해 밝기를 조절한다.
▼
콘덴서를 가장 높은 위치로 올린다.
▼
조동나사를 이용해 대물렌즈와 슬라이드글라스를 가장 가까운 위치로 이동시킨다.
▼
접안렌즈로 조절해 현미경의 시야가 원이 될 수 있도록 맞춘다.
▼
미동나사를 조절해 초점을 맞춘다.
▼
콘덴서의 위치를 조절하며 시료를 관찰한다.
▼
관찰 시에는 저배율에서 고배율순('4×', '10×', '40×', '100×')으로 관찰한다.
▼
관찰이 끝날 경우 대물렌즈를 '4×'에 위치시키고 덮개를 덮어준다.

※ 대물렌즈 100×(1,000배) 관찰 시 이머전오일(immersion oil)을 사용해서 관찰한다.
이머전오일은 더욱 선명하게 관찰할 수 있게 하는 오일이며, 주로 세균 관찰 시 사용된다. 오일은 시간이 지나면 닦기 어려워지기 때문에 관찰이 끝나면 렌즈페이퍼를 이용해 렌즈를 깨끗이 제거한다.

Plus note

현미경으로 진행되는 검사 – '도말표본검사'

- 도말표본검사는 검사 시료를 슬라이드글라스에 얇게 펴 발라 현미경으로 검사하는 방법이다.
- ① 분변검사 ② 요검사 ③ 혈액검사 ④ 세포검사 등이 있다.
- 혈액검사와 세포검사는 염색의 과정을 거쳐서 도말검사가 진행된다.

(3) 현미경 렌즈

1) 렌즈의 배율

접안렌즈	×10	**대물렌즈**	×4, ×10, ×40, ×100

2) 총 배율

접안렌즈	대물렌즈	총배율
10	4	40
10	10	100
10	40	400
10	100	1,000

(4) 동물보건사의 현미경 관리

① 현미경을 운반할 경우 항상 두 손을 이용해 운반하며 한 손은 현미경 하부를 고정하고 다른 손으로는 현미경의 손잡이를 잡고 이동한다.
② 렌즈 세정 시에는 보푸라기 발생 위험이 있어 알코올 또는 렌즈페이퍼를 사용한다.
③ 먼지로 인한 오염이 발생할 수 있으므로 전용 덮개를 이용해 보관한다.
④ 대물렌즈의 경우 면봉을 추가로 사용해 관리한다.
⑤ 대물렌즈의 100배율 사용할 경우 이머전 오일을 사용한다.
⑥ 이머전 오일을 사용한 경우 95%에탄올을 사용해 깨끗하게 닦아 관리한다.

04 분변검사

(1) 분변검사의 개념

분변검사란 분변을 채취해서 육안으로 기생충감염 여부 및 충란의 여부를 확인하는 것이다.

어린 개체일수록 면역력이 낮고 감염성이 높기 때문에 분변검사를 통해 감염 여부를 확인하며 소화기 증상이나 질병이 나타날 때도 분변검사가 진행된다.

반려동물에게 감염 위험이 있는 기생충과 세균에는 사람에게도 옮을 수 있는 인수공통전염병의 위험이 있기 때문에 주의해야 하며, 정기적으로 사상충 및 구충을 예방해야 한다. 기생충이나 세균 감염 시 반려동물에게 식욕부진, 컨디션 저하, 점액성 설사 및 혈변을 일으킬 수 있고 다양한 질병을 유발할 수 있다.

인체에 병원성을 유발하는 주요 기생충 및 병원성 세균의 종류와 특성은 다음과 같다.

1) 기생충(Parasite)

기생충에 감염된 동물은 기생충이나 충란(蟲卵)을 배설하고 분변을 통해 2차적으로 다른 개체나 사람에게 감염시킬 위험이 있다.

① 선충류(Nematoda) : 선충은 끝이 가늘고 긴 원추상의 기생충으로, 인수공통기생충병을 일으키는 종류가 50여 종이다. 우리나라에서 문제가 되는 것은 회충, 십이지장충, 사상충 등이다. 선충의 경우 알을 낳아 번식하고 흙이나 중간 숙주에 붙어 기생하며 사람에게도 전염이 가능하다.

② 개 회충(Toxocara canis) : 개 회충은 소장에 기생하는 선충 종류 중 하나로, 약 10cm이며 크기가 매우 큰 편에 속한다. 특히 면역력이 약한 어린이나 환자에게 감염될 경우 체중 감소, 식욕저하, 기침 등 다양한 증상이 나타날 수 있다. 과거 우리나라에서는 회충이 눈으로 들어가 망막에 자리 잡아 실명이 된 사례도 있다. 개 회충은 배설물을 통해 사람에게 전염될 수 있고 추운 날씨나 화학물질에도 강한 생명력을 보인다. 또한 수년 동안 비감염성으로 잔존할 수 있기 때문에 배설물을 잘 처리하는 것이 감염을 예방하는 데 큰 도움을 준다.

③ 개등포자충(Isospora canis) : 개에게 감염을 일으키는 장 내에 기생하는 원충이며, 숙주 특이성이 강하지만 사람에게는 감염이 되지 않는다. 감염의 원인은 주로 오염된 분변 섭취이며 심할 경우 혈액성 설사 및 복통, 빈혈 증상이 나타난다.

2) 병원성세균(Pathogenic bacteria)

세계적으로 인체에 질병을 일으키는 병원성 세균에 의해 매년 수백만 명이 질병을 앓고 사망하는 사례가 있다.

미생물은 자연환경으로부터 식품을 쉽게 오염시킬 수 있고, 사람이나 동물의 분변을 통해 토양, 물, 식품 등에 오염 및 전염을 일으킨다.

① 살모넬라균(Salmonella spp.) : 포유동물(개, 돼지 등)과 사람 등의 장 내에 기생하는 세균(장내세균)으로 장티푸스성 질환과 식중독을 일으키는 균이다. 보통 1,000개 이상의 균이 체내에 들어와야 감염이 되지만 면역력이 약한 어린이나 노인에게는 적은 양으로도 감염이 이루어질 수 있다. 증상으로는 탈수, 고열 등이 있고 심할 경우 패혈증으로 진행될 수 있다. 환자가 발생하면 보건 당국에 신고하여야 하는 법정전염병 1군에 속하는 살모넬라 타이피균은 사람에게 장티푸스를 일으키게 하므로 세균성 식중독 원인 물질에서 따로 구별하여 분류하고 있다.

② 캠필로박터균(Campylobacter spp.) : 병원성 캠필로박터균은 사육동물(개, 소, 닭, 돼지 등)과 야생동물(비둘기, 쥐 등)의 장 내에 기생하고 감염동물과의 접촉으로도 전염이 이루어진다. 약 500개의 적은 균으로도 감염이 가능하며 전 세계적으로 설사의 중요 원인균중 하나이다. 증상으로는 복통, 설사, 발열, 구토 및 두통이 나타난다.

③ 황색포도상구균(Staphylococcus aureus) : 화농성 질환의 약 80%를 차지하는 병원균이며 음식물에 오염되었을 때는 균이 증식하면서 독소를 생성하는 독소형 식중독균이다. 독소는 100℃에서 30분간 끓여도 파괴되지 않을 정도로 열에 강한 것이 특징이다. 감염 시 증상은 구토 및 식욕저하, 설사가 나타나며 심할 경우 점액성 설사 및 근육의 경련 등 증상이 다양하다. 노약자나 당뇨병의 대사성질환의 환자들은 이 세균에 민감하므로 주의해야 한다.

④ 녹농균(Pseudomonas aeruginosa) : 동물과 사람뿐 아니라 자연환경에도 널리 분포하고 있다. 인체의 정상세균으로도 존재하는 균이지만 심한 화상을 입은 환자의 상처나, 백혈병 환자, 암 환자, 기관지 질환 환자 등 면역력이 저하된 환자의 상처나 호흡기를 통해 많은 감염이 이루어진다. 이 균은 패혈증, 만성기도 감염증 등 난치성 감염을 일으키는 병원성 세균이다.

(2) 분변 채취방법

1) 자연 배변한 변을 채취

변의 채취를 위해 다른 방법을 사용하는 것이 아니라 반려동물이 자연적으로 배설한 배변을 채취하는 방법이다.

장점	① 간편하다. ② 배변 직후의 상태를 확인할 수 있다. ③ 배변의 양을 확인할 수 있다.
단점	맨바닥에 배변을 할 가능성이 커 다양한 불순물 등이 부착될 가능성이 있다.

2) 직장의 변을 직접 채취

항문 내부, 즉 직장 안의 변을 채변봉을 이용해 채취하는 방법이다.

장점	불순물 부착의 가능성이 적다.
단점	① 분변의 형태를 예측할 수 없다. ② 분변의 양을 예측할 수 없다.

3) 체온계의 변을 채취

신체검사 중 체온측정을 할 때 사용하는 체온계에 묻은 변을 채취하는 방법이다.

장점	① 간편하다. ② 시간을 절약할 수 있다.
단점	① 적은 양의 배변만 채취된다. ② 분변의 양과 형태를 예측할 수 없다. ③ 직접도말검사만 가능하다.

(3) 육안으로 확인해야 할 목록

① **변의 형태** : 굳은 변, 무른 변, 수양성 변 등

정상적인 변은 길고 고형성의 형태를 띈다. 무른 변을 본 경우 섭취하는 음식, 질병, 스트레스 등 다양한 원인이 있으며, 굳은 변은 수분섭취 감소나 장의 연동운동 감소로 인한 변비증상에서 나타난다.

② **변의 색상** : 출혈성 변, 점액성 변

정상 변의 색은 황갈색으로 소화관 상관에 출혈이 있을 경우는 흑색을 띠며, 소화관 하부 대장에 출혈이 있을 경우 붉은 계열을 띈다. 또한 장관염증이 있을 경우에는 점액성 성상이 띠는 변을 보게 된다.

③ **변의 냄새** : 세균에 의해 부패된 변, 시큼한 냄새의 변

단백질은 소장에서 흡수가 원활히 이루어지지 않으면 세균에 의해 부패가 일어나고 부패 시 부패취가 나타난다. 또한 탄수화물의 소화가 원활히 이루어지지 않을 시에는 세균에 의한 발효가 이루어져 시큼한 냄새가 난다.

④ **변의 함유물** : 점액성 변, 지방 함유변, 혈액성 변, 다양한 이물 등

체내에서 다양한 음식이 소화되고 남은 찌꺼기들이 배출되는 것이다. 변에 섞여 있는 함유물을 파악해 증상을 확인하고 검사가 진행된다.

(4) 분변검사 방법

1) 직접도말법

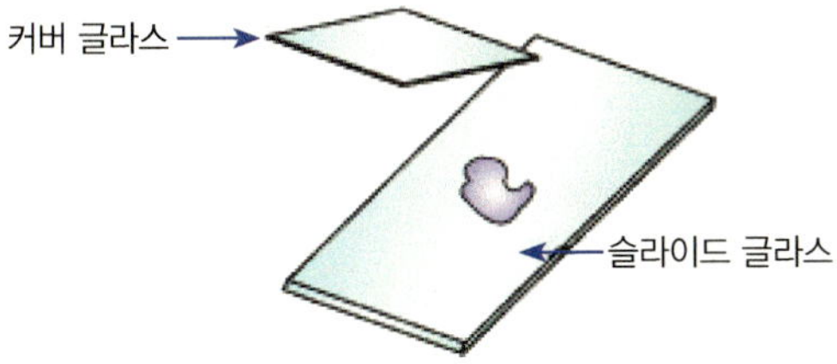

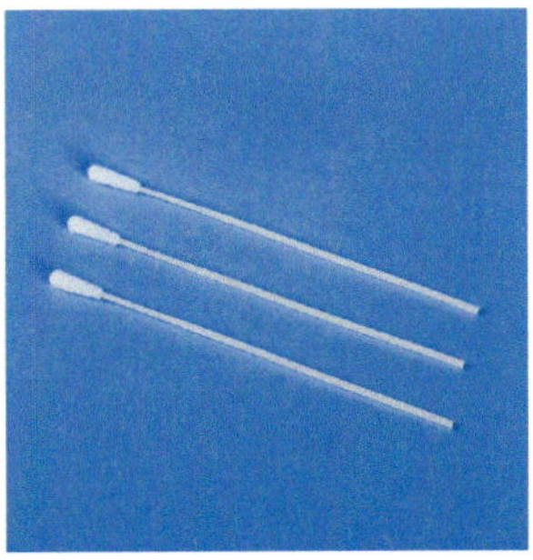

① **준비물** : 현미경, 슬라이드글라스, 커버글라스, 생리식염수, 멸균면봉 등

② 검사 순서

검사를 진행할 환자의 분변을 채취한다.
▼
슬라이드글라스에 생리식염수를 1~2방울 떨어트린다.
▼
채취한 멸균면봉의 샘플을 슬라이드글라스에 충분히 섞어준다.
(분변 및 생리식염수가 넘치지 않도록 주의하며, 바닥이 비치는 농도로 섞어준다.)
▼
슬라이드글라스 위에 커버글라스를 덮어준다.
▼
현미경을 이용해 직접 관찰한다.

③ 직접도말법의 장단점

장점	적은 양의 분변을 이용해 빠르고 간단하게 기생충 및 세균의 감염 여부와 운동성을 확인할 수 있기 때문에 동물병원에서 많이 이용하는 검사 방법이다.
단점	적은 양의 분변을 이용하기 때문에 전체적인 분변을 파악할 수 없다. 소수의 감염이 있을 경우 검출이 어려워 결과가 음성이 나올 수 있으므로, 민감도가 낮다는 단점이 있다.

2) 분변 부유법

분변 부유법은 기생충의 알, 유충 등을 각기 다른 밀도(density) 차이를 이용하여 다른 물질과 불순물로부터 분리하는 방법이다.

부유액보다 밀도가 낮은 기생충은 용액의 상층부로 이동하고, 밀도가 높은 기생충은 용액의 바닥으로 가라앉을 것이라는 이론에 근거한다.

① 준비물 : 현미경, 슬라이드글라스, 커버글라스, 포화식염수, 멸균면봉, 시험관 및 시험관 받침대, 여과거즈

② 검사 순서

부유액을 시험관에 1/3 정도 넣어준다.
▼
채취한 분변을 약 2g 정도 넣고 충분히 섞어준다.
▼
여과거즈를 이용해 찌꺼기를 걸러낸다.
▼
시험관을 받침대 위에 위치시킨다.
▼
시험관에 부유액을 시험관 위로 솟아오를 때까지 채운다.
▼
약 20~30분 정도 방치한다.
▼
커버글라스나 슬라이드글라스를 이용해 솟아오른 액체의 상층액 부분을 살짝 접촉시킨다.
▼
공기방울이 들어가지 않도록 덮어준다.
▼
현미경을 이용해 100배율, 400배율 순서로 관찰한다.
(400배율 검사는 기생충의 알, 원충 및 세균을 관찰할 때 이용한다.)

③ 분변 부유법의 장단점

장점	감염의 정도를 파악할 수 있다.
단점	비교적 시간이 오래 걸린다는 단점이 있다.

Plus note

부유액의 종류

① 황상아연액 ② 포화식염수액 ③ 포화설탕액

3) 침전법

침전법은 기생충을 상층으로 띄우는 분변 부유법과는 반대로 무거운 흡충류의 충란 등을 포화식염수에 가라앉게 만든 뒤 현미경을 이용해 관찰하는 방법이다.

① 준비물 : 슬라이드글라스, 커버글라스, 포화식염수, 원심분리기, 현미경, 여과거즈

② 검사 순서

포화식염수를 시험관에 1/3 정도 넣어준다.
▼
채취한 분변을 약 2g 정도 넣고 충분히 섞어준다.
▼
여과거즈를 이용해 찌꺼기를 걸러낸다.
▼
1,500rpm에서 약 5~10분간 원심분리한다.
▼
분리된 상층액은 버리고 가라앉은 침전물을 채취한다.
▼
현미경을 이용해 100배율, 400배율 순서로 관찰한다.
(400배율 검사는 기생충의 알, 원충 및 세균을 관찰할 때 이용한다.)

05 소변검사

(1) 소변검사의 개념

소변검사는 반려동물의 소변을 채취해서 요스틱검사, 현미경 등 여러 방면으로 검사를 하는 것이다. 소변검사를 통해 비뇨기 질환뿐만 아니라 다양한 수치를 알 수 있어 질병을 예측하고 예방하는 데 많은 도움을 준다.

(2) 소변검사 결과에 영향을 끼치는 요소

① **투약** : 반려동물이 질병으로 인해 먹고 있는 약이 있다면 검사결과에 영향을 미친다. 검사 항목에서 수치가 높거나 낮게 나올 수 있어 진료를 담당하는 수의사에게 투약하고 있는 약에 대해 전달해야 한다.

② **발열 및 고열** : 단백질의 수치가 높게 나올 수 있어, 소변검사 이전에 체온계를 이용해 체온을 측정하고 발열이 있는지 여부를 확인해야 한다. 또한 발정기 기간의 흥분 및 출혈도 영향을 미치는 경우가 있다.

③ **검사기구의 청결** : 시험관의 재사용이나 관리 부족으로 인한 오염이 발생할 경우 검사 결과에 영향을 줄 수 있기 때문에, 가능한 재사용을 하지 않고 새것을 사용하며 관리를 철저하게 해야 한다.

④ **샘플** : 소변샘플은 오랜 기간 동안 방치하지 않고 되도록 빠른 시간 내에 검사를 진행해야 하며, 바로 검사를 못할 경우에는 냉장보관을 해야 한다.

(3) 소변 채취방법

소변은 다양한 방법으로 채취하고 있으며, 품종의 특성이나 몸 상태에 맞게 이루어진다. 소변채취 후 바로 검사를 진행해 오염도를 낮추는 것이 가장 안전하며, 바로 검사가 이루어지지 못할 경우에는 냉장보관을 해야 한다.

Plus note

소변이 오래 방치될 경우

① 세균 및 오염도 증가 ② PH 변화 ③ 화학적 성상의 변화 등

1) 자연배뇨

반려동물에게 가장 스트레스 없이 소변을 채취할 수 있는 방법이다. 사람의 소변검사와 동일하게 처음과 마지막 요를 제거하고 중간부위 요를 채취하면 가장 좋지만, 이 방법은 쉽지 않기 때문에 대부분 배변패드 위나 바닥에 배뇨한 소변을 이용하는 경우가 많다.

장점	반려동물에게 스트레스가 가장 적은 검사방법이다.
단점	– 바닥의 이물이나 오염의 가능성이 매우 높다. – 표피와 외음부를 지나면서 오염될 가능성이 매우 크기 때문에 세균배양검사가 불가능하다.

2) 방광압박

방광에 소변이 차있을 경우 인위적으로 반려동물을 눕히고 방광을 압박해 배뇨를 하게 하는 방법이다. 일반 가정에서도 질병이나 특수한 이유 때문에 자연배뇨를 못할 경우 방광압박 배뇨를 실시하는 경우가 있다. 너무 세게 압박하게 되면 방광 파열 및 장기 손장을 일으킬 수 있기 때문에 주의해야 한다.

장점	요도가 비교적 짧은 암컷이 채취가 더 쉽다.
단점	반려동물이 스트레스를 받을 확률이 높다.

3) 방광천자

초음파와 주사기를 방광 내에 직접 삽입해 소변을 채취하는 방법이다. 방광에 소변이 어느 정도 차있어야 채취가 가능하며 자연배뇨와 압박배뇨와는 달리 무균으로 채취가 가능하기 때문에 세균배양검사가 가능하다.

장점	초음파를 사용하기 때문에 슬러지와 결석 등이 있는지 함께 확인이 가능하다.
단점	반려동물이 스트레스를 받을 수 있으며 방광천자 도중 가만히 있지 않을 경우에는 채취가 어려울 수 있다.

4) 요도카테터

카테터를 요도로 직접 삽입해 방광의 소변을 직접 채취하는 방법이다.

장점	무균적으로 채취할 수 있다.
단점	– 카테터의 크기가 요도와 맞지 않을 경우 채취가 힘들다. – 예민한 고양이 또는 동물이 스트레스를 심하게 받을 경우 마취가 필요할 수 있다. – 빠른 시간 안에 진행하는 것이 좋다. – 숙달된 노하우가 필요하다.

(4) 육안으로 확인해야 할 목록

① **소변의 색** : 정상적인 소변일 경우 밝은 황색의 빛을 띤다.

소변의 색은 사람과 같이 어두운 색부터 밝은 색까지 다양한데 그것은 '우로크롬'이라는 물질로 결정된다. 소변이 적색을 띠는 경우 용혈을 나타내며, 오렌지색의 성상이 진할 경우 탈수증상을 의심할 수 있다.

소변의 색	원인 및 질병
붉은색, 적갈색	혈뇨, 혈색소뇨 – 방광염, 요로감염, 요로결석, 출혈성 질병
흑갈색	메트헤모글로빈 – 혈액세포 손상, 양파 중독 증상
오렌지색	고농축의 소변, 빌리루빈뇨 – 황달 및 탈수
초록색	세균감염 – 황달

Plus note

- **우로크롬**

  헤모글로빈이 비장이나 간장에서 분해되어 '빌리루빈'이라는 물질로 변하고, 그 일부가 신장에 도착해 '우로크롬'이라는 물질이 되어 소변으로 배설된다. 바로 이 '우로크롬'이라는 물질이 노란색으로, 이 물질로 인해 소변도 노란색을 띠게 되는 것이다.

② **소변의 혼탁 여부** : 정상 소변은 투명한 빛을 띤다.

소변이 혼탁한 경우	– 세균에 의한 감염 – 혈뇨일 경우 – 이물질이 포함되었을 경우 – 오랜 시간의 방치로 인해 침전되었을 경우

③ **냄새** : 일반적인 경우 시큼한 냄새가 난다.

악취가 나는 경우	방광염 등 세균증식에 의한 냄새
달콤한 냄새가 나는 경우	당뇨병 등 케톤산이 배출되어 나는 냄새

④ **요비중** : 요비중은 소변 안에 함유된 물질의 비율을 의미한다. 요비중 검사는 소변의 농도를 측정하는 것이고 측정 시에는 요비중계를 이용해 측정한다.

신장은 혈액을 여과해 체내의 불필요한 물질이나 수분을 소변으로 배출해 체액의 성분이나 수분을 조절하는 기관으로 소변은 신장(콩팥)과 매우 밀접한 관련이 있다. 그렇기 때문에 요비중을 통해 신장의 기능성에 대한 정보를 알 수 있다.

ⓐ 정상적인 개와 고양이의 요비중 수치

개	고양이
1.015 ~ 1.045	1.020 ~ 1.040

ⓑ 요비중 수치가 높을 경우 의심해야 할 질병 : 탈수, 당뇨병, 급성신부전

ⓒ 요비중 수치가 낮을 경우 의심해야 할 질병 : 요붕증, 수분과다섭취, 만성신부전

Plus note

- **원뇨** : 소변은 신장 사구체에서 여과되어 생성된다. 적혈구나 혈장단백질은 여과되지 않으며 혈장 내 분자량이 적은 물질인 미네랄과 포도당, 아미노산, 요소, 암모니아, 요산, 무기염류 등이 여과되는데, 이때 생성되는 것이 원뇨이다. 즉 여과된 직후의 소변을 의미한다.
- **등장뇨** : 원뇨와 비중이 같은 소변을 의미하며, 신장에서의 농축 및 희석 능력이 상실되거나 불충분한 것을 의미한다.

(5) 소변검사 방법

1) 요비중 측정

① 준비물 : 소변, 증류수, 요비중계, 위생장갑, 피펫(스포이드)

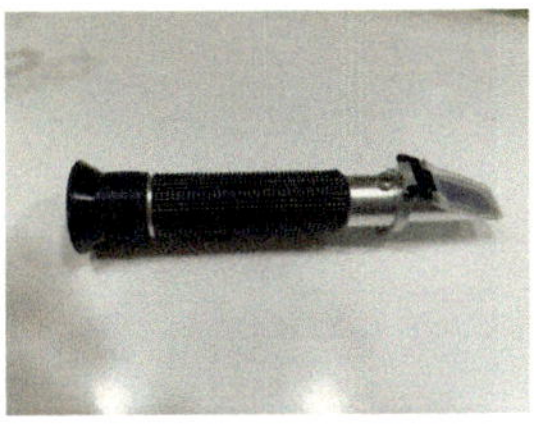

② 요비중 검사 순서

요비중계의 영점을 조절한다.
▼
증류수 한 방울을 피펫을 이용해 요비중계 프리즘 표면에 떨어트린다.
▼
덮개를 덮어준다.
▼
경계선을 1.000선으로 맞춘다.
▼
요비중계에 소변을 한 방울 떨어트린다.
▼
수건이나 화장지를 이용해 프리즘 부위를 닦는다.
▼
소변 한 방울을 피펫을 이용해 프리즘 표면에 다시 떨어트리고 덮개를 덮는다.
▼
요비중을 측정한다.

2) 요스틱 검사

① **준비물** : 시험관, 소변, 요스틱, 타이머

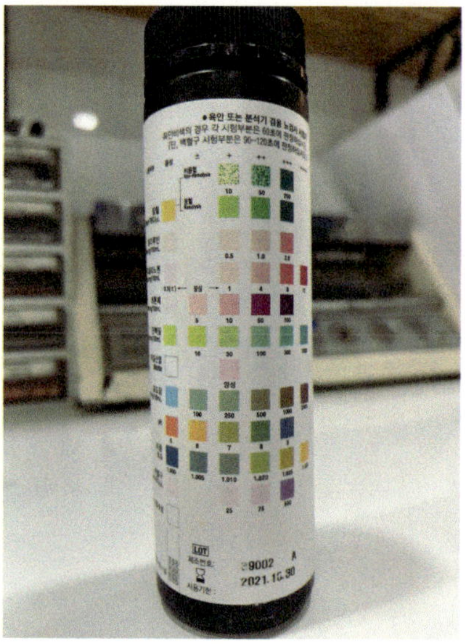

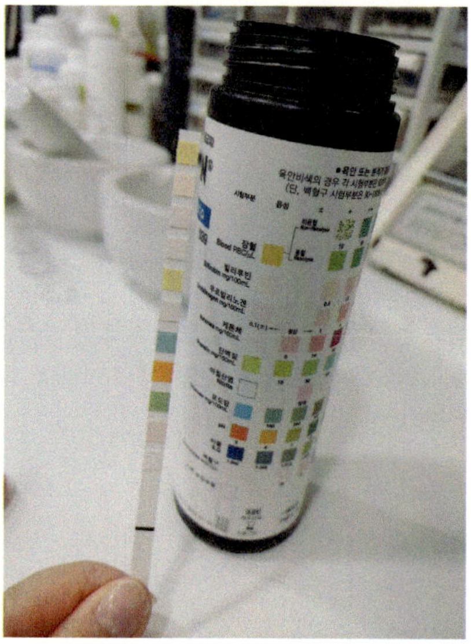

② 요스틱 검사 순서

요스틱을 준비한다.
▼
원심분리하지 않은 상태의 소변에 요스틱을 담가 적신다.
▼
소변이 닿으면 즉시 빼준다.
▼
타이머 측정을 시작한다.
▼
각각의 시약마다 정해져 있는 반응시간에 따라 색을 관찰한다.
▼
결과를 확인하고 기록한다.

③ 주의사항

ⓐ 직사광선이 들어오지 않는 밝은 장소에서 검사한다.

ⓑ 반드시 정해진 시간에 검사해야 한다. 그 이후의 판독 시 색상이 변할 수 있다.

ⓒ 다른 시약과 섞이지 않도록 주의한다.

ⓓ 요스틱은 건조하게 보관한다.

ⓔ 공기 중에 오래 노출이 될 경우 검사결과에 영향을 미칠 수 있으니 주의한다.

④ 요스틱 검사 항목

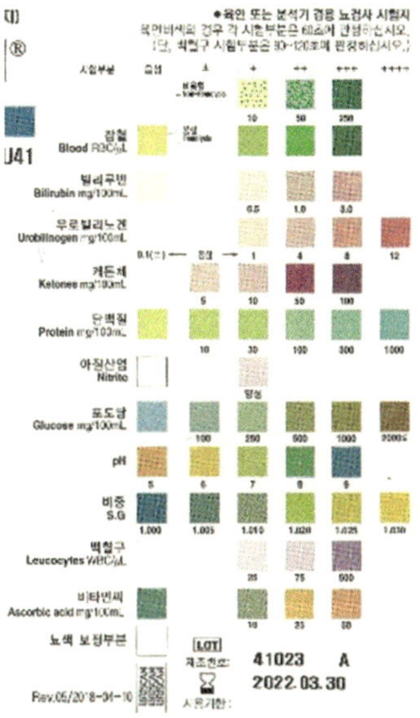

ⓐ 포도당

정상적인 개와 고양이의 경우 신장의 사구체를 통과한 포도당은 재흡수되기 때문에 소변으로 대부분 배출되지 않거나 미량 배출된다.

하지만 '당뇨병'의 경우 소변으로 포도당이 배출된다. 인슐린 분비가 감소되어 혈중 포도당이 높아져 소변으로 배출되는 것이며, '쿠싱병'일 경우에도 배출된다.

포도당의 수치가 비정상일 때는 1^+ 이상이며, 당뇨가 발생하는 혈중 포도당은 개의 경우 180mg/dl, 고양이의 경우 300mg/dl이다. 요스틱 검사로 색이 변하기 때문에 관찰해 판단하고 혈액검사를 진행한다.

고혈당이 없어도 요당이 측정되는 경우가 있는데 '신성당뇨(renal glucosuria)'라고 한다.

ⓑ 빌리루빈

정상적인 상태이면 소변으로 배출되지 않거나 아주 미량 배출된다.

배출될 경우는 간세포 장애 등 혈중 빌리루빈이 증가해 오줌으로 배설된다. 빌리루빈은 적혈구가 간에서 분해될 때 생성되며 담즙으로 배설된다.

개의 경우 요비중 수치가 1.025 이상이고 1^+ 이하이면 정상이며, 2+ 이상일 경우 비정상이다. 고양이의 경우는 약간만 검출되어도 비정상인 것을 의미하기 때문에 다른 간 기능 검사를 진행해야 한다.

ⓒ 케톤

정상적인 상태에는 소변으로 배출되지 않거나 미량 배출된다.

대표적인 케톤뇨 발생원인은 '당뇨병'이며, 혈당이 올라 혈중 케톤이 증가해 소변으로 배출된다. 간혹 어린개체에게서 배출될 가능성이 있다. 수치가 1^+ 이상이면 비정상이다.

ⓓ PH

대부분의 육식동물은 산성뇨이고, 초식동물은 알칼리뇨이다.

PH는 개체 각각의 생활습관이나 식습관에 따라서 차이가 있지만 개와 고양이의 정상 PH범위는 5.5~7.5이다. 요스틱에서의 측정 범위는 5~9이며, 먹은 음식에 따라 위소화액의 분비 때문에 일시적으로 차이가 날 수 있으니 주의해야 한다. PH 증가요인에는 소변을 오랜 기간 보관하거나 대사성 알칼리증 등이 있으며, 감소요인에는 대사성 산증, 신성 세뇨관성 산증 등이 있다.

ⓔ 잠혈

눈으로 확인할 수 없는 혈액을 확인하는 것으로, 정상적인 소변에서는 적혈구가 검출되지 않는다. 신장, 요로, 방광 등의 보통 비뇨기계 질환에서 많이 발생한다.

ⓕ 단백질

정상적인 상태에서도 단백질은 소변으로 배출되기 때문에 요단백은 소량 검출된다. 하지만 요단백은 요비중에 따라 판단해야 하며 정확한 요단백을 판단하기 위해서는 요중 단백/크레아티닌 비율(UPCR)검사를 진행해야 한다.

단백질의 비정상 수치는 2^+이며, 원인에는 출혈, 생식기 분비물 및 감염 등이 있다.

ⓖ 백혈구

요스틱의 백혈구 항목은 농뇨의 존재여부를 판단할 때 사용되며, '농뇨'는 신장, 방광 등에 세균이 감염되면 나오는 고름이 섞인 소변을 의미한다.

3) 요침사 검사

요침사 검사는 원심분리기를 이용해 소변을 원심분리하여 침전된 세포, 적혈구 및 백혈구, 성분 등을 파악해 신장 및 비뇨기계의 이상을 진단하기 위해서 실시된다.

① **준비물** : 소변, 시험관, 피펫(스포이트), 슬라이드글라스, 커버글라스, 현미경, 원심분리기, 위생장갑

② **요침사 검사 순서**

소변을 5~10ml 정도 시험관에 담는다.
▼
1,500~2,000rpm에서 약 5분간 원심분리한다.
▼
시험관을 거꾸로 해 약간만 남겨놓고 상층액을 버린다.

▼
바닥에 남아있는 침전물을 부유시켜 피펫을 이용해 슬라이드글라스에 옮긴다.
▼
공기가 들어가지 않도록 커버글라스를 덮는다.
▼
염색을 실시할 경우 염색액을 한 방울 떨어트리고 커버글라스를 덮는다.
▼
현미경을 이용해 저배율(100배)에서 고배율(400배) 순서로 관찰한다.
▼
검사결과를 기록한다.

06 피부검사

(1) 피부검사 개념

개와 고양이의 온몸은 털로 덮여 있고, 전신이 아닌 한정적인 곳에만 땀샘이 있기 때문에 피부질병에 걸릴 확률이 높다. 또한 다른 동물이나 사람에게까지 옮을 수 있기 때문에 주의해야 하며, 심해지기 전에 치료를 받는 것이 중요하다.

피부 검사는 동물이 어떤 이유로 피부병에 걸렸는지 그 원인을 진단하기 위해서 진행되며, 검사 진행 시 수의사와 동물보건사는 전염예방을 위해 장갑이나 소독을 철저히 해야 한다.

(2) 피부검체 채취

털뽑기	겸자를 사용해 피부병이 있는 부위의 털을 모근까지 뽑아서 채취하는 방법이다. 주로 진드기나 곰팡이성 피부염 의심 시 진행된다.
테이프	투명테이프를 이용해 피부 표면에 붙였다 떼는 방법으로 피부표면의 진드기나 곰팡이 등을 검사하는 방법이다.
주사기	주사바늘을 이용해 종괴, 결절 등이 있는 곳의 내용물을 채취해 현미경으로 검사하는 방법이다.

(3) 피부검사 종류

1) 피부찰과(소파)검사(Skin scraping)

피부세포검사는 검체를 채취해 슬라이드 표본을 만들어 현미경으로 검사하는 방법이다.

블레이드를 이용한 검사 방법으로 환자의 절상 및 검사자의 부상을 주의해야 하며 병변의 깊이에 따라서 채취가 가능한지 고려하고 진행해야 한다.

① 준비물 : 10호 블레이드, 슬라이드, 커버글라스, 스칼펠핸들

② 피부찰과(소파)검사(Skin scraping) 진행순서

10호 블레이드와 스칼펠핸들을 준비한다.
▼
검체를 채취할 슬라이드를 준비한다.
▼
칼날, 슬라이드, 환자의 채취부위에 미네랄 오일을 도포한다.
▼
칼날을 이용해 피부를 찰과한다. (피가 약간 묻어나올 정도)
▼
긁어낸 피부의 부산물 및 혈흔을 슬라이드에 도말한다.
▼
커버글라스를 덮는다.
▼
현미경을 이용해 저배율에서 고배율로 관찰한다.

③ 피부찰과(소파)검사(Skin scraping)를 통해 확인 가능한 것

표피층	– 진드기 – 귀 진드기 – 모낭충 – 데모덱스	**진피층**	– 모낭충 – 데모덱스 – 개선충

2) 테이프압인검사(TST/tape strip test)

투명한 테이프를 이용해 환자의 병변에 직접 붙였다가 떼어내어 검사하는 방법이다.

테이프의 접착력이 부족할 경우 또는 검사부위가 오염되었을 경우 정확한 검사가 어려워 주의해야 한다.

① 준비물 : 투명테이프, 슬라이드

② 테이프압인검사(TST/tape strip test) 진행순서

투명한 테이프를 적당한 크기로 준비한다.
▼
환자의 병변에 테이프를 붙였다 떼어낸다.
▼
테이프를 슬라이드글라스에 부착한다.
▼
현미경을 이용해 저배율에서 고배율로 관찰한다.

③ 테이프압인검사(TST/tape strip test) 시 관찰 가능한 것

ⓐ 세균

ⓑ 진균

ⓒ 귀 진드기

3) 곰팡이검사

① 우드램프

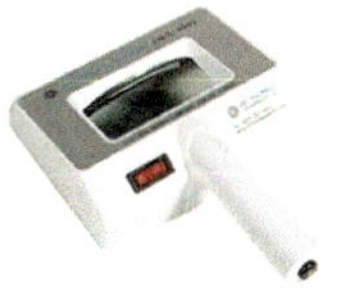

우드램프는 일정한 파장을 이용하여 피부에 비추는 것으로, 감염이 된 부분은 형광색을 띠게 된다. 하지만 우드램프는 진균의 60% 정도만 형광 반응하므로, 우드램프의 반응이 나타나지 않았다고 해서 피부사상균의 없다고 확진할 수는 없다.

우드램프는 어두운 암실에서 관찰해야 하며 사용하기 전 5~10분 정도 예열을 마친 뒤에 사용해야 한다. 관찰 시에는 몸 전체를 확인해야 하며 눈 손상에 주의해야 한다.

② 곰팡이배양검사

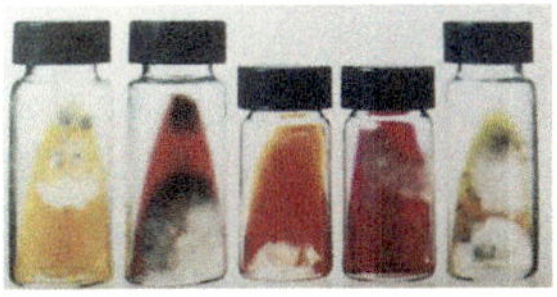

정확한 피부진단을 위해 '피부사상균 검사배지(Dermatophyte Test Medium, DTM)'에 배양해서 관찰하는 방법이다. 증상이 나타나 의심이 되는 부위의 털을 채취해 약 일주일 정도 시간을 두며 곰팡이 균이 자라나는지 확인한다. 곰팡이 균이 있을 경우 노란색, 푸른색, 붉은색 등 색깔이 바뀌는 것을 눈으로 확인할 수 있다.

ⓐ 준비물 : 배양기, 피부사상균 배지, 겸자, 알코올 솜

ⓑ 곰팡이배양검사 순서

DTM배지를 준비한다.
▼
알코올 솜을 이용해 겸자를 소독한다.
▼
환자의 의심 피부병변 부위에서 털을 채취한다.
▼
채취한 검체를 DTM배지에 심는다.
▼
DTM배지는 실온(22~25도)에서 최소 일주일 이상 배양하며 색의 변화를 지켜본다.
▼
검사결과를 환자의 진료차트에 기록한다.

07 귀 검사

(1) 귀 도말검사

환자의 귀 내부를 확인하기 위한 검사로 환자가 협조적이지 않을 가능성이 높아 동물보건사의 적절한 보정이 필요하다. 검사가 가능한지 외이도 입구를 확인해야 하며, 검사 중 면봉이 부러져 귀 내부로 들어가지 않도록 주의가 필요하다.

① **준비물** : 멸균면봉, 슬라이드

② **귀 도말검사 진행순서**

멸균면봉을 준비한다.
▼
검사가 가능하도록 환자를 보정한다.
▼
귀를 한 손으로 고정하고 면봉을 이용해 귀 내부를 돌려 긁어낸다.
▼
슬라이드글라스에 굴려 문지른다.
▼
필요한 경우 염색을 실시한다.
▼
슬라이드를 현미경을 통해 저배율에서 고배율로 관찰한다.

③ **귀 도말검사 시 확인 가능한 것**

ⓐ 세균(포도상구균, 간균)

ⓑ 말라세치아

ⓒ 귀 진드기

ⓓ 세포(호중구, 대식세포)

08 혈액검사

혈액은 생체가 필요로 하는 산소와 영양물질을 각 기관으로 전달하고 생체를 보호 및 방어하는 역할을 한다. 혈액검사는 혈액을 구성하는 혈구세포와 혈청 내 효소 등을 검사함으로써 동물의 질병을 진단하고 신체의 건강상태를 파악할 수 있는 역할을 한다.

(1) 혈액채취

혈액채취는 개와 고양이의 경우 경정맥(목부분), 요골쪽 피부정맥(손목부분), 외측 복재정맥(뒷다리)에서 채혈하며 환자의 상태나 상황에 맞게 부위를 선택해 채혈한다.

① 준비물 : 토니켓, 3ml 주사기, EDTA용기(혈구검사), 플레인용기(혈청검사), 알코올 솜

② 혈액채취 순서

동물보건사는 환자를 채혈부위에 맞도록 보정한다.
▼
채혈부위를 알코올 솜으로 소독한다.
▼
3ml 주사기를 이용해 환자의 채혈부위에서 채혈을 실시한다.
▼
채혈한 혈액을 검체용기에 채혈양에 맞도록 옮긴다.
▼
혈액을 옮길 때에는 용혈을 방지하기 위해 용기의 벽을 따라 서서히 주입한다.

※ 주의사항

혈액검사를 위해서는 약 1ml 이상의 혈액이 필요한데, 항응고제와 혈액량의 비율이 적당하지 않을 경우에는 혈액응고가 발생해 혈액검사결과에 영향을 미칠 수 있다.

(2) 혈액검체 종류

전혈(whole blood)	원심분리하지 않은 상태의 혈액을 의미하며 항응고제가 첨가된 검체용기에 채취한다.
혈장(plasma)	항응고제가 첨가된 검체용기에 채취해 원심분리를 시킨 상태를 의미한다. 원심분리 후에는 적혈구와 백혈구 층으로 나뉘게 되는데 하층의 적혈구와 중간층의 백혈구 층을 제외한 상층의 액체성분을 말한다.
혈청(serum)	항응고제가 첨가되어 있지 않은 검체용기에 채취해 일정시간 동안 시간을 두고 원심분리한 상층에 위치한 투명한 액체이다.

(3) 혈액검체용기

검체용기는 검사종류에 따라 첨가제가 포함되어 있고, 각각의 색이 다르다.

Sodium Citrate tube	Heparin tube	EDTA tube	Plain tube	SST

① Sodium Citrate 용기

용기 뚜껑은 하늘색이며, 혈액 내의 응고인자들을 그대로 작용하는 응고계 검사에 유용하게 사용되고, 독성이 낮아 수혈을 위한 검사에 주로 사용된다. 항응고제와 혈액의 비율을 지시된 대로 맞추는 것이 중요하다.

② 헤파린 용기

헤파린 용기 뚜껑의 색은 녹색이며, 혈장을 이용해 혈액가스분석과 일반혈액화학검사가 진행된다. 혈액이 응고되는 것을 막기 위해 항응고제인 헤파린이 포함되어 트롬빈(trombin)을 억제해 항응고 작용을 한다.

③ EDTA 용기

EDTA 용기 뚜껑의 색은 보라색이며, 일반혈액검사와 혈액도말검사에 사용되고 전혈구계산(CBC)검사에 적합하다. 채혈한 혈액은 충분히 흔들어서 섞어 용량에 맞게 넣는 것이 좋으며, 항응고제인 EDTA가 포함되어 있어 칼슘과 결합해 응고를 억제하는 작용을 한다.

④ Plain 용기

용기 뚜껑의 색은 빨강색이며, 분리된 혈청을 다른 용기에 옮겨 사용한다. 채혈 후 약 10회 정도 흔들어 충분히 섞은 뒤, 약 1시간 정도 용기를 방치해 혈액을 응고시키고 원심분리기를 이용해 응고된 혈액에서 혈청을 얻는 방법이다. 용기 안에는 분리가 용이하도록 혈청분리촉진제가 포함되어 있다.

⑤ SST 용기(혈청 용기)

용기의 색은 노란색이며, 일반화학검사에 사용된다. 채혈한 혈액을 용기 안에 넣어 약 10회 정도 흔들어 잘 섞어주고 약 1시간 정도 방치해 혈액을 응고시킨 뒤 원심분리기를 이용해 혈청을 얻는 방법이다. 혈청분리촉진제와 겔이 포함되어 있으며 혈청은 겔 윗부분으로 분리돼 상층의 혈청을 이용한다.

Plus note

- **항응고제**

  항응고제는 채혈된 용액이 응고되지 못하도록 하는 물질을 의미한다.
  - EDTA : 일반 혈액검사에서 가장 많이 사용되는 항응고제이며, 칼슘이온을 제거해 응고작용을 한다.
  - 헤파린 : 혈액화학검사에 이용되며, 효소의 작용을 방해해 응고작용을 한다.
  - 구연산나트륨(sodium citrate) : 혈액 응고계 검사에 사용되며, 칼슘이온을 제거해 혈액을 응고시키는 작용을 한다.

(4) 염색약 종류

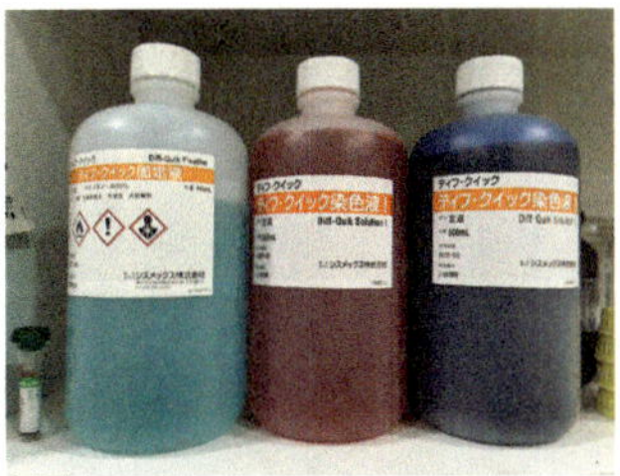

좌측부터 1번 염색액(메탄올), 2번 염색약(red), 3번 염색약(blue)으로, 염색약은 총 세 가지로 분류된다.

혈액도말 슬라이드에 도말해 염색을 진행하여 현미경으로 혈구세포를 눈으로 직접 관찰하는 검사방법이다. 혈액구성, 혈구형태, 기생충 여부, 백혈구 등에 대한 정보를 얻을 수 있다.

염색방법은 Diff-Quick염색법이 주로 사용되며 혈구세포의 형태를 관찰하기 위해서 사용된다.

1번 염색약(메탄올)	– 염색이 될 수 있게 세포를 고정하는 역할 – 메탄올(Methanol)
2번 염색약(red)	– Sodium azide – PH butter
3번 염색약(blue)	– Thiazine dye – PH butter

[디큐염색법(Diff-Quick Stain)]

1번 용액에 최소 5회 1초간 담갔다 뺀다.
▼
2번 용액에 최소 5회 1초간 담갔다 뺀다.
▼
3번 용액에 최소 5회 1초간 담갔다 뺀다.
▼
흐르는 물에 헹구고 자연건조한다.
▼
표본 끝에 환자의 이름과 검사 날짜를 표기한다.

(5) 혈액도말표본 검사

① **준비물** : EDTA 처리한 혈액, 3ml 주사기, 슬라이드글라스, 커버글라스, 염색약, 현미경

② **혈액도말표본 검사 순서**

슬라이드글라스를 준비한다.
▼
환자에게 채취한 혈액 또는 EDTA 처리한 혈액 한 방울을
3ml 주사기를 이용해 슬라이드글라스에 떨어트린다.
▼
혈액을 슬라이드글라스위에 도말한다.
▼
도말된 슬라이드를 자연건조한다.
▼
도말된 슬라이드를 염색한다.
▼
흐르는 물에 슬라이드의 염색약을 씻어낸다.
▼
슬라이드글라스를 자연건조한다.
▼
현미경으로 혈액도말표본을 이용해 혈구세포를 관찰한다.
▼
관찰한 내용을 진료차트에 기록한다.

(6) 혈액도말표본

[혈액화학검사 항목]

분류	항목	의미
적혈구용적	PCV 또는 hematocrit(HCT)	전체 혈액 중에 적혈구가 차지하는 비율
혈색소	hemoglobin(Hb)	적혈구 내에 있는 산소운반 색소
적혈구	적혈구 수	산소운반 기능. 부족한 경우 빈혈

	평균 적혈구 용적(MCV)	적혈구의 평균적인 크기
	평균 적혈구 혈색소량(MCH)	적혈구 한 개당 평균 혈색소 양
	평균 적혈구 혈색소 농도(MCHC)	적혈구 한 개당 평균 혈색소 농도
	적혈구 크기 분포(RDW)	적혈구 개별 부피 차이
	망상적혈구 수	미성숙 적혈구 수
백혈구	호중구(neutrophil)	과립백혈구로 핵이 다엽 형태. 염증 및 세균감염 때 증가
	림프구(lymphocyte)	핵이 세포의 대부분을 차지. 스트레스 · 면역반응 때 증가
	단핵구(monocyte)	대식 작용을 하는 백혈구로 대식세포로 분화
	호산구(eosinophil)	호중구 · 호염기구보다 약간 큼. 기생충 감염 · 알레르기 때 증가
	호염기구(basophil)	즉시형 알레르기 반응에 관여
혈소판	혈소판 수	혈액의 응고 및 지혈작용에 관여
	평균 혈소판 용적(MPV)	혈소판 평균적인 크기

[일반혈액검사 정상범위]

검사항목	단위	정상범위		임상적 의의	
		개	고양이	증가	감소
GLU	mg/dl	75~128	71~148	당뇨병, 만성췌장염	췌장암, 기아
BUN	mg/dl	9.2~29.2	17.6~32.8	탈수, 콩밭부전	단백질 결핍, 간장애
CRE	mg/dl	0.4~1.4	0.8~1.8	콩팥장애, 요로폐쇄	–
TP	g/dl	5.0~7.2	5.7~7.8	고단백혈증, 탈수	영양불량
ALB	g/dl	2.6~4.0	2.3~3.5	탈수	기아
AST/GOT	U/L	17~44	18~51	간장애, 근염	–
ALT/GPT	U/L	17~78	22~84	간종양, 간괴사, 간염	–
ALP	U/L	47~254	38~165	간장애	–
GGT	U/L	5~14	1~10	간세포손상, 담관폐쇄	–
TBIL	mg/dl	0.1~0.5	0.1~0.4	담관폐쇄, 황달	–
DBIL	mg/dl	0~0.5		담관폐쇄성 황달, 간질환	–
NH_3	μg/dl	16~75	23~78	간장애	–
AMYL	U/L	269~2,299	601~2,585	췌장장애, 장폐쇄	–
LIP	U/L	81~696	8~289	췌장장애	–
TCHO	mg/dl	111~312	89~176	고지방식, 담관폐쇄, 당뇨병성 콩팥장애	저지방식, 기아
TG	mg/dl	30~133	17~104	당뇨병성 콩팥장애, 당뇨병	간경색, 만성장애
CPK	U/L	49~166	87~309	심근경색, 중추신경 손상	–
LDH	U/L	20~109	3~187	심근경색, 근염, 악성종양	–
Ca	mg/dl	9.3~12.1	8.8~11.9	고칼슘혈증, 콩팥질환	–
IP	mg/dl	1.9~5.0	2.6~6.0	콩팥질환	영양불량

① ALT

ALT는 간세포질 내 효소로 혈청보다 약 10,000배 높은 농도로 존재한다. 개와 고양이에게 민감도가 높으며 주로 간세포의 손상여부를 알아보기 위해 측정하는 효소의 종류이다. 개에게 근육 퇴행성 위축 등이 발생하면 증가할 수 있으며, 전염성 간염이나 간 독성 물질 등에 의한 간 병증이 있을 경우 빠르게 증가하기도 한다. 고양이에게는 반감기가 짧다. 만성질병보다 급성간염의 회복 가능성이 높기 때문에 진단과 예후 판단에 중요하다.

② AST

AST는 간세포 손상에 의해 방출되지만 심근, 골격근에도 존재한다. 간 질병인 경우 AST는 ALT와 함께 평행하게 증가한다. 즉 AST와 CK가 증가하고 ALT가 증가하지 않았다면 근육 손상을 의미하며 AST는 용혈이 있는 경우 적혈구 유래로 증가한다. 즉 AST는 ALT보다 더 심각한 간 손상의 지표가 된다.

③ ALP

ALP는 간세포의 미세소체와 미세담관막에 결합되었다가 담즙으로 분비된다. 개의 경우 ALP의 농도만으로는 담즙정체에 대한 민감도에 한계가 있지만 고양이의 경우 스테로이드성 동위 효소가 없기 때문에 개에 비해 민감도가 높은 편이다. ALP는 간, 뼈, 신장, 태반에 존재하며 주로 담즙 정체, 약물 및 호르몬 유도, 뼈모 세포에 의해 증가한다.

④ GGT

GGT는 미세소체막 결합 당단백질로 담관계와 관련이 있고 담즙정체에 반응해 증가한다. 일반적으로 ALP와 평행하게 증가하지만 간 괴사에는 비교적 영향을 덜 받는다.
초유와 모유에 함유되어 있기 때문에 수유 중인 강아지는 약 10일가량 GGT의 농도가 높다. GGT는 ALP와 함께 측정하는 것이 진단적 가치가 높으며 ALP와 비교했을 때 개는 특이도가 높고 민감도가 낮으며, 고양이는 특이도가 낮으며 민감도가 높다.

⑤ TCHO(Cholesterol)

콜레스테롤은 식이와 간 합성을 통해 공급된다. 간 질병의 형태와 식이에 따라 콜레스테롤은 증가 및 감소하기 때문에 지표로는 한계가 있다. 개와 고양이에게 담관 폐쇄로 인해 고콜레스테롤 혈증이 발생하며 진성당뇨병, 부신피질기능항진증, 갑상선기능저하증, 췌장염, 고지혈증 등의 질병에서도 관찰된다. 또한 저콜레스테롤 혈증은 간부전인 경우 관찰되며 흡수장애에도 영향을 준다.

⑥ TG(트리글리세리드)

담관 폐쇄인 경우 고지혈증이 있고 경화성 간염인 경우 농도가 감소하며 지방혈증은 진성당뇨, 부신피질기능항진증, 갑상선기능저하증 등 대사성 질병에서 관찰된다.

⑦ Glucose(포도당)

음식을 섭취한 경우 간에서 생성된다. 당뇨병일 경우 상승하며, 공복 시 심각한 저혈당은 대량의 관 괴사나 심한 원발성 간 질병인 경우 간혹 관찰된다. 또한 패혈증일 경우 과도한 포도당의 이용 또는 인슐린에 의해 저혈당이 발생한다.

⑧ Ammonia

간과 근육에서 단백질, 아미노산이 분해될 때 생성되며 쓸개관염, 간 질병일 경우 암모니아 수치가 상승한다. 암모니아는 체내 독성물질로 작용해 암모니아 수치가 높을 경우 발작 및 경련이 발생할 수 있는 가능성이 있다.

⑨ Creatinine

골격근에서 크레아틴이 분해할 경우 생성되며 대표적으로 신부전이 발생했을 때 상승한다. 초기에는 발견이 어려우며 말기, 즉 신장의 약 75% 이상이 손상되었을 때 수치가 상승한다.

⑩ ALB(알부민)

간세포에서 생성되며 알부민의 농도는 간 기능의 표지가 된다. 저단백혈증은 임상증상, 알부민, 글루불린의 변화 등에 의해 구분하며, 간 질병, 단백 소실성 장 질병, 단백 소실성 산증이 발생했을 때 알부민의 수치는 저하된다. 개와 고양이의 경우 간에서 알부민 합성능력이 뛰어나기 때문에 간 질병에 의한 심각한 저알부민혈증은 주로 PSS나 심한 간세포성 기능부전에서 관찰된다.

⑪ Biliubin

빌리루빈은 헤모글로빈에서 생성되며 간에 비특이적인 모습을 보인다. 간 질환이나 용혈성 빈혈 시 수치가 증가하며, 고빌리루빈혈증은 활당을 발생시킨다.

⑫ Amylase

아밀라아제는 주로 췌장에서 생성되며 간과 소장에서도 소량 생산된다. 주로 췌장염이 발생했을 경우 아밀라아제 수치가 상승하는 모습을 보인다.

⑬ BUN(Blood Urea Nitrogen, 혈액요소질소)

BUN은 간에 있는 아미노산이 분해될 때 생성된다. 신부전, 신우신염일 경우 수치가 상승하며, 단백질 식이제한을 하거나 과수화일 경우 수치가 감소한다.

⑭ CA(Calcium, 칼슘)

IP와 함께 뼈에서 생성되며 혈액응고인자의 역할을 한다. 고칼슘 혈증이나 부종양증후군의 경우 수치가 증가한다.

⑮ CK(CreatineKinase)

주로 심근근과 골격근, 뇌조직에서 생성된다. 근육 손상 후 약 12시간 내에 수치가 상승하지만, 손상이 지속되지 않을 경우 48시간 이내에 정상수치로 되돌아온다.

⑯ IP

칼슘과 함께 뼈에서 생성되며 에너지를 저장하는 역할을 한다. 만성신부전일 경우 수치가 상승하며 적절한 섭취가 이루어지지 않을 경우 수치가 감소한다.

⑰ Lipase

췌장과 위 점막에서 분비된다. 리파아제의 수치가 상승하는 것이 어떤 질병의 심각도를 나타내지는 않지만 췌장염일 경우 수치가 상승할 가능성이 있으며 주로 아밀라아제와 함께 동반상승하는 모습을 보인다.

⑱ Lipids

장에서 생성되며 주로 장 내 림프액의 흐름을 자극하는 역할을 한다.

⑲ TP

알부민과 글루불린으로 구성되며 주로 탈수가 발생했을 때 수치가 증가하는 모습을 보인다.

⑳ 전해질

전해질은 Na(Sodium), K(Potassium), CL(Chloride)로 구성된다. 세포외액에서는 체액의 삼투압을 조절하거나 PH 조절을 하며, 세포내액에서는 근육과 심장기능을 조절하는 역할을 한다.

09 혈액형 검사 및 수혈

(1) 수혈이 필요한 경우

① 실혈(교통사고, 응고장애에 의한 대량실혈, 비장종양파열)
② 만성 소모성 빈혈
③ 면역매개성 용혈성 빈혈(IMHA)

[개의 빈혈 감별진단]

적혈구 생산 감소 (비재생성 빈혈)	– 리케치아성 질병 – 림프종 및 종양 – 화학요법 또는 약물 – 면역매개성 질병 – 만성신부전 – 만성 염증성 질병
실혈 (재생성 빈혈)	– 창상 – 파종성 혈관 내 응고증 – 위장관 궤양 – 기생충성(벼룩, 십이지장충)
용혈 (재생성 빈혈)	– 면역매개성 질병 – 파종성 혈관 내 응고증 – 미소혈관증(혈관육종)

(2) 공혈견

백신을 규칙적으로 접종해 완료된 상태여야 하며, 체중 25kg 이상의 대형견이어야 한다. 나이 제한은 1~8살이며 PCV(적혈구 용적률)의 수치가 40% 이상, 심장사상충에 감염이 되지 않은 상태여야 적절하다.

(3) 동물의 혈액형

개	DEA(Dog Erythrocyte Antigen) 1.1, 1.2, 1.3, 1.7 등 – 일반적으로 DEA 1.1을 가장 많이 사용하며 가장 항원성이 강해 용혈소를 생산하는 특징을 가짐
고양이	A형, B형, AB형 – 키트를 이용해 혈액형을 판정할 수 있음

(4) 혈액형 검사

처음 수혈하는 경우에는 혈액형에 대한 항체가 없기 때문에 생명에 지장이 있는 부작용이 발생하지 않아 응급 시 혈액형 검사를 진행하지 않는 경우도 있다. 하지만 두 번째 수혈부터는 항체가 생성되기 때문에 혈액형 검사가 필수적이다.

교차반응 검사	– 2차 수혈의 경우 필수적인 검사 – 공혈견의 혈액과 수혈동물의 혈장 또는 공혈견의 혈장과 수혈동물의 혈액을 교차반응을 통해 응집 여부를 확인 – 15분간 37도의 인큐베이터에 넣거나 따뜻하게 데운 후 1분간 1,500rpm으로 원심분리를 한 후 약 15초간 가볍게 흔들었을 때 응집현상이 나타나는지 확인
혈액형 판정 키트	– 고양이의 경우 모든 혈액형 판정이 가능함 – 개의 경우 일부 DEA1형 양성과 음성 확인만 가능함

(5) 혈액의 종류

혈액성분	적응유형	유통기한
신선전혈(FWB)	– 급성 다량 실혈 – 저혈량성 쇼크 – 실혈을 동반한 응고병 – 실혈을 동반한 혈소판감소증 – 파종성혈관 내 응고	– 채혈 후 8시간 이내
보존전혈(SWB)	– 빈혈 – 저혈량성 쇼크	ACD 또는 CPD의 경우 – 35일 이내 사용가능 – 1~6℃의 냉장보관
농축전혈(PRCs)	– 정상혈향성 빈혈	– 35일 이내 사용가능 – 1~6℃의 냉장보관
신선동결혈장(FFP)	– 응고장애 – 항응고 살서제 중독 – 저알부민혈증	– 12개월 이내 사용가능 – –18℃ 이하 냉동보관
동결혈장(FP)	– 응고장애 – 저알부민혈증	– 5년 이내 사용가능 – –20℃ 이하 냉동보관
농축혈소판	– 혈소판병 – 혈소판감소증	– 5일 이내 사용가능 – 22℃에 보관
동결침전물(Cryo)	– 혈우병 – 저피브리노겐혈증 – 폰빌레브란트 병	– 12개월 이내 사용가능 – –18℃ 이하 냉동보관

(6) 수혈 순서

수혈 동물에게 정맥 내 카테터 장착
▼
농축 적혈구 준비
▼
2차 수혈일 경우 교차반응 검사 실시
▼
생리식염수 또는 혈장 희석
▼
수혈 투여 시작
▼
수혈 부작용 관찰(구토, 호흡곤란, 용혈, 고열, 쇼크 등)
▼
투여 속도 조절

(7) 필요한 혈액량

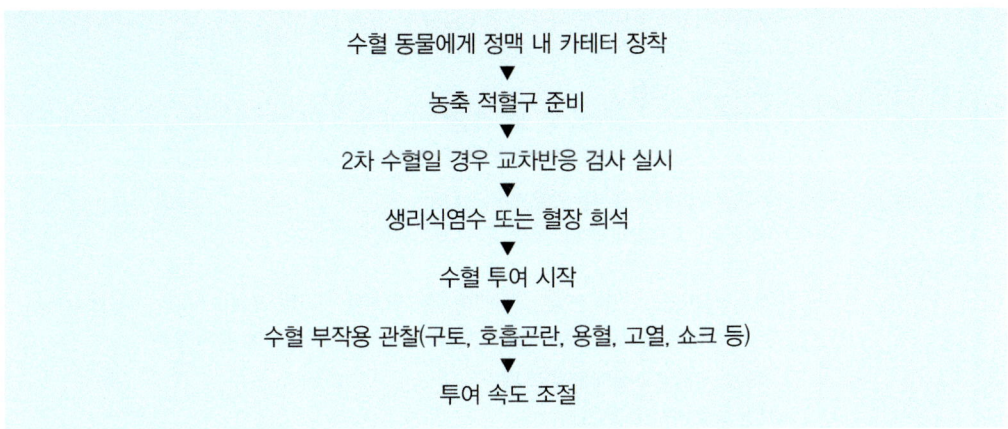

$$\text{필요한 혈액량} = \frac{\text{환자의 체중}(KG) \times 90 \times \text{올리고자 하는 } PCV - \text{수혈견의 } PCV}{\text{공혈견의 } PCV}$$

10 실험실 의뢰

(1) 검사의뢰 과정

동물병원(의뢰할 실험실에 의뢰 예 인터넷, ARS, 전화)
▼
검사 의뢰 접수
▼
검체 채취
▼
검체 수거
▼
검사 진행
▼
검사 결과 확인(실시간 결과 조회 예 Web, Mobile)

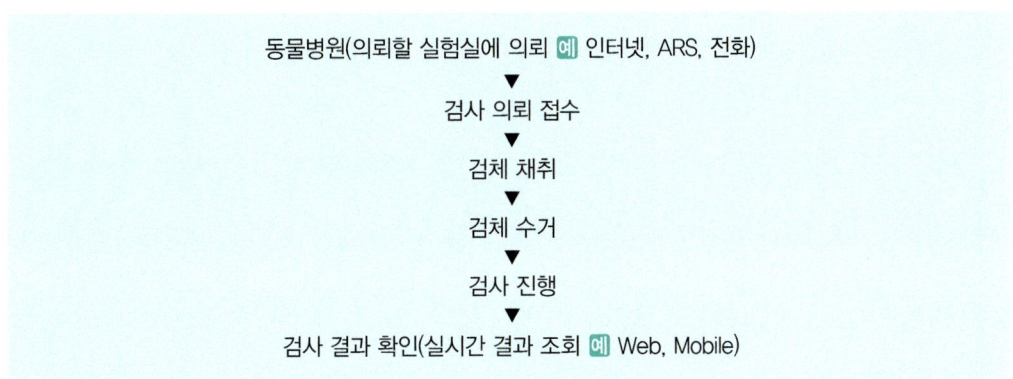

(2) 검체용기

SST 튜브	- 주요검사항목 : 대부분의 일반화학검사 - 내용물 : 혈청분리를 위한 응고촉진제와 Gel - 보관방법 : 냉장 - 검체취급방법 : 혈액을 용기에 채혈하여 약 8~10회 전도혼합 후 최소 30분간 방치해 응고시키며 원심분리는 채혈 2시간 안에 3,000rpm에서 10분간 진행
RTT 튜브	- 주요검사항목 : 대부분의 일반화학검사 - 내용물 : 멸균상태의 비어있는 튜브, 응고촉진제 - 보관방법 : 냉장 - 검체취급방법 : 15~20분간 혈액이 응고되기를 기다린 다음 2,500rpm에서 10~15분간 원심분리하며 상층의 혈청만 분리해 RTT 또는 튜브에 옮겨 보관
EDTA 튜브	- 주요검사항목 : 혈액희직 김사 - 내용물 : K2 EDTA 5.4mg - 보관방법 : 냉장 - 검체취급방법 : 혈액을 용기에 채혈한 수 약 8회 정도 전도혼합함
Sodium Citrate 튜브	- 주요검사항목 : 응고관련 검사 - 내용물 : 0.109M Sodium Citrate - 보관방법 : 실온 - 검체취급방법 : '혈액:SC = 9:1' 비율로 혼합해야 하며, 채혈 후 3~4회 정도 혼합함
미생물 수송배지	- 주요검사항목 : 배양검사 - 내용물 : Transport medium - 보관방법 : 냉장 - 검체취급방법 : 배지가 든 튜브의 뚜껑을 열어 손잡이가 달린 면봉을 꺼내 검체를 채취하며 검체를 채취한 면봉을 배지가 든 튜브에 넣은 후 뚜껑을 닫음
Stool 무균용기	- 주요검사항목 : 분변충란검사, fat정성검사, stool culture 등 - 내용물 : 없음 - 보관방법 : 실온 - 검체취급방법 : 용기에 1~2g을 담아 무게를 잰 후 검체의 총 무게를 기입함
조직검사 전용용기	- 주요검사항목 : Histopathlogy검사 - 내용물 : 10% 포르말린 고정액 - 보관방법 : 10% 포르말린에 고정 후 실온보관 - 검체취급방법 : 조직검체를 즉시 고정해 전송함

(3) 검사 종류

1) 혈액학(EDTA WB, SOD, Citrate Plasma)검사 의뢰 종류

① CBC/WBC 5-DIFF

② 혈액도말 표본평가 + CBC/WBC 5-DIFF

③ Coagulation(PT, APTT)

④ D-Dimer(개)

⑤ Fructosamine-Serum

2) 혈액화학검사(Serum) 종류

① 혈액화학검사 : Chem 27종 Panel, Chem 23종 Panel

② Liver Chem 11종

③ Electrolyte

④ 개 CPR(정량) : 염증반응 검사

⑤ SDMA : 신장질환 초기 검사

3) 종합검사(EDTA WB, Serum, Random Urine) 종류

① 혈액종합(CBC/WBC 5- DIFF + Chem23)

② 혈액종합(CBC/WBC 5- DIFF + Chem23 + SDMA)

③ 혈액종합(CBC/WBC 5- DIFF + Chem23 + SDMA + UA)

④ 신장종합(CBC/WBC 5- DIFF + Renal Chem16 + SDMA + UA + UPC)

⑤ 간종합(CBC/WBC 5- DIFF + Liver Chem11 + Bile acid pre & post)

4) 요화학(Random Urine, stone)검사 의뢰 종류

① Urinalysis

② UPC : 신장기능검사

③ Stone Analysis : 비뇨기 결석검사

5) 내분비학(Serum)검사 의뢰 종류

① ACTH Stimulation

② Dexamerhasone Suppression(LDDST/HDDST)

③ Thyroid panel 2(cTSH, FT4, T4)

④ Cortisol(Restind)

⑤ UCCR(Urine Cortisol) : CreatinineRario

⑥ Estradiol(E2)

6) 약물검사(Plain serum)검사 의뢰 종류

① Phenobarbital

② Cyclosporine

③ Digoxin

④ Theophy

⑤ ValproicAcid

⑥ Vancomycin

⑦ Zonisamide

7) 조직검사 의뢰 종류

① Histopathology

② Biopsy

③ Immunohisrochemistry Panel

④ Lymphoma panel : Antech

8) 세포검사 의뢰 종류

① 뇌척수액(CSF)종합검사

② 세포학(Cytolog, FNA)

③ 골수 Cytology

④ Lymphoma

9) 알레르기검사(Serum) 종류

① Basic Test 54종

② Premium Test 127종

③ Food Intensive Test 108종

10) 유전자검사 의뢰 종류

① 퇴행성 골수염(모든 견종)

② 진행성 망막 위축증(모든 견종)

③ 진행성 망막 위축증(반려묘)

④ 비대성 심근증(종특 질병) : 반려묘

⑤ 스코티시폴드(고양이) 골이형성증

⑥ 구리중독(종특 질병)

⑦ 이버멕틴 민감성(종특 질병)

⑧ 강아지 친견확인(1마리)

⑨ 고양이 친묘확인(1마리)

11) 분자 유전자 검사 의뢰종류

① Canine Neurology Pathogens(10종) : CSF

② Canine Anemia Pathogens(10종) : EDTA WB

③ Toxoplasma gondiiAg/Ab(개) : 분변 & Serum

④ Toxoplasma gondiiAg/Ab(고양이) : 분변 & Serum

⑤ 진드기 10종(개) : EDTA WB

⑥ 진드기 10종(고양이) : EDTA WB

⑦ FIP : 복수 또는 흉수

⑧ 개 디스템퍼 : 분변 5g 또는 상기도 swab

⑨ 바베시아 종합검사 : EDTA WB

⑩ 개 Diarrhea Pathogens(23종) : 분변

임상 동물보건학 출제예상문제

01 환자의 신체검사를 진행할 경우 머리 부분에서 확인해야 할 내용 중 옳지 않은 것은?

① 천문은 정수리의 약간 뒤쪽에 위치해 있고 출생 시 폐쇄되지만, 주로 대형 개체의 천문이 잘 닫히지 않는 경우가 많다.
② 안구의 위치, 안구의 돌출 및 함몰 유무, 동공의 좌우크기 대칭 등을 확인한다.
③ 코의 형태, 분비물 및 코거울의 촉촉함 정도 등을 확인한다.
④ 귀 신드기, 귀의 상태, 발적 상태 등을 확인한다.
⑤ 치아배열, 유치의 여부, 치석 등을 확인한다.

해설

- **천문**
  두개골은 하나의 뼈가 아닌 10개의 뼈로 이루어져 있으며, 촉진으로 두개골의 뒤쪽 부분의 뼈 봉합이 완전한지 불완전한지 확인한다. 천문은 정수리의 약간 뒤쪽에 위치해 있고, 출생 시 폐쇄된다. 천문의 크기는 각각 다르며 머리 부분을 촉진할 때 단단한 뼈가 아닌 연한 부분이 발견되면 천문이 개존되어 있을 가능성이 있다. 주로 소형 개체의 천문이 잘 닫히지 않는 경우가 많다.

02 바이탈사인(TPR)에 포함되는 항목을 모두 고르면?

㉠ 체온	㉡ 모세혈관 재충전시간	㉢ 호흡수
㉣ 심전도	㉤ 맥박수	㉥ 혈당

① ㉠, ㉡, ㉢ ② ㉠, ㉢, ㉤ ③ ㉡, ㉢, ㉣
④ ㉢, ㉣, ㉤ ⑤ ㉣, ㉤, ㉥

해설

- **바이탈사인(Vital Signs, Vitals, V/S)**
  '활력징후'라고도 불린다. 체온(Temperature), 맥박수(Pulse rate), 호흡수(Respiration rate)를 말하며, 흔히 'TPR'이란 약자로 표시한다. 이를 통해 동물의 현재 신체 건강상태 변화를 발견할 수 있으며, 정상범위를 파악해 신체에 이상이 있는지 파악할 수 있다.

03 개와 고양이의 정상 TPR에 대한 설명으로 옳지 않은 것은?

① 개의 정상 체온 범위는 37.7~39.0℃이다.
② 고양이의 정상 체온 범위는 개와 비슷하다.
③ 소형견의 정상 맥박수 범위는 약 80~120회/분이다.
④ 고양이의 정상 맥박수 범위는 약 110~130회/분이다.
⑤ 개의 정상 호흡수 범위는 10~15회이다.

해설

구분	정상 호흡수 범위
개	15 ~ 30회
고양이	20 ~ 40회

04 혈압계에 대한 설명으로 옳지 않은 것은?

① 혈압 측정 센서를 측정 부위인 앞발목의 동맥혈관에 장착한다.
② 동물병원에서 일반적으로 사용하는 혈압계는 도플러 혈압계이다.
③ 도플러 혈압계는 이완기 혈압 측정은 가능하지만 수축기 혈압 측정은 어렵다는 단점이 있다.
④ 오실로메트릭 혈압계는 혈류의 진동 변화를 이용해 측정한다.
⑤ 오실로메트릭 혈압계는 수축기, 이완기 혈압 모두 측정이 가능하다.

해설

도플러 혈압계	– 동물병원에서 일반적으로 사용되는 혈압계 – 동맥혈관에서 측정하며 혈류의 소리를 증폭시켜 측정함 – 수축기 혈압은 측정이 가능하지만 이완기 혈압의 측정이 어려움
오실로메트릭 혈압계	– 환자가 움직임이 있을 때에는 측정이 어려워 마취된 상태나 중증의 말기 환자에게 주로 측정함 – 혈류의 진동 변화를 이용해 측정함 – 수축기 혈압, 이완기 혈압, 평균 혈압 모두 측정 가능함

01 ① 02 ② 03 ⑤ 04 ③

05 개와 고양이의 혈압에 대한 설명으로 옳지 않은 것은?

① 개의 정상 수축기 혈압 범위 : 100~160
② 고양이의 정상 수축기 혈압 범위 : 120~170
③ 개의 정상 이완기 혈압 범위 : 60~110
④ 고양이의 정상 이완기 혈압 범위 : 70~120
⑤ 개와 고양이의 평균 혈압 범위 : 70~90

해설

구분	수축기 혈압	이완기 혈압	평균 혈압
개	100~160	60~110	90~120
고양이	120~170	70~120	90~130

06 처치부위에 따른 보정방법 및 진료에 대한 설명으로 옳지 않은 것은?

① 배를 바닥에 붙이고 엎드린 자세는 복와위이다.
② 한쪽 팔로 목 아래(턱 부위)를 안으면서 머리는 위쪽을 향하게 하고, 무릎을 누르며 앉힌 자세는 좌위이다.
③ 양쪽 앞다리와 뒷다리를 바깥쪽에서 한 손씩 잡고 옆을 향하게 눕힌 자세를 횡와위라고 한다.
④ 횡와위 보정자세에서 주로 요측 피정맥 정맥주사 처치를 한다.
⑤ 동물의 몸과 밀착하여 머리는 팔로 감싸 안으면서 앉지 못하게 고정시키는 자세는 입위이다.

해설

일반적으로 배를 바닥에 대고 엎드린 자세인 '복와위' 보정자세에서 주로 '요측 피정맥 정맥주사' 처치를 한다.

- **엎드린 자세(복와위)**
  - 배를 바닥에 대고 엎드린 자세
  - 처치 항목 : 귀, 눈, 정맥주사 및 채혈 등
  - 주의점 : 머리 쪽에 강한 힘을 주지 않도록 주의하며 보정해야 함

07 심장초음파 검사를 실시할 경우 동물보건사가 보정해야 할 보정자세 명칭은?

① 좌위　　② 횡와위　　③ 입위　　④ 복와위　　⑤ 기립자세

해설

- **옆누운 자세(횡와위)**
  - 옆을 향하게 누운 자세로, 양쪽 앞다리와 뒷다리를 바깥쪽에서 한 손씩 잡고 눕히는 자세
  - 처치 항목 : 복부, 심장초음파 등
  - 주의점 : 저항이 가장 심할 수 있는 보정법이고, 환자가 머리나 몸통을 비틀며 일어날 수 있어서 주의가 필요함

08 **보정 시 사용하는 보정도구로 플라스틱 재질로 되어 있으며, 진료뿐만 아니라 진료 및 수술 이후에도 많이 사용되고, 진료 시에는 사나운 동물들이 물지 못하도록 방어하기 위해 사용되는 도구는?**

① 보정가방 ② 넥카라 ③ 입마개 ④ 거즈입마개 ⑤ 보정가방

해설

- **넥카라**
  - 형태 : 천과 플라스틱 재질
  - 장점 : 진료뿐만 아니라 진료 및 수술 이후에도 많이 사용되며, 진료 시에는 사나운 동물들이 물지 못하도록 방어하기 위해 사용됨
  - 단점 : 플라스틱 재질은 끝이 날카롭기 때문에 상처가 날 수 있으며, 천 재질은 힘이 없어 보정할 때 물릴 위험이 있음

09 **동물병원의 입원환자가 다음과 같은 증상을 호소하여 그에 따른 간호중재를 했다. 입원한 환자의 질환은 무엇인가?**

증상	건조한 점막, 피부탄력 감소, 배뇨량 저하, 요비중 증가, PCV · TP 증가
간호중재	– 수액처치 실시 – 수분섭취와 배뇨량 모니터링 – 수액 과부하 모니터링(폐수종, 부종, 심잡음, 비강분비물 등) – 전해질 불균형 모니터링

① 저체온 ② 혈뇨 ③ 탈수 ④ 출혈 ⑤ 식욕부진

해설

위 입원환자의 질환은 '탈수'이다.

05 ⑤ 06 ④ 07 ② 08 ② 09 ③

10 동물병원의 입원환자가 다음과 같은 증상을 호소한다고 할 때 그에 따른 동물보건사의 모니터링 및 간호에 대해 적절하지 않은 것은?

증상	통증호소, 기립불능, 호흡수 증가, 배뇨곤란

① 음수량 및 배뇨량 모니터링
② 체온, 심박수, 호흡수 모니터링
③ 편안한 환경 제공
④ 욕창 방지를 위한 자세 변화
⑤ 체온을 상승시키기 위한 처치 진행

해설

위 증상은 골절 및 척추 손상 환자에게 주로 나타나는 증상이다.
체온을 상승시키기 위한 처치는 저체온 환자에게 진행해야 할 간호이다.

11 격리환자에 대한 주의사항 및 간호에 대한 설명으로 옳지 않은 것은?

① 내원 및 입원하는 다른 환자에게 전염병의 전파를 방지하기 위해 격리입원실에 위치한다.
② 격리입원환자를 담당하는 수의사와 보건사를 지정해 처치하도록 한다.
③ 최대한 1회용 용품을 사용하며 사용한 용품은 의료폐기물로 처리한다.
④ 격리환자의 처치 후 바로 다른 환자의 처치 및 보정을 한다.
⑤ 환자의 특이사항 및 증상을 모두 기록한다.

해설

격리환자의 처치 및 간호 이후 손에서 팔, 환자에게 닿은 부위를 모두 깨끗이 소독후 다른 처치를 진행해야 올바르다.

- **격리환자**
  - 목표 : 전염병환자에 의해 다른 환자에게 전파되는 것을 방지
  - 용품사용 : 1회용 용품(일회용 패드, 보호복, 일회용 장갑)과 격리환자 전용 용품을 따로 분리해 사용하고 사용한 용품은 의료폐기물으로 처리함
  - 수의사와 동물보건사 : 담당 의료진이 처치하며 의료진으로 인한 전파를 방지하기 위해 격리실의 출입은 최소화해야 함
  - 환자 차트 기록 : 처방된 약물, 모니터링 결과, 환자의 모든 특이사항을 기록함

12 수액의 종류에 대한 설명으로 틀린 것은?

① 정질용액은 대표적으로 0.9% 생리식염수(0.9% NaCl), 포도당, 하트만용액이 있다.
② 고장액은 혈장과 같은 삼투압을 가진 용액으로 체액의 이동이 없다.
③ 콜로이드 용액은 대표적으로 전혈과 혈장이 있다.
④ 콜로이드 용액은 모세혈관 막을 투과할 수 있는 분자와 투과할 수 없는 분자가 함께 포함되어 있는 수용액을 의미한다.
⑤ 저장액은 혈장보다 낮은 삼투압을 가진 용액으로 세포로 체액이 이동한다.

해설

정질용액	• 대표적으로 0.9% 생리식염수(0.9% NaCl), 포도당, 하트만용액이 있다. • 모세혈관 막을 투과할 수 있는 작은 분자들을 포함하고 있는 수용액
콜로이드 용액	• 대표적으로 전혈, 혈장, 농축알부민 등이 있다. • 모세혈관 막을 투과할 수 있는 분자와 투과할 수 없는 분자가 함께 포함되어 있는 수용액
등장액	혈장과 같은 삼투압을 가진 용액으로 체액의 이동이 없다.
고장액	혈장보다 높은 삼투압을 가진 용액으로 세포에서 혈액으로 체액이 이동한다.
저장액	혈장보다 낮은 삼투압을 가진 용액으로 세포로 체액이 이동한다.

13 수액처치를 준비할 경우 주의해야 할 부분으로 옳지 않은 것은?

① 수액세트의 끝부분이 오염되지 않도록 주의한다.
② 수액줄에 공기층이 다 빠져나가도록 한다.
③ 수액펌프에 수액줄을 연결할 경우 유량조절기를 펌프기기보다 아래에 위치시킨다.
④ 수액처치시 수액줄이 배설물에 오염되지 않도록 주의한다.
⑤ 수액이 새것이 아닐 경우 수액제 마개를 알코올 솜으로 소독한 뒤 사용한다.

해설

• **수액 준비 시 주의사항**
 – 수액세트의 끝부분이 오염되지 않도록 주의한다.
 – 유량조절기는 열려 있는 상태이므로 수액 연결 시 수액제가 흘러나오지 않도록 주의한다.
 – 수액줄에 공기층이 다 빠져나가도록 한다.
 – 수액이 새것이 아닐 경우 수액제 마개를 알코올 솜으로 소독한 뒤 사용한다.
 – 수액펌프에 수액줄을 연결할 경우 유량조절기를 펌프기기보다 위쪽에 위치시킨다.
 – 수액처치 시 수액줄이 배설물에 오염되지 않도록 주의한다.
 – 수액부분을 깨물어서 수액이 새지 않는지 주의해 관찰한다.

10 ⑤ 11 ④ 12 ② 13 ③

14 **기관 내 삽관 절차 중 다음과 같은 내용이 들어갈 위치로 적절한 곳은?**

기관 내 튜브를 삽관한다.

다른 손으로 위턱을 붙잡아 구강이 잘 보이도록 벌린다.
▼ ①
후두경을 이용해 환자의 후두덮개를 아래로 누른다.
▼ ②
끈을 이용해 위턱부분을 묶어 기관 내 튜브가 움직이지 않도록 고정한다.
▼ ③
커프에 공기를 주입해 부풀린다.
▼ ④
커프실린지를 커프인디케이터에 연결한다.
▼ ⑤
공기를 주입해 커프를 팽창시킨다.

해설

후두경을 이용해 후두덮개를 아래로 눌러 고정하여 기관 내 삽관을 한 뒤 튜브가 움직이지 않도록 고정해야 한다.

15 **마취기의 구조 중 소다라임 충전이 되어 있으며 날숨 안의 이산화탄소를 제거하는 역할을 하는 것은?**

① 캐니스터
② 기화기
③ 유량계
④ 흡기밸브
⑤ 회로 내 압력계

해설

기화기	사용농도를 설정해 휘발성 흡입마취제를 기화시키며 다이얼을 통해 농도를 조절할 수 있다.
회로 내 압력계	회로압취 출구에서 회로압취 입구 방향으로 경유해 얻은 호흡회로 내 압력을 표시한다.
유량계	산소 유량은 유량계의 눈금으로 읽으며 손잡이를 이용해 유량을 조절한다.
산소 플러시버튼	기화기와 유량계를 통하지 않는 바이패스회로로 공급되며 응급일 경우 호흡백에 100% 산소를 공급할 때 사용한다.
배출구	산소와 마취제가 혼합된 마취가스의 유출로이며 호흡회로의 흡기용 호스로 연결된다.
호흡백	환자의 호흡이 약할 경우 호흡백을 통해 호흡을 공급한다.
캐니스터	이산화탄소를 제거하며 내부에 소다라임이 존재한다.
팝오프 밸브	사용하고 남은 가스를 외부로 배출하며, 평소에 밸브를 열어둔 채로 보관한다.
호스	Y 또는 F 등 다양한 형태의 호스가 존재하며 호기부와 흡기부에 맞도록 연결해야 한다.

16 동물보건사가 수술 중 생체정보 감시장치를 확인하고 다음과 같이 해석했다고 할 때, 보건사가 확인한 생체정보 감시장치의 파형으로 적절한 것은?

> 이산화탄소 배출이 종료되어 호기말이산화탄소분압의 파형이 떨어지는 형태이다.

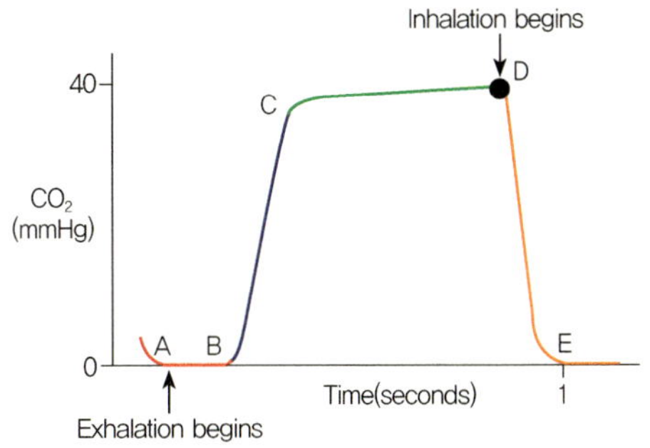

① ② ③ ④ ⑤

해설

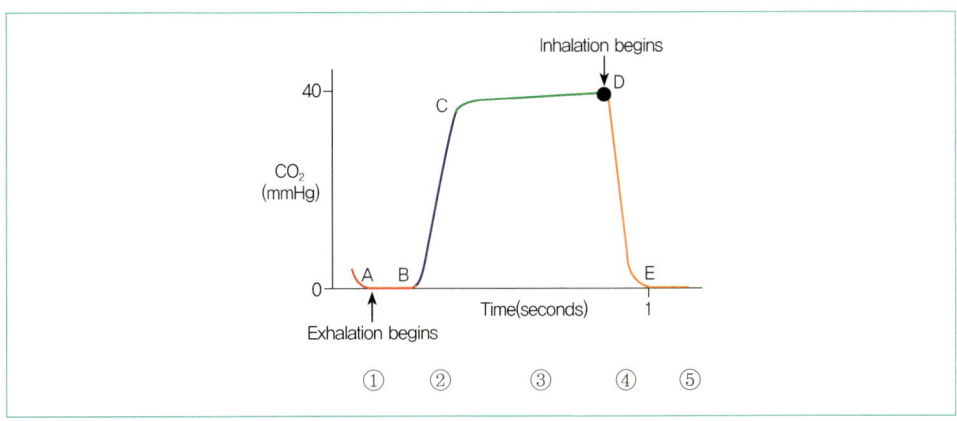

A ~ B	아래에서 위로 올라가는 시작 부분으로 날숨 시작과 함께 이산화탄소농도가 상승하기 시작하며 B 부분에서는 폐 안의 이산화탄소를 내보내기 시작한다.
B ~ C	이산화탄소 배출이 계속되어 일직선으로 유지되는 부분으로 약간씩 상승하는 형태이다.
C ~ D	이산화탄소 배출이 종료되어 호기말이산화탄소분압의 파형이 떨어지는 형태이다.
D ~ E	들숨 단계에 해당된다.

17 비흡수성 봉합사란 체내에 흡수되지 않고 봉합상태가 유지되는 것을 의미한다. 다음 중 비흡수성 봉합사의 종류에 포함되지 않는 것은?

① silk ② collagen ③ linen ④ nylon ⑤ cotton

해설

흡수성 봉합사	비흡수성 봉합사
– surgical gut(catcut) – collagen – polydioxanone(PDS suture) – polyglactin 910(vicryl) – polyglycolic acid(dexon)	– silk – cotton – linen – stainless steel – nylon(dafilon, ethilon)

14 ② 15 ① 16 ③ 17 ②

18 출혈을 멈추기 위해 사용되는 방법이 아닌 것은?

① 본왁스
② 써지셀
③ Bovie(보비)
④ 젤폼
⑤ 펜로즈드레인

해설

'펜로즈드레인(Penrose Drain)'은 지혈 방법이 아닌 배액 방법이다.
수동배액에서 가장 많이 사용하는 용품이며, 펜로즈드레인에 튜브를 연결해 액체를 제거한다. 석션기를 사용하지 않고 중력 및 압력의 차이를 이용해 체강 안의 액체를 배출시킨다.

19 다음에서 설명하고 있는 드레싱의 명칭은?

- 얇고 납작한 불투명한 형태이다.
- 물이 통과되지 않으며 방수기능이 존재한다.
- 삼출물이 약간 존재할 경우 사용이 가능하지만 삼출물이 많을 경우에는 부적절하다.
- 부종을 감소시킨다.
- 부착 후 약 7일 정도 유지 가능하다.

① 하이드로콜로이드(hydrocolloid) 드레싱
② 폼(foam) 드레싱
③ 하이드로젤(hydrogel) 드레싱
④ 칼슘 알지네이트(calcium alginate) 드레싱
⑤ 멸균 드레싱

해설

'하이드로콜로이드(hydrocolloid) 드레싱'에 대한 설명이다.

20 출혈이 많은 상처부위에 사용하는 드레싱의 종류로 가장 적절한 것은?

① 하이드로콜로이드(hydrocolloid) 드레싱
② 폼(foam)드레싱
③ 칼슘 알지네이트(calcium alginate) 드레싱
④ 하이드로젤(hydrogel) 드레싱
⑤ 투명(transparent) 드레싱

해설

'칼슘 알지네이트(calcium alginate) 드레싱'은 분비물 및 삼출물이 많을 경우 적절하며 건조한 상처에는 부적절하다.

plus 해설

거즈(gauze) 드레싱	– 가장 많이 사용하는 드레싱의 종류 – 상처의 자극이 적음 – 식염수 사용 가능함 – 건조 드레싱과 습윤 드레싱이 존재함
투명(transparent) 드레싱	– 필름 접착제 – 얇고 반투명한 형태 – 흡수력이 없어 삼출물이 존재할 경우 부적절함
폼(foam) 드레싱	– 바깥쪽은 반투과성 필름이며 안쪽은 폴리우레탄 폼의 형태 – 비접착성 드레싱 – 드레싱을 고정할 2차 드레싱이 필요함 – 공기는 통과함 – 물은 통과하지 못함 – 삼출물을 흡수하며 삼출물이 있는 상처에 적용하기 적절함
하이드로콜로이드(hydrocolloid) 드레싱	– 얇고 납작한 불투명한 형태 – 물이 통과되지 않으며 방수기능이 존재함 – 삼출물이 약간 존재할 경우 사용이 가능하지만 삼출물이 많을 경우에는 부적절함 – 부종을 감소시킴 – 부착 후 약 7일 정도 유지 가능함
하이드로젤(hydrogel) 드레싱	– 비접착식 드레싱 – 드레싱을 고정할 2차 드레싱이 필요함 – 삼출물을 흡수함 – 괴사조직을 수화시킴 – 조직이나 세포손상이 없음
칼슘 알지네이트(calcium alginate) 드레싱	– 해초에서 추출한 드레싱 – 비접착식 드레싱 – 드레싱을 고정할 2차 드레싱이 필요함 – 상처부위를 수분감 있게 보호함 – 분비물 및 삼출물이 많을 경우에 적절함 – 흡수력이 뛰어남 – 건조한 상처에는 부적절함

18 ⑤ 19 ① 20 ③

21 **주사침과 동일하게 바늘의 직경이 색으로 구별되며, 동물의 경우 혈관에 직접 장착하게 되면 움직임 등으로 인해 혈관이 손상되기 쉽기 때문에 직접 혈관에 장착하지 않고 정맥 내 카테터에 장착되어 있는 헤파린캡에 연결해 사용하는 진료 용품은?**

① 토니켓 ② 피딩튜브 ③ 나비침
④ 카테터 ⑤ 루어락캡

해설

• **나비침**
멸균상태의 일회용품으로 재사용하지 않는다. 나비침은 바늘과 나비모양의 날개부분, 튜브로 이루어져 있다. 바늘 부분은 오염되지 않도록 보호되어 있지만 튜브 부분은 노출되어 있으므로 오염되지 않도록 주의해야 한다. 일반적으로 수액처치 및 복수천자 시 사용된다.

주사바늘	체내에 삽입되는 부분으로 일반 주사바늘보다 비교적 짧은 편이다.
나비모양의 날개부분	피부에 고정하기 편하도록 하는 역할을 하며 나비모양으로 되어 있어 나비침으로 불린다.
튜브	주사기와 연결하는 부분이다.

22 **다음에서 설명하고 있는 임상병리 장치는?**

> 혈장 또는 혈청 내에 존재하는 성분을 검사하는 기기로 신체 내의 장기 기능을 평가하기 위해 사용한다.

① 자동혈구 분석기 ② 혈액화학 검사기 ③ 원심분리기
④ 혈당측정기 ⑤ 광학현미경

해설

'혈액화학 검사기'에 대한 설명이다.

① 자동혈구 분석기 : EDTA를 처리한 혈액을 이용해 혈구 세포들의 크기, 개수, 비율 등을 확인하기 위해서 사용하는 기기이다.
③ 원심분리기 : 원심력을 이용해 검체를 원심분리하는 기기이며 주로 혈청분리, 요침사검사, 분변침전검사에 사용된다. 소형 원심분리기의 경우에는 주로 혈액화학검사기에 사용하기 위해 채혈한 혈액을 원심분리하기 위해서 사용한다.
④ 혈당측정기 : 혈액 내 당의 함량을 측정하는 장비이며, 작은 채혈량에도 빠르고 정확한 혈당측정이 가능하다.
⑤ 광학현미경 : 눈으로 관찰했을 때 확인할 수 없는 검체 성분을 확대해 관찰할 수 있도록 도와주는 기기이다.

23 양파 중독 또는 혈액세포가 손상되었을 경우 나타나는 소변의 색은?

① 붉은색 ② 노란색 ③ 흑갈색
④ 초록색 ⑤ 오렌지색

해설

소변의 색	원인 및 질병
붉은색, 적갈색	혈뇨, 혈색소뇨 – 방광염, 요로감염, 요로결석, 출혈성 질병
흑갈색	메트헤모글로빈 – 혈액세포 손상, 양파 중독 증상
오렌지색	고농축의 소변, 빌리루빈뇨 – 황달 및 탈수
초록색	세균감염 – 황달

24 소변에 대한 설명으로 옳지 않은 것은?

① 요비중은 소변 안에 함유된 물질의 비율을 의미한다.
② 개의 정상 요비중 수치는 1.015~1.045이다.
③ 요비중 수치가 높은 경우 요붕증, 만성신부전을 의심할 수 있다.
④ 원뇨 소변은 신장 사구체에서 여과되어 생성된다.
⑤ 등장뇨는 원뇨와 비중이 같은 소변이지만 신장에서의 농축 및 희석 능력이 상실되거나 불충분한 것을 의미한다.

해설

요비중 수치가 높은 경우 의심 질병	요비중 수치가 낮은 경우 의심 질병
– 탈수 – 당뇨병 – 급성신부전	– 요붕증 – 수분과다섭취 – 만성신부전

21 ③ 22 ② 23 ③ 24 ③

25 요스틱검사 항목에 포함되지 않는 것은?

① 빌리루빈 ② PH ③ 포도당
④ 잠혈 ⑤ 세균

해설

- **요스틱검사 항목** : 빌리루빈, PH, 포도당, 단백질, 잠혈, 백혈구, 케톤

26 다음에서 설명하는 피부검사의 명칭은?

10호 블레이드와 스칼펠핸들을 준비한다.
▼
검체를 채취할 슬라이드를 준비한다.
▼
칼날, 슬라이드, 환자의 채취부위에 미네랄 오일을 도포한다.
▼
칼날을 이용해 피부를 찰과한다. (피가 약간 묻어나올 정도)
▼
긁어낸 피부의 부산물 및 혈흔을 슬라이드에 도말한다.
▼
커버글라스를 덮는다.
▼
현미경을 이용해 저배율에서 고배율로 관찰한다.

① 피부소파검사 ② TST검사 ③ DTM검사
④ 요침사검사 ⑤ 요비중검사

해설

- **피부찰과(소파)검사(Skin Scraping)**
  피부세포검사는 검체를 채취해 슬라이드 표본을 만들어 현미경으로 검사하는 방법이다.
  블레이드를 이용한 검사 방법으로 환자의 절상 및 검사자의 부상을 주의해야 하며 병변의 깊이에 따라서 채취가 가능한지 고려하고 진행해야 한다.
  – 준비물 : 10호 블레이드, 슬라이드, 커버글라스, 스칼펠핸들

27 귀 도말검사에서 확인할 수 있는 것이 아닌 것은?

① 말라세치아 ② 케톤 ③ 대식세포
④ 포도상구균 ⑤ 호중구

해설

- **귀 도말검사를 통해 확인할 수 있는 것**
  1. 세균(포도상구균, 간균)
  2. 말라세치아
  3. 귀진드기
  4. 세포(호중구, 대식세포)

28 다음에서 설명하고 있는 혈액검사 용기의 색은?

> 혈장을 이용해 혈액가스분석과 일반혈액화학검사가 진행되며, 혈액을 응고되는 것을 막기 위해 항응고제인 헤파린이 포함되어 트롬빈(trombin)을 억제해 항응고 작용을 한다.

① 보라색 ② 빨간색 ③ 노란색
④ 초록색 ⑤ 흰색

해설

- **헤파린용기**

  헤파린용기 뚜껑의 색은 녹색이며, 혈장을 이용해 혈액가스분석과 일반혈액화학검사가 진행된다. 혈액이 응고되는 것을 막기 위해 항응고제인 헤파린이 포함되어 트롬빈(trombin)을 억제해 항응고 작용을 한다.

25 ⑤ 26 ① 27 ② 28 ④

29 다음 중 혈액도말표본 항목이 올바르게 연결되지 않은 것을 모두 고르면?

㉠ HCT : 적혈구 용적	㉡ HB : 헤모글로빈
㉢ 평균 적혈구 용적 : MCH	㉣ 적혈구 크기분포 : RDW
㉤ 평균 적혈구 혈색소 농도 : MCHC	㉥ 평균 혈소판용적 : PCV

① ㉠, ㉢
② ㉢, ㉣
③ ㉢, ㉥
④ ㉣, ㉤
⑤ ㉤, ㉥

해설

분류	항목	의미
적혈구용적	PCV 또는 hematocrit(HCT)	전체 혈액 중에 적혈구가 차지하는 비율
혈색소	hemoglobin(Hb)	적혈구 내에 있는 산소운반 색소
적혈구	적혈구 수	산소운반 기능. 부족한 경우 빈혈
	평균 적혈구 용적(MCV)	적혈구의 평균적인 크기
	평균 적혈구 혈색소량(MCH)	적혈구 한 개당 평균 혈색소 양
	평균 적혈구 혈색소 농도(MCHC)	적혈구 한 개당 평균 혈색소 농도
	적혈구 크기 분포(RDW)	적혈구 개별 부피 차이
	망상적혈구 수	미성숙 적혈구 수
백혈구	호중구(neutrophil)	과립백혈구로 핵이 다엽 형태. 염증 및 세균감염 때 증가
	림프구(lymphocyte)	핵이 세포의 대부분을 차지. 스트레스 · 면역반응 때 증가
	단핵구(monocyte)	대식 작용을 하는 백혈구로 대식세포로 분화
	호산구(eosinophil)	호중구 · 호염기구보다 약간 큼. 기생충 감염 · 알레르기 때 증가
	호염기구(basophil)	즉시형 알레르기 반응에 관여
혈소판	혈소판 수	혈액의 응고 및 지혈작용에 관여
	평균 혈소판 용적(MPV)	혈소판 평균적인 크기

30 다음 설명에 적절한 혈액화학검사 항목 명칭은?

간과 근육에서 단백질, 아미노산이 분해될 때 생성되며 쓸개관염, 간 질병일 경우 수치가 상승한다. 수치가 높을 경우 체내 독성물질로 작용해 발작 및 경련이 발생할 가능성이 있다.

① Ammonia ② Creatinine ③ Biliubin
④ BUN ⑤ IP

해설

'Ammonia(암모니아)'에 대한 설명이다.

② Creatinine : 골격근에서 크레아틴이 분해할 경우 생성되며 대표적으로 신부전이 발생했을 때 상승한다. 초기에는 발견이 어려우며 말기, 즉 신장의 약 75% 이상이 손상되었을 때 수치가 상승한다.
③ Biliubin : 빌리루빈은 헤모글로빈에서 생성되며 간에 비특이적인 모습을 보인다. 간 질환이나 용혈성 빈혈 시 수치가 증가하며, 고빌리루빈혈증은 활당을 발생시킨다.
④ BUN(Blood Urea Nitrogen, 혈액요소질소) : BUN은 간에 있는 아미노산이 분해될 때 생성된다. 신부전, 신우신염일 경우 수치가 상승하며, 단백질 식이제한을 하거나 과수화일 경우 수치가 감소한다.
⑤ IP : 칼슘과 함께 뼈에서 생성되며 에너지를 저장하는 역할을 한다. 만성신부전일 경우 수치가 상승하며 적절한 섭취가 이루어지지 않을 경우 수치가 감소한다.

29 ③ 30 ①

생	각	을		스	케	치	하	다
세	상	을		스	케	치	하	다

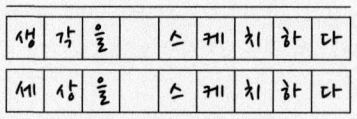

북스케치

Part 4
동물 보건·윤리 및 복지 관련 법규

Chapter 01 동물 보건복지
Chapter 02 동물 관련 법규 - 수의사법
Chapter 03 동물 관련 법규 - 동물보호법
▶ 동물 보건·윤리 및 복지 관련 법규 출제예상문제

Chapter 01

동물 보건복지

01 동물복지

(1) 동물복지

복지란 행복할 수 있도록 삶의 질이 보장되는 것을 의미한다. 즉 동물복지란 동물에게 알맞은 적절한 주거, 영양섭취, 질병 예방 · 치료, 보살핌 또한 필요한 경우 인도적인 안락사를 포함해 인간이 동물에게 해야 하는 책임이다.

(2) 동물복지와 동물권리의 관계

동물복지와 동물권리 모두 인간 중심적인 가치를 가지고 있지만 동물복지는 인간과 동물을 수직적인 관계로, 동물권리는 인간과 동물을 수평적인 측면으로 바라보며 동물을 이용하거나 사육하는 것을 중지해야 한다는 주장이다.

Plus note

- **동물권리의 한계**
  - 고려대상이 일부 포유류로 한정적임
  - 각각의 개체보다는 전체에게 권리를 부여함
  - 동물권리의 일관성이 불가능함
  - 자기 방어를 위해 동물을 죽이는 것은 가능하지만 생명을 구하기 위한 실험은 허용하지 않음
  - 사람의 목적을 위해 동물을 죽일 수 있다는 견해와 상충됨

02 동물윤리

윤리란 인간의 행동에 관한 여러 가지 문제 및 규범에 대해 연구하는 것이며, 동물윤리란 인간과 동물이 어떻게 관계를 맺고 행동해야 하는지 고민하고 연구하는 것을 의미한다.

동물 중심주의	동물의 입장을 먼저 생각하며 동물은 인간의 목적을 위한 수단이 아니라는 주장으로 동물권 향상을 강조함
인간 중심주의	인간만이 도덕적 지위, 내재적 가치를 가지고 있는 존재이며 인간 이외에는 인간의 목적을 달성하기 위한 수단임을 강조함
생명 중심주의	생명체 모두 그 자체만으로 가치가 있으며 인간과 동물을 포함한 모든 생명체가 도덕적 고려대상임을 강조함
생태 중심주의	생명체뿐만이 아니라 무생물 및 생태계 전체가 도덕적 고려대상임을 강조함

03 동물관련 학자

(1) 동물에 대한 도덕적 고려가 필요하다는 의견

① 제레미 벤담(Jeremy Bentham)

- 영국의 철학자이며 사회개혁가(1748~1832)
- "다 자란 말이나 개는 태어난 지 하루나 일주일, 또는 한 달이 된 아기보다도 비교할 수 없을 정도로 대화가 잘 이루어지며 더 이성적이기도 하다."
- **주장** : 동물의 말과 이성보다는 고통을 느낄 수 있는 점을 보아 도덕적 배려가 필요하다.

② 조엘 화인버그(Joel Feinberg)

- 미국의 철학자(1926~2004)
- **주장** : 인간 이외의 존재에 대해 인간의 목적을 위한 수단이 아니라 그 자체의 도덕적 고려가 필요하다.

③ 톰 레건(Tom Regan)

- 미국의 철학자(1938~2017)
- "본질적인 고유의 가치를 갖는다는 것은 다른 사람의 이익관심과 욕구, 사용과 무관하게 가치를 가진다는 것을 의미하며, 고유의 가치는 자기 자신이 스스로 갖는 가치이며 그 자체가 목적이고 다른 것의 수단이 되지 못한다."
- **주장** : 인간 말고 동물 또한 고유의 가치를 가지며 삶의 주체성이 존재해 동일한 존중을 받을 권리가 있으므로 동물 실험, 매매, 사육 등을 반대한다.

④ 피터 싱어(Peter Singer)

- 오스트레일리아 윤리학자(1946~현재)
- "도덕적 고려의 기준이란 쾌락과 고통을 느끼는 능력의 소유 여부이다."
- **주장** : 동물에게도 도덕적 지위가 있으며 고통으로부터 해방시켜야 한다. 종을 기준으로 동물을 차별하는 것은 종차별주의이다. 동물의 이익과 인간의 이익 모두 존중받아야 하지만 만약 서로 충돌할 경우 인간의 이익을 우선해야 한다.

(2) 동물에 대한 도덕적 고려는 필요하지 않다는 의견

① 아리스토텔레스(Aristoteles)

- 그리스의 철학자(B.C. 385~323)
- "식물은 동물을 위해 존재하며 동물은 인간을 위해 존재한다. 그러므로 가축이 식량 또는 다른 목적으로 존재하는 것처럼 야생동물 또한 동일하다."
- **주장** : 동물은 인간의 목적을 위해 존재하며 도덕적 고려는 필요하지 않다.

② 토마스 아퀴나스(Thomas Aquinas)

- 이탈리아의 신학자(1225~1274)
- "신의 섭리에 의해 동물은 인간이 사용하도록 운명 지어졌다."
- **주장** : 인간의 목적으로 인해 동물을 죽이거나 이용해도 부정적인 것이 아니다.

③ 르네 데카르트(Rene Decqrtes)

- 프랑스 철학자(1596~1650)
- "동물은 고통을 느끼지 못하는데 고통을 느끼는 것처럼 소리를 지르거나 행동하는 것은 기계가 고장 났을 때 삐걱거리는 소리와 같다."
- **주장** : 동물은 영혼이 없는 기계이다. (동물기계론)

④ 칸트(Kant)

- 독일의 철학자(1724~1804)
- "자연체계 내에서의 인간은 다른 동물들과 같이 대지의 산물로서 평범한 가치를 가진다."
- **주장** : 자유롭고 이성적인 행위를 하는 자율적인 존재만이 도덕적 고려대상이다. 즉 인간 이외의 생명체는 고려대상에서 배제된다.

⑤ 얀 나르베슨(Jan Narveson)

- 미국의 철학 명예교수이자 작가(1936~현재)
- "우리는 동물과 계약관계가 아니므로 동물에 대한 의무가 없다."
- **주장** : 동물과 의사소통이 불가능하고 사회적으로 계약을 할 수 없기 때문에 동물에

대한 도덕적 의무가 없지만 인간이 동물을 가축화했기 때문에 동물을 해치는 것은 타인의 소유물에 피해를 주는 것이므로 피해야 한다.

⑥ 피터 캐러더스(Peter Carruthers)
- 영국계 미국인 철학자(1952~현재)
- "동물은 정신상태를 가지고 있지만 의식하지 못하기 때문에 도덕적으로 배려를 할 의무가 없다."
- **주장** : 동물은 합리적인 행위자가 아니며 인간이 동물의 고통을 줄여주는 것은 긍정적이다.

04 동물의 5대 자유

(1) 동물보호의 기본 원칙(동물보호법 제3조, 법률 제16977호)

동물을 사육, 관리 또는 보호하는 모든 이들은 이 원칙을 준수하여야 한다.

① 동물이 본래의 습성과 신체의 원형을 유지하면서 정상적으로 살 수 있도록 할 것
② 동물이 갈증 및 굶주림을 겪거나 영양이 결핍되지 아니하도록 할 것
③ 동물이 정상적인 행동을 표현할 수 있고 불편함을 겪지 아니하도록 할 것
④ 동물이 고통 · 상해 및 질병으로부터 자유롭도록 할 것
⑤ 동물이 공포와 스트레스를 받지 아니하도록 할 것

(2) FIVE Freedoms

FIVE Freedoms의 **목적** : 산업동물을 포함한 모든 동물들의 열악한 동물복지 환경 및 상태를 방지하고 개선하기 위함

① 신선한 물과 건강을 유지하도록 적절한 사료를 공급할 것
② 동물의 특성에 맞는 편안하고 쉴 수 있는 공간을 제공할 것
③ 질병을 예방할 수 있도록 빠른 진단과 조치를 취해 치료를 제공할 것
④ 동물의 사육공간의 크기와 시설을 동물의 특성에 맞게 제공할 것
⑤ 동물이 정신적인 고통이 없도록 환경을 조성할 것

(3) FIVE Needs

FIVE Needs의 **목적** : 동물의 삶의 질 수준을 높이기 위함(미국의 동물보호법)

① 적절한 환경을 제공해 각각의 동물의 요구에 맞는 조건을 충족할 것
② 배고픔, 목마름을 해결하는 것에 그치지 않고 각각의 영양요구량에 알맞은 식단을 제공할 것
③ 동물마다 사회적 그룹이 필요한 경우와 분리가 필요한 경우를 파악해 관리할 것
④ 동물이 정상적인 행동을 표현할 수 있도록 환경을 만들어줄 것
⑤ 통증, 고통, 상해, 질병이 발생하지 않도록 보호하고 관리할 것

05 동물복지를 위한 노력

(1) 동물보호센터

동물보호소는 주인을 잃어버리거나, 주인으로부터 버려진 동물들을 위한 복지시설로, 일부 야생동물을 포함하지만 주로 개와 고양이가 다수를 차지한다. 동물보호소의 목적은 버려진 동물들이 새 주인을 찾을 때까지 기본적인 생활을 유지할 수 있도록 돕는 것이다.

1) 동물보호센터의 역할과 목적

① 구조 동물을 보호하며 생존율을 높이기 위함
② 보호 동물의 건강상태 및 행동학적 상태를 관리함
③ 동물에 대한 정책과 동물보건 정책에 대한 자료를 제공하며 관리함
④ 동물의 학대를 방지하기 위함
⑤ 유기동물의 수를 감소하기 위해 노력함

2) 동물보호센터의 한계

보호소 규정에 따르면 10일간 공고 기간을 내서 주인을 찾고, 주인이 나타나지 않을 경우 다시 10일간 분양 기간을 가지며, 총 20일이 지나 분양이 안 될 경우에는 안락사시킨다.

3) 유기 및 유실동물을 줄이기 위한 노력

① 중성화 수술

생후 1년 미만의 개체가 입소한 경우 불필요하게 번식하는 경우를 막고 중성화를 통한 행동학적 문제 예방 및 건강 유지를 위해 실시한다.

② 동물등록

유실 및 유기를 방지하기 위해 현재 의무화를 실시하고 있으며 동물을 유실했을 경우 보호자를 보다 쉽게 찾을 수 있는 방법이다.

③ 양육포기 예방과 중재

보호자에게 양육포기에 대한 방법을 제시하며 양육을 포기하는 경우 다른 방법을 제안한다.

④ 임시보호

보호 중인 동물의 폐사를 막고 생존율을 높이기 위해 활용하는 방법으로 주로 분양하기엔 너무 어린 8주 이하의 개체 또는 동물보호센터 내에서 심한 스트레스를 받거나 보호센터 자체에서 보호공간이 부족한 개체가 포함된다.

ⓐ 임시보호 기간

임시보호는 임시보호센터와 임시보호자가 협의하는 경우가 대부분이며 평균 기간은 약 2~3개월이다. 임시보호 중 입양이 되는 경우 임시보호가 종료된다.

이 기간 동안 임시보호자는 동물이 생활할 수 있는 편안한 공간을 제공하며 사람에 대한 경계심을 낮춰주는 역할을 한다.

임시보호 기간이 끝나면 기간을 연장할 수 있으며 임시보호자가 입양을 하는 경우도 있다.

ⓑ 임시보호의 한계

임시보호 동물은 입양된 것이 아니므로 임시보호 기간이 끝나면 다시 동물보호센터로 되돌아와 파양이 되었다는 기억을 심어줄 수 있다.

(2) 반려동물등록제

반려동물의 수가 증가함에 따라 유기 및 유실동물 문제도 커지고 있다.

현재 정부에서는 반려동물 등록제의 의무제를 실행하여 보호자의 책임감을 증가시키고, 반려동물의 유기 및 유실을 방지하며, 보호자와 동물의 정보를 기입하여 동물의 보호자를 간편하게 찾을 수 있도록 하기 위해 노력하고 있다.

개의 경우 서울과 경기를 포함한 131개 지역에서 모든 보호자가 동물등록을 하도록 했으며, 개뿐 아니라 고양이도 동물등록 대상에 포함시키기 위하여 시도하고 있는 추세이다.

(3) 길 고양이 관리

1) 고양이 분류

야생 고양이	대표적인 길 고양이의 유형으로 사람에 대한 경계심이 높으며 보호자가 없고 야생에서 생활하는 고양이
떠돌이 고양이	집에서만 생활하는 것이 아니라 집과 야생을 돌아다니며 생활하며 야생 고양이보다는 사람에 대한 경계심이 비교적 적은 고양이
반려 고양이	보호자와 거주지가 있어 집에서 생활하는 고양이로 사회성이 가장 뛰어나며 야생성도 함께 존재하는 고양이

2) 길 고양이의 문제

① 소음과 청결문제

발정기 기간의 울음소리, 서로 간의 싸움소리 등 소음 문제와 식량을 찾아 사람이 버린 쓰레기통, 봉투를 헤집어 놓는 현상에 관한 시민들의 민원이 발생

② 시민 간의 갈등

길 고양이에게 사료와 물을 제공하며 야생동물인 길 고양이를 보호하자는 입장의 시민들(일명 '캣맘')과 길 고양이가 거주지 주변의 환경을 헤집어 놓고 소음을 유발하는 등의 문제 때문에 고통받는 시민들 간의 충돌이 자주 발생

3) 개체수 조절

① 목적

ⓐ 소음이나 주변 환경의 청결도의 개선

ⓑ 시민들의 민원과 불만 및 갈등의 완화

ⓒ 길 고양이의 복지

ⓓ 생태계 파괴문제 개선

② TNR(Trap-Neuter-Return)

길 고양이를 포획해 중성화를 한 후 다시 그 자리로 되돌려 놓는 방법을 의미한다. 최대한 인도적인 방법으로 진행하며 길 고양이의 개체수를 조절하는 데 큰 역할을 한다. 중성화 수술로 발정기의 울음소리와 영역표시를 없애는 효과가 있으며 종양 등 다양한 질병을 예방할 수 있게 된다. 중성화 수술을 진행한 개체의 경우 귀 끝을 약 1cm 정도 절개해 TNR을 진행했다는 표식을 하게 되어 같은 개체를 포획하지 않도록 한다.

장점	– 길 고양이 개체수 조절 – 주민들의 민원 감소 – 길 고양이의 질병 예방
단점	– 수술의 위험성 존재 – 비용이 발생함 – 민간의 협조가 필요해 시간이 소요됨

(4) 놀이터

반려견이 뛰어 놀 수 있는 공간으로, 반려동물의 사회화 형성을 할 수 있을 뿐만 아니라 보호자와의 유대감 형성에도 도움이 된다. 보호자 간의 정보 교류로 다양한 정보를 습득할 수 있으며, 공동체 형성에도 도움이 된다. 이것은 반려동물과의 공존문화를 형성하기 위한 노력이며, 보호자는 이 공간에서 발생할 수 있는 점들에 대한 인식이 필요하다.

1) 놀이터 이용가능한 조건

① 반려동물 등록이 완료된 동물
② 백신 접종이 완료된 동물
③ 중성화가 완료된 동물

2) 놀이터 이용 주의사항

① 보호자는 항상 반려견의 행동을 지켜봐야 함
② 동물 간의 싸움이 일어나지 않도록 주의가 필요함
③ 놀이터 이용조건이 충족 완료되어야 함
④ 보호자가 반려동물을 컨트롤하지 못하면 퇴장 조치할 수 있음

3) 놀이터 관련 다양한 갈등

① 소음과 털 관련 문제
② 놀이터 내에서 목줄을 착용하지 않으므로 개 물림 사고에 관한 걱정
③ 동물에 대한 공포감을 가지고 있는 시민의 불편감 등

Chapter 02

동물 관련 법규 - 수의사법

01 총칙

(1) 수의사법 목적(법 제1조)

이 법은 수의사(獸醫師)의 기능과 수의(獸醫) 업무에 관하여 필요한 사항을 규정함으로써 동물의 건강증진, 축산업의 발전과 공중위생의 향상에 기여함을 목적으로 한다.

(2) 용어의 정의(법 제2조)

용어	정의
수의사	수의업무를 담당하는 사람으로서 농림축산식품부장관의 면허를 받은 사람
동물	소, 말, 돼지, 양, 개, 토끼, 고양이, 조류(鳥類), 꿀벌, 수생동물(水生動物), 그 밖에 대통령령으로 정하는 동물
동물진료업	동물을 진료[동물의 사체 검안(檢案)을 포함]하거나 동물의 질병을 예방하는 업(業)
동물보건사	동물병원 내에서 수의사의 지도 아래 동물의 간호 또는 진료 보조 업무에 종사하는 사람으로서 농림축산식품부장관의 자격인정을 받은 사람
동물병원	동물진료업을 하는 장소로서 법 제17조(개설)에 따른 신고를 한 진료기관

(3) 수의사의 직무(법 제3조)

수의사는 동물의 진료 및 보건과 축산물의 위생 검사에 종사하는 것을 그 직무로 한다.

02 수의사와 동물보건사

(1) 수의사 면허(법 제4조)

수의사가 되려는 사람은 (4)−1) 수의사 국가시험에 따른 수의사 국가시험에 합격한 후 농림축산식품부령으로 정하는 바에 따라 농림축산식품부장관의 면허를 받아야 한다.

(2) 수의사 결격사유(법 제5조)

다음의 어느 하나에 해당하는 사람은 수의사가 될 수 없다.

① 「정신건강증진 및 정신질환자 복지서비스 지원에 관한 법률」에 따른 정신질환자. 다만, 정신건강의학과전문의가 수의사로서 직무를 수행할 수 있다고 인정하는 사람은 그러하지 아니하다.

② 피성년후견인 또는 피한정후견인

③ 마약, 대마(大麻), 그 밖의 향정신성의약품(向精神性醫藥品) 중독자. 다만, 정신건강의학과전문의가 수의사로서 직무를 수행할 수 있다고 인정하는 사람은 그러하지 아니하다.

④ 「수의사법」, 「가축전염병예방법」, 「축산물위생관리법」, 「동물보호법」, 「의료법」, 「약사법」, 「식품위생법」 또는 「마약류관리에 관한 법률」을 위반하여 금고 이상의 실형을 선고받고 그 집행이 끝나지(집행이 끝난 것으로 보는 경우를 포함한다) 아니하거나 면제되지 아니한 사람

(3) 면허의 등록(법 제6조)

① 농림축산식품부장관은 (1)에 따라 면허를 내줄 때에는 면허에 관한 사항을 면허대장에 등록하고 그 면허증을 발급하여야 한다.

② ①에 따른 면허증은 다른 사람에게 빌려주거나 빌려서는 아니 되며, 이를 알선하여서도 아니 된다.

③ 면허의 등록과 면허증 발급에 필요한 사항은 농림축산식품부령으로 정한다.

(4) 수의사 국가시험 및 응시자격(법 제8~9조, 제9조의2)

1) 수의사 국가시험

① 수의사 국가시험은 매년 농림축산식품부장관이 시행한다.

② 수의사 국가시험은 동물의 진료에 필요한 수의학과 수의사로서 갖추어야 할 공중위생에 관한 지식 및 기능에 대하여 실시한다.

③ 농림축산식품부장관은 ①에 따른 수의사 국가시험의 관리를 대통령령으로 정하는 바에 따라 시험 관리 능력이 있다고 인정되는 관계 전문기관에 맡길 수 있다.

④ 수의사 국가시험 실시에 필요한 사항은 대통령령으로 정한다.

2) 수의사 국가시험 응시자격

① 수의사 국가시험에 응시할 수 있는 사람은 (2) 수의사 결격사유(법 제5조)의 어느 하나에 해당되지 아니하는 사람으로서 다음의 어느 하나에 해당하는 사람으로 한다.

ⓐ 수의학을 전공하는 대학(수의학과가 설치된 대학의 수의학과를 포함)을 졸업하고 수의학사 학위를 받은 사람. 이 경우 6개월 이내에 졸업하여 수의학사 학위를 받을 사람을 포함한다.

ⓑ 외국에서 ⓐ의 전단에 해당하는 학교(농림축산식품부장관이 정하여 고시하는 인정기준에 해당하는 학교)를 졸업하고 그 국가의 수의사 면허를 받은 사람

② ①의 ⓐ 후단에 해당하는 사람이 해당 기간에 수의학사 학위를 받지 못하면 처음부터 응시자격이 없는 것으로 본다.

3) 수의사 국가시험 수험자의 부정행위

① 부정한 방법으로 1)에 따른 수의사 국가시험에 응시한 사람 또는 수의사 국가시험에서 부정행위를 한 사람에 대하여는 그 시험을 정지시키거나 그 합격을 무효로 한다.

② ①에 따라 시험이 정지되거나 합격이 무효가 된 사람은 그 후 두 번까지는 1)에 따른 수의사 국가시험에 응시할 수 없다.

(5) 무면허 및 진료의 거부 금지(법 제10~11조)

1) 무면허 진료행위의 금지

수의사가 아니면 동물을 진료할 수 없다. 다만, 「수산생물질병 관리법」에 따라 수산질병관리사 면허를 받은 사람이 같은 법에 따라 수산생물을 진료하는 경우와 그 밖에 대통령령으로 정하는 진료는 예외로 한다.

2) 진료의 거부 금지

동물진료업을 하는 수의사가 동물의 진료를 요구받았을 때에는 정당한 사유 없이 거부하여서는 아니 된다.

(6) 진단서 등(법 제12조)

① 수의사는 자기가 직접 진료하거나 검안하지 아니하고는 진단서, 검안서, 증명서 또는 처방전(「전자서명법」에 따른 전자서명이 기재된 전자문서 형태로 작성한 처방전을 포함한다. 이하 같다)을 발급하지 못하며, 「약사법」 제85조 제6항에 따른 동물용 의약품(이하 "처방대상 동물용 의약품"이라 한다)을 처방 · 투약하지 못한다. 다만, 직접 진료하거나 검안한 수의사가 부득이한 사유로 진단서, 검안서 또는 증명서를 발급할 수 없을 때에는 같은 동물병원에 종사하는 다른 수의사가 진료부 등에 의하여 발급할 수 있다.

② ①에 따른 진료 중 폐사(斃死)한 경우에 발급하는 폐사 진단서는 다른 수의사에게서 발급받을 수 있다.

③ 수의사는 직접 진료하거나 검안한 동물에 대한 진단서, 검안서, 증명서 또는 처방전의 발급을 요구받았을 때에는 정당한 사유 없이 이를 거부하여서는 아니 된다.

④ ①부터 ③까지의 규정에 따른 진단서, 검안서, 증명서 또는 처방전의 서식, 기재사항, 그 밖에 필요한 사항은 농림축산식품부령으로 정한다.

⑤ ①에도 불구하고 농림축산식품부장관에게 신고한 축산농장에 상시고용된 수의사와 「동물원 및 수족관의 관리에 관한 법률」 제3조 제1항에 따라 등록한 동물원 또는 수족관에 상시고용된 수의사는 해당 농장, 동물원 또는 수족관의 동물에게 투여할 목적으로 처방대상 동물용 의약품에 대한 처방전을 발급할 수 있다. 이 경우 상시고용된 수의사의 범위, 신고방법, 처방전 발급 및 보존 방법, 진료부 작성 및 보고, 교육, 준수사항 등 그 밖에 필요한 사항은 농림축산식품부령으로 정한다.

(7) 처방대상 동물용 의약품에 대한 처방전의 발급 등(법 제12조의2)

① 수의사(제12조 제5항에 따른 축산농장, 동물원 또는 수족관에 상시고용된 수의사를 포함한다. 이하 ②에서 같다)는 동물에게 처방대상 동물용 의약품을 투약할 필요가 있을 때에는 처방전을 발급하여야 한다.

② 수의사는 ①에 따라 처방전을 발급할 때에는 제12조의3 제1항에 따른 수의사처방관리시스템(이하 "수의사처방관리시스템"이라 한다)을 통하여 처방전을 발급하여야 한다. 다만, 전산장애, 출장 진료 그 밖에 대통령령으로 정하는 부득이한 사유로 수의사처방관리시스템을 통하여 처방전을 발급하지 못할 때에는 농림축산식품부령으로 정하는 방법에 따라 처방전을 발급하고 부득이한 사유가 종료된 날부터 3일 이내에 처방전을 수의사처방관리시스템에 등록하여야 한다.

③ ①에도 불구하고 수의사는 본인이 직접 처방대상 동물용 의약품을 처방 · 조제 · 투약하

는 경우에는 ①에 따른 처방전을 발급하지 아니할 수 있다. 이 경우 해당 수의사는 수의사처방관리시스템에 처방대상 동물용 의약품의 명칭, 용법 및 용량 등 농림축산식품부령으로 정하는 사항을 입력하여야 한다.

④ ①에 따른 처방전의 서식, 기재사항, 그 밖에 필요한 사항은 농림축산식품부령으로 정한다.

⑤ ①에 따라 처방전을 발급한 수의사는 처방대상 동물용 의약품을 조제하여 판매하는 자가 처방전에 표시된 명칭 · 용법 및 용량 등에 대하여 문의한 때에는 즉시 이에 응답하여야 한다. 다만, 다음의 어느 하나에 해당하는 경우에는 그러하지 아니하다.

ⓐ 응급한 동물을 진료 중인 경우

ⓑ 동물을 수술 또는 처치 중인 경우

ⓒ 그 밖에 문의에 응답할 수 없는 정당한 사유가 있는 경우

(8) 수의사처방관리시스템의 구축·운영(법 제12조의3)

① 농림축산식품부장관은 처방대상 동물용 의약품을 효율적으로 관리하기 위하여 수의사처방관리시스템을 구축하여 운영하여야 한다.

② 수의사처방관리시스템의 구축 · 운영에 필요한 사항은 농림축산식품부령으로 정한다.

(9) 진료부 및 검안부(법 제13조)

① 수의사는 진료부나 검안부를 갖추어 두고 진료하거나 검안한 사항을 기록하고 서명하여야 한다.

② ①에 따른 진료부 또는 검안부의 기재사항, 보존기간 및 보존방법, 그 밖에 필요한 사항은 농림축산식품부령으로 정한다.

③ ①에 따른 진료부 또는 검안부는 「전자서명법」에 따른 전자서명이 기재된 전자문서로 작성 · 보관할 수 있다.

(10) 수술 등 중대진료에 관한 설명(법 제13의2)

① 수의사는 동물의 생명 또는 신체에 중대한 위해를 발생하게 할 우려가 있는 수술, 수혈 등 농림축산식품부령으로 정하는 진료(이하 "수술 등 중대진료"라 한다)를 하는 경우에는 수술 등 중대진료 전에 동물의 소유자 또는 관리자(이하 "동물소유자 등"이라 한다)에게 ②의 ⓐ~ⓓ의 사항을 설명하고, 서면(전자문서를 포함한다)으로 동의를 받아야 한다. 다만, 설명 및 동의 절차로 수술 등 중대진료가 지체되면 동물의 생명이 위험해지거나 동물의 신체에 중대한 장애를 가져올 우려가 있는 경우에는 수술 등 중대진료 이후에 설명하고 동의를 받을 수 있다.

② 수의사가 ①에 따라 동물소유자 등에게 설명하고 동의를 받아야 할 사항은 다음과 같다.

ⓐ 동물에게 발생하거나 발생 가능한 증상의 진단명

ⓑ 수술 등 중대진료의 필요성, 방법 및 내용

ⓒ 수술 등 중대진료에 따라 전형적으로 발생이 예상되는 후유증 또는 부작용

ⓓ 수술 등 중대진료 전후에 동물소유자 등이 준수하여야 할 사항

③ ① 및 ②에 따른 설명 및 동의의 방법 · 절차 등에 관하여 필요한 사항은 농림축산식품부령으로 정한다.

(11) 신고(법 제14조)

수의사는 농림축산식품부령으로 정하는 바에 따라 그 실태와 취업상황(근무지가 변경된 경우를 포함한다) 등을 제23조에 따라 설립된 대한수의사회에 신고하여야 한다.

(12) 수의사의 진료기술의 보호와 기구 등의 우선 공급(법 제15~16조)

1) 진료기술의 보호

수의사의 진료행위에 대하여는 이 법 또는 다른 법령에 규정된 것을 제외하고는 누구든지 간섭하여서는 아니 된다.

2) 기구 등의 우선 공급

수의사는 진료행위에 필요한 기구, 약품, 그 밖의 시설 및 재료를 우선적으로 공급받을 권리를 가진다.

(13) 동물보건사의 자격 및 업무 등(법 제16조의2~6)

1) 동물보건사의 자격

동물보건사가 되려는 사람은 다음의 어느 하나에 해당하는 사람으로서 동물보건사 자격시험에 합격한 후 농림축산식품부령으로 정하는 바에 따라 농림축산식품부장관의 자격인정을 받아야 한다.

① 농림축산식품부장관의 평가인증(제16조의4 제1항에 따른 평가인증을 말한다. 이하 이 조에서 같다)을 받은 「고등교육법」 제2조 제4호에 따른 전문대학 또는 이와 같은 수준 이상의 학교의 동물 간호 관련 학과를 졸업한 사람(동물보건사 자격시험 응시일부터 6개월 이내에 졸업이 예정된 사람을 포함한다)

② 「초 · 중등교육법」 제2조에 따른 고등학교 졸업자 또는 초 · 중등교육법령에 따라 같은 수준의 학력이 있다고 인정되는 사람(이하 "고등학교 졸업학력 인정자"라 한다)으로서 농림축산식품부장관의 평가인증을 받은 「평생교육법」 제2조 제2호에 따른 평생교육기관의 고등학교 교과 과정에 상응하는 동물 간호에 관한 교육과정을 이수한 후 농림축산식품부령으로 정하는 동물 간호 관련 업무에 1년 이상 종사한 사람

③ 농림축산식품부장관이 인정하는 외국의 동물 간호 관련 면허나 자격을 가진 사람

2) 동물보건사의 자격시험

① 동물보건사 자격시험은 매년 농림축산식품부장관이 시행한다.

② 농림축산식품부장관은 ①에 따른 동물보건사 자격시험의 관리를 대통령령으로 정하는 바에 따라 시험 관리 능력이 있다고 인정되는 관계 전문기관에 위탁할 수 있다.

③ 농림축산식품부장관은 ②에 따라 자격시험의 관리를 위탁한 때에는 그 관리에 필요한 예산을 보조할 수 있다.

④ ①부터 ③까지에서 규정한 사항 외에 동물보건사 자격시험의 실시 등에 필요한 사항은 농림축산식품부령으로 정한다.

3) 양성기관의 평가인증

① 동물보건사 양성과정을 운영하려는 학교 또는 교육기관(이하 "양성기관"이라 한다)은 농림축산식품부령으로 정하는 기준과 절차에 따라 농림축산식품부장관의 평가인증을 받을 수 있다.

② 농림축산식품부장관은 ①에 따라 평가인증을 받은 양성기관이 다음의 어느 하나에 해당하는 경우에는 농림축산식품부령으로 정하는 바에 따라 평가인증을 취소할 수 있다. 다만, ⓐ에 해당하는 경우에는 평가인증을 취소하여야 한다.

ⓐ 거짓이나 그 밖의 부정한 방법으로 평가인증을 받은 경우

ⓑ ①에 따른 양성기관 평가인증 기준에 미치지 못하게 된 경우

4) 동물보건사의 업무

① 동물보건사는 제10조에도 불구하고 동물병원 내에서 수의사의 지도 아래 동물의 간호 또는 진료 보조 업무를 수행할 수 있다.

② ①에 따른 구체적인 업무의 범위와 한계 등에 관한 사항은 농림축산식품부령으로 정한다.

5) 준용규정

동물보건사에 대해서는 제5조, 제6조, 제9조의2, 제14조, 제32조 제1항 제1호 · 제3호, 같은 조 제3항, 제34조, 제36조 제3호를 준용한다. 이 경우 "수의사"는 "동물보건사"로, "면허"는 "자격"으로, "면허증"은 "자격증"으로 본다.

「수의사법 시행규칙」 제14조의2(동물보건사의 자격인정)

① 법 제16조의2에 따라 동물보건사 자격인정을 받으려는 사람은 법 제16조의3에 따른 동물보건사 자격시험(이하 "동물보건사 자격시험"이라 한다)에 합격한 후 농림축산식품부장관에게 다음 각 호의 서류를 제출해야 한다.
  1. 법 제5조 제1호 본문에 해당하는 사람이 아님을 증명하는 의사의 진단서 또는 같은 호 단서에 해당하는 사람임을 증명하는 정신건강의학과전문의의 진단서
  2. 법 제5조 제3호 본문에 해당하는 사람이 아님을 증명하는 의사의 진단서 또는 같은 호 단서에 해당하는 사람임을 증명하는 정신건강의학과전문의의 진단서
  3. 법 제16조의2 또는 법률 제16546호 수의사법 일부개정법률 부칙 제2조 각 호의 어느 하나에 해당하는지를 증명할 수 있는 서류
  4. 사진(규격은 가로 3.5센티미터, 세로 4.5센티미터로 하며, 이하 같다) 2장

② 농림축산식품부장관은 제1항에 따라 제출받은 서류를 검토하여 다음 각 호에 해당하는지 여부를 확인해야 한다.
  1. 법 제16조의2 또는 법률 제16546호 수의사법 일부개정법률 부칙 제2조 각 호에 따른 자격
  2. 법 제16조의6에서 준용하는 법 제5조에 따른 결격사유

③ 농림축산식품부장관은 법 제16조의2에 따른 자격인정을 한 경우에는 동물보건사 자격시험의 합격자 발표일부터 50일 이내(법 제16조의2 제3호에 해당하는 사람의 경우에는 외국에서 동물 간호 관련 면허나 자격을 받은 사실 등에 대한 조회가 끝난 날부터 50일 이내)에 동물보건사 자격증을 발급해야 한다.

「수의사법 시행규칙」 제14조의3(동물 간호 관련 업무)

법 제16조의2 제2호에서 "농림축산식품부령으로 정하는 동물 간호 관련 업무"란 제14조의7 각 호의 업무를 말한다.

「수의사법 시행규칙」 제14조의4(동물보건사 자격시험의 실시 등)

① 농림축산식품부장관은 동물보건사 자격시험을 실시하려는 경우에는 시험일 90일 전까지 시험일시, 시험장소, 응시원서 제출기간 및 그 밖에 시험에 필요한 사항을 농림축산식품부의 인터넷 홈페이지 등에 공고해야 한다.

② 동물보건사 자격시험의 시험과목은 다음 각 호와 같다.
  1. 기초 동물보건학
  2. 예방 동물보건학
  3. 임상 동물보건학
  4. 동물 보건 · 윤리 및 복지 관련 법규

③ 동물보건사 자격시험은 필기시험의 방법으로 실시한다.

④ 동물보건사 자격시험에 응시하려는 사람은 제1항에 따른 응시원서 제출기간에 별지 제11호의2 서식의 동물보건사 자격시험 응시원서(전자문서로 된 응시원서를 포함한다)를 농림축산식품부장관에게 제출해야 한다.

⑤ 동물보건사 자격시험의 합격자는 제2항에 따른 시험과목에서 각 과목당 시험점수가 100점을 만점으로 하여 40점 이상이고, 전 과목의 평균 점수가 60점 이상인 사람으로 한다.

⑥ 제1항부터 제5항까지에서 규정한 사항 외에 동물보건사 자격시험에 필요한 사항은 농림축산식품부장관이 정해 고시한다.

「수의사법 시행규칙」 제14조의5(동물보건사 양성기관의 평가인증)

① 법 제16조의4 제1항에 따른 평가인증(이하 "평가인증"이라 한다)을 받으려는 동물보건사 양성과정을 운영하려는 학교 또는 교육기관(이하 "양성기관"이라 한다)은 다음 각 호의 기준을 충족해야 한다.

1. 교육과정 및 교육내용이 양성기관의 업무 수행에 적합할 것
2. 교육과정의 운영에 필요한 교수 및 운영 인력을 갖출 것
3. 교육시설 · 장비 등 교육여건과 교육환경이 양성기관의 업무 수행에 적합할 것

② 법 제16조의4 제1항에 따라 평가인증을 받으려는 양성기관은 별지 제11호의3 서식의 양성기관 평가인증 신청서에 다음 각 호의 서류 및 자료를 첨부하여 농림축산식품부장관에게 제출해야 한다.

1. 해당 양성기관의 설립 및 운영 현황 자료
2. 제1항 각 호의 평가인증 기준을 충족함을 증명하는 서류 및 자료

③ 농림축산식품부장관은 평가인증을 위해 필요한 경우에는 양성기관에게 필요한 자료의 제출이나 의견의 진술을 요청할 수 있다.

④ 농림축산식품부장관은 제2항에 따른 신청 내용이 제1항에 따른 기준을 충족한 경우에는 신청인에게 별지 제11호의4 서식의 양성기관 평가인증서를 발급해야 한다.

⑤ 제1항부터 제4항까지에서 규정한 사항 외에 평가인증의 기준 및 절차에 필요한 사항은 농림축산식품부장관이 정해 고시한다.

「수의사법 시행규칙」 제14조의6(양성기관의 평가인증 취소)

① 농림축산식품부장관은 법 제16조의4 제2항에 따라 양성기관의 평가인증을 취소하려는 경우에는 미리 평가인증의 취소 사유와 10일 이상의 기간을 두어 소명자료를 제출할 것을 통보해야 한다.

② 농림축산식품부장관은 제1항에 따른 소명자료 제출 기간 내에 소명자료를 제출하지 아니하거나 제출된 소명자료가 이유 없다고 인정되면 평가인증을 취소한다.

「수의사법 시행규칙」 제14조의7(동물보건사의 업무 범위와 한계)

법 제16조의5 제1항에 따른 동물보건사의 동물의 간호 또는 진료 보조 업무의 구체적인 범위와 한계는 다음 각 호와 같다.

1. 동물의 간호 업무 : 동물에 대한 관찰, 체온 · 심박수 등 기초 검진 자료의 수집, 간호판단 및 요양을 위한 간호
2. 동물의 진료 보조 업무 : 약물 도포, 경구 투여, 마취 · 수술의 보조 등 수의사의 지도 아래 수행하는 진료의 보조

「수의사법 시행규칙」 제14조의8(자격증 및 자격대장 등록사항)

① 법 제16조의6에서 준용하는 법 제6조에 따른 동물보건사 자격증은 별지 제11호의5 서식에 따른다.

② 법 제16조의6에서 준용하는 법 제6조에 따른 동물보건사 자격대장에 등록해야 할 사항은 다음 각 호와 같다.

1. 자격번호 및 자격 연월일
2. 성명 및 주민등록번호(외국인은 성명 · 국적 · 생년월일 · 여권번호 및 성별)
3. 출신학교 및 졸업 연월일
4. 자격취소 등 행정처분에 관한 사항
5. 제14조의9에 따라 자격증을 재발급하거나 자격을 재부여했을 때에는 그 사유

「수의사법 시행규칙」 제14조의9(자격증의 재발급 등)

① 법 제16조의6에서 준용하는 법 제6조에 따라 동물보건사 자격증을 발급받은 사람이 다음 각 호의 어느 하나에 해당하는 사유로 자격증을 재발급받으려는 때에는 별지 제11호의6 서식의 동물보건사 자격증 재발급 신청서에 다음 각 호의 구분에 따른 해당 서류를 첨부하여 농림축산식품부장관에게 제출해야 한다.

1. 잃어버린 경우 : 별지 제11호의7 서식의 동물보건사 자격증 분실 경위서와 사진 1장
2. 헐어 못 쓰게 된 경우 : 자격증 원본과 사진 1장
3. 자격증의 기재사항이 변경된 경우 : 자격증 원본과 기재사항의 변경내용을 증명하는 서류 및 사진 1장

② 법 제16조의6에서 준용하는 법 제6조에 따라 동물보건사 자격증을 발급받은 사람이 법 제32조 제3항에 따라 자격을 다시 받게 되는 경우에는 별지 제11호의6 서식의 동물보건사 자격증 재부여 신청서에 자격취소의 원인이 된 사유가 소멸됐음을 증명하는 서류를 첨부(법 제32조 제3항 제1호에 해당하는 경우로 한정한다)하여 농림축산식품부장관에게 제출해야 한다.

03 동물병원과 동물진료법인 및 대한수의사회

(1) 동물병원의 개설과 관리의무(법 제17조, 제17조의2)

1) 개설

① 수의사는 이 법에 따른 동물병원을 개설하지 아니하고는 동물진료업을 할 수 없다.

② 동물병원은 다음의 어느 하나에 해당되는 자가 아니면 개설할 수 없다.

ⓐ 수의사

ⓑ 국가 또는 지방자치단체

ⓒ 동물진료업을 목적으로 설립된 법인(이하 "동물진료법인"이라 한다)

ⓓ 수의학을 전공하는 대학(수의학과가 설치된 대학을 포함한다)

ⓔ 「민법」이나 특별법에 따라 설립된 비영리법인

③ ②-ⓐ부터 ⓔ까지의 규정에 해당하는 자가 동물병원을 개설하려면 농림축산식품부령으로 정하는 바에 따라 특별자치도지사 · 특별자치시장 · 시장 · 군수 또는 자치구의 구청장(이하 "시장 · 군수"라 한다)에게 신고하여야 한다. 신고 사항 중 농림축산식품부령으로 정하는 중요 사항을 변경하려는 경우에도 같다.

④ 시장 · 군수는 ③에 따른 신고를 받은 경우 그 내용을 검토하여 이 법에 적합하면 신고를 수리하여야 한다.

⑤ 동물병원의 시설기준은 대통령령으로 정한다.

2) 관리의무

동물병원 개설자는 자신이 그 동물병원을 관리하여야 한다. 다만, 동물병원 개설자가 부득이한 사유로 그 동물병원을 관리할 수 없을 때에는 그 동물병원에 종사하는 수의사 중에서 관리자를 지정하여 관리하게 할 수 있다.

(2) 동물병원 장치의 설치·운영 등(법 제17조의3~5)

1) 동물 진단용 방사선발생장치의 설치 · 운영

① 동물을 진단하기 위하여 방사선발생장치(이하 "동물 진단용 방사선발생장치"라 한다)를 설치 · 운영하려는 동물병원 개설자는 농림축산식품부령으로 정하는 바에 따라 시장 · 군수에게 신고하여야 한다. 이 경우 시장 · 군수는 그 내용을 검토하여 이 법에 적합하면 신고를 수리하여야 한다.

② 동물병원 개설자는 동물 진단용 방사선발생장치를 설치 · 운영하는 경우에는 다음의 사항을 준수하여야 한다.

ⓐ 농림축산식품부령으로 정하는 바에 따라 안전관리 책임자를 선임할 것

ⓑ ⓐ에 따른 안전관리 책임자가 그 직무수행에 필요한 사항을 요청하면 동물병원 개설자는 정당한 사유가 없으면 지체 없이 조치할 것

ⓒ 안전관리 책임자가 안전관리업무를 성실히 수행하지 아니하면 지체 없이 그 직으로부터 해임하고 다른 직원을 안전관리 책임자로 선임할 것

ⓓ 그 밖에 안전관리에 필요한 사항으로서 농림축산식품부령으로 정하는 사항

③ 동물병원 개설자는 동물 진단용 방사선발생장치를 설치한 경우에는 제17조의5 제1항에 따라 농림축산식품부장관이 지정하는 검사기관 또는 측정기관으로부터 정기적으로 검사와 측정을 받아야 하며, 방사선 관계 종사자에 대한 피폭(被曝)관리를 하여야 한다.

④ ①과 ③에 따른 동물 진단용 방사선발생장치의 범위, 신고, 검사, 측정 및 피폭관리 등에 필요한 사항은 농림축산식품부령으로 정한다.

2) 동물 진단용 특수의료장비의 설치 · 운영

① 동물을 진단하기 위하여 농림축산식품부장관이 고시하는 의료장비(이하 "동물 진단용 특수의료장비"라 한다)를 설치 · 운영하려는 동물병원 개설자는 농림축산식품부령으로 정하는 바에 따라 그 장비를 농림축산식품부장관에게 등록하여야 한다.

② 동물병원 개설자는 동물 진단용 특수의료장비를 농림축산식품부령으로 정하는 설치 인정기준에 맞게 설치 · 운영하여야 한다.

③ 동물병원 개설자는 동물 진단용 특수의료장비를 설치한 후에는 농림축산식품부령으로 정하는 바에 따라 농림축산식품부장관이 실시하는 정기적인 품질관리검사를 받아야 한다.

④ 동물병원 개설자는 ③에 따른 품질관리검사 결과 부적합 판정을 받은 동물 진단용 특수의료장비를 사용하여서는 아니 된다.

3) 검사 · 측정기관의 지정 등

① 농림축산식품부장관은 검사용 장비를 갖추는 등 농림축산식품부령으로 정하는 일정한 요건을 갖춘 기관을 동물 진단용 방사선발생장치의 검사기관 또는 측정기관(이하 "검사 · 측정기관"이라 한다)으로 지정할 수 있다.

② 농림축산식품부장관은 ①에 따른 검사 · 측정기관이 다음의 어느 하나에 해당하는 경우에는 지정을 취소하거나 6개월 이내의 기간을 정하여 업무의 정지를 명할 수 있다. 다만, ⓐ부터 ⓒ까지의 어느 하나에 해당하는 경우에는 그 지정을 취소하여야 한다.

ⓐ 거짓이나 그 밖의 부정한 방법으로 지정을 받은 경우

ⓑ 고의 또는 중대한 과실로 거짓의 동물 진단용 방사선발생장치 등의 검사에 관한 성적서를 발급한 경우

ⓒ 업무의 정지 기간에 검사 · 측정업무를 한 경우

ⓓ 농림축산식품부령으로 정하는 검사 · 측정기관의 지정기준에 미치지 못하게 된 경우

ⓔ 그 밖에 농림축산식품부장관이 고시하는 검사 · 측정업무에 관한 규정을 위반한 경우

③ ①에 따른 검사 · 측정기관의 지정절차 및 ②에 따른 지정 취소, 업무 정지에 필요한 사항은 농림축산식품부령으로 정한다.

④ 검사 · 측정기관의 장은 검사 · 측정업무를 휴업하거나 폐업하려는 경우에는 농림축산식품부령으로 정하는 바에 따라 농림축산식품부장관에게 신고하여야 한다.

(3) 동물병원의 휴업·폐업의 신고(법 제18조)

동물병원 개설자가 동물진료업을 휴업하거나 폐업한 경우에는 지체 없이 관할 시장 · 군수에게 신고하여야 한다. 다만, 30일 이내의 휴업인 경우에는 그러하지 아니하다.

(4) 수술 등의 진료비용 고지(법 제19조)

① 동물병원 개설자는 수술 등 중대진료 전에 수술 등 중대진료에 대한 예상 진료비용을 동물소유자 등에게 고지하여야 한다. 다만, 수술 등 중대진료가 지체되면 동물의 생명 또는 신체에 중대한 장애를 가져올 우려가 있거나 수술 등 중대진료 과정에서 진료비용이 추가되는 경우에는 수술 등 중대진료 이후에 진료비용을 고지하거나 변경하여 고지할 수 있다.

② ①에 따른 고지 방법 등에 관하여 필요한 사항은 농림축산식품부령으로 정한다.

(5) 진찰 등의 진료비용 게시(법 제20조)

① 동물병원 개설자는 진찰, 입원, 예방접종, 검사 등 농림축산식품부령으로 정하는 동물진료업의 행위에 대한 진료비용을 동물소유자 등이 쉽게 알 수 있도록 농림축산식품부령으로 정하는 방법으로 게시하여야 한다.

② 동물병원 개설자는 ①에 따라 게시한 금액을 초과하여 진료비용을 받아서는 아니 된다.

(6) 동물병원의 발급수수료(법 제20조의2)

① 제12조 및 제12조의2에 따른 진단서 등 발급수수료 상한액은 농림축산식품부령으로 정한다.

② 동물병원 개설자는 의료기관이 동물소유자 등으로부터 징수하는 진단서 등 발급수수료를 농림축산식품부령으로 정하는 바에 따라 고지 · 게시하여야 한다.

③ 동물병원 개설자는 ②에서 고지 · 게시한 금액을 초과하여 징수할 수 없다.

(7) 동물진료의 분류체계 표준화(법 제20조의3)

농림축산식품부장관은 동물 진료의 체계적인 발전을 위하여 동물의 질병명, 진료항목 등 동물 진료에 관한 표준화된 분류체계를 작성하여 고시하여야 한다.

(8) 진료비용 등에 관한 현황의 조사·분석 등(법 제20조의4)

① 농림축산식품부장관은 동물병원에 대하여 제20조 제1항에 따라 동물병원 개설자가 게시한 진료비용 및 그 산정기준 등에 관한 현황을 조사 · 분석하여 그 결과를 공개할 수 있다.

② 농림축산식품부장관은 ①에 따른 조사 · 분석을 위하여 필요한 때에는 동물병원 개설자에게 관련 자료의 제출을 요구할 수 있다. 이 경우 자료의 제출을 요구받은 동물병원 개설자는 정당한 사유가 없으면 이에 따라야 한다.

③ ①에 따른 조사 · 분석 및 결과 공개의 범위 · 방법 · 절차에 관하여 필요한 사항은 농림축산식품부령으로 정한다.

(9) 공수의의 업무와 수당 및 여비(법 제21~22조)

1) 공수의의 업무

① 시장 · 군수는 동물진료 업무의 적정을 도모하기 위하여 동물병원을 개설하고 있는 수의사, 동물병원에서 근무하는 수의사 또는 농림축산식품부령으로 정하는 축산 관련 비영리법인에서 근무하는 수의사에게 다음의 업무를 위촉할 수 있다. 다만, 농림축산식품부령으로 정하는 축산 관련 비영리법인에서 근무하는 수의사에게는 ⓒ와 ⓕ의 업무만 위촉할 수 있다.

ⓐ 동물의 진료

ⓑ 동물 질병의 조사 · 연구

ⓒ 동물 전염병의 예찰 및 예방

ⓓ 동물의 건강진단

ⓔ 동물의 건강증진과 환경위생 관리

ⓕ 그 밖에 동물의 진료에 관하여 시장 · 군수가 지시하는 사항

② ①에 따라 동물진료 업무를 위촉받은 수의사[이하 "공수의(公獸醫)"라 한다]는 시장 · 군수의 지휘 · 감독을 받아 위촉받은 업무를 수행한다.

2) 공수의의 수당 및 여비

① 시장 · 군수는 공수의에게 수당과 여비를 지급한다.

② 특별시장 · 광역시장 · 도지사 또는 특별자치도지사 · 특별자치시장(이하 "시 · 도지사"라 한다)은 제1항에 따른 수당과 여비의 일부를 부담할 수 있다.

(10) 동물진료법인(법 제22조의2 ~5)

1) 동물진료법인의 설립 허가 등

① 제17조 제2항에 따른 동물진료법인을 설립하려는 자는 대통령령으로 정하는 바에 따라 정관과 그 밖의 서류를 갖추어 그 법인의 주된 사무소의 소재지를 관할하는 시 · 도지사의 허가를 받아야 한다.

② 동물진료법인은 그 법인이 개설하는 동물병원에 필요한 시설이나 시설을 갖추는 데에 필요한 자금을 보유하여야 한다.

③ 동물진료법인이 재산을 처분하거나 정관을 변경하려면 시 · 도지사의 허가를 받아야 한다.

④ 이 법에 따른 동물진료법인이 아니면 동물진료법인이나 이와 비슷한 명칭을 사용할 수 없다.

2) 동물진료법인의 부대사업

① 동물진료법인은 그 법인이 개설하는 동물병원에서 동물진료업무 외에 다음의 부대사업을 할 수 있다. 이 경우 부대사업으로 얻은 수익에 관한 회계는 동물진료법인의 다른 회계와 구분하여 처리하여야 한다.

ⓐ 동물진료나 수의학에 관한 조사 · 연구

ⓑ 「주차장법」 제19조 제1항에 따른 부설주차장의 설치 · 운영

ⓒ 동물진료업 수행에 수반되는 동물진료정보시스템 개발 · 운영 사업 중 대통령령으로 정하는 사업

② ①-ⓑ의 부대사업을 하려는 동물진료법인은 타인에게 임대 또는 위탁하여 운영할 수 있다.

③ ① 및 ②에 따라 부대사업을 하려는 동물진료법인은 농림축산식품부령으로 정하는 바에 따라 미리 동물병원의 소재지를 관할하는 시 · 도지사에게 신고하여야 한다. 신고사항을 변경하려는 경우에도 또한 같다.

④ 시 · 도지사는 ③에 따른 신고를 받은 경우 그 내용을 검토하여 이 법에 적합하면 신고를 수리하여야 한다.

3) 「민법」의 준용

동물진료법인에 대하여 이 법에 규정된 것 외에는 「민법」 중 재단법인에 관한 규정을 준용한다.

4) 동물진료법인의 설립 허가 취소

농림축산식품부장관 또는 시·도지사는 동물진료법인이 다음의 어느 하나에 해당하면 그 설립 허가를 취소할 수 있다.

① 정관으로 정하지 아니한 사업을 한 때
② 설립된 날부터 2년 내에 동물병원을 개설하지 아니한 때
③ 동물진료법인이 개설한 동물병원을 폐업하고 2년 내에 동물병원을 개설하지 아니한 때
④ 농림축산식품부장관 또는 시·도지사가 감독을 위하여 내린 명령을 위반한 때
⑤ 제22조의3 제1항에 따른 부대사업 외의 사업을 한 때

(11) 대한수의사회(법 제23~29조)

1) 설립

① 수의사는 수의업무의 적정한 수행과 수의학술의 연구·보급 및 수의사의 윤리 확립을 위하여 대통령령으로 정하는 바에 따라 대한수의사회(이하 "수의사회"라 한다)를 설립하여야 한다.
② 수의사회는 법인으로 한다.
③ 수의사는 ①에 따라 수의사회가 설립된 때에는 당연히 수의사회의 회원이 된다.

2) 설립인가

수의사회를 설립하려는 경우 그 대표자는 대통령령으로 정하는 바에 따라 정관과 그 밖에 필요한 서류를 농림축산식품부장관에게 제출하여 그 설립인가를 받아야 한다.

3) 지부

수의사회는 대통령령으로 정하는 바에 따라 특별시·광역시·도 또는 특별자치도·특별자치시에 지부(支部)를 설치할 수 있다.

4) 「민법」의 준용

수의사회에 관하여 이 법에 규정되지 아니한 사항은 「민법」 중 사단법인에 관한 규정을 준용한다.

5) 경비 보조

국가나 지방자치단체는 동물의 건강증진 및 공중위생을 위하여 필요하다고 인정하는 경우 또는 제37조 제3항에 따라 업무를 위탁한 경우에는 수의사회의 운영 또는 업무 수행에 필요한 경비의 전부 또는 일부를 보조할 수 있다.

04 감독

(1) 지도와 명령(법 제30조)

① 농림축산식품부장관, 시ㆍ도지사 또는 시장ㆍ군수는 동물진료 시책을 위하여 필요하다고 인정할 때 또는 공중위생상 중대한 위해가 발생하거나 발생할 우려가 있다고 인정할 때에는 대통령령으로 정하는 바에 따라 수의사 또는 동물병원에 대하여 필요한 지도와 명령을 할 수 있다. 이 경우 수의사 또는 동물병원의 시설ㆍ장비 등이 필요한 때에는 농림축산식품부령으로 정하는 바에 따라 그 비용을 지급하여야 한다.

② 농림축산식품부장관 또는 시장ㆍ군수는 동물병원이 제17조의3 제1항부터 제3항까지 및 제17조의4 제1항부터 제3항까지의 규정을 위반하였을 때에는 농림축산식품부령으로 정하는 바에 따라 기간을 정하여 그 시설ㆍ장비 등의 전부 또는 일부의 사용을 제한 또는 금지하거나 위반한 사항을 시정하도록 명할 수 있다.

③ 농림축산식품부장관 또는 시장ㆍ군수는 동물병원이 정당한 사유 없이 제20조 제1항 또는 제2항을 위반하였을 때에는 농림축산식품부령으로 정하는 바에 따라 기간을 정하여 위반한 사항을 시정하도록 명할 수 있다.

④ 농림축산식품부장관은 인수공통감염병의 방역(防疫)과 진료를 위하여 질병관리청장이 협조를 요청하면 특별한 사정이 없으면 이에 따라야 한다.

(2) 보고 및 업무 감독(법 제31조)

① 농림축산식품부장관은 수의사회로 하여금 회원의 실태와 취업상황 등 농림축산식품부령으로 정하는 사항에 대하여 보고를 하게 하거나 소속 공무원에게 업무 상황과 그 밖의 관계 서류를 검사하게 할 수 있다.

② 시ㆍ도지사 또는 시장ㆍ군수는 수의사 또는 동물병원에 대하여 질병 진료 상황과 가축 방역 및 수의업무에 관한 보고를 하게 하거나 소속 공무원에게 그 업무 상황, 시설 또는 진료부 및 검안부를 검사하게 할 수 있다.

③ ①이나 ②에 따라 검사를 하는 공무원은 그 권한을 표시하는 증표를 지니고 이를 관계인에게 보여 주어야 한다.

(3) 면허의 취소 및 면허효력의 정지(법 제32조)

① 농림축산식품부장관은 수의사가 다음의 어느 하나에 해당하면 그 면허를 취소할 수 있다. 다만, ⓐ에 해당하면 그 면허를 취소하여야 한다.

ⓐ 제5조 각 호의 어느 하나에 해당하게 되었을 때

ⓑ ②에 따른 면허효력 정지기간에 수의업무를 하거나 농림축산식품부령으로 정하는 기간에 3회 이상 면허효력 정지처분을 받았을 때

ⓒ 제6조 제2항을 위반하여 면허증을 다른 사람에게 대여하였을 때

② 농림축산식품부장관은 수의사가 다음의 어느 하나에 해당하면 1년 이내의 기간을 정하여 농림축산식품부령으로 정하는 바에 따라 면허의 효력을 정지시킬 수 있다. 이 경우 진료기술상의 판단이 필요한 사항에 관하여는 관계 전문가의 의견을 들어 결정하여야 한다.

ⓐ 거짓이나 그 밖의 부정한 방법으로 진단서, 검안서, 증명서 또는 처방전을 발급하였을 때

ⓑ 관련 서류를 위조하거나 변조하는 등 부정한 방법으로 진료비를 청구하였을 때

ⓒ 정당한 사유 없이 제30조 제1항에 따른 명령을 위반하였을 때

ⓓ 임상수의학적(臨床獸醫學的)으로 인정되지 아니하는 진료행위를 하였을 때

ⓔ 학위 수여 사실을 거짓으로 공표하였을 때

ⓕ 과잉진료행위나 그 밖에 동물병원 운영과 관련된 행위로서 대통령령으로 정하는 행위를 하였을 때

③ 농림축산식품부장관은 ①에 따라 면허가 취소된 사람이 다음의 어느 하나에 해당하면 그 면허를 다시 내줄 수 있다.

ⓐ ①-ⓐ의 사유로 면허가 취소된 경우에는 그 취소의 원인이 된 사유가 소멸되었을 때

ⓑ ①-ⓑ 및 ⓒ의 사유로 면허가 취소된 경우에는 면허가 취소된 후 2년이 지났을 때

④ 동물병원은 해당 동물병원 개설자가 ②-ⓐ 또는 ⓑ에 따라 면허효력 정지처분을 받았을 때에는 그 면허효력 정지기간에 동물진료업을 할 수 없다.

(4) 동물진료업의 정지(법 제33조)

시장 · 군수는 동물병원이 다음의 어느 하나에 해당하면 농림축산식품부령으로 정하는 바에 따라 1년 이내의 기간을 정하여 그 동물진료업의 정지를 명할 수 있다.

① 개설신고를 한 날부터 3개월 이내에 정당한 사유 없이 업무를 시작하지 아니할 때
② 무자격자에게 진료행위를 하도록 한 사실이 있을 때
③ 제17조 제3항 후단에 따른 변경신고 또는 제18조 본문에 따른 휴업의 신고를 하지 아니하였을 때
④ 시설기준에 맞지 아니할 때
⑤ 제17조의2를 위반하여 동물병원 개설자 자신이 그 동물병원을 관리하지 아니하거나 관리자를 지정하지 아니하였을 때
⑥ 동물병원이 제30조 제1항에 따른 명령을 위반하였을 때
⑦ 동물병원이 제30조 제2항에 따른 사용 제한 또는 금지 명령을 위반하거나 시정 명령을 이행하지 아니하였을 때
⑦의2. 동물병원이 제30조 제3항에 따른 시정 명령을 이행하지 아니하였을 때
⑧ 동물병원이 제31조 제2항에 따른 관계 공무원의 검사를 거부 · 방해 또는 기피하였을 때

(5) 과징금 처분(법 제33조의2)

① 시장 · 군수는 동물병원이 제33조 각 호의 어느 하나에 해당하는 때에는 대통령령으로 정하는 바에 따라 동물진료업 정지 처분을 갈음하여 5천만 원 이하의 과징금을 부과할 수 있다.
② ①에 따른 과징금을 부과하는 위반행위의 종류와 위반정도 등에 따른 과징금의 금액과 그 밖에 필요한 사항은 대통령령으로 정한다.
③ 시장 · 군수는 ①에 따른 과징금을 부과받은 자가 기한 안에 과징금을 내지 아니한 때에는 「지방행정제재 · 부과금의 징수 등에 관한 법률」에 따라 징수한다.

05 보칙 및 벌칙

(1) 보칙(법 제34조, 제36~38조)

1) 연수교육

① 농림축산식품부장관은 수의사에게 자질 향상을 위하여 필요한 연수교육을 받게 할 수 있다.
② 국가나 지방자치단체는 ①에 따른 연수교육에 필요한 경비를 부담할 수 있다.
③ ①에 따른 연수교육에 필요한 사항은 농림축산식품부령으로 정한다.

2) 청문

농림축산식품부장관 또는 시장 · 군수는 다음의 어느 하나에 해당하는 처분을 하려면 청문을 실시하여야 한다.

① 제17조의5 제2항에 따른 검사 · 측정기관의 지정취소
② 제30조 제2항에 따른 시설 · 장비 등의 사용금지 명령
③ 제32조 제1항에 따른 수의사 면허의 취소

3) 권한의 위임 및 위탁

① 이 법에 따른 농림축산식품부장관의 권한은 대통령령으로 정하는 바에 따라 그 일부를 시 · 도지사에게 위임할 수 있다.
② 농림축산식품부장관은 대통령령으로 정하는 바에 따라 제17조의4 제1항에 따른 등록 업무, 제17조의4 제3항에 따른 품질관리검사 업무, 제17조의5 제1항에 따른 검사 · 측정기관의 지정 업무, 제17조의5 제2항에 따른 지정 취소 업무 및 제17조의5 제4항에 따른 휴업 또는 폐업 신고에 관한 업무를 수의업무를 전문적으로 수행하는 행정기관에 위임할 수 있다.
③ 농림축산식품부장관 및 시 · 도지사는 대통령령으로 정하는 바에 따라 수의(동물의 간호 또는 진료 보조를 포함한다) 및 공중위생에 관한 업무의 일부를 제23조에 따라 설립된 수의사회에 위탁할 수 있다.
④ 농림축산식품부장관은 대통령령으로 정하는 바에 따라 제20조의3에 따른 동물 진료의 분류체계 표준화 및 제20조의4 제1항에 따른 진료비용 등의 현황에 관한 조사 · 분석 업무의 일부를 관계 전문기관 또는 단체에 위탁할 수 있다.

4) 수수료

다음의 어느 하나에 해당하는 자는 농림축산식품부령으로 정하는 바에 따라 수수료를 내야 한다.

관련조항	내용
제6조 (제16조의6에서 준용하는 경우를 포함)	제6조(제16조의6에서 준용하는 경우를 포함한다)에 따른 수의사 면허증 또는 동물보건사 자격증을 재발급받으려는 사람
제8조	제8조에 따른 수의사 국가시험에 응시하려는 사람
제16조의3	제16조의3에 따른 동물보건사 자격시험에 응시하려는 사람
제17조 제3항	제17조 제3항에 따라 동물병원 개설의 신고를 하려는 자
제32조 제3항 (제16조의6에서 준용하는 경우를 포함)	제32조 제3항(제16조의6에서 준용하는 경우를 포함한다)에 따라 수의사 면허 또는 동물보건사 자격을 다시 부여받으려는 사람

(2) 벌칙(법 제39조, 제41조)

1) 벌칙

① 다음의 어느 하나에 해당하는 사람은 2년 이하의 징역 또는 2천만 원 이하의 벌금에 처하거나 이를 병과(倂科)할 수 있다.

위반조항	해당 내용
제6조 제2항 (제16조의6에 따라 준용되는 경우 포함)	수의사 면허증 또는 동물보건사 자격증을 다른 사람에게 빌려주거나 빌린 사람 또는 이를 알선한 사람
제10조	동물을 진료한 사람
제17조 제2항	동물병원을 개설한 자

② 다음의 어느 하나에 해당하는 자는 300만 원 이하의 벌금에 처한다.

위반조항	해당 내용
제22조의2 제3항	허가를 받지 아니하고 재산을 처분하거나 정관을 변경한 동물진료법인
제22조의2 제4항	동물진료법인이나 이와 비슷한 명칭을 사용한 자

2) 과태료

① 다음의 어느 하나에 해당하는 자에게는 500만 원 이하의 과태료를 부과한다.

위반조항	해당 내용
제11조	정당한 사유 없이 동물의 진료 요구를 거부한 사람
제17조 제1항	동물병원을 개설하지 아니하고 동물진료업을 한 자
제17조의4 제4항	부적합 판정을 받은 동물 진단용 특수의료장비를 사용한 자

② 다음의 어느 하나에 해당하는 자에게는 100만 원 이하의 과태료를 부과한다.

위반조항	해당 내용
제12조 제1항	거짓이나 그 밖의 부정한 방법으로 진단서, 검안서, 증명서 또는 처방전을 발급한 사람
제12조 제1항	처방대상 동물용 의약품을 직접 진료하지 아니하고 처방 · 투약한 자
제12조 제3항	정당한 사유 없이 진단서, 검안서, 증명서 또는 처방전의 발급을 거부한 자
제12조 제5항	신고하지 아니하고 처방전을 발급한 수의사
제12조의2 제1항	처방전을 발급하지 아니한 자
제12조의2 제2항 본문	수의사처방관리시스템을 통하지 아니하고 처방전을 발급한 자
제12조의2 제2항 단서	부득이한 사유가 종료된 후 3일 이내에 처방전을 수의사처방관리시스템에 등록하지 아니한 자

제12조의2 제3항 후단	처방대상 동물용 의약품의 명칭, 용법 및 용량 등 수의사처방관리시스템에 입력하여야 하는 사항을 입력하지 아니하거나 거짓으로 입력한 자
제13조	진료부 또는 검안부를 갖추어 두지 아니하거나 진료 또는 검안한 사항을 기록하지 아니하거나 거짓으로 기록한 사람
13조의 2	동물소유자 등에게 설명을 하지 아니하거나 서면으로 동의를 받지 아니한 자
제14조 (제16조의6에 따라 준용되는 경우를 포함)	신고를 하지 아니한 자
제17조의2	동물병원 개설자 자신이 그 동물병원을 관리하지 아니하거나 관리자를 지정하지 아니한 자
제17조의3 제1항 전단	신고를 하지 아니하고 동물 진단용 방사선발생장치를 설치 · 운영한 자
제17조의3 제2항	준수사항을 위반한 자
제17조의3 제3항	정기적으로 검사와 측정을 받지 아니하거나 방사선 관계 종사자에 대한 피폭관리를 하지 아니한 자
제18조	동물병원의 휴업 · 폐업의 신고를 하지 아니한 자
제19조	수술 등 중대진료에 대한 예상 진료비용 등을 고지하지 아니한 자
제20조의2 제3항	고지 · 게시한 금액을 초과하여 징수한 자
제20조의4 제2항	자료제출 요구에 정당한 사유 없이 따르지 아니하거나 거짓으로 자료를 제출한 자
제22조의3 제3항	신고하지 아니한 자
제30조 제2항	사용 제한 또는 금지 명령을 위반하거나 시정 명령을 이행하지 아니한 자
제30조 제3항	시정 명령을 이행하지 아니한 자
제31조 제2항	보고를 하지 아니하거나 거짓 보고를 한 자 또는 관계 공무원의 검사를 거부 · 방해 또는 기피한 자
제34조 (제16조의6에 따라 준용되는 경우를 포함)	정당한 사유 없이 제34조(제16조의6에 따라 준용되는 경우를 포함한다)에 따른 연수교육을 받지 아니한 사람

③ ①이나 ②에 따른 과태료는 대통령령으로 정하는 바에 따라 농림축산식품부장관, 시 · 도지사 또는 시장 · 군수가 부과 · 징수한다.

Chapter 03

동물 관련 법규 - 동물보호법

01 총칙

(1) 동물보호법 목적(법 제1조)

이 법은 동물에 대한 학대행위의 방지 등 동물을 적정하게 보호 · 관리하기 위하여 필요한 사항을 규정함으로써 동물의 생명보호, 안전 보장 및 복지 증진을 꾀하고, 건전하고 책임 있는 사육문화를 조성하여, 동물의 생명 존중 등 국민의 정서를 기르고 사람과 동물의 조화로운 공존에 이바지함을 목적으로 한다.

(2) 용어의 정의(법 제2조) ★★

용어	정의
동물	고통을 느낄 수 있는 신경체계가 발달한 척추동물(포유류, 조류, 파충류 · 양서류 · 어류 중 농림축산식품부장관이 관계 중앙행정기관의 장과의 협의를 거쳐 대통령령으로 정하는 동물)
소유자 등	동물의 소유자와 일시적 또는 영구적으로 동물을 사육 · 관리 또는 보호하는 사람
유실 · 유기동물	도로 · 공원 등의 공공장소에서 소유자 등이 없이 배회하거나 내버려진 동물
피학대동물	동물학대 등의 금지 규정에 따른 학대를 받은 동물
맹견	– 도사견, 핏불테리어, 로트와일러 등 사람의 생명이나 신체에 위해를 가할 우려가 있는 개로서 농림축산식품부령으로 정하는 개 – 사람의 생명이나 신체 또는 동물에 위해를 가할 우려가 있어 시 · 도지사가 맹견으로 지정한 개
봉사동물	「장애인복지법」 제40조에 따른 장애인 보조견 등 사람이나 국가를 위하여 봉사하고 있거나 봉사한 동물로서 대통령령으로 정하는 동물
반려동물	반려(伴侶)의 목적으로 기르는 개, 고양이 등 농림축산식품부령으로 정하는 동물
등록대상동물	동물의 보호, 유실 · 유기(遺棄) 방지, 질병의 관리, 공중위생상의 위해 방지 등을 위하여 등록이 필요하다고 인정하여 대통령령으로 정하는 동물
동물학대	동물을 대상으로 정당한 사유 없이 불필요하거나 피할 수 있는 고통과 스트레스를 주는 행위 및 굶주림, 질병 등에 대하여 적절한 조치를 게을리하거나 방치하는 행위
기질평가	동물의 건강상태, 행동양태 및 소유자 등의 통제능력 등을 종합적으로 분석하여 평가 대상 동물의 공격성을 판단하는 것
반려동물행동지도사	반려동물의 행동분석 · 평가 및 훈련 등에 전문지식과 기술을 가진 사람으로서 동물보호법에 따른 자격시험에 합격한 사람
동물실험	「실험동물에 관한 법률」에 따른 동물실험
동물실험시행기관	동물실험을 실시하는 법인 · 단체 또는 기관으로서 대통령령으로 정하는 법인 · 단체 또는 기관

동물보호법 시행령 제2조(동물의 범위)

「동물보호법」제2조 제1호 다목에서 “대통령령으로 정하는 동물”이란 **파충류, 양서류 및 어류**를 말한다. 다만, **식용(食用)을 목적으로 하는 것은 제외**한다.

동물보호법 시행령 제3조(봉사동물의 범위)

법 제2조 제6호에서 “대통령령으로 정하는 동물”이란 다음 각 호의 어느 하나에 해당하는 동물을 말한다.

1. 「장애인복지법」에 따른 **장애인 보조견**
2. 국방부(그 소속 기관을 포함한다)에서 **수색 · 경계 · 추적 · 탐지 등을 위해 이용하는 동물**
3. 농림축산식품부(그 소속 기관을 포함한다) 및 관세청(그 소속 기관을 포함한다) 등에서 각종 물질의 탐지 등을 위해 이용하는 동물
4. 다음 각 목의 기관(그 소속 기관을 포함한다)에서 수색 · 탐지 등을 위해 이용하는 동물
   가. 국토교통부
   나. 경찰청
   다. 해양경찰청
5. 소방청(그 소속 기관을 포함한다)에서 효율적인 구조활동을 위해 이용하는 119구조견

동물보호법 시행령 제4조(등록대상동물의 범위)

법 제2조 제8호에서 “대통령령으로 정하는 동물”이란 다음 각 호의 어느 하나에 해당하는 **월령(月齡) 2개월 이상인 개**를 말한다.

1. 「주택법」에 따른 주택 및 같은 조 제4호에 따른 **준주택에서 기르는 개**
2. 제1호에 따른 주택 및 준주택 외의 장소에서 반려(伴侶) 목적으로 기르는 개

동물보호법 시행규칙 제2조(맹견의 범위)

「동물보호법」 제2조 제5호 가목에 따른 “농림축산식품부령으로 정하는 개”란 다음 각 호를 말한다.

1. 도사견과 그 잡종의 개
2. 핏불테리어(아메리칸 핏불테리어를 포함한다)와 그 잡종의 개
3. 아메리칸 스태퍼드셔 테리어와 그 잡종의 개
4. 스태퍼드셔 불 테리어와 그 잡종의 개
5. 로트와일러와 그 잡종의 개

동물보호법 시행규칙 제3조(반려동물의 범위)

법 제2조 제7호에서 “개, 고양이 등 농림축산식품부령으로 정하는 동물”이란 **개, 고양이, 토끼, 페럿, 기니피그 및 햄스터**를 말한다.

(3) 동물보호의 기본원칙(법 제3조) ★★

누구든지 동물을 사육 · 관리 또는 보호할 때에는 다음 각 호의 원칙을 준수하여야 한다.

① 동물이 본래의 습성과 몸의 원형을 유지하면서 정상적으로 살 수 있도록 할 것

② 동물이 갈증 및 굶주림을 겪거나 영양이 결핍되지 아니하도록 할 것

③ 동물이 정상적인 행동을 표현할 수 있고 불편함을 겪지 아니하도록 할 것

④ 동물이 고통 · 상해 및 질병으로부터 자유롭도록 할 것

⑤ 동물이 공포와 스트레스를 받지 아니하도록 할 것

(4) 국가·지방자치단체 및 국민의 책무(제4조)

① 국가와 지방자치단체는 동물학대 방지 등 동물을 적정하게 보호 · 관리하기 위하여 필요한 시책을 수립 · 시행하여야 한다.

② 국가와 지방자치단체는 제1항에 따른 책무를 다하기 위하여 필요한 인력 · 예산 등을 확보하도록 노력하여야 하며, 국가는 동물의 적정한 보호 · 관리, 복지업무 추진을 위하여 지방자치단체에 필요한 사업비의 전부 또는 일부를 예산의 범위에서 지원할 수 있다.

③ 국가와 지방자치단체는 대통령령으로 정하는 민간단체에 동물보호운동이나 그 밖에 이와 관련된 활동을 권장하거나 필요한 지원을 할 수 있으며, 국민에게 동물의 적정한 보호 · 관리의 방법 등을 알리기 위하여 노력하여야 한다.

④ 국가와 지방자치단체는 「초 · 중등교육법」 제2조에 따른 학교에 재학 중인 학생이 동물의 보호 · 복지 등에 관한 사항을 교육받을 수 있도록 동물보호교육을 활성화하기 위하여 노력하여야 한다. **〈신설 2023. 6. 20.〉**

⑤ 국가와 지방자치단체는 제4항에 따른 교육을 활성화하기 위하여 예산의 범위에서 지원할 수 있다. **〈신설 2023. 6. 20.〉**

⑥ 모든 국민은 동물을 보호하기 위한 국가와 지방자치단체의 시책에 적극 협조하는 등 동물의 보호를 위하여 노력하여야 한다. **〈개정 2023. 6. 20.〉**

⑦ 소유자 등은 동물의 보호 · 복지에 관한 교육을 이수하는 등 동물의 적정한 보호 · 관리와 동물학대 방지를 위하여 노력하여야 한다. **〈개정 2023. 6. 20.〉**

(5) 다른 법률과의 관계(제5조)

동물의 보호 및 이용 · 관리 등에 대하여 다른 법률에 특별한 규정이 있는 경우를 제외하고는 이 법에서 정하는 바에 따른다.

02 동물복지종합계획의 수립 등

(1) 동물복지종합계획(제6조)

① 농림축산식품부장관은 동물의 적정한 보호 · 관리를 위하여 **5년마다** 다음 각 호의 사항이 포함된 **동물복지종합계획을 수립 · 시행**하여야 한다.

1. 동물복지에 관한 기본방향
2. 동물의 보호 · 복지 및 관리에 관한 사항
3. 동물을 보호하는 시설에 대한 지원 및 관리에 관한 사항
4. 반려동물 관련 영업에 관한 사항
5. 동물의 질병 예방 및 치료 등 보건 증진에 관한 사항
6. 동물의 보호 · 복지 관련 대국민 교육 및 홍보에 관한 사항
7. 종합계획 추진 재원의 조달방안
8. 그 밖에 동물의 보호 · 복지를 위하여 필요한 사항

② 농림축산식품부장관은 종합계획을 수립할 때 관계 중앙행정기관의 장 및 특별시장 · 광역시장 · 특별자치시장 · 도지사 · 특별자치도지사의 의견을 수렴하고, 제7조에 따른 동물복지위원회의 심의를 거쳐 확정한다.

③ 시 · 도지사는 종합계획에 따라 5년마다 특별시 · 광역시 · 특별자치시 · 도 · 특별자치도 단위의 동물복지계획을 수립하여야 하고, 이를 농림축산식품부장관에게 통보하여야 한다.

(2) 동물복지위원회(제7조)

① 농림축산식품부장관의 다음 각 호의 자문에 응하도록 하기 위하여 **농림축산식품부에 동물복지위원회**(이하 이 조에서 "위원회"라 한다)를 둔다. 다만, 제1호는 심의사항으로 한다.

1. 종합계획의 수립에 관한 사항
2. 동물복지정책의 수립, 집행, 조정 및 평가 등에 관한 사항
3. 다른 중앙행정기관의 업무 중 동물의 보호 · 복지와 관련된 사항
4. 그 밖에 동물의 보호 · 복지에 관한 사항

② 위원회는 공동위원장 2명을 포함하여 **20명 이내의 위원**으로 구성한다.

③ 공동위원장은 농림축산식품부차관과 호선(互選)된 민간위원으로 하며, 위원은 관계 중앙행정기관의 소속 공무원 또는 다음 각 호에 해당하는 사람 중에서 농림축산식품부장관이 임명 또는 위촉한다.

1. 수의사로서 동물의 보호 · 복지에 대한 학식과 경험이 풍부한 사람
2. 동물복지정책에 관한 학식과 경험이 풍부한 사람으로서 제4조 제3항에 따른 민간단체의 추천을 받은 사람
3. 그 밖에 동물복지정책에 관한 전문지식을 가진 사람으로서 농림축산식품부령으로 정하는 자격기준에 맞는 사람

④ 위원회는 위원회의 업무를 효율적으로 수행하기 위하여 위원회에 분과위원회를 둘 수 있다.

⑤ 제1항부터 제4항까지의 규정에 따른 사항 외에 위원회 및 분과위원회의 구성 · 운영 등에 관한 사항은 대통령령으로 정한다.

(3) 시·도 동물복지위원회(제8조)

① **시 · 도지사**는 시 · 도 단위의 동물복지계획의 수립, 동물의 적정한 보호 · 관리 및 동물복지에 관한 정책을 종합 · 조정하기 위하여 **시 · 도 동물복지위원회를 설치 · 운영**할 수 있다. 다만, 시 · 도에 동물복지위원회와 성격 및 기능이 유사한 위원회가 설치되어 있는 경우 해당 시 · 도의 조례로 정하는 바에 따라 그 위원회가 동물복지위원회의 기능을 대신할 수 있다.

② 시 · 도 동물복지위원회의 구성 · 운영 등에 관한 사항은 각 시 · 도의 조례로 정한다.

03 동물의 보호 및 관리

1 동물의 보호 등

(1) 적정한 사육·관리(제9조) ★★

① 소유자 등은 동물에게 적합한 사료와 물을 공급하고, 운동 · 휴식 및 수면이 보장되도록 노력하여야 한다.

② 소유자 등은 동물이 질병에 걸리거나 부상당한 경우에는 신속하게 치료하거나 그 밖에 필요한 조치를 하도록 노력하여야 한다.

③ 소유자 등은 동물을 관리하거나 다른 장소로 옮긴 경우에는 그 동물이 새로운 환경에 적응하는 데에 필요한 조치를 하도록 노력하여야 한다.

④ 소유자 등은 재난 시 동물이 안전하게 대피할 수 있도록 노력하여야 한다.

⑤ ①부터 ③까지에서 규정한 사항 외에 동물의 적절한 사육 · 관리 방법 등에 관한 사항은 농림축산식품부령으로 정한다.

(2) 동물학대 등의 금지(제10조) ★★★

① 누구든지 동물을 죽이거나 죽음에 이르게 하는 다음 각 호의 행위를 하여서는 아니 된다.

1. 목을 매다는 등의 잔인한 방법으로 죽음에 이르게 하는 행위
2. 노상 등 공개된 장소에서 죽이거나 같은 종류의 다른 동물이 보는 앞에서 죽음에 이르게 하는 행위
3. 동물의 습성 및 생태환경 등 부득이한 사유가 없음에도 불구하고 해당 동물을 다른 동물의 먹이로 사용하는 행위
4. 그 밖에 사람의 생명 · 신체에 대한 직접적인 위협이나 재산상의 피해 방지 등 농림축산식품부령으로 정하는 정당한 사유 없이 동물을 죽음에 이르게 하는 행위

② 누구든지 동물에 대하여 다음 각 호의 행위를 하여서는 아니 된다.

1. 도구 · 약물 등 물리적 · 화학적 방법을 사용하여 **상해를 입히는 행위**. 다만, 해당 동물의 질병 예방이나 치료 등 농림축산식품부령으로 정하는 경우는 제외한다.
2. 살아있는 상태에서 동물의 몸을 손상하거나 체액을 채취하거나 체액을 채취하기 위한 장치를 설치하는 행위. 다만, 해당 동물의 질병 예방 및 동물실험 등 농림축산식품부령으로 정하는 경우는 제외한다.
3. 도박 · 광고 · 오락 · 유흥 등의 목적으로 동물에게 상해를 입히는 행위. 다만, 민속경기 등 농림축산식품부령으로 정하는 경우는 제외한다.
4. **동물의 몸에 고통을 주거나 상해**를 입히는 다음 각 목에 해당하는 행위
   가. 사람의 생명 · 신체에 대한 직접적 위협이나 재산상의 피해를 방지하기 위하여 다른 방법이 있음에도 불구하고 동물에게 고통을 주거나 상해를 입히는 행위
   나. 동물의 습성 또는 사육환경 등의 부득이한 사유가 없음에도 불구하고 동물을 혹서 · 혹한 등의 환경에 방치하여 고통을 주거나 상해를 입히는 행위
   다. 갈증이나 굶주림의 해소 또는 질병의 예방이나 치료 등의 목적 없이 동물에게 물이나 음식을 강제로 먹여 고통을 주거나 상해를 입히는 행위
   라. 동물의 사육 · 훈련 등을 위하여 필요한 방식이 아님에도 불구하고 다른 동물과 싸우게 하거나 도구를 사용하는 등 잔인한 방식으로 고통을 주거나 상해를 입히는 행위

③ 누구든지 소유자 등이 없이 배회하거나 내버려진 동물 또는 피학대동물 중 소유자 등을 알 수 없는 동물에 대하여 다음 각 호의 어느 하나에 해당하는 행위를 하여서는 아니 된다.

1. 포획하여 판매하는 행위
2. 포획하여 죽이는 행위
3. 판매하거나 죽일 목적으로 포획하는 행위
4. 소유자 등이 없이 배회하거나 내버려진 동물 또는 피학대동물 중 소유자 등을 알 수 없는 동물임을 알면서 알선 · 구매하는 행위

④ 소유자 등은 다음 각 호의 행위를 하여서는 아니 된다.

1. **동물을 유기하**는 행위
2. 반려동물에게 최소한의 사육공간 및 먹이 제공, 적정한 길이의 목줄, 위생 · 건강 관리를 위한 사항 등 농림축산식품부령으로 정하는 **사육 · 관리 또는 보호의무를 위반**하여 상해를 입히거나 질병을 유발하는 행위
3. 제2호의 행위로 인하여 반려동물을 죽음에 이르게 하는 행위

⑤ 누구든지 다음 각 호의 행위를 하여서는 아니 된다.

1. ①부터 ④까지(④의 1은 제외한다)의 규정에 해당하는 행위를 촬영한 사진 또는 영상물을 판매 · 전시 · 전달 · 상영하거나 인터넷에 게재하는 행위. 다만, 동물보호 의식을 고양하기 위한 목적이 표시된 홍보 활동 등 농림축산식품부령으로 정하는 경우에는 그러하지 아니하다.
2. 도박을 목적으로 동물을 이용하는 행위 또는 동물을 이용하는 도박을 행할 목적으로 광고 · 선전하는 행위. 다만, 「사행산업통합감독위원회법」에 따른 사행산업은 제외한다.
3. 도박 · 시합 · 복권 · 오락 · 유흥 · 광고 등의 상이나 경품으로 동물을 제공하는 행위
4. 영리를 목적으로 동물을 대여하는 행위. 다만, 「장애인복지법」에 따른 장애인 보조견의 대여 등 농림축산식품부령으로 정하는 경우는 제외한다.

동물보호법 시행규칙 제6조(동물학대 등의 금지)

① 법 제10조 제1항 제4호에서 "**사람의 생명 · 신체에 대한 직접적인 위협이나 재산상의 피해 방지 등 농림축산식품부령으로 정하는 정당한 사유**"란 다음 각 호의 어느 하나에 해당하는 경우를 말한다.

1. 사람의 생명 · 신체에 대한 직접적인 위협이나 재산상의 피해를 방지하기 위하여 다른 방법이 없는 경우
2. 허가, 면허 등에 따른 행위를 하는 경우
3. 동물의 처리에 관한 명령, 처분 등을 이행하기 위한 경우

② 법 제10조 제2항 제1호 단서에서 "**해당 동물의 질병 예방이나 치료 등 농림축산식품부령으로 정하는 경우**"란 다음 각 호의 어느 하나에 해당하는 경우를 말한다.

1. 질병의 예방이나 치료를 위한 행위인 경우
2. 법 제47조에 따라 실시하는 동물실험인 경우
3. 긴급 사태가 발생하여 해당 동물을 보호하기 위해 필요한 행위인 경우

③ 법 제10조 제2항 제2호 단서에서 "해당 동물의 질병 예방 및 동물실험 등 농림축산식품부령으로 정하는 경우"란 제2항 각 호의 어느 하나에 해당하는 경우를 말한다.

④ 법 제10조 제2항 제3호 단서에서 "민속경기 등 농림축산식품부령으로 정하는 경우"란 「전통 소싸움경기에 관한 법률」에 따른 소싸움으로서 농림축산식품부장관이 정하여 고시하는 것을 말한다.

⑤ 법 제10조 제4항 제2호에서 **"최소한의 사육공간 및 먹이 제공, 적정한 길이의 목줄, 위생 · 건강 관리를 위한 사항 등 농림축산식품부령으로 정하는 사육 · 관리 또는 보호의무"**란 별표 2에 따른 사육 · 관리 · 보호의무를 말한다.

⑥ 법 제10조 제5항 제1호 단서에서 **"동물보호 의식을 고양하기 위한 목적이 표시된 홍보 활동 등 농림축산식품부령으로 정하는 경우"**란 다음 각 호의 어느 하나에 해당하는 경우를 말한다.

1. 국가기관, 지방자치단체 또는 「동물보호법 시행령」 제6조 각 호에 따른 법인 · 단체가 동물보호 의식을 고양시키기 위한 목적으로 법 제10조제1항부터 제4항까지에 규정된 행위를 촬영한 사진 또는 영상물에 기관 또는 단체의 명칭과 해당 목적을 표시하여 판매 · 전시 · 전달 · 상영하거나 인터넷에 게재하는 경우
2. 언론기관이 보도 목적으로 사진 또는 영상물을 부분 편집하여 전시 · 전달 · 상영하거나 인터넷에 게재하는 경우
3. 신고 또는 제보의 목적으로 제1호 및 제2호에 해당하는 법인 · 기관 또는 단체에 사진 또는 영상물을 전달하는 경우

⑦ 법 제10조 제5항 제4호 단서에서 "「장애인복지법」 제40조에 따른 **장애인 보조견의 대여 등 농림축산식품부령으로 정하는 경우"**란 다음 각 호의 어느 하나에 해당하는 경우를 말한다.

1. 「장애인복지법」 제40조에 따른 장애인 보조견을 대여하는 경우
2. 촬영, 체험 또는 교육을 위하여 동물을 대여하는 경우. 이 경우 대여하는 기간 동안 해당 동물을 관리할 수 있는 인력이 제5조에 따른 적절한 사육 · 관리를 해야 한다.

(3) 동물의 운송(제11조)

① 동물을 운송하는 자 중 농림축산식품부령으로 정하는 자는 다음 각 호의 사항을 준수하여야 한다.

1. 운송 중인 동물에게 적합한 사료와 물을 공급하고, 급격한 출발 · 제동 등으로 충격과 상해를 입지 아니하도록 할 것
2. 동물을 운송하는 차량은 동물이 운송 중에 상해를 입지 아니하고, 급격한 체온 변화, 호흡곤란 등으로 인한 고통을 최소화할 수 있는 구조로 되어 있을 것
3. 병든 동물, 어린 동물 또는 임신 중이거나 포유 중인 새끼가 딸린 동물을 운송할 때에는 함께 운송 중인 다른 동물에 의하여 상해를 입지 아니하도록 칸막이의 설치 등 필요한 조치를 할 것
4. 동물을 싣고 내리는 과정에서 동물 또는 동물이 들어있는 운송용 우리를 던지거나 떨어뜨려서 동물을 다치게 하는 행위를 하지 아니할 것
5. 운송을 위하여 전기(電氣) 몰이도구를 사용하지 아니할 것

② 농림축산식품부장관은 ①의 2에 따른 동물 운송 차량의 구조 및 설비기준을 정하고 이에 맞는 차량을 사용하도록 권장할 수 있다.

③ 농림축산식품부장관은 ① 및 ②에서 규정한 사항 외에 동물 운송에 관하여 필요한 사항을 정하여 권장할 수 있다.

(4) 반려동물의 전달방법(제12조)

반려동물을 다른 사람에게 전달하려는 자는 직접 전달하거나 제73조 제1항에 따라 동물운송업의 등록을 한 자를 통하여 전달하여야 한다.

(5) 동물의 도살방법(제13조)

① 누구든지 혐오감을 주거나 잔인한 방법으로 동물을 도살하여서는 아니 되며, 도살과정에서 불필요한 고통이나 공포, 스트레스를 주어서는 아니 된다.

②「축산물 위생관리법」 또는 「가축전염병 예방법」에 따라 동물을 죽이는 경우에는 가스법 · 전살법(電殺法) 등 농림축산식품부령으로 정하는 방법을 이용하여 고통을 최소화하여야 하며, 반드시 의식이 없는 상태에서 다음 도살 단계로 넘어가야 한다. 매몰을 하는 경우에도 또한 같다.

③ ① 및 ②의 경우 외에도 동물을 불가피하게 죽여야 하는 경우에는 고통을 최소화할 수 있는 방법에 따라야 한다.

동물보호법 시행규칙 제8조(동물의 도살방법)

① 법 제13조 제2항에서 "가스법 · 전살법(電殺法) 등 농림축산식품부령으로 정하는 방법"이란 다음 각 호의 어느 하나의 방법을 말한다.
1. 가스법, 약물 투여법
2. 전살법(電殺法), 타격법(打擊法), 총격법(銃擊法), 자격법(刺擊法)

② 농림축산식품부장관은 제1항 각 호의 도살방법 중 「축산물 위생관리법」에 따라 도축하는 경우에 대하여 동물의 고통을 최소화하는 방법을 정하여 고시할 수 있다.

(6) 동물의 수술(제14조)

거세, 뿔 없애기, 꼬리 자르기 등 동물에 대한 외과적 수술을 하는 사람은 수의학적 방법에 따라야 한다.

(7) 등록대상동물의 등록 등(제15조)

① 등록대상동물의 소유자는 동물의 보호와 유실 · 유기 방지 및 공중위생상의 위해 방지 등을 위하여 특별자치시장 · 특별자치도지사 · 시장 · 군수 · 구청장에게 등록대상동물을 등록하여야 한다. 다만, 등록대상동물이 맹견이 아닌 경우로서 농림축산식품부령으로 정하는 바에 따라 시 · 도의 조례로 정하는 지역에서는 그러하지 아니하다.

② ①에 따라 등록된 등록대상동물(이하 "등록동물"이라 한다)의 소유자는 다음 각 호의 어느 하나에 해당하는 경우에는 해당 각 호의 구분에 따른 기간에 특별자치시장 · 특별자치도지사 · 시장 · 군수 · 구청장에게 신고하여야 한다.

1. **등록동물을 잃어버린 경우** : 등록동물을 잃어버린 날부터 **10일 이내**
2. 등록동물에 대하여 **대통령령으로 정하는 사항이 변경된 경우** : 변경사유 발생일부터 **30일 이내**

③ 등록동물의 소유권을 이전받은 자 중 ①에 따른 등록을 실시하는 지역에 거주하는 자는 그 사실을 소유권을 이전받은 날부터 30일 이내에 자신의 주소지를 관할하는 특별자치시장 · 특별자치도지사 · 시장 · 군수 · 구청장에게 신고하여야 한다.

④ 특별자치시장 · 특별자치도지사 · 시장 · 군수 · 구청장은 대통령령으로 정하는 자(이하 이 조에서 "동물등록대행자"라 한다)로 하여금 ①부터 ③까지의 규정에 따른 업무를 대행하게 할 수 있으며 이에 필요한 비용을 지급할 수 있다.

⑤ 특별자치시장 · 특별자치도지사 · 시장 · 군수 · 구청장은 다음 각 호의 어느 하나에 해당하는 경우 등록을 말소할 수 있다.

1. 거짓이나 그 밖의 부정한 방법으로 등록대상동물을 등록하거나 변경신고한 경우
2. 등록동물 소유자의 주민등록이나 외국인등록사항이 말소된 경우
3. 등록동물의 소유자인 법인이 해산한 경우

⑥ 국가와 지방자치단체는 제1항에 따른 등록에 필요한 비용의 일부 또는 전부를 지원할 수 있다.

⑦ 등록대상동물의 등록 사항 및 방법 · 절차, 변경신고 절차, 등록 말소 절차, 동물등록대행자 준수사항 등에 관한 사항은 대통령령으로 정하며, 그 밖에 등록에 필요한 사항은 시 · 도의 조례로 정한다.

(8) 등록대상동물의 관리 등(제16조)

① 등록대상동물의 소유자 등은 소유자 등이 없이 등록대상동물을 기르는 곳에서 벗어나지 아니하도록 관리하여야 한다.

② 등록대상동물의 소유자 등은 등록대상동물을 동반하고 외출할 때에는 다음 각 호의 사항을 준수하여야 한다.

1. 농림축산식품부령으로 정하는 기준에 맞는 **목줄 착용** 등 사람 또는 동물에 대한 위해를 예방하기 위한 **안전조치**를 할 것
2. 등록대상동물의 이름, 소유자의 연락처, 그 밖에 농림축산식품부령으로 정하는 사항을 표시한 **인식표를 등록대상동물에게 부착**할 것
3. **배설물**(소변의 경우에는 공동주택의 엘리베이터 · 계단 등 건물 내부의 공용공간 및 평상 · 의자 등 사람이 눕거나 앉을 수 있는 기구 위의 것으로 한정한다)이 생겼을 때에는 **즉시 수거**할 것

③ 시 · 도지사는 등록대상동물의 유실 · 유기 또는 공중위생상의 위해 방지를 위하여 필요할 때에는 시 · 도의 조례로 정하는 바에 따라 소유자 등으로 하여금 등록대상동물에 대하여 예방접종을 하게 하거나 특정 지역 또는 장소에서의 사육 또는 출입을 제한하게 하는 등 필요한 조치를 할 수 있다.

동물보호법 시행규칙 제11조(안전조치)

법 제16조 제2항 제1호에 따른 "농림축산식품부령으로 정하는 기준"이란 다음 각 호의 기준을 말한다.

1. **길이가 2미터 이하인 목줄 또는 가슴줄을 하거나 이동장치**(등록대상동물이 탈출할 수 없도록 잠금장치를 갖춘 것을 말한다)**를 사용할 것.** 다만, 소유자 등이 월령 3개월 미만인 등록대상동물을 직접 안아서 외출하는 경우에는 목줄, 가슴줄 또는 이동장치를 하지 않을 수 있다.
2. 다음 각 목에 해당하는 공간에서는 등록대상동물을 직접 안거나 목줄의 목덜미 부분 또는 가슴줄의 손잡이 부분을 잡는 등 등록대상동물의 이동을 제한할 것
   가. 「주택법 시행령」 제2조제2호에 따른 다중주택 및 같은 조 제3호에 따른 다가구주택의 건물 내부의 공용공간
   나. 「주택법 시행령」 제3조에 따른 공동주택의 건물 내부의 공용공간
   다. 「주택법 시행령」 제4조에 따른 준주택의 건물 내부의 공용공간

동물보호법 시행규칙 제12조(인식표의 부착)

법 제16조 제2항 제2호에서 "농림축산식품부령으로 정하는 사항"이란 **동물등록번호(등록한 동물만 해당)**를 말한다.

2 맹견의 관리 등

(1) 맹견수입신고(제17조)

① 제2조 제5호 가목에 따른 맹견을 수입하려는 자는 대통령령으로 정하는 바에 따라 농림축산식품부장관에게 신고하여야 한다.

② ①에 따라 맹견수입신고를 하려는 자는 맹견의 품종, 수입 목적, 사육 장소 등 대통령령으로 정하는 사항을 신고서에 기재하여 농림축산식품부장관에게 제출하여야 한다.

(2) 맹견사육허가 등(제18조)

① 등록대상동물인 **맹견을 사육하려는 사람**은 다음 각 호의 요건을 갖추어 시·도지사에게 **맹견사육허가**를 받아야 한다.

1. 제15조에 따른 등록을 할 것
2. 제23조에 따른 보험에 가입할 것
3. 중성화(中性化) 수술을 할 것. 다만, 맹견의 월령이 8개월 미만인 경우로서 발육상태 등으로 인하여 중성화 수술이 어려운 경우에는 대통령령으로 정하는 기간 내에 중성화 수술을 한 후 그 증명서류를 시·도지사에게 제출하여야 한다.

② 공동으로 맹견을 사육·관리 또는 보호하는 사람이 있는 경우에는 ①에 따른 맹견사육허가를 공동으로 신청할 수 있다.

③ 시·도지사는 맹견사육허가를 하기 전에 제26조에 따른 기질평가위원회가 시행하는 기질평가를 거쳐야 한다.

④ 시·도지사는 맹견의 사육으로 인하여 공공의 안전에 위험이 발생할 우려가 크다고 판단하는 경우에는 맹견사육허가를 거부하여야 한다. 이 경우 기질평가위원회의 심의를 거쳐 해당 맹견에 대하여 인도적인 방법으로 처리할 것을 명할 수 있다.

⑤ ④에 따른 맹견의 인도적인 처리는 제46조 제1항 및 제2항 전단을 준용한다.

⑥ 시·도지사는 맹견사육허가를 받은 자(②에 따라 공동으로 맹견사육허가를 신청한 경우 공동 신청한 자를 포함한다)에게 농림축산식품부령으로 정하는 바에 따라 교육이수 또는 허가대상 맹견의 훈련을 명할 수 있다.

⑦ ①부터 ⑥까지의 규정에 따른 사항 외에 맹견사육허가의 절차 등에 관한 사항은 대통령령으로 정한다.

(3) 맹견사육허가의 결격사유(제19조)

다음 각 호의 어느 하나에 해당하는 사람은 제18조에 따른 맹견사육허가를 받을 수 없다.

1. **미성년자**(19세 미만의 사람을 말한다. 이하 같다)
2. **피성년후견인** 또는 **피한정후견인**
3. 「정신건강증진 및 정신질환자 복지서비스 지원에 관한 법률」에 따른 정신질환자 또는 「마약류 관리에 관한 법률」에 따른 마약류의 중독자. 다만, 정신건강의학과 전문의가 맹견을 사육하는 것에 지장이 없다고 인정하는 사람은 그러하지 아니하다.
4. 제10조·제16조·제21조를 위반하여 벌금 이상의 실형을 선고받고 그 집행이 종료(집행이 종료된 것으로 보는 경우를 포함한다)되거나 집행이 면제된 날부터 3년이 지나지 아니한 사람

5. 제10조 · 제16조 · 제21조를 위반하여 벌금 이상의 형의 집행유예를 선고받고 그 유예기간 중에 있는 사람

(4) 맹견사육허가의 철회 등(제20조)

① 시 · 도지사는 다음 각 호의 어느 하나에 해당하는 경우에 맹견사육허가를 철회할 수 있다.

1. 제18조에 따라 맹견사육허가를 받은 사람의 맹견이 사람 또는 동물을 공격하여 다치게 하거나 죽게 한 경우
2. 정당한 사유 없이 제18조 제1항 제3호 단서에서 규정한 기간이 지나도록 중성화 수술을 이행하지 아니한 경우
3. 제18조 제6항에 따른 교육이수명령 또는 허가대상 맹견의 훈련 명령에 따르지 아니한 경우

② 시 · 도지사는 ①의 1에 따라 맹견사육허가를 철회하는 경우 기질평가위원회의 심의를 거쳐 해당 맹견에 대하여 인도적인 방법으로 처리할 것을 명할 수 있다. 이 경우 제46조 제1항 및 제2항 전단을 준용한다.

(5) 맹견의 관리(제21조) ★

① **맹견의 소유자 등은 다음 각 호의 사항을 준수**하여야 한다.

1. 소유자 등이 없이 맹견을 기르는 곳에서 벗어나지 아니하게 할 것. 다만, 제18조에 따라 맹견사육허가를 받은 사람의 맹견은 맹견사육허가를 받은 사람 또는 대통령령으로 정하는 맹견사육에 대한 전문지식을 가진 사람 없이 맹견을 기르는 곳에서 벗어나지 아니하게 할 것
2. 월령이 3개월 이상인 맹견을 동반하고 외출할 때에는 농림축산식품부령으로 정하는 바에 따라 목줄 및 입마개 등 안전장치를 하거나 맹견의 탈출을 방지할 수 있는 적정한 이동장치를 할 것
3. 그 밖에 맹견이 사람 또는 동물에게 위해를 가하지 못하도록 하기 위하여 농림축산식품부령으로 정하는 사항을 따를 것

② 시 · 도지사와 시장 · 군수 · 구청장은 맹견이 사람에게 신체적 피해를 주는 경우 농림축산식품부령으로 정하는 바에 따라 소유자 등의 동의 없이 맹견에 대하여 격리조치 등 필요한 조치를 취할 수 있다.

③ 제18조 제1항 및 제2항에 따라 맹견사육허가를 받은 사람은 맹견의 안전한 사육 · 관리 또는 보호에 관하여 농림축산식품부령으로 정하는 바에 따라 정기적으로 교육을 받아야 한다.

(6) 맹견의 출입금지 등(제22조)

맹견의 소유자 등은 다음 각 호의 어느 하나에 해당하는 장소에 맹견이 출입하지 아니하도록 하여야 한다.

1. 「영유아보육법」에 따른 **어린이집**
2. 「유아교육법」에 따른 **유치원**
3. 「초·중등교육법」에 따른 **초등학교 및 특수학교**
4. 「노인복지법」에 따른 **노인복지시설**
5. 「장애인복지법」에 따른 **장애인복지시설**
6. 「도시공원 및 녹지 등에 관한 법률」에 따른 **어린이공원**
7. 「어린이놀이시설 안전관리법」에 따른 **어린이놀이시설**
8. 그 밖에 불특정 다수인이 이용하는 장소로서 시·도의 조례로 정하는 장소

(7) 보험의 가입 등(제23조)

① 맹견의 소유자는 자신의 맹견이 다른 사람 또는 동물을 다치게 하거나 죽게 한 경우 발생한 피해를 보상하기 위하여 보험에 가입하여야 한다.

② ①에 따른 보험에 가입하여야 할 맹견의 범위, 보험의 종류, 보상한도액 및 그 밖에 필요한 사항은 대통령령으로 정한다.

③ 농림축산식품부장관은 ①에 따른 보험의 가입관리 업무를 위하여 필요한 경우 대통령령으로 정하는 바에 따라 관계 중앙행정기관의 장 또는 지방자치단체의 장에게 행정적 조치를 하도록 요청하거나 관계 기관, 보험회사 및 보험 관련 단체에 보험의 가입관리 업무에 필요한 자료를 요청할 수 있다. 이 경우 요청을 받은 자는 정당한 사유가 없으면 이에 따라야 한다.

(8) 맹견 아닌 개의 기질평가(제24조)

① 시·도지사는 제2조 제5호 가목에 따른 맹견이 아닌 개가 사람 또는 동물에게 위해를 가한 경우 그 개의 소유자에게 해당 동물에 대한 기질평가를 받을 것을 명할 수 있다.

② 맹견이 아닌 개의 소유자는 해당 개의 공격성이 분쟁의 대상이 된 경우 시·도지사에게 해당 개에 대한 기질평가를 신청할 수 있다.

③ 시·도지사는 ①에 따른 명령을 하거나 ②에 따른 신청을 받은 경우 기질평가를 거쳐 해당 개의 공격성이 높은 경우 맹견으로 지정하여야 한다.

④ 시·도지사는 ③에 따라 맹견 지정을 하는 경우에는 해당 개의 소유자의 신청이 있으면

제18조에 따른 맹견사육허가 여부를 함께 결정할 수 있다.

⑤ 시 · 도지사는 ③에 따라 맹견 지정을 하지 아니하는 경우에도 해당 개의 소유자에게 대통령령으로 정하는 바에 따라 교육이수 또는 개의 훈련을 명할 수 있다.

(9) 비용부담 등(제25조)

① 기질평가에 소요되는 비용은 소유자의 부담으로 하며, 그 비용의 징수는 「지방행정제재 · 부과금의 징수 등에 관한 법률」의 예에 따른다.

② ①에 따른 기질평가비용의 기준, 지급 범위 등과 관련하여 필요한 사항은 농림축산식품부령으로 정한다.

(10) 기질평가위원회(제26조)

① 시 · 도지사는 다음 각 호의 업무를 수행하기 위하여 시 · 도에 기질평가위원회를 둔다.

1. 제2조 제5호 가목에 따른 맹견 종(種)의 판정
2. 제18조 제3항에 따른 맹견의 기질평가
3. 제18조 제4항에 따른 인도적인 처리에 대한 심의
4. 제24조 제3항에 따른 맹견이 아닌 개에 대한 기질평가
5. 그 밖에 시 · 도지사가 요청하는 사항

② **기질평가위원회**는 위원장 1명을 포함하여 **3명 이상의 위원**으로 구성한다.

③ 위원은 다음 각 호의 어느 하나에 해당하는 사람 중에서 **시 · 도지사가 위촉**하며, 위원장은 위원 중에서 호선한다.

1. **수의사**로서 동물의 행동과 발달 과정에 대한 학식과 경험이 풍부한 사람
2. **반려동물행동지도사**
3. **동물복지정책에 대한 학식과 경험이 풍부**하다고 시 · 도지사가 인정하는 사람

④ ①부터 ③까지의 규정에 따른 사항 외에 기질평가위원회의 구성 · 운영 등에 관한 사항은 대통령령으로 정한다.

(11) 기질평가위원회의 권한 등(제27조)

① 기질평가위원회는 기질평가를 위하여 필요하다고 인정하는 경우 평가대상동물의 소유자 등에 대하여 출석하여 진술하게 하거나 의견서 또는 자료의 제출을 요청할 수 있다.

② 기질평가위원회는 평가에 필요한 경우 소유자의 거주지, 그 밖에 사건과 관련된 장소에서 기질평가와 관련된 조사를 할 수 있다.

③ ②에 따라 조사를 하는 경우 농림축산식품부령으로 정하는 증표를 지니고 이를 소유자에게 보여주어야 한다.

④ 평가대상동물의 소유자 등은 정당한 사유 없이 ① 및 ②에 따른 출석, 자료제출요구 또는 기질평가와 관련한 조사를 거부하여서는 아니 된다.

(12) 기질평가에 필요한 정보의 요청 등(제28조)

① 시·도지사 또는 기질평가위원회는 기질평가를 위하여 필요하다고 인정하는 경우 동물이 사람 또는 동물에게 위해를 가한 사건에 대하여 관계 기관에 영상정보처리기기의 기록 등 필요한 정보를 요청할 수 있다.

② 제1항에 따른 요청을 받은 관계 기관의 장은 정당한 사유 없이 이를 거부하여서는 아니 된다.

③ 제1항의 정보의 보호 및 관리에 관한 사항은 이 법에서 규정된 것을 제외하고는 「개인정보 보호법」을 따른다.

(13) 비밀엄수의 의무 등(제29조)

① 기질평가위원회의 위원이나 위원이었던 사람은 업무상 알게 된 비밀을 누설하여서는 아니 된다.

② 기질평가위원회의 위원 중 공무원이 아닌 사람은 「형법」 제129조부터 제132조까지의 규정을 적용할 때에 공무원으로 본다.

3 반려동물행동지도사

(1) 반려동물행동지도사의 업무(제30조)

① **반려동물행동지도사는 다음 각 호의 업무를 수행**한다.

1. 반려동물에 대한 행동분석 및 평가
2. 반려동물에 대한 훈련
3. 반려동물 소유자 등에 대한 교육
4. 그 밖에 반려동물행동지도에 필요한 사항으로 농림축산식품부령으로 정하는 업무

② 농림축산식품부장관은 반려동물행동지도사의 업무능력 및 전문성 향상을 위하여 농림축산식품부령으로 정하는 바에 따라 보수교육을 실시할 수 있다.

(2) 반려동물행동지도사 자격시험(제31조)

① 반려동물행동지도사가 되려는 사람은 농림축산식품부장관이 시행하는 자격시험에 합격하여야 한다.

② 반려동물의 행동분석 · 평가 및 훈련 등에 전문지식과 기술을 갖추었다고 인정되는 대통령령으로 정하는 기준에 해당하는 사람에게는 ①에 따른 자격시험 과목의 일부를 면제할 수 있다.

③ 농림축산식품부장관은 다음 각 호의 어느 하나에 해당하는 사람에 대해서는 해당 시험을 무효로 하거나 합격 결정을 취소하여야 한다.

1. 거짓이나 그 밖에 부정한 방법으로 시험에 응시한 사람
2. 시험에서 부정한 행위를 한 사람

④ 다음 각 호의 어느 하나에 해당하는 사람은 그 처분이 있은 날부터 3년간 반려동물행동지도사 자격시험에 응시하지 못한다.

1. ③에 따라 시험의 무효 또는 합격 결정의 취소를 받은 사람
2. 제32조 제2항에 따라 반려동물행동지도사의 자격이 취소된 사람

⑤ 농림축산식품부장관은 ①에 따른 자격시험의 시행 등에 관한 사항을 대통령령으로 정하는 바에 따라 관계 전문기관에 위탁할 수 있다.

⑥ 반려동물행동지도사 자격시험의 시험과목, 시험방법, 합격기준 및 자격증 발급 등에 관한 사항은 대통령령으로 정한다.

(3) 반려동물행동지도사의 결격사유 및 자격취소 등(제32조)

① 다음 각 호의 어느 하나에 해당하는 사람은 반려동물행동지도사가 될 수 없다.

1. 피성년후견인
2. 「정신건강증진 및 정신질환자 복지서비스 지원에 관한 법률」에 따른 정신질환자 또는 「마약류 관리에 관한 법률」에 따른 마약류의 중독자. 다만, 정신건강의학과 전문의가 반려동물행동지도사 업무를 수행할 수 있다고 인정하는 사람은 그러하지 아니하다.
3. 이 법을 위반하여 벌금 이상의 실형을 선고받고 그 집행이 종료(집행이 종료된 것으로 보는 경우를 포함한다)되거나 집행이 면제된 날부터 3년이 지나지 아니한 경우
4. 이 법을 위반하여 벌금 이상의 형의 집행유예를 선고받고 그 유예기간 중에 있는 경우

② 농림축산식품부장관은 반려동물행동지도사가 다음 각 호의 어느 하나에 해당하면 그 자격을 취소하거나 2년 이내의 기간을 정하여 그 자격을 정지시킬 수 있다. 다만, 제1호부터 제4호까지 중 어느 하나에 해당하는 경우에는 그 자격을 취소하여야 한다.

1. 제1항 각 호의 어느 하나에 해당하게 된 경우
2. 거짓이나 그 밖의 부정한 방법으로 자격을 취득한 경우
3. 다른 사람에게 명의를 사용하게 하거나 자격증을 대여한 경우
4. 자격정지기간에 업무를 수행한 경우
5. 이 법을 위반하여 벌금 이상의 형을 선고받고 그 형이 확정된 경우
6. 영리를 목적으로 반려동물의 소유자 등에게 불필요한 서비스를 선택하도록 알선·유인하거나 강요한 경우

③ ②에 따른 자격의 취소 및 정지에 관한 기준은 그 처분의 사유와 위반 정도 등을 고려하여 농림축산식품부령으로 정한다.

(4) 명의대여 금지 등(제33조)

① 제31조에 따른 자격시험에 합격한 자가 아니면 반려동물행동지도사의 명칭을 사용하지 못한다.

② 반려동물행동지도사는 다른 사람에게 자기의 명의를 사용하여 제30조 제1항에 따른 업무를 수행하게 하거나 그 자격증을 대여하여서는 아니 된다.

③ 누구든지 제1항이나 제2항에서 금지된 행위를 알선하여서는 아니 된다.

4 동물의 구조 등

(1) 동물의 구조·보호(제34조)

① 시·도지사와 시장·군수·구청장은 다음 각 호의 어느 하나에 해당하는 동물을 발견한 때에는 그 동물을 구조하여 제9조에 따라 치료·보호에 필요한 조치(이하 "보호조치"라 한다)를 하여야 하며, 제2호 및 제3호에 해당하는 동물은 학대 재발 방지를 위하여 학대 행위자로부터 격리하여야 한다. 다만, 제1호에 해당하는 동물 중 농림축산식품부령으로 정하는 동물은 구조·보호조치의 대상에서 제외한다.

1. 유실·유기동물
2. 피학대동물 중 소유자를 알 수 없는 동물
3. 소유자 등으로부터 제10조 제2항 및 같은 조 제4항 제2호에 따른 학대를 받아 적정하게 치료·보호받을 수 없다고 판단되는 동물

② 시·도지사와 시장·군수·구청장이 제1항 제1호 및 제2호에 해당하는 동물에 대하여 보호조치 중인 경우에는 그 동물의 등록 여부를 확인하여야 하고, 등록된 동물인 경우에는 지체 없이 동물의 소유자에게 보호조치 중인 사실을 통보하여야 한다.

③ 시 · 도지사와 시장 · 군수 · 구청장이 제1항 제3호에 따른 동물을 보호할 때에는 농림축산식품부령으로 정하는 바에 따라 기간을 정하여 해당 동물에 대한 보호조치를 하여야 한다.

④ 시 · 도지사와 시장 · 군수 · 구청장은 제1항 각 호 외의 부분 단서에 해당하는 동물에 대하여도 보호 · 관리를 위하여 필요한 조치를 할 수 있다.

동물보호법 시행규칙 제14조(구조 · 보호조치 제외 동물)

① 법 제34조 제1항 각 호 외의 부분 단서에서 "**농림축산식품부령으로 정하는 동물**"이란 도심지나 주택가에서 **자연적으로 번식하여 자생적으로 살아가는 고양이로서 개체수 조절을 위해 중성화(中性化)하여 포획장소에 방사(放飼)하는 등의 조치 대상이거나 조치가 된 고양이**를 말한다.

② 제1항의 동물에 대한 세부 처리방법은 농림축산식품부장관이 정하여 고시할 수 있다.

(2) 동물보호센터의 설치 등(제35조)

① 시 · 도지사와 시장 · 군수 · 구청장은 제34조에 따른 동물의 구조 · 보호 등을 위하여 농림축산식품부령으로 정하는 시설 및 인력 기준에 맞는 동물보호센터를 설치 · 운영할 수 있다.

② 시 · 도지사와 시장 · 군수 · 구청장은 제1항에 따른 동물보호센터를 직접 설치 · 운영하도록 노력하여야 한다.

③ 제1항에 따라 설치한 **동물보호센터의 업무**는 다음 각 호와 같다.

1. 제34조에 따른 동물의 구조 · 보호조치
2. 제41조에 따른 동물의 반환 등
3. 제44조에 따른 사육포기 동물의 인수 등
4. 제45조에 따른 동물의 기증 · 분양
5. 제46조에 따른 동물의 인도적인 처리 등
6. 반려동물사육에 대한 교육
7. 유실 · 유기동물 발생 예방 교육
8. 동물학대행위 근절을 위한 동물보호 홍보
9. 그 밖에 동물의 구조 · 보호 등을 위하여 농림축산식품부령으로 정하는 업무

④ 농림축산식품부장관은 제1항에 따라 시 · 도지사 또는 시장 · 군수 · 구청장이 설치 · 운영하는 동물보호센터의 설치 · 운영에 드는 비용의 전부 또는 일부를 지원할 수 있다.

⑤ 제1항에 따라 설치된 동물보호센터의 장 및 그 종사자는 농림축산식품부령으로 정하는 바에 따라 정기적으로 동물의 보호 및 공중위생상의 위해 방지 등에 관한 교육을 받아야 한다.

⑥ 동물보호센터 운영의 공정성과 투명성을 확보하기 위하여 농림축산식품부령으로 정하는 일정 규모 이상의 동물보호센터는 농림축산식품부령으로 정하는 바에 따라 운영위원회를 구성 · 운영하여야 한다. 다만, 시 · 도 또는 시 · 군 · 구에 운영위원회와 성격 및 기능이 유사한 위원회가 설치되어 있는 경우 해당 시 · 도 또는 시 · 군 · 구의 조례로 정하는 바에 따라 그 위원회가 운영위원회의 기능을 대신할 수 있다.

⑦ 제1항에 따른 동물보호센터의 준수사항 등에 관한 사항은 농림축산식품부령으로 정하고, 보호조치의 구체적인 내용 등 그 밖에 필요한 사항은 시 · 도의 조례로 정한다.

(3) 동물보호센터의 지정 등(제36조)

① 시 · 도지사 또는 시장 · 군수 · 구청장은 농림축산식품부령으로 정하는 시설 및 인력 기준에 맞는 기관이나 단체 등을 **동물보호센터로 지정**하여 제35조 제3항에 따른 업무를 위탁할 수 있다. 이 경우 동물보호센터로 지정받은 기관이나 단체 등은 동물의 보호조치를 제3자에게 위탁하여서는 아니 된다.

② 제1항에 따른 동물보호센터로 지정받으려는 자는 농림축산식품부령으로 정하는 바에 따라 시 · 도지사 또는 시장 · 군수 · 구청장에게 신청하여야 한다.

③ 시 · 도지사 또는 시장 · 군수 · 구청장은 제1항에 따른 동물보호센터에 동물의 구조 · 보호조치 등에 드는 비용(이하 "보호비용"이라 한다)의 전부 또는 일부를 지원할 수 있으며, 보호비용의 지급절차와 그 밖에 필요한 사항은 농림축산식품부령으로 정한다.

④ 시 · 도지사 또는 시장 · 군수 · 구청장은 제1항에 따라 지정된 동물보호센터가 다음 각 호의 어느 하나에 해당하는 경우에는 그 지정을 취소할 수 있다. 다만, 제1호 및 제4호에 해당하는 경우에는 그 지정을 취소하여야 한다.

1. 거짓이나 그 밖의 부정한 방법으로 지정을 받은 경우
2. 제1항에 따른 지정기준에 맞지 아니하게 된 경우
3. 보호비용을 거짓으로 청구한 경우
4. 제10조 제1항부터 제4항까지의 규정을 위반한 경우
5. 제46조를 위반한 경우
6. 제86조 제1항 제3호의 시정명령을 위반한 경우
7. 특별한 사유 없이 유실 · 유기동물 및 피학대동물에 대한 보호조치를 3회 이상 거부한 경우
8. 보호 중인 동물을 영리를 목적으로 분양한 경우

⑤ 시 · 도지사 또는 시장 · 군수 · 구청장은 제4항에 따라 지정이 취소된 기관이나 단체 등을 지정이 취소된 날부터 **1년 이내**에는 다시 동물보호센터로 지정하여서는 아니 된다.

다만, 제4항 제4호에 따라 지정이 취소된 기관이나 단체는 지정이 취소된 날부터 5년 이내에는 다시 동물보호센터로 지정하여서는 아니 된다.

⑥ 제1항에 따른 동물보호센터 지정절차의 구체적인 내용은 시 · 도의 조례로 정하고, 지정된 동물보호센터에 대하여는 제35조 제5항부터 제7항까지의 규정을 준용한다.

(4) 민간동물보호시설의 신고 등(제37조)

① 영리를 목적으로 하지 아니하고 유실 · 유기동물 및 피학대동물을 기증받거나 인수 등을 하여 임시로 보호하기 위하여 대통령령으로 정하는 규모 이상의 **민간동물보호시설**(이하 "보호시설"이라 한다)을 운영하려는 자는 농림축산식품부령으로 정하는 바에 따라 시설 명칭, 주소, 규모 등을 특별자치시장 · 특별자치도지사 · 시장 · 군수 · 구청장에게 신고하여야 한다.

② 제1항에 따라 신고한 사항 중 대통령령으로 정하는 중요한 사항을 변경할 때에는 특별자치시장 · 특별자치도지사 · 시장 · 군수 · 구청장에게 신고하여야 한다.

③ 특별자치시장 · 특별자치도지사 · 시장 · 군수 · 구청장은 제1항에 따른 신고 또는 제2항에 따른 변경신고를 받은 경우 그 내용을 검토하여 이 법에 적합하면 신고를 수리하여야 한다.

④ 제3항에 따라 신고가 수리된 보호시설의 운영자(이하 "보호시설운영자"라 한다)는 농림축산식품부령으로 정하는 시설 및 운영 기준 등을 준수하여야 하며 동물보호를 위하여 시설정비 등의 사후관리를 하여야 한다.

⑤ 보호시설운영자가 보호시설의 운영을 일시적으로 중단하거나 영구적으로 폐쇄 또는 그 운영을 재개하려는 경우에는 농림축산식품부령으로 정하는 바에 따라 보호하고 있는 동물에 대한 관리 또는 처리 방안 등을 마련하여 특별자치시장 · 특별자치도지사 · 시장 · 군수 · 구청장에게 신고하여야 한다. 이 경우 제3항을 준용한다.

⑥ 제74조 제1호 · 제2호 · 제6호 · 제7호에 해당하는 자는 보호시설운영자가 되거나 보호시설 종사자로 채용될 수 없다.

⑦ 농림축산식품부장관 또는 특별자치시장 · 특별자치도지사 · 시장 · 군수 · 구청장은 보호시설의 환경개선 및 운영에 드는 비용의 일부를 지원할 수 있다.

⑧ 제1항부터 제6항까지의 규정에 따른 보호시설의 시설 및 운영 등에 관한 사항은 대통령령으로 정한다.

(5) 시정명령 및 시설폐쇄 등(제38조)

① 특별자치시장 · 특별자치도지사 · 시장 · 군수 · 구청장은 제37조 제4항을 위반한 보호시설운영자에게 해당 위반행위의 중지나 시정을 위하여 필요한 조치를 명할 수 있다.

② 특별자치시장 · 특별자치도지사 · 시장 · 군수 · 구청장은 보호시설운영자가 다음 각 호의 어느 하나에 해당하는 경우에는 보호시설의 폐쇄를 명할 수 있다. 다만, 제1호 및 제2호에 해당하는 경우에는 보호시설의 폐쇄를 명하여야 한다.

1. 거짓이나 그 밖의 부정한 방법으로 보호시설의 신고 또는 변경신고를 한 경우
2. 제10조 제1항부터 제4항까지의 규정을 위반하여 벌금 이상의 형을 선고받은 경우
3. 제1항에 따른 중지명령이나 시정명령을 최근 2년 이내에 3회 이상 반복하여 이행하지 아니한 경우
4. 제37조 제1항에 따른 신고를 하지 아니하고 보호시설을 운영한 경우
5. 제37조 제2항에 따른 변경신고를 하지 아니하고 보호시설을 운영한 경우

(6) 신고 등(제39조)

① 누구든지 다음 각 호의 어느 하나에 해당하는 동물을 발견한 때에는 관할 지방자치단체 또는 동물보호센터에 신고할 수 있다.

1. 제10조에서 금지한 학대를 받는 동물
2. 유실 · 유기동물

② 다음 각 호의 어느 하나에 해당하는 자가 그 **직무상** 제1항에 따른 **동물을 발견**한 때에는 지체 없이 **관할 지방자치단체** 또는 **동물보호센터에 신고**하여야 한다.
〈개정 2023. 6. 20.〉

1. 제4조 제3항에 따른 민간단체의 임원 및 회원
2. 제35조 제1항에 따라 설치되거나 제36조 제1항에 따라 지정된 동물보호센터의 장 및 그 종사자
3. 제37조에 따른 보호시설운영자 및 보호시설의 종사자
4. 제51조 제1항에 따라 동물실험윤리위원회를 설치한 동물실험시행기관의 장 및 그 종사자
5. 제53조 제2항에 따른 동물실험윤리위원회의 위원
6. 제59조 제1항에 따라 동물복지축산농장 인증을 받은 자
7. 제69조 제1항에 따른 영업의 허가를 받은 자 또는 제73조제1항에 따라 영업의 등록을 한 자 및 그 종사자

8. 제88조 제1항에 따른 동물보호관
9. 수의사, 동물병원의 장 및 그 종사자

③ 신고인의 신분은 보장되어야 하며 그 의사에 반하여 신원이 노출되어서는 아니 된다.

④ 제1항 또는 제2항에 따라 신고한 자 또는 신고 · 통보를 받은 관할 특별자치시장 · 특별자치도지사 · 시장 · 군수 · 구청장은 관할 시 · 도 가축방역기관장 또는 국립가축방역기관장에게 해당 동물의 학대 여부 판단 등을 위한 동물검사를 의뢰할 수 있다.

(7) 공고(제40조)

시 · 도지사와 시장 · 군수 · 구청장은 제34조 제1항제1호 및 제2호에 따른 동물을 보호하고 있는 경우에는 소유자 등이 보호조치 사실을 알 수 있도록 대통령령으로 정하는 바에 따라 지체 없이 7일 이상 그 사실을 공고하여야 한다.

(8) 동물의 반환 등(제41조)

① 시 · 도지사와 시장 · 군수 · 구청장은 다음 각 호의 어느 하나에 해당하는 사유가 발생한 경우에는 제34조에 해당하는 동물을 그 동물의 소유자에게 반환하여야 한다.

1. 제34조 제1항 제1호 및 제2호에 해당하는 동물이 보호조치 중에 있고, 소유자가 그 동물에 대하여 반환을 요구하는 경우
2. 제34조 제3항에 따른 보호기간이 지난 후, 보호조치 중인 같은 조 제1항 제3호의 동물에 대하여 소유자가 제2항에 따른 사육계획서를 제출한 후 제42조 제2항에 따라 보호비용을 부담하고 반환을 요구하는 경우

② 시 · 도지사와 시장 · 군수 · 구청장이 보호조치 중인 제34조 제1항 제3호의 동물을 반환받으려는 소유자는 농림축산식품부령으로 정하는 바에 따라 학대행위의 재발 방지 등 동물을 적정하게 보호 · 관리하기 위한 **사육계획서를 제출**하여야 한다.

③ 시 · 도지사와 시장 · 군수 · 구청장은 제1항 제2호에 해당하는 동물의 반환과 관련하여 동물의 소유자에게 보호기간, 보호비용 납부기한 및 면제 등에 관한 사항을 알려야 한다.

④ 시 · 도지사와 시장 · 군수 · 구청장은 제1항 제2호에 따라 동물을 반환받은 소유자가 제2항에 따라 제출한 사육계획서의 내용을 이행하고 있는지를 제88조 제1항에 따른 동물보호관에게 점검하게 할 수 있다.

> **동물보호법 시행규칙 제25조(사육계획서)**
> 법 제41조 제2항에 따라 보호조치 중인 동물을 반환받으려는 소유자는 별지 제15호 서식의 사육계획서를 보호조치 중인 시 · 도지사 또는 시장 · 군수 · 구청장에게 제출해야 한다.

(9) 보호비용의 부담(제42조)

① 시 · 도지사와 시장 · 군수 · 구청장은 제34조 제1항 제1호 및 제2호에 해당하는 동물의 보호비용을 소유자 또는 제45조 제1항에 따라 분양을 받는 자에게 청구할 수 있다.

② 제34조 제1항 제3호에 해당하는 동물의 보호비용은 농림축산식품부령으로 정하는 바에 따라 납부기한까지 그 동물의 소유자가 내야 한다. 이 경우 시 · 도지사와 시장 · 군수 · 구청장은 동물의 소유자가 제43조제2호에 따라 그 동물의 소유권을 포기한 경우에는 보호비용의 전부 또는 일부를 면제할 수 있다.

③ 제1항 및 제2항에 따른 보호비용의 징수에 관한 사항은 대통령령으로 정하고, 보호비용의 산정 기준에 관한 사항은 농림축산식품부령으로 정하는 범위에서 해당 시 · 도의 조례로 정한다.

(10) 동물의 소유권 취득(제43조)

시 · 도 및 시 · 군 · 구가 **동물의 소유권을 취득할 수 있는 경우**는 다음 각 호와 같다.

1. 「유실물법」 및 「민법」 규정에도 불구하고 제40조에 따라 공고한 날부터 10일이 지나도 동물의 소유자 등을 알 수 없는 경우
2. 제34조 제1항 제3호에 해당하는 동물의 소유자가 그 동물의 소유권을 포기한 경우
3. 제34조 제1항 제3호에 해당하는 동물의 소유자가 제42조 제2항에 따른 보호비용의 납부기한이 종료된 날부터 10일이 지나도 보호비용을 납부하지 아니하거나 제41조 제2항에 따른 사육계획서를 제출하지 아니한 경우
4. 동물의 소유자를 확인한 날부터 10일이 지나도 정당한 사유 없이 동물의 소유자와 연락이 되지 아니하거나 소유자가 반환받을 의사를 표시하지 아니한 경우

(11) 사육포기 동물의 인수 등(제44조)

① 소유자 등은 시 · 도지사와 시장 · 군수 · 구청장에게 자신이 소유하거나 사육 · 관리 또는 보호하는 동물의 인수를 신청할 수 있다.

② 시 · 도지사와 시장 · 군수 · 구청장이 제1항에 따른 인수신청을 승인하는 경우에 해당 동물의 소유권은 시 · 도 및 시 · 군 · 구에 귀속된다.

③ 시 · 도지사와 시장 · 군수 · 구청장은 제1항에 따라 동물의 인수를 신청하는 자에 대하여 농림축산식품부령으로 정하는 바에 따라 해당 동물에 대한 보호비용 등을 청구할 수 있다.

④ 시 · 도지사와 시장 · 군수 · 구청장은 장기입원 또는 요양, 「병역법」에 따른 병역 복무 등

농림축산식품부령으로 정하는 불가피한 사유가 없음에도 불구하고 동물의 인수를 신청하는 자에 대하여는 ①에 따른 동물인수신청을 거부할 수 있다.

(12) 동물의 기증·분양(제45조)

① 시 · 도지사와 시장 · 군수 · 구청장은 제43조 또는 제44조에 따라 소유권을 취득한 동물이 적정하게 사육 · 관리될 수 있도록 시 · 도의 조례로 정하는 바에 따라 동물원, 동물을 애호하는 자(시 · 도의 조례로 정하는 자격요건을 갖춘 자로 한정한다)나 대통령령으로 정하는 민간단체 등에 기증하거나 분양할 수 있다.

② 시 · 도지사와 시장 · 군수 · 구청장은 제1항에 따라 기증하거나 분양하는 동물이 등록대상동물인 경우 등록 여부를 확인하여 등록이 되어 있지 아니한 때에는 등록한 후 기증하거나 분양하여야 한다.

③ 시 · 도지사와 시장 · 군수 · 구청장은 제43조 또는 제44조에 따라 소유권을 취득한 동물에 대하여는 제1항에 따라 분양될 수 있도록 공고할 수 있다.

④ ①에 따른 기증 · 분양의 요건 및 절차 등 그 밖에 필요한 사항은 시 · 도의 조례로 정한다.

(13) 동물의 인도적인 처리 등(제46조)

① 제35조 제1항 및 제36조 제1항에 따른 **동물보호센터의 장**은 제34조 제1항에 따라 보호조치 중인 동물에게 질병 등 농림축산식품부령으로 정하는 사유가 있는 경우에는 농림축산식품부장관이 정하는 바에 따라 **마취 등을 통하여 동물의 고통을 최소화하는 인도적인 방법으로 처리**하여야 한다.

② 제1항에 따라 시행하는 동물의 인도적인 처리는 **수의사가** 하여야 한다. 이 경우 사용된 약제 관련 사용기록의 작성 · 보관 등에 관한 사항은 농림축산식품부령으로 정하는 바에 따른다.

③ 동물보호센터의 장은 제1항에 따라 동물의 사체가 발생한 경우 「폐기물관리법」에 따라 처리하거나 제69조제1항 제4호에 따른 동물장묘업의 허가를 받은 자가 설치 · 운영하는 동물장묘시설 및 제71조 제1항에 따른 **공설동물장묘시설에서 처리**하여야 한다.

동물보호법 시행규칙 제28조(동물의 인도적인 처리 등)

① 법 제46 조제1항에서 "질병 등 농림축산식품부령으로 정하는 사유가 있는 경우"란 다음 각 호의 어느 하나에 해당하는 경우를 말한다.

1. **동물이 질병 또는 상해로부터 회복될 수 없거나 지속적으로 고통을 받으며 살아야 할 것으로 수의사가 진단한 경우**
2. 동물이 사람이나 보호조치 중인 다른 동물에게 **질병을 옮기거나 위해를 끼칠 우려가 매우 높은 것으로 수의사가 진단한** 경우
3. 법 제45조에 따른 **기증 또는 분양이 곤란한 경우** 등 시 · 도지사 또는 시장 · 군수 · 구청장이 **부득이한 사정이 있다고 인정**하는 경우

② 법 제46조 제2항 후단에 따라 **동물보호센터의 장**은 별지 제13호서식의 **보호동물 개체관리카드에 인도적 처리 약제 사용기록을 작성하여 3년간 보관**해야 한다. 다만, 약제 사용기록은 「수의사법」 제13조에 따른 진료부로 대체할 수 있으며, 진료부로 대체하는 경우에는 그 사본을 보호동물 개체관리카드에 첨부해야 한다.

04 동물실험의 관리 등

(1) 동물실험의 원칙(제47조)

① **동물실험은 인류의 복지 증진과 동물 생명의 존엄성을 고려하여 실시**되어야 한다.

② 동물실험을 하려는 경우에는 이를 대체할 수 있는 방법을 우선적으로 고려하여야 한다.

③ 동물실험은 실험동물의 윤리적 취급과 과학적 사용에 관한 지식과 경험을 보유한 자가 시행하여야 하며 필요한 최소한의 동물을 사용하여야 한다.

④ 실험동물의 고통이 수반되는 실험을 하려는 경우에는 감각능력이 낮은 동물을 사용하고 진통제 · 진정제 · 마취제의 사용 등 수의학적 방법에 따라 고통을 덜어주기 위한 적절한 조치를 하여야 한다.

⑤ 동물실험을 한 자는 그 실험이 끝난 후 지체 없이 해당 동물을 검사하여야 하며, 검사 결과 정상적으로 회복한 동물은 기증하거나 분양할 수 있다.

⑥ ⑤에 따른 검사 결과 해당 동물이 회복할 수 없거나 지속적으로 고통을 받으며 살아야 할 것으로 인정되는 경우에는 신속하게 고통을 주지 아니하는 방법으로 처리하여야 한다.

⑦ ①부터 ⑥까지에서 규정한 사항 외에 동물실험의 원칙과 이에 따른 기준 및 방법에 관한 사항은 농림축산식품부장관이 정하여 고시한다.

(2) 전임수의사(제48조)

① 대통령령으로 정하는 기준 이상의 **실험동물을 보유한 동물실험시행기관의 장**은 그 실험

동물의 건강 및 복지 증진을 위하여 실험동물을 전담하는 수의사(이하 "전임수의사"라 한다)를 두어야 한다.

② 전임수의사의 자격 및 업무 범위 등에 필요한 사항은 대통령령으로 정한다.

(3) 동물실험의 금지 등(제49조)

누구든지 다음 각 호의 **동물실험을 하여서는 아니 된다.** 다만, 인수공통전염병 등 질병의 확산으로 인간 및 동물의 건강과 안전에 심각한 위해가 발생될 것이 우려되는 경우 또는 봉사동물의 선발 · 훈련방식에 관한 연구를 하는 경우로서 제52조에 따른 공용동물실험윤리위원회의 실험 심의 및 승인을 받은 때에는 그러하지 아니하다.

1. 유실 · 유기동물(보호조치 중인 동물을 포함한다)을 대상으로 하는 실험
2. 봉사동물을 대상으로 하는 실험

(4) 미성년자 동물 해부실습의 금지(제50조)

누구든지 미성년자에게 체험 · 교육 · 시험 · 연구 등의 목적으로 동물(사체를 포함한다) 해부실습을 하게 하여서는 아니 된다. 다만, 「초 · 중등교육법」에 따른 학교 또는 동물실험시행기관 등이 시행하는 경우 등 농림축산식품부령으로 정하는 경우에는 그러하지 아니하다.

(5) 동물실험윤리위원회의 설치 등(제51조)

① 동물실험시행기관의 장은 실험동물의 보호와 윤리적인 취급을 위하여 제53조에 따라 동물실험윤리위원회(이하 "윤리위원회"라 한다)를 설치 · 운영하여야 한다.

② 제1항에도 불구하고 다음 각 호의 어느 하나에 해당하는 경우에는 윤리위원회를 설치한 것으로 본다.

1. 농림축산식품부령으로 정하는 일정 기준 이하의 동물실험시행기관이 제54조에 따른 윤리위원회의 기능을 제52조에 따른 공용동물실험윤리위원회에 위탁하는 협약을 맺은 경우
2. 동물실험시행기관에 「실험동물에 관한 법률」 제7조에 따른 실험동물운영위원회가 설치되어 있고, 그 위원회의 구성이 제53조 제2항부터 제4항까지에 규정된 요건을 충족할 경우

③ 동물실험시행기관의 장은 동물실험을 하려면 윤리위원회의 심의를 거쳐야 한다.

④ 동물실험시행기관의 장은 ③에 따른 심의를 거친 내용 중 농림축산식품부령으로 정하는 중요사항에 변경이 있는 경우에는 해당 변경사유의 발생 즉시 윤리위원회에 변경심의

를 요청하여야 한다. 다만, 농림축산식품부령으로 정하는 경미한 변경이 있는 경우에는 제56조 제1항에 따라 지정된 전문위원의 검토를 거친 후 제53조 제1항의 위원장의 승인을 받아야 한다.

⑤ 농림축산식품부장관은 윤리위원회의 운영에 관한 표준지침을 위원회(IACUC)표준운영 가이드라인으로 고시하여야 한다.

(6) 공용동물실험윤리위원회의 지정 등(제52조)

① 농림축산식품부장관은 동물실험시행기관 또는 연구자가 공동으로 이용할 수 있는 공용동물실험윤리위원회(이하 "공용윤리위원회"라 한다)를 지정 또는 설치할 수 있다.

② 공용윤리위원회는 다음 각 호의 실험에 대한 심의 및 지도·감독을 수행한다.

1. 제51조 제2항 제1호에 따라 공용윤리위원회와 협약을 맺은 기관이 위탁한 실험
2. 제49조 각 호 외의 부분 단서에 따라 공용윤리위원회의 실험 심의 및 승인을 받도록 규정한 같은 조 각 호의 동물실험
3. 제50조에 따라 「초·중등교육법」에 따른 학교 등이 신청한 동물해부실습
4. 둘 이상의 동물실험시행기관이 공동으로 수행하는 실험으로 각각의 윤리위원회에서 해당 실험을 심의 및 지도·감독하는 것이 적절하지 아니하다고 판단되어 해당 동물실험시행기관의 장들이 공용윤리위원회를 이용하기로 합의한 실험
5. 그 밖에 농림축산식품부령으로 정하는 실험

③ 제2항에 따른 공용윤리위원회의 심의 및 지도·감독에 대해서는 제51조 제4항, 제54조 제2항·제3항, 제55조의 규정을 준용한다.

④ 제1항 및 제2항에 따른 공용윤리위원회의 지정 및 설치, 기능, 운영 등에 필요한 사항은 농림축산식품부령으로 정한다.

(7) 윤리위원회의 구성(제53조)

① **윤리위원회는 위원장 1명을 포함하여 3명 이상의 위원**으로 구성한다.

② 위원은 다음 각 호에 해당하는 사람 중에서 동물실험시행기관의 장이 위촉하며, 위원장은 위원 중에서 호선한다.

1. 수의사로서 농림축산식품부령으로 정하는 자격기준에 맞는 사람
2. 제4조 제3항에 따른 민간단체가 추천하는 동물보호에 관한 학식과 경험이 풍부한 사람으로서 농림축산식품부령으로 정하는 자격기준에 맞는 사람
3. 그 밖에 실험동물의 보호와 윤리적인 취급을 도모하기 위하여 필요한 사람으로서 농림축산식품부령으로 정하는 사람

③ 윤리위원회에는 제2항 제1호 및 제2호에 해당하는 위원을 각각 1명 이상 포함하여야 한다.

④ 윤리위원회를 구성하는 위원의 3분의 1 이상은 해당 동물실험시행기관과 이해관계가 없는 사람이어야 한다.

⑤ **위원의 임기는 2년**으로 한다.

⑥ 동물실험시행기관의 장은 제2항에 따른 위원의 추천 및 선정 과정을 투명하고 공정하게 관리하여야 한다.

⑦ 그 밖에 윤리위원회의 구성 및 이해관계의 범위 등에 관한 사항은 농림축산식품부령으로 정한다.

(8) 윤리위원회의 기능 등(제54조)

① **윤리위원회는 다음 각 호의 기능을 수행**한다.

1. 동물실험에 대한 심의(변경심의를 포함한다. 이하 같다)
2. 제1호에 따라 심의한 실험의 진행 · 종료에 대한 확인 및 평가
3. 동물실험이 제47조의 원칙에 맞게 시행되도록 지도 · 감독
4. 동물실험시행기관의 장에게 실험동물의 보호와 윤리적인 취급을 위하여 필요한 조치 요구

② 윤리위원회의 심의대상인 동물실험에 관여하고 있는 위원은 해당 동물실험에 관한 심의에 참여하여서는 아니 된다.

③ 윤리위원회의 위원 또는 그 직에 있었던 자는 그 직무를 수행하면서 알게 된 비밀을 누설하거나 도용하여서는 아니 된다.

④ ①에 따른 심의 · 확인 · 평가 및 지도 · 감독의 방법과 그 밖에 윤리위원회의 운영 등에 관한 사항은 대통령령으로 정한다.

(9) 심의 후 감독(제55조)

① 동물실험시행기관의 장은 제53조 제1항의 위원장에게 대통령령으로 정하는 바에 따라 동물실험이 심의된 내용대로 진행되고 있는지 감독하도록 요청하여야 한다.

② 위원장은 윤리위원회의 심의를 받지 아니한 실험이 진행되고 있는 경우 즉시 실험의 중지를 요구하여야 한다. 다만, 실험의 중지로 해당 실험동물의 복지에 중대한 침해가 발생할 것으로 우려되는 경우 등 대통령령으로 정하는 경우에는 실험의 중지를 요구하지 아니할 수 있다.

③ ②에 따라 실험 중지 요구를 받은 동물실험시행기관의 장은 해당 동물실험을 중지하여야 한다.

④ 동물실험시행기관의 장은 ②에 따라 실험 중지 요구를 받은 경우 제51조 제3항 또는 제4항에 따른 심의를 받은 후에 동물실험을 재개할 수 있다.

⑤ 동물실험시행기관의 장은 ②에 따른 감독 결과 위법사항이 발견되었을 경우에는 지체 없이 농림축산식품부장관에게 통보하여야 한다.

(10) 전문위원의 지정 및 검토(제56조)

① 윤리위원회의 위원장은 윤리위원회의 위원 중 해당 분야에 대한 전문성을 가지고 실험을 심의할 수 있는 자를 전문위원으로 지정할 수 있다.

② 위원장은 ①에 따라 지정한 전문위원에게 다음 각 호의 사항에 대한 검토를 요청할 수 있다.

1. 제51조 제4항 단서에 따른 경미한 변경에 관한 사항
2. 제54조 제1항 제2호에 따른 확인 및 평가

(11) 윤리위원회 위원 및 기관 종사자에 대한 교육(제57조)

① 윤리위원회의 위원은 동물의 보호 · 복지에 관한 사항과 동물실험의 심의에 관하여 농림축산식품부령으로 정하는 바에 따라 정기적으로 교육을 이수하여야 한다.

② 동물실험시행기관의 장은 위원과 기관 종사자를 위하여 동물의 보호 · 복지와 동물실험 심의에 관한 교육의 기회를 제공할 수 있다.

(12) 윤리위원회의 구성 등에 대한 지도·감독(제58조)

① 농림축산식품부장관은 제51조 제1항 및 제2항에 따라 윤리위원회를 설치한 동물실험시행기관의 장에게 제53조부터 제57조까지의 규정에 따른 윤리위원회의 구성 · 운영 등에 관하여 지도 · 감독을 할 수 있다.

② 농림축산식품부장관은 윤리위원회가 제53조부터 제57조까지의 규정에 따라 구성 · 운영되지 아니할 때에는 해당 동물실험시행기관의 장에게 대통령령으로 정하는 바에 따라 기간을 정하여 해당 윤리위원회의 구성 · 운영 등에 대한 개선명령을 할 수 있다.

05 동물복지축산농장의 인증

(1) 동물복지축산농장의 인증(제59조)

① 농림축산식품부장관은 동물복지 증진에 이바지하기 위하여 「축산물 위생관리법」에 따른 가축으로서 농림축산식품부령으로 정하는 동물(이하 "**농장동물**"이라 한다)이 본래의 습성 등을 유지하면서 정상적으로 살 수 있도록 관리하는 축산농장을 동물복지축산농장으로 인증할 수 있다.

② 제1항에 따른 인증을 받으려는 자는 제60조 제1항에 따라 지정된 인증기관(이하 "인증기관"이라 한다)에 농림축산식품부령으로 정하는 서류를 갖추어 인증을 신청하여야 한다.

③ 인증기관은 인증 신청을 받은 경우 농림축산식품부령으로 정하는 인증기준에 따라 심사한 후 그 기준에 맞는 경우에는 인증하여 주어야 한다.

④ ③에 따른 인증의 유효기간은 인증을 받은 날부터 **3년**으로 한다.

⑤ ③에 따라 인증을 받은 동물복지축산농장(이하 "인증농장"이라 한다)의 경영자는 그 인증을 유지하려면 제④에 따른 유효기간이 끝나기 **2개월 전**까지 인증기관에 갱신 신청을 하여야 한다.

⑥ ③에 따른 인증 또는 ⑤에 따른 인증갱신에 대한 심사결과에 이의가 있는 자는 인증기관에 재심사를 요청할 수 있다.

⑦ ⑥에 따른 재심사 신청을 받은 인증기관은 농림축산식품부령으로 정하는 바에 따라 재심사 여부 및 그 결과를 신청자에게 통보하여야 한다.

⑧ 인증농장의 인증 절차 및 인증의 갱신, 재심사 등에 관한 사항은 농림축산식품부령으로 정한다.

(2) 인증기관의 지정 등(제60조)

① 농림축산식품부장관은 대통령령으로 정하는 공공기관 또는 법인을 인증기관으로 지정하여 인증농장의 인증과 관련한 업무 및 인증농장에 대한 사후관리업무를 수행하게 할 수 있다.

② 제1항에 따라 지정된 인증기관은 인증농장의 인증에 필요한 인력 · 조직 · 시설 및 인증업무 규정 등을 갖추어야 한다.

③ 농림축산식품부장관은 ①에 따라 지정한 인증기관에서 인증심사업무를 수행하는 자에 대한 교육을 실시하여야 한다.

④ ①부터 ③까지의 규정에 따른 인증기관의 지정, 인증업무의 범위, 인증심사업무를 수행하는 자에 대한 교육, 인증농장에 대한 사후관리 등에 필요한 구체적인 사항은 농림축산식품부령으로 정한다.

(3) 인증기관의 지정취소 등(제61조)

① 농림축산식품부장관은 인증기관이 다음 각 호의 어느 하나에 해당하면 그 지정을 취소하거나 6개월 이내의 기간을 정하여 인증업무의 전부 또는 일부의 정지를 명할 수 있다. 다만, 제1호 또는 제2호에 해당하면 그 지정을 취소하여야 한다.

1. 거짓이나 그 밖의 부정한 방법으로 지정을 받은 경우
2. 업무정지 명령을 위반하여 정지기간 중 인증을 한 경우
3. 제60조 제2항에 따른 지정기준에 맞지 아니하게 된 경우
4. 고의 또는 중대한 과실로 제59조 제3항에 따른 인증기준에 맞지 아니한 축산농장을 인증한 경우
5. 정당한 사유 없이 지정된 인증업무를 하지 아니하는 경우

② ①에 따른 지정취소 및 업무정지의 기준 등에 관한 사항은 농림축산식품부령으로 정한다.

(4) 인증농장의 표시(제62조)

① 인증농장은 농림축산식품부령으로 정하는 바에 따라 인증농장 표시를 할 수 있다.

② ①에 따른 인증농장의 표시에 관한 기준 및 방법 등은 농림축산식품부령으로 정한다.

(5) 동물복지축산물의 표시(제63조)

① 인증농장에서 생산한 축산물에는 다음 각 호의 구분에 따라 그 포장 · 용기 등에 동물복지축산물 표시를 할 수 있다.

1. 「축산물 위생관리법」 제2조 제3호 및 제4호의 축산물: 다음 각 목의 요건을 모두 충족하여야 한다.
   가. **인증농장에서 생산**할 것
   나. 농장동물을 운송할 때에는 농림축산식품부령으로 정하는 운송차량을 이용하여 운송할 것
   다. 농장동물을 도축할 때에는 **농림축산식품부령으로 정하는 도축장에서 도축**할 것
2. 「축산물 위생관리법」 제2조 제5호 및 제6호의 축산물 : 인증농장에서 생산하여야 한다.
3. 「축산물 위생관리법」 제2조 제8호의 축산물 : 제1호의 요건을 모두 충족한 원료의 함

량에 따라 동물복지축산물 표시를 할 수 있다.

4. 「축산물 위생관리법」 제2조 제9호 및 제10호의 축산물: 인증농장에서 생산한 축산물의 함량에 따라 동물복지축산물 표시를 할 수 있다.

② ①에 따른 동물복지축산물을 포장하지 아니한 상태로 판매하거나 낱개로 판매하는 때에는 표지판 또는 푯말에 동물복지축산물 표시를 할 수 있다.

③ ① 및 ②에 따른 동물복지축산물 표시에 관한 기준 및 방법 등에 관한 사항은 농림축산식품부령으로 정한다.

(6) 인증농장에 대한 지원 등(제64조)

① 농림축산식품부장관은 인증농장에 대하여 다음 각 호의 지원을 할 수 있다. 〈개정 2023. 6. 20.〉

1. 동물의 보호 · 복지 증진을 위하여 축사시설 개선에 필요한 비용
2. 인증농장의 환경개선 및 경영에 관한 지도 · 상담 및 교육
3. 인증농장에서 생산한 축산물의 판로개척을 위한 상담 · 자문 및 판촉
4. 인증농장에서 생산한 축산물의 해외시장의 진출 · 확대를 위한 정보제공, 홍보활동 및 투자유치
5. 그 밖에 인증농장의 경영안정을 위하여 필요한 사항

[①의 3~5.는 2024. 4. 27.부터 시행됨]

② 농림축산식품부장관, 시 · 도지사, 시장 · 군수 · 구청장, 제4조제3항에 따른 민간단체 및 「축산자조금의 조성 및 운용에 관한 법률」에 따른 축산단체는 인증농장의 운영사례를 교육 · 홍보에 적극 활용하여야 한다.

(7) 인증취소 등(제65조)

① 농림축산식품부장관 또는 인증기관은 인증 받은 자가 거짓이나 그 밖의 부정한 방법으로 인증을 받은 경우 그 인증을 취소하여야 하며, 제59조 제3항에 따른 인증기준에 맞지 아니하게 된 경우 그 인증을 취소할 수 있다.

② 제1항에 따라 인증이 취소된 자(법인인 경우에는 그 대표자를 포함한다)는 그 인증이 취소된 날부터 1년 이내에는 인증농장 인증을 신청할 수 없다.

(8) 사후관리(제66조)

① 농림축산식품부장관은 인증기관으로 하여금 매년 인증농장이 제59조제3항에 따른 인증

기준에 맞는지 여부를 조사하게 하여야 한다.

② 제1항에 따른 조사를 위하여 인증농장에 출입하는 자는 농림축산식품부령으로 정하는 증표를 지니고 이를 관계인에게 보여 주어야 한다.

③ 제1항에 따른 조사의 요구를 받은 자는 정당한 사유 없이 이를 거부·방해하거나 기피하여서는 아니 된다.

(9) 부정행위의 금지(제67조)

① 누구든지 다음 각 호에 해당하는 행위를 하여서는 아니 된다.

1. 거짓이나 그 밖의 부정한 방법으로 인증농장 인증을 받는 행위
2. 제59조 제3항에 따른 인증을 받지 아니한 축산농장을 인증농장으로 표시하는 행위
3. 거짓이나 그 밖의 부정한 방법으로 제59조 제3항, 제5항 및 제6항에 따른 인증심사, 인증갱신에 대한 심사 및 재심사를 하거나 받을 수 있도록 도와주는 행위
4. 제63조 제1항부터 제3항까지의 규정을 위반하여 동물복지축산물 표시를 하는 다음 각 목의 행위(동물복지축산물로 잘못 인식할 우려가 있는 유사한 표시를 하는 행위를 포함한다)

   가. 제63조 제1항 제1호 가목 및 같은 항 제2호를 위반하여 인증농장에서 생산되지 아니한 축산물에 동물복지축산물 표시를 하는 행위

   나. 제63조 제1항 제1호 나목 및 다목을 따르지 아니한 축산물에 동물복지축산물 표시를 하는 행위

   다. 제63조 제3항에 따른 동물복지축산물 표시 기준 및 방법을 위반하여 동물복지축산물 표시를 하는 행위

② 제1항 제4호에 따른 동물복지축산물로 잘못 인식할 우려가 있는 유사한 표시의 세부기준은 농림축산식품부령으로 정한다.

(10) 인증의 승계(제68조)

① 다음 각 호의 어느 하나에 해당하는 자는 인증농장 인증을 받은 자의 지위를 승계한다.

1. 인증농장 인증을 받은 사람이 사망한 경우 그 농장을 계속하여 운영하려는 상속인
2. 인증농장 인증을 받은 자가 그 사업을 양도한 경우 그 양수인
3. 인증농장 인증을 받은 법인이 합병한 경우 합병 후 존속하는 법인이나 합병으로 설립되는 법인

② 제1항에 따라 인증농장 인증을 받은 자의 지위를 승계한 자는 그 사실을 30일 이내에 인

증기관에 신고하여야 한다.

③ 제2항에 따른 신고에 필요한 사항은 농림축산식품부령으로 정한다.

06 반려동물 영업

(1) 영업의 허가(제69조) ★★

① 반려동물(이하 이 장에서 "동물"이라 한다. 다만, 동물장묘업 및 제71조 제1항에 따른 공설동물장묘시설의 경우에는 제2조 제1호에 따른 동물로 한다)과 관련된 다음 각 호의 영업을 하려는 자는 농림축산식품부령으로 정하는 바에 따라 특별자치시장 · 특별자치도지사 · 시장 · 군수 · 구청장의 **허가**를 받아야 한다.

1. **동물생산업**
2. **동물수입업**
3. **동물판매업**
4. **동물장묘업**

② 제1항 각 호에 따른 영업의 세부 범위는 농림축산식품부령으로 정한다.

영업	허가 영업의 세부 범위	
동물생산업	반려동물을 번식시켜 판매하는 영업	
동물수입업	반려동물을 수입하여 판매하는 영업	
동물판매업	반려동물을 구입하여 판매하거나, 판매를 알선 또는 중개하는 영업	
동물장묘업	다음 중 어느 하나 이상의 시설을 설치 · 운영하는 영업	
	동물 전용의 장례식장	동물 사체의 보관, 안치, 염습 등을 하거나 장례의식을 치르는 시설
	동물화장시설	동물의 사체 또는 유골을 불에 태우는 방법으로 처리하는 시설
	동물건조장시설	동물의 사체 또는 유골을 건조 · 멸균분쇄의 방법으로 처리하는 시설
	동물수분해장시설	동물의 사체를 화학용액을 사용해 녹이고 유골만 수습하는 방법으로 처리하는 시설
	동물 전용의 봉안시설	동물의 유골 등을 안치 · 보관하는 시설

③ 제1항에 따른 허가를 받으려는 자는 영업장의 시설 및 인력 등 농림축산식품부령으로 정하는 기준을 갖추어야 한다.

④ 제1항에 따라 영업의 허가를 받은 자가 허가받은 사항을 변경하려는 경우에는 변경허가를 받아야 한다. 다만, 농림축산식품부령으로 정하는 경미한 사항을 변경하는 경우에는 특별자치시장 · 특별자치도지사 · 시장 · 군수 · 구청장에게 신고하여야 한다.

(2) 맹견취급영업의 특례(제70조)

① 제2조 제5호가목에 따른 맹견을 생산 · 수입 또는 판매(이하 "취급"이라 한다)하는 영업을 하려는 자는 제69조 제1항에 따른 동물생산업, 동물수입업 또는 동물판매업의 허가 외에 대통령령으로 정하는 바에 따라 맹견 취급에 대하여 시 · 도지사의 허가(이하 "맹견취급허가"라 한다)를 받아야 한다. 허가받은 사항을 변경하려는 때에도 또한 같다.

② 맹견취급허가를 받으려는 자의 결격사유에 대하여는 제19조를 준용한다.

③ 맹견취급허가를 받은 자는 다음 각 호의 어느 하나에 해당하는 경우 농림축산식품부령으로 정하는 바에 따라 시 · 도지사에게 신고하여야 한다.

1. 맹견을 번식시킨 경우
2. 맹견을 수입한 경우
3. 맹견을 양도하거나 양수한 경우
4. 보유하고 있는 맹견이 죽은 경우

④ 맹견 취급을 위한 동물생산업, 동물수입업 또는 동물판매업의 시설 및 인력 기준은 제69조제3항에 따른 기준 외에 별도로 농림축산식품부령으로 정한다.

(3) 공설동물장묘시설의 특례(제71조)

① 지방자치단체의 장은 동물을 위한 장묘시설(이하 "공설동물장묘시설"이라 한다)을 설치 · 운영할 수 있다. 이 경우 시설 및 인력 등 농림축산식품부령으로 정하는 기준을 갖추어야 한다.

② 농림축산식품부장관은 제1항에 따라 공설동물장묘시설을 설치 · 운영하는 지방자치단체에 대해서는 예산의 범위에서 시설의 설치에 필요한 경비를 지원할 수 있다.

③ 지방자치단체의 장이 공설동물장묘시설을 사용하는 자에게 부과하는 사용료 또는 관리비의 금액과 부과방법 및 용도, 그 밖에 필요한 사항은 해당 지방자치단체의 조례로 정한다.

(4) 동물장묘시설의 설치 제한(제72조)

다음 각 호의 어느 하나에 해당하는 지역에는 제69조 제1항 제4호의 동물장묘업을 영위하기 위한 동물장묘시설 및 공설동물장묘시설을 설치할 수 없다.

1. 「장사 등에 관한 법률」 제17조에 해당하는 지역
2. 20호 이상의 인가밀집지역, 학교, 그 밖에 공중이 수시로 집합하는 시설 또는 장소로부터 300미터 이내. 다만, 해당 지역의 위치 또는 지형 등의 상황을 고려하여 해당 시설의

기능이나 이용 등에 지장이 없는 경우로서 특별자치시장 · 특별자치도지사 · 시장 · 군수 · 구청장이 인정하는 경우에는 적용을 제외한다.

(5) 장묘정보시스템의 구축·운영 등(제72조의2)

① 농림축산식품부장관은 동물장묘 등에 관한 정보의 제공과 동물장묘시설 이용 · 관리의 업무 등을 전자적으로 처리할 수 있는 정보시스템(이하 "장묘정보시스템"이라 한다)을 구축 · 운영할 수 있다.

② 장묘정보시스템의 기능에는 다음 각 호의 사항이 포함되어야 한다.

1. 동물장묘시설의 현황 및 가격 정보 제공
2. 동물장묘절차 등에 관한 정보 제공
3. 그 밖에 농림축산식품부장관이 필요하다고 인정하는 사항

③ 장묘정보시스템의 구축 · 운영 등에 필요한 사항은 농림축산식품부장관이 정한다.

[본조신설 2023. 6. 20.]

(6) 영업의 등록(제73조)

① 동물과 관련된 다음 각 호의 영업을 하려는 자는 농림축산식품부령으로 정하는 바에 따라 특별자치시장 · 특별자치도지사 · 시장 · 군수 · 구청장에게 **등록**하여야 한다.

1. **동물전시업**
2. **동물위탁관리업**
3. **동물미용업**
4. **동물운송업**

② 제1항 각 호에 따른 영업의 세부 범위는 농림축산식품부령으로 정한다.

영업	등록 영업의 세부 범위
동물전시업	반려동물을 보여주거나 접촉하게 할 목적으로 영업자 소유의 동물을 5마리 이상 전시하는 영업. 다만, 「동물원 및 수족관의 관리에 관한 법률」 제2조제1호에 따른 동물원은 제외
동물위탁관리업	반려동물 소유자의 위탁을 받아 반려동물을 영업장 내에서 일시적으로 사육, 훈련 또는 보호하는 영업
동물미용업	반려동물의 털, 피부 또는 발톱 등을 손질하거나 위생적으로 관리하는 영업
동물운송업	「자동차관리법」 제2조제1호의 자동차를 이용하여 반려동물을 운송하는 영업

③ 제1항에 따른 영업의 등록을 신청하려는 자는 영업장의 시설 및 인력 등 농림축산식품부령으로 정하는 기준을 갖추어야 한다.

④ 제1항에 따라 영업을 등록한 자가 등록사항을 변경하는 경우에는 변경등록을 하여야 한다. 다만, 농림축산식품부령으로 정하는 경미한 사항을 변경하는 경우에는 특별자치시장 · 특별자치도지사 · 시장 · 군수 · 구청장에게 신고하여야 한다.

(7) 허가 또는 등록의 결격사유(제74조)

다음 각 호의 어느 하나에 해당하는 사람은 제69조 제1항에 따른 영업의 허가를 받거나 제73조 제1항에 따른 영업의 등록을 할 수 없다.

1. **미성년자**
2. **피성년후견인**
3. **파산선고를 받은 자로서 복권되지 아니한 사람**
4. 제82조 제1항에 따른 교육을 이수하지 아니한 사람
5. 제83조 제1항에 따라 허가 또는 등록이 취소된 후 1년이 지나지 아니한 상태에서 취소된 업종과 같은 업종의 허가를 받거나 등록을 하려는 사람(법인인 경우에는 그 대표자를 포함한다)
6. 이 법을 위반하여 벌금 이상의 실형을 선고받고 그 집행이 종료(집행이 종료된 것으로 보는 경우를 포함한다)되거나 집행이 면제된 날부터 3년(제10조를 위반한 경우에는 5년으로 한다)이 지나지 아니한 사람
7. 이 법을 위반하여 벌금 이상의 형의 집행유예를 선고받고 그 유예기간 중에 있는 사람

(8) 영업승계(제75조)

① 제69조 제1항에 따른 영업의 허가를 받거나 제73조 제1항에 따라 영업의 등록을 한 자(이하 "영업자"라 한다)가 그 영업을 양도하거나 사망한 경우 또는 법인이 합병한 경우에는 그 양수인 · 상속인 또는 합병 후 존속하는 법인이나 합병으로 설립되는 법인(이하 "양수인등"이라 한다)은 그 영업자의 지위를 승계한다.

② 다음 각 호의 어느 하나에 해당하는 절차에 따라 영업시설의 전부를 인수한 자는 그 영업자의 지위를 승계한다.

1. 「민사집행법」에 따른 경매
2. 「채무자 회생 및 파산에 관한 법률」에 따른 환가(換價)
3. 「국세징수법」 · 「관세법」 또는 「지방세법」에 따른 압류재산의 매각
4. 그 밖에 제1호부터 제3호까지의 어느 하나에 준하는 절차

③ ① 또는 ②에 따라 영업자의 지위를 승계한 자는 그 지위를 승계한 날부터 30일 이내에

농림축산식품부령으로 정하는 바에 따라 특별자치시장 · 특별자치도지사 · 시장 · 군수 · 구청장에게 신고하여야 한다.

④ ① 및 ②에 따른 승계에 관하여는 제74조에 따른 결격사유 규정을 준용한다. 다만, 상속인이 제74조 제1호 및 제2호에 해당하는 경우에는 상속을 받은 날부터 3개월 동안은 그러하지 아니하다.

(9) 휴업·폐업 등의 신고(제76조)

① 영업자가 휴업, 폐업 또는 그 영업을 재개하려는 경우에는 농림축산식품부령으로 정하는 바에 따라 특별자치시장 · 특별자치도지사 · 시장 · 군수 · 구청장에게 신고하여야 한다.

② 영업자(동물장묘업자는 제외한다. 이하 이 조에서 같다)는 제1항에 따라 휴업 또는 폐업의 신고를 하려는 경우에는 농림축산식품부령으로 정하는 바에 따라 특별자치시장 · 특별자치도지사 · 시장 · 군수 · 구청장에게 휴업 또는 폐업 30일 전에 보유하고 있는 동물의 적절한 사육 및 처리를 위한 계획서(이하 "동물처리계획서"라 한다)를 제출하여야 한다.

③ 영업자는 동물처리계획서에 따라 동물을 처리한 후 그 결과를 특별자치시장 · 특별자치도지사 · 시장 · 군수 · 구청장에게 보고하여야 하며, 보고를 받은 특별자치시장 · 특별자치도지사 · 시장 · 군수 · 구청장은 동물처리계획서의 이행 여부를 확인하여야 한다.

④ ② 및 ③에 따른 동물처리계획서의 제출 및 보고에 관한 사항은 농림축산식품부령으로 정한다.

(10) 직권말소(제77조)

① 특별자치시장 · 특별자치도지사 · 시장 · 군수 · 구청장은 영업자가 제76조 제1항에 따른 폐업신고를 하지 아니한 경우에는 농림축산식품부령으로 정하는 바에 따라 폐업 사실을 확인한 후 허가 또는 등록사항을 직권으로 말소할 수 있다.

② 특별자치시장 · 특별자치도지사 · 시장 · 군수 · 구청장은 영업자가 영업을 폐업하였는지를 확인하기 위하여 필요한 경우 관할 세무서장에게 영업자의 폐업 여부에 대한 정보 제공을 요청할 수 있다. 이 경우 요청을 받은 관할 세무서장은 정당한 사유 없이 이를 거부하여서는 아니 된다.

(11) 영업자 등의 준수사항(제78조) ★★

① 영업자(법인인 경우에는 그 대표자를 포함한다)와 그 종사자는 다음 각 호의 사항을 준수하여야 한다.

1. 동물을 안전하고 위생적으로 사육 · 관리 또는 보호할 것
2. 동물의 건강과 안전을 위하여 동물병원과의 적절한 연계를 확보할 것
3. 노화나 질병이 있는 동물을 유기하거나 폐기할 목적으로 거래하지 아니할 것
4. 동물의 번식, 반입 · 반출 등의 기록 및 관리를 하고 이를 보관할 것
5. 동물에 관한 사항을 표시 · 광고하는 경우 이 법에 따른 영업허가번호 또는 영업등록번호와 거래금액을 함께 표시할 것
6. 동물의 분뇨, 사체 등은 관계 법령에 따라 적정하게 처리할 것
7. 농림축산식품부령으로 정하는 영업장의 시설 및 인력 기준을 준수할 것
8. 제82조 제2항에 따른 정기교육을 이수하고 그 종사자에게 교육을 실시할 것
9. 농림축산식품부령으로 정하는 바에 따라 동물의 취급 등에 관한 영업실적을 보고할 것
10. 등록대상동물의 등록 및 변경신고의무(등록 · 변경신고방법 및 위반 시 처벌에 관한 사항 등을 포함한다)를 고지할 것
11. 다른 사람의 영업명의를 도용하거나 대여받지 아니하고, 다른 사람에게 자기의 영업명의 또는 상호를 사용하도록 하지 아니할 것

② **동물생산업자**는 제1항에서 규정한 사항 외에 다음 각 호의 사항을 준수하여야 한다.

1. 월령이 12개월 미만인 개 · 고양이는 교배 또는 출산시키지 아니할 것
2. 약품 등을 사용하여 인위적으로 동물의 발정을 유도하는 행위를 하지 아니할 것
3. 동물의 특성에 따라 정기적으로 예방접종 및 건강관리를 실시하고 기록할 것

③ **동물수입업자**는 제1항에서 규정한 사항 외에 다음 각 호의 사항을 준수하여야 한다.

1. 동물을 수입하는 경우 농림축산식품부장관에게 수입의 내역을 신고할 것
2. 수입의 목적으로 신고한 사항과 다른 용도로 동물을 사용하지 아니할 것

④ **동물판매업자**(동물생산업자 및 동물수입업자가 동물을 판매하는 경우를 포함한다)는 제1항에서 규정한 사항 외에 다음 각 호의 사항을 준수하여야 한다.

1. 월령이 2개월 미만인 개 · 고양이를 판매(알선 또는 중개를 포함한다)하지 아니할 것
2. 동물을 판매 또는 전달을 하는 경우 직접 전달하거나 동물운송업자를 통하여 전달할 것

⑤ **동물장묘업자**는 제1항에서 규정한 사항 외에 다음 각 호의 사항을 준수하여야 한다. **〈개정 2023. 6. 20.〉**

1. 살아있는 동물을 처리(마취 등을 통하여 동물의 고통을 최소화하는 인도적인 방법으로 처리하는 것을 포함한다)하지 아니할 것
2. 등록대상동물의 사체를 처리한 경우 농림축산식품부령으로 정하는 바에 따라 특별자치시장 · 특별자치도지사 · 시장 · 군수 · 구청장에게 신고할 것

3. 자신의 영업장에 있는 동물장묘시설을 다른 자에게 대여하지 아니할 것

⑥ 제1항부터 제5항까지의 규정에 따른 영업자의 준수사항에 관한 구체적인 사항 및 그 밖에 동물의 보호와 공중위생상의 위해 방지를 위하여 영업자가 준수하여야 할 사항은 농림축산식품부령으로 정한다.

(12) 등록대상동물의 판매에 따른 등록신청(제79조)

① 동물생산업자, 동물수입업자 및 동물판매업자는 등록대상동물을 판매하는 경우에 구매자(영업자를 제외한다)에게 동물등록의 방법을 설명하고 구매자의 명의로 특별자치시장 · 특별자치도지사 · 시장 · 군수 · 구청장에게 동물등록을 신청한 후 판매하여야 한다.

② 제1항에 따른 등록대상동물의 등록신청에 대해서는 제15조를 준용한다.

(13) 거래내역의 신고(제80조)

① 동물생산업자, 동물수입업자 및 동물판매업자가 등록대상동물을 취급하는 경우에는 그 거래내역을 농림축산식품부령으로 정하는 바에 따라 특별자치시장 · 특별자치도지사 · 시장 · 군수 · 구청장에게 신고하여야 한다.

② 농림축산식품부장관은 제1항에 따른 등록대상동물의 거래내역을 제95조 제2항에 따른 국가동물보호정보시스템으로 신고하게 할 수 있다.

(14) 제81조(표준계약서의 제정·보급)

① 농림축산식품부장관은 동물보호 및 동물영업의 건전한 거래질서 확립을 위하여 공정거래위원회와 협의하여 표준계약서를 제정 또는 개정하고 영업자에게 이를 사용하도록 권고할 수 있다.

② 농림축산식품부장관은 제1항에 따른 표준계약서에 관한 업무를 대통령령으로 정하는 기관에 위탁할 수 있다.

③ 제1항에 따른 표준계약서의 구체적인 사항은 농림축산식품부령으로 정한다.

(15) 교육(제82조)

① 제69조 제1항에 따른 허가를 받거나 제73조 제1항에 따른 등록을 하려는 자는 허가를 받거나 등록을 하기 전에 동물의 보호 및 공중위생상의 위해 방지 등에 관한 교육을 받아야 한다.

② 영업자는 정기적으로 제1항에 따른 교육을 받아야 한다.

③ 제83조 제1항에 따른 영업정지처분을 받은 영업자는 제2항의 정기 교육 외에 동물의 보호 및 영업자 준수사항 등에 관한 추가교육을 받아야 한다.

④ 제1항부터 제3항까지의 규정에 따라 교육을 받아야 하는 영업자로서 교육을 받지 아니한 자는 그 영업을 하여서는 아니 된다.

⑤ 제1항 또는 제2항에 따라 교육을 받아야 하는 영업자가 영업에 직접 종사하지 아니하거나 두 곳 이상의 장소에서 영업을 하는 경우에는 종사자 중에서 책임자를 지정하여 영업자 대신 교육을 받게 할 수 있다.

⑥ 제1항부터 제3항까지의 규정에 따른 교육의 종류, 내용, 시기, 이수방법 등에 관하여는 농림축산식품부령으로 정한다.

(16) 허가 또는 등록의 취소 등(제83조)

① 특별자치시장 · 특별자치도지사 · 시장 · 군수 · 구청장은 영업자가 다음 각 호의 어느 하나에 해당하는 경우에는 농림축산식품부령으로 정하는 바에 따라 그 허가 또는 등록을 취소하거나 6개월 이내의 기간을 정하여 그 영업의 전부 또는 일부의 정지를 명할 수 있다. 다만, 제1호, 제7호 또는 제8호에 해당하는 경우에는 허가 또는 등록을 취소하여야 한다.

1. 거짓이나 그 밖의 부정한 방법으로 허가를 받거나 등록을 한 것이 판명된 경우
2. 제10조 제1항부터 제4항까지의 규정을 위반한 경우
3. 허가를 받은 날 또는 등록을 한 날부터 1년이 지나도록 영업을 개시하지 아니한 경우
4. 제69조 제1항 또는 제73조 제1항에 따른 허가 또는 등록 사항과 다른 방식으로 영업을 한 경우
5. 제69조 제4항 또는 제73조 제4항에 따른 변경허가를 받거나 변경등록을 하지 아니한 경우
6. 제69조 제3항 또는 제73조 제3항에 따른 시설 및 인력 기준에 미달하게 된 경우
7. 제72조에 따라 설치가 금지된 곳에 동물장묘시설을 설치한 경우
8. 제74조 각 호의 어느 하나에 해당하게 된 경우
9. 제78조에 따른 준수사항을 지키지 아니한 경우

② 특별자치시장 · 특별자치도지사 · 시장 · 군수 · 구청장은 제1항에 따라 영업의 허가 또는 등록을 취소하거나 영업의 전부 또는 일부를 정지하는 경우에는 해당 영업자에게 보유하고 있는 동물을 양도하게 하는 등 적절한 사육 · 관리 또는 보호를 위하여 필요한 조치를 명하여야 한다.

③ 제1항에 따른 처분의 효과는 그 처분기간이 만료된 날부터 1년간 양수인등에게 승계되

며, 처분의 절차가 진행 중일 때에는 양수인등에 대하여 처분의 절차를 행할 수 있다. 다만, 양수인등이 양수·상속 또는 합병 시에 그 처분 또는 위반사실을 알지 못하였음을 증명하는 경우에는 그러하지 아니하다.

(17) 과징금의 부과(제84조)

① 특별자치시장·특별자치도지사·시장·군수·구청장은 영업자가 제83조 제1항 제4호부터 제6호까지 또는 제9호의 어느 하나에 해당하여 영업정지처분을 하여야 하는 경우로서 그 영업정지처분이 해당 영업의 동물 또는 이용자에게 곤란을 주거나 공익에 현저한 지장을 줄 우려가 있다고 인정되는 경우에는 **영업정지처분에 갈음하여 1억 원 이하의 과징금을 부과할 수 있다.**

② 특별자치시장·특별자치도지사·시장·군수·구청장은 제1항에 따른 과징금을 부과받은 자가 납부기한까지 과징금을 내지 아니하면 「지방행정제재·부과금의 징수 등에 관한 법률」에 따라 징수한다.

③ 특별자치시장·특별자치도지사·시장·군수·구청장은 제1항에 따른 과징금을 부과하기 위하여 필요한 경우에는 다음 각 호의 사항을 적은 문서로 관할 세무서장에게 과세정보의 제공을 요청할 수 있다.

1. 납세자의 인적 사항
2. 과세 정보의 사용 목적
3. 과징금 부과기준이 되는 매출금액

④ 제1항에 따른 과징금을 부과하는 위반행위의 종류, 영업의 규모, 위반횟수 등에 따른 과징금의 금액, 그 밖에 필요한 사항은 대통령령으로 정한다.

(18) 영업장의 폐쇄(제85조)

① 특별자치시장·특별자치도지사·시장·군수·구청장은 제69조 또는 제73조에 따른 영업이 다음 각 호의 어느 하나에 해당하는 때에는 관계 공무원으로 하여금 농림축산식품부령으로 정하는 바에 따라 해당 영업장을 폐쇄하게 할 수 있다.

1. 제69조 제1항에 따른 허가를 받지 아니하거나 제73조 제1항에 따른 등록을 하지 아니한 때
2. 제83조에 따라 허가 또는 등록이 취소되거나 영업정지명령을 받았음에도 불구하고 계속하여 영업을 한 때

② 특별자치시장·특별자치도지사·시장·군수·구청장은 제1항에 따라 영업장을 폐쇄하기 위하여 관계 공무원에게 다음 각 호의 조치를 하게 할 수 있다.

1. 해당 영업장의 간판이나 그 밖의 영업표지물의 제거 또는 삭제
2. 해당 영업장이 적법한 영업장이 아니라는 것을 알리는 게시문 등의 부착
3. 영업을 위하여 꼭 필요한 시설물 또는 기구 등을 사용할 수 없게 하는 봉인(封印)

③ 특별자치시장 · 특별자치도지사 · 시장 · 군수 · 구청장은 제1항 및 제2항에 따른 폐쇄조치를 하려는 때에는 폐쇄조치의 일시 · 장소 및 관계 공무원의 성명 등을 미리 해당 영업을 하는 영업자 또는 그 대리인에게 서면으로 알려주어야 한다.

④ 특별자치시장 · 특별자치도지사 · 시장 · 군수 · 구청장은 제1항에 따라 해당 영업장을 폐쇄하는 경우 해당 영업자에게 보유하고 있는 동물을 양도하게 하는 등 적절한 사육 · 관리 또는 보호를 위하여 필요한 조치를 명하여야 한다.

⑤ ①에 따른 영업장 폐쇄의 세부적인 기준과 절차는 그 위반행위의 유형과 위반 정도 등을 고려하여 농림축산식품부령으로 정한다.

07 보칙

(1) 출입·검사 등(제86조)

① 농림축산식품부장관, 시 · 도지사 또는 시장 · 군수 · 구청장은 동물의 보호 및 공중위생상의 위해 방지 등을 위하여 필요하면 동물의 소유자 등에 대하여 다음 각 호의 조치를 할 수 있다.

1. 동물 현황 및 관리실태 등 필요한 자료제출의 요구
2. 동물이 있는 장소에 대한 출입 · 검사
3. 동물에 대한 위해 방지 조치의 이행 등 농림축산식품부령으로 정하는 시정명령

② 농림축산식품부장관, 시 · 도지사 또는 시장 · 군수 · 구청장은 동물보호 등과 관련하여 필요하면 다음 각 호의 어느 하나에 해당하는 자에게 필요한 보고를 하도록 명하거나 자료를 제출하게 할 수 있으며, 관계 공무원으로 하여금 해당 시설 등에 출입하여 운영실태를 조사하게 하거나 관계 서류를 검사하게 할 수 있다.

1. 제35조 제1항 및 제36조 제1항에 따른 동물보호센터의 장
2. 제37조에 따른 보호시설운영자
3. 제51조 제1항 및 제2항에 따라 윤리위원회를 설치한 동물실험시행기관의 장
4. 제59조 제3항에 따른 동물복지축산농장의 인증을 받은 자
5. 제60조에 따라 지정된 인증기관의 장

6. 제63조 제1항에 따라 동물복지축산물의 표시를 한 자
7. 제69조 제1항에 따른 영업의 허가를 받은 자 또는 제73조 제1항에 따라 영업의 등록을 한 자

③ 특별자치시장 · 특별자치도지사 · 시장 · 군수 · 구청장은 소속 공무원으로 하여금 제2항 제2호에 따른 보호시설운영자에 대하여 제37조 제4항에 따른 시설기준 · 운영기준 등의 사항 및 동물보호를 위한 시설정비 등의 사후관리와 관련한 사항을 1년에 1회 이상 정기적으로 점검하도록 하고, 필요한 경우 수시로 점검하게 할 수 있다.

④ 시 · 도지사와 시장 · 군수 · 구청장은 소속 공무원으로 하여금 제2항 제7호에 따른 영업자에 대하여 다음 각 호의 구분에 따라 1년에 1회 이상 정기적으로 점검하도록 하고, 필요한 경우 수시로 점검하게 할 수 있다.

1. 시 · 도지사 : 제70조 제4항에 따른 시설 및 인력 기준의 준수 여부
2. 특별자치시장 · 특별자치도지사 · 시장 · 군수 · 구청장 : 제69조 제3항 및 제73조 제3항에 따른 시설 및 인력 기준의 준수 여부와 제78조에 따른 준수사항의 이행 여부

⑤ 시 · 도지사는 제3항 및 제4항에 따른 점검 결과(관할 시 · 군 · 구의 점검 결과를 포함한다)를 다음 연도 1월 31일까지 농림축산식품부장관에게 보고하여야 한다.

⑥ 농림축산식품부장관, 시 · 도지사 또는 시장 · 군수 · 구청장이 제1항 제2호 및 제2항 각 호에 따른 출입 · 검사 또는 제3항 및 제4항에 따른 점검(이하 "출입 · 검사등"이라 한다)을 할 때에는 출입 · 검사등의 시작 7일 전까지 대상자에게 다음 각 호의 사항이 포함된 출입 · 검사등 계획을 통지하여야 한다. 다만, 출입 · 검사등 계획을 미리 통지할 경우 그 목적을 달성할 수 없다고 인정하는 경우에는 출입 · 검사등을 착수할 때에 통지할 수 있다.

1. 출입 · 검사등의 목적
2. 출입 · 검사등의 기간 및 장소
3. 관계 공무원의 성명과 직위
4. 출입 · 검사등의 범위 및 내용
5. 제출할 자료

⑦ 농림축산식품부장관, 시 · 도지사 또는 시장 · 군수 · 구청장은 제2항부터 제4항까지의 규정에 따른 출입 · 검사등의 결과에 따라 필요한 시정을 명하는 등의 조치를 할 수 있다.

(2) 고정형 영상정보처리기기의 설치 등(제87조)

① 다음 각 호의 어느 하나에 해당하는 자는 동물학대 방지 등을 위하여 「개인정보 보호법」 제2조제7호에 따른 **고정형 영상정보처리기기를 설치**하여야 한다. 〈개정 2023. 3. 14.〉

1. 제35조 제1항 또는 제36조 제1항에 따른 **동물보호센터의 장**

2. 제37조에 따른 **보호시설운영자**
3. 제63조 제1항 제1호 다목에 따른 **도축장 운영자**
4. 제69조 제1항에 따른 영업의 허가를 받은 자 또는 제73조 제1항에 따라 영업의 등록을 한 자

② 제1항에 따른 고정형 영상정보처리기기의 설치 대상, 장소 및 기준 등에 필요한 사항은 대통령령으로 정한다. 〈개정 2023. 3. 14.〉

③ 제1항에 따라 고정형 영상정보처리기기를 설치·관리하는 자는 동물보호센터·보호시설·영업장의 종사자, 이용자 등 정보주체의 인권이 침해되지 아니하도록 다음 각 호의 사항을 준수하여야 한다. 〈개정 2023. 3. 14.〉

1. 설치 목적과 다른 목적으로 고정형 영상정보처리기기를 임의로 조작하거나 다른 곳을 비추지 아니할 것
2. 녹음기능을 사용하지 아니할 것

④ 제1항에 따라 고정형 영상정보처리기기를 설치·관리하는 자는 다음 각 호의 어느 하나에 해당하는 경우 외에는 고정형 영상정보처리기기로 촬영한 영상기록을 다른 사람에게 제공하여서는 아니 된다. 〈개정 2023. 3. 14.〉

1. 소유자 등이 자기 동물의 안전을 확인하기 위하여 요청하는 경우
2. 「개인정보 보호법」 제2호제6호가목에 따른 공공기관이 제86조 등 법령에서 정하는 동물보호 업무 수행을 위하여 요청하는 경우
3. 범죄의 수사와 공소의 제기 및 유지, 법원의 재판업무 수행을 위하여 필요한 경우

⑤ 이 법에서 정하는 사항 외에 고정형 영상정보처리기기의 설치, 운영 및 관리 등에 관한 사항은 「개인정보 보호법」에 따른다. 〈개정 2023. 3. 14.〉 [제목개정 2023. 3. 14.]

(3) 동물보호관(제88조)

① 농림축산식품부장관(대통령령으로 정하는 소속 기관의 장을 포함한다), 시·도지사 및 시장·군수·구청장은 동물의 학대 방지 등 동물보호에 관한 사무를 처리하기 위하여 소속 공무원 중에서 **동물보호관을 지정**하여야 한다.

② 제1항에 따른 동물보호관(이하 "동물보호관"이라 한다)의 자격, 임명, 직무 범위 등에 관한 사항은 대통령령으로 정한다.

③ 동물보호관이 제2항에 따른 직무를 수행할 때에는 농림축산식품부령으로 정하는 증표를 지니고 이를 관계인에게 보여주어야 한다.

④ 누구든지 동물의 특성에 따른 출산, 질병 치료 등 부득이한 사유가 있는 경우를 제외하고는 제2항에 따른 동물보호관의 직무 수행을 거부·방해 또는 기피하여서는 아니 된다.

(4) 학대행위자에 대한 상담·교육 등의 권고(제89조)

동물보호관은 학대행위자에 대하여 상담 · 교육 또는 심리치료 등 필요한 지원을 받을 것을 권고할 수 있다.

(5) 명예동물보호관(제90조)

① 농림축산식품부장관, 시 · 도지사 및 시장 · 군수 · 구청장은 동물의 학대 방지 등 동물보호를 위한 지도 · 계몽 등을 위하여 **명예동물보호관을 위촉**할 수 있다.
② 제10조를 위반하여 제97조에 따라 형을 선고받고 그 형이 확정된 사람은 제1항에 따른 명예동물보호관(이하 "명예동물보호관"이라 한다)이 될 수 없다.
③ 명예동물보호관의 자격, 위촉, 해촉, 직무, 활동 범위와 수당의 지급 등에 관한 사항은 대통령령으로 정한다.
④ 명예동물보호관은 제3항에 따른 직무를 수행할 때에는 부정한 행위를 하거나 권한을 남용하여서는 아니 된다.
⑤ 명예동물보호관이 그 직무를 수행하는 경우에는 신분을 표시하는 증표를 지니고 이를 관계인에게 보여주어야 한다.

(6) 수수료(제91조)

다음 각 호의 어느 하나에 해당하는 자는 농림축산식품부령으로 정하는 바에 따라 수수료를 내야 한다. 다만, 제1호에 해당하는 자에 대하여는 시 · 도의 조례로 정하는 바에 따라 수수료를 감면할 수 있다.

1. 제15조 제1항에 따라 등록대상동물을 등록하려는 자
2. 제31조에 따른 자격시험에 응시하려는 자 또는 자격증의 재발급 등을 받으려는 자
3. 제59조 제3항, 제5항 또는 제6항에 따라 동물복지축산농장 인증을 받거나 갱신 및 재심사를 받으려는 자
4. 제69조, 제70조 및 제73조에 따라 영업의 허가 또는 변경허가를 받거나, 영업의 등록 또는 변경등록을 하거나, 변경신고를 하려는 자

(7) 청문(제92조)

농림축산식품부장관, 시 · 도지사 또는 시장 · 군수 · 구청장은 다음 각 호의 어느 하나에 해당하는 처분을 하려면 청문을 하여야 한다.

1. 제20조 제1항에 따른 맹견사육허가의 철회
2. 제32조 제2항에 따른 반려동물행동지도사의 자격취소
3. 제36조 제4항에 따른 동물보호센터의 지정취소
4. 제38조 제2항에 따른 보호시설의 시설폐쇄
5. 제61조 제1항에 따른 인증기관의 지정취소
6. 제65조 제1항에 따른 동물복지축산농장의 인증취소
7. 제83조 제1항에 따른 영업허가 또는 영업등록의 취소

(8) 권한의 위임·위탁(제93조)

① 농림축산식품부장관은 대통령령으로 정하는 바에 따라 이 법에 따른 권한의 일부를 소속기관의 장 또는 시 · 도지사에게 위임할 수 있다.

② 농림축산식품부장관은 대통령령으로 정하는 바에 따라 이 법에 따른 업무 및 동물복지 진흥에 관한 업무의 일부를 농림축산 또는 동물보호 관련 업무를 수행하는 기관 · 법인 · 단체의 장에게 위탁할 수 있다.

③ 농림축산식품부장관은 제1항에 따라 위임한 업무 및 제2항에 따라 위탁한 업무에 관하여 필요하다고 인정하면 업무처리지침을 정하여 통보하거나 그 업무처리를 지도 · 감독할 수 있다.

④ 제2항에 따라 위탁받은 이 법에 따른 업무를 수행하는 기관 · 법인 · 단체의 임원 및 직원은 「형법」 제129조부터 제132조까지의 규정을 적용할 때에는 공무원으로 본다.

⑤ 농림축산식품부장관은 제2항에 따라 업무를 위탁한 기관에 필요한 비용의 전부 또는 일부를 예산의 범위에서 출연 또는 보조할 수 있다.

(9) 실태조사 및 정보의 공개(제94조)

① **농림축산식품부장관**은 다음 각 호의 정보와 자료를 수집 · 조사 · 분석하고 그 결과를 해마다 **정기적으로 공표**하여야 한다. 다만, 제2호에 해당하는 사항에 관하여는 해당 동물을 관리하는 중앙행정기관의 장 및 관련 기관의 장과 협의하여 결과공표 여부를 정할 수 있다.

1. 제6조 제1항의 동물복지종합계획 수립을 위한 동물의 보호 · 복지 실태에 관한 사항
2. 제2조 제6호에 따른 봉사동물 중 국가소유 봉사동물의 마릿수 및 해당 봉사동물의 관리 등에 관한 사항
3. 제15조에 따른 등록대상동물의 등록에 관한 사항
4. 제34조부터 제36조까지 및 제39조부터 제46조까지의 규정에 따른 동물보호센터와 유

실 · 유기동물 등의 치료 · 보호 등에 관한 사항
5. 제37조에 따른 보호시설의 운영실태에 관한 사항
6. 제51조부터 제56조까지, 제58조의 규정에 따른 윤리위원회의 운영 및 동물실험 실태, 지도 · 감독 등에 관한 사항
7. 제59조에 따른 동물복지축산농장 인증현황 등에 관한 사항
8. 제69조 및 제73조에 따른 영업의 허가 및 등록과 운영실태에 관한 사항
9. 제86조 제4항에 따른 영업자에 대한 정기점검에 관한 사항
10. 그 밖에 동물의 보호 · 복지 실태와 관련된 사항

② 농림축산식품부장관은 제1항 각 호에 따른 업무를 효율적으로 추진하기 위하여 실태조사를 실시할 수 있으며, 실태조사를 위하여 필요한 경우 관계 중앙행정기관의 장, 지방자치단체의 장, 공공기관(「공공기관의 운영에 관한 법률」 제4조에 따른 공공기관을 말한다. 이하 같다)의 장, 관련 기관 및 단체, 동물의 소유자 등에게 필요한 자료 및 정보의 제공을 요청할 수 있다. 이 경우 자료 및 정보의 제공을 요청받은 자는 정당한 사유가 없는 한 자료 및 정보를 제공하여야 한다.

③ ②에 따른 실태조사(현장조사를 포함한다)의 범위, 방법, 그 밖에 필요한 사항은 대통령령으로 정한다.

④ 시 · 도지사, 시장 · 군수 · 구청장, 동물실험시행기관의 장 또는 인증기관은 ① 각 호의 실적을 다음 연도 1월 31일까지 농림축산식품부장관(대통령령으로 정하는 그 소속기관의 장을 포함한다)에게 보고하여야 한다.

(10) 동물보호정보의 수집 및 활용(제95조)

① 농림축산식품부장관은 동물의 생명보호, 안전 보장 및 복지 증진과 건전하고 책임 있는 사육문화를 조성하기 위하여 다음 각 호의 정보(이하 "동물보호정보"라 한다)를 수집하여 체계적으로 관리하여야 한다.
1. 제17조에 따라 맹견수입신고를 한 자 및 신고한 자가 소유한 맹견에 대한 정보
2. 제18조 및 제20조에 따라 맹견사육허가 · 허가철회를 받은 사람 및 허가받은 사람이 소유한 맹견에 대한 정보
3. 제18조 제3항 및 제24조에 따라 기질평가를 받은 동물과 그 소유자에 대한 정보
4. 제69조 및 제70조에 따른 영업의 허가 및 제73조에 따른 영업의 등록에 관한 사항(영업의 허가 및 등록 번호, 업체명, 전화번호, 소재지 등을 포함한다)
5. 제94조 제1항 각 호의 정보
6. 그 밖에 동물보호에 관한 정보로서 농림축산식품부장관이 수집 · 관리할 필요가 있다

고 인정하는 정보

② **농림축산식품부장관**은 동물보호정보를 체계적으로 관리하고 통합적으로 분석하기 위하여 국가동물보호정보시스템을 구축 · 운영하여야 한다.

③ 농림축산식품부장관은 동물보호정보의 수집을 위하여 관계 중앙행정기관의 장, 시 · 도지사 또는 시장 · 군수 · 구청장, 경찰관서의 장 등에게 필요한 자료를 요청할 수 있다. 이 경우 관계 중앙행정기관의 장, 시 · 도지사 또는 시장 · 군수 · 구청장, 경찰관서의 장 등은 정당한 사유가 없으면 요청에 응하여야 한다.

④ 시 · 도지사 및 시장 · 군수 · 구청장은 동물의 보호 또는 동물학대 발생 방지를 위하여 필요한 경우 국가동물보호정보시스템에 등록된 관련 정보를 농림축산식품부장관에게 요청할 수 있다. 이 경우 정보활용의 목적과 필요한 정보의 범위를 구체적으로 기재하여 요청하여야 한다.

⑤ 제4항에 따른 정보를 취득한 사람은 같은 항 후단의 요청 목적 외로 해당 정보를 사용하거나 다른 사람에게 정보를 제공 또는 누설하여서는 아니 된다.

⑥ 농림축산식품부장관은 대통령령으로 정하는 바에 따라 제1항 제4호의 정보 중 영업의 허가 및 등록 번호, 업체명, 전화번호, 소재지 등을 공개하여야 한다.

⑦ ①부터 ⑥까지에서 규정한 사항 외에 동물보호정보 등의 수집 · 관리 · 공개 및 정보의 요청 방법, 국가동물보호정보시스템의 구축 · 활용 등에 필요한 사항은 대통령령으로 정한다.

(11) 위반사실의 공표(제96조)

① 시 · 도지사 또는 시장 · 군수 · 구청장은 제36조 제4항 또는 제38조에 따라 행정처분이 확정된 동물보호센터 또는 보호시설에 대하여 위반행위, 해당 기관 · 단체 또는 시설의 명칭, 대표자 성명 등 대통령령으로 정하는 사항을 공표할 수 있다.

② 특별자치시장 · 특별자치도지사 · 시장 · 군수 · 구청장은 제83조부터 제85조까지의 규정에 따라 행정처분이 확정된 영업자에 대하여 위반행위, 해당 영업장의 명칭, 대표자 성명 등 대통령령으로 정하는 사항을 공표할 수 있다.

③ ① 및 ②에 따른 공표 여부를 결정할 때에는 위반행위의 동기, 정도, 횟수 및 결과 등을 고려하여야 한다.

④ 시 · 도지사 또는 시장 · 군수 · 구청장은 ① 및 ②에 따른 공표를 실시하기 전에 공표대상자에게 그 사실을 통지하여 소명자료를 제출하거나 출석하여 의견진술을 할 수 있는 기회를 부여하여야 한다.

⑤ ① 및 ②에 따른 공표의 절차 · 방법, 그 밖에 필요한 사항은 대통령령으로 정한다.

08 벌칙

(1) 벌칙(제97조)

① 다음 각 호의 어느 하나에 해당하는 자는 **3년 이하의 징역 또는 3천만 원 이하의 벌금**에 처한다.

위반 조항	해당 내용
제10조 제1항	동물을 죽음에 이르게 하는 학대행위를 한 자
제10조 제3항 제2호 또는 같은 조 제4항 제3호	– 소유자 등이 없이 배회하거나 내버려진 동물 또는 피학대동물 중 소유자 등을 알 수 없는 동물을 포획하여 죽음에 이르게 한 자 – 반려동물에게 최소한의 사육공간 및 먹이 제공 등 보호의무를 위반하여 상해나 질병을 유발한 행위로 인하여 죽음에 이르게 한 자
제16조 제1항 또는 같은 조 제2항 제1호	사람을 사망에 이르게 한 자
제21조 제1항	사람을 사망에 이르게 한 자

② 다음 각 호의 어느 하나에 해당하는 자는 **2년 이하의 징역 또는 2천만 원 이하의 벌금**에 처한다.

위반 조항	해당 내용
제10조 제2항, 제10조 제3항 제1호 · 제3호 · 제4호	다음 중 어느 하나에 해당하는 사람 – 도구 · 약물 등 물리적 · 화학적 방법을 사용하여 상해를 입힌 자 – 살아있는 상태에서 동물의 몸을 손상하거나 체액을 채취하거나 체액을 채취하기 위한 장치를 설치한 자 – 도박 · 광고 · 오락 · 유흥 등의 목적으로 동물에게 상해를 입힌 자 – 동물의 몸에 고통을 주거나 상해를 입힌 자 – 소유자 등이 없이 배회하거나 내버려진 동물 또는 피학대동물 중 소유자 등을 알 수 없는 동물을 포획하여 판매하는 행위, 판매하거나 죽일 목적으로 포획하는 행위, 알선 및 구매하는 행위
제10조 제4항 제1호	맹견을 유기한 소유자 등
제10조 제4항 제2호	목줄 등 사육 · 관리 또는 보호의무를 위반하여 상해를 입히거나 질병을 유발한 자
제16조 제1항	사람의 신체를 상해에 이르게 한 자
제67조 제1항 제1호	거짓이나 그 밖의 부정한 방법으로 동물복지축산농장 인증을 받은 자
제67조 제1항 제2호	인증을 받지 아니한 농장을 동물복지축산농장으로 표시한 자
제67조 제1항 제3호	위반하여 거짓이나 그 밖의 부정한 방법으로 인증심사 · 재심사 및 인증갱신을 하거나 받을 수 있도록 도와주는 행위를 한 자

제69조	허가 또는 변경허가를 받지 아니하고 영업을 한 자
	거짓이나 그 밖의 부정한 방법으로 제69조 제1항에 따른 허가 또는 같은 조 제4항에 따른 변경허가를 받은 소유자
제70조 제1항	맹견취급허가 또는 변경허가를 받지 아니하고 맹견을 취급하는 영업을 한 자
	거짓이나 그 밖의 부정한 방법으로 맹견취급허가 또는 변경허가를 받은 자
제72조	설치가 금지된 곳에 동물장묘시설을 설치한 자
제85조 제1항	영업장 폐쇄조치를 위반하여 영업을 계속한 자

③ 다음 각 호의 어느 하나에 해당하는 자는 **1년 이하의 징역 또는 1천만 원 이하의 벌금**에 처한다.

위반조항	해당 내용
제18조 제1항	맹견사육허가를 받지 아니한 자
제33조 제1항	시험에 합격하지 않고 반려동물행동지도사의 명칭을 사용한 자
제33조 제2항	다른 사람에게 반려동물행동지도사의 명의를 사용하게 하거나 그 자격증을 대여한 자 또는 반려동물행동지도사의 명의를 사용하거나 그 자격증을 대여받은 자
제33조 제3항	명의대여 금지 조항을 위반한 자
제73조 제1항 또는 같은 조 제4항	등록 또는 변경등록을 하지 아니하고 영업을 한 자
제73조 제1항	거짓이나 그 밖의 부정한 방법으로 등록 또는 같은 조 제4항에 따른 변경등록을 한 자
제78조 제1항 제11호	다른 사람의 영업명의를 도용하거나 대여받은 자 또는 다른 사람에게 자기의 영업명의나 상호를 사용하게 한 영업자
제78조 제5항 제3호	자신의 영업장에 있는 동물장묘시설을 다른 자에게 대여한 영업자
제83조	영업정지 기간에 영업을 한 자
제87조 제3항	설치 목적과 다른 목적으로 고정형 영상정보처리기기를 임의로 조작하거나 다른 곳을 비춘 자 또는 녹음기능을 사용한 자
제87조 제4항	영상기록을 목적 외의 용도로 다른 사람에게 제공한 자

④ 다음 각 호의 어느 하나에 해당하는 자는 **500만 원 이하의 벌금**에 처한다.

위반조항	해당 내용
제29조 제1항	업무상 알게 된 비밀을 누설한 기질평가위원회의 위원 또는 위원이었던 자
제37조 제1항	신고를 하지 아니하고 보호시설을 운영한 자
제38조 제2항	폐쇄명령에 따르지 아니한 자
제54조 제3항	비밀을 누설하거나 도용한 윤리위원회의 위원 또는 위원이었던 자
제78조 제2항 제1호	월령이 12개월 미만인 개 · 고양이를 교배 또는 출산시킨 영업자

제78조 제2항 제2호	동물의 발정을 유도한 영업자
제78조 제5항 제1호	살아있는 동물을 처리한 영업자
제95조 제5항	요청 목적 외로 정보를 사용하거나 다른 사람에게 정보를 제공 또는 누설한 자

⑤ 다음 각 호의 어느 하나에 해당하는 자는 **300만 원 이하의 벌금**에 처한다.

위반조항	해당 내용
제10조 제4항 제1호	동물을 유기한 소유자 등(맹견을 유기한 경우는 제외한다)
제10조 제5항 제1호	사진 또는 영상물을 판매 · 전시 · 전달 · 상영하거나 인터넷에 게재한 자
제10조 제5항 제2호	도박을 목적으로 동물을 이용한 자 또는 동물을 이용하는 도박을 행할 목적으로 광고 · 선전한 자
제10조 제5항 제3호	도박 · 시합 · 복권 · 오락 · 유흥 · 광고 등의 상이나 경품으로 동물을 제공한 자
제10조 제5항 제4호	영리를 목적으로 동물을 대여한 자
제18조 제4항 후단 또는 제20조 제2항	인도적인 방법에 의한 처리 명령에 따르지 아니한 맹견의 소유자
제24조 제1항	기질평가 명령에 따르지 아니한 맹견 아닌 개의 소유자
제46조 제2항	수의사에 의하지 아니하고 동물의 인도적인 처리를 한 자
제49조	동물실험을 한 자
제78조 제4항 제1호	월령이 2개월 미만인 개 · 고양이를 판매(알선 또는 중개를 포함한다)한 영업자
제85조 제2항	게시문 등 또는 봉인을 제거하거나 손상시킨 자

⑥ **상습적**으로 ①부터 ⑤까지의 죄를 지은 자는 그 죄에 정한 형의 2분의 1까지 가중한다.

(2) 벌칙(제98조)

제100조 제1항에 따라 이수명령을 부과받은 사람이 보호관찰소의 장 또는 교정시설의 장의 이수명령 이행에 관한 지시에 따르지 아니하여 「보호관찰 등에 관한 법률」 또는 「형의 집행 및 수용자의 처우에 관한 법률」에 따른 경고를 받은 후 재차 정당한 사유 없이 이수명령 이행에 관한 지시를 따르지 아니한 경우에는 다음 각 호에 따른다.

1. 벌금형과 병과된 경우에는 500만 원 이하의 벌금에 처한다.
2. 징역형 이상의 실형과 병과된 경우에는 1년 이하의 징역 또는 1천만 원 이하의 벌금에 처한다.

(3) 양벌규정(제99조)

법인의 대표자나 법인 또는 개인의 대리인, 사용인, 그 밖의 종업원이 그 법인 또는 개인의 업무에 관하여 제97조에 따른 위반행위를 하면 그 행위자를 벌하는 외에 그 법인 또는 개인에게도 해당 조문의 벌금형을 과한다. 다만, 법인 또는 개인이 그 위반행위를 방지하기 위하여 해당 업무에 관하여 상당한 주의와 감독을 게을리하지 아니한 경우에는 그러하지 아니하다.

(4) 형벌과 수강명령 등의 병과(제100조)

① 법원은 제97조 제1항 제1호부터 제4호까지 및 같은 조 제2항 제1호부터 제5호까지의 죄를 지은 자(이하 이 조에서 "동물학대행위자등"이라 한다)에게 유죄판결(선고유예는 제외한다)을 선고하면서 200시간의 범위에서 재범예방에 필요한 수강명령(「보호관찰 등에 관한 법률」에 따른 수강명령을 말한다. 이하 같다) 또는 치료프로그램의 이수명령(이하 "이수명령"이라 한다)을 병과할 수 있다. 〈개정 2023. 6. 20.〉

② 동물학대행위자등에게 부과하는 수강명령은 형의 집행을 유예할 경우에는 그 집행유예기간 내에서 병과하고, 이수명령은 벌금형 또는 징역형의 실형을 선고할 경우에 병과한다. 〈개정 2023. 6. 20.〉

③ 법원이 동물학대행위자등에 대하여 형의 집행을 유예하는 경우에는 제1항에 따른 수강명령 외에 그 집행유예기간 내에서 보호관찰 또는 사회봉사 중 하나 이상의 처분을 병과할 수 있다. 〈개정 2023. 6. 20.〉

④ 제1항에 따른 수강명령 또는 이수명령은 형의 집행을 유예할 경우에는 그 집행유예기간 내에, 벌금형을 선고할 경우에는 형 확정일부터 6개월 이내에, 징역형의 실형을 선고할 경우에는 형기 내에 각각 집행한다.

⑤ 제1항에 따른 수강명령 또는 이수명령이 벌금형 또는 형의 집행유예와 병과된 경우에는 보호관찰소의 장이 집행하고, 징역형의 실형과 병과된 경우에는 교정시설의 장이 집행한다. 다만, 징역형의 실형과 병과된 이수명령을 모두 이행하기 전에 석방 또는 가석방되거나 미결구금일수 산입 등의 사유로 형을 집행할 수 없게 된 경우에는 보호관찰소의 장이 남은 이수명령을 집행한다.

⑥ 제1항에 따른 **수강명령 또는 이수명령의 내용**은 다음 각 호의 구분에 따른다. 〈개정 2023. 6. 20.〉

1. 제97조 제1항 제1호 · 제2호 및 같은 조 제2항 제1호부터 제3호까지의 죄를 지은 자
   가. 동물학대 행동의 진단 · 상담
   나. 소유자 등으로서의 기본 소양을 갖추게 하기 위한 교육

다. 그 밖에 동물학대행위자의 재범 예방을 위하여 필요한 사항

2. 제97조 제1항 제3호 · 제4호 및 같은 조 제2항 제4호 · 제5호의 죄를 지은 자

가. 등록대상동물, 맹견 등의 안전한 사육 및 관리에 관한 사항

나. 그 밖에 개물림 관련 재범 예방을 위하여 필요한 사항

3. 삭제 〈2023. 6. 20.〉

⑦ 형벌과 병과하는 수강명령 및 이수명령에 관하여 이 법에서 규정한 사항 외에는 「보호관찰 등에 관한 법률」을 준용한다.

(5) 과태료(제101조)

① 다음 각 호의 어느 하나에 해당하는 자에게는 **500만 원 이하의 과태료**를 부과한다.

1. 윤리위원회를 설치 · 운영하지 아니한 동물실험시행기관의 장
2. 윤리위원회의 심의를 거치지 아니하고 동물실험을 한 동물실험시행기관의 장
3. 윤리위원회의 변경심의를 거치지 아니하고 동물실험을 한 동물실험시행기관의 장
4. 심의 후 감독을 요청하지 아니한 경우 해당 동물실험시행기관의 장
5. 정당한 사유 없이 실험 중지 요구를 따르지 아니하고 동물실험을 한 동물실험시행기관의 장
6. 윤리위원회의 심의 또는 변경심의를 받지 아니하고 동물실험을 재개한 동물실험시행기관의 장
7. 개선명령을 이행하지 아니한 동물실험시행기관의 장
8. 제67조 제1항 제4호 가목을 위반하여 동물복지축산물 표시를 한 자
9. 영업별 시설 및 인력 기준을 준수하지 아니한 영업자

② 다음 각 호의 어느 하나에 해당하는 자에게는 **300만 원 이하의 과태료**를 부과한다.

1. 맹견수입신고를 하지 아니한 자
2. 제21조 제1항 각 호를 위반한 맹견의 소유자 등

동물보호법 제21조(맹견의 관리)

① 맹견의 소유자 등은 다음 각 호의 사항을 준수하여야 한다.

1. 소유자 등이 없이 맹견을 기르는 곳에서 벗어나지 아니하게 할 것. 다만, 제18조에 따라 맹견사육허가를 받은 사람의 맹견은 맹견사육허가를 받은 사람 또는 대통령령으로 정하는 맹견사육에 대한 전문지식을 가진 사람 없이 맹견을 기르는 곳에서 벗어나지 아니하게 할 것
2. 월령이 3개월 이상인 맹견을 동반하고 외출할 때에는 농림축산식품부령으로 정하는 바에 따라 목줄 및 입마개 등 안전장치를 하거나 맹견의 탈출을 방지할 수 있는 적정한 이동장치를 할 것
3. 그 밖에 맹견이 사람 또는 동물에게 위해를 가하지 못하도록 하기 위하여 농림축산식품부령으로 정하는 사항을 따를 것

3. 맹견의 안전한 사육 및 관리에 관한 교육을 받지 아니한 자
4. 맹견의 출입금지 장소에 맹견을 출입하게 한 소유자 등
5. 보험에 가입하지 아니한 소유자
6. 교육이수명령 또는 개의 훈련 명령에 따르지 아니한 소유자
7. 시설 및 운영 기준 등을 준수하지 아니하거나 시설정비 등의 사후관리를 하지 아니한 자
8. 신고를 하지 아니하고 보호시설의 운영을 중단하거나 보호시설을 폐쇄한 자
9. 중지명령이나 시정명령을 3회 이상 반복하여 이행하지 아니한 자
10. 전임수의사를 두지 아니한 동물실험시행기관의 장
11. 제67조 제1항 제4호 나목 또는 다목을 위반하여 동물복지축산물 표시를 한 자
12. 맹견 취급의 사실을 신고하지 아니한 영업자
13. 휴업 · 폐업 또는 재개업의 신고를 하지 아니한 영업자
14. 동물처리계획서를 제출하지 아니하거나 처리결과를 보고하지 아니한 영업자
15. 노화나 질병이 있는 동물을 유기하거나 폐기할 목적으로 거래한 영업자
16. 동물의 번식, 반입 · 반출 등의 기록, 관리 및 보관을 하지 아니한 영업자
17. 영업허가번호 또는 영업등록번호를 명시하지 아니하고 거래금액을 표시한 영업자
18. 수입신고를 하지 아니하거나 거짓이나 그 밖의 부정한 방법으로 수입신고를 한 영업자

③ 다음 각 호의 어느 하나에 해당하는 자에게는 **100만 원 이하의 과태료**를 부과한다.

1. 제11조 제1항 제4호 또는 제5호를 위반하여 동물을 운송한 자
2. 제11조 제1항을 위반하여 제69조 제1항의 동물을 운송한 자
3. 제12조를 위반하여 반려동물을 전달한 자
4. 등록대상동물을 등록하지 아니한 소유자
5. 정당한 사유 없이 출석, 자료제출요구 또는 기질평가와 관련한 조사를 거부한 자
6. 교육을 받지 아니한 동물보호센터의 장 및 그 종사자
7. 변경신고를 하지 아니하거나 운영재개신고를 하지 아니한 자
8. 미성년자에게 동물 해부실습을 하게 한 자
9. 교육을 이수하지 아니한 윤리위원회의 위원
10. 정당한 사유 없이 조사를 거부 · 방해하거나 기피한 자
11. 인증을 받은 자의 지위를 승계하고 그 사실을 신고하지 아니한 자
12. 경미한 사항의 변경을 신고하지 아니한 영업자
13. 영업자의 지위를 승계하고 그 사실을 신고하지 아니한 자
14. 종사자에게 교육을 실시하지 아니한 영업자

15. 영업실적을 보고하지 아니한 영업자
16. 등록대상동물의 등록 및 변경신고의무를 고지하지 아니한 영업자
17. 신고한 사항과 다른 용도로 동물을 사용한 영업자
18. 등록대상동물의 사체를 처리한 후 신고하지 아니한 영업자
19. 동물의 보호와 공중위생상의 위해 방지를 위하여 농림축산식품부령으로 정하는 준수사항을 지키지 아니한 영업자
20. 등록대상동물의 등록을 신청하지 아니하고 판매한 영업자
21. 교육을 받지 아니하고 영업을 한 영업자
22. 자료제출 요구에 응하지 아니하거나 거짓 자료를 제출한 동물의 소유자 등
23. 출입 · 검사를 거부 · 방해 또는 기피한 동물의 소유자 등
24. 보고 · 자료제출을 하지 아니하거나 거짓으로 보고 · 자료제출을 한 자 또는 같은 항에 따른 출입 · 조사 · 검사를 거부 · 방해 · 기피한 자
25. 시정명령 등의 조치에 따르지 아니한 자
26. 동물보호관의 직무 수행을 거부 · 방해 또는 기피한 자

④ 다음 각 호의 어느 하나에 해당하는 자에게는 **50만 원 이하의 과태료**를 부과한다.

1. 정해진 기간 내에 신고를 하지 아니한 소유자
2. 소유권을 이전받은 날부터 30일 이내에 신고를 하지 아니한 자
3. 소유자 등 없이 등록대상동물을 기르는 곳에서 벗어나게 한 소유자 등
4. 안전조치를 하지 아니한 소유자 등
5. 인식표를 부착하지 아니한 소유자 등
6. 배설물을 수거하지 아니한 소유자 등
7. 정당한 사유 없이 자료 및 정보의 제공을 하지 아니한 자

⑤ 제1항부터 제4항까지의 과태료는 대통령령으로 정하는 바에 따라 농림축산식품부장관, 시 · 도지사 또는 시장 · 군수 · 구청장이 부과 · 징수한다.

동물 보건·윤리 및 복지 관련 법규 출제예상문제

01 '동물권리'란 인간과 동물을 수평적인 측면으로 바라보며 동물을 이용하거나 사육하는 것을 중지해야 한다는 주장이다. 다음 중 '동물권리'의 한계로 적절하지 않은 것은?

① 고려대상이 일부 포유류에 제한된다.
② 각각의 개체보다 전체에게 권리를 부여한다.
③ 개인의 방어를 위해 동물을 죽이는 것을 허용한다.
④ 인간의 생명을 구하기 위한 동물실험은 허용한다.
⑤ 인간의 목적을 위해 동물을 죽일 수 있다는 견해와 상충한다.

해설

• 동물권리의 한계
 – 고려대상이 일부 포유류로 한정적임
 – 각각의 개체보다는 전체에게 권리를 부여함
 – 동물권리의 일관성이 불가능함
 – 자기 방어를 위해 동물을 죽이는 것은 가능하지만 생명을 구하기 위한 실험은 허용하지 않음
 – 사람의 목적을 위해 동물을 죽일 수 있다는 견해와 상충됨

02 다음과 같은 주장을 한 학자는?

> 동물에게도 도덕적 지위가 있으며 고통으로부터 해방시켜야 한다. 종을 기준으로 동물을 차별하는 것은 종차별주의이다. 동물의 이익과 인간의 이익 모두 존중받아야 하지만 만약 서로 충돌할 경우 인간의 이익을 우선해야 한다.

① 조엘 화인버그(Joel Feinberg)
② 얀 나르베슨(Jan Narveson)
③ 톰 레건(Tom Regan)
④ 제레미 벤담(Jeremy Bentham)
⑤ 피터 싱어(Peter Singer)

해설

① 조엘 화인버그(Joel Feinberg) : 인간 이외의 존재에 대해 인간의 목적을 위한 수단이 아니라 그 자체의 도덕적 고려가 필요하다.
② 얀 나르베슨(Jan Narveson) : 우리는 동물과 계약관계가 아니므로 동물에 대한 의무가 없다.
③ 톰 레건(Tom Regan) : 인간 말고 동물 또한 고유의 가치를 가지며 삶의 주체성이 존재해 동일한 존중을 받을 권리가 있으므로 동물 실험, 매매, 사육 등을 반대한다.
④ 제레미 벤담(Jeremy Bentham) : 동물의 말과 이성보다는 고통을 느낄 수 있는 점을 보아 도덕적 배려가 필요하다.

03 1993년 영국의 FAWC(Farm Animal Welfare Council)는 동물복지에 대한 중요한 기준이 되는 '5대 자유(New Five Freedoms)'를 제시했다. '5대 자유'의 내용에 근거한 지침으로 가장 적절하지 않은 것은?

① 무리생활 동물과 독립생활 동물을 파악해 관리할 것
② 신선한 물과 건강을 유지하도록 적절한 사료를 공급할 것
③ 동물의 특성에 맞는 편안하고 쉴 수 있는 공간을 제공할 것
④ 질병을 예방할 수 있도록 빠른 진단과 조치를 취해 치료를 제공할 것
⑤ 동물이 정신적인 고통이 없도록 환경을 조성할 것

해설

무리생활이 필요한 동물과 그렇지 않은 동물을 구분하여 파악하고 관리하는 것은 '5대 자유'의 내용에 근거한 지침으로 적절하지 않다.

- Five Freedoms : 산업동물을 포함한 모든 동물들의 열악한 동물복지 환경 및 상태를 방지하고 개선하는 것을 목적으로 한다.
  1. 정상적인 행동을 표현할 자유
  2. 굶주림과 갈증으로부터의 자유
  3. 불편함으로부터의 자유
  4. 통증, 상해 및 질병으로부터의 자유
  5. 공포와 스트레스로부터의 자유

01 ④ 02 ⑤ 03 ①

04 다음 중 동물등록제에 대한 설명으로 옳지 않은 것은?

① 동물등록제는 2014년 1월 1일부터 전국 의무 시행 중이다.
② 동물등록방법에는 무선식별인식장치의 내장형 삽입 또는 외장형 부착 두 가지가 있다.
③ 등록대상동물의 소유자는 가까운 시・군・구청에 동물등록을 해야 하며, 등록하지 않을 경우 과태료가 부과된다.
④ 동물등록 업무를 대행하게 할 수 있는 자가 없는 읍・면 중 시・도의 조례로 정하는 지역에서는 소유자의 선택에 따라 등록하지 않을 수 있다.
⑤ 등록대상동물의 소유자 등 등록신청인이 직접 해당 시・군・구청에 방문해야 하며, 대리인이 신청할 수 없다.

해설

• **동물등록 절차**
 - 최초 등록 시 등록동물에게 무선식별장치를 장착하기 위해 반드시 등록대상동물과 동반하여 방문 신청해야 한다.
 - 지자체 조례에 따라 대행업체를 통해서만 등록이 가능한 지역이 있으므로 시·군·구청 등록을 원할 때는 가능여부를 사전에 확인해야 한다.
 - 등록신청인이 직접 방문하지 않고 대리인이 신청할 때는 위임장, 신분증 사본 등이 필요하며 등록기관에 사전 연락해 필요서류를 확인 및 준비해야 한다.

05 다음에서 설명하는 동물복지 방법은?

> 길 고양이를 포획해 안락사시키지 않고 중성화 수술을 한 후 다시 방생하는 것으로, 길 고양이 개체수를 조절하는 데 도움된다. 중성화 수술을 하더라도 외관상 큰 차이가 없기 때문에 수술 중 귀 끝을 약 1cm 정도 절개해 표식을 남겨두고, 이후 같은 개체를 중복해서 포획하지 않도록 방지한다.

① RER ② BER ③ DER ④ TNR ⑤ OIE

해설

• TNR(Trap-Neuter-Return)
 길 고양이를 포획해 중성화를 한 후 다시 제자리로 되돌려 놓는 방법을 의미한다. 최대한 인도적인 방법으로 진행하며 길 고양이의 개체수를 조절하는 데 큰 역할을 한다.

plus 해설

① 휴지기에너지요구량(Resting Energy Requirement, RER)
② 기초대사요구량(Basal Energy Requirement, BER)
③ 일일에너지요구량(Daily Energy Requirement, DER)
⑤ 세계동물보건국제기구(Office International des Epizooties, OIE)

06 다음 중 우리나라 법령의 일반적인 성격에 대한 설명으로 옳지 않은 것은?

① 법령이란 법률 · 대통령령 · 총리령 및 부령을 말한다.
② 일반법이 특별법보다 우선적으로 적용된다.
③ 법률은 국회에 제 · 개정의 권한이 있다.
④ 국회에서 제 · 개정한 법률은 원칙적으로 대통령이 공포한다.
⑤ 법률의 제 · 개정의 입법 제안은 정부입법 또는 국회의원 입법 모두가 가능하다.

해설

• **법 적용의 원칙**

1. 상위법 우선의 원칙 : 법에는 일정한 단계가 존재하며, 실정법상 '하위법'은 '상위법'에 위배될 수 없다.

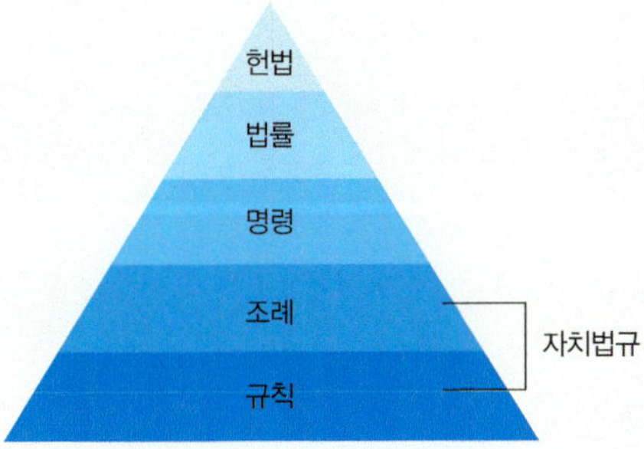

2. 특별법 우선의 원칙 : 모든 사항과 사람에게 적용되어 영향을 미치는 '일반법'보다 특수한 사항이나 특정한 사람에게 적용되는 '특별법'이 우선하여 적용된다.
3. 신법 우선의 원칙 : 새롭게 제정 또는 개정되어 구법과 신법의 내용 간에 충돌이 생겼을 때는 '구법'보다 '신법'을 우선하여 적용한다.
4. 법률 불소급의 원칙 : 새롭게 제정 또는 개정된 법률은 그 법률이 효력을 가지기 이전에 발생한 사실에 대하여 소급하여 적용할 수 없다.

07 다음 중 「수의사법」에서 규정하고 있는 용어의 정의에 관한 설명으로 옳지 않은 것은?

① 수의사란 수의업무를 담당하는 사람으로서 농림축산식품부장관의 면허를 받은 사람을 말한다.
② 동물이란 소, 말, 돼지, 양, 개, 토끼, 고양이, 조류(鳥類), 꿀벌, 수생동물(水生動物), 그 밖에 대통령령으로 정하는 동물을 말한다.
③ 동물진료업이란 동물을 진료[동물의 사체 검안(檢案)을 포함한다. 이하 같다]하거나 동물의 질병을 예방하는 업(業)을 말한다.
④ 동물보건사란 동물병원 내에서 수의사의 지도 아래 동물의 간호 또는 진료 보조 업무에 종사하는 사람으로서 대통령의 자격인정을 받은 사람을 말한다.
⑤ 동물병원이란 동물진료업을 하는 장소로서 제17조에 따른 신고를 한 진료기관을 말한다.

04 ⑤ 05 ④ 06 ②

해설

「수의사법」 제2조(정의)

3의2. "동물보건사"란 동물병원 내에서 수의사의 지도 아래 동물의 간호 또는 진료 보조 업무에 종사하는 사람으로서 농림축산식품부장관의 자격인정을 받은 사람을 말한다.

08 다음 중 「수의사법」에 따라 동물병원을 개설할 수 없는 자는?

① 수의사
② 국가 또는 지방자치단체
③ 동물보호센터
④ 수의학을 전공하는 대학
⑤ 비영리법인

해설

「수의사법」 제17조(개설)

② 동물병원은 다음 각 호의 어느 하나에 해당되는 자가 아니면 개설할 수 없다.
1. 수의사
2. 국가 또는 지방자치단체
3. 동물진료업을 목적으로 설립된 법인(이하 "동물진료법인"이라 한다)
4. 수의학을 전공하는 대학(수의학과가 설치된 대학을 포함한다)
5. 「민법」이나 특별법에 따라 설립된 비영리법인

09 다음 중 동물보건사의 자격의 등록, 자격증 및 자격대장 등록사항 등에 대한 설명으로 옳지 않은 것은?

① 자격증은 다른 사람에게 빌려주거나 빌려서는 아니 되며, 이를 알선하여서도 아니 된다.
② 자격증을 다른 사람에게 빌려주거나 빌린 사람 또는 이를 알선한 사람은 2년 이하의 징역 또는 2천만 원 이하의 벌금에 처하거나 이를 병과(併科)할 수 있다.
③ 농림축산식품부장관은 자격증을 다른 사람에게 대여하였을 때 그 자격을 취소할 수 있다.
④ 동물보건사 자격대장에 등록해야 할 사항은 자격번호 및 자격 연월일, 성명 및 주민등록번호, 출신학교 및 졸업 연월일 등이다.
⑤ 동물보건사 자격증을 잃어버린 경우, 헐어 못 쓰게 된 경우, 자격증의 기재사항이 변경된 경우에 해당하는 사유로 자격증을 재발급받으려는 때에는 별지 제11호의6 서식의 신청서에 해당 서류를 첨부하여 해당 지방자치단체의 장에게 제출해야 한다.

해설

「수의사법 시행규칙」 제14조의9(자격증의 재발급 등)

① 법 제16조의6에서 준용하는 법 제6조에 따라 동물보건사 자격증을 발급받은 사람이 다음 각 호의 어느 하나에 해당하는 사유로 자격증을 재발급받으려는 때에는 별지 제11호의6 서식의 동물보건사 자격증 재발급 신청서에 다음 각 호의 구분에 따른 해당 서류를 첨부하여 **농림축산식품부장관**에게 제출해야 한다.

1. 잃어버린 경우 : 별지 제11호의7 서식의 동물보건사 자격증 분실 경위서와 사진 1장
2. 헐어 못 쓰게 된 경우 : 자격증 원본과 사진 1장
3. 자격증의 기재사항이 변경된 경우 : 자격증 원본과 기재사항의 변경내용을 증명하는 서류 및 사진 1장

plus 해설

① 「수의사법」 제6조 제2항
② 「수의사법」 제39조 제1항 제1호
③ 「수의사법」 제32조 제1항 제3호
④ 「수의사법 시행규칙」 제14조의8 제2항

10 **다음 중 「수의사법」에 따라 1년 이내의 기간 동안 수의사 면허의 효력이 정지될 수 있는 상황으로 적절하지 않은 것은?**

① 거짓이나 그 밖의 부정한 방법으로 진단서, 검안서, 증명서 또는 처방전을 발급하였을 때
② 관련 서류를 위조하거나 변조하는 등 부정한 방법으로 진료비를 청구하였을 때
③ 임상수의학적(臨床獸醫學的)으로 인정되지 아니하는 진료행위를 하였을 때
④ 학위 수여 사실을 거짓으로 공표하였을 때
⑤ 과잉진료행위나 그 밖에 동물병원 운영과 관련된 행위로서 농림축산식품부령으로 정하는 행위를 하였을 때

해설

「수의사법」 제32조(면허의 취소 및 면허효력의 정지)

② 농림축산식품부장관은 수의사가 다음 각 호의 어느 하나에 해당하면 1년 이내의 기간을 정하여 농림축산식품부령으로 정하는 바에 따라 면허의 효력을 정지시킬 수 있다. 이 경우 진료기술상의 판단이 필요한 사항에 관하여는 관계 전문가의 의견을 들어 결정하여야 한다.

1. 거짓이나 그 밖의 부정한 방법으로 진단서, 검안서, 증명서 또는 처방전을 발급하였을 때
2. 관련 서류를 위조하거나 변조하는 등 부정한 방법으로 진료비를 청구하였을 때
3. 정당한 사유 없이 제30조 제1항에 따른 명령을 위반하였을 때
4. 임상수의학적(臨床獸醫學的)으로 인정되지 아니하는 진료행위를 하였을 때
5. 학위 수여 사실을 거짓으로 공표하였을 때
6. 과잉진료행위나 그 밖에 동물병원 운영과 관련된 행위로서 **대통령령**으로 정하는 행위를 하였을 때

07 ④ 08 ③ 09 ⑤ 10 ⑤

11 다음 중 동물보건사 자격시험에 응시할 수 없는 사람은?

① 전문대학 또는 이와 같은 수준 이상의 학교의 동물 보건 관련 학과를 졸업한 사람
② 고등학교 졸업자 또는 같은 수준의 학력이 있다고 인정되는 사람으로서 평생교육기관의 고등학교 교과 과정에 상응하는 동물 간호에 관한 교육과정을 이수한 후 농림축산식품부령으로 정하는 동물 간호 관련 업무에 1년 이상 종사한 사람
③ 평가인증을 받은 양성기관에서 농림축산식품부령으로 정하는 실습교육을 이수한 경우 전문대학 또는 이와 같은 수준 이상의 학교에서 동물 간호에 관한 교육과정을 이수하고 졸업한 사람
④ 평가인증을 받은 양성기관에서 농림축산식품부령으로 정하는 실습교육을 이수한 경우 전문대학 또는 이와 같은 수준 이상의 학교를 졸업한 후 동물병원에서 동물 간호 관련 업무에 1년 이상 종사한 사람
⑤ 평가인증을 받은 양성기관에서 농림축산식품부령으로 정하는 실습교육을 이수한 경우 고등학교 졸업학력 인정자 중 동물병원에서 동물 간호 관련 업무에 3년 이상 종사한 사람

해설

「수의사법」 제16조의2(동물보건사의 자격)

동물보건사가 되려는 사람은 다음 각 호의 어느 하나에 해당하는 사람으로서 동물보건사 자격시험에 합격한 후 농림축산식품부령으로 정하는 바에 따라 농림축산식품부장관의 자격인정을 받아야 한다.

1. 농림축산식품부장관의 평가인증(제16조의4 제1항에 따른 평가인증을 말한다. 이하 이 조에서 같다)을 받은 「고등교육법」 제2조 제4호에 따른 전문대학 또는 이와 같은 수준 이상의 학교의 **동물 간호 관련 학과**를 졸업한 사람(동물보건사 자격시험 응시일부터 6개월 이내에 졸업이 예정된 사람을 포함한다)
2. 「초 · 중등교육법」 제2조에 따른 고등학교 졸업자 또는 초 · 중등교육법령에 따라 같은 수준의 학력이 있다고 인정되는 사람(이하 "고등학교 졸업학력 인정자"라 한다)으로서 농림축산식품부장관의 평가인증을 받은 「평생교육법」 제2조 제2호에 따른 평생교육기관의 고등학교 교과 과정에 상응하는 동물 간호에 관한 교육과정을 이수한 후 농림축산식품부령으로 정하는 동물 간호 관련 업무에 1년 이상 종사한 사람
3. 농림축산식품부장관이 인정하는 외국의 동물 간호 관련 면허나 자격을 가진 사람

plus 해설

③, ④, ⑤ 「수의사법 부칙」 〈법률 제16982호, 2020. 2. 11.〉 제2조(동물보건사 자격시험 응시에 관한 특례)

12 다음 중 동물보건사 자격시험의 실시 등에 관한 설명으로 옳지 않은 것은?

① 동물보건사 자격시험은 매년 농림축산식품부에서 주관하며, 농림축산식품부장관은 시험일 90일 전까지 시험에 필요한 사항을 농림축산식품부의 인터넷 홈페이지 등에 공고해야 한다.

② 동물보건사의 자격시험의 시험과목은 기초 동물보건학, 예방 동물보건학, 임상 동물보건학, 동물 보건·윤리 및 복지 관련 법규이다.

③ 동물보건사 자격시험은 필기시험의 방법으로 실시한다.

④ 동물보건사 자격시험에 응시하려는 사람은 응시원서 제출기간에 동물보건사 자격시험 응시원서(전자문서로 된 응시원서를 포함한다)를 농림축산식품부장관에게 제출해야 한다.

⑤ 동물보건사 자격시험의 합격자는 전 과목의 평균점수가 100점을 만점으로 하여 40점 이상이고, 각 과목당 시험점수가 60점 이상인 사람으로 한다.

해설

「수의사법 시행규칙」 제14조의4(동물보건사 자격시험의 실시 등)

⑤ 동물보건사 자격시험의 합격자는 제2항에 따른 시험과목에서 각 과목당 시험점수가 100점을 만점으로 하여 40점 이상이고, 전 과목의 평균 점수가 60점 이상인 사람으로 한다.

13 다음 중 「수의사법」 및 같은 법 시행규칙에 대한 설명으로 옳지 않은 것은?

① 동물보건사에 대해서는 「수의사법」 제5조, 제6조, 제9조의2, 제14조, 제32조 제1항 제1호·제3호, 같은 조 제3항, 제34조, 제36조 제3호를 준용한다. 이 경우 "수의사"는 "동물보건사"로, "면허"는 "자격"으로, "면허증"은 "자격증"으로 본다.

② 동물보건사의 동물의 간호 또는 진료 보조 업무의 구체적인 범위와 한계는 동물에 대한 관찰, 체온·심박수 등 기초 검진자료의 수집, 간호 판단 및 요양을 위한 간호 및 약물 도포, 경구 투여, 마취·수술의 보조 등 수의사의 지도 아래 수행하는 진료의 보조이다.

③ 처방전 발급수수료의 상한액은 5천 원으로 한다.

④ 본인의 사고 및 질병으로 입원한 경우 동물보건사 자격시험에 응시하기 위해 납부한 응시수수료의 전부를 반환해야 한다.

⑤ 농림축산식품부장관은 동물보건사 자격의 취소를 처분하려면 청문을 실시하여야 한다.

11 ① 12 ⑤

해설

「수의사법 시행규칙」 제28조(수수료)

③ 제1항 제2호(수의사 국가시험에 응시하려는 사람 : 2만 원) 및 제2호의2(동물보건사 자격시험에 응시하려는 사람 : 2만 원)의 응시수수료를 납부한 사람이 다음 각 호의 어느 하나에 해당하는 경우에는 다음 각 호의 구분에 따라 응시 수수료의 전부 또는 일부를 반환해야 한다.

1	응시수수료를 과오납한 경우	그 과오납한 금액의 전부
2	접수마감일부터 7일 이내에 접수를 취소하는 경우	납부한 응시수수료의 전부
3	시험관리기관의 귀책사유로 시험에 응시하지 못하는 경우	납부한 응시수수료의 전부
4	다음 각 목에 해당하는 사유로 시험에 응시하지 못한 사람이 시험일 이후 30일 전까지 응시수수료의 반환을 신청한 경우	**납부한 응시수수료의 100분의 50**
	가. 본인 또는 배우자의 부모 · 조부모 · 형제 · 자매, 배우자 및 자녀가 사망한 경우(시험일부터 거꾸로 계산하여 7일 이내에 사망한 경우로 한정한다) 나. **본인의 사고 및 질병으로 입원한 경우** 다. 「감염병의 예방 및 관리에 관한 법률」에 따라 진찰 · 치료 · 입원 또는 격리 처분을 받은 경우	

plus 해설

① 「수의사법」 제16조의6
② 「수의사법 시행규칙」 제14조의7
③ 「수의사법 시행규칙」 제19조 제1항
⑤ 「수의사법」 제36조

14 동물보건사의 업무 중 동물의 간호 업무와 관련 있는 것을 모두 고르면?

㉠ 약물 도포	㉡ 간호판단 및 요양을 위한 간호
㉢ 경구 투여	㉣ 마취 · 수술의 보조
㉤ 기초 검진 자료의 수집	

① ㉠, ㉡　② ㉠, ㉢, ㉣　③ ㉡, ㉤　④ ㉡, ㉣, ㉤　⑤ ㉢, ㉤

해설

「수의사법 시행규칙」 제14조의7(동물보건사의 업무 범위와 한계)

법 제16조의5 제1항에 따른 동물보건사의 동물의 간호 또는 진료 보조 업무의 구체적인 범위와 한계는 다음 각 호와 같다.

1. 동물의 간호 업무 : 동물에 대한 관찰, 체온 · 심박수 등 **기초 검진 자료의 수집**, **간호판단 및 요양을 위한 간호**
2. 동물의 진료 보조 업무 : 약물 도포, 경구 투여, 마취 · 수술의 보조 등 수의사의 지도 아래 수행하는 진료의 보조

plus 해설

동물보건사는 「수의사법」 제10조(무면허 진료행위의 금지)에도 불구하고 동물병원 내에서 수의사의 지도 아래 동물의 간호 또는 진료 보조 업무를 수행할 수 있다.

15 「수의사법」에 따르면 동물의 생명 또는 신체에 중대한 위해를 발생하게 할 우려가 있는 수술, 수혈 등 농림축산식품부령으로 정하는 진료를 '수술 등 중대진료'라고 지칭하고 있다. 다음 중 수술 등 중대진료에 관한 설명으로 가장 적절하지 않은 것은?

① 수술 등 중대진료 전에 동물소유자 등에게 수술 등 중대진료에 대한 설명과 함께 반드시 서면으로 동의를 받아야 한다.

② 수술 등 중대진료가 지체되면 동물의 생명이 위험해질 우려가 있는 경우에는 수술 등 중대진료 이후에 설명하고 동의를 받을 수 있다.

③ 수술 등 중대진료에 대한 설명 및 동의의 방법 · 절차 등에 관하여 필요한 사항은 농림축산식품부령으로 정한다.

④ 수술 등 중대진료 전에 농림축산식품부령에 의해 정해진 고지 방법에 따라 예상 진료비용을 동물소유자 등에게 고지하여야 한다.

⑤ 동물병원 개설자는 진찰, 입원, 예방접종, 검사 등 농림축산식품부령으로 정하는 동물진료업의 행위에 대한 진료비용을 게시하여야 한다.

해설

「수의사법」 제13조의2(수술 등 중대진료에 관한 설명)

① 수의사는 동물의 생명 또는 신체에 중대한 위해를 발생하게 할 우려가 있는 수술, 수혈 등 농림축산식품부령으로 정하는 진료(이하 "수술 등 중대진료"라 한다)를 하는 경우에는 수술 등 중대진료 전에 동물의 소유자 또는 관리자(이하 "동물소유자 등"이라 한다)에게 제2항 각 호의 사항을 설명하고, **서면(전자문서를 포함한다)**으로 동의를 받아야 한다. 다만, 설명 및 동의 절차로 수술 등 중대진료가 지체되면 동물의 생명이 위험해지거나 동물의 신체에 중대한 장애를 가져올 우려가 있는 경우에는 수술 등 중대진료 이후에 설명하고 동의를 받을 수 있다.

plus 해설

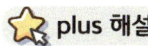

③ 「수의사법」 제13조의2 제3항
④ 「수의사법」 제19조
⑤ 「수의사법」 제20조

13 ④ **14** ③ **15** ①

16 **다음 중 「수의사법」에 따라 수의사가 수술 등 중대진료 전 동물소유자 등에게 설명하고 동의를 받아야 할 사항이 아닌 것은?**

① 동물에게 발생하거나 발생 가능한 증상의 진단명
② 수술 등 중대진료의 필요성, 방법 및 내용
③ 수술 등 중대진료에 따라 전형적으로 발생이 예상되는 후유증 또는 부작용
④ 수술 등 중대진료 전후 진료부 또는 검안부의 기재사항
⑤ 수술 등 중대진료 전후에 동물소유자 등이 준수하여야 할 사항

해설

「수의사법」 제13조의2(수술 등 중대진료에 관한 설명)
② 수의사가 제1항에 따라 동물소유자 등에게 설명하고 동의를 받아야 할 사항은 다음 각 호와 같다.
1. 동물에게 발생하거나 발생 가능한 증상의 진단명
2. 수술 등 중대진료의 필요성, 방법 및 내용
3. 수술 등 중대진료에 따라 전형적으로 발생이 예상되는 후유증 또는 부작용
4. 수술 등 중대진료 전후에 동물소유자 등이 준수하여야 할 사항

17 **다음 중 「수의사법」에서 정의하는 수술 등 중대진료에 대한 설명으로 옳지 않은 것은?**

① 수술 등 중대진료의 범위에는 전신마취를 동반하는 내부장기 · 뼈 · 관절에 대한 수술과 전신마취를 동반하는 수혈이 포함된다.
② 수술 등 중대진료 전 동물소유자 등에게 동의를 받을 때에는 별지 제11호 서식의 동의서에 동물소유자 등의 서명이나 기명날인을 받아야 한다.
③ 수술 등 중대진료 전 동물소유자 등에게 받은 동의서는 개인정보유출 등의 문제를 방지하기 위해 수술 직후 폐기해야 한다.
④ 수술 등 중대진료 전에 예상 진료비용을 고지하거나 수술 등 중대진료 이후에 진료비용을 고지하거나 변경하여 고지할 때에는 구두로 설명한다.
⑤ 수술 등 중대진료 전에 동물소유자 등에게 설명을 하지 아니하거나 서면으로 동의를 받지 아니한 자는 100만 원 이하의 과태료를 부과한다.

해설

「수의사법 시행규칙」 제13조의2(수술 등 중대진료의 범위 등)
③ 수의사는 제2항에 따라 받은 동의서를 <u>동의를 받은 날부터 1년간 보존해야 한다.</u>

plus 해설

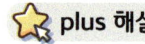

① 「수의사법 시행규칙」 제13조의2 제1항
② 「수의사법 시행규칙」 제13조의2 제2항
④ 「수의사법 시행규칙」 제18조의2
⑤ 「수의사법」 제41조 제2항 제2호의2

18 다음 밑줄 친 부분에 해당하지 않는 것은?

> 「수의사법」 제20조(진찰 등의 진료비용 게시)
> ① 동물병원 개설자는 **진찰, 입원, 예방접종, 검사 등 농림축산식품부령으로 정하는 동물진료업의 행위에 대한 진료비용**을 동물소유자 등이 쉽게 알 수 있도록 농림축산식품부령으로 정하는 방법으로 게시하여야 한다.
> ② 동물병원 개설자는 제1항에 따라 게시한 금액을 초과하여 진료비용을 받아서는 아니 된다.

① 초진 · 재진 진찰료, 진찰에 대한 상담료

② 입원비

③ 개 종합백신, 고양이 종합백신, 및 면역결핍바이러스백신 등의 접종비

④ 전혈구 검사비와 그 검사 판독료 및 엑스선 촬영비와 그 촬영 판독료

⑤ 그 밖에 동물소유자 등에게 알릴 필요가 있다고 농림축산식품부장관이 인정하여 고시하는 동물진료업의 행위에 대한 진료비용

해설

「수의사법 시행규칙」 제18조의3(진찰 등의 진료비용 게시 대상 및 방법)

① 법 제20조 제1항에서 "진찰, 입원, 예방접종, 검사 등 농림축산식품부령으로 정하는 동물진료업의 행위에 대한 진료비용"이란 다음 각 호의 진료비용을 말한다. 다만, 해당 동물병원에서 진료하지 않는 동물진료업의 행위에 대한 진료비용 및 제15조 제1항 제3호에 따른 출장진료전문병원의 동물진료업의 행위에 대한 진료비용은 제외한다.

1. 초진 · 재진 진찰료, 진찰에 대한 상담료
2. 입원비
3. 개 종합백신, 고양이 종합백신, 광견병백신, 켄넬코프백신 및 인플루엔자백신의 접종비
4. 전혈구 검사비와 그 검사 판독료 및 엑스선 촬영비와 그 촬영 판독료
5. 그 밖에 동물소유자 등에게 알릴 필요가 있다고 농림축산식품부장관이 인정하여 고시하는 동물진료업의 행위에 대한 진료비용

② 법 제20조 제1항에 따라 진료비용을 게시할 때에는 다음 각 호의 어느 하나에 해당하는 방법으로 한다.

1. 해당 동물병원 내부 접수창구 또는 진료실 등 동물소유자 등이 알아보기 쉬운 장소에 책자나 인쇄물을 비치하거나 벽보 등을 부착하는 방법
2. 해당 동물병원의 인터넷 홈페이지에 게시하는 방법. 이 경우 인터넷 홈페이지의 초기화면에 게시하거나 배너를 이용하는 경우에는 진료비용을 게시하는 화면으로 직접 연결되도록 해야 한다.

16 ④ 17 ③ 18 ③

19 다음 중 동물 진단용 방사선발생장치를 설치 · 운영하려는 동물병원 개설자가 준수하여야 하는 사항으로 옳지 않은 것은?

① 농림축산식품부령으로 정하는 바에 따라 안전관리 책임자를 선임할 것
② 안전관리 책임자가 그 직무수행에 필요한 사항을 요청하면 지체 없이 조치할 것
③ 동물 진단용 방사선발생장치를 설치 · 운영하려는 동물병원 개설자는 농림축산식품부령으로 정하는 바에 따라 농림축산식품부장관에게 등록하여야 한다.
④ 농림축산식품부장관이 지정하는 검사기관 또는 측정기관으로부터 정기적으로 검사와 측정을 받아야 하며, 방사선 관계 종사자에 대한 피폭(被曝)관리를 하여야 한다.
⑤ 동물 진단용 방사선발생장치의 범위, 신고, 검사, 측정 및 피폭관리 등에 필요한 사항은 농림축산식품부령으로 정한다.

해설

「수의사법」 제17조의3(동물 진단용 방사선발생장치의 설치 · 운영)
① 동물을 진단하기 위하여 방사선발생장치(이하 "동물 진단용 방사선발생장치"라 한다)를 설치 · 운영하려는 동물병원 개설자는 농림축산식품부령으로 정하는 바에 따라 시장 · 군수에게 신고하여야 한다. 이 경우 시장 · 군수는 그 내용을 검토하여 이 법에 적합하면 신고를 수리하여야 한다.

plus 해설

「수의사법」 제17조의4(동물 진단용 특수의료장비의 설치 · 운영)
① 동물을 진단하기 위하여 농림축산식품부장관이 고시하는 의료장비(이하 "동물 진단용 특수의료장비"라 한다)를 설치 · 운영하려는 동물병원 개설자는 농림축산식품부령으로 정하는 바에 따라 그 장비를 농림축산식품부장관에게 등록하여야 한다.

20 다음 중 「동물보호법」에 명시된 용어의 정의로 옳지 않은 것은?

① 동물 : 고통을 느낄 수 있는 신경체계가 발달한 척추동물
② 반려동물 : 반려(伴侶) 목적으로 기르는 개, 고양이 등 농림축산식품부령으로 정하는 동물
③ 등록대상동물 : 동물의 보호, 유실 · 유기 방지, 질병의 관리, 공중위생상의 위해 방지 등을 위하여 등록이 필요하다고 인정하여 총리령으로 정하는 동물
④ 소유자 등 : 동물의 소유자와 일시적 또는 영구적으로 동물을 사육 · 관리 또는 보호하는 사람
⑤ 맹견 : 도사견, 핏불테리어, 로트와일러 등 사람의 생명이나 신체에 위해를 가할 우려가 있는 개로서 농림축산식품부령으로 정하는 개

해설

「동물보호법」 제2조(정의)

2. "등록대상동물"이란 동물의 보호, 유실·유기 방지, 질병의 관리, 공중위생상의 위해 방지 등을 위하여 등록이 필요하다고 인정하여 **대통령령**으로 정하는 동물을 말한다.

plus 해설

「동물보호법」 제2조(정의)

분류	정의
동물	고통을 느낄 수 있는 신경체계가 발달한 척추동물 (포유류, 조류, 파충류·양서류·어류 중 농림축산식품부장관이 관계 중앙행정기관의 장과의 협의를 거쳐 대통령령으로 정하는 동물)
동물학대	동물을 대상으로 정당한 사유 없이 불필요하거나 피할 수 있는 신체적 고통과 스트레스를 주는 행위 및 굶주림, 질병 등에 대하여 적절한 조치를 게을리 하거나 방치하는 행위
반려동물	반려(伴侶) 목적으로 기르는 개, 고양이 등 농림축산식품부령으로 정하는 동물 (개, 고양이, 토끼, 페럿, 기니피그 및 햄스터)
등록대상동물	동물의 보호, 유실·유기 방지, 질병의 관리, 공중위생상의 위해 방지 등을 위하여 등록이 필요하다고 인정하여 대통령령으로 정하는 동물
소유자 등	동물의 소유자와 일시적 또는 영구적으로 동물을 사육·관리 또는 보호하는 사람
맹견	도사견, 핏불테리어, 로트와일러 등 사람의 생명이나 신체에 위해를 가할 우려가 있는 개로서 농림축산식품부령으로 정하는 개
동물실험	「실험동물에 관한 법률」 제2조 제1호에 따른 동물실험
동물실험시행기관	동물실험을 실시하는 법인·단체 또는 기관으로서 대통령령으로 정하는 법인·단체 또는 기관

21 다음 중 「동물보호법」상 반려(伴侶) 목적으로 기르는 개, 고양이 등 농림축산식품부령으로 정하는 반려동물에 해당하지 않는 것은?

① 토끼　② 페럿　③ 햄스터　④ 앵무새　⑤ 기니피그

해설

「동물보호법 시행규칙」 제3조(반려동물의 범위)

「동물보호법」(이하 "법"이라 한다)에서 "개, 고양이 등 농림축산식품부령으로 정하는 동물"이란 **개**, **고양이**, **토끼**, **페럿**, **기니피그** 및 **햄스터**를 말한다.

19 ③　20 ③　21 ④

22 다음 중 「동물보호법」상 동물학대 행위에 그에 대한 벌칙이 적절하게 연결되지 않은 것은?

① 목을 매다는 등의 잔인한 방법으로 죽음에 이르게 하는 행위 – 3년 이하의 징역 또는 3천만 원 이하의 벌금
② 사육·관리 의무를 위반하여 상해를 입히거나 질병을 유발시키는 행위 – 2년 이하의 징역 또는 2천만 원 이하의 벌금
③ 동물을 유기하는 행위 – 2년 이하의 징역 또는 2천만 원 이하의 벌금
④ 도박을 목적으로 동물을 이용하는 행위 – 300만 원 이하의 벌금
⑤ 영리를 목적으로 동물을 대여하는 행위 – 300만 원 이하의 벌금

해설

「동물보호법」

	제10조(동물학대 등의 금지)	제97조(벌칙)
제1항	1. 목을 매다는 등의 잔인한 방법으로 죽음에 이르게 하는 행위 2. 노상 등 공개된 장소에서 죽이거나 같은 종류의 다른 동물이 보는 앞에서 죽음에 이르게 하는 행위 3. 고의로 사료 또는 물을 주지 아니하는 행위로 인하여 동물을 죽음에 이르게 하는 행위 4. 그 밖에 수의학적 처치의 필요, 동물로 인한 사람의 생명·신체·재산의 피해 등 농림축산식품부령으로 정하는 정당한 사유 없이 죽음에 이르게 하는 행위	3년 이하의 징역 또는 3천만 원 이하의 벌금
제2항	1. 도구·약물 등 물리적·화학적 방법을 사용하여 상해를 입히는 행위 2. 살아 있는 상태에서 동물의 신체를 손상하거나 체액을 채취하거나 체액을 채취하기 위한 장치를 설치하는 행위 3. 도박·광고·오락·유흥 등의 목적으로 동물에게 상해를 입히는 행위 4. 동물의 몸에 고통을 주거나 상해를 입히는 다음 각 목에 해당하는 행위 가. 사람의 생명·신체에 대한 직접적 위협이나 재산상의 피해를 방지하기 위하여 다른 방법이 있음에도 불구하고 동물에게 고통을 주거나 상해를 입히는 행위 나. 동물의 습성 또는 사육환경 등의 부득이한 사유가 없음에도 불구하고 동물을 혹서·혹한 등의 환경에 방치하여 고통을 주거나 상해를 입히는 행위 다. 갈증이나 굶주림의 해소 또는 질병의 예방이나 치료 등의 목적 없이 동물에게 물이나 음식을 강제로 먹여 고통을 주거나 상해를 입히는 행위 라. 동물의 사육·훈련 등을 위하여 필요한 방식이 아님에도 불구하고 다른 동물과 싸우게 하거나 도구를 사용하는 등 잔인한 방식으로 고통을 주거나 상해를 입히는 행위	2년 이하의 징역 또는 2천만 원 이하의 벌금

<table>
<tr><td>제3항</td><td colspan="2">누구든지 소유자 등이 없이 배회하거나 내버려진 동물 또는 피학대동물 중 소유자 등을 알 수 없는 동물에 대하여 다음의 어느 하나에 해당하는 행위를 하여서는 아니 된다.
– 포획하여 판매하는 행위
– 판매하거나 죽일 목적으로 포획하는 행위
– 소유자 등이 없이 배회하거나 내버려진 동물 또는 피학대동물 중 소유자 등을 알 수 없는 동물임을 알면서 알선 · 구매하는 행위</td><td rowspan="2"></td></tr>
<tr><td rowspan="2">제4항</td><td rowspan="2">소유자 등은 동물을 유기(遺棄)하여서는 아니 된다.</td><td>맹견을 유기한 소유자 등</td></tr>
<tr><td>동물을 유기한 소유자 등</td><td rowspan="2">300만 원 이하의 벌금</td></tr>
<tr><td>제5항</td><td colspan="2">1. 제1항부터 제3항까지에 해당하는 행위를 촬영한 사진 또는 영상물을 판매 · 전시 · 전달 · 상영하거나 인터넷에 게재하는 행위
2. 도박을 목적으로 동물을 이용하는 행위 또는 동물을 이용하는 도박을 행할 목적으로 광고 · 선전하는 행위
3. 도박 · 시합 · 복권 · 오락 · 유흥 · 광고 등의 상이나 경품으로 동물을 제공하는 행위
4. 영리를 목적으로 동물을 대여하는 행위</td></tr>
</table>

23 **다음 중 「동물보호법」에 따라 학대를 받는 동물이나 유실 · 유기동물을 발견한 때에 지체 없이 관할 지방자치단체의 장 또는 동물보호센터에 신고하여야 하는 신고의무자에 해당하지 않는 자는?**

① 민간단체의 임원 및 회원
② 동물보호센터의 장 및 그 종사자
③ 동물실험윤리위원회의 위원
④ 동물복지축산농장 인증을 신청한 자
⑤ 수의사나 동물병원 종사자

해설

「동물보호법」 제39조(신고 등)

② 다음의 어느 하나에 해당하는 자가 그 직무상 제1항에 따른 동물을 발견한 때에는 지체 없이 관할 지방자치단체 또는 동물보호센터에 신고하여야 한다. 〈개정 2023. 6. 20.〉

1. 민간단체의 임원 및 회원
2. 동물보호센터의 장 및 그 종사자
3. 보호시설운영자 및 보호시설의 종사자
4. 동물실험윤리위원회를 설치한 동물실험시행기관의 장 및 그 종사자
5. 동물실험윤리위원회의 위원
6. **동물복지축산농장 인증을 받은 자**
7. 영업의 허가를 받은 자 또는 영업의 등록을 한 자 및 그 종사자
8. 동물보호관
9. 수의사, 동물병원의 장 및 그 종사자

22 ③ 23 ④

24 다음 중 농림축산식품부령으로 정하는 바에 따라 등록해야 하는 영업의 종류가 아닌 것은?

① 동물전시업 ② 동물수입업 ③ 동물위탁관리업
④ 동물미용업 ⑤ 동물운송업

해설

동물수입업은 '등록'이 아닌 '허가'를 받아야 하는 영업에 해당한다.

「동물보호법」 제69조(영업의 허가)

① 반려동물과 관련된 다음 각 호의 영업을 하려는 자는 농림축산식품부령으로 정하는 바에 따라 특별자치시장 · 특별자치도지사 · 시장 · 군수 · 구청장의 **허가**를 받아야 한다.
1. 동물생산업
2. 동물수입업
3. 동물판매업
4. 동물장묘

「동물보호법」 제73조(영업의 등록)

① 동물과 관련된 다음 각 호의 영업을 하려는 자는 농림축산식품부령으로 정하는 바에 따라 특별자치시장 · 특별자치도지사 · 시장 · 군수 · 구청장에게 **등록**하여야 한다.
1. 동물전시업
2. 동물위탁관리업
3. 동물미용업
4. 동물운송업

25 다음 중 동물보호법에서 정하는 각 동물의 범위로 적절하지 않은 것은?

① 사람을 위해 봉사하거나 봉사한 동물로서 장애인복지법에 따른 장애인 보조견은 봉사동물에 해당한다.
② 소방청에서 효율적인 구조활동을 위해 이용하는 119구조견은 봉사동물에 해당한다.
③ 주택법에 따른 주택에서 기르는 월령 2개월 이상의 개는 등록대상동물에 속한다.
④ 도사견, 로트와일러, 핏불테리어, 아메리칸 스태퍼드셔 테리어는 맹견에 속한다.
⑤ 모든 파충류, 양서류 및 어류는 동물보호법상 대통령령으로 정하는 동물에 속한다.

해설

「동물보호법 시행령」 제2조(동물의 범위)

「동물보호법」 제2조 제1호 다목에서 "대통령령으로 정하는 동물"이란 파충류, 양서류 및 어류를 말한다. 다만, 식용(食用)을 목적으로 하는 것은 제외한다.

26 다음 밑줄 친 부분에 해당하지 않는 것은?

「동물보호법」 제12조(등록대상동물의 등록 등)
② 제1항에 따라 등록된 등록대상동물의 소유자는 다음 각 호의 어느 하나에 해당하는 경우에는 해당 각 호의 구분에 따른 기간에 시장·군수·구청장에게 신고하여야 한다.
1. 등록대상동물을 잃어버린 경우에는 등록대상동물을 잃어버린 날부터 10일 이내
2. 등록대상동물에 대하여 **대통령령으로 정하는 사항이 변경된 경우**에는 변경 사유 발생일부터 30일 이내

① 등록대상동물 소유자가 변경된 경우
② 등록대상동물 소유자의 번호가 변경된 경우
③ 등록대상동물의 중성화 수술 등 신체변화가 생긴 경우
④ 등록대상동물의 분실 신고 후 다시 찾은 경우
⑤ 무선식별장치를 잃어버린 경우

해설

「동물보호법 시행규칙」 제11조(등록사항의 변경신고 등)
① 법 제15조 제2항 제2호에서 "대통령령으로 정하는 사항이 변경된 경우"란 다음 각 호의 어느 하나에 해당하는 경우를 말한다.
1. 소유자가 변경된 경우
2. 소유자의 성명(법인인 경우에는 법인명)이 변경된 경우
3. 소유자의 주민등록번호(외국인의 경우에는 외국인등록번호를 말하고, 법인인 경우에는 법인등록번호를 말한다)가 변경된 경우
4. 소유자의 주소가 변경된 경우
5. 소유자의 전화번호(법인인 경우에는 주된 사무소의 전화번호)가 변경된 경우
6. 등록된 등록대상동물의 분실신고를 한 후 그 동물을 다시 찾은 경우
7. 등록동물을 더 이상 국내에서 기르지 않게 된 경우
8. 등록동물이 죽은 경우
9. 무선식별장치를 잃어버리거나 헐어 못 쓰게 된 경우

24 ② 25 ⑤ 26 ③

27 다음 중 「동물보호법」에 따라 맹견의 소유자 등이 준수하여야 할 사항으로 적절하지 않은 것은?

① 소유자 등 없이 맹견을 기르는 곳에서 벗어나지 않게 해야 한다.
② 월령이 5개월 이상인 맹견을 동반하고 외출할 때에는 목줄 및 가슴줄 등 안전장치를 해야 한다.
③ 맹견의 소유자는 노인복지시설, 장애인복지시설, 어린이놀이시설 등에 맹견이 출입하지 않도록 해야 한다.
④ 맹견의 소유자는 맹견의 안전한 사육 및 관리에 관하여 농림축산식품부령으로 정하는 바에 따라 정기적으로 교육을 받아야 한다.
⑤ 맹견의 소유자는 맹견으로 인한 다른 사람의 생명 · 신체나 재산상의 피해를 보상하기 위하여 대통령령으로 정하는 바에 따라 보험에 가입하여야 한다.

해설

「동물보호법」 제21조(맹견의 관리)
① 맹견의 소유자 등은 다음 각 호의 사항을 준수하여야 한다.
2. 월령이 3개월 이상인 맹견을 동반하고 외출할 때에는 농림축산식품부령으로 정하는 바에 따라 목줄 및 입마개 등 안전장치를 하거나 맹견의 탈출을 방지할 수 있는 적정한 이동장치를 할 것

plus 해설

① 「동물보호법」 제21조 제1항 제1호
③ 「동물보호법」 제21조
④ 「동물보호법」 제21조 제3항
⑤ 「동물보호법」 제23조

28 다음 「동물보호법」을 위반한 행위 중 그에 대한 과태료가 다른 하나는?

① 등록대상동물을 등록하지 아니한 소유자
② 소유자 등 없이 맹견을 기르는 곳에서 벗어나게 한 소유자
③ 맹견의 출입금지 장소에 맹견을 출입하게 한 소유자
④ 맹견이 사람에게 신체적 피해를 주지 아니하도록 관리하지 아니한 소유자
⑤ 맹견의 안전한 사육 및 관리에 관한 교육을 받지 아니한 소유자

해설

「동물보호법」 제47조(과태료)
③ 다음 각 호의 어느 하나에 해당하는 자에게는 100만 원 이하의 과태료를 부과한다.
4. 등록대상동물을 등록하지 아니한 소유자

plus 해설

② ~ ⑤ 「동물보호법」 제101조 제2항에 따라 300만 원 이하의 과태료를 부과한다.

29 소유자 등은 등록대상동물을 동반하고 외출할 때에는 농림축산식품부령으로 정하는 사항을 표시한 인식표를 등록대상동물에게 부착하여야 한다. 다음 중 인식표에 표시하여야 할 사항으로 옳은 것을 모두 고르면?

> ㉠ 등록대상동물의 이름
> ㉡ 소유자의 주민등록번호 앞자리
> ㉢ 소유자의 연락처
> ㉣ 소유자의 집 주소
> ㉤ 동물등록번호(등록한 동물만 해당한다.)

① ㉠, ㉡, ㉣ ② ㉠, ㉡, ㉤ ③ ㉠, ㉢, ㉤
④ ㉡, ㉢, ㉣ ⑤ ㉢, ㉣, ㉤

해설

「동물보호법」 제16조(등록대상동물의 관리)
② 등록대상동물의 소유자 등은 등록대상동물을 동반하고 외출할 때에는 다음의 사항을 준수하여야 한다.
2. 등록대상동물의 이름, 소유자의 연락처, 그 밖에 농림축산식품부령으로 정하는 사항(동물등록번호)을 표시한 인식표를 등록대상동물에게 부착할 것

30 다음 중 부과되는 벌칙이 다른 것은?

① 목줄 등 사육 · 관리 또는 보호의무를 위반하여 상해를 입히거나 질병을 유발한 자
② 거짓이나 그 밖의 부정한 방법으로 동물복지축산농장 인증을 받은 자
③ 자신의 영업장에 있는 동물장묘시설을 다른 자에게 대여한 영업자
④ 맹견을 유기한 소유자
⑤ 맹견취급허가 또는 변경허가를 받지 아니하고 맹견을 취급하는 영업을 한 자

해설

③은 1년 이하의 징역 또는 1천만 원 이하의 벌금에 처하게 되는 경우이고, 나머지는 2년 이하의 징역 또는 2천만 원 이하의 벌금에 처하는 경우에 속한다.

27 ② 28 ① 29 ③ 30 ③

생각을 스케치하다
세상을 스케치하다

북스케치

Part 5
동물보건사 실전모의고사

▶ 실전모의고사 문제

▶ 실전모의고사 정답과 해설

본 모의고사는 동물보건사 시험에 대비하기 위해, 공고문에 제시된 출제 과목과 제1회 기출 유형에 맞게 구성하였으나, 실제 시험과 세부 내용 및 난이도에서 차이가 있을 수 있습니다.
학습하시는 분들은 이 점 숙지하시어, 시험 전 실전 연습용으로 학습하시길 바랍니다.

1교시 – 기초 동물보건학, 예방 동물보건학

120문항 / 120분

※ OMR 카드는 책의 마지막 부분에 있습니다.

1과목 기초 동물보건학

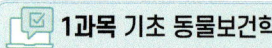

01 다음 각 밑줄 친 반려동물의 특징으로 옳지 않은 것은?

> **「동물보호법 시행규칙」 제3조(반려동물의 범위)**
> 「동물보호법」(이하 "법"이라 한다) 제2조 제7호에서 "개, 고양이 등 농림축산식품부령으로 정하는 동물"이란 ㉠ **개**, ㉡ **고양이**, ㉢ **토끼**, 페럿, ㉣ **기니피그** 및 ㉤ **햄스터**를 말한다.

① ㉠ – 치아는 길며 끝이 예리하고 굵은 치근부가 턱뼈 속에 자리하고 있는 구조로, 42개로 구성되어 있다.
② ㉡ – 귀는 32개의 개별 근육으로 이루어져 있어 몸과 귀를 다른 방향으로 향하게 하여 소리를 들을 수 있다.
③ ㉢ – 치아는 평생 자라나며, 자라면서 적절하게 갈리지 않거나 틀어지면 외상의 위험이 있고 교합이 잘 되지 않는다.
④ ㉣ – 대형 개체일수록 수명이 길고, 국제적 멸종위기종일 경우 사이테스(CITES)에 의해 보호받으며, 1급~3급으로 분류된다.
⑤ ㉤ – 입 안 좌우 양쪽에 음식물을 저장할 수 있는 주머니가 존재하며, 염증 또는 유전적인 이유로 입주머니에 탈장이 나타날 수 있다.

02 다음 중 개의 감각에 대한 설명으로 옳지 않은 것은?

① 인간과 다르게 색을 구별하는 원추세포가 거의 없어 청색과 노란색만 구분할 수 있다.
② 비강 내 '후상피'라는 점막을 통해서 인간과 동일한 방식으로 냄새를 맡는다.
③ 인간의 '후상피'보다 면적이 넓고 후각 세포와 신경이 발달하여 인간보다 후각이 뛰어나다.
④ 인간보다 미각이 둔해 다양한 맛을 느끼지 못하고 단맛, 짠맛, 쓴맛, 신맛을 느낄 수 있다.
⑤ 인간과 비슷한 미뢰수를 가지고 있어 미각이 예민한 편이고, 후각보다 미각으로 음식을 판단한다.

03 다음 중 고양이에 대한 설명으로 옳지 않은 것은?

① 얼굴 부위에 난 십여 개의 수염은 이동과 지각을 돕는다.
② 주간 시력은 사람보다 열악하나, 야간 시력은 사람보다 우수하다.
③ 개와 같은 구강구조를 가지고 있어, 짖는 행위로 표현한다.
④ 다른 개체의 동물들보다 긴 수면시간으로 에너지를 보존한다.
⑤ 꼬리를 이용해 균형을 잡고, 좌우로 움직이며 방향을 잡는다.

04 다음 중 개의 생리적 특성으로 옳지 않은 것은?

① 개는 사람보다 체온이 높은 편이다.
② 개의 평균적인 수명은 15세이다.
③ 개는 호흡으로 체온을 조절하며 대체로 사람보다 호흡수가 낮다.
④ 개의 혈압은 70~120mmHg으로 사람과 비슷한 수치이다.
⑤ 개의 맥박은 사람과 비교했을 때 더 높은 편이다.

05 다음 중 개의 신체적 특성으로 틀린 것은?

① 개는 푸른색 계통의 구분이 어렵다.
② 개의 귀는 수직에 가까운 형태이다.
③ 개는 쇄골이 퇴화되어 있다.
④ 개의 유치는 생후 4~5개월부터 빠지기 시작한다.
⑤ 개는 멀리 있는 물체를 볼 때 초점이 흐릿하다.

06 다음 중 고양이의 생리적 특성으로 옳지 않은 것은?

① 고양이의 체온이 37.5℃ 밑으로 떨어지면 저체온증이 올 수 있다.
② 고양이의 호흡수는 분당 20~30회로 사람보다 높다.
③ 고양이의 혈압은 70~150mmHg으로 고혈압은 80~120mmHg를 기준으로 한다.
④ 고양이의 호흡수는 사람보다 많으며 대체로 안정적이다.
⑤ 고양이는 평균 수명이 12.1세지만, 사고사가 많다.

07 다음에서 설명하는 행동이론 학습의 종류는?

직접적인 강화를 받지 않아도 다른 개체가 짖거나 마킹(Marking)하는 모습을 관찰하는 것만으로도 학습이 이루어질 수 있다.

① 모방 ② 반복 ③ 연상 ④ 실패 ⑤ 행동

08 개와 고양이는 일반적으로 다음과 같은 발달과정을 거쳐 성장한다. 다음 설명에 적절한 발달과정을 고르면?

신생아기 → 이행기 → 사회화기 → 약령기 → 성숙기 → 고령기

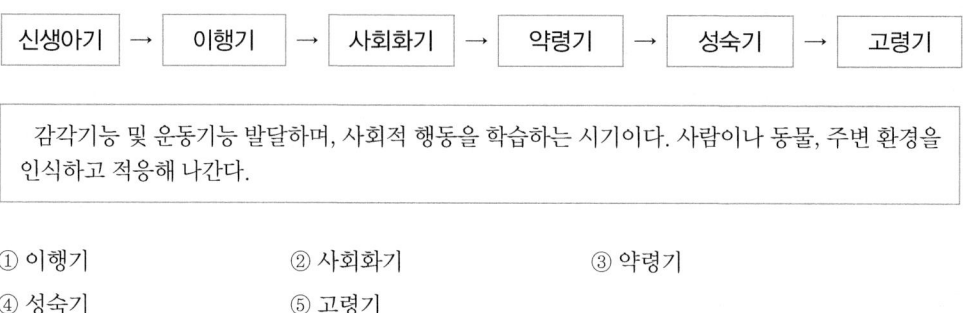

> 감각기능 및 운동기능 발달하며, 사회적 행동을 학습하는 시기이다. 사람이나 동물, 주변 환경을 인식하고 적응해 나간다.

① 이행기 ② 사회화기 ③ 약령기
④ 성숙기 ⑤ 고령기

09 다음 중 개의 행동에 따른 감정심리가 적절하게 연결되지 않은 것은?

① 호기심 – 낯선 곳에 가거나, 낯선 사람을 만날 때 냄새를 맡으며 탐색한다.
② 주눅 – 자세를 낮추거나, 다른 곳을 바라보거나 조심스러운 눈빛으로 본다.
③ 공포 – 귀를 뒤로 젖히고, 꼬리를 몸안으로 숨기며 몸을 낮추거나 숨긴다.
④ 피곤 – 크게 짖는 행동을 보이거나, 발을 내밀어서 만져달라고 표현한다.
⑤ 위협 – 귀를 뒤로 젖히고, 머리를 숙이고 이빨을 드러내며 으르렁거린다.

10 다음 중 고양이의 행동심리와 감정심리에 대한 내용으로 적절하지 않은 것은?

① 고양이는 기분이 좋은 상태일 때 목에서 골골거리는 소리를 낸다.
② 고양이가 화났을 때 하는 대표적인 행동은 하악질이다.
③ 고양이는 기분이 좋으면 귀를 살짝 젖히고 꼬리를 좌우로 빠르게 흔든다.
④ 고양이는 자신의 영역이라고 생각한 사람 · 사물에 자신의 페로몬을 묻혀 표시한다.
⑤ 고양이는 영역동물로서 자신의 영역, 집의 생활반경 공간에 있을 때 안정감을 느낀다.

11 다음 중 햄스터의 특징에 대한 설명으로 적절하지 않은 것은?

① 시각보다 후각이 발달하여 후각을 이용해 상대방을 인식한다.
② 치아가 평생 자라기 때문에 꾸준한 이빨 케어가 필요하다.
③ 성 성숙 시기는 암컷 6~10주, 수컷 10~14주로 빠른 편이다.
④ 입 안 좌우 양쪽에 음식물을 저장할 수 있는 입주머니가 있다.
⑤ 암컷의 복부에는 방어물질인 악취를 내뿜는 취선이 존재한다.

12 **다음 중 여러 가지 반려동물에 대한 설명으로 옳지 않은 것은?**

① 기니피그는 삼각형의 입과 여섯 쌍의 긴 수염을 가지고 있으며 암수 모두 한쌍의 젖꼭지를 가지고 있다.

② 고슴도치의 가시는 케라틴 성분으로 되어 있으며, 출생 시 피부 밑에 존재하다가 한두 시간 후 밖으로 노출된다.

③ 고양이 사료에는 고단백과 타우린이 들어 있어 고단백 저지방 식단을 하는 고슴도치에게 급여해도 안전하다.

④ 고슴도치는 후각이 예민해 낯선 냄새가 자신의 몸에 묻으면 침을 가시에 바르는 행위인 '안팅(Anting)'을 한다.

⑤ 앵무새는 두개골의 운동성이 강해 머리를 180° 회전할 수 있으며, 포유류과 다르게 횡경막이 없는 대신 기낭이 있다.

13 **다음 중 토끼에게 발생할 수 있는 질병에 대한 설명으로 적절하지 않은 것은?**

① 깨끗하지 않은 환경에서 이물질이 제거되지 않은 채소를 급여하면 기력 저하, 설사, 거친 피모 등의 증상을 유발할 수 있다.

② 진균성 피부병은 토끼에게 가장 흔한 피부병으로, 가려움으로 피부를 긁어 상처가 발생해 2차 감염의 위험이 있다.

③ 생활하는 케이지 바닥이 편평하지 않고 철장으로 되어 구멍이 난 경우에 궤양성 족부피부병이 발생할 수 있다.

④ 귀진드기(Ear-mite)로 인해 귀 안 피부에 소양감이 나타나고, 각질 및 탈모 증상이 나타날 수 있다.

⑤ 스너플(Snuffles)은 비감염성 질환으로, 80% 이상의 치명률을 보이지만 예방접종 외 치료법은 없다.

14 **다음 중 반려동물의 행동에 대한 설명으로 옳지 않은 것은?**

① 개의 분리불안 증상으로 하울링, 배설의 행동이 나타날 수 있다.

② 개의 상동장애는 고령화에 접어들수록 많이 나타난다.

③ 고양이의 히싱(hissing)은 분노를 표현하기 위한 행동이다.

④ 고양이는 공간에 대한 스트레스가 있는 경우 스크래치(scratch) 행동을 할 수 있다.

⑤ 개는 노즈워크(nose work) 놀이로 분리불안을 교정할 수 있다.

15 다음 중 반려동물의 필수 영양소에 대한 설명으로 옳지 않은 것은?

① 비타민B 복합체와 비타민C는 지용성 비타민에 해당한다.
② 필수 지방산은 체내에서 거의 합성되지 않아 사료로 보충해야 한다.
③ 단백질은 세포 및 조직을 구성하며 근육을 형성하는 주요 영양소이다.
④ 무기질은 섭취량에 따라 다량무기질과 미량무기질로 나뉜다.
⑤ 탄수화물은 신체에 에너지를 공급하며 혈당을 조절하는 역할을 한다.

16 다음 중 반려동물의 영양에 대한 설명으로 옳지 않은 것은?

① 개는 단백질 및 지방으로 포도당을 생성할 수 있어 탄수화물이 필수적이지 않다.
② 고양이는 육식동물이므로 탄수화물을 지나치게 섭취하면 당뇨병의 위험이 있다.
③ 고양이의 시력상실이나 심장질환 발생 시 타우린 섭취 부족을 의심해 볼 수 있다.
④ 아미노산은 반드시 음식을 통해 섭취해야 하며, 고양이의 필수 아미노산은 11개이다.
⑤ 비타민은 대부분 체내 합성이 되지 않아 반려동물의 사료에 필수적으로 함유되어 있다.

17 다음 중 반려동물의 사료에 대한 설명으로 옳지 않은 것은?

① 습식사료는 수분을 약 70%~80% 함유하고 있다.
② 반습식사료는 냉장 보관을 할 경우 사료에 물이 생길 수 있다.
③ 생식사료는 장기 급여 시 췌장 질환이 생길 위험이 있다.
④ 화식사료는 소화가 빠르다.
⑤ 건식사료는 향과 맛이 강해 기호성이 좋은 편이다.

18 다음 중 반려동물의 사료 급여에 대한 설명으로 틀린 것은?

① 비만의 위험이 있는 동물에게는 자율 급식이 적절한 급식 방법이다.
② 생후 2~3개월의 강아지는 하루 기준으로 4번의 급여가 적절하다.
③ DER을 구하기 위해서는 RER을 먼저 구해야 한다.
④ 사료제한 급식은 약 2주마다 급여량을 계산해야 한다.
⑤ 시간제한 급식은 하루에 2~3회 급여하는 것이 일반적이다.

19 **다음 중 고양이의 금기 식품에 대한 설명으로 옳지 않은 것은?**

① 마늘을 섭취할 경우 빈혈 증상이 나타난다.
② 반려견 사료를 급여하는 경우 비대성 심근증의 발생 위험이 있다.
③ 생뼈를 먹는 경우 천공을 유발한다.
④ 반려견 사료를 급여하는 경우 비타민A 부족에 의한 질환이 발생할 수 있다.
⑤ 밀가루 반죽을 섭취할 경우 소량만으로도 적혈구 파괴를 유발한다.

20 **다음에서 설명하고 있는 사료의 종류는?**

- 인공첨가제 중 알레르기가 있는 경우 효과적이다.
- 영양 불균형의 위험이 있다.
- 신선도 유지가 중요하다.

① 건식사료 ② 습식사료 ③ 반습식사료 ④ 생식사료 ⑤ 화식사료

21 **다음에서 설명하는 영양소를 고르면?**

- 활동에너지를 공급해주는 주요 에너지원으로, 1g당 4kcal의 에너지가 발생한다.
- 체내에서 최종적으로 분해되고 흡수되면 혈당(글리코겐)이 되어 혈류를 따라 전신으로 공급된다.

① 비타민 ② 지방 ③ 무기질 ④ 단백질 ⑤ 탄수화물

22 **습식사료의 제조과정을 순서대로 나열한 것은?**

ⓐ 사료의 포장(캔 또는 팩 등) 안에 넣어 밀봉하고 내부 공기를 제거한다.
ⓑ 내용물 안의 박테리아를 없애고 부패방지를 위해 가열 살균처리한다.
ⓒ 사료에 들어가는 재료를 섞어 분쇄한다.
ⓓ 재료의 점성이 생길 수 있도록 식용 젤 등을 첨가해 열처리한다.
ⓔ 내용물의 부식 및 부패를 막기 위해 냉각처리한다.

① ⓒ－ⓐ－ⓓ－ⓔ－ⓑ ② ⓒ－ⓑ－ⓔ－ⓓ－ⓐ ③ ⓒ－ⓓ－ⓐ－ⓑ－ⓔ
④ ⓓ－ⓒ－ⓐ－ⓑ－ⓔ ⑤ ⓓ－ⓒ－ⓑ－ⓔ－ⓐ

23 다음 밑줄 친 부분에 들어갈 말로 적절하지 않은 것은?

> 타우린(taurine)은 심장, 간, 신장, 눈, 생식 기능 등이 제대로 작동하는 데 반드시 필요한 영양소로, 인간과 개의 체내에서는 합성이 되지만, 고양이는 합성하지 못한다. 결핍 시 _____와(과) 같은 증상을 야기하므로, 고양이가 음식으로 반드시 섭취해야 하는 필수 아미노산이다.

① 시력 저하 ② 심장질환 발생 ③ 면역력 감소
④ 발육 부전 ⑤ 체온 조절 불능

24 동물보건사 ○○ 씨는 입원한 개의 사료 급여량을 결정하기 위해 휴지기에너지요구량을 계산하기로 했다. 입원한 개가 3kg의 성견이라고 할 때, 휴지기에너지요구량(kcal)은? (단, 체중 외 다른 조건은 고려하지 않는다.)

① 140kcal ② 160kcal ③ 180kcal
④ 210kcal ⑤ 280kcal

25 동물보건사 ○○ 씨는 위 24번의 입원한 개의 휴지기에너지요구량을 이용해 일일에너지요구량(DER)을 구하기로 했다. 24번과 동일한 개의 일일에너지요구량은?

① 160kcal ② 180kcal ③ 240kcal
④ 270kcal ⑤ 320kcal

26 다음 중 반려동물의 금기 식품과 그 이유가 적절하게 연결되지 않은 것은?

① 초콜릿 – 초콜릿의 원료인 카카오 씨앗 내 메틸잔틴(Methylxanthine)이 독성 물질로 작용한다.
② 유제품 – 개와 고양이는 유당(락토스) 분해 능력이 낮기 때문에 구토 · 설사 등 소화기 증상이 나타날 수 있다.
③ 양파 – 유기황 화합물이 중독증상을 유발하며, 무기력증 · 혈색소뇨 · 복통 · 설사 등 다양한 증상이 나타날 수 있다.
④ 아보카도 – 잎, 씨, 껍질, 과육에 퍼신(Persin)이라는 독소가 함유되어 있으며, 복통 및 호흡곤란 증상을 유발한다.
⑤ 알코올 – 체내에서 당과 비슷한 물질로 인식되며 인슐린 분비를 촉진시켜 저혈당을 유발하고, 간 손상을 유발할 수 있다.

27 다음 중 반려묘의 사료 급여량 결정 시 고려하지 않아도 되는 것은?

① 반려묘의 체중 ② 반려묘의 수명 ③ 사료의 칼로리
④ 일일에너지요구량 ⑤ 휴지기에너지요구량

28 **다음에서 설명하고 있는 질병을 고르면?**

> • 안구에 생성되는 눈물이 제대로 배출되지 못하여 세균이 번식하고 냄새가 난다.
> • 눈물 속의 '포피린'이 빛과 반응해 산화되어 검게 착색되며 발생한다.
> • 푸들, 시츄, 비숑, 포메라니안 등의 종에서 빈번하게 보인다.

① 구내염 ② 외이염 ③ 백내장
④ 유루증 ⑤ 결막염

29 **다음과 같은 반려동물 질환의 명칭은?**

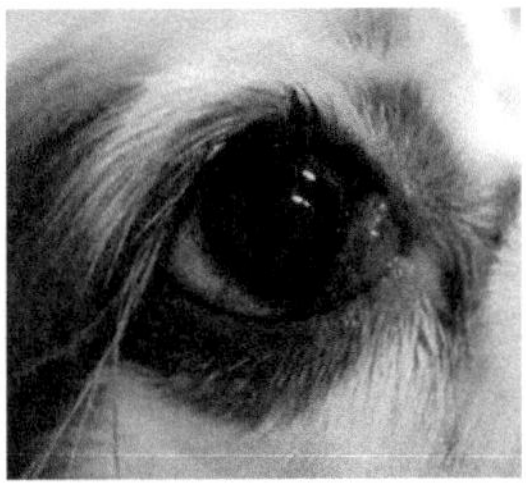

① 외이염 ② 각막궤양 ③ 제3안검 돌출증
④ 치주염 ⑤ 잠복고환

30 **다음 중 유루증의 증상으로 적절하지 않은 것은?**

① 신장의 혈액량이 줄어들어 배설장애가 발생한다.
② 눈 주변의 털이 갈색 또는 붉은빛으로 착색된다.
③ 눈곱 등 분비물이 생겨 눈에 염증이 잘 발생한다.
④ 눈가에 눈물 자국이 생기고 냄새가 심하게 난다.
⑤ 눈물 양이 많아 피부 발적이나 피부병이 발생한다.

31 **다음과 같은 고양이의 증상으로 의심해 볼 수 있는 질병의 명칭은?**

> – 갈증을 쉽게 느껴 음수량이 증가했고, 소변량 또한 증가했다.
> – 최근 급격하게 식욕이 증가했지만, 체중은 감소했다.
> – 무기력하고 활동량이 줄었으며, 발바닥을 바닥에 붙이고 걷는다.

① 유선염 ② 귀두포피염 ③ 에디슨병
④ 당뇨병 ⑤ 자궁축농증

32 다음 중 반려동물의 질환에 대한 설명으로 옳지 않은 것은?

① 폐수종에 걸린 개체는 폐에서 충분한 가스교환이 이루어지지 않기 때문에 저산소혈증으로 이어질 수 있다.

② 상상임신은 임신한 개체와 같이 호르몬 분비가 일어나서 유선이 발달하고 유즙이 분비되는 증상을 보인다.

③ 자궁축농증은 약물을 통해 프로게스테론을 억제하기도 하지만, 대부분 난소자궁적출을 통해 난소와 자궁을 완전히 절제한다.

④ 체내 갑상샘호르몬 농도가 저하 또는 결핍된 상태에는 체중 증가, 무기력증, 피부 신진대사 약화 등의 증상이 나타난다.

⑤ 부신의 피질에서 호르몬이 과도하게 분비되는 질환은 부신피질기능항진증이며, 일명 에디슨병이라고 불린다.

33 다음은 췌장의 혈당조절 과정이다. (ㄱ)과 (ㄴ)에 들어갈 용어가 올바르게 연결된 것은?

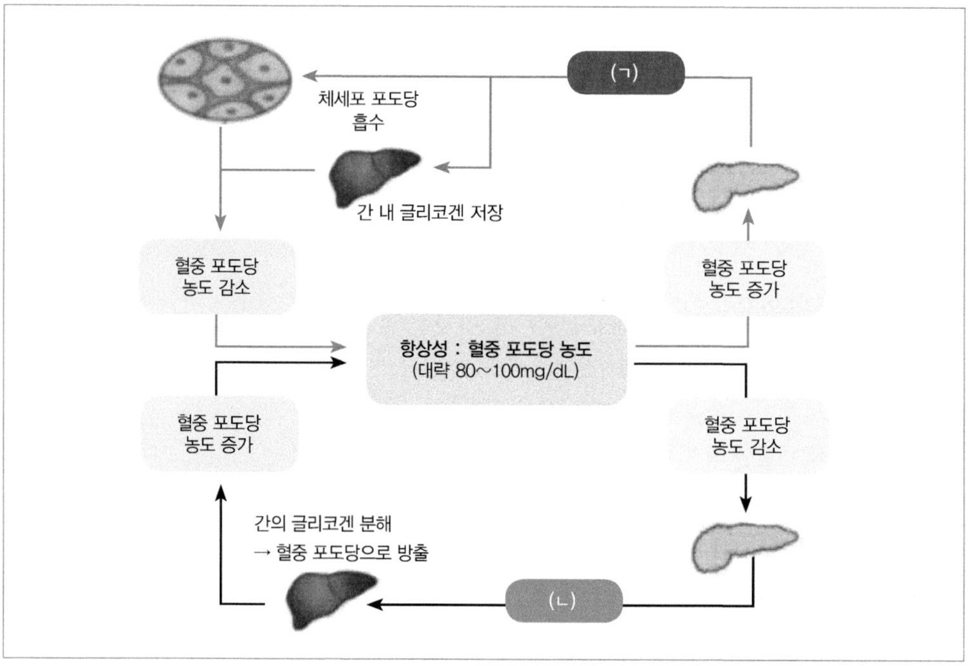

	(ㄱ)	(ㄴ)
①	글루카곤	인슐린
②	글루카곤	글리코겐
③	글리코겐	글루카곤
④	인슐린	글루카곤
⑤	인슐린	글리코겐

34 **다음은 동물의 소화 과정에 대한 설명이다. 밑줄 친 부분에 들어갈 용어가 적절하게 연결되지 않은 것은?**

> 소화 과정은 동물의 입을 통해 들어간 음식물이 구강에서 잘게 부서지고, 식도를 통해 위 안으로 들어가는 일련의 과정이다.
> (ㄱ)에서는 위액과 연동운동으로 음식물을 분해하며, 약 10시간의 소화가 이루어진 후 '소장'으로 음식물이 내려가게 된다. 소장의 시작 부분인 (ㄴ) 안에서 '소화액'이 분비된다. 이 소화액은 담낭에서 분비되는 담즙, 췌장에서 분비되는 췌액으로 이루어져 있다. 십이지장에서 소화가 된 후 (ㄷ)에서 대부분의 영양분 흡수가 이루어진다. 흡수된 물질들은 간으로 연결되어 있는 '문맥'이라는 혈관에 모이게 된다.
> 소장에서 흡수되지 않은 음식물은 (ㄹ)으로 내려가 수분 흡수가 이루어지며, 찌꺼기가 남게 되는데 이것이 분변이다. (ㄹ)에서 (ㅁ)을 마지막으로 항문 밖으로 배출되게 된다.

① (ㄱ) – 위
② (ㄴ) – 췌장
③ (ㄷ) – 소장
④ (ㄹ) – 대장
⑤ (ㅁ) – 직장

35 **다음에서 설명하는 병명은?**

> – 뒷다리의 무릎골이 내측이나 외측으로 이동하여 파행되는 질환이다.
> – 갑자기 뒷다리를 들고 절뚝거리거나 오른쪽과 왼쪽 다리의 보행이 엇박자를 보인다.
> – 의사의 촉진 또는 정밀검사 등을 통해 증상을 1기에서 4기까지 나눈다.
> – 일반적으로 대형견보다 소형견에게 주로 발생한다.

① 부정교합
② 기관허탈
③ 요로결석
④ 십자인대 파열
⑤ 슬개골 탈구

36 **다음 중 공중보건의 역할이 아닌 것은?**

① 환경위생
② 전염병 관리
③ 특정인의 건강유지를 위한 사회적 제도 보장
④ 개인위생에 관한 보건교육
⑤ 질병예방을 위한 의료 서비스

37 환경위생을 발전시킨 인물로 근대 실험의학의 창시자이자 외부환경이 변화하여도 내부환경의 변화에 의해 건강을 유지해나갈 수 있는 항상성(Homeostasis)의 개념을 도입한 프랑스의 생리학자는?

① 클로드 베르나르(Claude Bernard)
② 페텐코퍼(Pettenkofer)
③ 아리스토텔레스(Aristoteles)
④ 제레미 벤담(Jeremy Bentham)
⑤ 토마스 아퀴나스(Thomas Aquinas)

38 환경위생의 영역 중 '기후, 공기, 물'이 속하는 범주를 모두 고르면?

㉠ 자연적 환경	㉡ 사회적 환경	㉢ 물리 · 화학적
㉣ 생물학적	㉤ 인위적	㉥ 문화적

① ㉠, ㉢ ② ㉠, ㉣ ③ ㉠, ㉥ ④ ㉡, ㉣ ⑤ ㉡, ㉤

39 이산화탄소(CO_2)는 실내 공기 오염정도의 지표로서 무색 · 무취의 비독성 가스이다. 사람이 의식을 상실하게 되며 사망의 가능성도 있는 이산화탄소의 농도는?

① 3% 이상 ② 5% 이상 ③ 6% 이상 ④ 7% 이상 ⑤ 10% 이상

40 식중독균의 종류 중 독소형에 속하는 세균은?

① 장염비브리오균 ② 살모넬라 ③ 병원성대장균
④ 황색포도상구균 ⑤ 노로바이러스

41 다음 중 바다생선으로 감염될 수 있는 기생충은?

① 선모충 ② 유구조충 ③ 무구조충
④ 폐흡충 ⑤ 아나사키스

42 HACCP의 12절차 중 준비단계의 다음 빈칸에 들어갈 절차로 옳은 것은?

> HACCP팀 구성 → 제품설명서 작성 → 사용용도 확인
> → [ ] → 공정흐름도 현장 확인

① 공정흐름도 작성　② 위해요소 분석　③ 한계기준 설정
④ 문서화 및 기록유지　⑤ 중요관리점 결정

43 역학연구 중 분석역학연구를 고르면?

① 사례보고　② 환자군 연구　③ 생태학적 연구
④ 지역사회시험　⑤ 코호트 연구

44 다음 중 질병역학의 3요소를 고르면?

> ㉠ 병인　㉡ 환경　㉢ 사회　㉣ 산소　㉤ 숙주　㉥ 기후

① ㉠, ㉡, ㉢　② ㉠, ㉡, ㉤　③ ㉠, ㉢, ㉣　④ ㉡, ㉢, ㉤　⑤ ㉡, ㉣, ㉥

45 다음 중 질병전파에 대한 설명으로 옳지 않은 것은?

① 전파체의 중간역할이 없이 전파되는 것은 직접전파이다.
② 병원소로부터 병원체가 탈출해 어떤 전파체에 의해 전파되는 것은 간접전파이다.
③ 활성 전파체의 예로는 살아있는 동물이 있다.
④ 비활성 전파체의 예로는 물과 식품이 있다.
⑤ 대화 중 배출되는 포말에 의해 전파되는 것은 비말전파이다.

46 질병의 역학적 측정에 관한 설명 중 옳지 않은 것은?

① 빈도측정(절대위험도)은 인구집단에서 질병, 불구, 사망 등의 규모를 측정하는 것이다.
② 비(Ratio)의 예로는 남녀의 비가 있다.
③ 누적 발생률은 특정기간 동안의 일정 인구집단에 새롭게 질병이 발생하는 분율(비율)을 의미한다.
④ 발병률(%) = $\frac{\text{질병이 발생한 환자의 수}}{\text{원인 요인에 노출된 인구}} \times 100$
⑤ 치명률은 특정질병의 중증도를 측정하는 지표로 특정질병에 걸린 환자 중 일정기간 동안 중증도에 이른 사람의 분율을 의미한다.

47 다음 중 개의 인수공통감염병의 종류가 아닌 것을 고르면?

① 렙토스피라증
② 라임병
③ 묘소병
④ 광견병
⑤ 브루셀라병

48 다음 중 개의 인수공통감염병의 종류가 아닌 것을 고르면?

- 추운 북극과 남극을 제외하고 어디서나 발생할 수 있으며 날씨가 따뜻한 7~10월 사이에 잘 발생한다.
- 가축 및 야생동물, 특히 설치류의 쥐에게 전염되는 경우가 많다.
- 감염된 개체의 소변이나 하천 및 호수 등 물을 통해서 집단감염이 발생할 가능성이 있다.
- 활발히 움직이는 세균으로 환경조건이 적합하면 숙주 내 뿐만 아니라 외부에서도 비교적 오래 생존 가능성이 크고 증식도 가능하다.
- 종합백신접종으로 예방할 수 있다.

① 브루셀라병
② 렙토스피라증
③ 톡소플라즈마증
④ 광견병
⑤ 클라미디아

49 다음에서 설명하는 개의 세균성 질병 종류는 무엇인가?

주요 원인균은 보데텔라균이며 세균과 공기에 의한 감염이 대부분이다. 번식장 및 보호소 같은 많은 개체들이 함께 지내는 곳에서 많이 감염된다.

① 켄넬코프
② 유루증
③ 쿠싱 증후군
④ 브루셀라병
⑤ 포도상구균증

50 다음 중 고양이의 질병에 대한 설명으로 옳지 않은 것은?

① 렙토스피라증은 개에 비해 전염 위험성이 적다.
② 묘소증은 바르토넬라 헨셀라균 감염으로 인해 나타난다.
③ 고양이의 광견병 증상은 개와 동일하다.
④ 고양이 전염성 복막염은 종합백신으로 예방 가능하다.
⑤ 칼리시 바이러스는 회복되어도 재감염 가능성이 있다.

51 동물체의 구성단계 중 다음에 해당하는 것은 무엇인가?

- 모든 생물의 구조적, 기능적 기본단위이다.
- 직접 영양소를 섭취하고, 노폐물 분리, 호흡, 번식 등 다양한 기능의 역할을 한다.

① 세포 ② 상피조직 ③ 혈액 ④ 기관 ⑤ 호흡계

52 다음 중 동물의 뼈대계통의 기능이 아닌 것은?

① 지지의 기능 ② 운동의 기능 ③ 소화의 기능 ④ 저장의 기능 ⑤ 조혈의 기능

53 다음 중 해부학상 개의 뼈 구조와 명칭이 올바르게 연결되지 않은 것은?

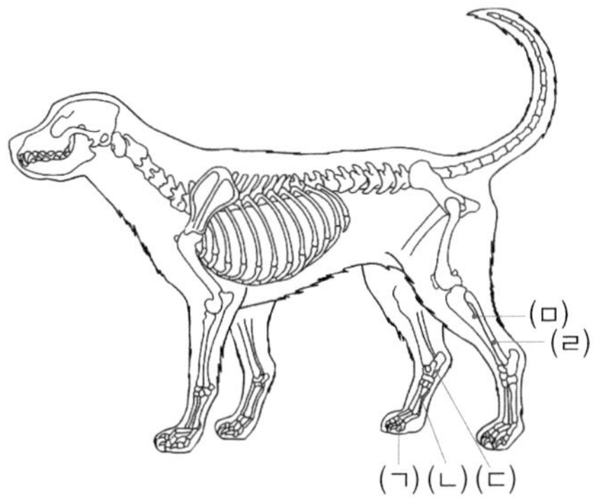

① (ㄱ) – 발가락뼈 ② (ㄴ) – 발바닥뼈 ③ (ㄷ) – 발목뼈
④ (ㄹ) – 발꿈치뼈 ⑤ (ㅁ) – 정강이뼈

54 다음 중 호흡과 관련되어 날숨에 관여하는 근육을 고르면?

① 바깥갈비사이근　② 내측늑간근　③ 축아래근육
④ 배가로근　⑤ 백선

55 다음 중 해부학상 고양이의 뼈 구조와 명칭이 올바르게 연결되지 않은 것은?

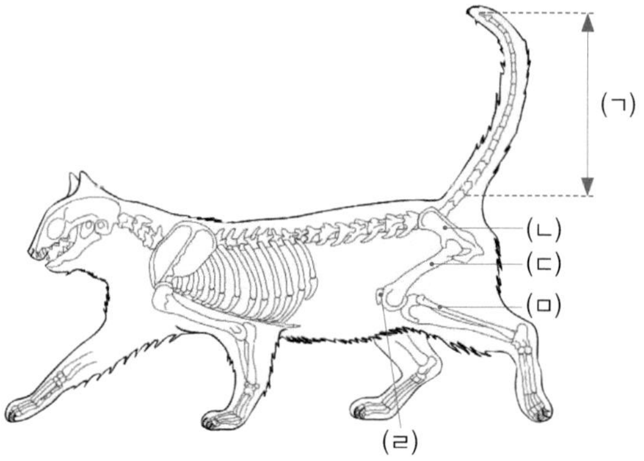

① (ㄱ) – 꼬리뼈　② (ㄴ) – 엉치뼈　③ (ㄷ) – 대퇴골
④ (ㄹ) – 경골　⑤ (ㅁ) – 비골

56 다음 중 (가)에 해당하는 설명으로 옳은 것은?

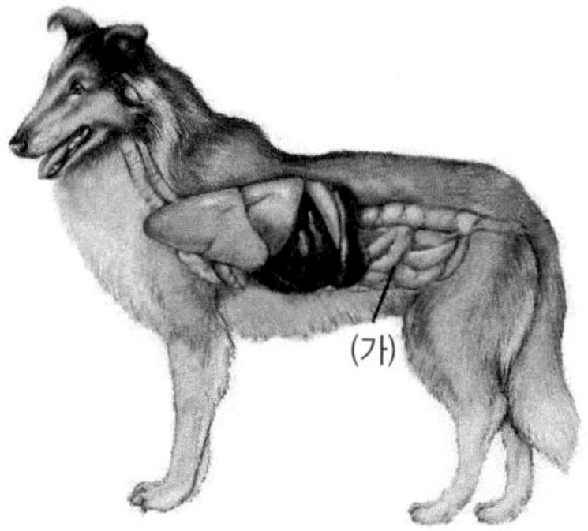

① 대부분의 영양소가 이곳의 혈액 내로 흡수된다.
② 인두 하단에서 시작되어 위까지 연결된다.
③ 결장이 이곳의 대부분을 차지한다.
④ 횡경막 바로 아래 복강의 우측상부에 위치한다.
⑤ 소화관 중 가장 넓게 잘 늘어나는 부분이다.

57 다음 중 기관계와 그 구성요소가 올바르게 연결되지 않은 것은?

① 신경계 – 뇌, 척수 등
② 골격계 – 뼈, 연골 등
③ 순환계 – 심장, 혈관 등
④ 비뇨계 – 콩팥, 방광 등
⑤ 내분비계 – 림프관, 림프기관 등

58 다음 중 동물의 순환계통에 대한 설명으로 옳지 않은 것은?

① 체순환 방향은 '좌심실—대동맥—조직모세혈관—대정맥—우심방'이다.
② 백혈구는 혈구 내 함유된 과립의 유무에 따라 과립혈구와 무과립혈구로 구분된다.
③ 성숙한 적혈구에는 핵이 있으며, 미성숙 적혈구에는 핵이 존재하지 않는다.
④ 혈액은 혈장, 혈구, 혈소판으로 구성되어 있으며 혈장은 약 55%, 혈구는 약 45%를 차지하고 있다.
⑤ 좌심실은 우심실보다 근육이 발달되어 혈액을 내보내는 힘이 강하며 좌심실에서 나온 혈액이 대동맥으로 이동한다.

59 다음 중 호흡기계 기관에 대한 설명으로 옳지 않은 것은?

① 코는 연골과 뼈, 코중격에 의해 좌우 비강으로 분리된 형태이다.
② 인두에는 비강을 통해 공기가 유입되어 후두의 통로역할을 한다.
③ 공기 유입 시 후두덮개가 열려 공기가 기도로 들어간다.
④ 폐는 좌우 분리된 형태로, 주기관지를 통해 공기가 유입된다.
⑤ 기관지는 크게 '주기관지—엽기관지—세기관지'순으로 가늘게 갈라진다.

60 다음 중 동물별 암컷의 자궁 형태에 대한 설명으로 옳지 않은 것은?

① 토끼는 자궁체가 2개로 갈라진 중복자궁이다.
② 소는 자궁체가 불완전하게 갈라진 양분자궁이다.
③ 개는 쌍각자궁으로 자궁각에 임신한다.
④ 말은 좌우 자궁각이 분리되어 2개의 자궁경관이 있다.
⑤ 영장류는 1개의 자궁체인 단일자궁이다.

2과목 예방 동물보건학

61 다음 중 동물보건사의 역할이 아닌 것은?

① 진료해야 할 반려동물과 보호자의 성향과 정보를 파악
② 보호자와 반려동물에게 편안한 진료 경험을 제공
③ 동물병원 진료내용과 반려동물 양육에 관한 의문사항을 해결
④ 수의사의 진료 시 보조·보정 및 약 처방
⑤ 동물병원의 전체적인 흐름을 파악하여 진료가 원활히 진행되도록 함

62 다음 중 동물보건사가 하는 업무는 모두 몇 개인가?

진찰, 진료, 처방, 수술, 외과적 시술, 동물 간호, 수술 보조, 병원 행정 업무, 전화 응대, 용품 판매

① 2개 ② 3개 ③ 4개
④ 5개 ⑤ 6개

63 다음 중 동물보건사의 전화응대 사항으로 적절하지 않은 것은?

① 동물 종, 예방접종 유무, 현재 증상 등을 파악해 내원 시간을 안내한다.
② 반려동물의 현재 증상뿐 아니라 과거 질병, 질환 이력 또한 파악한다.
③ 호흡 불안정 등 응급 위험이 있는 경우 보호자가 즉시 조치를 취하도록 안내한다.
④ 식욕 저하, 운동성 저하, 이상 행동, 체중 감소, 통증 등 증상을 체크한다.
⑤ 분변, 구토물 등 정확한 진찰을 위한 샘플 확보 및 지참 가능 여부를 묻는다.

64 수의 의무기록의 포함 사항이 아닌 것은?

① 보호자 정보 – 보호자 성함, 연락처
② 신체검사 – 검사를 통한 최종 진단 내용
③ 치료계획 – 처방전과 앞으로의 치료방향
④ 보호자와의 상담 – 보호자의 관찰내용, 상담한 내용
⑤ 진료내역 및 병력 – 최근 복용한 약, 과거병력, 수술이력, 치료병력

65 **동물보건사의 업무에 해당하지 않는 것을 모두 고르면?**

㉠ 처방약물 투여		㉡ 외래환자 진료
㉢ 직원교육	㉣ 재활운동	㉤ 미용

① ㉠, ㉡ ② ㉠, ㉤ ③ ㉡, ㉤ ④ ㉡, ㉣ ⑤ ㉣, ㉤

66 **동물병원 위생관리에 대하여 옳지 않은 내용을 모두 고르면?**

㉠ 처치대 – 진료 및 처치가 끝날 때마다 핸드 청소기로 이물을 제거한 뒤 락스를 이용해 청소한다.
㉡ 일반 입원장 – 이물이나 털은 핸드 청소기로 깨끗이 제거한 후 소독스프레이를 이용해 바닥, 벽, 천장, 유리 모두 소독을 하고 문을 바로 닫는다.
㉢ 격리 입원장 – 소모품 사용 시 환자가 사용할 것을 지정하고 다른 용품과 섞이지 않도록 의료 폐기물로 따로 보관 후 배출시킨다.
㉣ 전염의 위험이 적은 대기실이나 상담실을 늦게 청소하고 전염 가능성이 높은 처치실 및 집중치료실을 먼저 청소한다.

① ㉠, ㉡ ② ㉠, ㉣ ③ ㉡, ㉢ ④ ㉡, ㉣ ⑤ ㉢, ㉣

67 **동물병원 마케팅 전략 중 하나인 4P 마케팅 전략 중 다음의 내용이 포함되는 요소를 고르면?**

소비자의 요구 및 선호도, 제품의 품질 및 가치

① 제품 ② 가격 ③ 유인 ④ 유통 ⑤ 강점

68 **일반 입원장의 청소 시 주의사항으로 옳지 않은 것은?**

① 반려동물이 입원장 안에 입원 중일 경우 소독을 하지 않는다.
② 반려동물이 잠시 산책이나 진료차 입원장 밖으로 나왔을 때 사료나 지저분한 이물들을 제거하고 소독 스프레이로 소독한다.
③ 반려동물이 입원 중일 경우 사료나 물, 대소변 같은 경우는 발견 즉시 바로 치워주는 것이 좋다.
④ 입원장을 소독한 후 물기가 남아있을 때 반려동물을 최대한 물기가 없는 쪽으로 넣는다.
⑤ 반려동물이 퇴원 후 소독 스프레이를 이용해 바닥, 벽, 천장, 유리 모두 소독을 하고 문을 열어두어 수분이 날아 갈 때까지 둔다.

69 다음 중 격리 입원장에 대한 내용으로 옳지 않은 것은?

① 격리 입원장이란 전염병에 걸린 동물이나 절대적 안정이 필요한 동물이 입원하는 곳이다.
② 격리 입원장에 입원한 동물이 사용할 소모품은 따로 지정하고, 다른 용품과 섞이지 않도록 보관·배출한다.
③ 격리 입원장에 입원 중일 경우 다른 동물들과 접촉하지 않도록 주의해야 한다.
④ 전염성 있는 병에 걸린 동물을 처치한 이후에는 닿았던 장소와 부위, 진료 용품 모두 차아염소산나트륨 소독약으로 깨끗이 소독하고 물기를 말려야 한다.
⑤ 퇴원할 때 동물의 용품은 위생봉투에 넣어 차단한 뒤 폐기해야 한다.

70 다음 중 차아염소산나트륨에 관한 내용으로 옳지 않은 것은?

① 사용이 간편하고 가격이 저렴하다.
② 장시간 보관 시 효력이 없어질 수 있다.
③ 바이러스는 사멸시킬 수 없다.
④ 다량 사용 시 안구 및 피부에 자극이 발생한다.
⑤ 부식성이 강하므로 금속용기와 접촉하지 않도록 해야 한다.

71 다음 중 미산성 차아염소산에 대한 설명으로 틀린 것은?

① 체내 생성 물질이다.
② 알칼리성(pH 8.0 ~ 9.5)으로 붉은색 리트머스 종이를 청색으로 변화시킨다.
③ 살균 후 물로 변한다.
④ 의료용으로 인허가된 물질이다.
⑤ 살균과 탈취의 지속 시간이 짧다.

72 다음 중 크레솔비누액에 관한 내용으로 옳지 않은 것은?

① 살균력이 강하다.
② 독성과 부식성이 비교적 강하다.
③ 염증부위에 사용 시 자극반응이 나타날 수 있다.
④ 장기간 사용을 주의해야 한다.
⑤ 원액이 닿을 경우 자극반응이 나타날 수 있다.

73 **다음 중 동물병원에서 내시경을 소독할 때 사용하기 가장 적합한 소독제를 고르면?**

① 차아염소산나트륨
② 미산성 차아연소산
③ 크레솔비누액
④ 과산화수소
⑤ 알데하이드

74 **다음에서 설명하는 피부소독제의 종류는 무엇인가?**

- 무색투명한 액체로 다른 약품조제 시 희석시켜 사용한다.
- 보관 시 40℃ 이하 서늘한 곳에서 보관하고 가열시키지 않는다.
- 사용할 때마다 새것을 개봉해 사용해야 하며 재사용하지 않는다.
- 세정, 헹굼, 희석, 용해제로 적정량 사용한다.
- 부유물질이 있거나 용기가 훼손되었을 경우 오염되었을 확률이 크기 때문에 사용하지 않는다.

① 알코올 ② 과산화수소 ③ 포비돈요오드
④ 클로르헥시딘 ⑤ 멸균증류수

75 **다음에서 설명하는 멸균법은 무엇인가?**

자외선, γ선 등을 사용하여 멸균하는 방법으로 플라스틱제용기 등 가열할 수 없는 기구의 멸균에 사용하고 있다.

① 건열멸균 ② 가압멸균 ③ 여과멸균
④ 가스멸균 ⑤ 방사선멸균

76 **다음 의료폐기물 중 배출자 보관기간이 가장 긴 폐기물은 무엇인가?**

① 격리의료폐기물
② 위해의료폐기물 – 조직물류(재활용하는 태반)
③ 위해의료폐기물 – 손상성
④ 위해의료폐기물 – 혈액오염
⑤ 일반의료폐기물

77 다음 중 의료폐기물의 종류와 보관시설이 잘못 연결된 것은?

① 격리의료폐기물(조직물류 폐기물과 성상이 같은 폐기물) – 전용 냉장시설(4℃ 이하)
② 위해의료폐기물[조직물류(재활용하는 태반)] – 전용 냉장시설(4℃ 이하)
③ 위해의료폐기물(혈액오염) – 전용 냉장시설(4℃ 이하)
④ 위해의료폐기물(손상성) – 밀폐된 전용 보관창고
⑤ 일반의료폐기물 – 밀폐된 전용 보관창고

78 다음 제시된 의료폐기물의 종류로 옳은 것은?

주사바늘, 봉합바늘, 수술용 칼날, 한방침, 치과용침, 파손된 유리재질의 시험기구

① 격리의료폐기물
② 일반의료폐기물
③ 병리계의료폐기물
④ 손상성의료폐기물
⑤ 조직물류의료폐기물

79 예방접종은 크게 필수접종과 선택접종으로 분류된다. 개의 필수접종이 아닌 것은 무엇인가?

① 종합예방백신(DHPPL)
② 코로나 장염 백신(canine coronavirus)
③ 전염성 기관지염 백신(canine infectious tracheobronchitis)
④ 광견병 백신(rabies)
⑤ 인플루엔자 백신(canine influenza)

80 세균 감염으로 인한 감염이 대표적이며 설치류(쥐 등)의 배설물에 상처가 접촉하거나 야외활동 시 감염되는 질병은 무엇인가?

① 개 파라인플루엔자 ② 개 렙토스피라 ③ 개 디스템퍼
④ 개 전염성간염 ⑤ 개 파보바이러스

81 개 파보바이러스(canine parvovirus)에 대한 설명으로 옳지 않은 것은?

① 분변을 통한 감염이 대표적이며, 전염성이 매우 높다.
② 감염 후 약 2주 이내에 증상이 나타나며 증상이 심할 경우 쇼크나 폐사한다.
③ 소화기증상으로 무기력, 식욕상실, 구토 및 탈수, 발열, 설사 및 혈변 등이 있다.
④ 치사율이 높은 질병이지만 증상이 미약할 경우 2~3일 안에 회복되는 경우도 있다.
⑤ 사람에게 감염되는 인수공통 전염병이다.

82 다음 중 개의 일반적인 1차 예방접종 시기로 올바른 것은?

① 생후 2~3주 사이　② 생후 3~5주 사이　③ 생후 2~4주 사이
④ 생후 5~6주 사이　⑤ 생후 6~8주 사이

83 다음 중 호흡기 질환으로 켄넬코프의 원인이 되기 때문에 추가접종이 필요한 질병은?

① 클라미디아　② 파보바이러스　③ 파라인플루엔자
④ 렙토스피라　⑤ 칼리시바이러스

84 다음 중 개의 DHPPL에 해당하지 않는 것은?

① 홍역　② 전염성 간염　③ 파보바이러스
④ 파라인플루엔자　⑤ 광견병

85 다음 중 주사에 대한 설명으로 옳지 않은 것은?

① 근육주사는 근육에 약액 또는 혈액류를 주입하는 주사방법이다.
② 근육주사는 사람의 경우 주로 엉덩이 윗부분에 주사하며, 동물의 경우 뒷다리근육에 접종한다.
③ 근육주사는 지혈이 어렵기 때문에 대부분 정맥주사를 실시하는 경우가 많다.
④ 피하주사는 피하결합조직 내에 주삿바늘을 삽입하여 물약을 주입하는 주사방법이다.
⑤ 피하주사는 혈액의 역류가 없는 것을 확인하며 주사해야 한다.

86 다음 중 개의 필수 예방접종 사항에 해당하지 않는 것은?

① 광견병 ② 켄넬코프 ③ 인플루엔자 ④ 코로나 장염 ⑤ 종합예방백신

87 개의 광견병에 대한 설명으로 옳지 않은 것은?

① 광견병 바이러스를 보유하고 있는 야생동물에게 직접 물려, 물린 상처부위에서 신경을 타고 중추신경까지 도달해 발병한다.
② 증상은 광폭형과 마비형으로 크게 나눌 수 있으며 두 증상 모두가 나타나기도 한다.
③ 개 광견병 백신은 선택 접종 백신으로 분류되어 있다.
④ 광견병 백신은 개와 고양이에게 공통으로 사용된다.
⑤ 광견병은 사람에게도 감염될 수 있는 인수공통 감염병이다.

88 고양이 클라미디아에 대한 설명으로 옳지 않은 것은?

① 세균을 통한 감염이 발생하고 감염된 고양이의 눈곱, 콧물 및 대소변을 통해 다른 개체에게 감염된다.
② 어미 고양이가 임신했을 때 감염된 경우 배 속의 고양이와 함께 감염될 가능성은 없다.
③ 결막염이 발생하며 노란 눈곱이 생기며 심할 경우 안구유착이 발생한다.
④ 호흡기 증상(재채기, 콧물, 기침 및 폐렴)이 나타난다.
⑤ 사람에게 알려진 클라미디아와는 원인 균이 다르기 때문에 같은 질환이 아니다.

89 다음 중 국내 고양이 종합예방백신(FvRCP)으로 예방할 수 없는 질병은?

① 클라미디아 ② 칼리시 바이러스 감염증 ③ 범백혈구 감소증
④ 바이러스성 비기관염 ⑤ 면역결핍 바이러스

90 다음에서 설명하는 질병은 무엇인가?

- 고양이 종합예방백신(FvRCP)으로 예방할 수 있다.
- 고양이 파보 바이러스(Feline parvovirus, FPV)에 의해 발병한다.
- 전염성이 매우 강하고 주로 체액과 대소변을 통해 전염된다.
- 동물 간의 전염성은 강하지만 사람에게는 전염되지 않는다.

① 칼리시 바이러스 ② 바이러스성 비기관염 ③ 전염성 복막염
④ 범백혈구 감소증 ⑤ 바이러스성 백혈병

91 다음 중 외부기생충을 고르면?

① 선충　② 편충　③ 조충　④ 회충　⑤ 구충

92 다음 중 개의 심장사상충 검사 방법으로 적절하지 않은 것은?

① 진단키트　② 유충검사　③ 항원검사　④ 모발검사　⑤ 방사선검사

93 다음 중 고양이의 심장사상충 증상 및 예방 방법에 대한 설명으로 적절하지 않은 것은?

① 감염되었어도 증상이 나타나지 않아 감염 여부를 모르거나, 스스로 회복하는 경우가 있다.
② 미성숙감염에 대한 저항성을 가지고 있기 때문에 개에 비해 심장사상충 감염률이 낮다.
③ 개와 다르게 비정형 숙주이므로, 고양이 체내에서 심장사상충의 유충이 잘 살아남지 못한다.
④ 종 특성상 식욕이 활발하지 않은 경우가 많으므로, 심장사상충 예방약 중 액상 형태가 가장 유용하다.
⑤ 액상 형태의 예방약을 도포한 경우, 유연성이 좋은 고양이의 특성을 고려해 섭취하지 않도록 주의한다.

94 다음 중 기생충별 감염 증상이 올바르게 연결되지 않은 것은?

① 편충 – 설사, 점액변, 혈변 등을 볼 수 있으며 빈혈 증상을 보인다.
② 조충 – 엉덩이를 바닥에 끌고 다니는 항문 미끄럼 증상을 보인다.
③ 모낭충 – 눈・코・입・발끝 등 털이 빠지거나, 약간의 가려움・발진을 보인다.
④ 진드기 – 식욕부진, 구토 및 설사 등이 나타나며 소화기 이상 증상을 보인다.
⑤ 선충 – 귀나 꼬리 끝부터 시작해 온몸으로 퍼져나가며 매우 심한 소양감을 유발한다.

95 다음 제시문에 이어질 심장사상충의 성장 과정으로 적절하지 않은 것은?

마이크로필라리아에 감염된 모기가 다른 숙주를 물어 감염이 시작된다.

(ㄱ) 물린 숙주 내에서 성충이 되기까지 약 6~7개월간의 충체잠복기를 가진다.
(ㄴ) 성충은 숙주의 혈액 및 혈중으로 진입해 폐동맥에 자리를 잡고 기생한다.
(ㄷ) 감염된 지 약 7개월 경과 후 성충은 짝짓기를 하며, 암컷은 마이크로필라리아 유충을 낳는다.
(ㄹ) 다른 모기가 숙주를 흡혈해 그 안으로 들어가기 전까지 유충은 약 2년간 잠복기를 거친다.
(ㅁ) 다른 모기가 숙주를 흡혈했을 때 유충은 L1 감염자충으로 구분되며, 모기의 침샘에 기생한다.

① (ㄱ)　② (ㄴ)　③ (ㄷ)　④ (ㄹ)　⑤ (ㅁ)

96 다음 중 진드기에 대한 설명으로 맞는 것을 모두 고르면?

(ㄱ) 귀진드기는 각질과 귀지를 형성하며, 다른 부위로 전염되지는 않는다.
(ㄴ) 진드기는 부화해서 성충이 되기까지 약 1개월이 걸린다.
(ㄷ) 좀진드기는 감염된 개체를 치료하면 함께 생활하는 동물의 피부염도 자연스럽게 가라앉는다.
(ㄹ) 진드기는 눈으로도 진단이 가능하다.
(ㅁ) 옴진드기는 개체끼리의 직접 접촉으로만 나타난다.
(ㅂ) 진드기는 물리는 것 자체로 증상이 나타나게 된다.

① (ㄱ), (ㄴ) ② (ㄴ), (ㅁ) ③ (ㄴ), (ㄹ)
④ (ㄱ), (ㄴ), (ㄹ) ⑤ (ㄴ), (ㄹ), (ㅂ)

97 다음 중 약에 대한 설명으로 옳지 않은 것은?

① 개의 목걸이 형태의 외부기생충 약은 약 6~8개월까지도 예방 효과가 있다.
② 개와 고양이의 외부기생충의 예방약은 대부분 액상 형태이다.
③ 고양이의 심장사상충 예방약은 츄어블 형태가 많다.
④ 액상 제제의 외부기생충 약은 임신견에게도 사용할 수 있다.
⑤ 개의 외부기생충 약 중 경구용 제제는 2kg 미만의 경우 복용하지 않는다.

98 다음의 특징을 가진 감염종에 대한 설명으로 옳은 것은?

'데모덱스(Demodex)'라는 진드기에 의해 유발된다.

① 2차 감염이 발생하면 태선화 현상이 나타날 수 있다.
② 내부기생충에 해당한다.
③ 따뜻한 날씨나 풀숲에서 감염되는 경우가 많다.
④ 해당 감염종은 숙주의 체표에 점프해 붙어 흡혈하며 기생한다.
⑤ 식욕부진과 구토, 위장병 등의 증상이 나타난다.

99 다음 중 응급상황으로 내원한 동물을 관찰해야 할 목록으로 가장 적절하지 않은 것은?

① 흉복식 호흡을 하고 있는지 확인한다.
② 기도가 막혔는지, 이물질이 있는지 살펴본다.
③ 체온, 심박수, 호흡수를 체크한다.
④ 접종시기에 따라 예방접종을 했는지 확인한다.
⑤ 모세혈관 재충만 시간을 체크해 순환을 확인한다.

100 다음 중 반려동물의 응급상황이 의심되는 상황으로 볼 수 없는 것은?

① 갈비뼈가 보이지 않고 지방이 두꺼우며 살이 처져 있다.
② 호흡 시 콧구멍을 크게 움직이며 노력성 호흡 증상을 보인다.
③ 가시점막의 모세혈관 재충만 시간이 3초 이상 지연되고 있다.
④ 안색과 점막 등이 하얗게 질려 창백해진 쇼크 증상을 보인다.
⑤ 몸을 제대로 가누지 못하고 떠는 경련 현상을 보이고 있다.

101 다음 중 동물병원에 내원한 동물에게 심폐소생술(CPR)을 할 때 수행해야 할 행동으로 적절하지 않은 것을 모두 고르면?

(ㄱ) 입과 코 부분에 손을 대어 호흡을 확인하고 흉복부의 진폭을 확인한다.
(ㄴ) 인공호흡 시 가슴이 팽창될 때까지 코에 숨을 불어 넣는다.
(ㄷ) 의식을 잃고 쓰러진 경우 몸을 바닥에 닿도록 하여 옆으로 눕힌다.
(ㄹ) 호흡 여부를 확인한 후 호흡하고 있다면 1초마다 반복해 숨을 불어 넣는다.
(ㅁ) 입을 열어 기도를 확보하고, 혀가 말려 있을 경우 입 밖으로 빼낸다.
(ㅂ) 소형견 등 작은 개체일수록 효과가 미비하므로 더 깊게 흉부압박을 한다.
(ㅅ) 흉부압박은 약 10~15회 정도 인공호흡과 번갈아가며 실시해야 한다.

① (ㄱ), (ㄹ) ② (ㄴ), (ㄷ), (ㅂ) ③ (ㄷ), (ㄹ), (ㅂ)
④ (ㄹ), (ㅂ) ⑤ (ㅁ), (ㅅ)

102 다음 중 반려동물의 심폐소생술 시 인공호흡 방법으로 옳지 않은 것은?

① 배가 보이도록 눕히고 고개는 옆으로 돌린다.
② 몸이 일직선이 되도록 바른 자세를 유도한다.
③ 호흡 여부를 확인하고 입을 막는다.
④ 가슴이 팽창될 때까지 코에 숨을 불어 넣는다.
⑤ 1초마다 반복하여 숨을 불어넣는다.

103 다음 중 반려동물의 심폐소생술 시 흉부압박 방법으로 적절하지 않은 것은?

① 흉부압박은 약 10~15회 정도 인공호흡과 번갈아가며 실시한다.
② 소형견은 인공호흡이 너무 강하면 폐포가 터질 수 있으므로 주의한다.
③ 개의 흉부압박 위치는 개가 앞다리를 구부릴 경우 팔꿈치가 닿는 부위이다.
④ 고양이의 흉부압박 위치는 왼쪽 가슴 바로 윗부분이며 엄지와 검지로 흉부압박한다.
⑤ 중형견이나 대형견은 5~10cm 깊이로 양손 흉부압박, 소형견은 3~4cm 깊이로 한손 흉부압박한다.

104 **응급 시 대비 물품에 대한 설명으로 옳지 않은 것은?**

① 응급상황은 언제 발생할지 모르기 때문에 항상 수량을 체크하고 물품이 부족하지 않도록 여유 있게 준비해야 한다.
② 주사기는 주사처치에 사용되는 1cc, 3cc, 5cc, 10cc로 각 1개씩 준비해 놓는다.
③ 주사바늘은 18G부터 26G까지 주로 사용되며 크기별로 준비해 놓는다.
④ 기관튜브는 환자의 체중과 크기를 파악해 준비해야 한다.
⑤ 후두경은 환자에 따라 날의 크기를 선택할 수 있으며 빛이 나오지 않을 경우 응급상황 시 기도확보가 어렵기 때문에 수시로 체크해야 한다.

105 **응급 시 환자를 평가하기 위한 일차 단계로 A CRASH PLAN 프로토콜이 있다. 다음 중 A CRASH PLAN 프로토콜 각 단계에 대한 내용으로 옳지 않은 것은?**

① C – 심장박동 여부
② R – 호흡 여부
③ H – 의식 여부
④ P – 척추의 손상 여부
⑤ L – 사지의 형태 이상 여부

106 **다음 중 응급상황 증상과 처치에 대한 설명으로 적절하지 않은 것은?**

① 개구호흡 또는 노력호흡을 하는 것이 관찰되면 호흡이 원활하지 않은 것으로 판단하여 산소를 공급한다.
② 쇼크가 장기간 지속되면 산소 부족으로 심장, 뇌, 장기 등에 이차적인 영향을 미쳐 사망으로 이어질 수 있다.
③ 압박붕대와 코반으로 일시적으로 압박해 순환을 수축시키는 붕대처치 시 부위에 따라 호흡장애를 주의해야 한다.
④ 저혈량쇼크는 쇼크 유형 중 가장 흔하며, 혈액 및 체액의 부족으로 심장이 신체에 혈액을 공급할 수 없는 상태이다.
⑤ 저체온증은 극도의 건조열로 인해 신체 조직이 파괴될 뿐만 아니라 피부조직까지 손상될 수 있으므로 주의해야 한다.

107 **다음 중 약물 투여경로별 흡수형태와 장단점에 대한 내용으로 옳지 않은 것은?**

① 정맥 내 투여는 흡수가 필요하지 않으며, 효과가 즉시 나타난다.
② 근육 내 투여는 근육 내 출혈을 초래하거나 통증을 유발할 수 있다.
③ 피하 투여는 일부 잘 용해되지 않는 약물 투여에 이상적인 방법이다.
④ 경피 투여는 편리하고 통증이 없지만, 약물이 고도의 지용성이어야 한다.
⑤ 경구 투여는 생체 밖으로 신속히 배설되는 약물 투여에 이상적인 방법이다.

108 약제의 형태에 대한 설명 중 옳지 않은 것은?

① 알약의 종류에는 약제를 단단한 형태로 압축시킨 나정과 씹어서 삼킬 수 있는 츄어블정 등이 있다.
② 캡슐제는 의약품을 액상, 분말, 과립 등의 형태로 캡슐에 충전한 상태이다.
③ 세립제는 가루약의 종류 중 하나로 가루제제를 최대한 고르고 작은 형태로 만든 것이다.
④ 물약은 수용성의 유효성분 및 계면활성제 등의 보조제를 이용해 물에 용해시킨 제제이다.
⑤ 과립제는 피부를 통해 제제의 성분이 전신 순환혈류에 송달되도록 만들어진 제제이다.

109 체중이 10kg인 개에게 20mg/kg의 용량으로 약물이 제공되며, 약물 라벨의 농도는 50mg/tablet으로 표기되어 있다고 할 때, 투여할 약물의 복용량을 구하면?

① 2　② 3　③ 4　④ 8　⑤ 10

110 다음 중 동물병원에서 수면제로 쓰이는 약물을 모두 고르면?

㉠ 잘레프론 ㉡ 프라조신 ㉢ 졸피뎀 ㉣ 에스조피크론 ㉤ 페닐에프린

① ㉠, ㉡, ㉢　② ㉠, ㉢, ㉣　③ ㉡, ㉢, ㉣
④ ㉡, ㉣, ㉤　⑤ ㉢, ㉣, ㉤

111 다음에서 설명하는 마취제의 종류를 고르면?

자극성이 낮아 기도 자극 없이 신속히 마취를 유도한다. 혈액에서 용해도가 낮아 신속히 회복되며, 마취회로에서 생성된 화합물이 신선한 가스가 너무 낮은 경우 신장독성이 발생할 수 있어 주의가 필요하다.

① 할로탄　② 리도카인　③ 프로포폴
④ 세보플루란　⑤ 이소플루란

112 다음 중 약의 성분이 피부를 통해서 전신 순환혈류에 송달되도록 만들어진 약제는 무엇인가?

① 알약　② 물약　③ 캡슐
④ 츄어블정　⑤ 경피흡수제

113 **다음 중 약제 조제 시 주의사항으로 옳지 않은 것은?**

① 약 제조 시 유발, 유봉과 손의 청결을 유지해야 한다.
② 약제는 습기에 약하기 때문에 유발, 유봉에 물기가 남아 있지 않도록 건조시킨다.
③ 약 주걱의 경우 청소를 하지 않아도 관계없으며 약을 제조할 때마다 사용한다.
④ 병에서 꺼낸 약제는 다시 넣지 않도록 한다.
⑤ 약을 분배할 때는 최대한 고르게 분배한다.

114 **방사선 기기의 X선에 대한 특징으로 옳지 않은 것은?**

① X선은 에너지의 일종으로 입자 또는 파동의 형태이다.
② 빛으로 통과할 수 없는 고체 및 물체를 통과한다.
③ X선은 곡선으로 주행한다.
④ 세포의 DNA를 손상시켜 변화를 일으키며 암, 기형 등의 질병을 일으킨다.
⑤ 눈에 보이지 않으며 무색무취이다.

115 **다음 중 방사선 보호장비인 납 앞치마에 대한 설명으로 틀린 것은?**

① 방사선 촬영 시에 반드시 착용해야 한다.
② 납 앞치마는 X선을 100% 완벽하게 차단한다.
③ 보통 납 앞치마는 0.5mm의 납당량이 함유되어 있다.
④ 목 부위를 보호하지 않는 앞치마의 경우에 갑상샘 보호대를 착용해 갑상선을 보호해야 한다.
⑤ 대부분 일체형이며 목 부위를 보호하는 앞치마와 보호하지 않는 형태가 있다.

116 **다음 중 방사선 촬영 시 주의해야 할 사항으로 옳지 않은 것은?**

① 동물이 보호장비를 착용하지 않을 경우 방사선 피폭이 발생할 수 있기 때문에 반드시 보호장비를 착용해야 한다.
② 방사선 촬영 시 많은 인원을 동원하여 최대한 빨리 끝내서 방사선의 노출을 최소화해야 한다.
③ 촬영 시 보정을 하면서 손 부위가 직접적으로 노출되기 때문에 납 장갑을 착용해 손 부분을 보호해야 한다.
④ 수의사와 동물보건사는 방사선 촬영의 횟수를 최소화하여 동물의 방사선 노출을 최대한 줄여야 한다.
⑤ 시준기로 촬영부위보다 확대해 촬영하는 경우에는 X선의 노출도가 증가할 가능성이 있기 때문에 범위에 맞게 조절해서 사용하는 것이 중요하다.

117 다음 중 아날로그 X-ray에 대한 설명으로 옳지 않은 것은?

① 무게는 1톤 이상이다.
② 약 15초 동안 방사능에 노출된다.
③ 2,000℃ 정도로 발열한다.
④ 1회 촬영비용이 저가이다.
⑤ X선을 마그네틱 필름을 이용해 음영차이를 현상하는 방법이다.

118 다음 중 초음파에 대한 설명으로 옳지 않은 것은?

① 초음파는 현대 의학에서 가장 널리 사용되는 진단 기술 중 하나이다.
② 초음파는 자기공명영상(MRI)이나 X선 전산화 단층 촬영(CT)에 비해 가격이 고가이지만 이동이 용이하다.
③ 대상물에 탐촉자를 대고 초음파를 발생시켜 반사된 초음파를 수신하여 영상을 구성한다.
④ 음향 임피던스가 다른 두 매질 사이를 지날 때 발생하는 반사파를 측정해 반사음이 되돌아 올 때까지의 시간을 통해 거리를 역산함으로써 영상을 구성한다.
⑤ 개발 초기에는 한쪽 방향으로만 발사할 수 있었지만 현재는 부채꼴의 음파를 이용해 대상물의 단면 이미지를 실시간으로 볼 수 있다.

119 다음 중 초음파 기기로 확인할 수 있는 증상에 대한 설명으로 옳지 않은 것은?

① 임신 여부를 확인할 수 있으며, 대략적인 출산예정일 또한 파악할 수 있다.
② 간의 크기를 확인하고 간을 확대하여 종양 및 담낭의 이물질을 파악할 수 있다.
③ 다른 장기로부터 비장(脾臟)에 종양이 전이되었는지 여부를 확인할 수 있다.
④ 배에 복수가 찼는지 알 수 있으며, 복수는 장기와 다르게 검은색으로 나타난다.
⑤ 난소를 관찰하고 자궁을 확대하여 내부에 농 또는 종양 여부를 확인할 수 있다.

120 다음과 같은 특징을 가진 영상 기기는 무엇인가?

- 피사체 내부를 단면으로 잘라내어 영상화하는 기기이다.
- 피사체의 어느 부위에나 적용하여 검사할 수 있다.
- 일반 X선상에서 볼 수 없었던 연부조직 등의 작은 차이도 구별할 수 있다.
- 외상 유무와 그 영향, 병소의 모양 · 크기 · 구조, 전이 병소의 탐지, 종양의 양성 및 악성 판정 등 유용성이 매우 다양하다.

① CT　② MRI　③ NMR
④ X-ray　⑤ 초음파 기기

2교시 – 임상 동물보건학, 동물 보건·윤리 및 복지 관련 법규

80문항 / 80분

※ OMR 카드는 책의 마지막 부분에 있습니다.

3과목 임상 동물보건학

01 동물의 몸과 밀착하며 머리는 팔로 감싸 안으면서 앉지 못하게 고정시키는 자세를 무엇이라고 하는가?

① 좌위 ② 복와위 ③ 입위 ④ 측와위 ⑤ 앙와위

02 다음 중 기립 자세로 처치해야 하는 항목으로 옳은 것은?

① 채혈 ② 복부 ③ 정맥주사 ④ 피하주사 ⑤ 심장초음파

03 다음은 보정 시 사용하는 도구 중 무엇에 대한 설명인가?

- 보통 천으로 이루어져 있음
- 등 뒤에 지퍼가 달려 있고 다리 네 개를 밖으로 꺼낼 수 있도록 구멍이 있는 형태
- 타월처럼 보통 고양이들에게 많이 사용되며 다리가 밖으로 나와 있어 채혈이나 주사 처치하는 데 더 용이함

① 보정가방 ② 넥카라 ③ 보정 가죽장갑
④ 입마개 ⑤ 거즈 입마개

04 다음 중 주사기에 주사침을 장착할 때의 주의사항으로 옳지 않은 것은?

① 주사기의 크기에 맞는 주사침을 준비한다.
② 주사기 끝부분에 손이 닿지 않도록 한다.
③ 주사액이 새어 나가지 않도록 주사침을 확실하게 연결한다.
④ 주사기의 눈금과 바늘 끝이 반대 방향으로 향하게 장착한다.
⑤ 주사바늘 제거 시 통 끝 근처를 잡고 비틀어 제거한다.

05 다음 중 나비침에 대한 설명으로 옳지 않은 것은?

① 나비침은 멸균상태의 일회용 물품으로 재사용하지 않는다.
② 나비침은 바늘과 나비모양의 날개 부분, 튜브로 이루어져 있다.
③ 튜브 부분은 오염되지 않도록 보호되어 있지만 바늘 부분은 노출되어 있어 오염되지 않도록 주의해야 한다.
④ 나비침의 주사바늘은 체내에 삽입되는 부분으로 일반 주사바늘보다 비교적 짧은 편이다.
⑤ 나비모양의 날개 부분은 피부에 고정하기 편하도록 하는 역할을 한다.

06 수액 준비 시 주의해야 할 사항으로 옳지 않은 것은?

① 수액 부분을 깨물어 새지 않도록 주의해 관찰한다.
② 수액처치 시 수액줄이 배설물에 오염되지 않도록 주의한다.
③ 수액줄에 공기층이 다 빠져나가도록 한다.
④ 유량조절기는 열려있는 상태이므로 수액 연결 시 수액제가 흘러나오지 않도록 주의한다.
⑤ 수액펌프에 수액줄을 연결할 경우 유량조절기를 펌프기기보다 아래쪽에 위치시킨다.

07 넥카라 착용 시 주의해야 할 사항으로 옳지 않은 것은?

① 동물의 코끝보다 넥카라가 짧은 것을 선택해 사용한다.
② 넥카라 장착 시 목 부분에 손가락 두 세 개 정도 들어갈 여유를 두고 채우도록 한다.
③ 칼라가 마찰되는 부분에 환자의 몸에 상처가 발생할 수 있으므로 주의한다.
④ 넥카라를 채워야 하는 부분에 의해 단추가 없을 경우 테이프로 고정한다.
⑤ 넥카라의 크기가 애매할 경우 작은 것보단 큰 것을 사용한다.

08 봉합사의 종류 중 화학변화에 따라 실을 제거하지 않아도 체내에서 녹아 흡수되는 것은 무엇인가?

① 흡수성 봉합사 ② 비흡수성 봉합사 ③ 바늘 봉합사
④ 카세트식 봉합사 ⑤ 절사

09 다음 중 수술칼에 대한 설명으로 옳지 않은 것은?

① 수술칼은 메스라고 불리며 손잡이와 칼날로 구성되어 있다.
② 칼날 부분은 일회용으로 각각 멸균 포장되어 있으며 모양과 크기가 다양하다.
③ 수술칼은 수술부위를 절개하거나 구멍을 내기 위해 사용한다.
④ 수술자에게 칼을 건넬 때에는 손잡이 부분이 수술자에게 향하도록 건네주어야 한다.
⑤ 칼날을 끼울 때에는 날 부분의 멸균 포장을 벗긴 후 끼우고, 뺄 때에는 칼날제거기 등 전용 기구를 사용해야 한다.

10 다음 중 수액에 관한 설명으로 옳지 않은 것은?

① 수액세트는 환자의 정맥에 수액을 투여하는 용품이다.
② 수액의 종류로는 정질용액과 콜로이드 용액이 있다.
③ 수액펌프를 이용해 수액 투여량을 적절히 조절한다.
④ 도입침은 수액과 수액세트를 연결하는 통로이다.
⑤ 점적봉으로 수액의 속도를 조절한다.

11 다음 중 정맥 내 카테터 장착 시 필요한 용품에 대한 설명으로 옳지 않은 것은?

① 카테터는 혈관 내 수액 등을 주입하기 위해 혈관 안에 장착하는 용품이다.
② 나비침은 정맥의 개통과 유지를 위해서 사용된다.
③ 혈관이 잘 보이지 않는 경우 클리퍼를 이용해 털을 제거한다.
④ 알코올 솜을 이용해 카테터 장착 부위에 피부소독을 실시한다.
⑤ 토니켓은 혈관을 압박해 혈관 부분이 일시적으로 노출될 수 있도록 사용한다.

12 다음 중 수액처치 시 동물보건사가 체크해야 할 목록으로 옳지 않은 것은?

① 수액처치가 제대로 이루어져 배뇨량이 증가했는지 확인한다.
② 수액처치 부위에 통증이 없는지 모니터링한다.
③ 카테터 장착 여부를 확인해 수액이 잘 투여되고 있는지 확인한다.
④ 동물의 움직임 등으로 카테터가 빠진 경우 다시 장착을 실시한다.
⑤ 카테터 장착 부위에 상처가 생기지 않았는지 확인한다.

13 다음 중 주사침에 대한 설명으로 옳지 않은 것은?

① 주사침은 일회용으로, 멸균 플라스틱제가 주로 사용된다.
② 주사침은 사용 후 일반폐기물로 분류해 폐기한다.
③ 주사침은 바늘, 침관, 보호 덮개로 구성되어 있다.
④ 주사침의 직경의 단위는 게이지(G)이며, 숫자가 클수록 침의 직경이 가늘다.
⑤ 보호덮개는 주사침의 오염을 방지하며, 주사침의 크기에 따라 색상이 다르다.

14 다음 의료용품 중 분류가 다른 것을 고르면?

① 나비침 ② 후두경 ③ 카테터 ④ 토니켓 ⑤ 헤파린캡

15 다음 중 바이알 형태의 주사약물에 대한 설명으로 옳은 것은?

① 필요한 양만큼 뽑아 여러 번 사용할 수 있으며, 유리병 입구는 고무마개로 밀봉되어 멸균된 상태이다.
② 일반적으로 1회 사용 가능한 약물이 들어있으며, 손가락으로 유리의 상단 부분을 절단한 뒤 사용한다.
③ 색상으로 바늘의 직경을 구분할 수 있고, 혈관의 손상을 방지하기 위해 헤파린캡에 연결하여 사용한다.
④ 겉침과 속침으로 나뉘며, 피부와 혈관벽을 뚫는 역할을 하고 숫자가 클수록 바늘 굵기는 가늘어진다.
⑤ 일시적으로 정맥 혈류의 흐름을 막아 혈관이 노출될 수 있도록 압박하기 위해 사용된다.

16 다음 중 정맥 내 카테터 장착의 순서로 옳은 것은?

(ㄱ) 수의사는 정맥혈관에 카테터를 삽입한다.
(ㄴ) 토니켓으로 다리를 압박해 혈관의 노출도를 높인다.
(ㄷ) 테이프를 이용해 카테터와 헤파린캡을 고정시킨다.
(ㄹ) 혈액의 역류를 막기 위해 헤파린캡을 장착한다.
(ㅁ) 카테터 속침 부위에 혈액이 고이는지 확인한다.

① (ㄱ)–(ㄴ)–(ㄷ)–(ㄹ)–(ㅁ)
② (ㄴ)–(ㄱ)–(ㄷ)–(ㅁ)–(ㄹ)
③ (ㄴ)–(ㄱ)–(ㅁ)–(ㄹ)–(ㄷ)
④ (ㄴ)–(ㅁ)–(ㄹ)–(ㄷ)–(ㄱ)
⑤ (ㅁ)–(ㄹ)–(ㄷ)–(ㄱ)–(ㄴ)

17 **다음 중 마취기에 관한 설명으로 옳지 않은 것은?**

① 마취기는 수술 중 환자에게 마취가스 및 산소를 공급한다.
② 캐니스터는 소다라임이 충전되어 있으며, 날숨 안의 이산화탄소를 제거한다.
③ 생체정보 감시장치로 환자의 체온 및 심박수를 확인할 수 있다.
④ 생체정보 감시장치는 압력을 체크해 인위적으로 호흡을 하도록 도와준다.
⑤ 호흡백은 호스를 통해 호흡하는 것을 확인할 수 있게 해준다.

18 **다음 중 기관 내 튜브에 대한 설명으로 옳지 않은 것은?**

① 환자의 기관 크기에 맞도록 선택하며, 유연한 플라스틱으로 이루어져 있다.
② 커프 인디케이터에 주사기를 통해 공기를 주입하면 커프가 팽창하게 된다.
③ 커프는 기도 내에 고정되어 주변으로 호흡가스가 새지 않도록 돕는다.
④ 커프가 과하게 팽창되면 기도가 손상될 가능성이 있으므로 주의가 필요하다.
⑤ 손잡이와 후두덮개를 누르는 날로 구성되어 있으며, 날에 부착된 광원은 기도확보가 원활하도록 빛을 밝혀준다.

19 **다음 중 동물의 바이탈사인에 대한 설명으로 옳은 것은?**

① 맥박을 측정하는 경우 뒷다리 넙다리 동맥을 측정하며 청진기를 이용해 측정한다.
② 개의 평균 체온은 고양이 보다 높다.
③ 대형견의 정상 맥박수 범위는 60~80회/분이다.
④ 고양이의 정상 호흡 범위는 15~30회이다.
⑤ 복식호흡 및 개구호흡은 정상호흡으로 1분당 호흡횟수를 측정한다.

20 **다음 중 동물의 호흡수에 대한 설명으로 옳지 않은 것은?**

① 호흡수를 측정할 때 흉복부의 움직임을 눈으로 확인한다.
② 흉부와 복부를 모두 사용하여 호흡해야 정상이다.
③ 1분당 동물의 호흡수를 측정하며 (15초 호흡수×4), (30초 호흡수×2), (60초 호흡수) 방법으로 측정한다.
④ 호흡수는 대표적인 생체 징후의 일부이다.
⑤ 호흡수 측정시 과다하게 헐떡일 경우 손으로 입을 막는다.

21 **다음 중 동물의 입원 시 필요한 조치로 적절하지 않은 것은?**

① 고양이의 경우 성격이 예민해 일반 입원실이여도 다른 공간에 분리해 위치시키는 것이 도움이 된다.
② 입원실의 온도는 18 ~ 21℃로 유지하는 것이 좋다.
③ 전염성 질병 환자의 일회용 패드는 사용 후 다른 쓰레기와 섞이지 않게 폐기한다.
④ 탈수 증상 예방을 위해 횟수를 정해 물을 급여하는 것이 좋다.
⑤ 중증환자는 제일 눈에 띄는 곳에 입원실을 위치시킨다.

22 **다음 중 동물에게 설사, 혈변이 나타나는 경우 간호중재에 해당하지 않는 내용은?**

① 전염병 의심
② 수액 과부하 여부 확인
③ 처방 약물 투여
④ 위생 관리
⑤ 탈수 확인

23 **다음 중 반려동물 일반 신체검사의 종류와 방법이 적절하게 연결되지 않은 것은?**

① 문진 – 보호자와의 질의응답을 통해 동물병원에서는 알 수 없는 반려동물의 상태를 확인한다.
② 청진 – 청진기를 사용하여 심장의 심잡음 등 청진음으로 반려동물의 현재 상태를 확인한다.
③ 시진 – 전반적인 피부 상태나 신체 움직임 등을 눈으로 직접 보고 확인한다.
④ 촉진 – 전체적인 신체 부위를 직접 만져봄으로써 증상의 위치와 크기를 확인한다.
⑤ 타진 – 피부를 가볍게 들어 올렸다가 놓은 후 원래 위치로 돌아가는 시간을 확인한다.

24 **개와 고양이의 신체충실지수(BCS)를 다음과 같은 5단계로 구분했을 때, 3단계에 해당하는 설명을 고르면?**

신체충실지수(BSC)	
1단계	야윔
2단계	저체중
3단계	적정체중
4단계	과체중
5단계	비만

① 피하지방이 거의 없으며 갈비뼈, 요추, 골반뼈 등 모든 뼈 융기가 보인다.
② 많은 양의 지방이 두껍게 접혀 있으며, 옆에서 봤을 때 복부가 처져 있다.
③ 과도한 지방 없이 갈비뼈가 만져지며 옆에서 봤을 때 배가 들어가 있다.
④ 갈비뼈가 드러나 있으며, 지방이 적고 피부와 뼈 사이에 약간의 조직만 있다.
⑤ 갈비뼈를 만지기 어렵고 허리를 구분하기 힘들며 지방 축적이 관찰된다.

25 **다음에서 설명하는 기관은 무엇인가?**

> • 항문 좌우 혹은 약간 밑 부분에 위치한다.
> • 특유의 냄새를 풍기는 액이 생산 및 분비된다.
> • 분비액이 쌓이는 주머니 모양의 샘이다.

① 코거울　② 비루관　③ 항문낭　④ 후상피　⑤ 후두개

26 **다음 중 동물 신체검사 시 검사 부위별 관찰해야 하는 내용이 적절하게 연결되지 않은 것은?**

① 머리 검사 시 두개골 뒤쪽의 천문을 촉진하여 단단하게 폐쇄되어 있는지 확인한다.
② 몸 검사 시 눈, 귀, 코뿐 아니라 치아, 잇몸, 침 흘림 등 구강 또한 살펴봐야 한다.
③ 근골격계 검사 시에는 동물이 걷는 모습과 서 있는 모습을 모두 관찰해야 한다.
④ 견갑전, 겨드랑이, 서혜부 등 촉진 가능한 림프절이 부어있는지 표면을 확인한다.
⑤ 수컷의 생식기 검사 시 외상과 분비물 여부뿐 아니라 잠복고환 유무 또한 살펴본다.

27 **다음 중 개와 고양이의 바이탈사인(TPR)에 대한 설명으로 옳지 않은 것을 모두 고르면?**

> (ㄱ) 동물의 현재 신체 건강상태를 확인할 수 있는 체온, 맥박, 호흡수를 의미한다.
> (ㄴ) 개와 고양이의 체온을 측정할 때는 보통 겨드랑이에 체온계를 대고 측정한다.
> (ㄷ) 개와 고양이의 정상 체온에서 1℃ 이상은 미열, 3℃ 이상은 고열로 분류된다.
> (ㄹ) 심박수 측정 기준인 1분간의 보정이 힘든 경우 15초 심박수에 4를 곱해 측정한다.
> (ㅁ) 호흡수 측정 시에는 정상적인 호흡 방법인 복식호흡을 하고 있는지 확인한다.
> (ㅂ) 운동 등의 과한 움직임 후에는 바이탈사인이 일시적으로 상승할 가능성이 있다.

① (ㄴ), (ㄷ)　② (ㄴ), (ㄹ)　③ (ㄴ), (ㅁ)　④ (ㄷ), (ㄹ)　⑤ (ㄷ), (ㅁ)

28 **동물보건사로서 동물의 입원 수속 시 확인해야 할 내용으로 적절하지 않은 것은?**

① 환자 상태에 적절한지 온도, 소음, 환기 등 입원실의 전반적인 환경을 체크한다.
② 환자의 질병 상태와 특이사항에 따라 침구, 먹이, 화장실 등 입원실을 준비한다.
③ 환자의 먹이, 식습관 등 특이사항과 주의할 점을 보호자에게 전달받은 후 기록한다.
④ 접종 내역, 과거 병력 등 진료차트에 기록되지 않은 내용은 담당 수의사에게 전달한다.
⑤ 환자의 종과 질병 상태에 따라 일반입원실, 격리입원실, 집중치료실로 분류해 수속한다.

29 **다음 중 동물보건사로서 환자를 판단할 수 있는 간호중재 목록에 포함되지 않는 것은?**

① 고체온 및 저체온 ② 반응 및 통증 ③ 식욕부진
④ 탈구 진행 정도 ⑤ 구토 및 설사

30 **다음 중 동물보건사로서의 적절한 간호중재가 아닌 것은?**

① 개의 체온이 39.5℃ 이상이고 헐떡임(panting) 증상을 보여서, 차가운 수건을 대주고 발바닥 패드에 알코올을 적셔 주었다.
② 입원한 개가 식욕이 없어서 사료를 데워 주었음에도 불구하고, 계속해서 사료를 거부하고 있어서 주사기로 급여해 주었다.
③ 진통제 투약을 처방받은 개의 호흡수가 감소하고 구토와 설사를 해서, 통증 반응을 다시 확인하고 진통제를 처방했다.
④ 입원한 개가 설사 증상을 보여 탈수를 확인한 뒤 수의사에게 전달했으며, 전염병이 의심되어 입원실 위생을 재점검했다.
⑤ 개의 배뇨량이 현저히 감소하고 점막이 건조한 등 탈수 증상을 보여서 수액 투여 상태와 전해질 불균형 여부를 확인했다.

31 **다음 중 현미경으로 진행하는 검사가 아닌 것은?**

① 분변검사 ② 요검사 ③ 세포검사
④ 혈액검사 ⑤ 신체 충질 지수

32 **다음 중 성격이 다른 세균은?**

① 캠필로박터균 ② 녹농균 ③ 황색포도상구균
④ 선충류 ⑤ 살모넬라균

33 **다음 중 육안으로 확인할 수 있는 분변에 대한 설명으로 옳지 않은 것은?**

① 굳은 변을 보는 경우 수분섭취 감소를 의심해 볼 수 있다.
② 단백질이 소장에서 원활히 흡수되지 않을 경우 긴 형태의 고형성 변을 본다.
③ 소화관 하부 대장의 출혈이 있는 경우 붉은 계열의 변을 띤다.
④ 무른 변을 보는 이유는 음식 외에도 스트레스나 질병의 이유가 있을 수 있다.
⑤ 장관염증이 있을 경우 점액성 성상이 띄는 변을 본다.

34 **아래에서 설명하는 분변검사 방법을 순서대로 나열한 것은?**

> 이 방법은 무거운 흡충류의 충란 등을 포화식염수에 가라앉게 만들어 현미경을 이용해 관찰하는 방법이다.

> ⓐ 채취한 분변을 약 2g 정도 넣고 충분히 섞어준다.
> ⓑ 상층액은 버리고 가라앉은 침전물을 채취한다.
> ⓒ 포화식염수를 시험관 1/3 정도 넣어준다.
> ⓓ 여과거즈를 이용해 찌꺼기를 걸러낸다.
> ⓔ 1,500rpm에서 약 5~10분간 원심분리한다.

① ⓐ-ⓒ-ⓓ-ⓔ-ⓑ ② ⓐ-ⓒ-ⓑ-ⓔ-ⓓ ③ ⓒ-ⓐ-ⓑ-ⓔ-ⓓ
④ ⓒ-ⓐ-ⓓ-ⓔ-ⓑ ⑤ ⓓ-ⓐ-ⓒ-ⓑ-ⓔ

35 **다음 중 동물의 소변검사 결과에 영향을 끼치는 요소가 아닌 것은?**

① 샘플 보관 방법 ② 투약 여부 ③ 검사기구의 청결도
④ 발열 및 고열 ⑤ 습도

36 **다음의 소변채취 방법에 대한 설명으로 옳은 것은?**

> • 스트레스가 적은 검사 방법이다.
> • 오염 가능성이 높다.

① 세균배양검사가 불가능하다.
② 요도로 직접 삽입하는 방법이다.
③ 암컷의 채취가 더 쉽다.
④ 결석이 있는지 함께 확인할 수 있다.
⑤ 채취 시 숙달된 노하우가 필요하다.

37 **다음 중 동물의 소변에 대한 설명으로 옳지 않은 것은?**

① 요비중 수치가 높을 경우 수분과다섭취를 의심해 볼 수 있다.
② 오렌지색의 소변을 보는 경우 탈수를 의심할 수 있다.
③ 소변의 색은 우로크롬이라는 물질로 정해진다.
④ 흑갈색의 소변을 보는 경우 양파중독 증상을 의심할 수 있다.
⑤ 고양이의 정상적인 요비중 수치는 1.020~1.040이다.

38 **다음 중 요스틱 검사 시 주의사항에 대한 설명으로 옳지 않은 것은?**

① 공기 중에 오래 노출되면 검사 결과에 영향을 끼친다.
② 요스틱은 습한 환경에서 보관한다.
③ 반드시 정해진 시간에 검사를 해야 한다.
④ 직사광선이 없는 밝은 장소에서 검사한다.
⑤ 검사 시 소변이 닿으면 즉시 뺀다.

39 **다음 중 요스틱 검사 항목에 대한 설명으로 옳은 것은?**

① 정상적인 상태라면 단백질은 소변으로 배출되지 않기 때문에 검출된다면 요중 단백/크레아티닌 비율(UPCR)검사를 진행해야 한다.
② 고양이의 혈중 포도당이 180mg/dl인 경우 요스틱의 색이 변하기 때문에 혈액검사를 진행해봐야 한다.
③ 고양이는 빌리루빈이 조금만 검출되어도 다른 간기능 검사를 진행해야 한다.
④ 농뇨의 존재여부 판단을 위해서 케톤 항목 검사가 필요하다.
⑤ PH는 먹은 음식에 따라 일시적인 차이가 있을 수 있으며 요스틱 측정 범위는 5.5~7.5이다.

40 **다음 중 피부검사에 대한 설명으로 옳지 않은 것은?**

① 곰팡이배양 검사는 실온에서 일주일 이상의 시간이 필요하다.
② 피부 표면의 곰팡이는 투명테이프를 피부 표면에 붙였다 떼는 방법으로 알 수 있다.
③ 진드기가 의심되는 경우 털의 모근을 뽑아 검사를 진행한다.
④ 우드램프는 암실에서 사용해야 하며 5~10분 정도 예열이 필요하다.
⑤ 우드램프로 곰팡이 검사를 하는 경우 감염이 된 부분은 형광색을 띠며, 반응이 나타나지 않으면 피부사상균은 없는 것이다.

41 **다음 중 혈액검사에 대한 설명으로 옳은 것을 모두 고르면?**

(ㄱ) 헤파린은 일반 혈액검사에서 가장 많이 사용하는 항응고제이다.
(ㄴ) 구연산나트륨은 칼슘이온을 제거해 혈액을 응고시키는 작용을 한다.
(ㄷ) 혈장은 원심분리를 하지 않은 상태의 혈액으로 항응고제가 첨가된 검체용기에 채취한다.
(ㄹ) 혈청은 원심분리한 상층에 위치한 액체이다.
(ㅁ) 혈액을 원심분리한 후에는 적혈구는 상층, 백혈구는 중간층으로 분리된다.

① (ㄱ), (ㄴ)
② (ㄴ), (ㄷ)
③ (ㄴ), (ㄹ)
④ (ㄷ), (ㄹ)
⑤ (ㄴ), (ㄹ), (ㅁ)

42 **다음 중 혈액 염색에 대한 설명으로 옳지 않은 것은?**

① Diff-Quick stain 염색법의 경우 세 가지 염색약에 순서대로 담갔다 뺀 후 흐르는 물에 헹구고 자연 건조시킨다.
② 혈구세포 형태를 관찰하기 위해 염색이 사용되며, 혈액 구성과 백혈구, 기생충 여부 등의 정보를 알 수 있다.
③ 라이트 염색법의 경우 한 가지 염색약과 김사액(Giemsa solution)이 필요하다.
④ 혈구세포를 현미경으로 직접 관찰하는 검사방법이다.
⑤ 염색약은 총 세 가지로 분류가 된다.

43 **다음에서 설명하는 혈액의 화학검사 항목은?**

핵이 세포의 대부분을 차지하며 스트레스 및 연역반응 때 증가한다.

① 호중구(neutrophil) ② 림프구(lymphocyte) ③ 단핵구(monocyte)
④ 호산구(eosinophil) ⑤ 호염기구(basophil)

44 **다음은 혈액 화학검사 항목의 각 의미에 대한 설명이다. 이 중 항목의 분류가 다른것은?**

① 적혈구 내에 있는 산소운반색소 ② 적혈구 한 개당 평균 혈색소 농도
③ 적혈구의 평균적인 크기 ④ 적혈구 개별 부피 차이
⑤ 미성숙 적혈구 수

45 **다음 중 콩팥 질환을 확인해 볼 수 있는 검사 항목이 아닌 것은?**

① BUN ② CRE ③ TBIL ④ SDMA ⑤ IP

46 **다음 중 반려동물의 소변검사를 위해 소변을 채취하는 방법이 아닌 것은?**

① 요도카테터 ② 자연배뇨 ③ 방광천자
④ 직접도말 ⑤ 방광압박

47 **반려동물의 분변검사 시 변에서 시큼한 냄새가 나는 원인이 될 수 없는 것은?**

① 채취한 변에 세균이 번식하여 부패되었다.
② 소장에서 단백질이 흡수되지 않았다.
③ 체내 흡수되지 않은 영양소가 세균에 의해 발효되었다.
④ 탄수화물의 소화가 원활하게 이루어지지 않았다.
⑤ 채취 시 반려동물이 스트레스 받았을 가능성이 높다.

48 **다음 중 반려동물 혈액검사 시 주의사항으로 적절하지 않은 것은?**

① 적절한 혈액검사를 위해서는 최소 1ml 이상의 혈액을 채취해야 한다.
② 혈액검체용기는 검사종류에 따른 첨가제가 포함되어 있고, 각각의 색이 다르다.
③ 항응고제는 채혈된 용액을 응고시키는 물질이므로 채취한 혈액과 분리해 보관한다.
④ 혈액을 옮길 때는 용혈을 방지하기 위해 용기의 벽을 따라 천천히 주입한다.
⑤ 혈액검사를 통해 혈액을 구성하는 혈구세포와 혈청 내 효소 등을 파악할 수 있다.

49 **다음 중 동물의 상처 원인과 유형이 제대로 짝지어진 것은?**

① 욕창 – 미용 시 생기는 피부 상처
② 교상 – 동물끼리 생기는 상처
③ 열상 – 난로, 뜨거운 물, 드라이기, 전기장판 등으로 인한 상처
④ 관통상 – 외부 충격으로 인한 조직 내 출혈 발생으로 인한 상처
⑤ 타박상 – 날카로운 물체로 인한 상처

50 **다음 중 동물의 상처 치료에 대한 설명으로 옳지 않은 것은?**

① 캐스트는 탄력성을 갖는다.
② 붕대 처치를 하는 경우 2번 층은 외부 충격을 완화시켜주는 역할을 한다.
③ 상처 발생 3주 후부터 조직형성 단계가 시작된다.
④ 폐쇄성 상처는 피부 표면의 손상은 없지만 조직에 손상을 입은 경우이다.
⑤ 상처가 발생한 직후부터 염증 단계가 시작되어 염증 반응이 나타난다.

51 **다음과 같은 수액 500ml를 5시간 동안 투여한다고 할 때 수액속도를 구하면?** (단, 1drop/분)

	DEHP FREE / 일회용 의료기기 / 재사용 금지
수액세트 Infusion Set	
모델명 : ABC / 1ml ≒ 60drops 수입원 : (주) ○○메티컬 판매처 : ○○시 ○○동 123-45 제조사 : A Medical. Inc	

① 10 ② 30 ③ 50 ④ 70 ⑤ 100

52 **다음 중 완전비경구영양법(TPN)에 대한 설명으로 옳지 않은 것은?**

① 입을 통한 영양섭취가 불가능한 경우 사용한다.
② 하루 영양소요량 100%를 투여하는 방법이다.
③ 중심정맥에 삽입한 카테터를 통해 투여한다.
④ 투여 후 24시간 모니터링이 필요하다.
⑤ 삼투압이 낮아 말초정맥을 통해 투여할 수 있다.

53 **수술 중 작은 혈관이 터져 지혈하는 데 사용할 겸자의 종류로 가장 적절한 것은?**

① 크릴 겸자 ② 켈리 겸자 ③ 앨리스 겸자
④ 모스키토 겸자 ⑤ 타월 클램프

54 **다음에서 설명하는 드레싱 종류는?**

> 방수기능이 있으며, 상처를 밀폐해 습윤상태를 유지하여 상처를 보호하고 치유를 촉진한다. 습윤 환경이 유지될 수 있도록 너무 자주 교체하지 않는다. 삼출물이 약간 존재할 경우에는 사용이 가능하지만, 삼출물이 많을 경우에는 부적절하다. 초기에는 삼출물의 양에 따라 1~2일 간격으로 교체하다가 상태에 따라 2~7일에 한 번씩 교체한다. 부착 후 약 7일 정도 유지 가능하며, 재사용하지 않는다.

① 폼(Form) ② 거즈(Gauze) ③ 하이드로젤(Hydrogel)
④ 하이드로콜로이드(Hydrocolloid) ⑤ 칼슘 알지네이트(Calcium Alginate)

55 현미경의 구조 중 밑줄 친 이곳은?

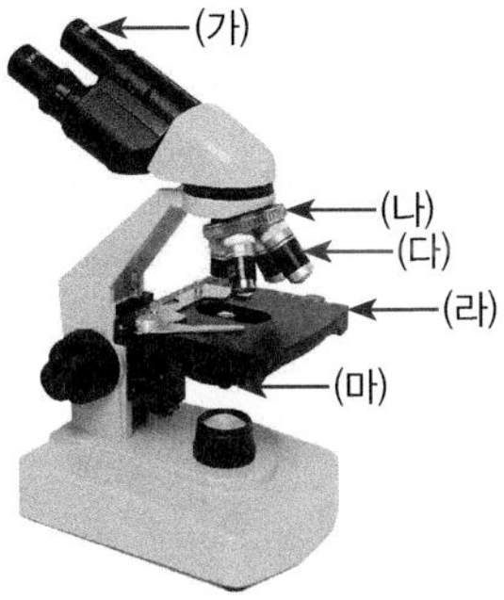

<u>이곳</u>의 길이가 각각 다른 것은 배율의 차이이며 고배율일수록 렌즈의 길이가 길다. 일반적으로 '4×', 10×', '40×', '100×'배율의 4개 구성이다. 회전판을 돌려가면서 원하는 배율로 관찰한다.

① 접안렌즈 ② 회전판 ③ 대물렌즈
④ 재물대 ⑤ 조리개

56 다음 중 도말표본검사 방법으로 진행하지 않는 것은?

① 세포검사 ② 빈혈검사 ③ 소변검사
④ 분변검사 ⑤ 혈액검사

57 다음 중 멸균면봉과 슬라이드글라스를 이용한 귀 도말검사를 통해 확인할 수 없는 것은?

① 빌리루빈 ② 말라세치아 ③ 포도상구균
④ 귀 진드기 ⑤ 호중구

58 다음에서 설명하는 기구를 고르면?

> – 기관 내 튜브 삽관 시 필요한 기기이다.
> – 삽관할 때 날끝으로 후두덮개를 눌러 기관입구를 확인한다.
> – 손잡이와 날로 구성되어 있고, 안쪽까지 잘 보이도록 빛이 나오는 형태이다.

①
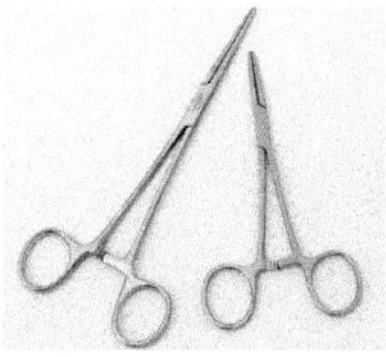

②
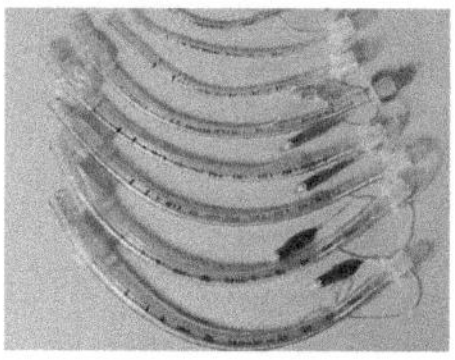

③
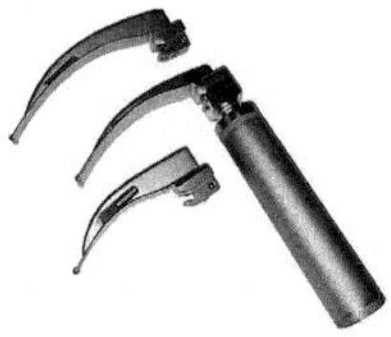

④
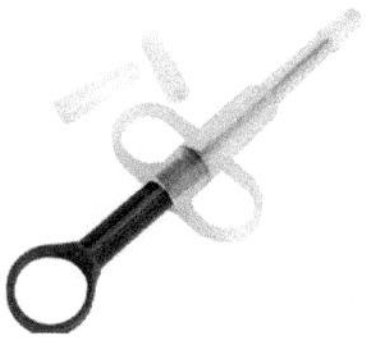

⑤
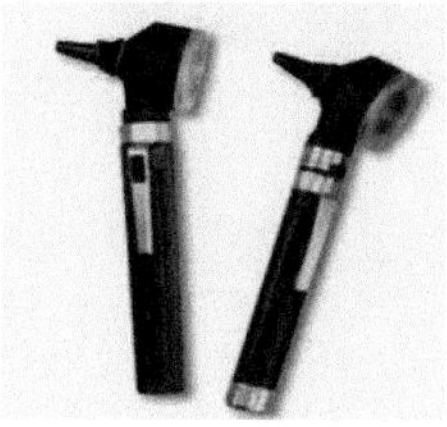

59 다음 중 반려동물의 복부나 심장 초음파 실시를 위해 보정해야 할 자세로 가장 적절한 것은?

① 좌위 ② 입위 ③ 횡와위
④ 복와위 ⑤ 앙와위

60 다른 직원에게 입원 환자에 대해 인수인계할 때 설명해야 하는 내용이 아닌 것은?

① 환자의 증상 ② 현재 모니터링 상황 ③ 투여 중인 약물
④ 보호자의 정보 ⑤ 환자의 특이사항

4과목 동물 보건 · 윤리 및 복지 관련 법규

61 다음은 「수의사법」 제14조(신고)에 관한 내용이다. 괄호 안에 들어갈 말로 옳은 것은?

> 「수의사법」 제14조(신고)
> 수의사는 (㉠)으로 정하는 바에 따라 그 실태와 취업상황(근무지가 변경된 경우를 포함한다) 등을 제23조에 따라 설립된 (㉡)에 신고하여야 한다.

	㉠	㉡
①	농림축산식품부령	지방자치단체
②	농림축산식품부령	농림축산식품부장관
③	농림축산식품부령	대한수의사회
④	대통령령	농림축산식품부장관
⑤	대통령령	대한수의사회

62 다음 중 농림축산식품부령으로 정하는 바에 따라 수수료를 내야 하는 경우가 아닌 것은?

① 수의사 면허증 또는 동물보건사 자격증을 재발급받으려는 사람
② 수의사 국가시험에 응시하려는 사람
③ 동물보건사 자격시험에 응시하려는 사람
④ 동물병원 폐업 신고를 하려는 자
⑤ 수의사 면허 또는 동물보건사 자격을 다시 부여받으려는 사람

63 농림축산식품부장관 또는 시장 · 군수는 다음의 어느 하나에 해당하는 처분을 하려면 무엇을 실시하여야 하는가?

> • 제17조의5 제2항에 따른 검사 · 측정기관의 지정취소
> • 제30조 제2항에 따른 시설 · 장비 등의 사용금지 명령
> • 제32조 제1항에 따른 수의사 면허의 취소

① 청문　② 연수교육　③ 벌금 부과
④ 권한의 위임　⑤ 권한의 위탁

64 다음은 「수의사법」 제2조(정의)에 관한 내용이다. 괄호 안에 들어갈 말로 옳은 것은?

> "동물보건사"란 동물병원 내에서 수의사의 지도 아래 동물의 간호 또는 진료 보조 업무에 종사하는 사람으로서 (　　)의 자격인정을 받은 사람을 말한다.

① 대통령　② 총리　③ 시 · 도지사
④ 구청장　⑤ 농림축산식품부장관

65 다음은 「수의사법 시행규칙」 제14조의2(동물보건사의 자격인정)에 명시된 내용의 일부이다. 괄호 안에 들어갈 말로 알맞은 것은?

> **「수의사법 시행규칙」 제14조의2(동물보건사의 자격인정)**
> ③ 농림축산식품부장관은 법 제16조의2에 따른 자격인정을 한 경우에는 동물보건사 자격시험의 합격자 발표일부터 (　　　) 이내 [법 제16조의2 제3호에 해당하는 사람의 경우에는 외국에서 동물 간호 관련 면허나 자격을 받은 사실 등에 대한 조회가 끝난 날부터 (　　　) 이내]에 동물보건사 자격증을 발급해야 한다.

① 10일　② 15일　③ 30일　④ 50일　⑤ 60일

66 다음은 「수의사법」 제16조의2(동물보건사의 자격)에 대한 내용이다. 괄호 안에 들어갈 말로 알맞은 것은?

> 동물보건사가 되려는 사람은 다음의 어느 하나에 해당하는 사람으로서 동물보건사 자격시험에 합격한 후 농림축산식품부령으로 정하는 바에 따라 (㉠)의 자격인정을 받아야 한다.
> ① 농림축산식품부장관의 평가인증(제16조의4 제1항에 따른 평가인증을 말한다. 이하 이 조에서 같다)을 받은 「고등교육법」 제2조 제4호에 따른 전문대학 또는 이와 같은 수준 이상의 학교의 동물 간호 관련 학과를 졸업한 사람[동물보건사 자격시험 응시일부터 (㉡) 이내에 졸업이 예정된 사람을 포함한다]
> ② 「초 · 중등교육법」 제2조에 따른 고등학교 졸업자 또는 초 · 중등교육법령에 따라 같은 수준의 학력이 있다고 인정되는 사람(이하 "고등학교 졸업학력 인정자"라 한다)으로서 (㉠)의 평가인증을 받은 「평생교육법」 제2조 제2호에 따른 평생교육기관의 고등학교 교과 과정에 상응하는 동물 간호에 관한 교육과정을 이수한 후 농림축산식품부령으로 정하는 동물 간호 관련 업무에 (㉢) 이상 종사한 사람
> ③ (㉠)이 인정하는 외국의 동물 간호 관련 면허나 자격을 가진 사람

	㉠	㉡	㉢
①	농림축산식품부장관	6개월	6개월
②	농림축산식품부장관	6개월	1년
③	농림축산식품부장관	8개월	6개월
④	시 · 도지사	8개월	1년
⑤	시 · 도지사	8개월	6개월

67 **농림축산식품부장관 또는 시 · 도지사가 동물진료법인 설립 허가를 취소할 수 있는 경우로 옳지 않은 것은?**

① 정관으로 정하지 아니한 사업을 한 때
② 설립된 날부터 1년 내에 동물병원을 개설하지 아니한 때
③ 동물진료법인이 개설한 동물병원을 폐업하고 2년 내에 동물병원을 개설하지 아니한 때
④ 농림축산식품부장관 또는 시 · 도지사가 감독을 위하여 내린 명령을 위반한 때
⑤ 동물진료법인의 부대사업 규정에 따른 부대사업 외의 사업을 한 때

68 **농림축산식품부장관은 동물 진단용 방사선발생장치의 검사기관 또는 측정기관이 다음의 어느 하나에 해당하는 경우에는 지정을 취소하거나 6개월 이내의 기간을 정하여 업무의 정지를 명할 수 있다. 다음 중 그 지정을 취소하여야 하는 경우를 모두 고르면?**

㉠ 거짓이나 그 밖의 부정한 방법으로 지정을 받은 경우
㉡ 고의 또는 중대한 과실로 거짓의 동물 진단용 방사선발생장치 등의 검사에 관한 성적서를 발급한 경우
㉢ 업무의 정지 기간에 검사 · 측정업무를 한 경우
㉣ 농림축산식품부령으로 정하는 검사 · 측정기관의 지정기준에 미치지 못하게 된 경우
㉤ 그 밖에 농림축산식품부장관이 고시하는 검사 · 측정업무에 관한 규정을 위반한 경우

① ㉠, ㉡　　② ㉠, ㉡, ㉢　　③ ㉠, ㉡, ㉤
④ ㉡, ㉢　　⑤ ㉡, ㉢, ㉣

69 **다음은 「수의사법」 제30조(지도와 명령)에 관한 내용이다. 괄호 안에 들어갈 말로 옳은 것은?**

「수의사법」 제30조(지도와 명령)
① 농림축산식품부장관, 시 · 도지사 또는 시장 · 군수는 동물진료 시책을 위하여 필요하다고 인정할 때 또는 공중위생상 중대한 위해가 발생하거나 발생할 우려가 있다고 인정할 때에는 (㉠)으로 정하는 바에 따라 수의사 또는 동물병원에 대하여 필요한 지도와 명령을 할 수 있다. 이 경우 수의사 또는 동물병원의 시설 · 장비 등이 필요한 때에는 (㉡)으로 정하는 바에 따라 그 비용을 지급하여야 한다.

	㉠	㉡
①	농림축산식품부령	대통령령
②	농림축산식품부령	농림축산식품부령
③	대통령령	대통령령
④	대통령령	농림축산식품부령
⑤	총리령	대통령령

70 다음 중 '부적합 판정을 받은 동물 진단용 특수의료장비를 사용한 자'에게 부과되는 과태료는?

① 100만 원 이하
② 200만 원 이하
③ 300만 원 이하
④ 400만 원 이하
⑤ 500만 원 이하

71 동물보호관인 A씨는 학대를 받는 강아지를 발견했다. 이때 A씨가 신고해야 하는 곳을 모두 고르면?

㉠ 동물병원의 수의사
㉡ 관할 지방자치단체
㉢ 동물보호센터
㉣ 동물실험윤리위원회

① ㉠, ㉡
② ㉡, ㉢
③ ㉢, ㉣
④ ㉠, ㉢
⑤ ㉡, ㉣

72 다음 법 제4항 각 호에 포함되지 않는 내용은?

「동물보호법」 제101조(과태료)
④ 다음 각 호의 어느 하나에 해당하는 자에게는 50만 원 이하의 과태료를 부과한다.
1.____________
2.____________
3.____________
4.____________
5.____________
6.____________
7.____________

① 정해진 기간 내에 신고를 하지 아니한 소유자
② 소유권을 이전받은 날부터 30일 이내에 신고를 하지 아니한 자
③ 등록대상동물의 등록 및 변경신고의무를 고지하지 아니한 영업자
④ 인식표를 부착하지 아니한 소유자 등
⑤ 안전조치를 하지 아니하거나 배설물을 수거하지 아니한 소유자 등

73 **다음 중 「동물보호법」에 명시된 소유자 등의 적정한 사육 · 관리가 아닌 것은?**

① 소유자 등은 동물에게 적합한 사료와 물을 공급하고, 운동 · 휴식 및 수면이 보장되도록 노력하여야 한다.

② 소유자 등은 재난 시 동물이 안전하게 대피할 수 있도록 노력하여야 한다.

③ 소유자 등은 동물이 질병에 걸리거나 부상당한 경우에는 신속하게 치료하거나 그 밖에 필요한 조치를 하도록 노력하여야 한다.

④ 소유자 등은 동물을 관리하거나 다른 장소로 옮긴 경우에는 그 동물이 새로운 환경에 적응하는 데에 필요한 조치를 하도록 노력하여야 한다.

⑤ 법에서 규정한 사항 외에 동물의 적절한 사육 · 관리 방법 등에 관한 사항은 대통령령으로 정한다.

74 **다음의 괄호 안에 들어갈 말로 옳은 것은?**

> **「동물보호법」 제5조(등록대상동물의 등록 등)**
>
> ① 등록대상동물의 소유자는 동물의 보호와 유실 · 유기방지 등을 위하여 시장 · 군수 · 구청장(자치구의 구청장을 말한다. 이하 같다) · 특별자치시장(이하 "시장 · 군수 · 구청장"이라 한다)에게 등록대상동물을 등록하여야 한다. 다만, 등록대상동물이 맹견이 아닌 경우로서 농림축산식품부령으로 정하는 바에 따라 시 · 도의 조례로 정하는 지역에서는 그러하지 아니하다.
>
> ② 제1항에 따라 등록된 등록대상동물의 소유자는 다음 각 호의 어느 하나에 해당하는 경우에는 해당 각 호의 구분에 따른 기간에 시장 · 군수 · 구청장에게 신고하여야 한다.
>
> 1. 등록대상동물을 잃어버린 경우에는 등록대상동물을 잃어버린 날부터 (㉠) 이내
> 2. 등록대상동물에 대하여 대통령령으로 정하는 사항이 변경된 경우에는 변경 사유 발생일부터 (㉡) 이내

	㉠	㉡
①	10일	10일
②	10일	20일
③	10일	30일
④	20일	10일
⑤	20일	30일

75 **다음 중 농림축산식품부장관이 동물복지축산농장에 지원할 수 있는 사항이 아닌 것은?**

① 동물복지축산농장의 운영자의 생활환경 개선에 필요한 비용
② 인증농장의 환경개선 및 경영에 관한 지도 · 상담 및 교육
③ 인증농장에서 생산한 축산물의 판로개척을 위한 상담 · 자물 및 판촉
④ 인증농장에서 생산한 축산물의 해외시장의 진출 · 확대를 위한 홍보활동
⑤ 인증농장의 경영안정을 위하여 필요한 사항

76 **다음 중 「동물보호법」에 명시된 동물을 사육 · 관리 또는 보호할 때에 준수하여야 하는 동물보호의 기본원칙으로 옳지 않은 것은?**

① 동물이 본래의 습성을 잃더라도 신체의 원형을 유지하면서 정상적으로 살 수 있도록 할 것
② 동물이 갈증 및 굶주림을 겪거나 영양이 결핍되지 아니하도록 할 것
③ 동물이 정상적인 행동을 표현할 수 있고 불편함을 겪지 아니하도록 할 것
④ 동물이 고통 · 상해 및 질병으로부터 자유롭도록 할 것
⑤ 동물이 공포와 스트레스를 받지 아니하도록 할 것

77 **다음 중 고정형 영상정보처리기기의 설치에 대한 내용으로 옳지 않은 것은?**

① 고정형 영상정보처리기기를 설치 대상, 장소 및 기준 등에 필요한 사항은 대통령령으로 정한다.
② 설치 목적과 다른 목적으로 다른 곳을 비추지 아니하여야 한다.
③ 녹음기능을 사용할 때는 진료 시에만 사용한다.
④ 고정형 영상정보처리기기로 촬영한 영상기록을 다른 사람에게 제공하여서는 아니된다.
⑤ 고정형 영상정보처리기기의 설치, 운영 및 관리 등에 관한 사항은 「개인정보 보호법」에 따른다.

78 「동물보호법」상 동물을 운송하는 자 중 농림축산식품부령으로 정하는 자가 준수하여야 하는 사항으로 옳지 않은 것은?

① 운송 중인 동물에게 적합한 사료와 물을 공급하고, 급격한 출발·제동 등으로 충격과 상해를 입지 아니하도록 할 것
② 동물을 운송하는 차량은 동물이 운송 중에 상해를 입지 아니하고, 급격한 체온 변화, 호흡곤란 등으로 인한 고통을 최소화할 수 있는 구조로 되어 있을 것
③ 병든 동물, 어린 동물 또는 임신 중이거나 젖먹이가 딸린 동물을 운송할 때에는 함께 운송 중인 다른 동물에 의하여 상해를 입지 아니하도록 칸막이의 설치 등 필요한 조치를 할 것
④ 동물을 싣고 내리는 과정에서 동물이 들어있는 운송용 우리를 던지거나 떨어뜨려서 동물을 다치게 하는 행위를 하지 아니할 것
⑤ 안전한 운송을 위하여 전기(電氣) 몰이도구는 최소한으로 사용할 것

79 다음 중 「동물보호법」상 동물의 도살 방법으로 옳지 않은 것은?

① 모든 동물은 혐오감을 주거나 잔인한 방법으로 도살하면 아니 된다.
② 도살과정에서 불필요한 고통, 공포나 스트레스를 주어선 아니 된다.
③ 「가축전염병예방법」에 따라 도살하는 경우에는 전살법을 사용해서는 아니 된다.
④ 「가축전염병예방법」에 따라 동물을 매몰하는 경우 반드시 의식이 없는 상태에서 다음 도살 단계로 넘어가야 한다.
⑤ 동물을 불가피하게 죽여야 하는 경우에는 고통을 최소화할 수 있는 방법에 따라야 한다.

80 다음 빈칸 안에 들어가야 하는 알맞은 시간을 고르면?

법원은 동물학대행위자 등에게 유죄판결(선고유예 제외)을 선고하면서 (　　) 시간의 범위에서 재범 예방에 필요한 수강명령 또는 치료 프로그램의 이수명령을 부과할 수 있다.

① 50시간　② 100시간　③ 150시간
④ 200시간　⑤ 300시간

동물보건사 실전모의고사 – 정답과 해설

1교시 기초 동물보건학, 예방 동물보건학

문제당 1점, 점수 : (   )

01	02	03	04	05	06	07	08	09	10	11	12	13	14	15	16	17	18	19	20
④	⑤	③	③	①	④	①	②	④	③	⑤	③	⑤	②	①	④	⑤	①	⑤	④
21	22	23	24	25	26	27	28	29	30	31	32	33	34	35	36	37	38	39	40
⑤	③	⑤	②	⑤	⑤	②	④	③	①	④	⑤	④	②	⑤	③	①	①	⑤	④
41	42	43	44	45	46	47	48	49	50	51	52	53	54	55	56	57	58	59	60
⑤	①	⑤	②	⑤	⑤	③	②	①	④	①	③	④	②	④	①	⑤	③	④	④
61	62	63	64	65	66	67	68	68	70	71	72	73	74	75	76	77	78	79	80
④	④	③	②	③	④	①	④	⑤	③	②	②	⑤	⑤	⑤	③	③	④	⑤	②
81	82	83	84	85	86	87	88	89	90	91	92	93	94	95	96	97	98	99	100
⑤	⑤	③	⑤	③	③	③	②	⑤	④	①	④	②	④	⑤	③	③	①	④	①
101	102	103	104	105	106	107	108	109	110	111	112	113	114	115	116	117	118	119	120
④	①	④	②	④	⑤	⑤	⑤	③	②	④	⑤	③	③	②	②	④	②	②	①

01 정답 ④

'앵무새'에 대한 설명이다. 대형 앵무일수록 수명이 길며, 대형 앵무새의 수명은 평균 80살이다.

02 정답 ⑤

사람의 미뢰수는 약 9,000개인 반면, 개의 미뢰수는 약 1,750개로 사람보다 미각이 둔해 미각보다 후각으로 음식을 먼저 판단한다.

03 정답 ③

고양이는 개와 다른 구강구조를 가지고 있어 짖는 행위를 할 수 없다. 그 대신 다양한 소리와 몸짓으로 표현한다.

04 정답 ③

개의 호흡수는 사람보다 높은 편이다.

plus 해설

사람과 개의 생리적 특성은 다음과 같다.

구분	사람	개
체온	37℃	37.5~39.5℃
맥박	60~100회/분	70~120회/분
호흡수	12~20회/분	20~25회/분
혈압	80~120mmHg	70~120mmHg

05 정답 ①

개는 인간과 달리 긴 파장과 중간 파장을 감지하는 원추세포가 거의 없어 푸른색 계통만을 뚜렷이 구분할 수 있다.

06 정답 ④

고양이들은 대체로 예민하여 긴장, 불안 등 심리 상태에 따라 호흡이 달라질 수 있기 때문에 안정시킨 후 호흡수를 재는 것이 좋다.

07 정답 ①

행동이론 학습의 개념 중 '관찰/모방'은 직접적인 강화를 받지 않아도 다른 개체의 행동이나 모습을 관찰하는 것만으로도 학습이 이루어질 수 있다는 것을 설명한다.

08 정답 ②

개와 고양이의 행동발달과정 중 사회화기(생후 3주~6개월)에는 섭식 및 배설활동과 감각기능 및 운동기능이 발달하며, 사회적 행동을 학습한다.

09 정답 ④

개는 피곤할 때 턱을 길게 빼고 힘이 없으며, 엎드려 있거나 웅크리는 행동을 보인다.
관심을 가져달라는 의사표현으로 짖는 행동을 보이거나, 발을 내밀어 만져달라고 표현한다.

10 정답 ③

고양이가 귀를 살짝 젖히거나, 꼬리를 좌우로 빠르게 흔드는 것은 기분이 좋지 않을 때 하는 행동이다.

11 정답 ⑤

'수컷'의 복부에는 방어물질인 악취를 내뿜는 취선이 존재한다. 취선과 고환은 햄스터 수컷에만 존재하므로 대표적인 햄스터 암수 구별 방법이다.

12 정답 ③

고양이 사료에는 고단백과 타우린이 들어 있어 고슴도치가 섭취해도 좋을 것 같지만, 고양이 사료는 육식성단백질이기 때문에 비만을 유발할 수 있다. 또한 고양이 사료에는 고슴도치에게 필요한 성분인 염분이 없다. 따라서 고슴도치가 고양이 사료를 장기 섭취할 경우 여러 가지 질병이 나타날 수 있다.

13 정답 ⑤

- 스너플(Snuffles, 바이러스성 출혈병)
  토끼에게 발생할 수 있는 가장 널리 알려진 감염병이며, 감염 시 80% 이상은 사망한다.

원인	호흡기 질병으로 재채기 · 콧물 등의 분비물, 오염된 물에 의해 전염이 이루어진다.
증상	초기 재채기와 콧물, 눈곱, 폐렴, 식욕저하, 자궁염 등의 증상이 나타난다.
치료	다른 개체와 격리하며 예방접종 외에 치료법은 없다. 생후 8주차에 1차, 4주 후 2차 접종을 한 뒤 1년에 1회 추가 접종한다.

14 정답 ②

상동장애는 정상적이지 않은 이상행동으로 분류되며 행동을 지속적으로 반복하는 것이다. 이런 행동을 보이는 견들은 혼자 방치되는 경우가 많고 보호자와의 교류가 적은 경우가 많다.

15 정답 ①

비타민B 복합체와 비타민C는 수용성 비타민이다.

16 정답 ④

단백질은 섭취 시 체내에서 아미노산으로 분해되어 흡수되며, 아미노산은 대부분 동물 체내에서 합성이 가능해서 따로 섭취하지 않아도 되지만, 일부 합성하지 못하는 아미노산은 음식을 통해 섭취해야 한다.
고양이의 필수 아미노산은 타우린을 포함하여 11종이며, 개는 10종이다.

17 정답 ⑤

건식사료는 재료 본연의 맛을 느끼기 어려우며, 습식사료가 건식에 비해 향과 맛이 강하다.

18 정답 ①

자율 급식은 반려동물이 자유롭게 섭취할 수 있도록 사료그릇에 사료를 채워 넣는 방법으로 비만의 위험이 있어 식욕이 왕성한 동물에게는 적절한 교육과 관리가 필요하다.

19 정답 ⑤

밀가루 반죽을 섭취하면 반죽의 효소 성분이 알코올을 생성해 소화기관에 가스를 생성하고 고통을 유발시키며 장기가 파열될 위험이 있다.
양파(파), 마늘은 소량을 섭취하게 되더라도 위험하고 적혈구의 파괴를 유발한다.

20 정답 ④

생식은 육류 및 채소 등 재료 그대로의 형태를 유지한 사료이다. 시중에 판매되는 것을 구매해 급여하는 방법도 있으며 보호자가 직접 만들어 급여하는 경우가 많다.

plus 해설

- 생식사료의 장 · 단점

장점	• 소화가 잘된다. • 피부 트러블 및 모질 개선에 도움을 준다. • 인공첨가제 중 알레르기가 있는 경우 효과적이다. • 생뼈를 급여하는 경우 스트레스 완화에도 도움을 준다.
단점	• 익히지 않은 음식으로 살모넬라균(salmonella)의 감염으로 식중독에 걸릴 위험이 있다. • 재료가 상하지 않도록 신선도 유지가 중요하다. • 생뼈를 먹이는 경우 질식, 장폐색, 이빨의 부러짐을 유발할 수 있다. • 영양 불균형 위험이 있다. • 고단백이므로 장기 급여 시 췌장질환이 생길 위험이 있다.

21 정답 ⑤

탄수화물은 활동에너지를 공급해주는 주요 에너지원이다. 1g당 4kcal의 에너지가 발생하며, 체내에서 최종적으로 분해되고 흡수되면 혈당(글리코겐)이 되어 혈류를 따라 전신으로 공급된다. 저장되고 남은 잉여 글리코겐은 지방으로 피하조직에 저장되기 때문에 비만의 원인이 되기도 한다.

22 정답 ③

습식사료의 제조과정은 다음과 같다.
ⓒ 사료에 들어가는 재료를 섞어 분쇄한다.
ⓓ 재료의 점성이 생길 수 있도록 식용 젤 등을 첨가해 열처리한다.
ⓐ 사료의 포장(캔 또는 팩 등) 안에 넣어 밀봉하고 내부 공기를 제거한다.

ⓑ 내용물 안의 박테리아를 없애고 부패방지를 위해 가열 살균처리한다.
ⓔ 내용물의 부식 및 부패를 막기 위해 냉각처리한다.

23 정답 ⑤
고양이의 타우린 섭취 부족 시 나타나는 증상으로 시력 상실, 심장질환 발생, 면역력 감소 등이 있다.

24 정답 ②
휴지기에너지요구량(kcal) = 30 × 체중(kg) + 70
30 × 3 + 70 = 160(kcal)

plus 해설
휴지기에너지요구량(Resting Energy Requirement, RER)은 온도가 중립인 상태에서 휴식상태의 동물이 소비하는 기본 에너지이며, 다음 식을 통해 계산할 수 있다.
(1) 70 × 체중(kg)$^{0.75}$ = PER(kcal)
(2) 30 × 체중(kg) + 70 = PER(kcal) (단, 체중 2~48kg인 경우)

25 정답 ⑤
일일에너지요구량(DER) = 2 × 휴지기에너지요구량(RER)
2 × 160 = 320(kcal)

26 정답 ⑤
'자일리톨'이 반려동물의 금기 식품인 이유이다.

plus 해설
- **알코올** : 개는 알코올을 분해하는 능력이 거의 없기 때문에 소량 섭취한 경우에도 급성 독성을 나타내 위험할 수 있다. 알코올은 술뿐만 아니라 화장품, 향수, 가글 등 다양한 것에 함유되어 있다. 소량으로도 알코올 중독현상이 나타날 수 있고 호흡곤란 및 심장마비로 사망할 위험이 있다.

27 정답 ②
사료 급여량은 반려동물 체중에 따른 휴지기에너지요구량을 계산하고, 이에 따라 일일에너지요구량을 산출한 후 사료의 1g당 칼로리를 확인하여 결정한다.

28 정답 ④
① **구내염** : 입안의 점막에 생긴 염증
② **외이염** : 고막까지의 귓구멍에 생긴 염증
③ **백내장** : 눈동자가 백색으로 탁하게 변함
⑤ **결막염** : 눈꺼풀 안쪽과 각막 연결 부분의 조직인 결막의 충혈 및 통증

29 정답 ③
'제3안검 돌출증'은 삼안검이 돌출된 질환으로, '체리아이'라고도 불린다. 붉은색의 돌출물이 육안으로 확인 가능하며, 외과적 수술로 삼안검을 정상적으로 돌려놓거나 제거한다.

30 정답 ①
대표적인 비뇨기 질병인 신부전은 심질환, 탈수 등 신장의 혈액량이 줄어 갑자기 발생하는 경우가 있으며, 소변의 양이 감소하거나 못 보게 되는 등 배설장애를 동반한다.

31 정답 ④
'당뇨'의 대표적인 증상은 식욕증가, 체중감소, 무기력증, 활동량 감소, 보행 이상 등이다. 정상적인 고양이는 보행 시 발가락으로 땅을 지지하며, 발바닥을 바닥에 붙이고 걷지 않는다.

32 정답 ⑤
부신의 피질에서 호르몬이 과도하게 분비되는 질환은 '부신피질기능항진증'이며, 일명 '쿠싱증후군(쿠싱병)'이라고 불린다. 반면 부신의 피질에서 호르몬이 결핍되는 질환은 '부신피질기능저하증(에디슨병)'이다.

33 정답 ④
이자의 α-세포에서 (ㄴ) '글루카곤'이 분비되어 글리코겐을 분해하는 반면, 이자의 β-세포에서 (ㄱ) '인슐린'이 분비되어 글리코겐 합성을 돕는다.

34 정답 ②
소장의 시작 부분은 '십이지장'이며, 십이지장 안에서 '소화액'이 분비된다.

35 정답 ⑤
- 슬개골 탈구

증상	1기	탈구가 발생해도 제자리로 돌아오며 통증이 거의 없다.
	2기	일상생활 중 탈구가 발생하며 통증은 거의 없지만 다리를 많이 사용하고 뛰는 경우 파행이 나타난다. 방치하고 지속될 경우 연골이 깎이거나 3기로 진행될 가능성이 있다
	3기	탈구가 되어 있는 상태이며, 손으로 정복해도 다시 파행되고 양측성이 많다.
	4기	항상 탈구된 상태이며, 손으로 정복해도 들어가지 않고 뼈의 변형도 심하다. 4기의 경우 비정상적인 보행을 보이는 경우가 많고, 통증이 심하며 외과적 치료를 적용해야 한다.

36 정답 ③

공중보건(公衆保健)은 개인이 아닌 지역사회의 노력을 통해 질병을 예방하고 수명을 연장하며 신체적 · 정신적 효율을 증진시키는 기술이자 과학이다. 즉, 특정인이 아닌 모든 사람의 건강유지에 관한 사회적 제도를 보장하는 것이 올바른 공중보건의 역할이다.

plus 해설

- 공중보건학의 5가지 역할
  ① 환경위생
  ② 전염병의 관리
  ③ 개인위생에 관한 보건교육
  ④ 질병의 조기발견과 예방을 위한 의료 및 간호서비스 조직화
  ⑤ 모든 사람의 건강유지를 위해 보장받는 사회적 제도

37 정답 ①

② 페텐코퍼(Pettenkofer) : 19세기 후반 환경위생학을 근대 과학으로 발전시키며 위생에 관한 인식과 실험 방법을 확립한 위생학자이자 화학자
③ 아리스토텔레스(Aristoteles) : 동물은 인간을 위해 존재하며 도덕적 고려는 필요하지 않다는 의견을 가진 그리스의 철학자
④ 제레미 벤담(Jeremy Bentham) : 동물의 말과 이성보다는 고통을 느낄 수 있다는 점으로 보아 도덕적 고려가 필요하다는 의견을 가지고 있는 영국의 철학자
⑤ 토마스 아퀴나스(Thomas Aquinas) : 신의 섭리에 의해 동물은 인간이 사용하도록 운명 지어졌기 때문에 인간의 목적으로 동물을 죽이거나 이용해도 부정적인 것이 아니라는 의견을 가진 이탈리아의 신학자

38 정답 ①

- 환경위생의 영역(환경의 종류)

환경 구분		환경 기준
자연적 환경	물리 · 화학적	기후, 공기, 물, 토양, 광선, 소리 등
	생물학적	병원미생물, 곤충, 위생해충 등
사회적 환경	인위적	의복, 주택, 위생시설 등
	문화적	정치, 경제, 종교, 교육 등

39 정답 ⑤

- 공기 중 이산화탄소(CO_2) 농도

공기 중의 CO_2 농도	인체에 미치는 영향
3% 이상	불쾌감
6% 이상	인체 유해작용, 호흡수 증가
7% 이상	호흡곤란
10% 이상	의식상실, 사망(질식사)

40 정답 ④

- 식중독의 분류

대분류	중분류	소분류	인균 및 물질
미생물	세균성	독소형	황색포도상구균, 웰치균, 보툴리누스
		감염형	살모넬라, 장염비브리오균, 병원성대장균, 캠필로박터, 바실러스 세리우스
	바이러스성	공기, 접촉 등의 경로로 전염	노로바이러스, 로타바이러스, 간염A바이러스, 장관아데노바이러스 등

41 정답 ⑤

- 식품을 통한 기생충 감염

식품	기생충 종류
채소	회충, 편충, 구충, 십이지장충, 요충 등
육류	– 돼지고기 : 선모충, 유구조충 – 소고기 : 무구조충
민물고기	게(폐흡충), 숭어(이형흡충) 등
바다생선	아나사키스증

42 정답 ①

HACCP 12절차는 준비단계 5절차와 HACCP 7원칙으로 구성된다.
① HACCP팀 구성 → ② 제품설명서 작성 → ③ 사용용도 확인 → ④ 공정흐름도 작성 → ⑤ 공정흐름도 현장확인 → ⑥ 위해요소 분석 → ⑦ 중요관리점(CCP) 결정 → ⑧ 한계기준 설정 → ⑨ 모니터링체계 확립 → ⑩ 개선조치방법 수립 → ⑪ 검증절차 및 방법 수립 → ⑫ 문서화 및 기록유지

43 정답 ⑤

'분석역학연구'는 질병의 원인에 관한 가설을 검증하기 위해 비교군을 가지고 두 군 이상의 질병 빈도 차이를 관찰하는 연구이다. 대표적으로 단면조사연구, 환자–대조군 연구, 코호트 연구가 있다.

44 정답 ②

- 질병전파의 역학적 3요인

병인 요인	– 생물학적 요인 : 박테리아, 바이러스, 진균 – 화학적 요인 : 독성물질, 알코올, 중금속, 매연 – 물리적 요인 : 충격, 방사능, 압력, 열, 자외선
숙주 요인	– 연령 / 성별 / 인종 / 직업
환경 요인	– 생물학적 환경 : 감염균의 매개체, 병원체 서식지 – 물리화학적 환경 : 기후, 고도, 소음, 환경오염 – 사회경제적 환경 : 주택, 이웃

45 정답 ⑤

'공기전파'는 비말전파와 포말전파로 구분된다.

- **비말전파** : 재채기, 대화 시 비말핵이 감수성 보호자의 흡기에 의해 신체내로 침입해 감염
- **포말전파** : 대화 중 배출되는 포말에 의해 전파되어 감염

46 정답 ⑤

'치명률'은 특정질병의 중증도를 측정하는 지표로 특정질병에 걸린 환자 중 일정기간 동안 사망한 사람의 분율을 의미한다.

- 치명률(%) = $\frac{\text{그 기간의 동일 질병에 의한 사망자 수}}{\text{어떤 기간 동안 특정 질병이 발생한 환자 수}} \times 100$

47 정답 ③

묘소병은 고양이가 할퀴거나 물렸을 때 전염되는 세균으로 인해 생기는 병이다.

48 정답 ②

렙토스피라증은 추운 북극과 남극을 제외하고 어디서나 발생할 수 있으며 날씨가 따뜻한 7~10월 사이에 잘 발생한다. 가축 및 야생동물, 특히 설치류의 쥐에게 전염되는 경우가 많고 감염된 개체의 소변이나 하천 및 호수 등 물을 통해서 집단감염이 발생할 가능성이 있다. 축산업, 어업 등 야외활동을 하는 사람들에게 발생하기 쉬우며, 수의사 등 동물과 직접 접촉하는 경우도 주의해야 한다.

49 정답 ①

켄넬코프의 주요 원인균은 보데텔라균(Bordetella bronchiseptica)이며 세균과 공기에 의한 감염이 대부분이다. 번식장 및 보호소 같은 많은 개체들이 함께 지내는 곳에서 많이 감염된다.

50 정답 ④

고양이 전염성 복막염(FIP, Feline infectious peritonitis)은 단독 백신으로 예방한다.

51 정답 ①

세포는 모든 생물의 구조적, 기능적 기본단위이다. 세포는 직접 영양소를 섭취하고, 노폐물 분리, 호흡, 번식 등 다양한 기능의 역할을 한다.

52 정답 ③

동물의 뼈대는 크게 지지의 기능, 운동의 기능, 보호의 기능, 저장의 기능, 조혈의 기능을 한다.

53 정답 ④

(ㄹ) – 종아리뼈

plus 해설

개의 뼈 구조는 목뼈(7개), 등뼈(13개), 허리뼈(7개), 엉치뼈(3개), 꼬리뼈(20~23개)로 구성되어 있다.

54 정답 ②

내측늑간근(속갈비사이근)은 가슴 근육으로 늑골을 아래로 당겨 공기가 밖으로 배출되도록 해 날숨에 관여한다.

55 정답 ④

(ㄹ) – 무릎뼈

56 정답 ①

(가)는 소장이다. 대부분의 영양소는 소장의 혈액 내로 흡수된다.

plus 해설

② 식도에 대한 설명이다.
③ 대장에 대한 설명으로 결장은 대장의 대부분을 차지한다.
④ 간장에 대한 설명이다.
⑤ 위에 대한 설명이다.

57 정답 ⑤

- **내분비계** : 뇌하수체, 갑상샘, 부신(호르몬 분비)
- **순환계** : 심장, 혈관, 림프관(혈액과 림프의 이동)
- **면역체계** : 골수, 림프기관(면역 반응)

58 정답 ③

성숙 적혈구는 핵이 없으며, 미성숙 적혈구만 핵이 존재한다. 반면, 모든 백혈구는 핵을 가지고 있어 핵이 없는 적혈구, 혈소판과 구분된다.

59 정답 ④

'세기관지'는 폐포에 닿아 있어 공기를 전달하는 기능을 하며, 폐포에서 실질적인 가스교환이 이루어진다.

60 정답 ④

말은 개와 같이 1개의 자궁체를 가지고 있으며, 자궁각에 임신하는 '쌍각자궁'이다.

좌우 자궁각이 분리되어 2개의 자궁경관이 있는 것은 '중복자궁'으로, 토끼나 설치류에서 보인다.

plus 해설

- **쌍각자궁** : 자궁후부에서 자궁경과 자궁체까지는 합체되어 있으나, 전방에서는 합체되지 않고 갈라져 한 쌍의 자궁각을 형성해 각각 난관과 연락된 형태이다.

61 정답 ④

약을 처방하는 일은 동물보건사의 역할이 아니다.

62 정답 ④

동물보건사가 하는 업무는 '동물 간호, 수술 보조, 병원 행정 업무, 전화 응대, 용품 판매' 5개이다.

63 정답 ③

호흡 불안정, 의식 불분명, 기립 불가능 등 응급 위험이 있는 경우 즉시 내원하도록 안내해야 한다.

64 정답 ②

• 수의 의무기록 내용

보호자 정보	보호자 성함, 주소, 연락처 등
환자의 정보	환자 이름, 품종, 성별, 나이, 체중, 특징, 중성화 여부, 동물등록 여부
진료내역 및 병력	최근 복용한 약, 과거병력, 수술이력, 치료병력 등
신체검사	촉진, 청진 등을 통한 내용
처방진단내용	검사를 통한 최종 진단내용
검사내역	검사 소견서, 검사 진행사항 등
치료계획	처방전과 앞으로의 치료방향
보호자와의 상담	보호자의 관찰내용, 상담한 내용 등

65 정답 ③

㉠ 처방약물 투여 : 동물보건사의 진료보조업무
㉡ 외래환자 진료 : 수의사의 업무
㉢ 직원교육 : 동물보건사의 기타업무
㉣ 재활운동 : 동물보건사의 간호업무
㉤ 미용 : 전문미용사의 업무

66 정답 ④

㉡ 일반 입원장 – 이물이나 털은 핸드 청소기로 깨끗이 제거한 후 소독스프레이를 이용해 바닥, 벽, 천장, 유리 모두 소독을 하고 문을 열어 두어 수분이 날아 갈 때까지 둔다.
㉣ 전염의 위험이 적은 대기실 및 상담실을 먼저 청소하고, 전염 가능성이 높은 처치실 및 집중치료실을 늦게 청소한다.

67 정답 ①

• 4P 마케팅 전략

Product(제품)	– 제품의 품질 – 선호도 – 본질적 가치 – 부가적 가치 – 브랜드(포장 등) – 소비자의 니즈
Price(가격)	– 가성비 / 프리미엄 – 비교우위 – 박리다매
Promotion(유인)	– 광고(SNS, PPL, 콘텐츠, 뉴스 등) – 방문판매
Place(유통)	– 온라인 / 오프라인

plus 해설

• **4S 마케팅 전략** : Speed(속도), Spread(확산), Strength(강점), Satisfaction(만족도)

68 정답 ④

입원장을 소독한 후 물기가 남아있을 때 절대 반려동물을 입원장 안에 넣지 않도록 한다.

69 정답 ⑤

동물이 격리 입원장에서 퇴원할 때 동물의 개인용품은 위생봉투에 넣어 차단한 뒤 보호자에게 건네주어야 한다. 소모품일 경우 의료폐기물로 따로 보관 후 배출시킨다.

70 정답 ③

바이러스까지 사멸시킬 수 있으며 파보 바이러스 소독 시에도 사용된다.

71 정답 ②

미산성 차아염소산(hypochlorous acid)은 산성(pH 5.0 ~ 6.5)으로 청색 리트머스 종이를 붉은색으로 변화시킨다.

72 정답 ②

크레솔비누액은 독성과 부식성이 비교적 약하다.

73 정답 ⑤

알데하이드는 동물병원에서 주로 내시경 소독에 사용한다.

74 정답 ⑤

멸균증류수는 무색투명한 액체로 다른 약품조제 시 희석시켜 사용하며, 40℃ 이하의 서늘한 곳에서 보관해야 한다. 부유물질이 있거나 용기가 훼손되었을 경우 멸균증류수가 오염되었을 확률이 크기 때문에 사용할 때마다 새것을 개봉해 사용해야 하며 재사용하지 않는다.

75 정답 ⑤

• **방사선멸균** : 자외선, γ선 등을 사용하여 멸균하는 방법으로 플라스틱제용기 등 가열할 수 없는 기구의 멸균에 사용하고 있다. 자외선살균등(燈)을 사용할 때는 가까운 거리에서 30분 정도로 멸균할 수 있다.

76 정답 ③

① **격리의료폐기물** : 7일
② **위해의료폐기물 – 조직물류(재활용하는 태반)** : 15일
③ **위해의료폐기물 – 손상성** : 30일
④ **위해의료폐기물 – 혈액오염** : 15일
⑤ **일반의료폐기물** : 15일

77 정답 ③

위해의료폐기물(혈액오염)의 보관시설은 밀폐된 전용 보관창고이다.

78 정답 ④

'주사바늘, 봉합바늘, 수술용 칼날, 한방침, 치과용침, 파손된 유리재질의 시험기구'는 '손상성'의료폐기물에 해당한다.

79 정답 ⑤

인플루엔자 백신(canine influenza)은 선택접종 백신이다.

80 정답 ②

개 렙토스피라(canine leptospirosis)는 세균 감염으로 인한 감염이 대표적이며 설치류(쥐 등)의 배설물에 상처가 접촉하거나 야외활동 시 감염된다. 매개체인 설치류를 조심하고 야외활동에 주의해야 한다. 양말이나 신발 및 의류를 입혀 보호하는 것이 좋다.

81 정답 ⑤

개 파보바이러스는 다른 포유동물로 전염될 수 있으나 사람에게는 전파되지 않는다.

82 정답 ⑤

개의 1차 예방접종은 보통 생후 6~8주 사이에 시작한다. 보통 개의 분양 및 입양 시기는 생후 2달 후가 많기 때문에 접종 내역과 날짜를 확인하도록 한다.

83 정답 ③

파라인플루엔자(ParaInfluenza)는 발열, 콧물, 기침 등의 증세가 나타나는 대표적인 호흡기 질환으로, 호흡기로 인한 원인이 크기 때문에 다른 개체와 격리가 필요하며 켄넬코프의 원인이 되므로 추가접종이 필요하다.

84 정답 ⑤

개의 종합예방접종 백신은 치사율이 높고 치명적인 질병 중 다섯 가지를 묶어 한 번에 예방하는 백신으로, 홍역(Distemper), 전염성 간염(Hepatitis), 파보바이러스(Parvovirus), 파라인플루엔자(Parainfluenza), 렙토스피라(Leptospirosis)를 함께 예방할 수 있다. 광견병은 인수공통 전염병으로 반드시 접종해야 하는 필수 접종질병이다.

85 정답 ③

동맥주사는 지혈이 어렵기 때문에 대부분 정맥주사를 실시하는 경우가 많다.

86 정답 ③

'인플루엔자(canine influenza)'는 바이러스를 지닌 다른 강아지의 기침 등 분비물을 통해 감염되며, 기침 · 구역질 · 무기력 · 식욕감퇴 · 콧물 · 발열 등의 증상을 보인다. 필수접종이 아닌 선택접종으로 분류되며 치사율은 낮지만 감염률이 높으므로 접종이 권유된다.

87 정답 ③

개 광견병 백신(rabies)은 인수공통 전염병으로 「가축전염병 예방법」에 의해 반드시 접종을 해야 하는 필수 접종질병이다.

88 정답 ②

어미 고양이가 임신했을 때 감염된 경우 배 속의 고양이와 함께 감염될 가능성이 있다.

89 정답 ⑤

고양이 종합예방백신(FvRCP)은 바이러스성 비기관염(허피스), 칼리시 바이러스 감염증(칼리시), 범백혈구 감소증(범백)의 약자로, 이 세 가지는 전 세계 공통의 필수 백신이다. 여기에 클라미디아가 추가된 것이 국내에서 일반적으로 사용되는 종합예방백신이다.

90 정답 ④

고양이 범백혈구 감소증(Feline panleukopenia)은 고양이 파보 바이러스(Feline parvovirus, FPV)에 의해 발병하는 바이러스성 장염이다.

91 정답 ①

'선충(옴)'은 피부 접촉에 의해 발생하며, 강한 피부 소양감 · 발진 · 탈모 등을 유발한다.
'편충', '조충', '회충', '구충'은 동물 체내에 기생하는 내부기생충이다.

92 정답 ④

모발검사는 심장사상충 등 기생충 감염 여부를 검사하기 위한 방법으로 적절하지 않다.
반려동물의 털을 채취하여 검사하면 영양상태, 스트레스 정도뿐 아니라 만성질환, 유전질환 등을 파악할 수 있다.
나머지는 모두 심장사상충 검사 방법에 해당한다.

93 정답 ②

임상증상은 보통 미성숙감염에서 성숙감염으로 넘어가는 시점에 나타난다.
고양이의 경우 보통 '성숙감염'에 대한 저항성을 가지고 있기 때문에 개에 비해 비교적 낮은 감염률을 보인다.

94 정답 ④

식욕부진, 구토, 설사 등과 위장병 등 소화기 이상 증상을 유발하는 감염종은 '회충'이다.

95 정답 ⑤

모기가 숙주를 흡혈했을 때 유충은 'L3 감염자충(3기 유충)'으로 진행되며, 숙주의 피부 안에서 'L4 감염자충(4기 유충)'이 된다.

96 정답 ③

(ㄱ) 귀진드기는 귀뿐만 아니라 다른 부위로도 이동 가능하다.
(ㄷ) 좀진드기류는 전염성이 매우 강해 감염된 개체만 치료해서는 안되며 함께 생활 · 동거하는 모든 동물들을 치료해야 한다.
(ㅁ) 옴진드기는 전염성이 매우 강하며 개체끼리의 직접 접촉뿐 아니라 간접 접촉에서도 감염이 일어난다.
(ㅂ) 진드기에게 물리는 것 자체로는 증상이 발현되지 않을 수 있다.

97 정답 ③

고양이의 심장사상충 예방약은 바르는 액상 형태가 대부분이다.

98 정답 ①

'모낭충'은 '데모덱스(Demodex)'라는 진드기에 의해 유발된다.
② 모낭충은 외부기생충에 해당한다.
③ 진드기에 대한 설명이다.
④ 벼룩에 대한 설명이다.
⑤ 회충으로 인한 증상에 대한 설명이다.

99 정답 ④

응급 시 관찰해야 하는 목록에는 기도확보, 호흡확보, 순환확보 등이 있다.
예방접종은 개의 경우 보통 생후 6~8주 사이에 시작하는 것으로, 접종시기별 접종항목에 따라 실시한다. 응급상황으로 동물병원에 급히 내원한 동물에게서 확인할 사항으로 적절하지 않다.

100 정답 ①

'갈비뼈가 보이지 않고 지방이 두꺼우며 살이 처져 있다'는 반려동물의 비만 관련 판단 사항으로, 응급상황으로 판단하기 어렵다.

plus 해설

- **신체 충실 지수(BCS)** : 체중과 관계없이 손으로 만져보고 육안으로 판단하며 반려동물의 비만도를 측정하는 방법이다.

101 정답 ④

(ㄹ) 심폐소생술(CPR)은 동물의 호흡이 멈추고 심장이 정지되었을 때 실시한다.
(ㅂ) 소형견 등 작은 개체의 경우 마사지를 강하게 할 경우 폐나 늑골이 손상될 가능성이 있기 때문에 주의하며 한손을 이용해 약 3~4cm 정도 깊이로 흉부압박을 실시한다.

- **심폐소생술(CPR)**
  (1) **반응여부 확인** : (ㄱ), (ㄷ)
  (2) **기도확보** : (ㅁ)
  (3) **인공호흡** : (ㄴ)
  (4) **흉부압박** : (ㅅ)

102 정답 ①

심장이 있는 왼쪽 가슴이 위로 오도록 눕힌다.

103 정답 ④

고양이의 흉부압박 위치는 왼쪽 가슴 아래 부분이며, 손바닥이 아닌 엄지와 검지를 이용해 흉부압박을 실시한다.

104 정답 ②

주사기는 주사처치에 사용되는 1cc, 3cc, 5cc, 10cc를 약 5개 정도 준비해 놓는다.

105 정답 ④

- A CRASH PLAN 프로토콜

A	Airway, 기도	기도의 막힘 여부
C	Cardiovascular, 심혈관계	심장박동 여부
R	Respiratory, 호흡	호흡 여부
A	Abdomen, 복부	복부의 이상여부
S	Spine, 척추	형태적 이상여부
H	Head, 머리	형태의 이상 / 의식의 여부
P	Pelvis · Anus, 골반 · 항문	외상 및 손상 여부
L	Limbs, 사지	형태적 이상여부
A	Arteries · Veins, 동맥 · 정맥	탈수 및 쇼크 여부
N	Nerves, 신경	다리 및 꼬리의 움직임 여부

106 정답 ⑤

'화상'은 극도의 건조열이 신체 조직을 파괴해 나타나며, 피부뿐만 아니라 피부조직까지 손상되고 심할 경우에는 지방, 근육, 뼈까지 손상받을 수 있다.
'저체온증'은 정상적인 체온보다 낮아지는 상태로, 무기력증과 둔한 움직임을 유발할 수 있으며 심할 경우 의식불분명, 심장마비까지 이어질 수 있다. 따라서 수건 · 담요 · 히터 · 드라이기 등을 사용해 체온을 높이고, 체온 모니터링을 실시해야 한다.

107 정답 ⑤

'경피 투여'는 생체 밖으로 신속히 배설되는 약물 투여에 이상적인 방법이다.

108 정답 ⑤

'과립제'는 가루약의 종류 중 하나로, 의약품을 입상(粒狀)으로 만든 것이다. 의약품 그대로 또는 의약품에 부형제나 첨가제를 넣어 고르게 섞은 다음 입상을 만들고 입자를 고르게 만든 제제를 의미한다.
'경피 흡수제'는 피부를 통해 제제의 성분이 전신 순환혈류에 송달되도록 만들어진 제제이다. 천연 또는 합성 고분자 화합물이나 혼합물에 주성분을 용해해 필요에 따라 흡수촉진제, 용제 등을 넣어 만든 형태이다.

109 정답 ③

약물의 복용량을 계산하기 위해서는 동물의 체중, 약물의 용량, 약물의 농도에 대한 정보가 필요하며, 계산법은 다음과 같다.

① 개의 체중 $\times \dfrac{약물의\ 용량(mg)}{KG} = mg$

② ①의 mg 양 $\times \dfrac{tablet}{약물\ 라벨의\ 농도(mg)} = tablet$ 개수

① $10KG \times \dfrac{20mg}{KG} = 200mg$

② $200mg \times \dfrac{tablet}{50mg} = 4tablet$

따라서 투여할 약물의 복용량은 4tablet이다.

110 정답 ②

㉡ 프라조신 : 아드레날린성 길항제로, 말초신경 저항을 감소시키고 동맥, 정맥, 평활근 이완으로 동맥혈압을 하강시킨다.
㉤ 페닐에프린 : 아드레날린성 작용제로, 혈관을 수축해 혈압 증가가 발생하며 산동목적으로 안과용액을 국소적으로 사용한다.

111 정답 ④

'세보플루란'은 흡입마취제의 종류 중 하나이다.

plus 해설

- **이소플루란** : 미국에서 많이 사용되는 종류로 심장부정맥을 일으키지 않지만 자극성 냄새가 있으며 호흡반사(기침, 침 분비)를 일으켜 흡입마취 유도목적으로 사용되지 않는다.

112 정답 ⑤

'경피흡수제'는 피부를 통해 제제의 성분이 전신 순환혈류에 송달되도록 만들어진 제제이다. 천연 또는 합성 고분자 화합물이나 혼합물에 주성분을 용해해 필요에 따라 흡수촉진제, 용제 등을 넣어 만들어진 형태이다. 동물병원에서 사용되는 대표적인 경피흡수제로는 외부기생충 예방약 등이 있다.

113 정답 ③

약 주걱은 다른 약과 섞이지 않도록 최대한 청결을 유지하는 것이 바람직하다.

114 정답 ③

X선은 항상 직선으로 주행한다.

115 정답 ②

X선을 100% 완벽하게 차단하지 못하기 때문에 착용을 꼼꼼히 하여 신체를 보호해야 한다.

116 정답 ②

방사선 촬영 시 필요 인원 외 불필요 인원이 없어야 한다.

117 정답 ④

1회 촬영비용이 고가이다. (디지털 X-ray의 비용은 아날로그 X-ray의 비용보다 1/10 수준이다.)

118 정답 ②

초음파는 자기공명영상(MRI)이나 X선 전산화 단층 촬영(CT)에 비해 가격이 저렴하고 이동이 용이하다.

119 정답 ②

간의 확대 및 크기는 방사선 촬영을 통해 확인이 가능하다.

120 정답 ①

CT란 회전하는 X선관(X-ray tube)과 검출기(detector)를 이용해 피사체 내부를 단면으로 잘라내어 영상화하는 기기이다.

동물보건사 실전모의고사 - 정답과 해설

2교시 임상 동물보건학, 동물 보건 · 윤리 및 복지 관련 법규

문제당 1점, 점수 : (　　)

01	02	03	04	05	06	07	08	09	10	11	12	13	14	15	16	17	18	19	20
③	④	①	④	③	⑤	①	①	⑤	⑤	②	④	②	②	①	③	④	⑤	③	⑤
21	22	23	24	25	26	27	28	29	30	31	32	33	34	35	36	37	38	39	40
④	③	⑤	③	③	①	③	⑤	④	③	⑤	④	②	④	⑤	①	①	②	③	⑤
41	42	43	44	45	46	47	48	49	50	51	52	53	54	55	56	57	58	59	60
③	③	②	①	③	④	⑤	③	②	③	⑤	⑤	④	④	③	②	①	③	③	④
61	62	63	64	65	66	67	68	69	70	71	72	73	74	75	76	77	78	79	80
③	④	①	⑤	④	②	②	②	④	⑤	②	③	⑤	③	①	①	③	⑤	③	④

01 정답 ③

'입위'는 기립 자세로 동물의 몸과 밀착하며 머리는 팔로 감싸 안으면서 앉지 못하게 고정시키는 자세이다. 기립 자세로 보정 시 머리가 강하게 압박되지 않도록 주의하며 앉지 못하도록 막으면서 보정해야 한다.

plus 해설

- **좌위** : 상반신을 90도 혹은 그에 가까운 상태로 일으킨 자세를 말한다.
- **복와위** : 흉복부를 밑으로 하고, 하지를 좌우로 약간 벌려서 펴고, 제1지를 내측으로 향한다. 얼굴을 옆으로 향하고, 상지는 가볍게 얼굴의 옆으로 굽히거나 몸 측으로 자연스럽게 편 체위이다.
- **측와위** : 인간이 취하는 기본적인 체위의 하나로 횡와위라고도 한다. 환자의 체측을 아래로 하여 옆으로 향하게 하고 상측의 하지를 앞으로 가볍게 구부려 하측의 하지를 가볍게 끌어 당긴다. 상지는 얼굴의 근처로 가볍게 구부린 체위이다.
- **앙와위** : 배와위라고도 한다. 가장 자연스러운 자세이고 기저면이 넓게 안정되고 있으며, 전신의 골격, 근육에 무리가 없다. 신체의 후면을 베드에 붙여 수평으로 눕고 얼굴을 위로 향한다. 하지는 좌우로 조금 벌려 자연스럽게 뻗고, 상지는 자연스럽게 몸쪽으로 뻗는다.

02 정답 ④

피하주사 시 기립 자세로 처치해야 한다.
일반적으로 ①은 앉은 자세, 엎드린 자세, ②는 옆누운 자세, ③은 엎드린 자세, ⑤는 옆누운 자세로 처치한다.

03 정답 ①

보정가방은 보통 천으로 이루어져 있으며, 등 뒤에 지퍼가 달려 있고 다리 네 개를 밖으로 꺼낼 수 있도록 구멍이 있는 형태로 되어 있다. 타월처럼 보통 고양이들에게 많이 사용되며 다리가 밖으로 나와 있어 채혈이나 주사 처치하는 데 더 용이하지만 동물의 몸통 쪽을 진찰하는 데는 어려움이 있다.

04 정답 ④

주사기의 눈금과 바늘 끝이 '같은' 방향으로 향하게 장착한다.

05 정답 ③

바늘 부분은 오염되지 않도록 보호되어 있지만 튜브 부분은 노출되어 있어 오염되지 않도록 주의해야 한다.

06 정답 ⑤

수액펌프에 수액줄을 연결할 경우 유량조절기를 펌프기기보다 '위쪽'에 위치시킨다.

07 정답 ①

넥카라를 사용할 경우 동물의 코끝보다 긴 것을 선택해 사용한다. 짧을 경우 보호해야 하는 부위를 핥을 수 있기 때문에 주의해야 한다.

08 정답 ①

'흡수성 봉합사'는 화학변화에 따라 실을 제거하지 않아도 체내에서 녹아 흡수된다. 실이 녹기 때문에 장기간 봉합상태를 유지해야 하는 경우에는 사용하지 않는다.

② **비흡수성 봉합사** : 흡수성 봉합사와는 달리 체내에 흡수되지 않고 유지되기 때문에 제거가 필요한 봉합사이다. 장기간 봉합상태를 유지해야 하는 경우에 사용된다.
③ **바늘 봉합사** : 바늘이 달려있는 구조로 멸균봉지에 들어있으며 바늘은 일회용으로 재사용하지 않는다.

09 정답 ⑤

칼날을 끼울 때에는 날 부분이 멸균 포장에 들어있는 채로 끼우고, 뺄 때에는 칼날제거기 등 전용 기구를 사용해야 한다.

10 정답 ⑤

수액의 속도를 조절하는 것은 '유량조절기'이다.

11 정답 ②

'헤파린캡(루어락캡)'은 정맥의 개통 및 유지를 위해 사용된다.
'나비침'은 수액의 연결통로이며, 정맥 내 카테터 장착 시 카테터와 헤파린캡에 연결해 사용한다.

12 정답 ④

카테터 장착은 수의사의 업무 범위이다. 동물보건사는 카테터가 빠진 경우 수의사에게 전달하여 수의사의 카테터 장착을 보조해야 한다.

13 정답 ②

주사침은 사용 후 주사침만 따로 분류하는 합성수지류 상자형 용기에 모아 의료폐기물로 분류해 폐기한다.

14 정답 ②

'후두경'은 기관 내 삽관 시 사용하는 의료용품이다.
'나비침, 카테터, 토니켓, 헤파린캡'은 정맥 내 카테터 장착 시 사용되는 의료용품이다.

15 정답 ①

② 앰플형태의 약물에 관한 설명이다.
③ 나비침에 관한 설명이다.
④ 카테터에 관한 설명이다.
⑤ 토니켓에 관한 설명이다.

16 정답 ③

정맥 내 카테터 장착 순서는 다음과 같다.
– 카테터를 장착할 부위에 정맥이 잘 보이도록 클리퍼를 사용해 털을 정리한 후 동물을 보정한다.
(ㄴ) 토니켓을 이용해 혈관의 노출이 잘 이루어지도록 한다.
– 알코올 솜을 이용해 피부를 소독한다.
(ㄱ) 수의사는 정맥혈관에 카테터를 삽입한다.
(ㅁ) 삽입이 잘 이루어졌는지 카테터의 속침에 혈액이 고이는 것을 확인한다.
– 카테터의 속침을 제거하고 겉침을 정맥 안으로 밀어 넣는다.
(ㄹ) 혈액의 역류를 막기 위해 헤파린캡(루어록캡)을 끼워 넣어 장착한다.
(ㄷ) 카테터와 헤파린캡이 움직이지 않도록 테이프를 이용해 피부에 고정한다.
– 3ml 주사기에 생리식염수를 넣어 주사기를 헤파린캡에 삽입한 후 개통을 확인한다.

17 정답 ④

'회로 내 압력계'는 마취 시 산소공급을 통해 폐에 압력을 넣어주는 장치이다. 마취가 이루어지면 자발호흡이 없기 때문에 압력이 올라가지 않으므로, 마취기계가 인위적으로 호흡을 해주어야 압력이 올라간다.

18 정답 ⑤

'후두경'은 기관 삽관 시 사용되는 의료용품으로 손잡이와 날로 구성되어 있다. 손잡이는 후두경을 잡는 부분이며, 날 부분에는 광원이 부착되어 있어 입안을 밝혀주는 역할을 한다.

19 정답 ③

① 맥박을 측정하는 경우 넙다리 동맥에서 측정하되, 손을 이용해 측정한다.
② 개와 고양이의 평균 체온은 비슷하다.
④ 고양이의 정상 호흡 범위는 20~40회이다.
⑤ 흉부와 복부를 모두 사용하는 '흉복식' 호흡이 정상이며, 한쪽만 움직이는 흉식호흡과 복식호흡 또는 개구호흡을 할 경우 정상적이지 않은 호흡법이므로 모니터링이 필요하다.

20 정답 ⑤

'심박수'를 측정할 때 동물이 과다하게 헐떡일 경우 손으로 입을 막는다.
'호흡수'를 측정할 때는 정확한 측정을 위해 최대한 안정된 상태에서 측정해야 한다.

21 정답 ④

수술 전일 경우 식음 금지일 수 있기 때문에 물과 음식은 수의사의 처방대로 급여해야 한다.

22 정답 ③

처방 약물 투여는 수의사의 업무 범위에 속한다.

23 정답 ⑤

일반 신체검사 방법 중 '타진'은 동물의 신체나 관절 등을 직접 두드려봄으로써 현재 상태, 이상 증상 및 통증 등을 확인하는 방법이다.

plus 해설

- **피부집기**(Skin Pinch) : 피부의 신축성을 이용한 탈수 확인 방법으로, '촉진'에 해당한다. 피부집기는 동물의 피부를 가볍게 들어 올렸다가 놓은 후 원래 위치로 돌

아가는 시간을 확인하여 평가한다. 탈수가 심할수록 회복 시간이 오래 걸린다.

24 정답 ③

적정체중의 개나 고양이는 얇은 지방층이 느껴지고 어려움 없이 갈비뼈가 만져져야 한다. 옆모습은 흉곽보다 복부가 위로 올라와 붙어 있어야 하며, 위에서 내려다 봤을 때는 갈비뼈 뒷부분과 엉덩이 사이가 좁아야 한다.
①은 야윔, ②는 비만, ④는 저체중, ⑤는 과체중에 해당한다.

25 정답 ③

'항문낭(항문샘)'은 개와 고양이를 포함한 대부분의 포유동물이 갖고 있는 신체기관이다. 항문낭에서는 특유의 냄새를 풍기는 항문낭액이 생산 및 분비된다. 항문낭에 세균이 감염되는 등 분비액이 정상적으로 배출되지 않을 경우 항문낭염이 발생할 수 있으므로 관리가 필요하다.

26 정답 ①

천문은 두개골 뒤쪽이 아닌 가운데 부위와 연관되어 있다.

27 정답 ③

(ㄴ) 개와 고양이의 체온을 측정할 때는 보통 항문에 체중계를 삽입하여 측정한다.
(ㅁ) 정상적인 호흡 방법은 흉부와 복부를 모두 사용하는 '흉복식' 호흡이다.

28 정답 ⑤

환자의 종과 질병 상태에 따라 일반입원실, 격리입원실, 집중치료실로 분류해 수속 여부를 판단하고 결정하는 것은 수의사의 역할이다.
동물보건사는 환자의 종과 질병 상태에 따라 입원실의 환경을 고려해 입원실 내 위치, 침구, 먹이, 화장실 등과 관련된 사항을 결정한다.

29 정답 ④

동물보건사의 환자판단 간호중재 목록에는 '고체온, 저체온, 식욕부진, 탈수, 통증, 구토, 설사, 변비' 등이 있다.
동물의 근골격계 검진 후 탈구가 의심되면, 수의사는 탈구 진행이 1~4기 중 어느 정도인지 파악해야 한다.

30 정답 ③

진통제를 처방하는 것은 수의사의 역할이다.
동물보건사는 처방된 진통제를 투여한 후 통증 반응을 확인하거나 진통제의 부작용(호흡수 감소, 구토 및 설사, 혈변 등)을 확인한다.

31 정답 ⑤

'신체 충실 지수'는 동물의 체중 체크를 위한 차트이다.

32 정답 ④

'선충류(Nematoda)'는 기생충 종류 중에 하나이고, 나머지 보기는 '병원성 세균(Pathogenic bacteria)'이다.

33 정답 ②

긴 형태의 고형성 변은 정상적인 변의 형태이다.
단백질은 소장에서 흡수가 원활히 이루어지지 않으면 세균에 의해 부패가 일어나고 부패 시 부패취가 나타난다.

34 정답 ④

'침전법'에 대한 설명으로 검사 순서는 다음과 같다.
ⓒ 포화식염수를 시험관 1/3 정도 넣어준다.
ⓐ 채취한 분변을 약 2g 정도 넣고 충분히 섞어준다.
ⓓ 여과거즈를 이용해 찌꺼기를 걸러낸다.
ⓔ 1,500rpm에서 약 5~10분간 원심분리한다.
ⓑ 분리된 상층액은 버리고 가라앉은 침전물을 채취한다.
이후 현미경을 이용해 100배율, 400배율 순서로 관찰한다.

35 정답 ⑤

소변검사 결과는 질병으로 인한 투약 여부, 높은 체온이나 발정기 기간의 흥분 및 출혈, 시험관 기구의 청결도, 소변 샘플의 방치 시간에 따라 영향을 받을 수 있다.

36 정답 ①

소변채취 방법 중 '자연배뇨'에 대한 설명이다.
자연배뇨의 소변은 표피와 외음부를 지나면서 오염되었을 가능성이 크기 때문에 세균배양검사는 불가능하다.

plus 해설

②, ⑤ '요도카테터'를 통한 채취 방법이다.
③ '방광압박' 채취 방법에 대한 설명이다.
④ '방황천자' 채취 방법에 대한 설명이다.

37 정답 ①

요비중 수치가 높을 경우 탈수, 당뇨병, 급성신부전을 의심해 볼 수 있다.

38 정답 ②

요스틱은 건조하게 보관해야 한다.

39 정답 ③

'빌리루빈'은 정상적인 상태면 소변으로 배출되지 않으며 개의 경우 2+ 이상일 때 비정상이지만, 고양이의 경우는 약간만 검출되어도 비정상인 것을 의미하기 때문에 간기능 검사를 진행해야 한다.

plus 해설

① 정상적인 상태에서도 요단백은 소량 검출되며, 요비중에 따라 판단하여 요중 단백/크레아티닌 비율(UPCR) 검사를 진행해야 한다.
② 당뇨가 발생하는 개의 혈중 포도당은 180mg/dl, 고양이는 300mg/dl으로 요스틱 검사로 색이 변하기 때문에 혈액검사가 필요하다고 판단되는 경우 검사를 진행한다.
④ 농뇨의 존재여부는 요스틱의 백혈구 항목 검사를 통해 알 수 있다.
⑤ 요스틱에서의 측정 범위는 5~9이며, 개와 고양이의 정상 PH 범위는 5.5~7.5이다.

40 정답 ⑤

'우드램프'로 곰팡이 검사를 하는 경우, 진균의 60% 정도만 형광 반응하므로 우드램프의 반응이 나타나지 않았다고 해서 피부사상균의 없다고 확진할 수는 없다.

41 정답 ③

'구연산나트륨(sodium citrate)'은 혈액 응고계 검사에 사용되며 칼슘이온을 제거해 혈액을 응고시키는 작용을 한다.
'혈청(serum)'은 항응고제가 첨가되어 있지 않은 검체용기에 채취해 일정 시간을 두고 원심분리한 상층에 위치한 투명한 액체이다.

plus 해설

(ㄱ) 일반 혈액검사에 가장 많이 사용하는 항응고제는 'EDTA'이다.
(ㄷ) 원심분리를 하지 않은 상태의 혈액은 '전혈(whole blood)'로 항응고제가 첨가된 검체용기에 채취한다.
(ㅁ) 원심분리 후에는 적혈구와 백혈구 층으로 나뉘게 되는데 하층이 적혈구, 중간층이 백혈구 층이다. 이를 제외한 상층의 액체 성분이 '혈장'이다.

42 정답 ③

라이트 염색법의 경우 에오신, 메틸렌블루를 사용하며 김자액은 김자염색법에서 사용하는 용액이다.

43 정답 ②

백혈구 중 '림프구(lymphocyte)'에 대한 설명이다.

44 정답 ①

'적혈구 내에 있는 산소운반색소'는 'hemoglobin(Hb)' 항목으로 '혈색소'에 해당하며, 나머지는 적혈구 항목에 대한 설명이다.

plus 해설

② 평균 적혈구 혈색소 농도(MCHC)
③ 평균 적혈구 용적(MCV)
④ 적혈구 크기 분포(RDW)
⑤ 망상적혈구 수

45 정답 ③

'TBIL'의 임상적 의의로는 담관폐쇄, 황달이 있다.

46 정답 ④

'직접도말법'은 채취 방법이 아니라 검사 방법에 해당한다.

47 정답 ⑤

분변채취 시 반려동물이 받는 스트레스는 변에서 시큼한 냄새가 나는 원인으로 적절하지 않다.

48 정답 ③

항응고제는 채혈된 용액이 응고되지 못하도록 하는 물질이다. 항응고제와 혈액량의 비율이 적당하지 않을 경우에는 혈액응고가 발생해 혈액검사 결과에 영향을 미칠 수 있다.

plus 해설

전혈이나 혈장 채취 시 항응고제가 첨가된 검체용기에 채취하는 반면, 혈청 채취 시 항응고제가 첨가되어 있지 않은 검체용기에 채취한다.

49 정답 ②

'교상'은 동물끼리의 상처가 원인이다.

plus 해설

① '욕창'은 피부압박에 인한 혈액순환 장애로 나타나는 피부 기능 저하로 인한 상처이다.
③ '열상'은 날카로운 물체로 인한 상처이다.
④ '관통상'은 뾰족한 물체로 인해 피부가 뚫리는 상처이다.
⑤ '타박상'은 외부 충격으로 인한 조직 내 출혈이 발생하여 생긴 상처이다.

50 정답 ③

상처의 '조직형성 단계'에서는 육아 조직이 형성되며 상처 발생 2~3일 후부터 진행된다.

51 정답 ⑤

수액속도는 총 drop 수를 구해 분당 drop 수를 계산해야 한다.
수액세트는 60drops/ml이므로,
– 총 drop 수 : 500ml × 60drops/ml = 30,000drop
– 분당 drop 수 : 30,000drops / 300분(5시간 × 60분) = 100drops/분

52 정답 ⑤

'완전비경구영양법(TPN)'은 고삼투압 제제로 중심정맥을 이용하여 공급한다.
'부분비경구영양법(PPN)'은 TPN에 비해 상대적으로 삼투압이 낮아 말초정맥을 이용해 공급할 수 있다.

53 정답 ④

• 겸자 종류

지혈 겸자	혈관의 지혈 및 조직을 잡는 역할을 하며 대표적으로 모스키토겸자, 켈리겸자, 크릴겸자가 있다. – 모스키토겸자 : 작은 혈관을 지혈할 때 사용 – 켈리겸자 : 중간 크기의 혈관 및 조직 덩어리를 고정할 때 사용 – 크릴겸자 : 큰 조직 덩어리를 고정할 때 사용
조직 겸자	결합조직과 근막 등을 잡아 고정할 때 사용되며 대표적으로 앨리스겸자, 밥콕겸자, 장 겸자가 있다. – 앨리스겸자 : 일반적으로 사용되는 수술기구로 무거운 조직을 잡고 고정할 때 사용 – 밥콕겸자 : 앨리스겸자와 유사한 형태이지만 팁 부분이 둥글고 가운데 부분이 뚫린 것이 특징 – 장 겸자 : 내장장기를 잡아 고정할 때 사용
타월 겸자	수술 시 사용하는 의료용 겸자로 수술포를 수술부위에 고정시키는 역할을 하며 '타월 클램프(towel clamps), 방포겸자'라고도 한다.

54 정답 ④

• 드레싱 종류

거즈(gauze) 드레싱	– 가장 많이 사용하는 드레싱의 종류 – 상처의 자극이 적음 – 식염수 사용 가능함 – 건조 드레싱과 습윤 드레싱이 존재함
투명(transparent) 드레싱	– 필름 접착제 – 얇고 반투명한 형태 – 흡수력이 없어 삼출물이 존재할 경우 부적절함
폼(foam) 드레싱	– 바깥쪽은 반투과성 필름이며 안쪽은 폴리우레탄 폼의 형태 – 비접착성 드레싱 – 드레싱을 고정할 2차 드레싱이 필요함 – 공기는 통과함 – 물은 통과하지 못함 – 삼출물을 흡수하며 삼출물이 있는 상처에 적용하기 적절함
하이드로콜로이드 (hydrocolloid) 드레싱	– 얇고 납작한 불투명한 형태 – 물이 통과되지 않으며 방수기능이 존재함 – 삼출물이 약간 존재할 경우 사용이 가능하지만 삼출물이 많을 경우에는 부적절함 – 부종을 감소시킴 – 부착 후 약 7일 정도 유지 가능함
하이드로젤 (hydrogel) 드레싱	– 비접착식 드레싱 – 드레싱을 고정할 2차 드레싱이 필요함 – 삼출물을 흡수함 – 괴사조직을 수화시킴 – 조직이나 세포손상이 없음
칼슘 알지네이트 (calcium alginate) 드레싱	– 해초에서 추출한 드레싱 – 비접착식 드레싱 – 드레싱을 고정할 2차 드레싱이 필요함 – 상처부위를 수분감 있게 보호함 – 분비물 및 삼출물이 많을 경우에 적절함 – 흡수력이 뛰어남 – 건조한 상처에는 부적절함

55 정답 ③

'대물렌즈'에 대한 설명이다.

plus 해설

• 현미경 구조 및 명칭

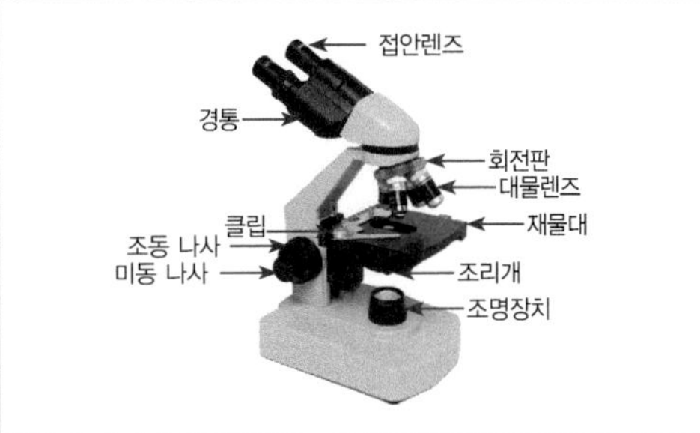

56 정답 ②

'도말표본검사'는 검사 시료를 슬라이드글라스에 얇게 펴 발라 현미경으로 검사하는 방법이다. 대표적으로 요검사, 분변검사, 혈액검사, 세포검사 등이 있다.

57 정답 ①

'빌리루빈'은 요스틱 검사 항목이다.
귀 도말검사 시 확인 가능한 것은 '세균(포도상구균, 간균), 말라세치아, 귀 진드기, 세포(호중구, 대식세포)'이다.

plus 해설

• **빌리루빈** : 적혈구가 간에서 분해될 때 생성되며 담즙으로 배설된다. 정상적인 상태이면 소변으로 배출되지

않거나 아주 미량 배출된다. 배출되는 경우는 간세포 장애 등 혈중 빌리루빈이 증가해 오줌으로 배설된다.

58 정답 ③

'후두경'에 대한 설명이다.
① 겸자
② 기관 내 튜브
④ 필건
⑤ 검이경

59 정답 ③

'횡와위'는 옆을 향하여 누운 자세로, 양쪽 앞다리와 뒷다리를 바깥쪽에서 한손씩 잡고 눕히는 자세이다. 주로 복부, 심장초음파 시 횡와위 자세로 보정한다.

60 정답 ④

• 환자 정보전달 – I-PASS(인수인계)

소개 (Introduction)	환자의 정보, 입원 이유에 관한 설명
환자요약 (Patient summary)	환자의 증상, 검사결과, 처치현재 상황 등의 설명
지시사항 (Action list)	환자 모니터링, 약물 투여에 관한 설명
상황인지 (Situation awareness)	환자의 특이사항 및 주의사항 등의 설명
종합 (Synthesis)	밤사이 모니터링, 약물처치, 주의사항, 환자의 퇴원날짜 인지 등

61 정답 ③

「수의사법」 제14조(신고)
수의사는 '농림축산식품부령'으로 정하는 바에 따라 그 실태와 취업상황(근무지가 변경된 경우를 포함한다) 등을 제23조에 따라 설립된 '대한수의사회'에 신고하여야 한다.

62 정답 ④

「수의사법」 제38조(수수료)
다음 각 호의 어느 하나에 해당하는 자는 농림축산식품부령으로 정하는 바에 따라 수수료를 내야 한다.

관련조항	내용
제6조 (제16조의6에서 준용하는 경우를 포함)	수의사 면허증 또는 동물보건사 자격증을 재발급받으려는 사람
제8조	수의사 국가시험에 응시하려는 사람
제16조의3	동물보건사 자격시험에 응시하려는 사람
제17조 제3항	동물병원 개설의 신고를 하려는 자
제32조 제3항 (제16조의6에서 준용하는 경우를 포함)	수의사 면허 또는 동물보건사 자격을 다시 부여받으려는 사람

63 정답 ①

「수의사법」 제36조(청문)
농림축산식품부장관 또는 시장 · 군수는 다음의 어느 하나에 해당하는 처분을 하려면 청문을 실시하여야 한다.
1. 제17조의 5 제2항에 따른 검사 · 측정기관의 지정취소
2. 제30조 제2항에 따른 시설 · 장비 등의 사용금지 명령
3. 제32조 제1항에 따른 수의사 면허의 취소

64 정답 ⑤

"동물보건사"란 동물병원 내에서 수의사의 지도 아래 동물의 간호 또는 진료 보조 업무에 종사하는 사람으로서 '농림축산식품부장관'의 자격인정을 받은 사람을 말한다.

plus 해설

「수의사법」 제2조(정의)

용어	정의
수의사	수의업무를 담당하는 사람으로서 농림축산식품부장관의 면허를 받은 사람
동물	소, 말, 돼지, 양, 개, 토끼, 고양이, 조류(鳥類), 꿀벌, 수생동물(水生動物), 그 밖에 대통령령으로 정하는 동물
동물진료업	동물을 진료[동물의 사체 검안(檢案)을 포함]하거나 동물의 질병을 예방하는 업(業)
동물보건사	동물병원 내에서 수의사의 지도 아래 동물의 간호 또는 진료 보조 업무에 종사하는 사람으로서 농림축산식품부장관의 자격인정을 받은 사람
동물병원	동물진료업을 하는 장소로서 법 제17조(개설)에 따른 신고를 한 진료기관

65 정답 ④

농림축산식품부장관은 법 제16조의2에 따른 자격인정을 한 경우에는 동물보건사 자격시험의 합격자 발표일부터 50일 이내(법 제16조의2 제3호에 해당하는 사람의 경우에는 외국에서 동물 간호 관련 면허나 자격을 받은 사실 등에 대한 조회가 끝난 날부터 50일 이내)에 동물보건사 자격증을 발급해야 한다.

66 정답 ②

「수의사법」 제16조의2(동물보건사의 자격)
동물보건사가 되려는 사람은 다음의 어느 하나에 해당하는 사람으로서 동물보건사 자격시험에 합격한 후 농

림축산식품부령으로 정하는 바에 따라 농림축산식품부장관의 자격인정을 받아야 한다.

1. 농림축산식품부장관의 평가인증(제16조의4 제1항에 따른 평가인증을 말한다. 이하 이 조에서 같다)을 받은 「고등교육법」 제2조 제4호에 따른 전문대학 또는 이와 같은 수준 이상의 학교의 동물 간호 관련 학과를 졸업한 사람(동물보건사 자격시험 응시일부터 6개월 이내에 졸업이 예정된 사람을 포함한다)
2. 「초 · 중등교육법」 제2조에 따른 고등학교 졸업자 또는 초 · 중등교육법령에 따라 같은 수준의 학력이 있다고 인정되는 사람(이하 "고등학교 졸업학력 인정자"라 한다)으로서 농림축산식품부장관의 평가인증을 받은 「평생교육법」 제2조 제2호에 따른 평생교육기관의 고등학교 교과 과정에 상응하는 동물 간호에 관한 교육과정을 이수한 후 농림축산식품부령으로 정하는 동물 간호 관련 업무에 1년 이상 종사한 사람
3. 농림축산식품부장관이 인정하는 외국의 동물 간호 관련 면허나 자격을 가진 사람

67 정답 ②

「수의사법」 제22조의5(동물진료법인의 설립 허가 취소)

농림축산식품부장관 또는 시 · 도지사는 동물진료법인이 다음의 어느 하나에 해당하면 그 설립 허가를 취소할 수 있다.

1. 정관으로 정하지 아니한 사업을 한 때
2. 설립된 날부터 2년 내에 동물병원을 개설하지 아니한 때
3. 동물진료법인이 개설한 동물병원을 폐업하고 2년 내에 동물병원을 개설하지 아니한 때
4. 농림축산식품부장관 또는 시 · 도지사가 감독을 위하여 내린 명령을 위반한 때
5. 제22조의3 제1항에 따른 부대사업 외의 사업을 한 때

68 정답 ②

「수의사법」 제17조의5(검사 · 측정기관의 지정 등)

① 농림축산식품부장관은 검사용 장비를 갖추는 등 농림축산식품부령으로 정하는 일정한 요건을 갖춘 기관을 동물 진단용 방사선발생장치의 검사기관 또는 측정기관(이하 "검사 · 측정기관"이라 한다)으로 지정할 수 있다.

② 농림축산식품부장관은 제1항에 따른 검사 · 측정기관이 다음 각 호의 어느 하나에 해당하는 경우에는 지정을 취소하거나 6개월 이내의 기간을 정하여 업무의 정지를 명할 수 있다. 다만, 제1호부터 제3호까지의 어느 하나에 해당하는 경우에는 그 지정을 취소하여야 한다.

1. 거짓이나 그 밖의 부정한 방법으로 지정을 받은 경우
2. 고의 또는 중대한 과실로 거짓의 동물 진단용 방사선발생장치 등의 검사에 관한 성적서를 발급한 경우
3. 업무의 정지 기간에 검사 · 측정업무를 한 경우
4. 농림축산식품부령으로 정하는 검사 · 측정기관의 지정기준에 미치지 못하게 된 경우
5. 그 밖에 농림축산식품부장관이 고시하는 검사 · 측정업무에 관한 규정을 위반한 경우

③ 제1항에 따른 검사 · 측정기관의 지정절차 및 제2항에 따른 지정 취소, 업무 정지에 필요한 사항은 농림축산식품부령으로 정한다.

④ 검사 · 측정기관의 장은 검사 · 측정업무를 휴업하거나 폐업하려는 경우에는 농림축산식품부령으로 정하는 바에 따라 농림축산식품부장관에게 신고하여야 한다.

69 정답 ④

「수의사법」 제30조(지도와 명령)

① 농림축산식품부장관, 시 · 도지사 또는 시장 · 군수는 동물진료 시책을 위하여 필요하다고 인정할 때 또는 공중위생상 중대한 위해가 발생하거나 발생할 우려가 있다고 인정할 때에는 대통령령으로 정하는 바에 따라 수의사 또는 동물병원에 대하여 필요한 지도와 명령을 할 수 있다. 이 경우 수의사 또는 동물병원의 시설 · 장비 등이 필요한 때에는 농림축산식품부령으로 정하는 바에 따라 그 비용을 지급하여야 한다.

70 정답 ⑤

「수의사법」 제41조(과태료)

① 다음 각 호의 어느 하나에 해당하는 자에게는 500만원 이하의 과태료를 부과한다.

1. 제11조를 위반하여 정당한 사유 없이 동물의 진료 요구를 거부한 사람
2. 제17조 제1항을 위반하여 동물병원을 개설하지 아니하고 동물진료업을 한 자
3. 제17조의4 제4항을 위반하여 부적합 판정을 받은 동물 진단용 특수의료장비를 사용한 자

71 정답 ②

「동물보호법」 제39조(신고 등)

② 다음의 어느 하나에 해당하는 자가 그 직무상 제1항에 따른 동물을 발견한 때에는 지체없이 관할 지방자치단체 또는 동물보호센터에 신고하여야 한다.

1. 민간단체의 임원 및 회원
2. 동물보호센터의 장 및 그 종사자
3. 보호시설운영자 및 보호시설의 종사자
4. 동물실험윤리위원회를 설치한 동물실험시행기관의 장 및 그 종사자
5. 동물실험윤리위원회의 위원

6. 동물복지축산농장 인증을 받은 자
7. 영업의 허가를 받은 자 또는 영업의 등록을 한 자 및 그 종사자
8. 동물보호관
9. 수의사, 동물병원의 장 및 그 종사자

72 정답 ③

③은 100만 원 이하의 과태료에 처하는 경우이다.

「동물보호법」 제101조(과태료)

④ 다음 각 호의 어느 하나에 해당하는 자에게는 50만 원 이하의 과태료를 부과한다.

1. 정해진 기간 내에 신고를 하지 아니한 소유자
2. 소유권을 이전받은 날부터 30일 이내에 신고를 하지 아니한 자
3. 소유자 등 없이 등록대상동물을 기르는 곳에서 벗어나게 한 소유자 등
4. 안전조치를 하지 아니한 소유자 등
5. 인식표를 부착하지 아니한 소유자 등
6. 배설물을 수거하지 아니한 소유자 등
7. 정당한 사유 없이 자료 및 정보의 제공을 하지 아니한 자

73 정답 ⑤

「동물보호법」 제9조(적정한 사육 · 관리)

① 소유자 등은 동물에게 적합한 사료와 물을 공급하고, 운동 · 휴식 및 수면이 보장되도록 노력하여야 한다.

② 소유자 등은 동물이 질병에 걸리거나 부상당한 경우에는 신속하게 치료하거나 그 밖에 필요한 조치를 하도록 노력하여야 한다.

③ 소유자 등은 동물을 관리하거나 다른 장소로 옮긴 경우에는 그 동물이 새로운 환경에 적응하는 데에 필요한 조치를 하도록 노력하여야 한다.

④ 소유자 등은 재난 시 동물이 안전하게 대피할 수 있도록 노력하여야 한다.

⑤ ①부터 ④까지에서 규정한 사항 외에 동물의 적절한 사육 · 관리 방법 등에 관한 사항은 농림축산식품부령으로 정한다.

74 정답 ③

1. 등록대상동물을 잃어버린 경우에는 등록대상동물을 잃어버린 날부터 '10일' 이내
2. 등록대상동물에 대하여 대통령령으로 정하는 사항이 변경된 경우에는 변경 사유 발생일부터 '30일' 이내

75 정답 ①

「동물보호법」 제64조 (동물복지축산 인증농장에 대한 지원 등)

① 농림축산식품부장관은 인증농장에 대하여 다음 각 호의 지원을 할 수 있다.

1. 동물의 보호 · 복지 증진을 위하여 축사시설 개선에 필요한 비용
2. 인증농장의 환경개선 및 경영에 관한 지도 · 상담 및 교육
3. 인증농장에서 생산한 축산물의 판로개척을 위한 상담 · 자물 및 판촉
4. 인증농장에서 생산한 축산물의 해외시장의 진출 · 확대를 위한 정보제공, 홍보활동 및 투자유치
5. 그 밖에 인증농장의 경영안정을 위하여 필요한 사항

76 정답 ①

「동물보호법」 제3조(동물보호의 기본원칙)

누구든지 동물을 사육 · 관리 또는 보호할 때에는 다음의 원칙을 준수하여야 한다.

1. 동물이 본래의 습성과 신체의 원형을 유지하면서 정상적으로 살 수 있도록 할 것
2. 동물이 갈증 및 굶주림을 겪거나 영양이 결핍되지 아니하도록 할 것
3. 동물이 정상적인 행동을 표현할 수 있고 불편함을 겪지 아니하도록 할 것
4. 동물이 고통 · 상해 및 질병으로부터 자유롭도록 할 것
5. 동물이 공포와 스트레스를 받지 아니하도록 할 것

77 정답 ③

「동물보호법」 제87조(고정형 영상정보처리기기의 설치 등)

② 제1항에 따른 고정형 영상정보처리기기를 설치 대상, 장소 및 기준 등에 필요한 사항은 대통령령으로 정한다.

③ 제1항에 따라 고정형 영상정보처리기기를 설치 및 관리하는 자는 동물보호센터 · 보호시설 · 영업장의 종사자 · 이용자 등 정보주체의 인권이 침해되지 아니하도록 다음 각 호의 사항을 준수하여야 한다.

1. 설치 목적과 다른 목적으로 고정형 영상정보처리기기를 임의로 조작하거나 다른 곳을 비추지 아니할 것
2. 녹음기능을 사용하지 아니할 것

④ 제2항에 따라 고정형 영상정보처리기기를 설치 및 관리하는 자는 다음 각 호의 어느 하나에 해당하는 경우 외에는 고정형 영상정보처리기기로 촬영한 영상기록을 다른 사람에게 제공하여서는 아니 된다.

⑤ 이 법에서 정하는 사항 외에 고정형 영상정보처리기기의 설치, 운영 및 관리 등에 관한 사항은 「개인정보 보호법」에 따른다.

78 정답 ⑤

「동물보호법」 제11조(동물의 운송)

① 동물을 운송하는 자 중 농림축산식품부령으로 정하는 자는 다음의 사항을 준수하여야 한다.
  1. 운송 중인 동물에게 적합한 사료와 물을 공급하고, 급격한 출발 · 제동 등으로 충격과 상해를 입지 아니하도록 할 것
  2. 동물을 운송하는 차량은 동물이 운송 중에 상해를 입지 아니하고, 급격한 체온 변화, 호흡곤란 등으로 인한 고통을 최소화할 수 있는 구조로 되어 있을 것
  3. 병든 동물, 어린 동물 또는 임신 중이거나 젖먹이가 딸린 동물을 운송할 때에는 함께 운송 중인 다른 동물에 의하여 상해를 입지 아니하도록 칸막이의 설치 등 필요한 조치를 할 것
  4. 동물을 싣고 내리는 과정에서 동물이 들어있는 운송용 우리를 던지거나 떨어뜨려서 동물을 다치게 하는 행위를 하지 아니할 것
  5. <u>운송을 위하여 전기(電氣) 몰이도구를 사용하지 아니할 것</u>

79 정답 ③

「동물보호법」 제13조(동물의 도살 방법)

① 모든 동물은 혐오감을 주거나 잔인한 방법으로 도살되어서는 아니 되며, 도살과정에 불필요한 고통이나 공포, 스트레스를 주어서는 아니 된다.

② 「축산물위생관리법」 또는 「가축전염병예방법」에 따라 동물을 죽이는 경우에는 가스법 · 전살법(電殺法) 등 농림축산식품부령으로 정하는 방법을 이용하여 고통을 최소화하여야 하며, 반드시 의식이 없는 상태에서 다음 도살 단계로 넘어가야 한다. 매몰을 하는 경우에도 또한 같다.

③ ① 및 ②의 경우 외에도 동물을 불가피하게 죽여야 하는 경우에는 고통을 최소화할 수 있는 방법에 따라야 한다.

plus 해설

「동물보호법 시행규칙」 제8조(동물의 도살방법)

① 법 제10조 제2항에서 "농림축산식품부령으로 정하는 방법"이란 다음 각 호의 어느 하나의 방법을 말한다.
  1. 가스법, 약물 투여
  2. 전살법(電殺法), 타격법(打擊法), 총격법(銃擊法), 자격법(刺擊法)

80 정답 ④

「동물보호법」 제100조(형벌과 수강명령 등의 병과)

① 법원은 동물학대행위자 등에게 유죄판결(선고유예는 제외)을 선고하면서 200시간의 범위에서 재범예방에 필요한 수강명령(「보호관찰 등에 관한 법률」에 따른 수강명령) 또는 치료프로그램의 이수명령을 부과할 수 있다.

■ 참고 문헌

- 「동물간호사를 위한 임상테크닉」, 다니구치 아키코 저, OKVET, 2017
- 「동물간호학 개론」, 황인수 저, 아카데미아, 2020
- 「동물보건사를 위한 반려동물학」, 김옥진 저, 형설출판사, 2021
- 「자세한 개의 질병 대도감」, 오가타 무네츠쿠 저, 로얄에이알씨, 2011
- 「자세한 고양이의 질병 대도감」, 오가타 무네츠쿠 저, 로얄에이알씨, 2011
- 「개와 고양이 해부도보」, 한국수의해부학교수협의회, 2009

■ 참고 자료

- 환경보건역학 자료, 서울대학교 암연구소, 2017
- **예방동물보건학 내 영상기기 사진 자료** : 행복한반려동물의료원, 로얄동물메디컬센터, 24시범어동물의료센터, 비전동물병원, 24시 아프리카 동물메디컬센터, 24시 우리들동물메디컬센터, VIP 동물의료센터 홈페이지 및 블로그에서 참고
- **임상동물보건학 내 동물간호 사진 자료** : 이든동물의료센터, 로얄캐닌, 태일동물종합병원 홈페이지 및 블로그에서 참고
- **동물 해부생리학, 의료기기 등 기타 자료** : Wikimedia, 두산백과, 나무위키, 구글 자료 및 블로그에서 참고

동물보건사 실전모의고사 답안지 1교시

성명	

수험번호

⓪	⓪	⓪	⓪	⓪	⓪
①	①	①	①	①	①
②	②	②	②	②	②
③	③	③	③	③	③
④	④	④	④	④	④
⑤	⑤	⑤	⑤	⑤	⑤
⑥	⑥	⑥	⑥	⑥	⑥
⑦	⑦	⑦	⑦	⑦	⑦
⑧	⑧	⑧	⑧	⑧	⑧
⑨	⑨	⑨	⑨	⑨	⑨

생년월일(6자리)

⓪	⓪	⓪	⓪	⓪	⓪
①	①	①	①	①	①
②	②	②	②	②	②
③	③	③	③	③	③
④	④	④	④	④	④
⑤	⑤	⑤	⑤	⑤	⑤
⑥	⑥	⑥	⑥	⑥	⑥
⑦	⑦	⑦	⑦	⑦	⑦
⑧	⑧	⑧	⑧	⑧	⑧
⑨	⑨	⑨	⑨	⑨	⑨

수험생 유의사항

1. 답안은 반드시 하나의 답만을 골라 컴퓨터용 수성사인펜으로 예시와 같이 바르게 표기하여야 합니다.

예 ① ② ● ④ ⑤

2. 답란 수정은 OMR 답안지를 교체하여 작성하거나, '수정 테이프'만을 사용하여 수정하여야 합니다.

1과목 기초 동물보건학				2과목 예방 동물보건학			
01	① ② ③ ④ ⑤	31	① ② ③ ④ ⑤	61	① ② ③ ④ ⑤	91	① ② ③ ④ ⑤
02	① ② ③ ④ ⑤	32	① ② ③ ④ ⑤	62	① ② ③ ④ ⑤	92	① ② ③ ④ ⑤
03	① ② ③ ④ ⑤	33	① ② ③ ④ ⑤	63	① ② ③ ④ ⑤	93	① ② ③ ④ ⑤
04	① ② ③ ④ ⑤	34	① ② ③ ④ ⑤	64	① ② ③ ④ ⑤	94	① ② ③ ④ ⑤
05	① ② ③ ④ ⑤	35	① ② ③ ④ ⑤	65	① ② ③ ④ ⑤	95	① ② ③ ④ ⑤
06	① ② ③ ④ ⑤	36	① ② ③ ④ ⑤	66	① ② ③ ④ ⑤	96	① ② ③ ④ ⑤
07	① ② ③ ④ ⑤	37	① ② ③ ④ ⑤	67	① ② ③ ④ ⑤	97	① ② ③ ④ ⑤
08	① ② ③ ④ ⑤	38	① ② ③ ④ ⑤	68	① ② ③ ④ ⑤	98	① ② ③ ④ ⑤
09	① ② ③ ④ ⑤	39	① ② ③ ④ ⑤	69	① ② ③ ④ ⑤	99	① ② ③ ④ ⑤
10	① ② ③ ④ ⑤	40	① ② ③ ④ ⑤	70	① ② ③ ④ ⑤	100	① ② ③ ④ ⑤
11	① ② ③ ④ ⑤	41	① ② ③ ④ ⑤	71	① ② ③ ④ ⑤	101	① ② ③ ④ ⑤
12	① ② ③ ④ ⑤	42	① ② ③ ④ ⑤	72	① ② ③ ④ ⑤	102	① ② ③ ④ ⑤
13	① ② ③ ④ ⑤	43	① ② ③ ④ ⑤	73	① ② ③ ④ ⑤	103	① ② ③ ④ ⑤
14	① ② ③ ④ ⑤	44	① ② ③ ④ ⑤	74	① ② ③ ④ ⑤	104	① ② ③ ④ ⑤
15	① ② ③ ④ ⑤	45	① ② ③ ④ ⑤	75	① ② ③ ④ ⑤	105	① ② ③ ④ ⑤
16	① ② ③ ④ ⑤	46	① ② ③ ④ ⑤	76	① ② ③ ④ ⑤	106	① ② ③ ④ ⑤
17	① ② ③ ④ ⑤	47	① ② ③ ④ ⑤	77	① ② ③ ④ ⑤	107	① ② ③ ④ ⑤
18	① ② ③ ④ ⑤	48	① ② ③ ④ ⑤	78	① ② ③ ④ ⑤	108	① ② ③ ④ ⑤
19	① ② ③ ④ ⑤	49	① ② ③ ④ ⑤	79	① ② ③ ④ ⑤	109	① ② ③ ④ ⑤
20	① ② ③ ④ ⑤	50	① ② ③ ④ ⑤	80	① ② ③ ④ ⑤	110	① ② ③ ④ ⑤
21	① ② ③ ④ ⑤	51	① ② ③ ④ ⑤	81	① ② ③ ④ ⑤	111	① ② ③ ④ ⑤
22	① ② ③ ④ ⑤	52	① ② ③ ④ ⑤	82	① ② ③ ④ ⑤	112	① ② ③ ④ ⑤
23	① ② ③ ④ ⑤	53	① ② ③ ④ ⑤	83	① ② ③ ④ ⑤	113	① ② ③ ④ ⑤
24	① ② ③ ④ ⑤	54	① ② ③ ④ ⑤	84	① ② ③ ④ ⑤	114	① ② ③ ④ ⑤
25	① ② ③ ④ ⑤	55	① ② ③ ④ ⑤	85	① ② ③ ④ ⑤	115	① ② ③ ④ ⑤
26	① ② ③ ④ ⑤	56	① ② ③ ④ ⑤	86	① ② ③ ④ ⑤	116	① ② ③ ④ ⑤
27	① ② ③ ④ ⑤	57	① ② ③ ④ ⑤	87	① ② ③ ④ ⑤	117	① ② ③ ④ ⑤
28	① ② ③ ④ ⑤	58	① ② ③ ④ ⑤	88	① ② ③ ④ ⑤	118	① ② ③ ④ ⑤
29	① ② ③ ④ ⑤	59	① ② ③ ④ ⑤	89	① ② ③ ④ ⑤	119	① ② ③ ④ ⑤
30	① ② ③ ④ ⑤	60	① ② ③ ④ ⑤	90	① ② ③ ④ ⑤	120	① ② ③ ④ ⑤

동물보건사 실전모의고사 답안지 2교시

성명	

수험번호

⓪	⓪	⓪	⓪	⓪	⓪
①	①	①	①	①	①
②	②	②	②	②	②
③	③	③	③	③	③
④	④	④	④	④	④
⑤	⑤	⑤	⑤	⑤	⑤
⑥	⑥	⑥	⑥	⑥	⑥
⑦	⑦	⑦	⑦	⑦	⑦
⑧	⑧	⑧	⑧	⑧	⑧
⑨	⑨	⑨	⑨	⑨	⑨

생년월일(6자리)

⓪	⓪	⓪	⓪	⓪	⓪
①	①	①	①	①	①
②	②	②	②	②	②
③	③	③	③	③	③
④	④	④	④	④	④
⑤	⑤	⑤	⑤	⑤	⑤
⑥	⑥	⑥	⑥	⑥	⑥
⑦	⑦	⑦	⑦	⑦	⑦
⑧	⑧	⑧	⑧	⑧	⑧
⑨	⑨	⑨	⑨	⑨	⑨

수험생 유의사항

1. 답안은 반드시 하나의 답만을 골라 컴퓨터용 수성사인펜으로 예시와 같이 바르게 표기하여야 합니다.

예 ① ② ● ④ ⑤

2. 답란 수정은 OMR 답안지를 교체하여 작성하거나, '수정 테이프'만을 사용하여 수정하여야 합니다.

3과목 임상 동물보건학				4과목 동물 보건 · 윤리 및 복지 관련 법규	
01	① ② ③ ④ ⑤	31	① ② ③ ④ ⑤	61	① ② ③ ④ ⑤
02	① ② ③ ④ ⑤	32	① ② ③ ④ ⑤	62	① ② ③ ④ ⑤
03	① ② ③ ④ ⑤	33	① ② ③ ④ ⑤	63	① ② ③ ④ ⑤
04	① ② ③ ④ ⑤	34	① ② ③ ④ ⑤	64	① ② ③ ④ ⑤
05	① ② ③ ④ ⑤	35	① ② ③ ④ ⑤	65	① ② ③ ④ ⑤
06	① ② ③ ④ ⑤	36	① ② ③ ④ ⑤	66	① ② ③ ④ ⑤
07	① ② ③ ④ ⑤	37	① ② ③ ④ ⑤	67	① ② ③ ④ ⑤
08	① ② ③ ④ ⑤	38	① ② ③ ④ ⑤	68	① ② ③ ④ ⑤
09	① ② ③ ④ ⑤	39	① ② ③ ④ ⑤	69	① ② ③ ④ ⑤
10	① ② ③ ④ ⑤	40	① ② ③ ④ ⑤	70	① ② ③ ④ ⑤
11	① ② ③ ④ ⑤	41	① ② ③ ④ ⑤	71	① ② ③ ④ ⑤
12	① ② ③ ④ ⑤	42	① ② ③ ④ ⑤	72	① ② ③ ④ ⑤
13	① ② ③ ④ ⑤	43	① ② ③ ④ ⑤	73	① ② ③ ④ ⑤
14	① ② ③ ④ ⑤	44	① ② ③ ④ ⑤	74	① ② ③ ④ ⑤
15	① ② ③ ④ ⑤	45	① ② ③ ④ ⑤	75	① ② ③ ④ ⑤
16	① ② ③ ④ ⑤	46	① ② ③ ④ ⑤	76	① ② ③ ④ ⑤
17	① ② ③ ④ ⑤	47	① ② ③ ④ ⑤	77	① ② ③ ④ ⑤
18	① ② ③ ④ ⑤	48	① ② ③ ④ ⑤	78	① ② ③ ④ ⑤
19	① ② ③ ④ ⑤	49	① ② ③ ④ ⑤	79	① ② ③ ④ ⑤
20	① ② ③ ④ ⑤	50	① ② ③ ④ ⑤	80	① ② ③ ④ ⑤
21	① ② ③ ④ ⑤	51	① ② ③ ④ ⑤		
22	① ② ③ ④ ⑤	52	① ② ③ ④ ⑤		
23	① ② ③ ④ ⑤	53	① ② ③ ④ ⑤		
24	① ② ③ ④ ⑤	54	① ② ③ ④ ⑤		
25	① ② ③ ④ ⑤	55	① ② ③ ④ ⑤		
26	① ② ③ ④ ⑤	56	① ② ③ ④ ⑤		
27	① ② ③ ④ ⑤	57	① ② ③ ④ ⑤		
28	① ② ③ ④ ⑤	58	① ② ③ ④ ⑤		
29	① ② ③ ④ ⑤	59	① ② ③ ④ ⑤		
30	① ② ③ ④ ⑤	60	① ② ③ ④ ⑤		